2025

99% 기출핵심이론과 최신기출 8개년으로 합격하는

건설안전기사 필기

30일 합격완성

시대에듀

2025 시대에듀 건설안전기사 필기 30일 합격완성

Always **with you**

사람의 인연은 길에서 우연하게 만나거나 함께 살아가는 것만을 의미하지는 않습니다.
책을 펴내는 출판사와 그 책을 읽는 독자의 만남도 소중한 인연입니다.
시대에듀는 항상 독자의 마음을 헤아리기 위해 노력하고 있습니다. 늘 독자와 함께하겠습니다.

자격증·공무원·금융/보험·면허증·언어/외국어·검정고시/독학사·기업체/취업
이 시대의 모든 합격! 시대에듀에서 합격하세요!
www.youtube.com ➡ 시대에듀 ➡ 구독

머리말

한국의 경제력은 현재 세계 13위의 위용을 자랑하고 있습니다. 1950년 6.25전쟁 직후 대한민국은 아프리카 최빈국들보다도 국민소득이 낮은 나라였지만 불과 46년만에 29번째로 OECD에 가입했고, 자동차, 조선, 반도체 기술은 세계를 선도하고 있습니다. 동서고금을 막론하고 이렇게 짧은 기간에 놀랄만한 성장을 이룬 나라는 대한민국이 유일합니다. 하지만 그로 인한 부작용도 커서 OECD국가 중 교통사고율 2위, 자살률 1위, 산재율 5위라는 불명예를 가지고 있는 것도 사실입니다.

특히 산재사망의 절반이 건설업에서 발생하고 있습니다. 그동안 우리나라는 일부 대형건설공사를 제외하고는 안전설계를 반영하지 않았고, 공사 중 발생하는 사고는 발주자가 아닌 시공사가 모두 책임져야만 하는 불합리한 문제가 있었습니다. 건설재해는 안전을 등한시하는 근로자 개개인의 문제도 컸지만 이러한 구조적인 문제들도 큽니다. 그렇기 때문에 이에 대한 보완책으로 설계단계에서부터 안전을 고려하는 DFS(Design For Safety)설계, 공사기간이 30일을 넘거나 근로자 작업일수가 500일 이상인 경우에는 안전조정자(Safety Coordinator)를 두어야 하는 등의 보완책이 시행된 것은 바람직한 현상입니다. 하지만 건설재해는 이러한 제도적인 방안만으로는 그리 쉽게 감소하지 않는데 이는 안전문화가 아직 성숙하지 않았기 때문입니다. 우리나라를 선진국이라 하지만 선진국은 몸집만 큰 것이 아니라 머리와 몸집이 같이 성장해야 합니다. 아직 우리나라의 안전문화 수준은 갈 길이 먼 것 같습니다.

2021년 1월 8일 중대재해기업처벌법이 국회를 통과하여 제정되었습니다. 이제는 안전을 안전관계자뿐만 아니라 기업의 CEO가 직접 챙겨야 합니다. 선진국에서는 안전부서를 거치지 않고서는 기업의 최고경영자가 될 수 없습니다. 현재까지의 우리나라는 그렇지 않았지만 시대가 바뀌고 있습니다. 기업의 CEO가 안전을 소홀히 하면 형사책임은 물론 기업이 징벌적 배상책임까지 져야 합니다. 이럴 경우 단 한 번의 사고만으로도 회사가 파산할 수 있습니다.

이런 측면에서 건설안전관리자의 역할은 매우 중요하고 건설안전기사 또한 매우 중요한 자격증입니다. 건설안전기사는 다른 기사에 비해 학습량이 많습니다. 산업안전에서 시작하여 안전심리, 안전교육, 건설시공, 건설재료, 건설안전기술, 인간공학까지 학습해야 합니다. 제한된 시간 내에 모든 분야를 학습하기란 쉽지만은 않습니다. 본 교재는 빠른 시간 내에 건설안전에 대한 기초적인 사항들을 반드시 숙지할 수 있도록 구성하였습니다. 시험에 나오지 않고, 중요하지 않다고 생각하는 부분들은 과감히 삭제하였습니다. 불필요한 내용들은 빼고, 기출문제 중심으로 내용을 구성하여 타 교재보다 압축적이고 효율적으로 공부할 수 있도록 구성하였습니다.

부족하나마 이 책이 안전을 공부하는 많은 건설인들에게 작은 도움이 되기를 바랍니다. 이 책을 통해 건설안전기사를 취득한 많은 분들이 건설업분야에서 안전의식과 안전문화의 수준을 한층 더 끌어올리는 안전전문가로 거듭나서 안전대한민국을 건설하는 산업의 역군이 되기를 소망합니다.

저자 김 훈

구성과 특징 STRUCTURES

1 전문가의 합격 솔루션! 99% 기출핵심이론

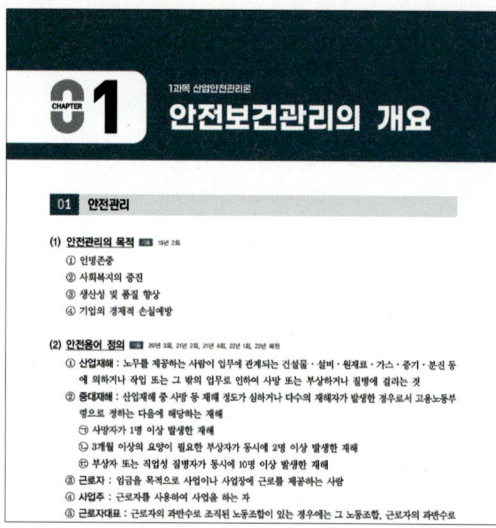
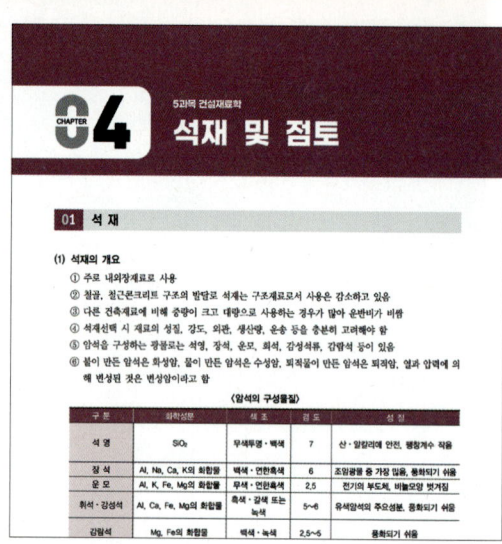

▶ 과년도 기출데이터를 기반으로 방대한 이론의 핵심을 정리하였습니다.
▶ 기출연도 표시로 주요 빈출이론을 확인하며 더 효율적으로 학습하세요.

2 복잡한 이론도 한눈에! 풍부한 학습자료

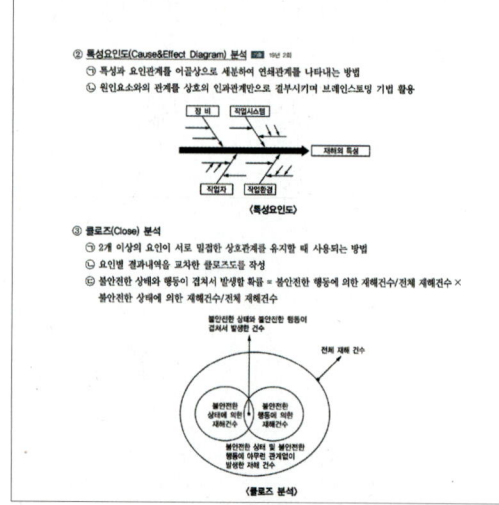
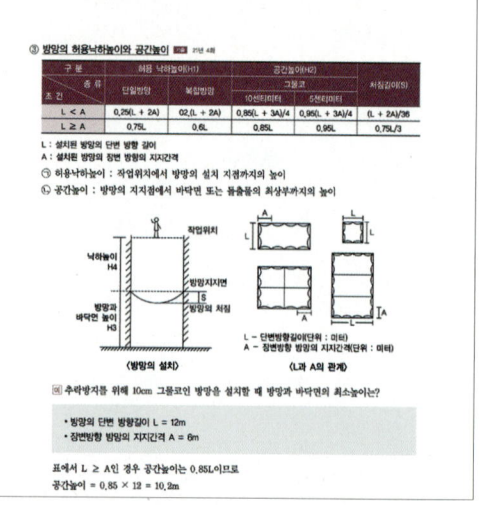

▶ 빠른 이해를 돕는 다양한 학습자료를 수록하였습니다.

3 CBT 완벽대비! 최신기출 15회분

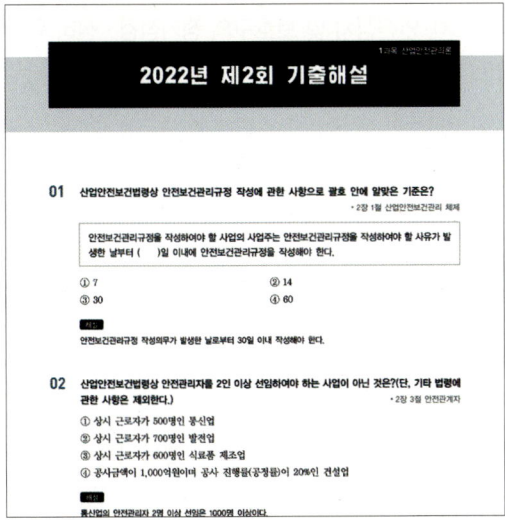
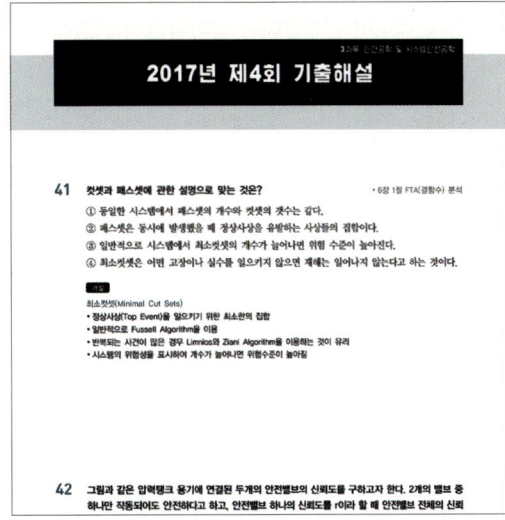

▶ 2017~2022, 6개년 15회분 과목별 기출문제와 해설을 수록하였습니다.
▶ 문제와 해설을 한눈에 보며 기출문제 학습과 동시에 이론을 완벽하게 복습하세요.

4 실전형 합격완성! 2023~2024 기출복원문제

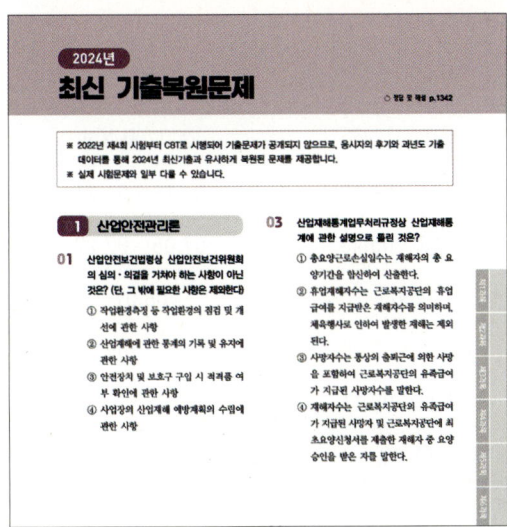
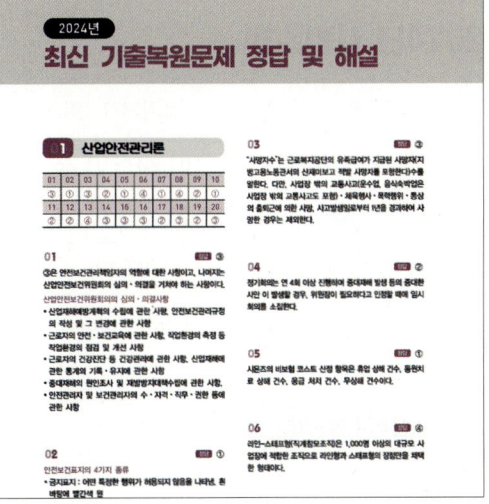

▶ 2023~2024 최신 기출복원문제를 실제 시험처럼 풀어보며 학습을 마무리하세요.

시험안내 INFORMATION

건설안전기사란?

건설현장의 건설재해예방계획 수립, 작업환경의 점검 및 개선, 유해 위험방지 등의 안전에 관한 기술적인 사항을 관리하며 건설물이나 설비작업의 위험에 따른 응급조치, 안전장치 및 보호구의 정기점검·정비 등의 직무를 수행한다.

시험개요

건설안전기사는 공사기간단축, 비용절감 등의 이유로 사업주와 건축주들이 근로자의 보호를 소홀히 할 수 있기 때문에 건설현장의 재해요인을 예측하고 재해를 예방하기 위하여 건설안전 분야에 대한 전문지식을 갖춘 전문인력을 양성하고자 제정된 자격제도이다.

2024년 시험일정

구 분	정기기사 1회	정기기사 2회	정기기사 3회
필기원서접수(인터넷)	01.23~01.26	04.16~04.19	06.18~06.21
필기시험	02.15~03.07	05.09~05.28	07.05~07.27
필기합격(예정자) 발표	03.13	06.05	08.07
실기원서접수	03.26~03.29	06.25~06.28	09.10~09.13
실기시험	04.27~05.12	07.28~08.14	10.19~11.08
최종합격자 발표일	06.18	09.10	12.11

※ 시험일정은 시행처의 사정에 따라 변경될 수 있습니다. 시험 전 반드시 큐넷 홈페이지를 방문하시어 최종 시험일정 및 장소를 확인하시기 바랍니다(www.q-net.or.kr).

시험과목

구분	필 기			실 기
시험 과목	❶ 산업안전관리론　❷ 산업심리 및 교육　❸ 인간공학 및 시스템안전공학 ❹ 건설시공학　　　❺ 건설재료학　　❻ 건설안전기술			건설안전 실무
검정 방법	객관식 4지 택일형, 과목당 20문항(과목당 30분)			필답형(1시간 30분, 60점) 작업형(약 50분, 40점)

합격기준

- 필기 : 100점을 만점으로 하여 과목당 40점 이상, 전과목 평균 60점 이상
- 실기 : 100점을 만점으로 하여 60점 이상

합격자통계

연 도	필 기			실 기		
	응시(명)	합격(명)	합격률(%)	응시(명)	합격(명)	합격률(%)
2023	34,908	17,932	51.4	19,937	12,564	63
2022	26,556	12,837	48.3	14,674	10,321	70.3
2021	17,526	8,044	45.9	10,653	5,539	52
2020	12,389	6,607	53.3	8,995	4,694	52.2
2019	13,212	6,388	48.3	7,584	4,607	60.7
2018	10,421	3,806	36.5	5,384	3,244	60.3
2017	9,335	4,026	43.1	5,869	3,077	52.4

시험안내 INFORMATION

필기시험 출제기준

과목명	주요항목	세부항목	
1과목 산업안전 관리론	안전보건관리 개요	• 기업경영과 안전관리 및 안전의 중요성 • 산업재해 발생 메커니즘 사고 예방 원리	• 안전보건에 관한 제반이론 및 용어 해설 • 무재해운동 등 안전활동 기법
	안전보건관리 체제 및 운영	• 안전보건관리조직 형태 • 안전업무 분담 및 안전보건관리 규정과 기준	• 안전보건관리 계획수립 및 운영 • 안전보건 개선계획
	재해 조사 및 분석	• 재해조사 요령 • 원인분석	• 재해 통계 및 재해 코스트
	안전점검 및 검사	• 안전점검	• 안전검사 · 인증
	보호구 및 안전보건표지	• 보호구	• 안전보건표지
	안전 관계 법규	• 산업안전보건법령 • 건설기술진흥법령 • 관련 지침	• 시설물의 안전 및 유지관리에 관한 특별법령
2과목 산업심리 및 교육	산업심리이론	• 산업심리 개념 및 요소 • 인간관계와 활동	• 직업적성과 인사심리 • 인간행동 성향 및 행동과학
	인간의 특성과 안전	• 동작특성 • 노동과 피로	• 집단관리와 리더십 • 착오와 실수
	안전보건교육	• 교육의 필요성 • 교육의 지도	• 교육의 분류 • 교육심리학
	교육방법	• 교육의 실시방법 • 교육대상	• 안전보건교육
3과목 인간공학 및 시스템안전 공학	안전과 인간공학	• 인간공학의 정의 • 인간-기계체계	• 체계설계와 인간 요소
	정보입력표시	• 시각적 표시 장치 • 청각적 표시 장치	• 촉각 및 후각적 표시장치 • 인간요소와 휴먼에러
	인간계측 및 작업 공간	• 인체계측 및 인간의 체계제어 • 신체활동의 생리학적 측정법	• 작업 공간 및 작업자세 • 인간의 특성과 안전
	작업환경관리	• 작업조건과 환경조건	• 작업환경과 인간공학
	시스템위험분석	• 시스템위험분석 및 관리	• 시스템위험분석 기법
	결함수 분석법	• 결함수 분석	• 정성적 · 정량적 분석

	위험성평가	• 위험성평가의 개요	• 신뢰도 계산
	각종 설비의 유지 관리	• 설비관리의 개요 • 설비의 운전 및 유지관리	• 보전성 공학
4과목 **건설시공학**	시공일반	• 공사시공방식 • 공사계획	• 공사현장관리
	토공사	• 흙막이 가시설 • 토공 및 기계	• 흙파기 • 기타 토공사
	기초공사	• 지정 및 기초	
	철근콘크리트공사	• 콘크리트공사 • 철근공사	• 거푸집공사
	철골공사	• 철골작업공작	• 철골세우기
	조적공사	• 벽돌공사 • 블록공사	• 석공사
5과목 **건설재료학**	건설재료 일반	• 건설재료의 발달 • 건설재료의 분류와 요구 성능	• 새로운 재료 및 재료 설계 • 난연재료의 분류와 요구 성능
	각종 건설재료의 특성, 용도, 규격에 관한 사항	• 목 재 • 점토재 • 시멘트 및 콘크리트 • 금속재 • 미장재	• 합성수지 • 도료 및 접착제 • 석 재 • 기타재료 • 방 수
6과목 **건설안전 기술**	건설공사 안전개요	• 공정계획 및 안전성 심사 • 사전안전성검토 (유해위험방지 계획서)	• 건설업 산업안전보건관리비 • 지반의 안정성
	건설공구 및 장비	• 건설공구 • 건설장비	• 안전수칙
	양중 및 해체공사의 안전	• 해체용 기구의 종류 및 취급안전	• 양중기의 종류 및 안전 수칙
	건설재해 및 대책	• 떨어짐(추락)재해 및 대책 • 무너짐(붕괴)재해 및 대책	• 떨어짐(낙하), 날아옴(비래)재해대책 • 화재 및 대책
	건설 가시설물 설치 기준	• 비 계 • 작업통로 및 발판	• 거푸집 및 동바리 • 흙막이
	건설 구조물공사 안전	• 콘크리트 구조물공사 안전 • 철골 공사 안전	• PC(Precast Concrete)공사안전
	운반, 하역작업	• 운반작업	• 하역작업

Q & A QUESTION AND ANSWER

Q 건설안전기사의 전망은 어떤가요?

A 건설재해는 다른 산업재해에 비해 빈번히 발생할 뿐 아니라 다양한 위험요소가 상호 연관된 상태에서 발생하기 때문에 전문적인 안전관리자가 필요합니다. 또한 「산업안전보건법」에 의한 채용의무 규정, 「중대재해기업처벌법」 통과, 「중대재해처벌법」 제정 등 채용증가요인으로 인하여 건설안전기사의 인력수요는 증가할 것입니다.

Q 건설안전기사와 산업안전기사의 차이점은 무엇인가요?

A 산업안전기사가 건설현장뿐 아니라 화학, 전기 등의 현장에서도 사용할 수 있는 자격증이라면 건설안전기사는 건설현장에 특화된 자격증입니다. 실제로 규모가 큰 건설현장에서는 산업안전기사 대신 건설안전기사를 채용하기도 합니다.

Q 필기 · 실기시험에 대해 자세하게 알려주세요.

A 필기시험의 경우 6과목, 과목당 20문항, 과목당 30분으로 치러집니다. 다른 모든 과목에서 고득점을 달성하더라도 40점 미만인 과목이 있다면 과락에 의해 불합격 처리됩니다. 실기시험은 필답형과 작업형으로 나뉘어져 있는데 필답형은 주관식으로 치러집니다. 작업형의 경우 동영상을 시청한 후 질문에 대한 답을 작성하는 방식입니다. 문항수는 필답형 14문항, 작업형 8문항 정도 출제되고 있으나 시험에 따라 문항수는 달라질 수 있습니다.

Q 학습분량이 너무 많아요. 어떻게 공부하는 것이 좋을까요?

1과목 산업안전관리론의 경우 주로 안전관리에 대한 일반적인 원칙이 출제됩니다. 재해율 같은 계산문제도 매년 2~3문제 정도 꾸준하게 출제되고 있으니 공식의 암기 또한 필요합니다. 안전관리론의 경우 난이도가 높지 않기에 고득점을 노려보는 것이 좋습니다.

2과목 산업심리 및 교육의 경우 여러 학자들이 제시한 이론과 산업안전보건법에서의 안전교육에 관한 사항들을 암기해야 합니다.

3과목 인간공학 및 시스템안전공학은 계산문제가 많이 출제되는 편입니다. 따라서 중요도가 높은 내용과 공식을 반드시 암기해야 합니다. 특히 재해발병확률 부분은 실기시험에서도 등장하는 부분이니 확실하게 이해해야 합니다.

4과목 건설시공학은 입찰, 공정관리, 토공사, 철근 콘크리트 공사 등의 내용이 자주 출제됩니다. 특히 토공사와 철근 콘크리트 공사의 경우 실기시험에서도 등장하는 만큼 확실하게 암기해두는 것이 좋습니다.

5과목 건설재료학은 시험과목 중 가장 난이도가 높다고 할 수 있습니다. 다양한 건축재료들이 등장하는 만큼 암기할 내용이 많고 화학적 이론도 등장하여 비전공자들이 가장 어려워하는 과목입니다. 실제로도 과락이 많이 나오는 과목이기에 출제율이 높은 순서대로 집중해서 학습하는 것이 좋습니다. 과락만 면하겠다는 마음가짐으로 학습한다면 시험의 난이도가 높을 경우 낭패를 볼 수 있기에 여유 있는 점수를 받을 수 있도록 공부해야 합니다.

6과목 건설안전기술은 산업안전보건법에 관한 내용에서 대부분의 문제가 출제됩니다. 법규의 경우 이해가 아닌 암기 위주로 공부해야 하는 과목이기 때문에 순수한 학습량에 따라 점수가 갈리는 편입니다. 시험 직전에 중요 내용만 외우겠다는 마음가짐보다는 다회차 학습을 통해 고득점을 목표로 하는 것이 좋습니다.

이 책의 목차 CONTENTS

1과목 | 산업안전관리론

01 안전보건관리의 개요	0003
02 안전보건관리 체제 및 운영	0013
03 재해조사 및 분석	0021
04 산업재해통계	0031
05 안전점검 및 검사	0034
06 보호구 및 안전표지	0042
07 산업안전보건법	0052
최신기출 15회분	0067

2과목 | 산업심리 및 교육

01 산업안전심리	0183
02 인간의 특성과 안전	0196
03 안전보건교육	0223
04 교육방법	0236
최신기출 15회분	0255

3과목 | 인간공학 및 시스템안전공학

01 안전과 인간공학	0377
02 정보입력 표시	0389
03 인간계측 및 작업공간	0400
04 작업환경관리	0410
05 시스템 위험분석	0426
06 결함수 분석	0434
07 위험성평가	0444
08 각종 설비의 유지관리	0450
최신기출 15회분	0457

4과목 | 건설시공학

01 시공일반	0581
02 토공사	0597
03 기초공사	0618
04 철근콘크리트공사	0633
05 철골공사	0660
06 조적공사	0669
최신기출 15회분	0687

5과목 | 건설재료학

01 건설재료 일반	0807
02 목 재	0811
03 시멘트 및 콘크리트	0828
04 석재 및 점토	0853
05 금속재	0866
06 미장 및 방수재료	0872
07 합성수지	0880
08 도료 및 접착제	0886
최신기출 15회분	0903

6과목 | 건설안전기술

01 건설공사 안전개요	1023
02 건설기계	1035
03 양중기와 해체공사	1057
04 건설재해 및 대책	1080
05 건설 가시설물 설치 기준	1104
06 건설 구조물공사 안전	1130
07 운반, 하역작업	1152
최신기출 15회분	1173

2024 | 최신 기출복원문제

2024년 최신 기출복원문제	1303
2023년 최신 기출복원문제	1323
2024년 최신 기출복원문제 정답 및 해설	1342
2023년 최신 기출복원문제 정답 및 해설	1353

PART 1
산업안전관리론

CHAPTER 01 안전보건관리의 개요

CHAPTER 02 안전보건관리 체제 및 운영

CHAPTER 03 재해조사 및 분석

CHAPTER 04 산업재해통계

CHAPTER 05 안전점검 및 검사

CHAPTER 06 보호구 및 안전표지

CHAPTER 07 산업안전보건법

남에게 이기는 방법의 하나는 예의범절로 이기는 것이다.

- 조쉬 빌링스 -

끝까지 책임진다! 시대에듀!

QR코드를 통해 도서 출간 이후 발견된 오류나 개정법령, 변경된 시험 정보, 최신기출문제, 도서 업데이트 자료 등이 있는지 확인해 보세요! 시대에듀 합격 스마트 앱을 통해서도 알려 드리고 있으니 구글 플레이나 앱 스토어에서 다운받아 사용하세요. 또한, 파본 도서인 경우에는 구입하신 곳에서 교환해 드립니다.

CHAPTER 01 안전보건관리의 개요

1과목 산업안전관리론

01 안전관리

(1) 안전관리의 목적 기출 19년 2회
① 인명존중
② 사회복지의 증진
③ 생산성 및 품질 향상
④ 기업의 경제적 손실예방

(2) 안전용어 정의 기출 20년 3회, 21년 2회, 21년 4회, 22년 1회, 23년 복원
① 산업재해 : 노무를 제공하는 사람이 업무에 관계되는 건설물·설비·원재료·가스·증기·분진 등에 의하거나 작업 또는 그 밖의 업무로 인하여 사망 또는 부상하거나 질병에 걸리는 것
② 중대재해 : 산업재해 중 사망 등 재해 정도가 심하거나 다수의 재해자가 발생한 경우로서 고용노동부령으로 정하는 다음에 해당하는 재해
  ㉠ 사망자가 1명 이상 발생한 재해
  ㉡ 3개월 이상의 요양이 필요한 부상자가 동시에 2명 이상 발생한 재해
  ㉢ 부상자 또는 직업성 질병자가 동시에 10명 이상 발생한 재해
③ 근로자 : 임금을 목적으로 사업이나 사업장에 근로를 제공하는 사람
④ 사업주 : 근로자를 사용하여 사업을 하는 자
⑤ 근로자대표 : 근로자의 과반수로 조직된 노동조합이 있는 경우에는 그 노동조합, 근로자의 과반수로 조직된 노동조합이 없는 경우에는 근로자의 과반수를 대표하는 자
⑥ 도급 : 명칭에 관계없이 물건의 제조·건설·수리 또는 서비스의 제공, 그 밖의 업무를 타인에게 맡기는 계약
⑦ 도급인 : 물건의 제조·건설·수리 또는 서비스의 제공, 그 밖의 업무를 도급하는 사업주(건설공사발주자 제외)
⑧ 수급인 : 도급인으로부터 물건의 제조·건설·수리 또는 서비스의 제공, 그 밖의 업무를 도급받은 사업주
⑨ 관계수급인 : 도급이 여러 단계에 걸쳐 체결된 경우에 각 단계별로 도급받은 사업주 전부
⑩ 건설공사발주자 : 건설공사를 도급하는 자로서 건설공사의 시공을 주도하여 총괄·관리하지 아니하는 자(도급받은 건설공사를 다시 도급하는 자는 제외)

(3) PDCA사이클 [기출] 20년 3회, 23년 복원
① Plan(계획) : 현장 실정에 맞는 적합한 안전관리방법 계획을 수립
② Do(실시) : 안전관리 활동의 실시, 교육 및 훈련의 실행
③ Check(검토) : 안전관리 활동에 대한 검사 및 확인
④ Action(조치) : 검토된 안전관리활동을 조치, 더 나은 활동을 계획하여 반영

(4) 근로 불능 상해의 종류
① 사망자의 노동손실 일수 : 7,500일(25년 × 300일)
② 영구 전노동 불능 상해 : 신체장애 등급 1~3급에 해당하는 노동손실일수 7,500일
③ 영구 일부노동 불능 상해 : 신체장애 등급 4~14급에 해당
④ 일시 전노동 불능 상해 : 의사의 진단에 따라 일정기간 정규 노동에 종사할 수 없는 상해(신체장애가 남지 않음)
⑤ 일시 일부노동 불능 상해 : 의사의 진단에 따라 일정기간 정규 노동에 종사할 수 없으나, 일시 가벼운 노동에 종사할 수 있는 상해
⑥ 응급조치 상해 : 부상을 입은 다음 1일 미만의 치료를 받고 다음부터 정상작업에 종사할 수 있는 정도의 상해

(5) 직업병
① 직업의 특수성으로 인해 발생하는 질병
② 직업의 종류, 환경, 작업방법의 불량으로 인해 근로자의 건강을 해침
③ 직업병에 걸린 사람이 연간 2명 이상 발생한 사업장은 안전보건개선계획을 수립해야 함

02 안전이론

(1) 하인리히(Heinrich)의 사고예방대책 기본원리
① 1단계 : 조직(안전관리조직)
  ㉠ 경영층이 참여, 안전관리자의 임명 및 라인조직 구성, 안전활동방침 및 안전계획 수립
  ㉡ 안전관리에서 가장 기본적인 활동은 안전기구의 조직
② 2단계 : 사실의 발견(현상파악) [기출] 18년 1회, 19년 2회
  ㉠ 각종 사고 및 안전활동의 기록 검토, 작업분석, 안전점검 및 안전진단, 사고조사
  ㉡ 안전회의 및 토의, 종업원의 건의 및 여론조사 등에 의하여 불안전 요소를 발견
③ 3단계 : 분석평가(원인규명)
  ㉠ 사고 보고서 및 현장조사, 사고기록, 인적/물적 조건의 분석, 작업공정의 분석
  ㉡ 교육과 훈련의 분석 등을 통하여 사고의 직접 및 간접 원인을 규명
④ 4단계 : 시정방법의 선정(대책의 선정)
  ㉠ 기술의 개선, 인사조정, 교육 및 훈련의 개선, 안전행정의 개선, 규정 및 수칙의 개선
  ㉡ 확인 및 통제 체제 개선 등 효과적인 개선방법을 선정

⑤ 5단계 : 시정책의 적용(목표달성)

시정책은 3E, 즉 기술(Engineering), 교육(Education), 관리(Enforcement)를 완성함으로써 이루어짐

(2) 하인리히의 사고예방대책 5단계 기출 19년 1회, 20년 1·2회 통합, 21년 2회, 21년 4회

① 1단계 : 안전관리조직(Organization)

경영자는 안전관리조직을 구성하여 안전활동 방침 및 계획을 수립하고 안전활동을 전개함으로써 근로자의 참여하에 집단의 목표를 달성

② 2단계 : 사실의 발견(Fact Finding)
  ㉠ 조직편성을 완료하면 각종 안전사고 및 안전활동에 대한 기록을 검토하고 작업을 분석하여 불안전요소를 발견
  ㉡ 불안전한 요소를 발견하는 방법
   • 사고조사
   • 점검 및 검사
   • 작업공정분석
   • 자료수집, 작업분석
   • 사고 및 활동기록의 검토
   • 각종 안전회의 및 토의
   • 관찰 및 보고서의 연구

③ 3단계 : 평가 및 분석(Analysis)
  ㉠ 불안전요소를 토대로 사고를 발생시킨 직접 및 간접적 원인을 찾아냄
  ㉡ 현장조사 결과의 분석, 사고보고서의 분석, 환경조건의 분석 및 작업공정의 분석, 교육과 훈련의 분석 등을 통하여 이루어짐

④ 4단계 : 시정방법의 선정(Selection of Remedy)
  ㉠ 분석을 통하여 도출된 원인을 토대로 효과적인 개선방법을 선정
  ㉡ 개선방안에는 기술적 개선, 인사조정, 교육 및 훈련의 개선, 안전행정의 개선, 규정 및 수칙의 개선과 이행 독려의 체제강화 등이 있음

⑤ 5단계 : 대책의 적용(Application of Remedy)
  ㉠ 시정방법이 선정된 것만으로 문제가 해결되는 것은 아니고 반드시 적용되어야 함
  ㉡ 목표를 설정하여 실시하고 결과를 재평가하여 불합리한 점은 재조정되어 실시되어야 함

(3) 도미노이론

① 하인리히의 도미노이론 기출 18년 1회, 18년 4회, 21년 4회, 23년 복원
  ㉠ 1단계(Ancestry&Social Environment) : 사회적 환경, 유전적 요소(기초원인)
  ㉡ 2단계(Personal Faults) : 개인의 결함(간접원인)
  ㉢ 3단계(Unsafe Act&Condition) : 불안전한 행동, 불안전한 상태(직접원인)
  ㉣ 4단계(Accident) : 사고
  ㉤ 5단계(Injury) : 재해

② 버드의 신도미노이론 기출 18년 2회, 20년 1·2회 통합, 21년 1회, 21년 4회
　㉠ 1단계(Lack Of Control Management) : 통제·관리의 부족 또는 결여(근본원인)
　㉡ 2단계(Basic Cause-Origins) : 인적요인, 작업장요인, 4M(기본원인)
　㉢ 3단계(Immeiate Cause, Symptions) : 불안전한 행동과 조건(직접원인)
　㉣ 4단계(Incident) : 사고발생(사람과 재산에 위해를 끼치는 사건)
　㉤ 5단계(Injury, Loss, Damage) : 손실 초래(사람, 재물)

안전관리활동 (근본원인)	인간적요인 설비적요인 작업적요인 관리적요인 (기본원인)	불안전 상태 불안전 행동 (직접원인)	사 고 (이 상)	재 해 (피 해)

〈버드의 신도미노이론〉

(4) 하비(Harvey)의 3E 기출 19년 1회, 20년 1·2회 통합
　① Education(안전교육)
　② Engineering(안전기술)
　③ Enforcement(안전관리)

(5) 아담스의 연쇄성이론 기출 18년 1회, 18년 4회, 19년 1회, 23년 복원, 24년 복원
　① 관리구조 결함 → 작전적 에러(경영자, 감독자 행동) → 전술적 에러(불안전한 행동) → 사고(물적 사고) → 재해(상해, 손실)
　② 아담스는 기초원인으로 인해 재해가 발생하는 것이 아니라 관리의 잘못으로 사고가 발생한다고 주장하며, 재해방지를 위한 관리의 중요성을 강조

(6) 웨버(D.A.Weaver)의 사고발생 도미노이론 기출 20년 4회
　① 제1단계 : 유전과 환경
　② 제2단계 : 인간의 실수
　③ 제3단계 : 불안전한 행동과 상태 - 운영의 에러에서 나타나는 징조
　　㉠ What : 아래와 같은 상태에서 발생하는 사고의 원인이 무엇인가
　　㉡ Why : 왜 불완전한 행동과 또는 상태가 용납되는가
　　㉢ Whether : 감독과 경영 중에서 어느 쪽이 사고방지에 대한 안전지식을 갖고 있는가
　④ 제4단계 : 사고
　⑤ 제5단계 : 상해

(7) 재해구성비율 기출 21년 2회, 21년 4회, 22년 2회
　① 하인리히 법칙 : 1 : 29 : 300(중상, 사망 : 경상 : 무상해사고)
　② 버드의 법칙 : 1 : 10 : 30 : 600(중상, 사망 : 경상 : 물적사고 : 무상해사고)

03 무재해 운동

(1) 무재해 운동의 정의
인간존중의 이념에 바탕으로 경영자, 관리자, 작업자 등 사업장의 모든 사람이 적극적으로 참여하여 산업재해를 근절함으로써 밝고 활기찬 직장 풍토를 조성하는 것

(2) 무재해의 정의
사망 또는 4일 이상의 요양을 요하는 부상 또는 질병에 이환되지 않는 것

(3) 무재해 운동의 목적
사업주와 근로자가 함께 참여하여 산업재해 예방을 위한 자율적인 운동을 추진함으로써 사업장 내의 모든 잠재적 요인을 사전에 발견, 파악하고 근원적으로 산업재해를 줄이는 데에 있음

(4) 무재해 운동의 기본이념 3원칙 기출 17년 4회, 19년 4회, 21년 2회, 24년 복원
① 무(Zero)의 원칙 : 무재해란 단순히 사망, 재해, 휴업재해만 없으면 된다는 소극적인 사고가 아니라 불휴 재해는 물론 일체의 잠재위험요인을 사전에 발견, 파악, 해결함으로써 근원적으로 산업재해를 없애는 것
② 참가의 원칙 : 잠재적인 위험요인을 발견·해결하기 위하여 전원이 협력하여 각자의 위치에서 의욕적으로 문제해결을 실천
③ 선취의 원칙 : 무재해를 실현하기 위해 일체의 위험요인을 사전에 발견, 파악, 해결하여 재해를 예방하거나 방지하기 위한 원칙을 말함

(5) 무재해 운동의 3요소(3기둥) 기출 19년 1회
① 최고 경영자의 안전경영자세
  안전보건은 최고 경영자의 무재해, 무질병에 대한 확고한 경영자세로 시작됨
② 안전 활동의 라인화
  ㉠ 관리감독자에 의한 안전보건의 적극적 추진
  ㉡ 안전보건을 추진하는 데는 관리 감독자가 생산활동 속에서 근로자와 함께 실천해야 함
③ 직장 소집단 자주 운동의 활성화
  일하는 한 사람 한 사람이 안전보건을 자신의 문제, 동시에 동료의 문제로서 진지하게 받아들여 직장 내 협동 노력으로 자주적으로 추진해 나가는 것이 필요

(6) 무재해 운동의 목표설정기준 기출 23년 복원
① 업종은 무재해 목표를 달성한 시점에서의 업종을 적용
② 건설업의 규모는 재개시 시점에 해당하는 총공사금액을 적용
③ 규모는 재개시 시점에 해당하는 달로부터 최근 1년간의 평균 상시 근로자수를 적용
④ 무재해 목표를 달성한 시점 이후부터 즉시 다음 배수를 기산하며 업종과 규모에 따라 새로운 무재해 목표시간을 재설정

⑤ 창업하거나 통합·분리한지 12개월 미만인 사업장은 창업일이나 통합·분리일부터 산정일까지의 매월 말일의 상시 근로자수를 합하여 해당 월수로 나눈 값을 적용

(7) 무재해 운동에서 재해의 범위
① 근로자가 업무에 기인하여 사망이나 4일 이상의 요양을 요하는 부상 또는 질병에 이환되는 경우(산업재해)
② 500만 원 이상의 물적 손실이 발생한 경우(산업사고)
③ 소음성 난청으로 판명된 직업병의 경우

(8) 무재해 운동의 시간 계산
① 무재해목표시간(1배수) = 연간 총 근로시간 ÷ 연간 총 재해자수
② 연간 총근로시간 = 연평균 근로자수 × 1인당 연평균 근로시간
③ 사무직은 1일 8시간을 기준으로 함
④ 건설현장의 근로자는 1일 10시간을 기준으로 함
⑤ 무재해 개시 후 재해가 발생하면 0점으로 다시 시작
⑥ 계산 제외 : 치료기일이 4일 이내의 경미한 사항은 무재해로 계산
⑦ 무재해 운동을 개시한 날로부터 14일 이내에 무재해 운동 개시 신청서를 공단에 제출

(9) 무재해 운동의 추진단계
① 인식단계
② 준비단계
③ 개시신청단계
④ 시행단계
⑤ 인증단계

(10) **무재해운동의 추진기법** 기출 23년 복원
① 지적확인
② 터치 앤 콜
③ 위험예지훈련(4R)
④ 브레인스토밍

04 안전활동기법

(1) 지적확인
① 작업을 안전하게 오조작 없이 하기 위하여 작업공정의 요소에서 자신의 행동을 '…좋아!' 하고 대상을 지적하여 큰 소리로 확인
② 사람의 눈이나 귀 등 오관의 감각기관을 총동원해서 작업의 정확성과 안전을 확인함
③ 공동작업자와의 연락, 신호를 위한 동작이나 지적도 포함하여 지적확인이라고 함

(2) 터치 앤 콜(Touch and Call) 기출 21년 2회
① 전원의 스킨십(Skinship)이라 할 수 있는 것으로 팀의 일체감, 연대감을 조성
② 대뇌구피질에 좋은 이미지를 불어넣어 안전행동을 유도함
③ 작업현장에서 동료끼리 서로의 피부를 맞대고 느낌을 교류하기 때문에 동료애가 표출됨

(3) 위험예지훈련(4R) 기출 17년 4회, 18년 2회, 19년 2회, 20년 4회
① 작업 전에 위험 요인을 미리 발견, 파악하고 그에 알맞은 대책을 강구
② 위험 요인을 제거, 방호, 격리 등의 안전조치를 취함으로써 안전을 확보하도록 하는 훈련
③ 직장 내에서의 소수인원으로 토의하고 생각하며 이해하는 훈련
④ 위험예지훈련의 4단계 기출 19년 1회, 20년 1·2회 통합, 20년 3회, 21년 1회, 22년 1회, 22년 2회, 24년 복원
  ㉠ 1단계(현상 파악) : 위험 요인이 어디에 있는지 위험 요인을 발견하고 파악하는 것
  ㉡ 2단계(본질 추구) : 현상 파악된 위험 요인 중 실제로 사고로 이어질 수 있는 중요한 요인을 결정하는 것
  ㉢ 3단계(대책 수립) : 중요한 위험 요인에 대한 예방 대책을 수립하는 것
  ㉣ 4단계(목표 설정) : 예방 대책을 실천하기 위한 행동 목표를 설정하는 것
⑤ 위험예지훈련의 응용기법
  ㉠ TBM(Tool Box Meeting) 기출 18년 4회, 19년 2회, 21년 4회, 23년 복원
    • 작업현장 근처에서 작업 전에 관리감독자(작업반장, 직장, 팀장 등)를 중심으로 작업자들이 모여 작업의 내용과 안전작업 절차 등에 대해 서로 확인 및 의논하는 활동
    • 5단계 추진법 : 도입 → 점검정비 → 작업지시 → 위험예지 → 확인
  ㉡ 원포인트 위험예지훈련 : 위험예지훈련 4라운드 중 2,3,4라운드를 모두 원포인트로 요약
  ㉢ 삼각위험예지훈련 : 위험예지훈련을 보다 빠르고 간편하게 전원참여로 할 수 있는 훈련으로 말하거나 쓰는 것이 미숙한 작업자를 위해 개발
  ㉣ 5C 운동 기출 18년 1회, 18년 4회, 21년 1회, 21년 2회

Correctness (복장단정)	• 작업자가 작업모, 작업복, 안전화 등을 흐트러짐이 없이 바르게 착용하고 바른 자세로 작업에 임하기 위함이다. • 단정한 복장은 마음가짐이나 태도를 바르게 하여 올바른 행동을 하게 한다.
Clearance (정리정돈)	• 정리란 필요한 물건과 필요하지 않는 물건을 구분하여 놓는 것이고, 정돈이란 필요한 물건을 일목요연하게 구분하여 편리한 장소에 놓는 것이다. • 정리정돈의 효과는 작업공간이 넓어지며, 물건을 찾는 일이 없어 작업능률이 향상된다.
Cleaning (청소청결)	• 청소란 더러운 것을 깨끗하게 치우는 것이고 청결이란 깨끗한 상태를 유지하는 것이다. • 청결한 작업환경은 작업자에게 정신적인 여유와 심리적인 안정을 가져온다.
Checking (점검확인)	• 사업장의 설비, 기계, 기구 및 작업방법에 있어 불안전한 상태 및 불안전한 행동 유무를 찾아내는 제반활동을 말한다. • 기계설비는 시간이 흐름에 따라 본래의 기능을 유지하기 어렵게 되고 이러한 불안전한 상태가 지속되면 재해로 연결된다. • 따라서 불안전한 상태, 불안전한 행동의 문제점을 발견하고 시정대책을 세운 다음 대책을 실시한다.
Concentration (전심전력)	• 사업장의 전체 근로자가 무재해를 달성하겠다는 일념으로 산재예방활동에 총력을 다하는 것이다. • 안전제안제도, 안전당번제도, 안전조례 등의 활동을 통해 안전의식을 고취시킨다.

(4) 브레인스토밍 〔기출〕 20년 1·2회 통합
① 여러 사람이 자유로운 발상으로 아이디어를 생산하는 아이디어 창조기법
② 정상적인 사람으로는 생각해 내기 어려운 기발하고 독창적인 아이디어를 도출하는 데 목적이 있음
③ 자유발언을 통해 머릿속에 떠오르는 아이디어를 모두 풀어놓음
④ 1938년 Alex Osborn에 의해 집단으로 문제를 해결할 수 있는 형태로 개발
⑤ 규 칙
  ㉠ 아이디어를 자유롭게 이야기
  ㉡ 상대방의 의견에 논박하지 않음
  ㉢ 아이디어에 대한 평가를 하지 않음
  ㉣ 가능한 모든 사람들이 참여
  ㉤ 새로운 방식으로 참가
  ㉥ 나쁜 아이디어는 없음
  ㉦ 생각이 떠오르는 대로 제시
⑥ 4원칙 〔기출〕 20년 3회, 20년 4회, 21년 1회
  ㉠ 자유분방 : 유연한 사고를 유도하기
  ㉡ 질보다 양 : 질은 나중에 생각하고 무조건 많이 쏟아내기
  ㉢ 비판금지 : 기존의 틀로 외부자극에 대한 방어자세를 취하지 않기
  ㉣ 결합과 개선 : 양을 질로 변화시키는 게 결합과 개선(지식에 지식을 더하기)

(5) STOP(Safety, Training, Observation, Program) 기법 〔기출〕 19년 4회
① 미국 듀퐁에서 개발한 것으로 각 계층의 감독자들이 숙련된 안전관찰을 통해 사고를 미연에 방지하기 위함
② 감독자들이 사고의 원인이 되는 작업자의 불안전행동을 발견, 제거, 예방하는 관찰기술, 점검사항, 조치방법을 수행토록 개발한 프로그램

05 안전보건관리계획

(1) 안전보건관리계획
① 안전관리를 계획적으로 수행하기 위하여 일정한 기간을 정하여 작성하는 계획
② 산재방지를 위하여 조직적이고 체계적인 대책을 추진하려면 연간 안전관리계획이 필요
③ 사업장별로 업종, 생산방법 등에 합당하며 장기적 관점으로 일관성이 있고, 안전수준에 적합해야 함
④ 다른 경영관리계획과 보조를 맞추어 계획하되, 그 내용이 전 근로자에게 충분한 이해가 되도록 짜여야 함
⑤ 안전보건관리계획은 산업재해 방지활동의 구체적인 프로그램이며, 안전보건관리체제는 그 실행을 위한 시스템임

(2) 안전보건관리계획 수립 시 고려사항 `기출` 19년 1회, 20년 1·2회 통합, 20년 4회, 23년 복원

① 타 관리계획과 균형이 되어야 함
② 안전보건을 저해하는 요인을 확실히 파악해야 함
③ 계획의 목표는 점진적으로 하여 높은 수준으로 함
④ 과거실적에 집착하여 현상에 만족하는 안일한 생각은 버려야 함
⑤ 경영층이 안전에 대하여 기본방침을 명확하게 근로자들에게 나타내어야 함
⑥ 종래의 설비나 작업방식을 전제하지 않고 오히려 그것을 거부한 수평적 사고방식으로 접근해야 함

(3) 안전보건관리계획의 운용

① 안전보건관리계획의 3가지 운용방향
  ㉠ 일반적 안전관리계획 : 연례행사적인 안전활동을 추진하기 위한 것으로 종합적인 계획임
  ㉡ 중점 안전관리계획
    • 재해감소
    • 개선계획
    • 안전의식 향상, 안전문화 향상, 안전행사 등
  ㉢ 특별 안전관리계획
    • 유해위험방지계획과 관련한 안전관리계획
    • 기계설비의 설치·이전·변경
    • 천재지변, 기상조건 등과 관련하여 발생한 주요 안전대책에 관한 사항

② 안전보건관리계획의 주요내용
  ㉠ 조직관리 : 직무, 역할, 책임한계, 담당자 선임, 규정 등
  ㉡ 안전보건교육
  ㉢ 안전점검과 검사 및 조사
  ㉣ 보호구 관리
  ㉤ 재해조사 및 보고
  ㉥ 유해위험기계설비 및 물질의 관리
  ㉦ 방재설비의 관리(화재예방 등)
  ㉧ 정리정돈 등 작업환경관리
  ㉨ 안전진단
  ㉩ 안전행사
  ㉪ 사업주, 노조, 감독기관의 지시요청 사항
  ㉫ 기타 재해예방에 필요한 사항

(4) 건설기술진흥법상 안전관리계획 수립대상 건설공사 `기출` 19년 1회, 22년 1회

① 「시설물의 안전 및 유지관리에 관한 특별법」에 따른 1종 시설물 및 2종 시설물의 건설공사(유지관리를 위한 건설공사 제외)
② 지하 10m 이상을 굴착하는 건설공사
③ 폭발물 사용으로 주변에 영향이 예상되는 건설공사(주변 20m 이내 시설물 또는 100m 내 가축사육)

④ 다음에 해당하는 공사
  ㉠ 10층 이상 16층 미만인 건축물의 건설공사
  ㉡ 10층 이상인 건축물의 리모델링 또는 해체공사
  ㉢ 「주택법」에 따른 수직증축형 리모델링
⑤ 다음에 해당하는 건설공사
  ㉠ 천공기(높이 10m 이상), 항타 및 항발기, 타워크레인을 사용하는 건설공사
  ㉡ 관계전문가로부터 구조적 안전성을 확인받아야 하는 가설구조물을 사용하는 건설공사
⑥ 그 외 건설공사 중 다음에 해당하는 공사
  ㉠ 발주자가 안전관리가 특히 필요하다고 인정하는 건설공사
  ㉡ 해당 지방자치단체의 조례로 정하는 건설공사 중에서 인·허가기관의 장이 안전관리가 특히 필요하다고 인정하는 건설공사

06 안전보건개선계획서

(1) 안전보건개선계획 수립·시행·명령 대상 사업장 기출 17년 4회, 18년 2회
① 산업재해율이 같은 업종의 규모별 평균산업재해율보다 높은 사업장
② 사업주가 필요한 안전조치 또는 보건조치를 이행하지 아니하여 중대재해가 발생한 사업장
③ 대통령령으로 정하는 수 이상의 직업성 질병자가 발생한 사업장
④ 유해인자의 노출기준을 초과한 사업장

(2) 안전보건개선계획서에 포함되어야 할 내용 기출 19년 4회
① 시설의 개선을 위해 필요한 사항
② 안전보건관리 체제
③ 안전보건관리 교육
④ 산업재해예방 및 작업환경의 개선을 위하여 필요한 사항

(3) 안전보건진단을 받아 안전보건개선계획을 수립·시행하도록 명할 수 있는 사업장 기출 21년 4회
① 산업재해율이 같은 업종 평균 산업재해율의 2배 이상인 사업장
② 사업주가 필요한 안전조치 또는 보건조치를 이행하지 아니하여 중대재해가 발생한 사업장
③ 직업성 질병자가 연간 2명 이상(상시근로자 1천명 이상 사업장의 경우 3명 이상) 발생한 사업장
④ 그 밖에 작업환경 불량, 화재·폭발 또는 누출 사고 등으로 사업장 주변까지 피해가 확산된 사업장으로서 고용노동부령으로 정하는 사업장

(4) 제출시기 기출 20년 3회, 21년 2회
안전보건개선계획의 수립·시행명령을 받은 사업주는 고용노동부장관이 정하는 바에 따라 안전 보건개선계획서(전자문서 포함)를 작성하여 그 명령을 받은 날부터 60일 이내에 관할 지방고용노동관서의 장에게 제출하여야 함

CHAPTER 02 안전보건관리 체제 및 운영

1과목 산업안전관리론

01 산업안전보건관리 체제

(1) 기본계획
① 기본방침
② 목 표
③ 대 책
④ 평 가

(2) 계획작성 시 고려사항
① 사업장의 실정에 맞도록 실현가능성 있도록 작성
② 계획의 목표는 점진적으로 하여 높은 수준으로 함
③ 직장 단위로 구체적으로 작성

(3) 안전보건관리규정
① <u>작성내용</u> 기출 19년 2회
  ㉠ 안전 및 보건에 관한 관리조직과 그 직무에 관한 사항
  ㉡ 안전보건교육에 관한 사항
  ㉢ 작업장의 안전 및 보건 관리에 관한 사항
  ㉣ 사고 조사 및 대책 수립에 관한 사항
  ㉤ 그 밖에 안전 및 보건에 관한 사항
② 작성 시의 유의사항
  ㉠ 안전보건관리규정은 단체협약 또는 취업규칙에 반할 수 없음
  ㉡ 안전보건관리규정 중 단체협약 또는 취업규칙에 반하는 부분에 관하여는 그 단체협약 또는 취업규칙으로 정한 기준에 따름
  ㉢ 안전보건관리규정을 작성하여야 할 사업의 종류, 사업장의 상시근로자 수 및 안전보건관리규정에 포함되어야 할 세부적인 내용, 그 밖에 필요한 사항은 고용노동부령으로 정함
③ 안전보건관리규정의 작성, 변경 절차
  ㉠ 사업주는 작성 변경시에는 산업안전보건위원회의 심의, 의결을 거쳐야 함
  ㉡ 산업안전보건위원회가 설치되어 있지 않은 사업장은 근로자 대표의 동의를 얻어야 함

④ 작성시기 기출 17년 4회, 18년 1회, 18년 4회, 20년 1·2회 통합, 22년 2회

최초 작성사유 발생일 기준 30일 이내 작성

⑤ 해당 사업의 종류 및 상시근로자 수 기출 21년 1회, 22년 1회

사업의 종류	상시근로자 수
1. 농업 2. 어업 3. 소프트웨어 개발 및 공급업 4. 컴퓨터 프로그래밍, 시스템 통합 및 관리업 5. 정보서비스업 6. 금융 및 보험업 7. 임대업(부동산 제외) 8. 전문, 과학 및 기술 서비스업(연구개발업은 제외) 9. 사업지원 서비스업 10. 사회복지 서비스업	300명 이상
11. 제1호부터 제10호까지의 사업을 제외한 사업	100명 이상

02 안전관리조직

(1) 안전관리조직의 목적

① 근로자의 안전, 설비의 안전을 확보하여 생산합리화에 기여
② 위험을 제거하고 생산을 관리하고 손실을 방지하여 근로자와 설비의 안전을 지키고, 생산합리화를 실현

(2) Line(직계)형 조직 기출 17년 4회, 18년 2회, 19년 1회, 20년 3회, 20년 4회, 21년 1회, 22년 2회

① 100명 이하의 소규모 기업에 적합
② 안전관리 계획에서 실시에 이르기까지 모든 업무를 생산라인을 통해 직선적으로 이루어지도록 편성
③ 장단점

장 점	단 점
• 안전에 관한 지시 및 명령 계통이 철저 • 안전대책의 실시가 신속하고 정확함 • 명령과 보고가 상하관계뿐으로 간단 명료	• 안전에 대한 지식 및 기술축적이 어려움 • 안전에 대한 정보수집, 신기술개발이 어려움 • 생산라인에 과도한 책임을 지우기 쉬움

(3) Staff(참모)형 조직 기출 19년 4회, 20년 1·2회 통합

① 중규모 사업장(100~1,000명 이하)에 적합한 조직
② 안전업무를 담당하는 안전담당 참모(Staff)가 있음
③ 안전담당 참모가 경영자에게 안전관리에 관한 조언과 자문
④ 생산은 안전에 대한 권한, 책임이 없음

⑤ 안전과 생산을 별개로 취급

장 점	단 점
• 사업장 특성에 맞는 전문적인 기술연구가 가능 • 경영자에게 조언과 자문역할을 할 수 있음 • 안전정보 수집이 빠름	• 안전지시나 명령이 작업자에게까지 신속 정확하게 전달되지 못함 • 생산부분은 안전에 대한 책임과 권한이 없음 • 권한다툼이나 조정 때문에 시간과 노력이 소모

(4) Line-Staff(직계참모)형 조직 기출 18년 1회, 22년 1회

① 대규모 사업장(1,000명 이상)에 적합한 조직
② 라인형과 스탭형의 장점만을 채택한 형태
③ 안전업무를 전담하는 스탭을 두고 생산라인의 각 계층에서도 각 부서장으로 하여금 안전업무를 수행
④ 라인과 스탭이 협조를 이루어 나갈 수 있고, 라인은 생산과 안전보건에 관한 책임을 동시에 부담
⑤ 안전보건업무와 생산업무가 균형을 유지할 수 있는 이상적인 조직
⑥ 장단점

장 점	단 점
• 안전에 대한 기술 및 경험축적이 용이 • 사업장에 맞는 독자적인 안전개선책 수립이 가능 • 안전지시나 안전대책이 신속하고 정확하게 전달	• 명령과 권고가 혼동되기 쉬움 • 스탭의 월권행위가 발생가능 • 라인이 스탭을 활용하지 않을 가능성 존재

(5) 프로젝트 조직 기출 19년 2회

① 과업중심의 조직
② 특정과제를 수행하기 위해 필요한 자원과 재능을 여러 부서로부터 임시로 집중
③ 문제해결 완료 후 다시 본래의 부서로 복귀하는 형태
④ 시간적 유한성을 가진 일시적으로 잠정적인 조직

(6) 사업부제 조직

① 라인조직에 여러 개의 사업부조직을 결합
② 본사 전체의 기능별 조직 + 개별 사업부별 기능별 조직
③ 기업규모가 크고 시장세분화가 필요한 상황에 적합
④ 장단점

장 점	단 점
• 기능 간의 연결과 조정이 잘 됨 • 외부환경에 유연하게 적응 • 소기업으로서 할 수 없는 것은 본사담당 • 부서원들에게 의사결정권이 분권화	• 규모의 비경제(중복시설, 중복 관리자 비용) • 사업부 간의 협조문제 • 전문성 한계(자신과 관련된 것만 앎)

(7) 매트릭스 조직

① 라인조직을 열로, 프로젝트조직을 행으로 구성
② 라인조직의 효율성/전문성 + 프로젝트 조직의 신축성/유연성
③ 외부환경의 변화가 심하고, 조직원의 능력이 뛰어난 경우

④ 자원 활용의 효율성을 극대화
⑤ 장단점

장 점	단 점
• 제품라인과 기능별 전문성이 모두 필요한 경우 • 고객이 요구하는 이중적 요구사항을 충족 • 인력과 시설 같은 중앙의 자원을 유용하게 사용 • 구성원들도 관심사에 따라 전문 노하우를 학습	• 이중보고체계로 혼선, 인간관계의 갈등 • 토론과 회의에 소모하는 시간비용

(8) 네트워크 조직
① 상호의존적
② 상대조직을 흡수하면 추가부담이 있어 서로 독립성을 유지한 채 상대방의 자원을 자신의 자원처럼 활용
③ 수평적 혹은 수직적인 신뢰관계로 연결
④ 지역적 N조직 : 핵심기능만 본사에서 운영, 나머지는 지역분산
⑤ 기능적 N조직 : 주요경영기능 간의 네트워크로 경영조직 구성

03 안전관계자

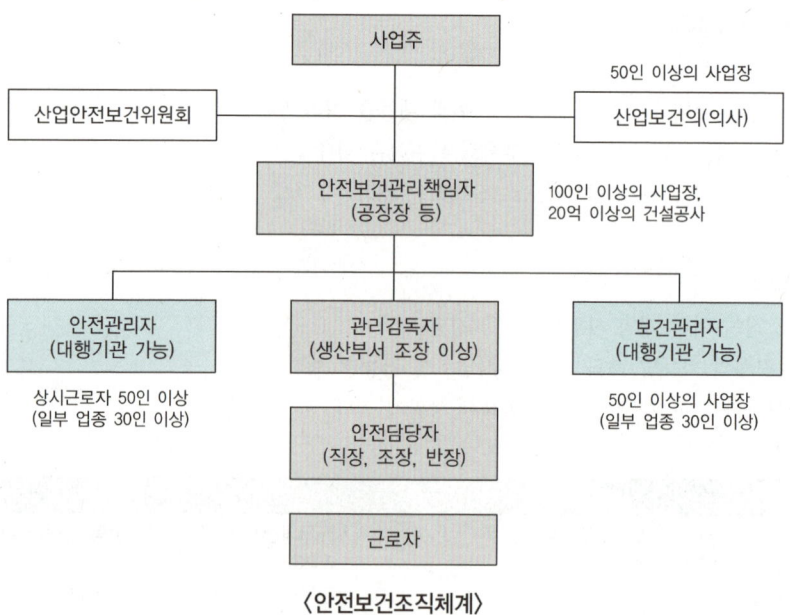

〈안전보건조직체계〉

(1) **안전보건관리책임자의 직무[100인(유해·위험업종은 50인) 이상 사업장, 공사금액 20억 이상 건설업]** 기출 21년 4회
① 산재예방계획의 수립에 관한 사항
② 안전보건관리규정의 작성 및 그 변경에 관한 사항
③ 근로자의 안전보건교육에 관한 사항

④ 작업환경측정 등 작업환경의 점검 및 개선에 관한 사항
⑤ 근로자의 건강진단 등 건강관리에 관한 사항
⑥ 산재원인조사 및 재발방지대책 수립에 관한 사항
⑦ 산재에 관한 통계의 기록 및 유지에 관한 사항
⑧ 안전보건과 관련된 안전장치 및 보호구 구입 시의 적격품 여부 확인에 관한 사항
⑨ 근로자의 유해・위험예방조치에 관한 사항으로서 고용노동부령으로 정하는 사항

(2) 관리감독자의 직무
① 기계・기구・설비의 안전보건 점검 및 이상 유무 확인
② 근로자의 작업복, 보호구, 방호장치의 점검 및 착용에 관한 교육・지도
③ 해당 사업장에서 발생한 산재에 관한 보고 및 이에 대한 응급조치
④ 해당 작업장 정리, 정돈, 통로확보에 대한 확인・감독
⑤ 해당 사업장의 산업보건의, 안전보건관리담당자, 안전관리자 및 보건관리자의 지도・조언에 대한 협조
⑥ 위험성평가에 관한 유해・위험요인의 파악 또는 개선조치의 시행에 대한 참여 업무
⑦ 그 밖에 해당 작업의 안전 및 보건에 관한 사항으로서 고용노동부령으로 정하는 사항

(3) 안전관리자의 업무
① **안전관리자가 수행하여야 할 업무** [기출] 17년 4회, 18년 1회, 19년 4회, 20년 4회
   ㉠ 산업안전보건위원회 또는 노사협의체에서 심의・의결한 업무와 해당 사업장의 안전보건관리규정 및 취업규칙에서 정한 업무
   ㉡ 위험성평가에 관한 보좌 및 지도・조언
   ㉢ 안전인증대상기계 등과 자율안전확인대상기계 등 구입 시 적격품의 선정에 관한 보좌 및 지도・조언
   ㉣ 해당 사업장 안전교육계획의 수립 및 안전교육 실시에 관한 보좌 및 지도・조언
   ㉤ 사업장 순회점검・지도 및 조치의 건의
   ㉥ 산업재해 발생의 원인 조사・분석 및 재발 방지를 위한 기술적 보좌 및 지도・조언
   ㉦ 산업재해에 관한 통계의 유지・관리・분석을 위한 보좌 및 지도・조언
   ㉧ 안전에 관한 사항의 이행에 관한 보좌 및 지도・조언
   ㉨ 업무수행 내용의 기록・유지
   ㉩ 그 밖에 안전에 관한 사항으로서 고용노동부장관이 정하는 사항
② **건설업 사업장에서 선임해야 할 안전관리자의 수** [기출] 18년 1회, 22년 2회
   ㉠ 1명 이상 : 공사금액 50억원 이상 800억원 미만
   ㉡ 2명 이상 : 공사금액 800억원 이상 1,500억원 미만
   ㉢ 3명 이상 : 공사금액 1,500억원 이상 2,200억원 미만
   ㉣ 4명 이상 : 공사금액 2,200억원 이상 3,000억원 미만
   ㉤ 5명 이상 : 공사금액 3,000억원 이상 3,900억원 미만
   ㉥ 6명 이상 : 공사금액 3,900억원 이상 4,900억원 미만
   ㉦ 7명 이상 : 공사금액 4,900억원 이상 6,000억원 미만

ⓞ 8명 이상 : 공사금액 6,000억원 이상 7,200억원 미만
ⓩ 9명 이상 : 공사금액 7,200억원 이상 8,500억원 미만
ⓧ 10명 이상 : 공사금액 8,500억원 이상 1조원 미만
ⓚ 11명 이상 : 1조원 이상(2,000억원마다 1명씩, 2조원 이상부터는 3천억원마다 1명씩 추가)

〈안전관리자를 두어야 하는 사업의 종류, 사업장의 상시근로자 수, 안전관리자의 수〉

기출 19년 1회, 21년 4회, 24년 복원

상시근로자수	안전관리자수	사업의 종류
50~500명 미만	1명 이상	1. 토사석 광업 2. 식료품 제조업, 음료 제조업 3. 섬유제품 제조업(의복 제외) 4. 목재 및 나무제품 제조업(가구 제외) 5. 펄프, 종이 및 종이제품 제조업 6. 코크스, 연탄 및 석유정제품 제조업 7. 화학물질 및 화학제품 제조업(의약품 제외) 8. 의료용 물질 및 의약품 제조업 9. 고무 및 플라스틱제품 제조업 10. 비금속 광물제품 제조업 11. 1차 금속 제조업 12. 금속가공제품 제조업(기계 및 가구 제외) 13. 전자부품, 컴퓨터, 영상, 음향 및 통신장비 제조업
500명 이상	2명 이상	14. 의료, 정밀, 광학기기 및 시계 제조업 15. 전기장비 제조업 16. 기타 기계 및 장비 제조업 17. 자동차 및 트레일러 제조업 18. 기타 운송장비 제조업 19. 가구 제조업 20. 기타 제품 제조업 21. 산업용 기계 및 장비 수리업 22. 서적, 잡지 및 기타 인쇄물 출판업 23. 폐기물 수집, 운반, 처리 및 원료 재생업 24. 환경 정화 및 복원업 25. 자동차 종합 수리업, 자동차 전문 수리업 26. 발전업 27. 운수 및 창고업
50~1,000명 미만 (부동산 관리업을 제외한 부동산업과 사진처리업의 경우 상시근로자 100~1,000명 미만)	1명 이상	28. 농업, 임업 및 어업 29. 제2호부터 제21호까지의 사업을 제외한 제조업 30. 전기, 가스, 증기 및 공기조절 공급업(발전업은 제외) 31. 수도, 하수 및 폐기물 처리, 원료 재생업(제23호 및 제24호에 해당하는 사업은 제외)
1,000명 이상	2명 이상	32. 도매 및 소매업 33. 숙박 및 음식점업 34. 영상·오디오 기록물 제작 및 배급업 35. 방송업 36. 우편 및 통신업 37. 부동산업 38. 임대업(부동산 제외) 39. 연구개발업 40. 사진처리업 41. 사업시설 관리 및 조경 서비스업

		42. 청소년 수련시설 운영업 43. 보건업 44. 예술, 스포츠 및 여가 관련 서비스업 45. 개인 및 소비용품수리업(제25호에 해당하는 사업은 제외) 46. 기타 개인 서비스업 47. 공공행정(청소, 시설관리, 조리 등 현업업무에 종사하는 사람으로서 고용노동부장관이 정하여 고시하는 사람으로 한정) 48. 교육서비스업 중 초등·중등·고등 교육기관, 특수학교·외국인학교 및 대안학교(청소, 시설관리, 조리 등 현업업무에 종사하는 사람으로서 고용노동부장관이 정하여 고시하는 사람으로 한정)
공사금액 50억~120억원 미만 (관계수급인은 100억원 이상, 토목공사업은 150억원 미만)	1명 이상	49. 건설업
공사금액 120억~800억원 미만 (토목공사업의 경우 150억 이상)		
공사금액 800억~1,500억원 미만	2명 이상	
공사금액 1,500억~2,200억원 미만	3명 이상	
공사금액 2,200억~3,000억원 미만	4명 이상	
공사금액 3,000억~3,900억원 미만	5명 이상	
공사금액 3,900억~4,900억원 미만	6명 이상	
공사금액 4,900억~6,000억원 미만	7명 이상	
공사금액 6,000억~7,200억원 미만	8명 이상	
공사금액 7,200억~8,500억원 미만	9명 이상	
공사금액 8,500억~1조원 미만	10명 이상	
1조원 이상	11명 이상 [2천억원마다 (2조원 이상부터는 3천억원마다) 1명씩 추가]	

(4) 보건관리자의 업무 기출 21년 1회

① 산업안전보건위원회 또는 노사협의체에서 심의·의결한 업무와 안전보건관리규정 및 취업규칙에서 정한 업무
② 안전인증대상기계등과 자율안전확인대상기계 등 중 보건과 관련된 보호구 구입 시 적격품 선정에 관한 보좌 및 지도·조언
③ 위험성평가에 관한 보좌 및 지도·조언
④ 물질안전보건자료의 게시 또는 비치에 관한 보좌 및 지도·조언
⑤ 산업보건의의 직무
⑥ 해당 사업장 보건교육계획의 수립 및 보건교육 실시에 관한 보좌 및 지도·조언
⑦ 해당 사업장의 근로자를 보호하기 위한 다음 각 목의 조치에 해당하는 의료행위
  ㉠ 자주 발생하는 가벼운 부상에 대한 치료
  ㉡ 응급처치가 필요한 사람에 대한 처치
  ㉢ 부상·질병의 악화를 방지하기 위한 처치

ⓔ 건강진단 결과 발견된 질병자의 요양지도 및 관리
　　　ⓜ 의료행위에 따르는 의약품의 투여
　⑧ 작업장 내에서 사용되는 전체 환기장치 및 국소 배기장치 등에 관한 설비의 점검과 작업방법의 공학적 개선에 관한 보좌 및 지도·조언
　⑨ 사업장 순회점검·지도 및 조치의 건의
　⑩ 산업재해 발생의 원인 조사·분석 및 재발 방지를 위한 기술적 보좌 및 지도·조언
　⑪ 산업재해에 관한 통계의 유지·관리·분석을 위한 보좌 및 지도·조언
　⑫ 법 또는 법에 따른 명령으로 정한 보건에 관한 사항의 이행에 관한 보좌 및 지도·조언
　⑬ 업무수행 내용의 기록·유지
　⑭ 그 밖에 작업관리 및 작업환경관리에 관한 사항으로서 고용노동부장관이 정하는 사항

(5) 안전보건관리담당자
① <u>아래의 업종의 경우 사업주는 상시근로자 20명 이상 50명 미만인 사업장에 안전보건관리담당자를 1명 이상 선임해야 함</u> 기출 22년 1회
　　ⓐ 제조업　　　　　　　　　　　　ⓑ 임 업
　　ⓒ 하수, 폐수 및 분뇨 처리업　　　ⓓ 폐기물 수집, 운반, 처리 및 원료 재생업
　　ⓔ 환경 정화 및 복원업의 경우

(6) 안전관리계획 작성 시 고려사항
① 목표와 대책과의 균형을 유지할 것
② 대책 작성에 있어서는 조감도를 작성할 것

(7) 대책의 우선순위 결정 시 고려사항
① 목표달성에 대한 기여도
② 대책의 긴급성에 의해 우선순위를 결정
③ 문제의 확대 가능성의 여부
④ 대책의 난이성에 따라 우선순위를 정하지 말 것

(8) 계획 내용의 주요항목 기출 19년 4회
① 중점사항과 세부실시사항　　　② 실시 시기
③ 실시 부서 및 실시 담당자　　　④ 실시상의 유의점
⑤ 실시 결과의 보고 및 확인

(9) 안전교육
① 일용직 근로자의 건설업 기초 안전보건교육 : 4시간 이상
② 대형사고로 이어질 수 있는 타워크레인의 신호작업에 종사하는 일용근로자 : 8시간 이상
③ 일용근로자를 제외한 근로자의 특별교육 : 16시간 이상

CHAPTER 03 재해조사 및 분석

1과목 산업안전관리론

01 산업재해조사

(1) 재해조사의 목적 기출 20년 1·2회 통합, 20년 4회

재해원인과 결함을 규명하여 동종재해, 유사재해의 재발방지

(2) 산업재해의 직접원인

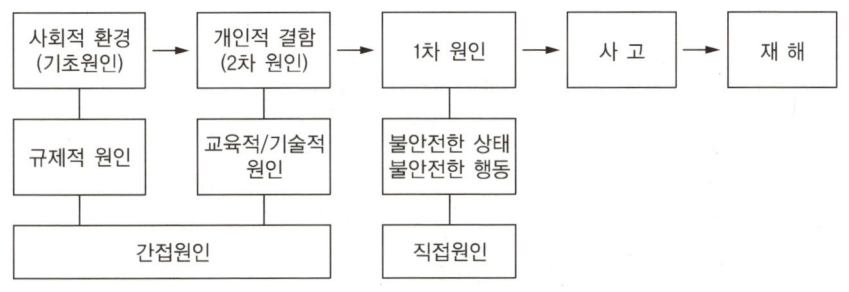

〈산업재해의 원인〉

① 인적 원인
  ㉠ 위험장소의 접근
  ㉡ 안전장치의 기능 제거
  ㉢ 보호구의 미착용, 잘못 착용
  ㉣ 기계·기구의 잘못 사용
  ㉤ 운전 중인 기계장치의 손실
  ㉥ 불안전한 속도 조작
  ㉦ 위험물 취급 부주의
  ㉧ 불안전한 상태 방치
  ㉨ 불안전한 자세 동작

② 물적 원인 기출 18년 2회, 19년 2회, 22년 1회
  ㉠ 물 자체의 결함
  ㉡ 안전방호장치의 결함
  ㉢ 보호구의 결함

② 생산공정의 결함
⑩ 기계의 배치 및 작업 장소, 경계표시의 결함
⑪ 작업환경의 결함 : 조명, 온도, 습도, 소음, 환기
⑫ 설비 자체의 결함 : 설계, 정비, 기계노후, 방호장치, 작업표준화 부족

(3) 산업재해의 간접원인 기출 18년 1회, 19년 1회, 20년 3회, 20년 4회, 21년 1회

① 기초 원인(사회적 결함)
  ㉠ 기술적 원인(10%) : 건물, 기계장치의 설계불량, 구조 및 재료의 부적합, 생산방법의 부적합, 점검 및 정비, 보존불량
  ㉡ 교육적 원인(70%) : 학교 교육적 원인(조직적 차원의 교육), 작업방법교육 부족, 훈련미숙, 유해위험작업 교육부족
  ㉢ 관리적 원인(20%) : 안전관리조직의 결함, 안전수칙이 미제정, 작업준비 불충분, 인원배치 부적당, 작업지시 부적당

② 2차 원인(개인적 결함)
  ㉠ 신체적 원인 : 신체적인 원인에 의한 결함
  ㉡ 정신적 원인 : 안전교육적 원인(개인적 차원의 교육)

(4) 사고조사의 방향

① 사고의 순수한 원인을 규명
② 재발방지를 위한 노력
③ 생산성 저해요인을 제거
④ 관리, 조직상의 장애요인 제거

(5) 재해 조사자의 유의사항 기출 18년 2회, 19년 2회, 21년 1회

① 조사는 2인 이상이 실시, 객관적 입장을 유지하고 사실 수집에 집중
② 조사는 가능한 빨리 현장이 변경되기 전에 실시하며, 2차 재해방지를 도모
③ 사고 직후 진술, 목격자의 주관적 진술을 구별하여 참고자료로 기록
④ 목격자의 설명을 듣고 피해자로부터 상황설명 청취
⑤ 현장상황에 대하여 사진이나 도면을 작성하고 기록
⑥ 책임추궁은 사실을 은폐하게 하므로 재발방지에 목적을 두고 조사

(6) 조사방법

① 현장보존을 위해 재해발생 직후에 실시
② 현장의 물적 증거를 수집
③ 현장을 사진 촬영하여 보관하고 기록
④ 목격자, 현장책임자 등에게 사고 상황을 들음
⑤ 특수재해, 중대재해는 전문가에게 조사를 의뢰

(7) 재해발생의 처리순서

긴급조치 → 재해조사 → 원인분석 → 대책수립 → 대책실시계획 → 실시 → 평가

① **긴급조치** [기출] 20년 3회
　㉠ 피재기계의 정지
　㉡ 피재자의 구조
　㉢ 피재자의 응급처치
　㉣ 관계자에게 통보

② **재해조사**
재해조사의 순서 중 제1단계인 사실의 확인. 즉, 4M에 의거 재해요인을 도출하여 육하원칙에 의거 시계열적으로 정리

③ **원인분석**
　㉠ 원인의 결정
　㉡ 직접원인(인적 원인, 물적 원인), 간접원인(4M)
　㉢ 4M : Man, Machine, Media, Management [기출] 20년 1·2회 통합, 22년 2회

④ **대책수립**
　㉠ 대책의 수립(재해조사의 순서 중 제4단계의 4M분석)
　㉡ 동종재해의 방지대책
　㉢ 유사재해의 방지대책

⑤ **대책실시계획**
각각의 대책내용마다 육하원칙에 의거 실시계획을 명확히 설정

⑥ **실시** : 계획된 사항을 현실에 맞도록 실시

⑦ **평가** : 실시한 결과가 효과가 있는지 평가

(8) 재해긴급처리, 재해사례연구

① **재해긴급처리** [기출] 21년 4회, 24년 복원
피재기계의 정지 → 피해자의 응급조치 → 관계자에게 통보 → 2차 재해방지 → 현장보존

② **재해사례연구** [기출] 17년 4회, 18년 4회, 19년 1회, 20년 1·2회 통합, 21년 4회, 22년 1회
　㉠ 재해 상황의 파악 → 사실의 확인 → 문제점 발견 → 근본적 문제점 결정 → 대책수립
　㉡ 과학적·객관적 입장을 유지하고 사실 수집에 집중
　㉢ 논리적인 분석이 가능해야 함
　㉣ 신뢰성이 있는 자료수집이 있어야 함

③ **재해사례연구의 주된 목적**
　㉠ 재해요인을 체계적으로 규명하여 이에 대한 대책을 세우기 위함
　㉡ 재해방지의 원칙을 습득해서 이것을 일상 안전보건활동에 실천하기 위함
　㉢ 참가자의 안전보건활동에 관한 견해나 생각을 깊게 하고 태도를 바꾸기 위함

(9) 재해조사

사실의 확인 → 직접원인과 문제점 발견 → 기본원인과 근본적 문제의 결정 → 대책수립

① **사실의 확인**
   ㉠ 육하원칙 의거 현장에 대한 구체적인 조사 실시
   ㉡ 작업시작부터 재해발생까지의 사실관계를 명확히 밝힘
   ㉢ Man : 작업내용, 성별, 연령, 직종, 소속, 경험, 연수, 자격, 면허, 불안전한 행동 등을 조사
   ㉣ Machine : 기계, 설비, 치공구, 안전장치, 방호설비, 물질, 재료 등 불안전한 상태의 유무 조사
   ㉤ Media : 명령, 지시, 연락, 정보유무, 사전협의, 작업방법, 작업조건, 작업순서, 작업환경 조사
   ㉥ Management : 관련법규, 규정, 교육 및 훈련, 순시, 점검, 확인, 보고 등에 대하 조사

② **직접원인과 문제점의 발견**
   ㉠ 사실의 확인을 통해 재해의 직접원인 확정
   ㉡ 그 직접원인이 제반기준과 어긋난 것이 없는가 확인

③ **기본원인과 근본적 문제의 결정**
   직접원인에 해당하는 불안전한 행동 및 상태를 유발시키는 기본원인을 4M에 의거하여 분석하고 결정

④ **대책수립**
   ㉠ 사실확인, 직접원인 발견, 기본원인 분석 등의 절차를 통해 밝혀진 문제점으로부터 방지대책 수립
   ㉡ 대책은 구체적으로 실시 가능한 것이어야 함
   ㉢ 산업안전보건위원회의 심의를 거침
   ㉣ 시정해야 할 대책 중 순위를 결정
   ㉤ 대책수립 후 실시계획 수립
   ㉥ 유사재해 방지대책 동시 수립

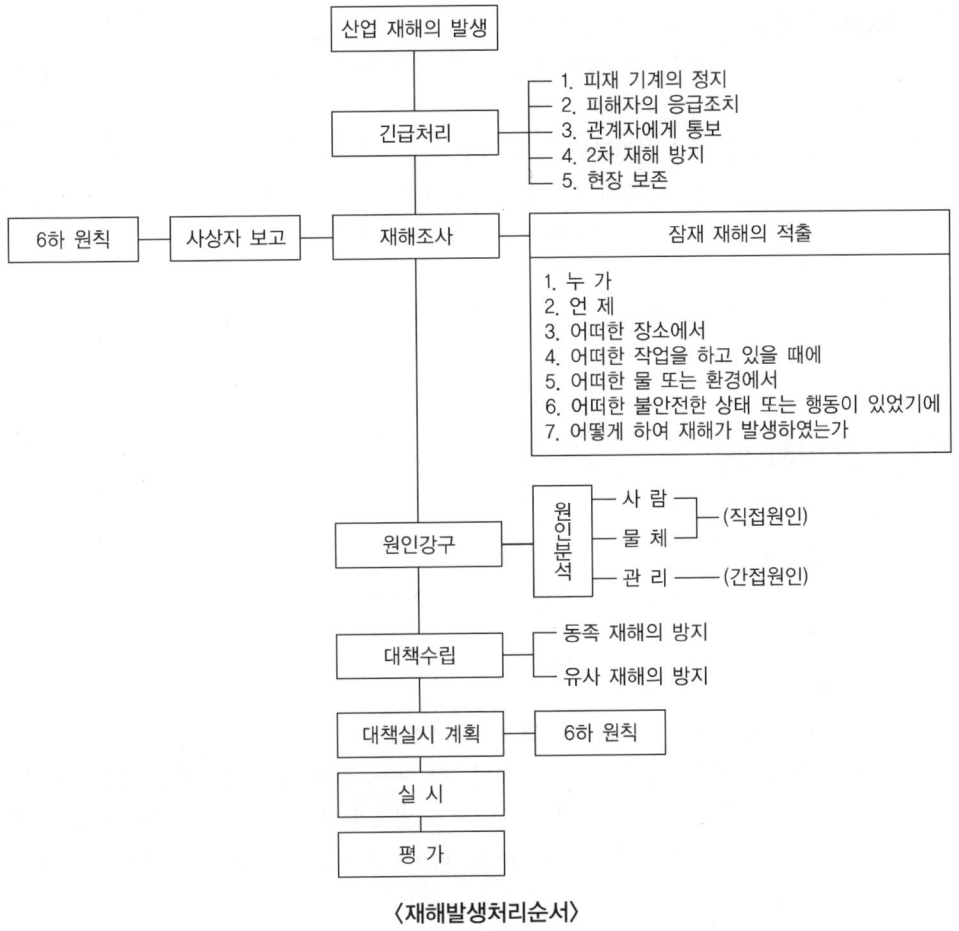

〈재해발생처리순서〉

(10) 재해발생의 메커니즘

① **집중형(단순 자극형)** 기출 20년 3회

재해가 일어난 장소나 그 시점에 일시적으로 요인이 집중되어 사고가 발생

② **연쇄형** 기출 21년 2회

㉠ 하나의 사고요인이 다른 요인을 발생시키면서 연쇄적으로 발생

㉡ 하나의 원인만 제거하면 사고는 일어나지 않음

③ 혼합형

㉠ 집중형과 연쇄형이 복합적으로 발생

㉡ 도미노이론이 적용되지 않는 이론

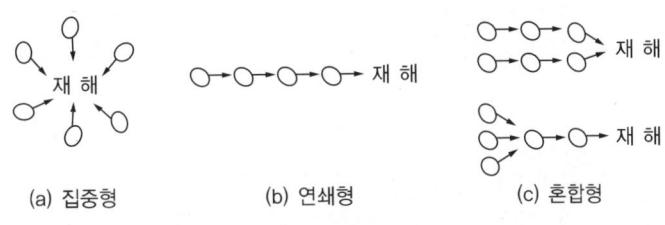

〈재해발생 매커니즘〉

(11) **건설사고조사위원회** [기출] 18년 2회, 18년 4회, 21년 2회
① 건설사고조사위원장 1인을 포함하여 12명 이내의 위원으로 구성하며, 위원을 선정할 때는 건설사고 발생현황보고서 등을 참고하여 선정
② 건설사고조사위원장은 국토교통부장관 또는 발주청 등이 임명
③ 건설사고조사위원은 공정성과 형평성 등을 위하여 전문분야별 출신학교, 직업, 시민단체, 연령 등이 어느 한쪽에 편중되지 아니하도록 함
④ 건설사고 조사 중 전문분야의 변경 등 위원교체가 필요할 때에는 위원장의 요구에 의하여 국토교통부장관, 발주청 등이 교체할 수 있음

02 산업재해분석

(1) **통계적 원인 분석**
각 요인의 상호 관계와 분포 상태 등을 거시적으로 분석

(2) **통계적 원인 분석 방법**
① 파레토도(Pareto Diagram) 분석 [기출] 20년 4회, 21년 1회, 24년 복원
㉠ 사고유형, 기인물, 불안전한 상태, 불안전한 행동을 하나의 축으로 하고, 그것을 구성하고 있는 몇 개의 분류 항목을 크기가 큰 순서대로 나열하여 비교하기 쉽게 도시한 통계 양식의 도표
㉡ 관리대상이 많은 경우 최소의 노력으로 최대의 효과를 얻을 수 있는 방법
㉢ 전체 재해 중에서 가장 중요한 문제점을 발견하고 문제점의 원인을 조사하고, 개선대책과 효과를 알고 할 때 유리함
㉣ 조사사항을 결정하고 분류항목을 선정한 후에 선정된 항목의 대한 데이터를 수집하고 정리함
㉤ 수집된 데이터를 이용하여 막대그래프를 그리고 누적 곡선을 그림

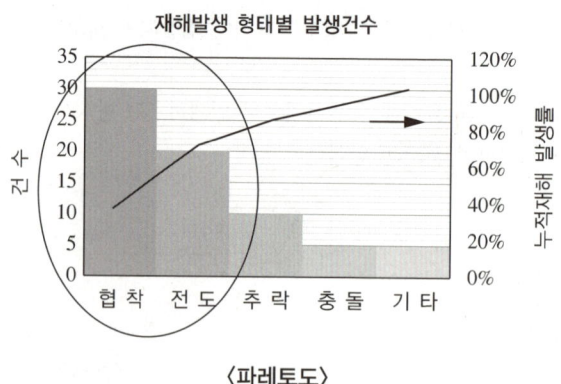

〈파레토도〉

② 특성요인도(Cause&Effect Diagram) 분석 [기출] 19년 2회
　㉠ 특성과 요인관계를 어골상으로 세분하여 연쇄관계를 나타내는 방법
　㉡ 원인요소와의 관계를 상호의 인과관계만으로 결부시키며 브레인스토밍 기법 활용

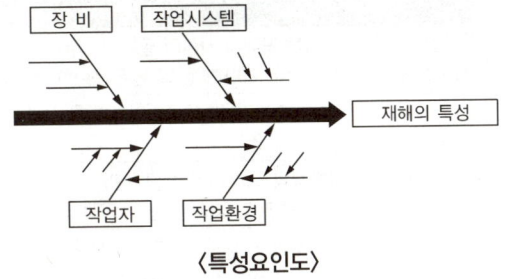

〈특성요인도〉

③ 클로즈(Close) 분석
　㉠ 2개 이상의 요인이 서로 밀접한 상호관계를 유지할 때 사용되는 방법
　㉡ 요인별 결과내역을 교차한 클로즈도를 작성
　㉢ 불안전한 상태와 행동이 겹쳐서 발생할 확률 = 불안전한 행동에 의한 재해건수/전체 재해건수 ×
　　불안전한 상태에 의한 재해건수/전체 재해건수

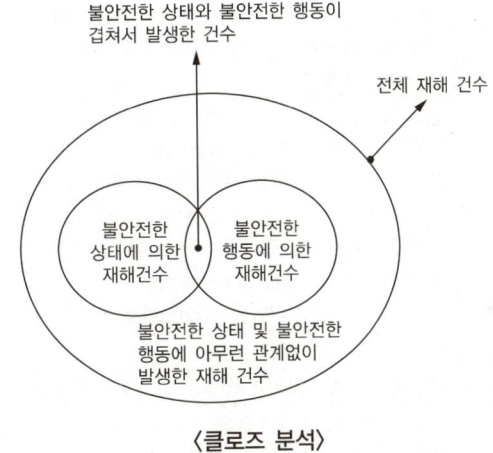

〈클로즈 분석〉

④ 관리도 분석 [기출] 18년 4회
　㉠ 재해건수를 관리하기 위해 월별 발생수를 그래프화하여 관리선을 설정하는 방법
　㉡ 재해발생건수 등의 추이를 파악하여 목표관리를 행하는 데 필요한 월별 재해발생수를 그래프화 함
　㉢ 재해가 UCL을 벗어나는 경우 관리구역을 설정하여 관리함

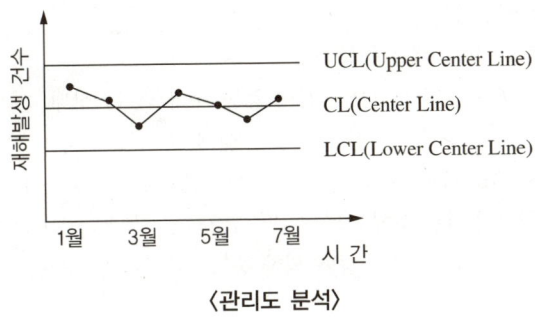

〈관리도 분석〉

(3) 산업재해 발생형태

재해 및 질병이 발생된 형태 또는 사람에게 상해를 입힌 기인물과 상관된 현상을 말하는 것으로 기존의 한자 중심의 산업재해 명칭을 알기 쉬운 우리말 중심으로 용어를 변경하였음

한자중심의 산업재해명칭	우리말 중심의 산업재해명칭
추락	"떨어짐(높이가 있는 곳에서 사람이 떨어짐)"이라 함은 사람이 인력(중력)에 의하여 건축물, 구조물, 가설물, 수목, 사다리 등의 높은 장소에서 떨어지는 것
전도	"넘어짐(사람이 미끄러지거나 넘어짐)"이라 함은 사람이 거의 평면 또는 경사면, 층계 등에서 구르거나 넘어지는 경우
전도	"깔림·뒤집힘(물체의 쓰러짐이나 뒤집힘)"이라 함은 기대어져 있거나 세워져 있는 물체 등이 쓰러져 깔린 경우 및 지게차 등의 건설기계 등이 운행 또는 작업 중 뒤집어진 경우
충돌	"부딪힘(물체에 부딪힘)·접촉"이라 함은 재해자 자신의 움직임·동작으로 인하여 기인물에 접촉 또는 부딪히거나, 물체가 고정부에서 이탈하지 않은 상태로 움직임(규칙, 불규칙)등에 의하여 부딪히거나, 접촉한 경우
낙하·비래	"맞음(날아오거나 떨어진 물체에 맞음)"이라 함은 구조물, 기계 등에 고정되어 있던 물체가 중력, 원심력, 관성력 등에 의하여 고정부에서 이탈하거나 또는 설비 등으로부터 물질이 분출되어 사람을 가해하는 경우
붕괴·도괴	"무너짐(건축물이나 쌓여진 물체가 무너짐)"이라 함은 토사, 적재물, 구조물, 건축물, 가설물 등이 전체적으로 허물어져 내리거나 또는 주요 부분이 꺾여져 무너지는 경우
협착	"끼임(기계설비에 끼이거나 감김)"이라 함은 두 물체 사이의 움직임에 의하여 일어난 것으로 직선 운동하는 물체 사이의 끼임, 회전부와 고정체 사이의 끼임, 로울러 등 회전체 사이에 물리거나 또는 회전체·돌기부 등에 감긴 경우
절단·베임·찔림	절단·베임·찔림
감전	"감전"이라 함은 전기설비의 충전부 등에 신체의 일부가 직접 접촉하거나 유도 전류의 통전으로 근육의 수축, 호흡곤란, 심실세동 등이 발생한 경우 또는 특별고압 등에 접근함에 따라 발생한 섬락 접촉, 합선·혼촉 등으로 인하여 발생한 아아크에 접촉된 경우
폭발·파열	"폭발"이라 함은 건축물, 용기 내 또는 대기 중에서 물질의 화학적·물리적 변화가 급격히 진행되어 열, 폭음, 폭발압이 동반하여 발생하는 경우
화재	"화재"라 함은 가연물에 점화원이 가해져 비의도적으로 불이 일어난 경우를 말하며, 방화는 의도적이기는 하나 관리할 수 없으므로 화재에 포함시킴
무리한 동작	불균형 및 무리한 동작
이상온도접촉	"이상온도 노출·접촉"이라 함은 고·저온 환경 또는 물체에 노출·접촉된 경우
화학물질 노출	"유해·위험물질 노출·접촉"이라 함은 유해·위험물질에 노출·접촉 또는 흡입하였거나 독성동물에 쏘이거나 물린 경우
산소결핍	"산소결핍·질식"이라 함은 유해물질과 관련 없이 산소가 부족한 상태·환경에 노출되었거나 이물질 등에 의하여 기도가 막혀 호흡기능이 불충분한 경우

(4) 상해의 종류 기출 19년 4회

① 골절 : 뼈가 부러진 상해
② 동상 : 저온물 접촉으로 생긴 동상상해
③ 부종 : 국부의 혈액순환의 이상으로 몸이 퉁퉁 부어오르는 상태
④ 찔림(자상) : 칼날 등 날카로운 물건에 찔린 상해
⑤ 타박상(좌상) : 타박·충돌·추락 등으로 피부표면보다는 피하조직 또는 근육부를 다친 상해
⑥ 절단 : 신체부위가 절단된 상해
⑦ 중독·질식 : 음식·약물·가스 등에 의한 중독이나 질식된 상태

⑧ 찰과상 : 스치거나 문질러서 벗겨진 상해
⑨ 베임(창상) : 창, 칼 등에 베인 상해
⑩ 화상 : 화재 또는 고온물 접촉으로 인한 상해
⑪ 뇌진탕 : 머리를 세게 맞았을 때 장해로 일어난 상해
⑫ 익사 : 물 등에 익사된 상해
⑬ 피부병 : 직업과 연관되어 발생 또는 악화되는 피부 질환
⑭ 청력장해 : 청력이 감퇴 또는 난청이 된 상태
⑮ 시력장해 : 시력이 감퇴 또는 실명된 상태
⑯ 기타 : 1~15항목으로 분류 불능 시 상해명칭 기재

(5) **재해발생의 분석** 기출 17년 4회, 19년 1회, 19년 4회, 21년 2회, 22년 2회, 23년 복원, 24년 복원
① 기인물 : 불안전한 상태에 있는 물체(환경포함)
② 가해물 : 직접 사람에게 접촉되어 위해를 가한 물체
③ 사고의 형태 : 물체와 사람과의 접촉현상
　예) 불안전한 작업대에서 작업 중 추락하여 지면에 머리가 부딪혀 다친 경우에 기인물은 작업대, 가해물은 지면이 됨

03 재해예방원칙

(1) **하인리히의 재해예방 4원칙** 기출 17년 4회, 18년 1회, 18년 2회, 19년 4회, 20년 3회, 20년 4회, 22년 1회, 22년 2회, 23년 복원, 24년 복원
① 손실우연의 법칙 : 사고로 인한 손실(상해)의 종류 및 정도는 우연적
② 원인계기의 원칙 : 사고는 여러 가지 원인이 연속적으로 연계되어 일어남
③ 예방가능의 원칙 : 사고는 예방이 가능
④ 대책선정의 원칙 : 사고예방을 위한 안전대책이 선정되고 적용되어야 함
　㉠ 기술적(공학적 대책) : 안전설계, 작업행정의 개선, 안전 기준의 설정, 환경 설비의 개선 점검 보존의 확립
　㉡ 교육적 : 안전교육 및 훈련
　㉢ 규제적 : 엄격한 규칙에 의해 제도적으로 시행

(2) **재해예방활동 3원칙**
① 재해요인의 발견
② 재해요인의 제거
③ 재해요인발생의 예방

(3) 건설업의 산업재해예방

① 건설공사발주자의 산업재해 예방 조치
  ㉠ 건설공사 계획단계 : 건설공사에서 중점적으로 관리하여야 할 유해·위험요인과 이의 감소방안을 포함한 기본안전보건대장을 작성
  ㉡ 건설공사 설계단계 : 기본안전보건대장을 설계자에게 제공, 설계자로 하여금 유해·위험요인의 감소방안을 포함한 설계안전보건대장을 작성하게 하고 이를 확인
  ㉢ 건설공사 시공단계 : 건설공사발주자로부터 건설공사를 최초로 도급받은 수급인에게 설계안전보건대장을 제공, 이를 반영하여 안전한 작업을 위한 공사안전보건대장을 작성하게 하고 그 이행여부를 확인

② 안전보건조정자(Safety Coordinator)
  ㉠ 2개 이상의 건설공사를 도급한 건설공사발주자는 그 2개 이상의 건설공사가 같은 장소에서 행해지는 경우에 작업의 혼재로 인하여 발생할 수 있는 산업재해를 예방하기 위하여 건설공사금액의 합이 50억원 이상인 경우 건설공사 현장에 안전보건조정자를 두어야 함
  ㉡ 안전보건조정자를 두어야 하는 건설공사발주자는 분리하여 발주되는 공사의 착공일 전날까지 안전보건조정자를 선임하거나 지정하여 각각의 공사 도급인에게 그 사실을 알려야 함

안전보건조정자의 자격	• 산업안전지도사, 건설안전기술사, • 발주청이 선임한 공사감독자 • 공사의 책임감리자 • 종합공사에 해당하는 건설현장에서 안전보건관리책임자로서 3년 이상 재직한 사람 • 건설안전기사 취득후 건설안전분야에서 5년이상 실무경력이 있는 사람 • 건설안전산업기사 취득후 건설안전분야에서 7년이상 실무경력이 있는 사람
안전보건조정자의 업무	• 공사간에 혼재된 작업의 파악 • 산업재해 발생의 위험성 파악 • 산업재해를 예방하기 위한 작업의 시기·내용·안전보건조치 등의 조정 • 도급인의 안전보건관리책임 간 작업 내용에 관한 정보 공유 여부의 확인

③ 공사기간 단축 및 공법변경 금지
  ㉠ 건설공사발주자 또는 건설공사도급인은 설계도서 등에 따라 산정된 공사기간 단축금지
  ㉡ 건설공사발주자 또는 건설공사도급인은 공사비를 줄이기 위하여 위험성이 있는 공법을 사용하거나 정당한 사유 없이 정해진 공법을 변경금지

④ 건설공사 기간을 연장할수 있는 사유가 발생한 경우
  ㉠ 태풍·홍수 등 악천후, 전쟁·사변, 지진, 화재, 전염병, 폭동, 그 밖에 계약 당사자가 통제할 수 없는 사태의 발생 등 불가항력의 사유가 있는 경우
  ㉡ 건설공사발주자에게 책임이 있는 사유로 착공이 지연되거나 시공이 중단된 경우

⑤ 재해발생이 위험이 높다고 판단되어 설계변경을 요청할 수 있는 대상
  ㉠ 높이가 31m 이상인 비계
  ㉡ 작업발판 일체형 거푸집 또는 높이 6m 이상인 거푸집 동바리
  ㉢ 터널의 지보공 또는 높이 2m 이상인 흙막이 지보공
  ㉣ 동력을 이용하여 움직이는 가설구조물

산업재해통계

1과목 산업안전관리론

01 산업재해통계

(1) 산업재해통계(산업재해통계업무처리규정) 24년 복원
  ① 재해자수 : 근로복지공단의 휴업급여를 지급받은 재해자(질병에 의한 재해와 사업장 밖의 교통사고·체육행사·폭력행위로 발생한 재해는 제외)
  ② 사망자수 : 근로복지공단의 유족급여가 지급된 사망자와 지방고용노동관서에 산업재해조사표가 제출된 사망자를 합산(질병에 의해 사망한 경우와 사업장 밖의 교통사고·체육행사·폭력행위에 의한 사망, 사고발생일로부터 1년을 경과하여 사망한 경우는 제외)
  ③ 임금근로자수 : 통계청의 경제활동인구조사상 임금근로자수(건설업 근로자수는 통계청 건설업조사 피고용자수의 경제활동인구조사 건설업 근로자수에 대한 최근 5년 평균 배수를 산출하여 경제활동인구조사 건설업 임금근로자수에 곱하여 산출)
  ④ 요양재해율 : 근로자수 100명당 발생하는 요양재해자수의 비율, 요양재해율 = (요양재해자수 / 산재보험적용근로자수) × 100
  ⑤ 도수율(빈도율) : 1,000,000 근로시간당 요양재해발생 건수, 도수율(빈도율) = 요양재해건수 / 연근로시간수 × 1,000,000
  ⑥ 강도율 : 근로시간 합계 1,000시간당 요양재해로 인한 근로손실일수, 강도율 = (총요양근로손실일수 / 연근로시간수) × 1,000 (총요양근로손실일수는 요양재해자의 총 요양기간을 합산하여 산출)
  ⑦ 산재보험적용근로자수 : 산업재해보상보험법이 적용되는 근로자수
  ⑧ 요양재해자수 : 근로복지공단의 유족급여가 지급된 사망자 및 근로복지공단에 최초요양신청서를 제출한 재해자 중 요양승인을 받은 자와 지방고용노동관서에 산업재해조사표가 제출된 재해자를 합산한 수

(2) 산재율
  ① 재해율 = 재해자수/근로자수 × 100
  ② 사망만인율 = 사망자수/임금근로자수 × 10,000
  ③ 연천인율 = 재해건수/근로자수 × 1,000 = 도수율 × 2.4 [기출] 20년 4회, 21년 2회
  ④ 종합재해지수 = $\sqrt{도수율 \times 강도율}$
  ⑤ 도수율 = 재해건수/총연근로시간수 × 1,000,000 [기출] 18년 4회, 19년 4회, 20년 3회
  ⑥ 강도율 = 근로손실일수/총연근로시간수 × 1,000 [기출] 17년 4회, 18년 2회, 19년 1회, 19년 2회, 20년 1·2회 통합, 21년 1회, 22년 1회, 22년 2회, 23년 복원

㉠ 산업재해로 인한 근로손실일수의 정도를 나타냄
㉡ 사망/영구장애 : 7,500일(1~3급)
㉢ 영구 일부노동 불능 신체장해등급 : 4~14급(5500~50일)
㉣ 일시 전노동 불능 재해 : 휴업일수 × 300/365
㉤ 근로손실일수의 영구 일부 노동불능상해는 휴무일수에 연간 일할비율(300/365)을 곱하여 산출함
㉥ 평균강도율 = 강도율/도수율 × 1000(재해 한 건당 근로손실일수가 얼마나 높은 정도) 기출 18년 1회

구 분	사 망	신체장해자등급										
		1~3	4	5	6	7	8	9	10	11	12	13	14
근로손실일수(일)	7,500	7,500	5,500	4,000	3,000	2,200	1,500	1,000	600	400	200	100	50

⑦ 환산도수율[평생(10만 시간) 동안 재해를 입을 수 있는 건수] = 도수율 × 0.1
⑧ 환산강도율[평생(10만 시간) 동안 재해로 인한 근로손실일수] = 강도율 × 100
⑨ 안전활동률 = 백만시간당 안전활동건수/(연평균근로자수 × 연근로시간수) 기출 20년 4회
⑩ Safe T Score = [도수율(현재) – 도수율(과거)] / [$\sqrt{과거도수율/현재근로총시간수 × 백만}$]

(3) 산업재해비용 산출

① 하인리히방식 기출 17년 4회, 19년 1회, 20년 4회, 21년 1회, 21년 2회, 21년 4회
  ㉠ 총재해비 = 직접비(1) + 간접비(4)
  ㉡ 1대 4의 경험법칙으로 재해손실비용은 직접비의 5배
  ㉢ 직접비 : 요양급여, 휴업급여, 장해급여, 간병급여, 유족급여, 상병보상연금, 장의비, 직업재활급여
  ㉣ 간접비 : 인적손실, 물적손실, 생산손실, 임금손실, 시간손실, 기타손실

② 시몬즈 방식
  ㉠ 미국 미시건 주립대학의 교수인 시몬즈는 하인리히의 1 : 4의 직·간접손실 비용의 방식 대신 평균치 계산방식을 제시함
  ㉡ 전체 재해비용 = 보험비용 + 비보험비용
  ㉢ 비보험비용 = A × 휴업상해건수 + B × 통원치료상해건수 + C × 응급조치건수 + D × 무상해건수 기출 18년 1회, 20년 1·2회 통합, 20년 3회
  ㉣ A, B, C, D : 상수로 휴업상해, 통원치료 상해, 응급처치, 무상해사고에 대한 평균 비보험 비용
  ㉤ 보험비용
    • 보험금 총액
    • 보험회사의 보험에 관련된 제경비와 이익금
  ㉥ 비보험비용
    • 작업중지에 따른 임금손실
    • 기계설비 및 재료의 손실비용
    • 신규 근로자의 교육훈련비용
    • 기타 제경비

ⓐ 시몬즈 방식의 재해코스트 기출 19년 2회, 19년 4회, 22년 1회, 23년 복원, 24년 복원

분 류	내 용
휴업상해(A)	영구 부분노동 불능, 일 시전노동 불능
통원상해(B)	일시 일부노동 불능, 의사의 조치를 요하는 통원상해
응급처치(C)	20달러 미만의 손실 또는 8시간 미만의 휴업손실 상해
무상해사고(D)	의료조치를 필요로 하지 않는 경미한 상해, 사고 및 무상해사고

③ 버드 방식

㉠ 총재해비 = 직접비(1) + 간접비(5)

㉡ 직접비 : 상해사고와 관련되는 의료비, 보상비

㉢ 간접비 = 비보험 재산손실비용 + 비보험 기타손실비용

㉣ 비보험 재산손실비용(쉽게 측정) : 건물손실, 기구 및 장비손실, 제품 및 재료손실, 조업중단 및 지연

㉤ 비보험 기타손실비용(쉽게 측정곤란) : 시간조사, 교육, 임대 등 기출 18년 2회

구 분	직접비	간접비	
	보험비	비보험 재산손실비용	비보험 기타손실비용
구성 비율	1	5~50	1~3

④ 콤패스방식

㉠ 총재해비 = 개별 비용비 + 공용 비용비

㉡ 개별비용비 : 직접손실

㉢ 공용비용비 : 보험료, 안전보건유지비, 기업명예비 등의 추상적 비용

CHAPTER 05 안전점검 및 검사

1과목 산업안전관리론

01 안전점검

(1) 안전점검의 의의
　① 설비의 안전확보
　② 설비의 안전상태 유지
　③ 인적인 안전 행동 상태의 유지

(2) **안전점검의 종류** 기출 17년 4회
　① **정기점검(계획점검)** : 법적기준, 사내기준에 따라 정기적으로 실시 기출 20년 1·2회 통합
　② **수시점검(일상점검)** : 작업 전·중·후에 일상적으로 실시
　　※ 작업 중 점검 : 품질의 이상 유무, 안전수칙 준수 여부, 이상소음 발생유무 기출 19년 4회
　③ **특별점검** : 신설, 변경, 고장, 수리 등으로 비정기적으로 실시(천재지변 후, 중대재해발생 후)
　　　　　　　　　　　　　　　　　　　　　　　　　　　　　기출 19년 1회, 20년 3회, 21년 2회
　④ **임시점검** : 정기점검 사이 임시적으로 실시하는 점검

(3) 안전점검의 목적
　① 결함이나 불안전한 상태 제거
　② 기계, 설비의 본래 성능유지
　③ 합리적인 생산관리

(4) 점검방법
　① **외관점검** : 기계설비의 외관을 시각, 촉각적으로 조사
　② **기능점검** : 기계설비의 기능적 양부를 확인
　③ **작동점검** : 안전장치 등을 정해진 순서에 의해 작동시켜 양부를 확인
　④ **종합점검** : 정해진 점검기준에 의해 측정·검사하고, 일정조건하에서 운전시험하여 종합적인 기능을 확인

(5) 안전점검의 순서
　① 현장 파악
　② 결함 발견
　③ 대책 결정
　④ 대책 실시

(6) 안전점검 시 유의사항
① 다양한 점검방법을 병용
② 점검자의 능력에 상응하는 점검 실시
③ 과거의 재해발생 부분은 그 재해원인이 제거되었는지 확인
④ 불량한 부분이 발견된 경우에는 다른 같은 설비도 점검
⑤ 발견된 불량 부분은 원인을 조사하고 필요한 대책을 강구
⑥ 안전점검은 안전수준의 향상을 목적을 함

(7) 체크리스트에 포함되어야 하는 사항
① 점검대상
② 점검부분
③ 점검항목
④ 점검주기
⑤ 점검방법
⑥ 판정기준
⑦ 조치사항

(8) 체크리스트 판정 시 유의사항
① 판정기준의 종류가 두 종류인 경우 적합 여부를 판정
② 한 개의 절대척도나 상대척도에 의할 때는 수치로 나타낼 것
③ 복수의 절대척도나 상대척도에 조합된 문항은 기준점수 이하로 나타낼 것
④ 대안과 비교하여 양부를 판정
⑤ 경험하지 않은 문제나 복잡하게 예측되는 문제 등은 관계자와 협의하여 종합 판정

(9) **크레인, 리프트 사용 시 작업 전 점검사항** 기출 18년 2회
① 크레인 작업 시
  ㉠ 권과방지장치, 브레이크, 클러치, 운전장치의 기능
  ㉡ 주행로의 상측 및 트롤리가 횡행하는 레일의 상태
  ㉢ 와이어로프가 통하고 있는 곳의 상태
② **이동식 크레인 작업 시** 기출 18년 4회
  ㉠ 권과방지장치나 그 밖의 경보장치의 기능
  ㉡ 브레이크, 클러치, 조정장치의 기능
  ㉢ 와이어로프가 통하고 있는 곳의 상태

02 안전인증

(1) 안전인증대상 기계 `기출` 18년 1회, 20년 3회, 21년 1회, 21년 2회
  ① 프레스
  ② 전단기 및 절곡기
  ③ 크레인
  ④ 리프트
  ⑤ 압력용기
  ⑥ 롤러기
  ⑦ 사출성형기
  ⑧ 고소작업대
  ⑨ 곤돌라

(2) 안전인증대상 방호장치 `기출` 18년 2회, 23년 복원
  ① 프레스 및 전단기 방호장치
  ② <u>양중기(크레인, 리프트, 곤돌라, 승강기)용 과부하 방지장치</u> `기출` 19년 2회
  ③ 보일러 압력방출용 안전밸브
  ④ 압력용기 압력방출용 안전밸브
  ⑤ 압력용기 압력방출용 파열판
  ⑥ 절연용 방호구 및 활선작업용 기구
  ⑦ 방폭구조 전기기계·기구 및 부품
  ⑧ 추락·낙하 및 붕괴 등의 위험 방지 및 보호에 필요한 가설기자재로서 고용노동부장관이 정하여 고시하는 것
  ⑨ 충돌·협착 등의 위험 방지에 필요한 산업용 로봇 방호장치로서 고용노동부장관이 정하여 고시하는 것

(3) 안전인증대상 보호구
  ① 추락 및 감전 위험방지용 안전모
  ② 안전화
  ③ 안전장갑
  ④ **방진마스크** : 흄의 제거
  ⑤ **방독마스크** : 유해가스 제거
  ⑥ <u>**송기마스크** : 산소결핍장소</u> `기출` 18년 2회
  ⑦ **전동식 호흡보호구** : 유해물질, 고농도 분진제거, 장시간 또는 신체부담이 큰 근력작업
  ⑧ 보호복
  ⑨ 안전대
  ⑩ 차광 및 비산물 위험방지용 보안경
  ⑪ 용접용 보안면

⑫ 방음용 귀마개 또는 귀덮개 기출 21년 1회, 21년 4회

종 류	등 급	기 호	성 능	비 고
귀마개	1종	EP-1	저음부터 고음까지 차음하는 것	귀마개의 경우 재사용 여부를 제조특성으로 표기
귀마개	2종	EP-2	주로 고음을 차음하고 저음(회화음영역)은 차음하지 않는 것	귀마개의 경우 재사용 여부를 제조특성으로 표기
귀덮개	–	EM	–	–

(4) 안전인증심사 기출 18년 4회

① 형식별 제품심사
  ㉠ 형식별로 표본만 추출하여 검사
  ㉡ 예비심사 → 서면심사 → 기술능력 및 생산체계심사 → 형식별제품심사 → 사후관리(정기적으로 확인심사)
② 개별제품심사
  ㉠ 개별제품심사대상 : 곤돌라, 크레인, 리프트, 압력용기
  ㉡ 예비심사 → 서면심사 → 개별제품심사 → 사후관리(정기적으로 확인심사)
③ 설치 이전 시 안전인증이 필요한 기계 : 크레인, 리프트, 곤돌라

(5) 안전인증제품의 표시사항

① 형식 또는 모델명
② 규격 또는 등급 등
③ 제조자명
④ 제조번호 및 제조연월
⑤ 안전인증 번호

(6) 안전인증제품의 제품사용설명서

① 안전인증의 표시(제품명, 제조업체명, 인증번호, 인증일자, KCs표시, 안전인증의 형식과 등급)
② 제품용도
③ 사용방법
④ 사용제한 및 경고사항
⑤ 점검사항과 방법
⑥ 폐기방법
⑦ 안전한 운반과 보관방법
⑧ 보증사항
⑨ 작성일자, 연락처 등

03 자율안전확인대상

(1) **자율안전확인대상 기계** [기출] 19년 2회, 20년 1·2회 통합
   ① 연삭기 또는 연마기(휴대형은 제외)
   ② 산업용 로봇
   ③ 혼합기
   ④ 파쇄기 또는 분쇄기
   ⑤ 식품가공용 기계(파쇄·절단·혼합·제면기만 해당)
   ⑥ 컨베이어
   ⑦ 자동차정비용 리프트
   ⑧ 공작기계(선반, 드릴기, 평삭·형삭기, 밀링만 해당)
   ⑨ 고정형 목재가공용 기계(둥근톱, 대패, 루타기, 띠톱, 모떼기 기계만 해당)
   ⑩ 인쇄기

(2) **자율안전확인대상 방호장치**
   ① 아세틸렌 용접장치용 또는 가스집합 용접장치용 안전기
   ② 교류 아크용접기용 자동전격방지기
   ③ 롤러기 급정지장치
   ④ 연삭기 덮개
   ⑤ 목재 가공용 둥근톱 반발 예방장치와 날 접촉 예방장치
   ⑥ 동력식 수동대패용 칼날 접촉 방지장치
   ⑦ 추락·낙하 및 붕괴 등의 위험 방지 및 보호에 필요한 가설기자재(안전인증 대상 가설기자재는 제외)로서 고용노동부장관이 정하여 고시하는 것

(3) **자율안전확인대상 보호구**
   ① 안전모(추락 및 감전 위험방지용 제외)
   ② 보안경(차광 및 비산물 위험방지용 제외)
   ③ 보안면(용접용 제외)

04 안전검사

(1) **안전검사대상 기계** [기출] 17년 4회, 18년 2회, 19년 2회, 21년 4회, 22년 2회
   ① 프레스
   ② 전단기
   ③ 크레인(정격 하중이 2톤 미만인 것은 제외)
   ④ 리프트

⑤ 압력용기
⑥ 곤돌라
⑦ 국소 배기장치(이동식은 제외)
⑧ 원심기(산업용만 해당)
⑨ 롤러기(밀폐형 구조는 제외)
⑩ 사출성형기[형 체결력 294킬로뉴턴(KN) 미만은 제외]
⑪ 고소작업대(화물자동차 또는 특수자동차에 탑재한 고소작업대로 한정)
⑫ 컨베이어
⑬ 산업용 로봇

(2) 검사주기 기출 19년 1회
① 설치 후 3년 이내 그 이후 2년마다
② 건설현장에서 사용되는 크레인, 리프트, 곤돌라는 최초 설치 후 6개월마다 기출 22년 1회
③ 공정안전보고서를 제출하여 확인 받은 압력용기는 4년마다(파열판 설치 시 2년 1회)

(3) 검사절차
① 검사신청 → 검사 → 증명서 발급
② 자율안전검사 프로그램의 유효기간은 2년

(4) 자율검사 프로그램
① 사업주가 안전검사대상 기계기구에 대하여 검사프로그램을 정하여 자체적으로 안전에 관한 검사를 실시하는 제도
② 제출서류 기출 23년 복원
   ㉠ 안전검사대상 기계 등의 보유현황
   ㉡ 검사원 보유 현황과 검사를 할 수 있는 장비 및 장비 관리방법
   ㉢ 안전검사 대상기계 등의 검사주기 및 검사기준
   ㉣ 향후 2년간 안전검사대상 기계 등의 검사수행계획
   ㉤ 과거 2년간 자율검사프로그램 수행 실적(재신청의 경우)

05 시설물의 안전점검 (시설물의 안전 및 유지관리에 관한 특별법 참고)

(1) **시설물 안전법령상의 안전점검의 종류** 기출 19년 4회
   ① 정기안전점검
      시설물의 상태를 판단하고 시설물이 점검 당시의 사용요건을 만족시키고 있는지 확인할 수 있는 수준의 외관조사를 실시하는 안전점검
   ② 정밀안전점검
      ㉠ 시설물의 상태를 판단하고 시설물이 점검 당시의 사용요건을 만족시키고 있는지 확인하며 시설물 주요부재의 상태를 확인할 수 있는 수준의 외관조사 및 측정·시험장비를 이용한 조사를 실시하는 안전점검
      ㉡ 정기안전점검 결과 건설공사의 물리적·기능적 결함 등이 발견되어 보수·보강 등의 조치를 위하여 필요한 경우에는 정밀안전점검을 해야 함
   ③ **긴급안전점검** 기출 21년 1회
      시설물의 붕괴·전도 등으로 인한 재난 또는 재해가 발생할 우려가 있는 경우에 시설물의 물리적·기능적 결함을 신속하게 발견하기 위하여 실시하는 점검
   ④ **정밀안전진단** 기출 20년 4회
      시설물의 물리적·기능적 결함을 발견하고 그에 대한 신속하고 적절한 조치를 하기 위하여 구조적 안전성과 결함의 원인 등을 조사·측정·평가하여 보수·보강 등의 방법을 제시하는 행위

〈안전점검의 종류〉 기출 18년 4회, 19년 2회, 20년 1·2회 통합, 21년 4회, 22년 2회

안전등급	정기안전점검	정밀안전점검		정밀안전진단
		건축물	건축물 외 시설물	
A등급	반기에 1회 이상	4년에 1회 이상	3년에 1회 이상	6년에 1회 이상
B·C 등급	반기에 1회 이상	3년에 1회 이상	2년에 1회 이상	5년에 1회 이상
D·E 등급	1년에 3회 이상	2년에 1회 이상	1년에 1회 이상	4년에 1회 이상

(2) **시설물의 안전 및 유지관리 기본계획의 수립·시행** 기출 18년 1회, 20년 4회, 23년 복원
   ① 국토교통부장관은 시설물이 안전하게 유지관리될 수 있도록 하기 위하여 5년마다 시설물의 안전 및 유지관리에 관한 기본계획을 수립·시행
   ② 기본계획에 포함되어 있는 사항
      ㉠ 시설물의 안전 및 유지관리에 관한 기본목표 및 추진방향에 관한 사항
      ㉡ 시설물의 안전 및 유지관리체계의 개발, 구축 및 운영에 관한 사항
      ㉢ 시설물의 안전 및 유지관리에 관한 정보체계의 구축·운영에 관한 사항
      ㉣ 시설물의 안전 및 유지관리에 필요한 기술의 연구·개발에 관한 사항
      ㉤ 시설물의 안전 및 유지관리에 필요한 인력의 양성에 관한 사항
      ㉥ 그 밖에 시설물의 안전 및 유지관리에 관하여 대통령령으로 정하는 사항

(3) 시설물의 안전 및 유지관리계획의 수립·시행

① 시설물의 적정한 안전과 유지관리를 위한 조직·인원 및 장비의 확보에 관한 사항
② 긴급상황 발생 시 조치체계에 관한 사항
③ 시설물의 설계·시공·감리 및 유지관리 등에 관련된 설계도서의 수집 및 보존에 관한 사항
④ 안전점검 또는 정밀안전진단의 실시에 관한 사항
⑤ 보수·보강 등 유지관리 및 그에 필요한 비용에 관한 사항

(4) 시설물의 종류 [기출] 21년 2회

① **제1종 시설물** : 공중의 이용편의와 안전을 도모하기 위하여 특별히 관리할 필요가 있거나 구조상 안전 및 유지관리에 고도의 기술이 필요한 대규모 시설물로서 다음 각 목의 어느 하나에 해당하는 시설물 등 대통령령으로 정하는 시설물
  ㉠ 고속철도 교량, 연장 500m 이상의 도로 및 철도 교량
  ㉡ 고속철도 및 도시철도 터널, 연장 1,000m 이상의 도로 및 철도 터널
  ㉢ 갑문시설 및 연장 1,000m 이상의 방파제
  ㉣ 다목적댐, 발전용댐, 홍수전용댐 및 총저수용량 1천만톤 이상의 용수전용댐
  ㉤ 21층 이상 또는 연면적 5만m^2 이상의 건축물
  ㉥ 하구둑, 포용저수량 8천만톤 이상의 방조제
  ㉦ 광역상수도, 공업용수도, 1일 공급능력 3만톤 이상의 지방상수도

② **제2종 시설물** : 제1종 시설물 외에 사회기반시설 등 재난이 발생할 위험이 높거나 재난을 예방하기 위하여 계속적으로 관리할 필요가 있는 시설물로서 다음 각 목의 어느 하나에 해당하는 시설물 등 대통령령으로 정하는 시설물
  ㉠ 연장 100m 이상의 도로 및 철도 교량
  ㉡ 고속국도, 일반국도, 특별시도 및 광역시도 도로터널 및 특별시 또는 광역시에 있는 철도터널
  ㉢ 연장 500m 이상의 방파제
  ㉣ 지방상수도 전용댐 및 총저수용량 1백만톤 이상의 용수전용댐
  ㉤ 16층 이상 또는 연면적 3만m^2 이상의 건축물
  ㉥ 포용저수량 1천만톤 이상의 방조제
  ㉦ 1일 공급능력 3만톤 미만의 지방상수도

③ **제3종 시설물** : 제1종 시설물 및 제2종 시설물 외에 안전관리가 필요한 소규모 시설물로서 「시설물의 안전 및 유지관리에 관한 특별법」에 따라 지정·고시된 시설물

CHAPTER 06 보호구 및 안전표지

1과목 산업안전관리론

01 보호구

(1) 보호구 기출 20년 1·2회 통합, 22년 1회, 24년 복원
① 사고예방과 건강장해 방지를 위해 작업자가 직접 착용하거나 사용하는 기구를 총칭
② 보호구 안전인증 표시사항
  ㉠ 형식 또는 모델명
  ㉡ 규격 또는 등급 등
  ㉢ 제조자명
  ㉣ 제조번호 및 제조연월
  ㉤ 안전인증 번호

(2) 보호구의 구비조건
① 착용하여 작업하기 쉬울 것
② 유해위험물로부터 보호성능이 충분할 것
③ 사용되는 재료는 작업자에게 해로운 영향을 주지 않을 것
④ 마무리가 양호할 것
⑤ 외관이나 디자인이 양호할 것

02 안전모

(1) 안전모 기출 17년 4회, 19년 4회
① 물체의 낙하, 비래 또는 추락에 의한 위험을 방지 또는 경감하거나 감전에 의한 위험을 방지하기 위하여 사용하는 보호구
② A : 물체의 낙하 및 비래에 의한 위험을 방지 또는 경감시키기 위한 것
③ AB : 물체의 낙하 또는 비래 및 추락(주1)에 의한 위험을 방지 또는 경감시키기 위한 것
④ AE : 물체의 낙하 및 비래에 의한 위험을 방지 또는 경감하고, 머리부위 감전에 의한 위험을 방지하기 위한 것
⑤ ABE : 물체의 낙하 또는 비래 및 추락에 의한 위험을 방지 또는 경감하고, 머리부위 감전에 의한 위험을 방지하기 위한 것

(2) 안전모의 구비조건
   ① 내관통성시험 : AE, ABE종 안전모는 관통거리가 9.5mm 이하이고, A, AB 안전모는 관통거리가 11.1mm 이하
   ② 충격흡수성 시험 : 최고 전달충격량이 4,450N를 초과하여서는 안 되며, 모체와 착장체의 기능이 상실되지 않아야 함
   ③ 내전압성 시험 : AE, ABE종 안전모는 교류 20kV에서 1분간 절연파괴 없이 견뎌야 하고, 이때 누설되는 충전전류는 10mA 이내이어야 함
   ④ 내수성 시험 : 종류AE, ABE종 안전모는 질량증가율이 1% 미만이어야 함
   ⑤ 난연성 시험 : 불꽃을 내며 5초 이상 타지 않아야 함

(3) **산업안전보건법령상 자율안전확인 안전모의 시험성능기준** 기출 20년 4회, 21년 2회

항 목	시험성능기준
내관통성	안전모는 관통거리가 11.1밀리미터 이하이어야 한다.
충격흡수성	최고전달충격력이 4,450뉴턴(N)을 초과해서는 안 되며, 모체와 착장체의 기능이 상실되지 않아야 한다.
난연성	모체가 불꽃을 내며 5초 이상 연소되지 않아야 한다.
턱끈풀림	150뉴턴(N) 이상 250뉴턴(N) 이하에서 턱끈이 풀려야 한다.

03 안전화

(1) **안전화의 종류** 기출 19년 1회, 23년 복원
   ① 가죽제 안전화 : 떨어지는 물체에 맞거나 부딪히거나 날카로운 물체에 찔리지 않도록 발을 보호
   ② 고무제 안전화 : 떨어지는 물체에 맞거나 부딪히거나 날카로운 물체에 찔리지 않도록 발을 보호하고 방수 및 내화학성을 겸한 것
   ③ 정전기 안전화 : 떨어지는 물체에 맞거나 부딪히거나 날카로운 물체에 찔리지 않도록 발을 보호하고 정전기의 인체 대전을 방지
   ④ 발등 안전화 : 떨어지는 물체에 맞거나 부딪히거나 날카로운 물체에 찔리지 않도록 발과 발등을 보호
   ⑤ 절연화 : 떨어지는 물체에 맞거나 부딪히거나 날카로운 물체에 찔리지 않도록 발과 발등을 보호하고 저압의 전기에 의한 감전 방지
   ⑥ 절연장화 : 고압에 의한 감전을 방지하고 방수를 겸한 것

(2) **안전화의 성능시험** 기출 20년 3회
   ① 내압박성
   ② 내충격성
   ③ 내답발성
   ④ 박리저항

(3) 가죽제 안전화의 성능시험
① 내압박성
② 내충격성
③ 내답발성
④ 박리저항
⑤ 인장강도시험
⑥ 내유성시험

04 안전대

(1) 안전대의 종류
① 1종 안전대 : U자 걸이 전용
  ㉠ 전주 위에서의 작업과 같이 족장은 확보되어 있어도 불완전하여 체중의 일부를 U자 걸이로 하여 안전대에 지지하여야만 작업을 할 수 있음
  ㉡ 1개 걸이의 상태로서는 사용하지 않는 경우에 선정해야 함
② 2종 안전대 : 1개 걸이 전용
  ㉠ 1개 걸이 전용으로서 정상작업을 할 경우, 안전대에 의지하지 않아도 작업할 수 있는 족장에 확보되었을 때 사용
  ㉡ 로프의 선단에 후크나 카라비너가 부착된 것은 구조물 또는 시설물 등에 지지할 수 있거나 클립 투착, 기지로프가 있는 경우에 사용
③ 3종 안전대 : U자 걸이, 1개 걸이 공용
  ㉠ 1개 걸이로 사용하며 U자 걸이로도 사용할 때 적합
  ㉡ U자 걸이 작업 시 후크를 걸고 벗길 때 추락을 방지하기 위해 보조 로프를 사용하는 것이 좋음
④ 4종 안전대 : 안전블록
  ㉠ 1개 걸이, U자 걸이 겸용으로 보조후크가 부착되어 있어 U자 걸이 작업 시 후크를 D링에서 벗길 때, 추락위험이 많을 때 사용
  ㉡ 안전블록 : 안전그네와 연결하여 추락발생 시 추락을 억제할 수 있는 자동잠김장치가 갖추어져 있고 쥠줄이 자동적으로 수축되는 금속장치
⑤ 5종 안전대 : 추락방지대
  ㉠ 추락방지대 : 신체의 추락을 방지하기 위해 자동잠김장치를 갖추고 쥠줄과 수직 구명줄에 연결된 금속장치
⑥ 안전대 등급 및 사용구분

종류	등급	사용구분
벨트식(B식) 안전그네식(H식)	1종	U자 걸이 전용
	2종	1개 걸이 전용
	3종	1개 걸이, U자 걸이 전용
안전그네식(H식)	4종	안전블록
	5종	추락방지대

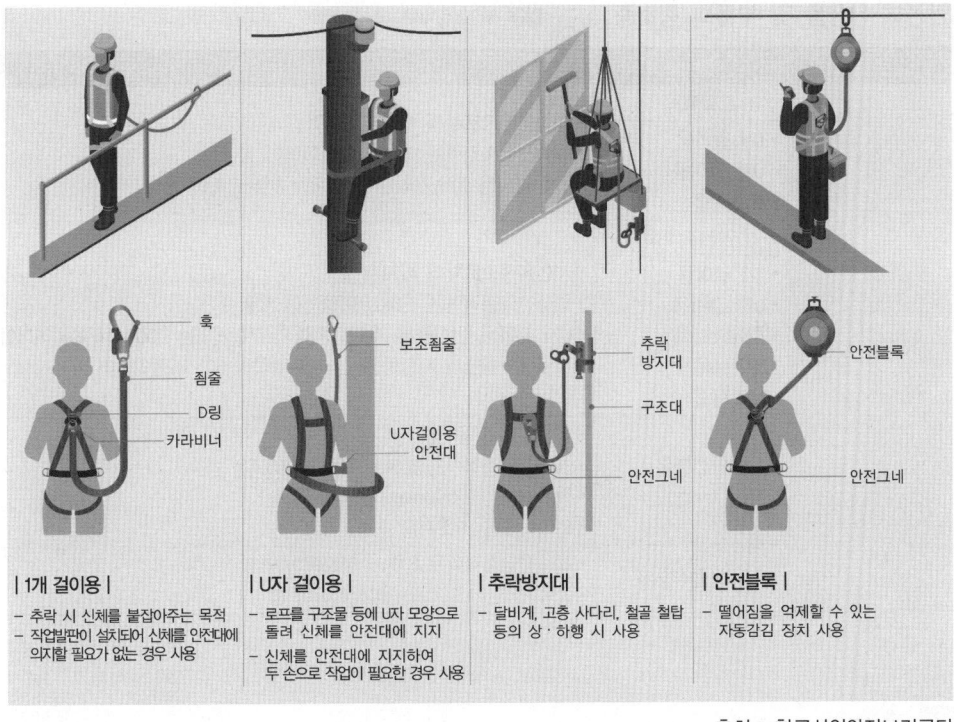

〈안전그네식 안전대 사용구분〉

(2) 안전대의 점검
   ① 벨트
      ㉠ D링을 고정하는 재봉사에 손상은 없는가?
      ㉡ 벨트의 재봉사에 심한 손상은 없는가?
   ② 죔줄
      ㉠ 마모로 인해 직경이 감소되어 있지 않은가?
      ㉡ 스트랜드가 절단되어 있지 않은가?
      ㉢ 킹크되어 있지 않은가?
      ㉣ 불에 탄 손상은 없는가?
      ㉤ 풀림은 없는가?
   ③ 부속 철물
      ㉠ 훅의 스프링은 정상적으로 작동하는가?
      ㉡ D링이 빠지거나 변형되어 있지 않은가?
      ㉢ 부속철물의 각 부위에 손상과 느슨함은 없는가?

(3) 안전대 완성품 및 부품의 동하중 성능 기출 18년 1회, 18년 4회, 22년 2회

구 분	명 칭	시험성능기준
동하중 성능	벨트식 • 1개 걸이용 • U자 걸이용 • 보조훅줄	• 시험몸통으로부터 빠지지 말 것 • 최대전달충격력은 6.0kN 이하이어야 함 • U자 걸이용 감속거리는 1,000mm 이하이어야 함
	안전그네식 • 1개 걸이용 • U자 걸이용 • 추락방지대 • 안전블록 • 보조훅줄	• 시험몸통으로부터 빠지지 말 것 • 최대전달충격력은 6.0kN 이하이어야 함 • U자 걸이용, 안전블록, 추락방지대의 감속거리는 1,000mm 이하이어야 함 • 시험 후 훅줄과 시험몸통 간의 수직각이 50° 미만이어야 함
	안전블록 (부품)	• 파손되지 않을 것 • 최대전달충격력은 6.0kN 이하이어야 함 • 억제거리는 2,000mm 이하이어야 함 • 와이어로프 최소지름 4mm 이상
	충격흡수장치	• 최대전달충격력은 6.0kN 이하이어야 함 • 감속거리는 1,000mm 이하이어야 함

05 호흡용 보호구

(1) 구비조건

① 여과효율이 좋을 것
② 흡배기저항이 낮을 것
③ 사용적이 적을 것
④ 중량이 가벼울 것
⑤ 시야가 넓을 것
⑥ 안면밀착성이 좋을 것
⑦ 피부 접촉 부분의 고무질이 좋을 것

(2) 종 류

① **방진 마스크** : 통풍, 환기 등이 불량한 장소에서 용접작업 중 발생하는 흄의 제거를 위해 착용
② **방독 마스크** : 용접작업 중 발생하는 유해가스 제거를 위하여 방독 마스크를 착용. 유해 물질에 사용 적격 여부를 판단해야 함
③ **송기 마스크** : 옥내작업이나 선반, 탱크, 차량, 터널 등에서의 용접작업 중 산소의 부족으로 질식의 우려가 있으므로 호스를 통해서 외부에서 신선한 공기를 보내 넣은 송기 마스크를 착용

06 보안경

(1) 보안경의 구비조건
① 특정한 위험에 대해서 적절한 보호를 할 수 있을 것
② 무게가 가볍고, 시야가 넓어 착용했을 때 편안할 것
③ 착용자의 얼굴사이즈에 맞을 것
④ 견고하게 고정되어 착용자가 움직이더라도 쉽게 벗겨지거나 움직이지 않을 것
⑤ 내구성이 있을 것
⑥ 차광보안경과 보안면은 용접작업의 차광번호에 적합할 것
⑦ 착용자가 시력이 나쁠 경우 시력에 맞는 도수렌즈를 지급할 것
⑧ 필요 시 복합 기능을 갖춘 보안경을 지급할 것

07 방열복, 절연장갑

(1) 방열복
① 방열복의 종류
  방열상하의, 방열일체복, 방열장갑, 방열두건
② 방열복의 내열원단 시험성능기준
  ㉠ 난연성
  ㉡ 내열성
  ㉢ 내한성
  ㉣ 절연저항
  ㉤ 인장강도

(2) 절연장갑
① 최대사용전압에 따른 절연장갑의 등급 〔기출 19년 2회〕

등 급	최대사용전압	
	교류(V, 실효값)	직류(V)
00	500	750
0	1,000	1,500
1	7,500	11,250
2	17,000	25,500
3	26,500	39,750
4	36,000	54,000

② 절연장갑의 일반구조 및 재료
   ㉠ 절연장갑은 고무로 제조하여야 하며 핀홀(Pin Hole), 균열, 기포 등의 물리적인 변형이 없어야 함
   ㉡ 안전인증 절연장갑에는 「산업안전보건법」에 따른 안전인증의 표시 외에 다음 각목의 내용을 추가로 표시해야 함
   • 등급별 사용전압
   • 등급별 색상
     - 00등급 : 갈색
     - 0등급 : 빨강색
     - 1등급 : 흰색
     - 2등급 : 노랑색
     - 3등급 : 녹색
     - 4등급 : 등색

08 안전보건표지

(1) **종 류** 기출 17년 4회, 18년 1회, 18년 2회, 18년 4회, 19년 1회, 19년 2회, 19년 4회, 20년 1·2회 통합, 20년 3회, 20년 4회, 21년 1회, 21년 2회, 22년 2회, 24년 복원

① **금지표지** : 어떤 특정한 행위가 허용되지 않음을 나타냄. 흰 바탕에 빨간색 원에 사선표시, 그림은 검정색
② **경고표지** : 일정한 위험에 따른 경고를 나타냄. 노란 바탕에 검정색 삼각형
③ **지시표지** : 일정한 행동을 취할 것을 지시함. 파란색 원형
④ **안내표지** : 안전에 관한 정보를 제공. 녹색바탕에 정장방형

종 류	기 준	표시사항	사용예
빨간색	7.5R 4/14	금 지	정지신호, 소화설비 및 그 장소
노란색	5Y 8.5/12	경 고	위험경고, 주의표지, 기계방호울
파란색	2.5PB 4/10	지 시	특정행위의 지시 및 사실의 고지
녹 색	2.5G 4/10	안 내	비상구, 피난소, 사람 및 차량통행표지

	101 출입금지	102 보행금지	103 차량통행금지	104 사용금지	105 탑승금지	106 금연
1. 금지표지						
	107 화기금지	108 물체이동금지		201 인화성물질 경고	202 산화성물질 경고	203 폭발성물질 경고	204 급성독성물질 경고
			2. 경고표지				

	205 부식성물질 경고	206 방사성물질 경고	207 고압전기 경고	208 매달린 물체 경고	209 낙하물 경고	210 고온 경고	211 저온 경고
	212 몸균형 상실 경고	213 레이저광선 경고	214 발암성·변이원성 ·생식독성·전신독성 ·호흡기과민성 물질 경고	215 위험장소 경고	3. 지시표지	301 보안경 착용	302 방독마스크 착용
	303 방진마스크 착용	304 보안면 착용	305 안전모 착용	306 귀마개 착용	307 안전화 착용	308 안전장갑 착용	309 안전복 착용
4. 안내표지	401 녹십자표지	402 응급구호표지	403 들것	404 세안장치	405 비상용기구	406 비상구
407 좌측비상구	408 우측비상구	5. 관계자외 출입금지	501 허가대상물질 작업장 관계자외 출입금지 (허가물질 명칭) 제조/사용/보관 중 보호구/보호복 착용 흡연 및 음식물 섭취 금지	502 석면취급/해체 작업장 관계자외 출입금지 석면 취급/해체 중 보호구/보호복 착용 흡연 및 음식물 섭취 금지	503 금지대상물질의 취급 실험실 등 관계자외 출입금지 석면 취급/해체 중 보호구/보호복 착용 흡연 및 음식물 섭취 금지

〈안전보건표지〉

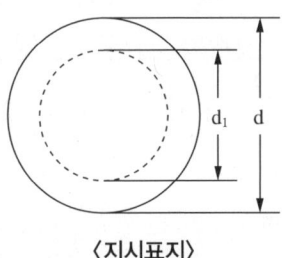

〈지시표지〉

09 산업안전보건관리비 기출 18년 2회

(1) 정의
① 산재예방을 위해 발주자가 도급인에게 지급하는 비용
② 계상기준은 대상액(재료비 + 직접노무비)의 2~3% 내외로 계상
③ 총공사금액 2천만원 이상 건설공사에 적용

(2) 관리
① 건설공사 도급인은 매월 산업안전보건관리비의 사용명세서를 작성하여야 하며(공사종료 후 1년간 보존), 6개월마다 발주자의 확인을 받아야 함 기출 20년 3회, 21년 1회
② 건설공사도급인은 관계수급인에게 안전보건관리비를 지급하여 사용하게 할 수 있음
③ 발주자는 목적 외 사용하거나 미사용한 안전보건관리비에 대하여 감액조정하거나 반환을 요구할 수 있음

(3) 제재
미계상 및 부족계상, 목적 외 사용, 사용내역서 미작성·미보존 시 천만원 이하의 과태료 부과

(4) 사용기준
① 목적 외로 사용할 경우 안전시설 설치, 개인보호구 지급 등 안전조치 공백이 우려됨에 따라 사용기준을 제한함
② 원칙적으로 근로자 안전보건 확보 목적으로만 사용 가능함
③ 공사 도급내역서에 반영되어 있거나, 타 법령에서 의무사항으로 규정한 항목은 사용 불가
④ 사용사례 : CPR 교육비, AED 구입비, 스마트 안전시설·장비

(5) 공사종류 및 규모별 산업안전보건관리비 계상기준 기출 17년 4회, 19년 1회, 20년 3회, 23년 복원

구분 / 공사종류	대상액 5억원 미만인 경우 적용비율(%)	대상액 5억원 이상 50억원 미만인 경우 적용비율(%)	대상액 5억원 이상 50억원 미만인 경우 기초액	대상액 50억원 이상인 경우 적용비율(%)	영 별표5에 따른 보건관리자 선임 대상 건설공사의 적용비율(%)
건축공사	2.93%	1.86%	5,349,000원	1.97%	2.15%
토목공사	3.09%	1.99%	5,499,000원	2.10%	2.29%
중건설공사	3.43%	2.35%	5,400,000원	2.44%	2.66%
특수건설공사	1.85%	1.20%	3,250,000원	1.27%	1.38%

(6) 사용기준
① 안전관리자·보건관리자의 임금 등
② 안전시설비 등 기출 18년 1회, 19년 4회
③ 보호구 등 기출 18년 2회
④ 안전보건진단비 등

⑤ 안전보건교육비 등
⑥ 근로자 건강장해예방비 등
⑦ 건설재해예방전문지도기관에게 자기공사자가 지급하는 비용
⑧ 건설사업자가 아닌 자가 운영하는 사업에서 안전보건 업무를 총괄·관리하는 3명 이상으로 구성된 본사 전담조직에 소속된 근로자의 임금 및 업무수행 출장비 전액(산업안전보건관리비 총액의 20분의 1을 초과할 수 없음)
⑨ 위험성평가 또는 중대재해처벌법에 따라 유해·위험요인 개선을 위해 필요하다고 판단하여 산업안전보건위원회 또는 노사협의체에서 사용하기로 결정한 사항을 이행하기 위한 비용(산업안전보건관리비 총액의 10분의 1을 초과할 수 없음)

(7) 사용금지기준
도급인 및 자기공사자는 다음의 경우 산업안전보건관리비를 사용할 수 없음
① 공사 도급내역서상에 반영되어 있는 경우
② 다른 법령에서 의무사항으로 규정한 사항을 이행하는 데 필요한 비용
③ 근로자 재해예방 외의 목적이 있는 시설·장비나 물건 등을 사용하기 위해 소요되는 비용
④ 환경관리, 민원 또는 수방대비 등 다른 목적이 포함된 경우

(8) **도급인 및 자기공사자의 진척별 사용기준** 기출 17년 4회, 20년 1·2회 통합
① 공정률 50~70% : 안전관리비 50% 이상 사용
② 공정률 70~90% : 안전관리비 70% 이상 사용
③ 공정률 90% 이상 : 안전관리비 90% 이상 사용

(9) **사용금액의 감액·반환** 기출 23년 복원
① 발주자는 도급인이 법을 위반하여 다른 목적으로 사용하거나 사용하지 않은 산업안전보건관리비에 대하여 이를 계약금액에서 감액조정하거나 반환을 요구할 수 있음
② 도급인은 산업안전보건관리비 사용내역에 대하여 공사 시작 후 6개월마다 1회 이상 발주자 또는 감리자의 확인을 받아야 함(6개월 이내에 공사가 종료되는 경우에는 종료 시 확인)
③ 발주자, 감리자, 근로감독관은 산업안전보건관리비 사용내역을 수시 확인할 수 있음
④ 발주자, 감리자는 산업안전보건관리비 사용내역 확인 시 기술지도 계약 체결, 기술지도 실시 및 개선 여부 등을 확인해야 함

(10) **실행예산의 작성 및 집행**
① 공사금액 4천만 원 이상의 도급인 및 자기공사자는 공사실행예산을 작성하는 경우에 해당 공사에 사용해야 할 산업안전보건관리비의 실행예산을 계상된 산업안전보건관리비 총액 이상으로 별도 편성해야 함
② 산업안전보건관리비를 사용하고 산업안전보건관리비 사용내역서를 작성하여 해당 공사현장에 갖추어 두어야 함
③ 도급인 및 자기공사자는 산업안전보건관리비 실행예산을 작성하고 집행하는 경우 해당 사업장의 안전관리자가 참여하도록 하여야 함

CHAPTER 07 산업안전보건법

1과목 산업안전관리론

01 법의 특징

(1) 법의 의의
① 근로자의 생명 보호
② 노동력의 손실 방지
③ 생산성 향상에 기여
④ 국가경제 발전에 기여

(2) 법의 특성
① **연계성** : 근기법의 자매법, 부속법, 산재적용이 안 되는 경우 근기법에서 재해보상/안전과 보건은 산안법에서, 근로시간과 휴식은 근기법에서 규정
② **전문성** : 산안법은 다양한 학문의 용광로(기계, 전기, 화공, 건축, 토목, 이학, 의학, 경영학, 심리학)
③ **복잡성** : 2,000개의 조항, 단일법으로 최대조항수
④ **다양성** : 의무주체의 다양성, 사용주, 근로자, 제조자, 유통자, 양도자, 대여자, 소유자
⑤ **강행성** : 행정처분이 발달(사용중지, 안전보건개선명령, 시정명령)
⑥ **참여성** : 근로자가 참가, 산업안전보건위원회, 명예감독관, 근로자대표

(3) 법의 체계
① 산업안전보건법
② 산업안전보건법 시행령
③ 산업안전보건법 시행규칙
④ 고시, 예규, 훈령
⑤ 지침, 표준

(4) 법의 목적
① **목적** : 근로자의 안전보건 증진
② **목표** : 산업재해예방, 쾌적한 작업환경 조성
③ **수단** : 산업안전보건기준 확립, 안전보건책임소재 규명

(5) **사업주의 의무** 기출 19년 4회, 20년 1·2회 통합
① 안전보건정보제공
② 쾌적한 작업환경조성
③ 사업장 유해요인 개선
④ 안전표지설치 부착 및 안전관리자 선임(선임한 날부터 14일 이내 서류제출) 기출 19년 2회
⑤ 산재예방계획수립
⑥ 안전보건관리규정작성
⑦ 작업환경측정, 건강진단 실시
⑧ 유해위험방지계획서 작성
  ㉠ 유해위험방지계획서 제출대상 공사 기출 18년 1회, 18년 4회
    • 지상높이가 31m 이상인 건축물 또는 인공구조물
    • 연면적 3만m^2 이상인 건축물
    • 연면적 5천m^2 이상인 시설
    • 연면적 5천m^2 이상인 냉동·냉장창고시설의 설비공사 및 단열공사
    • 최대 지간길이가 50m 이상인 교량 건설 등의 공사
    • 터널 건설 등의 공사
    • 다목적댐, 발전용댐 및 저수용량 2천만톤 이상의 용수전용댐, 지방상수도 전용댐 건설 등의 공사
    • 깊이 10미터 이상인 굴착공사

(6) **근로자의 의무**
① 산재예방기준 준수
② 산업안전조치사항 준수
③ 안전보건규정 준수
④ 교육참여
⑤ 보호구 착용
⑥ 안전작업실시

(7) **사업장의 재해발생건수 등 공표대상 사업장** 기출 17년 4회
① 산업재해로 인한 사망자가 연간 2명 이상 발생한 사업장
② 사망만인율이 규모별 같은 업종의 평균 사망만인율 이상인 사업장
③ 공정안전보고서 작성 제출에 따른 중대산업사고가 발생한 사업장
④ 산업재해 발생 사실을 은폐한 사업장
⑤ 산업재해의 발생에 관한 보고를 최근 3년 이내 2회 이상 하지 않은 사업장

02 산업안전보건위원회

(1) 설치목적
① 산업안전보건위원회는 사업장에서 근로자의 위험 또는 건강장해를 예방하기 위함
② 산업안전보건에 관한 중요한 사항에 대하여 노사가 함께 심의·의결하기 위한 기구
③ 산업재해예방에 대하여 근로자의 이해 및 협력을 구하는 한편 근로자의 의견을 반영하는 역할을 수행
④ 위원장 : 위원 중에서 호선, 근로자위원과 사용자위원 중 각 1인을 공동위원장으로 선출 가능

(2) 설치대상
① 상시근로자 100인 이상을 사용하는 사업장
② 건설업은 공사금액 120억원(토목공사업 150억원) 이상을 사용하는 사업장 기출 19년 2회
③ 상시근로자 50인 이상 100인 미만을 사용하는 사업 중 다른 업종과 비교할 때 근로자수 대비 산업재해 발생빈도가 현저히 높은 유해·위험 업종

(3) 근로자 위원
① 근로자대표
② 근로자대표가 지명하는 1인 이상의 명예산업안전감독관(위촉되어 있는 사업자에 한함)
③ 근로자대표가 지명하는 9인 이내의 당해 사업장의 근로자
④ 명예산업안전감독관의 업무 기출 21년 2회
  ㉠ 사업장에서 하는 자체점검 참여 및 근로감독관이 하는 사업장 감독 참여
  ㉡ 사업장 산업재해 예방계획 수립 참여 및 사업장에서 하는 기계·기구 자체검사 참석
  ㉢ 법령을 위반한 사실이 있는 경우 사업주에 대한 개선 요청 및 감독기관에의 신고
  ㉣ 산업재해 발생의 급박한 위험이 있는 경우 사업주에 대한 작업중지 요청
  ㉤ 작업환경측정, 근로자 건강진단 시의 참석 및 그 결과에 대한 설명회 참여
  ㉥ 직업성 질환의 증상이 있거나 질병에 걸린 근로자가 여러 명 발생한 경우 사업주에 대한 임시건강진단 실시 요청
  ㉦ 근로자에 대한 안전수칙 준수 지도
  ㉧ 법령 및 산업재해 예방정책 개선 건의
  ㉨ 안전·보건 의식을 북돋우기 위한 활동 등에 대한 참여와 지원
  ㉩ 기타 산업재해 예방에 대한 홍보 등 산업재해 예방업무와 관련하여 고용노동부장관이 정하는 업무

(4) 사용자위원 기출 19년 1회
① 당해 사업의 대표자
② 안전관리자 1인(안전관리대행기관에 위탁한 경우에는 대행기관의 당해 사업장 담당자)
③ 보건관리자 1인(보건관리대행기관에 위탁한 경우에는 대행기관의 당해 사업장 담당자)

④ 산업보건의(당해 사업장에 선임되어 있는 경우에 한함)
⑤ 당해 사업의 대표자가 지명하는 9인 이내의 당해 사업장 부서의 장
⑥ 유해·위험 사업의 경우에는 당해 사업장 부서의 장을 제외하고 구성할 수 있음

(5) 산업안전보건위원회의 심의·의결사항 기출 21년 1회, 21년 2회, 22년 2회, 24년 복원
① 사업장의 산업재해 예방계획의 수립에 관한 사항
② 안전보건관리규정의 작성 및 변경에 관한 사항
③ 안전보건교육에 관한 사항
④ 작업환경측정 등 작업환경의 점검 및 개선에 관한 사항
⑤ 근로자의 건강진단 등 건강관리에 관한 사항
⑥ 산업재해의 원인조사 및 재발방지대책수립에 관한 사항
⑦ 유해하거나 위험한 기계·기구·설비를 도입한 경우 안전 및 보건 관련 조치에 관한 사항
⑧ 해당 사업장 근로자의 안전 및 보건을 유지·증진시키기 위하여 필요한 사항

(6) 산업안전보건위원회의 회의 기출 19년 4회, 22년 1회, 24년 복원
① 회의개최 : 정기회의(3월마다 위원장이 소집), 임시회의(위원장이 필요 시 소집)
　㉠ 근로자대표, 명예산업안전감독관, 당해 사업의 대표자, 안전관리자 또는 보건관리자 회의에 출석하지 못할 경우에는 당해 사업에 종사하는 자 중에서 1인을 지정하여 위원의 직무를 대리하게 할 수 있음
　㉡ 회의는 근로자위원 및 사용자위원 각 과반수의 출석으로 개의하며 출석위원 과반수의 찬성으로 의결
② 회의록 작성·비치 : 개최일시 및 장소, 출석위원, 심의내용 및 의결·결정사항, 기타 토의사항
③ 의결되지 아니한 사항 등의 처리
　㉠ 심의·의결을 거쳐야 하는 사항에 관하여 의결하지 못한 경우 또는 산업안전보건위원회에서 의결된 사항의 해석 또는 이행방법 등에 관하여 의견의 불일치가 있는 경우에는 근로자위원 및 사용자위원의 합의에 의하여 산업안전보건위원회에 중재기구를 두어 해결하거나 제3자에 의한 중재를 받아야 하며 중재결정이 있는 때에는 산업안전보건위원회의 의결을 거친 것으로 보며 사업주 및 근로자는 이에 따라야 함
　㉡ 제3자 중재기관 : 한국산업안전공단 기술지도원장, 안전·보건관리대행지정기관의 지부장 또는 사무국장, 작업환경측정기관의 장, 특수건강진단의 장, 산업안전지도사·산업위생지도사, 기타 지방노동관서의 장이 중재 자격이 있다고 인정하는 자
④ 회의결과의 주지
　위원장은 산업안전보건위원회에서 심의·의결된 내용 등 회의결과와 중재 결정된 내용 등을 사내방송·사내 게시 또는 자체정례회 기타 적절한 방법으로 근로자에게 신속히 알려야 함

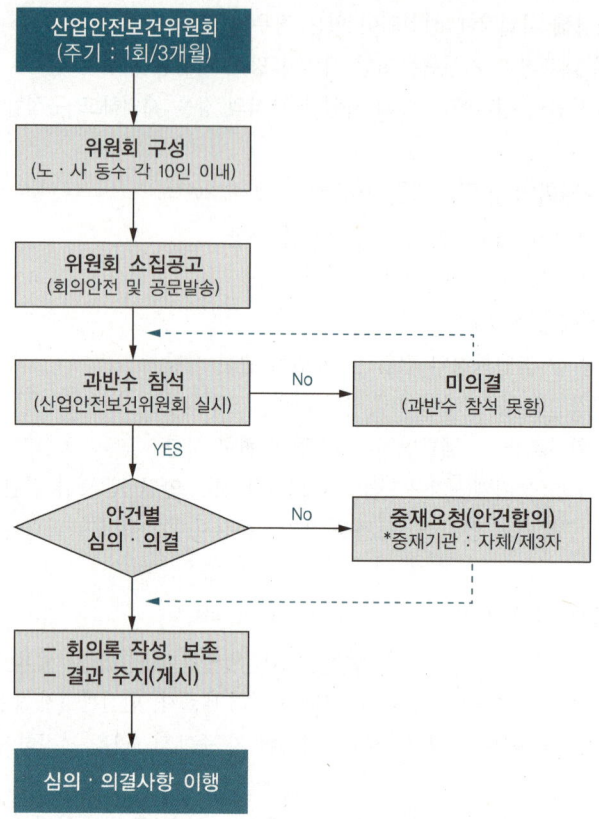

03 안전보건총괄책임자

(1) 선임대상
① 동일 장소에서 행하여지는 사업의 일부를 도급으로 행하는 사업의 경우
② 사업주는 그가 사용하는 근로자와 수급인이 사용하는 근로자에 대한 산업재해의 예방업무를 총괄·관리하게 하기 위해 당해 사업의 관리책임자를 안전보건총괄책임자로 선임해야 함

(2) 안전보건총괄책임자를 두어야 할 사업 기출 18년 4회
① 수급인과 하수급인에게 고용된 근로자를 포함한 상시 근로자가 100명(선박 및 보트 건조업, 1차 금속 제조업 및 토사석 광업의 경우에는 50명) 이상인 사업
② 수급인과 하수급인의 공사금액을 포함한 해당 공사의 총공사금액이 20억원 이상인 건설업

(3) 안전보건총괄책임자의 직무 기출 18년 2회, 20년 1·2회 통합, 20년 3회
① 산업재해에 따른 작업의 중지
② 도급 시 산업재해 예방조치

③ 수급인의 산업안전보건관리비의 집행 감독 및 그 사용에 관한 수급인 간의 협의 조정
④ 안전인증대상 기계기구, 자율안전확인대상 기계기구 등의 사용여부 확인
⑤ 위험성평가의 실시에 관한 사항

(4) 도급인의 수급인에 대한 의무
① 수급인 사업주와 안전·보건협의체를 구성
  ㉠ 모든 수급업체(하수급업체 포함)가 협의체에 참여
  ㉡ 협의체는 월 1회 이상 정기적으로 회의를 개최하고 그 결과를 기록·보존
② **작업장 합동·순회점검(2일에 1회 이상)** 기출 19년 2회, 22년 1회
  건설업, 제조업, 토사석 광업, 서적·잡지 및 기타 인쇄물 출판업, 음악 및 기타 오디오물 출판업, 금속 및 비금속 원료 재생업 이외의 사업은 1주일에 1회 이상
③ 수급인 근로자에 대한 안전·보건교육을 지원
④ 작업환경측정
⑤ 발파작업, 화재 및 토석붕괴 사고를 대비한 경보 운영과 수급인·수급인의 근로자에 대한 경보운영 사항을 통보
⑥ 산업재해 발생 위험이 있는 장소에서의 작업 시에는 안전·보건조치
⑦ 안전·보건정보를 제공
⑧ 「산업안전보건법」 위반 여부를 확인하고, 위반사항이 있는 경우에는 해당 위반행위를 시정하도록 필요한 조치(시정지시)
⑨ 안전하고 위생적인 작업수행을 위해 노력

04 공정안전보고서

(1) 제출대상
① 원유정제처리업
② 기타 석유정제물 재처리업
③ 석유화학계 기초화학물질 제조업 또는 합성수지 및 기타 플라스틱물질 제조업
④ 복합비료 제조업
⑤ 농약제조업
⑥ 화약 및 불꽃제품 제조업

(2) 공정안전보고서 내용
① **공정안전자료** 기출 20년 3회, 23년 복원
  ㉠ 취급·저장하고 있거나 취급·저장하려는 유해·위험물질의 종류 및 수량
  ㉡ 유해·위험물질에 대한 물질안전보건자료
  ㉢ 유해·위험설비의 목록 및 사양
  ㉣ 유해·위험설비의 운전방법을 알 수 있는 공정도면

- ⑩ 각종 건물·설비의 배치도
- ⑪ 폭발위험장소 구분도 및 전기단선도
- ⑫ 위험설비의 안전설계·제작 및 설치 관련 지침서

② 공정위험성 평가서
- ㉠ 체크리스트(Check List)
- ㉡ 상대위험순위 결정(Dow and Mond Indices)
- ㉢ 작업자 실수 분석(HEA)
- ㉣ 사고 예상 질문 분석(What-if)
- ㉤ 위험과 운전 분석(HAZOP)
- ㉥ 이상위험도 분석(FMECA)
- ㉦ 결함 수 분석(FTA)
- ㉧ 사건 수 분석(ETA)
- ㉨ 원인결과 분석(CCA)
- ㉩ ㉠부터 ㉨까지의 규정과 같은 수준 이상의 기술적 평가기법

③ 안전운전계획
- ㉠ 안전운전지침서
- ㉡ 설비점검·검사 및 보수계획, 유지계획 및 지침서
- ㉢ 안전작업허가
- ㉣ 도급업체 안전관리계획
- ㉤ 근로자 등 교육계획
- ㉥ 가동 전 점검지침
- ㉦ 변경요소 관리계획
- ㉧ 자체감사 및 사고조사계획
- ㉨ 그 밖에 안전운전에 필요한 사항

④ 비상조치계획
- ㉠ 비상조치를 위한 장비·인력보유현황
- ㉡ 사고발생 시 각 부서·관련 기관과의 비상연락체계
- ㉢ 사고발생 시 비상조치를 위한 조직의 임무 및 수행 절차
- ㉣ 비상조치계획에 따른 교육계획
- ㉤ 주민홍보계획
- ㉥ 그밖에 비상조치 관련 사항

⑤ 공정안전보고서 제출 및 심사
- ㉠ <u>사업주는 유해·위험설비의 설치, 이전 또는 주요 구조부분의 변경 공사의 착공 30일 전까지 공정안전보고서 2부를 산업안전보건공단에 제출</u> 기출 20년 1·2회 통합
- ㉡ 30일 이내에 심사가 진행되며 공정안전보고서 중 1부는 사업주에게 송부하게 되며 사업주는 공정안전보고서를 송부 받은 날로부터 5년간 보존

05 노사협의체 기출 18년 2회, 19년 4회, 21년 4회

(1) **노사협의체의 근로자위원** 기출 20년 4회
   ① 도급 또는 하도급 사업을 포함한 전체 사업의 근로자대표
   ② 근로자대표가 지명하는 명예감독관 1명(다만, 명예감독관이 위촉되어 있지 아니한 경우에는 근로자 대표가 지명하는 해당 사업장 근로자 1명)
   ③ 공사금액이 20억원 이상인 도급 또는 하도급 사업의 근로자대표

(2) **노사협의체의 사용자위원** 기출 18년 4회, 24년 복원
   ① 대표자
   ② 안전관리자 1명, 보건관리자 1명(보건관리자 선임대상 건설업으로 한정)
   ③ 공사금액이 20억원 이상인 도급 또는 하도급 사업의 사업주

(3) **노사협의체 회의**
   ① 구분 : 정기회의, 임시회의
   ② 정기회의 : 2개월마다 노사협의체 위원장이 소집
   ③ 임시회의 : 위원장이 필요하다고 인정한 때 소집

06 명예감독관

(1) **위 촉**
   ① 산업안전보건위원회, 노사협의체 설치 대상 사업의 근로자 중 근로자 대표가 사업주의 의견을 들어 추천
   ② 노동조합(지역대표기구)에 속한 임직원 중 노동조합(지역대표기구)이 추천하는 사람
   ③ 전국 규모의 사업주단체 또는 그 산하조직의 임직원 중 단체 또는 그 산하조직이 추천하는 사람
   ④ 산업재해예방관련업무를 하는 단체 또는 그 산하조직에 소속된 임직원 중 해당단체, 그 산하조직이 추천하는 자

(2) **해촉사유**
   ① 근로자 대표가 사업주의 의견을 들어 해촉을 요청할 때
   ② 위촉된 명예감독관이 해당단체, 또는 그 산하조직으로부터 퇴직하거나 해임된 경우
   ③ 업무와 관련하여 부정한 행위를 한 경우
   ④ 질병이나 부상 등의 사유로 업무수행이 곤란하게 된 경우

(3) **임 기**
   2년으로 하되 연임가능

(4) 주요 업무

① 사업장에서 하는 자체점검 참여
② 사업장에서 하는 기계기구 자체검사 입회
③ 근로감독관이 하는 사업장 감독 참여
④ 산재예방계획 수립 참여
⑤ 법령위반사실이 있는 경우 사업주에 대한 개선요청, 감독기관에의 신고
⑥ 산재발생의 급박한 위험이 있는 경우 사업주에 대한 작업중지 요청
⑦ 작업환경측정, 건강진단시 입회 및 그 결과의 설명회 참여
⑧ 직업성 질환의 증상이 있거나, 질병에 걸린 자가 여럿 발생 시 사업주에게 임시건강진단 실시요청
⑨ 근로자에 대한 안전수칙 준수 지도
⑩ 법령 및 산재예방정책 개선 건의
⑪ 안전활동, 무재해 운동 등에 대한 참여와 지원
⑫ 산재예방홍보 등 고장이 정하는 업무

07 산업재해 발생보고

(1) 발생보고

① 사망자 발생 시
② 3일 이상의 휴업이 필요한 부상을 입거나 질병에 걸린 사람이 발생한 경우
③ 산업재해가 발생한 날부터 1개월 이내에
④ 산업재해조사표를 작성(근로자대표의 확인필요)하여 관할 지방고용노동관서의 장에게 제출
⑤ 사업주는 산업재해조사표에 근로자대표의 확인을 받아야 하며, 그 기재 내용에 대하여 근로자대표의 이견이 있는 경우에는 그 내용을 첨부해야 함(다만, 근로자대표가 없는 경우에는 재해자 본인의 확인을 받아 산업재해조사표를 제출할 수 있음)

(2) 보고해야 할 사항

① 발생 개요 및 피해 상황
② 조치 및 전망
③ 그 밖의 중요한 사항

(3) 산업재해의 기록 기출 22년 2회

① 사업장의 개요 및 근로자의 인적사항
② 재해 발생의 일시·장소
③ 재해발생의 원인·과정
④ 재해 재발방지계획

(4) **안전관리자 등의 증원, 교체 임명 명령** 기출 18년 4회, 19년 1회, 20년 4회
① 연간재해율이 같은 업종의 평균재해율의 2배 이상인 재해
② 중대재해가 연간 2건 이상 발생한 재해(다만, 해당 사업장의 전년도 사망만인율이 같은 업종의 평균 사망만인율 이하인 경우는 제외)
③ 관리자가 질병 등의 사유로 3개월 이상 직무를 수행할 수 없게 된 경우
④ 화학적 인자로 인한 직업성 질병자가 연간 3명 이상 발생한 경우

08 작업환경측정

(1) **실시대상**
① 고용노동부령이 정하는 인체에 해로운 작업(소음, 분진, 유해화학물질)을 하는 작업장
② 대상 사업장은 다음 작업환경 측정대상 유해인자에 노출되는 근로자가 있는 작업장
　㉠ 화학적 인자
　　• 유기화합물(114종)
　　• 금속류(24종)
　　• 산 및 알칼리류(17종)
　　• 가스 상태 물질류(15종)
　　• 허가 대상 유해물질(12종)
　　• 금속가공유[Metal Working Fluids(MWFs), 1종]
　㉡ 물리적 인자(2종)
　　• 8시간 시간가중평균 80dB 이상의 소음
　　• 안전보건규칙 제558조에 따른 고열
　㉢ 분진(7종)
　　• 광물성 분진(Mineral Dust)
　　• 곡물 분진(Grain Dusts)
　　• 면 분진(Cotton Dusts)
　　• 목재 분진(Wood Dusts)
　　• 석면 분진(Asbestos Dusts ; 1332-21-4 등)
　　• 용접 흄(Welding Fume)
　　• 유리섬유(Glass Fibers)
　㉣ 그 밖에 고용노동부장관이 정하여 고시하는 인체에 해로운 유해인자

(2) 실시주기
① 작업장 또는 작업공정이 신규로 가동되거나 변경되는 등으로 대상 작업장이 된 경우 30일 이내 실시하고, 그 후 매 6개월(반기)에 1회 이상 실시
② 아래의 경우 측정주기를 변경
  ㉠ 3개월에 1회 이상 : 발암성 물질이 노출기준을 초과, 기타 화학물질이 노출기준을 2배 이상 초과
  ㉡ 1년에 1회 이상 : 최근 1년간 공정변경 등 작업환경측정결과에 영향을 주는 변화가 없고, 작업공정 내 소음의 작업환경측정 결과가 최근 2회 연속 85데시벨(dB) 미만인 경우, 작업공정 내 소음 외의 다른 모든 인자의 작업환경측정 결과가 최근 2회 연속 노출기준 미만인 경우

09 특수건강진단

(1) 실시대상
① 고용노동부령으로 정하는 유해인자에 노출되는 업무에 종사하는 근로자
② 건강진단 실시 결과 직업병 소견이 있는 근로자로 판정받아 작업 전환을 하거나 작업 장소를 변경하여 해당 판정의 원인이 된 특수건강진단대상업무에 종사하지 아니하는 사람으로서 해당 유해인자에 대한 건강진단이 필요하다는 의사의 소견이 있는 근로자

(2) 실시시기 및 주기
사업주는 특수건강진단이 필요한 근로자에 대해 아래 표에서 정한 시기 및 주기대로 특수건강진단을 실시해야 함

〈특수건강진단의 시기 및 주기〉

구 분	대상 유해인자	시기 (배치 후 첫 번째 특수 건강진단)	주 기
1	N,N-디메틸아세트아미드 디메틸포름아미드	1개월 이내	6개월
2	벤 젠	2개월 이내	6개월
3	1,1,2,2-테트라클로로에탄 사염화탄소 아크릴로니트릴 염화비닐	3개월 이내	6개월
4	석면, 면 분진	12개월 이내	12개월
5	광물성 분진 목재 분진 소음 및 충격소음	12개월 이내	24개월
6	제1호부터 제5호까지의 대상 유해인자를 제외한 특수건강진단 대상 유해인자	6개월 이내	12개월

(3) 특수건강진단 주기의 일시단축(50%)
① 작업환경측정 결과 노출기준을 초과한 유해인자 노출근로자
② 직업병 유소견자가 발견된 작업공정에서 해당 유해인자에 노출된 모든 근로자
③ 특수건강진단, 임시건강진단을 실시한 결과, 당해 유해인자에 대하여 특수건강진단실시 주기를 단축하여야 한다는 의사의 판정을 받은 근로자

(4) 특수건강진단 실시의 인정
① 「원자력안전법」에 따른 건강진단(방사선만 해당)
② 「진폐의 예방과 진폐근로자의 보호 등에 관한 법률」에 따른 정기 건강진단(광물성 분진에 한함)
③ 「진단용 방사선 발생장치의 안전관리에 관한 규칙」에 따른 건강진단(방사선에 한함)
④ 그 밖에 특수건강진단의 검사항목을 모두 포함하여 실시한 건강진단(해당 유해인자에 한함)

아이들이 답이 있는 질문을 하기 시작하면
그들이 성장하고 있음을 알 수 있다.

- 존 J. 플롬프 -

PART 1

최신기출 15회분

2022년 제2회
2022년 제1회
2021년 제4회
2021년 제2회
2021년 제1회
2020년 제4회
2020년 제3회
2020년 제1·2회 통합

2019년 제4회
2019년 제2회
2019년 제1회
2018년 제4회
2018년 제2회
2018년 제1회
2017년 제4회

작은 기회로부터 종종 위대한 업적이 시작된다.

– 데모스테네스 –

  **끝까지 책임진다! 시대에듀!**
QR코드를 통해 도서 출간 이후 발견된 오류나 개정법령, 변경된 시험 정보, 최신기출문제, 도서 업데이트 자료 등이 있는지 확인해 보세요! **시대에듀 합격 스마트 앱**을 통해서도 알려 드리고 있으니 구글 플레이나 앱 스토어에서 다운받아 사용하세요. 또한, 파본 도서인 경우에는 구입하신 곳에서 교환해 드립니다.

2022년 제2회 기출해설

1과목 산업안전관리론

01 산업안전보건법령상 안전보건관리규정 작성에 관한 사항으로 괄호 안에 알맞은 기준은?

• 2장 1절 산업안전보건관리 체제

안전보건관리규정을 작성하여야 할 사업의 사업주는 안전보건관리규정을 작성하여야 할 사유가 발생한 날부터 (　)일 이내에 안전보건관리규정을 작성해야 한다.

① 7　　　　　　　　　　② 14
③ 30　　　　　　　　　　④ 60

해설
안전보건관리규정 작성의무가 발생한 날로부터 30일 이내 작성해야 한다.

02 산업안전보건법령상 안전관리자를 2인 이상 선임하여야 하는 사업이 아닌 것은?(단, 기타 법령에 관한 사항은 제외한다.)

• 2장 3절 안전관계자

① 상시 근로자가 500명인 통신업
② 상시 근로자가 700명인 발전업
③ 상시 근로자가 600명인 식료품 제조업
④ 공사금액이 1,000억원이며 공사 진행률(공정률)이 20%인 건설업

해설
통신업의 안전관리자 2명 이상 선임은 1000명 이상이다.

03 산업재해보상보험법령상 보험급여의 종류를 모두 고른 것은?

• 4장 1절 산업재해통계

ㄱ. 장례비　　　　　　　ㄴ. 요양급여
ㄷ. 간병급여　　　　　　ㄹ. 영업손실비용
ㅁ. 직업재활급여

① ㄱ, ㄴ, ㄹ　　　　　　② ㄱ, ㄴ, ㄷ, ㅁ
③ ㄱ, ㄷ, ㄹ, ㅁ　　　　④ ㄴ, ㄷ, ㄹ, ㅁ

해설
현재 우리는 하인리히 방식으로 산업재해비용을 산출하고 있으며, 직접비로는 요양급여, 휴업급여, 장해급여, 유족급여, 장의비, 간병급여, 직업재활급여, 상병보상연금이 있다.

정답　01 ③　02 ①　03 ②

04 안전관리조직의 형태에 관한 설명으로 옳은 것은?
• 2장 2절 안전관리조직

① 라인형 조직은 100명 이상의 중규모 사업장에 적합하다.
② 스태프형 조직은 권한 다툼의 해소나 조정이 용이하여 시간과 노력이 감소된다.
③ 라인형 조직은 안전에 대한 정보가 불충분하지만 안전지시나 조치에 대한 실시가 신속하다.
④ 라인·스태프형 조직은 1,000명 이상의 대규모 사업장에 적합하나 조직원 전원의 자율적 참여가 불가능하다.

해설
① 라인형 조직은 100명 이하의 소규모 사업장에 적합하다.
② 스태프형 조직은 권한 다툼이나 조정 때문에 시간과 노력이 소모될 수 있다.
③ 라인·스태프형은 자율적 참여가 가능하다.

05 재해 예방을 위한 대책선정에 관한 사항 중 기술적 대책(Engineering)에 해당되지 않는 것은?
• 3장 3절 재해예방원칙

① 작업행정의 개선
② 환경설비의 개선
③ 점검보존의 확립
④ 안전수칙의 준수

해설
하인리히의 재해예방 4원칙 중 대책선정의 원칙에는 기술적 대책, 교육적 대책, 규제적 대책이 있으며, 안전수칙의 준수는 기술적 대책이 아니라 규제적 대책에 해당한다.

06 산업안전보건법령상 산업안전보건위원회의 심의·의결을 거쳐야 하는 사항이 아닌 것은?(단, 그 밖에 필요한 사항은 제외한다.)
• 7장 2절 산업안전보건위원회

① 작업환경측정 등 작업환경의 점검 및 개선에 관한 사항
② 산업재해에 관한 통계의 기록 및 유지에 관한 사항
③ 안전장치 및 보호구 구입 시 적격품 여부 확인에 관한 사항
④ 사업장의 산업재해 예방계획의 수립에 관한 사항

해설
안전보건에 관련되는 안전장치와 보호구 구입 시 적격품 여부의 확인에 관한 사항은 안전보건관리책임자의 업무에 해당한다.

07 산업안전보건법령상 안전보건표지의 색채를 파란색으로 사용하여야 하는 경우는?

• 6장 8절 안전보건표지

① 주의표지
② 정지신호
③ 차량 통행표지
④ 특정 행위의 지시

해설
주의는 노란색, 정지는 빨간색, 통행은 안내표지로 녹색, 지시는 파란색이다.

08 시설물의 안전 및 유지관리에 관한 특별법령상 안전등급별 정기안전점검 및 정밀안전진단 실시시기에 관한 사항으로 괄호 안에 알맞은 기준은?

• 5장 5절 시설물의 안전점검

안전등급	정기안전점검	정밀안전진단
A등급	(㉠)에 1회 이상	(㉡)에 1회 이상

	㉠	㉡
①	반 기	4년
②	반 기	6년
③	1년	4년
④	1년	6년

해설
A등급의 정기안전점검은 반기에 1회 이상, 정밀안전진단은 6년에 1회 이상이다.

09 다음의 재해사례에서 기인물과 가해물은?

• 3장 2절 산업재해분석

> 작업자가 작업장을 걸어가는 중 작업장 바닥에 쌓여있던 자재에 걸려 넘어지면서 바닥에 머리를 부딪쳐 사망하였다.

① 기인물 – 자재, 가해물 – 바닥
② 기인물 – 자재, 가해물 – 자재
③ 기인물 – 바닥, 가해물 – 바닥
④ 기인물 – 바닥, 가해물 – 자재

해설
기인물은 불안전한 상태에 있는 물체이고, 가해물은 직접 사람에게 접촉되어 위해를 가한 물체이다.

정답 07 ④ 08 ② 09 ①

10 산업재해통계업무처리규정상 산업재해통계에 관한 설명으로 틀린 것은? • 4장 1절 산업재해통계

① 총요양근로손실일수는 재해자의 총 요양기간을 합산하여 산출한다.
② 휴업재해자수는 근로복지공단의 휴업급여를 지급받은 재해자수를 의미하며, 체육행사로 인하여 발생한 재해는 제외된다.
③ 사망자수는 통상의 출퇴근에 의한 사망을 포함하여 근로복지공단의 유족급여가 지급된 사망자수를 말한다.
④ 재해자수는 근로복지공단의 유족급여가 지급된 사망자 및 근로복지공단에 최초요양신청서를 제출한 재해자 중 요양승인을 받은 자를 말한다.

해설
사업장 밖의 교통사고는 제외한다.

---

11 건설업 산업안전보건관리비 계상 및 사용기준상 건설업 안전보건관리비로 사용할 수 있는 것을 모두 고른 것은? • 6장 9절 산업안전보건관리비

> ㄱ. 전담 안전·보건관리자의 인건비
> ㄴ. 현장 내 안전보건 교육장 설치비용
> ㄷ. 전기사업법에 따른 전기안전대행 비용
> ㄹ. 유해·위험방지계획서의 작성에 소요되는 비용
> ㅁ. 재해예방전문지도기관에 지급하는 기술지도 비용

① ㄴ, ㄷ, ㄹ
② ㄱ, ㄴ, ㄹ, ㅁ
③ ㄱ, ㄷ, ㄹ, ㅁ
④ ㄱ, ㄴ, ㄷ, ㅁ

해설
전기안전대행비용은 해당되지 않으며 해당되는 비용은 다음과 같다.
• 인건비 : 안전관리자, 안전보조원 인건비
• 안전시설비 : 추락방지, 낙하방지시설
• 개인보호구 및 안전장구 구입비
• 안전진단비 : 안전진단, 유해위험방지계획서
• 안전보건교육 행사비 : 교육비, 교육기자재구입
• 근로자의 건강진단비 : 건당진단비, 구급용품
• 건설재해예방 기술지도비 : 기술지도수수료
• 본사 안전관리비 : 업무상 출장비

12 다음에서 설명하는 위험예지훈련 단계는? •1장 4절 안전활동기법

> • 위험요인을 찾아내는 단계
> • 가장 위험한 것을 합의하여 결정하는 단계

① 현상파악
② 본질추구
③ 대책수립
④ 목표설정

해설
본질추구는 위험요인이 어디에 있는지 발견하여 위험요인을 파악하고, 파악된 위험요인 중 실제로 사고로 이어질 수 있는 중요한 요인을 결정하는 것을 말한다.

13 산업안전보건법령상 안전검사 대상 기계가 아닌 것은? •5장 4절 안전검사

① 리프트
② 압력용기
③ 컨베이어
④ 이동식 국소 배기장치

해설
국소배기장치 중 이동식은 제외한다.

14 산업안전보건법령상 사업장에서 산업재해 발생 시 사업주가 기록·보존해야 하는 사항이 아닌 것은?(단, 산업재해조사표와 요양신청서의 사본은 보존하지 않았다.) •7장 7절 산업재해 발생보고

① 사업장의 개요
② 근로자의 인적사항
③ 재해 재발방지 계획
④ 안전관리자 선임에 관한 사항

해설
산업재해 발생시 재해기록은 3년간 보존해야 하며 보존해야 할 사항은 다음과 같다.
• 사업장의 개요 및 근로자의 인적사항
• 재해 발생의 일시·장소
• 재해발생의 원인·과정
• 재해 재발방지계획

정답 12 ② 13 ④ 14 ④

15 A사업장은 상시근로자수가 1,200명이다. 이 사업장의 도수율이 10.5이고 강도율이 7.5일 때 이 사업장의 총요양근로손실일수(일)는?(단, 연근로시간수는 2,400시간이다.) • 4장 1절 산업재해통계

① 21.6
② 216
③ 2,160
④ 21,600

해설

강도율 = 근로손실일수/연근로시간수×1,000
연근로시간수 = 근로자수×근로시간(1인당 연근로시간 = 8h×25일×12개월 = 2,400시간) = 1,200×2,400
근로손실일수 = 7.5×1,200×2,400/1,000 = 21,600

16 산업재해의 기본원인으로 볼 수 있는 4M으로 옳은 것은? • 3장 1절 산업재해조사

① Man, Machine, Maker, Media
② Man, Management, Machine, Media
③ Man, Machine, Maker, Management
④ Man, Management, Machine, Material

해설

4M : Man, Management, Machine, Media

17 보호구 안전인증 고시상 안전대 충격흡수장치의 동하중 시험성능기준에 관한 사항으로 괄호 안에 알맞은 기준은? • 6장 4절 안전대

- 최대전달충격력은 (㉠)kN 이하이여야 함
- 감속거리는 (㉡)mm 이하이어야 함

	㉠	㉡
①	6.0	1,000
②	6.0	2,000
③	8.0	1,000
④	8.0	2,000

해설

최대전달충격력은 6.0kN 이하이어야 하며 감속거리는 1,000mm 이하이어야 한다.

15 ④ 16 ② 17 ① **정답**

18 산업안전보건기준에 관한 규칙상 공기압축기 가동 전 점검사항을 모두 고른 것은?(단, 그 밖에 사항은 제외한다.)

> ㄱ. 윤활유의 상태
> ㄴ. 압력방출장치의 기능
> ㄷ. 회전부의 덮개 또는 울
> ㄹ. 언로드밸브(Unloading Valve)의 기능

① ㄷ, ㄹ
② ㄱ, ㄴ, ㄷ
③ ㄱ, ㄴ, ㄹ
④ ㄱ, ㄴ, ㄷ, ㄹ

해설
공기압축기의 가동 전 점검사항
- 공기저장 압력용기의 외관 상태
- 드레인밸브(Drain valve)의 조작 및 배수
- 압력방출장치의 기능
- 언로드밸브(Unloading valve)의 기능
- 윤활유의 상태
- 회전부의 덮개 또는 울
- 그 밖의 연결 부위의 이상 유무

19 버드(Bird)의 재해구성비율 이론상 경상이 10건일 때 중상에 해당하는 사고 건수는?

• 1장 2절 안전이론

① 1
② 30
③ 300
④ 600

해설
버드의 법칙
1 : 10 : 30 : 600(중상 또는 사망 : 경상 : 물적사고 : 무상해무사고)

20 재해의 원인 중 불안전한 상태에 속하지 않는 것은?

• 3장 1절 산업재해조사

① 위험장소 접근
② 작업환경의 결함
③ 방호장치의 결함
④ 물적 자체의 결함

해설
위험장소의 접근은 불안전한 상태가 아니라 불안전한 행동에 해당한다.

정답 18 ④ 19 ① 20 ①

2022년 제1회 기출해설

1과목 산업안전관리론

01 산업안전보건법령상 안전보건표지의 종류 중 안내표지에 해당되지 않는 것은?
 • 6장 8절 안전보건표지

① 금 연
② 들 것
③ 세안장치
④ 비상용기구

해설
금연은 금지표지이다.

02 산업안전보건법령상 산업안전보건위원회에 관한 사항 중 틀린 것은? • 7장 2절 산업안전보건위원회

① 근로자위원과 사용자위원은 같은 수로 구성된다.
② 산업안전보건회의 정기회의는 위원장이 필요하다고 인정할 때 소집한다.
③ 안전보건교육에 관한 사항은 산업안전보건위원회의 심의·의결을 거쳐야 한다.
④ 상시근로자 50인 이상의 자동차 제조업의 경우 산업안전보건위원회를 구성·운영하여야 한다.

해설
정기회의가 아니라 임시회의이다.

03 재해원인 중 간접원인이 아닌 것은? • 3장 1절 산업재해조사

① 물적 원인
② 관리적 원인
③ 사회적 원인
④ 정신적 원인

해설
물적 원인은 직접원인이다.

01 ① 02 ② 03 ①

04 산업재해통계업무처리규정상 재해 통계 관련 용어로 괄호 안에 알맞은 용어는?

• 4장 1절 산업재해통계

> ( )는 근로복지공단의 유족급여가 지급된 사망자 및 근로복지공단에 최초 요양신청서(재진 요양신청이나 전원요양신청서는 제외)를 제출한 재해자 중 요양승인을 받은 자(산재 미보고 적발 사망자 수를 포함)로 통상의 출퇴근으로 발생한 재해는 제외한다.

① 재해자수
② 사망자수
③ 휴업재해자수
④ 임금근로자수

해설

요양재해자수
근로복지공단의 유족급여가 지급된 사망자 및 근로복지공단에 최초 요양신청서를 제출한 재해자 중 요양승인을 받은 자와 지방고용노동관서에 산업재해조사표가 제출된 재해자를 합산한 수
② 사망자수
근로복지공단의 유족급여가 지급된 사망자와 지방고용노동관서에 산업재해조사표가 제출된 사망자를 합산(질병에 의해 사망한 경우와 사업장 밖의 교통사고·체육행사·폭력행위에 의한 사망, 사고발생일로부터 1년을 경과하여 사망한 경우는 제외)

05 시몬즈(Simods)의 재해손실비의 평가방식 중 비보험 코스트의 산정 항목에 해당하지 않는 것은?

• 4장 1절 산업재해통계

① 사망 사고 건수
② 통원 상해 건수
③ 응급 조치 건수
④ 무상해 사고 건수

해설

시몬즈 방식의 비보험 코스트는 통원상해, 응급조치, 무상해, 휴업상해 건수가 있다.

06 산업안전보건법령상 용어와 뜻이 바르게 연결된 것은?

• 1장 1절 안전관리

① '사업주대표'란 근로자 과반수를 대표하는 자를 말한다.
② '도급인'이란 건설공사발주자를 포함한 물건의 제조·건설·수리 또는 서비스의 제공, 그 밖의 업무를 도급하는 사업주를 말한다.
③ '안전보건평가'란 산업재해를 예방하기 위하여 잠재적 위험성을 발견하고 그 개선대책을 수립할 목적으로 조사·평가하는 것을 말한다.
④ '산업재해'란 노무를 제공하는 사람이 업무에 관계되는 건설물·설비·원재료·가스·증기·분진 등에 의하거나 작업 또는 그 밖의 업무로 인하여 사망 또는 부상하거나 질병에 걸리는 것을 말한다.

해설

① '사업주'란 근로자를 사용하여 사업을 하는 자를 말한다.
② '도급인'이란 물건의 제조·건설·수리 또는 서비스의 제공, 그 밖의 업무를 도급하는 사업주를 말한다. 다만, 건설공사발주자는 제외한다.
③ '안전보건진단'이란 산업재해를 예방하기 위하여 잠재적 위험성을 발견하고 그 개선대책을 수립할 목적으로 조사·평가하는 것을 말한다.

정답 04 ① 05 ① 06 ④

07 재해조사 시 유의사항으로 틀린 것은? •3장 1절 산업재해조사

① 피해자에 대한 구급조치를 우선으로 한다.
② 재해조사 시 2차 재해 예방을 위해 보호구를 착용한다.
③ 재해조사는 재해자의 치료가 끝난 뒤 실시한다.
④ 책임추궁보다는 재발방지를 우선하는 기본 태도를 가진다.

해설

재해조사를 재해자의 치료가 끝난 뒤에 실시하면 현장의 모든 증거가 소멸된다.

08 산업안전보건법령상 상시근로자 20명 이상 50명 미만인 사업장 중 안전보건관리담당자를 선임하여야 하는 업종이 아닌 것은?(단, 안전관리자 및 보건관리자가 선임되지 않은 사업장으로 한다.)
•2장 3절 안전관계자

① 임 업
② 제조업
③ 건설업
④ 환경 정화 및 복원업

해설

산업안전보건법령상 상시근로자 20명 이상 50명 미만인 사업장 중 안전보건관리담당자를 선임하여야 하는 업종은 다음과 같다.
- 제조업
- 임 업
- 하수, 폐수 및 분뇨 처리업
- 폐기물 수집, 운반, 처리 및 원료 재생업
- 환경 정화 및 복원업의 경우

09 건설기술진흥법령상 안전관리계획을 수립해야 하는 건설공사에 해당하지 않는 것은?
•1장 5절 안전보건관리계획

① 15층 건축물의 리모델링
② 지하 15m를 굴착하는 건설공사
③ 항타 및 항발기가 사용되는 건설공사
④ 높이가 21m인 비계를 사용하는 건설공사

해설

건설기술진흥법상 안전관리계획 수립대상 건설공사
- 「시설물의 안전 및 유지관리에 관한 특별법」에 따른 1종 시설물 및 2종 시설물의 건설공사(유지관리를 위한 건설공사 제외)
- 지하 10m 이상을 굴착하는 건설공사
- 폭발물 사용으로 주변에 영향이 예상되는 건설공사(주변 20m 이내 시설물 또는 100m 내 가축사육)
- 다음에 해당하는 공사
  - 10층 이상 16층 미만인 건축물의 건설공사
  - 10층 이상인 건축물의 리모델링 또는 해체공사
  - 「주택법」에 따른 수직증축형 리모델링
- 다음에 해당하는 건설공사
  - 천공기(높이 10m 이상), 항타 및 항발기, 타워크레인을 사용하는 건설공사
  - 관계전문가로부터 구조적 안전성을 확인받아야 하는 가설구조물을 사용하는 건설공사
- 그 외 건설공사 중 다음에 해당하는 공사
  - 발주자가 안전관리가 특히 필요하다고 인정하는 건설공사
  - 해당 지방자치단체의 조례로 정하는 건설공사 중에서 인·허가기관의 장이 안전관리가 특히 필요하다고 인정하는 건설공사

10 다음의 재해에서 기인물과 가해물로 옳은 것은?   • 3장 2절 산업재해분석

> 공구와 자재가 바닥에 어지럽게 널려 있는 작업통로를 작업자가 보행 중 공구에 걸려 넘어져 통로바닥에 머리를 부딪쳤다.

	기인물	가해물
①	바닥	공구
②	바닥	바닥
③	공구	바닥
④	공구	공구

해설
기인물은 불안전한 상태에 있는 물체이고, 가해물은 직접 사람에게 접촉되어 위해를 가한 물체이다.

---

11 보호구 안전인증 고시상 안전인증을 받은 보호구의 표시사항이 아닌 것은?   • 5장 2절 안전인증

① 제조자명
② 사용 유효기간
③ 안전인증 번호
④ 규격 또는 등급

해설
안전인증제품의 표시사항
• 형식 또는 모델명
• 규격 또는 등급 등
• 제조자명
• 제조번호 및 제조연월
• 안전인증 번호

---

12 위험예지훈련 진행방법 중 대책수립에 해당하는 단계는?   • 1장 4절 안전활동기법

① 제1라운드
② 제2라운드
③ 제3라운드
④ 제4라운드

해설
위험예지훈련의 4단계
• 1단계(현상 파악) : 위험 요인이 어디에 있는지 위험 요인을 발견하고 파악하는 것
• 2단계(본질 추구) : 현상 파악된 위험 요인 중 실제로 사고로 이어질 수 있는 중요한 요인을 결정하는 것
• 3단계(대책 수립) : 중요한 위험 요인에 대한 예방 대책을 수립하는 것
• 4단계(목표 설정) : 예방 대책을 실천하기 위한 행동 목표를 설정하는 것

정답 10 ③ 11 ② 12 ③

13 산업안전보건법령상 안전보건관리규정을 작성해야 할 사업의 종류를 모두 고른 것은?(단, ㄱ~ㅁ 은 상시근로자 300명 이상의 사업이다.)
• 2장 1절 산업안전보건관리 체제

> ㄱ. 농 업
> ㄴ. 정보서비스업
> ㄷ. 금융 및 보험업
> ㄹ. 사회복지 서비스업
> ㅁ. 과학 및 기술 연구개발업

① ㄴ, ㄹ, ㅁ
② ㄱ, ㄴ, ㄷ, ㄹ
③ ㄱ, ㄴ, ㄷ, ㅁ
④ ㄱ, ㄷ, ㄹ, ㅁ

해설

안전보건관리규정을 작성해야 할 사업의 종류 및 상시근로자 수
• 300명 이상
  - 농 업
  - 어 업
  - 소프트웨어 개발 및 공급업
  - 컴퓨터 프로그래밍, 시스템 통합 및 관리업
  - 정보서비스업
  - 금융 및 보험업
  - 임대업(부동산 제외)
  - 전문, 과학 및 기술서비스업(연구개발업 제외)
  - 사업지원 서비스업
  - 사회복지 서비스업
• 100명 이상
  - 위 10가지 사업을 제외한 사업

14 산업안전보건법령상 중대재해의 범위에 해당하지 않는 것은?
• 1장 1절 안전관리

① 사망자가 1명 발생한 재해
② 부상자가 동시에 10명 이상 발생한 재해
③ 2개월 이상의 요양이 필요한 부상자가 동시에 2명 이상 발생한 재해
④ 직업성 질병자가 동시에 10명 이상 발생한 재해

해설

중대재해
산업재해 중 사망 등 정도가 심하거나 다수의 재해자가 발생하는 경우로 다음과 같은 재해
• 사망자가 1명 이상 발생한 재해
• 3개월 이상의 요양이 필요한 부상자가 동시에 2명 이상 발생한 재해
• 부상자 또는 직업성 질병자가 동시에 10명 이상 발생한 재해

13 ② 14 ③

15 1,000명 이상의 대규모 사업장에 가장 적합한 안전관리조직의 형태는? • 2장 2절 안전관리조직

① 경영형
② 라인형
③ 스태프형
④ 라인-스태프형

해설
라인-스태프(Line-Staff)형 조직(직계참모조직)은 대규모 사업장(1,000명 이상)에 적합한 조직이다.
② 라인형 : 100명 미만 소규모
③ 스태프형 : 100명 이상 1,000명 미만 중규모

16 A 사업장의 현황이 다음과 같을 때 A 사업장의 강도율은? • 4장 1절 산업재해통계

- 상시근로자 : 200명
- 요양재해건수 : 4건
- 사망 : 1명
- 휴업 : 1명(500일)
- 연근로시간 : 2,400시간

① 8.33
② 14.53
③ 15.31
④ 16.48

해설
강도율 = 근로손실일수×1,000÷총연근로시간수
- 연근로시간수 = 근로자수×근로시간(1인당 연근로시간 = 8h×25일×12개월 = 2,400시간) = 200×2,400
- 근로손실일수 = 7,500+500×300÷365 = 7,911
- 강도율 = 근로손실일수×1,000÷총연근로시간수 = 7,911×1,000÷(200×2,400) = 16.48

17 산업안전보건법령상 관계수급인 근로자가 도급인의 사업장에서 작업을 하는 경우 건설업 도급인의 작업장 순회점검 주기는? • 7장 3절 안전보건총괄책임자

① 1일에 1회 이상
② 2일에 1회 이상
③ 3일에 1회 이상
④ 7일에 1회 이상

해설
순회점검 주기는 2일에 1회 이상이다.

정답 15 ④ 16 ④ 17 ②

18 재해사례연구의 진행단계로 옳은 것은? ・3장 1절 산업재해조사

> ㄱ. 사실의 확인
> ㄴ. 대책의 수립
> ㄷ. 문제점의 발견
> ㄹ. 문제점의 결정
> ㅁ. 재해 상황의 파악

① ㄷ → ㅁ → ㄱ → ㄹ → ㄴ
② ㄷ → ㅁ → ㄹ → ㄱ → ㄴ
③ ㅁ → ㄷ → ㄱ → ㄹ → ㄴ
④ ㅁ → ㄱ → ㄷ → ㄹ → ㄴ

해설
재해사례연구
재해 상황의 파악 → 사실의 확인 → 문제점 발견 → 근본적 문제점 결정 → 대책수립

19 산업안전보건법령상 건설현장에서 사용하는 크레인의 안전검사 주기는?(단, 이동식 크레인은 제외한다.) ・5장 4절 안전검사

① 최초로 설치한 날부터 1개월마다 실시
② 최초로 설치한 날부터 3개월마다 실시
③ 최초로 설치한 날부터 6개월마다 실시
④ 최초로 설치한 날부터 1년마다 실시

해설
건설현장에서 사용되는 크레인, 리프트, 곤돌라는 최초 설치 후 6개월마다 실시한다.

20 재해예방의 4원칙에 해당하지 않는 것은? ・3장 3절 재해예방원칙

① 손실 적용의 원칙
② 원인 연계의 원칙
③ 대책 선정의 원칙
④ 예방 가능의 원칙

해설
손실 적용의 원칙이 아니라 손실 우연의 원칙이다.

18 ④ 19 ③ 20 ①

2021년 제4회 기출해설

1과목 산업안전관리론

01 하인리히의 도미노이론에서 재해의 직접원인으로 옳은 것은? •1장 2절 안전이론

① 사회적 환경
② 유전적 요소
③ 개인적인 결함
④ 불안전한 행동 및 불안전한 상태

해설

하인리히의 도미노이론
- 1단계(Ancestry & Social Environment) : 사회적 환경, 유전적 요소(기초원인)
- 2단계(Personal Faults) : 개인의 결함(간접원인)
- 3단계(Unsafe Act & Condition) : 불안전한 행동, 불안전한 상태(직접원인)
- 4단계(Accident) : 사고
- 5단계(Injury) : 재해

02 안전관리조직의 형태 중 직계식 조직의 특징으로 옳지 않은 것은? •2장 2절 안전관리조직

① 소규모 사업장에 적합하다.
② 안전에 관한 명령지시가 빠르다.
③ 안전에 대한 정보가 불충분하다.
④ 별도의 안전관리 전담요원이 직접 통제한다.

해설

라인형 조직(직계식 조직)
- 100명 이하의 소규모 기업에 적합
- 안전관리 계획에서 실시에 이르기까지 모든 업무를 생산라인을 통해 직선적으로 이루어지도록 편성

장 점	단 점
• 안전에 관한 지시 및 명령 계통이 철저 • 안전대책의 실시가 신속하고 정확함 • 명령과 보고가 상하관계뿐으로 간단 명료	• 안전에 대한 지식 및 기술축적이 어려움 • 안전에 대한 정보수집, 신기술개발이 어려움 • 생산라인에 과도한 책임을 지우기 쉬움

정답 01 ④ 02 ④

03 건설기술진흥법령상 안전점검의 시기·방법에 관한 사항 중 빈칸 안에 들어갈 말로 옳은 것은?

• 5장 5절 시설물의 안전점검

> 정기안전점검 결과 건설공사의 물리적·기능적 결함 등이 발견되어 보수·보강 등의 조치를 위하여 필요한 경우에는 (　　)을 할 것

① 긴급점검　　　　　　　② 정기점검
③ 특별점검　　　　　　　④ 정밀안전점검

해설

정밀안전점검
• 시설물의 상태를 판단하고 시설물이 점검 당시의 사용요건을 만족시키고 있는지 확인하며 시설물 주요부재의 상태를 확인할 수 있는 수준의 외관조사 및 측정·시험장비를 이용한 조사를 실시하는 안전점검
• 정기안전점검 결과 건설공사의 물리적·기능적 결함 등이 발견되어 보수·보강 등의 조치를 위하여 필요한 경우에는 정밀안전점검을 해야함

04 산업안전보건법령상 타워크레인 지지에 관한 사항 중 ㉠, ㉡에 들어갈 말로 옳은 것은?

• 3장 1절 산업재해조사

> 타워크레인을 와이어로프로 지지하는 경우, 설치각도는 수평면에서 (㉠)도 이내로 하되, 지지점은 (㉡)개소 이상으로 하고, 같은 각도로 설치하여야 한다.

① ㉠ - 45, ㉡ - 3　　　② ㉠ - 45, ㉡ - 4
③ ㉠ - 60, ㉡ - 3　　　④ ㉠ - 60, ㉡ - 4

해설

와이어로프의 설치각도는 수평면에서 60° 이내로 하고, 지지점은 4개소 이상, 같은 각도로 설치

05 사고예방대책의 기본원리 5단계 중 3단계의 분석평가에 관한 내용으로 옳은 것은?

• 1장 2절 안전이론

① 현장 조사
② 교육 및 훈련의 개선
③ 기술의 개선 및 인사조정
④ 사고 및 안전활동 기록 검토

해설

3단계 : 평가 및 분석(Analysis)
• 불안전요소를 토대로 사고를 발생시킨 직접 및 간접적 원인을 찾아냄
• 현장조사 결과의 분석, 사고보고서의 분석, 환경조건의 분석 및 작업공정의 분석, 교육과 훈련의 분석 등을 통하여 이루어짐

03 ④　04 ④　05 ①

06 산업안전보건법령상 노사협의체에 관한 사항으로 옳지 않은 것은? • 7장 5절 노사협의체

① 노사협의체 정기회의는 1개월마다 노사협의체의 위원장이 소집한다.
② 공사금액이 20억원 이상인 공사의 관계수급인의 각 대표자는 사용자위원에 해당된다.
③ 도급 또는 하도급 사업을 포함한 전체 사업의 근로자대표는 근로자 위원에 해당된다.
④ 노사협의체의 근로자위원과 사용자위원은 합의하여 노사협의체에 공사금액이 20억원 미만인 공사의 관계수급인 및 관계수급인 근로자대표를 위원으로 위촉할 수 있다.

해설

노사협의체 회의
• 구분 : 정기회의, 임시회의
• 정기회의 : 2개월마다 노사협의체 위원장이 소집
• 임시회의 : 위원장이 필요하다고 인정 때 소집

07 버드(Bird)의 도미노이론에서 재해발생과정 중 직접원인은 몇 단계인가? • 1장 2절 안전이론

① 1단계　　　　　　　　　　② 2단계
③ 3단계　　　　　　　　　　④ 4단계

해설

버드의 신도미노이론
• 1단계(Lack of Control Management) : 통제·관리의 부족 또는 결여(근본원인)
• 2단계(Basic Cause-Origins) : 인적요인, 작업장요인, 4M(기본원인)
• 3단계(Immeiate Cause, Symptoms) : 불안전한 행동과 조건(직접원인)
• 4단계(Incident) : 사고발생(사람과 재산에 위해를 끼치는 사건)

08 산업안전보건법령상 상시근로자 20명 이상 50명 미만인 사업장 중 안전보건관리담당자를 선임하여야 할 업종으로 옳지 않은 것은? • 2장 3절 안전관계자

① 임 업
② 제조업
③ 건설업
④ 하수, 폐수 및 분뇨 처리업

해설

안전보건관리담당자
아래의 업종의 경우 사업주는 상시근로자 20명 이상 50명 미만인 사업장에 안전보건관리담당자를 1명 이상 선임해야 함
• 제조업
• 임 업
• 하수, 폐수 및 분뇨 처리업
• 폐기물 수집, 운반, 처리 및 원료 재생업
• 환경 정화 및 복원업

정답　06 ①　07 ③　08 ③

09 산업안전보건법령상 안전보건표지의 용도 및 색도기준으로 옳은 것은? • 6장 8절 안전보건표지

① 지시표지 – 5N 9.5
② 금지표지 – 2.5G 4/10
③ 경고표지 – 5Y 8.5/12
④ 안내표지 – 7.5R 4/14

해설

색도기준

종 류	기 준	표시사항	사용예
빨간색	7.5R 4/14	금 지	정지신호, 소화설비 및 그 장소
노란색	5Y 8.5/12	경 고	위험경고, 주의표지, 기계방호울
파란색	2.5PB 4/10	지 시	특정행위의 지시 및 사실의 고지
녹 색	2.5G 4/10	안 내	비상구, 피난소, 사람 및 차량통행표지

10 A사업장에서 중상이 10명 발생하였다면 버드(Bird)의 재해구성비율에 의한 경상해자 숫자로 옳은 것은? • 1장 2절 안전이론

① 50명 ② 100명
③ 145명 ④ 300명

해설

재해구성비율
• 하인리히 법칙 : 1 : 29 : 300(중상, 사망 : 경상 : 무상해사고)
• 버드의 법칙 : 1 : 10 : 30 : 600(중상, 사망 : 경상 : 물적사고 : 무상해사고)

11 산업재해 발생 시 조치 순서에 있어 긴급처리의 내용으로 옳지 않은 것은? • 3장 1절 산업재해조사

① 현장 보존
② 잠재위험요인 적출
③ 관련 기계의 정지
④ 재해자의 응급조치

해설

재해긴급처리
피재기계의 정지 → 피해자의 응급조치 → 관계자에게 통보 → 2차 재해방지 → 현장보존

12 산업안전보건법령상 안전보건진단을 받아 안전보건개선계획을 수립하여야 하는 대상을 모두 고른 것은?
　　　　　　　　　　　　　　　　　　　　　　　　　　　　• 1장 6절 안전보건개선계획서

> ㄱ. 산업재해율이 같은 업종 평균 산업 재해율의 2배 이상인 사업장
> ㄴ. 사업주가 필요한 안전조치 또는 보건조치를 이행하지 아니하여 중대재해가 발생한 사업장
> ㄷ. 상시근로자 1천명 이상 사업장에서 직업성 질병자가 연간 2명 이상 발생한 사업장

① ㄱ, ㄴ　　　　　　　　　　② ㄱ, ㄷ
③ ㄴ, ㄷ　　　　　　　　　　④ ㄱ, ㄴ, ㄷ

해설
안전보건개선계획 수립, 시행, 명령 대상 사업장
- 산업재해율이 같은 업종의 규모별 평균 산업재해율보다 높은 사업장
- 사업주가 필요한 안전조치 또는 보건조치를 이행하지 아니하여 중대재해가 발생한 사업장
- 직업성 질병자가 연간 2명 이상 발생한 사업장
- 유해인자의 노출기준을 초과한 사업장

---

13 산업안전보건법령상 중대재해로 옳지 않은 것은?
　　　　　　　　　　　　　　　　　　　　　　　　　　　　• 1장 1절 안전관리

① 사망자 1명이 발생한 재해
② 12명의 부상자가 동시에 발생한 재해
③ 2명의 직업성 질병자가 동시에 발생한 재해
④ 5개월의 요양이 필요한 부상자가 동시에 3명 발생한 재해

해설
중대재해
산업재해 중 사망 등 정도가 심하거나 다수의 재해자가 발생하는 경우로 다음과 같은 재해
- 사망자가 1명 이상 발생한 재해
- 3개월 이상의 요양이 필요한 부상자가 동시에 2명 이상 발생한 재해
- 부상자 또는 직업성 질병자가 동시에 10명 이상 발생한 재해

---

14 T.B.M 활동의 5단계 추진법의 진행순서로 옳은 것은?
　　　　　　　　　　　　　　　　　　　　　　　　　　　　• 1장 4절 안전활동기법

① 도입 → 확인 → 위험예지훈련 → 작업지시 → 정비점검
② 도입 → 정비점검 → 작업지시 → 위험예지훈련 → 확인
③ 도입 → 작업지시 → 위험예지훈련 → 정비점검 → 확인
④ 도입 → 위험예지훈련 → 작업지시 → 정비점검 → 확인

해설
TBM(Tool Box Meeting)
- 작업현장 근처에서 작업 전에 관리감독자(작업반장, 직장, 팀장 등)를 중심으로 작업자들이 모여 작업의 내용과 안전작업 절차 등에 대해 서로 확인 및 의논하는 활동
- 5단계 추진법 : 도입 → 점검장비 → 작업지시 → 위험예지 → 확인

정답 12 ① 13 ③ 14 ②

15 보호구 안전인증 고시상 저음부터 고음까지 차음하는 방음용 귀마개의 기호로 옳은 것은?

• 5장 2절 안전인증

① EM
② EP-1
③ EP-2
④ EP-3

해설

방음용 귀마개 기호

종류	등급	기호	성능	비고
귀마개	1종	EP-1	저음부터 고음까지 차음하는 것	귀마개의 경우 재사용 여부를 제조특성으로 표기
	2종	EP-2	주로 고음을 차음하고 저음(회화음영역)은 차음하지 않는 것	
귀덮개	-	EM	-	-

16 산업재해보상보험법령상 명시된 보험급여의 종류로 옳지 않은 것은?

• 4장 1절 산업재해통계

① 장례비
② 요양급여
③ 휴업급여
④ 생산손실급여

해설

하인리히방식
• 총재해비 = 직접비(1) + 간접비(4)
• 1대4의 경험법칙으로 재해손실비용은 직접비의 5배
• 직접비 : 요양급여, 휴업급여, 장해급여, 간병급여, 유족급여, 상병보상연금, 장의비
• 간접비 : 인적손실, 물적손실, 생산손실, 임금손실, 시간손실, 기타손실

17 맥그리거의 X, Y이론 중 X이론의 관리처방으로 옳은 것은?

• 2과목 2장 3절 동기이론

① 조직구조의 평면화
② 분권화와 권한의 위임
③ 자체평가제도의 활성화
④ 권위주의적 리더십의 확립

해설

맥그리거(McGregor)의 X, Y이론
• 환경개선보다는 일의 자유화 추구 및 불필요한 통제를 없앰
• 인간의 본질에 대한 기본적인 가정을 부정론과 긍정론으로 구분
• X이론 : 인간불신감, 성악설, 물질욕구(저차원욕구), 명령 및 통제에 의한 관리, 저개발국형
• Y이론 : 상호신뢰감, 성선설, 정신욕구(고차원욕구), 자율관리, 선진국형

18 산업안전보건법령상 안전보건관리책임자의 업무로 옳지 않은 것은? (단, 그 밖에 고용노동부령으로 정하는 사항은 제외)
• 2장 3절 안전관계자

① 근로자의 적정배치에 관한 사항
② 작업환경의 점검 및 개선에 관한 사항
③ 안전보건관리규정의 작성 및 변경에 관한 사항
④ 안전장치 및 보호구 구입 시 적격품 여부 확인에 관한 사항

해설
안전보건관리책임자(공사금액 20억 이상의 건설업)의 직무
• 산재예방계획의 수립에 관한 사항
• 안전보건관리규정의 작성 및 그 변경에 관한 사항
• 근로자의 안전보건교육에 관한 사항
• 작업환경측정 등 작업환경의 점검 및 개선에 관한 사항
• 근로자의 건강진단 등 건강관리에 관한 사항
• 산재원인조사 및 재발방지대책 수립에 관한 사항
• 산재에 관한 통계의 기록 및 유지에 관한 사항
• 안전보건과 관련된 안전장치 및 보호구 구입 시의 적격품 여부 확인에 관한 사항
• 근로자의 유해·위험예방조치에 관한 사항으로서 고용노동부령으로 정하는 사항

19 산업안전보건법령상 명시된 안전검사대상 유해하거나 위험한 기계·기구·설비로 옳지 않은 것은?
• 5장 4절 안전검사

① 리프트
② 곤돌라
③ 산업용 원심기
④ 밀폐형 롤러기

해설
안전검사대상 기계
• 프레스
• 전단기
• 크레인(정격 하중이 2톤 미만인 것은 제외)
• 리프트
• 압력용기
• 곤돌라
• 국소 배기장치(이동식은 제외)
• 원심기(산업용만 해당)
• 롤러기(밀폐형 구조는 제외)

정답 18 ① 19 ④

20. 재해사례연구의 진행단계로 옳은 것은?

• 3장 1절 산업재해조사

> ㄱ. 대책수립
> ㄴ. 사실의 확인
> ㄷ. 문제점의 발견
> ㄹ. 재해상황의 파악
> ㅁ. 근본적 문제점의 결정

① ㄷ → ㄹ → ㄴ → ㅁ → ㄱ
② ㄷ → ㄹ → ㅁ → ㄴ → ㄱ
③ ㄹ → ㄴ → ㄷ → ㅁ → ㄱ
④ ㄹ → ㄷ → ㅁ → ㄴ → ㄱ

해설

재해사례연구
재해 상황의 파악 → 사실의 확인 → 문제점 발견 → 근본적 문제점 결정 → 대책수립

정답 20 ③

2021년 제2회 기출해설

1과목 산업안전관리론

01 하인리히의 1 : 29 : 300 법칙에서 '29'가 의미하는 것은?
• 1장 2절 안전이론

① 재 해
② 중상해
③ 경상해
④ 무상해사고

해설
재해구성비율
- 하인리히 법칙 : 1 : 29 : 300(중상, 사망 : 경상 : 무상해사고)
- 버드의 법칙 : 1 : 10 : 30 : 600(중상, 사망 : 경상 : 물적사고 : 무상해사고)

02 하인리히의 사고예방대책 기본원리 5단계에 있어 '시정방법의 선정' 바로 이전 단계에서 행하여지는 사항으로 옳은 것은?
• 1장 2절 안전이론

① 분 석
② 사실의 발견
③ 안전조직 편성
④ 시정책의 적용

해설
하인리히의 사고예방대책 5단계
- 조직(안전관리조직)
- 사실의 발견(현상파악)
- 분석평가(원인규명)
- 시정방법의 선정(대책의 선정)
- 시정책의 적용(목표달성)

03 산업안전보건법령상 안전보건표지의 용도가 금지일 경우 사용되는 색채로 옳은 것은?
• 6장 8절 안전보건표지

① 흰 색
② 녹 색
③ 빨간색
④ 노란색

해설
종 류
- 금지표지 : 특정한 행위가 허용되지 않음을 나타냄. 흰 바탕에 빨간색 원에 사선표시, 그림은 검정색
- 경고표지 : 일정한 위험에 따른 경고를 나타냄. 노란 바탕에 검정색 삼각형
- 지시표지 : 일정한 행동을 취할 것을 지시함. 파란색 원형
- 안내표지 : 안전에 관한 정보를 제공. 녹색바탕에 정장방형

정답 01 ③ 02 ① 03 ③

04 산업안전보건법령상 산업안전보건위원회의 심의·의결사항으로 틀린 것은? (단, 그 밖에 해당 사업장 근로자의 안전 및 보건을 유지·증진시키기 위하여 필요한 사항은 제외)

• 7장 2절 산업안전보건위원회

① 사업장 경영체계 구성 및 운영에 관한 사항
② 작업환경측정 등 작업환경의 점검 및 개선에 관한 사항
③ 안전보건관리규정의 작성 및 변경에 관한 사항
④ 유해하거나 위험한 기계·기구·설비를 도입한 경우 안전 및 보건 관련 조치에 관한 사항

해설

산업안전보건위원회의 심의·의결사항
• 사업장의 산업재해 예방계획의 수립에 관한 사항
• 안전보건관리규정의 작성 및 변경에 관한 사항
• 안전보건교육에 관한 사항
• 작업환경측정 등 작업환경의 점검 및 개선에 관한 사항
• 근로자의 건강진단 등 건강관리에 관한 사항
• 산업재해의 원인조사 및 재발방지대책수립에 관한 사항
• 유해하거나 위험한 기계·기구·설비를 도입한 경우 안전 및 보건 관련 조치에 관한 사항
• 해당 사업장 근로자의 안전 및 보건을 유지·증진시키기 위하여 필요한 사항

05 산업재해의 발생형태에 따른 분류 중 단순 연쇄형에 속하는 것은? (단, ○는 재해발생의 각종 요소를 나타냄)

• 3장 1절 산업재해조사

① (집중형: 여러 요소가 재해로 집중)
② ○→○→○→○→ 재해
③ (복합형: 두 줄의 연쇄가 재해로)
④ (혼합형: 두 요소가 합쳐져 연쇄)

해설

연쇄형
• 하나의 사고요인이 다른 요인을 발생시키면서 연쇄적으로 발생
• 하나의 원인만 제거하면 사고는 일어나지 않음

04 ① 05 ②

06 A 사업장에서는 산업재해로 인한 인적·물적 손실을 줄이기 위하여 안전행동 실천운동(5C 운동)을 실시하고자 한다. 5C 운동에 해당하지 않는 것은?
• 1장 4절 안전활동기법

① Control
② Correctness
③ Cleaning
④ Checking

해설

5C 운동

Correctness (복장단정)	• 작업자가 작업모, 작업복, 안전화 등을 흐트러짐이 없이 바르게 착용하고 바른 자세로 작업에 임하기 위함이다. • 단정한 복장은 마음가짐이나 태도를 바르게 하여 올바른 행동을 하게 한다.
Clearance (정리정돈)	• 정리란 필요한 물건과 필요하지 않는 물건을 구분하여 놓는 것이고, 정돈이란 필요한 물건을 일목요연하게 구분하여 편리한 장소에 놓는 것이다. • 정리정돈의 효과는 작업공간이 넓어지며, 물건을 찾는 일이 없어 작업능률이 향상된다.
Cleaning (청소청결)	• 청소란 더러운 것을 깨끗하게 치우는 것이고 청결이란 깨끗한 상태를 유지하는 것이다. • 청결한 작업환경은 작업자에게 정신적인 여유와 심리적인 안정을 가져온다.
Checking (점검확인)	• 사업장의 설비, 기계, 기구 및 작업방법에 있어 불안전한 상태 및 불안전한 행동 유무를 찾아내는 제반활동을 말한다. • 기계설비는 시간이 흐름에 따라 본래의 기능을 유지하기 어렵게 되고 이러한 불안전한 상태가 지속되면 재해로 연결된다. • 따라서 불안전한 상태, 불안전한 행동의 문제점을 발견하고 시정대책을 세운 다음 대책을 실시한다.
Concentration (전심전력)	• 사업장의 전체 근로자가 무재해를 달성하겠다는 일념으로 산재예방활동에 총력을 다하는 것이다. • 안전제안제도, 안전당번제도, 안전조례 등의 활동을 통해 안전의식을 고취시킨다.

07 산업안전보건법령상 안전인증대상기계에 해당하지 않는 것은?
• 5장 2절 안전인증

① 크레인
② 곤돌라
③ 컨베이어
④ 사출성형기

해설

안전인증대상 기계
• 프레스
• 전단기 및 절곡기
• 크레인
• 리프트
• 압력용기
• 롤러기
• 사출성형기
• 고소작업대
• 곤돌라

정답 06 ① 07 ③

08 시설물의 안전 및 유지관리에 관한 특별법상 제1종 시설물에 명시되지 않은 것은?

• 5장 5절 시설물의 안전점검

① 고속철도 교량
② 25층인 건축물
③ 연장 300m인 철도 교량
④ 연면적이 70,000m²인 건축물

해설

제1종시설물
공중의 이용편의와 안전을 도모하기 위하여 특별히 관리할 필요가 있거나 구조상 안전 및 유지관리에 고도의 기술이 필요한 대규모 시설물로서 다음 각 목의 어느 하나에 해당하는 시설물 등 대통령령으로 정하는 시설물
• 고속철도 교량, 연장 500m 이상의 도로 및 철도 교량
• 고속철도 및 도시철도 터널, 연장 1,000m 이상의 도로 및 철도 터널
• 갑문시설 및 연장 1000m 이상의 방파제
• 다목적댐, 발전용댐, 홍수전용댐 및 총저수용량 1천만톤 이상의 용수전용댐
• 21층 이상 또는 연면적 5만m² 이상의 건축물
• 하구둑, 포용저수량 8천만톤 이상의 방조제
• 광역상수도, 공업용수도, 1일 공급능력 3만톤 이상의 지방상수도

09 연평균 근로자수가 400명인 사업장에서 연간 2건의 재해로 인하여 4명의 사상자가 발생하였다. 근로자가 1일 8시간씩 연간 300일을 근무하였을 때 이 사업장의 연천인율은?

• 4장 1절 산업재해통계

① 1.85
② 4.4
③ 5
④ 10

해설

연천인율 = 재해건수 × 1,000/근로자수 = 도수율 × 2.4
= 4 × 1000/400 = 10

10 산업안전보건법령상 중대재해가 아닌 것은?

• 1장 1절 안전관리

① 사망자가 1명 발생한 재해
② 부상자가 동시에 10명 발생한 재해
③ 직업성 질병자가 동시에 10명 발생한 재해
④ 1개월의 요양이 필요한 부상자가 동시에 2명 발생한 재해

해설

중대재해
산업재해 중 사망 등 정도가 심하거나 다수의 재해자가 발생하는 경우로 다음과 같은 재해
• 사망자가 1명 이상 발생한 재해
• 3개월 이상의 요양이 필요한 부상자가 동시에 2명 이상 발생한 재해
• 부상자 또는 직업성 질병자가 동시에 10명 이상 발생한 재해

08 ③ 09 ④ 10 ④

11 작업자가 불안전한 작업대에서 작업 중 추락하여 지면에 머리가 부딪혀 다친 경우의 기인물과 가해물로 옳은 것은?

•3장 2절 산업재해분석

① 기인물 – 지면, 가해물 – 지면
② 기인물 – 작업대, 가해물 – 지면
③ 기인물 – 지면, 가해물 – 작업대
④ 기인물 – 작업대, 가해물 – 작업대

해설

재해발생의 분석
- 기인물 : 불안전한 상태에 있는 물체(환경포함)
- 가해물 : 직접사람에게 접촉되어 위해를 가한 물체
- 사고의 형태 : 물체와 사람과의 접촉현상

12 산업안전보건법령상 다음 (　)에 알맞은 내용은?

•2장 1절 산업안전보건관리 체제

> 안전보건관리규정의 작성 대상 사업의 사업주는 안전보건관리규정을 작성해야 할 사유가 발생한 날부터 (　) 이내에 안전보건관리규정의 세부 내용을 포함한 안전보건관리규정을 작성하여야 한다.

① 10일
② 15일
③ 20일
④ 30일

해설

작성시기 : 최초 작성사유 발생일 기준 30일 이내 작성

13 산업안전보건법령상 명예산업안전감독관의 업무에 속하지 않는 것은? (단, 산업안전보건위원회 구성 대상 사업의 근로자 중에서 근로자대표가 사업주의 의견을 들어 추천하여 위촉된 명예산업안전감독관의 경우)

•7장 2절 산업안전보건위원회

① 사업장에서 하는 자체점검 참여
② 보호구의 구입 시 적격품의 선정
③ 근로자에 대한 안전수칙 준수 지도
④ 사업장 산업재해 예방계획 수립 참여

해설

명예산업안전감독관의 업무
- 사업장에서 하는 자체점검 참여 및 근로감독관이 하는 사업장 감독 참여
- 사업장 산업재해 예방계획 수립 참여 및 사업장에서 하는 기계·기구 자체검사 참석
- 법령을 위반한 사실이 있는 경우 사업주에 대한 개선 요청 및 감독기관에의 신고
- 산업재해 발생의 급박한 위험이 있는 경우 사업주에 대한 작업중지 요청
- 작업환경측정, 근로자 건강진단 시의 참석 및 그 결과에 대한 설명회 참여
- 직업성 질환의 증상이 있거나 질병에 걸린 근로자가 여러 명 발생한 경우 사업주에 대한 임시건강진단 실시 요청
- 근로자에 대한 안전수칙 준수 지도
- 법령 및 산업재해 예방정책 개선 건의
- 안전·보건 의식을 북돋우기 위한 활동 등에 대한 참여와 지원
- 기타 산업재해 예방에 대한 홍보 등 산업재해 예방업무와 관련하여 고용노동부장관이 정하는 업무

정답 11 ② 12 ④ 13 ②

14 산업안전보건법령상 자율안전확인 안전모의 시험성능기준 항목으로 명시되지 않은 것은?

• 6장 2절 안전모

① 난연성
② 내관통성
③ 내전압성
④ 턱끈풀림

해설

산업안전보건법령상 자율안전확인 안전모의 시험성능기준

항 목	시험성능기준
내관통성	안전모는 관통거리가 11.1밀리미터 이하이어야 한다.
충격흡수성	최고전달충격력이 4,450뉴턴(N)을 초과해서는 안 되며, 모체와 착장체의 기능이 상실되지 않아야 한다.
난연성	모체가 불꽃을 내며 5초 이상 연소되지 않아야 한다.
턱끈풀림	150뉴턴(N) 이상 250뉴턴(N) 이하에서 턱끈이 풀려야 한다.

15 기계, 기구, 설비의 신설, 변경 내지 고장 수리 시 실시하는 안전점검의 종류로 옳은 것은?

• 5장 1절 안전점검

① 특별점검
② 수시점검
③ 정기점검
④ 임시점검

해설

특별점검 : 신설, 변경, 고장, 수리 등으로 비정기적으로 실시(천재지변 후, 중대재해발생 후)

16 다음 설명하는 무재해운동추진기법은?

• 1장 4절 안전활동기법

> 피부를 맞대고 같이 소리치는 것으로서 팀의 일체감, 연대감을 조성할 수 있고 동시에 대뇌 피질에 좋은 이미지를 불어 넣어 안전행동을 하도록 하는 것

① 역할연기(Role Playing)
② TBM(Tool Box Meeting)
③ 터치 앤 콜(Touch and Call)
④ 브레인스토밍(Brain Storming)

해설

터치 앤 콜(Touch and Call)
• 전원의 스킨십(Skinship)이라 할 수 있는 것으로 팀의 일체감, 연대감을 조성
• 대뇌 구피질에 좋은 이미지를 불어넣어 안전행동을 유도함
• 작업현장에서 동료끼리 서로의 피부를 맞대고 느낌을 교류하기 때문에 동료애가 표출됨

14 ③ 15 ① 16 ③

17 무재해운동의 이념 3원칙 중 잠재적인 위험요인을 발견·해결하기 위하여 전원이 협력하여 각자의 위치에서 의욕적으로 문제해결을 실천하는 원칙은?
• 1장 3절 무재해 운동

① 무의 원칙
② 선취의 원칙
③ 관리의 원칙
④ 참가의 원칙

해설
참가의 원칙 : 잠재적인 위험요인을 발견·해결하기 위하여 전원이 협력하여 각자의 위치에서 의욕적으로 문제해결을 실천

18 산업안전보건법령상 안전보건개선계획의 제출에 관한 사항 중 ( )에 알맞은 내용은?
• 1장 6절 안전보건개선계획서

> 안전보건개선계획서를 제출해야 하는 사업주는 안전보건개선계획서 수립·시행 명령을 받은 날부터 ( )일 이내에 관할 지방고용노동관서의 장에게 해당 계획서를 제출해야 한다.

① 15
② 30
③ 60
④ 90

해설
제출시기
안전보건개선계획의 수립·시행명령을 받은 사업주는 고용노동부장관이 정하는 바에 따라 안전 보건개선계획서를 작성하여 그 명령을 받은 날부터 60일 이내에 관할 지방고용노동관서의 장에게 제출하여야 함

19 하인리히의 재해 손실비 평가방식에서 간접비에 속하지 않는 것은?
• 4장 1절 산업재해통계

① 요양급여
② 시설복구비
③ 교육훈련비
④ 생산손실비

해설
• 직접비 : 요양급여, 휴업급여, 장해급여, 간병급여, 유족급여, 상병보상연금, 장의비
• 간접비 : 인적손실, 물적손실, 생산손실, 임금손실, 시간손실, 기타손실

정답 17 ④ 18 ③ 19 ①

20 건설기술진흥법령상 건설사고조사위원회의 구성 기준 중 다음 ( )에 알맞은 것은?

• 3장 1절 산업재해조사

> 건설사고조사위원회는 위원장 1명을 포함한 ( )명 이내의 위원으로 구성한다.

① 9 ② 10
③ 11 ④ 12

해설

건설사고조사위원회
- 건설사고조사위원장 1인을 포함하여 12명 이내의 위원으로 구성하며, 위원을 선정할 때는 건설사고발생현황보고서 등을 참고하여 선정
- 건설사고조사위원장은 국토교통부장관 또는 발주청 등이 임명
- 건설사고조사위원은 공정성과 형평성 등을 위하여 전문분야별 출신학교, 직업, 시민단체, 연령 등이 어느 한쪽에 편중되지 아니하도록 함
- 건설사고 조사 중 전문분야의 변경 등 위원교체가 필요할 때에는 위원장의 요구에 의하여 국토교통부장관, 발주청 등이 교체할 수 있음

2021년 제1회 기출해설

1과목 산업안전관리론

01 산업안전보건법령상 건설업의 경우 안전보건관리규정을 작성하여야 하는 상시근로자수 기준으로 옳은 것은?
• 2장 1절 산업안전보건관리 체제

① 50명 이상
② 100명 이상
③ 200명 이상
④ 300명 이상

해설

대상 및 작성시기
• 농업, 어업, 정보서비스업, 임대업 등 : 300인 이상
• 그외 제조업, 건설업 : 100인 이상
• 작성시기 : 최초 작성사유 발생일 기준 30일 이내 작성

02 재해손실비 중 직접비에 속하는 것으로 옳지 않은 것은?
• 4장 1절 산업재해통계

① 요양급여
② 장해급여
③ 휴업급여
④ 영업손실비

해설
• 직접비 : 요양급여, 휴업급여, 장해급여, 간병급여, 유족급여, 상병보상연금, 장의비
• 간접비 : 인적손실, 물적손실, 생산손실, 임금손실, 시간손실, 기타손실

03 산업안전보건법령상 안전관리자의 업무에 명시된 것으로 옳지 않은 것은?
• 2장 3절 안전관계자

① 사업장 순회점검, 지도 및 조치 건의
② 물질안전보건자료의 게시 또는 비치에 관한 보좌 및 지도·조언
③ 산업재해에 관한 통계의 유지·관리·분석을 위한 보좌 및 지도·조언
④ 해당 사업장 안전교육계획의 수립 및 안전 교육 실시에 관한 보좌 및 지도·조언

정답 01 ② 02 ④ 03 ②

해설

안전관리자의 업무
- 산업안전보건위원회 또는 노사협의체에서 심의·의결한 업무와 해당 사업장의 안전보건관리규정 및 취업규칙에서 정한 업무
- 위험성평가에 관한 보좌 및 지도·조언
- 안전인증대상기계등과 자율안전확인대상기계등 구입 시 적격품의 선정에 관한 보좌 및 지도·조언
- 해당 사업장 안전교육계획의 수립 및 안전교육 실시에 관한 보좌 및 지도·조언
- 사업장 순회점검·지도 및 조치 건의
- 산업재해 발생의 원인 조사·분석 및 재발 방지를 위한 기술적 보좌 및 지도·조언
- 산업재해에 관한 통계의 유지·관리·분석을 위한 보좌 및 지도·조언
- 안전에 관한 사항의 이행에 관한 보좌 및 지도·조언
- 업무수행 내용의 기록·유지
- 그 밖에 안전에 관한 사항으로서 고용노동부장관이 정하는 사항

04 연평균 200명의 근로자가 작업하는 사업장에서 연간 2건의 재해가 발생하여 사망이 2명, 50일의 휴업일수가 발생했을 때, 이 사업장의 강도율로 옳은 것은? (단, 근로자 1명당 연간근로시간은 2,400시간)
• 4장 1절 산업재해통계

① 약 15.7 ② 약 31.3
③ 약 65.5 ④ 약 74.3

해설
- 강도율 = 근로손실일수 × 1000/총연근로시간수
- 일시 전노동 불능 재해 : 휴업일수 × 300/365
∴ 강도율 = (7500 × 2인 + 50 × 300/365) × 1000/(200 × 2400) = 31.3

05 작업자가 기계 등의 취급을 잘못해도 사고가 발생하지 않도록 방지하는 기능으로 옳은 것은?

① Back Up 기능 ② Fail Safe 기능
③ 다중계화 기능 ④ Fool Proof 기능

해설
Fool Proof
- 개 요
  - 사람의 부주의로 인한 실수를 미연에 방지
  - 이미 발생된 실수를 검출해 내어 주로 작업의 안전성을 유지
- 기본 원칙
  - 누가 하더라도 절대로 잘못되는 일이 없는 자연스러운 작업이 됨
  - 만일 잘못되어도 그것을 깨닫도록만 하고 그 영향이 나타나지 않도록 함

06 산업안전보건법령상 산업안전보건관리비 사용명세서를 건설공사 종료 후 보존해야 하는 기간으로 옳은 것은? (단, 공사가 1개월 이내에 종료되는 사업은 제외) • 6장 9절 산업안전보건관리비

① 6개월간
② 1년간
③ 2년간
④ 3년간

해설
산업안전보건관리비의 사용명세서 공사 종료 후 보존기간 : 1년

07 산업안전보건기준에 관한 규칙상 지게차를 사용하는 작업을 하는 때의 작업 시작 전 점검사항으로 옳지 않은 것은? • 6과목 2장 4절 추락, 붕괴, 위험방지

① 제동장치 및 조종장치 기능의 이상 유무
② 하역장치 및 유압장치 기능의 이상 유무
③ 와이어로프가 통하고 있는 곳 및 작업장소의 지반상태
④ 전조등·후미등·방향지시기 및 경보장치 기능의 이상 유무

해설
지게차
- 전조등과 후미등을 갖추지 아니한 지게차 사용금지
- 근로자와 충돌할 위험이 있는 경우 경광등, 후진경보기, 후방감지기 설치
- 다음에 따른 적합한 헤드가드(Head Guard) 설치
  - 강도는 지게차의 최대하중의 2배 값(4톤을 넘는 값에 대해서는 4톤)의 등분포정하중에 견딜 수 있을 것
  - 상부틀의 각 개구의 폭 또는 길이가 16cm 미만일 것
  - 지게차의 헤드가드는 좌식 0.903M, 입식 1.88M이상
- 백레스트(Backrest)를 갖추지 아니한 지게차 사용금지
- 하역운반작업에 사용하는 팔레트(Pallet) 또는 스키드(Skid)의 기준
  - 적재하는 화물의 중량에 따른 충분한 강도를 가질 것
  - 심한 손상·변형 또는 부식이 없을 것
- 앉아서 조작하는 방식의 지게차 운전시 안전띠 착용
- 작업전 점검사항
  - 제동장치 및 조종장치 기능의 이상 유무
  - 하역장치 및 유압장치 기능의 이상 유무
  - 바퀴의 이상 유무
  - 전조등·후미등·방향지시기 및 경보장치 기능의 이상 유무

정답 06 ② 07 ③

08 재해의 분석에 있어 사고유형, 기인물, 불안전한 상태, 불안전한 행동을 하나의 축으로 하고, 그것을 구성하고 있는 몇 개의 분류 항목을 크기가 큰 순서대로 나열하여 비교하기 쉽게 도시한 통계 양식의 도표로 옳은 것은?
•3장 2절 산업재해분석

① 직선도 ② 특성요인도
③ 파레토도 ④ 체크리스트

해설

파레토도(Pareto Diagram)분석
- 사고유형, 기인물, 불안전한 상태, 불안전한 행동을 하나의 축으로 하고, 그것을 구성하고 있는 몇 개의 분류 항목을 크기가 큰 순서대로 나열하여 비교하기 쉽게 도시한 통계 양식의 도표
- 관리대상이 많은 경우 최소의 노력으로 최대의 효과를 얻을 수 있는 방법
- 전체 재해 중에서 가장 중요한 문제점을 발견하고 문제점의 원인을 조사하고, 개선대책과 효과를 알고 할 때 유리함
- 조사사항을 결정하고 분류항목을 선정한 후에 선정된 항목의 대한 데이터를 수집하고 정리함
- 수집된 데이터를 이용하여 막대그래프를 그리고 누적 곡선을 그림

09 산업안전보건법령상 안전보건표지의 색채와 색도기준의 연결이 옳은 것은? (단, 색도기준은 한국산업표준에 따른 색의 3속성에 의한 표시방법에 따름)
•6장 8절 안전보건표지

① 흰색 – N0.5
② 녹색 – 5G 5.5/6
③ 빨간색 – 5R 4/12
④ 파란색 – 2.5PB 4/10

해설

종 류	기 준	표시사항	사용예
빨간색	7.5R 4/14	금 지	정지신호, 소화설비 및 그 장소
노란색	5Y 8.5/12	경 고	위험경고, 주의표지, 기계방호울
파란색	2.5PB 4/10	지 시	특정행위의 지시 및 사실의 고지
녹 색	2.5G 4/10	안 내	비상구, 피난소, 사람 및 차량통행표지

10 위험예지훈련의 문제해결 4단계(4R)로 옳지 않은 것은?
•1장 4절 안전활동기법

① 현상파악 ② 본질추구
③ 대책수립 ④ 후속조치

해설

위험예지훈련의 4단계
- 1단계(현상 파악) : 위험 요인이 어디에 있는지 위험 요인을 발견하고 파악하는 것
- 2단계(본질 추구) : 현상 파악된 위험 요인 중 실제로 사고로 이어질 수 있는 중요한 요인을 결정하는 것
- 3단계(대책 수립) : 중요한 위험 요인에 대한 예방 대책을 수립하는 것
- 4단계(목표 설정) : 예방 대책을 실천하기 위한 행동 목표를 설정하는 것

08 ③ 09 ④ 10 ④

11 산업안전보건법령상 산업안전보건위원회의 심의·의결사항에 명시된 것으로 옳지 않은 것은? (단, 그 밖에 해당 사업장 근로자의 안전 및 보건을 유지·증진시키기 위하여 필요한 사항은 제외)

• 7장 2절 산업안전보건위원회

① 사업장의 산업재해 예방계획의 수립에 관한 사항
② 산업재해에 관한 통계의 기록 및 유지에 관한 사항
③ 작업환경측정 등 작업환경의 점검 및 개선에 관한 사항
④ 안전장치 및 보호구 구입 시 적격품 여부 확인에 관한 사항

해설
산업안전보건위원회의 역할 중 심의·의결사항
• 산업재해예방계획의 수립에 관한 사항, 안전보건관리규정의 작성 및 그 변경에 관한 사항
• 근로자의 안전보건교육에 관한 사항, 작업환경의 측정 등 작업환경의 점검 및 개선 사항
• 근로자의 건강진단 등 건강관리에 관한 사항, 산업재해에 관한 통계의 기록·유지에 관한 사항
• 중대재해의 원인조사 및 재발방지대책수립에 관한 사항
• 안전관리자 및 보건관리자의 수·자격·직무·권한 등에 관한 사항

12 안전관리조직의 유형 중 라인형에 관한 설명으로 옳은 것은?

• 2장 2절 안전관리조직

① 대규모 사업장에 적합하다.
② 안전지식과 기술축적이 용이하다.
③ 명령과 보고가 상하관계뿐이므로 간단명료하다.
④ 독립된 안전참모 조직에 대한 의존도가 크다.

해설
라인(Line)형 조직
• 100명 이하의 소규모 기업에 적합
• 안전관리 계획에서 실시에 이르기까지 모든 업무를 생산라인을 통해 직선적으로 이루어지도록 편성

장 점	단 점
• 안전에 관한 지시 및 명령 계통이 철저	• 안전에 대한 지식 및 기술축적이 어려움
• 안전대책의 실시가 신속하고 정확함	• 안전에 대한 정보수집, 신기술개발이 어려움
• 명령과 보고가 상하관계뿐으로 간단 명료	• 생산라인에 과도한 책임을 지우기 쉬움

13 산업안전보건법령상 안전인증 대상 기계 등에 명시된 것으로 옳지 않은 것은? • 5장 2절 안전인증

① 곤돌라
② 연삭기
③ 사출성형기
④ 고소 작업대

해설
안전인증대상 기계
• 프레스
• 크레인
• 압력용기
• 사출성형기
• 곤돌라
• 전단기 및 절곡기
• 리프트
• 롤러기
• 고소작업대

정답 11 ④ 12 ③ 13 ②

14 보호구 안전인증 고시상 성능이 다음과 같은 방음용 귀마개(기호)로 옳은 것은?

• 5장 2절 안전인증

저음부터 고음까지 차음하는 것

① EP-1
② EP-2
③ EP-3
④ EP-4

해설

종류	등급	기호	성능	비고
귀마개	1종	EP-1	저음부터 고음까지 차음하는 것	귀마개의 경우 재사용 여부를 제조특성으로 표기
	2종	EP-2	주로 고음을 차음하고 저음(회화음영역)은 차음하지 않는 것	
귀덮개	-	EM	-	-

15 안전관리에 있어 5C 운동(안전행동 실천운동)으로 옳지 않은 것은?

• 1장 4절 안전활동기법

① 통제관리(Control)
② 청소청결(Cleaning)
③ 정리정돈(Clearance)
④ 전심전력(Concentration)

해설

5C 운동

Correctness (복장단정)	• 작업자가 작업모, 작업복, 안전화 등을 흐트러짐이 없이 바르게 착용하고 바른 자세로 작업에 임하기 위함이다. • 단정한 복장은 마음가짐이나 태도를 바르게 하여 올바른 행동을 하게 한다.
Clearance (정리정돈)	• 정리란 필요한 물건과 필요하지 않는 물건을 구분하여 놓는 것이고, 정돈이란 필요한 물건을 일목요연하게 구분하여 편리한 장소에 놓는 것이다. • 정리정돈의 효과는 작업공간이 넓어지며, 물건을 찾는 일이 없어 작업능률이 향상된다.
Cleaning (청소청결)	• 청소란 더러운 것을 깨끗하게 치우는 것이고 청결이란 깨끗한 상태를 유지하는 것이다. • 청결한 작업환경은 작업자에게 정신적인 여유와 심리적인 안정을 가져온다.
Checking (점검확인)	• 사업장의 설비, 기계, 기구 및 작업방법에 있어 불안전한 상태 및 불안전한 행동 유무를 찾아내는 제반활동을 말한다. • 기계설비는 시간이 흐름에 따라 본래의 기능을 유지하기 어렵게 되고 이러한 불안전한 상태가 지속되면 재해로 연결된다. • 따라서 불안전한 상태, 불안전한 행동의 문제점을 발견하고 시정대책을 세운 다음 대책을 실시한다.
Concentration (전심전력)	• 사업장의 전체 근로자가 무재해를 달성하겠다는 일념으로 산재예방활동에 총력을 다하는 것이다. • 안전제안제도, 안전당번제도, 안전조례 등의 활동을 통해 안전의식을 고취시킨다.

16 재해조사 시 유의사항으로 옳지 않은 것은?

・3장 1절 산업재해조사

① 인적, 물적 양면의 재해요인을 모두 도출한다.
② 책임 추궁보다 재발 방지를 우선하는 기본 태도를 갖는다.
③ 목격자 등이 증언하는 사실 이외의 추측의 말은 참고만 한다.
④ 목격자의 기억보존을 위하여 조사는 담당자 단독으로 신속하게 실시한다.

해설

재해 조사자의 유의사항
- 조사는 2인 이상이 실시, 객관적 입장을 유지하고 사실 수집에 집중
- 조사는 가능한 빨리 현장이 변경되기 전에 실시하며, 2차 재해방지를 도모
- 사고 직후 진술, 목격자의 주관적 진술을 구별하여 참고자료로 기록
- 목격자의 설명을 듣고 피해자로부터 상황설명 청취
- 현장상황에 대하여 사진이나 도면을 작성하고 기록
- 책임추궁은 사실을 은폐하게 하므로 재발방지에 목적을 두고 조사

17 브레인스토밍(Brain Storming) 4원칙으로 옳지 않은 것은?

・1장 4절 안전활동기법

① 비판수용
② 대량발언
③ 자유분방
④ 수정발언

해설

4원칙
- 자유분방 : 유연한 사고를 유도한다.
- 질보다 양 : 질은 나중에 생각하고 무조건 많이 쏟아낸다.
- 비판금지 : 기존의 틀로 외부자극에 대한 방어자세를 취하지 말라.
- 결합과 개선 : 양을 질로 변화시키는 게 결합과 개선이다. 지식에 지식을 더한다.

18 시설물의 안전 및 유지관리에 관한 특별법상 다음과 같이 정의되는 것으로 옳은 것은?

・5장 5절 시설물의 안전점검

> 시설물의 붕괴, 전도 등으로 인한 재난 또는 재해가 발생할 우려가 있는 경우에 시설물의 물리적・기능적 결함을 신속하게 발견하기 위하여 실시하는 점검

① 긴급안전점검
② 특별안전점검
③ 정밀안전점검
④ 정기안전점검

해설

긴급안전점검
시설물의 붕괴・전도 등으로 인한 재난 또는 재해가 발생할 우려가 있는 경우에 시설물의 물리적・기능적 결함을 신속하게 발견하기 위하여 실시하는 점검

정답 16 ④ 17 ① 18 ①

19 재해발생의 간접원인 중 교육적 원인으로 옳지 않은 것은? •3장 1절 산업재해조사

① 안전수칙의 오해
② 경험훈련의 미숙
③ 안전지식의 부족
④ 작업지시 부적당

해설

산업재해의 간접원인 중 기초원인(사회적 결함)
- 기술적 원인(10%) : 건물, 기계장치의 설계불량, 구조 및 재료의 부적합, 생산방법의 부적합, 점검 및 정비, 보존불량
- 교육적 원인(70%) : 학교 교육적 원인(조직적 차원의 교육), 작업방법교육 부족, 훈련미숙, 유해위험작업 교육부족
- 관리적 원인(20%) : 안전관리조직의 결함, 안전수칙이 미제정, 작업준비 불충분, 인원배치 부적당, 작업지시 부적당

20 버드(F. Bird)의 사고 5단계 연쇄성 이론에서 제3단계로 옳은 것은? •1장 2절 안전이론

① 상해(손실)
② 사고(접촉)
③ 직접원인(징후)
④ 기본원인(기원)

해설

버드의 신도미노이론
- 1단계(Lack of Control Management) : 통제·관리의 부족 또는 결여(근본원인)
- 2단계(Basic Cause-Origins) : 인적요인, 작업장요인, 4M(기본원인)
- 3단계(Immeiate Cause, Symptions) : 불안전한 행동과 조건(직접원인)
- 4단계(Incident) : 사고발생(사람과 재산에 위해를 끼치는 사건)
- 5단계(Injury, Loss, Damage) : 손실 초래(사람, 재물)

2020년 제4회 기출해설

1과목 산업안전관리론

01 위험예지훈련 4라운드의 진행방법을 올바르게 나열한 것은? • 1장 4절 안전활동기법

① 현상파악 → 목표설정 → 대책수립 → 본질추구
② 현상파악 → 본질추구 → 대책수립 → 목표설정
③ 현상파악 → 본질추구 → 목표설정 → 대책수립
④ 본질추구 → 현상파악 → 목표설정 → 대책수립

해설

위험예지훈련(4R)
작업 전에 위험 요인을 미리 발견·파악하고 그에 알맞은 대책을 강구하여 위험 요인을 제거, 방호, 격리 등의 안전조치를 취함으로써 안전을 확보하도록 하는 훈련
- 1단계(현상 파악) : 위험 요인이 어디에 있는지 위험 요인을 발견하고 파악하는 것
- 2단계(본질 추구) : 현상 파악된 위험 요인 중 실제로 사고로 이어질 수 있는 중요한 요인을 결정하는 것
- 3단계(대책 수립) : 중요한 위험 요인에 대한 예방 대책을 수립하는 것
- 4단계(목표 설정) : 예방 대책을 실천하기 위한 행동 목표를 설정하는 것

02 재해예방의 4원칙에 속하지 않는 것은? • 3장 3절 재해예방원칙

① 손실우연의 원칙
② 예방교육의 원칙
③ 원인계기의 원칙
④ 예방가능의 원칙

해설

하인리히의 재해예방 4원칙
- 손실우연의 법칙 : 사고로 인한 손실(상해)의 종류 및 정도는 우연적
- 원인계기의 원칙 : 사고는 여러 가지 원인이 연속적으로 연계되어 일어남
- 예방가능의 원칙 : 사고는 예방이 가능
- 대책선정의 원칙 : 사고예방을 위한 안전대책이 선정되고 적용되어야 함

03 A사업장의 도수율이 18.9일 때 연천인율은 얼마인가? • 4장 1절 산업재해통계

① 4.53
② 9.46
③ 37.86
④ 45.36

해설

연천인율 = 재해건수 × 1,000/근로자수 = 도수율 × 2.4 = 18.9 × 2.4 = 45.36

정답 01 ② 02 ② 03 ④

04 산업안전보건법령상 관리감독자가 수행하는 안전 및 보건에 관한 업무에 속하지 않는 것은?

• 2장 3절 안전관계자

① 해당 작업의 작업장 정리·정돈 및 통로 확보에 대한 확인·감독
② 해당 작업에서 발생한 산업재해에 관한 보고 및 이에 대한 응급조치
③ 해당 사업장 안전교육계획의 수립 및 안전 교육 실시에 관한 보좌 및 지도·조언
④ 관리감독자에게 소속된 근로자의 작업복·보호구 및 방호장치의 점검과 그 착용·사용에 관한 교육·지도

해설

안전관리자의 업무 : 해당 사업장 안전교육계획의 수립 및 안전교육 실시에 관한 보좌 및 지도·조언

05 산업안전보건법령상 안전 및 보건에 관한 노사협의체의 근로자위원 구성 기준 내용으로 옳지 않은 것은? (단, 명예산업안전감독관이 위촉되어 있는 경우)

• 7장 5절 노사협의체

① 근로자대표가 지명하는 안전관리자 1명
② 근로자대표가 지명하는 명예산업안전감독관 1명
③ 도급 또는 하도급 사업을 포함한 전체 사업의 근로자대표
④ 공사금액이 20억원 이상인 공사의 관계수급인의 각 근로자대표

해설

노사협의체의 근로자위원
- 도급 또는 하도급 사업을 포함한 전체 사업의 근로자대표
- 근로자대표가 지명하는 명예감독관 1명(다만, 명예감독관이 위촉되어 있지 아니한 경우에는 근로자대표가 지명하는 해당 사업장 근로자 1명)
- 공사금액이 20억원 이상인 도급 또는 하도급 사업의 근로자대표

06 브레인스토밍(Brain Storming)의 원칙에 관한 설명으로 옳지 않은 것은?

• 1장 4절 안전활동기법

① 최대한 많은 양의 의견을 제시한다.
② 누구나 자유롭게 의견을 제시할 수 있다.
③ 타인의 의견에 대하여 비판하지 않도록 한다.
④ 타인의 의견을 수정하여 본인의 의견으로 제시하지 않도록 한다.

해설

- 자유분방 : 유연한 사고를 유도하기
- 질보다 양 : 질은 나중에 생각하고 무조건 많이 쏟아내기
- 비판금지 : 기존의 틀로 외부자극에 대한 방어자세를 취하지 않기
- 결합과 개선 : 양을 질로 변화시키는 게 결합과 개선(지식에 지식을 더하기)

07 안전관리의 수준을 평가하는 데 사고가 일어나는 시점을 전후하여 평가를 한다. 다음 중 사고가 일어나기 전의 수준을 평가하는 사전평가활동에 해당하는 것은?

• 4장 1절 산업재해통계

① 재해율 통계
② 안전활동율 관리
③ 재해손실 비용 산정
④ Safe-T-Score 산정

해설
• 안전활동율 = 백만 시간당 안전활동건수/(연평균 근로자수 × 연 근로시간수)
• 안전활동율은 사고발생 전의 수준을 평가

08 시설물의 안전 및 유지관리에 관한 특별법상 국토교통부장관은 시설물이 안전하게 유지관리 될 수 있도록 하기 위하여 몇 년마다 시설물의 안전 및 유지관리에 관한 기본계획을 수립·시행하여야 하는가?

• 5장 5절 시설물의 안전점검

① 2년   ② 3년
③ 5년   ④ 10년

해설
시설물의 안전 및 유지관리 기본계획의 수립·시행
국토교통부장관은 시설물이 안전하게 유지관리될 수 있도록 하기 위하여 5년마다 시설물의 안전 및 유지관리에 관한 기본계획을 수립·시행

09 산업안전보건법령상 해당 사업장의 연간 재해율이 같은 업종의 평균재해율의 2배 이상인 경우 사업주에게 관리자를 정수 이상으로 증원하게 하거나 교체하여 임명할 것을 명할 수 있는 자는?

• 7장 7절 산업재해 발생보고

① 시·도지사
② 고용노동부장관
③ 국토교통부장관
④ 지방고용노동관서의 장

해설
안전관리자 등의 증원, 교체 임명 명령
• 연간재해율이 같은 업종의 평균재해율의 2배 이상인 재해
• 중대재해가 연간 2건 이상 발생한 재해(다만, 해당 사업장의 전년도 사망만인율이 같은 업종의 평균 사망만인율 이하인 경우는 제외)
• 관리자가 질병 등의 사유로 3개월 이상 직무를 수행할 수 없게 된 경우
• 화학적 인자로 인한 직업성 질병자가 연간 3명 이상 발생한 경우

정답 07 ② 08 ③ 09 ④

10 재해의 간접원인 중 기술적 원인에 속하지 않는 것은?
　　　　　　　　　　　　　　　　　　　　• 3장 1절 산업재해조사

① 경험 및 훈련의 미숙
② 구조, 재료의 부적합
③ 점검, 장비, 보존 불량
④ 건물, 기계장치의 설계 불량

해설
기술적 원인(10%)
건물, 기계장치의 설계불량, 구조 및 재료의 부적합, 생산방법의 부적합, 점검 및 정비, 보존불량

11 보호구 안전인증 고시에 따른 추락 및 감전 위험방지용 안전모의 성능시험대상에 속하지 않는 것은?
　　　　　　　　　　　　　　　　　　　　• 6장 2절 안전모

① 내유성　　　　　　　② 내수성
③ 내관통성　　　　　　④ 턱끈풀림

해설
산업안전보건법령상 자율안전확인 안전모의 시험성능기준

항 목	시험성능기준
내관통성	안전모는 관통거리가 11.1밀리미터 이하이어야 한다.
충격흡수성	최고전달충격력이 4,450뉴턴(N)을 초과해서는 안 되며, 모체와 착장체의 기능이 상실되지 않아야 한다.
난연성	모체가 불꽃을 내며 5초 이상 연소되지 않아야 한다.
턱끈풀림	150뉴턴(N) 이상 250뉴턴(N)이하에서 턱끈이 풀려야 한다.

12 재해의 통계적 원인분석 방법 중 사고의 유형, 기인물 등 분류 항목을 큰 순서대로 도표화한 것은?
　　　　　　　　　　　　　　　　　　　　• 3장 2절 산업재해분석

① 관리도
② 파레토도
③ 크로스도
④ 특성요인도

해설
파레토도(Pareto Diagram)분석
사고유형, 기인물, 불안전한 상태, 불안전한 행동을 하나의 축으로 하고, 그것을 구성하고 있는 몇 개의 분류 항목을 크기가 큰 순서대로 나열하여 비교하기 쉽게 도시한 통계 양식의 도표

13 시설물의 안전 및 유지관리에 관한 특별법상 다음과 같이 정의되는 용어는?

• 5장 5절 시설물의 안전점검

> 시설물의 물리적·기능적 결함을 발견하고 그에 대한 신속하고 적절한 조치를 하기 위하여 구조적 안전성과 결함의 원인 등을 조사·측정·평가하여 보수·보강 등의 방법을 제시하는 행위

① 성능평가 ② 정밀안전진단
③ 긴급안전점검 ④ 정기안전진단

해설

정밀안전진단
시설물의 물리적·기능적 결함을 발견하고 그에 대한 신속하고 적절한 조치를 하기 위하여 구조적 안전성과 결함의 원인 등을 조사·측정·평가하여 보수·보강 등의 방법을 제시하는 행위

14 다음 중 재해조사의 목적 및 방법에 관한 설명으로 적절하지 않은 것은? • 3장 1절 산업재해조사

① 재해조사는 현장보존에 유의하면서 재해발생 직후에 행한다.
② 피해자 및 목격자 등 많은 사람으로부터 사고 시의 상황을 수집한다.
③ 재해조사의 1차적 목표는 재해로 인한 손실금액을 추정하는 데 있다.
④ 재해조사의 목적은 동종재해 및 유사재해의 발생을 방지하기 위함이다.

해설

재해조사의 목적 : 재해원인과 결함을 규명하여 동종재해, 유사재해의 재발방지

조사방법
- 현장보존을 위해 재해발생 직후에 실시
- 현장의 물적 증거를 수집
- 현장을 사진 촬영하여 보관하고 기록
- 목격자, 현장책임자 등에게 사고 상황을 들음
- 특수재해, 중대재해는 전문가에게 조사를 의뢰

15 사업장의 안전·보건관리계획 수립 시 유의사항으로 옳은 것은? • 1장 5절 안전보건관리계획

① 사고발생 후의 수습대책에 중점을 둔다.
② 계획의 실시 중에는 변동이 없어야 한다.
③ 계획의 목표는 점진적으로 수준을 높이도록 한다.
④ 대기업의 경우 표준계획서를 작성하여 모든 사업장에 동일하게 적용시킨다.

해설

안전보건관리계획 수립 시 고려사항 : 계획의 목표는 점진적으로 하여 높은 수준으로 함

정답 13 ② 14 ③ 15 ③

16 안전보건관리조직의 유형 중 직계(Line)형에 관한 설명으로 옳은 것은? • 2장 2절 안전관리조직

① 대규모의 사업장에 적합하다.
② 안전지식이나 기술축적이 용이하다.
③ 안전지시나 명령이 신속히 수행된다.
④ 독립된 안전참모 조직을 보유하고 있다.

해설

라인(Line)형 조직
- 100명 이하의 소규모 기업에 적합
- 안전관리 계획에서 실시에 이르기까지 모든 업무를 생산라인을 통해 직선적으로 이루어지도록 편성

장 점	단 점
• 안전에 관한 지시 및 명령 계통이 철저 • 안전대책의 실시가 신속하고 정확함 • 명령과 보고가 상하관계뿐으로 간단 명료	• 안전에 대한 지식 및 기술축적이 어려움 • 안전에 대한 정보수집, 신기술개발이 어려움 • 생산라인에 과도한 책임을 지우기 쉬움

17 다음 중 웨버(D.A.Weaver)의 사고 발생 도미노이론에서 "작전적 에러"를 찾아내기 위한 질문의 유형과 가장 거리가 먼 것은? • 1장 2절 안전이론

① What
② Why
③ Where
④ Whether

해설

웨버(D.A.Weaver)의 사고발생 도미노이론
- 제1단계 : 유전과 환경
- 제2단계 : 인간의 실수
- 제3단계 : 불안전한 행동과 상태 – 운영의 에러에서 나타나는 징조
  - What : 아래와 같은 상태에서 발생하는 사고의 원인이 무엇인가
  - Why : 왜 불완전한 행동 또는 상태가 용납되는가
  - Whether : 감독과 경영 중에서 어느 쪽이 사고방지에 대한 안전지식을 갖고 있는가
- 제4단계 : 사고
- 제5단계 : 상해

16 ③ 17 ③

18 산업안전보건법령에 따른 안전보건표지의 종류 중 지시표지에 속하는 것은?

• 6장 8절 안전보건표지

① 화기 금지
② 보안경 착용
③ 낙하물 경고
④ 응급구호표지

해설

19 산업안전보건기준에 관한 규칙상 공기압축기를 가동할 때의 작업시작 전 점검사항에 해당하지 않는 것은?

① 윤활유의 상태
② 언로드밸브의 기능
③ 압력방출장치의 기능
④ 비상정지장치 기능의 이상 유무

해설
산업안전보건기준에 관한 규칙 별표3

| 공기압축기를 가동할 때
(제2편 제1장 제7절) | 가. 공기저장 압력용기의 외관 상태
나. 드레인밸브(Drain Valve)의 조작 및 배수
다. 압력방출장치의 기능
라. 언로드밸브(Unloading Valve)의 기능
마. 윤활유의 상태
바. 회전부의 덮개 또는 울
사. 그 밖의 연결 부위의 이상 유무 |

20 다음 중 하인리히(H.W Heinrich)의 재해코스트 산정방법에서 직접손실비와 간접손실비의 비율로 옳은 것은? (단, 비율은 "직접손실비 : 간접손실비"로 표현)

• 4장 1절 산업재해통계

① 1 : 2
② 1 : 4
③ 1 : 8
④ 1 : 10

해설
하인리히방식 : 총재해비 = 직접비(1) + 간접비(4)

정답 18 ② 19 ④ 20 ②

2020년 제3회 기출해설

1과목 산업안전관리론

01 재해손실비의 평가방식 중 시몬즈 방식에서 비보험 코스트에 반영되는 항목에 속하지 않는 것은?

• 4장 1절 산업재해통계

① 휴업상해 건수
② 통원상해 건수
③ 응급조치 건수
④ 무손실사고 건수

해설

시몬즈 방식
• 미국 미시건 주립대학의 교수인 시몬즈는 하인리히의 1 : 4의 직간접손실 비용의 방식 대신 평균치 계산방식을 제시함
• 전체 재해비용 = 보험비용 + 비보험비용
• 비보험비용 = A × 휴업상해건수 + B × 통원치료상해건수 + C × 응급조치건수 + D × 무상해건수
• A, B, C, D : 상수로 휴업상해, 통원치료 상해, 응급처치, 무상해사고에 대한 평균 비보험 비용
• 보험비용
  − 보험금 총액
  − 보험회사의 보험에 관련된 제경비와 이익금
• 비보험비용
  − 작업중지에 따른 임금손실
  − 기계설비 및 재료의 손실비용
  − 신규 근로자의 교육훈련비용
  − 기타 제 경비

02 산업안전보건법령상 중대재해에 속하지 않는 것은?

• 1장 1절 안전관리

① 사망자가 2명 발생한 재해
② 부상자가 동시에 7명 발생한 재해
③ 직업성 질병자가 동시에 11명 발생한 재해
④ 3개월 이상의 요양이 필요한 부상자가 동시에 3명 발생한 재해

해설

중대재해
산업재해 중 사망 등 정도가 심하거나 다수의 재해자가 발생하는 경우로 다음과 같은 재해
• 사망자가 1명 이상 발생한 재해
• 3개월 이상의 요양이 필요한 부상자가 동시에 2명 이상 발생한 재해
• 부상자 또는 직업성 질병자가 동시에 10명 이상 발생한 재해

01 ④ 02 ② **정답**

03 산업안전보건법령상 공정안전보고서에 포함되어야 하는 내용 중 공정안전자료의 세부 내용에 해당하는 것은?

• 7장 4절 공정안전보고서

① 안전운전지침서
② 공정위험성평가서
③ 도급업체 안전관리계획
④ 각종 건물·설비의 배치도

해설

공정안전보고서 내용 중 공정안전자료
- 취급·저장하고 있거나 취급·저장하려는 유해·위험물질의 종류 및 수량
- 유해·위험물질에 대한 물질안전보건자료
- 유해·위험설비의 목록 및 사양
- 유해·위험설비의 운전방법을 알 수 있는 공정도면
- 각종 건물·설비의 배치도
- 폭발위험장소 구분도 및 전기단선도
- 위험설비의 안전설계·제작 및 설치 관련 지침서

04 산업안전보건법령상 금지표시에 속하는 것은?

• 6장 8절 안전보건표지

①
②
③
④

해설

안전보건표지 종류
- 금지표지 : 어떤 특정한 행위가 허용되지 않음을 나타냄. 흰 바탕에 빨간색 원에 사선표시
- 경고표지 : 일정한 위험에 따른 경고를 나타냄. 노란 바탕에 검정색 삼각형
- 지시표지 : 일정한 행동을 취할 것을 지시함. 파란색 원형
- 안내표지 : 안전에 관한 정보를 제공. 녹색바탕에 정장방형

05 도수율이 25인 사업장의 연간 재해발생 건수는 몇 건인가? (단, 이 사업장의 당해 연도 총근로시간은 80,000시간)

• 4장 1절 산업재해통계

① 1건
② 2건
③ 3건
④ 4건

해설

- 도수율 = (재해건수 × 1,000,000) ÷ 총연근로시간수
- 재해건수 = 25 × 80,000 ÷ 1,000,000 = 2건

06 산업안전보건법령상 건설공사도급인은 산업안전보건관리비의 사용명세서를 건설공사 종료 후 몇 년간 보존해야 하는가?
　　　　　　　　　　　　　　　　　　　　　　　　　　　　• 6장 9절 산업안전보건관리비

① 1년　　　　　　　　　　　② 2년
③ 3년　　　　　　　　　　　④ 5년

해설
산업안전보건관리비 개요
• 근로자의 안전과 보건을 확보하기 위함
• 일정규모 이상 사업장에 대하여 안전보건에 관한 비용을 사용하게 하는 의무사항
• 우리나라는 대개 1%를 책정함
• 산업안전보건관리비의 사용명세서 공사 종료 후 보존기간 : 1년

07 산업안전보건법령에 따른 안전보건총괄책임자의 직무에 속하지 않는 것은?
　　　　　　　　　　　　　　　　　　　　　　　　　　　　• 7장 3절 안전보건총괄책임자

① 도급 시 산업재해 예방조치
② 위험성평가의 실시에 관한 사항
③ 안전인증대상기계와 자율안전확인대상기계 구입 시 적격품의 선정에 관한 지도
④ 산업안전보건관리비의 관계수급인 간의 사용에 관한 협의·조정 및 그 집행의 감독

해설
안전보건총괄책임자의 직무
• 산업재해에 따른 작업의 중지
• 도급 시 산업재해 예방조치
• 수급인의 산업안전보건관리비의 집행 감독 및 그 사용에 관한 수급인 간의 협의 조정
• 안전인증대상 기계기구, 자율안전확인대상 기계기구 등의 사용여부 확인
• 위험성평가의 실시에 관한 사항

08 다음 중 재해 발생 시 긴급조치사항을 올바른 순서로 배열한 것은?
　　　　　　　　　　　　　　　　　　　　　　　　　　　　• 3장 1절 산업재해조사

| ㉠ 현장보존　　　　　　　　㉡ 2차 재해방지 |
| ㉢ 피재기계의 정지　　　　㉣ 관계자에게 통보 |
| ㉤ 피해자의 응급처리 |

① ㉤ → ㉢ → ㉡ → ㉠ → ㉣　　　② ㉢ → ㉤ → ㉣ → ㉡ → ㉠
③ ㉢ → ㉤ → ㉣ → ㉠ → ㉡　　　④ ㉢ → ㉤ → ㉠ → ㉣ → ㉡

해설
긴급처리(5가지)
피재기계의 정지 → 피해자의 응급조치 → 관계자에게 통보 → 2차 재해방지 → 현장보존

09 직계(Line)형 안전조직에 관한 설명으로 옳지 않은 것은?
• 2장 2절 안전관리조직

① 명령과 보고가 간단명료하다.
② 안전정보의 수집이 빠르고 전문적이다.
③ 안전업무가 생산현장 라인을 통하여 시행된다.
④ 각종 지시 및 조치사항이 신속하게 이루어진다.

해설

직계(Line)형 조직

장 점	단 점
• 안전에 관한 지시 및 명령 계통이 철저	• 안전에 대한 지식 및 기술축적이 어려움
• 안전대책의 실시가 신속하고 정확함	• 안전에 대한 정보수집, 신기술개발이 어려움
• 명령과 보고가 상하관계뿐으로 간단 명료	• 생산라인에 과도한 책임을 지우기 쉬움

10 보호구 안전인증 고시에 따른 가죽제 안전화의 성능시험방법에 해당되지 않는 것은?
• 6장 3절 안전화

① 내답발성시험 ② 박리저항시험
③ 내충격성시험 ④ 내전압성시험

해설

가죽제 안전화의 성능시험
- 내압박성
- 내충격성
- 내답발성
- 박리저항
- 인장강도시험
- 내유성시험

11 위험예지훈련 4R(라운드) 중 2R(라운드)에 해당하는 것은?
• 1장 4절 안전활동기법

① 목표설정 ② 현상파악
③ 대책수립 ④ 본질추구

해설

위험예지훈련(4R)
작업 전에 위험 요인을 미리 발견, 파악하고 그에 알맞은 대책을 강구하여 위험 요인을 제거, 방호, 격리 등의 안전조치를 취함으로써 안전을 확보하도록 하는 훈련
- 1단계(현상 파악) : 위험 요인이 어디에 있는지 위험 요인을 발견하고 파악하는 것
- 2단계(본질 추구) : 현상 파악된 위험 요인 중 실제로 사고로 이어질 수 있는 중요한 요인을 결정하는 것
- 3단계(대책 수립) : 중요한 위험 요인에 대한 예방 대책을 수립하는 것
- 4단계(목표 설정) : 예방 대책을 실천하기 위한 행동 목표를 설정하는 것

정답 09 ② 10 ④ 11 ④

12 기계, 기구 또는 설비를 신설하거나 변경 또는 고장 수리 시 실시하는 안전점검의 종류는?

• 5장 1절 안전점검

① 정기점검
② 수시점검
③ 특별점검
④ 임시점검

해설

안전점검의 종류
- 정기점검(계획점검) : 법적기준, 사내기준에 따라 정기적으로 실시
- 수시점검(일상점검) : 작업 전·중·후에 일상적으로 실시
- 특별점검 : 신설, 변경, 고장, 수리 등으로 비정기적으로 실시
- 임시점검 : 정기점검 사이 임시적으로 실시하는 점검

13 산업안전보건법령상 안전인증대상 기계 또는 설비에 속하지 않는 것은?

• 5장 2절 안전인증

① 리프트
② 압력용기
③ 곤돌라
④ 파쇄기

해설

안전인증대상 기계
- 프레스
- 크레인
- 압력용기
- 사출성형기
- 곤돌라
- 전단기 및 절곡기
- 리프트
- 롤러기
- 고소작업대

14 브레인스토밍의 4가지 원칙 내용으로 옳지 않은 것은?

• 1장 4절 안전활동기법

① 비판하지 않는다.
② 자유롭게 발언한다.
③ 가능한 정리된 의견만 발언한다.
④ 타인의 생각에 동참하거나 보충발언 해도 좋다.

해설

브레인스토밍 4원칙
- 자유분방 : 유연한 사고를 유도하기
- 질보다 양 : 질은 나중에 생각하고 무조건 많이 쏟아내기
- 비판금지 : 기존의 틀로 외부자극에 대한 방어자세를 취하지 않기
- 결합과 개선 : 양을 질로 변화시키는 게 결합과 개선(지식에 지식을 더하기)

12 ③ 13 ④ 14 ③

15 안전관리는 PDCA 사이클의 4단계를 거쳐 지속적인 관리를 수행하여야 한다. 다음 중 PDCA 사이클의 4단계를 잘못 나타낸 것은?
• 1장 1절 안전관리

① P – Plan
② D – Do
③ C – Check
④ A – Analysis

해설

PDCA사이클
- Plan(계획) : 현장 실정에 맞는 적합한 안전관리방법 계획을 수립
- Do(실시) : 안전관리 활동의 실시, 교육 및 훈련의 실행
- Check(검토) : 안전관리 활동에 대한 검사 및 확인
- Action(조치) : 검토된 안전관리활동을 조치, 더 나은 활동을 계획하여 반영

16 재해의 발생형태 중 재해가 일어난 장소나 그 시점에 일시적으로 요인이 집중되어 사고가 발생하는 유형은?
• 3장 1절 산업재해조사

① 연쇄형
② 복합형
③ 결합형
④ 단순 자극형

해설

재해발생의 메커니즘
집중형(단순 자극형) : 재해가 일어난 장소나 그 시점에 일시적으로 요인이 집중되어 사고가 발생

17 안전보건관리계획 수립 시 고려할 사항으로 옳지 않은 것은?
• 1장 5절 안전보건관리계획

① 타 관리계획과 균형이 맞도록 한다.
② 안전보건을 저해하는 요인을 확실히 파악해야 한다.
③ 수립된 계획은 안전보건관리활동의 근거로 활용된다.
④ 과거실적을 중요한 것으로 생각하고, 현재 상태에 만족해야 한다.

해설

안전보건관리계획 수립 시 고려사항
- 타 관리계획과 균형이 되어야 함
- 안전보건을 저해하는 요인을 확실히 파악해야 함
- 계획의 목표는 점진적으로 하여 높은 수준으로 함
- 과거실적에 집착하여 현상에 만족하는 안일한 생각은 버려야 함
- 경영층이 안전에 대하여 기본방침을 명확하게 근로자들에게 나타내어야 함
- 종래의 설비나 작업방식을 전제하지 않고 오히려 그것을 거부한 수평적 사고방식으로 접근해야 함

정답 15 ④ 16 ④ 17 ④

18 다음은 안전보건개선계획의 제출에 관한 기준 내용이다. (   ) 안에 알맞은 것은?

• 1장 6절 안전보건개선계획서

안전보건개선계획서를 제출해야 하는 사업주는 안전보건개선계획서 수립·시행 명령을 받은 날부터 (   )일 이내에 관할 지방고용노동관서의 장에게 계획서를 제출(전자문서로 제출하는 것을 포함한다)해야 한다.

① 15
② 30
③ 45
④ 60

해설

제출시기
안전보건개선계획의 수립·시행명령을 받은 사업주는 고용노동부장관이 정하는 바에 따라 안전 보건개선계획서를 작성하여 그 명령을 받은 날부터 60일 이내에 관할 지방고용노동관서의 장에게 제출하여야 함

19 재해의 간접적 원인과 관계가 가장 먼 것은?

• 3장 1절 산업재해조사

① 스트레스
② 안전수칙의 오해
③ 작업준비 불충분
④ 안전방호장치 결함

해설

안전방호장치의 결함은 간접적 원인이 아니라 직접적 원인 중 물적 원인에 속함

물적 원인
• 물 자체의 결함
• 안전방호장치의 결함

20 재해예방의 4원칙에 해당하지 않는 것은?

• 3장 3절 재해예방원칙

① 예방가능의 원칙
② 원인계기의 원칙
③ 손실필연의 원칙
④ 대책선정의 원칙

해설

하인리히의 재해예방 4원칙
• 손실우연의 법칙 : 사고로 인한 손실(상해)의 종류 및 정도는 우연적
• 원인계기의 원칙 : 사고는 여러 가지 원인이 연속적으로 연계되어 일어남
• 예방가능의 원칙 : 사고는 예방이 가능
• 대책선정의 원칙 : 사고예방을 위한 안전대책이 선정되고 적용되어야 함

18 ④ 19 ④ 20 ③

2020년 제1·2회 통합 기출해설

1과목 산업안전관리론

01 다음은 산업안전보건법령상 공정안전보고서의 제출 시기에 관한 기준 내용이다. (   ) 안에 들어갈 내용을 올바르게 나열한 것은?

• 7장 4절 공정안전보고서

> 사업주는 산업안전보건법 시행령에 따라 유해하거나 위험한 설비의 설치·이전 또는 주요 구조부분의 변경공사의 착공일 (㉠) 전까지 공정안전보고서를 (㉡) 작성하여 공단에 제출해야 한다.

① ㉠ 1일, ㉡ 2부
② ㉠ 15일, ㉡ 1부
③ ㉠ 15일, ㉡ 2부
④ ㉠ 30일, ㉡ 2부

해설

공정안전보고서 제출 및 심사
- 사업주는 유해·위험설비의 설치·이전 또는 주요 구조부분의 변경 공사의 착공 30일 전까지 공정안전보고서 2부를 산업안전보건공단에 제출
- 30일 이내에 심사가 진행되며 공정안전보고서 중 1부는 사업주에게 송부하게 되며 사업주는 공정안전보고서를 송부 받은 날로부터 5년간 보존

02 안전보건관리조직 중 스탭(Staff)형 조직에 관한 설명으로 옳지 않은 것은? • 2장 2절 안전관리조직

① 안전정보수집이 신속하다.
② 안전과 생산을 별개로 취급하기 쉽다.
③ 권한 다툼이나 조정이 용이하여 통제수속이 간단하다.
④ 스탭 스스로 생산라인이 안전업무를 행하는 것은 아니다.

해설

Staff(참모)형 조직

장 점	단 점
• 사업장 특성에 맞는 전문적인 기술연구가 가능 • 경영자에게 조언과 자문역할을 할 수 있음 • 안전정보 수집이 빠름	• 안전지시나 명령이 작업자에게까지 신속 정확하게 전달되지 못함 • 생산부분은 안전에 대한 책임과 권한이 없음 • 권한다툼이나 조정 때문에 시간과 노력이 소모

정답 01 ④ 02 ③

03 다음 중 시설물의 안전 및 유지관리에 관한 특별법상 시설물 정기안전점검의 실시 시기로 옳은 것은? (단, 시설물의 안전등급이 A등급인 경우) • 5장 5절 시설물의 안전점검

① 반기에 1회 이상
② 1년에 1회 이상
③ 2년에 1회 이상
④ 3년에 1회 이상

해설

안전점검의 종류

안전등급	정기안전점검	정밀안전점검		정밀안전진단
		건축물	건축물 외 시설물	
A등급	반기에 1회 이상	4년에 1회 이상	3년에 1회 이상	6년에 1회 이상
B·C 등급	반기에 1회 이상	3년에 1회 이상	2년에 1회 이상	5년에 1회 이상
D·E 등급	1년에 3회 이상	2년에 1회 이상	1년에 1회 이상	4년에 1회 이상

04 정보서비스업의 경우, 상시근로자의 수가 최소 몇 명 이상일 때 안전보건관리규정을 작성하여야 하는가? • 2장 1절 산업안전보건관리 체제

① 50명 이상
② 100명 이상
③ 200명 이상
④ 300명 이상

해설

대상 및 작성시기
• 농업, 어업, 정보서비스업, 임대업 등 : 300인 이상
• 그외 제조업, 건설업 : 100인 이상
• 작성시기 : 최초 작성사유 발생일 기준 30일 이내 작성

05 100명의 근로자가 근무하는 A기업체에서 1주일에 48시간, 연간 50주를 근무하는데 1년에 50건의 재해로 총 2400일의 근로손실일수가 발생하였다. A기업체의 강도율은? • 4장 1절 산업재해통계

① 10
② 24
③ 100
④ 240

해설

• 강도율 = 근로손실일수 × 1,000 ÷ 총연근로시간수
∴ 2400 × 1000 ÷ (100 × 48 × 50) = 10

06 아파트 신축 건설현장에 산업안전보건법령에 따른 안전·보건표지를 설치하려고 한다. 용도에 따른 표지의 종류를 올바르게 연결한 것은?
• 6장 8절 안전보건표지

① 금연 – 지시표지
② 비상구 – 안내표지
③ 고압전기 – 금지표지
④ 안전모 착용 – 경고표지

해설

① 금연 : 금지표지
③ 고압전기 : 경고표지
④ 안전모 착용 : 지시표지

안전보건표지 종류
- 금지표지 : 어떤 특정한 행위가 허용되지 않음을 나타냄. 흰 바탕에 빨간색 원에 사선표
- 경고표지 : 일정한 위험에 따른 경고를 나타냄. 노란 바탕에 검정색 삼각형
- 지시표지 : 일정한 행동을 취할 것을 지시함. 파란색 원형
- 안내표지 : 안전에 관한 정보를 제공. 녹색바탕에 정장방형

07 기계설비의 안전에 있어서 중요 부분의 피로, 마모, 손상, 부식 등에 대한 장치의 변화 유무 등을 일정 기간마다 점검하는 안전점검의 종류는?
• 5장 1절 안전점검

① 수시점검
② 임시점검
③ 정기점검
④ 특별점검

해설

안전점검의 종류
- 정기점검(계획점검) : 법적기준, 사내기준에 따라 정기적으로 실시
- 수시점검(일상점검) : 작업 전·중·후에 일상적으로 실시
- 특별점검 : 신설, 변경, 고장, 수리 등으로 비정기적으로 실시
- 임시점검 : 정기점검 사이 임시적으로 실시하는 점검

08 하인리히 사고예방대책 5단계의 각 단계와 기본 원리가 잘못 연결된 것은?
• 1장 2절 안전이론

① 제1단계 – 안전조직
② 제2단계 – 사실의 발견
③ 제3단계 – 점검 및 검사
④ 제4단계 – 시정 방법의 선정

해설

하인리히의 사고예방대책 5단계
- 1단계 : 안전관리조직(Organization)
- 2단계 : 사실의 발견(Fact Finding)
- 3단계 : 평가 및 분석(Analysis)
- 4단계 : 시정방법의 선정(Selection of Remedy)
- 5단계 : 대책의 적용(Application of Remedy)

정답 06 ② 07 ③ 08 ③

09 산업안전보건법령상 사업주의 의무에 해당하지 않는 것은?

• 7장 1절 법의 특징

① 산업재해 예방을 위한 기준 준수
② 사업장의 안전 및 보건에 관한 정보를 근로자에게 제공
③ 산업 안전 및 보건 관련 단체 등에 대한 지원 및 지도·감독
④ 근로자의 신체적 피로와 정신적 스트레스 등을 줄일 수 있는 쾌적한 작업환경의 조성 및 근로조건 개선

해설

사업주의 의무
- 안전보건정보제공
- 쾌적한 작업환경조성
- 사업장 유해요인 개선
- 안전표지설치 부착 및 안전관리자 선임
- 산재예방계획수립
- 안전보건관리규정작성
- 작업환경측정, 건강진단 실시
- 유해위험방지계획서 작성

10 시몬즈(Simonds)의 총재해 코스트 계산방식 중 비보험 코스트 항목에 해당하지 않는 것은?

• 4장 1절 산업재해통계

① 사망재해 건수
② 통원상해 건수
③ 응급조치 건수
④ 무상해사고 건수

해설

시몬즈 방식
- 전체 재해비용 = 보험비용 + 비보험비용
- 비보험비용 = A × 휴업상해건수 + B × 통원치료상해건수 + C × 응급조치건수 + D × 무상해건수
- A, B, C, D : 상수로 휴업상해, 통원치료 상해, 응급처치, 무상해사고에 대한 평균 비보험 비용
- 보험비용
  - 보험금 총액
  - 보험회사의 보험에 관련된 제경비와 이익금
- 비보험비용
  - 작업 중지에 따른 임금손실
  - 기계설비 및 재료의 손실비용
  - 신규 근로자의 교육훈련비용
  - 기타 제경비

11 위험예지훈련의 4라운드 기법에서 문제점을 발견하고 중요 문제를 결정하는 단계는?

• 1장 4절 안전활동기법

① 현상파악
② 본질추구
③ 목표설정
④ 대책수립

해설

위험예지훈련(4R)
작업 전에 위험 요인을 미리 발견, 파악하고 그에 알맞은 대책을 강구하여 위험 요인을 제거, 방호, 격리 등의 안전조치를 취함으로써 안전을 확보하도록 하는 훈련
- 1단계(현상 파악) : 위험 요인이 어디에 있는지 위험 요인을 발견하고 파악하는 것
- 2단계(본질 추구) : 현상 파악된 위험 요인 중 실제로 사고로 이어질 수 있는 중요한 요인을 결정하는 것
- 3단계(대책 수립) : 중요한 위험 요인에 대한 예방 대책을 수립하는 것
- 4단계(목표 설정) : 예방 대책을 실천하기 위한 행동 목표를 설정하는 것

12 재해조사의 주된 목적으로 옳은 것은?

• 3장 1절 산업재해조사

① 재해의 책임소재를 명확히 하기 위함이다.
② 동일 업종의 산업재해 통계를 조사하기 위함이다.
③ 동종 또는 유사재해의 재발을 방지하기 위함이다.
④ 해당 사업장의 안전관리 계획을 수립하기 위함이다.

해설

재해조사의 목적 : 재해원인과 결함을 규명하여 동종재해, 유사재해의 재발방지

13 위험예지훈련의 기법으로 활용하는 브레인스토밍(Brain Storming)에 관한 설명으로 옳지 않은 것은?

• 1장 4절 안전활동기법

① 발언은 누구나 자유분방하게 하도록 한다.
② 가능한 한 무엇이든 많이 발언하도록 한다.
③ 타인의 아이디어를 수정하여 발언할 수 없다.
④ 발표된 의견에 대하여는 서로 비판을 하지 않도록 한다.

해설

브레인스토밍 4원칙
- 자유분방 : 유연한 사고를 유도하기
- 질보다 양 : 질은 나중에 생각하고 무조건 많이 쏟아내기
- 비판금지 : 기존의 틀로 외부자극에 대한 방어자세를 취하지 않기
- 결합과 개선 : 양을 질로 변화시키는 게 결합과 개선(지식에 지식을 더하기)

정답 11 ② 12 ③ 13 ③

14 버드(Frank Bird)의 도미노이론에서 재해발생 과정에 있어 가장 먼저 수반되는 것은?

• 1장 2절 안전이론

① 관리의 부족
② 전술 및 전략적 에러
③ 불안전한 행동 및 상태
④ 사회적 환경과 유전적 요소

해설

버드의 사고예방연쇄이론
통제(관리)부족 → 기본원인 → 직접원인 → 사고 → 재해

15 재해사례연구의 진행순서로 옳은 것은?

• 3장 1절 산업재해조사

① 재해 상황의 파악 → 사실의 확인 → 문제점 발견 → 근본적 문제점 결정 → 대책수립
② 사실의 확인 → 재해 상황의 파악 → 근본적 문제점 결정 → 문제점 발견 → 대책수립
③ 문제점 발견 → 사실의 확인 → 재해 상황의 파악 → 근본적 문제점 결정 → 대책수립
④ 재해 상황의 파악 → 문제점 발견 → 근본적 문제점 결정 → 대책수립 → 사실의 확인

해설

재해긴급처리, 재해사례연구
• 재해긴급처리 : 피재기계의 정지 → 피해자의 응급조치 → 관계자에게 통보 → 2차 재해방지 → 현장보존
• 재해사례연구 : 재해 상황의 파악 → 사실의 확인 → 문제점 발견 → 근본적 문제점 결정 → 대책수립

16 사고예방대책의 기본원리 5단계 시정책의 적용 중 3E에 해당하지 않은 것은?

• 1장 2절 안전이론

① 교육(Education)
② 관리(Enforcement)
③ 기술(Engineering)
④ 환경(Enviroment)

해설

하비(Harvey)의 3E
• Education(안전교육)
• Engineering(안전기술)
• Enforcement(안전관리)

17 다음 중 산업재해발견의 기본 원인 4M에 해당하지 않는 것은?

• 3장 1절 산업재해조사

① Media
② Material
③ Machine
④ Management

해설

원인분석
• 원인의 결정
• 직접원인(인적 원인, 물적 원인), 간접원인(4M)
• 4M : Man, Machine, Media, Management

14 ① 15 ① 16 ④ 17 ②

18 산업안전보건법령상 안전보건총괄책임자의 직무에 해당하지 않는 것은?

• 7장 3절 안전보건총괄책임자

① 도급 시 산업재해 예방조치
② 위험성평가의 실시에 관한 사항
③ 해당 사업장 안전교육계획의 수립에 관한 보좌 및 지도·조언
④ 산업안전보건관리비의 관계수급인 간의 사용에 관한 협의·조정 및 그 집행의 감독

해설
안전보건총괄책임자의 직무
• 산업재해에 따른 작업의 중지
• 도급 시 산업재해 예방조치
• 수급인의 산업안전보건관리비의 집행 감독 및 그 사용에 관한 수급인 간의 협의 조정
• 안전인증대상 기계기구, 자율안전확인대상 기계기구 등의 사용여부 확인
• 위험성평가의 실시에 관한 사항

19 보호구 안전인증제품에 표시할 사항으로 옳지 않은 것은?

• 6장 1절 보호구

① 규격 또는 등급
② 형식 또는 모델명
③ 제조번호 및 제조연월
④ 성능기준 및 시험방법

해설
보호구 안전인증 표시사항
• 형식 또는 모델명
• 규격 또는 등급 등
• 제조자명
• 제조번호 및 제조연월
• 안전인증 번호

20 산업안전보건법령상 자율안전확인대상 기계 등에 해당하지 않는 것은?

• 5장 2절 안전인증

① 연삭기
② 곤돌라
③ 컨베이어
④ 산업용 로봇

해설
자율안전확인대상 기계
• 연삭기 또는 연마기(휴대형은 제외)
• 산업용 로봇
• 혼합기
• 파쇄기 또는 분쇄기
• 식품가공용 기계(파쇄·절단·혼합·제면기만 해당)
• 컨베이어
• 자동차정비용 리프트
• 공작기계(선반, 드릴기, 평삭·형삭기, 밀링만 해당)
• 고정형 목재가공용 기계(둥근톱, 대패, 루타기, 띠톱, 모떼기 기계만 해당)
• 인쇄기

정답 18 ③ 19 ④ 20 ②

2019년 제4회 기출해설

1과목 산업안전관리론

01 산업안전보건법상 안전보건개선계획서에 포함되어야 하는 사항이 아닌 것은?

• 1장 6절 안전보건개선계획서

① 시설의 개선을 위하여 필요한 사항
② 작업환경의 개선을 위하여 필요한 사항
③ 작업절차의 개선을 위하여 필요한 사항
④ 안전·보건교육의 개선을 위하여 필요한 사항

해설

안전보건개선계획서에 포함되어야 할 내용
• 시설의 개선을 위해 필요한 사항
• 안전보건관리 체제
• 안전보건관리 교육
• 산업재해예방 및 작업환경의 개선을 위하여 필요한 사항

02 상해의 종류 중, 스치거나 긁히는 등의 마찰력에 의하여 피부표면이 벗겨진 상해는?

• 3장 2절 산업재해분석

① 자 상
② 타박상
③ 창 상
④ 찰과상

해설

상해의 종류
• 골절 : 뼈가 부러진 상해
• 동상 : 저온물 접촉으로 생긴 동상상해
• 부종 : 국부의 혈액순환의 이상으로 몸이 퉁퉁 부어오르는 상태
• 찔림(자상) : 칼날 등 날카로운 물건에 찔린 상해
• 타박상(좌상) : 타박·충돌·추락 등으로 피부표면보다는 피하조직 또는 근육부를 다친 상해
• 절단 : 신체부위가 절단된 상해
• 중독, 질식 : 음식·약물·가스 등에 의한 중독이나 질식된 상태
• 찰과상 : 스치거나 문질러서 피부표면이 벗겨진 상해
• 베임(창상) : 창, 칼 등에 베인 상해
• 화상 : 화재 또는 고온물 접촉으로 인한 상해
• 뇌진탕 : 머리를 세게 맞았을 때 장해로 일어난 상해
• 익사 : 물 등에 익사된 상해
• 피부병 : 직업과 연관되어 발생 또는 악화되는 피부 질환
• 청력장해 : 청력이 감퇴 또는 난청이 된 상태
• 시력장해 : 시력이 감퇴 또는 실명된 상태
• 기타 : 위의 15항목으로 분류불능 시 상해명칭 기재

정답 01 ③ 02 ④

03 다음 재해사례의 분석 내용으로 옳은 것은?　　　• 3장 2절 산업재해분석

> 작업자가 벽돌을 손으로 운반하던 중, 벽돌을 떨어뜨려 발등을 다쳤다.

① 사고유형 – 낙하, 기인물 – 벽돌, 가해물 – 벽돌
② 사고유형 – 충돌, 기인물 – 손, 가해물 – 벽돌
③ 사고유형 – 비래, 기인물 – 사람, 가해물 – 손
④ 사고유형 – 추락, 기인물 – 손, 가해물 – 벽돌

해설
재해발생의 분석
• 기인물 : 불안전한 상태에 있는 물체(환경포함)
• 가해물 : 직접 사람에게 접촉되어 위해를 가한 물체
• 사고의 형태 : 물체와 사람과의 접촉현상

04 근로자 150명이 작업하는 공장에서 50건의 재해가 발생했고, 총 근로손실일수가 120일일 때의 도수율은 약 얼마인가? (단, 하루 8시간씩 연간 300일을 근무)　　　• 4장 1절 산업재해통계

① 0.01
② 0.3
③ 138.9
④ 333.3

해설
도수율 = 재해건수 × 1,000,000 ÷ 총연근로시간수
　　　 = 50 × 1,000,000 ÷ (150 × 8 × 300) = 138.9

05 산업안전보건법령상 안전관리자의 업무와 거리가 먼 것은?　　　• 2장 3절 안전관계자

① 물질안전보건자료의 게시 또는 비치에 관한 보좌 및 조언·지도
② 해당 사업장의 안전교육계획의 수립 및 안전교육 실시에 관한 보좌 및 조언·지도
③ 사업장 순회점검·지도 및 조치의 건의
④ 산업재해 발생의 원인 조사·분석 및 재발 방지를 위한 기술적 보좌 및 조언·지도

정답 03 ① 04 ③ 05 ①

해설

보건관리자의 업무
- 산업안전보건위원회 또는 노사협의체에서 심의·의결한 업무와 안전보건관리규정 및 취업규칙에서 정한 업무
- 안전인증대상기계등과 자율안전확인대상기계 등 중 보건과 관련된 보호구 구입 시 적격품 선정에 관한 보좌 및 지도·조언
- 위험성평가에 관한 보좌 및 지도·조언
- 물질안전보건자료의 게시 또는 비치에 관한 보좌 및 지도·조언
- 산업보건의의 직무
- 해당 사업장 보건교육계획의 수립 및 보건교육 실시에 관한 보좌 및 지도·조언
- 해당 사업장의 근로자를 보호하기 위한 다음 각 목의 조치에 해당하는 의료행위
  - 자주 발생하는 가벼운 부상에 대한 치료
  - 응급처치가 필요한 사람에 대한 처치
  - 부상·질병의 악화를 방지하기 위한 처치
  - 건강진단 결과 발견된 질병자의 요양지도 및 관리
  - 의료행위에 따르는 의약품의 투여
- 작업장 내에서 사용되는 전체 환기장치 및 국소 배기장치 등에 관한 설비의 점검과 작업방법의 공학적 개선에 관한 보좌 및 지도·조언
- 사업장 순회점검·지도 및 조치의 건의
- 산업재해 발생의 원인 조사·분석 및 재발 방지를 위한 기술적 보좌 및 지도·조언
- 산업재해에 관한 통계의 유지·관리·분석을 위한 보좌 및 지도·조언
- 법 또는 법에 따른 명령으로 정한 보건에 관한 사항의 이행에 관한 보좌 및 지도·조언
- 업무수행 내용의 기록·유지
- 그 밖에 작업관리 및 작업환경관리에 관한 사항으로서 고용노동부장관이 정하는 사항

06 시몬즈 방식으로 재해코스트를 산정할 때, 재해의 분류와 설명의 연결로 옳은 것은?

• 4장 1절 산업재해통계

① 무상해사고 - 20달러 미만의 재산손실이 발생한 사고
② 휴업상해 - 영구 전노동 불능
③ 응급조치상해 - 일시 전노동 불능
④ 통원상해 - 일시 일부노동 불능

해설

시몬즈 방식의 재해코스트

분류	내용
휴업상해(A)	영구 부분노동 불능, 일시 전노동 불능
통원상해(B)	일시 일부노동 불능, 의사의 조치를 요하는 통원상해
응급처치(C)	20달러 미만의 손실 또는 8시간 미만의 휴업손실 상해
무상해사고(D)	의료조치를 필요로 하지 않는 경미한 상해, 사고 및 무상해사고

06 ④

07 안전·보건에 관한 노사협의체의 구성·운영에 대한 설명으로 틀린 것은? • 7장 5절 노사협의체

① 노사협의체는 근로자와 사용자가 같은 수로 구성되어야 한다.
② 노사협의체의 회의 결과는 회의록으로 작성하여 보존하여 한다.
③ 노사협의체의 회의는 정기회의와 임시회의로 구분하되, 정기회의는 3개월마다 소집한다.
④ 노사협의체는 산업재해 예방 및 산업재해가 발생한 경우의 대피방법 등에 대하여 협의하여야 한다.

해설
- 노사협의체의 근로자위원
    - 도급 또는 하도급 사업을 포함한 전체 사업의 근로자대표
    - 근로자대표가 지명하는 명예감독관 1명(다만, 명예감독관이 위촉되어 있지 아니한 경우에는 근로자대표가 지명하는 해당 사업장 근로자 1명)
    - 공사금액이 20억원 이상인 도급 또는 하도급 사업의 근로자대표
- 노사협의체의 사용자위원
    - 대표자
    - 안전관리자 1명, 보건관리자 1명(보건관리자 선임대상 건설업으로 한정)
    - 공사금액이 20억원 이상인 도급 또는 하도급 사업의 사업주
- 노사협의체 회의
    - 구분 : 정기회의, 임시회의
    - 정기회의 : 2개월마다 노사협의체 위원장이 소집
    - 임시회의 : 위원장이 필요하다고 인정 때 소집

08 시설물안전법령에 명시된 안전점검의 종류에 해당하는 것은? • 5장 5절 시설물의 안전점검

① 일반안전점검
② 특별안전점검
③ 정밀안전점검
④ 임시안전점검

해설
시설물 안전법령상의 안전점검의 종류
- 정기안전점검
  시설물의 상태를 판단하고 시설물이 점검 당시의 사용요건을 만족시키고 있는지 확인할 수 있는 수준의 외관조사를 실시하는 안전점검
- 정밀안전점검
  시설물의 상태를 판단하고 시설물이 점검 당시의 사용요건을 만족시키고 있는지 확인하며 시설물 주요부재의 상태를 확인할 수 있는 수준의 외관조사 및 측정·시험장비를 이용한 조사를 실시하는 안전점검
- 긴급안전점검
  시설물의 붕괴·전도 등으로 인한 재난 또는 재해가 발생할 우려가 있는 경우에 시설물의 물리적·기능적 결함을 신속하게 발견하기 위하여 실시하는 점검

정답 07 ③ 08 ③

09 산업안전보건법령상 사업주의 책무와 가장 거리가 먼 것은? •7장 1절 법의 특징

① 쾌적한 작업환경을 조성하고 근로조건을 개선할 것
② 해당 사업장의 안전·보건에 관한 정보를 근로자에게 제공할 것
③ 안전·보건의식을 북돋우기 위한 홍보·교육 및 무재해 운동 등 안전문화를 추진할 것
④ 관련법과 법에 따른 명령에서 정하는 산업재해 예방을 위한 기준을 지킬 것

해설
사업주의 의무
- 안전보건정보제공
- 쾌적한 작업환경조성
- 사업장 유해요인 개선
- 안전표지설치 부착 및 안전관리자 선임
- 산재예방계획수립
- 안전보건관리규정작성
- 작업환경측정, 건강진단 실시
- 유해위험방지계획서 작성

10 각 계층의 관리감독자들이 숙련된 안전관찰을 행할 수 있도록 훈련을 실시함으로써 사고를 미연에 방지하여 안전을 확보하는 안전관찰훈련기법은? •1장 4절 안전활동기법

① THP 기법
② TBM 기법
③ STOP 기법
④ TD-BU 기법

해설
STOP(Safety, Training, Observation, Program) 기법
- 미국 듀퐁에서 개발한 것으로 각 계층의 감독자들이 숙련된 안전관찰을 통해 사고를 미연에 방지하기 위함
- 감독자들이 사고의 원인이 되는 작업자의 불안전행동을 발견, 제거, 예방하는 관찰기술, 점검사항, 조치방법을 수행토록 개발한 프로그램

11 산업안전보건법령상 AB형 안전모에 관한 설명으로 옳은 것은? •6장 2절 안전모

① 물체의 낙하 또는 비래에 의한 위험을 방지 또는 경감하기 위한 것
② 물체의 낙하 또는 비래 및 추락에 의한 위험을 방지 또는 경감시키기 위한 것
③ 물체의 낙하 또는 비래에 의한 위험을 방지 또는 경감하고, 머리부위 감전에 의한 위험을 방지하기 위한 것
④ 물체의 낙하 또는 비래 및 추락에 의한 위험을 방지 또는 경감하고, 머리부위 감전에 의한 위험을 방지하기 위한 것

해설
AB형 안전모 : 물체의 낙하 또는 비래 및 추락에 의한 위험을 방지 또는 경감시키기 위한 것

12 재해예방의 4원칙이 아닌 것은? • 3장 3절 재해예방원칙

① 손실우연의 원칙
② 예방가능의 원칙
③ 사고연쇄의 원칙
④ 원인계기의 원칙

해설

하인리히의 재해예방 4원칙
• 손실우연의 법칙 : 사고로 인한 손실(상해)의 종류 및 정도는 우연적
• 원인계기의 원칙 : 사고는 여러 가지 원인이 연속적으로 연계되어 일어남
• 예방가능의 원칙 : 사고는 예방이 가능
• 대책선정의 원칙 : 사고예방을 위한 안전대책이 선정되고 적용되어야 함

13 산업안전보건법령상 안전·보건표지의 색채와 사용사례의 연결이 틀린 것은? • 6장 안전보건표지

① 빨간색(7.5R 4/14) – 탑승금지
② 파란색(2.5PB 4/10) – 방진마스크 착용
③ 녹색(2.5G 4/10) – 비상구
④ 노란색(5Y 6.5/12) – 인화성 물질 경고

해설

종 류	기 준	표시사항	사용예
빨간색	7.5R 4/14	금 지	정지신호, 소화설비 및 그 장소
노란색	5Y 8.5/12	경 고	위험경고, 주의표지, 기계방호울
파란색	2.5PB 4/10	지 시	특정행위의 지시 및 사실의 고지
녹 색	2.5G 4/10	안 내	비상구, 피난소, 사람 및 차량통행표지

14 일상점검 내용을 작업 전, 작업 중, 작업종료로 구분할 때, 작업 중 점검 내용으로 거리가 먼 것은?
• 5장 1절 안전점검

① 품질의 이상 유무
② 안전수칙의 준수 여부
③ 이상소음 발생 여부
④ 방호장치의 작동 여부

해설

안전점검의 종류
• 수시점검(일상점검) : 작업 전·중·후에 일상적으로 실시
  – 작업 중 점검 : 품질의 이상 유무, 안전수칙 준수 여부, 이상소음 발생유무

정답 12 ③ 13 ④ 14 ④

15 참모식 안전조직의 특징으로 옳은 것은? · 2장 2절 안전관리조직

① 100명 미만의 소규모 사업장에 적합하다.
② 생산부분은 안전에 대한 책임과 권한이 없다.
③ 명령과 보고가 상하관계뿐이므로 간단명료하다.
④ 조직원 전원을 자율적으로 안전 활동에 참여시킬 수 있다.

해설

Staff(참모)형 조직
- 중규모 사업장(100~1,000명 이하)에 적합한 조직
- 안전업무를 담당하는 안전담당 참모(Staff)가 있음
- 안전담당 참모가 경영자에게 안전관리에 관한 조언과 자문
- 생산은 안전에 대한 권한, 책임이 없음
- 안전과 생산을 별개로 취급

16 무재해 운동 기본이념의 3대 원칙이 아닌 것은? · 1장 3절 무재해 운동

① 무의 원칙　　　　　　② 선취의 원칙
③ 합의의 원칙　　　　　④ 참가의 원칙

해설

무재해 운동의 기본이념 3원칙
- 무(Zero)의 원칙 : 무재해란 단순히 사망, 재해, 휴업재해만 없으면 된다는 소극적인 사고가 아니라 불휴 재해는 물론 일체의 잠재위험요인을 사전에 발견, 파악, 해결함으로써 근원적으로 산업재해를 없애는 것
- 참가의 원칙 : 참가란 작업에 따르는 잠재적인 위험요인을 해결하기 위하여 각자의 처지에서 '하겠다'는 의욕을 갖고 문제나 위험을 해결하는 것을 뜻함
- 선취의 원칙 : 무재해를 실현하기 위해 일체의 위험요인을 사전에 발견, 파악, 해결하여 재해를 예방하거나 방지하기 위한 원칙을 말함

17 다음에 해당하는 법칙은? · 1장 2절 안전이론

어떤 공장에서 330회 정도 사고가 일어났을 때, 그 가운데 300회는 무상해사고, 29회는 경상, 중상 또는 사망은 1회의 비율로 사고가 발생한다.

① 버드 법칙　　　　　　② 하인리히 법칙
③ 더글라스 법칙　　　　④ 자베타키스 법칙

해설

재해구성비율
- 하인리히 법칙 : 1 : 29 : 300(중상 또는 사망 : 경상 : 무상해사고)
- 버드의 법칙 : 1 : 10 : 30 : 600(중상 또는 사망 : 경상 : 물적사고 : 무상해사고)

18 재해원인분석에 사용되는 통계적 원인분석 기법의 하나로, 사고의 유형이나 기인물 등의 분류항목을 큰 순서대로 도표화하는 기법은?

• 3장 2절 산업재해분석

① 관리도
② 파레토도
③ 특성요인도
④ 크로즈분석도

해설

통계적 원인 분석 방법 중 파레토도(Pareto Diagram)분석
• 관리대상이 많은 경우 최소의 노력으로 최대의 효과를 얻을 수 있는 방법
• 분류항목을 큰 값에서 작은 값을 값의 순서로 도표화
• 전체 재해 중에서 가장 중요한 문제점을 발견하고 문제점의 원인을 조사하고, 개선대책과 효과를 알고 할 때 유리함
• 조사사항을 결정하고 분류항목을 선정한 후에 선정된 항목에 대한 데이터를 수집하고 정리함
• 수집된 데이터를 이용하여 막대그래프를 그리고 누적 곡선을 그림

19 신규 채용 시의 근로자 안전·보건교육은 몇 시간 이상 실시해야 하는가? (단, 일용근로자를 제외한 근로자인 경우)

• 2장 3절 안전관계자

① 3시간
② 8시간
③ 16시간
④ 24시간

해설

안전교육
• 일용근로자 : 1시간 이상
• 일용근로자를 제외한 근로자 : 8시간 이상

20 산업안전보건법상 산업안전보건위원회의 정기회의 개최 주기로 올바른 것은?

• 7장 2절 산업안전보건위원회

① 1개월마다
② 분기마다
③ 반년마다
④ 1년마다

해설

산업안전보건위원회의 회의 : 회의개최 : 정기회의(3월마다 위원장이 소집), 임시회의(위원장이 필요 시 소집)

정답 18 ② 19 ② 20 ②

2019년 제2회 기출해설

1과목 산업안전관리론

01 산업안전보건법령상 담배를 피워서는 안 될 장소에 사용되는 금연 표지에 해당하는 것은?

• 6장 8절 안전보건표지

① 지시표지
② 경고표지
③ 금지표지
④ 안내표지

해설

안전보건표지의 종류
• 금지표지 : 어떤 특정한 행위가 허용되지 않음을 나타냄. 흰 바탕에 빨간색 원에 사선표시
• 경고표지 : 일정한 위험에 따른 경고를 나타냄. 노란 바탕에 검정색 삼각형
• 지시표지 : 일정한 행동을 취할 것을 지시함. 파란색 원형
• 안내표지 : 안전에 관한 정보를 제공. 녹색바탕에 정장방형

02 시설물의 안전관리에 관한 특별법령에 제시된 등급별 정기안전점검의 실시 시기로 옳지 않은 것은?

• 5장 5절 시설물의 안전점검

① A등급인 경우 반기에 1회 이상이다.
② B등급인 경우 반기에 1회 이상이다.
③ C등급인 경우 1년에 3회 이상이다.
④ D등급인 경우 1년에 3회 이상이다.

해설

안전점검의 종류

| 안전등급 | 정기안전점검 | 정밀안전점검 | | 정밀안전진단 |
		건축물	건축물 외 시설물	
A등급	반기에 1회 이상	4년에 1회 이상	3년에 1회 이상	6년에 1회 이상
B·C 등급	반기에 1회 이상	3년에 1회 이상	2년에 1회 이상	5년에 1회 이상
D·E 등급	1년에 3회 이상	2년에 1회 이상	1년에 1회 이상	4년에 1회 이상

정답 01 ③ 02 ③

03 산업안전보건법령상 내전압용 절연장갑의 성능기준에 있어 절연장갑의 등급과 최대사용전압이 옳게 연결된 것은? (단, 전압은 교류로 실효값을 의미) • 6장 7절 방열복, 절연장갑

① 00등급 - 500V

② 0등급 - 1,500V

③ 1등급 - 11,250V

④ 2등급 - 25,500V

해설

절연장갑

절연장갑의 등급은 최대사용전압에 따라 아래 표와 같음

등급	최대사용전압	
	교류(V, 실효값)	직류(V)
00	500	750
0	1,000	1,500
1	7,500	11,250
2	17,000	25,500
3	26,500	39,750
4	36,000	54,000

04 다음 중 안전관리의 근본이념에 있어 그 목적으로 볼 수 없는 것은? • 1장 1절 안전관리

① 사용자의 수용도 향상

② 기업의 경제적 손실예방

③ 생산성 향상 및 품질 향상

④ 사회복지의 증진

해설

안전관리의 목적
- 인명존중
- 사회복지의 증진
- 생산성 및 품질 향상
- 기업의 경제적 손실예방

정답 03 ① 04 ①

05 다음 설명에 가장 적합한 조직의 형태는?

> • 과제중심의 조직
> • 특정과제를 수행하기 위해 필요한 자원과 재능을 여러 부서로부터 임시로 집중시켜 문제를 해결하고, 완료 후 다시 본래의 부서로 복귀하는 형태
> • 시간적 유한성을 가진 일시적이고 잠정적인 조직

① 스탭(Staff)형 조직
② 라인(Line)식 조직
③ 기능(Function)식 조직
④ 프로젝트(Project) 조직

해설

프로젝트 조직
• 과업중심의 조직
• 특정과제를 수행하기 위해 필요한 자원과 재능을 여러 부서로부터 임시로 집중
• 문제해결 완료 후 다시 본래의 부서로 복귀하는 형태
• 시간적 유한성을 가진 일시적으로 잠정적인 조직

06 통계적 재해원인분석방법 중 특성과 요인관계를 도표로 하여 어골상으로 세분화한 것으로 옳은 것은?

• 3장 2절 산업재해분석

① 관리도
② Cross도
③ 특성요인도
④ 파레토(Pareto)도

해설

특성요인도(Cause & Effect Diagram)분석
• 특성과 요인관계를 어골상으로 세분하여 연쇄관계를 나타내는 방법
• 원인요소와의 관계를 상호의 인과관계만으로 결부시키며 브레인스토밍 기법 활용

07 근로자수가 400명, 주당 45시간씩 연간 50주를 근무하였고, 연간재해건수는 210건으로 근로손실일수가 800일이었다. 이 사업장의 강도율은 약 얼마인가? (단, 근로자의 출근율은 95%로 계산)

• 4장 1절 산업재해통계

① 0.42
② 0.52
③ 0.88
④ 0.94

해설

강도율 = 근로손실일수 × 1000 ÷ 총연근로시간수
∴ 800 × 1000 ÷ (400 × 45 × 50 × 0.95) = 0.94

05 ④ 06 ③ 07 ④

08 다음 중 재해조사를 할 때의 유의사항으로 가장 적절한 것은? • 3장 1절 산업재해조사

① 재발방지 목적보다 책임소재 파악을 우선으로 하는 기본적 태도를 갖는다.
② 목격자 등이 증언하는 사실 이외의 추측하는 말도 신뢰성 있게 받아들인다.
③ 2차 재해예방과 위험성에 대한 보호구를 착용한다.
④ 조사자의 전문성을 고려하여 단독으로 조사하며, 사고 정황을 주관적으로 추정한다.

해설

재해 조사자의 유의사항
- 조사는 2인 이상이 실시, 객관적 입장을 유지하고 사실 수집에 집중
- 조사는 가능한 빨리 현장이 변경되기 전에 실시하며, 2차 재해방지를 도모
- 사고 직후 진술, 목격자의 주관적 진술을 구별하여 참고자료로 기록
- 목격자의 설명을 듣고 피해자로부터 상황설명 청취
- 현장상황에 대하여 사진이나 도면을 작성하고 기록
- 책임추궁은 사실을 은폐하게 하므로 재발방지에 목적을 두고 조사

09 산업안전보건법령상 사업주가 안전관리자를 선임한 경우, 선임한 날부터 며칠 이내에 고용노동부 장관에게 증명할 수 있는 서류를 제출하여야 하는가? • 7장 1절 법의 특징

① 7일 ② 14일
③ 30일 ④ 60일

해설

사업주의 의무
- 안전보건정보제공
- 쾌적한 작업환경조성
- 사업장 유해요인 개선
- 안전표지설치 부착 및 안전관리자 선임(선임한 날부터 14일 이내 서류제출)
- 산재예방계획수립
- 안전보건관리규정작성
- 작업환경측정, 건강진단 실시
- 유해위험방지계획서 작성

10 재해손실비 평가방식 중 시몬즈(Simonds) 방식에서 재해의 종류에 관한 설명으로 옳지 않은 것은? • 4장 1절 산업재해통계

① 무상해사고는 의료조치를 필요로 하지 않은 상해사고를 말한다.
② 휴업상해는 영구 일부 노동불능 및 일시 전노동 불능 상해를 말한다.
③ 응급조치상해는 응급조치 또는 8시간 이상의 휴업의료 조치 상해를 말한다.
④ 통원상해는 일시 일부 노동불능 및 의사의 통원 조치를 요하는 상해를 말한다.

정답 08 ③ 09 ② 10 ③

해설

시몬즈 방식

분류	내용
휴업상해(A)	영구 부분노동 불능, 일 시전노동 불능
통원상해(B)	일시 일부노동 불능, 의사의 조치를 요하는 통원상해
응급처치(C)	20달러 미만의 손실 또는 8시간 미만의 휴업손실 상해
무상해사고(D)	의료조치를 필요로 하지 않는 경미한 상해, 사고 및 무상해사고

11 위험예지훈련에 대한 설명으로 옳지 않은 것은? ・1장 4절 안전활동기법

① 직장이나 작업의 상황 속 잠재 위험요인을 도출한다.
② 행동하기에 앞서 위험요소를 예측하는 것을 습관화하는 훈련이다.
③ 위험의 포인트나 중점실시 사항을 지적 확인한다.
④ 직장 내에서 최대 인원의 단위로 토의하고 생각하며 이해한다.

해설

위험예지훈련(4R)
- 작업 전에 위험 요인을 미리 발견, 파악하고 그에 알맞은 대책을 강구
- 위험 요인을 제거, 방호, 격리 등의 안전조치를 취함으로써 안전을 확보하도록 하는 훈련
- 직장 내에서의 소수인원으로 토의하고 생각하며 이해하는 훈련
- 4단계
  - 1단계(현상 파악) : 위험 요인이 어디에 있는지 위험 요인을 발견하고 파악하는 것
  - 2단계(본질 추구) : 현상 파악된 위험 요인 중 실제로 사고로 이어질 수 있는 중요한 요인을 결정하는 것
  - 3단계(대책 수립) : 중요한 위험 요인에 대한 예방 대책을 수립하는 것
  - 4단계(목표 설정) : 예방 대책을 실천하기 위한 행동 목표를 설정하는 것

12 산업안전보건법령상 건설업의 도급인 사업주가 작업장을 순회 점검하여야 하는 주기로 올바른 것은? ・7장 3절 안전보건총괄책임자

① 1일에 1회 이상
② 2일에 1회 이상
③ 3일에 1회 이상
④ 7일에 1회 이상

해설

도급인의 수급인에 대한 의무
- 수급인 사업주와 안전・보건협의체를 구성
  - 모든 수급업체(하수급업체 포함)가 협의체에 참여
  - 협의체는 월1회 이상 정기적으로 회의를 개최하고 그 결과를 기록・보존
- 작업장 합동・순회점검(2일에 1회 이상)

13 산업안전보건법령상 안전보건관리규정에 포함해야 할 내용이 아닌 것은?

• 2장 1절 산업안전보건관리 체제

① 안전보건교육에 관한 사항
② 사고조사 및 대책수립에 관한 사항
③ 안전보건관리 조직과 그 직무에 관한 사항
④ 산업재해보상보험에 관한 사항

해설

안전보건관리규정
• 작성내용
 - 안전 보건관리조직과 그 직무에 관한 사항
 - 안전 보건교육에 관한 사항
 - 작업장 안전관리에 관한 사항
 - 작업장 보건관리에 관한 사항
 - 사고조사 및 대책 수립에 관한 사항
 - 그 밖에 안전 보건에 관한 사항

14 다음에서 설명하는 무재해 운동 추진기법으로 옳은 것은?

• 1장 4절 안전활동기법

> 작업현장에서 그때 그 장소의 상황에 즉응하여 실시하는 위험예지활동으로서 즉시즉응법이라고도 한다.

① TBM(Tool Box Meeting)
② 삼각 위험예지훈련
③ 자문자답카드 위험예지훈련
④ 터치 앤 콜(Touch and Call)

해설

TBM(Tool Box Meeting)
• 작업현장 근처에서 작업 전에 관리감독자(작업반장, 직장, 팀장 등)를 중심으로 작업자들이 모여 작업의 내용과 안전작업 절차 등에 대해 서로 확인 및 의논하는 활동
• 5단계 추진법 : 도입 → 점검정비 → 작업지시 → 위험예지 → 확인

15 재해의 원인 중 물적 원인(불안전한 상태)에 해당하지 않는 것은?

• 3장 1절 산업재해조사

① 보호구 미착용
② 방호장치의 결함
③ 조명 및 환기불량
④ 불량한 정리 정돈

해설

물적 원인
• 물 자체의 결함
• 보호구의 결함
• 작업환경의 결함 : 조명, 온도, 습도, 소음, 환기
• 경계 표시 및 설비의 결함
• 안전방호장치의 결함
• 기계의 배치 및 작업장소의 결함
• 생산공정의 결함

정답 13 ④ 14 ① 15 ①

16 산업안전보건법령상 양중기의 종류에 포함되지 않는 것은? •5장 2절 안전인증

① 곤돌라
② 호이스트
③ 컨베이어
④ 이동식 크레인

해설
양중기의 종류
- 크레인(호이스트 포함)
- 리프트
- 곤돌라
- 승강기

17 산업안전보건법령상 공사 금액이 얼마 이상인 건설업 사업장에서 산업안전보건위원회를 설치·운영하여야 하는가? •7장 2절 산업안전보건위원회

① 80억원
② 120억원
③ 250억원
④ 700억원

해설
건설업은 공사금액 120억원(토목공사업에 속하는 공사는 150억원) 이상을 사용하는 사업장

18 산업안전보건법령상 자율안전확인대상 기계·기구 등에 포함되지 않은 것은? •5장 3절 자율안전확인대상

① 곤돌라
② 연삭기
③ 컨베이어
④ 자동차정비용 리프트

해설
자율안전확인대상 기계
- 연삭기 또는 연마기(휴대형은 제외)
- 산업용 로봇
- 혼합기
- 파쇄기 또는 분쇄기
- 식품가공용 기계(파쇄·절단·혼합·제면기만 해당)
- 컨베이어
- 자동차정비용 리프트
- 공작기계(선반, 드릴기, 평삭·형삭기, 밀링만 해당)
- 고정형 목재가공용 기계(둥근톱, 대패, 루타기, 띠톱, 모떼기 기계만 해당)
- 인쇄기

19 사고예방대책의 기본원리 5단계 중 제2단계의 사실의 발견에 관한 사항에 해당되지 않는 것은?
• 1장 2절 안전이론

① 사고조사
② 안전회의 및 토의
③ 교육과 훈련의 분석
④ 사고 및 안전활동기록의 검토

해설
사실의 발견(현상파악)
• 각종 사고 및 안전활동의 기록 검토, 작업분석, 안전점검 및 안전진단, 사고조사
• 안전회의 및 토의, 종업원의 건의 및 여론조사 등에 의하여 불안전 요소를 발견

20 산업안전보건법령상 안전검사 대상 유해·위험기계 등에 포함되지 않는 것은? • 5장 3절 안전검사

① 리프트
② 전단기
③ 압력용기
④ 밀폐형 구조 롤러기

해설
안전검사대상 기계
• 프레스
• 전단기
• 크레인(정격 하중이 2톤 미만인 것은 제외)
• 리프트
• 압력용기
• 곤돌라
• 국소 배기장치(이동식은 제외)
• 원심기(산업용만 해당)
• 롤러기(밀폐형 구조는 제외)
• 사출성형기[형 체결력 294킬로뉴턴(KN) 미만은 제외]
• 고소작업대(화물자동차 또는 특수자동차에 탑재한 고소작업대로 한정)
• 컨베이어
• 산업용 로봇

정답 19 ③ 20 ④

2019년 제1회 기출해설

1과목 산업안전관리론

01 산업안전보건법령상 안전관리자를 2인 이상 선임하여야 하는 사업에 해당하지 않는 것은?

• 2장 3절 안전관계자

① 공사금액이 1000억인 건설업
② 상시 근로자가 500명인 통신업
③ 상시 근로자가 1500명인 운수업
④ 상시 근로자가 600명인 식료품 제조업

해설
통신업의 경우 상시 근로자가 1천명 이상

02 아담스(Adams)의 재해연쇄이론에서 작전적 에러(Operational Error)로 정의한 것은?

• 1장 2절 안전이론

① 선천적 결함
② 불안전한 상태
③ 불안전한 행동
④ 경영자나 감독자의 행동

해설
아담스의 연쇄성이론
관리구조 결함 → 작전적 에러(경영자, 감독자 행동) → 전술적 에러(불안전한 행동) → 사고(물적사고) → 재해(상해, 손실)

01 ② 02 ④

03 보호구 안전인증 고시에 따른 안전화 종류에 해당하지 않는 것은?
• 6장 3절 안전화

① 경화 안전화
② 발등 안전화
③ 정전기 안전화
④ 고무제 안전화

해설

안전화의 종류
- 가죽제 안전화 : 떨어지는 물체에 맞거나 부딪히거나 날카로운 물체에 찔리지 않도록 발을 보호
- 고무제 안전화 : 떨어지는 물체에 맞거나 부딪히거나 날카로운 물체에 찔리지 않도록 발을 보호하고 방수 및 내화학성을 겸한 것
- 정전기 안전화 : 떨어지는 물체에 맞거나 부딪히거나 날카로운 물체에 찔리지 않도록 발을 보호하고 정전기의 인체 대전을 방지
- 발등 안전화 : 떨어지는 물체에 맞거나 부딪히거나 날카로운 물체에 찔리지 않도록 발과 발등을 보호
- 절연화 : 떨어지는 물체에 맞거나 부딪히거나 날카로운 물체에 찔리지 않도록 발과 발등을 보호하고 저압의 전기에 의한 감전 방지
- 절연장화 : 고압에 의한 감전을 방지하고 방수를 겸한 것

04 천재지변 발생 직후 기계설비의 수리 등을 할 경우 또는 중대재해 발생 직후 등에 행하는 안전점검을 무엇이라 하는가?
• 5장 1절 안전점검

① 임시점검
② 자체점검
③ 수시점검
④ 특별점검

해설

안전점검의 종류
특별점검 : 신설, 변경, 고장, 수리 등으로 비정기적으로 실시(천재지변 후, 중대재해발생 후)

05 재해사례연구를 할 때 유의해야 할 사항으로 틀린 것은?
• 3장 1절 산업재해조사

① 과학적이어야 한다.
② 논리적인 분석이 가능해야 한다.
③ 주관적이고 정확성이 있어야 한다.
④ 신뢰성이 있는 자료수집이 있어야 한다.

해설

재해사례연구
- 재해 상황의 파악 → 사실의 확인 → 문제점 발견 → 근본적 문제점 결정 → 대책수립
- 과학적·객관적 입장을 유지하고 사실 수집에 집중
- 논리적인 분석이 가능해야 함
- 신뢰성이 있는 자료수집이 있어야 함

정답 03 ① 04 ④ 05 ③

06 무재해 운동 추진의 3대 기둥으로 볼 수 없는 것은?

• 1장 3절 무재해 운동

① 최고경영자의 경영자세
② 노동조합의 협의체 구성
③ 직장 소집단 자주 활동의 활성화
④ 관리감독자에 의한 안전보건의 추진

해설

무재해 운동의 3요소(3기둥)
- 최고 경영자의 안전경영자세
  안전보건은 최고 경영자의 무재해, 무질병에 대한 확고한 경영자세로 시작됨
- 안전 활동의 라인화
  - 관리감독자에 의한 안전보건의 적극적 추진
  - 안전보건을 추진하는 데는 관리 감독자가 생산활동 속에서 근로자와 함께 실천해야 함
- 직장 소집단 자주 운동의 활성화
  일하는 한 사람 한 사람이 안전보건을 자신의 문제, 동시에 동료의 문제로서 진지하게 받아들여 직장 내 협동 노력으로 자주적으로 추진해 나가는 것이 필요

07 건설기술 진흥법상 안전관리계획을 수립해야 하는 건설공사에 해당하지 않는 것은?

• 1장 5절 안전보건관리계획

① 15층 건축물의 리모델링
② 지하 15m를 굴착하는 건설공사
③ 항타 및 항발기가 사용되는 건설공사
④ 높이가 21m인 비계를 사용하는 건설공사

해설

건설기술진흥법상 안전관리계획 수립대상 건설공사
- 「시설물의 안전 및 유지관리에 관한 특별법」에 따른 1종 시설물 및 2종 시설물의 건설공사(유지관리를 위한 건설공사 제외)
- 지하 10m 이상을 굴착하는 건설공사
- 폭발물 사용으로 주변에 영향이 예상되는 건설공사(주변 20m 이내 시설물 또는 100m 내 가축사육)
- 다음에 해당하는 공사
  - 10층 이상 16층 미만인 건축물의 건설공사
  - 10층 이상인 건축물의 리모델링 또는 해체공사
  - 「주택법」에 따른 수직증축형 리모델링
- 다음에 해당하는 건설공사
  - 천공기(높이 10m 이상), 항타 및 항발기, 타워크레인을 사용하는 건설공사
  - 관계전문가로부터 구조적 안전성을 확인받아야 하는 가설구조물을 사용하는 건설공사
- 그 외 건설공사 중 다음에 해당하는 공사
  - 발주자가 안전관리가 특히 필요하다고 인정하는 건설공사
  - 해당 지방자치단체의 조례로 정하는 건설공사 중에서 인·허가기관의 장이 안전관리가 특히 필요하다고 인정하는 건설공사

08 상시 근로자수가 100명인 사업장에서 1년간 6건의 재해로 인하여 10명의 부상자가 발생하였고, 이로 인한 근로손실일수는 120일, 휴업일수는 68일이었다. 이 사업장의 강도율은 약 얼마인가? (단, 1일 9시간씩 연간 290일 근무)

• 4장 1절 산업재해통계

① 0.58
② 0.67
③ 22.99
④ 100

해설

강도율 = 근로손실일수 × 1000 ÷ 총연근로시간수
= (120 + 68 × 290/365) × 1000 ÷ (100 × 9 × 290) = 0.67

09 재해발생원인의 연쇄관계상 재해의 발생원인을 관리적인 면에서 분류한 것과 가장 관계가 먼 것은?

• 3장 1절 산업재해조사

① 인적 원인
② 기술적 원인
③ 교육적 원인
④ 작업관리상 원인

해설

산업재해의 간접원인
- 기술적 원인
- 교육적 원인
- 신체적 원인
- 정신적 원인
- 관리적 원인

10 하비(Harvey)가 제시한 '안전의 3E'에 해당하지 않는 것은?

• 1장 2절 안전이론

① Education
② Enforcement
③ Economy
④ Engineering

해설

하비(Harvey)의 3E
- Education(안전교육)
- Engineering(안전기술)
- Enforcement(안전관리)

정답 08 ② 09 ① 10 ③

11 안전표지 종류 중 금지표시에 대한 설명으로 옳은 것은?   • 6장 8절 안전보건표지

① 바탕은 노랑색, 기본모양은 흰색, 관련부호 및 그림은 파랑색
② 바탕은 노랑색, 기본모양은 흰색, 관련부호 및 그림은 검정색
③ 바탕은 흰색, 기본모양은 빨강색, 관련부호 및 그림은 파랑색
④ 바탕은 흰색, 기본모양은 빨강색, 관련부호 및 그림은 검정색

해설

안전보건표지 종류
- 금지표지 : 특정한 행위가 허용되지 않음을 나타냄. 흰 바탕에 빨간색 원에 사선표시, 그림은 검정색
- 경고표지 : 일정한 위험에 따른 경고를 나타냄. 노란 바탕에 검정색 삼각형
- 지시표지 : 일정한 행동을 취할 것을 지시함. 파란색 원형
- 안내표지 : 안전에 관한 정보를 제공. 녹색바탕에 정장방형

종 류	기 준	표시사항	사용예
빨간색	7.5R 4/14	금 지	정지신호, 소화설비 및 그 장소
노란색	5Y 8.5/12	경 고	위험경고, 주의표지, 기계방호울
파란색	2.5PB 4/10	지 시	특정행위의 지시 및 사실의 고지
녹 색	2.5G 4/10	안 내	비상구, 피난소, 사람 및 차량통행표지

12 크레인(이동식은 제외한다)은 사업장에 설치한 날로부터 몇 년 이내에 최초 안전검사를 실시하여야 하는가?   • 5장 4절 안전검사

① 1년   ② 2년
③ 3년   ④ 5년

해설

검사주기
- 설치 후 3년 이내 그 이후 2년마다
- 건설현장에서 사용되는 크레인, 리프트, 곤돌라는 최초 설치 후 6개월마다
- 공정안전보고서를 제출하여 확인 받은 압력용기는 4년마다(파열판 설치 시 2년 1회)

13 다음 중 소규모 사업장에 가장 적합한 안전관리조직의 형태는?   • 2장 2절 안전관리조직

① 라인형 조직   ② 스탭형 조직
③ 라인-스탭 혼합형 조직   ④ 복합형 조직

해설

Line(직계) 형 조직
- 100명 이하의 소규모 기업에 적합
- 안전관리 계획에서 실시에 이르기까지 모든 업무를 생산라인을 통해 직선적으로 이루어지도록 편성

장 점	단 점
• 안전에 관한 지시 및 명령 계통이 철저 • 안전대책의 실시가 신속하고 정확함 • 명령과 보고가 상하관계뿐으로 간단 명료	• 안전에 대한 지식 및 기술축적이 어려움 • 안전에 대한 정보수집, 신기술개발이 어려움 • 생산라인에 과도한 책임을 지우기 쉬움

11 ④   12 ③   13 ①

14 위험예지훈련 4라운드(Round) 중 목표설정 단계의 내용으로 가장 적절한 것은?

• 1장 4절 안전활동기법

① 위험 요인을 찾아내고, 가장 위험한 것을 합의하여 결정한다.
② 가장 우수한 대책에 대하여 합의하고, 행동계획을 결정한다.
③ 브레인스토밍을 실시하여 어떤 위험이 존재하는가를 파악한다.
④ 가장 위험한 요인에 대하여 브레인스토밍 등을 통하여 대책을 세운다.

해설

위험예지훈련(4R)
작업 전에 위험 요인을 미리 발견, 파악하고 그에 알맞은 대책을 강구하여 위험 요인을 제거, 방호, 격리 등의 안전조치를 취함으로써 안전을 확보하도록 하는 훈련
• 1단계(현상 파악) : 위험 요인이 어디에 있는지 위험 요인을 발견하고 파악하는 것
• 2단계(본질 추구) : 현상 파악된 위험 요인 중 실제로 사고로 이어질 수 있는 중요한 요인을 결정하는 것
• 3단계(대책 수립) : 중요한 위험 요인에 대한 예방 대책을 수립하는 것
• 4단계(목표 설정) : 예방 대책을 실천하기 위한 행동 목표를 설정하는 것

15 안전보건관리계획의 개요에 관한 설명으로 틀린 것은?

• 1장 5절 안전보건관리계획

① 타 관리계획과 균형이 되어야 한다.
② 안전보건의 저해요인을 확실히 파악해야 한다.
③ 계획의 목표는 점진적으로 낮은 수준의 것으로 한다.
④ 경영층의 기본방침을 명확하게 근로자에게 나타내야 한다.

해설

안전보건관리계획 수립 시 고려사항
• 타 관리계획과 균형이 되어야 함
• 안전보건을 저해하는 요인을 확실히 파악해야 함
• 계획의 목표는 점진적으로 하여 높은 수준으로 함
• 과거실적에 집착하여 현상에 만족하는 안일한 생각은 버려야 함
• 경영층이 안전에 대하여 기본방침을 명확하게 근로자들에게 나타내어야 함
• 종래의 설비나 작업방식을 전제하지 않고 오히려 그것을 거부한 수평적 사고방식으로 접근해야 함

정답 14 ② 15 ③

16 다음과 같은 재해가 발생하였을 경우 재해의 원인분석으로 옳은 것은?   • 3장 2절 산업재해분석

> 건설현장에서 근로자가 비계에서 마감작업을 하던 중 바닥으로 떨어져 머리가 바닥에 부딪혀 사망하였다.

① 기인물 – 비계, 가해물 – 마감작업, 사고유형 – 낙하
② 기인물 – 바닥, 가해물 – 비계, 사고유형 – 추락
③ 기인물 – 비계, 가해물 – 바닥, 사고유형 – 낙하
④ 기인물 – 비계, 가해물 – 바닥, 사고유형 – 추락

해설
재해발생의 분석
• 기인물 : 불안전한 상태에 있는 물체(환경포함)
• 가해물 : 직접사람에게 접촉되어 위해를 가한 물체
• 사고의 형태 : 물체와 사람과의 접촉현상

17 사고예방대책의 기본원리 5단계 중 3단계의 분석평가에 대한 내용으로 옳은 것은?
   • 1장 2절 안전이론

① 위험 확인
② 현장 조사
③ 사고 및 활동 기록 검토
④ 기술의 개선 및 인사조정

해설
하인리히의 사고예방대책 5단계
• 1단계 : 안전관리조직(Organization)
• 2단계 : 사실의 발견(Fact Finding)
• 3단계 : 평가 및 분석(Analysis)
• 4단계 : 시정방법의 선정(Selection of Remedy)
• 5단계 : 대책의 적용(Application of Remedy)

18 재해손실비용에 있어 직접손실비용이 아닌 것은?   • 4장 1절 산업재해통계

① 요양급여
② 장해급여
③ 상병보상연금
④ 생산중단손실비용

해설
산업재해비용 산출 – 하인리히방식
• 총재해비 = 직접비(1) + 간접비(4)
• 1대 4의 경험법칙으로 재해손실비용은 직접비의 5배
• 직접비 : 요양급여, 휴업급여, 장해급여, 간병급여, 유족급여, 상병보상연금, 장의비
• 간접비 : 인적손실, 물적손실, 생산손실, 임금손실, 시간손실, 기타손실

16 ④ 17 ② 18 ④   **정답**

19 산업안전보건법상 지방고용노동관서의 장이 사업주에게 안전관리자나 보건관리자를 정수 이상으로 증원하게 하거나 교체하여 임명할 것을 명령할 수 있는 경우는? • 7장 7절 산업재해 발생보고

① 사망재해가 연간 1건 발생한 경우
② 중대재해가 연간 2건 발생한 경우
③ 관리자가 질병의 사유로 3개월 이상 해당 직무를 수행할 수 없게 된 경우
④ 해당 사업장의 연간재해율이 같은 업종의 평균재해율의 1.5배 이상인 경우

해설
안전관리자 등의 증원, 교체 임명 명령
• 연간재해율이 동종업종 평균재해율의 2배 이상인 재해
• 중대재해가 연간 2건 이상 발생한 재해
• 관리자가 질병 등의 사유로 3개월 이상 직무를 수행할 수 없게 된 경우
※ 법 개정으로 ②번도 정답

20 산업안전보건법령에 따른 산업안전보건위원회의 구성에 있어 사용자위원에 해당하지 않는 자는? • 7장 2절 산업안전보건위원회

① 안전관리자
② 명예산업안전감독관
③ 해당 사업의 대표자가 지명한 9인 이내 해당 사업장 부서의 장
④ 보건관리자의 업무를 위탁한 경우 대행기관의 해당 사업장 담당자

해설
사용자위원
• 당해 사업의 대표자
• 안전관리자 1인(안전관리대행기관에 위탁한 경우에는 대행기관의 당해 사업장 담당자)
• 보건관리자 1인(보건관리대행기관에 위탁한 경우에는 대행기관의 당해 사업장 담당자)
• 산업보건의(당해 사업장에 선임되어 있는 경우에 한함)
• 당해 사업의 대표자가 지명하는 9인 이내의 당해 사업장 부서의 장
• 유해·위험 사업의 경우에는 당해 사업장 부서의 장을 제외하고 구성할 수 있음

정답 19 ③·② 20 ②

2018년 제4회 기출해설

1과목 산업안전관리론

01 재해 발생 건수 등의 추이를 파악하여 목표관리를 행하는 데 필요한 월별 재해발생건수를 그래프화하여 관리선을 설정 관리하는 통계분석방법은?

• 3장 2절 산업재해분석

① 파레토도
② 특성요인도
③ 크로스도
④ 관리도

해설

관리도 분석
• 재해건수를 관리하기 위해 월별 발생수를 그래프화하여 관리선을 설정하는 방법
• 재해발생건수 등의 추이를 파악하여 목표관리를 행하는 데 필요한 월별 재해발생수의 그래프화 함
• 재해가 UCL을 벗어나는 경우 관리구역 설정하여 관리함

02 산업안전보건법령에 따른 안전·보건표지의 종류별 해당 색채기준 중 틀린 것은?

• 6장 8절 안전보건표지

① 금연 – 바탕은 흰색, 기본 모형은 검은색, 관련부호 및 그림은 빨간색
② 인화성물질경고 – 바탕은 무색, 기본모형은 빨간색(검은색도 가능)
③ 보안경착용 – 바탕은 파란색, 관련 그림은 흰색
④ 고압전기경고 – 바탕은 노란색, 기본모형 관련부호 및 그림은 검은색

해설

안전보건표지 종류
• 금지표지 : 특정한 행위가 허용되지 않음을 나타냄. 흰 바탕에 빨간색 원에 사선표시, 그림은 검정색
• 경고표지 : 일정한 위험에 따른 경고를 나타냄. 노란 바탕에 검정색 삼각형
• 지시표지 : 일정한 행동을 취할 것을 지시함. 파란색 원형
• 안내표지 : 안전에 관한 정보를 제공. 녹색바탕에 정장방형

종 류	기 준	표시사항	사용예
빨간색	7.5R 4/14	금 지	정지신호, 소화설비 및 그 장소
노란색	5Y 8.5/12	경 고	위험경고, 주의표지, 기계방호물
파란색	2.5PB 4/10	지 시	특정행위의 지시 및 사실의 고지
녹 색	2.5G 4/10	안 내	비상구, 피난소, 사람 및 차량통행표지

정답 01 ④ 02 ①

03 A 사업장에서는 산업재해로 인한 인적·물적손실을 줄이기 위하여 안전행동 실천운동(5C 운동)을 실시하고자 한다. 5C 운동에 해당하지 않는 것은?
• 1장 4절 안전활동기법

① Control
② Correctness
③ Cleaning
④ Checking

해설

5C 운동 : Correctness(복장단정), Clearance(정리·정돈), Cleaning(청소·청결), Checking(점검·확인), Concentration (전심·전력)

04 산업안전보건법령에 따른 안전·보건표지 중 금지표지의 종류에 해당하지 않는 것은?
• 6장 8절 안전보건표지

① 접근 금지
② 차량통행금지
③ 사용금지
④ 탑승금지

해설

안전보건표지 종류
- 금지표지 : 특정한 행위가 허용되지 않음을 나타냄. 흰 바탕에 빨간색 원에 사선표시, 그림은 검정색
- 금지표지의 종류 : 출입금지, 보행금지, 차량통행금지, 사용금지, 탑승금지, 화기금지, 물체이동금지, 금연

05 건설기술 진흥법령에 따른 건설사고조사 위원회의 구성 기준 중 다음 (   ) 안에 알맞은 것은?
• 3장 1절 산업재해조사

건설사고조사위원회는 위원장 1명을 포함한 (   )명 이내의 위원으로 구성한다.

① 12
② 11
③ 10
④ 9

해설

건설사고조사위원회
- 건설사고조사위원장 1인을 포함하여 12명 이내의 위원으로 구성하며, 위원을 선정할 때는 건설사고발생현황보고서 등을 참고하여 선정
- 건설사고조사위원장은 국토교통부장관 또는 발주청 등이 임명
- 건설사고조사위원은 공정성과 형평성 등을 위하여 전문분야별 출신학교, 직업, 시민단체, 연령 등이 어느 한쪽에 편중되지 아니하도록 함
- 건설사고 조사 중 전문분야의 변경 등 위원교체가 필요할 때에는 위원장의 요구에 의하여 국토교통부장관, 발주청 등이 교체할 수 있음

정답 03 ① 04 ① 05 ①

06
산업안전보건법령에 따른 건설업 중 유해·위험 방지계획서를 작성하여 고용노동부장관에게 제출하여야 하는 공사의 기준 중 틀린 것은?
•7장 1절 법의 특징

① 연면적 5000m² 이상의 냉동·냉장창고 시설의 설비공사 및 단열공사
② 깊이 10m 이상인 굴착공사
③ 저수용량 2000만톤 이상의 용수 전용 댐 공사
④ 최대 지간길이가 31m 이상인 교량 건설 공사

해설
유해위험방지계획서 제출대상 공사
- 지상높이가 31m 이상인 건축물 또는 인공구조물
- 연면적 3만m² 이상인 건축물
- 연면적 5천m² 이상인 시설
- 연면적 5천m² 이상인 냉동·냉장창고시설의 설비공사 및 단열공사
- 최대 지간길이가 50m 이상인 교량 건설 등의 공사
- 터널 건설 등의 공사
- 다목적댐, 발전용댐 및 저수용량 2천만톤 이상의 용수전용댐, 지방상수도 전용댐 건설 등의 공사
- 깊이 10m 이상인 굴착공사

07
재해의 간접원인 중 기초원인에 해당하는 것은?
•1장 2절 안전이론

① 불안전한 상태
② 관리적 원인
③ 신체적 원인
④ 불안전한 행동

해설
버드는 관리적 원인을 기초원인으로 봄

08
TBM 활동의 5단계 추진법의 진행순서로 옳은 것은?
•1장 4절 안전활동기법

① 도입 → 위험예지훈련 → 작업지시 → 점검정비 → 확인
② 도입 → 점검정비 → 작업지시 → 위험예지훈련 → 확인
③ 도입 → 확인 → 위험예지훈련 → 작업지시 → 점검정비
④ 도입 → 작업지시 → 위험예지훈련 → 점검정비 → 확인

해설
TBM(Tool Box Meeting)
- 작업현장 근처에서 작업 전에 관리감독자(작업반장, 직장, 팀장 등)를 중심으로 작업자들이 모여 작업의 내용과 안전작업 절차 등에 대해 서로 확인 및 의논하는 활동
- 5단계 추진법 : 도입 → 점검장비 → 작업지시 → 위험예지훈련 → 확인

06 ④ 07 ② 08 ②

09 산업안전보건법령에 따른 안전보건총괄책임지정 대상사업 기준 중 다음 (　) 안에 알맞은 것은? (단, 선박 및 보트 건조업, 1차 금속 제조업 및 토사석 광업의 경우)

• 7장 3절 안전보건총괄책임자

> 수급인에게 고용된 근로자를 포함한 상시근로자가 (㉠)명 이상인 사업 및 수급인의 공사금액을 포함한 해당 공사의 총공사금액이 (㉡)억원 이상인 건설업

① ㉠ 50, ㉡ 10
② ㉠ 50, ㉡ 20
③ ㉠ 100, ㉡ 10
④ ㉠ 100, ㉡ 20

해설

안전보건총괄책임자를 두어야 할 사업
• 수급인과 하수급인에게 고용된 근로자를 포함한 상시 근로자가 100명(선박 및 보트 건조업, 1차 금속 제조업 및 토사석 광업의 경우에는 50명) 이상인 사업
• 수급인과 하수급인의 공사금액을 포함한 해당 공사의 총공사금액이 20억원 이상인 건설업

10 연평균 상시근로자 수가 500명인 사업장에서 36건의 재해가 발생한 경우 근로자 한 사람이 사업장에서 평생 근무할 경우 근로자에게 발생할 수 있는 재해는 몇 건으로 추정되는가? (단, 근로자는 평생 40년을 근무하며, 평생잔업시간은 4000시간이고, 1일 8시간씩 연간 300일을 근무)

• 4장 1절 산업재해통계

① 2건
② 3건
③ 4건
④ 5건

해설
• 도수율 = 재해건수 × 1,000,000 ÷ 총연근로시간수 = 36 × 백만 ÷ (500 × 8 × 300) = 30
• 환산도수율[평생(10만 시간) 동안 재해를 입을 수 있는 건수] = 도수율 × 0.1 = 3

11 산업안전보건법령에 따른 안전 · 보건에 관한 노사협의체의 사용자위원 구성기준 중 틀린 것은?

• 7장 5절 노사협의체

① 해당 사업의 대표자
② 안전관리자 1명
③ 공사금액이 20억원 이상인 도급 또는 하도급 사업의 사업주
④ 근로자대표가 지명하는 명예감독관 1명

정답 09 ② 10 ② 11 ④

> **해설**
> - 노사협의체의 근로자위원
>   - 도급 또는 하도급 사업을 포함한 전체 사업의 근로자대표
>   - 근로자대표가 지명하는 명예감독관 1명(다만, 명예감독관이 위촉되어 있지 아니한 경우에는 근로자대표가 지명하는 해당 사업장 근로자 1명)
>   - 공사금액이 20억원 이상인 도급 또는 하도급 사업의 근로자대표
> - 노사협의체의 사용자위원
>   - 대표자
>   - 안전관리자 1명, 보건관리자 1명(보건관리자 선임대상 건설업으로 한정)
>   - 공사금액이 20억원 이상인 도급 또는 하도급 사업의 사업주
> - 노사협의체 회의
>   - 구분 : 정기회의, 임시회의
>   - 정기회의 : 2개월마다 노사협의체 위원장이 소집
>   - 임시회의 : 위원장이 필요하다고 인정 때 소집

12 산업안전보건법령에 따른 안전·보건표지의 기본모형 중 다음 기본모형의 표시사항으로 옳은 것은? (단, 색도기준은 2.5PB 4/10)

• 6장 8절 안전보건표지

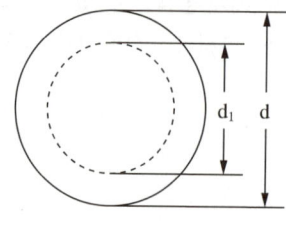

① 금 지　　② 경 고
③ 지 시　　④ 안 내

> **해설**
> **안전보건표지의 종류**
> - 금지표지 : 특정한 행위가 허용되지 않음을 나타냄. 흰 바탕에 빨간색 원에 사선표시, 그림은 검정색
>   - 금지표지의 종류 : 출입금지, 보행금지, 차량통행금지, 사용금지, 탑승금지, 화기금지, 물체이동금지, 금연
> - 경고표지 : 일정한 위험에 따른 경고를 나타냄. 노란 바탕에 검정색 삼각형
> - 지시표지 : 일정한 행동을 취할 것을 지시함. 파란색 원형
> - 안내표지 : 안전에 관한 정보를 제공. 녹색바탕에 정장방형

종 류	기 준	표시사항	사용예
빨간색	7.5R 4/14	금 지	정지신호, 소화설비 및 그 장소
노란색	5Y 8.5/12	경 고	위험경고, 주의표지, 기계방호울
파란색	2.5PB 4/10	지 시	특정행위의 지시 및 사실의 고지
녹 색	2.5G 4/10	안 내	비상구, 피난소, 사람 및 차량통행표지

13 보호구 안전인증 고시에 따른 안전블록이 부착된 안전대의 구조기준 중 안전블록의 줄은 와이어로프인 경우 최소지름은 몇 mm 이상이어야 하는가?
・6장 4절 안전대

① 2
② 4
③ 8
④ 10

해설

안전대 완성품 및 부품의 동하중 성능

구 분	명 칭	시험성능기준
동하중 성능	벨트식 ・1개 걸이용 ・U자 걸이용 ・보조죔줄	・시험몸통으로부터 빠지지 말 것 ・최대전달충격력은 6.0kN 이하이어야 함 ・U자 걸이용 감속거리는 1,000mm 이하이어야 함
	안전그네식 ・1개 걸이용 ・U자 걸이용 ・추락방지대 ・안전블록 ・보조죔줄	・시험몸통으로부터 빠지지 말 것 ・최대전달충격력은 6.0kN 이하이어야 함 ・U자 걸이용, 안전블록, 추락방지대의 감속거리는 1,000mm 이하이어야 함 ・시험 후 죔줄과 시험몸통 간의 수직각이 50° 미만이어야 함
	안전블록 (부품)	・파손되지 않을 것 ・최대전달충격력은 6.0kN 이하이어야 함 ・억제거리는 2,000mm 이하이어야 함 ・와이어로프 최소지름 4mm 이상
	충격흡수장치	・최대전달충격력은 6.0kN 이하이어야 함 ・감속거리는 1,000mm 이하이어야 함

14 아담스(Edward Adams)의 사고 연쇄이론의 단계로 옳은 것은?
・1장 2절 안전이론

① 사회적 환경 및 유전적 요소 → 개인적 결함 → 불안전 행동 및 상태 → 사고 → 상해
② 통제의 부족 → 기본원인 → 직접원인 → 사고 → 상해
③ 관리구조 결함 → 작전적 에러 → 전술적 에러 → 사고 → 상해
④ 안전정책과 결정 → 불안전 행동 및 상태 → 물질에너지 기준이탈 → 사고 → 상해

해설

아담스의 연쇄성이론
관리구조 결함 → 작전적 에러(경영자, 감독자 행동) → 전술적 에러(불안전한 행동) → 사고(물적사고) → 재해(상해, 손실)

정답 13 ② 14 ③

15 산업안전보건기준에 관한 규칙에 따른 이동식 크레인을 사용하여 작업을 할 때 작업시작 전 점검사항이 아닌 것은?
• 5장 1절 안전점검

① 권과방지장치나 그 밖의 경보장치의 기능
② 브레이크·클러치 및 조정장치의 기능
③ 주행로의 상측 및 트롤리가 횡행하는 레일의 상태
④ 와이어로프가 통하고 있는 곳 및 작업 장소의 지반상태

해설
이동식 크레인 작업 시
• 권과방지장치나 그 밖의 경보장치의 기능
• 브레이크·클러치 및 조정장치의 기능
• 와이어로프가 통하고 있는 곳 및 작업 장소의 지반상태

16 산업안전보건법령에 따른 안전보건관리규정을 작성하여야 할 사업의 사업주는 안전보건관리규정을 작성하여야 할 사유가 발생한 날부터 며칠 이내에 작성하여야 하는가?
• 2장 1절 산업안전보건관리 체제

① 15일   ② 30일
③ 50일   ④ 60일

해설
대상 및 작성시기
• 농업, 어업, 정보서비스업, 임대업 등 : 300인 이상
• 그외 제조업, 건설업 : 100인 이상
• 작성시기 : 최초 작성사유 발생일 기준 30일 이내 작성

17 시설물의 안전 및 유지관리에 관한 특별법령에 따른 안전등급별 정기안전점검 및 정밀안전진단위의 실시시기 기준 중 다음 (   ) 안에 알맞은 것은?
• 5장 5절 시설물의 안전점검

안전등급	정기안전점검	정밀안전진단
A등급	(㉠) 이상	(㉡)년에 1회 이상

① ㉠ 반기에 1회, ㉡ 6   ② ㉠ 반기에 1회, ㉡ 4
③ ㉠ 1년에 3회, ㉡ 6   ④ ㉠ 1년에 3회, ㉡ 4

해설

| 안전등급 | 정기안전점검 | 정밀안전점검 | | 정밀안전진단 |
		건축물	건축물 외 시설물	
A등급	반기에 1회 이상	4년에 1회 이상	3년에 1회 이상	6년에 1회 이상
B·C 등급	반기에 1회 이상	3년에 1회 이상	2년에 1회 이상	5년에 1회 이상
D·E 등급	1년에 3회 이상	2년에 1회 이상	1년에 1회 이상	4년에 1회 이상

18 재해사례연구의 진행단계로 옳은 것은?　　　　•3장 1절 산업재해조사

① 사실의 확인 → 재해 상황의 파악 → 문제점의 발견 → 문제점의 결정 → 대책의 수립
② 문제점의 발견 → 재해 상황의 파악 → 사실의 확인 → 문제점의 결정 → 대책의 수립
③ 재해 상황의 파악 → 사실의 확인 → 문제점의 발견 → 문제점의 결정 → 대책의 수립
④ 문제점의 발견 → 문제점의 결정 → 재해상황의 파악 → 사실의 확인 → 대책의 수립

해설
재해사례연구
재해 상황의 파악 → 사실의 확인 → 문제점 발견 → 근본적 문제점 결정 → 대책수립

19 산업안전보건법령에 따른 지방고용노동관서의 장의 사업주에게 안전관리자·보건관리자 또는 안전보건관리담당자를 정수 이상으로 증원하게 되거나 교체하여 임명할 것을 명할 수 있는 기준 중 다음 (　　) 안에 알맞은 것은? (관련 규정 개정 전 문제로 여기서는 기존 정답인 4번을 고르면 정답 처리됩니다. 자세한 내용은 해설을 참고하세요.)　　•7장 7절 산업재해 발생보고

- 해당 사업장의 연간재해율이 같은 업종의 평균재해율이 같은 업종의 평균재해율의 (㉠)배 이상인 경우
- 중대재해가 연간 (㉡)건 이상 발생하나 경우
- 관리자가 질병이나 그 밖의 사유로 (㉢)개월 이상 직무를 수행할 수 없게 된 경우

① ㉠ 3, ㉡ 3, ㉢ 2　　　　② ㉠ 3, ㉡ 3, ㉢ 3
③ ㉠ 2, ㉡ 3, ㉢ 2　　　　④ ㉠ 2, ㉡ 3, ㉢ 3

해설
안전관리자 등의 증원, 교체 임명 명령
- 연간재해율이 동종업종 평균재해율의 2배 이상인 재해
- 중대재해가 연간 2건 이상 발생한 재해(개정 이후)
- 관리자가 질병 등의 사유로 3개월 이상 직무를 수행할 수 없게 된 경우

20 산업안전보건법령에 따른 안전인증기준에 적합한 지를 확인하기 위하여 안정인증기관이 하는 심사의 종류가 아닌 것은?　　•5장 2절 안전인증

① 서면심사　　　　② 예비심사
③ 제품심사　　　　④ 완성심사

해설
안전인증심사
- 형식별 제품심사
  - 형식별로 표본만 추출하여 검사
  - 예비심사 → 서면심사 → 기술능력 및 생산체계심사 → 형식별제품심사 → 사후관리(정기적으로 확인심사)
- 개별제품심사
  - 개별제품심사대상 : 곤돌라, 크레인, 리프트, 압력용기
  - 예비심사 → 서면심사 → 개별제품심사 → 사후관리(정기적으로 확인심사)
- 설치 이전 시 안전인증이 필요한 기계 : 크레인, 리프트, 곤돌라

정답 18 ③　19 ④　20 ④

2018년 제2회 기출해설

1과목 산업안전관리론

01 산업안전보건법령상 안전·보건에 관한 노사협의체 구성의 근로자위원으로 구성기준 중 틀린 것은?

• 7장 5절 노사협의체

① 근로자대표가 지명하는 안전관리자 1명
② 근로자대표가 지명하는 명예감독관 1명
③ 도급 또는 하도급 사업을 포함한 전체 사업의 근로자대표
④ 공사금액이 20억원 이상인 도급 또는 하도급 사업의 근로자대표

해설
- 노사협의체의 근로자위원
  - 도급 또는 하도급 사업을 포함한 전체 사업의 근로자대표
  - 근로자대표가 지명하는 명예감독관 1명(다만, 명예감독관이 위촉되어 있지 아니한 경우에는 근로자대표가 지명하는 해당 사업장 근로자 1명)
  - 공사금액이 20억원 이상인 도급 또는 하도급 사업의 근로자대표
- 노사협의체의 사용자위원
  - 대표자
  - 안전관리자 1명, 보건관리자 1명(보건관리자 선임대상 건설업으로 한정)
  - 공사금액이 20억원 이상인 도급 또는 하도급 사업의 사업주
- 노사협의체 회의
  - 구분 : 정기회의, 임시회의
  - 정기회의 : 2개월마다 노사협의체 위원장이 소집
  - 임시회의 : 위원장이 필요하다고 인정 때 소집

02 산업안전보건법령상 산업안전보건관리비 사용명세서의 공사종료 후 보존기간은?

• 6장 9절 산업안전보건관리비

① 6개월간
② 1년간
③ 2년간
④ 3년간

해설
산업안전보건관리비 개요
- 근로자의 안전과 보건을 확보하기 위해
- 일정규모 이상 사업장에 대하여 안전보건에 관한 비용을 사용하게 하는 의무사항
- 우리나라는 대개 1%를 책정함
- 산업안전보건관리비의 사용명세서 공사 종료 후 보존기간 : 1년

03 산업안전보건법령상 안전보건총괄책임자의 직무가 아닌 것은? • 7장 3절 안전보건총괄책임자

① 위험성평가의 실시에 관한 사항
② 수급인의 산업안전보건관리비의 집행 감독
③ 자율안전확인대상 기계·기구 등의 사용 여부 확인
④ 해당 사업장 안전교육계획의 수립

해설

안전보건총괄책임자의 직무
- 산업재해에 따른 작업의 중지
- 도급 시 산업재해 예방조치
- 수급인의 산업안전보건관리비의 집행 감독 및 그 사용에 관한 수급인 간의 협의 조정
- 안전인증대상 기계기구, 자율안전확인대상 기계기구 등의 사용여부 확인
- 위험성평가의 실시에 관한 사항

04 재해예방의 4원칙이 아닌 것은? • 3장 3절 재해예방원칙

① 손실우연의 법칙
② 예방교육의 원칙
③ 원인계기의 원칙
④ 예방가능의 원칙

해설

하인리히의 재해예방 4원칙
- 손실우연의 법칙 : 사고로 인한 손실(상해)의 종류 및 정도는 우연적
- 원인계기의 원칙 : 사고는 여러 가지 원인이 연속적으로 연계되어 일어남
- 예방가능의 원칙 : 사고는 예방이 가능
- 대책선정의 원칙 : 사고예방을 위한 안전대책이 선정되고 적용되어야 함

05 강도율의 근로손실일수 산정기준에 대한 설명으로 옳은 것은? • 4장 1절 산업재해통계

① 사망, 영구 전노동 불능의 근로손실일수는 7,500일이다.
② 사망, 영구 전노동 불능상태 신체장해등급은 1~2등급이다.
③ 영구 일부 노동불능 신체장해등급은 3~14등급이다.
④ 일시 전노동 불능은 휴업일수에 280/365을 곱한다.

해설

- 강도율 = 근로손실일수 × 1000 ÷ 총연근로시간수
  - 산업재해로 인한 근로손실일수의 정도를 나타냄
  - 사망/영구장애 : 7,500일(1~3급)
  - 영구 일부노동 불능 신체장해등급 : 4~14급(5,500~50일)
  - 일시 전노동 불능 재해 : 휴업일수 × 300 ÷ 365
  - 근로손실일수의 영구 일부 노동불능상해는 휴무일수에 연간 일할비율(300/365)을 곱하여 산출함

정답 03 ④ 04 ② 05 ①

06 버드(Bird)의 신연쇄성 이론의 재해발생과정 중 직접원인의 징후로 불안전한 행동과 불안전한 상태는 몇 단계인가?
• 1장 2절 안전이론

① 1단계
② 2단계
③ 3단계
④ 4단계

해설

버드의 신도미노이론
- 1단계 : 통제의 부족(관리적원인, 4M, 근원적 원인, 기초원인)
- 2단계 : 기본원인, 개인적 또는 작업상의 요인
- 3단계 : 불안전한 행동, 불안전한 상태(직접원인)
- 4단계 : 사고(접촉)
- 5단계 : 상해(손해)
- 버드는 하인리히와는 달리 직접원인을 통제관리의 부족에서 기인한 4M이라고 보아 오늘날 산업안전관리의 기본틀을 마련함

07 산업안전보건법령상 안전검사 대상 유해·위험기계 등이 아닌 것은?
• 5장 4절 안전검사

① 리프트
② 전단기
③ 압력용기
④ 밀폐형 구조 롤러기

해설

안전검사대상 기계
- 프레스
- 전단기
- 크레인(정격 하중이 2톤 미만인 것은 제외)
- 리프트
- 압력용기
- 곤돌라
- 국소 배기장치(이동식은 제외)
- 원심기(산업용만 해당)
- 롤러기(밀폐형 구조는 제외)
- 사출성형기[형 체결력 294킬로뉴턴(KN) 미만은 제외]
- 고소작업대(화물자동차 또는 특수자동차에 탑재한 고소작업대로 한정)
- 컨베이어
- 산업용 로봇

08 건설기술진흥법령상 건설사고조사위원회는 위원장 1명을 포함한 몇 명 이내의 위원으로 구성하는가?
• 3장 1절 산업재해조사

① 12명
② 11명
③ 10명
④ 9명

해설

건설사고조사위원회
- 건설사고조사위원장 1인을 포함하여 12명 이내의 위원으로 구성하며, 위원을 선정할 때는 건설사고발생현황보고서 등을 참고하여 선정
- 건설사고조사위원장은 국토교통부장관 또는 발주청 등이 임명

06 ③ 07 ④ 08 ①

- 건설사고조사위원은 공정성과 형평성 등을 위하여 전문분야별 출신학교, 직업, 시민단체, 연령 등이 어느 한쪽에 편중되지 아니하도록 함
- 건설사고 조사 중 전문분야의 변경 등 위원교체가 필요할 때에는 위원장의 요구에 의하여 국토교통부장관, 발주청 등이 교체할 수 있음

09 맥그리거의 X, Y이론 중 X이론의 관리처방에 해당되는 것은?

① 자체평가제도의 활성화
② 분권화와 권한의 위임
③ 권위주의적 리더십의 확립
④ 조직구조의 평면화

해설
- 독재적 리더십 : 권위, 지시, 명령, 과업에 높은 관심, 맥그리거의 X이론에 근거
- 민주적 리더십 : 책임공유, 인간에 높은 관심, 맥그리거의 Y이론에 근거

10 산업안전보건법령상 재해발생 원인 중 설비적 요인이 아닌 것은?

• 3장 1절 산업재해조사

① 기계·설비의 설계상 결함
② 방호장치의 불량
③ 작업표준화의 부족
④ 작업환경 조건의 불량

해설
- 작업환경의 결함 : 조명, 온도, 습도, 소음, 환기
- 설비 자체의 결함 : 설계, 정비, 기계노후, 방호장치, 작업표준화 부족

11 산소가 결핍되어 있는 장소에서 사용하는 마스크는?

• 5장 2절 안전인증

① 방진 마스크
② 송기 마스크
③ 방독 마스크
④ 특급 방진 마스크

해설
송기 마스크 : 산소결핍장소

정답 09 ③ 10 ④ 11 ②

12 산업안전보건법령상 안전보건진단을 받아 안전보건개선계획을 수립·제출하도록 명할 수 있는 사업장이 아닌 것은?
• 1장 6절 안전보건개선계획서

① 근로자가 안전수칙을 준수하지 않아 중대재해가 발생한 사업장
② 산업재해율이 같은 업종 평균 산업재해율의 2배 이상인 사업장
③ 작업환경 불량, 화재·폭발 또는 누출사고 등으로 사회적 물의를 일으킨 사업장
④ 직업병에 걸린 사람이 연간 2명 이상(상시 근로자 1천명 이상 사업장의 경우 3명 이상) 발생한 사업장

해설
안전보건진단을 받아 안전보건개선계획을 수립할 대상
- 산업재해율이 같은 업종 평균 산업재해율의 2배 이상인 사업장
- 사업주가 필요한 안전조치 또는 보건조치를 이행하지 아니하여 중대재해가 발생한 사업장
- 직업성 질병자가 연간 2명 이상(상시근로자 1천 명 이상 사업장의 경우 3명 이상) 발생한 사업장
- 그 밖에 작업환경 불량, 화재·폭발 또는 누출 사고 등으로 사업장 주변까지 피해가 확산된 사업장으로서 고용노동부령으로 정하는 사업장

13 안전보건관리조직에 있어 100명 미만의 조직에 적합하며, 안전에 관한 지시나 조치가 철저하고 빠르게 전달되나 전문적인 지식과 기술이 부족한 조직의 형태는?
• 2장 2절 안전관리조직

① 라인·스탭형　　② 스탭형
③ 라인형　　　　　④ 관리형

해설
Line(직계)형 조직
- 100명 이하의 소규모 기업에 적합
- 안전관리 계획에서 실시에 이르기까지 모든 업무를 생산라인을 통해 직선적으로 이루어지도록 편성

장 점	단 점
• 안전에 관한 지시 및 명령 계통이 철저	• 안전에 대한 지식 및 기술축적이 어려움
• 안전대책의 실시가 신속하고 정확함	• 안전에 대한 정보수집, 신기술개발이 어려움
• 명령과 보고가 상하관계뿐으로 간단 명료	• 생산라인에 과도한 책임을 지우기 쉬움

14 재해발생의 간접원인 중 교육적 원인이 아닌 것은?
• 3장 1절 산업재해조사

① 안전수칙의 오해　　② 경험훈련의 미숙
③ 안전지식의 부족　　④ 작업지시 부적당

해설
산업재해의 간접원인
교육적 원인 : 안전지식 및 경험부족, 작업방법교육 부족, 훈련미숙, 안전수칙 오해, 유해위험작업 교육부족

15 산업안전보건법령상 안전인증대상 방호장치에 해당하는 것은? · 5장 2절 안전인증

① 교류 아크용접기용 자동전격방지기
② 동력식 수동대패용 칼날 접촉 방지장치
③ 절연용 방호구 및 활선작업용 기구
④ 아세틸렌 용접장치용 또는 가스집합 용접장치용 안전기

해설
안전인증대상 방호장치
• 프레스 및 전단기 방호장치
• 양중기(크레인, 리프트, 곤돌라, 승강기)용 과부하 방지장치
• 보일러 압력방출용 안전밸브
• 압력용기 압력방출용 안전밸브
• 압력용기 압력방출용 파열판
• 절연용 방호구 및 활선작업용 기구
• 다음 중 고용노동부 장관이 정하여 고시하는 것
  – 추락·낙하 및 붕괴 등의 위험 방지 및 보호에 필요한 가설기자재
  – 충돌·협착 등의 위험 방지에 필요한 산업용 로봇 방호장치

16 산업안전보건기준에 관한 기준에 따른 크레인, 이동식 크레인, 리프트(간이리프트 포함)를 사용하여 작업을 할 때 작업시작 전에 공통적으로 점검해야 하는 사항은? · 5장 1절 안전점검

① 바퀴의 이상 유무
② 전선 및 접속부 상태
③ 브레이크 및 클러치의 기능
④ 작업면의 기울기 또는 요철 유무

해설
크레인, 리프트 사용 시 작업 전 점검사항
• 크레인 작업 시
  – 권과방지장치, 브레이크, 클러치, 운전장치의 기능
  – 주행로의 상측 및 트롤리가 횡행하는 레일의 상태
  – 와이어로프가 통하고 있는 곳의 상태
• 이동식크레인 작업 시
  – 권과방지장치나 그 밖의 경보장치의 기능
  – 브레이크, 클러치, 조정장치의 기능
  – 와이어로프가 통하고 있는 곳의 상태

17 안전·보건표지의 종류 중 응급구호 표지의 분류로 옳은 것은? · 6장 8절 안전보건표지

① 경고표지   ② 지시표지
③ 금지표지   ④ 안내표지

해설
안내표지 : 녹십자표지, 응급구호표지, 들것, 세안장치, 비상용기구, 비상구, 좌측비상구, 우측비상구

정답 15 ③ 16 ③ 17 ④

18 재해손실비의 산정방식 중 버드(Frank Bird) 방식의 구성비율로 옳은 것은? (단, 구성은 보험비 : 비보험 재산비용 : 기타 재산비용)

• 4장 1절 산업재해통계

① 1 : 5~50 : 1~3
② 1 : 1~3 : 7~15
③ 1 : 1~10 : 1~5
④ 1 : 2~10 : 5~50

해설

버드 방식

구 분	직접비	간접비	
	보험비	비보험 재산손실비용	비보험 기타손실비용
구성비율	1	5~50	1~3

19 위험예지훈련에 대한 설명으로 틀린 것은?

• 1장 4절 안전활동기법

① 직장이나 작업의 상황 속 잠재 위험요인을 도출한다.
② 직장 내에서 최대 인원의 단위로 토의하고 생각하며 이해한다.
③ 행동하기에 앞서 해결하는 것을 습관화하는 훈련이다.
④ 위험의 포인트나 중점실시 사항을 지적 확인한다.

해설

위험예지훈련(4R)
• 작업 전에 위험 요인을 미리 발견, 파악하고 그에 알맞은 대책을 강구
• 위험 요인을 제거, 방호, 격리 등의 안전조치를 취함으로써 안전을 확보하도록 하는 훈련
• 직장 내에서의 소수인원으로 토의하고 생각하며 이해하는 훈련

20 재해조사 시 유의사항으로 틀린 것은?

• 3장 1절 산업재해조사

① 조사는 현장이 변경되기 전에 실시한다.
② 목격자 증언 이외의 추측의 말은 참고로만 한다.
③ 사람과 설비 양면의 재해요인을 모두 도출한다.
④ 조사는 혼란을 방지하기 위하여 단독으로 실시한다.

해설

재해 조사자의 유의사항
• 조사는 2인 이상이 실시, 객관적 입장을 유지하고 사실 수집에 집중
• 조사는 가능한 빨리 현장이 변경되기 전에 실시하며, 2차 재해방지를 도모
• 사고 직후 진술, 목격자의 주관적 진술을 구별하여 참고자료로 기록
• 목격자의 설명을 듣고 피해자로부터 상황설명 청취
• 현장상황에 대하여 사진이나 도면을 작성하고 기록
• 책임추궁은 사실을 은폐하게 하므로 재발방지에 목적을 두고 조사

2018년 제1회 기출해설

1과목 산업안전관리론

01 재해예방의 4원칙이 아닌 것은?
• 3장 3절 재해예방원칙

① 손실필연의 원칙
② 원인계기의 원칙
③ 예방가능의 원칙
④ 대책선정의 원칙

해설

하인리히의 재해예방 4원칙
• 손실우연의 법칙 : 사고로 인한 손실(상해)의 종류 및 정도는 우연적
• 원인계기의 원칙 : 사고는 여러 가지 원인이 연속적으로 연계되어 일어남
• 예방가능의 원칙 : 사고는 예방이 가능
• 대책선정의 원칙 : 사고예방을 위한 안전대책이 선정되고 적용되어야 함

02 안전대의 완성품 및 각 부품의 동하중 시험 성능기준 중 충격흡수장치의 최대전달 충격력은 몇 kN 이하이어야 하는가?
• 6장 4절 안전대

① 6
② 7.84
③ 11.28
④ 5

해설

안전대 완성품 및 부품의 동하중 성능

구 분	명 칭	시험성능기준
동하중 성능	벨트식 • 1개 걸이용 • U자 걸이용 • 보조죔줄	• 시험몸통으로부터 빠지지 말 것 • 최대전달충격력은 6.0kN 이하이어야 함 • U자 걸이용 감속거리는 1,000mm 이하이어야 함
	안전그네식 • 1개 걸이용 • U자 걸이용 • 추락방지대 • 안전블록 • 보조죔줄	• 시험몸통으로부터 빠지지 말 것 • 최대전달충격력은 6.0kN 이하이어야 함 • U자 걸이용, 안전블록, 추락방지대의 감속거리는 1,000mm 이하이어야 함 • 시험 후 죔줄과 시험몸통 간의 수직각이 50° 미만이어야 함
	안전블록 (부품)	• 파손되지 않을 것 • 최대전달충격력은 6.0kN 이하이어야 함 • 억제거리는 2,000mm 이하이어야 함 • 와이어로프 최소지름 4mm 이상
	충격흡수장치	• 최대전달충격력은 6.0kN 이하이어야 함 • 감속거리는 1,000mm 이하이어야 함

정답 01 ① 02 ①

03 재해발생의 주요원인 중 불안전한 행동이 아닌 것은?   •1장 2절 안전이론

① 권한 없이 행한 조작
② 보호구 미착용
③ 안전장치의 기능제거
④ 숙련도 부족

해설
하인리히의 도미노이론
- 1단계 : 사회적 환경, 유전적 요소(기초원인)
- 2단계 : 개인의 결함(간접원인)
- 3단계 : 불안전한 행동, 불안전한 상태(직접원인)
  - 불안전한 행동 : 권한 없이 행한 조작, 보호구 미착용, 안전장치의 기능제거
  - 불안전한 상태 : 방호조치의 결함, 보호구 및 복장의 결함, 작업환경의 결함, 숙련도 부족

04 산업안전보건법령상 안전·보건표지의 종류 중 지시표지의 종류가 아닌 것은?   •6장 8절 안전보건표지

① 보안경 착용
② 안전장갑 착용
③ 방진마스크 착용
④ 방열복 착용

해설
지시표지 : 보안경 착용, 방독마스크 착용, 방진마스크 착용, 보안면 착용, 안전모 착용, 귀마개 착용, 안전화 착용, 안전장갑 착용, 안전복 착용

05 산업안전보건법령상 안전인증대상 기계·기구 등에 해당하지 않는 것은?   •5장 2절 안전인증

① 곤돌라
② 고소작업대
③ 활선작업용 기구
④ 교류 아크용접기용 자동전격방지기

해설
안전인증대상 기계
- 프레스
- 크레인
- 압력용기
- 사출성형기
- 곤돌라
- 전단기 및 절곡기
- 리프트
- 롤러기
- 고소작업대

정답 03 ④ 04 ④ 05 ④

안전인증대상 방호장치
- 프레스 및 전단기 방호장치
- 양중기(크레인, 리프트, 곤돌라, 승강기)용 과부하 방지장치
- 보일러 압력방출용 안전밸브
- 압력용기 압력방출용 안전밸브
- 압력용기 압력방출용 파열판
- 절연용 방호구 및 활선작업용 기구
- 방폭구조 전기기계·기구 및 부품
- 추락·낙하 및 붕괴 등의 위험 방지 및 보호에 필요한 가설기자재로서 고용노동부장관이 정하여 고시하는 것
- 충돌·협착 등의 위험 방지에 필요한 산업용 로봇 방호장치로서 고용노동부장관이 정하여 고시하는 것

06 안전보건관리조직 중 라인·스탭(Line·Staff)의 복합형 조직의 특징으로 옳은 것은?

• 2장 2절 안전관리조직

① 명령계통과 조언 권고적 참여가 혼동되기 쉽다.
② 생산부분은 안전에 대한 책임과 권한이 없다.
③ 안전에 대한 정보가 불충분하다.
④ 안전과 생산을 별도로 취급하기 쉽다.

해설

Line-Staff(직계참모)형 조직

장 점	단 점
• 안전에 대한 기술 및 경험축적이 용이 • 사업장에 맞는 독자적인 안전개선책 수립이 가능 • 안전지시나 안전대책이 신속하고 정확하게 전달	• 명령과 권고가 혼동되기 쉬움 • 스탭의 월권행위가 발생가능 • 라인이 스탭을 활용하지 않을 가능성 존재

07 산업안전보건법령상 건설현장에서 사용하는 크레인의 안전검사의 주기로 옳은 것은?

• 5장 4절 안전검사

① 최초로 설치한 날부터 1개월마다 실시
② 최초로 설치한 날부터 3개월마다 실시
③ 최초로 설치한 날부터 6개월마다 실시
④ 최초로 날부터 1년마다 실시

해설

검사주기
- 설치 후 3년 이내 그 이후 2년마다
- 건설현장에서 사용되는 크레인, 리프트, 곤돌라는 최초 설치 후 6개월마다
- 공정안전보고서를 제출하여 확인 받은 압력용기는 4년마다(파열판 설치 시 2년 1회)

08 재해손실비의 평가방식 중 시몬즈(Simonds) 방식에서 비보험 코스트의 산정 항목에 해당하지 않는 것은?

• 4장 1절 산업재해통계

① 사망 사고 건수
② 무상해사고 건수
③ 통원 상해 건수
④ 응급 조치 건수

해설

시몬즈 방식
비보험비용 = A × 휴업상해건수 + B × 통원치료상해건수 + C × 응급조치건수 + D × 무상해건수

09 아담스(Adams)의 재해 발생과정 이론의 단계별 순서로 옳은 것은?

• 1장 2절 안전이론

① 관리구조 결함 → 전술적 에러 → 작전적 에러 → 사고 → 재해
② 관리구조 결함 → 작전적 에러 → 전술적 에러 → 사고 → 재해
③ 전술적 에러 → 관리구조 결함 → 작전적 에러 → 사고 → 재해
④ 작전적 에러 → 관리구조 결함 → 전술적 에러 → 사고 → 재해

해설

아담스의 연쇄성이론
관리구조 결함 → 작전적 에러(경영자, 감독자 행동) → 전술적 에러(불안전한 행동) → 사고(물적사고) → 재해(상해, 손실)

10 사고예방대책의 기본 원리 5단계 중 2단계의 조치사항이 아닌 것은?

• 1장 2절 안전이론

① 자료수집
② 제도적인 개선안
③ 점검, 검사 및 조사 실시
④ 작업분석, 위험확인

해설

2단계 : 사실의 발견(Fact Finding)
• 조직편성을 완료하면 각종 안전사고 및 안전활동에 대한 기록을 검토하고 작업을 분석하여 불안전요소를 발견
• 불안전한 요소를 발견하는 방법
  - 사고조사
  - 점검 및 검사
  - 작업공정분석
  - 자료수집, 작업분석
  - 사고 및 활동기록의 검토
  - 각종 안전회의 및 토의
  - 관찰 및 보고서의 연구

08 ① 09 ② 10 ②

11 산업안전보건법령상 건설업 중 고용노동부령으로 정하는 자격을 갖춘 자의 의견을 들은 후 유해·위험방지계획서를 작성하여 고용노동부장관에게 제출하여야 하는 대상 사업장의 기준 중 다음 ( ) 안에 알맞은 것은?

• 7장 1절 법의 특징

연면적 ( ) 이상의 냉동·냉장창고 시설의 설비공사 및 단열공사

① 3000　　　　　　　　　② 5000
③ 7000　　　　　　　　　④ 10000

해설

유해위험방지계획서 제출대상 공사
- 지상높이가 31m 이상인 건축물 또는 인공구조물
- 연면적 3만m^2 이상인 건축물
- 연면적 5천m^2 이상인 시설
- 연면적 5천m^2 이상인 냉동·냉장창고시설의 설비공사 및 단열공사
- 최대 지간길이가 50m 이상인 교량 건설 등의 공사
- 터널 건설 등의 공사
- 다목적댐, 발전용댐 및 저수용량 2천만톤 이상의 용수전용댐, 지방상수도 전용댐 건설 등의 공사
- 깊이 10m 이상인 굴착공사

12 시설물의 안전관리에 관한 특별법상 국토교통부장관은 시설물이 안전하게 유지관리 될 수 있도록 하기 위하여 몇 년마다 시설물의 안전 및 유지관리에 관한 기본계획을 수립·시행하여야 하는가?

• 5장 5절 시설물의 안전점검

① 1년　　　　　　　　　　② 2년
③ 3년　　　　　　　　　　④ 5년

해설

시설물의 안전 및 유지관리 기본계획의 수립·시행
- 국토교통부장관은 시설물이 안전하게 유지관리될 수 있도록 하기 위하여 5년마다 시설물의 안전 및 유지관리에 관한 기본계획을 수립·시행
- 기본계획에 포함되어 있는 사항
  - 시설물의 안전 및 유지관리에 관한 기본목표 및 추진방향에 관한 사항
  - 시설물의 안전 및 유지관리체계의 개발, 구축 및 운영에 관한 사항
  - 시설물의 안전 및 유지관리에 관한 정보체계의 구축·운영에 관한 사항
  - 시설물의 안전 및 유지관리에 필요한 기술의 연구·개발에 관한 사항
  - 시설물의 안전 및 유지관리에 필요한 인력의 양성에 관한 사항
  - 그 밖에 시설물의 안전 및 유지관리에 관하여 대통령령으로 정하는 사항

정답　11 ②　12 ④

13 산업안전보건법상 산업안전보건위원회의 심의·의결사항이 아닌 것은?

• 7장 2절 산업안전보건위원회

① 산업재해 예방계획의 수립에 관한 사항
② 근로자의 건강진단 등 건강관리에 관한 사항
③ 중대재해로 분류되는 산업재해의 원인 조사 및 재발 방지대책의 수립에 관한 사항
④ 안전장치 및 보호구 구입 시의 적격품 여부 확인에 관한 사항

해설

산업안전보건위원회의 심의·의결사항
• 사업장의 산업재해 예방계획의 수립에 관한 사항
• 안전보건관리규정의 작성 및 변경에 관한 사항
• 안전보건교육에 관한 사항
• 작업환경측정 등 작업환경의 점검 및 개선에 관한 사항
• 근로자의 건강진단 등 건강관리에 관한 사항
• 산업재해의 원인조사 및 재발방지대책수립에 관한 사항
• 유해하거나 위험한 기계·기구·설비를 도입한 경우 안전 및 보건 관련 조치에 관한 사항
• 해당 사업장 근로자의 안전 및 보건을 유지·증진시키기 위하여 필요한 사항

14 재해의 원인분석방법 중 통계적 원인분석 방법으로 사고의 유형, 기인물 등 분류 항목을 큰 순서대로 도표화하는 것은?

• 3장 2절 산업재해분석

① 특성요인도
② 크로스도
③ 파레토도
④ 관리도

해설

파레토도
• 관리대상이 많은 경우 최소의 노력으로 최대의 효과를 얻을 수 있는 방법
• 분류항목을 큰 값에서 작은 값의 순서로 도표화

15 재해발생의 간접원인 중 2차 원인이 아닌 것은?

• 3장 1절 산업재해조사

① 안전 교육적 원인
② 신체적 원인
③ 학교 교육적 원인
④ 정신적 원인

해설

산업재해의 간접원인 중 2차 원인
신체적 원인, 정신적 원인(안전교육적 원인 = 개인적 차원의 교육)

16 안전관리에 있어 5C 운동(안전행동 실천운동)이 아닌 것은? •1장 4절 안전활동기법

① 정리정돈
② 통제관리
③ 청소청결
④ 전심전력

해설
5C 운동 : Correctness(복장단정), Clearance(정리·정돈), Cleaning(청소·청결), Checking(점검·확인), Concentraion(전심·전력)

17 산업안전보건법령상 안전보건관리규정을 작성하여야 할 사업의 사업주는 안전보건관리규정을 작성하여야 할 사유가 발생한 날부터 며칠 이내에 안전보건관리규정의 세부 내용을 포함한 안전보건관리규정을 작성하여야 하는가? •2장 1절 산업안전보건관리 체제

① 7일
② 14일
③ 30일
④ 60일

해설
대상 및 작성시기
• 농업, 어업, 정보서비스업, 임대업 등 : 300인 이상
• 그외 제조업, 건설업 : 100인 이상
• 작성시기 : 최초 작성사유 발생일 기준 30일 이내 작성

18 강도율 1.25, 도수율 10인 사업장의 평균강도율은? •4장 1절 산업재해통계

① 8
② 10
③ 12.5
④ 125

해설
평균강도율 : 강도율 × 1000 ÷ 도수율 = 1.25 × 1000 ÷ 10 = 125

19 산업안전보건법상 안전·보건표지의 종류와 형태 기준 중 안내표지의 종류가 아닌 것은? •6장 8절 안전보건표지

① 금연
② 들 것
③ 비상용기구
④ 세안장치

해설
안내표지 : 녹십자표지, 응급구호표지, 들것, 세안장치, 비상용기구, 비상구, 좌측비상구, 우측비상구

정답 16 ② 17 ③ 18 ④ 19 ①

20 산업안전보건법령상 안전관리자가 수행하여야 할 업무가 아닌 것은? (단, 그 밖에 안전에 관한 사항으로서 고용노동부장관이 정하는 사항은 제외)
• 2장 3절 안전관계자

① 사업장 순회점검·지도 및 조치의 건의
② 해당 사업장 안전교육계획의 수립 및 안전교육 실시에 관한 보좌 및 조언·지도
③ 산업재해 발생의 원인 조사·분석 및 재발방지를 위한 기술적 보좌 및 조언·지도
④ 해당 작업의 작업장의 정리·정돈 및 통로확보에 대한 확인·감독

해설

안전관리자의 업무
- 산업안전보건위원회 또는 노사협의체에서 심의·의결한 업무와 해당 사업장의 안전보건관리규정 및 취업규칙에서 정한 업무
- 위험성평가에 관한 보좌 및 지도·조언
- 안전인증대상기계등과 자율안전확인대상기계 등 구입 시 적격품의 선정에 관한 보좌 및 지도·조언
- 해당 사업장 안전교육계획의 수립 및 안전교육 실시에 관한 보좌 및 지도·조언
- 사업장 순회점검·지도 및 조치 건의
- 산업재해 발생의 원인 조사·분석 및 재발 방지를 위한 기술적 보좌 및 지도·조언
- 산업재해에 관한 통계의 유지·관리·분석을 위한 보좌 및 지도·조언
- 안전에 관한 사항의 이행에 관한 보좌 및 지도·조언
- 업무수행 내용의 기록·유지
- 그 밖에 안전에 관한 사항으로서 고용노동부장관이 정하는 사항

20 ④

2017년 제4회 기출해설

1과목 산업안전관리론

01 100인 이하의 소규모 사업장에 적합한 안전 보건관리 조직의 형태는? • 2장 2절 안전관리조직

① 라인(Line)형
② 스탭(Staff)형
③ 라운드(Round)형
④ 라인-스탭(Line-Staff)의 복합형

해설

Line(직계)형 조직
- 100명 이하의 소규모 기업에 적합
- 안전관리 계획에서 실시에 이르기까지 모든 업무를 생산라인을 통해 직선적으로 이루어지도록 편성

장 점	단 점
• 안전에 관한 지시 및 명령 계통이 철저	• 안전에 대한 지식 및 기술축적이 어려움
• 안전대책의 실시가 신속하고 정확함	• 안전에 대한 정보수집, 신기술개발이 어려움
• 명령과 보고가 상하관계뿐으로 간단 명료	• 생산라인에 과도한 책임을 지우기 쉬움

02 물체의 낙하 또는 비래에 의한 위험을 방지 또는 경감하고, 머리부위 감전에 의한 위험을 방지하기 위한 안전모의 종류(기호)로 옳은 것은? • 6장 2절 안전모

① A
② AE
③ AB
④ ABE

해설

AE : 물체의 낙하 및 비래에 의한 위험을 방지 또는 경감하고, 머리부위 감전에 의한 위험을 방지하기 위한 것

정답 01 ① 02 ②

03 산업안전보건법령상 안전보건관리규정의 작성 대상 사업의 사업주는 안전보건관리규정을 작성하여야 할 사유가 발생한 날부터 며칠 이내에 안전보건관리규정의 세부 내용을 포함한 안전보건관리규정을 작성하여야 하는가?

• 2장 1절 산업안전보건관리체제

① 10
② 15
③ 20
④ 30

해설

대상 및 작성시기
- 농업, 어업, 정보서비스업, 임대업 등 : 300인 이상
- 그외 제조업, 건설업 : 100인 이상
- 작성시기 : 최초 작성사유 발생일 기준 30일 이내 작성

04 재해사례연구의 진행단계로 옳은 것은?

• 3장 1절 산업재해조사

① 재해상황의 파악 → 사실의 확인 → 문제점의 발견 → 근본적 문제점의 결정 → 대책수립
② 재해상황의 파악 → 문제점의 발견 → 근본적 문제점의 결정 → 사실의 확인 → 대책수립
③ 문제점의 발견 → 재해상황의 파악 → 근본적 문제점의 결정 → 사실의 확인 → 대책수립
④ 문제점의 발견 → 재해상황의 파악 → 사실의 확인 → 근본적 문제점의 결정 → 대책수립

해설

재해긴급처리, 재해사례연구 진행단계
- 재해긴급처리
  피재기계의 정지 → 피해자의 응급조치 → 관계자에게 통보 → 2차 재해방지 → 현장보존
- 재해사례연구
  – 재해 상황의 파악 → 사실의 확인 → 문제점 발견 → 근본적 문제점 결정 → 대책수립
  – 과학적, 객관적 입장을 유지하고 사실 수집에 집중
  – 논리적인 분석이 가능해야 함
  – 신뢰성이 있는 자료수집이 있어야 함

05 재해예방의 4원칙에 대한 설명으로 틀린 것은?

• 3장 3절 재해예방원칙

① 재해발생에는 반드시 손실을 수반한다.
② 재해의 발생은 반드시 그 원인이 존재한다.
③ 재해예방을 위한 가능한 안전대책은 반드시 존재한다.
④ 재해는 원칙적으로 원인만 제거되면 예방이 가능하다.

해설

하인리히의 재해예방 4원칙
- 손실우연의 법칙 : 사고로 인한 손실(상해)의 종류 및 정도는 우연적
- 원인계기의 원칙 : 사고는 여러 가지 원인이 연속적으로 연계되어 일어남
- 예방가능의 원칙 : 사고는 예방이 가능
- 대책선정의 원칙 : 사고예방을 위한 안전대책이 선정되고 적용되어야 함

06 산업안전보건법상 산업안전보건위원회의 심의·의결사항이 아닌 것은? •7장 2절 산업안전보건위원회

① 안전보건관리규정의 작성 및 변경에 관한 사항
② 작업환경측정 등 작업환경의 점검 및 개선에 관한 사항
③ 사업장 경영체계 구성 및 운영에 관한 사항
④ 유해하거나 위험한 기계·기구와 그 밖의 설비를 도입한 경우 안전·보건조치에 관한 사항

해설

산업안전보건위원회의 심의·의결사항
- 사업장의 산업재해 예방계획의 수립에 관한 사항
- 안전보건관리규정의 작성 및 변경에 관한 사항
- 안전보건교육에 관한 사항
- 작업환경측정 등 작업환경의 점검 및 개선에 관한 사항
- 근로자의 건강진단 등 건강관리에 관한 사항
- 산업재해의 원인조사 및 재발방지대책수립에 관한 사항
- 유해하거나 위험한 기계·기구·설비를 도입한 경우 안전 및 보건 관련 조치에 관한 사항
- 해당 사업장 근로자의 안전 및 보건을 유지·증진시키기 위하여 필요한 사항

07 산업안전보건법령상 고용노동부장관이 사업주에게 안전보건진단을 받아 안전보건개선계획을 수립·제출하도록 명할 수 있는 사업장의 기준 중 틀린 것은? •1장 6절 안전보건개선계획서

① 작업환경 불량, 화재·폭발 또는 누출사고 등으로 사회적 물의를 일으킨 사업장
② 산업재해율이 같은 업종 평균 산업재해율의 2배 이상인 사업장
③ 유해인자의 노출기준을 초과한 사업장 중 중대재해(사업주가 안전·보건조치의무를 이행하지 아니하여 발생한 중대재해만 해당) 발생 사업장
④ 상시 근로자 1천명 이상 사업장의 경우 직업병에 걸린 사람이 연간 2명 이상 발생한 사업장

해설

안전보건진단을 받아 안전보건개선계획을 수립할 대상
- 산업재해율이 같은 업종 평균 산업재해율의 2배 이상인 사업장
- 사업주가 필요한 안전조치 또는 보건조치를 이행하지 아니하여 중대재해가 발생한 사업장
- 직업성 질병자가 연간 2명 이상(상시근로자 1천 명 이상 사업장의 경우 3명 이상) 발생한 사업장
- 그 밖에 작업환경 불량, 화재·폭발 또는 누출 사고 등으로 사업장 주변까지 피해가 확산된 사업장으로서 고용노동부령으로 정하는 사업장

정답 06 ③ 07 ④

08 산업안전보건법령상 안전검사대상 기계 등이 아닌 것은?

• 5장 4절 안전검사

① 압력용기
② 원심기(산업용)
③ 국소 배기장치(이동식)
④ 크레인(정격 하중이 2톤 이상인 것)

해설

안전검사대상 기계
- 프레스
- 전단기
- 크레인(정격 하중이 2톤 미만인 것 제외)
- 리프트
- 압력용기
- 곤돌라
- 국소 배기장치(이동식은 제외)
- 원심기(산업용만 해당)
- 롤러기(밀폐형 구조는 제외)
- 사출성형기[형 체결력 294킬로뉴턴(KN) 미만은 제외]
- 고소작업대(화물자동차 또는 특수자동차에 탑재한 고소작업대로 한정)
- 컨베이어
- 산업용 로봇

09 산업안전보건법령상 다음 그림에 해당하는 안전보건표지의 명칭으로 옳은 것은?

• 6장 8절 안전보건표지

① 접근금지   ② 이동금지
③ 보행금지   ④ 출입금지

해설

안전보건표지 종류
- 금지표지 : 특정한 행위가 허용되지 않음을 나타냄. 흰 바탕에 빨간색 원에 사선표시, 그림은 검정색
- 경고표지 : 일정한 위험에 따른 경고를 나타냄. 노란 바탕에 검정색 삼각형
- 지시표지 : 일정한 행동을 취할 것을 지시함. 파란색 원형
- 안내표지 : 안전에 관한 정보를 제공. 녹색바탕에 정장방형

종류	기준	표시사항	사용예
빨간색	7.5R 4/14	금지	정지신호, 소화설비 및 그 장소
노란색	5Y 8.5/12	경고	위험경고, 주의표지, 기계방호울
파란색	2.5PB 4/10	지시	특정행위의 지시 및 사실의 고지
녹색	2.5G 4/10	안내	비상구, 피난소, 사람 및 차량통행표지

10 점검시기에 따른 안전점검의 종류가 아닌 것은?　　　　　　　　　　　　　•5장 1절 안전점검

① 정기점검
② 수시점검
③ 임시점검
④ 특수점검

해설

안전점검의 종류
• 정기점검(계획점검) : 법적기준, 사내기준에 따라 정기적으로 실시
• 수시점검(일상점검) : 작업 전·중·후에 일상적으로 실시
　– 작업 중 점검 : 품질의 이상 유무, 안전수칙 준수 여부, 이상소음 발생유무
• 특별점검 : 신설, 변경, 고장, 수리 등으로 비정기적으로 실시(천재지변후, 중대재해발생후)
• 임시점검 : 정기점검 사이 임시적으로 실시하는 점검

11 버드의 재해구성비율 이론에 따라 중상이 5건 발생한 경우 경상이 발생할 건수는?
　　　　　　　　　　　　　　　　　　　　　　　　　　　•1장 2절 안전이론

① 150　　　　　　　　　　② 145
③ 100　　　　　　　　　　④ 50

해설

재해구성비율
• 하인리히 법칙 : 1 : 29 : 300(중상 또는 사망 : 경상 : 무상해사고)
• 버드의 법칙 : 1 : 10 : 30 : 600(중상 또는 사망 : 경상 : 물적사고 : 무상해사고)

12 연평균 200명의 근로자가 작업하는 사업장에서 연간 8건의 재해가 발생하여 사망이 1명, 50일의 요양이 필요한 인원이 1명 있었다면 이때의 강도율은? (단, 1인당 연간근로시간은 2400시간)
　　　　　　　　　　　　　　　　　　　　　　　　　　　•4장 1절 산업재해통계

① 13.61　　　　　　　　　② 15.71
③ 17.61　　　　　　　　　④ 19.71

해설

• 강도율 = 근로손실일수 × 1,000 ÷ 총연근로시간수
• 일시 전노동 불능 재해 : 휴업일수 × 300 ÷ 365
• 강도율 = (7,500 + 50 × 300 ÷ 365) × 1,000 ÷ (200 × 2,400) = 15.71

정답　10 ④　11 ④　12 ②

13 하인리히의 재해손실비의 평가방식에 있어서 간접비에 해당하지 않는 것은?

• 4장 1절 산업재해통계

① 사망시 장의비용
② 신규직원 섭외비용
③ 재해로 인한 본인의 시간손실비용
④ 시설복구로 소비된 재산손실비용

해설

산업재해비용 산출(하인리히방식)
- 총재해비 = 직접비(1) + 간접비(4)
- 1대 4의 경험법칙으로 재해손실비용은 직접비의 5배
- 직접비 : 요양급여, 휴업급여, 장해급여, 간병급여, 유족급여, 상병보상연금, 장의비
- 간접비 : 인적손실, 물적손실, 생산손실, 임금손실, 시간손실, 기타손실

14 산업안전보건법령상 안전관리자가 수행하여야 할 업무가 아닌 것은?

• 2장 3절 안전관계자

① 안전·보건에 관한 노사협의체에서 심의·의결한 업무
② 해당 사업장 안전교육계획의 수립 및 안전교육 실시에 관한 보좌 및 조언·지도
③ 산업재해에 관한 통계의 유지·관리·분석을 위한 보좌 및 조언·지도
④ 지휘·감독하는 작업과 관련된 기계·기구 또는 설비의 안전·보건 점검 및 이상 유무의 확인

해설

안전관리자의 업무
- 산업안전보건위원회 또는 노사협의체에서 심의·의결한 업무와 해당 사업장의 안전보건관리규정 및 취업규칙에서 정한 업무
- 위험성평가에 관한 보좌 및 지도·조언
- 안전인증대상기계등과 자율안전확인대상기계등 구입 시 적격품의 선정에 관한 보좌 및 지도·조언
- 해당 사업장 안전교육계획의 수립 및 안전교육 실시에 관한 보좌 및 지도·조언
- 사업장 순회점검·지도 및 조치 건의
- 산업재해 발생의 원인 조사·분석 및 재발 방지를 위한 기술적 보좌 및 지도·조언
- 산업재해에 관한 통계의 유지·관리·분석을 위한 보좌 및 지도·조언
- 안전에 관한 사항의 이행에 관한 보좌 및 지도·조언
- 업무수행 내용의 기록·유지
- 그 밖에 안전에 관한 사항으로서 고용노동부장관이 정하는 사항

15 위험예지훈련의 4라운드 기법에서 문제점을 발견하고 중요 문제를 결정하는 단계는?

• 1장 4절 안전활동기법

① 현상파악　　　　　　② 본질추구
③ 목표설정　　　　　　④ 대책수립

해설

위험예지훈련(4R)
작업 전에 위험 요인을 미리 발견, 파악하고 그에 알맞은 대책을 강구하여 위험 요인을 제거, 방호, 격리 등의 안전조치를 취함으로써 안전을 확보하도록 하는 훈련
- 1단계(현상파악) : 위험 요인이 어디에 있는지 위험 요인을 발견하고 파악하는 것
- 2단계(본질추구) : 현상 파악된 위험 요인 중 실제로 사고로 이어질 수 있는 중요한 요인을 결정하는 것
- 3단계(대책수립) : 중요한 위험 요인에 대한 예방 대책을 수립하는 것
- 4단계(목표설정) : 예방 대책을 실천하기 위한 행동 목표를 설정하는 것

16 산업안전보건법령상 사업장의 산업재해 발생 건수, 재해율 또는 그 순위를 공표할 수 있는 공표대상 사업장의 기준 중 틀린 것은? (단, 고용노동부장관이 산업재해를 예방하기 위하여 필요하다고 인정할 때)

• 7장 1절 법의 특징

① 중대산업사고가 발생한 사업장
② 산업재해의 발생에 관한 보고를 최근 3년 이내 2회 이상 하지 않은 사업장
③ 중대재해가 발생한 사업장으로서 해당 중대재해 발생연도의 연간 산업재해율이 규모별 같은 업종의 평균재해율 이상인 사업장 중 상위 20% 이내에 해당되는 사업장
④ 산업재해로 연간 사망재해자가 2명 이상 발생한 사업장으로서 사망만인율이 규모별 같은 업종의 평균 사망만인율 이상인 사업장

해설

사업장의 재해발생건수 등 공표대상 사업장
- 산재율 상위 10% 이내 사업장(평균 이상)
- 연간 사망재해자 2명 이상(평균 이상)
- 2회 이상 산재발생 미보고 사업장(최근 3년 이내)
- 중대산업사고 발생사업장

17 재해사례연구의 주된 목적 중 틀린 것은?

• 3장 1절 산업재해조사

① 재해요인을 체계적으로 규명하여 이에 대한 대책을 세우기 위함
② 재해요인을 조사하여 책임 소재를 명확히 하기 위함
③ 재해 방지의 원칙을 습득해서 이것을 일상 안전 보건활동에 실천하기 위함
④ 참가자의 안전보건활동에 관한 견해나 생각을 깊게 하고, 태도를 바꾸게 하기 위함

해설

재해사례연구의 주된 목적
- 재해요인을 체계적으로 규명하여 이에 대한 대책을 세우기 위함
- 재해방지의 원칙을 습득해서 이것을 일상 안전보건활동에 실천하기 위함
- 참가자의 안전보건활동에 관한 견해나 생각을 깊게 하고 태도를 바꾸기 위함

정답 15 ② 16 ③ 17 ②

18 사고의 용어 중 Near Accident에 대한 설명으로 옳은 것은?　　　• 1장 1절 안전관리

① 사고가 일어나더라도 손실을 수반하지 않는 경우
② 사고가 일어날 경우 인적재해가 발생하는 경우
③ 사고가 일어날 경우 물적재해가 발생하는 경우
④ 사고가 일어나더라도 일정 비용 이하의 손실만 수반하는 경우

해설
Near Accident : 사고가 일어나더라도 손실을 수반하지 않는 경우

19 작업자가 불안전한 작업대에서 작업 중 추락하여 지면에 머리가 부딪혀 다친 경우의 기인물과 가해물로 옳은 것은?　　　• 3장 2절 산업재해분석

① 기인물 – 지면, 가해물 – 작업대
② 기인물 – 지면, 가해물 – 지면
③ 기인물 – 작업대, 가해물 – 작업대
④ 기인물 – 작업대, 가해물 – 지면

해설
재해발생의 분석
- 기인물 : 불안전한 상태에 있는 물체(환경포함)
- 가해물 : 직접사람에게 접촉되어 위해를 가한 물체
- 사고의 형태 : 물체와 사람과의 접촉현상

20 무재해 운동의 기본이념 3원칙이 아닌 것은?　　　• 1장 3절 무재해 운동

① 무의 원칙
② 관리의 원칙
③ 참가의 원칙
④ 선취의 원칙

해설
무재해 운동의 기본이념 3원칙
- 무(Zero)의 원칙 : 무재해란 단순히 사망, 재해, 휴업재해만 없으면 된다는 소극적인 사고가 아니라 불휴 재해는 물론 일체의 잠재위험요인을 사전에 발견, 파악, 해결함으로써 근원적으로 산업재해를 없애는 것
- 참가의 원칙 : 참가란 작업에 따르는 잠재적인 위험요인을 해결하기 위하여 각자의 처지에서 '하겠다'는 의욕을 갖고 문제나 위험을 해결하는 것을 뜻함
- 선취의 원칙 : 무재해를 실현하기 위해 일체의 위험요인을 사전에 발견, 파악, 해결하여 재해를 예방하거나 방지하기 위한 원칙을 말함

PART 2

산업심리 및 교육

CHAPTER 01 산업안전심리

CHAPTER 02 인간의 특성과 안전

CHAPTER 03 안전보건교육

CHAPTER 04 교육방법

많이 보고 많이 겪고 많이 공부하는 것은 배움의 세 기둥이다.

− 벤자민 디즈라엘리 −

  **끝까지 책임진다! 시대에듀!**

QR코드를 통해 도서 출간 이후 발견된 오류나 개정법령, 변경된 시험 정보, 최신기출문제, 도서 업데이트 자료 등이 있는지 확인해 보세요! **시대에듀 합격 스마트 앱**을 통해서도 알려 드리고 있으니 구글 플레이나 앱 스토어에서 다운받아 사용하세요. 또한, 파본 도서인 경우에는 구입하신 곳에서 교환해 드립니다.

CHAPTER 01 산업안전심리

2과목 산업심리 및 교육

01 산업심리

(1) 산업심리와 인사관리
① 산업심리의 정의
  ㉠ 인간의 심리를 관찰, 실험, 조사, 분석하여 얻은 데이터를 이용하여 생산성 및 근로자복지를 증진
  ㉡ 사람을 적재적소에 배치할 수 있는 과학적 판단과 배치된 사람이 직무만족을 느낄 수 있는 여건 조성
② 산업심리의 목적
  ㉠ 근로자 작업에 대한 능률분석
  ㉡ 근로자 집단의 개인 및 작업에 대한 분석
③ 인사관리에 적용
  ㉠ 조직과 리더십
  ㉡ 선 발
  ㉢ 배 치
  ㉣ 작업분석
  ㉤ 업무평가
  ㉥ 상담 및 노사 간의 이해

(2) 인사관리의 주요기능
① 조직과 리더십
② 선발(시험 및 적성검사)
③ 배 치
④ 작업분석
⑤ 업무평가
⑥ 상담 및 노사 간의 이해

(3) 선발용 적성검사의 분석방법 기출 21년 1회
① 신뢰도
  ㉠ 검사-재검사신뢰도 : 일정한 시간간격을 두고 두 번 실시
  ㉡ 동형검사신뢰도 : 유사한 검사를 하나 더 실시
  ㉢ 반분신뢰도 : 문항수를 반으로 나누어 실시

② 타당도
　㉠ 구성타당도 : 측정되는 개념을 정확히 측정할 수 있도록 측정도구가 작성되었는가
　㉡ 준거타당도 : 검사문항을 통해 나타난 결과가 다른 기준과 얼마나 상관관계가 있는가
　㉢ 안면타당도 : 검사도구의 문항들이 피검사자들에게 얼마나 친숙하게 보이는가
　㉣ 내용타당도 : 목표로 하고 있는 내용을 충실히 담고 있는가
③ <u>교육 및 훈련프로그램의 타당도</u> 기출 21년 2회
　㉠ 훈련 타당도 : 교육 및 훈련에 참가한 사람들이 교육기간내에 처음 설정한 목표를 달성했는지의 정도
　㉡ 전이 타당도 : 직무에 복귀한 후에 실제 직무수행에서 훈련효과를 보이는 정도
　㉢ 조직내 타당도 : 교육이 조직 내 다른 집단에 실시된 경우에도 효과를 보이는 정도
　㉣ 조직간 타당도 : 교육이 그것을 개발하고 사용한 조직 이외의 다른 조직에서도 효과

(4) 고전적 관리이론
① 테일러 : 과학적 관리법을 통해 시간 연구를 통해서 근로자들에게 차별성과급제를 적용하면 효율적이라고 주장
② 테일러의 학습경험 조직의 원리
　㉠ 계속성의 원리 : 경험요소가 계속적으로 반복되도록 조직화
　㉡ 계열성의 원리 : 경험의 수준을 갈수록 높여 깊이있고 폭넓은 경험이 되도록 함
　㉢ 통합성의 원리 : 학습경험을 횡적으로 연결지어 조화롭게 통합
③ 패욜 : 경영규모가 클수록 기술기능보다 관리기능이 확대를 주장
④ 어윅 : 과학적 관리이론을 패욜 및 기타 고전적 조직 및 관리이론에 통합하려고 노력
⑤ 베버 : 분업, 명확한 계층, 세부규칙, 규제를 갖는 관료조직을 주장

(5) 심리구조
① <u>레빈(K.Lewin)의 법칙</u> 기출 20년 3회
　㉠ 인간의 행동(B)은 개체(P)와 심리적 환경(E)과의 상호 함수 관계 : B = f(P, E)
　　• <u>개체(P) : 연령, 경험, 심신상태, 성격, 지능, 소질</u> 기출 19년 4회
　　• <u>환경(E) : 인간관계, 작업환경</u> 기출 18년 4회
　㉡ 인간의 행동(B)은 생활공간(L)과 상황(S), 리더(L)과의 함수관계 : B = f(L, S, P)
　㉢ 레윈의 3단계 조직변화모델
　　• 해빙단계(Unfreezing)
　　　- 조직이 변화의 필요성을 수용하는 단계
　　　- 새로운 운영체계의 구축을 위해 기존의 현상(사고, 행동, 접근방식)을 모두 깨버리고 바꿈
　　• 변환단계(Change)
　　　- 사람들이 불확실성을 해결하고 과업을 수행하는 새로운 방법을 모색하기 시작하는 위치
　　　- 변화를 믿기 시작하고 새로운 변화의 방향을 지지하고 지원하는 방식으로 행동하기 시작
　　• 재동결단계(Refreeze)
　　　- 안정된 조직 차트와 일관된 직무가 형성
　　　- 변화가 모든 공정에 그리고 모든 업무에 정착되고 내면화된다는 것을 의미
　　　- 과업의 새로운 방법에 대해 구성원들은 자신감과 편안함과 안정을 느낌

② 조하리의 창
- ㉠ 나와 타인과의 관계 속에서 내가 어떤 상태에 처해 있는지를 보여주고 어떤 면을 개선하면 좋을 지를 보여줌
- ㉡ 4개의 창 기출 20년 1·2회 통합, 24년 복원

열린 창(Open Area)	나 자신도 알고, 다른 사람들도 이미 알고 있는 내 모습
보이지 않는 창(Blind Area)	남들은 다 알고 있지만 나만 모르는 모습
숨겨진 창(Hidden Area)	나는 아는데 타인에게는 절대 숨기고 싶은 나만의 사적인 영역
미지의 창(Unknown Area)	• 나도 모르고 타인도 모르고 있는 영역 • 자신의 행동과 정신세계에 대한 지속적인 자아성찰을 통해 관철되는 부분

③ 조직행동
- ㉠ 자기감시형(Self Monitoring) : 사회에 잘보이기 위해 자기를 관찰, 통제, 관리
- ㉡ 자기존중감(Self Esteem) : 자기 품성에 대한 믿음
- ㉢ 자기효능감(Self Efficacy) : 자신의 능력에 대한 믿음 기출 22년 1회

02 인간관계와 활동

(1) 인간관계의 메커니즘(Mechanism)
① 인간의 정신발달은 심리학적으로 여러 단계를 거침
② 각 단계는 일정한 시기에 시작하여 끝나는 단계는 명확하지 않고 일생동안 계속되는 경우가 대부분
③ 종 류 기출 23년 복원
- ㉠ 동일시(Identification) 기출 18년 1회
  - 부모나 형 등의 중요한 인물들의 태도나 행동을 따라함
  - 다른 사람의 행동 양식이나 태도를 투입시키거나 다른 사람 가운데서 자기와 비슷한 점을 발견 하는 것
- ㉡ 투사(Projection) 기출 19년 2회, 23년 복원
  - 해석과정에서 자기 자신이 준거의 틀이 됨
  - 자신의 부정적·긍정적 특성을 타인에게 돌림
  - 자신이 받아들이기 힘든 생각이나 욕망 또는 결점을 타인이나 외부 환경 탓이라고 전가하는 것
- ㉢ 커뮤니케이션(Communication)
  - 갖가지 행동양식의 기초를 매개로 하여 어떤 사람으로부터 다른 사람에게 전달되는 과정
  - 가장 좋은 방법으로 언어, 몸짓, 신호, 기호
- ㉣ 모방(Imitation) 기출 19년 4회
  - 남의 행동이나 판단을 표본으로 하여 그것과 같거나 또는 그것에 가까운 행동 또는 판단을 취하 려는 것
  - 직접모방, 간접모방, 부분모방
- ㉤ 암시(Suggestion) 기출 22년 1회
  - 다른 사람으로부터의 판단이나 행동을 무비판적으로 논리적, 사실적 근거 없이 받아들임
  - 각성암시, 최면암시

(2) 인간관계 관리방법

① 인간관계 관리의 필요성
   ㉠ 산업의 발전에 따라 기업의 규모가 확대되고, 작업의 기계화가 가속됨으로써 인간이 소외되기 시작함
   ㉡ 노동조합의 발전으로 노사의 이해가 요구됨으로써 인간관계 관리가 절실하게 됨
   ㉢ 안전은 물론 경영 전반에 걸쳐 매우 중요한 과제로 등장하게 함

② 호손(Hawthorne)의 공장실험 기출 18년 1회, 18년 4회, 19년 2회, 21년 2회, 22년 1회, 22년 2회, 24년 복원
   ㉠ 인간관계 관리의 개선을 위한 연구로 메이요(E. Mayo) 교수가 한 호손공장의 실험
   ㉡ 작업능률을 좌우하는 것은 임금, 노동시간, 조명 등의 작업환경으로서의 물적 조건보다 종업원의 태도, 즉 심리적, 내적 양심과 감정이 중요함
   ㉢ 물적 조건도 그 개선에 의하여 효과를 가져올 수 있으나 종업원의 심리적 요소가 더욱 중요
   ㉣ 물적 조건보다 인간관계 등의 심리적 조건이 작업에 더 큰 영향을 주는 것이 밝혀짐

③ 카운슬링(Counseling)
   ㉠ 개인적인 카운슬링(Counseling) 방법 기출 21년 2회, 22년 2회
     • 직접충고(수칙 불이행시 적합)
     • 설득적 방법과 설명적 방법
   ㉡ 로저스(C.R. Rogers)의 방법
     지시적 카운슬링과 비지시적 카운슬링의 병용
   ㉢ 카운슬링의 순서
     장면구성 → 내담자와의 대화 → 의견 재분석 → 감정표출 → 감정의 명확화
   ㉣ 카운슬링의 효과
     • 동기부여
     • 안전 태도 형성
     • 정신적 스트레스 해소
     • 의식의 우회에서 오는 부주의를 최소화

④ 모랄 서베이(Morale Survey)
   ㉠ 개 요
     • 사기조사, 태도조사라고도 함
     • 종업원이 자기의 직무, 직장, 상사, 승진, 대우 등에 대하여 어떻게 생각하고 있는지를 측정하고 조사함
     • 이 측정을 기초로 인사관리, 노무관리, 복리후생 등을 효과적으로 수행하여 종업원의 근로의욕을 높임
     • 기업이 점차 대규모화함에 따라 경영자와 종업원 사이의 의사소통이 어렵게 되자 주목받기 시작
   ㉡ 모랄 서베이의 주요 방법 기출 22년 1회
     • 통계에 의한 방법 : 사고상해율, 생산성, 지각, 조퇴, 이직 등을 분석하여 파악하는 방법
     • 사례연구법 : 경영관리상의 여러 가지 제조에 나타나는 사례를 연구하여 현상을 파악하는 방법
     • 관찰법 : 근로자의 근무실태를 계속 관찰함으로써 문제를 찾아내는 방법
     • 실험연구법 : 실험그룹과 통제그룹으로 나누고 정황, 자극을 주어 태도 변화 여부를 조사하는 방법

- 태도조사법(의견조사)
    - 질문지법, 면접법, 집단토의법, 투사법, 문답법 등에 의해 의견을 조사하는 방법
    - 투사법 : 내면에서 일어나고 있는 심리적 사고에 대하여 사물을 이용하여 인간의 성격을 알아보는 방법으로 개인의 인성구조, 감정, 동기, 가치관 등을 내포하고 있는 반응을 밖으로 끌어내도록 고안된 방법

03 직업적성과 인사관리

(1) 직업적성

① **적성검사의 특징** 기출 18년 1회, 21년 4회
  ㉠ 적성검사는 작업행동을 예언하여 생산능률 향상이 목적
  ㉡ 직업적성검사는 직무 수행에 필요한 잠재적인 특수능력을 측정하는 도구
  ㉢ 직업적성검사를 이용하여 훈련 및 승진대상자를 평가하는 데 사용할 수 있음
  ㉣ 직업적성은 장기적 집중 직업훈련을 통해서 개발이 가능하므로 신중하게 사용해야 함

② **적성의 발견방법**
  ㉠ 자기이해(Self-Understanding)
  ㉡ 계발적(탐사적) 경험(Exploratory Experience)
  ㉢ 적성검사

③ **적성검사**
  ㉠ 인간의 지능(Intelligence)과 평가치
    지능지수(IQ) = (지능연령 ÷ 생활연령) × 100
  ㉡ 적성검사의 정의
    - 기초능력 : 정신능력, 지각기능, 정신운동의 기능과 같은 양에 있어서 포괄된 기능
    - 직무 특유 능력(Job Specific Ability) : 어떤 불특정의 직무를 수행하는 데 필요한 학습 또는 경험의 축적에 의해 얻어진 능력
  ㉢ 기계적 적성
    - 손과 팔의 솜씨
    - 공간 시각화
    - 기계적 이해
  ㉣ 사무적 적성 : 지각의 정확도

④ **적성 배치 시 작업의 특성**
  ㉠ 환경적 조건
  ㉡ 작업적 조건
  ㉢ 작업내용
  ㉣ 작업형태
  ㉤ 법적 자격 및 제한

⑤ 적성 배치 시 작업자의 특성
  ㉠ 지적 능력
  ㉡ 성 격
  ㉢ 기 능
  ㉣ 업무수행력
  ㉤ 연령적 특성
  ㉥ 신체적 특성
⑥ 직업적성검사의 종류
  ㉠ 계산에 의한 검사
    • 계산검사
    • 기록검사
    • 수학응용검사
  ㉡ 시각적 판단검사 기출 18년 1회, 20년 1·2회 통합
    • 형태비교검사
    • 입체도 판단검사
    • 언어식별검사
    • 평면도 판단검사
    • 명칭판단검사
    • 공구판단검사
  ㉢ 운동능력검사(Moter Ability Test)
    • 추적(Tracing) : 아주 작은 통로에 선을 그리는 것
    • 두드리기(Tapping) : 가능한 빨리 점을 찍는 것
    • 점찍기(Dotting) : 원 속에 점을 빨리 찍는 것
    • 복사(Copying) : 간단한 모양을 베끼는 것
    • 위치(Location) : 일정한 점들을 이어 크거나 작게 변형
    • 블록(Blocks) : 그림의 블록 개수 세기
    • 추적(Pursuit) : 미로 속의 선을 따라가기
  ㉣ 정밀도 검사(정확성 및 기민성) : 교환검사, 회전검사, 조립검사, 분해검사
  ㉤ 안전검사 : 건강진단, 실시시험, 학과시험, 감각기능검사, 전직조사 및 면접
  ㉥ 창조성 검사(상상력을 발동시켜 창조성 개발능력을 점검하는 검사)

(2) 인적자원관리

① 직무분석(Job Analysis) 기출 19년 2회, 19년 4회, 23년 복원
  ㉠ 인적지원관리의 핵심
  ㉡ 과업과 직무를 수행하는 데 요구되는 인적 자질에 의해 직무의 내용을 정의하는 절차
  ㉢ 직무분석 기법 기출 22년 2회
    • 면접법(Interview) : 자료의 수집에 많은 시간과 노력이 들고, 수량화된 정보를 얻기가 힘듦
    • 질문법(Questionnaire) : 표준화되어 있는 질문지로 직무담당자에게 항목을 평가
    • 관찰법(Observation) : 훈련된 직무분석자가 관찰하여 정보를 수집

- 종업원 기록법(Participant Diary) : 종업원에게 작업활동을 기록하게 하여 직무정보를 획득
- 경험법(Empirical Method) : 직무분석자가 분석대상 직무를 직접 수행해 봄으로써 직무에 관한 정보를 얻음
- 결합법(Combination Method) : 여러 가지 직무분석 방법을 동시에 사용해 직무정보를 획득
- 작업표본법(Work Sample) : 개인이 수행한 작업결과의 일부를 검토하여 파악하는 기법으로 기계를 다루거나 육체노동직무에 효과적이며, 현재 무엇을 할수있느냐에 대해 평가하기 때문에 미래의 잠재력을 평가할 수는 없음, 훈련자보다는 경력자 선발에 적합하며 실시하는데 시간과 비용이 많이 듦

② 직무평가(Job Evaluation)
  ㉠ 직무의 난이도, 책임 등 기업 내의 각 직무가 차지하는 상대적 가치를 결정하는 일
  ㉡ 합리적 임금구조와 종업원의 선택, 배치, 훈련에 이용
  ㉢ 직무평가는 직무공헌도에 따라 결정
  ㉣ 직무공헌도는 SWER(Skill, Working Condition, Effort, Responsibility)로 파악
  ㉤ 직무평가 기법 기출 18년 4회
    - 서열법(Ranking Method) : 직무의 난이도 책임성 등을 평가하여 서열을 매김
    - 분류법(Classification Method) : 직무의 가치를 단계적으로 구분하는 등급료를 만들고 그에 맞는 등급으로 분류
    - 점수법(Point Rating Method) : 직무를 각 구성요소로 분해한 뒤 점수를 내고 가중치를 부여한 후 요소별 점수와 가중치를 곱함
    - 요소비교법(Factor Comparison Method) : 객관적으로 평가의 기준이 되는 요소를 설정하고, 이를 기준으로 여러 직무를 기준요소별로 비교를 통한 순위를 내어 평가

③ 직무설계(Job Design) 기출 19년 1회
  ㉠ 구성원이 일을 잘하도록 하기 위해 그들의 욕구를 충족시켜 직무에 대한 만족과 성과를 증대시키는 것
  ㉡ 직무설계 기법
    - 직무순환(Job Rotation)
    - 직무확대(Job Enlargement)
    - 직무충실화(Job Enrichment)
    - 유연시간 근무제(Flextime)
    - 직무 공유(Job Sharing)
    - 자율적관리팀(Self-managed work Team)
    - 재택근무(Telecommuting)
    - 압축근무제(Compressed Work)
  ㉢ 직무순환 : 여러 업무를 수행하게 하여 지루함이나 싫증을 덜하게 함
  ㉣ 직무확대 : 현 직무에서 수직적으로 다른 직무까지 하게 함
  ㉤ 직무충실화 : 작업자에게 권한, 책임, 자율을 부여하여 심리적 만족감을 더하게 함

(3) 심리검사

① 심리검사의 구비조건 [기출] 18년 2회
　㉠ 표준화 : 사물의 정도, 성격 따위를 알기 위한 근거나 기준
　㉡ 객관성 : 주관에 좌우되지 않고 언제 누가 보아도 인정되는 성질 [기출] 23년 복원
　㉢ 규준(NORM) : 비교의 기준
　㉣ 신뢰성 : 누가 측정하더라도 변하지 않는 성질. 즉, 일관성
　㉤ 타당성 : 측정하고자 하는 것을 얼마나 잘 반영하고 있는가 하는 정확성 [기출] 22년 2회, 23년 복원

② 심리검사의 종류 [기출] 19년 2회, 24년 복원
　㉠ 성격 검사 : 제시된 진술문에 대해 어느 정도 동의하는지에 관해 응답하고, 이를 척도점수로 측정
　㉡ 신체능력 검사 : 근력, 순발력, 전반적인 신체 조정 능력, 체력 등을 측정
　㉢ 기계적성 검사 : 기계적 원리들을 얼마나 이해하고 있는지와 생산직무에 적합한지를 측정
　㉣ 지능 검사 : 인지능력이 직무수행을 얼마나 예측하는지 측정
　㉤ 상황판단검사 : 문제의 상황을 제시하고, 이에 대한 해결책의 실현가능성이나 적용가능성을 측정
　㉥ 정직성 검사 : 정직성, 진실성을 나타내는 지필검사

(4) 산업심리검사의 구비요건
① 타당성
② 신뢰성
③ 실용성

(5) 직무기술서와 직무명세서 [기출] 20년 3회

① 직무기술서와 직무명세서는 직무 분석의 산물
　㉠ 직무기술서(Job Description)
　　• 직무분석을 통해 얻어진 직무의 성격, 내용, 직무의 이행방법 등을 정리한 문서
　　• 내용 : 직무명칭, 직무번호, 직무수행의 목적, 직무개요 및 내용, 직무의 구체적인 내용
　㉡ 직무명세서(Job Specification)
　　• 직무를 수행하는 데 필요한 지식, 기능, 능력 등을 정리한 문서
　　• 내용 : 작업자의 교육수준, 육체적 정신적 능력, 지적능력, 경력 및 기능 등

직무기술서	직무명세서
속직적 기준(과업중심)	속인적 기준(사람중심)
인사관리의 기초	인적요건을 중점적으로 다룸
직무분류, 직무평가, 직무분석에 중요한 자료가 됨	–
직무명칭, 소속직군, 직무내용, 작업조건이 기록됨	직무기술서를 기초로, 직무내용 또는 직무에 요구되는 자격요건 인적특성에 중점
사무직, 기술직, 관리직 모두에 적용	모집, 선발에 사용됨
승진인사 결정기준이 됨	창의성, 판단력
경영간부육성의 기준이 됨	육체적 능력
–	작업경험, 책임
개별직무기술서	고용명세서
연합직무기술서	공정개선명세서

(6) 피드백의 원칙   기출 21년 2회
① 직무수행 성과에 대한 피드백의 효과가 항상 긍정적이지는 않음
② 피드백은 개인의 수행 성과뿐만 아니라 집단의 수행 성과에도 영향을 줌
③ 긍정적 피드백을 먼저 제시하고 그 다음에 긍정적 피드백을 제시하는 것이 효과적
④ 직무수행 성과가 낮을 때, 그 원인을 능력 부족의 탓으로 돌리는 것보다 노력 부족 탓으로 돌리는 것이 더 효과적

04 사고발생 경향

(1) 개인차
① 인간은 다양하고 복잡한 성격을 소유하고 있어 각 개인마다 행동, 능력차이가 발생
② 같은 장소에서 같은 교육과 훈련을 해도 기술습득과 능력에 차이가 발생
③ 직무마다 특성이 다르고 개인도 저마다의 특성이 있음
④ 자신의 특성에 부적합한 곳에서 근무하면 비능률적이고, 불안정적, 직무의욕감퇴, 작업성과 저하
⑤ 모든 사람에게 재해가 일어날 수 있는 가능성은 동일하나 직무특성에 맞지 않는 사람은 더 위험

(2) 지능
① 어떠한 상황에서 그것을 효과적으로 해결할 수 있는 종합적인 능력
② 직무수행에 요구되는 지능은 직무내용이나 수준에 따라 달라짐
③ 요구수준보다 낮으면 잘 적응하지 못하고, 높으면 욕구수준간 부조화로 갈등이 발생

(3) 성격과 태도
① 성격(Personality)이란 각 사람이 가진 특유의 성질로 도덕적, 사회적 측면을 나타내는 특성, 습관 등이 통합된 것
② 성격은 인간의 사회생활, 대인관계 등에서 중요한 역할
③ 성격은 일시에 이루어지지 않으며 수많은 욕구와 좌절을 거치면서 몸에 익는 것
④ 개인의 성격과 관련하여 직장에 적응하기 어려운 성격의 유형
  ㉠ 책임감 : 자기가 맡은 일을 묵묵히 처리해가는 사람과 요령만 피우는 사람
  ㉡ 자제력 : 상황판단에 있어 심사숙고하지 않고 즉흥적인 행동을 하는 사람, 공격적이고 불안정하며 규정을 무시하고 경솔한 사람
  ㉢ 안정성 : 정서적으로 불안정하며 주의가 산만하고 집중력이 부족, 감정의 변화에 따른 변동이 심함. 쉽게 우울해지고 일관성이 없음. 맡은 일에 대한 적극성이 부족하고 쉽게 지루함을 느낌
  ㉣ 불평 : 일을 하면서 불평하고 자기의 능력을 은연중에 과시, 현실부정에 대한 심한 갈등 유발
  ㉤ 자기중심적 사고
    • 효과적인 문제해결을 위해 상사와 동료의 충고에 귀를 기울이지 않고, 협동심이 결여됨
    • 이기주의적 행동으로 동료와 협조하지 않음
    • 지나친 자신감으로 사실에 대한 정확한 판단을 하지 못함
    • 자기중심적인 판단 기준에 따르므로 억측이 발생

(4) 특수지능
① 일반지능과 정서적 지능은 일반적으로 모든 직무에 공통되는 요소이나 특수지능은 직무특성에 따라 필요로 하는 기능의 내용이 각각 다름
② 특정한 기계나 장치 등을 통해 수행되는 직무의 특수한 기능에 따라 침착성, 민첩성, 주의력, 집중력 등의 특성이 요구됨

(5) 사고의 정의 기출 20년 3회
① 원하지 않는 사상(Undesired Event)
② 비효율적인 사상(Inefficient Event)
③ 변경된 사상(Strained Event), 스트레스의 한계를 넘어선 변경된 사항은 모두 사고
④ 비계획적인 사상(Unplaned Event)

05 인간의 행동성향과 행동과학

(1) 인간의 행동
① 인간동작의 외적조건 기출 18년 1회
㉠ 동적조건 : 대상물의 동적 성질
㉡ 정적조건 : 높이, 크기, 깊이, 폭
㉢ 환경조건 : 기온, 습도, 조명, 소음 등
② 인간동작의 내적조건 기출 20년 1·2회 통합
㉠ 경력
㉡ 개인차 : 적성, 성격, 개성
㉢ 생리적 조건 : 피로도, 긴장 등
③ 동작실패요인
㉠ 물건 취급 잘못에 의한 오동작
㉡ 판단 잘못으로 오동작
㉢ 물건 잘못 보는 오동작
㉣ 순간 깜빡 잊어버림
㉤ 의식적 태만
㉥ 작업 기피
④ 안전태도의 형성 기출 21년 2회, 23년 복원, 24년 복원
㉠ 행동 이전의 안전태도를 교육을 통해 확보
㉡ 청취 → 이해 → 모범 → 평가 → 장려·처벌

(2) 동작실패의 원인이 되는 조건 기출 19년 4회
① 자세의 불균형
② 피로

③ 작업강도
④ 기상조건
⑤ 환경조건

(3) 인간의 행동특성
① 간결성의 원리
② 주의의 일점 집중현상
③ 순간적인 경우 대피 방향
④ 동조행동
⑤ 좌측통행
⑥ 억측판단(Risk Taking)

(4) 토렌스(Torrance)의 창의력의 3요소 기출 23년 복원, 24년 복원
① 전문지식 : 관련 분야의 지식과 경험이 축적되어야 창의성을 발휘할 수 있음
② 내적동기
  ㉠ 어떠한 행동을 하기 위해서는 외적동기보다 내적동기가 필요
  ㉡ 내적동기부여 없이는 어떠한 창의성도 발휘될 수 없음
  ㉢ 내적동기는 스스로의 만족을 위해 행동
③ 상상력
  ㉠ 상상력은 전문지식과 창의성 간의 간극을 줄여주는 요소
  ㉡ 전문지식이 모자라더라도 상상력만 충분하다면 창의성이 발현될 수 있음

06 인간의 착오

(1) 작업 시의 정보회로 순서 기출 18년 4회
표시 → 감각 → 지각 → 판단 → 응답 → 출력 → 조작

(2) 인지과정 착오의 요인 기출 17년 4회, 18년 4회
① 정서불안정
② 생리, 심리적 능력의 한계
③ 불안, 공포, 과로, 수면부족
④ 정보량 저장의 한계 : 저장될 수 있는 정보량의 한계 = 7±2
⑤ 감각차단현상 : 단조로운 업무가 장시간 지속, 판단능력 둔화

(3) 착오(Mistake) 기출 18년 1회, 21년 4회
① 틀린 줄 모르고 행하는 착오로 Lapse보다 더 위험
② 착오를 저지른 사람은 자신이 옳다고 생각하기 때문에 잘못을 상기시키는 증거들을 무시
③ 상황을 잘못 해석, 목표를 잘못 이해하는 정보처리과정에서 발생
④ 착오의 메카니즘(Mechanism)
　㉠ 위치의 착오
　㉡ 패턴의 착오
　㉢ 형(形)의 착오
　㉣ 순서의 착오
　㉤ 잘못 기억

(4) 지각의 오류 기출 18년 2회, 22년 1회
① **후광효과** : 어떤 대상에 대한 호의적 인상이 대상에 대한 평가에 긍정적으로 작용 기출 20년 4회
② **최근효과** : 가장 나중에 인식한 지각대상의 첫인상이 평가에 크게 작용
③ **초두효과** : 처음 제시된 정보가 나중에 제시된 정보보다 평가에 크게 작용
④ **상동적 태도** : 대상이 속한 집단에 대한 지각을 바탕으로 대상을 판단
⑤ **자성적 예언** : 개인의 기대나 믿음이 결과로 행위나 성과를 결정하게 되는 지각 오류
⑥ **자존적 편견** : 자존적 편견은 평가자가 자신의 자존심을 위해 실패요인을 외부에서, 성공요인을 내부에서 찾으려는 경향
⑦ **근접오류** : 근접오류는 시·공간적으로 지각자와 멀리 있는 지각대상보다 가까이 있는 대상을 긍정적으로 평가
⑧ **대비오류** : 지각대상을 평가할 때 다른 대상과 비교를 통해 평가
⑨ **상관편견** : 지각자가 다수의 지각대상 간에 논리적인 상관관계가 적음에도 이를 연관시켜 지각하는 오류

(5) 판단과정 착오원인 기출 20년 1·2회 통합, 20년 3회, 24년 복원
① 자기합리화
② 능력부족
③ 정보부족
④ 과신(자기과잉)

(6) 인간의식의 공통적인 경향
① 인간의식은 현상의 대응력에 한계가 있음
② 인간의식은 초점에서 멀어질수록 희미해짐
③ 당면한 문제에 의식의 초점이 합치되지 않고 있을 때 대응력이 저하
④ 인간의 의식은 중단되는 경향이 있음
⑤ 인간의 의식은 파동으로 극도로 긴장을 유지할 수 있는 시간은 불과 수초에 불과함

(7) 진전(Tremor)
    ① 몸이 떨리는 증상
    ② 진전과 표동(Drift)이 문제가 되는 동작 : 정지조정(Static Reaction)
    ③ 정지 조정에서 문제가 되는 것 : 진전
    ④ 진전이 일어나기 쉬운 조건 : 떨지 않도록 노력할 때
    ⑤ 진전이 가장 많이 일어나는 운동 : 수직운동
    ⑥ 진전이 적게 일어나는 경우 : 손이 심장 높이에 있을 때
    ⑦ 교통사고 : 해질 무렵에 가장 많이 발생

(8) 과오 원인제거(ECR, Error Cause Removal) 제도에서 실수 및 과오의 구체적 원인
    ① 능력부족 : 적성, 지식, 기술, 인간관계
    ② 주의부족 : 개성, 감정의 불안정, 습관성
    ③ 환경조건의 부적당 : 제 표준의 불량, 규칙 불충분, 연락과 의사소통 불량, 작업조건 불량

CHAPTER 02 인간의 특성과 안전

2과목 산업심리 및 교육

01 작업환경 및 동작특성

(1) 산업심리의 5대 요소 기출 18년 4회, 20년 3회, 20년 4회, 21년 1회, 21년 2회, 22년 1회, 23년 복원
   ① 동기(Motive)
      ㉠ 능동적인 감각에 의한 자극에서 일어나는 사고의 결과
      ㉡ 사람의 마음을 움직이는 원동력
   ② 기질(Temper)
      ㉠ 인간의 성격, 능력 등 개인적인 특성을 말함
      ㉡ 감정적인 경향이나 반응에 관계되는 성격의 한 측면
      ㉢ 성장 시 생활환경의 영향을 받으며 주위환경에 따라 달라짐
   ③ 감정(Emotion)
      ㉠ 생활체가 어떤 행동을 할 때 생기는 주관적 동요
      ㉡ 희로애락 등의 의식, 안전과 밀접한 관계를 지님
      ㉢ 사고를 일으키는 정신적 동기를 만듦
   ④ 습성(Habits)
      ㉠ 인간의 행동에 영향을 미치며 동기, 기질, 감정 등이 밀접한 연관관계를 형성
      ㉡ 한 종에 속하는 개체의 대부분에서 볼 수 있는 일정한 생활양식으로 본능, 학습, 조건반사 등에 따라 형성됨
   ⑤ 습관(Custom)
      ㉠ 성장과정을 통해 형성된 특성 등이 자신도 모르게 습관화된 현상
      ㉡ 영향을 미치는 요소로 동기, 기질, 감정, 습성 등이 있음

(2) 안전사고의 요인
   ① 감각운동 기능
      ㉠ 시 각
      ㉡ 청각 : 연락적 역할
      ㉢ 피부감각 : 정보적 역할
      ㉣ 심부감각 : 조절적 역할
   ② 지 각 기출 17년 4회
      ㉠ 물적 작업조건 자체가 아니라 물적 작업조건에 대한 지각이 능률에 영향을 끼침
      ㉡ 지각의 과정 : 감지 → 선택 → 조직화 → 해석 → 의사결정 → 실행

③ 안전수단을 생략 기출 17년 4회, 21년 1회
　　㉠ 의식과잉
　　㉡ 주변영향(부적합한 업무에 배치)
　　㉢ 피로 및 과로

(3) 동기유발 요인
　① 안정(Security)
　② 기회(Opportunity)
　③ 참여(Participation)
　④ 인정(Recognition)
　⑤ 경제(Economic)
　⑥ 성과(Accomplishment)
　⑦ 권력(Power)
　⑧ 적응도(Conformity)
　⑨ 독자성(Independence)
　⑩ 의사소통(Communication)

(4) 사고를 많이 일으키는 성격
　① 허영적
　② 쾌락주의적
　③ 도덕적 결벽성의 결여
　④ 소심한 성격

(5) 사고의 요인이 되는 정신적인 요소
　① 안전의식의 부족
　② 주의력 부족
　③ 방심, 공상
　④ 개성적 결함
　⑤ 그릇됨과 판단력 부족

(6) 정신력과 관계되는 생리적 현상 기출 21년 1회, 21년 4회
　① 시력, 청력의 이상
　② 신경계통의 이상
　③ 육체적 능력의 초과
　④ 근육운동의 부적합
　⑤ 극도의 피로

(7) 개성적 결함요인
　① 과도한 자존심, 자만심
　② 다혈질, 인내력 부족
　③ 약한 마음
　④ 도전적 성격
　⑤ 감정의 장기 지속성
　⑥ 경솔성
　⑦ 과도한 집착성
　⑧ 배타성
　⑨ 게으름

(8) **직장에서의 사고예방 조치** 기출 19년 4회, 23년 복원
　① 감독자와 근로자는 특수한 기술뿐 아니라 안전에 대한 태도도 교육받아야 함
　② 모든 사고는 사고 자료가 연구될 수 있도록 철저히 조사하고 자세히 보고
　③ 안전의식고취 운동에서 포스터는 긍정과 부정을 조화롭게 사용하는 것이 좋음
　④ 안전장치는 생산을 방해해서는 안 되고, 그것이 제 위치에 있지 않으면 기계가 작동되지 않도록 설계되어야 함

02 재해설

(1) **재해빈발** 기출 19년 1회
　① 기회설 : 어려움에 많이 노출되기 때문에 발생
　② 암시설 : 트라우마로 인해 겁쟁이가 되거나 신경과민으로 발생
　③ 경향설 : 재해빈발의 소질적 결함이 있어 발생

(2) 재해 누발자의 유형
　① 미숙성 누발자
　　㉠ 기능미숙자
　　㉡ 환경에 익숙하지 못한 자
　② **상황성 누발자** 기출 17년 4회, 19년 1회, 21년 1회, 21년 4회
　　㉠ 작업에 어려움이 많은 자
　　㉡ 기계 설비의 결함
　　㉢ 심신에 근심이 있는 자
　　㉣ 환경상 주의력 집중이 어려운 자
　③ 습관성 누발자
　　㉠ 재해의 경험에 의해 겁쟁이가 되거나 신경과민이 된 자
　　㉡ 슬럼프에 빠져 있는 자

④ 소질성 누발자(재해빈발경향자)
  ㉠ 개인적 소질 가운데 재해 원인의 요소를 가지고 있는 자
  ㉡ 특수성격의 소유자로 특정 환경보다는 개인의 성격에 의해 사고가 발생

(3) **소질성 누발자의 공통적 성격** 기출 18년 1회, 20년 3회
  ① 주의력 산만, 주의력 지속 불능
  ② 주의력 범위의 협소 및 편중
  ③ **저지능** : 지능, 성격, 시각기능
  ④ 불규칙, 흐리멍텅함
  ⑤ 경시, 경솔성
  ⑥ 정직하지 못함
  ⑦ 흥분성
  ⑧ 비협조성
  ⑨ **도덕성의 결여** 기출 19년 4회
  ⑩ 소심한 성격
  ⑪ 감각운동의 부적합

03 동기이론

(1) **내용이론과 과정이론** 기출 19년 4회

내용이론 : 무엇이 동기를 유발시키는가?	과정이론 : 어떤 과정을 거쳐 동기부여가 되는가?	강화이론 : 무엇이 동기부여 수준을 지속시키는가?
• 매슬로우 욕구단계이론 • 허츠버그 2요인이론 • 알더퍼 ERG 이론 • 맥클랜드 성취동기이론(성취, 친교, 권력) • 올드햄 직무특성이론	• 브룸 기대이론 • 아담스 공정성이론 • 로크 목표설정이론	스키너의 강화이론

(2) **허츠버그(Herzberg)의 동기·위생이론** 기출 17년 4회, 21년 4회
  ① 위생요인(유지욕구) : 개인적 불만족을 방지해주지만 동기부여가 안 됨
  ② 동기요인(만족욕구) : 개인으로 하여금 열심히 일하게 하고, 성과도 높여주는 요인
  ③ 동기부여방법
    ㉠ 새롭고 힘든 과정을 부여
    ㉡ 불필요한 통제를 없앰
    ㉢ 자연스러운 단위의 도급작업을 부여할 수 있도록 일을 조정
    ㉣ 자기과업을 위한 책임감 증대
    ㉤ 정기보고서를 통한 직접적인 정보제공
    ㉥ 특정작업을 할 기회를 부여

위생요인(직무환경)	동기요인(직무내용)
• 회사정책과 관리 • 개인상호 간의 관계 • 임금, 보수, 작업조건 • 지위, 안전	• 성취감 • 안정감 • 성장과 발전 • 도전감, 일 그 자체

(3) 데이비스(Davis)의 동기부여이론 [기출] 20년 4회
  ① 경영의 성과 = 인간의 성과 × 물질의 성과
  ② 인간의 성과 = 능력 × 동기
    ㉠ 능력 = 지식 × 기술
    ㉡ 동기 = 상황 × 태도

(4) 맥클랜드(Mcclelland)의 성취동기이론
  ① 성취욕구가 높은 사람들은 위험을 즐김
  ② 성공에서 얻어지는 보수보다는 성취 그 자체와 그 과정에 보다 더 많은 관심을 기울임
  ③ 과업에 전념하여 그 목표가 달성될 때까지 자신의 노력을 경주

(5) 맥그리거(McGregor)의 X, Y이론 [기출] 17년 4회, 18년 1회, 18년 2회, 18년 4회, 19년 1회, 19년 4회, 21년 2회, 24년 복원
  ① 환경개선보다는 일의 자유화 추구 및 불필요한 통제를 없앰
  ② 인간의 본질에 대한 기본적인 가정을 부정론과 긍정론으로 구분
  ③ X이론 : 인간불신감, 성악설, 물질욕구(저차원 욕구), 명령 및 통제에 의한 관리, 저개발국형
  ④ Y이론 : 상호신뢰감, 성선설, 정신욕구(고차원 욕구), 자율관리, 선진국형

X이론(악)	Y이론(선)
인간 불신감	상호 신뢰감
성악설	성선설
인간은 원래 게으르고 태만하여 남의 지배를 받기를 즐김	인간은 부지런하고 근면 적극적이며 자주적
물질 욕구(저차원 욕구)	정신욕구(고차원 욕구)
명령 통제에 의한 관리	목표 통합과 자기통제에 의한 자율관리
저개발국형	선진국형

(6) 매슬로우(Maslow)의 욕구단계이론 [기출] 20년 4회, 21년 2회, 22년 2회, 23년 복원
  ① 욕구의 강도와 충족 측면에서 계층적 구조로 표현
  ② 하위욕구가 만족되어야 상위욕구 수준으로 높아짐
  ③ 욕구 6단계
    ㉠ 1단계 : 생리적 욕구(Physiological Needs)
    ㉡ 2단계 : 안전의 욕구(Safety Security Needs)
    ㉢ 3단계 : 사회적 욕구(Acceptance Needs)
    ㉣ 4단계 : 존경(인정)의 욕구(Self-Esteem Needs)
    ㉤ 5단계 : 자아실현의 욕구(Self-Actualization)
    ㉥ 6단계 : 자아초월의 욕구(Self-Transcendence) : 자아초월 = 이타정신 = 남을 배려하는 마음

(7) 알더퍼(Alderfer)의 ERG이론 기출 21년 4회, 24년 복원
① 매슬로우와 달리 동시에 두 가지 이상의 욕구가 작용할 수 있다고 주장
② 알더퍼의 ERG
  ㉠ 생존이론(Existence) : 유기체의 생존과 유지에 관한 욕구
  ㉡ 관계이론(Relatedness) : 대인욕구
  ㉢ 성장이론(Growth) : 개인발전과 증진에 관한 욕구

〈동기 및 욕구이론의 비교〉 기출 20년 1·2회 통합

매슬로우 (Maslow) 욕구 6단계설	알더퍼 (Alderfer) ERG이론	허즈버그 (Herzberg) 2요인론	맥그리거 (McGregor) X, Y이론	데이비스 (K. Davis) 동기부여 이론
자아초월의 욕구 (Self-Trans Endence)	Growth (성장 욕구)	동기요인 (만족욕구)	Y이론	경영의 성과 = 인간의 성과 × 물질의 성과
자아실현욕구 (Self-actualization)				
존경의 욕구 (Self-esteem Needs)	Relatedness (관계 욕구)	위생요인 (유지욕구)	X이론	• 인간의 성과 = 능력 × 동기유발 • 능력 = 지식 × 기술 • 동기유발 = 상황 × 태도
사회적 욕구 (Acceptance Needs)				
안전의 욕구 (Safety security Needs)	Existence (생존 욕구)			
생리적 욕구 (Physiological Needs)				

(8) Vroom의 기대이론 기출 17년 4회
① 개인의 동기부여 정도가 행동양식을 결정(기대감, 수단성, 유의성)
② 기대감(Expectancy) : 열심히 일하면 높은 성과를 올릴 것이라고 생각하는 정도
③ 유의성(Valence) : 직무 결과에 대해 개인이 느끼는 가치
④ 수단성(Instrumentality) : 직무 수행의 결과로써 보상이 주어질 것이라고 믿는 정도
⑤ 수단성을 높이는 방법
  ㉠ 보상의 약속을 철저히 지킴
  ㉡ 신뢰할만한 성과의 측정방법을 사용
  ㉢ 보상에 대한 객관적인 기준을 사전에 명확히 제시

(9) 아담스의 공정성 이론 기출 19년 2회
① 특 징
  ㉠ 페스팅거의 인지부조화이론에 기초
  ㉡ 자신이 받는 보상과 자신이 기울인 노력 사이에 차이가 발생한 것으로 인지하면 이를 줄이려는 동기가 생김
  ㉢ 자신의 투입과 산출의 비율을 조직 내외의 비슷한 지위에 있는 직원과 비교하여 불균형을 이룰 경우 불공평감을 느낀다고 규정함

② 개인적 차원에서 불공정성에 대한 지각이 발생한 것이 아니라 조직 내의 비교과정을 통해 불공정이 지각되는 것
② 동기부여과정
㉠ 자신의 투입 대 산출비율과 타인의 투입 대 산출비율의 비교로 불공정성을 지각
㉡ 불공정성 지각 후 과소보상에 대한 불만이나 과다보상에 대한 부담감 등의 긴장감 조성
㉢ 긴장감을 해소하는 방향으로 동기가 유발됨
③ 불공정성 감소방법
㉠ 투입의 변경
㉡ 산출의 변경
㉢ 투입-산출의 인지적 왜곡
㉣ 비교대상에 영향력 행사
㉤ 비교대상의 변경
㉥ 조직이탈

(10) 로크(Loke)의 목표설정 이론
① 목표의 특성
㉠ 능력 범위 내에서는 어려운 목표
㉡ 수량, 기간, 절차 등이 구체적으로 정해진 목표
㉢ 지시한 목표보다는 상대가 동의한 목표
㉣ 목표설정과정에 당사자가 참여한 목표
㉤ 인간의 행위는 목표에 의해 결정됨
㉥ 직무수행을 위해서 달성해야 할 목표를 분명히 해주면 성과가 향상될 것임
② 목표의 특성 및 종류
㉠ 능력 범위 내에서는 어려운 목표, 측정 가능한 목표, 현실적인 목표
㉡ 수량, 기간, 절차 등이 구체적으로 정해진 목표
㉢ 지시한 목표보다는 상대가 동의한 목표
㉣ 목표설정과정에 당사자가 참여한 목표
③ 상황요인
㉠ 목표 이행 정도를 당사자가 알게 함
㉡ 과업목표는 단순하게 함
㉢ 합리적 보상 수여
㉣ 적정한 경쟁
㉤ 능력 내에서는 어려운 목표
④ 목표에 의한 관리(MBO)의 이론적 모태가 됨

(11) 강화이론
① 스키너(Skinner)의 강화이론 기출 19년 2회, 20년 3회
㉠ 자극, 반응, 보상의 3가지 핵심변인을 가지고 있으며, 표출된 행동에 따라 보상을 주는 방식에 기초한 동기이론
㉡ 사람들이 바람직한 결과를 이끌어 내기 위해 단지 어떤 자극에 대해 수동적으로 반응하는 것이 아니라 환경상의 어떤 능동적인 행위를 한다는 이론

ⓒ 강화의 원칙은 손다이크의 "결과의 법칙"에 근거를 둠
　　　ⓓ 결과의 법칙 : 유쾌한 결과를 가져오는 행위는 장래에 반복될 가능성이 높다는 것을 의미하며 효과의 법칙이라고도 함
　② 강화의 종류
　　　㉠ 적극적 강화(Positive Reinforcement)
　　　　어떤 행위를 한 다음에 유쾌한 결과가 주어지면 적극적 강화가 이루어짐
　　　㉡ 부정적 강화(Negative Reinforcement)
　　　　적극적 강화보다는 덜 쓰이지만 바람직하지 않은 행위 다음에 불쾌한 결과가 일어나게 하고 바람직한 행위 다음에 불쾌한 결과를 제거하거나 철회하면 새로운 바람직한 행위를 유도할 수 있음
　③ 소거(Extinction)와 벌(Punishment)
　　　㉠ 소거 : 유쾌한 결과 때문에 일어나는 바람직하지 못한 행위에 대해 유쾌한 결과를 철회함으로써 그 행위가 덜 일어나게 함
　　　㉡ 벌 : 바람직하지 못한 행위 뒤에 불쾌한 결과를 주어 그 행위가 적게 일어나게 함
　④ 연속강화와 부분강화 기출 17년 4회
　　　㉠ 연속강화
　　　　• 행동이 있을 때마다 강화를 주는 것으로 처음 학습할 때 효과적임
　　　　• 반응률은 높지만 강화가 중지되면 급속한 소거가 나타남
　　　㉡ 부분강화
　　　　• 행동이 있을 때마다 강화를 주지 않고 줄 때도 있고 주지 않을 때도 있는 것
　　　　• 일단 바람직한 행동이 형성된 후에 효과적임
　　　　• 부분강화(간헐강화)는 연속강화에 비해 행동을 지속시키는 데 효과적임
　⑤ 정적강화와 부적강화
　　　㉠ 정적 강화물 : 어떤 작동에 대한 조건이 제시되었을 때 그 작동이 일어날 확률을 증가시키는 자극
　　　㉡ 부적 강화물 : 어떤 작동에 대한 조건이 제시되지 않았을 때 그 작동이 일어날 확률을 증가시키는 자극

04 노동과 피로

(1) 스트레스
　① 개요 기출 18년 2회
　　　㉠ 사람이 스트레스를 받게 되면 감각기관과 신경이 예민해짐
　　　㉡ 스트레스 수준이 증가할수록 수행성과는 급격하게 감소
　　　㉢ 스트레스는 환경의 요구가 지나쳐 개인의 능력한계를 벗어날 때 발생
　　　㉣ 스트레스 요인에는 소음, 진동, 열 등과 같은 환경영향뿐만 아니라 개인적인 심리적 요인들도 포함됨
　② 스트레스에 대한 반응
　　　㉠ 신체적 : 피로, 두통, 불면증, 빠른 맥박, 근육통, 땀 등
　　　㉡ 행동적 : 안절부절, 손톱 깨물기, 과식, 흡연, 욕설, 폭력

- ⓒ 인지적 증상 : 집중력 및 기억력 감소
- ⓔ 정서적 증상 : 불안, 예민해짐, 우울, 분노, 근심
- ⓜ 스트레스 반응의 개인차이 기출 18년 4회
  - 성의 차이
  - 강인성의 차이
  - 자기 존중감의 차이

③ **스트레스의 자극요인** 기출 18년 2회, 21년 2회
- ⓐ 자존심의 손상 : 내적요인
- ⓑ 업무상의 죄책감 : 내적요인
- ⓒ 현실에서의 부적응 : 내적요인
- ⓓ 대인관계상의 갈등과 대립 : 외적요인

④ **조직 내 스트레스**
- ⓐ 역할 갈등 : 역할과 관련된 기대의 불일치, 양립될 수 없는 두 가지 이상의 행위가 동시에 기대될 때 발생
- ⓑ 역할 모호성 : 자신의 직무에 대한 책임영역과 직무목표를 명확하게 인식하지 못할 때
- ⓒ 역할 과부하 : 요구가 개인의 능력을 초과, 급하게 하거나 부주의하도록 강요당하는 상황

기출 20년 1·2회 통합

- ⓓ 양적 과부하 : 주어진 시간동안 할 수 있는 업무량 이상을 요구받음
- ⓔ 질적 과부하 : 자신의 능력, 재능, 지식한계를 넘어선 역할을 요구받음(직무기술서가 분명치 않은 관리직, 전문직에서 많이 나타남)
- ⓕ 역할 과소 : 직무에서 너무 할일이 없거나 일의 변화가 거의 없는 상황

⑤ **NIOSH(National Institute for Occupational Safety and Health)의 직무스트레스 모형**
- ⓐ 직무스트레스 요인 기출 18년 2회, 20년 3회
  - 작업 요인 : 작업부하, 작업속도, 교대근무
  - 환경 요인 : 조명, 소음, 진동, 고열, 한랭
  - 조직 요인 : 역할갈등, 관리유형, 의사결정참여
- ⓑ 중재 요인 : 직무스트레스에 대해 개인들이 지각하고 반응하는 데 영향을 미치는 요인
  - 개인적 요인 : 연령, 성별, 경력
  - 조직외 요인 : 가족상황, 교육상태, 결혼상태
  - 완충작용 요인 : 사회적지지, 업무숙달정도, 대응노력
- ⓒ 스트레스 반응 : 심리적, 생리적, 행동적 반응
- ⓓ 질병 : 급성반응이 지속되면 질병에 노출가능성(근골격계질환, 알코올중독, 정신질환)

⑥ **스트레스의 대책**
- ⓐ 개인적 대책
  - 긴장 이완법
  - 규칙적인 식사와 적절한 운동
  - 적절한 시간관리
  - 적절한 방법으로 화를 발산
  - 원만한 대인관계 유지 노력

ⓒ 분노관리 방법
　　　　• 분노를 한꺼번에 묶어서 쏟아 놓지 말 것
　　　　• 분노를 상대방에게 표현할 때에는 가능한 상대방에 존경심을 보일 것
　　　　• 분노를 억제하지 말고 표현하되 분노에 휩싸이지 말 것
　　　　• 분노를 표현하기 위해서는 적절한 시간과 장소를 선택 할 것
　　　ⓓ 조직적 대책 [기출] 18년 4회
　　　　• 직무 재설계
　　　　• 조직차원에서의 노력
　　　　• 체력증진계획의 활성화
　　　　• 전문조언과 상담의 실시

(2) **작업강도**
　① 에너지대사율(RMR : Relative Metabolic Rate)
　② $PMR = \dfrac{노동대사량}{기초대사량} = \dfrac{작업\ 시\ 소비에너지\ -\ 안정\ 시\ 소비에너지}{기초대사량}$ [기출] 20년 1·2회 통합, 21년 2회
　③ 산소소모량으로 에너지소비량을 결정하는 방식으로 국제적으로 가장 많이 사용
　④ RMR에 따른 노동의 분류 [기출] 19년 1회, 22년 2회, 24년 복원
　　　㉠ 경작업 : 1~2 RMR
　　　㉡ 중(中)작업 : 2~4 RMR
　　　㉢ 중(重)작업 : 4~7 RMR
　　　㉣ 초중작업 : 7 RMR 이상

(3) **휴식시간**
　① 작업의 에너지요구량이 작업자의 MPWC(Maximum Physical Work Capacity)의 40% 초과 시 작업자는 작업의 종료시점에 전신피로를 경험
　② 전신피로를 줄이기 위해서는 작업방법, 설비들을 재설계하는 공학적 대책을 제공
　③ Murrel의 권장평균 에너지량 : 총 에너지 = 작업에너지 + 휴식에너지
　④ 휴식시간 : 총에너지(표준에너지 소비량 × 총작업시간) = 작업에너지 + 휴식에너지
　⑤ 표준에너지소비량
　　　㉠ 표준에너지소비량(S) × 총작업시간(T) = 작업에너지 × 작업시간 + 휴식에너지 × 휴식시간
　　　㉡ $S \times T = E \times (T - R) + E_{rest} \times R$
　　　㉢ 휴식시간(R) = $\dfrac{T \times (E - 5)}{E - 1.5} = \dfrac{총\ 작업시간 \times (작업\ 중\ E소비량\ -\ 표준\ E소비량)}{작업\ 중\ E소비량\ -\ 휴식\ 중\ E소비량}$
　　　　• S : 표준에너지소비량(남자 : 5Kcal/min, 여자 : 3.5Kcal/min)
　　　　• T : 총작업시간(min)
　　　　• E : 작업 중 평균에너지소비량
　　　　• E_{rest} : 휴식 중 에너지 소비량(1.5kcal/min)
　　　　• R : 필요한 휴식시간

(4) 피로

① 개요
㉠ 장시간 작업을 계속할 경우 증세 [기출] 18년 1회
- 작업능률의 감퇴
- 착오의 증가
- 주의력 감소
- 흥미의 상실
- 권태 등의 심리적 불쾌감 발생

② 피로의 종류
㉠ 주관적 피로
- 권태, 단조, 포화감이 따름
- 의지적 노력이 없어지고 주의가 산만하게 됨
- 불안과 초조가 쌓여 극단적인 경우 직장을 포기

㉡ 객관적 피로
- 생산된 것의 양과 질의 저하를 지표로 함
- 피로에 의해서 작업리듬이 깨지고 주의가 산만해짐
- 작업수행의 의욕과 힘이 떨어지며 생산 성적이 떨어짐

㉢ 생리적 피로
- 생체의 제기능 및 물질의 변화를 검사한 결과를 통해 추정
- 현재 고안된 대부분의 검사법은 생리적 피로를 취급
- 피로란 특정한 실체가 있는 것도 아니기 때문에 피로에 특유한 반응이나 증상은 존재하지 않음

㉣ 근육피로
- 해당 근육의 자각적 피로
- 휴식의 욕구
- 수행도의 양적 저하
- 생리적 기능의 변화

㉤ 신경피로
- 사용된 신경계통의 통증
- 정신피로 증상 중 일부
- 근육피로 증상 중 일부

③ 피로 현상의 3단계
㉠ 1단계 : 중추신경 피로
㉡ 2단계 : 반사운동신경 피로
㉢ 3단계 : 근육피로

④ 피로의 증상
㉠ 생리적 현상
- 몸자세가 흐트러지고 지침
- 작업에 대한 무감각, 무표정, 경련 등이 발생
- 작업효과나 작업량이 감퇴, 저하됨

ⓛ 심리적 증상
　　　• 주의력 감소, 경감
　　　• 불쾌감 증가
　　　• 긴장감 해지, 해소
　　　• 권태, 태만, 무관심, 흥미감 상실
　　　• 졸음, 두통, 싫증, 짜증
⑤ 피로요인
　　㉠ 기계적 요인
　　　• 기계의 종류
　　　• 조작부주의 배치
　　　• 조작부분의 감촉
　　　• 기계 이해의 난이
　　　• 기계의 색체
　　ⓛ 인간적 요인
　　　• 생체적 리듬
　　　• 정신적 상태
　　　• 신체적 상태
　　　• 작업시간
　　　• 작업내용
　　　• 작업환경
　　　• 사회적 환경
⑥ **피로측정 방법의 종류** 기출 18년 2회
　　㉠ 호흡기능검사
　　ⓛ 순환기능검사
　　㉢ 자율신경기능검사
　　㉣ 운동기능 검사
　　㉤ 정신, 신경적 기능검사
　　㉥ 심적 기능검사
　　㉦ 생화학적 측정검사
　　㉧ 자각적 측정 : 자각증상수, 자각피로수
　　㉨ 타각적 측정 : 표정, 태도, 자세, 동작, 궤적, 단위동작, 소요시간, 작업량 등
⑦ 피로측정 방법 3가지
　　㉠ 생리학적 측정방법 : 근전도, 심전도, 뇌전도, 안전도, 산소소비량, 에너지소비량, 피부전기반사
　　ⓛ 심리학적 측정방법 : 주의력, 집중력
　　㉢ 생화학적 측정방법 : 혈액, 스테로이드양, 아드레날린 배설량
⑧ 피로측정 대상 작업에 따른 분류
　　㉠ 정적근력작업 : 에너지 대사량, 맥박수와의 상관관계, 시간적 경과에 따른 변화, 근전도 측정
　　ⓛ 동적근력작업 : 에너지대사량, 산소소비량, 이산화탄소 배출량 등을 측정

- ⓒ 신경적작업 : 맥박수, 부정맥, 평균호흡진폭, 피부전기반사, 혈액, 스테로이드양, 아드레날린 배설량 측정
- ⓔ 심적작업 : 점멸융합주파수(Flicker Fusion Frequency), 반응시간, 안구운동, 뇌전도 등을 측정
- ⓜ 플리커 테스트(Flicker Test) 기출 19년 4회
  - 대뇌가 피로하면 인지할 수 있는 주파수값이 떨어지는데, 이때 느끼지 못하게 되는 이 변화점을 플리커(Flicker)라 함
  - 감각기능검사(정신·신경기능검사)의 측정대상 항목
  - 중추 신경계의 피로. 즉, "정신 피로"의 척도로 사용
⑨ 허세이(Hershey) 피로회복법

피로의 종류	대 책
신체활동에 의한 피로	작업중에 휴식한다.
정신적 노력에 의한 피로	용의주도한 작업 계획을 수립·이행한다.
신체적 긴장에 의한 피로	운동을 통해 긴장을 해소한다.
정신적 긴장에 의한 피로	불필요한 마찰을 배제한다.
환경과의 관계로 인한 피로	작업장의 온도, 습도, 통풍 등을 조절한다.
영양 및 배설의 불충분	보건식량을 준비한다.
질병에 의한 피로	유해한 작업조건을 개선한다.
천후에 의한 피로	온도, 습도, 통풍을 조절한다.
단조감, 권태감에 의한 피로	동작의 교대 방법 등을 가르친다.

(5) 산소부채 기출 19년 2회, 24년 복원

① 격렬한 활동 시 산소섭취량이 산소수요량보다 적어지게 되는 현상
② 신체는 무산소경로를 통해 에너지를 생산하고 젖산이 급격히 축적됨
③ 산소부채의 최대값은 일반인은 5ℓ(운동선수는 10~15ℓ)
④ 스텝 테스트, 슈나이더 테스트 : 심박수 측정을 통해 심폐적성을 평가하는 방법

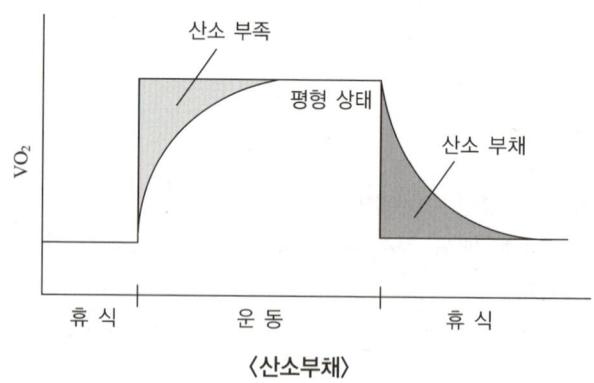

〈산소부채〉

⑤ MAP(Maximal Aerobic Power) 최대산소소비량(VO_2 max)
  - ㉠ 개개인의 운동이 최대치에 도달했을때 분당 소비되는 산소의 최대량
  - ㉡ Fick방정식 : VO_2 max = 심박출량 × 동정맥 산소 함량차
  - ㉢ 심박출량 : 심장박동을 통해 전신으로 나가는 분당 혈액의 양(ℓ/min) = 심박수(HR) × 박출량(SV)

ㄹ 안정 시 심박출량 : 5ℓ
　　　ㅁ 심박수 : 72회/min
　　　ㅂ 평균산소해리정도 : 250mℓ
　　　ㅅ 최고기량의 운동선수 VO$_2$ max는 83mℓ/(kg·min), 일반인은 44mℓ/(kg·min)

(6) **생체리듬** 기출 18년 2회
　① 개 요 기출 18년 1회
　　ㄱ 생체상의 변화는 하루 중에 일정한 시간간격을 두고 교환됨
　　ㄴ 인간의 생체리듬은 낮에는 체온, 혈압, 맥박수 등이 상승하고 밤에는 저하
　　ㄷ 인간의 생체리듬은 낮에는 신체활동에 유리하고 밤에는 휴식이 더욱 효율적임
　　ㄹ 몸이 흥분한 상태일 때는 교감신경이 우세하고 수면을 취하거나 휴식을 할 때는 부교감신경이 우세함
　② 바이오리듬 기출 20년 4회, 22년 1회, 24년 복원
　　ㄱ 육체적 리듬(Physical Rhythm) : 청색, 23일 주기
　　ㄴ 감정적 리듬(Sensitivity Rhythm) : 적색, 33일 주기
　　ㄷ 지성적 리듬(Intellectual Rhythm) : 녹색, 28일 주기
　　ㄹ 위험일(zero) : +리듬에서 -리듬, -리듬에서 +리듬으로 변화하는 점으로 한 달에 6일 정도 발생
　③ 위험일
　④ 사고발생시간
　⑤ 위험일의 특징
　⑥ 텐션레벨의 변화의 특징

05 집단관리와 리더십

(1) **고전적 관리이론** 기출 21년 4회
　① 테일러 : 과학적 관리법을 통해 시간 연구를 통해서 근로자들에게 차별성과급제를 적용하면 효율적이라고 주장 기출 17년 4회
　② 테일러의 학습경험 조직의 원리 기출 19년 1회
　　ㄱ 계속성의 원리 : 경험요소가 계속적으로 반복되도록 조직화
　　ㄴ 계열성의 원리 : 경험의 수준을 갈수록 높여 깊이 있고 폭넓은 경험이 되도록 함
　　ㄷ 통합성의 원리 : 학습경험을 횡적으로 연결지어 조화롭게 통합
　③ 패욜 : 경영규모가 클수록 기술기능보다 관리기능의 확대를 주장
　④ 어윅 : 과학적 관리이론을 패욜 및 기타 고전적 조직 및 관리이론에 통합하려고 노력
　⑤ 베버 : 분업, 명확한 계층, 세부규칙, 규제를 갖는 관료조직을 주장

(2) 조직의 종류
① **프로젝트 조직** 기출 19년 1회
  ㉠ 과업중심의 조직
  ㉡ 특정과제를 수행하기 위해 필요한 자원과 재능을 여러 부서로부터 임시로 집중
  ㉢ 문제해결 완료 후 다시 본래의 부서로 복귀하는 형태
  ㉣ 시간적 유한성을 가진 일시적으로 잠정적인 조직
  ㉤ 목적지향이어서 목적 달성을 위해 기존의 조직에 비해 효율적이고 유연하게 운영됨
② 사업부제 조직
  ㉠ 라인조직에 여러 개의 사업부조직을 결합
  ㉡ 본사 전체의 기능별 조직 + 개별 사업부별 기능별 조직
  ㉢ 기업규모가 크고 시장세분화가 필요한 상황에 적합함
③ **매트릭스 조직** 기출 19년 1회
  ㉠ 라인조직을 열로, 프로젝트조직을 행으로 구성
  ㉡ 라인조직의 효율성/전문성 + 프로젝트 조직의 신축성/유연성
  ㉢ 외부환경의 변화가 심하고, 조직원의 능력이 뛰어난 경우 적합
  ㉣ 자원 활용의 효율성을 극대화 가능
  ㉤ 중규모 형태의 기업에서 시장 상황에 따라 인적자원을 효과적으로 활용할 수 있음
④ 네트워크 조직
  ㉠ 상호의존적
  ㉡ 상대조직을 흡수하면 추가부담이 있어 서로 독립성을 유지한 채 상대방의 자원을 자신의 자원처럼 활용
  ㉢ 수평적 혹은 수직적인 신뢰관계로 연결
  ㉣ 지역적 N조직 : 핵심기능만 본사에서 운영, 나머지는 지역분산
  ㉤ 기능적 N조직 : 주요경영기능 간의 네트워크로 경영조직 구성
⑤ 팀조직
  ㉠ 의사결정과정을 단순화하여 빠른 대응이 가능함
  ㉡ 상호보완적인 기술이나 지식을 갖는 구성원이 자율권을 갖고 업무를 수행
  ㉢ 동기부여가 쉬우나 유능한 구성원이 필요

(3) 집단관리
① 집단의 기능
  ㉠ 응집력
  ㉡ 행동의 규범
② **집단효과** 기출 21년 1회
  ㉠ 동조효과
  ㉡ 상승효과
  ㉢ 견물효과
  ㉣ 시너지효과 : 2개 이상의 요소들이 상호작용을 통해 더 큰 효과를 발생시키는 것

③ 집단효과의 결정요인
  ㉠ 참여와 분배
  ㉡ 문제해결과정
  ㉢ 갈등해소
  ㉣ 영향력과 동조
  ㉤ 의사결정 과정
  ㉥ 리더십
  ㉦ 의사소통
  ㉧ 지지와 신뢰
④ 집단관리 시 유의해야 할 사항
  ㉠ 집단규범(Group Norm)
    • 집단규범은 그 집단을 유지함
    • 집단목표 달성에 필수적인 요소
    • 자연발생적으로 형성되고, 변화가 가능하며 유동적
  ㉡ 집단 참가감(Participation)
    • 집단의 공헌도가 소속집단의 참가감과 결부됨
    • 집단 참가감은 목적달성을 위한 근무의욕을 향상시킴
⑤ 집단에서의 인간관계
  ㉠ 경쟁 : 상대보다 목표에 빨리 도달하고자 하는 노력
  ㉡ 공격 : 상대방을 압도하여 어떤 목적을 달성하려 함
  ㉢ 융합 : 상반되는 목표가 강제 타협, 통합에 의하여 공통된 하나가 됨
  ㉣ 코퍼레이션 : 협력, 조력, 분업
  ㉤ 도피와 고립 : 열등감에서 발생하며 소속된 인간관계에서 이탈
⑥ 집단 간 갈등(Inter Group Conflict)
  ㉠ 종류
    • 계층적 갈등 : 조직체의 계층 간에 발생하는 갈등
    • 기능적 갈등 : 부서 간, 팀 간 업무기능상의 역할차
    • 라인 스태프 : 실무라인과 전문 스태프 부서 간의 갈등
    • 문화적 차이에 의한 갈등 : 성, 연고관계, 종교측면에서 구성원들의 다양한 배경 차에서 발생
  ㉡ 집단 간 갈등요인 기출 19년 2회
    • 집단 간의 목표차이
    • 제한된 자원
    • 동일한 사안을 바라보는 집단 간의 인식과 지각차이
    • 과업목적과 기능에 따른 집단 간 견해와 행동 경향의 차이
  ㉢ 집단 간 갈등이 심할 때 기출 20년 1·2회 통합
    • 갈등관계에 있는 당사자들이 함께 추구해야 할 새로운 상위목표의 설정
    • 갈등의 원인을 찾아 공동으로 문제를 해결
    • 집단 간 접촉기회 증대
    • 갈등관계에 있는 집단들의 구성원들의 직무순환
    • 집단통합, 조직개편으로 갈등원인 제거
  ㉣ 집단 간 갈등이 너무 없을 때
    • 새로운 구성원을 투입하여 혁신적인 과업을 담당하게 함

- 새로운 분위기를 조성, 조직구조를 개편, 직무를 새로이 설계
- 포상, 상여금이용, 집단별로 경쟁유도

⑦ 소시오메트리(Sociometry) 기출 22년 1회
  ㉠ 구성원 상호 간의 신뢰도를 기초로 집단 내부의 동태적 상호관계를 분석하는 기법
  ㉡ 구성원들 간의 좋고 싫은 감정을 관찰, 검사, 면접 등을 통해 분석
  ㉢ Sociometry 연구조사에서 수집된 자료들은 Sociogram, Sociometrix 등으로 분석하여 집단 구성원 간의 상호관계 유형과 집결유형 선호인물 등 비공식적인 관계에 대한 역학관계를 도출할 수 있음
  ㉣ 선호신분지수(Choice Status Index) = 선호총계 ÷ (구성원수 − 1)
    - 구성원들의 선호도를 나타냄
    - 가장 높은 점수를 얻는 구성원은 집단의 자생적 리더
  ㉤ 집단의 응집력(Group Cohesiveness)
    - 구성원들이 서로에게 매력적으로 끌리어 목표를 효율적으로 달성하는 정도
    - 집단의 내부로부터 생기는 힘
    - 집단의 사기, 정신, 구성원들에게 주는 매력의 정도, 과업에 대한 구성원의 관심도
    - 응집성지수 = 실제 상호선호관계의 수 ÷ 가능한 상호선호관계의 총수(= nC_2)

    예 다음과 같은 소시오그램에서 4의 선호신분지수를 구하고 응집성지수를 구하시오.

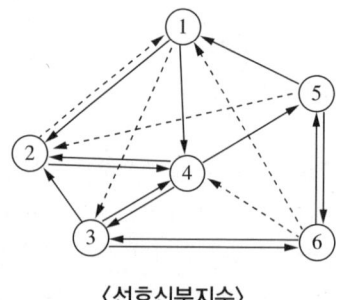

    〈선호신분지수〉

    선호신분지수 = 선호총계(3 − 1) ÷ (6 − 1) = 2 ÷ 5 = 0.4 기출 19년 1회, 19년 4회

⑧ 집단행동
  ㉠ 통제적 집단행동
    - 제도적 집단행동 : 합리적으로 구성원의 행동을 통제하고 표준화
    - 관습 : 풍습, 관례, 관행, 금기
    - 유행 : 공통적인 행동양식이나 태도
  ㉡ 비통제적 집단행동 기출 19년 4회
    - 군중 : 구성원 사이에 지위나 역할의 분화가 없고, 구성원 각자는 책임감과 비판력을 가지지 않음
    - 모브 : 폭동
    - 패닉 : 방어적
    - 심리적 전염 : 유행과 비슷하면서 행동양식이 이상적이며, 비합리성이 강함

⑨ 사회행동의 기본형태 기출 19년 1회, 22년 1회
  ㉠ 대립 : 공격, 경쟁
  ㉡ 융합 : 강제, 타협, 통합
  ㉢ 협력 : 조력, 분업
  ㉣ 도피 : 정신병, 자살

(4) 욕구저지 이론
 ① 로젠츠바이크의 욕구저지 공격반응
  ㉠ 외벌반응 : 욕구저지 장면에서 외부로 공격을 가함
  ㉡ 내벌반응 : 욕구저지 장면에서 자기 자신의 책임을 느껴 자기 자신에게 공격을 가함
  ㉢ 무벌반응 : 욕구저지 장면에서 공격을 회피하는 반응
 ② 로젠츠바이크의 욕구저지 장해에 대한 반응
  ㉠ 장애우위형 : 장해 그 자체에 대하여 강조
  ㉡ 자아방위형 : 저지당해 불만에 빠진 자아의 방위를 강조
  ㉢ 욕구고집형 : 저지권 욕구를 포기하지 않고 욕구충족을 강조

(5) 리더십
 ① 리더십의 정의 : L = f(L × F × S) = 리더십 = F(리더 × 추종자 × 상황)
 ② 리더십의 이론
  ㉠ 특성이론(Traits Theory) 기출 18년 2회, 19년 2회
   • 성공적인 리더의 개인적 특질, 특성을 찾아내려는 연구
   • 보통 사람들과 구별되는 지도자의 공통적 특성을 찾으려 함
   • 리더는 선천적으로 타고난 용모, 성격, 자질, 지능 등과 같은 고유의 개인적 특성을 갖고 있음
   • 연구자에 따라 리더십을 구성하는 특성 또는 자질을 다르게 제시
   • 특성 간의 우선순위를 정할 수가 없다는 한계점
  ㉡ 행동이론(Behavioral Approach)
   • 리더의 효과성은 집단에서의 리더의 행동 패턴에 의해 결정됨
   • 리더가 어떠한 사람인가보다는 리더가 어떠한 '행동'을 하느냐를 분석하는 것
   • 리더의 실제 행동에 대한 연구를 수행
   • 성공적인 리더들이 지니고 있는 독특한 지도행위는 어떤 유형의 지도 행위인지 그 유형 분석에 초점
   • Halpin과 Winer : 효과적 리더십, 인화중심 리더십, 과업중심 리더십, 비효과적 리더십으로 구분
   • 블레이크와 머튼(Blake&Mouton) : 무관심형(1,1), 컨트리클럽형(1,9), 과업형(9,1), 중간형(5,5), 팀형(9,9)으로 구분 기출 20년 1·2회 통합

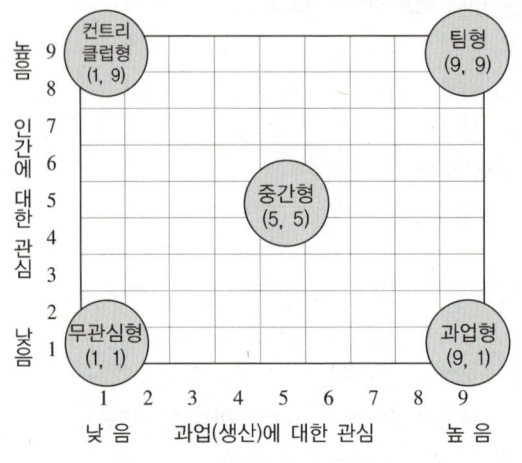

〈블레이크와 머튼의 관리격자이론〉

ⓒ 상황이론(Contingency Theory)
- 조직이 처한 특수한 상황에 대하여 역동적이고 융통성 있게 적응할 때 리더십의 효과가 극대화될 수 있다고 전제
- 리더십이란 사회적 상황과의 관계의 산물이며 상황이 다르면 리더 특성도 다르다고 전제함
- 조직이 처한 상황에 따라 리더십의 효과성이 결정됨
- 피들러(Fiedler)의 상황적 리더십 기출 20년 3회
  - 상황적 요인 : 과제의 구조화, 리더의 직위상 권한, 리더와 부하 간의 관계
  - LPC(Least Preferred Coworker)척도를 기준
  - LPC척도 : '가장 선호하지 않는 동료(Least Preferred Coworker)'에 대한 지도자의 태도를 묻는 8점 척도
  - 리더의 유형을 LPC가 높으면 관계중심형, 낮으면 과업중심형리더로 구분

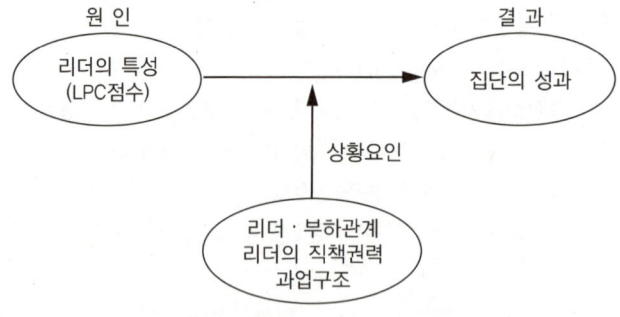

〈피들러의 상황적 리더십〉

- 허쉬와 블랜차드(Hersy&Blanchard)의 상황적 리더십 기출 21년 1회
  - 지시형(Telling)
  - 설득형(Selling)
  - 참여형(Participation)
  - 위임형(Delegating)

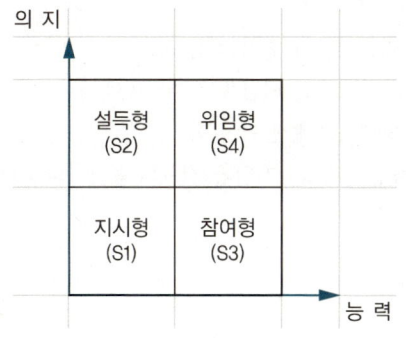

ⓔ 관리격자이론
- 블레이크와 머튼이 오하이오 주립대의 연구를 기초로 구체화
- 팀형(9.9) : 과업과 인간관계 모두에 관심, 가장 효과적인 스타일
- 과업형(9.1) : 과업중심
- 무관심형(1.1) : 리더십의 부재, 어디에도 관심을 갖지 않음
- 컨트리클럽형(1.9) : 과업은 관심이 없고 인간관계에만 관심
- 중간형(5.5) : 과업과 인간관계에 적당히 관심

③ 리더십의 종류
㉠ 거래적 리더십과 변혁적 리더십
- 교환적(거래적) 리더십 [기출] 19년 1회
  목표를 설정하고 그에 따르는 보상을 약속하는 교환과정으로, 전형적으로 목표의 설정과 성과의 모니터링 및 통제를 특징으로 하는 리더십
- 변혁적 리더십
  부하의 요구를 충족시키며 성과를 유도하는 교환관계의 수준을 넘어서서, 부하의 욕구와 내재적 동기수준을 높이고 나아가 도덕적 동기를 지향하게 함으로써 부하의 가치체계의 변화를 통해 개인, 집단, 조직의 변화를 이끌어가는 리더십

㉡ 하우스의 4가지 리더십
- 지시적 리더십(Directive)
  직무가 모호한 상황일 때 부하에게 목표에 이르는 경로를 명확히 이해하게 함으로써 부하들이 해야 할 일이 무엇인지 분명히 알려주고 구체적인 지시를 하달하고 직무를 명확히 해주는 리더십으로 구조 주도 또는 과업지향적 리더십과 유사함
- 후원적 리더십(Supportive)
  부하의 욕구를 배려하고, 복지에 관심을 가지며 만족스러운 인간관계를 강조하면서 후원적 분위기 조성에 노력하는 리더십으로 배려적 또는 인간지향적 리더십과 유사함
- 참여적 리더십(Participative)
  부하가 부적절한 보상 등에 의해 참여의 의욕이 낮을 경우, 부하 문제에 관하여 협의하며 부하의 의견과 제안을 고려하는 과정을 통해 동기부여를 함으로써 발휘되는 리더십
- 성취지향적 리더십(Achievement Oriented)
  도전적 목표를 설정하고, 탁월한 성과의 달성을 강조함으로써 부하의 능력 발휘를 격려하고 자율적 실행기회를 부여하는 리더십

④ 리더의 역할 4가지 역할
　㉠ 리더는 리더십 기술개발에 힘써야 함
　㉡ 리더는 부하와의 관계에 신뢰감을 유지하여야 함
　㉢ 리더는 집단의 당면목표에 힘써야 함
　㉣ 리더는 상벌, 경쟁과 협동, 개인과 집단의 문제를 해결해야 함
⑤ 리더의 구비요건 기출 23년 복원
　㉠ 화합성
　㉡ 통찰력
　㉢ 공익추구
　㉣ 정서적 안정성 및 활발성
⑥ 리더십의 유형
　㉠ 지도형태에 따른 분류 : 인간지향형, 임무지향형
　㉡ 산출방식에 따른 분류 : 선출된 자와 임명된 자
　㉢ 업무추진의 방식에 따른 분류 : 권의주의형, 민주형, 자유방임형
⑦ 지휘형태에 따른 리더십 기출 18년 4회
　㉠ 권위주의형(전제형)
　　• 독재적 리더십
　　• 조직이나 집단의 의사결정, 지위 및 통제에 관련된 중요한 사항은 주로 리더가 결정
　　• 집단의 활동, 장기적 목표에 관하여 집단과 토의하지 않고 혼자서 결정
　　• 자신의 권위를 강조하고, 할 일을 지시함
　　• 공식적 직위의 권력에 크게 의존하고 주어진 과업의 수행에 높은 가치를 둠
　　• 구성원의 욕구나 사람들과의 관계는 무시하는 유형
　　• 젊은 계층의 참신하고 창의적인 아이디어를 수용하는 데 어려움이 있음
　　• 현대사회와 같이 변화의 속도가 빠른 조직에서는 효과적인 리더십이 될 수 없음
　㉡ 민주형
　　• 참여형 리더십
　　• 조직의 목표설정, 의사결정 및 활동이 구성원의 자발적인 참여에 의하여 이루어짐
　　• 모든 활동을 하기 전에 항상 먼저 전체 집단이 토론
　　• 집단 구성원들이 각자 자신의 할 일과 자신의 파트너를 스스로 결정하도록 해줌
　　• 평등한 분위기를 발전시키는 것을 격려함
　　• 리더의 역할은 조직원들이 최대의 성과를 올릴 수 있도록 격려
　　• 일을 통하여 만족을 추구할 수 있도록 동기를 부여하는 것
　㉢ 자유방임형
　　• 리더가 소극적이고 방임적인 태도를 가지는 유형
　　• 리더의 역할을 거의 행사하지 않고 구성원들 스스로가 자신들을 이끌어 나가도록 허용
　　• 리더는 집단 활동에 거의 개입을 하지 않음
　　• 집단은 모든 결정을 아무런 감독자 없이 스스로 내림
　　• 리더는 주로 기술적인 정보를 제공하는 사람으로서만 기능

⑧ 리더십과 헤드십
  ㉠ 권한행사
  ㉡ 권한부여
  ㉢ 권한귀속
  ㉣ 상사와 부하와의 관계
⑨ 리더십의 4단계 변화
  지식의 변용 → 태도의 병용 → 행동의 변용(개인행동) → 집단 또는 조직에 대한 성과(집단행동)
⑩ 리더십의 기법(Hare M의 방법론)
  ㉠ 참가의 기회
  ㉡ 호소권의 부여
  ㉢ 관대한 분위기
  ㉣ 지식의 부여
  ㉤ 향상의 기회
  ㉥ 일관된 규율
⑪ 리더십의 기술
  ㉠ 경영기술
  ㉡ 인간기술
  ㉢ 전문기술
⑫ 헤드십의 특징 기출 18년 1회, 20년 4회, 21년 2회
  ㉠ 권한 근거는 공식적
  ㉡ 지휘 형태는 권위주의적
  ㉢ 상사와 부하와의 관계는 종속적
  ㉣ 상사와 부하와의 사회적 간격이 넓음
  ㉤ 임명에 의해 권한을 행사
⑬ 리더의 권한
  ㉠ 조직이 리더에게 부여하는 권한 기출 18년 2회, 24년 복원
    • 보상적 권한 : 보상자원을 행사할 수 있는 권한 기출 21년 4회
    • 강압적 권한 : 부하를 처벌할 수 있는 권한 기출 19년 4회, 21년 1회, 22년 2회
    • 합법적 권한 : 공식적인 지위에 근거하는 권한
  ㉡ 지도자 자신이 자신에게 부여하는 권한 기출 17년 4회, 18년 1회
    • 위임된 권한 : 부여받은 권력에 근거하는 권한
    • 전문성의 권한 : 개인적인 전문성에 근거하는 권한, 이용 가능한 정보나 기술에 관한 정보원으로서의 역할 수행

06 착오와 실수

(1) 착시

① 착시의 종류

㉠ 뮐러-레이어(Muller-Lyer)의 동화착시 : (a)가 (b)보다 길게 보이지만 실제 (a)와 (b)는 같다.

㉡ 헤름홀츠(Helmholz)의 분할착시 : (a)는 세로로 길게 보이고, (b)는 가로로 길게 보인다.

기출 23년 복원

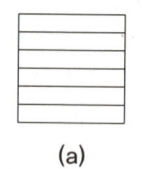 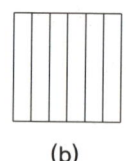

㉢ 헤링(Hering)의 착시 : 두 직선은 실제 평행하지만 선의 중심 부분이 곡선으로 보인다.

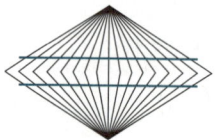

㉣ 쾰러(Köhler)의 착시 : 평행의 호를 본 경우 직선은 호의 반대방향으로 굽어 보인다.

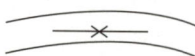

㉢ 포겐도르프(Poggendorff)의 착시 : (a)와 (b)가 연장선에 있지만, (a)와 (c)가 연장선처럼 보인다.

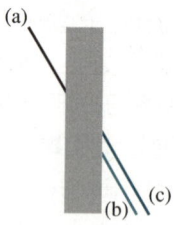

㉤ 죌러(Zöllner)의 방향착시 : 평행인 선이 평행이 아닌 것처럼 보인다.

ⓗ 오비슨(Orbison) 착시 : 안에 있는 원은 완전한 원이지만 굽어진 것처럼 보인다.

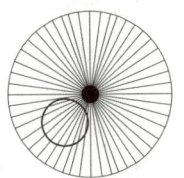

ⓢ 폰조(Ponzo)의 착시 : 원근법으로 인해 두 수평선부의 길이가 다르게 보인다.

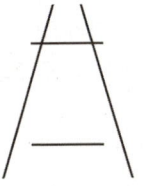

② **착각현상** 기출 18년 4회, 22년 2회
  ㉠ <u>유도운동</u> 기출 19년 4회
     실제로 움직이지 않지만 어느 기준의 이동에 의하여 움직이는 것처럼 느껴지는 착시현상
  ㉡ <u>가현운동(β-운동)</u> 기출 19년 2회, 21년 2회
     실제로는 움직임이 없으나 시각적으로 움직임이 있는 것처럼 느끼는 심리적인 현상
  ㉢ 자동운동
     • 암실 내에서 수미터 거리에 정지된 광점을 놓고 그것을 한동안 응시하고 있으면 그 광점이 움직이는 것처럼 보이는 현상
     • 자동운동이 생기기 쉬운 조건
       - 광점이 작을 것
       - 대상이 단순할 것
       - 광의 강도가 작을 것
       - 시야의 다른 부분이 어두울 것
③ **군화의 법칙(게슈탈트, Gestalt)**
  ㉠ 감각현상이 하나의 전체적이고 의미 있는 내용으로 체계화되는 과정
  ㉡ 종 류
     • 폐쇄성의 법칙(Law of Closure) : 기존의 지식을 토대로 완성되지 않은 형태를 완성시켜 인지함
     • 유사성의 법칙(Law of Similarity) : 유사한 자극 요소들을 함께 묶어서 지각, 비슷한 요소들을 하나의 집합적인 전체나 총합으로 인식
     • 근접성의 법칙(Law of Proximity) : 시간과 공간 차원에서 근접해 있는 자극 요소들을 함께 묶어서 지각, 멀리 떨어져 있는 물체보다 가까운 물체들에 대해 연관지어 지각
     • 연속성의 법칙(Law of Continuity) : 요소들이 부드러운 연속을 따라 함께 묶여 지각, 급격한 움직임의 변화를 좋아하지 않음, 시각 뿐만 아니라 청각, 움직임에 까지 적용가능
     • 단순성의 법칙(Law of Simplicity) : 특정 대상을 주어진 조건 하에서 최대한 가장 단순하고 간결할 수 있는 방향으로 인식, 완전한 원 1개와 부분적인 원 2개를 모두 원으로 인지함

- 공동운명의 법칙(Law of Common Fate) : 움직이는 요소들을 방향이 같은 것끼리 집합적으로 묶어서 한 요인으로 지각
- 대칭성의 법칙(Law of Symmetry) : 대칭적인 것은 균형과 안정감을 주며 좋은 모양으로 보게 함

(2) 주의력(Attention)

① <u>주의력의 4가지 특성</u> 기출 18년 2회, 19년 1회, 20년 1·2회 통합, 20년 4회, 21년 4회
   ㉠ 선택성 : 인간의 주의력은 한계가 있어 여러 작업에 대해 선택적으로 배분
   ㉡ 방향성 : 주의가 집중되는 방향의 자극과 정보에는 높은 주의력이 배분됨
   ㉢ 변동성 : 주의력의 수준이 높아졌다가 낮아지기를 반복함(수업시간이 50분인 이유)
   ㉣ 일점집중성 : 돌발사태에 직면하면 공포를 느끼게 되고 주의가 일점(주시점)에 집중 되어 판단이 불가능한 패닉상태에 빠짐

② 주의의 특성
   ㉠ 주의력 단속(변동)성(고도의 주의는 장시간 지속 불능)
   ㉡ 주의력의 중복집중의 곤란(주의는 동시에 두 개 이상의 방향을 잡지 못함)
   ㉢ 주의를 집중한다는 것은 좋은 태도라 할 수 있으나 반드시 최상이라 할 수는 없음
   ㉣ 한 지점에 주의를 집중하면 다른 곳의 주의는 약해짐

③ <u>인간의 Vigilance(주의하는 상태, 긴장상태, 경계상태) 현상에 영향을 끼치는 조건</u> 기출 19년 2회, 24년 복원
   ㉠ 검출능력은 작업시작 후 빠른 속도로 저하(30분 후 50%)
   ㉡ 발생빈도가 높은 신호일수록 검출률이 높고, 불규칙한 신호는 검출률이 낮음
   ㉢ 기계 자체 또는 관계되는 인간과 다른 물체에 미치는 영향을 최소한도로 감소시킬 수 있어야 함
   ㉣ 경고를 받고 나서부터 행동에 이르기까지 시간적인 여유가 있어야 함

④ 의식의 단계

의식수준	의식모드	주의의 작용모드	행동수준	신뢰성
0(δ파)	무의식, 실신	Zero	수 면	0
I (θ파)	의식몽롱, 피로, 단조	활발하지 않음 (부주의)	과로, 졸음	낮다(0.9 이하)
II (α파)	정상(느긋), 안전, 휴식, 정상작업 시	수동적(Passive 마음의 내측으로 작동)	안정, 휴식	높다 (0.99~0.99999)
III (β파)	정상(분명한 의식)	적극적(Active)	적극 활동	매우 높다 (0.99999 이상)
IV (β파, 간질파)	과긴장, 흥분, 패닉	주의과다 (일점에만 고집)	당 황	더 낮다(0.9 미만)

   ㉠ Phase 0 : 무의식 상태(수면상태, 실신한 상태 등)이기 때문에, 작업 중에는 있을 수 없는 상태
   ㉡ Phase I 기출 21년 2회
      - 몹시 피로하거나 단조로운 작업으로 인하여 의식이 뚜렷하지 않은 상태
      - 의식이 둔하고 강한 부주의 상태가 계속되며, 깜박 잊는 일과 실수가 많음

ⓒ Phase Ⅱ
- 단순한 일을 하고 있을 때와 같이 마음이 편안한 상태
- 예측기능이 활발하지 않고 사태를 분석하는 능력이 발휘되지 않는 상태
- 휴식 시의 편안한 상태, 전두엽은 그다지 활동하고 있지 않아 깜박하는 실수를 하기 쉬움

ⓓ Phase Ⅲ
- 의식수준이 명료하고 가장 적극적인 활동이 이루어짐
- 사태의 분석, 예측능력이 가장 잘 발휘되고 있는 상태로 의식은 밝고 맑음
- 전두엽이 완전히(활발히) 활동하고 있고, 실수를 하는 일도 거의 없음

ⓔ Phase Ⅳ
- 긴장의 과대 또는 정동(情動)흥분 시의 상태
- 대뇌의 에너지 수준은 매우 높지만, 주의가 눈앞의 한 점에 집중되어 사고협착에 빠져 있음
- 냉정한 분석이나 올바른 판단에 의한 임기응변의 대응이 불가능
- 실수를 범하기 쉽게 되고, 심하면 패닉상태가 되어 당황하거나 공포감이 엄습하여 대외의 정보처리기능이 분열상태에 빠짐
- 신뢰도는 Phase Ⅰ보다 더 낮음(Phase Ⅲ > Phase Ⅱ > Phase Ⅰ > Phase Ⅳ > Phase 0)

(3) 부주의

① 정의 기출 23년 복원

주의력이 떨어지는 상태로 의식의 저하, 의식의 혼란, 의식의 단절, 의식의 우회 등 4가지의 형태로 나타나며, 사고의 간접원인이 됨

② 부주의 원인

㉠ 의식의 단절
의식의 공백상태로 인지와 판단이 불가능(만취 : 의식은 깨어 있으나 흐름은 단절된 상태)

㉡ 의식의 우회
- 작업도중의 걱정, 고뇌, 욕구불만
- 의식이 내면으로 향하면 주의력도 내부로 향하게 되고 외부의 정보를 받아들이는 데 소홀

㉢ 의식수준의 저하
의식수준을 긴장한 상태로 장시간 유지할 수 없어 발생

㉣ 의식의 혼란
외적 조건에 의해 의식이 혼란하거나 분산되어 위험요인에 대응할 수 없을 때 발생

㉤ 의식의 과잉
주의력이 한 곳에만 집중되어 넓게 생각하고 판단하기 어렵게 됨

㉥ 억측판단(Risk Taking) 기출 19년 1회
- 초조한 심정이나 정보가 불확실할 때, 이전에 성공한 경험이 있는 경우
- 자동차를 운전할 때 신호가 바뀌기 전에 신호가 바뀔 것을 예상하고 자동차를 출발시키는 행동

㉦ 생략행위
귀찮은 생각에 해야 할 과정을 빠뜨리고 하는 행동

㉧ 근도반응
심리적으로 무리를 하여 지름길을 택하는 반응

③ **부주의의 원인과 대책** 기출 20년 3회
  ㉠ 외적 원인과 대책
    • 작업환경조건 불량 : 환경대비
    • 작업순서의 부적당 : 작업순서 정비
  ㉡ 내적 원인과 대책 기출 20년 4회
    • 소질적 문제 : 시각, 지능, 성격 등의 소질적 문제이며 적성배치로 해결
    • 의식의 우회 : 카운슬링
    • 경험, 미경험자 : 안전교육훈련
  ㉢ 정신적 측면에 대한 대책 기출 17년 4회
    • 주의력의 집중훈련
    • 스트레스의 해소
    • 안전의식의 고취
    • 작업의욕의 고취
  ㉣ 기능 및 작업적 측면에 대한 대책
    • 적성배치
    • 안전작업 방법 습득
    • 표준작업 동작의 습관화
  ㉤ 설비 및 환경적 측면에 대한 대책
    • 설비 및 작업환경의 안전화
    • 표준작업제도의 도입
    • 긴급 시의 안전대책

CHAPTER 03 안전보건교육

2과목 산업심리 및 교육

01 교육의 필요성과 목적

(1) 기본적 교육훈련

① 교육
  ㉠ 자연적 상태를 이상적 상태로 이끌어가는 작용
  ㉡ 교육의 종류 : 집합교육, OJT(On the Job Training), 자기계발(SD, Self Development)
  ㉢ 집합교육 : 교육 전용 시설 또는 그 밖에 교육을 실시하기에 적합 기출 17년 4회
  ㉣ 감각기관을 통한 교육훈련의 효과 : 시각 60%, 청각 20%, 촉각 15%, 미각 3%, 후각 2%

  기출 23년 복원

② 교육훈련의 목적 기출 20년 3회
  ㉠ 생산성 및 품질향상
  ㉡ 근로자를 산업재해로부터 방지
  ㉢ 안전보건에 대한 지식과 태도 향상
  ㉣ 재해의 발생으로 인한 경제적 손실방지

③ 교육훈련의 필요성
  ㉠ 작업자가 취급하는 대상물에 대한 위험성과 정보를 작업자에게 알릴 필요가 있음
  ㉡ 과학기술의 발전과 생산기술의 변화에 따라 생산공정이나 작업방법이 변화하고 있어 기존에 알고 있던 경험과 지식만으로는 새롭게 생겨난 위험에 대한 인식이 부족함
  ㉢ 위험작업이나 유해물질에 대한 지식과 이를 대하는 작업자의 기술과 태도 등은 몸에 체화될 때까지 반복하는 훈련이 필요
  ㉣ 사물의 안전화, 사람의 안전화가 이루어져야 사고를 막을 수 있기 때문에 사물의 안전화에 그칠 수는 없고 사람의 안전화를 위해 교육훈련이 필요함

④ 교육훈련의 핵심
  ㉠ 수강자가 어떤 것을 이해하고, 이해한 것을 어느 정도 실행하고, 어떻게 실행하는가를 보는 것이 중요
  ㉡ 교육훈련의 핵심은 수강자가 생각하고 행동하게 만드는 것
  ㉢ 수강자가 경험하고 배운 것을 최대한 활동하도록 만드는 것
  ㉣ 가르치는 사람이 갖고 있는 지식과 경험을 최대한 잘 전달
  ㉤ 수강자에게 실제 실습과 실험을 통해 몸으로 체화하도록 실질적 지도가 가능한 실습장이 필요

⑤ 교육의 종류 기출 19년 1회, 20년 3회
  ㉠ 지식교육 : 지식을 전달
  ㉡ 기능교육 : 안전기술을 습득

ⓒ 태도교육 : 어떤 일을 대하는 마음가짐
ⓔ 문제해결교육 : 어떠한 문제를 능숙하게 해결하는 방법
ⓜ 추후지도교육 : 지식, 기능, 태도교육을 반복하고, 정기적인 OJT를 실시

(2) 안전교육계획
① 안전교육계획의 준비계획
　㉠ 교육목표 설정
　㉡ 교육 대상자와의 범위설정
　㉢ 교육의 과정설정
　㉣ 교육 방법설정
　㉤ 보조자료, 강사, 조교의 편성
　㉥ 교육진행 사항
　㉦ 소요예산 산정
② 안전교육계획의 수립 및 추진 [기출] 20년 1·2회 통합
　교육의 필요성 발견 → 교육 대상 결정 → 교육 준비 → 교육 실시 → 교육의 성과를 평가
③ 안전교육계획 수립 시 고려할 사항
　㉠ 자료수집
　㉡ 현장의 의견반영
　㉢ 교육시행 체계와 관계 고려
　㉣ 법규정 교육과 그 이상의 교육
④ 교육의 3요소 [기출] 20년 1·2회 통합, 21년 2회
　㉠ 교육의 주체 : 강사, 선배, 사회인사
　㉡ 교육의 객체 : 교육생, 미성숙자
　㉢ 교육의 매개체 : 교재, 교실
⑤ 교재의 선택기준 [기출] 19년 2회
　㉠ 동적이면서 새로운 내용이어야 함
　㉡ 사회성과 시대성에 걸맞은 것이어야 함
　㉢ 설정된 교육목적을 달성할 수 있는 것이어야 함
　㉣ 교육대상에 따라 흥미, 필요, 능력 등에 적합해야 함
⑥ 교육목표에 관한 사항
　㉠ 교육 및 훈련의 범위
　㉡ 교육 보조자료의 준비 및 사용지침
　㉢ 교육훈련의 의무와 책임한계 명시
⑦ 학습지도의 5원리 [기출] 17년 4회, 20년 4회, 22년 2회
　㉠ 자발성의 원리 : 내적 동기가 유발된 교육
　㉡ 개별화의 원리 : 학습자의 요구와 능력에 맞는 교육
　㉢ 사회화의 원리 : 공동학습을 통한 서로 협력적이고 우호적인 교육
　㉣ 통합의 원리 : 의도적인 학습과 비의도적인 학습을 총체적으로 배움
　㉤ 직관의 원리 : 사유 작용을 거치지 아니하고 구체적인 사물을 직접 제시, 경험하여 파악

(3) 교육의 지도

① 교육지도의 원칙 [기출] 20년 4회, 23년 복원
  ㉠ 수강자 중심의 교육실시 : 교육생이 교육의 내용을 충분히 이해해야 함
  ㉡ 동기부여 : 교육생이 알려고 하는 의욕이 일어나게 해야 함
  ㉢ 반복 : 지식, 기능, 태도가 반복을 통해 몸에 체화되어야 함
  ㉣ 쉬운 것부터 시작 : 이해할 수 있고, 행동할 수 있는 것부터 시작하여 성취감을 느끼도록 해야 함
  ㉤ 한 번에 한 가지씩 : 한꺼번에 많은 것을 가르치지 않고 수용 가능한 범위에서 교육
  ㉥ 인상의 강화 : 중요한 핵심사항을 확실하게 알게 함
  ㉦ 오감을 활용 : 오감을 모두 활용할 수 있는 복합적 교육이 효과적
  ㉧ 기능적 이해 : 암기식, 주입식 교육이 아닌 기능적으로 왜 그래야 하는지 이해시킴

② 학습 및 강의
  ㉠ 학습의 목적 : 목적은 명확하고 간결, 수강자들의 지식, 경험, 능력, 배경, 요구, 태도 등에 유의
  ㉡ 학습의 목적 3요소 : 목표, 주제, 학습 정도 [기출] 18년 1회, 21년 1회, 21년 4회
  ㉢ 학습의 3요소 : 강사, 수강자, 교육내용
  ㉣ 안전교육 평가 : 관찰법, 테스트법
  ㉤ 학습의 전개과정 : 쉬운 것 → 어려운 것, 과거 → 현재 → 미래 순으로, 많이 사용하는 것 → 적게 사용하는 것, 간단한 것 → 복잡한 것
  ㉥ 학습정도의 4단계 : 인지 → 지각 → 이해 → 적용
  ㉦ 학습평가도구 : 타당도, 신뢰도, 객관도, 실용도 [기출] 19년 1회
  ㉧ 강의계획 4단계 : 학습목적과 학습성과의 설정 → 학습자료의 수집 및 체계화 → 강의방법의 설정 → 강의안 작성
  ㉨ 강의안의 작성 [기출] 19년 2회
    • 쉽고, 구체적, 논리적, 실용적으로 작성
    • 효율적 강의를 위한 내용을 연구하여 작성하되 강의계획과 강의내용을 구분
      - 강의 계획 : 강의제목, 학습목적, 학습정리, 강의 보조자료
      - 강의 내용 : 도입, 전개, 종결로 서술, 각 단계의 주요 항목보다 소요시간과 필요한 보조자료 명기

(4) 존 듀이(Jone Dewey)의 5단계 사고과정 [기출] 19년 4회, 20년 1·2회 통합

① 1단계 : 시사(Suggestion)를 받는다.
② 2단계 : 지식화(Intellectualization)한다.
③ 3단계 : 가설(Hypothesis)을 설정한다.
④ 4단계 : 추론(Resoning)한다.
⑤ 5단계 : 행동에 의하여 가설을 검토한다.

(5) 기술교육 4단계법 기출 21년 1회
① 준비단계(Preparation)
② 일을 하여 보이는 단계(Presentation)
③ 일을 시켜 보는 단계(Performance)
④ 보습지도의 단계(Follow Up)

02 학습이론

(1) 학습전이
① 개 요
  ㉠ 학습한 내용을 새로운 장면에 적용하여 사용하는 것을 의미
  ㉡ 단기기억보다는 장기기억과 관련이 있음
② 종 류
  ㉠ 긍정적 전이 : 이전에 학습한 것이 새로운 상황에서도 잘 기억되고 적용
  ㉡ 부정적 전이(소극적 전이) : 이전에 학습한 것이 다음 과제를 학습하는 데 방해가 됨
  ㉢ 수평적 전이 : 학습한 것이 학습한 내용과 다르긴 하지만 서로 비슷한 수준의 과제를 수행할 때 적용
  ㉣ 수직적 전이 : 이전에 학습한 것이, 그보다 상위 수준의 과제를 학습하는 데 적용되는 경우
③ 학습전이의 조건 기출 20년 3회
  ㉠ 유사성 : 선행학습과 후행학습 사이에 유사성이 있을 때 전이가 잘 일어남
  ㉡ 학습의 정도 : 선행학습이 철저하고 완전하게 이루어질수록 전이가 잘 일어남
  ㉢ 시간적 간격 : 선행학습과 후행학습 사이에 시간적 간격이 짧아야 전이가 잘 일어남
  ㉣ 지적 능력 : 학습자의 지적 능력이 높을수록 전이가 잘 일어남
  ㉤ 학습의 원리와 방법 : 학습자가 학습의 원리와 방법을 잘 알면 전이가 잘 일어남
④ 학습전이 이론 기출 18년 4회
  ㉠ 형식도야설 : 기본능력만 잘 훈련되면 그 효과는 여러 가지의 특수한 분야에 걸쳐서 전이됨
  ㉡ 동일요소설 : 이전의 학습과 새로운 학습 사이에 동일한 요소가 있을 때 서로 연합이 일어남
  ㉢ 일반화설 : 내용 간에 원리가 같을 때 전이가 일어남
  ㉣ 형태이조설 : 경험하거나 학습한 형태가 새로운 경험이나 학습과 형태에 있어서 비슷할 때 앞의 형태가 위상적 이동을 하여 전이가 일어남

(2) 페다고지(Pedagogy)와 안드라고지(Andragogy) 모델
① 페다고지(Pedagogy)
  ㉠ 어린이를 가르치는 기술 : Paida(어린이) + Agogos(지도하다, 이끌다)
  ㉡ 교사중심 교육이며 가르치는 것이 중심이 되며 교과중심적인 성향
  ㉢ 학습자의 경험은 학습자원으로의 가치가 없다고 봄
  ㉣ 교수자는 가르치는 선생님의 역할을 수행
  ㉤ 교사의 주도하에 계획, 목표설정, 평가가 이루어짐

② **안드라고지(Andragogy)** 기출 18년 2회, 21년 4회
- ㉠ 성인을 가르치는 기술 : Andros(성인) + Agogos(지도하다, 이끌다)
- ㉡ 학습자 중심 교육이며 학습자가 스스로 배우고 주도해 나가는 학습 상황, 과정을 의미. 과업중심, 문제중심, 생활중심의 성향
- ㉢ 학습자의 경험이 학습자원으로서 가치가 있다고 봄
- ㉣ 교수자는 지원자와 조력자(Facilitator)의 역할을 수행
- ㉤ 학생과 교사 간 상호협동에 의해서 계획, 목표설정, 평가가 이루어짐

(3) **구안법(Project Method)** 기출 20년 1·2회 통합, 21년 1회, 24년 복원
① 학생이 마음속에 생각하고 있는 것을 외부에 구체적으로 실현하고 형상화하기 위해서 자기 스스로가 계획을 세워 수행하는 학습 활동
② Collings는 구안법을 탐험(Exploration), 구성(Construction), 의사소통(Communication), 유희(Play), 기술(Skill)의 5가지로 구분
③ 목적, 계획, 수행, 평가의 4단계로 구성
④ 구안법 특징
- ㉠ 동기부여가 충분
- ㉡ 현실적인 학습방법
- ㉢ 작업에 대하여 창조력이 생김
- ㉣ 시간과 에너지가 많이 소비됨

03 교육의 분류

(1) 교육의 분류
① **강의법** 기출 20년 4회
- ㉠ 교사가 일방적으로 설명하거나 제시하는 형식의 교수법
- ㉡ 다른 방법에 비해 경제적
- ㉢ 교육 대상 집단 내 수준차로 인해 교육의 효과가 감소할 가능성이 있음
- ㉣ 상대적으로 피드백이 부족함
② **세미나** : 세미나는 해당 주제 분야에서 전문적 식견을 갖춘 5~30명 정도의 권위 있는 전문가에 의해서 수행되는 토의방식
③ **실연법** : 수업의 중간이나 마지막 단계에 행하는 것으로써 언어학습이나 문제해결 학습에 효과적인 학습법 기출 19년 1회
④ **시청각법** : 교육대상자수가 많고 교육대상자의 학습능력의 차이가 큰 경우 집단 안전교육방법으로, 학습자들에게 공통의 경험을 형성시킴 기출 18년 4회, 20년 4회, 23년 복원
⑤ **면접법** : 파악하고자 하는 연구과제에 대해 언어를 매개로 구조화된 질의응답을 통하여 교육하는 기법
기출 18년 4회, 21년 4회

(2) OJT & Off.J.T

① <u>OJT(On Job Training)</u> 기출 19년 1회
  ㉠ 관리감독자 등 직속상사가 부하직원에 대해서 일상 업무를 통하여 지식, 기능, 문제해결 능력 및 태도 등을 교육훈련하는 방법으로, 개별교육 및 추가지도에 적합
  ㉡ 장 점 기출 17년 4회, 24년 복원
    • <u>개개인에게 적절한 지도훈련이 가능</u> 기출 21년 4회, 22년 1회
    • <u>직장의 실정에 맞게 실제적 훈련이 가능</u> 기출 17년 4회
    • 즉시 업무와 연결되는 장점이 있음
    • 훈련에 필요한 업무의 계속성이 끊어지지 않음
    • 효과가 곧 업무에 나타나며 훈련의 좋고 나쁨에 따라 개선이 쉬움
    • 훈련효과를 보고 상호신뢰, 이해도가 높아지는 것이 가능

② <u>Off.J.T(Off the Job Training)</u> 기출 18년 1회, 18년 4회, 20년 3회, 22년 2회, 23년 복원
  ㉠ 공통된 교육목적을 가진 근로자를 일정한 장소에 집합시켜 교육
  ㉡ 특 징
    • 훈련에만 전념하게 됨
    • 전문가를 강사로 활용할 수 있음
    • 특별 설비기구를 이용하는 것이 가능
    • 다수의 근로자에게 조직적 훈련이 가능
    • 각 직장의 근로자가 많은 지식이나 경험을 교류할 수 있음
    • 교육 훈련 목표에 대하여 집단적 노력이 흐트러질 수 있음

③ 교육전개 기본방법
  ㉠ 사고사례 중심의 안전교육
  ㉡ 안전작업을 위한 안전교육
  ㉢ 안전의식 향상을 위한 안전교육

④ <u>안전교육 목적</u> 기출 18년 2회
  ㉠ 인간정신의 안전화
  ㉡ 행동의 안전화
  ㉢ 환경의 안전화
  ㉣ 설비와 물자의 안전화

⑤ 안전교육의 기능과 역할
  ㉠ 기 능
    • 전달기능
    • 경험적 기능
    • 습관형성 기능
  ㉡ 역 할
    • 안전지식의 함양
    • 안전기능의 체득
    • 안전태도의 향상

⑥ 개별안전교육방법과 집단안전교육방법 기출 18년 1회
  ㉠ 개별안전교육방법
    • 일을 통한 안전교육
    • 상급자에 의한 안전교육
    • 안전기능 교육의 추가지도
  ㉡ 집단안전교육방법
    문답방식에 의한 안전교육

(3) 토의식 교육 기출 18년 4회, 21년 2회
① 특 징
  ㉠ 구두표현을 통해 서로의 의견을 교환함으로써 각자 알고 있는 지식을 심화시키거나 어떠한 자료에 대해 보다 명료한 생각을 갖도록 하는 교육방법
  ㉡ 교육의 주역은 참가자로 현장의 관리감독자 교육을 위하여 가장 바람직한 교육방식
  ㉢ 참가자가 자주적, 적극적이 됨
  ㉣ 상호통행적, 상호개발적
  ㉤ 교육내용을 참가자 전원에게 주의시키기 쉬움
  ㉥ 중지를 모아 문제의 대책을 검토할 수 있음
② 토의식 교육의 종류 기출 18년 1회
  ㉠ 문제법(Pproblem Method) 기출 19년 2회, 22년 2회
    • 문제의 인식 → 해결방안연구계획 → 자료의 수집 → 해결방법 실시 → 정리와 검토
    • 학생이 생활하고 있는 현실적인 장면에서 당면하는 여러 문제들을 해결해 나가는 과정으로 지식, 기능, 태도, 기술 등을 종합적으로 획득하도록 하는 학습방법
  ㉡ 사례연구법(Case Study) 기출 20년 3회
    • 먼저 사례를 제시하고 문제적 사실들과 그의 상호관계에 대해 검토, 대책토의
    • 의사소통 기술이 향상
    • 문제를 다양한 관점에서 바라보게 됨
    • 강의법에 비해 현실적인 문제에 대한 학습이 가능함
  ㉢ 포럼(Forum) 기출 17년 1회, 18년 4회, 21년 4회
    • 새로운 자료나 교재를 제시하고 문제점을 피교육자로 하여금 제기하게 하거나
    • 그것에 관한 피교육자의 의견을 여러 가지 방법으로 발표하게 하고,
    • 청중과 토론자간에 활발한 의견 개진과 충돌로 바람직한 합의를 도출해내는 교육 실시방법
  ㉣ 심포지엄(Symposium)
    • 몇 사람의 전문가에 의하여 과제에 관한 견해를 발표한 뒤
    • 참가자로 하여금 의견이나 질문을 하게 하여 토의
  ㉤ 패널 디스커션(Panel Discussion) 기출 17년 4회, 21년 2회
    • 참가자 앞에서 소수의 전문가들이 과제에 관한 견해를 발표하고 토론한 뒤
    • 참가자 전원이 참가하여 사회자의 사회에 따라 토의

ⓑ 버즈 세션(Buzz Session)
6-6 method, 분단토의 라고도 하며, 사회자와 기록계를 선출하고 나머지 사람은 6명씩 소집단으로 구분하고 소집단별로 각각 사회자를 선발하여 6분씩 자유토의를 하는 학습법

ⓢ 롤 플레잉(Role Playing)
심리요법의 하나로 자기 해방과 타인체험을 목적으로 하는 체험활동을 통해 대인관계에서의 태도 변용이나 통찰력, 자기이해를 목표로 개발된 학습법

ⓞ 케이스 메소드(Case Method)
실제의 사례 또는 그것을 기초로 한 이야기를 소재로 하여 주로 집단토의를 통해서 경영관리상의 여러 가지 문제를 터득하고 이해를 깊게 하는 학습법

(4) 강의식 교육 기출 18년 2회, 19년 2회, 19년 4회, 20년 1·2회 통합, 20년 3회, 24년 복원

① 장 점
㉠ 도입단계에서 가장 적합
㉡ 다른 방법에 비해 경제적으로 수강자 1인당 경비가 낮음
㉢ 짧은 시간 동안 많은 내용을 전달해야 하는 경우에 적합
㉣ 생각이나 원리, 법규 등을 단시간에 체계적, 이론적으로 다수에게 전달

② 단 점
㉠ 상대적으로 피드백이 부족함
㉡ 참가자 개개인에 동기부여가 어려움
㉢ 기능적, 태도적인 것의 교육이 어려움
㉣ 발언, 질문이 어렵고 참여의식이 낮음
㉤ 수강자의 집중도나 흥미의 정도가 낮음
㉥ 강사의 결론, 요청을 타인의 일로 받아들이기 쉬움
㉦ 교육의 주역은 강사로 수강자는 의타적, 소극적이 되기 쉬움
㉧ 일방 통행적, 개인 개발적, 교육내용을 철저하게 주의시키기 어려움
㉨ 참가자의 납득, 협조를 얻기 어렵고 목표달성 의욕도 환기시키기 어려움
㉩ 교육 대상 집단 내 수준차로 인해 교육의 효과가 감소될 가능성이 있음

(5) 교수의 과정 6단계
① 1단계 : 교수 목록 진술
② 2단계 : 사전 평가
③ 3단계 : 보충 과정(특별지도)
④ 4단계 : 교수 전략 결정
⑤ 5단계 : 교수 전개(수업전체)
⑥ 6단계 : 평가

(6) 하버드 학파의 5단계 교수법 기출 18년 2회, 20년 4회
① 1단계 : 준비
② 2단계 : 교시
③ 3단계 : 연합
④ 4단계 : 총괄
⑤ 5단계 : 응용
⑥ 6단계 : 평가

(7) 안전지도 방법의 최적수업 방법 기출 18년 1회, 21년 4회
① 도입 : 강의법, 시범법
② 정리 : 자율학습법
③ 전개, 정리 : 반복법, 토의법, 실연법
④ 도입, 전개, 정리 : 프로그램학습법, 모의학습법, 학생상호학습법

프로그램 학습의 장점	• 학습자가 자신의 능력과 학습속도에 맞추어 자신의 학습을 진행할 수 있다. • 자율학습이 가능하므로 자기가 원하는 시간, 원하는 장소에서 학습을 할 수 있다. • 즉각적인 피드백이 제공되므로 학습의 효과를 높일 수 있다.
프로그램 학습의 단점	• 프로그램 자료를 개발하는 데 상당한 시간과 노력, 비용이 든다. • 주어진 프로그램에 따라 나아가다 보면 학습자의 소극적인 순응을 조장하여, 창의력 증진이나 자기표현의 기회를 갖지 못하게 된다. • 구성원간의 상호작용적인 의사소통을 촉진하지 못해 사회성이 결여되기 쉽다.

(8) 앞선 교육이 뒤에 실시한 학습을 방해하는 조건
① 앞의 학습이 불완전할 경우
② 앞뒤의 학습내용이 비슷한 경우
③ 뒤의 학습을 앞의 학습 직후에 실시하는 경우
④ 앞의 학습내용을 제어하기 직전에 실시하는 경우

(9) 관리감독자 교육
① 기업내 정형교육(TWI, Training Within Industry)
   ㉠ 주로 감독자를 교육대상자로 하며 5요건을 구비해야 함
     • 직무에 관한 지식
     • 책임에 관한 지식
     • 작업을 가르치는 능력
     • 작업방법을 개선하는 기능
     • 사람을 다루는 기량
   ㉡ TWI의 교육내용 기출 19년 1회
     • 작업방법훈련(JMT, Job Method Training)
     • 작업지도훈련(JIT, Job Instruction Training)
     • 인간관계훈련(JRT, Job Relation Training)
     • 작업안전훈련(JST, Job Safety Training)

② MTP(Management Training Program) 기출 19년 4회
  ㉠ 한 클래스는 10~15명
  ㉡ 2시간씩 20회에 걸쳐 40시간 훈련
③ ATT(American Telephone&Telegraph company) 기출 20년 3회
  ㉠ 1차 훈련(1일 8시간씩 2주간)
  ㉡ 2차 과정에서는 문제가 발생할 때마다 실시
  ㉢ 진행방법은 통상 토의식에 의함
  ㉣ 지도자의 유도로 과제에 대한 의견을 제시하여 결론을 내려가는 방식
  ㉤ 교육내용
    • 인사관계, 고객관계
    • 훈련, 안전
    • 작업의 감독
    • 계획적인 감독
    • 개인작업의 개선
    • 종업원의 기술향상
    • 인원배치 및 작업의 계획
    • 공구와 자료의 보고 및 기록
④ CCS(Civil Communication Section) 기출 17년 4회
  ㉠ 주로 강의법에 토의법이 가미된 것
  ㉡ 매주 4일, 4시간씩으로 8주간(합계 128 시간)에 걸쳐 실시
  ㉢ ATP(Administration Training Program)라고도 하며, 당초 일부회사의 톱매니지먼트에 대해서만 행해졌음
  ㉣ 정책의 수립, 조직, 통제, 운영 등의 교육내용을 다룸

04 교육심리학

(1) 파지와 망각 기출 21년 4회
  ① 파지(Retention)
    과거의 학습경험이 어떠한 형태로 현재와 미래의 행동에 영향을 주는 작용
  ② 망 각
    파지의 행동이 지속되는 않는 것
  ③ 기억의 과정 : 기명 → 파지 → 재생 → 재인 기출 18년 2회, 24년 복원
    ㉠ 기억 : 과거의 경험이 어떠한 형태로 미래의 행동에 영향을 주는 작용
    ㉡ 기명 : 사물의 인상을 마음에 간직함
    ㉢ 파지 : (간직) 인상이 보존되는 것
    ㉣ 재생 : 보존된 인상이 다시 의식으로 떠오르는 것
    ㉤ 재인 : 과거에 경험했던 것과 같은 비슷한 상태에 부딪혔을 때 떠오르는 것

④ 망각 방지법
  ㉠ 적절한 지도 계획을 수립하여 연습할 것
  ㉡ 연습은 학습한 직후에 시키며, 간격을 두고 때때로 연습할 것
  ㉢ 학습자료는 학습자에게 의미를 알게 질서 있게 학습시킬 것
⑤ 에빙하우스의 망각곡선 기출 19년 4회
  ㉠ 학습 직후에 망각률이 가장 높음
  ㉡ 1시간 경과 후 50% 이상 망각
  ㉢ 1일 경과 후 70% 이상 망각
  ㉣ 1개월 경과 후 80% 이상 망각
⑥ 시행착오에서의 학습법칙
  ㉠ 연습의 법칙 : 모든 학습은 연습을 통하여 진보 향상되고 바람직한 행동의 변화를 가져옴
  ㉡ 효과의 법칙 : 결과의 법칙, 어떤 일을 계획하고 실천해서 그 결과가 자기에게 만족스러운 상태에 이르면 더욱 그 일을 계속하려는 의욕이 생김
  ㉢ 준비성의 법칙 : 준비성이란 학습을 하려고 하는 모든 행동의 준비적 상태를 말함. 준비성이 사전에 충분히 갖추어진 학습활동은 학습이 만족스럽게 잘되지만, 준비성이 되어 있지 않을 때에는 실패하기 쉬움

(2) 자극(S)과 반응(R)
  ① 시행착오설의 학습원리 기출 20년 1·2회 통합, 21년 1회
    ㉠ 시간의 원리(Time Principle)
    ㉡ 강도의 원리(Intensity Principle)
    ㉢ 일관성의 원리(Consistency Principle)
    ㉣ 계속성의 원리(Continuity Principle)
  ② 시행착오설 학습의 법칙 기출 18년 1회
    ㉠ 연습 또는 반복의 법칙
    ㉡ 효과의 법칙
    ㉢ 준비성의 법칙
  ③ 적응기제의 기본형태 기출 19년 1회, 21년 2회, 21년 4회, 22년 2회

방어적 기제	도피적 기제
• 보 상 • 합리화 • 동일시 • 승 화	• 고 립 • 퇴 행 • 억 압 • 백일몽

  ④ 전습법과 분습법의 장점
    ㉠ 전습법
      • 망각이 적음
      • 학습에 필요한 반복이 적음
      • 연합이 생김
      • 시간과 노력이 적음

ⓒ 분습법
　　　　• 어린이는 분습법을 좋아함
　　　　• 학습효과가 빨리 나타남
　　　　• 주의와 집중력의 범위를 좁히는데 적합
　　　　• 길고 복잡한 학습에 적합
⑤ 망상인격 : 편집성 인격
　　㉠ 자기주장이 강함
　　㉡ 빈약한 대인관계
　　㉢ 유머결핍
　　㉣ 과민성, 완고, 질투, 시기심이 강함
　　㉤ 소외될 경우 악의적 행동
⑥ 강박인격
　　㉠ 완벽주의자로서 항시 만족을 못 느낌
　　㉡ 엄격하고 지나칠 정도로 양심적
　　㉢ 우유부단
　　㉣ 욕망절제
　　㉤ 기준에 적합하도록 지나치게 신경 쓰는 자
⑦ 순환인격
　　㉠ 외부의 자극과 관계없이 울적한 상태에서 쾌적한 상태로 변하는데 시간이 오래 걸림
　　㉡ 명랑한 상태에서는 외향적, 따뜻하고 친하기 쉬운 자, 정력적이고 적극적인 사람으로 왜곡판단
⑧ **적응과 역할(Super, D, E의 역할이론)** 기출 20년 3회
　　㉠ **역할연기(Roll Playing)** 기출 19년 4회, 22년 1회

장점	• 감수성이 향상되고 자기의 태도에 반성과 창조성이 생긴다. • 의견발표에 자신감이 생기고 관찰력이 풍부해진다. • 흥미를 갖고, 문제에 적극적으로 참가한다. • 자기 태도의 반성과 창조성이 생기고, 발표력이 향상된다. • 문제의 배경에 대하여 통찰하는 능력을 높임으로써 감수성이 향상된다. • 의견발표와 표현에 자신감이 생기는 효과가 있다. • 생각하는 것과 실제로 행동하는 것의 차이를 인식할 수 있으며 실제 상황과 가까워서 현실감 있는 학습 가능하다. • 타인의 연기에 대한 관찰을 통해 기발한 아이디어나 영감을 얻을 수도 있다.
단점	• 목적과 계획이 명확하지 않으면 학습으로 연계되지 않을 수 있다. • 연기에 몰입이 쉽지 않으며 산만한 분위기가 조성될 수도 있다. • 준비시간이 많이 소요되는 편이며 교육효과 예측과 평가에 어려움이 있다. • 연기 자체에 대해 비적극적이거나 거부감이 있는 구성원이 있을 수 있으며 비판적인 사람의 경우, 그 행동이 강화될 여지도 있다.

　　㉡ 역할기대
　　　　자기 자신의 역할을 기대하고 감수하는 자는 자기 직업에 충실하다고 봄
　　㉢ 역할조성
　　　　여러 가지 역할이 발생시 그 중 어떤 역할에는 불응 또는 거부감을 나타내거나 또 다른 역할에는 적응하여 실현하기 위해 일을 구할 때 발생

② 역할갈등 기출 17년 4회
- 작업 중 서로 상반된 역할이 기대될 경우에 발생
- 역할갈등의 원인 : 역할마찰, 역할부적합, 역할모호성

⑨ 인간의 착상심리
㉠ 인간의 생각은 건전하다고만 볼 수 없음
㉡ 대표적인 판단상의 공통적 과오의 실험결과를 나타낸 것으로서 심리학 전공의 남녀 1,400명(남녀 각각 700명)을 상대로 조사
㉢ 조사결과

잘못 생각하는 내용	남(%)	여(%)
무당은 미래를 예측할 수 있다.	20	21
아래턱이 마른 사람은 의지가 약하다.	20	22
여자는 남자보다 지력이 열등하다.	11	8
인간의 능력은 태어날 때부터 동일하다.	21	24
얼굴을 보면 지능 정도를 알 수 있다.	23	29
민첩한 사람은 느린 사람보다 착오가 많다.	26	26
눈동자가 자주 움직이는 사람은 정직하지 못하다.	23	36

⑩ 인지이론의 학습(형태이론)
㉠ 통찰설
- 복잡한 학습은 통찰을 통해 일어남('아하!'의 경험)
- 문제해결의 목적과 수단의 관계에서 통찰이 성립되어 일어나는 것
㉡ 장이론 : 학습에 해당하는 인지구조의 성립 및 변화는 심리적 생활공간에 의함
㉢ 기호형태설 : 어떤 구체적인 자극은 유기체의 측면에서 볼 때 일정한 형의 행동결과로서의 자극 대상을 도출

CHAPTER 04 교육방법

2과목 산업심리 및 교육

01 교육의 종류

(1) 안전보건교육

① 개 요
   ㉠ 인간은 본능적으로 안전욕구를 가지고 있음
   ㉡ 안전을 확보하는 기술과 방법에 대한 지식이 미흡하여 재해가 발생함
   ㉢ 안전교육은 안전 지식과 기능을 부여하고 태도형성을 습관화
   ㉣ 안전에 대한 지식, 기능, 태도 등의 종합능력을 확보하는 것

② 안전교육의 목적
   ㉠ 근로자를 재해로부터 미연에 보호
   ㉡ 직간접 경제적 손실 방지
   ㉢ 지식, 기능, 태도 향상 – 생산방법 개선
   ㉣ 안심감, 기업에 대한 신뢰감 부여
   ㉤ 생산성, 품질향상

③ 교육의 3단계
   ㉠ 1단계 : 지식교육(준비 → 제시 → 적용 → 평가) 기출 18년 2회, 21년 4회
      • 안전의식의 향상
      • 안전에 대한 책임감 주입
      • 안전규정 숙지를 위한 교육
      • 기능·태도교육에 필요한 기초지식 주입을 위한 교육
   ㉡ 2단계 : 기능교육 기출 19년 2회, 22년 1회, 24년 복원
      • 작업방법, 취급 및 조작행위를 몸으로 숙달시키는 교육
      • 개인의 반복적 시행착오가 필요함
      • 안전장치(방호장치) 관리기능에 관한 교육
      • 교육대상자가 자발적으로 행함으로서 얻어짐
      • 시범, 견학, 실습, 현장실습 교육을 통한 경험체득과 이해

ⓒ 3단계 : 태도교육 [기출] 18년 2회, 19년 2회, 19년 4회, 20년 1·2회 통합
- 생활지도, 작업동작지도 등을 통한 안전의 습관화
- 작업동작 및 표준작업방법의 습관화
- 공구·보호구 등의 관리 및 취급태도의 확립
- 작업지시·전달·확인 등의 언어·태도의 정확화 및 습관화
- 청취, 이해, 납득, 모범, 권장, 칭찬, 처벌
- 인간의 행동은 태도에 따라 달라짐
- 태도가 결정되면 장시간 유지됨
- 개인의 심적 태도교정보다 집단의 심적 태도교정이 더 어려움
- 태도의 3가지 구성요소 : 인지적 요소, 정서적 요소, 행동경향요소 [기출] 22년 2회

④ 교육진행 4단계 [기출] 19년 4회, 23년 복원

1단계 : 도입(Preparation)	학습준비, 흥미제공, 주의집중, 동기유발
2단계 : 제시(Presentation)	작업설명, 핵심이 되는 점을 확실하게 이해시킴
3단계 : 적용(Performance)	실습 위주의 상호학습, 교육내용을 복습 및 정리하는 자율학습
4단계 : 확인(Follow-up)	교육이해도 확인, 잘못된 것을 수정, 교육방법 개선검토

⑤ 작업지도의 기법 4단계

1단계	2단계	3단계	4단계
학습을 준비시킨다 (준비단계)	작업을 설명한다 (시범단계)	작업을 시켜본다 (실습단계)	가르친 뒤 살펴본다 (사후지도단계)
• 배우고 싶은 의욕을 갖도록 한다. • 무슨 작업을 할 것인가를 말해준다. • 그 작업에 대해 알고 있는 정도를 확인한다. • 정확한 위치에 자리잡게 한다.	• 주요단계를 하나씩 설명한다. • 시험해 보이고, 그려 보인다. • 급소를 강조한다. • 이해할 수 있는 능력 이상으로 강요하지 않는다.	• 작업을 시켜보고 잘못을 고쳐준다. • 작업을 시키면서 설명하게 한다. • 다시 한번 시키면서 급소를 말하게 한다. • 확실히 알았다고 할때까지 확인한다.	• 책임감을 가지고 일에 임하도록 한다. • 모르는 것이 있을 때에는 물어볼 사람을 정해준다. • 자주 살피고 확인한다. • 질문을 하도록 분위기를 조성한다. • 점차 지도횟수를 줄여간다.

⑥ 교육훈련을 통한 기업의 효과 [기출] 19년 2회
㉠ 리더십과 의사소통기술이 향상
㉡ 작업시간이 단축되어 노동비용이 감소
㉢ 직무수행의 개선으로 생산성 향상
㉣ 직무만족과 직무충실화로 인하여 직무태도가 개선

02 안전보건교육 교육대상별 교육내용

(1) 근로자 안전보건교육 기출 23년 복원

① **근로자 정기교육** 기출 20년 1·2회 통합
  ㉠ 산업안전 및 사고 예방에 관한 사항
  ㉡ 산업보건 및 직업병 예방에 관한 사항
  ㉢ 위험성 평가에 관한 사항
  ㉣ 건강증진 및 질병 예방에 관한 사항
  ㉤ 유해·위험 작업환경 관리에 관한 사항
  ㉥ 산업안전보건법령 및 산업재해보상보험 제도에 관한 사항
  ㉦ 직무스트레스 예방 및 관리에 관한 사항
  ㉧ 직장 내 괴롭힘, 고객의 폭언 등으로 인한 건강장해 예방 및 관리에 관한 사항

② **관리감독자 정기교육**
  ㉠ 산업안전 및 사고 예방에 관한 사항
  ㉡ 산업보건 및 직업병 예방에 관한 사항
  ㉢ 위험성 평가에 관한 사항
  ㉣ 유해·위험 작업환경 관리에 관한 사항
  ㉤ 산업안전보건법령 및 산업재해보상보험 제도에 관한 사항
  ㉥ 직무스트레스 예방 및 관리에 관한 사항
  ㉦ 직장 내 괴롭힘, 고객의 폭언 등으로 인한 건강장해 예방 및 관리에 관한 사항
  ㉧ 작업공정의 유해·위험과 재해 예방대책에 관한 사항
  ㉨ 사업장 내 안전보건관리체제 및 안전·보건조치 현황에 관한 사항
  ㉩ 표준안전 작업방법 결정 및 지도·감독 요령에 관한 사항
  ㉪ 현장근로자와의 의사소통능력 및 강의능력 등 안전보건교육 능력 배양에 관한 사항
  ㉫ 비상시 또는 재해 발생 시 긴급조치에 관한 사항
  ㉬ 그 밖의 관리감독자의 직무에 관한 사항

③ **근로자 채용 시 교육 및 작업내용 변경 시 교육** 기출 21년 1회
  ㉠ 산업안전 및 사고 예방에 관한 사항
  ㉡ 산업보건 및 직업병 예방에 관한 사항
  ㉢ 위험성 평가에 관한 사항
  ㉣ 산업안전보건법령 및 산업재해보상보험 제도에 관한 사항
  ㉤ 직무스트레스 예방 및 관리에 관한 사항
  ㉥ 직장 내 괴롭힘, 고객의 폭언 등으로 인한 건강장해 예방 및 관리에 관한 사항
  ㉦ 기계·기구의 위험성과 작업의 순서 및 동선에 관한 사항
  ㉧ 작업 개시 전 점검에 관한 사항
  ㉨ 정리정돈 및 청소에 관한 사항
  ㉩ 사고 발생 시 긴급조치에 관한 사항
  ㉪ 물질안전보건자료에 관한 사항

④ 관리감독자 채용 시 교육 및 작업내용 변경 시 교육
  ㉠ 산업안전 및 사고 예방에 관한 사항
  ㉡ 산업보건 및 직업병 예방에 관한 사항
  ㉢ 위험성 평가에 관한 사항
  ㉣ 산업안전보건법령 및 산업재해보상보험 제도에 관한 사항
  ㉤ 직무스트레스 예방 및 관리에 관한 사항
  ㉥ 직장 내 괴롭힘, 고객의 폭언 등으로 인한 건강장해 예방 및 관리에 관한 사항
  ㉦ 기계·기구의 위험성과 작업의 순서 및 동선에 관한 사항
  ㉧ 작업 개시 전 점검에 관한 사항
  ㉨ 물질안전보건자료에 관한 사항
  ㉩ 사업장 내 안전보건관리체제 및 안전·보건조치 현황에 관한 사항
  ㉪ 표준안전 작업방법 결정 및 지도·감독 요령에 관한 사항
  ㉫ 비상시 또는 재해 발생 시 긴급조치에 관한 사항
  ㉬ 그 밖의 관리감독자의 직무에 관한 사항

(2) 특별교육 대상 작업별 교육 기출 23년 복원

① 고압실 내 작업(잠함공법이나 그 밖의 압기공법으로 대기압을 넘는 기압인 작업실 또는 수갱 내부에서 하는 작업만 해당)
  ㉠ 고기압 장해의 인체에 미치는 영향에 관한 사항
  ㉡ 작업의 시간·작업 방법 및 절차에 관한 사항
  ㉢ 압기공법에 관한 기초지식 및 보호구 착용에 관한 사항
  ㉣ 이상 발생 시 응급조치에 관한 사항
  ㉤ 그 밖에 안전·보건관리에 필요한 사항

② <u>아세틸렌 용접장치 또는 가스집합 용접장치를 사용하는 금속의 용접·용단 또는 가열작업(발생기·도관 등에 의하여 구성되는 용접장치만 해당)</u> 기출 23년 복원
  ㉠ 용접 흄, 분진 및 유해광선 등의 유해성에 관한 사항
  ㉡ 가스용접기, 압력조정기, 호스 및 취관두(불꽃이 나오는 용접기의 앞부분) 등의 기기점검에 관한 사항
  ㉢ 작업방법·순서 및 응급처치에 관한 사항
  ㉣ 안전기 및 보호구 취급에 관한 사항
  ㉤ 화재예방 및 초기대응에 관한 사항
  ㉥ 그 밖에 안전·보건관리에 필요한 사항

③ 밀폐된 장소(탱크 내 또는 환기가 극히 불량한 좁은 장소)에서 하는 용접작업 또는 습한 장소에서 하는 전기용접 작업
  ㉠ 작업순서, 안전작업방법 및 수칙에 관한 사항
  ㉡ 환기설비에 관한 사항
  ㉢ 전격 방지 및 보호구 착용에 관한 사항
  ㉣ 질식 시 응급조치에 관한 사항

ⓜ 작업환경 점검에 관한 사항
　　　ⓗ 그 밖에 안전·보건관리에 필요한 사항
　④ 폭발성·물반응성·자기반응성·자기발열성 물질, 자연발화성 액체·고체 및 인화성 액체의 제조 또는 취급작업(시험연구를 위한 취급작업은 제외)
　　　㉠ 폭발성·물반응성·자기반응성·자기발열성 물질, 자연발화성 액체·고체 및 인화성 액체의 성질이나 상태에 관한 사항
　　　㉡ 폭발 한계점, 발화점 및 인화점 등에 관한 사항
　　　㉢ 취급방법 및 안전수칙에 관한 사항
　　　㉣ 이상 발견 시의 응급처치 및 대피 요령에 관한 사항
　　　㉤ 화기·정전기·충격 및 자연발화 등의 위험방지에 관한 사항
　　　㉥ 작업순서, 취급주의사항 및 방호거리 등에 관한 사항
　　　㉦ 그 밖에 안전·보건관리에 필요한 사항
　⑤ 액화석유가스·수소가스 등 인화성 가스 또는 폭발성 물질 중 가스의 발생장치 취급 작업
　　　㉠ 취급가스의 상태 및 성질에 관한 사항
　　　㉡ 발생장치 등의 위험 방지에 관한 사항
　　　㉢ 고압가스 저장설비 및 안전취급방법에 관한 사항
　　　㉣ 설비 및 기구의 점검 요령
　　　㉤ 그 밖에 안전·보건관리에 필요한 사항
　⑥ 화학설비 중 반응기, 교반기·추출기의 사용 및 세척작업
　　　㉠ 각 계측장치의 취급 및 주의에 관한 사항
　　　㉡ 투시창·수위 및 유량계 등의 점검 및 밸브의 조작주의에 관한 사항
　　　㉢ 세척액의 유해성 및 인체에 미치는 영향에 관한 사항
　　　㉣ 작업 절차에 관한 사항
　　　㉤ 그 밖에 안전·보건관리에 필요한 사항
　⑦ 화학설비의 탱크 내 작업
　　　㉠ 차단장치·정지장치 및 밸브 개폐장치의 점검에 관한 사항
　　　㉡ 탱크 내의 산소농도 측정 및 작업환경에 관한 사항
　　　㉢ 안전보호구 및 이상 발생 시 응급조치에 관한 사항
　　　㉣ 작업절차·방법 및 유해·위험에 관한 사항
　　　㉤ 그 밖에 안전·보건관리에 필요한 사항
　⑧ 분말·원재료 등을 담은 호퍼(하부가 깔대기 모양으로 된 저장통)·저장창고 등 저장탱크의 내부 작업
　　　㉠ 분말·원재료의 인체에 미치는 영향에 관한 사항
　　　㉡ 저장탱크 내부작업 및 복장보호구 착용에 관한 사항
　　　㉢ 작업의 지정·방법·순서 및 작업환경 점검에 관한 사항
　　　㉣ 팬·풍기(風旗) 조작 및 취급에 관한 사항
　　　㉤ 분진 폭발에 관한 사항
　　　㉥ 그 밖에 안전·보건관리에 필요한 사항

⑨ 건조설비에 의한 물건의 가열·건조작업
　※ 다음의 교육내용은 건조설비 중 위험물 등에 관계되는 설비로 속부피가 1세제곱미터 이상이거나, 그러한 설비 중 연료를 열원으로 사용하는 설비(그 최대 연소소비량이 매 시간당 10킬로그램 이상인 것만 해당), 또는 전력을 열원으로 사용하는 설비(정격소비전력이 10킬로와트 이상인 경우만 해당)에 의한 작업일 경우에 적용
　㉠ 건조설비 내외면 및 기기 기능의 점검에 관한 사항
　㉡ 복장보호구 착용에 관한 사항
　㉢ 건조 시 유해가스 및 고열 등이 인체에 미치는 영향에 관한 사항
　㉣ 건조설비에 의한 화재·폭발 예방에 관한 사항

⑩ 다음 집재장치(집재기·가선·운반기구·지주 및 이들에 부속하는 물건으로 구성되고, 동력을 사용하여 원목 또는 장작과 숯을 담아 올리거나 공중에서 운반하는 설비)의 조립, 해체, 변경 또는 수리작업 및 이들 설비에 의한 집재 또는 운반 작업
　※ 다음의 교육내용은 원동기의 정격출력이 7.5킬로와트를 넘거나, 지간의 경사거리 합계가 350미터 이상인 집재장치, 또는 최대사용하중이 200킬로그램 이상인 집재장치에 의한 작업일 경우에 적용
　㉠ 기계의 브레이크 비상정지장치 및 운반경로, 각종 기능 점검에 관한 사항
　㉡ 작업 시작 전 준비사항 및 작업방법에 관한 사항
　㉢ 취급물의 유해·위험에 관한 사항
　㉣ 구조상의 이상 시 응급처치에 관한 사항
　㉤ 그 밖에 안전·보건관리에 필요한 사항

⑪ 동력에 의하여 작동되는 프레스기계를 5대 이상 보유한 사업장에서 해당 기계로 하는 작업
　㉠ 프레스의 특성과 위험성에 관한 사항
　㉡ 방호장치 종류와 취급에 관한 사항
　㉢ 안전작업방법에 관한 사항
　㉣ 프레스 안전기준에 관한 사항
　㉤ 그 밖에 안전·보건관리에 필요한 사항

⑫ 목재가공용 기계[둥근톱기계, 띠톱기계, 대패기계, 모떼기기계 및 라우터기(목재를 자르거나 홈을 파는 기계)만 해당, 휴대용은 제외]를 5대 이상 보유한 사업장에서 해당 기계로 하는 작업

기출 22년 1회

　㉠ 목재가공용 기계의 특성과 위험성에 관한 사항
　㉡ 방호장치의 종류와 구조 및 취급에 관한 사항
　㉢ 안전기준에 관한 사항
　㉣ 안전작업방법 및 목재 취급에 관한 사항
　㉤ 그 밖에 안전·보건관리에 필요한 사항

⑬ 운반용 등 하역기계를 5대 이상 보유한 사업장에서의 해당 기계로 하는 작업
　㉠ 운반하역기계 및 부속설비의 점검에 관한 사항
　㉡ 작업순서와 방법에 관한 사항
　㉢ 안전운전방법에 관한 사항

ⓔ 화물의 취급 및 작업신호에 관한 사항
　　ⓜ 그 밖에 안전·보건관리에 필요한 사항
⑭ 1톤 이상의 크레인을 사용하는 작업 또는 1톤 미만의 크레인 또는 호이스트를 5대 이상 보유한 사업장에서 해당 기계로 하는 작업(타워크레인 신호업무 작업은 제외)
　　㉠ 방호장치의 종류, 기능 및 취급에 관한 사항
　　㉡ 걸고리·와이어로프 및 비상정지장치 등의 기계·기구 점검에 관한 사항
　　㉢ 화물의 취급 및 안전작업방법에 관한 사항
　　㉣ 신호방법 및 공동작업에 관한 사항
　　㉤ 인양 물건의 위험성 및 낙하·비래(飛來)·충돌재해 예방에 관한 사항
　　㉥ 인양물이 적재될 지반의 조건, 인양하중, 풍압 등이 인양물과 타워크레인에 미치는 영향
　　㉦ 그 밖에 안전·보건관리에 필요한 사항
⑮ **건설용 리프트·곤돌라를 이용한 작업** 기출 21년 4회
　　㉠ 방호장치의 기능 및 사용에 관한 사항
　　㉡ 기계, 기구, 달기체인 및 와이어 등의 점검에 관한 사항
　　㉢ 화물의 권상·권하 작업방법 및 안전작업 지도에 관한 사항
　　㉣ 기계·기구에 특성 및 동작원리에 관한 사항
　　㉤ 신호방법 및 공동작업에 관한 사항
　　㉥ 그 밖에 안전·보건관리에 필요한 사항
⑯ 주물 및 단조(금속을 두들기거나 눌러서 형체를 만드는 일) 작업
　　㉠ 고열물의 재료 및 작업환경에 관한 사항
　　㉡ 출탕·주조 및 고열물의 취급과 안전작업방법에 관한 사항
　　㉢ 고열작업의 유해·위험 및 보호구 착용에 관한 사항
　　㉣ 안전기준 및 중량물 취급에 관한 사항
　　㉤ 그 밖에 안전·보건관리에 필요한 사항
⑰ 전압이 75볼트 이상인 정전 및 활선작업
　　㉠ 전기의 위험성 및 전격 방지에 관한 사항
　　㉡ 해당 설비의 보수 및 점검에 관한 사항
　　㉢ 정전작업·활선작업 시의 안전작업방법 및 순서에 관한 사항
　　㉣ 절연용 보호구, 절연용 보호구 및 활선작업용 기구 등의 사용에 관한 사항
　　㉤ 그 밖에 안전·보건관리에 필요한 사항
⑱ **콘크리트 파쇄기를 사용하여 하는 파쇄작업(2미터 이상인 구축물의 파쇄작업만 해당)** 기출 22년 1회
　　㉠ 콘크리트 해체 요령과 방호거리에 관한 사항
　　㉡ 작업안전조치 및 안전기준에 관한 사항
　　㉢ 파쇄기의 조작 및 공통작업 신호에 관한 사항
　　㉣ 보호구 및 방호장비 등에 관한 사항
　　㉤ 그 밖에 안전·보건관리에 필요한 사항
⑲ **굴착면의 높이가 2미터 이상이 되는 지반 굴착(터널 및 수직갱 외의 갱 굴착은 제외)작업**
　　　　　　　　　　　　　　　　　　　　　　　　　　　　　　　　기출 19년 4회
　　㉠ 지반의 형태·구조 및 굴착 요령에 관한 사항
　　㉡ 지반의 붕괴재해 예방에 관한 사항

ⓒ 붕괴 방지용 구조물 설치 및 작업방법에 관한 사항
ⓔ 보호구의 종류 및 사용에 관한 사항
ⓜ 그 밖에 안전·보건관리에 필요한 사항
⑳ 흙막이 지보공의 보강 또는 동바리를 설치하거나 해체하는 작업
  ㉠ 작업안전 점검 요령과 방법에 관한 사항
  ㉡ 동바리의 운반·취급 및 설치 시 안전작업에 관한 사항
  ㉢ 해체작업 순서와 안전기준에 관한 사항
  ㉣ 보호구 취급 및 사용에 관한 사항
  ㉤ 그 밖에 안전·보건관리에 필요한 사항
㉑ 터널 안에서의 굴착작업(굴착용 기계를 사용하여 하는 굴착작업 중 근로자가 칼날 밑에 접근하지 않고 하는 작업은 제외) 또는 같은 작업에서의 터널 거푸집 지보공의 조립 또는 콘크리트 작업
  ㉠ 작업환경의 점검 요령과 방법에 관한 사항
  ㉡ 붕괴 방지용 구조물 설치 및 안전작업 방법에 관한 사항
  ㉢ 재료의 운반 및 취급·설치의 안전기준에 관한 사항
  ㉣ 보호구의 종류 및 사용에 관한 사항
  ㉤ 소화설비의 설치장소 및 사용방법에 관한 사항
  ㉥ 그 밖에 안전·보건관리에 필요한 사항
㉒ 굴착면의 높이가 2미터 이상이 되는 암석의 굴착작업
  ㉠ 폭발물 취급 요령과 대피 요령에 관한 사항
  ㉡ 안전거리 및 안전기준에 관한 사항
  ㉢ 방호물의 설치 및 기준에 관한 사항
  ㉣ 보호구 및 신호방법 등에 관한 사항
  ㉤ 그 밖에 안전·보건관리에 필요한 사항
㉓ 높이가 2미터 이상인 물건을 쌓거나 무너뜨리는 작업(하역기계로만 하는 작업은 제외)
  ㉠ 원부재료의 취급 방법 및 요령에 관한 사항
  ㉡ 물건의 위험성·낙하 및 붕괴재해 예방에 관한 사항
  ㉢ 적재방법 및 전도 방지에 관한 사항
  ㉣ 보호구 착용에 관한 사항
  ㉤ 그 밖에 안전·보건관리에 필요한 사항
㉔ 선박에 짐을 쌓거나 부리거나 이동시키는 작업
  ㉠ 하역 기계·기구의 운전방법에 관한 사항
  ㉡ 운반·이송경로의 안전작업방법 및 기준에 관한 사항
  ㉢ 중량물 취급 요령과 신호 요령에 관한 사항
  ㉣ 작업안전 점검과 보호구 취급에 관한 사항
  ㉤ 그 밖에 안전·보건관리에 필요한 사항
㉕ 거푸집 동바리의 조립 또는 해체작업
  ㉠ 동바리의 조립방법 및 작업 절차에 관한 사항
  ㉡ 조립재료의 취급방법 및 설치기준에 관한 사항
  ㉢ 조립 해체 시의 사고 예방에 관한 사항

ⓔ 보호구 착용 및 점검에 관한 사항
　　ⓜ 그 밖에 안전·보건관리에 필요한 사항
㉖ 비계의 조립·해체 또는 변경작업
　　㉠ 비계의 조립순서 및 방법에 관한 사항
　　㉡ 비계작업의 재료 취급 및 설치에 관한 사항
　　㉢ 추락재해 방지에 관한 사항
　　㉣ 보호구 착용에 관한 사항
　　㉤ 비계상부 작업 시 최대 적재하중에 관한 사항
　　㉥ 그 밖에 안전·보건관리에 필요한 사항
㉗ 건축물의 골조, 다리의 상부구조 또는 탑의 금속제의 부재로 구성되는 것(5미터 이상인 것만 해당)의 조립·해체 또는 변경작업
　　㉠ 건립 및 버팀대의 설치순서에 관한 사항
　　㉡ 조립 해체 시의 추락재해 및 위험요인에 관한 사항
　　㉢ 건립용 기계의 조작 및 작업신호 방법에 관한 사항
　　㉣ 안전장비 착용 및 해체순서에 관한 사항
　　㉤ 그 밖에 안전·보건관리에 필요한 사항
㉘ 처마 높이가 5미터 이상인 목조건축물의 구조 부재의 조립이나 건축물의 지붕 또는 외벽 밑에서의 설치작업
　　㉠ 붕괴·추락 및 재해 방지에 관한 사항
　　㉡ 부재의 강도·재질 및 특성에 관한 사항
　　㉢ 조립·설치 순서 및 안전작업방법에 관한 사항
　　㉣ 보호구 착용 및 작업 점검에 관한 사항
　　㉤ 그 밖에 안전·보건관리에 필요한 사항
㉙ 콘크리트 인공구조물(그 높이가 2미터 이상인 것만 해당)의 해체 또는 파괴작업
　　㉠ 콘크리트 해체기계의 점점에 관한 사항
　　㉡ 파괴 시의 안전거리 및 대피 요령에 관한 사항
　　㉢ 작업방법·순서 및 신호 방법 등에 관한 사항
　　㉣ 해체·파괴 시의 작업안전기준 및 보호구에 관한 사항
　　㉤ 그 밖에 안전·보건관리에 필요한 사항
㉚ 타워크레인을 설치(상승작업을 포함)·해체하는 작업
　　㉠ 붕괴·추락 및 재해 방지에 관한 사항
　　㉡ 설치·해체 순서 및 안전작업방법에 관한 사항
　　㉢ 부재의 구조·재질 및 특성에 관한 사항
　　㉣ 신호방법 및 요령에 관한 사항
　　㉤ 이상 발생 시 응급조치에 관한 사항
　　㉥ 그 밖에 안전·보건관리에 필요한 사항

㉛ 보일러의 설치 및 취급 작업
    ※ 다음의 교육내용은 소형 보일러 및 몸통 반지름이 750밀리미터 이하이고 그 길이가 1,300밀리미터 이하이거나 전열면적이 3제곱미터 이하인 증기보일러, 전열면적이 14제곱미터 이하인 온수보일러, 전열면적이 30제곱미터 이하인 관류보일러(물관을 사용하여 가열시키는 방식의 보일러)의 설치 및 취급 작업을 제외하여 적용
    ㉠ 기계 및 기기 점화장치 계측기의 점검에 관한 사항
    ㉡ 열관리 및 방호장치에 관한 사항
    ㉢ 작업순서 및 방법에 관한 사항
    ㉣ 그 밖에 안전·보건관리에 필요한 사항

㉜ 게이지 압력을 제곱센티미터당 1킬로그램 이상으로 사용하는 압력용기의 설치 및 취급작업
    ㉠ 안전시설 및 안전기준에 관한 사항
    ㉡ 압력용기의 위험성에 관한 사항
    ㉢ 용기 취급 및 설치기준에 관한 사항
    ㉣ 작업안전 점검 방법 및 요령에 관한 사항
    ㉤ 그 밖에 안전·보건관리에 필요한 사항

㉝ 방사선 업무에 관계되는 작업(의료 및 실험용은 제외)
    ㉠ 방사선의 유해·위험 및 인체에 미치는 영향
    ㉡ 방사선의 측정기기 기능의 점검에 관한 사항
    ㉢ 방호거리·방호벽 및 방사선물질의 취급 요령에 관한 사항
    ㉣ 응급처치 및 보호구 착용에 관한 사항
    ㉤ 그 밖에 안전·보건관리에 필요한 사항

㉞ 밀폐공간에서의 작업
    ㉠ 산소농도 측정 및 작업환경에 관한 사항
    ㉡ 사고 시의 응급처치 및 비상 시 구출에 관한 사항
    ㉢ 보호구 착용 및 보호 장비 사용에 관한 사항
    ㉣ 작업내용·안전작업방법 및 절차에 관한 사항
    ㉤ 장비·설비 및 시설 등의 안전점검에 관한 사항
    ㉥ 그 밖에 안전·보건관리에 필요한 사항

㉟ 허가 및 관리 대상 유해물질의 제조 또는 취급작업
    ㉠ 취급물질의 성질 및 상태에 관한 사항
    ㉡ 유해물질이 인체에 미치는 영향
    ㉢ 국소배기장치 및 안전설비에 관한 사항
    ㉣ 안전작업방법 및 보호구 사용에 관한 사항
    ㉤ 그 밖에 안전·보건관리에 필요한 사항

㊱ 로봇작업
    ㉠ 로봇의 기본원리·구조 및 작업방법에 관한 사항
    ㉡ 이상 발생 시 응급조치에 관한 사항
    ㉢ 안전시설 및 안전기준에 관한 사항
    ㉣ 조작방법 및 작업순서에 관한 사항

㊲ 석면해체·제거작업
  ㉠ 석면의 특성과 위험성
  ㉡ 석면해체·제거의 작업방법에 관한 사항
  ㉢ 장비 및 보호구 사용에 관한 사항
  ㉣ 그 밖에 안전·보건관리에 필요한 사항
㊳ 가연물이 있는 장소에서 하는 화재위험작업
  ㉠ 작업준비 및 작업절차에 관한 사항
  ㉡ 작업장 내 위험물, 가연물의 사용·보관·설치 현황에 관한 사항
  ㉢ 화재위험작업에 따른 인근 인화성 액체에 대한 방호조치에 관한 사항
  ㉣ 화재위험작업으로 인한 불꽃, 불티 등의 흩날림 방지 조치에 관한 사항
  ㉤ 인화성 액체의 증기가 남아 있지 않도록 환기 등의 조치에 관한 사항
  ㉥ 화재감시자의 직무 및 피난교육 등 비상조치에 관한 사항
  ㉦ 그 밖에 안전·보건관리에 필요한 사항
㊴ 타워크레인을 사용하는 작업 시 신호업무를 하는 작업
  ㉠ 타워크레인의 기계적 특성 및 방호장치 등에 관한 사항
  ㉡ 화물의 취급 및 안전작업방법에 관한 사항
  ㉢ 신호방법 및 요령에 관한 사항
  ㉣ 인양 물건의 위험성 및 낙하·비래·충돌재해 예방에 관한 사항
  ㉤ 인양물이 적재될 지반의 조건, 인양하중, 풍압 등이 인양물과 타워크레인에 미치는 영향
  ㉥ 그 밖에 안전·보건관리에 필요한 사항

(3) 건설업 기초안전보건교육에 대한 내용 및 시간 기출 21년 4회

교육내용	시간
건설공사의 종류(건축·토목 등) 및 시공 절차	1시간
산업재해 유형별 위험요인 및 안전보건조치	2시간
안전보건관리체제 현황 및 산업안전보건 관련 근로자 권리·의무	1시간

(4) 안전보건관리책임자 등에 대한 교육

교육대상	교육내용	
	신규과정	보수과정
안전보건관리책임자	1) 관리책임자의 책임과 직무에 관한 사항 2) 산업안전보건법령 및 안전·보건조치에 관한 사항	1) 산업안전·보건정책에 관한 사항 2) 자율안전·보건관리에 관한 사항
안전관리자 및 안전관리전문 기관 종사자	1) 산업안전보건법령에 관한 사항 2) 산업안전보건개론에 관한 사항 3) 인간공학 및 산업심리에 관한 사항 4) 안전보건교육방법에 관한 사항 5) 재해 발생 시 응급처치에 관한 사항 6) 안전점검·평가 및 재해 분석기법에 관한 사항	1) 산업안전보건법령 및 정책에 관한 사항 2) 안전관리계획 및 안전보건개선계획의 수립·평가·실무에 관한 사항 3) 안전보건교육 및 무재해운동 추진실무에 관한 사항 4) 산업안전보건관리비 사용기준 및 사용방법에 관한 사항

구분		
	7) 안전기준 및 개인보호구 등 분야별 재해예방 실무에 관한 사항 8) 산업안전보건관리비 계상 및 사용기준에 관한 사항 9) 작업환경 개선 등 산업위생 분야에 관한 사항 10) 무재해운동 추진기법 및 실무에 관한 사항 11) 위험성평가에 관한 사항 12) 그 밖에 안전관리자의 직무 향상을 위하여 필요한 사항	5) 분야별 재해 사례 및 개선 사례에 관한 연구와 실무에 관한 사항 6) 사업장 안전 개선기법에 관한 사항 7) 위험성평가에 관한 사항 8) 그 밖에 안전관리자 직무 향상을 위하여 필요한 사항
보건관리자 및 보건관리전문 기관 종사자	1) 산업안전보건법령 및 작업환경측정에 관한 사항 2) 산업안전보건개론에 관한 사항 3) 안전보건교육방법에 관한 사항 4) 산업보건관리계획 수립·평가 및 산업역학에 관한 사항 5) 작업환경 및 직업병 예방에 관한 사항 6) 작업환경 개선에 관한 사항(소음·분진·관리대상 유해물질 및 유해광선 등) 7) 산업역학 및 통계에 관한 사항 8) 산업환기에 관한 사항 9) 안전보건관리의 체제·규정 및 보건관리자 역할에 관한 사항 10) 보건관리계획 및 운용에 관한 사항 11) 근로자 건강관리 및 응급처치에 관한 사항 12) 위험성평가에 관한 사항 13) 감염병 예방에 관한 사항 14) 자살 예방에 관한 사항 15) 그 밖에 보건관리자의 직무 향상을 위하여 필요한 사항	1) 산업안전보건법령, 정책 및 작업환경 관리에 관한 사항 2) 산업보건관리계획 수립·평가 및 안전보건교육 추진 요령에 관한 사항 3) 근로자 건강 증진 및 구급환자 관리에 관한 사항 4) 산업위생 및 산업환기에 관한 사항 5) 직업병 사례 연구에 관한 사항 6) 유해물질별 작업환경 관리에 관한 사항 7) 위험성평가에 관한 사항 8) 감염병 예방에 관한 사항 9) 자살 예방에 관한 사항 10) 그 밖에 보건관리자 직무 향상을 위하여 필요한 사항
건설재해예방 전문지도기관 종사자	1) 산업안전보건법령 및 정책에 관한 사항 2) 분야별 재해사례 연구에 관한 사항 3) 새로운 공법 소개에 관한 사항 4) 사업장 안전관리기법에 관한 사항 5) 위험성평가의 실시에 관한 사항 6) 그 밖에 직무 향상을 위하여 필요한 사항	1) 산업안전보건법령 및 정책에 관한 사항 2) 분야별 재해사례 연구에 관한 사항 3) 새로운 공법 소개에 관한 사항 4) 사업장 안전관리기법에 관한 사항 5) 위험성평가의 실시에 관한 사항 6) 그 밖에 직무 향상을 위하여 필요한 사항
석면조사기관 종사자	1) 석면 제품의 종류 및 구별 방법에 관한 사항 2) 석면에 의한 건강유해성에 관한 사항 3) 석면 관련 법령 및 제도(법,「석면안전관리법」및「건축법」등)에 관한 사항 4) 법 및 산업안전보건 정책방향에 관한 사항 5) 석면 시료채취 및 분석 방법에 관한 사항 6) 보호구 착용 방법에 관한 사항 7) 석면조사결과서 및 석면지도 작성 방법에 관한 사항 8) 석면 조사 실습에 관한 사항	1) 석면 관련 법령 및 제도(법,「석면안전관리법」및「건축법」등)에 관한 사항 2) 실내공기오염 관리(또는 작업환경측정 및 관리)에 관한 사항 3) 산업안전보건 정책방향에 관한 사항 4) 건축물·설비 구조의 이해에 관한 사항 5) 건축물·설비 내 석면함유 자재 사용 및 시공·제거 방법에 관한 사항 6) 보호구 선택 및 관리방법에 관한 사항 7) 석면해체·제거작업 및 석면 흩날림 방지 계획 수립 및 평가에 관한 사항 8) 건축물 석면조사 시 위해도평가 및 석면지도 작성·관리 실무에 관한 사항 9) 건축 자재의 종류별 석면조사실무에 관한 사항

안전보건관리 담당자		1) 위험성평가에 관한 사항 2) 안전·보건교육방법에 관한 사항 3) 사업장 순회점검 및 지도에 관한 사항 4) 기계·기구의 적격품 선정에 관한 사항 5) 산업재해 통계의 유지·관리 및 조사에 관한 사항 6) 그 밖에 안전보건관리담당자 직무 향상을 위하여 필요한 사항
안전검사기관 및 자율안전검사기관	1) 산업안전보건법령에 관한 사항 2) 기계, 장비의 주요장치에 관한 사항 3) 측정기기 작동 방법에 관한 사항 4) 공통점검 사항 및 주요 위험요인별 점검내용에 관한 사항 5) 기계, 장비의 주요안전장치에 관한 사항 6) 검사 시 안전보건 유의사항 7) 기계·전기·화공 등 공학적 기초 지식에 관한 사항 8) 검사원의 직무윤리에 관한 사항 9) 그 밖에 종사자의 직무 향상을 위하여 필요한 사항	1) 산업안전보건법령 및 정책에 관한 사항 2) 주요 위험요인별 점검내용에 관한 사항 3) 기계, 장비의 주요장치와 안전장치에 관한 심화과정 4) 검사 시 안전보건 유의 사항 5) 구조해석, 용접, 피로, 파괴, 피해예측, 작업환기, 위험성평가 등에 관한 사항 6) 검사대상 기계별 재해 사례 및 개선 사례에 관한 연구와 실무에 관한 사항 7) 검사원의 직무윤리에 관한 사항 8) 그 밖에 종사자의 직무 향상을 위하여 필요한 사항

(5) 특수형태근로종사자에 대한 안전보건교육

① 최초 노무제공 시 교육 : 2시간 이상
② 특별교육 : 16시간 이상(단기적 작업 또는 간헐적 작업 시 2시간 이상)

교육과정	교육시간
최초 노무제공 시 교육	2시간 이상(단기간 작업 또는 간헐적 작업에 노무를 제공하는 경우에는 1시간 이상 실시하고, 특별교육을 실시한 경우는 면제)
특별교육	16시간 이상(최초 작업에 종사하기 전 4시간 이상 실시하고 12시간은 3개월 이내에서 분할하여 실시가능)
	단기간 작업 또는 간헐적 작업인 경우에는 2시간 이상

(6) 검사원 성능검사 교육

교육과정	교육대상	교육시간
성능검사 교육	-	28시간 이상

(7) 물질안전보건자료에 관한 교육

① 대상화학물질의 명칭(또는 제품명)
② 물리적 위험성 및 건강 유해성
③ 취급상의 주의사항
④ 적절한 보호구
⑤ 응급조치 요령 및 사고시 대처방법
⑥ 물질안전보건자료 및 경고표지를 이해하는 방법

〈근로자 안전보건교육〉 기출 18년 1회, 18년 4회, 19년 2회, 20년 1·2회 통합, 22년 1회, 24년 복원

교육과정	교육대상		교육시간
정기교육	사무직 종사 근로자		매반기 6시간 이상
	그 밖의 근로자	판매업무에 직접 종사하는 근로자	매반기 6시간 이상
		판매업무에 직접 종사하는 근로자 외의 근로자	매반기 12시간 이상
채용 시 교육	일용근로자 및 근로계약기간이 1주일 이하인 기간제근로자		1시간 이상
	근로계약기간이 1주일 초과 1개월 이하인 기간제근로자		4시간 이상
	그 밖의 근로자		8시간 이상
작업내용 변경 시 교육	일용근로자 및 근로계약기간이 1주일 이하인 기간제근로자		1시간 이상
	그 밖의 근로자		2시간 이상
특별교육 (※ 해당하는 작업에 종사하는 근로자에 한정)	일용근로자 및 근로계약기간이 1주일 이하인 기간제근로자 (타워크레인 신호업무 종사자 제외)		2시간 이상
	일용근로자 및 근로계약기간이 1주일 이하인 기간제근로자 (타워크레인 신호업무 종사자 한정)		8시간 이상
	일용근로자 및 근로계약기간이 1주일 이하인 기간제근로자를 제외한 근로자		• 16시간 이상(최초 작업에 종사하기 전 4시간 이상 실시하고 12시간은 3개월 이내에서 분할하여 실시 가능) • 단기간 작업 또는 간헐적 작업인 경우에는 2시간 이상
건설업 기초안전·보건교육	건설 일용근로자		4시간 이상

※ 비 고
1. 상시근로자 50명 미만의 도매업과 숙박 및 음식점업은 위 표의 규정에도 불구하고 해당 교육과정별 교육시간의 2분의 1이상을 실시해야 한다.
2. 근로자(관리감독자의 지위에 있는 사람은 제외한다)가 「화학물질관리법 시행규칙」에 따른 유해화학물질 안전교육을 받은 경우에는 그 시간만큼 해당 분기의 정기교육을 받은 것으로 본다.
3. 방사선작업종사자가 「원자력안전법 시행령」에 따라 방사선작업종사자 정기교육을 받은 때에는 그 해당시간 만큼 해당 분기의 정기교육을 받은 것으로 본다.
4. 방사선 업무에 관계되는 작업에 종사하는 근로자가 「원자력안전법 시행령」에 따라 방사선작업종사자 신규교육 중 직장교육을 받은 때에는 그 시간만큼 방사선 업무에 관계되는 작업(의료 및 실험용 제외)에 대한 특별교육을 받은 것으로 본다.

〈안전보건관리책임자 등에 대한 교육〉

교육대상	교육시간	
	신규교육	보수교육
안전보건관리책임자	6시간 이상	6시간 이상
안전관리자 및 안전관리전문기관의 종사자	34시간 이상	24시간 이상
보건관리자 및 보건관리전문기관의 종사자	34시간 이상	24시간 이상
건설재해예방전문지도기관의 종사자	34시간 이상	24시간 이상
석면조사기관의 종사자	34시간 이상	24시간 이상
안전보건관리담당자	–	8시간 이상
안전검사기관, 자율안전검사기관의 종사자	34시간 이상	24시간 이상

03 안전보건교육의 체계

(1) 안전보건교육의 체계

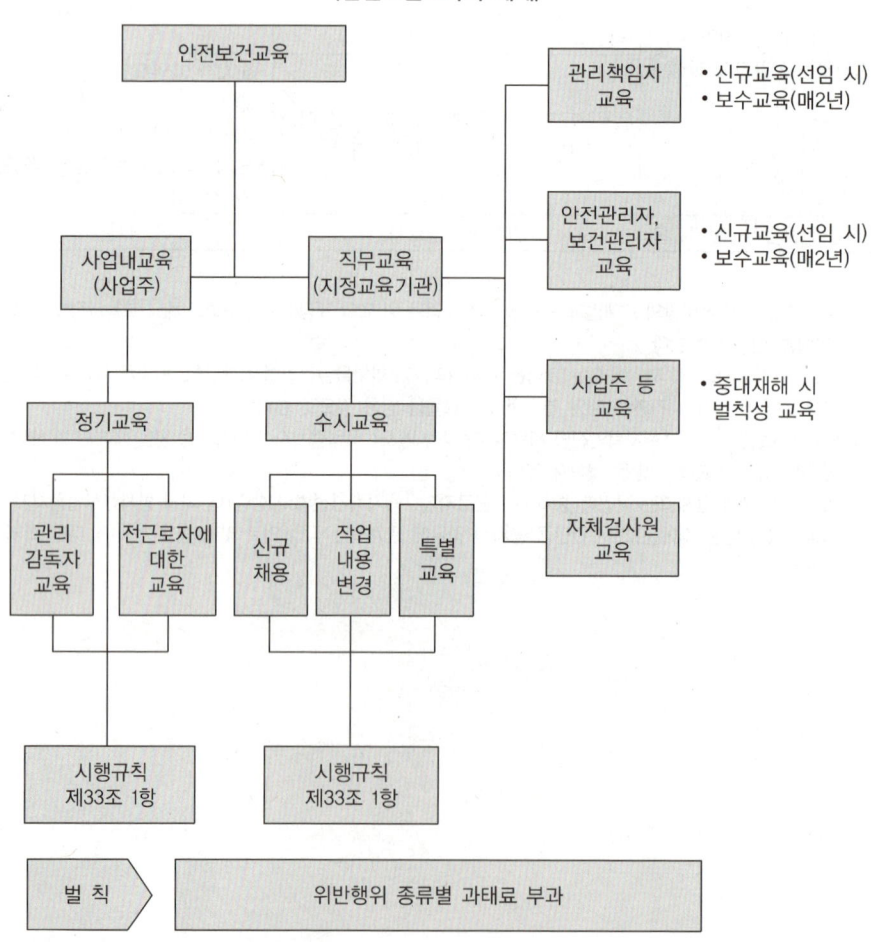

〈안전보건교육의 체계〉

(2) 안전보건교육(내용, 방법, 단계, 원칙)
　① 교육훈련 지도방법 : 도입(5분) → 제시(40분) → 적용(10분) → 확인(5분)　기출 17년 4회, 18년 2회
　② 교육훈련 실습방법 : 학습준비 → 작업설명 → 실습 → 결과확인
　③ 교육방법
　　㉠ 강 의
　　㉡ 토 의
　　㉢ 사례연구
　　㉣ 역할연기
　　㉤ 실 습
　　㉥ 실연실습
　④ 교육지도의 8원칙　기출 18년 4회
　　㉠ 상대의 입장에서 지도
　　㉡ 동기부여가 중요함
　　㉢ 쉬운 것부터 시작하여 어려운 것으로
　　㉣ 반복하여 수행
　　㉤ 한 번에 하나씩
　　㉥ 인상의 강화
　　㉦ 오감의 활용
　　㉧ 기능적인 이해
　⑤ 교육지도의 5단계　기출 21년 2회
　　㉠ 원리의 제시
　　㉡ 관련된 개념 분석
　　㉢ 가설의 설정
　　㉣ 자료의 평가
　　㉤ 결 론

(3) 교육훈련평가 4단계　기출 18년 1회, 22년 2회
　① 반응단계 : 훈련을 어떻게 생각하고 있는가?
　② 학습단계 : 어떠한 원칙과 사실, 기술 등을 배웠는가?
　③ 행동단계 : 교육훈련을 통하여 직무수행 상 어떠한 행동의 변화를 가져왔는가?
　④ 결과단계 : 교육훈련을 통하여 비용절감, 품질개선, 안전관리, ○○증대 등에 어떠한 결과를 가져왔는가?

할 수 있다고 믿는 사람은 그렇게 되고,
할 수 없다고 믿는 사람도 역시 그렇게 된다.

- 샤를 드골 -

PART 2

최신기출 15회분

2022년 제2회
2022년 제1회
2021년 제4회
2021년 제2회
2021년 제1회
2020년 제4회
2020년 제3회
2020년 제1·2회 통합

2019년 제4회
2019년 제2회
2019년 제1회
2018년 제4회
2018년 제2회
2018년 제1회
2017년 제4회

배우기만 하고 생각하지 않으면 얻는 것이 없고, 생각만 하고 배우지 않으면 위태롭다.

– 공자 –

끝까지 책임진다! 시대에듀!
QR코드를 통해 도서 출간 이후 발견된 오류나 개정법령, 변경된 시험 정보, 최신기출문제, 도서 업데이트 자료 등이 있는지 확인해 보세요! **시대에듀 합격 스마트 앱**을 통해서도 알려 드리고 있으니 구글 플레이나 앱 스토어에서 다운받아 사용하세요. 또한, 파본 도서인 경우에는 구입하신 곳에서 교환해 드립니다.

2022년 제2회 기출해설

2과목 산업심리 및 교육

21 다음 적응기제 중 방어적 기제에 해당하는 것은?

• 3장 4절 교육심리학

① 고립(Isolation)
② 억압(Repression)
③ 합리화(Rationalization)
④ 백일몽(Day-dreaming)

해설

방어적 기제에는 보상, 합리화, 동일시, 승화 등이 있다. 고립, 억압, 백일몽은 도피적 기제이다.

22 알고 있는 지식을 심화시키거나 어떠한 자료에 대해 보다 명료한 생각을 갖도록 하는 경우 실시하는 교육방법으로 가장 적절한 것은?

• 3장 3절 교육의 분류

① 구안법
② 강의법
③ 토의법
④ 실연법

해설

토의법
구두표현을 통해 서로의 의견을 교환함으로써 각자 알고 있는 지식을 심화시키거나 어떠한 자료에 대해 보다 명료한 생각을 갖도록 하는 교육방법이다.

23 조직이 리더(Leader)에게 부여하는 권한 중 부하직원의 처벌, 임금 삭감을 할 수 있는 권한은?

• 2장 5절 집단관리와 리더십

① 강압적 권한
② 보상적 권한
③ 합법적 권한
④ 전문성의 권한

해설

강압적 권한이란 부하를 처벌할 수 있는 권한이다.

정답 21 ③ 22 ③ 23 ①

24 운동에 대한 착각현상이 아닌 것은? • 2장 6절 착오와 실수

① 자동운동   ② 항상운동
③ 유도운동   ④ 가현운동

해설
착각현상으로는 유도운동, 가현운동, 자동운동이 있다.

25 자동차 엑셀러레이터와 브레이크 간 간격, 브레이크 폭, 소프트웨어 상에서 메뉴나 버튼의 크기 등을 결정하는 데 사용할 수 있는 인간공학 법칙은?

① Fitts의 법칙   ② Hick의 법칙
③ Weber의 법칙   ④ 양립성 법칙

해설
피츠의 법칙은 이동시간은 이동길이가 클수록, 폭이 작을수록 오래 걸린다는 법칙으로 동작에 걸리는 시간은 이동길이가 길수록, 폭이 작을수록 증가한다.

26 개인적 카운슬링(Counseling)의 방법이 아닌 것은? • 3장 2절 학습이론

① 설득적 방법   ② 설명적 방법
③ 강요적 방법   ④ 직접적인 충고

해설
개인적인 카운슬링방법에는 직접충고, 설득적 방법, 설명적 방법이 있다.

27 산업안전보건법령상 근로자 안전보건교육 중 특별교육 대상 작업에 해당하지 않는 것은?
  • 4장 2절 안전보건교육 교육대상별 교육내용

① 굴착면의 높이가 5m되는 지반 굴착작업
② 콘크리트 파쇄기를 사용하여 5m의 구축물을 파쇄하는 작업
③ 흙막이 지보공의 보강 또는 동바리를 설치하거나 해체하는 작업
④ 휴대용 목재가공기계를 3대 보유한 사업장에서 해당 기계로 하는 작업

해설
목재가공용 기계를 5대 이상 보유한 사업장에서 해당 기계로 하는 작업이다.

정답 24 ② 25 ① 26 ③ 27 ④

28 학습지도의 원리와 거리가 가장 먼 것은? · 3장 1절 교육의 필요성과 목적

① 감각의 원리
② 통합의 원리
③ 자발성의 원리
④ 사회화의 원리

해설
학습지도의 5원리
- 자발성의 원리 : 내적 동기가 유발된 교육
- 개별화의 원리 : 학습자의 요구와 능력에 맞는 교육
- 사회화의 원리 : 공동학습을 통한 서로 협력적이고 우호적인 교육
- 통합의 원리 : 의도적인 학습과 비의도적인 학습을 총체적으로 배움
- 직관의 원리 : 사유 작용을 거치지 아니하고 구체적인 사물을 직접 제시, 경험하여 파악

29 매슬로우(Maslow)의 욕구 5단계 중 안전욕구에 해당하는 단계는? · 2장 3절 동기이론

① 1단계
② 2단계
③ 3단계
④ 4단계

해설
매슬로우의 욕구 6단계 이론
1단계 : 생리적 욕구(Physiological needs)
2단계 : 안전의 욕구(Safety security needs)
3단계 : 사회적 욕구(Acceptance needs)
4단계 : 존경의 욕구(Self-esteem needs)
5단계 : 자아실현의 욕구(Self-actualization)
6단계 : 자아초월의 욕구(Self-transcendence), 자아초월 = 이타정신 = 남을 배려하는 마음

30 생체리듬에 관한 설명 중 틀린 것은? · 2장 4절 노동과 피로

① 각각의 리듬이 (−)로 최대가 되는 경우에만 위험일이라고 한다.
② 육체적 리듬은 "P"로 나타내며, 23일을 주기로 반복된다.
③ 감성적 리듬은 "S"로 나타내며, 28일을 주기로 반복된다.
④ 지성적 리듬은 "I"로 나타내며, 33일을 주기로 반복된다.

해설
위험일은 +리듬에서 −리듬, −리듬에서 +리듬으로 변화하는 점으로 한 달에 6일 정도 발생한다.

정답 28 ① 29 ② 30 ①

31 에너지대사율(RMR)에 따른 작업의 분류에 따라 중(보통)작업의 RMR 범위는?

• 2장 4절 노동과 피로

① 0~2
② 2~4
③ 4~7
④ 7~9

해설

RMR에 따른 노동의 분류
- 경작업 : 1~2 RMR
- 中작업 : 2~4 RMR
- 重작업 : 4~7 RMR
- 초중작업 : 7 RMR 이상

32 조직 구성원의 태도는 조직성과와 밀접한 관계가 있는데 태도(Attitude)의 3가지 구성요소에 포함되지 않는 것은?

• 4장 1절 교육의 종류

① 인지적 요소
② 정서적 요소
③ 성격적 요소
④ 행동경향 요소

해설

태도의 3가지 구성요소는 인지적 요소, 정서적 요소, 행동경향 요소이다.

33 다음에서 설명하는 학습방법은?

• 3장 3절 교육의 분류

> 학생이 생활하고 있는 현실적인 장면에서 당면하는 여러 문제들을 해결해 나가는 과정으로 지식, 기능, 태도, 기술 등을 종합적으로 획득하도록 하는 학습방법

① 롤 플레잉(Role Playing)
② 문제법(Problem Method)
③ 버즈 세션(Buzz Session)
④ 케이스 메소드(Case Method)

해설

문제법은 생활하고 있는 현실적인 장면에서 당면하는 여러 문제들에 대한 해결방안을 찾아내는 것으로 지식, 기능, 태도, 기술 등을 종합적으로 획득하는 학습방법이다.
① 롤 플레잉 : 집단 심리요법의 하나로 자기 해방과 타인체험을 목적으로 하는 체험활동을 통해 대인관계에서의 태도 변용이나 통찰력, 자기이해를 목표로 개발된 학습법
③ 버즈 세션 : 6-6 method, 분단토의 라고도 하며, 사회자와 기록계를 선출하고 나머지 사람은 6명씩 소집단으로 구분하고 소집단별로 각각 사회자를 선발하여 6분씩 자유토의를 하는 학습법
④ 케이스 메소드 : 실제의 사례 또는 그것을 기초로 한 이야기를 소재로 하여 주로 집단토의를 통해서 경영관리상의 여러 가지 문제를 터득하고 이해를 깊게 하는 학습법

34 호손(Hawthorne) 실험의 결과 작업자의 작업능률에 영향을 미치는 주요 원인으로 밝혀진 것은?

• 1장 2절 인간관계와 활동

① 작업조건
② 인간관계
③ 생산기술
④ 행동규범의 설정

해설
메이요(E. Mayo) 교수가 호손공장의 실험을 통해 얻은 결과는 작업능률을 좌우하는 것은 임금, 노동시간, 조명, 등의 작업환경으로서의 물적 요건보다 인간관계라는 점이다.

35 심리학에서 사용하는 용어로 측정하고자 하는 것을 실제로 적절히, 정확히 측정하는지의 여부를 판별하는 것은?

• 1장 3절 직업적성과 인사관리

① 표준화
② 신뢰성
③ 객관성
④ 타당성

해설
타당성은 측정하고자 하는 것을 얼마나 잘 반영하고 있는가 하는 정확성이다.

36 Kirkpatrick의 교육훈련 평가 4단계를 바르게 나열한 것은?

• 4장 3절 안전보건교육의 체계

① 학습단계 → 반응단계 → 행동단계 → 결과단계
② 학습단계 → 행동단계 → 반응단계 → 결과단계
③ 반응단계 → 학습단계 → 행동단계 → 결과단계
④ 반응단계 → 학습단계 → 결과단계 → 행동단계

해설
교육훈련평가 4단계
• 반응단계 : 훈련을 어떻게 생각하고 있는가?
• 학습단계 : 어떠한 원칙과 사실, 기술 등을 배웠는가?
• 행동단계 : 교육훈련을 통하여 직무수행 상 어떠한 행동의 변화를 가져왔는가?
• 결과단계 : 교육훈련을 통하여 비용절감, 품질개선, 안전관리, 00증대 등에 어떠한 결과를 가져왔는가?

정답 34 ② 35 ④ 36 ③

37 사고 경향성 이론에 관한 설명 중 틀린 것은? • 2장 2절 재해설

① 사고를 많이 내는 여러 명의 특성을 측정하여 사고를 예방하는 것이다.
② 개인의 성격보다는 특정 환경에 의해 훨씬 더 사고가 일어나기 쉽다.
③ 어떠한 사람이 다른 사람보다 사고를 더 잘 일으킨다는 이론이다.
④ 사고 경향성을 검증하기 위한 효과적인 방법은 다른 두 시기 동안에 같은 사람의 사고기록을 비교하는 것이다.

해설
'사고 경향성(accident-prone)' 이론
어떤 사람이 왜 사고를 더 잘 내는지에 대해 연구한 이론으로 환경보다는 개인의 성격을 강조한다.

38 Off JT(Off the Job Training)의 특징으로 옳은 것은? • 3장 3절 교육의 분류

① 전문 강사를 초빙하는 것이 가능하다.
② 개개인에게 적절한 지도훈련이 가능하다.
③ 직장의 실정에 맞게 실제적 훈련이 가능하다.
④ 훈련에 필요한 업무의 계속성이 끊어지지 않는다.

해설
Off JT의 특징
• 훈련에만 전념하게 됨
• 전문가를 강사로 활용할 수 있음
• 특별 설비기구를 이용하는 것이 가능
• 다수의 근로자에게 조직적 훈련이 가능
• 각 직장의 근로자가 많은 지식이나 경험을 교류할 수 있음
• 교육 훈련 목표에 대하여 집단적 노력이 흐트러질 수 있음

39 직무분석을 위한 정보를 얻는 방법과 거리가 가장 먼 것은? • 1장 3절 직업적성과 인사관리

① 관찰법
② 직무수행법
③ 설문지법
④ 서류함기법

해설

직무분석 기법의 종류
- 면접법(Interview) : 자료의 수집에 많은 시간과 노력이 들고, 수량화된 정보를 얻기가 힘듦
- 질문법(Questionnaire) : 표준화되어 있는 질문지(설문지)로 직무담당자에게 항목을 평가
- 관찰법(Observation) : 훈련된 직무분석자가 관찰하여 정보를 수집
- 종업원 기록법(Participant diary) : 종업원에게 작업활동을 기록하게 하여 직무정보를 획득
- 경험법(Empirical method) : 직무분석자가 분석대상 직무를 직접 수행해 봄으로써 직무에 관한 정보를 얻음
- 결합법(Combination method) : 여러 가지 직무분석 방법을 동시에 사용해 직무정보를 획득
- ※ 서류함기법(In-basket)은 조직 내·외부 다양한 이해관계자들과 관련 이슈를 해결하기 위하여 정해진 시간에 여러 자료를 보고 업무해결안을 작성하는 기법이다.

40 산업안전보건법령상 타워크레인 신호작업에 종사하는 일용근로자의 특별교육 교육시간 기준은? • 4장 2절 안전보건교육 교육대상별 교육내용

① 1시간 이상
② 2시간 이상
③ 4시간 이상
④ 8시간 이상

해설

타워크레인 신호작업에 종사하는 일용근로자의 특별교육은 8시간 이상이다.

정답 39 ④ 40 ④

2022년 제1회 기출해설

2과목 산업심리 및 교육

21 감각현상이 하나의 전체적이고 의미 있는 내용으로 체계화되는 과정을 의미하는 것은?
• 2장 6절 착오와 실수

① 유추(Analogy)
② 게슈탈트(Gestalt)
③ 인지(Cognition)
④ 근접성(Proximity)

해설
① 유추 : 둘 혹은 그 이상의 현상이나 복잡한 현상들 사이에서 기능적 유사성이나 일치하는 내적 관련성을 알아내는 것
③ 인지 : 어떤 대상을 분별하여 판단하는 것으로 감각, 지각, 기억, 생각, 문제해결 등 모든 정신활동을 포함함
④ 근접성 : 게슈탈트를 구성하는 요소로 시간과 공간 차원에서 근접해 있는 자극 요소들을 함께 묶어서 지각하는 것을 말함

22 다음에서 설명하는 리더십의 유형은?
• 2장 5절 집단관리와 리더십

| 과업 완수와 인간관계 모두에 있어 최대한의 노력을 기울이는 리더십 유형 |

① 과업형 리더십
② 이상형 리더십
③ 타협형 리더십
④ 무관심형 리더십

해설
브레이크와 머튼의 관리격자이론에서 팀형 리더십으로 과업 완수와 인간관계 모두에 있어 최대한의 노력을 기울이는 리더십 유형이다.

23 집단역학에서 소시오메트리(Sociometry)에 관한 설명 중 틀린 것은?
• 2장 5절 집단관리와 리더십

① 소시오메트리 분석을 위해 소시오메트릭스와 소시오그램이 작성된다.
② 소시오메트릭스에서는 상호작용에 대한 정량적 분석이 가능하다.
③ 소시오메트리는 집단 구성원들 간의 공식적 관계가 아닌 비공식적 관계를 파악하기 위한 방법이다.
④ 소시오그램은 집단 구성원들 간의 선호·거부·무관심의 관계를 기호로 표현하지만, 이를 통해 다양한 집단 내의 비공식적 관계에 대한 역학 관계는 파악할 수 없다.

해설
소시오메트리(Sociometry)란 구성원 상호 간의 신뢰도를 기초로 집단 내부의 동태적 상호관계를 분석하는 기법으로 집단 구성원 간의 상호관계 유형과 집결유형 선호인물 등 비공식적인 관계에 대한 역학관계를 도출할 수 있다.

정답 21 ② 22 ② 23 ④

24 생체리듬(Biorhythm)의 종류에 해당하지 않는 것은?　　•2장 4절 노동과 피로

① Critical Rhythm
② Physical Rhythm
③ Intellectual Rhythm
④ Sensitivity Rhythm

해설

바이오리듬의 종류
- 육체적 리듬(Physical Rhythm) : 청색, 23일 주기
- 감정적 리듬(Sensitivity Rhythm) : 적색, 33일 주기
- 지성적 리듬(Intellectual Rhythm) : 녹색, 28일 주기
- 위험일(zero) : +리듬에서 −리듬, −리듬에서 +리듬으로 변화하는 점으로 한 달에 6일 정도 발생

25 사회행동의 기본 형태에 해당하지 않는 것은?　　•2장 5절 집단관리와 리더십

① 협력
② 대립
③ 모방
④ 도피

해설

사회행동의 기본형태
- 대립 : 공격, 경쟁
- 융합 : 강제, 타협, 통합
- 협력 : 조력, 분업
- 도피 : 정신병, 자살

26 O.J.T(On the Job Training)의 특징이 아닌 것은?　　•3장 3절 교육의 분류

① 효과가 곧 업무에 나타난다.
② 직장의 실정에 맞는 실체적 훈련이다.
③ 다수의 근로자에게 조직적 훈련이 가능하다.
④ 교육을 통한 훈련 효과에 의해 상호신뢰이해도가 높아진다.

해설

다수의 근로자가 아니라 개개인에게 적절한 지도훈련이 가능하다.

정답　24 ①　25 ③　26 ③

27 어떤 과업을 성취할 수 있는 자신의 능력에 대한 스스로의 믿음을 나타내는 것은?

• 1장 1절 산업심리

① 자아존중감(Self-esteem)
② 자기효능감(Self-efficacy)
③ 통제의 착각(Illusion of Control)
④ 자기중심적 편견(Egocentric Bias)

해설
자기효능감(Self efficacy)이란 자신의 능력에 대한 믿음을 말한다.

28 모랄서베이(Morale Survey)의 주요 방법으로 적절하지 않은 것은?

• 1장 2절 인간관계와 활동

① 관찰법
② 면접법
③ 강의법
④ 질문지법

해설
모랄서베이는 직원의 사기조사, 태도조사라고 하는 방법으로 주요 방법으로 통계에 의한 방법, 사례연구법, 관찰법, 실험연구법, 태도조사법(질문지법, 면접법 등)이 있으며 강의법과는 관련이 없다.

29 산업안전보건법령상 2미터 이상인 구축물을 콘크리트 파쇄기를 사용하여 파쇄작업을 하는 경우 특별교육의 내용이 아닌 것은?(단, 그 밖의 안전·보건관리에 필요한 사항은 제외한다.)

• 4장 2절 안전보건교육 교육대상별 교육내용

① 작업안전조치 및 안전기준에 관한 사항
② 비계의 조립방법 및 작업 절차에 관한 사항
③ 콘크리트 해체 요령과 방호거리에 관한 사항
④ 파쇄기의 조작 및 공통작업 신호에 관한 사항

해설
콘크리트 파쇄기를 사용하여 하는 파쇄작업의 특별교육내용
• 콘크리트 해체 요령과 방호거리에 관한 사항
• 작업안전조치 및 안전기준에 관한 사항
• 파쇄기의 조작 및 공통작업 신호에 관한 사항
• 보호구 및 방호장비 등에 관한 사항
• 그 밖에 안전·보건관리에 필요한 사항

30 안전보건교육에 있어 역할 연기법의 장점이 아닌 것은? •3장 4절 교육심리학

① 흥미를 갖고, 문제에 적극적으로 참가한다.
② 자기 태도의 반성과 창조성이 생기고, 발표력이 향상된다.
③ 문제의 배경에 대하여 통찰하는 능력을 높임으로써 감수성이 향상된다.
④ 목적이 명확하고, 다른 방법과 병용하지 않아도 높은 효과를 기대할 수 있다.

해설
역할 연기법의 단점은 목적과 계획이 명확하지 않으면 학습으로 연계되지 않을 수 있다.

31 학습정도(Level of Learning)의 4단계에 해당하지 않는 것은? •3장 4절 교육심리학

① 회상(to Recall)
② 적용(to Apply)
③ 인지(to Recognize)
④ 이해(to Understand)

해설
회상은 해당되지 않는다. 감각-지각-인지-이해-적용

32 스트레스 반응에 영향을 주는 요인 중 개인적 특성에 관한 요인이 아닌 것은? •2장 4절 노동과 피로

① 심리상태
② 개인의 능력
③ 신체적 조건
④ 작업시간의 차이

해설
작업시간의 차이는 외적 요인이다.

33 산업안전보건법령상 일용근로자의 작업내용 변경 시 교육시간의 기준은? •4장 2절 안전보건교육 교육대상별 교육내용

① 1시간 이상
② 2시간 이상
③ 3시간 이상
④ 4시간 이상

해설
작업내용 변경 시 교육은 일용근로자는 1시간 이상, 일용근로자를 제외한 근로자는 2시간 이상이다.

정답 30 ④ 31 ① 32 ④ 33 ①

34 교육심리학의 연구방법 중 인간의 내면에서 일어나고 있는 심리적 사고에 대하여 사물을 이용하여 인간의 성격을 알아보는 방법은?
• 1장 2절 인간관계와 활동

① 투사법
② 면접법
③ 실험법
④ 질문지법

해설
투사법
내면에서 일어나고 있는 심리적 사고에 대하여 사물을 이용하여 인간의 성격을 알아보는 방법으로 개인의 인성구조, 감정, 동기, 가치관 등을 내포하고 있는 반응을 밖으로 끌어내도록 고안된 방법이다.

35 안전교육의 3단계 중 작업방법, 취급 및 조작행위를 몸으로 숙달시키는 것을 목적으로 하는 단계는?
• 4장 1절 교육의 종류

① 안전지식교육
② 안전기능교육
③ 안전태도교육
④ 안전의식교육

해설
기능교육
작업방법, 취급 및 조작행위를 몸으로 숙달시키는 교육이다.
① 안전지식교육 : 강의, 시청각 교육을 통한 안전지식의 전달과 이해
③ 안전태도교육 : 작업동작지도, 생활지도 등을 통한 안전의 습관화

36 호손(Hawthorne) 연구에 대한 설명으로 옳은 것은?
• 1장 2절 인간관계와 활동

① 소비자들에게 효과적으로 영향을 미치는 광고 전략을 개발했다.
② 시간-동작연구를 통해서 작업도구와 기계를 설계했다.
③ 채용과정에서 발생하는 차별요인을 밝히고 이를 시정하는 법적 조치의 기초를 마련했다.
④ 물리적 작업환경보다 근로자들의 의사소통 등 인간관계가 더 중요하다는 것을 알아냈다.

해설
메이요(E. Mayo) 교수가 호손공장의 실험을 통해 얻은 결과는 작업능률을 좌우하는 것은 임금, 노동시간, 조명, 등의 작업환경으로서의 물적 요건보다 인간관계라는 점이다.

37 지름길을 사용하여 대상물을 판단할 때 발생하는 지각의 오류가 아닌 것은?

• 1장 6절 인간의 착오

① 후광효과
② 최근효과
③ 결론효과
④ 초두효과

해설

지각의 오류 중 결론효과라는 것은 없다.
지각의 오류
- 후광효과 : 어떤 대상에 대한 호의적 인상이 대상에 대한 평가에 긍정적으로 작용
- 최근효과 : 가장 나중에 인식한 지각대상의 첫인상이 평가에 크게 작용
- 초두효과 : 처음 제시된 정보가 나중에 제시된 정보보다 평가에 크게 작용
- 상동적 태도 : 대상이 속한 집단에 대한 지각을 바탕으로 대상을 판단
- 자성적 예언 : 개인의 기대나 믿음이 결과로 행위나 성과를 결정하게 되는 지각 오류
- 자존적 편견 : 자존적 편견은 평가자가 자신의 자존심을 위해 실패요인을 외부에서, 성공요인을 내부에서 찾으려는 경향
- 근접오류 : 근접오류는 시간·공간적으로 지각자와 멀리 있는 지각대상보다 가까이 있는 대상을 긍정적으로 평가
- 대비오류 : 지각대상을 평가할 때 다른 대상과 비교를 통해 평가
- 상관편견 : 지각자가 다수의 지각대상 간에 논리적인 상관관계가 적음에도 이를 연관시켜 지각하는 오류

38 다음은 무엇에 관한 설명인가?

• 1장 2절 인간관계와 활동

다른 사람으로부터의 판단이나 행동을 무비판적으로 받아들이는 것

① 모방(Imitation)
② 투사(Projection)
③ 암시(Suggestion)
④ 동일화(Identification)

해설

암시(Suggestion)란 다른 사람으로부터의 판단이나 행동을 무비판적으로 논리적, 사실적 근거 없이 받아들이는 것으로 각성암시, 최면암시 등이 있다.

정답 37 ③ 38 ③

39 산업심리의 5대 요소가 아닌 것은? • 2장 1절 작업환경 및 동작특성
① 동 기
② 기 질
③ 감 정
④ 지 능

해설
산업심리의 5대 요소는 동기, 기질, 감정, 습성, 습관이다.

40 직무수행에 대한 예측변인 개발 시 작업표본(Work Sample)에 관한 사항 중 틀린 것은?
 • 1장 3절 직업적성과 인사관리
① 집단검사로 감독과 통제가 요구된다.
② 훈련생보다 경력자 선발에 적합하다.
③ 실시하는 데 시간과 비용이 많이 든다.
④ 주로 기계를 다루는 직무에 효과적이다.

해설
작업표본은 집단검사가 아닌 개인검사법이다.

정답 39 ④ 40 ①

2021년 제4회 기출해설

2과목 산업심리 및 교육

21 인간 착오의 메커니즘으로 옳지 않은 것은?

• 1장 6절 인간의 착오

① 위치의 착오
② 패턴의 착오
③ 느낌의 착오
④ 형(形)의 착오

해설

착오(Mistake)
• 틀린 줄 모르고 행하는 착오로 Lapse보다 더 위험
• 착오를 저지른 사람은 자신이 맞다고 생각하기 때문에 잘못을 상기시키는 증거들이 무시
• 상황을 잘못해석, 목표를 잘못 이해하는 정보처리과정에서 발생
• 착오의 메커니즘(Mechanism)
  – 위치의 착오
  – 패턴의 착오
  – 형(形)의 착오
  – 순서의 착오
  – 잘못 기억

22 산업안전보건법령상 명시된 건설용 리프트·곤돌라를 이용한 작업의 특별교육 내용으로 옳지 않은 것은? (단, 그 밖에 안전·보건관리에 필요한 사항은 제외)

• 4장 2절 안전보건교육 교육대상별 교육내용

① 신호방법 및 공동작업에 관한 사항
② 화물의 취급 및 작업 방법에 관한 사항
③ 방호 장치의 기능 및 사용에 관한 사항
④ 기계·기구에 특성 및 동작원리에 관한 사항

해설

건설용 리프트·곤돌라를 이용한 작업
• 방호장치의 기능 및 사용에 관한 사항
• 기계, 기구, 달기체인 및 와이어 등의 점검에 관한 사항
• 화물의 권상·권하 작업방법 및 안전작업 지도에 관한 사항
• 기계·기구의 특성 및 동작원리에 관한 사항
• 신호방법 및 공동작업에 관한 사항
• 그 밖에 안전·보건관리에 필요한 사항

정답 21 ③ 22 ②

23 타일러(Taylor)의 과학적 관리로 가장 옳지 않은 것은?

• 1장 1절 산업심리

① 시간-동작 연구를 적용하였다.
② 생산의 효율성을 상당히 향상시켰다.
③ 인간중심의 관점으로 일을 재설계한다.
④ 인센티브를 도입함으로써 작업자들을 동기화시킬 수 있다.

해설

고전적 관리이론
- 테일러 : 과학적 관리법을 통해 시간 연구를 통해서 근로자들에게 차별성과급제를 적용하면 효율적이라고 주장
- 테일러의 학습경험 조직의 원리
  - 계속성의 원리 : 경험요소가 계속적으로 반복되도록 조직화
  - 계열성의 원리 : 경험의 수준을 갈수록 높여 깊이 있고 폭넓은 경험이 되도록 함
  - 통합성의 원리 : 학습경험을 횡적으로 연결지어 조화롭게 통합
- 패욜 : 경영규모가 클수록 기술기능보다 관리기능이 확대를 주장
- 어웍 : 과학적 관리이론을 패욜 및 기타 고전적 조직 및 관리이론에 통합하려고 노력
- 베버 : 분업, 명확한 계층, 세부규칙, 규제를 갖는 관료조직을 주장

24 프로그램 학습법(Programmed Self-instruction Method)의 단점으로 옳은 것은?

• 3장 3절 교육의 분류

① 보충학습이 어렵다.
② 수강생의 시간적 활용이 어렵다.
③ 수강생의 사회성이 결여되기 쉽다.
④ 수강생의 개인적인 차이를 조절할 수 없다.

해설

프로그램 학습의 장점	• 학습자가 자신의 능력과 학습속도에 맞추어 자신의 학습을 진행할 수 있다. • 자율학습이 가능하므로 자기가 원하는 시간, 원하는 장소에서 학습을 할 수 있다. • 즉각적인 피드백이 제공되므로 학습의 효과를 높일 수 있다.
프로그램 학습의 단점	• 프로그램 자료를 개발하는 데 상당한 시간과 노력, 비용이 든다. • 주어진 프로그램에 따라 나아가다 보면 학습자의 소극적인 순응을 조장하여, 창의력 증진이나 자기표현의 기회를 갖지 못하게 된다. • 구성원간의 상호작용적인 의사소통을 촉진하지 못해 사회성이 결여되기 쉽다.

25 작업의 어려움, 기계 설비의 결함 및 환경에 대한 주의력의 집중혼란, 심신의 근심 등으로 인하여 재해를 많이 일으키는 사람을 지칭하는 말로 옳은 것은?
• 2장 2절 재해설

① 미숙성 누발자
② 상황성 누발자
③ 습관성 누발자
④ 소질성 누발자

해설

상황성 누발자
• 작업에 어려움이 많은 자
• 기계 설비의 결함
• 심신에 근심이 있는 자
• 환경상 주의력 집중이 어려운자

26 안전사고가 발생하는 요인 중 심리적인 요인으로 옳은 것은?
• 2장 1절 작업환경 및 동작특성

① 감정의 불안정
② 극도의 피로감
③ 신경계통의 이상
④ 육체적 능력의 초과

해설

정신력과 관계되는 생리적 현상
• 시력, 청력의 이상
• 신경계통의 이상
• 육체적 능력의 초과
• 근육운동의 부적합
• 극도의 피로

27 허츠버그(Herzberg)의 2요인 이론 중 동기요인(Motivator)으로 옳지 않은 것은?
• 2장 3절 동기이론

① 성 취
② 작업 조건
③ 인 정
④ 작업 자체

해설

위생요인(직무환경)	동기요인(직무내용)
• 회사정책과 관리 • 개인상호간의 관계 • 임금, 보수, 작업조건 • 지위, 안전	• 성취감 • 안정감 • 성장과 발전 • 도전감, 일 그 자체

정답 25 ② 26 ① 27 ②

28 작업의 강도를 객관적으로 측정하기 위한 지표로 옳은 것은?

① 강도율
② 작업시간
③ 작업속도
④ 에너지 대사율(RMR)

해설

기계화 작업수행 기준
에너지 대사율(RMR)이 7 이상인 경우에는 권장하고 10 이상인 경우에는 필수적임
- 경작업 : 1~2RMR
- 中작업 : 2~4RMR
- 重작업 : 4~7RMR
- 초중작업 : 7RMR 이상

29 지도자가 부하의 능력에 따라 차별적으로 성과급을 지급하고자 하는 리더십의 권한으로 옳은 것은?

• 2장 3절 동기이론

① 전문성 권한
② 보상적 권한
③ 합법적 권한
④ 위임된 권한

해설

- 조직이 리더에게 부여하는 권한
  - 보상적 권한 : 보상자원을 행사할 수 있는 권한
  - 강압적 권한 : 부하를 처벌할 수 있는 권한
  - 합법적 권한 : 공식적인 지위에 근거하는 권한
- 지도자 자신이 자신에게 부여하는 권한
  - 위임된 권한 : 부여받은 권력에 근거하는 권한
  - 전문성의 권한 : 개인적인 전문성에 근거하는 권한, 이용 가능한 정보나 기술에 관한 정보원으로서의 역할 수행

30 인간의 욕구에 대한 적응기제(Adjustment Mechanism)를 공격적 기제, 방어적 기제, 도피적 기제로 구분할 때 다음 중 도피적 기제로 옳은 것은?

• 3장 4절 교육심리학

① 보 상
② 고 립
③ 승 화
④ 합리화

해설

도피적 기제
- 고 립
- 퇴 행
- 억 압
- 백일몽

31 알더퍼(Alderfer)의 ERG 이론에서 인간의 기본적인 3가지 욕구로 옳지 않은 것은?

• 2장 3절 동기이론

① 관계욕구 ② 성장욕구
③ 생리욕구 ④ 존재욕구

해설

알더퍼(Alderfer)의 ERG이론
매슬로우와 달리 동시에 두가지 이상의 욕구가 작용할 수 있다고 주장
• 생존이론(Existence) : 유기체의 생존과 유지에 관한 욕구
• 관계이론(Relatedness) : 대인욕구
• 성장이론(Growth) : 개인발전과 증진에 관한 욕구

32 주의력의 특성과 그에 대한 설명으로 옳은 것은?

• 2장 6절 착오와 실수

① 지속성 – 인간의 주의력은 2시간 이상 지속된다.
② 변동성 – 인간의 주의 집중은 내향과 외향의 변동이 반복된다.
③ 방향성 – 인간이 주의력을 집중하는 방향은 상하좌우에 따라 영향을 받는다.
④ 선택성 – 인간의 주의력은 한계가 있어 여러 작업에 대해 선택적으로 배분된다.

해설

인간의 주의력의 특성
• 선택성 : 인간의 주의력은 한계가 있어 여러 작업에 대해 선택적으로 배분
• 방향성 : 주의가 집중되는 방향의 자극과 정보에는 높은 주의력이 배분됨
• 변동성 : 주의력의 수준이 높아졌다가 낮아지기를 반복함(수업시간이 50분인 이유)

33 파악하고자 하는 연구과제에 대해 언어를 매개로 구조화된 질의응답을 통하여 교육하는 기법으로 옳은 것은?

• 3장 3절 교육의 분류

① 면접(Interview)
② 카운슬링(Counseling)
③ CCS(Civil Communication Section)
④ ATT(American Telephone & Telegram Co.)

해설

면접법 : 파악하고자 하는 연구과제에 대해 언어를 매개로 구조화된 질의응답을 통하여 교육하는 기법

정답 31 ③ 32 ④ 33 ①

34 안전교육방법 중 새로운 자료나 교재를 제시하고, 거기에서의 문제점을 피교육자로 하여금 제기하게 하거나, 의견을 여러 가지 방법으로 발표하게 하고, 다시 깊게 파고들어서 토의하는 방법으로 옳은 것은?
• 3장 3절 교육의 분류

① 포럼(Forum)
② 심포지엄(Symposium)
③ 버즈세션(Buzz Session)
④ 패널 디스커션(Panel Discussion)

해설

포럼(Forum)
새로운 자료나 교재를 제시하고 문제점을 피교육자로 하여금 제기하게 하거나 그것에 관한 피교육자의 의견을 여러 가지 방법으로 발표하게 하고, 청중과 토론자 간에 활발한 의견 개진과 충돌로 바람직한 합의를 도출해내는 교육 실시방법

35 산업안전보건법령상 근로자 안전보건교육의 교육과정 중 건설 일용근로자와 건설업 기초 안전·보건교육 교육시간 기준으로 옳은 것은?
• 4장 2절 안전보건교육 교육대상별 교육내용

① 1시간 이상
② 2시간 이상
③ 3시간 이상
④ 4시간 이상

해설

구 분	대 상	기 준
건설업 기초안전·보건교육	건설 일용근로자	4시간 이상

36 안전교육의 방법을 지식교육, 기능교육 및 태도교육 순서로 구분하여 나열한 것으로 옳은 것은?
• 4장 1절 교육의 종류

① 시청각 교육 → 현장실습 교육 → 안전작업 동작지도
② 시청각 교육 → 안전작업 동작지도 → 현장실습 교육
③ 현장실습 교육 → 안전작업 동작지도 → 시청각 교육
④ 안전작업 동작지도 → 시청각 교육 → 현장실습 교육

해설
- 1단계 : 지식교육(준비 → 제시 → 적용 → 평가)
  - 안전의식의 향상
  - 안전에 대한 책임감 주입
  - 안전규정 숙지를 위한 교육
  - 기능·태도교육에 필요한 기초지식 주입을 위한 교육
- 2단계 : 기능교육
  - 개인의 반복적 시행착오가 필요함
  - 안전장치(방호장치) 관리기능에 관한 교육
  - 안전장치 및 장비 사용 능력의 습득
  - 교육대상자가 자발적으로 행함으로서 얻어짐
  - 시범, 견학, 실습, 현장실습 교육을 통한 경험체득과 이해
- 3단계 : 태도교육
  - 생활지도, 작업동작지도 등을 통한 안전의 습관화
  - 작업동작 및 표준작업방법의 습관화
  - 공구·보호구 등의 관리 및 취급태도의 확립
  - 작업지시·전달·확인 등의 언어·태도의 정확화 및 습관화
  - 청취, 이해, 납득, 모범, 권장, 칭찬, 처벌
  - 인간의 행동은 태도에 따라 달라짐
  - 태도가 결정되면 장시간 유지됨
  - 개인의 심적 태도보다 집단의 심적 태도 교정이 더 어려움
  - 태도의 3가지 구성요소 : 인지적요소, 정서적요소, 행동경향요소

37 O.J.T(On the Job Training)의 장점으로 옳지 않은 것은? · 3장 3절 교육의 분류

① 직장의 실정에 맞게 실제적 훈련이 가능하다.
② 교육을 통한 훈련효과에 의해 상호 신뢰이해도가 높아진다.
③ 대상자의 개인별 능력에 따라 훈련의 진도를 조정하기가 쉽다.
④ 교육훈련 대상자가 교육훈련에만 몰두할 수 있어 학습효과가 높다.

해설
OJT의 장점
- 개개인에게 적절한 지도훈련이 가능
- 직장의 실정에 맞게 실제적 훈련이 가능
- 즉시 업무와 연결되는 장점이 있음
- 훈련에 필요한 업무의 계속성이 끊어지지 않음
- 효과가 곧 업무에 나타나며 훈련의 좋고 나쁨에 따라 개선이 쉬움
- 훈련효과를 보고 상호신뢰, 이해도가 높아지는 것이 가능

정답 37 ④

38 학습목적의 3요소로 옳지 않은 것은?   • 3장 1절 교육의 필요성과 목적

① 목표(Goal)
② 주제(Subject)
③ 학습정도(Level of Learning)
④ 학습방법(Method of Learning)

해설
학습의 목적 3요소 : 목표, 주제, 학습정도

39 학습된 행동이 지속되는 것을 의미하는 용어로 옳은 것은?   • 3장 4절 교육심리학

① 회상(Recall)
② 파지(Retention)
③ 재인(Recognition)
④ 기명(Memorizing)

해설
파지와 망각
- 파지 : 과거의 학습경험이 어떠한 형태로 현재와 미래의 행동에 영향을 주는 작용
- 망각 : 파지의 행동이 지속되지 않는 것

40 작업자들에게 적성검사를 실시하는 가장 큰 목적은?   • 1장 3절 직업적성과 인사관리

① 작업자의 협조를 얻기 위함
② 작업자의 인간관계 개선을 위함
③ 작업자의 생산능률을 높이기 위함
④ 작업자의 업무량을 최대로 할당하기 위함

해설
적성검사의 특징
- 적성검사는 작업행동을 예언하여 생산능률 향상의 목적
- 직업 적성검사는 직무 수행에 필요한 잠재적인 특수능력을 측정하는 도구
- 직업 적성검사를 이용하여 훈련 및 승진대상자를 평가하는 데 사용할 수 있음
- 직업 적성은 장기적 집중 직업훈련

38 ④　39 ②　40 ③

2021년 제2회 기출해설

2과목 산업심리 및 교육

21 안드라고지(Andragogy) 모델에 기초한 학습자로서의 성인의 특징과 가장 거리가 먼 것은?

• 3장 2절 학습이론

① 성인들은 타인 주도적 학습을 선호한다.
② 성인들은 과제 중심적으로 학습하고자 한다.
③ 성인들은 다양한 경험을 가지고 학습에 참여한다.
④ 성인들은 왜 배워야 하는지에 대해 알고자 하는 욕구를 가지고 있다.

해설

안드라고지(Andragogy) 모델
- 성인을 가르치는 기술 : Andros(성인) + Agogos(지도하다. 이끌다)
- 학습자 중심 교육이며 학습자가 스스로 배우고 주도해 나가는 학습 상황, 과정을 의미. 과업중심, 문제중심, 생활중심의 성향
- 학습자의 경험이 학습자원으로서 가치가 있다고 봄
- 교수자는 지원자와 조력자(Facilitator)의 역할을 수행
- 학생과 교사 간 상호협동에 의해서 계획, 목표설정, 평가가 이루어짐

22 산업심리에 활용되고 있는 개인적인 카운슬링 방법에 해당하지 않는 것은?

• 3장 2절 학습이론

① 직접 충고
② 설득적 방법
③ 설명적 방법
④ 토론적 방법

해설

개인적인 카운슬링(Counseling) 방법
- 직접충고(수칙 불이행 시 적합)
- 설득적 방법
- 설명적 방법

정답 21 ① 22 ④

23 안전태도교육 기본과정을 순서대로 나열한 것은? • 1장 5절 인간의 행동성향과 행동과학

① 청취 → 모범 → 이해 → 평가 → 장려·처벌
② 청취 → 평가 → 이해 → 모범 → 장려·처벌
③ 청취 → 이해 → 모범 → 평가 → 장려·처벌
④ 청취 → 평가 → 모범 → 이해 → 장려·처벌

해설

안전태도의 형성
- 행동 이전의 안전태도를 교육을 통해 확보
- 청취 → 이해 → 모범 → 평가 → 장려·처벌

24 안전심리의 5대 요소에 관한 설명으로 틀린 것은? • 2장 1절 작업환경 및 동작특성

① 기질이란 감정적인 경향이나 반응에 관계되는 성격의 한 측면이다.
② 감정은 생활체가 어떤 행동을 할 때 생기는 객관적인 동요를 뜻한다.
③ 동기는 능동적인 감각에 의한 자극에서 일어난 사고의 결과로서 사람의 마음을 움직이는 원동력이 되는 것이다.
④ 습성은 한 종에 속하는 개체의 대부분에서 볼 수 있는 일정한 생활양식으로 본능, 학습, 조건반사 등에 따라 형성된다.

해설

산업심리의 5대 요소
- 동기(Motive)
  - 능동적인 감각에 의한 자극에서 일어나는 사고의 결과
  - 사람의 마음을 움직이는 원동력
- 기질(Temper)
  - 인간의 성격, 능력 등 개인적인 특성을 말함
  - 감정적인 경향이나 반응에 관계되는 성격의 한 측면
  - 성장 시 생활환경의 영향을 받으며 주위환경에 따라 달라짐
- 감정(Emotion)
  - 생활체가 어떤 행동을 할 때 생기는 주관적 동요
  - 희로애락 등의 의식, 안전과 밀접한 관계를 지님
  - 사고를 일으키는 정신적 동기를 만듦
- 습성(Habits)
  - 인간의 행동에 영향을 미치며 동기, 기질, 감정 등이 밀접한 연관관계를 형성
  - 한 종에 속하는 개체의 대부분에서 볼 수 있는 일정한 생활양식으로 본능, 학습, 조건반사 등에 따라 형성됨
- 습관(Custom)
  - 성장과정을 통해 형성된 특성 등이 자신도 모르게 습관화된 현상
  - 영향을 미치는 요소로 동기, 기질, 감정 습성 등이 있음

25 어느 철강회사의 고로작업라인에 근무하는 A씨의 작업강도가 힘든 중작업으로 평가되었다면 해당되는 에너지대사율(RMR)의 범위로 가장 적절한 것은?
• 2장 2절 노동과 피로

① 0~1
② 2~4
③ 4~7
④ 7~10

해설

작업강도
• 에너지대사율(RMR : Relative Metabolic Rate)
• RMR = 노동대사량/기초대사량 = (작업 시 소비에너지 − 안정 시 소비에너지)/기초대사량
• 산소소모량으로 에너지소비량을 결정하는 방식으로 국제적으로 가장 많이 사용
• RMR에 따른 노동의 분류
  − 경작업 : 1~2RMR
  − 中작업 : 2~4RMR
  − 重작업 : 4~7RMR
  − 초중작업 : 7RMR 이상

26 호손(Hawthorne) 실험의 결과 생산성 향상에 영향을 준 가장 큰 요인은?
• 1장 2절 인간관계와 활동

① 생산 기술
② 임금 및 근로시간
③ 인간관계
④ 조명 등 작업환경

해설

호손(Hawthorne)의 공장실험
• 인간관계 관리의 개선을 위한 연구로 메이요(E. Mayo) 교수가 한 호손공장의 실험
• 작업능률을 좌우하는 것은 임금, 노동시간, 조명, 등의 작업환경으로서의 물적요건보다 종업원의 태도, 즉 심리적, 내적 양심과 감정이 중요함
• 물적 조건도 그 개선에 의하여 효과를 가져올 수 있으나 종업원의 심리적 요소가 더욱 중요
• 물적 조건보다 인간관계 등의 심리적 조건이 작업에 더 큰 영향을 주는 것이 밝혀짐

정답 25 ③ 26 ③

27. 의식수준이 정상이지만 생리적 상태가 적극적일 때에 해당하는 것은?
• 2장 4절 노동과 피로

① Phase 0
② Phase Ⅰ
③ Phase Ⅲ
④ Phase Ⅳ

해설

- Phase 0 : 무의식 상태(수면상태, 실신한 상태 등)이기 때문에, 작업 중에는 있을 수 없는 상태
- Phase Ⅰ
  - 몹시 피로하거나 단조로운 작업으로 인하여 의식이 뚜렷하지 않은 상태
  - 의식이 둔하고 강한 부주의 상태가 계속되며, 깜박 잊는 일과 실수가 많음
- Phase Ⅱ
  - 단순한 일을 하고 있는 때와 같이 마음이 편안한 상태
  - 예측기능이 활발하지 않고 사태를 분석하는 능력이 발휘되지 않는 상태
  - 휴식 시의 편안한 상태, 전두엽은 그다지 활동하고 있지 않아 깜박하는 실수를 하기 쉬움
- Phase Ⅲ
  - 의식수준이 명료하고 가장 적극적인 활동이 이루어짐
  - 사태의 분석, 예측능력이 가장 잘 발휘되고 있는 상태로 의식은 밝고 맑음
  - 전두엽이 완전히(활발히) 활동하고 있고, 실수를 하는 일도 거의 없음
- Phase Ⅳ
  - 긴장의 과대 또는 정동(情動)흥분 시의 상태
  - 대뇌의 에너지 수준은 매우 높지만, 주의가 눈앞의 한 점에 집중되어 사고협착에 빠져 있음
  - 냉정한 분석이나 올바른 판단에 의한 임기응변의 대응이 불가능
  - 실수를 범하기 쉽게 되고, 심하면 패닉상태가 되어 당황하거나 공포감이 엄습하여 대외의 정보처리기능이 분열상태에 빠짐
  - 신뢰도는 Phase Ⅰ보다 더 낮음(Phase Ⅲ > Phase Ⅱ > Phase Ⅰ > Phase Ⅳ > Phase 0)

28. 권한의 근거는 공식적이며, 지휘형태가 권위주의적이고 임명되어 권한을 행사하는 지도자로 옳은 것은?
• 2장 3절 동기이론

① 헤드십(Head Ship)
② 리더십(Leader Ship)
③ 멤버십(Member Ship)
④ 매니저십(Manager Ship)

해설

헤드십의 특징
- 권한 근거는 공식적
- 지휘 형태는 권위주의적
- 상사와 부하와의 관계는 종속적
- 상사와 부하와의 사회적 간격이 넓음

29 교육법의 4단계 중 일반적으로 적용시간이 가장 긴 것은? • 3장 3절 교육의 분류

① 도 입 ② 제 시
③ 적 용 ④ 확 인

해설

교육의 4단계	강의식	토의식
도 입	5분	5분
제 시	40분	10분
적 용	10분	40분
확 인	5분	5분

30 다음의 내용에서 교육지도의 5단계를 순서대로 바르게 나열한 것은? • 4장 3절 안전보건교육의 체계

㉠ 가설의 설정   ㉡ 결 론
㉢ 원리의 제시   ㉣ 관련된 개념의 분석
㉤ 자료의 평가

① ㉢ → ㉣ → ㉠ → ㉤ → ㉡
② ㉠ → ㉢ → ㉣ → ㉤ → ㉡
③ ㉢ → ㉠ → ㉤ → ㉣ → ㉡
④ ㉠ → ㉢ → ㉤ → ㉣ → ㉡

해설
교육지도의 5단계
- 원리의 제시
- 관련된 개념 분석
- 가설의 설정
- 자료의 평가
- 결 론

31 훈련에 참가한 사람들이 직무에 복귀한 후에 실제 직무수행에서 훈련효과를 보이는 정도를 나타내는 것은? • 1장 1절 산업심리

① 전이 타당도 ② 교육 타당도
③ 조직간 타당도 ④ 조직내 타당도

해설
교육 및 훈련프로그램의 타당도
- 훈련 타당도 : 교육 및 훈련에 참가한 사람들이 교육기간내에 처음 설정한 목표를 달성했는지의 정도
- 전이 타당도 : 직무에 복귀한 후에 실제 직무수행에서 훈련효과를 보이는 정도
- 조직내 타당도 : 교육이 조직 내 다른 집단에 실시된 경우에도 효과를 보이는 정도
- 조직간 타당도 : 교육이 그것을 개발하고 사용한 조직 이외의 다른 조직에서도 효과

정답 29 ②, ③ 30 ① 31 ①

32. 인간의 적응기제(Adjustment Mechanism) 중 방어적 기제에 해당하는 것은?

• 3장 4절 교육심리학

① 보 상
② 고 립
③ 퇴 행
④ 억 압

해설

방어적 기제
- 보 상
- 합리화
- 동일시
- 승 화

33. 착각현상 중에서 실제로는 움직이지 않는데 움직이는 것처럼 느껴지는 심리적인 현상은?

• 2장 6절 착오와 실수

① 잔 상
② 원근 착시
③ 가현운동
④ 기하학적 착시

해설

가현운동(β-운동) : 실제로는 움직임이 없으나 시각적으로 움직임이 있는 것처럼 느끼는 심리적인 현상

34. 다음 설명의 리더십 유형은 무엇인가?

• 2장 3절 동기이론

> 과업을 계획하고 수행하는 데 있어서 구성원과 함께 책임을 공유하고 인간에 대하여 높은 관심을 갖는 리더십

① 권위적 리더십
② 독재적 리더십
③ 민주적 리더십
④ 자유방임형 리더십

해설

민주형
- 참여형 리더십
- 조직의 목표설정, 의사결정 및 활동이 구성원의 자발적인 참여에 의하여 이루어짐
- 모든 활동을 하기 전에 항상 먼저 전체 집단이 토론
- 집단 구성원들이 각자 자신의 할 일과 자신의 파트너를 스스로 결정하도록 해줌
- 평등한 분위기를 발전시키는 것을 격려함
- 리더의 역할은 조직원들이 최대의 성과를 올릴 수 있도록 격려
- 일을 통하여 만족을 추구할 수 있도록 동기를 부여하는 것

35 교육의 3요소를 바르게 나열한 것은?   • 3장 1절 교육의 필요성과 목적

① 교사, 학생, 교육재료
② 교사, 학생, 교육환경
③ 학생, 교육환경, 교육재료
④ 학생, 부모, 사회 지식인

해설

교육의 3요소
- 교육의 주체 : 강사, 선배, 사회인사
- 교육의 객체 : 교육생, 미성숙자
- 교육의 매개체 : 교재, 교실

---

36 맥그리거(Douglas McGregor)의 X, Y이론 중 X이론과 관계 깊은 것은?   • 2장 3절 동기이론

① 근면, 성실
② 물질적 욕구 추구
③ 정신적 욕구 추구
④ 자기통제에 의한 자율관리

해설

맥그리거(McGregor)의 X, Y이론
- 환경개선보다는 일의 자유화 추구 및 불필요한 통제를 없앰
- 인간의 본질에 대한 기본적인 가정을 부정론과 긍정론으로 구분
- X이론 : 인간불신감, 성악설, 물질욕구(저차원욕구), 명령 및 통제에 의한 관리, 저개발국형
- Y이론 : 상호신뢰감, 성선설, 정신욕구(고차원욕구), 자율관리, 선진국형

---

37 Off.J.T의 특징이 아닌 것은?   • 3장 2절 학습이론

① 우수한 강사를 확보할 수 있다.
② 교재, 시설 등을 효과적으로 이용할 수 있다.
③ 개개인의 능력 및 적성에 적합한 세부 교육이 가능하다.
④ 다수의 대상자를 일괄적, 체계적으로 교육을 시킬 수 있다.

해설

Off.J.T
- 공통된 교육목적을 가진 근로자를 일정한 장소에 집합시켜 교육
- 특 징
  - 훈련에만 전념하게 됨
  - 전문가를 강사로 활용할 수 있음
  - 특별 설비기구를 이용하는 것이 가능
  - 다수의 근로자에게 조직적 훈련이 가능
  - 각 직장의 근로자가 많은 지식이나 경험을 교류할 수 있음
  - 교육 훈련 목표에 대하여 집단적 노력이 흐트러질 수 있음

정답 35 ① 36 ② 37 ③

38 직무수행평가에 대한 효과적인 피드백의 원칙에 대한 설명으로 틀린 것은?

• 1장 3절 직업적성과 인사관리

① 직무수행 성과에 대한 피드백의 효과가 항상 긍정적이지는 않다.
② 피드백은 개인의 수행 성과뿐만 아니라 집단의 수행 성과에도 영향을 준다.
③ 부정적 피드백을 먼저 제시하고 그 다음에 긍정적 피드백을 제시하는 것이 효과적이다.
④ 직무수행 성과가 낮을 때, 그 원인을 능력 부족의 탓으로 돌리는 것보다 노력 부족 탓으로 돌리는 것이 더 효과적이다.

해설

피드백의 원칙
- 직무수행 성과에 대한 피드백의 효과가 항상 긍정적이지는 않음
- 피드백은 개인의 수행 성과뿐만 아니라 집단의 수행 성과에도 영향을 줌
- 긍정적 피드백을 먼저 제시하고 그 다음에 부정적 피드백을 제시하는 것이 효과적
- 직무수행 성과가 낮을 때, 그 원인을 능력 부족의 탓으로 돌리는 것보다 노력 부족 탓으로 돌리는 것이 더 효과적

39 스트레스(Stress)에 영향을 주는 요인 중 환경이나 외적 요인에 해당하는 것은?

• 2장 4절 노동과 피로

① 자존심의 손상
② 현실에의 부적응
③ 도전의 좌절과 자만심의 상충
④ 직장에서의 대인관계 갈등과 대립

해설

스트레스의 자극요인
- 자존심의 손상 : 내적요인
- 업무상의 죄책감 : 내적요인
- 현실에서의 부적응 : 내적요인
- 대인관계상의 갈등과 대립 : 외적요인

40 참가자 앞에서 소수의 전문가들이 과세에 관한 견해를 자유롭게 토의한 후 참가자 전원이 참가하여 사회자의 사회에 따라 토의하는 방법은?

• 3장 3절 교육의 분류

① 포럼(Forum)
② 심포지엄(Symposium)
③ 버즈 세션(Buzz Session)
④ 패널 디스커션(Panel Discussion)

해설

패널 디스커션(Panel Discussion)
참가자 앞에서 소수의 전문가들이 과제에 관한 견해를 발표하고 토론한 뒤 참가자 전원이 참가하여 사회자의 사회에 따라 토의

2021년 제1회 기출해설

21 매슬로우(Maslow)의 욕구 5단계를 낮은 단계에서 높은 단계의 순서대로 나열한 것은?

• 2장 3절 동기이론

① 생리적 욕구 → 안전 욕구 → 사회적 욕구 → 자아실현의 욕구 → 인정의 욕구
② 생리적 욕구 → 안전 욕구 → 사회적 욕구 → 인정의 욕구 → 자아실현의 욕구
③ 안전 욕구 → 생리적 욕구 → 사회적 욕구 → 자아실현의 욕구 → 인정의 욕구
④ 안전 욕구 → 생리적 욕구 → 사회적 욕구 → 인정의 욕구 → 자아실현의 욕구

해설

매슬로우(Maslow)의 욕구단계이론
- 욕구의 강도와 충족 측면에서 계층적 구조로 표현
- 하위욕구가 만족되어야 상위욕구 수준으로 높아짐
- 욕구 6단계
  - 1단계 : 생리적 욕구(Physiological Needs)
  - 2단계 : 안전의 욕구(Safety Security Needs)
  - 3단계 : 사회적 욕구(Acceptance Needs)
  - 4단계 : 존경(인정)의 욕구(Self-Esteem Needs)
  - 5단계 : 자아실현의 욕구(Self-Actualization)
  - 6단계 : 자아초월의 욕구(Self-Transcendence) : 자아초월 = 이타정신 = 남을 배려하는 마음

정답 21 ②

22 산업안전심리학에서 산업안전심리의 5대 요소로 옳지 않은 것은? • 2장 1절 작업환경 및 동작특성

① 감정
② 습성
③ 동기
④ 피로

해설

산업심리의 5대 요소
- 동기(Motive)
  - 능동적인 감각에 의한 자극에서 일어나는 사고의 결과
  - 사람의 마음을 움직이는 원동력
- 기질(Temper)
  - 인간의 성격, 능력 등 개인적인 특성을 말함
  - 성장 시 생활환경의 영향을 받으며 주위환경에 따라 달라짐
- 감정(Emotion)
  - 희로애락 등의 의식
  - 안전과 밀접한 관계를 지님
  - 사고를 일으키는 정신적 동기를 만듦
- 습성(Habits)
  - 동기, 기질, 감정 등이 밀접한 연관관계를 형성
  - 인간의 행동에 영향을 미침
- 습관(Custom)
  - 성장과정을 통해 형성된 특성 등이 자신도 모르게 습관화된 현상
  - 영향을 미치는 요소로 동기, 기질, 감정 습성 등이 있음

23 학습이론 중 S-R 이론에서 조건반사설에 의한 학습이론의 원리로 옳지 않은 것은?

• 3장 2절 학습이론

① 시간의 원리
② 일관성의 원리
③ 기억의 원리
④ 계속성의 원리

해설

시행착오설의 학습원리
- 시간의 원리(Time Principle)
- 강도의 원리(Intensity Principle)
- 일관성의 원리(Consistency Principle)
- 계속성의 원리(Continuity Principle)

24 안전보건교육의 단계별 교육 중 태도교육의 내용으로 가장 옳지 않은 것은? • 4장 1절 교육의 종류

① 작업동작 및 표준작업방법의 습관화
② 안전장치 및 장비 사용 능력의 빠른 습득
③ 공구·보호구 등의 관리 및 취급태도의 확립
④ 작업지시·전달·확인 등의 언어·태도의 정확화 및 습관화

해설

교육의 3단계
- 1단계 : 지식교육(준비 → 제시 → 적용 → 평가)
  - 안전의식의 향상
  - 안전에 대한 책임감 주입
  - 안전규정 숙지를 위한 교육
  - 기능·태도교육에 필요한 기초지식 주입을 위한 교육
- 2단계 : 기능교육
  - 개인의 반복적 시행착오가 필요함
  - 안전장치(방호장치) 관리기능에 관한 교육
  - 안전장치 및 장비 사용 능력의 습득
  - 교육대상자가 자발적으로 행함으로서 얻어짐
  - 시범, 견학, 실습, 현장실습 교육을 통한 경험체득과 이해
- 3단계 : 태도교육
  - 생활지도, 작업동작지도 등을 통한 안전의 습관화
  - 작업동작 및 표준작업방법의 습관화
  - 공구·보호구 등의 관리 및 취급태도의 확립
  - 작업지시·전달·확인 등의 언어·태도의 정확화 및 습관화
  - 청취, 이해, 납득, 모범, 권장, 칭찬, 처벌
  - 인간의 행동은 태도에 따라 달라짐
  - 태도가 결정되면 장시간 유지됨
  - 개인의 심적 태도보다 집단의 심적 태도 교정이 더 어려움
  - 태도의 3가지 구성요소 : 인지적 요소, 정서적 요소, 행동경향 요소

25 집단과 인간관계에서 집단의 효과로 옳지 않은 것은? • 2장 5절 집단과 리더십

① 동조효과　　　　　　　② 견물효과
③ 암시효과　　　　　　　④ 시너지효과

해설

집단효과
- 동조효과
- 상승효과
- 견물효과
- 시너지효과 : 2개 이상의 요소들이 상호 작용을 통해 더 큰 효과를 발생시키는 것

정답　24 ②　25 ③

26 O.J.T(On the Job Training)의 장점으로 옳지 않은 것은? • 3장 3절 교육의 분류

① 개개인에게 적절한 지도훈련이 가능하다.
② 전문가를 강사로 초빙하는 것이 가능하다.
③ 훈련에 필요한 업무의 계속성이 끊어지지 않는다.
④ 직장의 실정에 맞게 실제적 훈련이 가능하다.

해설
OJT의 장점
- 개개인에게 적절한 지도훈련이 가능
- 직장의 실정에 맞게 실제적 훈련이 가능
- 즉시 업무와 연결되는 장점이 있음
- 훈련에 필요한 업무의 계속성이 끊어지지 않음
- 효과가 곧 업무에 나타나며 훈련의 좋고 나쁨에 따라 개선이 쉬움
- 훈련효과를 보고 상호신뢰, 이해도가 높아지는 것이 가능

27 다음은 리더가 가지고 있는 권력 중 어떤 것의 예시에 해당하는가? • 2장 5절 집단관리와 리더십

> 종업원의 바람직하지 않은 행동들에 대해 해고, 임금삭감, 견책 등을 사용하여 처벌한다.

① 보상권력　　　　　② 강압권력
③ 합법권력　　　　　④ 전문권력

해설
조직이 리더에게 부여하는 권한
- 보상적 권한 : 보상자원을 행사할 수 있는 권한
- 강압적 권한 : 부하를 처벌할 수 있는 권한
- 합법적 권한 : 공식적인 지위에 근거하는 권한

28 생산작업의 경제성과 능률제고를 위한 동작경제의 원칙으로 옳지 않은 것은?
• 3과목 4장 4절 동작경제의 원칙

① 신체의 사용에 의한 원칙
② 작업장의 배치에 관한 원칙
③ 작업표준 작성에 관한 원칙
④ 공구 및 설비 디자인에 관한 원칙

해설
동작경제의 원칙
- 신체사용의 원칙(Use of Human Body)
- 작업장 배치의 원칙(Workplace Arrangement)
- 공구 및 설비(Design of tools & Equipment)

29 허쉬(Hersey)와 블랜차드(Blanchard)의 상황적 리더십 이론에서 리더십의 4가지 유형으로 옳지 않은 것은?

• 2장 5절 집단관리와 리더십

① 통제적 리더십
② 지시적 리더십
③ 참여적 리더십
④ 위임적 리더십

해설

허쉬와 블랜차드(Hersy & Blanchard)의 상황적 리더십
• 지시형(Telling)
• 설득형(Selling)
• 참여형(Participation)
• 위임형(Delegating)

30 구안법(Project Method)의 단계를 나열한 것으로 옳은 것은?

• 3장 2절 학습이론

① 계획 → 목적 → 수행 → 평가
② 계획 → 목적 → 평가 → 수행
③ 수행 → 평가 → 계획 → 목적
④ 목적 → 계획 → 수행 → 평가

해설

구안법(Project Method)
• 학생이 마음속에 생각하고 있는 것을 외부에 구체적으로 실현하고 형상화하기 위해서 자기 스스로가 계획을 세워 수행하는 학습 활동
• Collings는 구안법을 탐험(Exploration), 구성(Construction), 의사 소통(Communication), 유희(Play), 기술(Skill)의 5가지로 구분
• 목적, 계획, 수행, 평가의 4단계로 구성
• 구안법 특징
  - 동기부여가 충분
  - 현실적인 학습방법
  - 작업에 대하여 창조력이 생김
  - 시간과 에너지가 많이 소비됨

정답 29 ① 30 ④

31 산업안전보건법령상 근로자 안전·보건교육에서 채용 시 교육 및 작업내용 변경 시의 교육으로 옳은 것은?
• 4장 2절 안전보건교육 교육대상별 교육내용

① 사고 발생 시 긴급조치에 관한 사항
② 건강증진 및 질병 예방에 관한 사항
③ 유해·위험 작업환경 관리에 관한 사항
④ 작업공정의 유해·위험과 재해 예방대책에 관한 사항

해설

채용 시의 교육 및 작업내용 변경 시의 교육내용
• 산업안전 및 사고 예방에 관한 사항
• 산업보건 및 직업병 예방에 관한 사항
• 위험성 평가에 관한 사항
• 산업안전보건법령 및 산업재해보상보험 제도에 관한 사항
• 직무스트레스 예방 및 관리에 관한 사항
• 직장 내 괴롭힘, 고객의 폭언 등으로 인한 건강장해 예방 및 관리에 관한 사항
• 기계·기구의 위험성과 작업의 순서 및 동선에 관한 사항
• 작업 개시 전 점검에 관한 사항
• 정리정돈 및 청소에 관한 사항
• 사고 발생 시 긴급조치에 관한 사항
• 물질안전보건자료에 관한 사항

32 몹시 피로하거나 단조로운 작업으로 인하여 의식이 뚜렷하지 않은 상태의 의식 수준으로 옳은 것은?
• 2장 6절 착오와 실수

① Phase Ⅰ
② Phase Ⅱ
③ Phase Ⅲ
④ Phase Ⅳ

해설

의식의 단계
• Phase 0 : 무의식 상태(수면상태, 실신한 상태 등)이기 때문에, 작업 중에는 있을 수 없는 상태
• Phase Ⅰ
 − 몹시 피로하거나 단조로운 작업으로 인하여 의식이 뚜렷하지 않은 상태
 − 의식이 둔하고 강한 부주의 상태가 계속되며, 깜박 잊는 일과 실수가 많음
• Phase Ⅱ
 − 단순한 일을 하고 있는 때와 같이 마음이 편안한 상태
 − 예측기능이 활발하지 않고 사태를 분석하는 능력이 발휘되지 않는 상태
 − 휴식 시의 편안한 상태, 전두엽은 그다지 활동하고 있지 않아 깜박하는 실수를 하기 쉬움
• Phase Ⅲ
 − 의식수준이 명료하고 가장 적극적인 활동이 이루어짐
 − 사태의 분석, 예측능력이 가장 잘 발휘되고 있는 상태로 의식은 밝고 맑음
 − 전두엽이 완전히(활발히) 활동하고 있고, 실수를 하는 일도 거의 없음
• Phase Ⅳ
 − 긴장의 과대 또는 정동(情動)흥분 시의 상태
 − 대뇌의 에너지 수준은 매우 높지만, 주의가 눈앞의 한 점에 집중되어 사고협착에 빠져 있음
 − 냉정한 분석이나 올바른 판단에 의한 임기응변의 대응이 불가능
 − 실수를 범하기 쉽게 되고, 심하면 패닉상태가 되어 당황하거나 공포감이 엄습하여 대외의 정보처리기능이 분열상태에 빠짐
 − 신뢰도는 Phase Ⅰ보다 더 낮음(Phase Ⅲ > Phase Ⅱ > Phase Ⅰ > Phase Ⅳ > Phase 0)

33 안전교육 훈련의 기술교육 4단계로 옳지 않은 것은? • 3장 1절 교육의 필요성과 목적

① 준비단계
② 보습지도의 단계
③ 일을 완성하는 단계
④ 일을 시켜보는 단계

해설

기술교육 4단계법
- 준비단계(Preparation)
- 일을 하여 보이는 단계(Presentation)
- 일을 시켜 보는 단계(Performance)
- 보습지도의 단계(Follow Up)

34 휴먼에러의 심리적 분류로 옳지 않은 것은? • 3과목 2장 4절 휴먼에러

① 입력 오류(Input Error)
② 시간지연 오류(Time Error)
③ 생략 오류(Omission Error)
④ 순서 오류(Sequential Error)

해설

Swain과 Guttman의 심리적 분류(개별적인 행동결과에 대한 분류)
- 실행 에러(Commission Error) : 작업 내지 단계는 수행하였으나 잘못한 에러
  예 주차금지 구역에 주차하여 스티커가 발부된 경우
- 생략 에러(Omission Error) : 필요한 작업 내지 단계를 수행하지 않은 에러
  예 자동차 하차 시 실내등을 끄지 않아 방전된 경우
- 순서 에러(Sequential Error) : 작업수행의 순서를 잘못한 에러
  예 자동차 출발 시 사이드 브레이크를 내리지 않고 가속하는 경우
- 시간 에러(Timing Error) : 주어진 시간 내에 동작을 수행하지 못하거나 너무 빠르게 또는 너무 느리게 수행하였을 때 생긴 에러
- 불필요한 행동에러(Extraneous Act Error) : 해서는 안 될 불필요한 작업의 행동을 수행한 에러

35 강의계획 시 설정하는 학습목적의 3요소로 옳은 것은? • 3장 1절 교육의 필요성과 목적

① 학습방법
② 학습성과
③ 학습자료
④ 학습정도

해설

학습의 목적 3요소 : 목표, 주제, 학습정도

정답 33 ③ 34 ① 35 ④

36 선발용으로 사용되는 적성검사가 잘 만들어졌는지를 알아보기 위한 분석방법과 관련이 없는 것은?

• 1장 1절 산업심리

① 구성타당도
② 내용타당도
③ 동등타당도
④ 검사-재검사 신뢰도

해설

선발용 적성검사의 분석방법
• 신뢰도
  - 검사-재검사신뢰도 : 일정한 시간간격을 두고 두 번 실시
  - 동형검사신뢰도 : 유사한 검사를 하나 더 실시
  - 반분신뢰도 : 문항수를 반으로 나누어 실시
• 타당도
  - 구성타당도 : 측정되는 개념을 정확히 측정할 수 있도록 측정도구가 작성되었는가
  - 준거타당도 : 검사문항을 통해 나타난 결과가 다른 기준과 얼마나 상관관계가 있는가
  - 안면타당도 : 검사도구의 문항들이 피검사자들에게 얼마나 친숙하게 보이는가
  - 내용타당도 : 목표로 하고 있는 내용을 충실히 담고 있는가

37 다음 설명에 해당하는 안전교육방법으로 옳은 것은?

• 3장 3절 교육의 분류

> ATP라고도 하며, 당초 일부 회사의 톱매니지먼트(Top Management)에 대하여만 행하여졌으나, 그 후 널리 보급되었으며, 정책의 수립, 조직, 통제 및 운영 등의 교육내용을 다룬다.

① TWI(Training Within Industry)
② CCS(Civil Communication Section)
③ MTP(Management Training Program)
④ ATT(American Telephone & Telegram Co.)

해설

CCS(Civil Communication Section)
• 주로 강의법에 토의법이 가미된 것
• 매주 4일, 4시간씩으로 8주간(합계 128 시간)에 걸쳐 실시
• ATP(Administration. Training Program)라고도 하며, 당초 일부회사의 톱매니지먼트에 대해서만 행해졌음
• 정책의 수립, 조직, 통제, 운영 등의 교육내용을 다룸

38 상황성 누발자의 재해유발 원인으로 가장 옳지 않은 것은?

•2장 2절 재해설

① 기능 미숙 때문에
② 작업이 어렵기 때문에
③ 기계설비에 결함이 있기 때문에
④ 환경상 주의력의 집중이 혼란되기 때문에

해설

상황성 누발자
• 작업에 어려움이 많은 자
• 기계 설비의 결함
• 심신에 근심이 있는 자
• 환경상 주의력 집중이 어려운자

39 정신상태 불량에 의한 사고의 요인 중 정신력과 관계되는 생리적 현상으로 옳지 않은 것은?

•2장 1절 작업환경 및 동작특성

① 신경계통의 이상
② 육체적 능력의 초과
③ 시력 및 청각의 이상
④ 과도한 자존심과 자만심

해설

정신력과 관계되는 생리적 현상
• 시력, 청력의 이상
• 신경계통의 이상
• 육체적 능력의 초과
• 근육운동의 부적합
• 극도의 피로

40 인간의 심리 중에는 안전수단이 생략되어 불안전 행위를 나타내는 경우가 있는데, 안전수단이 생략되는 경우로 가장 옳지 않은 것은?

•2장 1절 작업환경 및 동작특성

① 의식과잉이 있을 때
② 교육훈련을 실시할 때
③ 피로하거나 과로했을 때
④ 부적합한 업무에 배치될 때

해설

안전수단이 생략되는 경우
• 의식과잉
• 주변영향(부적합한 업무에 배치)
• 피로 및 과로

정답 38 ① 39 ④ 40 ②

2020년 제4회 기출해설

2과목 산업심리 및 교육

21 안전보건교육을 향상시키기 위한 학습지도의 원리에 해당되지 않는 것은?

• 3장 1절 교육의 필요성과 목적

① 통합의 원리
② 자기활동의 원리
③ 개별화의 원리
④ 동기유발의 원리

해설

학습지도의 5원리
• 자발성의 원리 : 내적 동기가 유발된 교육
• 개별화의 원리 : 학습자의 요구와 능력에 맞는 교육
• 사회화의 원리 : 공동학습을 통한 서로 협력적이고 우호적인 교육
• 통합의 원리 : 의도적인 학습과 비의도적인 학습을 총체적으로 배움
• 직관의 원리 : 사유 작용을 거치지 아니하고 구체적인 사물을 직접 제시, 경험하여 파악

22 생체리듬(Biorhythm)에 대한 설명으로 옳은 것은?

• 2장 4절 노동과 피로

① 각각의 리듬이 (−)에서의 최저점에 이르렀을 때를 위험일이라 한다.
② 감성적 리듬은 영문으로 S라 표시하며, 23일을 주기로 반복된다.
③ 육체적 리듬은 영문으로 P라 표시하며, 28일을 주기로 반복된다.
④ 지성적 리듬은 영문으로 I라 표시하며, 28일을 주기로 반복된다.

해설

바이오리듬
• 육체적 리듬(P) : 청색, 23일 주기
• 감정적 리듬(S) : 적색, 33일 주기
• 지성적 리듬(I) : 녹색, 28일 주기
• 위험일(zero) : +리듬에서 −리듬, −리듬에서 +리듬으로 변화하는 점으로 한 달에 6일정도 발생

21 ④ 22 ④   **정답**

23 다음 중 안전교육을 위한 시청각교육법에 대한 설명으로 가장 적절한 것은? • 3장 3절 교육의 분류

① 지능, 적성, 학습속도 등 개인차를 충분히 고려할 수 있다.
② 학습자들에게 공통의 경험을 형성시켜줄 수 있다.
③ 학습의 다양성과 능률화에 기여할 수 없다.
④ 학습자료를 시간과 장소에 제한없이 제시할 수 있다.

해설
시청각법
교육대상자수가 많고 교육대상자의 학습능력의 차이가 큰 경우에 적합한 집단 안전교육방법으로 학습자들에게 공통의 경험을 형성시킴

24 새로운 기술과 학습에서는 연습이 매우 중요하다. 연습 방법과 관련된 내용으로 틀린 것은?

① 새로운 기술을 학습하는 경우에는 일반적으로 배분연습보다 집중연습이 더 효과적이다.
② 교육훈련과정에서는 학습자료를 한꺼번에 묶어서 일괄적으로 연습하는 방법을 집중연습이라고 한다.
③ 충분한 연습으로 완전학습한 후에도 일정량 연습을 계속하는 것을 초과학습이라고 한다.
④ 기술을 배울 때는 적극적 연습과 피드백이 있어야 부적절하고 비효과적 반응을 제거할 수 있다.

해설
새로운 기술을 학습하는 경우에는 일반적으로 집중연습보다는 배분연습이 더 효과적

25 다음 중 교육지도의 원칙과 가장 거리가 먼 것은? • 3장 1절 교육의 필요성과 목적

① 반복적인 교육을 실시한다.
② 학습자에게 동기부여를 한다.
③ 쉬운 것부터 어려운 것으로 실시한다.
④ 한 번에 여러 가지의 내용을 실시한다.

해설
교육지도의 원칙
한번에 한가지씩 한꺼번에 많은 것을 가르치지 않고 수용가능한 범위에서 교육

정답 23 ② 24 ① 25 ④

26 직무수행평가 시 평가자가 특정 피평가자에 대해 구체적으로 잘 모름에도 불구하고 모든 부분에 대해 좋게 평가하는 오류는?
• 2장 6절 착오와 실수

① 후광오류
② 엄격화오류
③ 중앙집중오류
④ 관대화오류

해설
후광효과 : 어떤 대상에 대한 호의적 인상이 대상에 대한 평가에 긍정적으로 작용

27 다음 중 정상적 상태이지만 생리적 상태가 휴식할 때에 해당하는 의식수준은?
• 2장 4절 노동과 피로

① Phase I
② Phase II
③ Phase III
④ Phase IV

해설
Phase II
• 단순한 일을 하고 있는 때와 같이 마음이 편안한 상태
• 예측기능이 활발하지 않고 사태를 분석하는 능력이 발휘되지 않는 상태
• 휴식 시의 편안한 상태, 전두엽은 그다지 활동하고 있지 않아 깜박하는 실수를 하기 쉬움

28 다음 중 하버드 학파의 5단계 교수법에 해당되지 않는 것은?
• 3장 3절 교육의 분류

① 추론한다
② 교시한다
③ 연합시킨다
④ 총괄시킨다

해설
하버드 학파의 5단계 교수법
• 1단계 : 준비
• 2단계 : 교시
• 3단계 : 연합
• 4단계 : 총괄
• 5단계 : 응용
• 6단계 : 평가

29 다음 중 리더십과 헤드십에 관한 설명으로 옳은 것은? · 2장 3절 동기이론

① 헤드십은 부하와의 사회적 간격이 좁다.
② 헤드십에서의 책임은 상사에 있지 않고 부하에 있다.
③ 리더십의 지휘형태는 권위주의적인 반면, 헤드십의 지휘형태는 민주적이다.
④ 권한행사 측면에서 보면 헤드십은 임명에 의하여 권한을 행사할 수 있다.

해설
헤드십의 특징
- 권한 근거는 공식적
- 지휘 형태는 권위주의적
- 상사와 부하와의 관계는 종속적
- 상사와 부하와의 사회적 간격이 넓음
- 임명에 의해 권한을 행사

30 다음 중 산업안전심리의 5대 요소에 속하지 않는 것은? · 2장 1절 작업환경 및 동작특성

① 감 정
② 습 관
③ 동 기
④ 시 간

해설
산업심리의 5대 요소
- 동기(Motive)
  - 능동적인 감각에 의한 자극에서 일어나는 사고의 결과
  - 사람의 마음을 움직이는 원동력
- 기질(Temper)
  - 인간의 성격, 능력 등 개인적인 특성을 말함
  - 감정적인 경향이나 반응에 관계되는 성격의 한 측면
  - 성장 시 생활환경의 영향을 받으며 주위환경에 따라 달라짐
- 감정(Emotion)
  - 생활체가 어떤 행동을 할 때 생기는 주관적 동요
  - 희로애락 등의 의식, 안전과 밀접한 관계를 지님
  - 사고를 일으키는 정신적 동기를 만듦
- 습성(Habits)
  - 인간의 행동에 영향을 미치며 동기, 기질, 감정 등이 밀접한 연관관계를 형성
  - 한 종에 속하는 개체의 대부분에서 볼수 있는 일정한 생활양식으로 본능, 학습, 조건반사 등에 따라 형성
- 습관(Custom)
  - 성장과정을 통해 형성된 특성 등이 자신도 모르게 습관화된 현상
  - 영향을 미치는 요소로 동기, 기질, 감정 습성 등이 있음

정답 29 ④ 30 ④

31 인간의 착각현상 가운데 암실 내에서 하나의 광점을 보고 있으면 그 광점이 움직이는 것처럼 보이는 것을 자동운동이라 하는데 다음 중 자동운동이 생기기 쉬운 조건이 아닌 것은?

• 2장 4절 노동과 피로

① 광점이 작을 것
② 대상이 단순할 것
③ 광의 강도가 클 것
④ 시야의 다른 부분이 어두울 것

해설

자동운동
• 암실 내에서 수미터 거리에 정지된 광점을 놓고 그것을 한동안 응시하고 있으면 그 광점이 움직이는 것처럼 보이는 현상
• 자동운동이 생기기 쉬운 조건
  - 광점이 작을 것
  - 대상이 단순할 것
  - 광의 강도가 작을 것
  - 시야의 다른 부분이 어두울 것

32 다음 중 데이비스(K. Davis)의 동기부여이론에서 '능력(Ability)'을 올바르게 표현한 것은?

• 2장 3절 동기이론

① 기능(Skill) × 태도(Attitude)
② 지식(Knowledge) × 기능(Skill)
③ 상황(Situation) × 태도(Attitude)
④ 지식(Knowledge) × 상황(Situation)

해설

데이비스(Davis)의 동기부여이론
• 경영의 성과 = 인간의 성과 × 물질의 성과
• 인간의 성과 = 능력 × 동기
  - 능력 = 지식 × 기술
  - 동기 = 상황 × 태도

33 인간이 충족시키고자 추구하는 욕구에 있어 가장 강력한 욕구는? · 2장 3절 동기이론

① 생리적 욕구
② 안전의 욕구
③ 자아실현의 욕구
④ 애정 및 귀속의 욕구

해설

생리적 욕구는 1단계 욕구로 가장 강력한 욕구

매슬로우(Maslow)의 욕구단계이론
- 욕구의 강도와 충족 측면에서 계층적 구조로 표현
- 하위욕구가 만족되어야 상위욕구 수준으로 높아짐
- 욕구 6단계
  - 1단계 : 생리적 욕구(Physiological Needs)
  - 2단계 : 안전의 욕구(Safety Security Needs)
  - 3단계 : 사회적 욕구(Acceptance Needs)
  - 4단계 : 존경(인정)의 욕구(Self-Esteem Needs)
  - 5단계 : 자아실현의 욕구(Self-Actualization)
  - 6단계 : 자아초월의 욕구(Self-Transcendence)
- * 자아초월 = 이타정신 = 남을 배려하는 마음

34 다음 중 면접 결과에 영향을 미치는 요인들에 관한 설명으로 틀린 것은?

① 한 지원자에 대한 평가는 바로 앞의 지원자에 의해 영향을 받는다.
② 면접자는 면접 초기와 마지막에 제시된 정보에 의해 많은 영향을 받는다.
③ 지원자에 대한 부정적 정보보다 긍정적 정보가 더 중요하게 영향을 미친다.
④ 지원자의 성과 직업에 있어서 전통적 고정관념은 지원자와 면접자간의 성의 일치여부보다 더 많은 영향을 미친다.

해설

지원자에 대한 긍정적 정보보다 부정적 정보가 더 중요하게 영향

35 안전사고와 관련하여 소질적 사고 요인이 아닌 것은?   • 2장 6절 착오와 실수

① 시각기능   ② 지 능
③ 작업자세   ④ 성 격

해설

내적 원인과 대책
• 소질적 문제 : 시각, 지능, 성격 등의 소질적 문제이며 적성배치로 해결
• 의식의 우회 : 카운슬링
• 경험, 미경험자 : 안전교육훈련

36 교육 및 훈련방법 중 다음과 같은 특징을 갖는 방법은?   • 3장 3절 교육의 분류

- 다른 방법에 비해 경제적이다.
- 교육 대상 집단 내 수준차로 인해 교육의 효과가 감소할 가능성이 있다.
- 상대적으로 피드백이 부족하다.

① 강의법   ② 사례연구법
③ 세미나법   ④ 감수성 훈련

해설

강의법
• 교사가 일방적으로 설명하거나 제시하는 형식의 교수법
• 다른 방법에 비해 경제적
• 교육 대상 집단 내 수준차로 인해 교육의 효과가 감소할 가능성이 있음
• 상대적으로 피드백이 부족함

37 다음 중 관계지향적 리더가 나타내는 대표적인 행동 특징으로 볼 수 없는 것은?

① 우호적이며 가까이 하기 쉽다.
② 집단구성원들을 동등하게 대한다.
③ 집단구성원들의 활동을 조정한다.
④ 어떤 결정에 대해 자세히 설명해준다.

해설

집단구성원들의 활동을 조정하는 것은 관계지향형이 아닌 과업지향형 리더

35 ③ 36 ① 37 ③

38 다음 중 주의의 특성에 관한 설명으로 틀린 것은?　　•2장 4절 노동과 피로

① 변동성이란 주의집중 시 주기적으로 부주의의 리듬이 존재함을 말한다.
② 방향성이란 주의는 항상 일정한 수준을 유지할 수 있으므로 장시간 고도의 주의집중이 가능함을 말한다.
③ 선택성이란 인간은 한 번에 여러 종류의 자극을 지각·수용하지 못함을 말한다.
④ 선택성이란 소수의 특정 자극에 한정해서 선택적으로 주의를 기울이는 기능을 말한다.

해설
주의력의 3가지 특성
• 선택성 : 인간의 주의력은 한계가 있어 여러 작업에 대해 선택적으로 배분
• 방향성 : 주의가 집중되는 방향의 자극과 정보에는 높은 주의력이 배분됨
• 변동성 : 주의력의 수준이 높아졌다가 낮아지기를 반복함(수업시간이 50분인 이유)

39 안전교육의 강의안 작성 시 교육할 내용을 항목별로 구분하여 핵심 요점사항만을 간결하게 정리하여 기술하는 방법은?

① 게임 방식
② 시나리오식
③ 조목열거식
④ 혼합형 방식

해설
조목열거식 : 내용을 항목별로 구분하여 핵심 요점사항만을 간결하게 정리하는 방식

40 교육방법 중 O.J.T(On the Job Training)에 속하지 않는 교육방법은?

① 코 칭
② 강의법
③ 직무순환
④ 멘토링

해설
강의법은 Off JT 방식에 해당

정답　38 ②　39 ③　40 ②

2020년 제3회 기출해설

2과목 산업심리 및 교육

21 다음 중 학습전이의 조건으로 가장 거리가 먼 것은?   • 3장 2절 학습이론

① 학습 정도
② 시간적 간격
③ 학습 분위기
④ 학습자의 지능

해설

학습전이의 조건
- 유사성 : 선행학습과 후행학습 사이에 유사성이 있을 때 전이가 잘 일어남
- 학습의 정도 : 선행학습이 철저하고 완전하게 이루어질수록 전이가 잘 일어남
- 시간적 간격 : 선행학습과 후행학습 사이에 시간적 간격이 짧아야 전이가 잘 일어남
- 학습자의 지능 : 학습자의 지적 능력이 높을수록 전이가 잘 일어남
- 학습의 원리와 방법 : 학습자가 학습의 원리와 방법을 잘 알면 전이가 잘 일어남

22 인간의 동기에 대한 이론 중 자극, 반응, 보상의 3가지 핵심변인을 가지고 있으며, 표출된 행동에 따라 보상을 주는 방식에 기초한 동기이론은?   • 2장 3절 동기이론

① 강화이론
② 형평이론
③ 기대이론
④ 목표성절이론

해설

스키너(Skinner)의 강화이론
- 자극, 반응, 보상의 3가지 핵심변인을 가지고 있으며, 표출된 행동에 따라 보상을 주는 방식에 기초한 동기이론
- 사람들이 바람직한 결과를 이끌어 내기 위해 단지 어떤 자극에 대해 수동적으로 반응하는 것이 아니라 환경상의 어떤 능동적인 행위를 한다는 이론
- 강화의 원칙은 손다이크의 "결과의 법칙"에 근거를 둠
- 결과의 법칙 : 유쾌한 결과를 가져오는 행위는 장래에 반복될 가능성이 높다는 것을 의미하며 효과의 법칙이라고도 함

21 ③ 22 ①

23 다음 중 산업안전 심리의 5대요소가 아닌 것은? • 2장 1절 작업환경 및 동작특성

① 동 기　　　　　　　　　② 감 정
③ 기 질　　　　　　　　　④ 지 능

해설

산업심리의 5대 요소
- 동기(Motive)
  - 능동적인 감각에 의한 자극에서 일어나는 사고의 결과
  - 사람의 마음을 움직이는 원동력
- 기질(Temper)
  - 인간의 성격, 능력 등 개인적인 특성을 말함
  - 성장 시 생활환경의 영향을 받으며 주위환경에 따라 달라짐
- 감정(Emotion)
  - 희로애락 등의 의식
  - 안전과 밀접한 관계를 지님
  - 사고를 일으키는 정신적 동기를 만듦
- 습성(Habits)
  - 동기, 기질, 감정 등이 밀접한 연관관계를 형성
  - 인간의 행동에 영향을 미침
- 습관(Custom)
  - 성장과정을 통해 형성된 특성 등이 자신도 모르게 습관화된 현상
  - 영향을 미치는 요소로 동기, 기질, 감정 습성 등이 있음

24 다음 중 사고에 관한 표현으로 틀린 것은? • 1장 4절 사고발생 경향

① 사고는 비변형된 사상(Unstrained Event)이다.
② 사고는 비계획적인 사상(Unplaned Event)이다.
③ 사고는 원하지 않는 사상(Undesired Event)이다.
④ 사고는 비효율적인 사상(Inefficient Event)이다.

해설

사고의 정의
- 원하지 않는 사상(Undesired Event)
- 비효율적인 사상(Inefficient Event)
- 변경된 사상(Strained Event), 스트레스의 한계를 넘어선 변경된 사항은 모두 사고
- 비계획적인 사항(Unplaned Event)

25 집단이 가지는 효과로 두 개 이상의 서로 다른 개체가 힘을 합쳐 둘이 지닌 힘 이상의 효과를 내는 현상은?

① 시너지효과　　　　　　② 동조 효과
③ 응집성 효과　　　　　　④ 자생적 효과

해설

시너지효과 : 2개 이상의 요소들이 상호 작용을 통해 더 큰 효과를 발생시키는 것

정답 23 ④　24 ①　25 ①

26 교육방법 중 하나인 사례연구법의 장점으로 볼 수 없는 것은?
• 3장 3절 교육의 분류

① 의사소통 기술이 향상된다.
② 무의식적인 내용의 표현 기회를 준다.
③ 문제를 다양한 관점에서 바라보게 된다.
④ 강의법에 비해 현실적인 문제에 대한 학습이 가능하다.

해설

사례연구법(Case Study)
- 먼저 사례를 제시하고 문제적 사실들과 그의 상호관계에 대해 검토, 대책토의
- 의사소통 기술이 향상
- 문제를 다양한 관점에서 바라보게 됨
- 강의법에 비해 현실적인 문제에 대한 학습이 가능함

27 직무와 관련한 정보를 직무명세서(Job Specification)와 직무기술서(Job Description)로 구분할 경우 직무기술서에 포함되어야 하는 내용과 가장 거리가 먼 것은?
• 1장 3절 직업적성과 인사관리

① 직무의 직종
② 수행되는 과업
③ 직무수행 방법
④ 작업자의 요구되는 능력

해설

직무기술서와 직무명세서(직무기술서와 직무명세서는 직무 분석의 산물)
- 직무기술서(Job Description)
  - 직무분석을 통해 얻어진 직무의 성격, 내용, 직무의 이행방법 등을 정리한 문서
  - 내용 : 직무명칭, 직무번호, 직무수행의 목적, 직무개요 및 내용, 직무의 구체적인 내용
- 직무명세서(Job Specification)
  - 직무를 수행하는 데 필요한 지식, 기능, 능력 등을 정리한 문서
  - 내용 : 작업자의 교육수준, 육체적 정신적 능력, 지적능력, 경력 및 기능 등

28 판단과정에서의 착오원인이 아닌 것은?
• 1장 6절 인간의 착오

① 능력부족   ② 정보부족
③ 감각차단   ④ 자기합리화

해설

판단과정 착오원인
- 자기합리화
- 능력부족
- 정보부족
- 과신(자기과잉)

26 ② 27 ④ 28 ③

29 다음 중 ATT(American Telephone&Telegram) 교육훈련기법의 내용이 아닌 것은?

• 3장 3절 교육의 분류

① 인사관계
② 고객관계
③ 회의의 주관
④ 종업원의 향상

해설

ATT(American Telephone&Telegraph Company)
• 1차 훈련(1일 8시간씩 2주간)
• 2차 과정에서는 문제가 발생할 때마다 실시
• 진행방법은 통상 토의식에 의함
• 지도자의 유도로 과제에 대한 의견을 제시하여 결론을 내려가는 방식
• 교육내용
  - 인사관계, 고객관계   - 훈련, 안전
  - 작업의 감독   - 계획적인 감독
  - 개인작업의 개선   - 종업원의 기술향상
  - 인원배치 및 작업의 계획   - 공구와 자료의 보고 및 기록

30 미국 국립산업안전보건연구원(NIOSH)이 제시한 직무스트레스 모형에서 직무스트레스 요인을 작업요인, 조직요인, 환경요인으로 구분할 때 조직요인에 해당하는 것은?

• 2장 4절 노동과 피로

① 관리유형
② 작업속도
③ 교대근무
④ 조명 및 소음

해설

NIOSH의 직무스트레스 모형
• 직무스트레스 요인
  - 작업요인 : 작업부하, 작업속도, 교대근무
  - 환경요인 : 조명, 소음, 진동, 고열, 한랭
  - 조직요인 : 역할갈등, 관리유형, 의사결정참여

31 다음 중 안전교육의 목적과 가장 거리가 먼 것은?

• 3장 1절 교육의 필요성과 목적

① 생산성이나 품질의 향상에 기여한다.
② 작업자를 산업재해로부터 미연에 방지한다.
③ 재해의 발생으로 인한 직접적 및 간접적 경제적 손실을 방지한다.
④ 작업자에게 작업의 안전에 대한 자신감을 부여하고 기업에 대한 충성도를 증가시킨다.

해설

교육훈련의 목적
• 생산성 및 품질향상
• 근로자를 산업재해로부터 방지
• 안전보건에 대한 지식과 태도 향상
• 재해의 발생으로 인한 경제적 손실방지

정답 29 ③ 30 ① 31 ④

32 안전교육에서 안전기술과 방호장치관리를 몸으로 습득시키는 교육방법으로 가장 적절한 것은?

• 3장 1절 교육의 필요성과 목적

① 지식교육   ② 기능교육
③ 해결교육   ④ 태도교육

해설

교육의 종류
- 지식교육 : 지식을 전달
- 기능교육 : 안전기술을 습득
- 태도교육 : 어떤 일을 대하는 마음가짐
- 문제해결교육 : 어떠한 문제를 능숙하게 해결하는 방법

33 안전교육의 형태와 방법 중 Off JT(Off the Job Training)의 특징이 아닌 것은?

• 3장 3절 교육의 분류

① 공통된 대상자를 대상으로 일관적으로 교육할 수 있다.
② 업무 및 사내의 특성에 맞춘 구체적이고 실제적인 지도교육이 가능하다.
③ 외부의 전문가를 강사로 초청할 수 있다.
④ 다수의 근로자에게 조직적 훈련이 가능하다.

해설

Off JT
- 공통된 교육목적을 가진 근로자를 일정한 장소에 집합시켜 교육
- 특 징
  - 훈련에만 전념하게 됨
  - 전문가를 강사로 활용할 수 있음
  - 특별 설비기구를 이용하는 것이 가능
  - 다수의 근로자에게 조직적 훈련이 가능
  - 각 직장의 근로자가 많은 지식이나 경험을 교류할 수 있음
  - 교육 훈련 목표에 대하여 집단적 노력이 흐트러질 수 있음

34 레빈(Lewin)이 제시한 인간의 행동특성에 관한 법칙에서 인간의 행동(B)은 개체(P)와 환경(E)의 함수관계를 가진다고 하였다. 다음 중 개체(P)에 해당하는 요소가 아닌 것은? • 1장 1절 산업심리

① 연 령   ② 지 능
③ 경 험   ④ 인간관계

해설

레빈(K.Lewin)의 법칙
- 인간의 행동(B)은 개체(P)와 심리적 환경(E)과의 상호 함수 관계 : $B = f(P, E)$
  - 개체(P) : 연령, 경험, 심신상태, 성격, 지능, 소질
  - 환경(E) : 인간관계, 작업환경

32 ② 33 ② 34 ④

35 다음 중 피들러(Fiedler)의 상황 연계성 리더십 이론에서 중요시 하는 상황적 요인에 해당하지 않는 것은?
・2장 5절 집단관리와 리더십

① 과제의 구조화
② 부하의 성숙도
③ 리더의 직위상 권한
④ 리더와 부하 간의 관계

해설

피들러의 상황적 리더십
・상황적 요인 : 과제의 구조화, 리더의 직위상 권한, 리더와 부하 간의 관계
・LPC(Least Preferred Coworker)척도를 기준으로 리더의 유형을 분류하여 높으면 관계중심형, 낮으면 과업중심형 리더로 구분

36 조직에 있어 구성원들의 역할에 대한 기대와 행동은 항상 일치하지는 않는다. 역할 기대와 실제 역할행동 간에 차이가 생기면 역할갈등이 발생하는데, 역할갈등의 원인으로 가장 거리가 먼 것은?
・3장 4절 교육심리학

① 역할마찰
② 역할민첩성
③ 역할부적합
④ 역할모호성

해설

적응과 역할(Super, D, E의 역할이론)
・역할연기
 - 자아 탐색인 동시에 자아실현의 수단
 - 관찰능력 및 감수성이 향상
 - 자기의 태도에 반성과 창조성이 생김
 - 의견 발표에 자신이 생기고 고착력이 풍부해짐
・역할기대
 자기 자신의 역할을 기대하고 감수하는 자는 자기 직업에 충실하다고 봄
・역할조성
 여러 가지 역할이 발생시 그 중 어떤 역할에는 불응 또는 거부감을 나타내거나 또 다른 역할에는 적응하여 실현하기 위해 일을 구할 때 발생
・역할갈등
 - 작업 중 서로 상반된 역할이 기대될 경우에 발생
 - 역할갈등의 원인 : 역할마찰, 역할부적합, 역할모호성

37 다음 중 안전교육방법에 있어 도입단계에서 가장 적합한 방법은?
・3장 3절 교육의 분류

① 강의법
② 실연법
③ 반복법
④ 자율학습법

해설

강의식 교육의 장점
・도입단계에서 가장 적합
・다른 방법에 비해 경제적으로 수강자 1인당 경비가 낮음
・짧은 시간 동안 많은 내용을 전달해야 하는 경우에 적합
・생각이나 원리, 법규 등을 단시간에 체계적, 이론적으로 다수에게 전달

정답 35 ② 36 ② 37 ①

38 부주의의 발생방지 방법은 발생 원인별로 대책을 강구해야 하는데 다음 중 발생 원인의 외적 요인에 속하는 것은? • 2장 6절 착오와 실수

① 의식의 우회
② 소질적 문제
③ 경험 · 미경험
④ 작업순서의 부자연성

해설
부주의의 원인과 대책
- 외적 원인과 대책
  - 작업환경조건 불량 : 환경대비
  - 작업순서의 부적당 : 작업순서 정비
- 내적 원인과 대책
  - 소질적 문제 : 적성배치
  - 의식의 우회 : 카운슬링
  - 경험, 미경험자 : 안전교육훈련

39 다음 중 역할연기(Role Playing)에 의한 교육의 장점으로 틀린 것은? • 3장 4절 교육심리학

① 관찰능력을 높이고 감수성이 향상된다.
② 자기의 태도에 반성과 창조성이 생긴다.
③ 정도가 높은 의사결정의 훈련으로서 적합하다.
④ 의견 발표에 자신이 생기고 고착력이 풍부해진다.

해설
적응과 역할(Super, D, E의 역할이론)
- 역할연기
  - 자아 탐색인 동시에 자아실현의 수단
  - 관찰능력 및 감수성이 향상
  - 자기의 태도에 반성과 창조성이 생김
  - 의견 발표에 자신이 생기고 고착력이 풍부해짐

40 상황성 누발자의 재해유발원인으로 가장 적절한 것은? • 2장 2절 재해설

① 소심한 성격
② 주의력의 산만
③ 기계 설비의 결함
④ 침착성 및 도덕성의 결여

해설
상황성 누발자
- 작업에 어려움이 많은 자
- 기계 설비의 결함
- 심신에 근심이 있는 자
- 환경상 주의력 집중이 어려운 자

38 ④ 39 ③ 40 ③

2020년 제1·2회 통합 기출해설

2과목 산업심리 및 교육

21 집단 간 갈등의 해소방안으로 틀린 것은?

• 2장 5절 집단관리와 리더십

① 공동의 문제 설정
② 상위 목표의 설정
③ 집단 간 접촉 기회의 증대
④ 사회적 범주화 편향의 최대화

해설

집단 간 갈등(Inter Group Conflict)이 심할 때
- 갈등관계에 있는 당사자들이 함께 추구해야 할 새로운 상위목표의 설정
- 갈등의 원인을 찾아 공동으로 문제를 해결
- 집단 간 접촉기회 증대

22 의사소통의 심리구조를 4영역으로 나누어 설명한 조하리의 창(Johari's Windows)에서 '나는 모르지만 다른 사람은 알고 있는 영역'을 무엇이라 하는가?

• 1장 1절 산업심리

① Blind Area
② Hidden Area
③ Open Area
④ Unknown Area

해설

조하리의 창
- 나와 타인과의 관계 속에서 내가 어떤 상태에 처해 있는지를 보여주고 어떤 면을 개선하면 좋을지를 보여줌
- 조하리의 4개의 창

열린 창(Open Area)	• 나 자신도 알고, 다른 사람들도 이미 알고 있는 내 모습
보이지 않는 창(Blind Area)	• 남들은 다 알고 있지만 나만 모르는 모습
숨겨진 창(Hidden Area)	• 나는 아는데 타인에게는 절대 숨기고 싶은 나만의 사적인 영역
미지의 창(Unknown Area)	• 나도 모르고 타인도 모르고 있는 영역 • 자신의 행동과 정신세계에 대한 지속적인 자아성찰을 통해 관철되는 부분

정답 21 ④ 22 ①

23 Project Method의 장점으로 볼 수 없는 것은?

• 3장 2절 학습이론

① 창조력이 생긴다.
② 동기부여가 충분하다.
③ 현실적인 학습방법이다.
④ 시간과 에너지가 적게 소비된다.

해설

구안법(Project Method)
- 학생이 마음속에 생각하고 있는 것을 외부에 구체적으로 실현하고 형상화하기 위해서 자기 스스로가 계획을 세워 수행하는 학습 활동
- Collings는 구안법을 탐험(Exploration), 구성(Construction), 의사소통(Communication), 유희(Play), 기술(Skill)의 5가지로 구분
- 목적, 계획, 수행, 평가의 4단계로 구성
- 구안법 특징
  - 동기부여가 충분
  - 현실적인 학습방법
  - 작업에 대하여 창조력이 생김
  - 시간과 에너지가 많이 소비됨

24 존 듀이(Jone Dewey)의 5단계 사고과정을 순서대로 나열한 것으로 맞는 것은?

• 3장 1절 교육의 필요성과 목적

㉠ 행동에 의하여 가설을 검토한다.
㉡ 가설(Hypothesis)을 설정한다.
㉢ 지식화(Intellectualization)한다.
㉣ 시사(Suggestion)를 받는다.
㉤ 추론(Reasoning)한다.

① ㉤ → ㉡ → ㉣ → ㉠ → ㉢
② ㉣ → ㉢ → ㉡ → ㉤ → ㉠
③ ㉤ → ㉢ → ㉡ → ㉣ → ㉠
④ ㉣ → ㉠ → ㉡ → ㉢ → ㉤

해설

존 듀이(Jone Dewey)의 5단계 사고과정
- 1단계 : 시사(Suggestion)를 받는다.
- 2단계 : 지식화(Intellectualization)한다.
- 3단계 : 가설(Hypothesis)을 설정한다.
- 4단계 : 추론(Resoning)한다.
- 5단계 : 행동에 의하여 가설을 검토한다.

25 주의(Attention)에 대한 설명으로 틀린 것은? •2장 6절 착오와 실수

① 주의력의 특성은 선택성, 변동성, 방향성으로 표현된다.
② 한 자극에 주의를 집중하여도 다른 자극에 대한 주의력은 약해지지 않는다.
③ 여러 종류의 자극을 지각할 때 소수의 특정한 것을 선택하여 집중하는 특성을 갖는다.
④ 의식작용이 있는 일에 집중하거나 행동의 목적에 맞추어 의식수준이 집중되는 심리상태를 말한다.

해설
주의력의 3가지 특성
- 선택성 : 인간의 주의력은 한계가 있어 여러 작업에 대해 선택적으로 배분
- 방향성 : 주의가 집중되는 방향의 자극과 정보에는 높은 주의력이 배분됨
- 변동성 : 주의력의 수준이 높아졌다가 낮아지기를 반복함(수업시간이 50분인 이유)

26 안전교육계획 수립 및 추진에 있어 진행순서를 나열한 것으로 맞는 것은? •3장 1절 교육의 필요성과 목적

① 교육의 필요점 발견 → 교육 대상 결정 → 교육 준비 → 교육 실시 → 교육의 성과를 평가
② 교육 대상 결정 → 교육의 필요점 발견 → 교육 준비 → 교육 실시 → 교육의 성과를 평가
③ 교육의 필요점 발견 → 교육 준비 → 교육 대상 결정 → 교육 실시 → 교육의 성과를 평가
④ 교육 대상 결정 → 교육 준비 → 교육의 필요점 발견 → 교육 실시 → 교육의 성과를 평가

해설
안전교육계획의 수립 및 추진
교육의 필요점 발견 → 교육 대상 결정 → 교육 준비 → 교육 실시 → 교육의 성과를 평가

27 인간의 동작 특성을 외적조건과 내적조건으로 구분할 때 내적조건에 해당하는 것은? •1장 5절 인간의 행동성향과 행동과학

① 경 력
② 대상물의 크기
③ 기 온
④ 대상물의 동적성질

해설
인간의 행동
- 인간동작의 외적조건
  - 동적조건 : 대상물의 동적 성질
  - 정적조건 : 높이, 크기, 깊이, 폭
  - 환경조건 : 기온, 습도, 조명, 소음 등
- 인간동작의 내적조건
  - 경 력
  - 개인차
  - 생리적 조건(피로도, 긴장 등)

정답 25 ② 26 ① 27 ①

- 동작실패요인
  - 물건 취급 잘못에 의한 오동작
  - 판단 잘못으로 오동작
  - 물건 잘못 보는 오동작
  - 순간 깜빡 잊어버림
  - 의식적 태만
  - 작업 기피
- 안전태도의 형성
  - 행동 이전의 안전태도를 교육을 통해 확보
  - 청취 → 이해 → 모범을 보임 → 권장 → 칭찬 → 처벌

28. 산업안전보건법령상 사업내 안전보건교육 중 관리감독자의 지위에 있는 사람을 대상으로 실시하여야 할 정기교육의 교육시간으로 맞는 것은?

• 4장 2절 안전보건교육 교육대상별 교육내용

① 연간 1시간 이상
② 매분기 3시간 이상
③ 연간 16시간 이상
④ 매분기 6시간 이상

해설

근로자 안전보건교육
관리감독자의 지위에 있는 사람 : 연간 16시간 이상

29. 교육방법에 있어 강의방식의 단점으로 볼 수 없는 것은?

• 3장 3절 교육의 분류

① 학습내용에 대한 집중이 어렵다.
② 학습자의 참여가 제한적일 수 있다.
③ 인원대비 교육에 필요한 비용이 많이 든다.
④ 학습자 개개인의 이해도를 파악하기 어렵다.

해설

강의식 교육
- 장 점
  - 도입단계에서 가장 적합
  - 다른 방법에 비해 경제적으로 수강자 1인당 경비가 낮음
  - 짧은 시간 동안 많은 내용을 전달해야 하는 경우에 적합
  - 생각이나 원리, 법규 등을 단시간에 체계적, 이론적으로 다수에게 전달
- 단 점
  - 상대적으로 피드백이 부족함
  - 참가자 개개인에 동기부여가 어려움
  - 기능적, 태도적인 것의 교육이 어려움
  - 발언, 질문이 어렵고 참여의식이 낮음
  - 수강자의 집중도나 흥미의 정도가 낮음
  - 강사의 결론, 요청을 타인의 일로 받아들이기 쉬움
  - 교육의 주역은 강사로 수강자는 의타적, 소극적이 되기 쉬움
  - 일방 통행적, 개인 개발적, 교육내용을 철저하게 주의시키기 어려움
  - 참가자의 납득, 협조를 얻기 어렵고 목표달성 의욕도 환기시키기 어려움
  - 교육 대상 집단 내 수준차로 인해 교육의 효과가 감소될 가능성이 있음

30 리더십의 행동이론 중 관리 그리드(Managerial Grid)에서 인간에 대한 관심보다 업무에 대한 관심이 매우 높은 유형은?

• 2장 5절 집단관리와 리더십

① (1,1)형
② (1,9)형
③ (5,5)형
④ (9,1)형

해설

관리격자이론
- 블레이크와 머튼이 오하이오 주립대의 연구를 기초로 구체화
- 팀형(9,9) : 과업과 인간관계 모두에 관심, 가장 효과적인 스타일
- 과업형(9,1) : 과업중심
- 무관심형(1,1) : 리더십의 부재, 어디에도 관심을 갖지 않음
- 컨트리클럽형(1,9) : 과업은 관심이 없고 인간관계에만 관심
- 중간형(5,5) : 과업과 인간관계 적당히 관심

31 교육의 3요소로만 나열된 것은?

• 3장 1절 교육의 필요성과 목적

① 강사, 교육생, 사회인사
② 강사, 교육생, 교육자료
③ 교육자료, 지식인, 정보
④ 교육생, 교육자료, 교육장소

해설

교육의 3요소
- 교육의 주체 : 강사, 선배, 사회인사
- 교육의 객체 : 교육생, 미성숙자
- 교육의 매개체 : 교재, 교실

32 판단과정 착오의 요인이 아닌 것은?

• 1장 6절 인간의 착오

① 자기합리화
② 능력부족
③ 작업경험부족
④ 정보부족

해설

판단과정 착오원인
- 자기합리화
- 능력부족
- 정보부족
- 과신(자기과잉)

정답 30 ④ 31 ② 32 ③

33 직업적성검사 중 시각적 판단 검사에 해당하지 않는 것은?   • 1장 3절 직업적성과 인사관리

① 조립검사   ② 명칭판단검사
③ 형태비교검사   ④ 공구판단검사

해설

시각적 판단검사
- 형태비교검사
- 입체도 판단검사
- 언어식별검사
- 평면도판단검사
- 명칭판단검사
- 공구판단검사

34 조직에 의한 스트레스 요인으로 역할 수행자에 대한 요구가 개인의 능력을 초과하거나 주어진 시간과 능력이 허용하는 것 이상을 달성하도록 요구받고 있다고 느끼는 상황을 무엇이라 하는가?
• 2장 4절 노동과 피로

① 역할 갈등   ② 역할 과부하
③ 업무수행 평가   ④ 역할 모호성

해설

조직내 스트레스
- 역할 갈등 : 역할과 관련된 기대의 불일치, 양립될 수 없는 두 가지 이상의 행위가 동시에 기대될 때 발생
- 역할 모호성 : 자신의 직무에 대한 책임영역과 직무목표를 명확하게 인식하지 못할 때
- 역할 과부하 : 요구가 개인의 능력을 초과, 급하게 하거나 부주의하도록 강요당하는 상황
- 양적 과부하 : 주어진 시간 동안 할 수 있는 업무량 이상을 요구받음
- 질적 과부하 : 자신의 능력, 재능, 지식한계를 넘어선 역할을 요구받음(직무기술서가 분명치 않은 관리직, 전문직에서 많이 나타남)
- 역할 과소 : 직무에서 너무 할일이 없거나 일의 변화가 거의 없는 상황

35 매슬로우(Abraham Maslow)의 욕구위계설에서 제시된 5단계의 인간의 욕구 중 허츠버그(Herzberg)가 주장한 2요인(인자)이론의 동기요인에 해당하지 않는 것은?   • 2장 3절 동기이론

① 성취 욕구   ② 안전의 욕구
③ 자아실현의 욕구   ④ 존경의 욕구

해설

위생요인(직무환경)	동기요인(직무내용)
• 회사정책과 관리 • 개인상호 간의 관계 • 임금, 보수, 작업조건 • 지위, 안전	• 성취감 • 안정감 • 성장과 발전 • 도전감, 일 그 자체

33 ① 34 ② 35 ②

36 인간의 행동특성에 있어 태도에 관한 설명으로 맞는 것은? • 4장 1절 교육의 종류

① 인간의 행동은 태도에 따라 달라진다.
② 태도가 결정되면 단시간 동안만 유지된다.
③ 집단의 심적 태도교정보다 개인의 심적 태도교정이 용이하다.
④ 행동결정을 판단하고, 지시하는 외적 행동체계라고 할 수 있다.

해설
3단계 : 태도교육
• 생활지도, 작업동작지도 등을 통한 안전의 습관화
• 청취, 이해, 납득, 모범, 권장, 칭찬, 처벌
• 인간의 행동은 태도에 따라 달라짐
• 태도가 결정되면 장시간 유지됨
• 개인의 심적 태도교정보다 집단의 심적 태도교정이 더 어려움

37 손다이크(Thorndike)의 시행착오설에 의한 학습법칙과 관계가 가장 먼 것은? • 3장 4절 교육심리학

① 효과의 법칙   ② 연습의 법칙
③ 동일성의 법칙   ④ 준비성의 법칙

해설
시행착오설 학습의 법칙
• 연습 또는 반복의 법칙
• 효과의 법칙
• 준비성의 법칙

38 산업안전보건법령상 근로자 정기안전 보건교육의 교육내용이 아닌 것은? • 4장 2절 안전보건교육 교육대상별 교육내용

① 산업안전 및 사고 예방에 관한 사항
② 건강증진 및 질병 예방에 관한 사항
③ 산업보건 및 직업병 예방에 관한 사항
④ 작업공정의 유해·위험과 재해 예방대책에 관한 사항

해설
근로자 안전보건교육(정기교육)
• 산업안전 및 사고 예방에 관한 사항
• 산업보건 및 직업병 예방에 관한 사항
• 위험성 평가에 관한 사항
• 건강증진 및 질병 예방에 관한 사항
• 유해·위험 작업환경 관리에 관한 사항
• 산업안전보건법령 및 산업재해보상보험 제도에 관한 사항
• 직무스트레스 예방 및 관리에 관한 사항
• 직장 내 괴롭힘, 고객의 폭언 등으로 인한 건강장해 예방 및 관리에 관한 사항

정답 36 ① 37 ③ 38 ④

39 에너지소비량(RMR)의 산출방법으로 맞는 것은?
　•2장 4절 노동과 피로

① $\left(\dfrac{\text{작업 시의 소비에너지} - \text{기초대사량}}{\text{안정 시의 소비에너지}}\right)$

② $\left(\dfrac{\text{전체소비에너지} - \text{작업 시의 소비에너지}}{\text{기초대사량}}\right)$

③ $\left(\dfrac{\text{작업 시의 소비에너지} - \text{안정 시의 소비에너지}}{\text{기초대사량}}\right)$

④ $\left(\dfrac{\text{작업 시의 소비에너지} - \text{안정 시의 소비에너지}}{\text{안정 시의 소비에너지}}\right)$

해설

작업강도
에너지대사율(RMR) = 노동대사량 ÷ 기초대사량 = (작업 시 소비에너지 − 안정 시 소비에너지) ÷ 기초대사량

---

40 레빈의 3단계 조직변화모델에 해당되지 않는 것은?
　•1장 1절 산업심리

① 해빙단계　　　　　　　② 체험단계
③ 변화단계　　　　　　　④ 재동결단계

해설

레빈의 3단계 조직변화모델
- 해빙단계(Unfreezing)
  - 조직이 변화의 필요성을 수용하는 단계
  - 새로운 운영체계의 구축을 위해 기존의 현상(사고, 행동, 접근방식)을 모두 깨버리고 바꿈
- 변환단계(Change)
  - 사람들이 불확실성을 해결하고 과업을 수행하는 새로운 방법을 모색하기 시작하는 위치
  - 변화를 믿기 시작하고 새로운 변화의 방향을 지지하고 지원하는 방식으로 행동하기 시작
- 재동결단계(Refreeze)
  - 안정된 조직 차트와 일관된 직무가 형성
  - 변화가 모든 공정에 그리고 모든 업무에 정착되고 내면화된다는 것을 의미
  - 과업의 새로운 방법에 대해 구성원들은 자신감과 편안함과 안정을 느낌

2019년 제4회 기출해설

21 굴착면의 높이가 2m 이상인 암석의 굴착작업에 대한 특별안전보건교육 내용에 포함되지 않는 것은? (단, 그 밖의 안전·보건 관리에 필요한 사항은 제외)

• 4장 2절 안전보건교육 교육대상별 교육내용

① 지반의 붕괴재해 예방에 관한 사항
② 보호구 및 신호방법 등에 관한 사항
③ 안전거리 및 안전기준에 관한 사항
④ 폭발물 취급 요령과 대피 요령에 관한 사항

해설
굴착면의 높이가 2미터 이상이 되는 암석의 굴착작업
- 폭발물 취급 요령과 대피 요령에 관한 사항
- 안전거리 및 안전기준에 관한 사항
- 방호물의 설치 및 기준에 관한 사항
- 보호구 및 신호방법 등에 관한 사항
- 그 밖에 안전·보건관리에 필요한 사항

22 인간의 착각현상 중 실제로 움직이지 않지만 어느 기준의 이동에 의하여 움직이는 것처럼 느껴지는 착각현상의 명칭으로 적합한 것은?

• 2장 6절 착오와 실수

① 자동운동
② 잔상현상
③ 유도운동
④ 착시현상

해설
착각현상
- 유도운동 : 실제로 움직이지 않지만 어느 기준의 이동에 의하여 움직이는 것처럼 느껴지는 착시현상
- 가현운동(β-운동) : 실제로는 움직임이 없으나 시각적으로 움직임이 있는 것처럼 느끼는 심리적인 현상
- 자동운동 : 암실 내에서 수 미터 거리에 정지된 광점을 놓고 그것을 한동안 응시하고 있으면 그 광점이 움직이는 것처럼 보이는 현상

정답 21 ① 22 ③

23 피로의 측정분류 시 감각기능검사(정신·신경기능검사)의 측정대상 항목으로 가장 적합한 것은?

• 2장 4절 노동과 피로

① 혈 압
② 심박수
③ 에너지대사율
④ 플리커

해설

플리커 테스트(Flicker Test)
• 감각기능검사(정신·신경기능검사)의 측정대상 항목
• 중추 신경계의 피로, 즉, "정신 피로"의 척도로 사용

24 동일 부서 직원 6명의 선호 관계를 분석한 결과 다음과 같은 소시오그램이 작성되었다. 이 소시오그램에서 실선은 선호관계, 점선은 거부관계를 나타낼 때, 4번 직원의 선호신분 지수는 얼마인가?

• 2장 5절 집단관리와 리더십

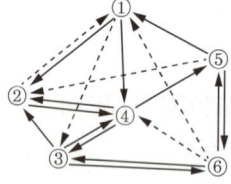

① 0.2
② 0.33
③ 0.4
④ 0.6

해설

소시오메트리(Sociometry)
• 구성원 상호 간의 신뢰도를 기초로 집단 내부의 동태적 상호관계를 분석하는 기법
• 구성원들 간의 좋고 싫은 감정을 관찰, 검사, 면접 등을 통해 분석
• Sociometry 연구조사에서 수집된 자료들은 Sociogram, Sociometrix 등으로 분석하여 집단 구성원 간의 상호관계 유형과 집결유형 선호인물 등을 도출할 수 있음
• 선호신분지수(Choice Status Index) = 선호총계 ÷ (구성원수 − 1)
∴ 선호신분지수 = 선호총계(3 − 1) ÷ (6 − 1) = 2 ÷ 5 = 0.4

25 강의식 교육에 대한 설명으로 틀린 것은? • 3장 3절 교육의 분류

① 기능적, 태도적인 내용의 교육이 어렵다.
② 사례를 제시하고, 그 문제점에 대해서 검토하고 대책을 토의한다.
③ 수강자의 집중도나 흥미의 정도가 낮다.
④ 짧은 시간 동안 많은 내용을 전달해야 하는 경우에 적합하다.

해설

강의식 교육
- 장 점
  - 도입단계에서 가장 적합
  - 다른 방법에 비해 경제적으로 수강자 1인당 경비가 낮음
  - 짧은 시간 동안 많은 내용을 전달해야 하는 경우에 적합
  - 생각이나 원리, 법규 등을 단시간에 체계적, 이론적으로 다수에게 전달
- 단 점
  - 상대적으로 피드백이 부족함
  - 참가자 개개인에 동기부여가 어려움
  - 기능적, 태도적인 것의 교육이 어려움
  - 발언, 질문이 어렵고 참여의식이 낮음
  - 수강자의 집중도나 흥미의 정도가 낮음
  - 강사의 결론, 요청을 타인의 일로 받아들이기 쉬움
  - 교육의 주역은 강사로 수강자는 의타적, 소극적이 되기 쉬움
  - 일방 통행적, 개인 개발적, 교육내용을 철저하게 주의시키기 어려움
  - 참가자의 납득, 협조를 얻기 어렵고 목표달성 의욕도 환기시키기 어려움
  - 교육 대상 집단 내 수준차로 인해 교육의 효과가 감소될 가능성이 있음

26 상호신뢰 및 성선설에 기초하여 인간을 긍정적 측면으로 보는 이론에 해당하는 것은?
 • 2장 3절 동기이론

① T이론
② X이론
③ Y이론
④ Z이론

해설

맥그리거(McGregor)의 X, Y이론
- 환경개선보다는 일의 자유화 추구 및 불필요한 통제를 없앰
- 인간의 본질에 대한 기본적인 가정을 부정론과 긍정론으로 구분
- X이론 : 인간불신감, 성악설, 물질욕구(저차원 욕구), 명령 및 통제에 의한 관리, 저개발국형
- Y이론 : 상호신뢰감, 성선설, 정신욕구(고차원 욕구), 자율관리, 선진국형

X이론(악)	Y이론(선)
인간 불신감	상호 신뢰감
성악설	성선설
인간은 원래 게으르고 태만하여 남의 지배를 받기를 즐김	인간은 부지런하고 근면 적극적이며 자주적
물질 욕구(저차원 욕구)	정신욕구(고차원 욕구)
명령 통제에 의한 관리	목표 통합과 자기통제에 의한 자율관리
저개발국형	선진국형

정답 25 ② 26 ③

27 직장규율, 안전규율 등을 몸에 익히기에 적합한 교육의 종류에 해당하는 것은?

• 4장 1절 교육의 종류

① 지능교육
② 기능교육
③ 태도교육
④ 문제해결교육

해설

3단계 : 태도교육
• 생활지도, 작업동작지도 등을 통한 안전의 습관화
• 청취, 이해, 납득, 모범, 권장, 칭찬, 처벌
• 인간의 행동은 태도에 따라 달라짐
• 태도가 결정되면 장시간 유지됨
• 개인의 심적 태도교정보다 집단의 심적 태도교정이 더 어려움

28 MTP(Management Training Program)안전교육 방법의 총 교육시간으로 가장 적합한 것은?

• 3장 3절 교육의 분류

① 10시간
② 40시간
③ 80시간
④ 120시간

해설

MTP(Management Training Program)
• 한 클래스는 10~15명
• 2시간씩 20회에 걸쳐 40시간 훈련

29 레빈(Lewin)의 행동방정식 B = f(P, E)에서 P의 의미로 맞는 것은?

• 1장 1절 산업심리

① 주어진 환경
② 인간의 행동
③ 주어진 직무
④ 개인적 특성

해설

레빈(K.Lewin)의 법칙
인간의 행동(B)은 개체(P)와 심리적 환경(E)과의 상호 함수 관계 : B = f(P, E)
• 개체(P) : 연령, 경험, 심신상태, 성격, 지능, 소질
• 환경(E) : 인간관계, 작업환경

30 리더십의 권한 역할 중 "부하를 처벌할 수 있는 권한"에 해당하는 것은?

• 2장 5절 집단관리와 리더십

① 위임된 권한
② 합법적 권한
③ 강압적 권한
④ 보상적 권한

해설

조직이 리더에게 부여하는 권한
• 보상적 권한 : 보상자원을 행사할 수 있는 권한
• 강압적 권한 : 부하를 처벌할 수 있는 권한
• 합법적 권한 : 공식적인 지위에 근거하는 권한

31 그림과 같이 수직 평행인 세로의 선들이 평행하지 않는 것으로 보이는 착시현상에 해당하는 것은?

• 2장 6절 착오와 실수

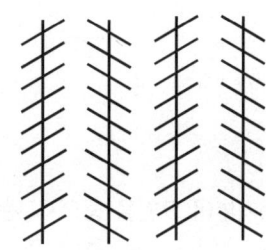

① 죌러(Zöller)의 착시
② 쾰러(Köhler)의 착시
③ 헤링(Hering)의 착시
④ 포겐도르프(Poggendorf)의 착시

해설

착시의 종류
• 뮐러-레이어착시
• 헤름홀츠착시
• 헤링착시
• 쾰러착시
• 포겐도르프착시
• 죌러착시
• 기타착시

32 과업과 직무를 수행하는 데 요구되는 인적 자질에 의해 직무의 내용을 정의하는 절차에 해당하는 것은?

• 1장 3절 직업적성과 인사관리

① 직무분석(Job Analysis)
② 직무평가(Job Evaluation)
③ 직무확충(Job Enrichment)
④ 직무만족(Job Satisfaction)

해설

인적자원관리-직무분석(Job Analysis)
• 인적자원관리의 핵심
• 과업과 직무를 수행하는 데 요구되는 인적 자질에 의해 직무의 내용을 정의하는 절차
• 직무분석 기법
 – 면접법(Interview) : 자료의 수집에 많은 시간과 노력이 들고, 수량화된 정보를 얻기가 힘듦
 – 질문법(Questionnaire) : 표준화되어 있는 질문지로 직무담당자에게 항목을 평가
 – 관찰법(Observation) : 훈련된 직무분석자가 관찰하여 정보를 수집
 – 종업원 기록법(Participant Diary) : 종업원에게 작업활동을 기록하게 하여 직무정보를 획득
 – 경험법(Empirical Method) : 직무분석자가 분석대상 직무를 직접 수행해 봄으로써 직무에 관한 정보를 얻음
 – 결합법(Combination Method) : 여러 가지 직무분석 방법을 동시에 사용해 직무정보를 획득

33 동기부여에 관한 이론 중 동기부여 요인을 중요시하는 내용이론에 해당하지 않는 것은?

• 2장 3절 동기이론

① 브룸의 기대이론
② 알더퍼의 ERG이론
③ 매슬로우의 욕구위계설
④ 허츠버그의 2요인 이론(이원론)

해설

내용이론 : 무엇이 동기를 유발시키는가	과정이론 : 어떤 과정을 거쳐 동기부여가 되는가
• 매슬로우 욕구단계이론 • 허츠버그 2요인이론 • 알더퍼 ERG 이론 • 맥클랜드 성취동기이론(성취, 친교, 권력) • 올드햄 직무특성이론	• 브룸 기대이론 • 아담스 공정성이론 • 로크 목표설정이론

34 남의 행동이나 판단을 표본으로 하여 그것과 같거나 혹은 그것에 가까운 행동 또는 판단을 취하려는 인간관계 메커니즘으로 맞는 것은?

• 1장 2절 인간관계와 활동

① Projection
② Imitation
③ Suggestion
④ Identification

해설

모방(Imitation)
• 남의 행동이나 판단을 표본으로 하여 그것과 같거나 또는 그것에 가까운 행동 또는 판단을 취하려는 것
• 직접모방, 간접모방, 부분모방

35 집단 심리요법의 하나로 자기 해방과 타인체험을 목적으로 하는 체험활동을 통해 대인관계에서의 태도 변용이나 통찰력, 자기이해를 목표로 개발된 교육 기법에 해당하는 것은?

• 3장 4절 교육심리학

① 롤플레잉(Role Playing)
② OJT(On The Job Training)
③ ST(Sensitivity Training)훈련
④ TA(Transactional Analysis)훈련

해설

적응과 역할(Super, D, E의 역할이론) – 역할연기(Roll playing)
• 자아 탐색인 동시에 자아실현의 수단, 자기해방과 타인체험을 목적으로 함
• 관찰능력 및 감수성이 향상, 자기의 태도에 반성과 창조성이 생김
• 의견 발표에 자신이 생기고 고착력이 풍부해짐
• 대인관계에서의 태도변용, 통찰력, 자기이해를 목표로 개발

36 비통제의 집단행동에 해당하는 것은?

• 2장 5절 집단관리와 리더십

① 관 습
② 유 행
③ 모 브
④ 제도적 행동

해설

집단행동
• 통제적 집단행동
 – 제도적 집단행동 : 합리적으로 구성원의 행동을 통제하고 표준화
 – 관습 : 풍습, 관례, 관행, 금기
 – 유행 : 공통적인 행동양식이나 태도
• 비통제적 집단행동
 – 군중 : 구성원 사이에 지위나 역할의 분화가 없고, 구성원 각자는 책임감과 비판력을 가지지 않음
 – 모브 : 폭동
 – 패닉 : 방어적
 – 심리적 전염 : 유행과 비슷하면서 행동양식이 이상적이며, 비합리성이 강함

정답 34 ② 35 ① 36 ③

37 작업지도 기법의 4단계 중 그 작업을 배우고 싶은 의욕을 갖도록 하는 단계로 맞는 것은?

• 4장 1절 교육의 종류

① 제1단계 – 학습할 준비를 시킨다.
② 제2단계 – 작업을 설명한다.
③ 제3단계 – 작업을 시켜 본다.
④ 제4단계 – 작업에 대해 가르친 뒤 살펴본다.

해설

작업지도의 기법 4단계

1단계 : 도입(Preparation)	학습준비, 흥미제공, 주의집중, 동기유발
2단계 : 제시(Presentation)	작업설명, 핵심이 되는 점을 확실하게 이해시킴
3단계 : 적용(Performance)	실습 위주의 상호학습, 교육내용을 복습 및 정리하는 자율학습
4단계 : 확인(Follow-up)	교육이해도 확인, 잘못된 것을 수정, 교육방법 개선검토

38 동작실패의 원인이 되는 조건 중 작업강도와 관련이 가장 적은 것은?

• 1장 5절 인간의 행동성향과 행동과학

① 작업량
② 작업속도
③ 작업시간
④ 작업환경

해설

동작실패의 원인이 되는 조건
• 자세의 불균형
• 피 로
• 작업강도
• 기상조건
• 환경조건

39 작업장에서의 사고예방을 위한 조치로 틀린 것은? • 2장 1절 작업환경 및 동작특성

① 감독자와 근로자는 특수한 기술뿐 아니라 안전에 대한 태도도 교육받아야 한다.
② 모든 사고는 사고 자료가 연구될 수 있도록 철저히 조사되고 자세히 보고되어야 한다.
③ 안전의식고취 운동에서 포스터는 긍정적인 문구보다 부정적인 문구를 사용하는 것이 더 효과적이다.
④ 안전장치는 생산을 방해해서는 안 되고, 그것이 제 위치에 있지 않으면 기계가 작동되지 않도록 설계되어야 한다.

해설

직장에서의 사고예방 조치
- 감독자와 근로자는 특수한 기술뿐 아니라 안전에 대한 태도도 교육받아야 함
- 모든 사고는 사고 자료가 연구될 수 있도록 철저히 조사되고 자세히 보고
- 안전의식고취 운동에서 포스터는 긍정과 부정을 조화롭게 사용하는 것이 좋음
- 안전장치는 생산을 방해해서는 안 되고, 그것이 제 위치에 있지 않으면 기계가 작동되지 않도록 설계되어야 함

40 에빙하우스(Ebbinghaus)의 연구결과에 따른 망각률이 50%를 초과하게 되는 최초의 경과시간은 얼마인가? • 3장 4절 교육심리학

① 30분
② 1시간
③ 1일
④ 2일

해설

에빙하우스의 망각곡선
- 학습 직후에 망각률이 가장 높음
- 1시간 경과 후 50% 이상 망각
- 1일 경과 후 70% 이상 망각
- 1개월 경과 후 80% 이상 망각

정답 39 ③ 40 ②

2019년 제2회 기출해설

2과목 산업심리 및 교육

21 리더의 기능수행과 리더로서의 지위 획득 및 유지가 리더 개인의 성격이나 자질에 의존한다는 리더십 이론은?

• 2장 5절 집단관리와 리더십

① 행동이론 ② 상황이론
③ 관리이론 ④ 특성이론

해설

리더십
- 리더십의 정의 : L = f(L × f × s) = 리더십 = f(리더 × 추종자 × 상황)
- 리더십의 특성이론(Traits Theory)
  - 성공적인 리더의 개인적 특질, 특성을 찾아내려는 연구
  - 보통 사람들과 구별되는 지도자의 공통적 특성을 찾으려 함
  - 리더는 선천적으로 타고난 용모, 성격, 자질, 지능 등과 같은 고유의 개인적 특성을 갖고 있음
  - 연구자에 따라 리더십을 구성하는 특성 또는 자질을 다르게 제시
  - 특성 간의 우선순위를 정할 수가 없다는 한계점

22 다음 중 직무분석을 위한 자료수집 방법에 관한 설명으로 옳은 것은?

• 1장 3절 직업적성과 인사관리

① 관찰법은 직무의 시작에서 종료까지 많은 시간이 소요되는 직무에 적용하기 쉽다.
② 면접법은 자료의 수집에 많은 시간과 노력이 들고, 수량화된 정보를 얻기가 힘들다.
③ 중요사건법은 일상적인 수행에 관한 정보를 수집하므로 해당 직무에 대한 포괄적인 정보를 얻을 수 있다.
④ 설문지법은 많은 사람들로부터 짧은 시간 내에 정보를 얻을 수 있으며, 양적인 자료보다 질적인 자료를 얻을 수 있다.

해설

인적자원관리-직무분석(Job Analysis)
- 인적자원관리의 핵심
- 과업과 직무를 수행하는 데 요구되는 인적 자질에 의해 직무의 내용을 정의하는 절차
- 직무분석 기법
  - 면접법(Interview) : 자료의 수집에 많은 시간과 노력이 들고, 수량화된 정보를 얻기가 힘듦
  - 질문법(Questionnaire) : 표준화되어 있는 질문지로 직무담당자에게 항목을 평가
  - 관찰법(Observation) : 훈련된 직무분석자가 관찰하여 정보를 수집
  - 종업원 기록법(Participant Diary) : 종업원에게 작업활동을 기록하게 하여 직무정보를 획득
  - 경험법(Empirical Method) : 직무분석자가 분석대상 직무를 직접 수행해 봄으로써 직무에 관한 정보를 얻음
  - 결합법(Combination Method) : 여러 가지 직무분석 방법을 동시에 사용해 직무정보를 획득

정답 21 ④ 22 ②

23 생활하고 있는 현실적인 장면에서 당면하는 여러 문제들에 대한 해결방안을 찾아내는 것으로 지식, 기능, 태도, 기술 등을 종합적으로 획득하도록 하는 학습방법으로 옳은 것은?

• 3장 3절 교육의 분류

① 롤 플레잉(Role Playing)
② 문제법(Problem Method)
③ 버즈 세션(Buzz Session)
④ 케이슨 메소드(Case Method)

해설

토의식 교육의 종류 – 문제법(Problem Method)
- 문제의 인식 → 해결방안연구계획 → 자료의 수집 → 해결방법 실시 → 정리와 검토
- 생활하고 있는 현실적인 장면에서 당면하는 여러 문제들에 대한 해결방안을 찾아내는 것으로 지식, 기능, 태도, 기술 등을 종합적으로 획득

24 교재의 선택기준으로 옳지 않은 것은?

• 3장 1절 교육의 필요성과 목적

① 정적이며 보수적이어야 한다.
② 사회성과 시대성에 걸맞은 것이어야 한다.
③ 설정된 교육목적을 달성할 수 있는 것이어야 한다.
④ 교육대상에 따라 흥미, 필요, 능력 등에 적합해야 한다.

해설

교육의 3요소
- 교육의 주체 : 강사, 선배, 사회인사
- 교육의 객체 : 교육생, 미성숙자
- 교육의 매개체 : 교재, 교실
- 교재의 선택기준
  - 동적이면서 새로운 내용이어야 함
  - 사회성과 시대성에 걸맞은 것이어야 함
  - 설정된 교육목적을 달성할 수 있는 것이어야 함
  - 교육대상에 따라 흥미, 필요, 능력 등에 적합해야 함

25 안전교육방법 중 수업의 도입이나 초기단계에 적용하며, 많은 인원에 대하여 단시간에 많은 내용을 동시 교육하는 경우에 사용되는 방법으로 가장 적절한 것은?
• 3장 3절 교육의 분류

① 시 범
② 반복법
③ 토의법
④ 강의법

해설

강의식 교육의 장점
- 도입단계에서 가장 적합
- 다른 방법에 비해 경제적으로 수강자 1인당 경비가 낮음
- 짧은 시간 동안 많은 내용을 전달해야 하는 경우에 적합
- 생각이나 원리, 법규 등을 단시간에 체계적, 이론적으로 다수에게 전달

26 인간 부주의의 발생원인 중 외적 조건에 해당하지 않는 것은?
• 2장 6절 착오와 실수

① 작업조건 불량
② 작업순서 부적당
③ 경험 부족 및 미숙련
④ 환경조건 불량

해설

부주의의 원인과 대책
- 외적 원인과 대책
  - 작업환경조건 불량 : 환경대비
  - 작업순서의 부적당 : 작업순서 정비
- 내적 원인과 대책
  - 소질적 문제 : 적성배치
  - 의식의 우회 : 카운슬링
  - 경험, 미경험자 : 안전교육훈련

27 합리화의 유형 중 자기의 실패나 결함을 다른 대상에게 책임을 전가시키는 유형으로, 자신의 잘못에 대해 조상 탓을 하거나 축구 선수가 공을 잘못 찬 후 신발 탓을 하는 등에 해당하는 것은?
• 1장 2절 인간관계와 활동

① 망상형
② 신포도형
③ 투사형
④ 달콤한 레몬형

해설

투사(Projection)
- 해석과정에서 자기 자신이 준거의 틀이 됨
- 자신의 부정적, 긍정적 특성을 타인에게 돌림
- 자신의 잘못에 대해 조상 탓을 하거나 축구 선수가 공을 잘못 찬 후 신발 탓을 함

25 ④ 26 ③ 27 ③

28 인간의 경계(Vigilance)현상에 영향을 미치는 조건의 설명으로 가장 거리가 먼 것은?

• 2장 6절 착오와 실수

① 작업시작 직후에는 검출률이 가장 낮다.
② 오래 지속되는 신호는 검출률이 높다.
③ 발생빈도가 높은 신호는 검출률이 높다.
④ 불규칙적인 신호에 대한 검출률이 낮다.

해설

인간의 Vigilance(주의하는 상태, 긴장상태, 경계상태) 현상에 영향을 끼치는 조건
- 검출능력은 작업시작 후 빠른 속도로 저하(30분 후 50%)
- 발생빈도가 높은 신호일수록 검출률이 높고, 불규칙한 신호는 검출률이 낮음
- 기계 자체 또는 관계되는 인간과 다른 물체에 미치는 영향을 최소한도로 감소시킬수 있어야 함
- 경고를 받고 나서부터 행동에 이르기까지 시간적인 여유가 있어야 함

29 아담스(Adams)의 형평이론(공평성)에 대한 설명으로 틀린 것은?

• 2장 3절 동기이론

① 성과(Outcome)란 급여, 지위, 인정 및 기타 부가 보상 등을 의미한다.
② 투입(Input)이란 일반적인 자격, 교육수준, 노력 등을 의미한다.
③ 작업동기는 자신의 투입대비 성과 결과만으로 비교한다.
④ 지각에 기초한 이론이므로 자기 자신을 지각하고 있는 사람을 개인(Person)이라 한다.

해설

아담스의 공정성 이론
- 특 징
  - 인지부조화이론에 기초
  - 개인이 다른 사람들과 비교하여 얼마나 공정한 대우를 받는가 하는 느낌을 중시 여긴 이론
  - 개인적 차원에서 불공정성에 대한 지각이 발생한 것이 아니라 조직 내의 비교과정을 통해 불공정이 지각되는 것임
- 동기부여과정
  - 자신의 투입 대 산출비율과 타인의 투입 대 산출비율의 비교로 불공정성을 지각
  - 불공정성 지각 후 과소보상에 대한 불만이나 과다보상에 대한 부담감 등의 긴장감 조성
  - 긴장감을 해소하는 방향으로 동기가 유발됨
- 불공정성 감소방법
  - 투입의 변경
  - 산출의 변경
  - 투입-산출의 인지적 왜곡
  - 비교대상에 영향력 행사
  - 비교대상의 변경
  - 조직이탈

30 교육훈련을 통하여 기업의 차원에서 기대할 수 있는 효과로 옳지 않은 것은?

• 4장 1절 교육의 종류

① 리더십과 의사소통기술이 향상된다.
② 작업시간이 단축되어 노동비용이 감소된다.
③ 인적자원의 관리비용이 증대되는 경향이 있다.
④ 직무만족과 직무충실화로 인하여 직무태도가 개선된다.

해설

교육훈련을 통한 기업의 효과
- 리더십과 의사소통기술이 향상
- 작업시간이 단축되어 노동비용이 감소
- 직무수행의 개선으로 생산성 향상
- 직무만족과 직무충실화로 인하여 직무태도가 개선

31 집단 간의 갈등 요인으로 옳지 않은 것은?

• 2장 5절 집단관리와 리더십

① 욕구좌절
② 제한된 자원
③ 집단 간의 목표차이
④ 동일한 사안을 바라보는 집단 간의 인식차이

해설

집단 간 갈등요인
- 집단 간의 목표차이
- 제한된 자원
- 동일한 사안을 바라보는 집단 간의 인식, 지각차이
- 과업목적과 기능에 따른 집단 간 견해와 행동 경향의 차이

32 스텝 테스트, 슈나이더 테스트는 어떠한 방법의 피로 판정 검사인가?

• 2장 4절 노동과 피로

① 타액검사
② 반사검사
③ 전신적 관찰
④ 심폐검사

해설

산소부채
- 격렬한 활동 시 산소섭취량이 산소수요량보다 적어지게 되는 현상
- 신체는 무산소경로를 통해 에너지를 생산하고 젖산이 급격히 축적됨
- 산소부채의 최대값은 일반인은 5리터(운동선수는 10~15리터)
- 스텝 테스트, 슈나이더 테스트 : 심박수 측정을 통해 심폐적성을 평가하는 방법

30 ③ 31 ① 32 ④

33 안전 교육 시 강의안의 작성 원칙에 해당되지 않는 것은? • 3장 1절 교육의 필요성과 목적

① 구체적
② 논리적
③ 실용적
④ 추상적

해설

강의안의 작성
- 쉽고, 구체적, 논리적, 실용적으로 작성
- 효율적 강의를 위한 내용을 연구하여 작성하되 강의계획과 강의내용을 구분
  - 강의 계획 : 강의제목, 학습목적, 학습정리, 강의 보조자료
  - 강의 내용 : 도입, 전개, 종결로 서술, 각 단계의 주요 항목보다 소요시간과 필요한 보조자료 명기

34 S-R이론 중에서 긍정적 강화, 부정적 강화, 처벌 등이 이론의 원리에 속하며, 사람들이 바람직한 결과를 이끌어 내기 위해 단지 어떤 자극에 대해 수동적으로 반응하는 것이 아니라 환경상의 어떤 능동적인 행위를 한다는 이론으로 옳은 것은? • 2장 3절 동기이론

① 파블로프(Pavlov)의 조건반사설
② 손다이크(Thorndike)의 시행착오설
③ 스키너(Skinner)의 조작적 조건화설
④ 구쓰리스에(Guthrie)의 접근적 조건화설

해설

스키너(Skinner)의 강화이론
- 강화란 자극(S)과 반응(R) 간의 연결을 증대시켜 주는 과정
- 사람들이 바람직한 결과를 이끌어 내기 위해 단지 어떤 자극에 대해 수동적으로 반응하는 것이 아니라 환경상의 어떤 능동적인 행위를 한다는 이론
- 강화의 원칙은 손다이크의 "결과의 법칙"에 근거를 둠
- 결과의 법칙 : 유쾌한 결과를 가져오는 행위는 장래에 반복될 가능성이 높다는 것을 의미하며 효과의 법칙이라고도 함

35 산업안전보건법령상 산업안전·보건 관련 교육과정별 교육시간 중 교육대상별 교육시간이 맞게 연결된 것은? • 4장 2절 안전보건교육 교육대상별 교육내용

① 일용근로자의 채용 시 교육 - 2시간 이상
② 일용근로자의 작업내용 변경 시 교육 - 1시간 이상
③ 사무직 종사 근로자의 정기교육 - 매분기 2시간 이상
④ 관리감독자의 지위에 있는 사람의 정기교육 - 연간 6시간 이상

해설

근로자 안전보건교육

교육과정	교육대상	교육시간
작업내용 변경 시 교육	일용근로자	1시간 이상
	일용근로자를 제외한 근로자	2시간 이상

정답 33 ④ 34 ③ 35 ②

36 안전교육의 3단계 중, 현장실습을 통한 경험체득과 이해를 목적으로 하는 단계는?

• 4장 1절 교육의 종류

① 안전지식교육　　② 안전기능교육
③ 안전태도교육　　④ 안전의식교육

해설

2단계 : 기능교육
- 개인의 반복적 시행착오가 필요함
- 안전장치(방호장치) 관리기능에 관한 교육
- 교육대상자가 자발적으로 행함으로서 얻어짐
- 시범, 견학, 실습, 현장실습 교육을 통한 경험체득과 이해

37 실제로는 움직임이 없으나 시각적으로 움직임이 있는 것처럼 느끼는 심리적인 현상으로 옳은 것은?

• 2장 6절 착오와 실수

① 잔상효과　　② 가현운동
③ 후광효과　　④ 기하학적 착시

해설

착각현상
- 유도운동 : 실제로 움직이지 않지만 어느 기준의 이동에 의하여 움직이는 것처럼 느껴지는 착시현상
- 가현운동(β-운동) : 실제로는 움직임이 없으나 시각적으로 움직임이 있는 것처럼 느끼는 심리적인 현상
- 자동운동 : 암실 내에서 수 미터 거리에 정지된 광점을 놓고 그것을 한동안 응시하고 있으면 그 광점이 움직이는 것처럼 보이는 현상

38 조직 구성원의 태도는 조직성과와 밀접한 관계가 있다. 태도(Attitude)의 3가지 구성요소에 포함되지 않는 것은?

• 4장 1절 교육의 종류

① 인지적 요소　　② 정서적 요소
③ 행동경향 요소　　④ 성격적 요소

해설

3단계 : 태도교육
- 생활지도, 작업동작지도 등을 통한 안전의 습관화
- 청취, 이해, 납득, 모범, 권장, 칭찬, 처벌
- 인간의 행동은 태도에 따라 달라짐
- 태도가 결정되면 장시간 유지됨
- 개인의 심적 태도교정보다 집단의 심적 태도교정이 더 어려움
- 태도의 3가지 구성요소 : 인지적 요소, 정서적 요소, 행동경향요소

39 작업 환경에서 물리적인 작업조건보다는 근로자의 심리적인 태도 및 감정이 직무수행에 큰 영향을 미친다는 결과를 밝혀낸 대표적인 연구로 옳은 것은?
• 1장 2절 인간관계와 활동

① 호손 연구
② 플래시보 연구
③ 스키너 연구
④ 시간-동작연구

해설

호손(Hawthorne)의 공장실험
- 인간관계 관리의 개선을 위한 연구로 메이요(E. Mayo) 교수가 한 호손공장의 실험
- 작업능률을 좌우하는 것은 임금, 노동시간, 조명, 등의 작업환경으로서의 물적 요건보다 종업원의 태도, 즉 심리적, 내적 양심과 감정이 중요함
- 물적 조건도 그 개선에 의하여 효과를 가져올 수 있으나 종업원의 심리적 요소가 더욱 중요
- 물적 조건보다 인간관계 등의 심리적 조건이 작업에 더 큰 영향을 주는 것이 밝혀짐

40 심리검사 종류에 관한 설명으로 맞는 것은?
• 1장 3절 직업적성과 인사관리

① 성격 검사 - 인지능력이 직무수행을 얼마나 예측하는지 측정한다.
② 신체능력 검사 - 근력, 순발력, 전반적인 신체 조정 능력, 체력 등을 측정한다.
③ 기계적성 검사 - 기계를 다루는 데 있어 예민성, 색채, 시각, 청각적 예민성을 측정한다.
④ 지능 검사 - 제시된 진술문에 대하여 어느 정도 동의하는지에 관해 응답하고, 이를 척도점수로 측정한다.

해설

심리검사의 종류
- 성격 검사 : 제시된 진술문에 대해 어느 정도 동의하는지에 관해 응답하고, 이를 척도점수로 측정
- 신체능력 검사 : 근력, 순발력, 전반적인 신체 조정 능력, 체력 등을 측정
- 기계적성 검사 : 기계적 원리들을 얼마나 이해하고 있는지와 생산직무에 적합한지를 측정
- 지능 검사 : 인지능력이 직무수행을 얼마나 예측하는지 측정
- 상황판단검사 : 문제의 상황을 제시하고, 이에 대한 해결책의 실현가능성이나 적용가능성을 측정
- 정직성 검사 : 정직성, 진실성을 나타내는 지필검사

정답 39 ① 40 ②

2019년 제1회 기출해설

21 현대 조직이론에서 작업자의 수직적 직무권한을 확대하는 방안에 해당하는 것은?

• 1장 3절 직업적성과 인사관리

① 직무순환(Job Rotation)
② 직무분석(Job Analysis)
③ 직무확충(Job Enrichment)
④ 직무평가((Job Evaluation)

해설

직무설계(Job Design)
- 구성원이 일을 잘하도록 하기 위해 그들의 욕구를 충족시켜 직무에 대한 만족과 성과를 증대시키는 것
- 직무순환 : 여러 업무를 수행하게 하여 지루함이나 싫증을 덜하게 함
- 직무확대 : 현 직무에서 수직적으로 다른 직무까지 하게 함
- 직무충실화 : 작업자에게 권한, 책임, 자율을 부여하여 심리적 만족감을 더하게 함
- 직무설계 기법
  - 직무순환(Job Rotation)
  - 직무확대(Job Enlargement)
  - 직무충실화(Job Enrichment)
  - 유연시간 근무제(Flextime)
  - 직무 공유(Job Sharing)
  - 자율적 관리팀(Self-managed Work Team)
  - 재택근무(Telecommuting)
  - 압축근무제(Compressed Work)

22 주의(Attention)에 대한 특성으로 가장 거리가 먼 것은?

• 2장 6절 착오와 실수

① 고도의 주의는 장시간 지속할 수 없다.
② 주의와 반응의 목적은 대부분의 경우 서로 독립적이다.
③ 동시에 두 가지 일에 중복하여 집중하기 어렵다.
④ 여러 종류의 자극을 지각할 때 소수의 특정한 것을 선택하여 집중한다.

해설

주의력의 3가지 특성
- 선택성 : 인간의 주의력은 한계가 있어 여러 작업에 대해 선택적으로 배분
- 방향성 : 주의가 집중되는 방향의 자극과 정보에는 높은 주의력이 배분됨
- 변동성 : 주의력의 수준이 높아졌다가 낮아지기를 반복함(수업시간이 50분인 이유)

23 OJT(On the Job Training)의 특징에 관한 설명으로 틀린 것은?   • 3장 3절 교육의 분류

① 다수의 근로자에게 조직적 훈련이 가능하다.
② 상호신뢰 및 이해도가 높아진다.
③ 개개인에게 적절한 지도훈련이 가능하다.
④ 직장의 실정에 맞게 실제적 훈련이 가능하다.

해설

On Job Training
- 관리감독자 등 직속상사가 부하직원에 대해서 일상 업무를 통하여 지식, 기능, 문제해결 능력 및 태도 등을 교육훈련하는 방법으로, 개별교육 및 추가지도에 적합
- OJT의 장점
  - 개개인에게 적절한 지도훈련이 가능
  - 직장의 실정에 맞게 실제적 훈련이 가능
  - 즉시 업무와 연결되는 장점이 있음
  - 훈련에 필요한 업무의 계속성이 끊어지지 않음
  - 효과가 곧 업무에 나타나며 훈련의 좋고 나쁨에 따라 개선이 쉬움
  - 훈련효과를 보고 상호신뢰, 이해도가 높아지는 것이 가능

24 다음은 각기 다른 조직 형태의 특성을 설명한 것이다. 각 특징에 해당하는 조직형태를 연결한 것으로 맞는 것은?   • 2장 5절 집단관리와 리더십

> ㉠ 중규모 형태의 기업에서 시장 상황에 따라 인적자원을 효과적으로 활용하기 위한 형태이다.
> ㉡ 목적 지향적이고 목적 달성을 위해 기존의 조직에 비해 효율적이며 유연하게 운영될 수 있다.

① ㉠ - 위원회 조직, ㉡ - 프로젝트 조직
② ㉠ - 사업부제 조직, ㉡ - 위원회 조직
③ ㉠ - 매트릭스형 조직, ㉡ - 사업부제 조직
④ ㉠ - 매트릭스형 조직, ㉡ - 프로젝트 조직

해설

조직의 종류
- 프로젝트 조직
  - 과업중심의 조직
  - 특정과제를 수행하기 위해 필요한 자원과 재능을 여러 부서로부터 임시로 집중
  - 문제해결 완료 후 다시 본래의 부서로 복귀하는 형태
  - 시간적 유한성을 가진 일시적으로 잠정적인 조직
  - 목적지향적이어서 목적 달성을 위해 기존의 조직에 비해 효율적이고 유연하게 운영됨
- 사업부제 조직
  - 라인조직에 여러 개의 사업부조직을 결합
  - 본사 전체의 기능별 조직 + 개별 사업부별 기능별 조직
  - 기업규모가 크고 시장세분화가 필요한 상황에 적합함

정답 23 ① 24 ④

- 매트릭스 조직
  - 라인조직을 열로, 프로젝트조직을 행으로 구성
  - 라인조직의 효율성/전문성 + 프로젝트 조직의 신축성/유연성
  - 외부환경의 변화가 심하고, 조직원의 능력이 뛰어난 경우 적합
  - 자원 활용의 효율성을 극대화 가능
  - 중규모 형태의 기업에서 시장 상황에 따라 인적자원을 효과적으로 활용할 수 있음

25 적응기제(Adjustment Mechanism) 중 도피기제에 해당하는 것은? · 3장 4절 교육심리학

① 투 사   ② 보 상
③ 승 화   ④ 고 립

해설

적응기제의 기본형태
- 방어적 기제
  - 보 상
  - 합리화
  - 동일시
  - 승 화
- 도피적 기제
  - 고 립
  - 퇴 행
  - 억 압
  - 백일몽

26 토의식 교육지도에서 시간이 가장 많이 소요되는 단계는? · 3장 3절 교육의 분류

① 도 입   ② 제 시
③ 적 용   ④ 확 인

해설

강의식과 달리 적용에 가장 많은 시간을 할애함

교육의 4단계	강의식	토의식
도 입	5분	5분
제 시	40분	10분
적 용	10분	40분
확 인	5분	5분

25 ④ 26 ③

27 어느 부서의 직원 6명의 선호 관계를 분석한 결과 다음과 같은 소시오그램이 작성되었다. 이 부서의 집단응집성 지수는 얼마인가? (단, 그림에서 실선은 선호관계, 점선은 거부관계를 나타냄)

• 2장 5절 집단관리와 리더십

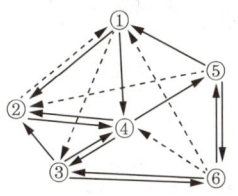

① 0.13
② 0.27
③ 0.33
④ 0.47

해설

소시오메트리(Sociometry)
응집성지수 = 실제 상호선호관계의 수 ÷ 가능한 상호선호관계의 총수(= $_nC_2$)
∴ 4 ÷ $_6C_2$ = 4 ÷ (6 × 5 ÷ 2 × 1) = 4 ÷ 15 = 0.266

28 목표를 설정하고 그에 따르는 보상을 약속함으로써 부하를 동기화하려는 리더십은?

• 2장 5절 집단관리와 리더십

① 교환적 리더십
② 변혁적 리더십
③ 참여적 리더십
④ 지시적 리더십

해설

거래적 리더십과 변혁적 리더십
• 교환적(거래적) 리더십
 목표를 설정하고 그에 따르는 보상을 약속하는 교환과정으로, 전형적으로 목표의 설정과 성과의 모니터링 및 통제를 특징으로 하는 리더십
• 변혁적 리더십
 부하의 요구를 충족시키며 성과를 유도하는 교환관계의 수준을 넘어서서, 부하의 욕구와 내재적 동기수준을 높이고 나아가 도덕적 동기를 지향하게 함으로써 부하의 가치체계의 변화를 통해 개인, 집단, 조직의 변화를 이끌어가는 리더십임

정답 27 ② 28 ①

29 어느 철강회사의 고로작업라인에 근무하는 A씨의 작업강도가 힘든 중작업으로 평가되었다면 해당되는 에너지대사율(RMR)의 범위로 가장 적절한 것은?
• 2장 4절 노동과 피로

① 0 ~ 1
② 2 ~ 4
③ 4 ~ 7
④ 7 ~ 10

해설

작업강도
• 에너지대사율(RMR : Relative Metabolic Rate)
• RMR = 노동대사량 ÷ 기초대사량 = (작업 시 소비에너지 – 안정 시 소비에너지) ÷ 기초대사량
• 산소소모량으로 에너지소비량을 결정하는 방식으로 국제적으로 가장 많이 사용
• RMR에 따른 노동의 분류
 – 경작업 : 1~2 RMR
 – 중(中)작업 : 2~4 RMR
 – 중(重)작업 : 4~7 RMR
 – 초중작업 : 7 RMR 이상

30 관리감독자 훈련(TWI)에 관한 내용이 아닌 것은?
• 3장 3절 교육의 분류

① Job Relation
② Job Method
③ Job Synergy
④ Job Instruction

해설

TWI의 교육내용
• 직업방법훈련(JMT, Job Method Training)
• 작업지도훈련(JIT, Job Instruction Training)
• 인간관계훈련(JRT, Job Relation Training)
• 작업안전훈련(JST, Job Safety Training)

31 맥그리거(Douglas McGregor)의 Y이론에 해당되는 것은?
• 2장 3절 동기이론

① 인간은 게으르다.
② 인간은 남을 잘 속인다.
③ 인간은 남에게 지배받기를 즐긴다.
④ 인간은 부지런하고 근면하며, 적극적이고 자주적이다.

해설

맥그리거(McGregor)의 X, Y이론
• 환경개선보다는 일의 자유화 추구 및 불필요한 통제를 없앰
• 인간의 본질에 대한 기본적인 가정을 부정론과 긍정론으로 구분
• X이론 : 인간불신감, 성악설, 물질욕구(저차원 욕구), 명령 및 통제에 의한 관리, 저개발국형
• Y이론 : 상호신뢰감, 성선설, 정신욕구(고차원 욕구), 자율관리, 선진국형

32 사회행동의 기본형태와 내용이 잘못 연결된 것은? • 2장 5절 집단관리와 리더십

① 대립 - 공격, 경쟁
② 조직 - 경쟁, 통합
③ 협력 - 조력, 분업
④ 도피 - 정신병, 자살

해설

사회행동의 기본형태
- 대립 : 공격, 경쟁
- 융합 : 강제, 타협, 통합
- 협력 : 조력, 분업
- 도피 : 정신병, 자살

33 수업의 중간이나 마지막 단계에 행하는 것으로써 언어학습이나 문제해결 학습에 효과적인 학습법은? • 3장 3절 교육의 분류

① 강의법   ② 실연법
③ 토의법   ④ 프로그램법

해설

교육의 분류
- 강의법 : 교사가 일방적으로 설명하거나 제시하는 형식의 교수법
- 세미나 : 세미나는 해당 주제 분야에서 전문적 식견을 갖춘 5~30명 정도의 권위 있는 전문가에 의해서 수행되는 토의방식
- 실연법 : 수업의 중간이나 마지막 단계에 행하는 것으로써 언어학습이나 문제해결 학습에 효과적인 학습법
- 시청각법 : 교육대상자수가 많고 교육대상자의 학습능력의 차이가 큰 경우 집단 안전교육방법
- 면접법 : 파악하고자 하는 연구과제에 대해 언어를 매개로 구조화된 질의응답을 통하여 교육하는 기법

34 사고 경향성 이론에 관한 설명으로 틀린 것은? • 2장 2절 재해설

① 개인의 성격보다는 특정 환경에 의해 훨씬 더 사고가 일어나기 쉽다.
② 어떠한 사람이 다른 사람보다 사고를 더 잘 일으킨다는 이론이다.
③ 사고를 많이 내는 여러 명의 특성을 측정하여 사고를 예방하는 것이다.
④ 검증하기 위한 효과적인 방법은 다른 두 시기 동안에 같은 사람의 사고기록을 비교하는 것이다.

해설

재해빈발
- 기회설 : 어려움에 많이 노출되기 때문에 발생
- 암시설 : 트라우마로 인해 겁쟁이가 되거나 신경과민으로 발생
- 경향설 : 재해빈발의 소질적 결함이 있어 발생

정답 32 ② 33 ② 34 ①

35 매슬로우(Maslow)의 욕구위계를 바르게 나열한 것은? •2장 3절 동기이론

① 안전의 욕구 → 생리적 욕구 → 사회적 욕구 → 자아실현의 욕구 → 인정받으려는 욕구
② 안전의 욕구 → 생리적 욕구 → 사회적 욕구 → 인정받으려는 욕구 → 자아실현의 욕구
③ 생리적 욕구 → 사회적 욕구 → 안전의 욕구 → 인정받으려는 욕구 → 자아실현의 욕구
④ 생리적 욕구 → 안전의 욕구 → 사회적 욕구 → 인정받으려는 욕구 → 자아실현의 욕구

해설

매슬로우(Maslow)의 욕구단계이론
- 욕구의 강도와 충족 측면에서 계층적 구조로 표현
- 하위욕구가 만족되어야 상위욕구 수준으로 높아짐
- 욕구 6단계
  - 1단계 : 생리적 욕구(Physiological Needs)
  - 2단계 : 안전의 욕구(Safety Security Needs)
  - 3단계 : 사회적 욕구(Acceptance Needs)
  - 4단계 : 존경의 욕구(Self-esteem Needs)
  - 5단계 : 자아실현의 욕구(Self-actualization)
  - 6단계 : 자아초월의 욕구(Self-transcendence) : 자아초월 = 이타정신 = 남을 배려하는 마음

36 반복적인 재해발생자를 상황성 누발자와 소질성 누발자로 나눌 때, 상황성 누발자의 재해유발 원인에 해당하는 것은? •2장 2절 재해설

① 저지능인 경우
② 소심한 성격인 경우
③ 도덕성이 결여된 경우
④ 심신에 근심이 있는 경우

해설

상황성 누발자
- 작업에 어려움이 많은 자
- 기계 설비의 결함
- 심신에 근심이 있는 자
- 환경상 주의력 집중이 어려운 자

37 학습경험 조직의 원리와 가장 거리가 먼 것은? •2장 5절 집단관리와 리더십

① 가능성의 원리
② 계속성의 원리
③ 계열성의 원리
④ 통합성의 원리

해설

테일러의 학습경험 조직의 원리
- 계속성의 원리 : 경험요소가 계속적으로 반복되도록 조직화
- 계열성의 원리 : 경험의 수준을 갈수록 높여 깊이 있고 폭넓은 경험이 되도록 함
- 통합성의 원리 : 학습경험을 횡적으로 연결 지어 조화롭게 통합

38 안전보건교육의 종류별 교육요점으로 틀린 것은?   • 3장 1절 교육의 필요성과 목적

① 태도교육은 의욕을 갖게 하고 가치관 형성교육을 한다.
② 기능교육은 표준작업 방법대로 시범을 보이고 실습을 시킨다.
③ 추후지도교육은 재해발생원리 및 잠재위험을 이해시킨다.
④ 지식교육은 작업에 관련된 취약점과 이에 대응되는 작업방법을 알도록 한다.

해설
교육의 종류
- 지식교육 : 지식을 전달
- 기능교육 : 안전기술을 습득
- 태도교육 : 어떤 일을 대하는 마음가짐
- 문제해결교육 : 어떠한 문제를 능숙하게 해결하는 방법
- 추후지도교육 : 지식, 기능, 태도교육을 반복하고, 정기적인 OJT를 실시

39 평가도구의 기본적인 기준이 아닌 것은?   • 3장 1절 교육의 필요성과 목적

① 실용도(實用度)
② 타당도(妥當度)
③ 신뢰도(信賴度)
④ 습숙도(習熟度)

해설
학습평가도구 : 타당도, 신뢰도, 객관도, 실용도

40 부주의가 발생하는 경우에 있어 자동차를 운전할 때 신호가 바뀌기 전에 신호가 바뀔 것을 예상하고 자동차를 출발시키는 행동과 관련된 것은?   • 2장 6절 착오와 실수

① 억측판단
② 근도반응
③ 착시현상
④ 의식의 우회

해설
억측판단(Risk Taking)
- 초조한 심정이나 정보가 불확실할 때, 이전에 성공한 경험이 있는 경우
- 자동차를 운전할 때 신호가 바뀌기 전에 신호가 바뀔 것을 예상하고 자동차를 출발시키는 행동

정답 38 ③ 39 ④ 40 ①

2018년 제4회 기출해설

2과목 산업심리 및 교육

21 학습의 전이란 학습한 결과가 다른 학습이나 반응에 영향을 주는 것을 의미한다. 이 전이의 이론에 해당되지 않는 것은?
• 3장 1절 교육의 필요성과 목적

① 일반화설
② 동일요소설
③ 형태이조설
④ 태도요인설

해설

학습전이 이론
- 형식도야설 : 기본능력만 잘 훈련되면 그 효과는 여러 가지의 특수한 분야에 걸쳐서 전이됨
- 동일요소설 : 이전의 학습과 새로운 학습 사이에 동일한 요소가 있을 때 서로 연합이 일어남
- 일반화설 : 내용 간에 원리가 같을 때 전이가 일어남
- 형태이조설 : 경험하거나 학습한 형태가 새로운 경험이나 학습과 형태에 있어서 비슷할 때 앞의 형태가 위상적 이동을 하여 전이가 일어남

22 Off Job Training의 특징으로 맞는 것은?
• 3장 3절 교육의 분류

① 개개인에게 적절한 지도훈련이 가능하다.
② 전문가를 강사로 초빙하는 것이 가능하다.
③ 직장의 실정에 맞게 실제적 훈련이 가능하다.
④ 훈련에 필요한 업무의 계속성이 끊어지지 않는다.

해설

Off JT
- 공통된 교육목적을 가진 근로자를 일정한 장소에 집합시켜 교육
- Off JT의 특징
  - 훈련에만 전념하게 됨
  - 전문가를 강사로 활용할 수 있음
  - 특별 설비기구를 이용하는 것이 가능
  - 다수의 근로자에게 조직적 훈련이 가능
  - 각 직장의 근로자가 많은 지식이나 경험을 교류할 수 있음
  - 교육 훈련 목표에 대하여 집단적 노력이 흐트러질 수 있음

정답 21 ④ 22 ②

23 단조로운 업무가 장시간 지속될 때 작업자의 감각기능 및 판단능력이 둔화 또는 마비되는 현상은?

• 1장 6절 인간의 착오

① 착각현상
② 망각현상
③ 피로현상
④ 감각차단현상

해설

인지과정 착오의 요인
- 정서불안정
- 생리, 심리적 능력의 한계
- 불안, 공포, 과로, 수면부족
- 정보량 저장의 한계 : 저장될 수 있는 정보량의 한계(7±2)
- 감각차단현상 : 단조로운 업무가 장시간 지속, 판단능력 둔화

24 개인적 차원에서의 스트레스 관리 대책으로 관계가 먼 것은?

• 2장 4절 노동과 피로

① 긴장 이완법
② 직무 재설계
③ 적절한 운동
④ 적절한 시간관리

해설

스트레스의 대책
- 개인적 대책
  - 긴장 이완법
  - 규칙적인 식사와 적절한 운동
  - 적절한 시간관리
  - 적절한 방법으로 화를 발산
  - 원만한 대인관계 유지 노력
- 조직적 대책
  - 직무 재설계
  - 조직차원에서의 노력
  - 체력증진계획의 활성화
  - 전문조언과 상담의 실시

25 운동에 대한 착각현상이 아닌 것은?

• 2장 6절 착오와 실수

① 자동운동(自動運動)
② 항상운동(恒常運動)
③ 유도운동(誘導運動)
④ 가현운동(假現運動)

해설

착각현상
- 유도운동 : 실제로 움직이지 않지만 어느 기준의 이동에 의하여 움직이는 것처럼 느껴지는 착시현상
- 가현운동(β-운동) : 실제로는 움직임이 없으나 시각적으로 움직임이 있는 것처럼 느끼는 심리적인 현상
- 자동운동 : 암실 내에서 수 미터 거리에 정지된 광점을 놓고 그것을 한동안 응시하고 있으면 그 광점이 움직이는 것처럼 보이는 현상

정답 23 ④ 24 ② 25 ②

26 산업심리의 5대 요소에 해당하지 않는 것은? • 2장 1절 작업환경 및 동작특성

① 습 관 ② 규 범
③ 기 질 ④ 동 기

해설

산업심리의 5대 요소
- 동기(Motive)
  - 능동적인 감각에 의한 자극에서 일어나는 사고의 결과
  - 사람의 마음을 움직이는 원동력
- 기질(Temper)
  - 인간의 성격, 능력 등 개인적인 특성을 말함
  - 성장 시 생활환경의 영향을 받으며 주위환경에 따라 달라짐
- 감정(Emotion)
  - 희로애락 등의 의식
  - 안전과 밀접한 관계를 지님
  - 사고를 일으키는 정신적 동기를 만듦
- 습성(Habits)
  - 동기, 기질, 감정 등이 밀접한 연관관계를 형성
  - 인간의 행동에 영향을 미침
- 습관(Custom)
  - 성장과정을 통해 형성된 특성 등이 자신도 모르게 습관화된 현상
  - 영향을 미치는 요소로 동기, 기질, 감정 습성 등이 있음

27 교육방법 중 토의법이 효과적으로 활용되는 경우가 아닌 것은? • 3장 3절 교육의 분류

① 피교육생들의 태도를 변화시키고자 할 때
② 인원이 토의를 할 수 있는 적정 수준일 때
③ 피교육생들 간에 학습능력의 차이가 클 때
④ 피교육생들이 토의 주제를 어느 정도 인지하고 있을 때

해설

학습능력의 차이가 크지 않을 때 효과적으로 활용

교육의 분류
- 강의법 : 교사가 일방적으로 설명하거나 제시하는 형식의 교수법
- 세미나 : 세미나는 해당 주제 분야에서 전문적 식견을 갖춘 5~30명 정도의 권위 있는 전문가에 의해서 수행되는 토의방식
- 실연법 : 수업의 중간이나 마지막 단계에 행하는 것으로써 언어학습이나 문제해결 학습에 효과적인 학습법
- 시청각법 : 교육대상자수가 많고 교육대상자의 학습능력의 차이가 큰 경우 집단 안전교육방법
- 면접법 : 파악하고자 하는 연구과제에 대해 언어를 매개로 구조화된 질의응답을 통하여 교육하는 기법

28 산업안전보건법령상 사업 내 안전·보건교육 중 건설업 일용근로자에 대한 건설업 기초안전·보건교육의 교육시간으로 맞는 것은?
•4장 2절 안전보건교육 교육대상별 교육내용

① 1시간
② 2시간
③ 3시간
④ 4시간

해설

근로자 안전보건교육

| 건설업 기초안전·보건교육 | 건설 일용근로자 | 4시간 이상 |

29 일반적인 교육지도의 원칙 중 가장 거리가 먼 것은?
•4장 3절 안전보건교육체계

① 반복적으로 교육할 것
② 학습자 중심으로 교육할 것
③ 어려운 것에서 시작하여 쉬운 것으로
④ 강조하고 싶은 사항에 대해 강한 인상을 심어줄 것

해설

교육지도의 8원칙
- 상대의 입장에서 지도
- 동기부여가 중요함
- 쉬운 것부터 시작하여 어려운 것으로
- 반복하여 수행
- 한 번에 하나씩
- 인상의 강화
- 오감의 활용
- 기능적인 이해

30 새로운 자료나 교재를 제시하고, 거기에서의 문제점을 피교육자로 하여금 제기하게 하거나, 의견을 여러 가지 방법으로 발표하게 하고, 다시 깊게 파고들어서 토의하는 방법은?
•3장 3절 교육의 분류

① 포럼(Forum)
② 심포지엄(Symposium)
③ 버즈세션(Buzz Session)
④ 패널 디스커션(Panel Discussion)

해설

포럼(Forum)
- 새로운 자료나 교재를 제시하고 문제점을 피교육자로 하여금 제기하게 함
- 그것에 관한 피교육자의 의견을 여러 가지 방법으로 발표하게 함

정답 28 ④ 29 ③ 30 ①

31 레빈(Lewin)의 행동법칙 B = f(P, E)에서 E가 의미하는 것은? •1장 1절 산업심리

① Energy
② Education
③ Environment
④ Engineering

해설

레빈(K.Lewin)의 법칙
인간의 행동(B)은 개체(P)와 심리적 환경(E)과의 상호 함수 관계 : B = f(P, E)
• 개체(P) : 연령, 경험, 심신상태, 성격, 지능, 소질
• 환경(E) : 인간관계, 작업환경

32 직무평가의 방법에 해당되지 않는 것은? •1장 3절 직업적성과 인사관리

① 서열법
② 분류법
③ 투사법
④ 요소비교법

해설

직무평가(Job Evaluation)
• 직무의 난이도, 책임 등 기업 내의 각 직무가 차지하는 상대적 가치를 결정하는 일
• 합리적 임금구조와 종업원의 선택, 배치, 훈련에 이용
• 직무평가는 직무공헌도에 따라 결정
• 직무공헌도는 SWER(Skill, Working Condition, Effort, Responsibility)로 파악
• 직무평가 기법
 – 서열법(Ranking Method) : 직무의 난이도 책임성 등을 평가하여 서열을 매김
 – 분류법(Classification Method) : 직무의 가치를 단계적으로 구분하는 등급료를 만들고 그에 맞는 등급으로 분류
 – 점수법(Point rating Method) : 직무를 각 구성요소로 분해한 뒤 점수를 내고 가중치를 부여한 후 요소별 점수와 가중치를 곱함
 – 요소비교법(Factor Comparison Method) : 객관적으로 평가의 기준이 되는 요소를 설정하고, 이를 기준으로 여러 직무를 기준요소별로 비교를 통한 순위를 내어 평가

33 현장의 관리감독자 교육을 위하여 가장 바람직한 교육방식은? •3장 3절 교육의 분류

① 강의식(Lectuer Method)
② 토의식(Discussion Method)
③ 시범(Demonstration Method)
④ 자율식(Self-instruction Method)

해설

토의식 교육 : 교육의 주역은 참가자로 현장의 관리감독자 교육을 위하여 가장 바람직한 교육방식

34 호손(Hawthorne) 실험에서 작업자의 작업능률에 영향을 미치는 주요한 요인은 무엇인가?

• 1장 2절 인간관계와 활동

① 작업 조건
② 생산 기술
③ 임금 수준
④ 인간관계

해설

호손(Hawthorne)의 공장실험
• 인간관계 관리의 개선을 위한 연구로 메이요(E. Mayo) 교수가 한 호손공장의 실험
• 작업능률을 좌우하는 것은 임금, 노동시간, 조명, 등의 작업환경으로서의 물적 요건보다 종업원의 태도, 즉 심리적, 내적 양심과 감정이 중요함
• 물적 조건도 그 개선에 의하여 효과를 가져 올 수 있으나 종업원의 심리적 요소가 더욱 중요
• 물적 조건보다 인간관계 등의 심리적 조건이 작업에 더 큰 영향을 주는 것이 밝혀짐

35 기술교육의 진행방법 중 듀이(John Dewey)의 5단계 사고 과정에 속하지 않는 것은?

• 3장 1절 교육의 필요성과 목적

① 응용시킨다(Application).
② 시사를 받는다(Suggestion).
③ 가설을 설정한다(Hypothesis).
④ 머리로 생각한다(Intellectualization).

해설

존 듀이(Jone Dewey)의 5단계 사고과정
• 1단계 : 시사(Suggestion)를 받는다.
• 2단계 : 지식화(Intellectualization)한다.
• 3단계 : 가설(Hypothesis)을 설정한다.
• 4단계 : 추론(Resoning)한다.
• 5단계 : 행동에 의하여 가설을 검토한다.

36 작업 시의 정보회로를 나열한 것으로 맞는 것은?

• 1장 6절 인간의 착오

① 표시 → 감각 → 지각 → 판단 → 응답 → 출력 → 조작
② 응답 → 판단 → 표시 → 감각 → 지각 → 출력 → 조작
③ 감각 → 지각 → 판단 → 응답 → 표시 → 조작 → 출력
④ 지각 → 표시 → 감각 → 판단 → 조작 → 응답 → 출력

해설

작업 시의 정보회로 순서 : 표시 → 감각 → 지각 → 판단 → 응답 → 출력 → 조작

정답 34 ④ 35 ① 36 ①

37 스트레스에 대하여 반응하는 데 있어서 개인 차이의 이유로 적합하지 않은 것은?

• 2장 4절 노동과 피로

① 성(性)의 차이
② 강인성의 차이
③ 작업시간의 차이
④ 자기 존중감의 차이

해설
스트레스 반응의 개인차이
• 성의 차이
• 강인성의 차이
• 자기 존중감의 차이

38 리더십의 유형을 지휘형태에 따라 구분할 때, 이에 해당하지 않는 것은?

• 2장 5절 집단관리와 리더십

① 권위적 리더십
② 민주적 리더십
③ 방임적 리더십
④ 경쟁적 리더십

해설
지휘형태에 따른 리더십
• 전제형
  – 독재적 리더십
  – 조직이나 집단의 의사결정, 지위 및 통제에 관련된 중요한 사항은 주로 리더가 결정
  – 집단의 활동, 장기적 목표에 관하여 집단과 토의하지 않고 혼자서 결정
  – 자신의 권위를 강조하고, 할 일을 지시함
  – 공식적 직위의 권력에 크게 의존하고 주어진 과업의 수행에 높은 가치를 둠
  – 구성원의 욕구나 사람들과의 관계는 무시하는 유형
  – 젊은 계층의 참신하고 창의적인 아이디어를 수용하는 데 어려움이 있음
  – 현대사회와 같이 변화의 속도가 빠른 조직에서는 효과적인 리더십이 될 수 없음
• 민주형
  – 참여형 리더십
  – 조직의 목표설정, 의사결정 및 활동이 구성원의 자발적인 참여에 의하여 이루어짐
  – 모든 활동을 하기 전에 항상 먼저 전체 집단이 토론
  – 집단 구성원들이 각자 자신의 할 일과 자신의 파트너를 스스로 결정하도록 해줌
  – 평등한 분위기를 발전시키는 것을 격려함
  – 리더의 역할은 조직원들이 최대의 성과를 올릴 수 있도록 격려
  – 일을 통하여 만족을 추구할 수 있도록 동기를 부여하는 것
• 자유방임형
  – 리더가 소극적이고 방임적인 태도를 가지는 유형
  – 리더의 역할을 거의 행사하지 않고 구성원들 스스로가 자신들을 이끌어 나가도록 허용
  – 리더는 집단 활동에 거의 개입을 하지 않음
  – 집단은 모든 결정을 아무런 감독자 없이 스스로 내림
  – 리더는 주로 기술적인 정보를 제공하는 사람으로서만 기능

39 맥그리거(McGregor)의 X, Y이론에 있어 X이론의 관리 처방으로 적절하지 않은 것은?

• 2장 3절 동기이론

① 자체평가제도의 활성화
② 경제적 보상체제의 강화
③ 권위주의적 리더십의 확립
④ 면밀한 감독과 엄격한 통제

해설

맥그리거(McGregor)의 X, Y이론
- 환경개선보다는 일의 자유화 추구 및 불필요한 통제를 없앰
- 인간의 본질에 대한 기본적인 가정을 부정론과 긍정론으로 구분
- X이론 : 인간불신감, 성악설, 물질욕구(저차원 욕구), 명령 및 통제에 의한 관리, 저개발국형
- Y이론 : 상호신뢰감, 성선설, 정신욕구(고차원 욕구), 자율관리, 선진국형

40 파악하고자 하는 연구과제에 대해 언어를 매개로 구조화된 질의응답을 통하여 교육하는 기법은?

• 3장 3절 교육의 분류

① 면접(Interview)
② 카운슬링(Counseling)
③ CCS(Civil Communication Section)
④ ARP(American Telephone&Telegram Co.)

해설

교육의 분류
- 강의법 : 교사가 일방적으로 설명하거나 제시하는 형식의 교수법
- 세미나 : 세미나는 해당 주제 분야에서 전문적 식견을 갖춘 5~30명 정도의 권위 있는 전문가에 의해서 수행되는 토의방식
- 실연법 : 수업의 중간이나 마지막 단계에 행하는 것으로써 언어학습이나 문제해결 학습에 효과적인 학습법
- 시청각법 : 교육대상자수가 많고 교육대상자의 학습능력의 차이가 큰 경우 집단 안전교육방법
- 면접법 : 파악하고자 하는 연구과제에 대해 언어를 매개로 구조화된 질의응답을 통하여 교육하는 기법

정답 39 ① 40 ①

2018년 제2회 기출해설

21 안전태도교육의 기본과정으로 볼 수 없는 것은? • 4장 1절 교육의 종류

① 강요한다.
② 모범을 보인다.
③ 평가를 한다.
④ 이해·납득시킨다.

해설

3단계 : 태도교육
- 생활지도, 작업동작지도 등을 통한 안전의 습관화
- 청취, 이해, 납득, 모범, 권장, 칭찬, 처벌
- 인간의 행동은 태도에 따라 달라짐
- 태도가 결정되면 장시간 유지됨
- 개인의 심적 태도교정보다 집단의 심적 태도교정이 더 어려움

22 안전교육 중 지식교육의 교육내용이 아닌 것은? • 4장 1절 교육의 종류

① 안전규정 숙지를 위한 교육
② 안전장치(방호장치) 관리기능에 관한 교육
③ 기능·태도교육에 필요한 기초지식 주입을 위한 교육
④ 안전의식의 향상 및 안전에 대한 책임감 주입을 위한 교육

해설

1단계 : 지식교육
- 안전의식의 향상
- 안전에 대한 책임감 주입
- 안전규정 숙지를 위한 교육
- 기능·태도교육에 필요한 기초지식 주입을 위한 교육

23 강의식 교육에 있어 일반적으로 가장 많은 시간이 소요되는 단계는? • 4장 3절 안전보건교육체계

① 도 입
② 제 시
③ 적 용
④ 확 인

해설

교육훈련 지도방법 : 도입(5분) → 제시(40분) → 적용(10분) → 확인(5분)

정답 21 ① 22 ② 23 ②

24 안전교육의 목적과 가장 거리가 먼 것은? • 3장 3절 교육의 분류

① 환경의 안전화
② 경험의 안전화
③ 인간정신의 안전화
④ 설비와 물자의 안전화

해설
안전교육 목적
- 인간정신의 안전화
- 행동의 안전화
- 환경의 안전화
- 설비와 물자의 안전화

25 스트레스에 대한 설명으로 틀린 것은? • 2장 4절 노동과 피로

① 사람이 스트레스를 받게 되면 감각기관과 신경이 예민해진다.
② 스트레스 수준이 증가할수록 수행성과는 일정하게 감소한다.
③ 스트레스는 환경의 요구가 지나쳐 개인의 능력한계를 벗어날 때 발생한다.
④ 스트레스 요인에는 소음, 진동, 열 등과 같은 환경영향뿐만 아니라 개인적인 심리적 요인들도 포함된다.

해설
스트레스
- 사람이 스트레스를 받게 되면 감각기관과 신경이 예민해짐
- 스트레스 수준이 증가할수록 수행성과는 급격하게 감소
- 스트레스는 환경의 요구가 지나쳐 개인의 능력한계를 벗어날 때 발생
- 스트레스 요인에는 소음, 진동, 열 등과 같은 환경영향뿐만 아니라 개인적인 심리적 요인들도 포함됨

26 인간의 주의력은 다양한 특성을 지니고 있는 것으로 알려져 있다. 주의력의 특성과 그에 대한 설명으로 맞는 것은? • 2장 6절 착오와 실수

① 지속성 – 인간의 주의력은 2시간 이상 지속된다.
② 변동성 – 인간의 주의 집중은 내향과 외향의 변동이 반복된다.
③ 방향성 – 인간의 주의력을 집중하는 방향은 상하 좌우에 따라 영향을 받는다.
④ 선택성 – 인간의 주의력은 한계가 있어 여러 작업에 대해 선택적으로 배분된다.

해설
주의력의 3가지 특성
- 선택성 : 인간의 주의력은 한계가 있어 여러 작업에 대해 선택적으로 배분
- 방향성 : 주의가 집중되는 방향의 자극과 정보에는 높은 주의력이 배분됨
- 변동성 : 주의력의 수준이 높아졌다가 낮아지기를 반복함(수업시간이 50분인 이유)

정답 24 ② 25 ② 26 ④

27 교육 및 훈련 방법 중 다음의 특징이 갖는 방법은?   • 3장 3절 교육의 분류

- 다른 방법에 비해 경제적이다.
- 교육 대상 집단 내 수준차로 인해 교육의 효과가 감소할 가능성이 있다.
- 상대적으로 피드백이 부족하다.

① 강의법
② 사례연구법
③ 세미나법
④ 감수성 훈련

해설

강의식 교육
- 장 점
  - 도입단계에서 가장 적합
  - 다른 방법에 비해 경제적으로 수강자 1인당 경비가 낮음
  - 짧은 시간 동안 많은 내용을 전달해야 하는 경우에 적합
  - 생각이나 원리, 법규 등을 단시간에 체계적, 이론적으로 다수에게 전달
- 단 점
  - 상대적으로 피드백이 부족함
  - 참가자 개개인에 동기부여가 어려움
  - 기능적, 태도적인 것의 교육이 어려움
  - 발언, 질문이 어렵고 참여의식이 낮음
  - 수강자의 집중도나 흥미의 정도가 낮음
  - 강사의 결론, 요청을 타인의 일로 받아들이기 쉬움
  - 교육의 주역은 강사로 수강자는 의타적, 소극적이 되기 쉬움
  - 일방 통행적, 개인 개발적, 교육내용을 철저하게 주의시키기 어려움
  - 참가자의 납득, 협조를 얻기 어렵고 목표달성 의욕도 환기시키기 어려움
  - 교육 대상 집단 내 수준차로 인해 교육의 효과가 감소될 가능성이 있음

28 생체리듬(Biorhythm)에 대한 설명으로 맞는 것은?   • 2장 4절 노동과 피로

① 각각의 리듬이 (−)에서의 최저점에 이르렀을 때를 위험일이라 한다.
② 감성적 리듬은 영문으로 S라 표시하며, 23일을 주기로 반복된다.
③ 육체적 리듬은 영문으로 P라 표시하며, 28일을 주기로 반복된다.
④ 지성적 리듬은 영문으로 I라 표시하며, 33일을 주기로 반복된다.

해설

바이오리듬
- 육체적 리듬(P) : 청색, 23일 주기
- 감정적 리듬(S) : 적색, 33일 주기
- 지성적 리듬(I) : 녹색, 28일 주기
- 위험일(Zero) : +리듬에서 −리듬, −리듬에서 +리듬으로 변화하는 점으로 한 달에 6일 정도 발생

29 어떤 과업을 성취할 수 있는 자신의 능력에 대한 스스로의 믿음을 무엇이라 하는가?

• 1장 1절 산업심리

① 자기통제(Self-Control)
② 자아존중감(Self-Esteem)
③ 자기효능감(Self-Efficacy)
④ 통제소재(Locus of Control)

해설

조직행동
• 자기감시형(Self Monitoring) : 사회에 잘 보이기 위해 자기를 관찰, 통제, 관리
• 자기존중감(Self Esteem) : 자기 품성에 대한 믿음
• 자기효능감(Self Efficacy) : 자신의 능력에 대한 믿음

30 인간본성을 파악하여 동기유발로 산업재해를 방지하기 위한 맥그리거의 X, Y이론에서 Y이론의 가정으로 틀린 것은?

• 2장 3절 동기이론

① 목적에 투신하는 것은 성취와 관련된 보상과 함수관계에 있다.
② 근로에 육체적, 정신적 노력을 쏟는 것은 놀이나 휴식만큼 자연스럽다.
③ 대부분 사람들은 조건만 적당하면 책임뿐만 아니라 그것을 추구할 능력이 있다.
④ 현대 산업사회에서 인간은 게으르고 태만하며, 수동적이고 남의 지배받기를 즐긴다.

해설

맥그리거(McGregor)의 X, Y이론
• 환경개선보다는 일의 자유화 추구 및 불필요한 통제를 없앰
• 인간의 본질에 대한 기본적인 가정을 부정론과 긍정론으로 구분
• X이론 : 인간불신감, 성악설, 물질욕구(저차원 욕구), 명령 및 통제에 의한 관리, 저개발국형
• Y이론 : 상호신뢰감, 성선설, 정신욕구(고차원 욕구), 자율관리, 선진국형

정답 29 ③ 30 ④

31 리더십에 대한 연구 방법 중 통솔력이 리더 개인의 특별한 성격과 자질에 의존한다고 설명하는 이론은?
• 2장 5절 집단관리와 리더십

① 특질접근법　　　　　② 상황접근법
③ 행동접근법　　　　　④ 제한된 특질접근법

해설
리더십의 이론 중 특성이론(Traits Theory)
• 성공적인 리더의 개인적 특질, 특성을 찾아내려는 연구
• 보통 사람들과 구별되는 지도자의 공통적 특성을 찾으려 함
• 리더는 선천적으로 타고난 용모, 성격, 자질, 지능 등과 같은 고유의 개인적 특성을 갖고 있음
• 연구자에 따라 리더십을 구성하는 특성 또는 자질을 다르게 제시
• 특성 간의 우선순위를 정할 수가 없다는 한계점

32 심리검사의 구비 요건이 아닌 것은?
• 1장 3절 직업적성과 인사관리

① 표준화　　　　　② 신뢰성
③ 규격화　　　　　④ 타당성

해설
심리검사의 구비조건
• 표준화 : 사물의 정도, 성격 따위를 알기 위한 근거나 기준
• 객관성 : 주관에 좌우되지 않고 언제 누가 보아도 인정되는 성질
• 규준(NORM) : 비교의 기준
• 신뢰성 : 누가 측정하더라도 변하지 않는 성질 즉 일관성
• 타당성 : 측정하고자 하는 것을 얼마나 잘 반영하고 있는가 하는 정확성

33 교육심리학에 있어 일반적으로 기억 과정의 순서를 나열한 것으로 맞는 것은?
• 3장 4절 교육심리학

① 파지 → 재생 → 재인 → 기명
② 파지 → 재생 → 기명 → 재인
③ 기명 → 파지 → 재생 → 재인
④ 기명 → 파지 → 재인 → 재생

해설
기억의 과정 : 기명 → 파지 → 재생 → 재인
• 기억 : 과거의 경험이 어떠한 형태로 미래의 행동에 영향을 주는 작용
• 기명 : 사물의 인상을 마음에 간직함
• 파지 : (간직) 인상이 보존되는 것
• 재생 : 보존된 인상이 다시 의식으로 떠오르는 것
• 재인 : 과거에 경험했던 것과 같은 비슷한 상태에 부딪혔을 때 떠오르는 것

31 ① 32 ③ 33 ③

34 안드라고지 모델에 기초한 학습자로서의 성인의 특징과 가장 거리가 먼 것은?

• 3장 1절 교육의 필요성과 목적

① 성인들은 타인 주도적 학습을 선호한다.
② 성인들은 과제 중심적으로 학습하고자 한다.
③ 성인들은 다양한 경험을 가지고 학습에 참여한다.
④ 성인들은 왜 배워야 하는지에 대해 알고자 하는 욕구를 가지고 있다.

해설

페다고지와 안드라고지 모델
- 페다고지
  - 어린이를 가르치는 기술 : Paida(어린이) + Agogos(지도하다, 이끌다)
  - 교사중심 교육이며 가르치는 것이 중심이 되며 교과중심적인 성향
  - 학습자의 경험은 학습자원으로의 가치가 없다고 봄
  - 교수자는 가르치는 선생님의 역할을 수행
  - 교사의 주도하에 계획, 목표설정, 평가가 이루어짐
- 안드라고지
  - 성인을 가르치는 기술 : Andros(성인) + Agogos(지도하다, 이끌다)
  - 학습자 중심 교육이며 학습자가 스스로 배우고 주도해 나가는 학습 상황, 과정을 의미 과업중심, 문제중심, 생활중심의 성향
  - 학습자의 경험이 학습자원으로서 가치가 있다고 봄
  - 교수자는 지원자와 조력자(Facilitator)의 역할을 수행
  - 학생과 교사 간 상호협동에 의해서 계획, 목표설정, 평가가 이루어짐

35 스트레스(Stress)에 영향을 주는 요인 중 환경이나 외적 요인에 해당하는 것은?

• 2장 4절 노동과 피로

① 자존심의 손상
② 현실에의 부적응
③ 도전의 좌절과 자만심의 상충
④ 직장에서의 대인관계 갈등과 대립

해설

스트레스의 자극요인
- 자존심의 손상 : 내적 요인
- 업무상의 죄책감 : 내적 요인
- 현실에서의 부적응 : 내적 요인
- 대인관계상의 갈등과 대립 : 외적 요인

36 하버드 학파의 학습지도법에 해당하지 않는 것은?
• 3장 3절 교육의 분류

① 지시(Order)
② 준비(Preparation)
③ 교시(Presentation)
④ 총괄(Generalization)

해설

하버드 학파의 5단계 교수법
- 1단계 : 준비
- 2단계 : 교시
- 3단계 : 연합
- 4단계 : 총괄
- 5단계 : 응용
- 6단계 : 평가

37 대상물에 대해 지름길을 사용하여 판단할 때 발생하는 지각의 오류가 아닌 것은?
• 1장 6절 인간의 착오

① 후광효과
② 최근효과
③ 결론효과
④ 초두효과

해설

지각의 오류
- 후광효과 : 어떤 대상에 대한 호의적 인상이 대상에 대한 평가에 긍정적으로 작용
- 최근효과 : 가장 나중에 인식한 지각대상의 첫인상이 평가에 크게 작용
- 초두효과 : 처음 제시된 정보가 나중에 제시된 정보보다 평가에 크게 작용
- 상동적 태도 : 대상이 속한 집단에 대한 지각을 바탕으로 대상을 판단
- 자성적 예언 : 개인의 기대나 믿음이 결과로 행위나 성과를 결정하게 되는 지각 오류
- 자존적 편견 : 자존적 편견은 평가자가 자신의 자존심을 위해 실패요인을 외부에서, 성공요인을 내부에서 찾으려는 경향
- 근접오류 : 근접오류는 시간·공간적으로 지각자와 멀리 있는 지각대상보다 가까이 있는 대상을 긍정적으로 평가
- 대비오류 : 지각대상을 평가할 때 다른 대상과 비교를 통해 평가
- 상관편견 : 지각자가 다수의 지각대상 간에 논리적인 상관관계가 적음에도 이를 연관시켜 지각하는 오류

38 피로의 측정법이 아닌 것은?
• 2장 4절 노동과 피로

① 생리적 방법
② 심리학적 방법
③ 물리학적 방법
④ 생화학적 방법

해설

피로측정 방법 3가지
- 생리학적 측정방법 : 근전도, 심전도, 뇌전도, 안전도, 산소소비량, 에너지소비량, 피부전기반사
- 심리학적 측정방법 : 주의력, 집중력
- 생화학적 측정방법 : 혈액, 스테로이드양, 아드레날린 배설량

39 NIOSH의 직무스트레스모형에서 각 요인의 세부 항목으로 연결이 틀린 것은?

• 2장 4절 노동과 피로

① 작업요인 – 작업속도
② 조직요인 – 교대근무
③ 환경요인 – 조명, 소음
④ 완충작용요인 – 대응능력

해설

NIOSH의 직무스트레스 모형
• 직무스트레스 요인
  – 작업요인 : 작업부하, 작업속도, 교대근무
  – 환경요인 : 조명, 소음, 진동, 고열, 한랭
  – 조직요인 : 역할갈등, 관리유형, 의사결정참여

40 조직이 리더에게 부여하는 권한으로 볼 수 없는 것은?

• 2장 5절 집단관리와 리더십

① 합법적 권한
② 강압적 권한
③ 보상적 권한
④ 전문성의 권한

해설

• 조직이 리더에게 부여하는 권한
  – 보상적 권한 : 보상자원을 행사할 수 있는 권한
  – 강압적 권한 : 부하를 처벌할 수 있는 권한
  – 합법적 권한 : 공식적인 지위에 근거하는 권한
• 지도자 자신이 자신에게 부여하는 권한
  – 위임된 권한 : 부여받은 권력에 근거하는 권한
  – 전문성의 권한 : 개인적인 전문성에 근거하는 권한, 이용 가능한 정보나 기술에 관한 정보원으로서의 역할 수행

정답 39 ② 40 ④

2018년 제1회 기출해설

2과목 산업심리 및 교육

21 맥그리거(McGregor)의 X, Y이론 중 X이론에 해당하는 것은? • 2장 3절 동기이론

① 성선설
② 상호 신뢰감
③ 고차원적 욕구
④ 명령 통제에 의한 관리

해설

맥그리거(McGregor)의 X, Y이론
- 환경개선보다는 일의 자유화 추구 및 불필요한 통제를 없앰
- 인간의 본질에 대한 기본적인 가정을 부정론과 긍정론으로 구분
- X이론 : 인간불신감, 성악설, 물질욕구(저차원 욕구), 명령 및 통제에 의한 관리, 저개발국형
- Y이론 : 상호신뢰감, 성선설, 정신욕구(고차원 욕구), 자율관리, 선진국형

22 교육훈련 평가의 4단계를 맞게 나열한 것은? • 4장 3절 안전보건교육의 체계

① 반응단계 → 학습단계 → 행동단계 → 결과단계
② 반응단계 → 행동단계 → 학습단계 → 결과단계
③ 학습단계 → 반응단계 → 행동단계 → 결과단계
④ 학습단계 → 행동단계 → 반응단계 → 결과단계

해설

교육훈련평가 4단계
- 반응단계 : 훈련을 어떻게 생각하고 있는가?
- 학습단계 : 어떠한 원칙과 사실, 기술 등을 배웠는가?
- 행동단계 : 교육훈련을 통하여 직무수행상 어떠한 행동의 변화를 가져왔는가?
- 결과단계 : 교육훈련을 통하여 비용절감, 품질개선, 안전관리, ○○증대 등에 어떠한 결과를 가져왔는가?

정답 21 ④ 22 ①

23 호손 실험(Hawthorne Experiment)의 결과 작업자의 작업능률에 영향을 미치는 주요원인으로 밝혀진 것은?
• 1장 2절 인간관계와 활동

① 인간관계
② 작업조건
③ 작업환경
④ 생산기술

해설

호손(Hawthorne)의 공장실험
• 인간관계 관리의 개선을 위한 연구로 메이요(E. Mayo) 교수가 한 호손공장의 실험
• 작업능률을 좌우하는 것은 임금, 노동시간, 조명, 등의 작업환경으로서의 물적 요건보다 종업원의 태도, 즉 심리적, 내적 양심과 감정이 중요함
• 물적 조건도 그 개선에 의하여 효과를 가져 올 수 있으나 종업원의 심리적 요소가 더욱 중요
• 물적 조건보다 인간관계 등의 심리적 조건이 작업에 더 큰 영향을 주는 것이 밝혀짐

24 인간의 오류 모형에서 착오(Mistake)의 발생원인 및 특성에 해당하는 것은? • 1장 6절 인간의 착오

① 목표와 결과의 불일치로 쉽게 발견된다.
② 주의 산만이나 주의 결핍에 의해 발생할 수 있다.
③ 상황을 잘못 해석하거나 목표에 대한 이해가 부족한 경우 발생한다.
④ 목표 해석은 제대로 하였으나 의도와 다른 행동을 하는 경우 발생한다.

해설

착오(Mistake)
• 틀린 줄 모르고 행하는 착오로 Lapse보다 더 위험
• 착오를 저지른 사람은 자신이 맞다고 생각하기 때문에 잘못을 상기시키는 증거들이 무시
• 상황을 잘못해석, 목표를 잘못 이해하는 정보처리과정에서 발생
• 착오의 메커니즘(Mechanism)
 – 위치의 착오
 – 패턴의 착오
 – 형(形)의 착오
 – 순서의 착오
 – 잘못 기억

• 규칙기반착오(RBM, Rule Based Mistake)
 – 처음부터 잘못된 규칙을 기억
 – 정확한 규칙이라 해도 상황에 맞지 않게 잘못 적용
 – 예를 들면 한국에서의 자동차 우측통행을 일본에서 적용하여 사고를 내는 경우
• 지식기반착오(KBM, Knowledge Based Mistake)
 – 인간은 관련지식이 없으면 추론(Inference)이나 유추(Analogy)와 같은 고도의 지식처리과정을 수행
 – 외국에서 운전시 그 나라 교통표지의 문자를 몰라서 교통규칙을 위반하는 경우

정답 23 ① 24 ③

25 안전교육의 방법 중 전개단계에서 가장 효과적인 수업방법은? •3장 3절 교육의 분류

① 토의법　　　　　　　　② 시 범
③ 강의법　　　　　　　　④ 자율학습법

해설
안전지도 방법의 최적수업 방법
- 도입 : 강의법, 시범법
- 정리 : 자율학습법
- 전개, 정리 : 반복법, 토의법, 실연법
- 도입, 전개, 정리 : 프로그램학습법, 모의학습법, 학생상호학습법

26 부주의의 현상 중 의식의 우회에 대한 원인으로 가장 적절한 것은? •2장 6절 착오와 실수

① 특수한 질병
② 단조로운 작업
③ 작업도중의 걱정, 고뇌, 욕구불만
④ 자극이 너무 약하거나 너무 강할 때

해설
의식의 우회
- 작업도중 걱정, 고뇌, 욕구불만
- 의식이 내면으로 향하면 주의력도 내부로 향하게 되고 외부의 정보를 받아들이는 데 소홀

27 학습지도의 형태 중 토의법의 유형에 해당되지 않는 것은? •3장 3절 교육의 분류

① 포 럼　　　　　　　　② 구안법
③ 버즈 세션　　　　　　④ 패널 디스커션

해설
토의식 교육의 종류
- 문제법(Problem Method)
- 사례연구법(Case Study)
- 포럼(Forum)
- 심포지엄(Symposium)
- 패널 디스커션(Panel Discussion)
- 버즈 세션(Buzz Session)

25 ① 26 ③ 27 ② **정답**

28 이용 가능한 정보나 기술에 관한 정보원으로서의 역할을 수행하는 리더의 유형에 해당하는 것은?

• 2장 5절 집단관리와 리더십

① 집행자로서의 리더
② 전문가로서의 리더
③ 집단대표로서의 리더
④ 개개인의 책임대행자로서의 리더

해설
- 조직이 리더에게 부여하는 권한
  - 보상적 권한 : 보상자원을 행사할 수 있는 권한
  - 강압적 권한 : 부하를 처벌할 수 있는 권한
  - 합법적 권한 : 공식적인 지위에 근거하는 권한
- 지도자 자신이 자신에게 부여하는 권한
  - 위임된 권한 : 부여받은 권력에 근거하는 권한
  - 전문성의 권한 : 개인적인 전문성에 근거하는 권한, 이용 가능한 정보나 기술에 관한 정보원으로서의 역할 수행

29 학습목적의 3요소가 아닌 것은?

• 3장 1절 교육의 필요성과 목적

① 목표
② 학습성과
③ 주제
④ 학습정도

해설
학습의 목적 3요소 : 목표, 주제, 학습정도

30 산업안전보건법상 사업 내 산업안전·보건 관련 교육에 있어 건설 일용근로자의 건설업 기초안전·보건교육시간으로 맞는 것은?

• 4장 2절 안전보건교육 교육대상별 교육내용

① 1시간
② 2시간
③ 3시간
④ 4시간

해설
근로자 안전보건교육

건설업 기초안전·보건교육	건설 일용근로자	4시간 이상

정답 28 ② 29 ② 30 ④

31 안전사고와 관련하여 소질적 사고 요인이 아닌 것은? •2장 2절 재해설

① 지 능
② 작업자세
③ 성 격
④ 시각기능

해설

소질성 누발자의 공통적 성격
• 주의력 산만, 주의력 지속 불능
• 주의력 범위의 협소 및 편중
• 저지능 : 지능, 성격, 시각기능
• 불규칙, 흐리멍텅함
• 경시, 경솔성
• 정직하지 못함
• 흥분성
• 비협조성
• 도덕성의 결여
• 소심한 성격
• 감각운동의 부적합

32 안전교육방법 중 Off-JT(Off the Job Training)교육의 특징이 아닌 것은? •3장 3절 교육의 분류

① 훈련에만 전념하게 된다.
② 전문가를 강사로 활용할 수 있다.
③ 개개인에게 적절한 지도훈련이 가능하다.
④ 다수의 근로자에게 조직적 훈련이 가능하다.

해설

Off JT
• 공통된 교육목적을 가진 근로자를 일정한 장소에 집합시켜 교육
• Off JT의 특징
 - 훈련에만 전념하게 됨
 - 전문가를 강사로 활용할 수 있음
 - 특별 설비기구를 이용하는 것이 가능
 - 다수의 근로자에게 조직적 훈련이 가능
 - 각 직장의 근로자가 많은 지식이나 경험을 교류할 수 있음
 - 교육 훈련 목표에 대하여 집단적 노력이 흐트러질 수 있음

33 다른 사람의 행동 양식이나 태도를 자기에게 투입하거나 그와 반대로 다른 사람 가운데서 자기의 행동 양식이나 태도와 비슷한 것을 발견하는 것을 무엇이라 하는가? • 1장 2절 인간관계와 활동

① 모방(Imitation)
② 투사(Projection)
③ 암시(Suggestion)
④ 동일시(Identification)

해설
동일시(Identification)
• 부모나 형 등의 중요한 인물들의 태도나 행동을 따라함
• 다른 사람의 행동 양식이나 태도를 투입시키거나 다른 사람 가운데서 자기와 비슷한 점을 발견하는 것

34 시행착오설에 의한 학습법칙에 해당하지 않는 것은? • 3장 4절 교육심리학

① 효과의 법칙
② 일관성의 법칙
③ 연습의 법칙
④ 준비성의 법칙

해설
시행착오설 학습의 법칙
• 연습 또는 반복의 법칙
• 효과의 법칙
• 준비성의 법칙

35 적성검사의 종류 중 시각적 판단검사의 세부검사 내용에 해당하지 않는 것은? • 1장 3절 직업적성과 인사관리

① 회전검사
② 형태비교검사
③ 공구판단검사
④ 명칭판단검사

해설
심리(적성)검사의 종류 – 시각적 판단검사
• 형태비교검사
• 입체도 판단검사
• 언어식별검사
• 평면도판단검사
• 명칭판단검사
• 공구판단검사

정답 33 ④ 34 ② 35 ①

36 피로의 증상과 가장 거리가 먼 것은? • 2장 4절 노동과 피로

① 식욕의 증대   ② 불쾌감의 증가
③ 흥미의 상실   ④ 작업능률의 감퇴

해설
장시간 작업을 계속할 경우 증세-피로
- 작업능률의 감퇴
- 착오의 증가
- 주의력 감소
- 흥미의 상실
- 권태 등의 심리적 불쾌감 발생

37 직업 적성검사에 대한 설명으로 틀린 것은? • 1장 3절 직업적성과 인사관리

① 적성검사는 작업행동을 예언하는 것을 목적으로도 사용한다.
② 직업 적성검사는 직무 수행에 필요한 잠재적인 특수능력을 측정하는 도구이다.
③ 직업 적성검사를 이용하여 훈련 및 승진대상자를 평가하는 데 사용할 수 있다.
④ 직업 적성은 단기적 집중 직업훈련을 통해서 개발이 가능하므로 신중하게 사용해야 한다.

해설
적성검사의 특징
- 적성검사는 작업행동을 예언하는 것을 목적으로도 사용
- 직업 적성검사는 직무 수행에 필요한 잠재적인 특수능력을 측정하는 도구
- 직업 적성검사를 이용하여 훈련 및 승진대상자를 평가하는 데 사용할 수 있음
- 직업 적성은 장기적 집중 직업훈련을 통해서 개발이 가능하므로 신중하게 사용해야 함

38 인간의 행동은 내적요인과 외적요인이 있다. 지각선택에 영향을 미치는 외적요인이 아닌 것은?
• 1장 5절 인간의 행동성향과 행동과학

① 대비(Contrast)   ② 재현(Repetition)
③ 강조(Intensity)   ④ 개성(Personality)

해설
인간의 행동
- 인간동작의 외적조건
  - 동적조건 : 대상물의 동적 성질
  - 정적조건 : 높이, 크기, 깊이, 폭
  - 환경조건 : 기온, 습도, 조명, 소음 등
- 인간동작의 내적조건
  - 경력
  - 개인차 : 적성, 성격, 개성
  - 생리적 조건(피로도, 긴장 등)

정답 36 ① 37 ④ 38 ④

39 헤드십의 특성에 관한 설명 중 맞는 것은?   • 2장 5절 집단관리와 리더십

① 민주적 리더십을 발휘하기 쉽다.
② 책임귀속이 상사와 부하 모두에게 있다.
③ 권한 근거가 공식적인 법과 규정에 의한 것이다.
④ 구성원의 동의를 통하여 발휘하는 리더십이다.

해설
헤드십의 특징
• 권한 근거는 공식적
• 지휘 형태는 권위주의적
• 상사와 부하와의 관계는 종속적
• 상사와 부하와의 사회적 간격이 넓음

40 집단안전교육과 개별안전교육 및 안전교육을 위한 카운슬링 등 3가지 안전교육 방법 중 개별안전교육방법에 해당되는 것이 아닌 것은?   • 3장 3절 교육의 분류

① 일을 통한 안전교육
② 상급자에 의한 안전교육
③ 문답방식에 의한 안전교육
④ 안전기능 교육의 추가지도

해설
개별안전교육방법과 집단안전교육방법
• 개별안전교육방법
 – 일을 통한 안전교육
 – 상급자에 의한 안전교육
 – 안전기능 교육의 추가지도
• 집단안전교육방법
 문답방식에 의한 안전교육

정답 39 ③ 40 ③

2017년 제4회 기출해설

21 생체리듬과 피로에 관한 설명 중 틀린 것은?
• 2장 4절 노동과 피로

① 생체상의 변화는 하루 중에 일정한 시간간격을 두고 교환된다.
② 인간의 생체리듬은 낮에는 체온, 혈압, 맥박수 등이 상승하고 밤에는 저하된다.
③ 생체리듬에서 중요한 점은 낮에는 신체활동이 유리하며, 밤에는 휴식이 더욱 효율적이라는 것이다.
④ 몸이 흥분한 상태일 때는 부교감신경이 우세하고 수면을 취하거나 휴식을 할 때는 교감신경이 우세하다.

해설
생체리듬
- 생체상의 변화는 하루 중에 일정한 시간간격을 두고 교환됨
- 인간의 생체리듬은 낮에는 체온, 혈압, 맥박수 등이 상승하고 밤에는 저하
- 인간의 생체리듬은 낮에는 신체활동이 유리하고 밤에는 휴식이 더욱 효율적임
- 몸이 흥분한 상태일 때는 교감신경이 우세하고 수면을 취하거나 휴식을 할 때는 부교감신경이 우세함

22 맥그리거(Douglas McGregor)의 X, Y이론에서 Y이론에 관한 설명으로 틀린 것은?
• 2장 3절 동기이론

① 인간은 서로 신뢰하는 관계를 가지고 있다.
② 인간은 문제해결에 많은 상상력과 재능이 있다.
③ 인간은 스스로의 일을 책임하에 자주적으로 행한다.
④ 인간은 원래부터 강제 통제하고 방향을 제시할 때 적절한 노력을 한다.

해설
맥그리거(McGregor)의 X, Y이론
- 환경개선보다는 일의 자유화 추구 및 불필요한 통제를 없앰
- 인간의 본질에 대한 기본적인 가정을 부정론과 긍정론으로 구분
- X이론 : 인간불신감, 성악설, 물질욕구(저차원 욕구), 명령 및 통제에 의한 관리, 저개발국형
- Y이론 : 상호신뢰감, 성선설, 정신욕구(고차원 욕구), 자율관리, 선진국형

정답 21 ④ 22 ④

23 다음 설명에 해당하는 안전교육방법은? • 3장 3절 교육의 분류

> ATP라고도 하며, 당초 일부 회사의 톱매니지먼트(Top Mangement)에 대하여만 행하여졌으나, 그 후 널리 보급되었으며, 정책의 수립, 조직, 통제 및 운영 등의 교육내용을 다룬다.

① TWI(Training Within Industry)
② CCS(Civil Communication Section)
③ MTP(Management Training Program)
④ ATT(American Telephone&Telegram Co.)

해설

CCS(Civil Communication Section)
- 주로 강의법에 토의법이 가미된 것
- 매주 4일, 4시간씩으로 8주간(합계 128 시간)에 걸쳐 실시
- ATP(Administration Training Program)라고도 하며, 당초 일부 회사의 톱매니지먼트에 대해서만 행해졌음
- 정책의 수립, 조직, 통제, 운영 등의 교육내용을 다룸

24 참가자 앞에서 소수의 전문가들이 과제에 관한 견해를 발표하고 토론한 뒤 참가자 전원이 참가하여 사회자의 사회에 따라 토의하는 방법은? • 3장 3절 교육의 분류

① 포 럼
② 심포지엄
③ 패널 디스커션
④ 버즈 세션

해설

패널 디스커션(Panel Discussion)
참가자 앞에서 소수의 전문가들이 과제에 관한 견해를 발표하고 토론한 뒤 참가자 전원이 참가하여 사회자의 사회에 따라 토의

25 시간 연구를 통해서 근로자들에게 차별성과급제를 적용하면 효율적이라고 주장한 과학적 관리법의 창시자는? • 2장 5절 집단관리와 리더십

① 게젤(A.L.Gesell)
② 테일러(F.Taylor)
③ 웨슬리(D.Wechsler)
④ 샤인(Edgar H. Schein)

해설

고전적 관리이론
- 테일러 : 과학적 관리법을 통해 시간 연구를 통해서 근로자들에게 차별성과급제를 적용하면 효율적이라고 주장
- 패욜 : 경영규모가 클수록 기술기능보다 관리기능의 확대를 주장
- 어윅 : 과학적 관리이론을 패욜 및 기타 고전적 조직 및 관리이론에 통합하려고 노력
- 베버 : 분업, 명확한 계층, 세부규칙, 규제를 갖는 관료조직을 주장

정답 23 ② 24 ③ 25 ②

26 상황성 누발자의 재해유발원인으로 가장 적절한 것은? • 2장 2절 재해설

① 소심한 성격
② 주의력의 산만
③ 기계 설비의 결함
④ 침착성 및 도덕성의 결여

해설
상황성 누발자
• 작업에 어려움이 많은 자
• 기계 설비의 결함
• 심신에 근심이 있는 자
• 환경상 주의력 집중이 어려운 자

27 직무동기이론 중 기대이론에서 성과를 나타냈을 때 보상이 있을 것이라는 수단성을 높이려면 유의해야 할 점이 있는데, 이에 해당하지 않는 것은? • 2장 3절 동기이론

① 보상의 약속을 철저히 지킨다.
② 신뢰할만한 성과의 측정방법을 사용한다.
③ 보상에 대한 객관적인 기준을 사전에 명확히 제시한다.
④ 직무수행을 위한 충분한 정보와 자원을 공급받는다.

해설
Vroom의 기대이론
• 개인의 동기부여 정도가 행동양식을 결정(기대감, 수단성, 유의성)
• 기대감(Expectancy) : 열심히 일하면 높은 성과를 올릴 것이라고 생각하는 정도
• 유의성(Valence) : 직무결과에 대해 개인이 느끼는 가치
• 수단성(Instrumentality) : 직무수행의 결과로써 보상이 주어질 것이라고 믿는 정도
• 수단성을 높이는 방법
  - 보상의 약속을 철저히 지킴
  - 신뢰할만한 성과의 측정방법을 사용
  - 보상에 대한 객관적인 기준을 사전에 명확히 제시

28 지도자(Leader)의 권한 중 지도자 자신에 의해 생성되는 권한은? • 2장 5절 집단관리와 리더십

① 보상적 권한
② 합법적 권한
③ 강압적 권한
④ 전문성의 권한

해설
• 조직이 리더에게 부여하는 권한
  - 보상적 권한 : 보상자원을 행사할 수 있는 권한
  - 강압적 권한 : 부하를 처벌할 수 있는 권한
  - 합법적 권한 : 공식적인 지위에 근거하는 권한
• 지도자 자신이 자신에게 부여하는 권한
  - 위임된 권한 : 부여받은 권력에 근거하는 권한
  - 전문성의 권한 : 개인적인 전문성에 근거하는 권한, 이용 가능한 정보나 기술에 관한 정보원으로서의 역할 수행

29 안전보건교육을 향상시키기 위한 학습지도의 원리에 해당하지 않는 것은?

• 3장 1절 교육의필요성과 목적

① 통합의 원리
② 동기유발의 원리
③ 개별화의 원리
④ 자기활동의 원리

해설

학습지도의 5원리
- 자발성의 원리 : 내적 동기가 유발된 교육
- 개별화의 원리 : 학습자의 요구와 능력에 맞는 교육
- 사회화의 원리 : 공동학습을 통한 서로 협력적이고 우호적인 교육
- 통합의 원리 : 의도적인 학습과 비의도적인 학습을 총체적으로 배움
- 직관의 원리 : 사유 작용을 거치지 아니하고 구체적인 사물을 직접 제시, 경험하여 파악

30 교육훈련 지도방법의 4단계 순서로 맞는 것은?

• 4장 3절 안전보건교육체계

① 도입 → 제시 → 적용 → 확인
② 제시 → 도입 → 적용 → 확인
③ 적용 → 제시 → 도입 → 확인
④ 도입 → 적용 → 확인 → 제시

해설

교육훈련 지도방법 : 도입(5분) → 제시(40분) → 적용(10분) → 확인(5분)

31 새로운 자료나 교재를 제시하고 문제점을 피교육자로 하여금 제기하게 하거나 그것에 관한 피교육자의 의견을 여러 가지 방법으로 발표하게 하고, 청중과 토론자 간에 활발한 의견 개진과 충돌로 바람직한 합의를 도출해내는 교육 실시방법은?

• 3장 3절 교육의 분류

① 포럼(Forum)
② 심포지엄(Symposium)
③ 패널 디스커션(Panel Discussion)
④ 자유 토의법(Free Discussion Method)

해설

포럼(Forum)
- 새로운 자료나 교재를 제시하고 문제점을 피교육자로 하여금 제기하게 함
- 그것에 관한 피교육자의 의견을 여러 가지 방법으로 발표하게 함
- 청중과 토론자 간에 활발한 의견 개진과 충돌로 바람직한 합의를 도출해내는 교육 실시방법

정답 29 ② 30 ① 31 ①

32 조직에 있어 구성원들의 역할에 대한 기대와 행동은 항상 일치하지는 않는다. 역할기대와 실제 역할행동 간에 차이가 생기면 역할갈등이 발생하는데, 역할갈등의 원인으로 가장 거리가 먼 것은?

• 3장 4절 교육심리학

① 역할마찰
② 역할민첩성
③ 역할부적합
④ 역할모호성

해설

적응과 역할(Super, D, E의 역할이론)
- 역할연기
  - 자아 탐색인 동시에 자아실현의 수단
  - 관찰능력 및 감수성이 향상
  - 자기의 태도에 반성과 창조성이 생김
  - 의견 발표에 자신이 생기고 고착력이 풍부해짐
- 역할기대
  자기 자신의 역할을 기대하고 감수하는 자는 자기 직업에 충실하다고 봄
- 역할조성
  여러 가지 역할이 발생시 그 중 어떤 역할에는 불응 또는 거부감을 나타내거나 또 다른 역할에는 적응하여 실현하기 위해 일을 구할 때 발생
- 역할갈등
  - 작업 중 서로 상반된 역할이 기대될 경우에 발생
  - 역할 갈등의 원인 : 역할마찰, 역할부적합, 역할모호성

33 허츠버그(Herzberg)의 2요인 이론 중 동기요인(Motivator)에 해당하지 않는 것은?

• 2장 3절 동기이론

① 성 취
② 작업 조건
③ 인 정
④ 작업 자체

해설

허즈버그(Herzberg)의 동기·위생이론
- 위생요인(유지욕구) : 개인적 불만족으로 방지해주지만 동기부여가 안 됨
- 동기요인(만족욕구) : 개인으로 하여금 열심히 일하게 하고, 성과도 높여주는 요인
- 동기부여방법
  - 새롭고 힘든 과정을 부여
  - 불필요한 통제를 없앰
  - 자연스러운 단위의 도급작업을 부여할 수 있도록 일을 조정
  - 자기과업을 위한 책임감 증대
  - 정기보고서를 통한 직접적인 정보제공
  - 특정작업을 할 기회를 부여

위생요인(직무환경)	동기요인(직무내용)
• 회사정책과 관리	• 성취감
• 개인상호 간의 관계	• 안정감
• 임금, 보수, 작업조건	• 성장과 발전
• 지위, 안전	• 도전감, 일 그 자체

34 OJT(On the Job Training)의 장점이 아닌 것은?

•3장 3절 교육의 분류

① 직장의 실정에 맞게 실제적 훈련이 가능하다.
② 대상자의 개인별 능력에 따라 훈련의 진도를 조정하기가 쉽다.
③ 교육훈련 대상자가 교육훈련에만 몰두할 수 있어 학습효과가 높다.
④ 교육을 통한 훈련효과에 의해 상호신뢰, 이해도가 높아진다.

해설

OJT의 장점
• 개개인에게 적절한 지도훈련이 가능
• 직장의 실정에 맞게 실제적 훈련이 가능
• 즉시 업무와 연결되는 장점이 있음
• 훈련에 필요한 업무의 계속성이 끊어지지 않음
• 효과가 곧 업무에 나타나며 훈련의 좋고 나쁨에 따라 개선이 쉬움
• 훈련효과를 보고 상호신뢰, 이해도가 높아지는 것이 가능

35 교육 전용 시설 또는 그 밖에 교육을 실시하기에 적합한 시설에서 실시하는 교육 방법은?

•3장 1절 교육의 필요성과 목적

① 집합교육
② 통신교육
③ 현장교육
④ on-line 교육

해설

교 육
• 자연적 상태를 이상적 상태로 이끌어가는 작용
• 교육의 종류 : 집합교육, OJT(On the Job Training), 자기계발(SD, Self Development)
• 집합교육 : 교육 전용 시설 또는 그 밖에 교육을 실시하기에 적합

정답 34 ③ 35 ①

36 인간의 심리 중에는 안전수단이 생략되어 불안전 행위를 나타내는 경우가 있다. 안전수단이 생략되는 경우가 아닌 것은?
• 2장 1절 작업환경 및 동작특성

① 작업규율이 엄할 때
② 의식과잉이 있을 때
③ 주변의 영향이 있을 때
④ 피로하거나 과로했을 때

해설
안전사고의 요인
• 감각운동 기능
 - 시 각
 - 청각 : 연락적 역할
 - 피부감각 : 정보적 역할
 - 심부감각 : 조절적 역할
• 지 각
 물적 작업조건 자체가 아니라 물적 작업조건에 대한 지각이 능률에 영향을 끼침
• 안전수단을 생략
 - 의식과잉
 - 주변영향
 - 피로 및 과로

37 인간이 환경을 지각(Perception)할 때 가장 먼저 일어나는 요인은? • 2장 1절 작업환경 및 동작특성

① 해 석
② 기 대
③ 선 택
④ 조직화

해설
지 각
• 물적 작업조건 자체가 아니라 물적 작업조건에 대한 지각이 능률에 영향을 끼침
• 지각의 과정 : 감지 → 선택 → 조직화 → 해석 → 의사결정 → 실행

38 부주의에 의한 사고방지대책 중 정신적 대책과 가장 거리가 먼 것은? • 2장 6절 착오와 실수

① 적성 배치
② 주의력 집중훈련
③ 표준작업의 습관화
④ 스트레스 해소 대책

해설
정신적 측면에 대한 대책
• 주의력의 집중훈련
• 스트레스의 해소
• 안전의식의 고취
• 작업의욕의 고취

39 Skinner의 학습이론은 강화이론이라고 한다. 강화에 대한 설명으로 틀린 것은?

• 2장 3절 동기이론

① 처벌은 더 강한 처벌에 의해서만 그 효과가 지속되는 부작용이 있다.
② 부분강화에 의하면 학습은 서서히 진행되지만, 빠른 속도로 학습효과가 사라진다.
③ 부적강화란 반응 후 처벌이나 비난 등의 해로운 자극이 주어져서 반응발생률이 감소하는 것이다.
④ 정적강화란 반응 후 음식이나 칭찬 등의 이로운 자극을 주었을 때 반응발생률이 높아지는 것이다.

해설

연속강화와 부분강화
- 연속강화
  - 행동이 있을 때마다 강화를 주는 것으로 처음 학습할 때 효과적임
  - 반응률은 높지만 강화가 중지되면 급속한 소거가 나타남
- 부분강화
  - 행동이 있을 때마다 강화를 주지 않고 줄 때도 있고 안줄 때도 있는 것
  - 일단 바람직한 행동이 형성된 후에 효과적임
  - 부분강화(간헐강화)는 연속강화에 비해 행동을 지속시키는 데 효과적임

40 착오의 원인에 있어 인지과정의 착오에 속하는 것은?

• 2장 6절 인간의 착오

① 합리화의 부족
② 환경조건 불비
③ 작업자의 기능 미숙
④ 생리적·심리적 능력의 부족

해설

인지과정 착오의 요인
- 생리·심리적 능력의 한계
- 정보량 저장의 한계
- 감각차단현상
- 정서불안정

정답 39 ② 40 ④

우리가 해야 할 일은 끊임없이 호기심을 갖고
새로운 생각을 시험해보고 새로운 인상을 받는 것이다.

– 월터 페이터 –

PART 3

인간공학 및 시스템안전공학

CHAPTER 01 안전과 인간공학

CHAPTER 02 정보입력 표시

CHAPTER 03 인간계측 및 작업공간

CHAPTER 04 작업환경관리

CHAPTER 05 시스템 위험분석

CHAPTER 06 결함수 분석

CHAPTER 07 위험성평가

CHAPTER 08 각종 설비의 유지관리

성공한 사람은 대개 지난번 성취한 것 보다 다소 높게, 그러나 과하지 않게
다음 목표를 세운다. 이렇게 꾸준히 자신의 포부를 키워간다.

- 커트 르윈 -

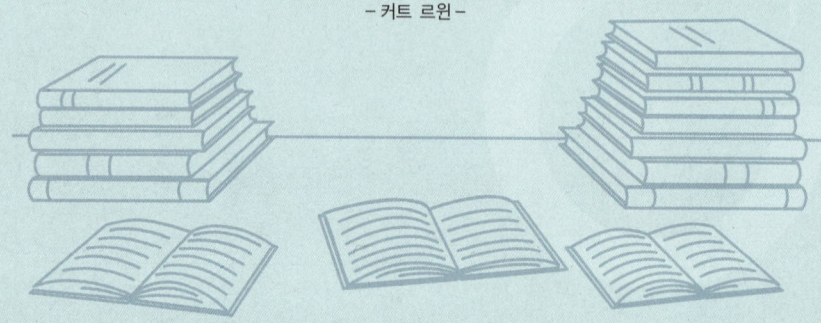

  **끝까지 책임진다! 시대에듀!**

QR코드를 통해 도서 출간 이후 발견된 오류나 개정법령, 변경된 시험 정보, 최신기출문제, 도서 업데이트 자료 등이 있는지 확인해 보세요! **시대에듀 합격 스마트 앱**을 통해서도 알려 드리고 있으니 구글 플레이나 앱 스토어에서 다운받아 사용하세요. 또한, 파본 도서인 경우에는 구입하신 곳에서 교환해 드립니다.

CHAPTER 01 안전과 인간공학

3과목 인간공학 및 시스템안전공학

01 인간공학의 정의

(1) 인간공학의 개념
① 정 의 기출 17년 4회, 21년 4회
   ㉠ 차페니스(Chapanis)
      기계와 그 조작, 작업환경을 인간의 특성 및 능력과 한계에 잘 조화되도록 설계하기 위한 수단을 연구하는 학문
   ㉡ 칼 크뢰머(Karl Kroemer)
      다양한 학문 분야에서 얻어진 과학적인 원리와 방법, 데이터를 이용하여 인간에게 최적화된 공학 시스템 개발에 적용하는 학문
   ㉢ 매코믹(E. J. McCormick)
      사람이 기계나 물건을 사용하는 기술 체계로 작업과 작업환경을 사람의 정신적, 신체적 능력에 적용시키는 것을 목적으로 하는 과학
   ㉣ 유럽 인간공학회(The Ergonomics Society, Europe)
      사람, 하는 일, 사용하는 물건, 환경을 사람에게 적합하도록 맞추는 것
   ㉤ 미국 직업안전위생관리국(OSHA ; Occupational Safety and Health Administration)
      사람에게 적합하도록 일을 맞춰가는 과학
   ㉥ 김 훈
      공학, 의학, 인지과학, 생리학, 인체측정학, 심리학 등 다양한 학문 분야에서 얻어진 데이터와 과학적인 원리와 방법을 이용하여 사람에게 효율적이면서도 편리하게 일을 할 수 있는 시스템을 개발하는 학문

(2) 인간공학의 연구목적
① 인간공학의 목적
   ㉠ 품위 있는 노동으로 인간의 가치 향상
   ㉡ 기계조작의 능률성과 생산성 향상
   ㉢ 안전성 향상
② 인간공학의 가치 및 효과 기출 20년 3회, 22년 1회
   ㉠ 성능의 향상
   ㉡ 훈련비용의 절감
   ㉢ 인력이용률의 향상

② 사고 및 오용에 의한 손실 감소
　　⑩ 생산 및 정비유지의 경제성 증대
　　⑪ 사용자의 수용도 향상, 노사 간 신뢰 상승
③ **인간공학의 적용분야 및 기대효과** 기출 18년 2회
　　㉠ 작업환경개선
　　㉡ 장비 및 공구설계
　　㉢ 작업공간의 설계
　　㉣ MMI(Man-Machine Interface)설계
　　㉤ 재해 및 질병예방
　　㉥ 제품설계
④ 인간공학의 연구방법
　　㉠ 묘사적 연구(Descriptive Research)
　　　• 연구대상의 환경이나 특성을 묘사하는 연구
　　　• 특정한 주제나 이슈에 대한 특성을 확인하거나 정보를 얻는 목적으로 진행
　　㉡ 실험적 연구(Experimental Research)
　　　실증적인 자료를 통하여 연구의 객관성을 최대한 확보하여 변인 간의 관계를 밝히는 연구
　　㉢ 평가적 연구(Evaluation Research)
　　　실제의 제품이나 시스템이 추구하는 특성과 수준이 달성하였는지를 평가하는 연구
⑤ 인간기준의 종류
　　㉠ 인간의 성능척도
　　㉡ 주관적 반응
　　㉢ 생리학적 지표
　　㉣ 사고 및 과오의 빈도
⑥ 인간기준의 평가기준
　　㉠ 빈도 척도
　　㉡ 강도 척도
　　㉢ 잠복시간 척도
　　㉣ 지속시간 척도
　　㉤ 인간의 신뢰도
⑦ 인간공학의 연구기준 중 체계묘사기준
　　㉠ 체계의 수명
　　㉡ 신뢰도
　　㉢ 정비도
　　㉣ 가용도
　　㉤ 운용비
　　㉥ 운용 용이도
　　㉦ 소요인력

⑧ 인간공학의 연구기준 기출 20년 1회, 20년 4회
  ㉠ 적절성 : 기준이 의도된 목적에 적합한가
  ㉡ 무오염성 : 측정하고자 하는 변수가 아닌 다른 외적 변수들에 의해 영향을 받지 않았는가
  기출 22년 1회
  ㉢ 신뢰성 : 비슷한 환경에서 반복할 경우 일정한 결과가 나오는가
  ㉣ 민감도 : 피검자 사이에서 볼수 있는 예상 차이점에 비례하는 단위로 측정하였는가
⑨ 인간공학의 현장연구와 실험실연구의 차이점 기출 23년 복원

현장연구	실험실연구
• 현실성이 있어 일반화가 가능 • 실험단위가 크고 주변환경의 영향을 받기 쉬움 • 시간이 많이 소요되며, 많은 실험을 할 수 없음 • 피실험자의 자연스러운 반응을 기대할 수 없음 • 실험조건을 균일하게 조정할 수 있음 • 실험에 관련된 인자수가 많음 • 실험조건의 조절과 안전확보가 어려워 실험조건과 절차 등의 관리에 각별히 주의	• 현실성과 일반성이 떨어짐 • 변수의 통제 용이 • 실험이 용이하고 반복횟수를 늘릴 수 있음 • 연구의 한계점으로 인해 현실에서의 적용 가능성에 대한 선행적 검토 필요

(3) 인간전달함수
  ① 인간의 정신운동의 반응은 비선형적임
  ② 인간의 조작성능을 수학적 전달함수로 표현함에 제약이 있음
  ③ 개입변수
    ㉠ 감각과정   ㉡ 인식과정
    ㉢ 중재과정   ㉣ 정신운동통제
  ④ 인간전달함수의 결점 기출 19년 2회
    ㉠ 입력의 협소성   ㉡ 시점적 제약성
    ㉢ 불충분한 직무 묘사

02 인간-기계체계

(1) 인간과 기계의 기본기능
  ① 감 지
    ㉠ 인간 : 시각, 촉각, 청각 등 감각기관 이용
    ㉡ 기계 : 전자, 사진 등 감지장치
  ② 정보보관
    ㉠ 인간 : 기억
    ㉡ 기계 : 기록, 자료표
  ③ 정보처리, 의사결정
    ㉠ 인간 : 귀납적 처리, 관찰
    ㉡ 기계 : 연역적 처리

④ 행동기능
   ㉠ 인간 : 의사결정 결과로 조작
   ㉡ 기계 : 통신 및 조정장치 등
⑤ **정보처리 과정** 기출 17년 4회
   ㉠ 정보처리단계
     정보입력 → 감지 → 정보처리 및 의사결정 → 행동 → 정보출력
   ㉡ 코딩(Coding)
     원래의 신호 정보를 새로운 형태로 변화시켜 표시하는 것
   ㉢ <u>좋은 코딩시스템의 요건</u> 기출 17년 4회, 23년 복원, 24년 복원
     • 코드의 검출성
     • 코드의 식별성
     • 코드의 표준화
     • 코드의 양립성
   ㉣ 시각적 암호화(Coding) 설계 시 고려사항
     • 사용될 정보의 종류
     • 수행될 과제의 성격과 수행조건
     • 코딩의 중복 또는 결합에 대한 필요성
⑥ 인간공학적 시스템 설계 단계
   ㉠ 1단계 : 시스템의 목표와 성능명세결정
     • 시스템의 목표와 명세가 명백하게 정의되어야 함
     • 사용자의 요구를 정의하고 이해하는 것이 핵심
   ㉡ 2단계 : 시스템의 정의
     • 시스템의 목표와 성능명세가 정해지면 시스템의 실질적인 기반을 수립할 수 있음
     • 실질적인 기반은 시스템이 수행해야 할 기능임
   ㉢ <u>3단계 : 기본설계</u> 기출 20년 4회, 21년 2회
     • 시스템이 형태를 갖추기 시작하는 단계
     • S/W에 대한 기능할당, 직무분석, 작업설계
   ㉣ 4단계 : Interface설계
     • 설계자는 MMI에 초점을 두어 설계
     • 최적의 입력과 출력장치를 선택, 인터페이스언어를 개발함
   ㉤ 5단계 : 보조물 혹은 편의수단 설계
     • 인간성능을 도울 수 있는 보조물 계획
     • 작업을 수행하는 사람과 연관된 보조물에 관한 정밀한 분석
   ㉥ 6단계 : 평가
     • 시스템의 개발과 평가는 분리될 수 없음
     • 개발은 반드시 평가를 통해 더 나은 개발을 가능케 하고 시스템을 개선시킬 수 있음

(2) 인간과 기계의 통합시스템 기출 17년 4회, 19년 4회, 21년 4회, 23년 복원

수동시스템	기계시스템	자동시스템
• 수공구나 보조물을 통한 기계조작 • 자신의 힘을 동력원으로 사용 • 작업을 통제하는 인간 사용자와 결합	• 반자동체계라고도 하며, 동력장치를 통한 기능 수행 • 동력은 기계가 전달, 운전자는 기능을 조정, 통제 하는 시스템 • 동력기계화시스템과 고도로 통합된 부품들로 구성 • 표시장치로부터 정보를 얻어 조종장치를 통해 기계를 통제	• 기계가 의사결정을 하고, 인간은 감시 및 장비기능만 유지 • 기계가 감지, 정보철, 의사결정, 행동을 포함한 모든 임무를 수행 • 센서를 통한 기계의 자동작동시스템으로 프로그램이 필수

① MMS(Man Machine System) 기출 19년 1회
 ㉠ 인간과 기계가 특정한 목적을 수행하기 위하여 결합된 집합체
 ㉡ 인간과 기계에 각각의 역할과 기능이 주어짐
 ㉢ 공통의 목표를 이루기 위하여 인간과 기계의 의사소통이 존재하는 집합체
 ㉣ 인간과 기계 사이의 유기적인 정보흐름이 중요함
 ㉤ 안전의 극대화 및 생산능률의 향상에 힘써야 함
② MMI(Man Machine Interface)
 ㉠ 인간과 기계의 접합면
 ㉡ 인간과 기계 사이에 정보전달과 조정이 실질적으로 행해지는 접합면
 ㉢ MMI의 3가지 설계요소
  • 기계 특성
  • 인간 특성
  • 사용환경 특성
③ MMI의 설계요소(신체, 인지, 감성)
 ㉠ 신체적 인터페이스
  신체적 특성 정보 : 연령에 따른 전화기 버튼의 크기
 ㉡ 유저 인터페이스
  행동에 관한 특성정보 : 전화기 재발신 버튼
 ㉢ 감성적 인터페이스
  감성특성에 관한 정보 : 참신한 디자인
④ MMI 시스템의 설계원칙
 ㉠ 양립성의 원칙
  • 재코드화 과정이 빨라짐
  • 학습능력이 빨라짐
  • 오류가 적어짐
  • 심리적 작업부하가 감소

⑤ **부품배치의 원칙** 기출 21년 1회

중요도 → 사용빈도 → 사용순서 → 일관성 → 양립성 → 기능성

㉠ 중요성의 원칙

시스템 목적을 달성하는 데 상대적으로 더 중요한 요소들은 사용하기 편리한 지점에 위치

㉡ 사용빈도의 원칙

빈번하게 사용되는 요소들은 가장 사용하기 편리한 곳에 배치

㉢ 사용순서의 원칙

연속해서 사용하여야 하는 구성요소들은 서로 옆에 놓여야 하고, 조작순서를 반영하여 배열

㉣ 일관성 원칙

동일한 구성요소들은 기억이나 찾는 것을 줄이기 위하여 같은 지점에 위치

㉤ 양립성 원칙

서로 근접하여 위치, 조종장치와 표시장들의 관계를 쉽게 알아볼 수 있도록 배열 형태를 반영

㉥ **기능성 원칙** 기출 22년 1회

비슷한 기능을 갖는 구성요소들끼리 한데 모아서 서로 가까운 곳에 위치시킴, 색상으로 구분

⑥ 인체특성 적합의 원칙

인간의 신체특성을 고려(청각, 시각, 촉각적 특성)

⑦ 인간의 기계적 성능 부합의 원칙

인간에게 적합한 기계장치 설계(인간의 심리, 생리, 능력, 한계에 대한 Data 확보)

(3) 인간과 기계의 기능비교 기출 18년 2회, 18년 4회, 20년 1·2회 통합, 20년 3회, 21년 1회

인간의 장점	인간의 단점
• 오감의 작은 자극도 감지가능 • 각각으로 변화하는 자극 패턴을 인지 • 예기치 못한 자극을 탐지 • 기억에서 적절한 정보를 꺼냄 • 결정 시에 여러 가지 경험을 꺼내 맞춤 • 귀납적으로 추리, 관찰을 통한 일반화 • 원리를 여러 문제해결에 응용 • 주관적인 평가를 함 • 아주 새로운 해결책을 생각 • 조작이 다른 방식에도 몸으로 순응	• 어떤 한정된 범위 내에서만 자극을 감지 • 드물게 일어나는 현상을 감지할 수 없음 • 수 계산을 하는 데 한계 • 신속 고도의 신뢰로 대량의 정보를 꺼낼 수 없음 • 운전작업을 정확히 일정한 힘으로 할 수 없음 • 반복 작업을 확실하게 할 수 없음 • 자극에 신속 일관된 반응을 할 수 없음 • 장시간 연속해서 작업을 수행할 수 없음

기계의 장점	기계의 단점
• 인간의 감각범위를 넘어서는 구역도 감지 가능 • 드물게 일어나는 현상을 감지 가능 • 신속하면서 대량의 정보를 기억할 수 있음 • 신속정확하게 정보를 꺼냄 • 특정 프로그램에 대해서 수량적 정보를 처리 • 입력신호에 신속하고 일관된 반응 • 연역적인 추리 • 반복 동작을 확실히 함 • 명령대로 작동 • 동시에 여러 가지 활동을 함 • 물리량을 셈하거나 측정이 가능	• 미리 정해놓은 활동만 할 수 있음 • 학습을 한다든가 행동을 바꿀 수 없음 • 추리를 하거나 주관적인 평가를 할 수 없음 • 즉석에서 적응할 수 없음 • 기계에 적합한 부호화된 정보만 처리

(4) 양립성(Compatibility)

① 개요 `기출` 21년 4회
  ㉠ 인간의 기대와 일치하는 특성
  ㉡ 자극들 간의, 반응들 간의 혹은 자극-반응 간의 관계가(공간, 운동, 개념) 인간의 기대에 일치하는 정도
  ㉢ 직관적 인터페이스에서 직관이라는 개념과 유사함
  ㉣ 인간의 기대가 자극들, 반응들, 혹은 자극-반응 등과 모순되지 않는 관계
  ㉤ 시스템설계의 주목표 : 시스템을 인간의 예상과 양립시키는 것
  ㉥ 정보의 변환, 재코드화(Recoding)
  ㉦ 양립성이 클수록 재코드화 과정이 적어짐 → 학습이 빨라짐, 오류가 적어짐, 심리적 작업부하 감소

② 인간-기계설계의 4원칙
  ㉠ 양립성의 원칙 : 공간적, 개념적, 운동적, 양식적 `기출` 18년 1회, 18년 4회, 22년 1회
  ㉡ 배열의 원칙 : 중요성 → 사용빈도 → 사용순서 → 일관성 → 양립성 → 기능별 배치
  ㉢ 인체특성에 적합 : 청각, 시각, 촉각 등 인체의 특성을 고려
  ㉣ 인간의 기계적 성능에 부합 : 인간에게 적합한 기계장치를 설계

③ 공간적 양립성(Spatial) `기출` 18년 2회
  ㉠ 물리적 형태나 공간적 배치가 사용자의 기대와 일치하도록 함
  ㉡ 조정장치가 왼쪽에 있으면 왼쪽에 장치를 배치

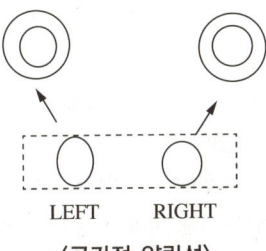

〈공간적 양립성〉

④ 개념적 양립성(Conceptual)
  ㉠ 인간이 가지고 있는 개념적 연상에 관한 기대와 일치
  ㉡ 빨간색-온수, 파란색-냉수

빨간색 – HOT   파란색 – COLD
〈개념적 양립성〉

⑤ 운동적 양립성(Movement)
  ㉠ 조작장치의 방향과 표시장치의 움직이는 방향이 일치
  ㉡ 조작장치를 시계방향으로 돌리면 표시장치도 우측으로 이동

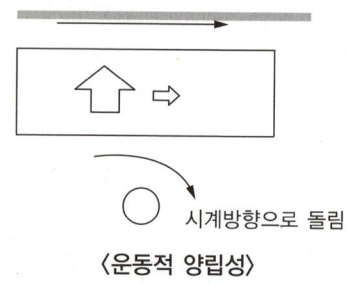

〈운동적 양립성〉

⑥ 양식적 양립성(Modality) [기출] 20년 3회
  ㉠ 과업에 따라 맞는 자극-응답양식이 존재함
  ㉡ 음성과업에서 청각제시와 음성응답이 좋음
  ㉢ 공간과업에서 시각제시와 수동응답이 좋음

03 체계설비와 인간요소

(1) 기계설비의 신뢰성
  ① 신뢰도의 평가지수
    ㉠ 신뢰도(Reliability) : 의도하는 기간에, 정해진 기능을 수행할 확률(고장나지 않을 확률)
    ㉡ 가용도(Availability) : 시스템이 어떤 기간 중에 성능을 발휘하고 있을 확률(MTTF ÷ MTBF)
    ㉢ 정비도(Maintainability) : 고장난 시스템이 일정한 시간 내에 수리될 확률
    ㉣ 고장률(Failure Rate) : 단위시간 내에 고장을 일으킬 수 있는 확률(단위시간당 빈도)
    ㉤ 고장밀도함수(Failure Densisty Function) : 단위 시간당 어떤 비율로 고장이 발생하는 체계의 비율
    ㉥ 가속수명시험(Accelerated Life Test) : 사용조건을 정상사용조건보다 강화하여 적용함으로써 고장발생시간을 단축하고, 검사비용의 절감효과를 얻고자 하는 수명시험 [기출] 19년 4회
  ② 평균고장간격(MTBF), 평균수명(MTTF), 평균수명(MTTR)

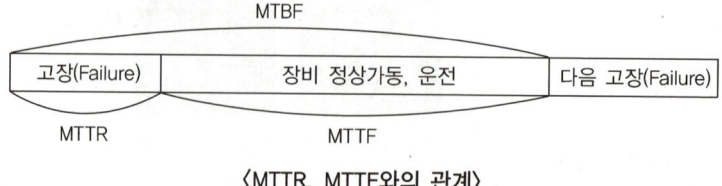

〈MTTR, MTTF와의 관계〉

  ㉠ 평균고장간격(MTBF ; Mean Time Between Failure) [기출] 18년 1회, 18년 2회, 19년 1회, 19년 4회, 23년 복원
    • MTBF = 총동작 시간 ÷ 고장횟수 = $\dfrac{1}{\lambda}$

- 평균고장간격(MTBF) = 평균수리시간(MTTR) + 평균수명(MTTF)
- 가용도(Availability) = 평균수명(MTTF) ÷ 평균고장간격(MTBF) = MTBF ÷ (MTBF + MTTR)

ⓒ 평균수명(MTTF ; Mean Time To Failure)
- 총동작시간 ÷ 기간중 총고장건수
- 직렬계 시스템의 수명 = MTTF ÷ n = 1 ÷ λ
- 병렬계 시스템의 수명 = MTTF(1 + 1 ÷ 2 + 1 ÷ 3 + ⋯ + 1 ÷ n)
- λ : 고장률 = 기간중 총고장건수 ÷ 총동작시간, n : 직렬 또는 병렬계의 요소
- 신뢰도함수 : R(t) = e − λt
- 불신뢰도 함수 : F(t) = 1 − R(t) = 1 − e − λt

ⓒ 평균수리시간(MTTR ; Mean Time To Repair)
총수리시간 ÷ 수리횟수

③ **수명분포**
ⓐ 푸아송분포(Poisson Distribution) : 단위시간, 단위공간에서 발생한 사건의 분포로 설비의 고장과 같이 발생확률이 낮은 사건의 특정시간 또는 구간에서의 발생횟수를 측정하는 데 가장 적합
ⓑ 와이블분포(Weibull Distribution) : 사건발생률이 시간에 따라 변화하는 지수분포로 고장률이 노후 등으로 시간에 따라 커지는 경우에 사용
ⓒ 지수분포(Exponential Distribution) : 한 사건에서 그 다음 사건까지의 시간, 거리에 대한 분포로 시간당 고장률이 일정하다고 보며, 가장 널리 사용

(2) 기계설비 고장유형

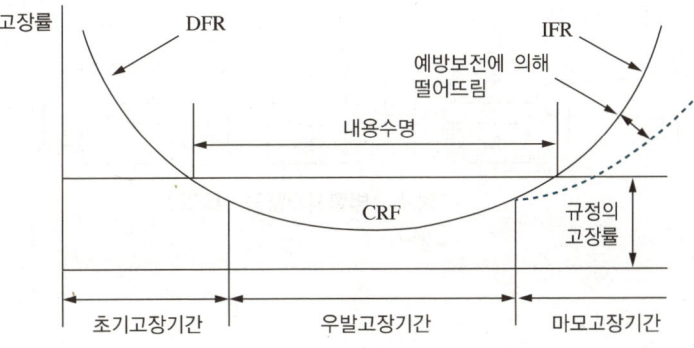

〈욕조 곡선(Bathe-tub Curve)〉

① **초기고장(Initial Failure)**
ⓐ 고장률이 높은 상태에서 출발하여 점차 감소하는 형태로 변화
ⓑ 설계, 제작, 조립상의 결함, 사용환경과 부적합 등에 의해서 발생
ⓒ Debugging 기간, Burn in 기간, DFR(Decreasing Failure Rate)이라고도 함
- Debugging : 초기고장을 줄이기 위해 사용 전 사용개시 후 초기에 동작시켜 결함을 검출·제거하여 바로 잡는 것
- Burn in : 장기간 모의상태 하에 많은 구성품을 동작시켜 무사히 통과한 구성품만을 장치의 조립에 사용하는 것

② 우발고장(Random Failure) 기출 21년 2회, 24년 복원
  ㉠ 초기고장과 마모고장기간 사이에서 우발적으로 발생하는 고장
  ㉡ 시간 의존성이 없고, 언제 다음 고장이 일어날지 예측할 수 없음
③ 마모고장(Wear-out Failure)
  ㉠ 구성부품 등의 피로, 마모, 노화 현상 등에 의해서 시간의 경과와 함께 고장률이 커지는 증가형 고장
  ㉡ 사전검사 또는 감시에 의해서 예지할 수 있음

(3) 직렬시스템의 신뢰도 기출 17년 4회, 18년 2회, 19년 2회, 19년 4회, 20년 1·2회 통합, 20년 3회, 23년 복원, 24년 복원
① $R = a \times b \times c$
② 예제 : R_1, R_2, R_3는 모두 0.9일 때 다음 시스템의 신뢰도는
  $R = 1 - (1 - 0.9 \times 0.9 \times 0.9) \times (1 - 0.9 \times 0.9 \times 0.9) = 0.93$

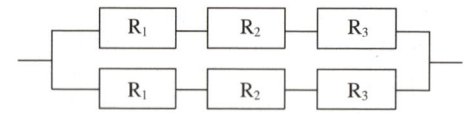

〈예제 : 직렬시스템의 신뢰도〉

(4) 병렬시스템의 신뢰도 기출 18년 1회, 18년 2회, 19년 1회 19년 4회, 20년 1·2회 통합, 20년 3회, 21년 4회, 22년 1회, 23년 복원, 24년 복원
① $R = 1 - (1 - a)(1 - b)$
② 예제 : R_1, R_2, R_3는 모두 0.9일 때 다음 시스템의 신뢰도는
  $R = 1 - (1 - a)(1 - b) = [1 - (1 - 0.9)(1 - 0.9)] \times [1 - (1 - 0.9)(1 - 0.9)] \times [1 - (1 - 0.9)(1 - 0.9)] = 0.97$

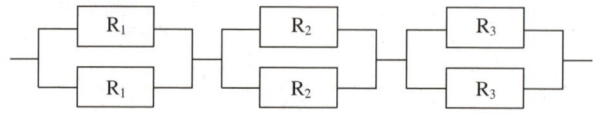

〈예제 : 병렬시스템의 신뢰도〉

(5) Fail Safe
① 개요
  ㉠ 기계나 그 부품에 고장이나 기능불량이 생겨도 항상 안전하게 작동하는 구조
  ㉡ 병렬계통이나 대기여분을 갖춰 항상 안전한 방향으로 유지되는 기능을 함
② Fail Safe의 원칙
  ㉠ Redundancy System(중복시스템 설계)
  ㉡ Standby System(대기시스템 설계)
  ㉢ Error Recovery(에러 복구)
③ Fail Safe의 기능면 3단계
  ㉠ Fail Passive : 부품이 고장나면 통상 기계는 정지하는 방향으로 이동
  ㉡ Fail Active : 부품이 고장나면 기계는 경보를 울리는 가운데 짧은 시간동안 운전가능

ⓒ Fail Operational : 부품의 고장이 있어도 기계는 추후 보수가 될 때까지 안전한 기능 유지, 병렬 계통 또는 대기여분계통으로 해결 기출 22년 1회

④ 구조적 Fail safe
  ㉠ 다경로 하중구조 : 하중을 받아주는 부재가 여러 개 있어 일부 파괴되어도 나머지 부재가 지탱
  ㉡ 분할구조 : 한 개의 큰 부재가 통상 점유하는 장소를 2개 이상의 부재를 조합시켜 하중을 분산 전달하는 구조
  ㉢ 교대구조 : 어떤 부재가 파괴되면 그 부재가 받던 하중을 다른 부재가 떠받는 구조
  ㉣ 하중경감구조 : 구조물이 일부가 파손되면 파손부의 하중이 다른 부분으로 옮겨 가게 되어 하중이 경감되므로 파괴되지 않는 구조

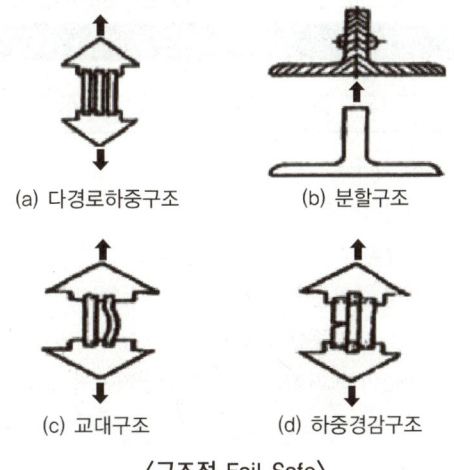

(a) 다경로하중구조   (b) 분할구조
(c) 교대구조   (d) 하중경감구조
〈구조적 Fail Safe〉

(6) Fool Proof
  ① 개 요
    ㉠ 사람의 부주의로 인한 실수를 미연에 방지
    ㉡ 이미 발생된 실수를 검출해 내어 주로 작업의 안전성을 유지
  ② Fool Proof 기본 원칙
    ㉠ 누가 하더라도 절대로 잘못되는 일이 없는 자연스러운 작업이 됨
    ㉡ 만일 잘못되어도 그것을 깨닫게만 하고 그 영향이 나타나지 않도록 함
  ③ Fool Proof 방법
    ㉠ 에러 검출 방법
      • 접촉식 방법(Contact Method)
      • 동작 횟수 비교방법(Fixed-Value Method)
      • 동작 단계 비교방법(Motion-Step Method) 등의 방법
    ㉡ 에러에 대한 반응 방법
      • 직접 조정 방법(Control Method)
      • 경고 발생 방법(Warning Method)

04 정보처리이론

(1) 신호검출이론
① 신호와 소음을 쉽게 식별할 수 없는 상황에 적용
② 일반적인 상황에서 신호 검출을 간섭하는 소음이 있음
③ 통제된 실험실에서 얻은 결과를 현장에 그대로 적용 불가
④ 어떤 불확실한 상황에서 결정을 내리는 방법
⑤ 신호의 탐지는 관찰자의 민감도와 반응편향에 달려 있음
⑥ 긍정(Hit), 허위(False Alarm), 누락(Miss), 부정(Correct Rejection)으로 구분 〔기출〕 20년 4회

구 분	신호(Signal)	소음(Noise)
신호발생(S)	Hit : P(S/S)	1종 오류(False Alarm) : P(S/N)
신호없음(N)	2종 오류(Miss) : P(N/S)	Correct Rejection : P(N/N)

⑦ 반응편향(β) (Response Bias)
  ㉠ 신호를 관측하는 관측자의 반응성향을 나타냄
  ㉡ 반응편향 = 2종오류확률 ÷ 1종오류확률 = 신호의 길이 ÷ 소음의 길이
  ㉢ $\beta<1$ 모험적 의사결정 : 기준선이 좌측으로 이동함
  ㉣ $\beta>1$ 보수적 의사결정 : 기준선이 우측으로 이동함
  ㉤ $\beta=1$ 두 정규분포 곡선이 교차하는 부분에 판별기준이 놓였을 경우 Beta값

(2) 정보처리단위 〔기출〕 18년 2회, 19년 2회
① 정보의 측정단위로 Bit(Binary Digit)를 사용
② 1bit : 동일한 실현가능성을 갖는 2개의 대안 중에서 결정에 필요한 정보량
③ 얻은 정보량 = 줄어든 불확실성
④ 정보량(H) = $\log_2 N$ = $\log_2 (1/p)$
⑤ 각 대안의 실현확률(p) = $\dfrac{1}{N}$
⑥ 실현확률이 동일하지는 않는 사건에 대한 정보량 (Hi) = $Pi \log_2 (1/pi)$ = $-Pi \log_2 (pi)$
⑦ 실현확률이 다른 일련의 사건이 가지는 평균정보량(Ha)

$$Ha = \sum_{i=1}^{N} \pi \log_2(1/p_i) = -\sum_{i=1}^{N} \pi \log_2(p_i)$$

(3) 고령자의 정보처리 과업 설계원칙
① 표시 신호를 더 크게 하거나 밝게 함
② 개념, 공간, 운동 양립성을 높은 수준으로 유지
③ 정보처리 능력에 한계가 있으므로 시분할 요구량을 줄임
④ 제어표시장치를 설계할 때 불필요한 세부내용을 줄임

CHAPTER 02 정보입력 표시

3과목 인간공학 및 시스템안전공학

01 시각적 표시장치

(1) 시각적 표시장치를 나타내는 정보의 유형

① 정량적(Quantitative) 정보 [기출] 18년 1회, 21년 4회
  ㉠ 아날로그
    • 연속적으로 변화하는 양을 나타내는 데 유리함
    • 변화방향이나 변화속도를 관찰할 필요가 있는 경우
  ㉡ 디지털
    • 정확한 값을 읽어야 하는 경우 아날로그보다 유리함
    • 택시 미터계, 전자적으로 숫자로 표시
  ㉢ 동침형(지침 이동형)
    • 눈금이 고정되고 지침이 움직이는 형
    • 바늘의 진행방향과 증감속도에 대한 인식적인 암시신호를 얻는 것이 가능
  ㉣ 동목형(지침 고정형)
    • 지침이 고정되고 눈금이 움직이는 형
    • 표시장치의 면적을 최소화할 수 있음

시각적 표시장치	청각적 표시장치
• 메시지가 길고 복잡	• 메시지가 짧고 단순한 경우
• 메시지가 공간적 참조를 다룸	• 메시지가 시간상의 사건을 다루는 경우
• 메시지를 나중에 참고할 필요가 있음	• 메시지가 일시적으로 나중에 참고할 필요가 없음
• 소음이 과도할 때	• 시(視)가 과도할 때
• 작업자의 이동이 적음	• 작업자의 이동이 많음
• 즉각적인 행동 불필요	• 즉각적인 행동이 필요
• 정보가 후에 재참조될 때 효과적	• 수신장소가 너무 밝거나 암순응이 요구될 때

② 정성적(Qualitative) 정보 [기출] 19년 2회, 19년 4회
  ㉠ 변동치의 대략적인 값
  ㉡ 온도, 압력, 속도와 같이 연속적으로 변하는 변수의 대략적인 값이나 또는 변화의 추세, 변화율 등을 알고자 할 때 주로 사용, 수치보다 형태를 중요시하는 비수치적 언어
  ㉢ 형태성 : 물품성, 시각성, 심미성과 함께 디자인의 4요소로 형상, 모양, 색체 또는 이들의 결합
  ㉣ 게슈탈트 : 인간이 형태를 지각하는 방법 및 법칙
  ㉤ 연속적으로 변하는 변수의 대략적인 상태, 변화, 추세 등을 알고자 할 때

- ⓗ 변수의 상태나 조건이 미리 정해 놓은 몇 개의 범위 중 어디에 속하는가를 판정 시
- ⓢ 구체적인 물리량을 알 필요가 없음
- ⓞ 시스템이나 부품의 상태가 정상상태인가를 판정

③ 상태 지시계(Status Indicator)
- ㉠ 교통신호등과 같이 별개의 독립된 상태를 표시
- ㉡ 정성적 계기를 다른 목적으로 사용하지 않고 상태 점검용이나 확인용으로 사용하는 경우

④ 확인 정보(Indentification)
식별정보, 어떤 정적상태, 상황을 확인

⑤ 경보, 신호 정보(Warning&Signal)
- ㉠ 점멸등, 정상등, 경보등
- ㉡ 검출성(Detectability)에 영향을 끼치는 인자
  - 크기, 휘도, 노출시간
  - 색깔 : 적색 → 녹색 → 황색 → 백색의 순서로 반응시간이 느려짐
  - 점멸속도 : 3~10회/s가 적당
  - 배경불빛

⑥ 문자, 수치 상징적 정보(Alphanumeric & Symbolic)
- ㉠ 여러 가지 시작적 상징과 표지를 이용하여 의미를 전달하고자 하는 경우에는 많은 사람들이 이해할 수 있어야 함
- ㉡ 표준화를 통해 특정 상징표지는 항상 동일한 의미를 갖도록 해야 함
- ㉢ 빨강(금지) : 표지판은 원, 원의 사선은 빨강색, 금지대상은 검정색, 바탕은 흰색
- ㉣ 노랑(경고) : 표지판은 삼각형, 경고내용과 테두리색은 검정, 바탕색은 노랑
- ㉤ 파랑(지시) : 표지판은 원, 지시내용은 흰색
- ㉥ 녹색(안내) : 표지판은 원, 원과 십자모양은 녹색, 바탕은 흰색
  - 가시성(Visibility) : 멀리서도 잘보임, 명도차가 클수록 잘보임
  - 판독성(Legibility) : 글자가 눈에 잘 띔, 산세리프체(고딕체)
  - 가독성(Readability) : 글자를 읽기 쉬움, 세리프체(명조체)

안전101 출입금지
안전206 방사선물질경고
안전304 보안면착용
안전401 안전제일

〈표지판의 종류〉

구 분	금 지	경 고	지 시	안 내
모 양	∅	△	○	□
기본색	빨 강	노 랑	파 랑	녹 색
내용색	검 정	검 정	흰 색	녹 색
바탕색	흰 색	노 랑	-	흰 색

ⓢ 기계장비의 안전색체 `기출` 23년 복원

기계장치	색 상
시동스위치	녹 색
급정지스위치	적 색
물배관	파랑색(온수는 노란색, 난방용 배관은 분홍색)
증기배관	암적색
공기배관	백 색
가스배관	황 색
오일배관	어두운 주황색
전 기	밝은 주황
산, 알칼리	회보라
대형기계	연녹색
고열발생기계	회청색

⑦ 묘사적 정보(Representation)
  ㉠ 배경에 변화되는 상황을 중첩하여 나타냄
  ㉡ 조작자의 상황파악을 향상
  ㉢ 항공기 이동표시장치, 추적 표시장치
  ㉣ 외견형(Outside-in) : 항공기 이동형, 지평선은 고정
  ㉤ 내견형(Inside-in) : 항공기고정, 지평선이 움직임
  ㉥ 보정추적표시장치(Compensatory Tracking) : 목표와 추종요소의 상대적 위치의 오차만 표시
  ㉦ 추종추적표시장치(Pursuit Tracking) : 목표와 추종요소의 이동을 모두 공통좌표계에 표시(더 우월함)
⑧ 시간과 관계된 정보(Time-based) : 모호스 부호
⑨ 시각적 부호
  ㉠ 묘사적 부호
    • 사물이나 행동을 단순하고 정확하게 묘사한 것
    • 위험표지판의 걷는 사람, 해골과 뼈 등
  ㉡ 추상적 부호
    • 전언의 기본 요소를 도시적으로 압축한 부호
    • 원개념과 약간의 유사성
  ㉢ 임의적 부호
    • 부호가 이미 고안되어 있으므로 이를 배워야 하는 부분
    • 표지판의 삼각형 : 주의표지
    • 표지판의 사각형 : 안내표지
⑩ 암호 체계의 일반적 사항 `기출` 20년 4회
  ㉠ 암호의 검출성   ㉡ 암호의 변별성
  ㉢ 부호의 양립성   ㉣ 부호의 의미
  ㉤ 암호의 표준화   ㉥ 다차원 암호의 사용
⑪ 시각적 암호의 효능 순서
  숫자 및 색 암호 > 영자와 형상 암호 > 구성 암호

02 청각적 표시장치

(1) 귀의 구조
① 외이 : 소리를 모음
② 중이
  ㉠ 고막을 경계로 분리
  ㉡ 고막 안쪽의 중이에는 중이소골이라 불리는 3개의 뼈(추골, 침골, 등골)이 서로 연결되어 있음
③ 내이
  ㉠ 달팽이관은 나선형의 관으로 림프액으로 차 있음
  ㉡ 등골이 음압의 변화에 반응하여 움직이면 액이 진동 청신경을 통해 뇌로 전달

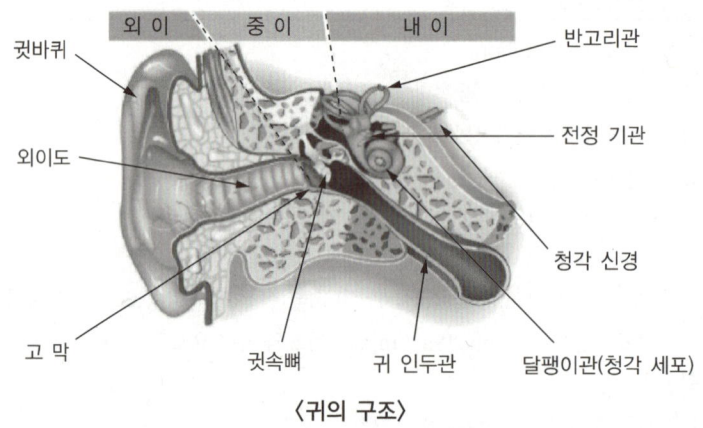

〈귀의 구조〉

(2) 청각적 표시장치를 사용하는 경우 기출 20년 1·2회 통합
① 신호원 자체가 음인 경우
② 메시지가 간단하고 짧은 경우
③ 메시지를 나중에 참고할 필요가 없는 경우
④ 경고나 메시지가 즉각적 행동을 지시하는 경우
⑤ 계속적으로 변하는 정보를 제시하는 경우
⑥ 시각적 표시장치에 과부하가 걸리는 경우
⑦ 음성통신경로가 전부 사용되고 있는 경우
⑧ 신호의 수용자가 움직이고 있는 경우
⑨ 음성으로 응답을 해야 하는 경우

(3) 청각적 신호에 대한 인간의 기능
① 검출(Detection) : 신호의 존재여부를 결정
② 상대식별(Relative Discrimination) : 2가지 이상의 신호가 인접해 있을 때 구별
③ 절대식별(Absolute Identification) : 특정신호가 단독으로 제시되었을 때 확인
④ 위치측정(Localization) : 신호의 방향을 판별

(4) 신호의 검출
① 신호가 잡음속에서 발생할 경우에는 신호검출의 역치가 상승
② 신호가 정확히 검출되기 위해서는 이 역치 이상으로 높여야 함
③ 조용한 환경에서는 절대 역치보다 40~50dB 정도만 높으면 검출이 충분
④ 신호의 진동수, 지속시간에 따라 검출성이 달라짐
⑤ 귀는 음에 대한 즉각적인 반응이 나타나지 않고 순음의 경우 느끼기 까지 0.2~0.3초, 사라지는 데 0.14초가 걸림
⑥ 이런 지연 때문에 청각신호는 최소 0.5초 지속되어야 하며 이보다 짧을 때는 강도를 증가시켜 가청성의 감소를 보상해야 함
⑦ 소음이 심한 조건에서는 신호의 강도를 소음보다 높게 설정
⑧ 귀에서의 신호의 강도는 10dB과 은폐가청 역치의 중간 정도가 적당
⑨ 신호를 멀리 보내고자 할 때에는 낮은 주파수를 사용하는 것이 바람직
⑩ 배경 소음의 주파수와 다른 주파수의 신호를 사용하는 것이 바람직
⑪ 신호가 장애물을 돌아가야 할 때에는 낮은 주파수를 사용하는 것이 바람직
⑫ 경보는 청취자에게 위급 상황에 대한 정보를 제공하는 것이 바람직

(5) 통화이해도 측정지표 『기출』 22년 1회
① **명료도 지수** : 통화이해도를 측정하는 지표로, 각 옥타브대의 음성과 잡음의 데시벨 값에 가중치를 곱하여 합계를 구하며, 음성통신계통의 명료도 지수가 약 0.3 이하이면 음성통신자료를 전송하기에는 부적당한 것으로 봄
② **통화 간섭 수준(SIL)** : 통화 이해도에 끼치는 잡음의 영향을 추정하는 지수
③ **이해도 점수(%)** : 송화 내용 중에서 알아듣고 인식한 비율
④ **소음기준곡선(NC)** : 사무실, 회의실, 공장 등에서의 통화평가방법

(6) 경계 및 경보신호의 설계지침 『기출』 18년 1회, 22년 2회
① 주의를 환기시키기 위하여 변조된 신호를 사용(초당 1~8번 나는 소리, 초당 1~3번 오르내리는 소리)
② 배경소음의 진동수와 다른 진동수의 신호를 사용
③ 귀는 중음역에 민감하므로 500~3000Hz의 진동수 사용
④ 300m 이상의 장거리용으로는 1000Hz 이하의 진동수 사용
⑤ 장애물 및 칸막이 통과 시 500Hz 이하의 진동수 사용
⑥ 경보효과를 높이기 위해 개시 시간이 짧은 고강도 신호 사용
⑦ 수화기를 사용하는 경우 좌우로 교번하는 신호를 사용
⑧ 확성기, 경적 등과 같은 별도의 통신계동을 사용

(7) 첨두삭제
① **진폭왜곡** : 신호가 비선형 회로를 통과할 때 생기는 변형
② **첨두삭제** : 진폭왜곡의 한 형태, 음파의 첨두치들을 제거하고 중간부분만을 남긴 것
③ 20dB 정도의 상당한 첨두를 삭제해도 음성이해도는 거의 영향을 받지 않음

④ 삭제된 신호를 원신호 수준으로 재증폭하면 음성의 최고수준을 증가시키지 않아도 약한 자음이 강화됨
⑤ 조용한 경우 첨두삭제된 음성은 거칠고 불쾌하게 들림
⑥ 첨두삭제 이후에 들어온 잡음이 있는 경우, 왜곡효과는 잡음에 의해 은폐되어 음성은 삭제되지 않은 것 같이 들리며, 잡음속 통화의 이해도는 오히려 증가함

(8) 비질런스(Vigilance)
① 주의하는 상태, 긴장하는 상태, 경계상태를 뜻하는 용어
② 인간의 비질런스 현상에 영향을 끼치는 조건
　㉠ 검출능력은 작업시작 후 빠른 속도로 저하(30분 후 50%로 저하)
　㉡ 발생빈도가 높은 신호일수록 검출률이 높음
　㉢ 경고를 받고 나서부터 행동에 이르기까지 시간적인 여유가 있어야 함
　㉣ 인간과 물체에 미치는 영향을 최소한도로 감소시킬 수 있어야 함

03 기타 감각적 표시장치

(1) 피부감각적 표시장치(Skin Sensation Display)
① 압력 수용(Pressure Reception), 고통(Pain), 온도 변화 반응
② 만짐(Touch), 접촉(Contact), 간지럼(Tickle), 누름(Pressure)
③ 피부감각에 민감한 순서 : 통각 > 압각 > 냉각 > 온각

(2) 촉각적 표시장치(Tactual Display) 기출 20년 1·2회 통합
① 촉각의 표시
　㉠ 기계적 진동(Mechanical Vibration) : 진동의 위치, 주파수, 세기, 지속 시간
　㉡ 전기적 자극(Electric Impulse) : 전극의 위치, 자극 속도, 지속 시간, 강도, 위상
② 표시방식 설계 시 고려사항 : 지각이 쉽도록 다이얼, 계기, 눈금을 적절하게 표시
③ 표시장치의 구분 : 정적, 동적 표시장치
④ 코드화 기출 21년 2회
　㉠ 감각 저장장소의 정보를 코드화하고 작업기억 장소로 전달해 유지하려면 사람이 이 과정에 직접 주의를 기울여야 함
　㉡ 코드화의 분류 : 작업기억의 정보는 시각(Visual), 음성(Phonetic), 의미(Semantic) 코드로 저장됨
　㉢ 코드화의 방법 : 크기를 이용한 코드화, 조종장치의 형상 코드화, 표면 촉감을 이용한 코드화가 있음
⑤ 촉각적 암호화 방법 기출 23년 복원
　㉠ 점자(형상, 위치)
　㉡ 진 동
　㉢ 온 도

※ 2점 문턱값(Two-point Threshold) : 두 지점을 눌렀을 때 느껴지는 감각이 서로 다르게 느껴지는 점 사이의 최소거리로, 손가락으로 갈수록 더 예민해짐

(3) 후각적 표시장치(Olfactory Display) 기출 20년 3회

① 후 각
- ㉠ 민감도는 자극 물질과 개인에 따라 다름
- ㉡ 후각 : 절대적 식별 능력이 가장 좋은 감각기관

② 표시장치 이용의 어려움
- ㉠ 냄새에 대한 민감도의 개인차 심함
- ㉡ 냄새의 확산을 제어할 수 없음
- ㉢ 냄새에 대한 민감도의 개별적 차이가 존재
- ㉣ 노출 후 냄새에 익숙해짐
- ㉤ 시각적 표시장치에 비해 널리 사용되지 않음

③ 제한적 사용
- ㉠ 광산 : 지하갱도의 광부들에게 긴급대피상황 시 악취를 풍김
- ㉡ 가스의 냄새 : 도시가스에 냄새나는 물질 첨가

04 휴먼에러

(1) 휴먼에러 요인

① 재해의 기본원인분석
- ㉠ Man : 에러를 일으키는 안전 요인
- ㉡ Machine : 기계설비의 결함, 고장 등의 물적 요인
- ㉢ Media : 작업정보, 방법, 환경 등의 요인
- ㉣ Management : 관리상의 요인

② 휴먼에러의 내·외적 요인 기출 20년 1·2회 통합

내적요인(심리적요인)	외적요인(물리적요인)
• 지식부족 • 의욕결여, 서두름 • 절박한 상황 • 체험적 습관 • 선입견 • 부주의 • 과대자극 • 피 로	• 단조로운 작업 • 복잡한 작업 • 지나친 생산성의 강조 • 재 촉 • 유사형상의 배열 • 양립성 불일치 • 공간적 배치 원칙의 위배

③ 인간신뢰도의 3요소
- ㉠ 주의력 : 선택성, 변동성, 방향성, 일점집중성
- ㉡ 긴장수준 : 인체 에너지 대사율, 체내 수분 손실량
- ㉢ 의식수준 : 무의식, 의식몽롱, 정상(느긋), 정상(분명), 과긴장

(2) 휴먼 에러의 분류 기출 18년 4회, 20년 3회

① Swain과 Guttman의 심리적 분류 : 개별적인 행동결과에 대한 분류 기출 19년 4회
  ㉠ 실행 에러(Commission Error) : 작업 내지 단계는 수행하였으나 잘못한 에러
      예 주차금지 구역에 주차하여 스티커가 발부된 경우 기출 18년 2회
  ㉡ 생략 에러(Omission Error) : 필요한 작업 내지 단계를 수행하지 않은 에러 기출 20년 4회
      예 자동차 하차 시 실내등을 끄지 않아 방전된 경우
  ㉢ 순서 에러(Sequential Error) : 작업수행의 순서를 잘못한 에러
      예 자동차 출발 시 사이드 브레이크를 내리지 않고 가속하는 경우
  ㉣ 시간 에러(Timing Error) : 주어진 시간 내에 동작을 수행하지 못하거나 너무 빠르게 또는 너무 느리게 수행하였을 때 생긴 에러
  ㉤ 불필요한 행동에러(Extraneous Act Error) : 해서는 안 될 불필요한 작업의 행동을 수행한 에러

  기출 21년 1회

② 심리학자 차페니스(Chapanis)에 의한 분류
  ㉠ 연락 에러
  ㉡ 작업공간 에러
  ㉢ 지시 에러
  ㉣ 시간 에러
  ㉤ 예측 에러
  ㉥ 연속응답 에러

③ 루크(L. W. Rook)의 휴먼에러의 종류
  ㉠ 인간공학적 설계에러
  ㉡ 제작에러
  ㉢ 검사에러
  ㉣ 설치, 보전 에러
  ㉤ 운전, 조작에러
  ㉥ 취급에러

(3) 인간의 행동수준

① 라스무센의 3가지 인간행동수준
  ㉠ 지식기반 행동(Knowledge Based Behavior) : 감각 → 지각 → 인지 → 추론 → 실행계획 → 행동
  ㉡ 규칙기반 행동(Rule-based Behavior) : 감각 → 지각 → 실행계획 → 행동 기출 22년 2회
  ㉢ 숙련기반 행동(Skill-based Behavior) : 감각 → 행동

규칙기반착오 (RBM, Rule Based Mistake)	• 처음부터 잘못된 규칙을 기억 • 정확한 규칙이라 해도 상황에 맞지 않게 잘못 적용. 예를 들면 한국에서의 자동차 우측 통행을 일본에서 적용하여 사고를 내는 경우
지식기반착오(KBM, Knowledge Based Mistake)	• 인간은 관련지식이 없으면 추론(Inference)이나 유추(Analogy)와 같은 고도의 지식처리과정을 수행 • 외국에서 운전시 그 나라 교통표지의 문자를 몰라서 교통규칙을 위반하는 경우

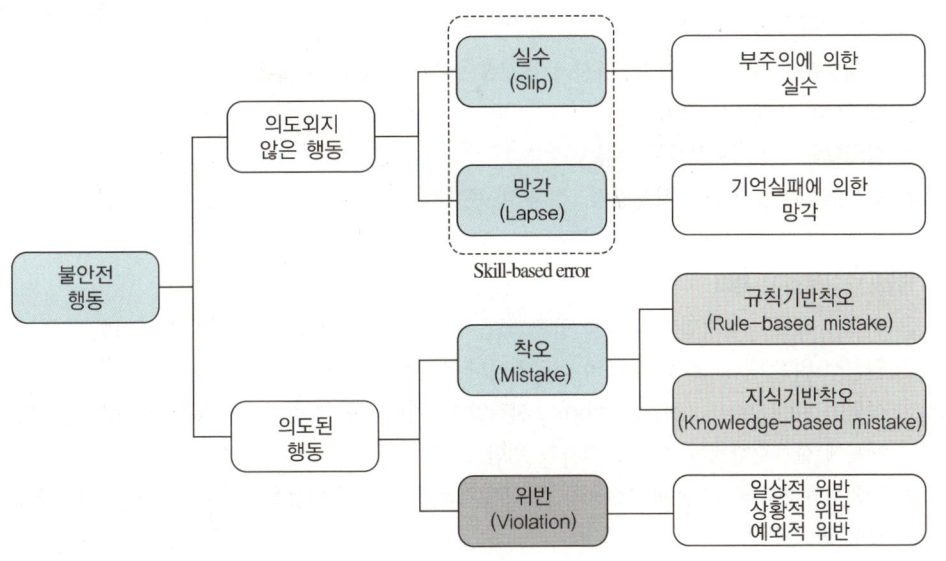

② 숙련기반의 에러 [기출] 19년 1회
  ㉠ 실수(Slip) : 행동의 실수로 자동차에서 내릴 때 마음이 급해 창문 닫는 것을 잊고 내리는 경우
  [기출] 21년 2회
  ㉡ 망각(Lapse) : 기억의 실수로 전화 통화 중에 상대의 전화번호를 기억했으나 전화를 끊은 후 기억을 잃어버림
③ 착오(Mistake) : 상황 해석을 잘못하거나, 잘못된 지식으로 목표를 잘못 설정하여 발생

(4) 휴먼에러의 형태
① 휴먼에러 확률(HEP ; Human Error Probability) : 인간 신뢰도를 표현하는 기본단위
② HEP : 주어진 작업이 수행하는 동안 발생하는 오류의 확률
③ HEP = 오류의 수 ÷ 전체 오류발생 기회의 수
④ 직무를 성공적으로 수행할 확률 = 1 − HEP

(5) 원인에 의한 분류
① Primary Error : 작업자 자신으로부터 발생한 오류
② Secondary Error : 작업조건 중에 문제가 생겨 발생한 오류
③ Command Error : 작업자가 움직이려 해도 움직일 수 없어 발생한 오류(정보, 에너지, 물건공급이 안됨)

(6) 정보처리과정의 오류
① 입력오류 : 외부정보를 받아들이는 과정에서 인간의 감각기능의 한계
② 정보처리오류 : 입력정보는 올바르나 처리과정에서 기억, 추론, 판단의 오류
③ 출력오류 : 신체적 반응에서 제대로 수행하지 못함

(7) 작업별 오류
① 설계오류 : 인간의 신체적, 정신적 특성을 충분히 고려하지 않음
② 제조오류 : 제조상 오차
③ 설치오류 : 설치과정에서 오류
④ 조작오류(운용오류) : 사용방법, 절차 미 준수

(8) 위반(Violation) 기출 19년 2회
① 위반 : 작업 수행방법과 절차를 알고 있음에도 의도적으로 따르지 않거나 무시한 경우
② 일상적 위반(Routine Violation) : 규칙이나 절차를 위반하는 것이 일상화되어 습관적으로 위반
③ 상황적 위반(Situational Violation) : 시간압박, 인력부족, 적합설비의 부재, 악천후 등 상황적 조건 때문에 불가피하게 규칙이나 절차를 위반
④ 예외적 위반(Exceptional Violation) : 문제의 해결을 위해 위험을 감수하더라도 규칙이나 절차를 무시할 필요가 없다고 판단해 위반

(9) 휴먼에러 대책 기출 18년 1회
① 인적요인 대책
  ㉠ 소집단 활동의 활성화
  ㉡ 작업에 대한 교육 및 훈련
  ㉢ 전문인력의 적재적소 배치
② 물적 요인 대책
  ㉠ 작업환경개선
  ㉡ 안전방호장치의 설치
  ㉢ 설비 및 설비의 배치개선

(10) 피츠의 법칙(Fitts Law) 기출 20년 3회, 23년 복원
① 이동시간은 이동길이가 클수록, 폭이 작을수록 오래 걸린다는 법칙
② MT(Movement Time) = $a + b\log_2\left(\dfrac{D}{W} + 1\right)$

(a, b : 경험적 상수, D : 목표물까지의 거리, W : 목표물의 폭)

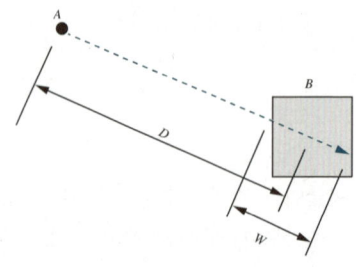

〈피츠의 법칙〉

(11) 힉스의 법칙(Hick Law)
① 선택반응시간은 자극과 반응의 수가 증가할수록 로그에 비례하여 증가한다는 법칙
② RT(Response Time) = a + b$\log_2$N
   (a, b : 경험적 상수, n : 가능한 옵션의 수)

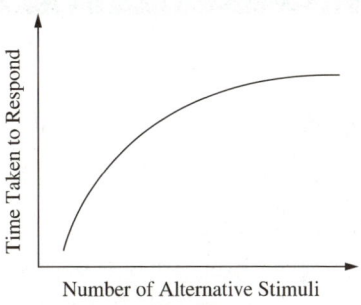

〈힉스의 법칙〉

선택지(n)	시간(T)
1	1.0
2	1.6
3	2.0
10	3.5
20	4.3
100	6.6

(12) 베버의 법칙(Weber Law)
① 베버비 = JND/기준자극크기, 인간이 감지할 수 있는 외부의 물리적 자극 변화의 최소범위는 기준자극의 크기에 비례 기출 21년 1회
② 변화감지역(ND, Just Noticeable Difference) : 자극사이의 변화 여부를 감지할 수 있는 최소의 자극범위
③ 베버비가 작을수록 분별력이 민감하며, 웨버비가 클수록 분별력이 둔감
④ 베버비가 작은 순서 : 시각 < 무게 < 청각 < 후각 < 미각

CHAPTER 03 인간계측 및 작업공간

3과목 인간공학 및 시스템안전공학

01 인간계측 및 인간의 체계제어

(1) 인체측정학(Anthropometry) 기출 20년 4회
① 신체의 치수, 부피, 질량, 무게중심 등의 물리적 특성을 다루는 학문
② 인체치수는 고정자세에서 측정하는 구조적(정적)인체치수와 활동자세에서 측정하는 기능적(동적)인체치수가 있음

(2) 인체 측정치의 응용원리(조절식 → 극단치 → 평균치)
기출 17년 4회, 19년 1회, 19년 4회, 20년 1·2회 통합, 20년 4회, 21년 1회, 24년 복원

① **조절식 설계** : 가장 먼저 고려할 개념(5~95%tile)
  예 의자
② **극단치 설계** : 극단에 속하는 사람을 대상으로 하면 모든 사람을 수용할 수 있는 경우 기출 23년 복원
  예 출입문의 높이, 통로의 폭
③ **평균치 설계** : 다른 기준이 적용되기 어려운 경우 마지막으로 적용되는 기준 기출 21년 2회
  예 계산대, 식당의 테이블, 지하철 손잡이, 은행의 접수대

(3) 인체 측정치의 적용절차
설계에 필요한 인체치수 결정 → 사용할 집단의 정의 → 적용할 인체 자료 응용원칙을 결정 → 적절한 인체측정자료의 선택 → 특수복장 착용에 대한 적절한 여유 고려 → 설계할 치수의 결정 → 모형을 제작하여 모의실험

02 신체활동의 생리학적 측정

(1) 작업의 종류에 따른 측정방법
① 신체적 작업부하 측정방법 기출 17년 4회
  ㉠ 전신작업부하(동적)
    • 산소소비량, 심박수, 주관적 평가(Borg Scale : Borg-RPE, Borg CR10)
    • 에너지 대사량, 에너지 대사율, 산소섭취량, CO_2배출량, 호흡량, 심박수, 근전도

ⓛ 국소작업부하(정적) 기출 19년 2회
　　　• 근전도(EMG) : 근육의 피로도와 활성도 검사
　　　• 동작분석
　　　• 에너지 대사량과 심박수와의 상관관계
　② 정신적 작업부하 측정방법 기출 19년 1회, 19년 4회, 21년 1회, 22년 1회
　　㉠ 주임무 척도(Primary Task Measure)
　　　• 작업부하 = 직무수행에 필요한 시간/직무수행에 쓸 수 있는 시간
　　　• 서로 다른 직무의 작업부하를 비교하기는 어려움
　　㉡ 부임무 척도(Secondary Measure)
　　　• 주임무에서 사용하지 않은 예비 용량을 부임무에서 이용하는 것
　　　• 주임무에서의 자원요구량이 클수록 부임의 자원이 적어지고 성능이 나빠짐
　　㉢ 생리적 척도(Physiological Measure) : 심박수의 변동, 뇌 전위, 동공 반응 등 정보처리에 중추신경계 활동이 관여하고 그 활동이나 징후를 측정
　　　• 뇌파도(Eeg), 점멸융합주파수(Flicker Fusion Frequency)
　　　• 혈액의 성분(화학적 척도)
　　　• 부정맥 지수
　　㉣ 주관적 척도(Subjective Measure) : NASA-TLX
　　　• 심박수, 매회 평균호흡진폭, 수장 피부저항치, 정신전류현상
　　　• 소변속의 스테로이드의 양
　　　• 노르아드레날린 배설량
　　㉤ 기 타
　　　• 압박이나 긴장 시 코티솔이 아드레날린 분비를 촉진하여 혈액성분이 변화

(2) **공간배치의 원칙** 기출 18년 4회
　① **중요성의 원칙** : 시스템 목적을 달성하는 데 상대적으로 더 중요한 요소들은 사용하기 편리한 지점에 위치
　② **사용빈도의 원칙** : 빈번하게 사용되는 요소들은 가장 사용하기 편리한 곳에 배치
　③ **사용순서의 원칙** : 연속해서 사용하여야 하는 구성요소들은 서로 옆에 놓여야 하고, 조작순서를 반영하여 배열
　④ **일관성 원칙** : 동일한 구성요소들은 기억이나 찾는 것을 줄이기 위하여 같은 지점에 위치
　⑤ **양립성 원칙** : 서로 근접하여 위치, 조종장치와 표시장치들의 관계를 쉽게 알아볼 수 있도록 배열 형태를 반영
　⑥ **기능성 원칙** : 비슷한 기능을 갖는 구성요소들 끼리 한데 모아서 서로 가까운 곳에 위치시킴, 색상으로 구분

(3) **작업공간 포락면(Work-space Envelope)의 설계** 기출 18년 2회
　① **포락면** : 사람이 작업하는 데 사용하는 공간으로 사람이 몸을 앞으로 구부리거나 구부리지 않고 도달할 수 있는 전방의 3차원 공간
　② 수평 작업면 영역에서 팔 뻗치는 동작에 의한 도달영역으로 정상작업역과 최대작업역이 있음

③ 정상작업역(Normal Area) : 상완을 자연스럽게 몸에 붙인 채로 전완을 움직일 때 도달하는 영역
④ 최대작업역(Maximum Area) : 어깨에서부터 팔을 뻗쳐 도달하는 최대영역
⑤ 일반적으로 빈번하게 취급해야 하는 물건은 정상 작업역 안에 위치해야 하고 그렇지 않은 물건들은 최대 작업역 안에 위치
⑥ 실행하는 작업의 유형에 따라 작업공간 포락면의 경계는 달라짐

(4) 작업대의 설계

① 서서 작업하는 경우 : 중량물작업, 이동이 잦은 작업, 높은 곳으로 손을 자주 뻗어야 하는 작업에 적합
  ㉠ 정밀작업 : 10~20cm 높은 곳(팔꿈치 높이보다)
  ㉡ 가벼운작업 : 10cm 낮은 곳(팔꿈치 높이보다)
  ㉢ 큰 힘을 요구하는 작업 : 10~30cm 낮은 곳(팔꿈치 높이보다)

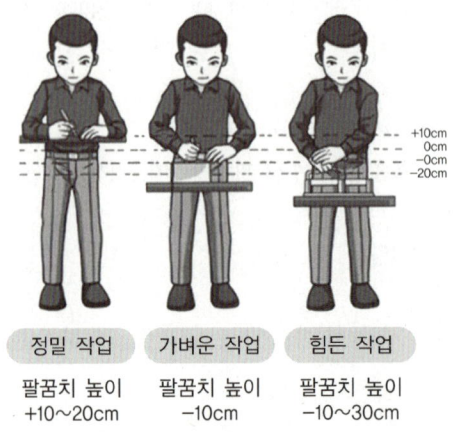

② 앉아서 작업하는 경우 : 정밀조립작업, 좌식작업에 적합
  ㉠ 정밀 작업 : 팔꿈치 높이보다 5~10cm 높은 곳
  ㉡ 가벼운 작업 : 팔꿈치 높이보다 3~5cm 낮은 곳
  ㉢ 큰 힘을 요구하는 작업 : 팔꿈치 높이보다 5~10cm 낮은 곳
③ 착석식 작업대의 높이 설계 시 고려사항 기출 19년 2회
  ㉠ 작업의 성격
  ㉡ 의자의 높이
  ㉢ 작업대 두께
  ㉣ 대퇴여유

(5) 의자의 설계 기출 20년 1·2회 통합, 24년 복원

① 체압분포
  ㉠ 사람이 의자에 앉을 때 엉덩이의 좌골융기(Ischial Tuberosity)에 일차적인 체중이 집중됨
  ㉡ 전 체중이 한 곳에 집중되면 피부에 통증을 유발
  ㉢ 엉덩이 전체에 체중이 분배되도록 함

② 콘투어 의자(Contoured Seat) : 체중의 분배를 도모할 수 있지만 움직임이 제한되어 자세의 고정이 문제가 됨
◎ 자세의 지지, 압력의 분배, 움직임의 자유 등을 동시에 감안해야 함
ⓑ 자세고정을 줄임
ⓢ 디스크가 받는 압력을 줄임
ⓞ 요추부위의 전만곡선 유지

② 의자 높이
좌판의 앞부분이 대퇴를 압박하지 않게 좌판의 높이는 오금보다 낮아야 함

③ 의자 깊이
㉠ 엉덩이에서 무릎 뒤까지 길이
㉡ 작은 사람에게 맞춤(5퍼센타일 값)

④ 의자의 너비
㉠ 엉덩이의 너비
㉡ 큰 사람을 기준으로 설계(95퍼센타일 값)

> **퍼센타일(Percentile)이란?**
> 측정한 특성치를 순서대로 나열했을 때 백분율로 나타낸 순서 수 개념으로 10퍼센타일이란 순서대로 나열했을 때 100명 중 10번째에 해당하는 수치를 의미

⑤ Sanders와 McCormick의 의자 설계원칙 [기출] 20년 3회
㉠ 요부는 똑바로 서있는 자세에서 전만자세를 취함
㉡ 조정이 용이해야 함
㉢ 등근육의 정적부하를 줄임
㉣ 디스크가 받는 압력을 줄임

03 체계기계 및 건물의 배치

(1) 기계의 배치 [기출] 18년 2회
① 공정의 흐름에 따라 불필요한 운반작업이 없도록 배치
② 작업자가 능률적으로 일할 수 있도록 충분한 공간을 두고 배치
③ 기계의 정비, 보수, 수리 작업이 용이하도록 배치
④ 안전통로를 구획하고 황색페인트로 표시
⑤ 기어, 체인, 벨트 등의 회전부는 작업자 통로에 노출되지 않도록 배치
⑥ 원재료, 부재료의 보관장소는 별도로 확보
⑦ 위험물질은 필요한 양만 작업장에 보관하고 별도의 보관장소를 확보
⑧ 압력용기, 고압설비, 고속회전체 등 위험도가 높은 설비를 배치시 작업자의 위치를 고려하여 피해를 최소화

⑨ 소음을 내는 기계의 배치는 격벽을 설치하고 천정에 크레인을 설치할 때는 기둥에 대한 강도 등을 충분히 검토
⑩ 향후 설비 증설을 고려하여 설비 배치

(2) 건물의 배치
① 공장, 사무실 창고 등의 건물들을 가장 효율적으로 배치
② 현재 필요한 공간과 향후 확장하고자 하는 공간을 고려
③ 공간요건을 고려하여 건물의 크기와 형태 이격거리를 결정
④ 제조시설과 저장시설을 안전성을 고려하여 최소이격거리를 정함
⑤ 주차장, 폐기물처리시설, 배수시설을 고려
⑥ 펜스 및 출입구, 무단침입자의 침입방지노력 감안
⑦ 변압기 시설 등의 위험장소에 근로자의 접근방지 노력
⑧ 출입구는 교통량을 고려하여 충분하게 계획
⑨ 화물차도 통과할 수 있도록 하고 모든 방향에서 시야가 확보되어야 함
⑩ 철도차량, 차량 등과 사람의 출입구가 같다면 출입구를 분리설치함
⑪ 철도차량 근처에 보행자 출입구에는 펜스를 설치
⑫ 대형 트럭이 양방향으로 다니는 도로폭은 15m 이상, 경사각은 8도 이하로 하고 배수를 위해 가운데를 불룩하게 설계
⑬ 도로는 최소 건물과 11m 이상 이격되어야 함
⑭ 위험지역에는 교통신호, 표지판 설치, 급커브에는 볼록 거울을 설치
⑮ 건설현장에는 바리케이트를 설치하고 작업중 표지판 설치, 야간도로 표지판은 야광재료를 사용
⑯ 옥외시설 사이에 보도를 설치하고 보도는 건물 사이의 최단거리로 설치

04 신체부위

(1) 관상면(Frontal Plane)
① 신체를 전후로 양분하는 면
② 신체를 전측과 후측으로 구분됨
③ 외전(Abduction) : 벌리기, 몸의 중심선으로부터 이동
④ 내전(Adduction) : 모으기, 몸의 중심선으로 이동
⑤ Z축 중심으로 회전

(2) 시상면(Sagittal Plane)
① 신체를 좌우로 양분하는 면
② 신체를 내측(Medial)과 외측(Lateral)으로 구분
③ **굴곡(Flexion) : 굽히기, 부위 간의 각도가 감소** 기출 19년 2회

④ 신전(Extension) : 펴기, 부위 간의 각도가 증가
⑤ X축 중심으로 회전

(3) 수평면(Transverse Plane)
① 신체를 상하로 양분하는 면
② 신체를 상부와 하부로 양분
③ Internal(medial) Rotation : 신체를 앞쪽으로 향하는 회전운동
④ External(lateral) Rotation : 신체를 뒤쪽으로 향하는 회전운동

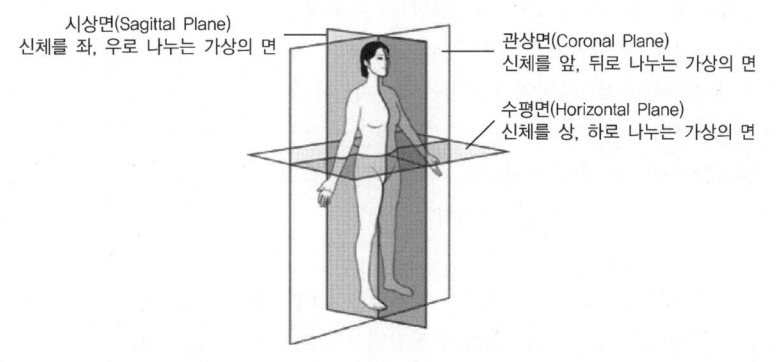

〈관상면, 시상면, 수평면〉

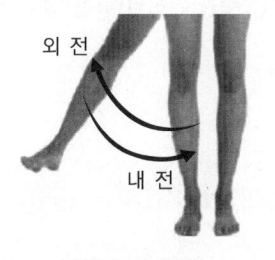 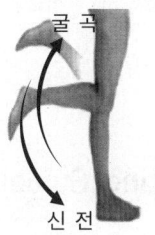 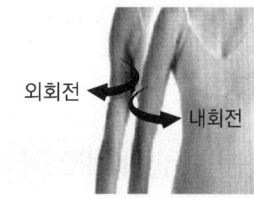

〈외전과 내전〉　　〈굴곡과 신전〉　　〈외회전과 내회전〉

(4) 인체의 기본구조
① 세포(Cell)
　㉠ 인체를 구성하고 있는 가장 기본 단위
　㉡ 인체는 100조개 가량의 세포로 구성
② 조직(Tissue)
　㉠ 유사한 기능을 가진 세포들이 모여 형성됨
　㉡ 근조직, 신경조직, 상피조직, 결합조직으로 분류됨
③ 기관(Organ) : 근조직, 신경조직, 상피조직, 결합조직의 집합체로 이들이 조화를 이루어 기능 수행
④ 기관계(Organ Sysem)
　㉠ 통합적인 기능을 수행하는 여러 개의 기관 연합
　㉡ 순환계, 호흡계, 소화계, 비뇨기계, 근골격계, 면역계, 신경계, 내분비계, 피부계 등

⑤ 뼈의 구조와 기능 [기출] 20년 1·2회 통합
  ㉠ 장기 등 주요기관 보호
  ㉡ 조혈작용을 통해 혈액세포 생산
  ㉢ 인과 칼슘을 저장했다가 필요할 때 공급
  ㉣ 인체를 지지하여 자세 유지하는 지주역할
  ㉤ 지렛대 작용으로 인체의 운동을 가능하게 함

⑥ 관 절
  ㉠ 부동관절(움직임이 불가능한 관절)
    • 섬유관절 : 움직임이 전혀 불가능한 관절(두개골)
    • 연골관절 : 뼈 사이에 연골이 끼어있는 구조, 움직임이 제한적인 관절(척추)
  ㉡ 가동관절(윤활관절, 움직임이 자유스러운 관절)
    • 윤활관절의 구조로 되어 있음
    • 관절강에서 윤활액이 분비되어 뼈의 마찰을 감소
    • 경첩관절 : 팔꿈치, 무릎, 손가락
    • 평면관절 : 손목, 손허리 관절
    • 차축관절(중쇠관절) : 팔꿈치에서 아래팔을 회외와 회내를 할 때 요골(노뼈)과 척골(자뼈)이 만나는 근위부의 접점부위, 다리의 정강뼈와 종아리뼈의 접점부위
    • 타원관절 : 아래팔 요골(노뼈)과 손목뼈 사이의 손목관절, 손가락의 중수지절 관절
    • 안장관절 : 손목뼈인 대능형골과 엄지손가락의 제1중수골(손허리뼈)이 접합하는 관절
    • 절구관절 : 어깨관절, 엉덩이관절

05 인력운반과 NIOSH Lifting Guideline

(1) 인력운반작업

① 개 요 [기출] 21년 4회
  ㉠ 인력 운반은 융통성이 있어 편리하지만 수량이 많고 연속 작업이 되면 피로와 방심에 의한 사고가 많이 발생
  ㉡ 사람의 척추는 몸을 똑바로 세우기 위해서 만들어졌으며, 물건을 들어올리는 데 적합하지 않음
  ㉢ 들어 올릴 때 충격을 받게 되면 부하가 본래의 짐 무게의 두배 이상으로 증가할 수 있으며, 짐무게가 적을 때에도 허리에 부담을 줄 수 있음
  ㉣ 부하를 받는 척추는 단지 지지요소 또는 버팀 요소로서만 쓰일 뿐 등을 구부린 상태로 들어올릴 때처럼 지렛대 요소나 굽힘 요소의 저항력이 약함
  ㉤ NIOSH 지침에서 최대허용한계(MPL)는 활동한계(AL, Action Limit)의 3배임

② 들기규칙
　㉠ 등을 반듯이 편 상태에서만 물건을 들어 올리고 내림
　㉡ 필요한 경우 운반작업은 대퇴부 및 둔부 근육에만 부하를 주는 상태에서 무릎을 쪼그려 수행
　㉢ 물건을 올리고 내릴 때 움직이는 높이의 차이를 피함
　㉣ 몸은 대칭적으로 부하가 걸리게 하고 짐을 몸에 가까이 붙여 듬
　㉤ 가능하면 벨트, 운반대, 운반멜대 등과 같은 보조구를 사용
　㉥ 짐을 나를 때는 몸을 받듯이 폄
③ 공동작업 시 고려사항
　㉠ 물건을 들어 올리고 내릴 때 행동을 동시에 행함
　㉡ 모든 사람에게 균등한 부하가 걸리게 함
　㉢ 긴 짐은 같은 쪽의 어깨에 올려서 운반
　㉣ 최소한 한손으로는 짐을 받침
　㉤ 명령과 지시는 한 사람만이 내림
　㉥ 3명 이상일 때는 한 동작으로 발을 맞춤
　㉦ 짐을 안전하게 수용하며, 굳게 붙잡음
④ 운반보조구
　㉠ 경량 운반 보조구
　　• 손자석
　　• 수동 사이펀
　　• 운반집게(크램프)
　　• 운반벨트
　㉡ 중량운반 보조구
　　• 아이언 바(Iron Bar)
　　• 엣지 아이언(Edge Iron)
　　• 로울러 아이언 바(Roller Iron Bar)
　　• 로울러
　　• 로울러 바퀴
　　• 운반장치
⑤ 인력운반기준
　㉠ 중량에 따른 추급기준
　　• 중량기준은 개인의 체중, 성별(남여), 연령에 따라 달라짐
　　• 일반적으로 체중의 40% 이내가 적정기준
　　• 보통 연령적으로 20~35세를 100으로 보았을 때 35~40세는 95%, 40세는 88%, 50대 이후는 85%를 적용

〈요통예방기준〉

구분	내용	기준
취급중량	한계	단독작업은 30kg 이하
		장시간 작업 시에는 체중의 40% 한도 내
동작	자세	물건을 몸 가까이 하고 자세를 낮춤
		어깨 위에 올려 운반
		무리한 자세로 장시간 취급하지 않도록 함
시간	작업량	1일 1인 1,500kg 이내(30kg × 500개)
		실취급시간은 2.5시간 이내(30초 × 500개)
		연속작업은 20분 이내
		운반거리는 2km 이내

⑥ 취급 운반의 3조건
  ㉠ 운반거리를 단축시킬 것
  ㉡ 운반을 기계화 할 것
  ㉢ 손이 닿지 않는 운반 방식으로 할 것
⑦ 취급 운반의 5원칙
  ㉠ 직선 운반을 할 것
  ㉡ 연속 운반을 할 것
  ㉢ 운반 작업을 집중화 시킬 것
  ㉣ 생산을 최고로 하는 운반을 생각할 것
  ㉤ 최대한 시간과 경비를 절약할 수 있는 운반 방법을 고려할 것
⑧ 기계화해야 될 인력 작업의 표준
  ㉠ 3~4인 정도가 상당한 시간 계속해서 작업해야 되는 운반 작업일 경우
  ㉡ 발밑에서부터 머리 위까지 들어 올려야하는 작업일 경우
  ㉢ 발밑에서부터 어깨까지 25kg 이상의 물건을 들어 올려야 되는 작업일 경우
  ㉣ 발밑에서부터 허리까지 50kg 이상의 물건을 들어 올려야 되는 작업일 경우
  ㉤ 발밑에서부터 무릎까지 75kg 이상의 물건을 들어 올려야 되는 작업일 경우
⑨ 인력 운반
  ㉠ 하중 기준
    보통 체중의 40% 정도의 운반물을 60~80m/min의 속도로 운반하는 것이 바람직
  ㉡ 안전 하중 기준
    • 일반적으로 성인 남자의 경우 25kg 정도
    • 성인 여자의 경우에는 20kg 정도가 무리한 힘이 들지 않는 안전 하중
  ㉢ 인력 운반 작업 시 안전수칙
    • 물건을 들어 올릴 때에는 팔과 무릎을 사용하며 척추는 곧은 자세로 함
    • 무거운 물건은 공동 작업으로 실시하고 보조기구를 이용
    • 길이가 긴 물건은 앞쪽을 높여 운반
    • 하물에 될 수 있는 대로 접근하여 중심을 낮게 함

- 어깨보다 높이 들어 올리지 않음
- 무리한 자세를 장시간 지속하지 않음
ㄹ) 중량물 취급 운반
- 소형중량물 : 총 무게 50톤 미만
- 중형중량물 : 총 무게 50~150톤 미만
- 대형중량물 : 총 무게 150톤 이상

(2) NIOSH Lifting Guideline

① 개 요
  ㄱ) 미국산업안전보건원(NIOSH ; National Institute of Occupational Safety&Health)에서 개발한 들기 지수
  ㄴ) 권장무게한계(RWL ; Recommended Weight Limit)를 구하고 실제 들려고 하는 중량물의 무게를 RWL로 나누어 1보다 낮도록 관리
  ㄷ) RWL의 각 계수들은 0~1 사이의 값들로 각 계수가 모두 1일 때 들기에 최적의 조건이 됨

② Recommended Weight Limit(권장무게한계)
  ㄱ) RWL(Recommended Weight Limit) = 23kg × HM × VM × DM × AM × FM × CM
  ㄴ) 6가지 계수들이 작으면 들기에 불편하므로 들 수 있는 권장무게 한계가 줄어듦
  ㄷ) 계수들이 클수록 들기 편함을 나타냄
  ㄹ) RWL이 클수록 좋음

③ 사용하는 6가지 계수 기출 18년 1회, 20년 3회
  ㄱ) HM : Horizontal Multiplier(수평계수) HM = 25/H
  ㄴ) VM : Vertical Multiplier(수직계수) VM = 1 − 0.003[V − 75]
  ㄷ) DM : 거리계수(Distance Multiplier) DM = 0.82 + 4.5/D
  ㄹ) AM : 비대칭성계수(Asymmetric Multiplier) AM = 1 − 0.0032A
  ㅁ) FM : 빈도계수(Frequency Multiplier)
  ㅂ) CM : 결합계수(Coupling Multiplier)

CHAPTER 04 작업환경관리

3과목 인간공학 및 시스템안전공학

01 작업조건과 환경조건

(1) 인체의 열교환
  ① 대사(Metabolism)
    ㉠ 열 생산이라는 신체 내의 생화학적 과정
    ㉡ 인체는 대사활동의 결과로 열을 발생
      • 휴식 : 1kcal/h.kg
      • 앉아서 하는 활동 : 2kcal/h.kg
      • 보통의 신체활동 : 5kcal/h.kg
    ㉢ 기초대사(Basic Metabolism)
      • 생명유지를 위한 열 생산
      • 무의식적
    ㉣ 근육대사(Muscle Metabolism)
      • 근육에 의해 생산되는 열
      • 의식적
  ② 대류, 복사, 증발
    ㉠ 대류 : 고온의 액체나 기체가 이동하면서 일어나는 열전달
    ㉡ 복사 : 광속으로 공간을 퍼져나가는 전자기파 에너지
    ㉢ 증발 : 인체의 정상체온 37℃에서 물 1g을 증발시키는데 필요한 에너지는 2.4kJ/g, 열손실률은 증발시간(t)당 증발에너지(Q)로 표현
  ③ 열손실
    ㉠ 인체 내의 근육조직에서 생산된 열은 피부표면으로 운반되며 대류, 복사, 증발, 전도에 의하여 주위로 방출
    ㉡ 전도에 의한 열손실이 없는 경우 인체의 열손실
      • 복사(Radiation) : 45%
      • 대류(Convection) : 30%
      • 증발(Evaporation) : 25%
    ㉢ 열평형 : S = Met(대사) − W(일) ± Cnd(전도) ± Cnv(대류) ± Rad(복사) − Evp(증발) = 0
      • 열평형 : S = 0
      • 열이득 : S > 0
      • 열손실 : S < 0

(2) 건습지수(Oxford 지수) 기출 17년 4회, 18년 4회
① 습건(WD)지수라고도 하며 습구, 건구 온도의 가중 평균치로서 나타냄
② WD = 0.85W(습구온도) + 0.15D(건구온도)

(3) 온열지수(Heat Stress Indices)
① 한국은 미국 ACGIH의 습구흑구온도지수(WBGT; Wet Bulb Globe Temperature Index)를 온열지수로 채택하고 있음
② WBGT는 기온, 기습, 기류, 복사열을 모두 고려하여 만든 것으로 계산이 간편, 합리적
③ 태양광선이 있는 옥외 작업장 : WBGT = 0.7NWB+0.2GT+0.1DB
④ 태양광선이 없는 옥내 작업장 : WBGT = 0.7NWB+0.3GT
⑤ WBGT : 건구, 습구, 흑구 온도지수
⑥ NWB : 자연습구온도(Natural Wet-Bulb Temperature)
⑦ DB : 건구온도(Dry Bulb Temperature)
⑧ GT : 흑구온도(Globe Temperature)

(4) 체감온도(Effective Temperature)
① 온도, 습도, 공기유동이 인체에 미치는 열효과를 하나의 수치로 통합한 것
② 상대습도 100%일 때의 건구온도에서 느끼는 것과 동일한 온감
③ 체감온도에 영향을 주는 요인 : 온도, 습도, 기류
④ 사무작업의 허용한계 : 60~64°F
⑤ 경작업의 허용한계 : 55~60°F
⑥ 중작업의 허용한계 : 50~55°F
⑦ 보온율(clo단위) : 보온효과는 clo단위로 측정
⑧ 열교환에 영향을 주는 4요소 : 온도, 습도, 복사온도, 대류

(5) 불쾌지수
① 기온과 습도에 의하여 체감온도의 개략적 단위로 사용
② 불쾌지수 = 섭씨(건구온도 + 습구온도) × 0.72 ± 40.6
③ 불쾌지수 = 화씨(건구온도 + 습구온도) × 0.4 + 15
④ 불쾌지수가 80 이상일 때는 모든 사람이 불쾌감을 가지기 시작하고 75의 경우 절반정도가 불쾌함을 느끼며 70~75에서는 불쾌감을 느끼기 시작하며, 70 이하는 모두 쾌적함

(6) 조 명
① 조명의 단위
  ㉠ 조도(Illuminance) 기출 18년 4회, 19년 1회, 21년 4회, 22년 1회, 23년 복원, 24년 복원
   • 광도(cd)/거리제곱(m^2)
   • 어떤 면에 도달하는 빛의 양(lm/m^2)
   • 거리가 증가할 때 조도는 거리의 제곱에 반비례로 감소

- 단위는 lux(lx), foot candle(fc)
- 1fc = 10.764lx

ⓛ 반사율(Reflectance) 기출 18년 1회, 18년 4회, 19년 2회
- 반사율 = 표면에서 반사되는 빛의 양/표면에 비치는 빛의 양
- 반사율(%) = 광도(fL)/조도(fc) = 휘도(cd/m^2) × π / lux
- 빛을 완전히 반사하면 반사율은 100%
- 천장의 추천반사율 : 80~90%
- 벽의 추천반사율 : 40~60%
- 바닥의 추천반사율 : 20~40%
- 천장과 바닥의 반사비율은 최소 3:1을 유지
- 추천반사율이 높은 순서 : 천장 > 벽 > 가구 > 바닥

ⓒ 휘 광
- 눈이 받아들이는 휘도보다 더 밝은 광원의 직사광선이나 반사광선이 시각 내에 생겨 생기는 시력의 감소현상
- 직사휘광의 처리방법
  - 광원의 휘도를 줄이고, 광원의 수를 높임
  - 광원을 시선에서 멀리 위치시킴
  - 휘광원 주위를 밝게 하여 광속 발산비를 줄임
  - 가리개나 갓, 차양 등을 사용
- 반사휘광의 처리방법
  - 발광체의 휘도를 줄임
  - 간접조명의 수준을 높임
  - 산란광, 간접광 사용
  - 창문에 조절판이나 차양을 설치
  - 반사광이 눈에 비치지 않게 광원을 위치
  - 무광택 도료, 빛을 산란시키지 않는 재질을 사용

ⓔ 광도(Luminance) 기출 22년 1회, 23년 복원
- 단위 면적당 표면에서 반사 또는 방출되는 광량(Luminous Intensity)
- 휘도라고도 하며 단위로는 L(Lambert)을 씀
- 단위 시간당 한 발광점으로부터 투광되는 빛의 에너지양
- 칸델라(Candela)로 표기하며 1칸델라(Candela)는 촛불 하나의 밝기

ⓜ 휘도(Luminance) / 니트(Cd/m^2)
- 물체의 표면에서 반사되는 빛의 양
- 물체의 표면으로부터 관측자 쪽으로 나오는 빛의 양이며, nit 표기
- 광도를 광원의 면적으로 나눔
- 휘도 = 광도 ÷ 광원면적

② 신호 및 경보등
ⓞ 빛의 검출성에 영향을 주는 인자 : 광속발산도(lm/m^2), 노출시간, 색광 및 배경광, 점멸속도
ⓛ 색광 : 효과척도가 빠른 순서는 백색 > 황색 > 녹색 > 등색 > 자색 > 적색 > 청색 > 흑색

ⓒ 배경광 : 배경 불빛이 신호등과 비슷하면 신호광의 식별이 힘들어짐
ⓔ 점멸속도 : 주의를 끌기 위해서는 3~10회/초 이상이 적당
ⓜ 신호들 간의 신호차 : 신호간 간격이 0.5초보다 짧으면 자극에 혼동
ⓗ 시각 점멸융합주파수(Visual Flicker Fusion Frequency, 계속되는 자극들이 점멸하는 것 같이 보이지 않고 연속적으로 느껴지는 주파수)보다 작아야 함

③ **작업상의 조명** 기출 21년 1회
ⓐ 완화조명 : 눈의 암순응을 고려하여 휘도를 서서히 낮추어 가면서 조명
ⓑ 전반조명 : 실내전체를 균등하게 조명
ⓒ 국소조명 : 작업면상의 필요한 장소만 높은 조도를 취함

(7) 온 도

① 온도의 영향
ⓐ 활동에 가장 적당한 온도는 19~21℃
ⓑ 연령이 많을수록 온도에 대한 영향이 큼
ⓒ 고 온
- 심장에서 흐르는 혈액의 대부분을 냉각시키기 위해 외부 모세혈관으로 순환시키게 되어 뇌중 추에 공급되는 혈액을 감소시킴
- Q10효과 : 인체의 생화학적 반응속도는 온도가 10℃ 상승할 경우 반응속도가 몇 배로 증가함
ⓓ 저온 : 피부표면을 통해 체열이 방산되어 혈관이 수축되고 혈액의 흐름을 방해함, 한기를 느끼고 손의 감각이 둔해짐
ⓔ 안락한계 : 한기(18~21℃), 열기(22~24℃)
ⓕ 불쾌한계 : 한기(17℃), 열기(24~41℃)

② 온도에 따른 증상
ⓐ 10℃ 이하 : 수족이 굳어지므로 옥외작업 금지
ⓑ 10~15.5℃ : 손재주가 저하
ⓒ 18~21℃ : 최적상태
ⓓ 37℃ : 숨이 가빠지며 땀이 나며 빈맥이 발생, 피부가 붉어지고 혈압이 저하, 갱내온도는 37℃ 이하로 유지

③ **온도변화에 따른 인체의 적응(저열작용)** 기출 19년 1회, 20년 1·2회 통합
ⓐ 추운 환경으로 바뀔 때
- 피부온도가 내려감
- 피부의 혈액순환량은 감소하고 몸의 중심부를 순환
- 직장온도가 상승하며 소름이 돋고 몸이 떨림
ⓑ 더운 환경으로 바뀔 때
- 피부온도가 올라감
- 많은 양의 혈액이 방열을 위해 피부를 경유하여 흐름
- 직장온도가 내려가고, 발한이 시작

ⓒ 열압박(Heat Stress) 기출 21년 2회
- 체심(Core)의 온도로 피로도를 파악
- 체심온도가 38.8℃만 되면 기진하게 됨
- 실효온도가 증가할수록 육체작업의 기능은 저하됨
- 실효온도 : 온도, 습도, 공기유동이 인체에 미치는 열효과를 하나의 수치로 통합한 것
- 열압박은 정신활동에도 악영향을 미침

ⓓ 열압박지수(HSI)

HSI = 요구되는 증발량 ÷ 최대증발량 = Ereq ÷ Fmax

(8) 소 음 기출 18년 2회, 19년 4회

① 소음대책
- ㉠ 소음원의 제어 : 저소음 설계, 저소음 정비, 고무받침 부착, 소음기부착
- ㉡ 소음원의 격리 : Enclosure 씌움, 방음벽 설치, 창문닫기
- ㉢ 차폐장치 및 흡음재 사용, 음향처리재 사용
- ㉣ 적절한 배치, 배경음악(BGM, Back Ground Music)
- ㉤ 소음대책은 음원대책이 가장 효과적임
- ㉥ 방음보호구 사용(최후수단) – 음원에 대한 대책이 아님

② 복합소음
- ㉠ 같은 소음수준의 기계가 2대 이상일 경우 3dB이 증가
- ㉡ 두 소음수준의 차가 10dB 이내인 경우 복합소음이 발생

③ 은폐효과(Masking Effect) 기출 19년 3회, 20년 2회
- ㉠ 크고 작은 두 소리를 동시에 들을 때 큰 소리만 들리고 작은 소리는 들리지 않는 현상
- ㉡ 두 음의 차이가 10dB 이상인 경우에 높은 음이 낮은 음을 상쇄시켜 높은 음만 들림
- ㉢ 두 음의 주파수가 비슷하거나 배음에 가까우면 음폐효과가 대단히 커짐
- ㉣ 두 음의 주파수가 거의 같을 때에는 음폐효과가 감소
- ㉤ 유의적 신호와 배경 소음의 차이를 신호/소음(S/N) 비로 나타냄
- ㉥ 사례 : 헤어드라이어 소음 때문에 전화 음을 듣지 못함

④ 허용노출시간
- ㉠ 강렬한 소음작업(5dB 증가 시마다 반으로 줄임) 기출 20년 3회
  - 90dB : 8시간
  - 95dB : 4시간
  - 100dB : 2시간
  - 105dB : 1시간
  - 110dB : 30분
  - 115dB : 15분
- ㉡ 충격소음작업(소음이 1초 이상의 간격으로 발생하는 작업)
  - 120dB을 초과하는 소음이 1일 1만회 이상 발생하는 작업
  - 130dB을 초과하는 소음이 1일 1천회 이상 발생하는 작업
  - 140dB을 초과하는 소음이 1일 1백회 이상 발생하는 작업

⑤ 소음노출지수
  ㉠ 소음노출지수 : 여러 종류의 소음이 여러 시간동안 복합적으로 노출된 경우의 소음지수
  ㉡ 소음노출지수(%) = C1/T1 + C2/T2 + ⋯ + Cn/tn(Ci : 노출된 시간, Ti : 허용노출기준)
  ㉢ 시간가중평가지수 Twa(Db) = 16.61 Log(D/100) + 90(D : 누적소음노출지수)
  ㉣ Twa(Time-Weighted Average) : 누적소음노출지수를 8시간 동안의 평균소음 수준값으로 변환한 것
  ㉤ 소음노출기준을 정할 때 고려대상
    • 소음의 크기
    • 소음의 높낮이
    • 소음의 지속시간

⑥ 청력손실
  ㉠ 소음이 큰 작업장에서 근로자들은 3,000~6,000Hz 범위의 주파수에 크게 장해를 받음
  ㉡ C5 dip 현상 : 감음난청으로 초기에는 4,000Hz에서 청력이 저하되는 현상

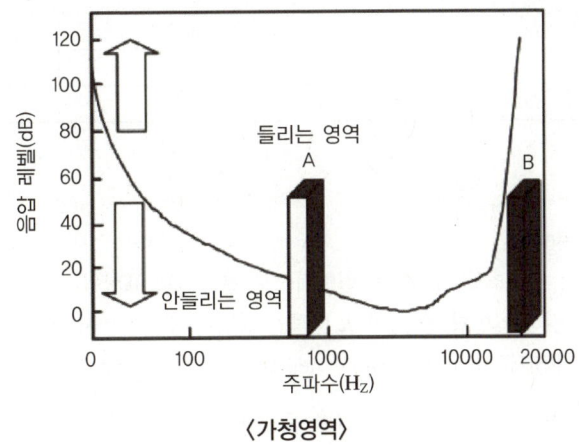

〈가청영역〉

⑦ 음량수준 기출 19년 1회, 19년 2회, 22년 2회
  ㉠ phon : 1,000Hz의 기준음과 같은 크기로 들리는 다른 주파수의 음의 크기
  ㉡ sone : phon의 단점인 음의 상대적 크기를 비교하기 위해 고안, 1 sone = 40 phon
  ㉢ 데시벨 : 소리의 상대적인 크기를 나타내는 단위

⑧ 음압수준(SPL ; Sound Pressure Level) 기출 18년 2회, 21년 2회, 21년 4회
  ㉠ 어떤 음의 음압과 기준음압(P0)의 비율을 로그로 나타낸 값
    • $SPL(dB) = SPL = 10\log(P_1/P_0)^2 = 20\log(P_1/P_0)$
    • $SPL_2 - SPL_1 = 20\log(P_2/P_0) - 20\log(P_1/P_0) = 20\log(P_2/P_1) = 20\log(d_1/d_2)$
    • $SPL_2 = SPL_1 + 20\log(d_1/d_2) = SPL_1 - 20\log(d_2/d_1)$
    • 합성소음식

$$SPL_0 = 10\log\left(\sum_{i=1}^{x} 10^{\frac{li}{10}}\right)$$

예 소음이 80dB인 기계 2대의 합성소음은 얼마인가?

$$SPL = 10\log\left[10^{\left(\frac{80}{10}\right)} + 10^{\left(\frac{80}{10}\right)}\right] = 83.01$$

ⓒ Phon의 단점인 음의 상대적 크기를 비교하기 위해 고안
ⓓ 다른 음의 상대적인 주관적 크기를 비교할 수 있음
ⓔ 기준음에 비해서 몇 배의 크기를 갖느냐에 따라 음의 Sone치가 결정됨
  예 10sone은 1sone보다 10배 크게 들림
ⓕ 음량수준이 10phon 증가하면 sone은 2배 증가
ⓖ 1 Sone= 40Phon, 1,000Hz에서 음압 레벨이 40dB인 순음의 음의 크기
ⓗ sone치 = $2^{(phon치-40)/10}$

⟨phon과 sone과의 관계⟩

phon	sone	증 가
40	$2^0 = 1$	1
50	$2^1 = 2$	2배
60	$2^2 = 4$	4배
70	$2^3 = 8$	8배
80	$2^4 = 16$	16배

(9) 시 력 기출 20년 3회

① 시각(Visual Angle)
  ㉠ 시각은 도, 분, 초로 나타내며 일반적으로 분단위로 표현됨
  ㉡ 시력을 측정하는 방법 중 가장 보편적인 방법은 최소가분시력(Minimal Separable Acuity)임
  ㉢ 최소가분시력(Minimal Separable Acuity) : 눈이 식별할 수 있는 표적의 최소 공간 = 1/시각
  ㉣ 시각 = $\frac{180}{\pi} \times 60 \times$ (물체의 크기/물체와의 거리) = $57.3 \times 60 \times \frac{D}{L}$ (1rad = $\frac{180}{\pi}$)

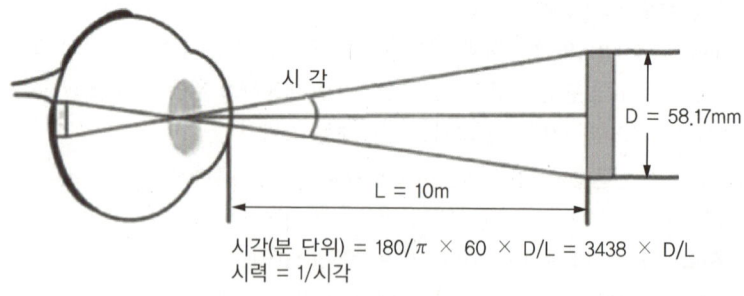

시각(분 단위) = $180/\pi \times 60 \times D/L = 3438 \times D/L$
시력 = 1/시각

⟨시 각⟩

② 시력
  ㉠ 정지된 물체나 물건 등을 식별할 수 있는 시각적 능력으로 시각의 역수로 나타냄
  ㉡ 시력 = 1 ÷ 시각
  ㉢ 동시력은 움직이는 물체를 식별할 수 있는 시각적 능력으로 초당 물체의 이동각도로 표시
  ㉣ 초당 물체의 이동각도가 60° 이상이면 시력은 급격히 감소함
  ㉤ 정상인의 양안공동시야는 120°이며, 편안시야까지 고려할 때 최대 220°임

ⓑ 색채까지 확인 가능한 범위는 35°로 양안공동시야는 70°임
ⓢ 인간이 노화도에 따라 가장 빨리 감퇴되는 감각기관은 시각임
ⓞ 20대 초반의 시성능이 1이라 할 때, 40세는 1.17배, 50세는 1.58배, 65세는 2.66배의 조명이 필요

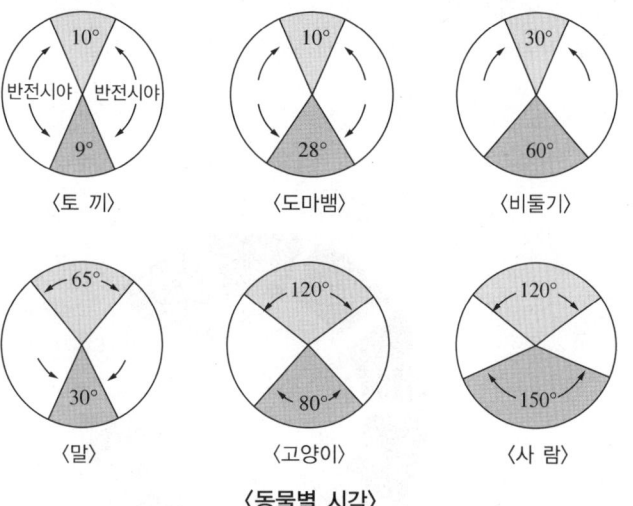

〈동물별 시각〉

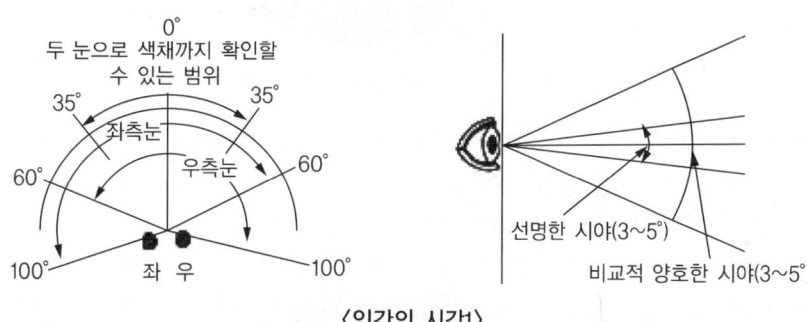

〈인간의 시각1〉

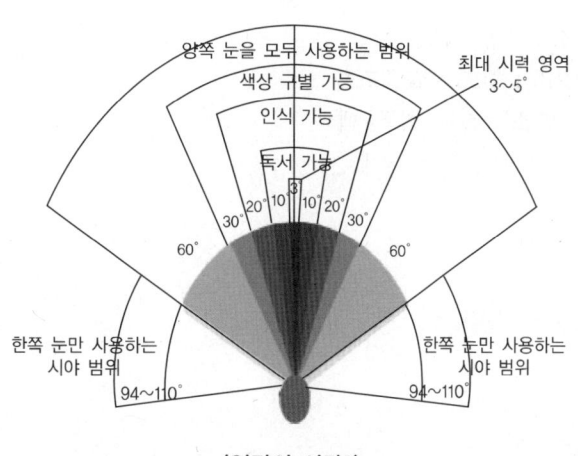

〈인간의 시각2〉

③ 굴절률(Diopter)
  ㉠ 빛의 굴절을 재는 단위, 초점거리의 역수로 표현
  ㉡ 디옵터(D) = 1 ÷ 단위초점거리(m)
  ㉢ 사람의 굴절률 = 1 ÷ 0.017 = 59D
  ㉣ D값이 클수록 초점거리는 가까워짐
  ㉤ 조절폭 : 젊은 사람의 눈은 59D~11D까지 굴절률을 증가시킬 수 있음

(10) 색 채
① 먼셀표색계

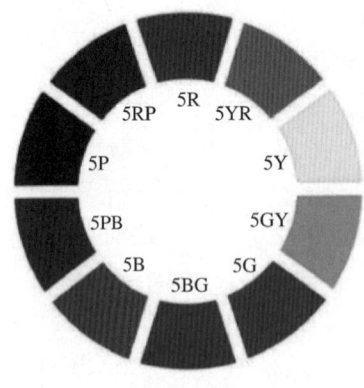

〈먼셀색상환〉

  ㉠ 기본색상(적색, 황색, 녹색, 청색, 자색)을 기준으로 중간색으로 주황색, 연두색, 청록색, 남색, 자주색을 넣어 10색 상환표를 만듦
  ㉡ 먼셀의 기호표시방법 : HV/C(색상 H, 명도 V, 채도 C)
    예 5BG 5/6의 뜻 : 색상 5BG(청록색), 명도 5, 채도 6
  ㉢ 색상(H, Hue), 명도(V, Value), 채도(C, Chroma)

② 색의 요소
  ㉠ 색의 3요소 : 색상, 명도, 채도
  ㉡ 조명의 3요소 : 휘도, 광도, 조도
  ㉢ 무채색의 3요소 : 흑색, 회색, 백색
  ㉣ 빛의 3원색 : 적색, 녹색, 청색

③ 시 식별 영향요인
  ㉠ 광 도
  ㉡ 조 도
  ㉢ 광속발산도
  ㉣ 대 비
  ㉤ 반사율
  ㉥ 노출시간
  ㉦ 이 동
  ㉧ 휘 도

④ CAS
　㉠ 색채조절(Color Conditioning)
　㉡ 공기조절(Air Conditioning)
　㉢ 음향조절(Sound Conditioning)
⑤ 컬러테라피
　㉠ 각각의 색깔이 가진 고유의 파장과 에너지를 이용해 사람의 마음과 몸을 치료
　㉡ 빨간색 : 열정, 생명, 활기, 용기
　㉢ 노란색 : 희망, 광명, 향상
　㉣ 파란색 : 소원, 진정
　㉤ 녹색 : 평화, 위안
　㉥ 보라색 : 고취, 영원
⑥ 색채조절의 효과 및 목적
　쾌적한 분위기를 만들어주며, 의욕증가, 작업능률향상, 피로감소, 판단력 증가의 효과
⑦ 대비(Contrast) = (배경 - 표적) ÷ 배경
　㉠ 표적과 배경의 차이 기출 20년 1·2회 통합, 24년 복원
　　• 대비 = (배경의 광도 - 표적의 광도) ÷ (배경의 광도) × 100
　　• 대비 = (배경의 휘도 - 표적의 휘도) ÷ (배경의 휘도) × 100
　　• 대비 = (배경의 광속발산도 - 표적의 광속발산도) ÷ (배경의 광속발산도) × 100
　㉡ 표적이 배경보다 어두울 경우 대비 : 0~100 사이
　㉢ 표적이 배경보다 밝을 경우 대비 : 0 이하
⑧ 암순응 기출 22년 2회
　㉠ 밝은 곳에서 어두운 곳으로 들어갈 때의 적응으로 동공이 확대되어 빛의 양을 늘림
　㉡ 완전 암순응은 약 30~40분이 걸림
　㉢ 간상세포는 어두울 때 기능이 작동되며 명암을 구분
　㉣ 간상세포는 막대모양으로 망막의 전체에 분포
⑨ 명순응
　㉠ 어두운 곳에서 밝은 곳으로 들어갈때의 적응으로 동공이 축소되어 빛의 양을 줄임
　㉡ 명순응은 약 2~3분이 걸림
　㉢ 원추세포는 밝은 때 기능이 작동되며, 색을 감지
　㉣ 원추세포는 원추모양으로 망막의 황반에 밀집

02 작업생리학

(1) 기초대사량(BMR ; Basal Metabolic Rate) 기출 19년 1회
① 생명을 유지하는 데 필요한 최소한의 에너지량
② 쾌적한 상태에서 공복인 상태로 가만히 누워있을 때 에너지 소비량
③ 남자는 1kcal/h.kg, 여자는 0.9kcal/h.kg

④ 남자의 하루 동안의 기초대사량 : 70kg × 1kcal/h.kg × 24h = 1680kcal
⑤ 여자의 하루 동안의 기초대사량 : 50kg × 0.9kcal/h.kg × 24h = 1080kcal

(2) 에너지대사율(RMR ; Relative Metabolic Rate) 기출 18년 1회
① 산소소모량으로 에너지소비량을 결정하는 방식으로 국제적으로 가장 많이 사용
② 노동대사량 ÷ 기초대사량 = (작업 시 소비에너지 − 안정 시 소비에너지) ÷ 기초대사량
　㉠ 경작업 : 1~2RMR
　㉡ 중(中)작업 : 2~4RMR
　㉢ 중(重)작업 : 4~7RMR
　㉣ 초중작업 : 7RMR 이상

(3) 산소소비량 기출 20년 4회, 21년 2회
① 산소 1리터가 소모하는 에너지는 5kcal
② 에너지 소비율
　㉠ 가벼운 작업 : 2.5kcal/min 이하
　㉡ 보통작업 : 5~7.5kcal/min 이상
　㉢ 격렬작업 : 12.5kcal/min 이상

(4) 휴식시간(Murrel의 에너지소비량) 기출 17년 4회, 18년 4회, 22년 2회, 23년 복원
① 산소 1ℓ당 5kcal를 소비
② 근무 중 권장 에너지량 = 작업 중 에너지소비량 + 휴식 중 에너지소비량
③ 휴식시간 = 작업시간 × (E − 5) ÷ (E − 1.5) (E : 작업 중 에너지 소비량)
④ 산소소비량 = 흡기 시 산소농도 × 급기량 − 배기 시 산소농도 × 배기량

(5) 수공구 설계원칙 기출 18년 4회, 21년 4회
① 손바닥 부위에 압박을 주는 형태를 피함(접촉면적을 크게 함)
② 손잡이의 직경은 사용용도에 따라서 조정
③ 손잡이 길이는 95% 남성의 손과 폭을 기준
④ Plier 형태의 손잡이에는 Spring을 설치
⑤ 양손잡이를 모두 고려한 설계
⑥ 수동공구대신에 동력공구를 사용
⑦ 무게는 최대한 줄이고 사용시 무게의 균형 유지
⑧ 동력공구는 한 손가락이 아닌 두 손가락 이상으로 작동
⑨ 손목을 꺾지 말고 공구의 손잡이를 꺾어야 함
⑩ 손잡이 재질은 미끄럽지 않으며, 비전도성이고 열과 땀에 강해야 함

(6) 누적손상 장애(CTD ; Cumulative Disorder) 기출 20년 1·2회 통합

① 개요
　㉠ 외부적 요인에 의해서 오랜 시간을 두고 반복 발생하는 육체적인 질환
　㉡ 손가락, 손목, 팔, 어깨 등에서 발생
　㉢ 노화에 따른 자연발생적 질환이라기보다는 직업특성과 밀접한 관계를 가지고 있음

② 발생요인
　㉠ 무리한 힘
　㉡ 장시간 진동
　㉢ 반복도가 높은 작업
　㉣ 부적합한 작업 자세
　㉤ 날카로운 면과의 신체접촉, 진동, 온도

③ 발병단계
　㉠ 1단계
　　• 작업시간 동안에 통증이나 피로함을 호소
　　• 하룻밤을 지내거나 휴식을 취하면 없어짐
　　• 작업능력의 저하가 발생하지 않음
　㉡ 2단계
　　• 작업시간 초기부터 발생
　　• 하룻밤이 지나도 통증이 계속됨
　㉢ 3단계
　　• 휴식 중에도 계속 통증을 느낌
　　• 반복되는 움직임이 없는 경우에도 발생
　　• 잠을 잘 수 없을 정도로 고통이 지속
　　• 작업을 할 수 없게 되며 다른 일에도 어려움을 겪게 됨

④ 종류
　㉠ Tendinitis(텐디나이디스) : 건염
　㉡ Tenosynovitis(텐노시너바이디스) : 건초염
　㉢ Rotator Cuff Injury(회선근개손상) : 어깨 부위의 근육, 힘줄에 염증
　㉣ Ganglion Cyst(결절증) : 건초부분의 낭종이나 건초가 부풀어 오르는 현상
　㉤ Carpal Tunnel Syndrome(수근관 증후군) : 손목뼈 부분의 신경압박
　㉥ Tennis Elbow(주관절 외상과염) : 팔꿈치 부위의 인대 염증
　㉦ White Finger(백색수지증) : 손가락에 혈액순환장애로 인한 무감각, 통증
　㉧ Guyan's Tunnel Syndrome(기욘관 증후군) : 손목이 위치한 기욘관을 지나는 신경의 손상
　㉨ 경견완 증후군 : 상지를 반복하여 움직이는 작업 시 통증

⑤ 예방대책
　㉠ CTD의 원인이 되는 작업행위, 작업자세 개선
　㉡ 작업분석을 통한 힘, 자세, 반복성을 확인
　㉢ 작업분석에는 작업방법분석과 위험요소분석이 있음

(7) **스트레스 반응에 대한 신체의 변화** 기출 18년 2회
  ① 더 많은 산소를 공급하기 위해 호흡이 빨라짐
  ② 뇌, 심장, 근육으로 가는 혈류가 증가
  ③ 모든 감각기관이 빨라짐
  ④ 혈소판, 혈액응고 인자가 증가

03 작업환경과 인간공학

(1) **표시장치의 유형**
  ① 정적 표시장치 : 시간에 따라 변하지 않음(간판, 도표, 그래프, 인쇄물, 필기물)
  ② 동적 표시장치 : 시간에 따라 변함(기압계, 온도계, 레이다, 음파탐지기)

(2) **통제표시비**
  ① 개 요
      ㉠ 통제기기와 표시장치의 관계를 비율로 나타냄 C/D비
      ㉡ C/D = 통제기기의 변위량(cm) ÷ 표시계기의 지침 변위량(cm)
  ② 조종구(Ball Control)의 C/D비
      ㉠ C/D비가 큰 경우 : 조종장치를 조금만 움직여도 반응거리는 커지므로 이동시간이 짧음
      ㉡ C/D비가 작은 경우 : 민감하게 반응하므로 조심스럽게 조정해야 한다. 그 결과 조종시간은 길어짐
      ㉢ 최적의 C/D비는 1.18~2.42
      ㉣ C/D비 = (A/360) × 2πL/D (A각도, D 표시계기의 이동거리)

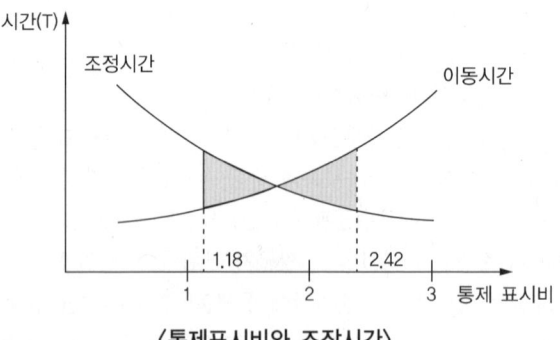

〈통제표시비와 조작시간〉

  ③ 통제비 설계 시 고려사항
      ㉠ 계기의 크기 : 조절시간이 짧게 소요되는 크기, 너무 작으면 오차가 커짐
      ㉡ 공차 : 공차의 인정범위를 초과하지 않도록 함
      ㉢ 방향성 : 계기의 방향성은 안전과 능률에 영향을 미침
      ㉣ 조작시간 : 조작시간이 지연되면 통제비가 커짐
      ㉤ 목측거리 : 길수록 조절의 정확도가 떨어짐, 시간이 걸림

④ 통제비의 3요소
  ㉠ 조절시간
  ㉡ 시각감지시간
  ㉢ 통제기기의 주행시간
⑤ 범위효과(Range Effect), 사정효과 [기출] 21년 1회
  ㉠ 조작자가 작은 오차에는 과잉반응, 큰 오차에는 과소반응을 함
  ㉡ 눈으로 보지 않고 손을 수평면상에서 움직이는 경우에 짧은 거리는 지나치고, 긴 거리는 못미치는 것을 말함

(3) 자동제어
① 장점
  ㉠ 품질향상으로 균일한 제품이 나옴
  ㉡ 생산속도가 향상
  ㉢ 원재료와 제조비용이 감소
  ㉣ 작업환경의 개선 및 안전화
  ㉤ 생산설비의 수명 연장
② 자동제어의 종류
  ㉠ 시퀀스제어 : 지시대로 동작, 수정불가
  ㉡ 공정제어 : 온도, 압력, 유량 제어
  ㉢ 피드백제어 : 제어 결과값을 목표값과 비교하여 조정, 개방형과 폐쇄형이 있음

(4) 기계의 통제기능
① 양의 조절에 의한 통제 : 투입되는 연료량, 전기량 등을 조절하여 통제
② 개폐에 의한 통제 : On-off 동작으로 통제
③ 반응에 의한 통제 : 감지에 의한 통제

(5) 작업설계(Job Design) [기출] 18년 4회
① 직무순환(Job Rotation)
② 직무확대(Job Enlargement)
③ 직무충실화(Job Enrichment)
④ 유연시간 근무제(Flextime)
⑤ 직무 공유(Job Sharing)
⑥ 자율적관리팀(Self-Managed Work Team)
⑦ 재택근무(Telecommuting)
⑧ 압축근무제(Compressed Work)

04 동작경제의 원칙 『기출』 19년 1회, 21년 2회

(1) **신체사용의 원칙(Use of Human Body)** 『기출』 19년 4회
  ① 탄도동작은 제한된 동작보다 더 신속하고, 용이하고, 정확
  ② 눈에 초점을 모아야 작업할 수 있는 경우는 가능한 없애고, 이것이 불가피한 경우 눈의 초점이 모아지는 두 작업지점간의 거리를 짧게 함
  ③ 자연스러운 리듬이 작업동작에 생기도록 배치
  ④ 손의 동작은 부드럽고 연속적인 동작이 되도록 하며 방향이 갑작스럽게 크게 바뀌는 직선동작은 피함
  ⑤ 가장 낮은 동작등급을 사용

동작등급	축	동작신체부위
1	손가락 관절	손가락
2	손 목	손가락, 손
3	팔꿈치	손가락, 손, 팔뚝
4	어 깨	손가락, 손, 팔뚝, 상지
5	허리통	손가락, 손, 팔뚝, 상지, 몸통

  ⑥ 두 손의 동작은 같이 시작하고 같이 끝남
  ⑦ 관성을 이용하여 작업을 하되 관성을 억제하여야 하는 경우 최소한도로 줄임
  ⑧ 휴식시간을 제외하고는 양손이 동시에 쉬지 않음
  ⑨ 두 팔의 동작은 동시에 서로 대칭방향으로 움직이도록 함
  ⑩ **동작합리화를 위한 물리적 조건** 『기출』 18년 1회
    ㉠ 고유진동을 이용
    ㉡ 접촉면적을 최대한 작게 함
    ㉢ 대체로 마찰력을 감소시킴
    ㉣ 인체표면에 가해지는 힘을 적게 함

(2) **작업장 배치의 원칙(Workplace Arrangement)**
  ① 낙하식 운반방법을 사용
  ② 중력이송원리를 이용하여 부품을 제품 사용위치에 가까이 보냄
  ③ 작업자가 작업 중에 자세를 변경할 수 있도록, 즉 앉거나 서는 것을 임의로 할 수 있도록 작업대와 의자높이가 조정
  ④ 작업자가 잘 보면서 작업할 수 있도록 적절한 조명 설치
  ⑤ 작업자가 좋은 자세를 취할 수 있도록 의자는 높이뿐만 아니라 디자인도 좋아야 함
  ⑥ 공구, 재료, 제어장치는 사용위치에 가까이 두도록 함
  ⑦ 공구, 재료는 지정된 위치에 있도록 함
  ⑧ 공구나 재료는 작업동작이 원활하게 수행되도록 그 위치를 정해둠

(3) **공구 및 설비 디자인에 대한 원칙(Design of Tools & Equipment)** 기출 18년 1회, 21년 1회
   ① 공구와 자재는 가능한 사용하기 쉽도록 미리 위치를 정함
   ② 각 손가락이 서로 다른 작업을 할 때에는 작업량을 각 손가락의 능력에 맞게 분배
   ③ 레버, 핸들 그리고 제어장치는 작업자가 몸의 자세를 크게 바꾸지 않더라도 조작하기 용이하도록 배치
   ④ 치구(Jig & Fixture), 족답장치(Foot Operated Device)를 활용하여 양손이 다른 일을 할 수 있도록 함
   ⑤ 공구의 기능을 결합하여 사용

(4) **개선의 ECRS 원칙** 기출 21년 4회, 24년 복원
   ① 제거(Eliminate) : 이 작업은 꼭 필요한가? 제거할 수 없는가?
   ② 결합(Combine) : 이 작업을 다른 작업과 결합시키면 더 나은 결과가 생길 것인가?
   ③ 재배열(Rearrange) : 이 작업의 순서를 바꾸면 좀 더 효과적이지 않을까?
   ④ 단순화(Simplify) : 이 작업을 좀 더 단순화할 수 있지 않을까?

CHAPTER 05 시스템 위험분석

3과목 인간공학 및 시스템안전공학

01 시스템 위험분석 관리

(1) 시스템의 개요
① 시스템이란 하나의 공통적인 목적을 수행하기 위해 조직화된 요소들의 집합체
② 라틴어 Sy + ste + ma(with + stand + result of action)에서 유래
③ 시스템 안전 : 사고나 재해를 시스템의 관점에서 파악하고 분석하는 것
④ 산업시스템 : 설비, 기계, 부품, 재료, 작업자가 서로 연계되어 정해진 조건 아래서 제품의 생산 등의 목적을 달성하기 위해 활동하는 집합체
⑤ 시스템 안전과 제품개발
  ㉠ 분석 : 사전위험성평가
  ㉡ 설계 : Fool Proof, Fail Safe 설계
    • Fail Safe : 기계고장으로 인한 사고를 방지하기 위한 예방설계
    • Fool Proof : 부주의로 인한 실수를 방지하기 위한 예방설계
    • <u>Temper Proof</u> : 설비에 부착된 안전장치를 제거하고 사용하는 것 등 부당하게 변경하는 것을 <u>방지</u> 기출 18년 2회, 19년 4회
  ㉢ 제조 : 사용안전성 분석, 설계안 대로의 운영여부 확인
  ㉣ 운용 : 작업자 교육 훈련, 설계시와 타당성 여부 확인
  ㉤ 평가 : 피드백 및 수정
  ㉥ 시스템 수명주기

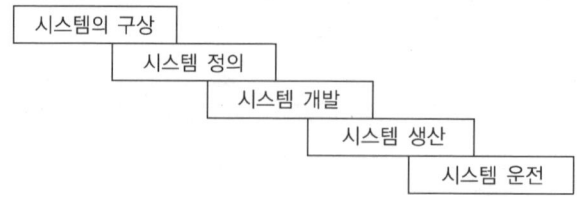

〈시스템 수명주기 단계〉

(2) 시스템 안전성 확보
① 제1단계 : 본질안전 설계
② 제2단계 : 안전장치의 설치
③ 제3단계 : 경보장치의 설치
④ 제4단계 : 특수절차(위험표지), 교육 및 훈련

(3) 시스템안전 달성방법
① 재해예방 : 위험의 제거, 위험수준의 완화, Fail Safe, Fool Proof, Temper Proof
② 피해의 최소화 : 격리, 방호, 보호구 사용
③ 안전프로그램 진행

(4) 화학설비의 안전성 평가
① 안전성 평가 6단계 기출 18년 1회, 18년 4회, 19년 1회, 19년 2회, 20년 1·2회 통합, 20년 3회
  ㉠ 1단계 : 관계 자료의 검토
   • 입지에 관한 도표
   • 화학설비 배치도
   • 건물의 평면도 단면도 입면도
   • 공정기기 목록
  ㉡ 2단계 : 정성적 평가 기출 21년 1회, 22년 1회, 23년 복원
   • 설비관계 : 입지조건, 공장내 배치, 건조물, 소방설비
   • 운전관계 : 원재료, 중간체제품, 공정, 수송 및 저장, 공정기기
  ㉢ 3단계 : 정량적 평가
     취급물질, 용량, 온도, 압력, 조작
  ㉣ 4단계 : 안전대책 수립
   • 보 전
   • 설비 대책 : 안전장치 및 방재장치
   • 관리적 대책 : 인원배치, 교육훈련, 보전
   • 교육훈련
     - 위험물 및 화학반응에 관한 지식
     - 화학설비 등의 구조 및 취급방법에 관한 지식
     - 화학설비 등의 운전 및 보전의 방법에 관한 지식
     - 작업규정
     - 재해사례
     - 관계법령
  ㉤ 5단계 : 재해사례에 의한 평가
   • 안전대책 강구 후 그 설계 내용에 동종설비 또는 동종장치의 재해정보를 적용
   • 안전대책의 재평가 실시
  ㉥ 6단계 : FTA에 의한 재평가

02 시스템 위험분석기법

(1) 시스템 분석의 종류
① 수리적 방법에 따른 분류
  ㉠ 정성적 분석 : Risk의 수준을 수치적으로 표현하지 않고 설명을 통하여 분석
  ㉡ 정량적 분석 : 사고가 일어날 수 있는 빈도를 시스템적으로 분석
② 논리적 방법에 따른 분류
  ㉠ 귀납적 분석 : 원인에서 시작하여 결과를 찾아가는 분석(ETA)
  ㉡ 연역적 분석 : 특정한 사고에 대하여 그 사고의 원인을 찾아가는 분석(FTA)

(2) 분석기법에 따른 분류
① 정성적 분석기법
  ㉠ PHA(예비위험분석 : Preliminary Hazard Analysis)

  기출 18년 4회, 19년 4회, 20년 1·2회 통합, 20년 4회, 21년 2회, 23년 복원

  - 공정의 수명초기에 사용하는 위험분석기법
  - 공정에 대한 상세한 정보를 얻을 수 없는 상황
  - 공정에 대한 상세한 정보를 얻을 수 없는 상황에서 위험물질과 공정요소에 초점을 맞추어 초기 위험을 확인
  - 위험을 먼저 발견하여 나중에 발견 시 개선에 소요되는 비용을 절약하기 위함
  - 복잡한 시스템을 설계, 가동하기 전의 구상단계에서 시스템의 근본적인 위험성을 평가
  - 물질, 설비에 대한 위험수준을 정성적으로 판정
  - 규모, 비용에 상관없이 모든 사업에서 권장되며, 평가의 단위도 개별시스템, 전체시스템, 단위공정, 단위공장까지 다양함
  - Preliminary Hazard Lists에서 얻은 위험에 대한 확인에서 시작하여 PHA 작업지 작성

  〈PHA Risk assessment matrix〉 기출 18년 4회

Risk Assessment 5×5 Matrix					
Risk Likelihood	Severity				
	Catastrophic A	Critical B	Moderate C	Minor D	Negligible
5-Frequent	5A	5B	5C	5D	5E
4-Likely	4A	4B	4C	4D	4E
3-Occasional	3A	3B	3C	3D	3E
2-Seldom	2A	2B	2C	2D	2E
1-Improbable	1A	1B	1C	1D	1E

  ㉡ 인간오류분석(HEA ; Human Error Analysis)
  - 설비 운전원 등의 실수에 의한 사고를 분석하여 실수의 원인을 파악하고, 실수의 상대적 순위를 결정
  - 화학물질사고의 약 80% 이상이 인적오류에 의해 일어남
  - 국내정서에 잘 맞지 않아 잘 사용하지 않는 기법

ⓒ Checklist
- 목록 확인의 간단한 형식으로 공정 및 설비의 오류, 결함상태, 위험상황을 경험적으로 비교하여 위험을 확인
- 위험성평가에 전문적인 지식이 없는 사람도 수월하게 사용가능
- 항목별로 예, 아니오. 로 확인하는 방식으로 평가결과를 바로 확인 가능
- 평가자의 판단능력, 경험, 주관에 좌우되어 객관성이 떨어짐
- 본 사업장에 적합한 독자적인 내용의 점검표를 만들어야 함
- 점검자가 쉽게 명확하게 파악할 수 있게 구체적이지만 쉬운 표현사용
- 항목의 배열은 긴급을 요하는 순서대로 작성

ⓔ What if(사고예상질문 분석법)
- 공정에 내재되어 있는 위험으로 인해 일어날 수 있는 사고를 예상질문을 통해 사전에 확인하고 예측
- 도출된 결과를 가지고 사고의 영향을 최소화하기 위한 대책을 제시
- 공정이나 운전방법 등에 대해 다양한 위험을 가정한 질문을 가지고 난상토론
- 공정의 개발단계나 초기 운전시 적용 또는 공정의 변경이 있을 때 변경이 미치는 영향을 판단하기 위해 사용

ⓜ FMEA(Failure Mode & Effect Analysis) 기출 18년 1회, 18년 2회, 19년 1회, 19년 2회, 21년 1회, 21년 4회
- 정성적, 귀납적 분석법으로 서브시스템, 구성요소, 기능 등의 잠재적 고장 형태에 따른 시스템의 위험을 파악
- 부품 등이 고장났을 경우 그것이 전체제품에 미치는 영향을 분석
- 서브시스템 분석 시 요소분석이 세분화 될 경우 데이터가 방대해짐
- 공정이나 장치에서 일어나는 오류와 이에 따른 영향을 파악하는 기법
- 작업자의 실수 같은 인적요소에 의한 오류는 확인되지 않음
- 장점 : 서식이 간단하고, 비교적 적은 노력으로 특별한 훈련 없이 분석가능
- 단점 : 논리성이 부족, 각 요소 간의 영향을 분석하기 어렵고 안전원인 분석이 곤란
- 시스템의 평가등급(Cs)

$$C_s = \sqrt[5]{C_1 \cdot C_2 \cdot C_3 \cdot C_4 \cdot C_5}$$

  - C_1 : 기능적 고장영향의 중요도
  - C_2 : 영향을 미치는 범위
  - C_3 : 고장발생의 빈도
  - C_4 : 고장방지의 가능성
  - C_5 : 신규설계의 정도

ⓗ Safety Review
- 가장 먼저 사용된 기법으로 과거에 발생한 사고요인을 해소하였는지를 검토
- 사업의 모든 추진단계에서 적용이 가능

ⓢ Relative Ranking(상대적 위험평가)
- 가장 심각한 위험을 갖고 있는 공정지역 및 운전을 결정하고
- 대상공정의 위험순위를 부여함
- 잠재위험성을 정량화하여 영향의 범위를 산출
- D&M Indices가 있음

◎ HAZOP : Hazard & Operability Study 기출 22년 1회, 24년 복원
- 공정에 존재하는 위험요소, 운전상의 문제점을 찾아내어 제거하기 위함
- 국내에서 가장 많이 사용하나 많은 인력과 시간이 소모됨
- 정해진 규칙과 설계도면을 바탕으로 체계적으로 분석하고 평가
- 설계도면을 바탕으로 간접경험이나, 예측을 통해 문제점을 발견
- 사소한 원인이나, 비현실적인 원인까지도 빠짐없이 검토
- 공정변수(Process Parameter)와 가이드워드(Guide Word)를 가지고 조합한 상황을 분석하고, 오류가능성을 평가
- 복잡한 도면은 몇 개로 분할 검토하여 누락, 중복을 줄임
- 체계적인 공정분석이 특징
- 공정변수와 가이드워드를 가지고 공정이탈 목록을 자세히 작성
- 공정변수 : 설계근거와 특성에 따라 특정변수와 일반변수로 구분
- 특정변수 : 공정의 형태를 물리, 화학적으로 표현할 수 있는 변수로 숫자로 표현하며 가이드 워드와 연계되어 이탈이 발생
- 일반변수 : 가이드워드와 연계되지 않고 단독으로 이탈을 발생시킴
- 이탈은 공정변수와 가이드워드의 조합으로 가로축에 가이드워드, 세로축에 공정변수를 기재하여 행렬표를 만들어 이탈을 구성함
- 가이드워드의 종류 기출 18년 1회, 20년 3회, 22년 1회

가이드워드	정 의	예 시
없음 (No, Not, or None)	설계의도에 완전히 반하여 공정변수의 양이 없는 상태	유량없음(No Flow)이라고 표현할 경우 : 검토구간 내에서 유량이 없거나 흐르지 않는 상태를 뜻함
증가 (More)	공정변수가 양적으로 증가되는 상태	유량증가(More Flow)라고 표현할 경우 : 검토구간 내에서 유량이 설계의도보다 많이 흐르는 상태를 뜻함
감소 (Less)	공정변수가 양적으로 감소되는 상태	유량감소(Less Flow)라고 표현할 경우 : 누설 등으로 설계의도보다 유량이 적어진 경우를 뜻함
반대 (Reverse)	설계의도와 정반대로 나타나는 상태	유량이나 반응 등에 흔히 적용되며 반대흐름(Reverse Flow)이라고 표현할 경우 : 검토구간 내에서 유체가 정반대 방향으로 흐르는 상태
부가 (As well as)	설계의도 외에 다른 공정변수가 부가되는 상태, 질적 증가	오염(Contamination) 등과 같이 설계의도 외에 부가로 이루어지는 상태를 뜻함
부분 (Parts of)	설계의도대로 완전히 이루어지지 않는 상태, 질적 감소	조성 비율이 잘못된 것과 같이 설계의도대로 되지 않는 상태
기타 (Other than)	설계의도가 완전히 바뀜	밸브의 잘못 조작으로 다른 원료가 공급되는 상태 등

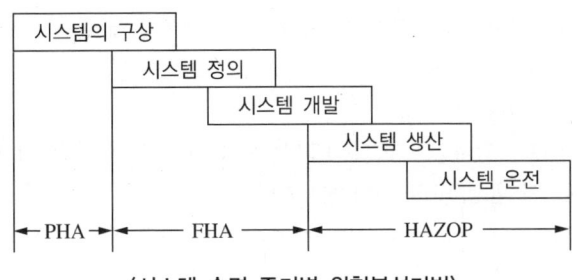

〈시스템 수명 주기별 위험분석기법〉

   ⓩ LOPA(Layer of Protection)
   - 원하지 않는 사고의 빈도나 강도를 감소시키는 독립방호계층(IPL)의 효과성을 평가하는 분석기법
   - 초기사건의 발생빈도와 요구작동시의 고장확률을 곱하여 발생가능성을 추정한다.
   - IPL : Independent Protection Layer
   ㉰ 공정위험분석(PHR ; Process Hazard Review)
   기존설비 또는 공정안전보고서를 제출·심사 받은 설비에 대하여 설비의 설계·운전·정비의 경험을 바탕으로 위험성을 평가·분석하는 기법
   ㉠ 공정안정성 분석기법(KOSHA Process Safety Review)
   설치 가동 중인 화학공장의 공정안전성을 재검토하여 사고위험성을 분석하는 방법
   ㉡ 작업안전분석기법(JSA)
   특정한 작업을 주요 단계(Key Step)로 구분하여 각 단계별 유해위험요인과 잠재적인 사고를 파악하고 이를 제거, 최소화 또는 예방하기 위한 대책을 개발하기 위하여 작업을 연구하는 방법
   ㉣ 상대위험순위 결정(Dow & Mond Indices)
   공정 및 설비에 존재하는 위험에 대하여 상대위험순위를 수치로 지표화하여 그 피해 정도를 나타내는 위험성 평가기법
   ㉥ 운용위험분석(OHA ; Operating Hazard Analysis)
   시스템이 저장되어 이동되고 실행됨에 따라 발생하는 작동시스템이 기능이나 과업, 활동으로부터 발생되는 위험에 초점을 맞춘 위험분석

② 정량적 분석기법
   ㉠ FTA(Fault Tree Analysis) 기출 21년 4회, 22년 2회, 24년 복원
   - 사고의 원인을 찾아가는 탑다운 방식에 의한 연역적 분석기법
   - 의도하지 않은 사건이나 상황을 만들 수 있는 과정을 그림과 논리도로 표시
   - 정상사상의 확률을 결정하기 위한 정량적인 계산에 활용될 수 있음
   - 복잡하고 대형화된 시스템의 신뢰성 분석 및 안정성 분석에 이용되며, 공정을 결함수로 표현하기 위해서는 논리함수가 필요함
   ㉡ ETA(Event Tree Analysis)
   - 장치의 이상, 운전자의 실수가 어떠한 결과를 미치는지를 정량적으로 분석하는 귀납적 분석기법
   - 왼쪽의 고장에서 시작하여 초기사건에 대처하기 위해 설계된 안전기능을 확인
   - 오른쪽으로 발생경로를 통해 어떤 사고가 발생하는지 상황전개를 한눈으로 볼 수 있음
   - 무심코 넘어가기 쉬웠던 재해 확대요인을 쉽게 검출가능

- 단점 : 발생확률을 정하기 어려우며 자료수집이 오래 걸리고, 매우 거대한 ETA가 작성될 수 있음
ⓒ Bow Tie Analysis
  FTA와 ETA를 합쳐놓은 것으로 FTA는 사고발생의 원인을 찾아가고 ETA는 그로 인해 어떠한 잠재적 사고가 발생하는지 찾아가는 기법
ⓔ 결함위험분석(FHA ; Fault Hazard Analysis) 기출 18년 4회, 22년 1회
  - 여러 공장에서 제작된 부품들을 조립하여 하나의 기계가 되었을 때 각각의 서브시스템이 전체 시스템에 어떠한 결과를 미치는지 분석하는 기법
  - 서브시스템의 요소, 고장형태, 고장률 등을 알아야 하고, 전 시스템에 미치는 영향을 파악해야 함
ⓜ 의사결정트리(DT ; Decision Tree)
  요소의 신뢰도를 사용해서 시스템의 신뢰도를 나타내는 시스템 모델이 한 가지, 귀납적 분석기법
ⓗ CA(Criticality Analysis) 치명도 분석 기출 21년 2회
  - 고장이 시스템의 손실과 인명의 사상에 연결되는 높은 위험도를 가진 요소나 고장의 형태에 따른 분석법
  - 공장에서 최악의 사고가 발생한 경우에 대한 시나리오를 작성하여 각 시나리오에 따른 화재, 폭발, 누출 등에 따른 피해거리, 피해정도 등을 예측하는 기법
  - Category Ⅰ : 고장발생확률이 20% 이상
  - Category Ⅱ : 고장발생확률이 10~20% 이상
  - Category Ⅲ : 고장발생확률이 1~10% 이상
  - Category Ⅳ : 고장발생확률이 1% 미만
ⓢ 인간 에러율 예측기법(THERP ; Technique for Human Error Rate Prediction)
  기출 17년 4회, 20년 3회, 21년 4회, 24년 복원
  - 시스템에 있어서 인간의 과오를 정량적으로 평가하기 위해 개발된 확률론적 안전기법
  - 인간-기계 시스템에서 인간의 에러와 이로 인해 발생할 수 있는 위험성을 예측하여 개선
  - 가지처럼 갈라지는 형태의 논리구조와 나무형태의 그래프를 이용
  - 인간의 과오율(THERP) 추정법은 5개의 단계로 되어 있음
  - 100만 운전시간 당 과오도수를 기본 과오율로 하여 평가
ⓞ 원인결과 분석(CCA ; Cause-Consequence Analysis)
  - 잠재된 사고의 결과 및 사고의 근본적인 원인을 찾아내고 사고결과와 원인 사이의 상호 관계를 예측하여 위험성을 정량적으로 평가하는 기법
  - FTA와 ETA의 혼합형
ⓩ 인간신뢰도분석(HRA ; Human Reliability Analysis)
  운전원, 정비원, 기술자 등의 작업자들의 작업에 영향을 줄 수 있는 요인들을 체계적으로 평가하는 기법
ⓧ MORT(Management Oversight and Risk Tree)
  FTA와 동일한 논리적 방법을 사용, 관리, 생산, 설계, 보전, 등에 대한 넓은 범위에 걸쳐 안전성을 확보하려고 시도된 기법

(3) Chapanis의 위험발생률

전혀 발생하지 않는(Impossible) 발생빈도	10^{-8}/day
극히 발생할 것 같지 않은(Extremely Unlikely) 발생빈도	10^{-6}/day
거의 발생하지 않는(Remote) 발생빈도	10^{-5}/day
가끔 발생하는(Occasional) 발생빈도	10^{-4}/day
합리적으로 가능성이 있는(Reasonably probable) 발생빈도	10^{-3}/day

CHAPTER 06 결함수 분석

3과목 인간공학 및 시스템안전공학

01 FTA(결함수) 분석

(1) FTA(Fault Tree Analysis) 특징 기출 18년 2회, 24년 복원

① 미사일 발사 제어시스템에서의 우발사고를 예측하는 문제 해결방법이 제시되어 원자력, 화학플랜트 등의 위험성 해석에 널리 응용되기 시작
② 이미 알고 있는 판단을 근거로 새로운 판단을 유도하는 연역적 논리전개방법으로 사고가 왜 일어났는지 특정한 범인(Event)을 찾아가는 방법(Top Down방식)
③ 사고를 발생시키는 사상(Event)과 그로 인한 인과관계를 논리기호를 활용하여 고장계통도(Fault Tree Diagram)를 만들고 시스템의 고장확률을 구해 문제가 되는 부분을 찾아내어 시스템의 신뢰성을 개선함
④ AND와 OR인 두 종류의 논리게이트 조합에 의해 공정의 위험성을 표현하여 시각적으로 파악이 용이하며 여러 가지 전문기술 분야에 걸친 정보를 망라할 수 있는 유연성이 있음
⑤ 정성적 평가방법뿐만 아니라 확률론적인 정량평가 방법을 사용하므로 기존의 감각적, 경험적 사고로부터 탈피하여 논리적이고 확률론적인 정량적 결과를 도출할 수 있음

〈FTA의 논리기호〉 기출 17년 4회, 18년 1회, 18년 2회, 19년 1회, 19년 2회, 19년 4회, 20년 1·2회 통합, 20년 4회, 21년 2회, 22년 1회, 22년 2회

기호	명명	기호설명
○	기본사상 (Basic Event)	더 이상 전개할 수 없는 사건의 원인
◇	생략사상 (Undeveloped Event)	사고 결과나 관련정보가 미비하여 계속 개발될 수 없는 특정 초기사상
⌂	통상사상 (External Event)	유동계통의 층 변화와 같이 일반적으로 발생이 예상되는 사상
▢	중간사상 (Intermediate Event)	한 개 이상의 입력사상에 의해 발생된 고정사상으로서 주로 고장에 대한 설명 서술
⌒	OR 게이트 (OR Gate)	한 개 이상의 입력사상이 발생하면 출력사상이 발생하는 논리게이트

기호	명칭	설명
	AND 게이트 (AND Gate)	입력사상이 전부 발생하는 경우에만 출력사상이 발생하는 논리게이트
	억제 게이트 (Inhibit Gate)	AND 게이트의 특별한 경우로서 이 게이트의 출력사상은 한 개의 입력사상에 의해 발생하며, 입력사상이 출력사상을 생성하기 전에 특정조건을 만족하여야 하는 논리게이트
	배타적 OR 게이트 (Exclusive OR Gate)	OR 게이트의 특별한 경우로서 입력사상 중 오직 한 개의 발생으로만 출력사상이 생성되는 논리게이트
	우선적 AND 게이트 (Priority AND Gate)	AND 게이트의 특별한 경우로서 입력사상이 특정 순서별로 발생한 경우에만 출력사상이 발생하는 논리게이트
	전이기호 (Transfer Symbol)	다른 부분에 있는(다른 페이지) 게이트와의 연결관계를 나타내기 위한 기호. 전입(Transfer In)과 전출(Trnasfer Out) 기호가 있음
입력 출력 조건	수정 게이트	입력사상에 대해서 이 게이트로 나타내는 조건이 만족하는 경우에만 출력사상이 발생
어느 것이나 2개 a_i a_j a_k	조합 AND 게이트	3개 이상의 입력현상 중에 언젠가 2개가 일어나면 출력이 생김
위험 지속 시간	위험지속 AND 게이트	입력현상이 생겨서 어떤 일정한 기간이 지속될 때 출력이 생김. 만약 그 시간이 지속되지 않으면 출력은 생기지 않음
동시발생이 없음	배타적 OR 게이트	OR 게이트로 2개 이상의 입력이 동시에 존재 할때는 출력사상이 생기지 않음
a_i는 a_j보다 우선 a_i a_j a_k	우선적 AND 게이트	입력사상 중에 어떤 현상이 다른 현상보다 먼저 일어날 때에 출력현상이 생김
A	부정게이트	입력사상의 반대사상이 출력

(2) FTA의 절차 기출 18년 4회, 19년 1회, 21년 4회

① **1단계** : 정상사상(Top Event) 설정
  ㉠ 재해의 위험도를 고려하여 해석할 재해를 결정
  ㉡ 재해발생 확률의 목표값 설정

② **2단계** : 재해원인 규명 기출 20년 1·2회 통합
  ㉠ 해석하려는 시스템의 공정과 작업내용을 파악
  ㉡ 재해와 관련 있는 설비 배치도, 재료 배치도, 운전지침서 등을 준비하고 이를 숙지
  ㉢ 예상되는 재해에 대하여 과거의 재해사례나 재해통계 등을 활용하여 가급적 폭넓게 조사
  ㉣ 재해와 관련 있는 작업자 실수(Human Error)에 대하여 그 원인과 영향을 상세히 조사

③ **3단계** : FT(Fault Tree) 작성 기출 20년 3회, 21년 2회, 23년 복원
  ㉠ 정상사상에 대한 1차원인을 분석
  ㉡ 정상사상과 1차원인과의 관계를 논리 게이트(Gate)로 연결
  ㉢ 1차원인에 대한 2차원인(결함사상)을 분석
  ㉣ 정상사상과 1차원인과의 관계를 논리 게이트로 연결
  ㉤ 위의 과정을 더 이상 분할할 수 없는 기본사상(Basic Event)까지 반복 분석

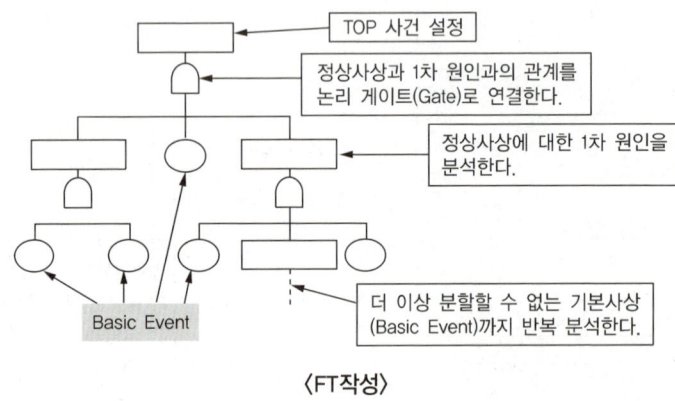

〈FT작성〉

④ **4단계** : 재해원인 규명
  ㉠ 정성적 분석
   • 정량적인 변수들을 이용하지 않고 제품의 구조적 특성이나 각 기본사상들이 정상사상의 발생에 미치는 상대적 중요도 등을 평가하는 분석
   • 정성적 분석단계 : 결함수의 타당성 조사 → 결함수의 축약 → Cut Set과 Path Set
   • 가장 중요한 것은 최소컷셋(Minimal Cut Sets)의 도출
  ㉡ 정량적 분석
   • 사상 발생확률의 평가 : 기본사상들의 발생확률만 알고 있다면 몇 가지 가정들을 추가함으로써 중간사상들이나 정상사상의 발생확률을 계산할 수 있음
   • 중요도 지수 : 어떤 기본사상의 발생이 정상사상의 발생에 어느 정도의 영향을 미치는가를 정량적으로 나타낸 것으로서, 재해예방책 선정의 우선순위를 제시
   • 중요도 지수에는 확률중요도, 치명중요도, 구조중요도 등이 있음
   • <u>확률중요도 : 기본사상의 발생확률이 증감하는 경우 정상사상의 발생확률에 어느 정도 영향을 미치는가를 반영하는 지표로 수리적으로는 편미분과 같은 의미</u> 기출 19년 4회

- 치명중요도 : 기본사상 발생확률의 변화율에 대한 정상사상 발생확률의 변화율
- 평균고장률과 평균수리시간 : 하위수준의 기본사상이나 중간사상들의 평균고장률과 평균수리시간으로부터 정상사상으로 인한 평균고장률이나 평균수리시간도 구할 수 있음
- 기타 신뢰도척도의 추정 : 이 외에도 해당 제품의 여러 가지 신뢰도 특성이나 척도들을 추정할 수 있으며 이때 유용한 것이 최소컷셋(Minimal Cut Sets)임

⑤ 5단계 : 대책수립 및 개선계획
㉠ 정성적, 정량적 분석이 완료되면 최종적인 보고서를 준비
㉡ 보고서에 포함되어야 하는 기본적인 사항
- 목적과 범위
- 가정사항 : 신뢰도 및 가용도 모형의 가정
- 제품 결함의 정의 및 기준
- 결함수 분석 : 분석내용, 자료, 사용기호
- 결과 및 결론
㉢ 재해발생확률이 허용할 수 있는 위험수준인지 확인
㉣ 허용할 수 없는 위험수준일 경우 감소시키기 위한 대책 수립

(3) 최소컷셋(Minimal Cut Sets)과 최소패스셋(Minimal Path Sets)

① 개 요 기출 20년 4회, 21년 1회, 24년 복원

컷 셋	시스템을 고장나게 하는 기본사상의 조합
패스셋	시스템을 고장나지 않도록 하는 기본사상의 조합
최소컷셋	시스템을 고장나게 하는 최소한의 기본사상의 조합
최소패스셋	시스템을 고장나지 않도록 하는 최소한의 기본사상의 조합

㉠ 컷셋은 그 속에 포함되어 있는 모든 기본 사상이 일어났을 때 정상사상을 일으키는 기본사상의 집합이며, 최소패스셋은 시스템의 신뢰성을 표시함
㉡ FT에서 정상사상이나 중간사상의 발생확률을 계산하여 이것을 예측하는 것도 중요하나 정상사상 발생에 영향을 미치는 요소를 파악하는 것도 중요함
㉢ 최소컷셋, 최소패스셋 : 정상사상의 위험성을 효과적이고 경제적으로 감소시키기 위하여 사용되는 방법
㉣ 최소컷셋과 최소패스셋은 개개의 기본사상 발생확률과 무관
㉤ AND와 OR로 구성되는 논리조합의 영향만을 받기 때문에 현실적으로 사업장에 매우 유용
㉥ FTA를 이용하여 재해 발생확률을 계산하려면 각각의 기본사상 발생확률 확보가 전제되어야 함
㉦ 고장률의 신뢰도에 따라 결과의 차이는 클 수 있지만 최소켓셋과 패스셋은 논리조합의 지배를 받기 때문에 분석의 오차를 최소화할 수 있는 장점이 있음

② 최소컷셋(Minimal Cut Sets) 기출 17년 4회, 19년 1회, 20년 1·2회 통합, 22년 1회, 23년 복원
㉠ 정상사상(Top Event)을 일으키기 위한 최소한의 집합
㉡ 일반적으로 Fussell Algorithm을 이용
㉢ 반복되는 사건이 많은 경우 Limnios와 Ziani Algorithm을 이용하는 것이 유리
㉣ 시스템의 위험성을 표시하여 개수가 늘어나면 위험수준이 높아짐
㉤ 중복되는 사상의 컷셋 중 다른 컷셋에 포함되는 셋을 제거한 컷셋과 중복되지 않는 사상의 컷셋을 합한 것

예제1

다음 FT도에서 최소컷셋은?   기출 18년 1회, 19년 2회

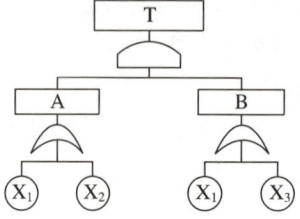

〈최소컷셋 예제〉

- 최소컷셋은 반드시 사고가 발생하는 최소의 조합
- A, B가 and로 연결되므로 A, B 둘 다 발생해야 사고
- X_1 또는 X_2가 or로 연결되므로, X_1 또는 X_2가 발생하면 A 발생
- X_1 또는 X_3가 or로 연결되므로, X_1 또는 X_3가 발생하면 B 발생
- X_1만 발생하면 A, B 모두 발생 → 사고
- X_2만 발생하면 A만 발생 → 무사고
- X_3만 발생하면 B만 발생 → 무사고
- X_1, X_2, X_3 모두 발생하면 A, B 모두 발생 → 사고
- ∴ 따라서 최소컷셋은 X_1

예제2

다음 FT도에서 최소컷셋은?   기출 22년 2회

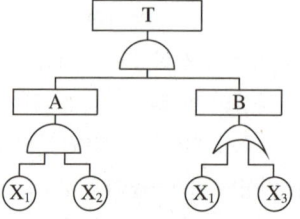

〈최소컷셋 예제〉

- A, B가 and로 연결되므로 A, B 둘 다 발생해야 사고
- X_1, X_2가 and로 연결되므로, X_1과 X_2가 모두가 발생하면 A 발생
- X_1, X_3가 or로 연결되므로, X_1 또는 X_3가 발생하면 B 발생
- X_1만 발생하면 B가 발생 → 무사고
- X_2만 발생하면 A, B 모두 발생하지 않음 → 무사고
- X_3만 발생하면 B가 발생 → 무사고
- X_1, X_2, X_3 모두 발생하면 A, B 모두 발생 → 사고
- 사고가 발생하려면 X_1, X_2 모두가 발생해야 함 → 따라서 최소컷셋은 X_1, X_2
- A의 발생확률(Pa) = $X_1 \times X_2$
- B의 발생확률(Pb) = $1 - (1 - X_1)(1 - X_2)(1 - X_3)$

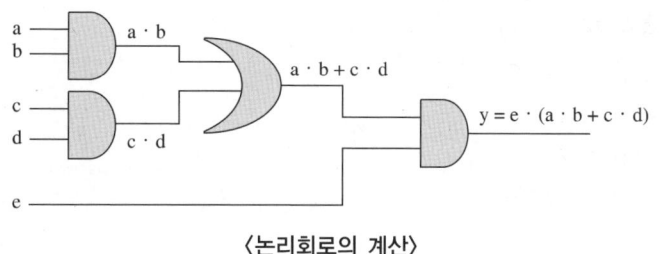

〈논리회로의 계산〉

③ 최소패스셋(Minimal Path Sets) 기출 19년 1회
㉠ 기본 사상이 일어나지 않으면 정상사상이 발생하지 않는 기본사상의 집합
㉡ 시스템의 신뢰성을 표시함

(4) 확률의 평가

① FT를 수식으로 표현하거나 간소화하기 위하여 부울대수(Boolean Algebra)를 사용하며 이 방법은 논리계산의 한 수단으로서 어느 집합을 구성하는 부분집합들의 논리곱과 논리합을 사용하여 표현함
② 확률의 평가는 확률을 계산식을 사용함으로서 FT의 정상사상이나 중간사상, 즉 구하고자 하는 재해 발생확률을 계산하는 방법을 말함
③ 이때 주의를 요하는 것은 FT내의 2개소 이상에 동일 기본사상이 포함되는 경우의 확률계산은 부울대수에 의한 정리를 행한 후에 실시하지 않으면 전혀 다른 결과가 나올 수 있음
④ FT가 수많은 기본사상으로 구성된 경우가 많은데 이때는 그것을 몇 개의 부분 FT로 분해하여 각 부분 FT를 해석한 후 전체의 FT를 해석하는 것이 효율적
⑤ 구성된 FT는 AND와 OR 게이트로 이루어지며 이들의 해석적 방법에 의한 사상발생 확률을 AND 게이트와 OR 게이트로 표시할 수 있음
⑥ AND 게이트
입력이 모두 1(ON)인 경우에만 출력은 1(ON)이 되고, 입력 중에 0(OFF)인 것이 하나라도 있을 경우에는 출력은 0(OFF)이 됨

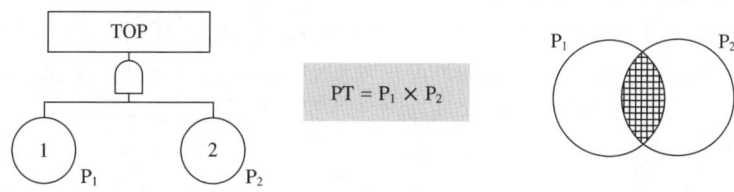

〈AND 게이트〉

⑦ OR 게이트
입력이 모두 0인 경우에만 출력은 0이 되고, 입력 중에 1이 하나라도 있으면, 출력은 1이 됨

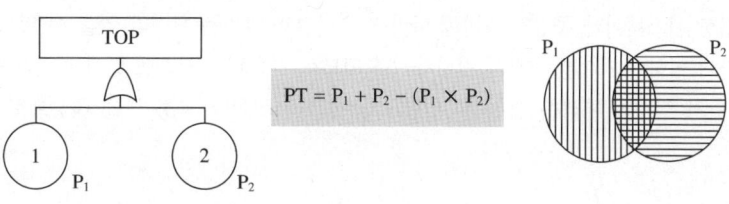

〈OR 게이트〉

(5) FTA의 기대효과 기출 19년 2회
① 시스템의 결함진단
② 사고원인 규명의 간편화
③ 사고원인 분석의 정량화
④ 사고원인 분석의 일반화
⑤ 노력과 시간의 절감
⑥ 안전점검 체크리스트 작성

(6) FTA의 장점
① 사고원인 규명의 간편화
  사고의 세부적인 원인목록을 작성하여 전문지식이 부족한 사람도 목록만을 가지고 해당 사고의 구조를 파악할 수 있음
② 사고원인 분석의 일반화
  재해발생의 모든 원인들의 연쇄를 한눈에 알기 쉽게 Tree상으로 표현할 수 있음
③ 사고원인 분석의 정량화
  FTA에 의한 재해발생 원인의 정량적 해석과 예측, 컴퓨터 처리 및 통계적인 처리가 가능함
④ 노력, 시간의 절감
  ㉠ FTA의 전산화를 통하여 최소컷셋 및 최소패스셋과 발생확률이 높은 기본사상을 파악
  ㉡ 사고발생에의 기여도가 높은 중요원인을 분석 파악하여 사고예방을 위한 노력과 시간을 절감할 수 있음
⑤ 시스템의 결함 진단
  ㉠ 복잡한 시스템 내의 결함을 최소시간과 최소비용으로 효과적인 교정을 통하여 재해발생 초기에 필요한 조치를 취할 수 있어 재해를 예방할 수 있음
  ㉡ 재해가 발생한 경우에는 이를 최소화할 수 있어 폭넓게 이용됨
⑥ 안전점검 Check List 작성
  ㉠ FTA에 의한 재해원인 분석을 토대로 최소컷셋과 재해발생확률이 높은 기본사상을 파악
  ㉡ 안전점검상 중점을 두어야 할 부분 등을 체계적으로 정리한 안전점검 Check List를 만들 수 있음

(7) FTA의 단점
① 숙련된 전문가 필요
  FTA를 수행하기 위하여 이 분야에 전문지식을 가진 숙련자가 필요, 필요한 전문분야는 통계, 확률 및 컴퓨터 조작은 물론 공정 전반에 걸친 지식과 경험이 풍부하여야 함
② 시간 및 경비의 소요
  분석대상 시스템이나 공정의 크기에 따라 소요시간과 경비는 차이가 있을 수 있으나 일반적으로 정성평가에 비하여 막대한 시간과 경비가 소요되므로 처음부터 시스템 전체에 대하여 FTA를 시도하지 말고 먼저 정성적 평가를 거친 후 위험도가 높은 시설이나 공정 등을 대상으로 수행함이 바람직

③ 고장률 자료확보

성공적인 FTA를 위하여 설비, 부품의 정확한 고장률 확보가 전제되어야 함. 동일기기, 부품이라 하더라도 사업장, 취급물질, 운전조건 및 작업자의 숙련도에 따라 고장률은 상이하므로 가능한 해당공정 및 시스템에서 발생한 정비자료를 기초로 통계처리를 하여야 높은 신뢰도를 유지할 수 있음

④ 단일사고의 해석

FTA는 분석 대상 작업이나 공정에서 발생 가능한 최악의 사고 시나리오를 가정하여 그 발생 확률과 중요원인을 규명하는 방법으로서 예상치 못한 사고 또는 사소한 위험성은 간과하기 쉬움

⑤ 논리게이트 선택의 신중

분석자의 의식 중에는 항상 사고확률의 감소라는 개념이 잠재되어 있다고 볼 수 있음. 따라서 특히 AND 게이트 선택시에는 논리적으로 타당한가를 신중히 검토하여야 정확한 FTA 결과를 도출할 수 있음

(8) **부울대수법칙** 기출 18년 4회, 22년 1회, 22년 2회

항등법칙	$A+0=A,\ A+1=1$	$A \cdot 1 = A,\ A \cdot 0 = 0$
동일법칙	$A+A=A$	$A \cdot A = A$
보원법칙	$A+\overline{A}=1$	$A \cdot \overline{A}=0$
다중부정	$\overline{\overline{A}}=A,\ \overline{\overline{\overline{A}}}=\overline{A}$	–
교환법칙	$A+B=B+A$	$A \cdot B = B \cdot A$
결합법칙	$A+(B+C)=(A+B)+C$	$A \cdot (B \cdot C)=(A \cdot B) \cdot C$
분배법칙	$A \cdot (B+C)=AB+AC$	$A+B \cdot C=(A+B) \cdot (A+C)$
흡수법칙	$A+A \cdot B=A$	$A \cdot (A+B)=A$
드모르간 정리	$\overline{A+B}=\overline{A} \cdot \overline{B}$	$\overline{A \cdot B}=\overline{A}+\overline{B}$

02 ETA(사건수) 분석

(1) ETA 특징

① FTA가 어떠한 사고를 유발한 범인을 찾아가는 연역적 추론이라면 ETA는 특정한 사상(Event)이 어떠한 사고결과를 낳게 되는지 찾아가는 귀납적 추론방법

② 초기사건으로 알려진 설비의 고장이나 운전자의 실수가 어떠한 사고를 유발하는지를 분석

③ 건설 중인 공장의 설계나 운전단계에서 위험성평가를 실시할 때 사고의 종류, 발생빈도, 예상시나리오를 도출하는 데 유용

④ 다음 그림에서 왼쪽에서 출발하는 고장이 발생경로를 통해 오른쪽의 사고를 유발하는 상황전개를 한눈에 볼 수 있음

⑤ 단점으로는 하나의 고장이나 실수가 수많은 사고를 가져올 수 있으므로 자료수집이 오래 걸리고 매우 거대한 ETA가 작성될 수 있음

A (정상사상)	B(대응1) 고온경보	C(대응2) 운전자조치	D(2차경보) 인터록	결 과
냉각수 공급 중단	S(0.9)	S(0.95)		정상가동 ABC (0.855)
		F(0.05)	S(0.9) ABCD	정상S/D (0.9855)
			F(0.1) ABCD	반응폭주 (0.0145)
	F(0.1)		S(0.9) ABD	정상S/D
			F(0.1) ABD	반응폭주

S : Success
F : Failure

⟨ETA⟩

(2) ETA 적용시기
① 공정개발단계
② 설계 및 건설단계
③ 시운전단계
④ 운전단계
⑤ 공정 및 운전절차의 변경 시
⑥ 예상되는 사고나 사고원인 조사 시

(3) ETA 분석 6단계
① 1단계 : 발생 가능한 초기사건의 선정
  ㉠ 정성적인 위험성평가기법, 과거의 기록, 경험 등을 통하여 초기사건을 선정
  ㉡ 초기사건은 시스템 또는 운전원이 초기사건에 얼마나 잘 대처하느냐에 따라 결과가 다르게 나타날 수 있는 것을 선정
  ㉢ 초기 사건의 예로는 배관에서의 독성물질 누출, 용기의 파열, 내부 폭발, 공정 이상 등이 있음
② 2단계 : 초기사건을 완화시킬 수 있는 안전요소 확인
  ㉠ 초기사건으로 인한 영향을 완화시킬 수 있는 모든 안전요소를 확인하여 이를 시간별 작동 조치순서대로 도표의 상부에 나열하고 문자 또는 알파벳으로 표기
  ㉡ 안전요소에는 여러 형태가 있으나 다음과 같이 대부분 그 작동결과가 성공 또는 실패의 형태로 나타남
  ㉢ 안전요소의 예로는 초기사건에 자동으로 대응하는 가동정지 시스템, 경보 장치, 운전원의 조치, 완화 장치

③ 3단계 : 사건수 구성
  ㉠ 선정된 초기사건을 사건수 도표의 왼쪽에 기입하고 관련 안전 요소를 시간에 따른 대응순서대로 상부에 기입하고 초기사건에 따른 첫 번째 안전요소를 평가하여 이 안전요소가 성공할 것인지 또는 실패할 것인지 결정하여 도표에 표시
  ㉡ 통상적으로 안전요소의 성공은 도표의 상부에, 실패는 하부에 표시
  ㉢ 이때 첫번째 안전요소의 성공 또는 실패가 최종 사고에 이르는 경로에 영향을 주는지 여부를 판단하여 영향을 받는 경우에는 사건수가 성공 실패의 두가지 경로로 갈라지며 영향을 받지 않는 경우에는 다음의 안전요소까지 그대로 진행하게 됨
  ㉣ 첫번째 안전요소의 작동/대응 결과를 평가한 후에는 위와 동일한 방법으로 두번째 안전요소를 평가하고 마지막으로 최종 안전요소를 평가하여 도표에 사건수를 표시

④ 4단계 : 사고결과의 확인
  ㉠ 사건수의 구성이 끝난 후에는 초기사건에 따른 관련 안전요소의 성공 또는 실패의 경로별로 사고의 형태 및 그 결과를 도표의 우측에 서술식으로 기술하며 이와 함께 경로별로 관련된 안전요소를 문자 또는 알파벳으로 함께 표기
  ㉡ 이때 각 안전요소의 성공 및 실패는, 문자 또는 알파벳으로 표기된 안전요소 상부의 막대유무로 표시된다. 즉, 안전요소가 성공하였을 경우에는 안전요소의 상부에 막대를 표시하지 않으나, 실패한 경우에는 안전요소의 상부에 막대를 표시. 이와 같이 초기사건으로부터 여러 경로를 통하여 진행된 각종 형태의 사고 및 그 결과를 확인하여 도표의 오른쪽에 기술

⑤ 5단계 : 사고결과 상세 분석
  ㉠ 사건수 분석 기법의 사고결과 분석은 평가항목, 수용수준, 평가결과, 개선요소로 이루어짐
  ㉡ 평가항목은 안전-비정상조업, 폭주반응, 증기운폭발 등과 같이 사고형태나 회사의 안전관리 목표 등을 고려하여 결정
  ㉢ 수용 수준은 회사에서 목표로 정한 위험수준으로서 발생빈도나 확률을 나타냄. 평가결과는 사건수 분석으로 예측된 사고형태를 평가 항목별로 분류하여 각 평가 항목별로 사고발생빈도를 합한 값을 나타냄
  ㉣ 개선요소는 평가항목별로 각 사고형태의 발생에 해당하는 안전요소들을 나타냄
  ㉤ 수용수준과 평가결과를 비교하여 평가결과가 수용수준을 만족하지 못할 경우에는 개선권고사항을 작성하여야 함
  ㉥ 이때 평가항목별로 각 개선요소의 신뢰도 향상 방안과 새로운 안전요소의 추가 등을 분석하여 수용수준을 만족할 수 있는 개선권고 사항을 작성함

⑥ 6단계 : 결과의 문서화
  ㉠ 사건수분석의 최종결과는 다음 8항의 문서화 절차에 의하여 작성. 사건수분석의 수행 흐름도를 나타내면 다음과 같음
  ㉡ 초기사건의 정의 → 안전요소에 대한 확인 → 사건수의 구성 → 사고결과의 확인 → 사고결과 상세분석 → 결과보고서 작성

CHAPTER 07 위험성평가

3과목 인간공학 및 시스템안전공학

01 위험성평가의 개요

(1) 개요
① 위험성평가 : 유해·위험요인을 파악하고 해당 유해·위험요인에 의한 부상 또는 질병의 발생 가능성(빈도)과 중대성(강도)을 추정·결정하고 감소대책을 수립하여 실행하는 일련의 과정
② 건설공사의 초기단계에서부터 잠재위험성을 미리 예측하여 사고방지를 위한 적절한 안전대책을 강구

(2) 용어정의
① 사건(Incident)
  ㉠ 위험요인이 자극에 의하여 사고로 발전되었거나 사고로 이어질 수 있었던 원하지 않는 사상(Event)
  ㉡ 인적 물적 손실인 상해 질병 및 재산적 손실뿐만 아니라 인적 물적 손실이 발생되지 않은 아차사고까지 포함
② 사고(Accident)
  ㉠ 위험요인을 근원적으로 제거하지 못하고 위험에 노출되어 발생되는 바람직스럽지 못한 결과를 초래하는 것
  ㉡ 사망, 상해, 질병, 기타 경제적 손실을 야기하는 예상치 못한 사상과 현상
③ 위험요인(Hazard)
  ㉠ 인적피해나 물적손실, 환경피해를 일으키는 요인 및 이들이 혼재된 유해환경상황
  ㉡ 실제 사고로 전환되기 위해서는 자극이 필요하며 이러한 자극으로는 기계고장, 시스템 불안정, 작업자 실수 등이 있음
④ 위험요인 확인(Hazard Identification)
  시스템에서 인적피해나 환경피해 및 재산손실을 야기할 수 있는 잠재적 위험성을 가진 물리, 화학적 제요인을 확인하는 것
⑤ 위험(Danger)
  위험요인(Hazard)에 노출되어 있는 상태
⑥ 위험도(Risk)
  특정한 위험요인이 위험한 상태로 노출되어 특정한 사건으로 이어질 수 있는 가능성(발생빈도)과 결과의 중대성(손실크기)의 조합으로서 위험의 크기 또는 위험의 정도를 말함

⑦ 위험성평가(Risk Assessment)

잠재 위험요인이 사고로 발전할 위험도, 즉, 빈도와 손실크기를 평가하고 위험도가 허용할 수 있는 범위를 벗어난 경우 위험 감소대책을 세우고 위험수준을 허용할 수 있는 범위 내로 끌어내리는 과학적·체계적 위험평가방법

⑧ 허용 가능한 위험(Acceptable Risk)

위험성평가에서 위험 요인의 위험도가 법적 및 시스템의 안전 요구사항에 의하여 사전에 결정된 허용 위험수준 이하의 위험 또는 개선에 의하여 허용 위험수준 이하로 감소된 위험

⑨ 안전(Safety)

위험요인이 없는 상태이지만 이는 현실적으로 달성 불가능하므로 현실적인 안전의 정의는 잠재 위험요인의 위험도를 허용 가능한 위험수준으로 관리하는 것

(3) 위험성평가의 의의

① 안전사고 및 건강장해 사전예방 기능 강화
② 발생 가능한 사고 및 재해 예측
③ 효율적인 안전관리 가능
④ 현장중심의 안전관리 시스템 구축
⑤ 근로자 참여필요
- 관련자료와 정보를 수집하는 사전 준비단계
- 위험이 허용 가능한지 불가능한지 판단하는 위험성 결정 단계
- 위험성평가 결과에 대한 잔류위험 알림단계

(4) 위험성평가의 시기

① 전 새로운 작업 공종 개시
② 작업의 변경이 필요할 경우
③ 새로운 공법 자재 물질을 사용할 경우
④ 기존 작업공종에 대한 정기적인 위험성을 검토할 경우
⑤ 중대사고 및 재해가 발생할 경우

(5) 위험성평가 시 주의할 사항

① 위험성평가가 사업장 내 모든 위험요인에 대하여 이루어지기 위해서는 사전에 평가대상 목록을 확정하고, 각 대상에 대한 불안전한 상태와 불안전한 행동 및 관리적인 사항에 대한 평가를 하여야 함
② 평가팀 구성 시 해당 작업공종 관리자만에 의한 평가는 형식적인 평가가 이루어져 소기의 목적을 달성할 수 없으므로, 현장에서 위험에 직접 노출된 작업자가 참여하여야 함
③ 위험요인 파악은 팀원의 브레인스토밍(Brain Storming) 방식으로 진행하되, 특히 위험에 직접 노출된 현장 근로자의 아차사고 경험을 반영할 수 있도록 아차사고 보고를 활성화하여야 함
④ 위험도 위험의 크기 계산에 필요한 발생빈도와 발생강도뿐만 아니라, 허용할 수 있는 위험수준을 위험성 평가팀에서 사업장의 규모와 업종 특성에 적합하도록 사전에 정하여야 함
⑤ 위험성 평가를 위해서는 조직이 보유하고 있는 위험과 관련된 모든 정보를 평가자들에게 제공하여야 하며, 평가를 위한 정보가 부족할 때는 전문가의 조언을 받도록 함

⑥ 위험 감소대책은 기술적 경제성을 검토하여 합리적으로 실행 가능한 낮은 수준(ALARP ; As Low As Reasonably Practical)의 위험이 유지되도록 작성되어야 함

(6) 위험성평가 절차

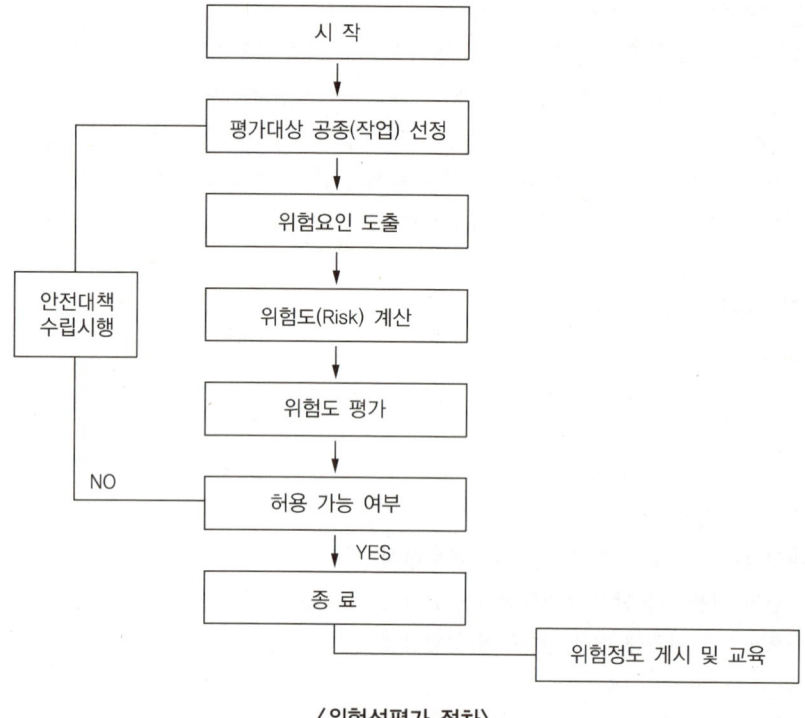

〈위험성평가 절차〉

① 1단계 평가대상 공종 작업 선정
  ㉠ 평가대상 공종 작업별로 분류하여 선정
  ㉡ 평가대상 공종 작업은 단위작업으로 구성되며 단위작업별로 위험성 평가 실시
  ㉢ 작업공정 흐름도에 따라 평가대상 공종 작업이 결정되면 평가대상 및 범위확정
  ㉣ 위험성평가 대상 공정 작업에 대하여 안전보건에 대한 위험정보 사전파악
② 2단계 위험요인의 도출
  ㉠ 근로자의 불안전한 행동으로 인한 위험요인
  ㉡ 사용자재 및 물질에 의한 위험요인
  ㉢ 작업방법에 의한 위험요인
  ㉣ 사용기계 기구에 대한 위험원의 확인
③ <u>3단계 위험도 계산(위험성 추정)</u> 기출 21년 4회
  ㉠ 부상 또는 질병으로 이어질 수 있는 가능성 및 중대성의 크기를 추정
  ㉡ 다음의 방법 중 하나로 위험성을 추정
    • 가능성과 중대성을 행렬을 이용하여 조합하는 방법
    • 가능성과 중대성을 곱하는 방법
    • 가능성과 중대성을 더하는 방법

• 그 밖에 사업장의 특성에 적합한 방법

분류	한국산업안전공단	MIL-STD-882B
빈도	5단계	5단계
	• 빈번함 • 가능성높음 • 있음 • 낮음 • 없음	• 자주발생(Frequent) • 보통발생(Probable) • 가끔발생(Occasional) • 거의 발생하지 않음(Remote) • 극히 발생하지 않음(Improbable)
강도	4단계	4단계
	• 중대재해 • 경미한 휴업재해 • 경미한 불휴업재해 • 영향 없음	• 파국(Catastrophic) • 중대재해(Critical) • 경미재해(Marginal) • 무시재해(Negligible)

④ **4단계 위험도 평가(위험성 결정)** 기출 17년 4회

㉠ 위험의 빈도와 심도를 고려하여 위험도 등급을 결정
㉡ 과거 사고와 자료를 토대로 장래 발생확률과 피해규모를 계산
㉢ 기업에 존재하는 위험의 객관적인 파악이 가능
㉣ 기업 간의 의존도, 한 가지 사고가 여러 가지 손실을 수반
㉤ 발생빈도보다는 강도에 중점을 둠
㉥ 사업장 특성에 따라 관리기준을 달리할 수 있음

〈Risk Assessment Matrix〉

SEVERITY \ PROBABILITY	Catastrophic (1)	Critical (2)	Marginal (3)	Negligible (4)
Frequent (A)	High	High	Serious	Medium
Probable (B)	High	High	Serious	Medium
Occasional (C)	High	Serious	Medium	Low
Remote (D)	Serious	Medium	Medium	Low
Improbable (E)	Medium	Medium	Medium	Low
Eliminated (F)	Eliminated			

⑤ 개선대책 수립

㉠ 위험의 정도가 중대한 위험에 대해서는 구체적 위험 감소대책을 수립
㉡ 감소대책 실행 이후에는 위험을 허용할 수 있는 범위로 낮추어야 함
㉢ 위험감소대책은 현재의 안전대책을 고려하여 수립하고 이를 개선 대책에 기입
㉣ 개선대책을 시행할 경우 위험수준이 어느 정도 감소하는지 개선 후 위험도 평가 실시
㉤ 개선대책 실행 후 위험도는 허용할 수 있는 범위내의 위험수준이 되어야 함

⑥ 위험관리의 처리기술 기출 17년 4회
　㉠ 위험을 관리하기 위한 기법으로는 위험통제와 위험재무기법이 있음
　㉡ 위험통제(Risk Control)
　　• 위험의 회피, 제거
　　• 위험의 예방
　　• 위험의 경감
　　• 위험의 분산(분리, 분할)
　　• 위험의 결합(협정, 합병)
　　• 위험의 제한(이전, 제한)
　㉢ 위험재무(Risk Financing)
　　• 위험의 보유(기업의 자산을 담보로 부담)
　　• 위험의 준비(준비금 설정, 자가보험)
　　• 위험의 전가(보험, 공제, 기금, Pool)
　　• 위험의 헷징(Hedging)

(7) 평가결과의 타당성 검토 및 보고
　① 위험성평가 타당성 검토
　　㉠ 위험성을 평가해서 얻어진 위험 감소대책은 위험 감소대책의 실효성이 있는지 최종적으로 검토
　　㉡ 위험성평가 검토 시 고려할 사항
　　　• 위험 감소대책이 기술적 난이도를 고려했는지 여부
　　　• 합리적으로 실행 가능한 낮은 수준으로(ALARP ; As Low As Reasonably Practical) 고려했는지 여부
　　　• 실행우선 순위가 적절한지 여부
　　　• 새로운 위험이 발생하지 않는지 여부
　　　• 대책 실행 후 허용 가능한 위험범위 이내로 위험성이 감소되었는지 여부
　② 평가 결과의 보고
　　최종적으로 위험 감소대책을 포함한 위험성 평가결과는 경영층에 보고하고 노사가 공동으로 위험감소대책을 실행하여야 함

(8) 위험성평가 결과 모니터링
　① 각 작업공종별 중요한 유해위험은 기록하고 등록된 위험에 대해서는 항시 주의 깊게 관리를 하여야 함
　② 위험 감소대책을 포함한 위험성 평가결과는 근로자에게 공지하여 더 이상의 감소대책이 없는 잠재 위험요인에 대하여 위험인식을 같이 하도록 함
　③ 위험 감소대책을 실행한 후 재해감소 및 생산성 향상에 대한 모니터링을 주기적으로 실시하고 평가하여 다음 연도 사업계획 및 재해감소 목표설정에 반영하여 지속적 개선이 이루어지도록 함

(9) 화학설비의 안전성 평가단계

① **1단계 : 자료의 수집 및 정비**
  해당 공사에 대한 신기술, 신공법 기계 및 설비의 안전성에 관한 것으로 작업공정 및 배치의 적정 등의 검토에 필요한 자료를 수집·정비

② **2단계 : 정성적 평가의 실시**
  공법 및 기계설비의 안전성 확보, 계획된 작업공정의 적정여부 및 위험성을 파악하기 위한 정성적 평가를 실시

설계 관계	항목수	운전 관계	항목수
입지조건	5	원재료, 중간체제품	7
공장 내 배치	9	공정	7
건조물	8	수송, 저장 등	9
소방설비	5	공정 기기	11

③ **3단계 : 정량적 평가의 정량화**
  제반 위험성의 중요도의 파악을 위하여 정량적인 평가를 실시

등급	점수	내용
등급 I	16점 이상	위험도가 높음
등급 II	11~15점 이하	주위 상황, 다른 설비와 관련해서 평가
등급 III	10점 이하	위험도가 낮음

④ **4단계 : 위험성에 대한 안전대책의 검토** 기출 21년 2회
  ㉠ 정량적 평가결과의 위험도에 따라 기술적인 대책과 관리적인 대책의 종합적인 안전대책을 수립
  ㉡ 관리적 대책
  • 적정인원 배치

구 분	위험등급 I	위험등급 II	위험등급 III
인 원	긴급 시, 동시에 다른 장소에서 작업을 행할 수 있는 충분한 인원 배치	긴급 시, 동시에 다른 장소에서 작업이 가능한 인원 배치	긴급 시, 주 작업을 하고 바로 지원이 확보될 수 있는 체제의 인원배치
자 격	법정 자격자를 복수로 배치, 관리밀도가 높은 인원 배치	법정 자격자가 복수로 배치되어 있는 인원 배치	법정 자격자가 충분한 인원 배치

  • 교육훈련 과목

학 과	실 기
• 위험물 및 화학반응에 관한 지식 • 화학설비 등의 구조 및 취급방법에 관한 지식 • 화학설비 등의 운전 및 보전의 방법에 관한 지식 • 작업규정 • 재해사례 • 관계법령	• 운전 • 경보 및 보전의 방법 • 긴습 시의 조작방법

⑤ **5단계 : 안전대책의 재평가**
  4단계에서 수립된 안전대책을 동종의 재해정보 등 관련자료를 활용하여 재평가를 실시

⑥ **6단계 : 결함수분석(FTA)에 의한 재평가**
  필요시 FTA(Falut Tree Analysis)의 기법에 의하여 재평가를 실시

CHAPTER 08 각종 설비의 유지관리

3과목 인간공학 및 시스템안전공학

01 유해위험방지계획서

(1) 유해위험방지계획서
① 「산업안전보건법」에서 규정하고 있으며, 근로자의 안전과 보건을 확보하기 위해 사전에 안전성 심사를 통해 위험요소를 제거하여 근로자의 안전과 보건을 증진하기 위한 목적으로 시행하며 고용노동부장관에게 제출하고 심사를 받아야 함
② 생산 공정과 직접적으로 관련된 건설물·기계·기구, 설비 등 일체를 설치·이전·변경하기 전에 유해위험방지계획서를 작성·제출하고 현장확인을 통해 유해위험요인을 제거함
③ 유해·위험방지계획서를 제출하려면 유해·위험방지계획서에 관련서류를 첨부하여 해당 작업 시작 15일 전까지 한국산업안전보건공단에 2부를 제출 기출 17년 4회, 20년 1·2회 통합, 20년 3회, 21년 1회

(2) 유해위험방지계획서 제출대상
① 업종대상 기출 19년 2회, 23년 복원
  ㉠ 전기계약용량 300kW 이상인 13대 업종 중 생산공정과 관련된 건설물·기계·설비 등 설치, 이전하는 경우
  ㉡ 전기정격용량의 합 100kW 이상 증설·교체·개조·이설하는 경우
② 설비대상 기출 18년 1회, 19년 4회
  ㉠ 용해로(금속이나 그 밖의 광물의 용해로) : 노용량이 3톤 이상인 것
  ㉡ 화학설비 : "특수화학설비"로 하루 동안 제조·취급량이 기준량 이상인 것
  ㉢ 건조설비 : 열원 연료 최대 소비량 50kg/hr 이상 또는 정격소비전력이 50kW 이상인 설비
  ㉣ 가스집합용접장치 : 용접·용단용으로 인화성가스 집합량이 1,000kg 이상인 것
  ㉤ 허가·관리대상 유해물질 및 분진작업 관련설비
  ㉥ 안전검사 대상물질 49종 : 배풍량 60m^3/분 이상
  ㉦ 허가대상 또는 관리대상 물질 : 배풍량 150m^3/분 이상
③ 제출대상 공사
  ㉠ 지상높이가 31m 이상인 건축물 또는 인공구조물
  ㉡ 연면적 3만m^2 이상인 건축물
  ㉢ 연면적 5천m^2 이상인 시설
    • 문화 및 집회시설(전시장 및 동물원·식물원은 제외)
    • 판매시설, 운수시설(고속철도의 역사 및 집배송시설은 제외)

- 종교시설
- 의료시설 중 종합병원
- 숙박시설 중 관광숙박시설
- 지하도상가
- 냉동·냉장 창고시설

② 연면적 5천m² 이상인 냉동·냉장 창고시설의 설비공사 및 단열공사
⑩ 최대 지간(支間)길이(다리의 기둥과 기둥의 중심사이의 거리)가 50m 이상인 다리의 건설 등 공사
⑪ 터널의 건설 등 공사
⊗ 다목적댐, 발전용댐, 저수용량 2천만톤 이상의 용수 전용 댐 및 지방상수도 전용 댐의 건설 등 공사
⊙ 깊이 10m 이상인 굴착공사

(3) 유해위험방지계획서 제출서류
① 사업주가 유해위험방지계획서를 제출할 때에는 건설공사 유해위험방지계획서 첨부서류를 첨부하여 해당 공사의 작업 시작 15일 전까지 공단에 2부를 제출해야 함
② 이 경우 해당 공사가 「건설기술 진흥법」에 따른 안전관리계획을 수립해야 하는 건설공사에 해당하는 경우에는 유해위험방지계획서와 안전관리계획서를 통합하여 작성한 서류를 제출할 수 있음
③ **첨부서류** 기출 기출 18년 4회, 19년 1회
  ㉠ 공사 개요 및 안전보건관리계획
   - 공사 개요서
   - 공사현장의 주변 현황 및 주변과의 관계를 나타내는 도면(매설물 현황을 포함)
   - 전체 공정표
   - 산업안전보건관리비 사용계획서
   - 안전관리 조직표
   - 재해 발생 위험 시 연락 및 대피방법
  ㉡ 작업 공사 종류별 유해위험방지계획

(4) 유해위험방지계획서의 건설안전분야 자격
① 건설안전 분야 산업안전지도사
② 건설안전기술사 또는 토목·건축 분야 기술사
③ 건설안전산업기사 이상의 자격을 취득한 후 건설안전 관련 실무경력이 건설안전기사 이상의 자격은 5년, 건설안전산업기사 자격은 7년 이상인 사람

02 공장설비의 안전성 평가

(1) 기계설비의 안전평가
    ① 설계 및 제작중인 기계의 안전성
        ㉠ 설계단계부터 위험에 대한 정보를 수집하여 반영해야 함
        ㉡ 설계단계 시 원재료의 화학적, 물리적, 기계적 성질을 고려하여 선정
        ㉢ 구조, 강도, 기능, 조작성, 보수성, 신뢰성 등을 감안하여 안전설계
        ㉣ Fool Proof, Fail Safe 등의 원리를 반영하여 고장 시, 오조작 시에 대한 대비
        ㉤ 제품에 사용되는 재료가 설계서에 지정된 재료인지, 규격에 맞는 것인지 확인하여 제작
    ② 사용 중인 기계의 안전성
        ㉠ 설계와 사용매뉴얼대로 사용하는지 확인
        ㉡ 불법개조, 임의개조를 하지 않았는지 확인
        ㉢ 장시간 사용으로 인한 노후, 열화 등으로 인한 위험성 확인
    ③ 사용 중인 기계의 개조 시 안전성
        ㉠ 사용 중인 기계에 새롭게 부착되는 부품의 위험성 검토
        ㉡ 기존기계와 새로운 부분과의 연결점에 대한 위험성 검토
    ④ 시설 배치에 따른 안전성
        ㉠ 작업의 흐름에 따라서 기계를 배치하여 불필요한 운반작업이 없도록 함
        ㉡ 설비 주변에 충분한 운전공간확보, 재료 및 완제품 적재공간 확보
        ㉢ 작업자가 안전하게 통행할수 있는 통로를 확보하고 작업장과 통로를 명확하게 구분
        ㉣ 기계설비를 통로측에 설치할 경우 작업자가 통로 쪽으로 등을 향하여 일하지 않도록 배치
        ㉤ 기계설비는 보수 및 점검이 용이하도록 설치하고 배치
        ㉥ 비상시 신속하게 대피할 수 있는 통로 확보하고 사고진압을 위한 활동통로 확보
        ㉦ 향후의 설비확장을 고려하여 배치

(2) 공장의 시설배치 기준
    ① 차량 통행로
        ㉠ 운반차량 한 대가 통행하는 통로는 차량보다 최소 60cm 이상 넓어야 함
        ㉡ 운반차량 2대가 다니는 통로는 운행차량 2대의 최대 폭에 90cm 이상의 여유
        ㉢ 구내 차량의 제한속도는 10km/h 이하
    ② 출구 : 작업장에는 서로 반대방향에 2개 이상의 출구가 있어야 함
    ③ 층 계
    ④ 층계 손잡이
        ㉠ 0.8m 이상 높이의 층계는 손잡이 설치
        ㉡ 폭이 1.1m 이하인 경우 한쪽에 손잡이 설치
        ㉢ 폭이 1.1m 이상인 경우 양쪽에 손잡이 설치
        ㉣ 폭이 2.2m 이상인 경우 중간에도 손잡이 설치

⑤ 바닥 : 평평하며 미끄러지지 않아야 함
⑥ 바닥개구부
   ㉠ 파이프 지름 2.7cm 이상
   ㉡ 발끝막이판 10cm 이상
   ㉢ 상부난간대 90~120cm 이상
   ㉣ 중간난간대는 45cm씩 균등설치
   ㉤ 100kg의 하중을 견딜 수 있어야 함
⑦ 유지보수용 통로
   ㉠ 모든 기계설비는 유지보수를 위한 통로, 사다리, 난간을 설치
   ㉡ 사다리와 난간은 미끄러지지 않는 재질로 하고 보호손잡이나 방호울을 설치
⑧ 머리위의 시설물 : 최소 2m 위에 설치
⑨ 전기시설물
   ㉠ 고전압기계는 인가자만 취급
   ㉡ 위험, 경고표지 설치
⑩ 압력용기
   ㉠ 규정에 적합하게 설치
   ㉡ 안전밸브, 파열판 등은 정기적으로 검사
⑪ 조 명 기출 23년 복원
   ㉠ 충분한 조도의 조명유지
   ㉡ 초정밀작업 750lux
   ㉢ 정밀작업 300lux
   ㉣ 보통작업 150lux
   ㉤ 기타작업 75lux
⑫ 환 기
   ㉠ 먼지, 가스, 흄 등에 대한 환기 필요
   ㉡ 필요한 곳에는 국소배기장치 설치
⑬ 배 관
   ㉠ 내용물의 종류에 따라 배관 칼라링
   ㉡ 소방용은 적색, 위험물은 황색, 안전한 물질은 녹색
⑭ 경고표지
   위험지역, 금연지역, 고압전기기설지역, 기계가동지역 등 지역별로 표지 부착
⑮ 응급조치시설
   세안장치, 세척장치, 제세동기

03 설비보전

(1) 보 전
① 기계, 설비, 장치 등이 고장 나는 일 없이 안전하게 가동하도록 보수하는 것
② 보전에는 예방보전, 개량보전, 사후보전이 있음
③ 보전예방 : 설비보전 정보와 신기술을 기초로 신뢰성, 조작성, 보전성, 안전성, 경제성 등이 우수한 설비의 선정, 조달, 설계를 통해 궁극적으로 설비의 설계, 제작단계에서 보전활동이 불필요한 체제를 목표로 하는 설비보전방법

(2) 예방보전(Preventive Maintenance)
① 시간기준보전(TBM ; Time Based Mainatenance) : 보전주기에 의거하여 실시
② 상태기준보전(CBM ; Condition Based Maintenance) : 설비의 상태에 의거하여 보전주기나 보전방법을 결정
③ 적응보전(AM ; Adaptive Maintenance) : 생산상황, 설비의 노후 정도 등을 고려하여 보전을 실행

(3) 사후보전(Breakdown Maintenance)
① 계획사후보전(PBM ; Planned Breakdown Maintenance) : 고장날 때까지 사용하여 보전
② 긴급사후보전(EBM ; Emergency Breakdown Maintenance) : 예상 외의 고장으로 긴급 교체하는 보전

(4) 개량보전(Corrective Maintenance)
① 고장 감소, 설비의 안정적 가동목적
② 기동에 장해가 되거나 보전비용이 증가될 때
③ 노후화가 진행되어 통상의 보전으로 적합하지 않을 때, 설비 갱신

(5) 일상보전(Daily Maintenance) 기출 21년 2회
설비의 열화를 방지하고 그 진행을 지연시켜 수명을 연장하기 위한 점검, 청소, 주유 및 교체 등의 활동

보전(Maintenance)
- PM : 예방보전(Preventive Maintenance)
  - TBM : 시간기준 예방보전(Time Based Maintenance)
  - CBM : 예지 보전(Condition Based Maintenance)
- CM : 개량보전(Corrective Maintenance)
- BM : 사후보전(Breakdown Maintenance)
  - PBM : 계획 사후보전(Planned Breakdown Maintenance)
  - EBM : 돌발 사후보전(Emergency Breakdown Maintenance)
- DM : 일상보전(Daily Maintenance)

〈보전의 종류〉

PART 3

최신기출 15회분

2022년 제2회
2022년 제1회
2021년 제4회
2021년 제2회
2021년 제1회
2020년 제4회
2020년 제3회
2020년 제1·2회 통합
2019년 제4회
2019년 제2회
2019년 제1회
2018년 제4회
2018년 제2회
2018년 제1회
2017년 제4회

무언가를 위해 목숨을 버릴 각오가 되어 있지 않는 한
그것이 삶의 목표라는 어떤 확신도 가질 수 없다.

– 체 게바라 –

  **끝까지 책임진다! 시대에듀!**

QR코드를 통해 도서 출간 이후 발견된 오류나 개정법령, 변경된 시험 정보, 최신기출문제, 도서 업데이트 자료 등이 있는지 확인해 보세요! **시대에듀 합격 스마트 앱**을 통해서도 알려 드리고 있으니 구글 플레이나 앱 스토어에서 다운받아 사용하세요. 또한, 파본 도서인 경우에는 구입하신 곳에서 교환해 드립니다.

2022년 제2회 기출해설

41 A작업의 평균에너지소비량이 다음과 같을 때, 60분 간의 총 작업시간 내에 포함되어야 하는 휴식 시간(분)은?
• 4장 2절 작업생리학

- 휴식 중 에너지소비량 : 1.5kcal/min
- A작업 시 평균 에너지소비량 : 6kcal/min
- 기초대사를 포함한 작업에 대한 평균 에너지소비량 상한 : 5kcal/min

① 10.3
② 11.3
③ 12.3
④ 13.3

해설
휴식시간 = 작업시간×(E−5)/(E−1.5) (E : 작업 중 에너지 소비량) = 60×(6−5)/(6−1.5) = 13.3

42 인간공학에 대한 설명으로 틀린 것은?
• 1장 1절 인간공학의 정의

① 인간−기계 시스템의 안전성, 편리성, 효율성을 높인다.
② 인간을 작업과 기계에 맞추는 설계 철학이 바탕이 된다.
③ 인간이 사용하는 물건, 설비, 환경의 설계에 적용된다.
④ 인간의 생리적, 심리적인 면에서의 특성이나 한계점을 고려한다.

해설
작업과 기계를 인간에 맞추어야 한다.

정답 41 ④ 42 ②

43 근골격계질환 작업분석 및 평가 방법인 OWAS의 평가요소를 모두 고른 것은?

> ㄱ. 상지
> ㄴ. 무게(하중)
> ㄷ. 하지
> ㄹ. 허리

① ㄱ, ㄴ
② ㄱ, ㄷ, ㄹ
③ ㄴ, ㄷ, ㄹ
④ ㄱ, ㄴ, ㄷ, ㄹ

해설
OWAS는 작업자세로 인한 상지와 하지, 허리의 작업부하를 평가하는 방법으로 신체부위의 자세뿐만 아니라 중량물의 사용도 고려하여 평가한다.

44 밝은 곳에서 어두운 곳으로 갈 때 망막에 시홍이 형성되는 생리적 과정인 암조응이 발생하는데, 완전 암조응(Dark Adaption)이 발생하는데 소요되는 시간은?   • 4장 1절 작업조건과 환경조건

① 약 3~5분
② 약 10~15분
③ 약 30~40분
④ 약 60~90분

해설
완전 암순응은 약 30~40분이 걸린다.

45 FTA(Fault Tree Analysis)에 관한 설명으로 옳은 것은?   • 5장 2절 시스템 위험분석기법

① 정성적 분석만 가능하다.
② 복잡하고 대형화된 시스템의 신뢰성 분석 및 안정성 분석에 이용되는 기법이다.
③ FT에 동일한 사건이 중복되어 나타나는 경우 상향식(Bottom-up)으로 정상 사건 T의 발생 확률을 계산할 수 있다.
④ 기초사건과 생략사건의 확률 값이 주어지게 되더라도 정상 사건의 최종적인 발생확률을 계산할 수 없다.

해설
정량적 기법, 탑다운에 의한 연역적 분석기법, 기초사건들의 발생확률을 알고 있으면 정상사상의 발생확률을 계산할 수 있다.

46 불(Bool) 대수의 정리를 나타낸 관계식 중 틀린 것은?

• 6장 1절 FTA(결함수) 분석

① $A \cdot 0 = 0$
② $A + 1 = 0$
③ $A \cdot \overline{A} = 1$
④ $A(A+B) = A$

해설

$A \cdot \overline{A} = 0$

47 FTA(Fault Tree Analysis)에서 사용되는 사상기호 중 통상의 작업이나 기계의 상태에서 재해의 발생 원인이 되는 요소가 있는 것은?

• 6장 1절 FTA(결함수) 분석

①  ②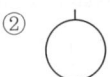

③ 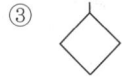 ④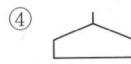

해설

<FTA의 논리기호>

기 호	명 명	기호설명
○	기본사상 (Basic Event)	더 이상 전개할 수 없는 사건의 원인
◇	생략사상 (Undeveloped Event)	사고 결과나 관련정보가 미비하여 계속 개발될 수 없는 특정 초기사상
⌂	통상사상 (External Event)	유동계통의 층 변화와 같이 일반적으로 발생이 예상되는 사상
▭	중간사상 (Intermediate Event)	한 개 이상의 입력사상에 의해 발생된 고장사상으로서 주로 고장에 대한 설명 서술
⌒	OR 게이트 (OR Gate)	한 개 이상의 입력사상이 발생하면 출력사상이 발생하는 논리게이트

48 HAZOP 기법에서 사용하는 가이드워드와 그 의미가 잘못 연결된 것은?

• 5장 2절 시스템 위험분석기법

① Part of – 성질상의 감소
② As well as – 성질상의 증가
③ Other than – 기타 환경적인 요인
④ More/Less – 정량적인 증가 또는 감소

해설

Other than : 설계의도가 완전히 바뀜

49 다음 중 좌식작업이 가장 적합한 작업은?

• 3장 2절 신체활동의 생리학적 측정

① 정밀조립 작업
② 4.5kg 이상의 중량물을 다루는 작업
③ 작업장이 서로 떨어져 있으며 작업장 간 이동이 잦은 작업
④ 작업자의 정면에서 매우 높거나 낮은 곳으로 손을 자주 뻗어야 하는 작업

해설

좌식작업은 정밀조립 작업, 가벼운 작업에 적당하며, ②·③·④는 입식작업에 적합하다.

50 양식 양립성의 예시로 가장 적절한 것은?

• 1장 2절 인간-기계체계

① 자동차 설계 시 고도계 높낮이 표시
② 방사능 사업장에 방사능 폐기물 표시
③ 청각적 자극 제시와 이에 대한 음성 응답
④ 자동차 설계 시 제어장치와 표시장치의 배열

해설

양식적 양립성(Modality)이란 과업에 따라 맞는 자극과 응답양식이 존재하는 것을 말한다.

51 시스템의 수명곡선(욕조곡선)에 있어서 디버깅(Debugging)에 관한 설명으로 옳은 것은?

• 1장 3절 체계설비와 인간요소

① 초기 고장의 결함을 찾아 고장률을 안정시키는 과정이다.
② 우발 고장의 결함을 찾아 고장률을 안정시키는 과정이다.
③ 마모 고장의 결함을 찾아 고장률을 안정시키는 과정이다.
④ 기계 결함을 발견하기 위해 동작시험을 하는 기간이다.

해설

디버깅이란 초기결함을 찾아 안정화시키는 것을 말한다.

정답 48 ③ 49 ① 50 ③ 51 ①

52 1sone에 관한 설명 중 빈칸 안에 알맞은 수치는? • 4장 1절 작업조건과 환경조건

1sone − (㉠)Hz, (㉡)dB의 음압수준을 가진 순음의 크기

	㉠	㉡
①	1,000	1
②	4,000	1
③	1,000	40
④	4,000	40

해설
Phon은 1,000Hz 순음의 음압 레벨과 같은 크기로 느끼는 음의 크기이며, 1,000Hz에서 음압 레벨이 40dB인 순음의 음의 크기가 1sone이다

53 경계 및 경보신호의 설계지침으로 틀린 것은? • 2장 2절 청각적 표시장치

① 주의를 환기시키기 위하여 변조된 신호를 사용한다.
② 배경소음의 진동수와 다른 진동수의 신호를 사용한다.
③ 귀는 중음역에 민감하므로 500~3,000Hz의 진동수를 사용한다.
④ 300m 이상의 장거리용으로는 1,000Hz를 초과하는 진동수를 사용한다.

해설
300m 이상의 장거리용으로는 1000Hz 이하의 진동수를 사용한다.

54 인간-기계 시스템에 대한 설명으로 틀린 것은? • 1장 2절 인간-기계체계

① 자동 시스템에서는 인간요소를 고려하여야 한다.
② 자동차 운전이나 전기 드릴 작업은 반자동 시스템의 예시이다.
③ 자동 시스템에서 인간은 감시, 정비유지, 프로그램 등의 작업을 담당한다.
④ 수동 시스템에서 기계는 동력원을 제공하고 인간의 통제하에서 제품을 생산한다.

해설
수동시스템이 아니라 기계시스템이다.

정답 52 ③ 53 ④ 54 ④

55 n개의 요소를 가진 병렬 시스템에 있어 요소의 수명(MTTF)이 지수 분포를 따를 경우, 이 시스템의 수명으로 옳은 것은?

• 1장 3절 체계설비와 인간요소

① $MTTF \times n$

② $MTTF \times \dfrac{1}{n}$

③ $MTTF \times (1 + \dfrac{1}{2} + \cdots + \dfrac{1}{n})$

④ $MTTF \times (1 + \dfrac{1}{2} \times \cdots \times \dfrac{1}{n})$

해설

병렬계 시스템의 수명 = MTTF(1+1/2+1/3+⋯+1/n)

---

56 다음에서 설명하는 용어는?

• 7장 1절 위험성평가의 개요

> 유해・위험요인을 파악하고 해당 유해・위험요인에 의한 부상 또는 질병의 발생 가능성(빈도)과 중대성(강도)을 추정・결정하고 감소대책을 수립하여 실행하는 일련의 과정을 말한다.

① 위험성 결정
② 위험성 평가
③ 위험빈도 추정
④ 유해・위험요인 파악

해설

위험성 평가란 유해・위험요인을 파악하고 해당 유해・위험요인에 의한 부상 또는 질병의 발생 가능성(빈도)과 중대성(강도)을 추정・결정하고 감소대책을 수립하여 실행하는 일련의 과정

---

57 상황 해석을 잘못하거나 목표를 잘못 설정하여 발생하는 인간의 오류 유형은? • 2장 4절 휴먼에러

① 실수(Slip)
② 착오(Mistake)
③ 위반(Violation)
④ 건망증(Lapse)

해설

착오(Mistake)는 상황해석을 잘못하거나, 잘못된 지식으로 목표를 잘못 설정하여 발생하는 에러이다.
① 실수 : 행동의 실패
③ 위반 : 고의적 행동
④ 건망증 : 기억의 실패

---

55 ③　56 ②　57 ②

58 위험분석 기법 중 시스템 수명주기 관점에서 적용 시점이 가장 빠른 것은?

• 5장 2절 시스템 위험분석기법

① PHA
② FHA
③ OHA
④ SHA

해설
PHA는 공정의 수명초기에 사용하는 위험분석기법이다.

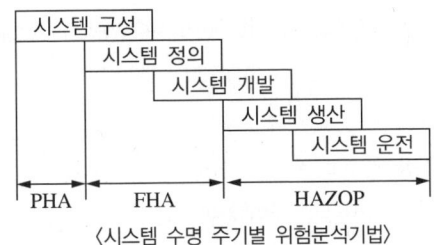

〈시스템 수명 주기별 위험분석기법〉

59 태양광선이 내리쬐는 옥외장소의 자연습구 온도 20℃, 흑구온도 18℃, 건구온도 30℃ 일 때 습구흑구온도지수(WBGT)는?

• 4장 1절 작업조건과 환경조건

① 20.6℃
② 22.5℃
③ 25.0℃
④ 28.5℃

해설
WBGT = 0.7NWB+0.2GT+0.1DB = 0.7×20+0.2×18+0.1×30 = 20.6

60 그림과 같은 FT도에 대한 최소 컷셋(Minimal Cut Set)으로 옳은 것은?(단, Fussell의 알고리즘을 따른다.)

• 6장 1절 FTA(결함수) 분석

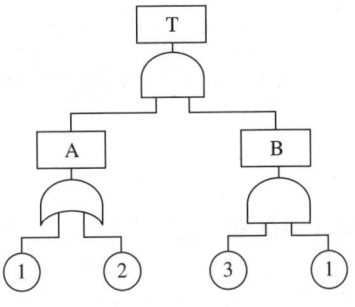

① {1, 2}
② {1, 3}
③ {2, 3}
④ {1, 2, 3}

해설
최소 컷셋은 정상사상(Top Event)을 일으키기 위한 최소한의 집합이다. 중복되는 사상의 컷셋 중 다른 컷셋에 포함되는 셋을 제거한 컷셋과 중복되지 않는 사상의 컷셋을 합한 것으로 반드시 사고가 발생하는 최소의 조합이다.

정답 58 ① 59 ① 60 ②

2022년 제1회 기출해설

3과목 인간공학 및 시스템안전공학

41 태양광이 내리쬐지 않는 옥내의 습구흑구온도지수(WBGT) 산출식은? • 4장 1절 작업조건과 환경조건

① 0.6 × 자연습구온도 + 0.3 × 흑구온도
② 0.7 × 자연습구온도 + 0.3 × 흑구온도
③ 0.6 × 자연습구온도 + 0.4 × 흑구온도
④ 0.7 × 자연습구온도 + 0.4 × 흑구온도

해설
한국은 미국 ACGIH의 습구흑구온도지수(WBGT)를 온열지수로 채택하고 있다.
태양광선이 없는 옥내 작업장 : WBGT = 0.7NWB+0.3GT
- WBGT : 건구, 습구, 흑구 온도지수
- NWB : 자연습구온도(Natural Wet-Bulb Temperature)
- DB : 건구온도(Dry Bulb Temperature)
- GT : 흑구온도(Globe Temperature)

42 부품 배치의 원칙 중 기능적으로 관련된 부품들을 모아서 배치한다는 원칙은?
• 3장 2절 신체활동의 생리학적 측정

① 중요성의 원칙
② 사용 빈도의 원칙
③ 사용 순서의 원칙
④ 기능별 배치의 원칙

해설
부품 배치의 원칙 중 기능별 배치의 원칙은 비슷한 기능을 갖는 구성요소들끼리 한데 모아서 서로 가까운 곳에 위치시킴, 색상으로 구분하는 것이다.

43 인간공학의 목표와 거리가 가장 먼 것은? • 1장 1절 인간공학의 정의

① 사고 감소
② 생산성 증대
③ 안전성 향상
④ 근골격계질환 증가

해설
근골격계질환의 감소이다.

정답 41 ② 42 ④ 43 ④

44 시각적 식별에 영향을 주는 각 요소에 대한 설명 중 틀린 것은? • 4장 1절 작업조건과 환경조건

① 조도는 광원의 세기를 말한다.
② 휘도는 단위 면적당 표면에 반사 또는 방출되는 광량을 말한다.
③ 반사율은 물체의 표면에 도달하는 조도와 광도의 비를 말한다.
④ 광도 대비란 표적의 광도와 배경의 광도의 차이를 배경 광도로 나눈 값을 말한다.

해설
조도가 아니라 광도이며, 칸델라(candela)로 표기한다.

45 A사의 안전관리자는 자사 화학 설비의 안전성 평가를 실시하고 있다. 그 중 제2단계인 정성적 평가를 진행하기 위하여 평가 항목을 설계관계 대상과 운전관계 대상으로 분류하였을 때 설계관계 항목이 아닌 것은? • 5장 1절 시스템 위험분석 관리

① 건조물
② 공장 내 배치
③ 입지조건
④ 원재료, 중간제품

해설
2단계 정성적 평가의 설계관계와 운전관계 대상은 다음과 같다.
• 설계관계 : 입지조건, 공장 내 배치, 건조물, 소방설비
• 운전관계 : 원재료, 중간체제품, 공정, 수송 및 저장, 공정기기

46 양립성의 종류가 아닌 것은? • 1장 2절 인간-기계체계

① 개념의 양립성
② 감성의 양립성
③ 운동의 양립성
④ 공간의 양립성

해설
감성의 양립성은 없다.

정답 44 ① 45 ④ 46 ②

47 그림과 같은 시스템에서 부품 A, B, C, D의 신뢰도가 모두 r로 동일할 때 이 시스템의 신뢰도는?

• 1장 3절 체계설비와 인간요소

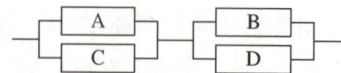

① $r(2-r^2)$
② $r^2(2-r)^2$
③ $r^2(2-r^2)$
④ $r^2(2-r)$

해설
병렬신뢰도(R) = 1−(1−A)(1−C), 1−(1−B)(1−D) 이므로,
전체신뢰도(R) = [1−(1−r)(1−r)]×[1−(1−r)(1−r)] = $r^2(2-r)^2$

48 FTA에서 사용되는 논리게이트 중 입력과 반대되는 현상으로 출력되는 것은?

• 6장 1절 FTA(결함수) 분석

① 부정 게이트
② 억제 게이트
③ 배타적 OR 게이트
④ 우선적 AND 게이트

해설
부정게이트는 입력사상의 반대사상이 출력된다.

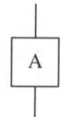

49 어떤 결함수를 분석하여 minimal cut set을 구한 결과 다음과 같았다. 각 기본사상의 발생확률을 qi, i = 1, 2, 3이라 할 때, 정상사상의 발생확률함수로 맞는 것은? • 5장 1절 시스템 위험분석 관리

$k_1 = [1, 2], k_2 = [1, 3], k_3 = [2, 3]$

① $q_1q_2 + q_1q_2 - q_2q_3$
② $q_1q_2 + q_1q_3 - q_2q_3$
③ $q_1q_2 + q_1q_3 + q_2q_3 - q_1q_2q_3$
④ $q_1q_2 + q_1q_3 + q_2q_3 - 2q_1q_2q_3$

해설
$P(T) = 1-(1-q_1q_2)(1-q_1q_3)(1-q_2q_3) = q_1q_2 + q_1q_3 + 2q_1q_2q_3 = q_1q_2 + q_1q_3 + q_2q_3 - 2q_1q_2q_3$

47 ② 48 ① 49 ④

50 부품고장이 발생하여도 기계가 추후 보수될 때까지 안전한 기능을 유지할 수 있도록 하는 기능은?

• 1장 3절 체계설비와 인간요소

① Fail-soft
② Fail-active
③ Fail-operational
④ Fail-passive

해설

Fail operational은 부품의 고장이 있어도 기계는 추후 보수가 될 때까지 안전한 기능 유지가 가능한 것으로 병렬계통 또는 대기여분계통으로 해결한다.

51 반사경 없이 모든 방향으로 빛을 발하는 점광원에서 3m 떨어진 곳의 조도가 300lux라면 2m 떨어진 곳에서 조도(lux)는?

• 4장 1절 작업조건과 환경조건

① 375
② 675
③ 875
④ 975

해설

조도 = 광도(cd) / 거리제곱(m^2) 이므로, 300lux = 광도(cd)/9, 따라서 광도(cd) = 2,700cd
조도 = 광도(cd) / 거리제곱(m^2) = 2,700/4 = 675lux

52 통화이해도 척도로서 통화 이해도에 영향을 주는 잡음의 영향을 추정하는 지수는?

• 2장 2절 청각적 표시장치

① 명료도 지수
② 통화 간섭 수준
③ 이해도 점수
④ 통화 공진 수준

해설

통화이해도 측정지표
• 명료도 지수 : 통화이해도를 측정하는 지표로, 각 옥타브대의 음성과 잡음의 데시벨 값에 가중치를 곱하여 합계를 구하며, 음성통신계통의 명료도 지수가 약 0.3 이하이면 음성통신자료를 전송하기에는 부적당한 것으로 봄
• 통화 간섭 수준(SIL) : 통화 이해도에 끼치는 잡음의 영향을 추정하는 지수
• 이해도 점수(%) : 송화 내용 중에서 알아듣고 인식한 비율
• 소음기준곡선(NC) : 사무실, 회의실, 공장 등에서의 통화평가방법

정답 50 ③ 51 ② 52 ②

53 예비위험분석(PHA)에서 식별된 사고의 범주가 아닌 것은? •5장 2절 시스템 위험분석기법

① 중대(Critical)
② 한계적(Marginal)
③ 파국적(Catastrophic)
④ 수용가능(Acceptable)

해설
PHA의 위험요인 범주(Hazard category) 중에서 수용가능(Acceptable)은 없다.

54 인간공학적 연구에 사용되는 기준 척도의 요건 중 다음 설명에 해당하는 것은? •1장 1절 인간공학의 정의

> 기준 척도는 측정하고자 하는 변수 외의 다른 변수들의 영향을 받아서는 안 된다.

① 신뢰성
② 적절성
③ 검출성
④ 무오염성

해설
인간공학의 연구기준은 적절성, 신뢰성, 무오염성이 있으며, 무오염성이란 측정하고자 하는 변수가 아닌 다른 외적 변수들에 의해 영향을 받지 않았는가를 나타낸다.

55 James Reason의 원인적 휴먼에러 종류 중 다음 설명의 휴먼에러 종류는? •2장 4절 휴먼에러

> 자동차가 우측 운행하는 한국의 도로에 익숙해진 운전자가 좌측 운행을 해야 하는 일본에서 우측 운행을 하다가 교통사고를 냈다.

① 고의 사고(Violation)
② 숙련 기반 에러(Skill Based Error)
③ 규칙 기반 착오(Rule Based Mistake)
④ 지식 기반 착오(Knowledge Based Mistake)

해설
규칙기반의 착오란 처음부터 잘못된 규칙을 기억하거나, 정확한 규칙이라 해도 상황에 맞지 않게 잘못 적용하는 것을 말한다. 예를 들면 한국에서의 자동차 우측통행을 일본에서 적용하여 사고를 내는 경우이다.

56 근골격계부담작업의 범위 및 유해요인조사방법에 관한 고시상 근골격계부담작업에 해당하지 않는 것은?(단, 상시작업을 기준으로 한다.)

① 하루에 10회 이상 25kg 이상의 물체를 드는 작업
② 하루에 총 2시간 이상 쪼그리고 앉거나 무릎을 굽힌 자세에서 이루어지는 작업
③ 하루에 총 2시간 이상 시간당 5회 이상 손 또는 무릎을 사용하여 반복적으로 충격을 가하는 작업
④ 하루에 4시간 이상 집중적으로 자료입력 등을 위해 키보드 또는 마우스를 조작하는 작업

해설
하루에 총 2시간 이상 시간당 10회 이상 손 또는 무릎을 사용하여 반복적으로 충격을 가하는 작업

57 HAZOP 분석기법의 장점이 아닌 것은?
• 5장 2절 시스템 위험분석기법

① 학습 및 적용이 쉽다.
② 기법 적용에 큰 전문성을 요구하지 않는다.
③ 짧은 시간에 저렴한 비용으로 분석이 가능하다.
④ 다양한 관점을 가진 팀 단위 수행이 가능하다.

해설
많은 인력과 시간이 소모된다.

58 서브시스템 분석에 사용되는 분석방법으로 시스템 수명주기에서 ㉠에 들어갈 위험분석기법은?
• 5장 2절 시스템 위험분석기법

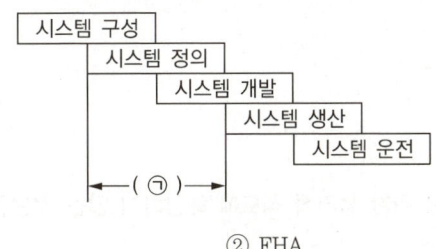

① PHA
② FHA
③ FTA
④ ETA

해설
결함위험분석(FHA ; Fault Hazard Analysis)
여러 공장에서 제작된 부품들을 조립하여 하나의 기계가 되었을 때 각각의 서브시스템이 전체 시스템에 어떠한 결과를 미치는지 분석하는 기법으로 서브시스템의 요소, 고장형태, 고장률 등을 알아야 하고, 전 시스템에 미치는 영향을 파악해야 한다.

정답 56 ③ 57 ③ 58 ②

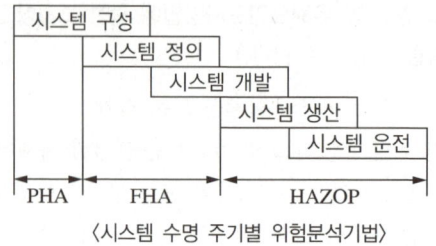

〈시스템 수명 주기별 위험분석기법〉

59 불(Boole) 대수의 관계식으로 옳지 않은 것은? • 6장 1절 FTA(결함수) 분석

① $A + \overline{A} = 1$
② $A + AB = A$
③ $A(A+B) = A+B$
④ $A + \overline{A}B = A+B$

해설

$A(A+B) = AA + AB = A$

항등법칙	$A+0=A$, $A+1=1$	$A \cdot 1 = A$, $A \cdot 0 = 0$
동일법칙	$A+A=A$	$A \cdot A = A$
보원법칙	$A + \overline{A} = 1$	$A \cdot \overline{A} = 0$
다중부정	$\overline{\overline{A}} = A$, $\overline{\overline{\overline{A}}} = \overline{A}$	-
교환법칙	$A+B=B+A$	$A \cdot B = B \cdot A$
결합법칙	$A+(B+C)=(A+B)+C$	$A \cdot (B \cdot C) = (A \cdot B) \cdot C$
분배법칙	$A \cdot (B+C) = AB + AC$	$A+B \cdot C = (A+B) \cdot (A+C)$
흡수법칙	$A + A \cdot B = A$	$A \cdot (A+B) = A$
드모르간 정리	$\overline{A+B} = \overline{A} \cdot \overline{B}$	$\overline{A \cdot B} = \overline{A} + \overline{B}$

60 정신적 작업 부하에 관한 생리적 척도에 해당하지 않는 것은? • 3장 2절 신체활동의 생리학적 측정

① 근전도
② 뇌파도
③ 부정맥 지수
④ 점멸융합주파수

해설

근전도는 정신적 작업부하가 아니라 신체적 작업부하 측정방법이다.

59 ③ 60 ①

2021년 제4회 기출해설

41 인간공학적 수공구 설계원칙으로 옳지 않은 것은?

• 4장 2절 작업생리학

① 손목을 곧게 유지할 것
② 반복적인 손가락 동작을 피할 것
③ 손잡이 접촉 면적을 작게 설계할 것
④ 조직(Tissue)에 가해지는 압력을 피할 것

해설

수공구 설계원칙
• 손바닥부위에 압박을 주는 형태를 피함(접촉면적을 크게함)
• 손잡이의 직경은 사용용도에 따라서 조정
• 손잡이 길이는 95% 남성의 손과 폭을 기준
• Plier 형태의 손잡이에는 Spring을 설치
• 양손잡이를 모두 고려한 설계
• 수동공구대신에 동력공구를 사용
• 무게는 최대한 줄이고 사용시 무게의 균형유지
• 동력공구는 한 손가락이 아닌 두 손가락 이상으로 작동
• 손목을 꺾지 말고 공구의 손잡이를 꺾어야 함
• 손잡이 재질은 미끄러지지 않고 비전도성이고 열과 땀에 강해야 함

42 NIOSH 지침에서 최대허용한계(MPL)는 활동한계(AL)의 몇 배인가?

• 3장 5절 인력운반과 NIOSH Lifting Guideline

① 1배   ② 3배
③ 5배   ④ 9배

해설

NIOSH 지침에서 최대허용한계(MPL)는 활동한계(AL, Action Limit)의 3배임

정답 41 ③ 42 ②

43 FMEA의 특징에 대한 설명으로 옳지 않은 것은?
• 5장 2절 시스템 위험분석기법

① 서브시스템 분석 시 FTA보다 효과적이다.
② 양식이 비교적 간단하고 적은 노력으로 특별한 훈련 없이 해석이 가능하다.
③ 시스템 해석기법은 정성적·귀납적 분석법 등에 사용된다.
④ 각 요소간 영향 해석이 어려워 2가지 이상 동시 고장은 해석이 곤란하다.

해설
FMEA(Failure Mode & Effect Analysis) : 서브시스템 분석 시 요소분석이 세분화 될 경우 데이터가 방대해짐

44 인간공학에 대한 설명으로 옳지 않은 것은?
• 1장 1절 인간공학의 정의

① 제품의 설계 시 사용자를 고려한다.
② 환경과 사람이 격리된 존재가 아님을 인식한다.
③ 인간공학의 목표는 기능적 효과, 효율 및 인간 가치를 향상시키는 것이다.
④ 인간의 능력 및 한계에는 개인차가 없다고 인지한다.

해설
인간의 능력 및 한계에는 개인차가 있다.

45 인간-기계시스템에서의 여러 가지 인간에러와 그것으로 인해 생길 수 있는 위험성의 예측과 개선을 위한 기법으로 옳은 것은?
• 5장 2절 시스템 위험분석기법

① PHA
② FHA
③ OHA
④ THERP

해설
THERP(Technique for Human Error Rate Prediction) 인간 에러율 예측기법
• 시스템에 있어서 인간의 과오를 정량적으로 평가하기 위해 개발된 확률론적 안전기법
• 인간-기계 시스템에서 인간의 에러와 이로 인해 발생할 수 있는 위험성을 예측하여 개선
• 가지처럼 갈라지는 형태의 논리구조와 나무형태의 그래프를 이용
• 인간의 과오율 추정법은 5개의 단계로 되어 있음
• 100만 운전시간 당 과오도수를 기본 과오율로 하여 평가

43 ① 44 ④ 45 ④

46 개선의 ECRS의 원칙으로 옳지 않은 것은?   • 4장 4절 동작경제의 원칙

① 제거(Eliminate)
② 결합(Combine)
③ 재조정(Rearrange)
④ 안전(Safety)

해설

개선의 ECRS 원칙
- 제거(Eliminate) : 이 작업은 꼭 필요한가? 제거할 수 없는가?
- 결합(Combine) : 이 작업을 다른 작업과 결합시키면 더 나은 결과가 생길 것인가?
- 재배열(Rearrange) : 이 작업의 순서를 바꾸면 좀 더 효과적이지 않을까?
- 단순화(Simplify) : 이 작업을 좀 더 단순화할 수 있지 않을까?

47 표시장치로부터 정보를 얻어 조종장치를 통해 기계를 통제하는 시스템으로 옳은 것은?   • 1장 2절 인간-기계체계

① 수동 시스템
② 무인 시스템
③ 반자동 시스템
④ 자동 시스템

해설

기계시스템(반자동 시스템)
- 동력장치를 통한 기능 수행
- 동력은 기계가 전달, 운전자는 기능을 조정, 통제 하는 시스템
- 동력기계화시스템과 고도로 통합된 부품들로 구성
- 표시장치로부터 정보를 얻어 조종장치를 통해 기계를 통제

48 Q10효과에 직접적인 영향을 미치는 인자로 옳은 것은?   • 4장 1절 작업조건과 환경조건

① 고온 스트레스
② 한랭한 작업장
③ 중량물의 취급
④ 분진의 다량발생

해설

고 온
- 심장에서 흐르는 혈액의 대부분을 냉각시키기 위해 외부 모세혈관으로 순환시키게 되어 뇌중추에 공급되는 혈액을 감소시킴
- Q10효과 : 인체의 생화학적 반응속도는 온도가 10도씨 상승할 경우 반응속도가 몇 배로 증가함

정답 46 ④ 47 ③ 48 ①

49 결함수분석(FTA)에 의한 재해사례의 연구순서로 옳은 것은? • 6장 1절 FTA(결함수) 분석

> ㉠ FT(Fault Tree)도 작성 ㉡ 개선안 실시계획
> ㉢ 톱 사상의 선정 ㉣ 사상마다 재해원인 및 요인 규명
> ㉤ 개선계획 작성

① ㉡ → ㉣ → ㉢ → ㉤ → ㉠
② ㉢ → ㉣ → ㉠ → ㉤ → ㉡
③ ㉣ → ㉤ → ㉢ → ㉠ → ㉡
④ ㉤ → ㉢ → ㉡ → ㉠ → ㉣

해설

FTA의 절차
- 1단계 : 정상사상(Top Event) 설정
- 2단계 : 재해원인 규명
- 3단계 : FT(Fault Tree) 작성
- 4단계 : 재해원인 규명
- 5단계 : 대책수립 및 개선계획

50 물체의 표면에 도달하는 빛의 밀도를 뜻하는 용어로 옳은 것은? • 4장 1절 작업조건과 환경조건

① 광 도
② 광 량
③ 대 비
④ 조 도

해설

조도(Illuminance)
- 광도(cd)/거리제곱(m^2)
- 어떤 면에 도달하는 빛의 양(lm/m^2)

51 시각적 표시장치와 청각적 표시장치 중 시각적 표시장치를 선택해야 하는 경우로 옳은 것은? • 2장 1절 시각적 표시장치

① 메시지가 긴 경우
② 메시지가 후에 재참조되지 않는 경우
③ 직무상 수신자가 자주 움직이는 경우
④ 메시지가 시간적 사상(Event)을 다룬 경우

해설

시각적 표시장치	청각적 표시장치
• 메세지가 길고 복잡	• 메세지가 짧고 단순한 경우
• 메세지가 공간적 참조를 다룸	• 메세지가 시간상의 사건을 다루는 경우
• 메세지를 나중에 참고할 필요가 있음	• 메세지가 일시적으로 나중에 참고할 필요가 없음
• 소음이 과도할 때	• 시(視)가 과도할 때
• 작업자의 이동이 적음	• 작업자의 이동이 많음
• 즉각적인 행동 불필요	• 즉각적인 행동이 필요
• 정보가 후에 재참조될 때 효과적	• 수신장소가 너무 밝거나 암순응이 요구될때

52 조작과 반응과의 관계, 사용자의 의도와 실제 반응과의 관계, 조종장치와 작동결과에 관한 관계 등 사람들이 기대하는 바와 일치하는 관계가 뜻하는 것은?
• 1장 2절 인간-기계체계

① 중복성 ② 조직화
③ 양립성 ④ 표준화

해설
양립성(Compatibility)
• 인간의 기대와 일치하는 특성
• 자극들간의, 반응들간의 혹은 자극-반응간의 관계가(공간, 운동, 개념) 인간의 기대에 일치하는 정도
• 직관적 인터페이스에서 직관이라는 개념과 유사함
• 인간의 기대가 자극들, 반응들, 혹은 자극-반응 등과 모순되지 않는 관계
• 시스템설계의 주목표 : 시스템을 인간의 예상과 양립시키는 것
• 정보의 변환, 재코드화(Recoding)
• 양립성이 클수록 재코드화 과정이 적어짐 → 학습이 빨라짐, 오류가 적어짐, 심리적 작업부하 감소

53 FT도에 사용되는 다음 기호의 명칭으로 옳은 것은?
• 6장 1절 FTA(결함수) 분석

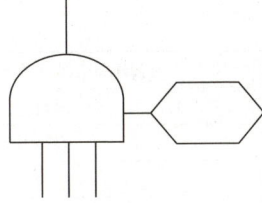

① 억제 게이트 ② 조합 AND 게이트
③ 부정 게이트 ④ 배타적 OR 게이트

해설
위의 기호의 명칭은 '조합 AND 게이트'임

54 일정한 고장률을 가진 어떤 기계의 고장률이 시간당 0.008일 때 5시간 이내에 고장을 일으킬 확률로 옳은 것은?
• 1장 3절 체계설비와 인간요소

① $1 + e^{0.04}$ ② $1 - e^{-0.004}$
③ $1 - e^{0.04}$ ④ $1 - e^{-0.04}$

해설
고장율F(t)
$1 - R(t) = 1 - e^{-\lambda t} = 1 - e^{-0.008 \times 5} = 1 - e^{-0.04}$

평균수명(MTTF, Mean Time To Failure)
- 총동작시간/기간중 총고장건수
- 직렬계 시스템의 수명 = MTTF/n = 1/λ
- 병렬계 시스템의 수명 = MTTF(1 + 1/2 + 1/3 + ⋯ + 1/n)
- λ : 고장율 = 기간중 총고장건수/총동작시간, n : 직렬 또는 병렬계의 요소
- 신뢰도함수 : $R(t) = e^{-\lambda t}$
- 불신뢰도 함수 : $F(t) = 1 - R(t) = 1 - e^{-\lambda t}$

55 HAZOP기법에서 사용하는 가이드워드와 그 의미로 옳지 않은 것은? ・6장 2절 ETA(사건수) 분석

① Other than - 기타 환경적인 요인
② No/Not - 디자인 의도의 완전한 부정
③ Reverse - 디자인 의도의 논리적 반대
④ More/Less - 정량적인 증가 또는 감소

해설

없음(No, Not, or None)	설계의도에 완전히 반하여 공정변수의 양이 없는 상태
증가(More)	공정변수가 양적으로 증가되는 상태
감소(Less)	공정변수가 양적으로 감소되는 상태
반대(Reverse)	설계의도와 정반대로 나타나는 상태
부가(As well as)	설계의도 외에 다른 공정변수가 부가되는 상태, 질적 증가
부분(Parts of)	설계의도대로 완전히 이루어지지 않는 상태, 질적 감소
기타(Other than)	설계의도가 완전히 바뀜

56 음압수준이 60dB일 때 1000Hz에서 순음의 phon의 값으로 옳은 것은?

・4장 1절 작업조건과 환경조건

① 50phon
② 60phon
③ 90phon
④ 100phon

해설
- Phon : 1,000Hz의 기준음과 같은 크기로 들리는 다른 주파수의 음의 크기
- Phon치 : 60phon

57 인간의 오류모형에서 상황해석을 잘못하거나 목표를 잘못 이해하고 착각하여 행하는 경우를 뜻하는 용어로 옳은 것은?

• 2장 4절 휴먼에러

① 실수(Slip)
② 착오(Mistake)
③ 건망증(Lapse)
④ 위반(Violation)

해설

착오(Mistake)
• 틀린 줄 모르고 행하는 착오로 Lapse보다 더 위험
• 착오를 저지른 사람은 자신이 맞다고 생각하기 때문에 잘못을 상기시키는 증거들이 무시
• 상황을 잘못해석, 목표를 잘못 이해하는 정보처리과정에서 발생

58 프레스기의 안전장치 수명은 지수분포를 따르며 평균 수명이 1,000시간일 때 ㉠, ㉡에 알맞은 값으로 옳은 것은?

• 1장 3절 체계설비와 인간요소

㉠ 새로 구입한 안전장치가 향후 500시간동안 고장없이 작동할 확률
㉡ 이미 1,000시간을 사용한 안전장치가 향후 500시간 이상 견딜 확률

① ㉠ – 0.606, ㉡ – 0.606
② ㉠ – 0.606, ㉡ – 0.808
③ ㉠ – 0.808, ㉡ – 0.606
④ ㉠ – 0.808, ㉡ – 0.808

해설

• 신뢰도함수 : $R(t) = e^{-\lambda t}$
• 불신뢰도 함수 : $F(t) = 1 - R(t) = 1 - e^{-\lambda t}$
 Sol) 평균수명이 1000시간이므로 고장율은 1/1000시간, 즉 0.001
 평균수명 1000시간 중에 나머지 500시간 동안 견딜 확률도 이와 같음
• $R(t) = e^{-\lambda t} = e^{(-0.001 \times 500)} = 0.606$
• $R(t) = e^{-\lambda t} = e^{(-0.001 \times 500)} = 0.606$

정답 57 ② 58 ①

59 다음 FT도에서의 신뢰도로 옳은 것은? (단, A발생확률은 0.01, B발생확률은 0.02)

• 1장 3절 체계설비와 인간요소

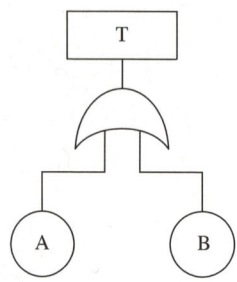

① 96.02% ② 97.02%
③ 98.02% ④ 99.02%

해설

- F(T) = (1 − (1 − R(A)(1 − R(B2) = 1 − (1 − 0.01) × (1 − 0.02) = 0.0298
- R(T) = 1 − 0.0298 = 0.9702

60 위험성평가 시 위험의 크기를 결정하는 방법으로 옳지 않은 것은?

• 7장 1절 위험성평가의 개요

① 덧셈법 ② 곱셈법
③ 뺄셈법 ④ 행렬법

해설

3단계 위험도 계산(위험성추정)
- 부상 또는 질병으로 이어질 수 있는 가능성 및 중대성의 크기를 추정
- 다음의 방법 중 하나로 위험성을 추정
  - 가능성과 중대성을 행렬을 이용하여 조합하는 방법
  - 가능성과 중대성을 곱하는 방법
  - 가능성과 중대성을 더하는 방법
  - 그 밖에 사업장의 특성에 적합한 방법

2021년 제2회 기출해설

3과목 인간공학 및 시스템안전공학

41 일반적인 화학설비에 대한 안정성 평가(Safety Assessment) 절차에 있어 안전대책 단계에 해당되지 않는 것은?
• 5장 1절 시스템 위험분석 관리

① 보 전
② 위험도 평가
③ 설비적 대책
④ 관리적 대책

해설
4단계 : 안전대책 수립
• 보 전
• 설비 대책 : 안전장치 및 방재장치
• 관리적 대책 : 인원배치, 교육훈련, 보전
• 교육훈련

42 의도는 올바른 것이었지만, 행동이 의도한 것과는 다르게 나타나는 오류는?
• 3장 4절 신체부위

① Slip
② Mistake
③ Lapse
④ Violation

해설
실수(Slip)
• 행동의 실수
• 자동차에서 내릴 때 마음이 급해 창문 닫는 것을 잊고 내리는 경우

43 작업장의 설비 3대에서 각각 80dB, 86dB, 78dB의 소음이 발생되고 있을 때 작업장의 음압수준은?
• 4장 1절 작업조건과 환경조건

① 약 81.3dB
② 약 85.5dB
③ 약 87.5dB
④ 약 90.3dB

해설
$$SPL_0 = 10\log\left(\sum_{i=1}^{x} 10^{\frac{li}{10}}\right)$$
SPL = 10log[10^(80/10) + 10^(86/10) + 10^(78/10)] = 87.5

정답 41 ② 42 ① 43 ③

44 위험분석기법 중 고장이 시스템의 손실과 인명의 사상에 연결되는 높은 위험도를 가진 요소나 고장의 형태에 따른 분석법은?
• 5장 2절 시스템 위험분석기법

① CA
② ETA
③ FHA
④ FTA

해설

CA(Criticality Analysis) 치명도 분석
- 고장이 시스템의 손실과 인명의 사상에 연결되는 높은 위험도를 가진 요소나 고장의 형태에 따른 분석법
- 공장에서 최악의 사고가 발생한 경우에 대한 시나리오를 작성하여 각 시나리오에 따른 화재, 폭발, 누출 등에 따른 피해거리, 피해정도 등을 예측하는 기법

45 설비보전 방법 중 설비의 열화를 방지하고 그 진행을 지연시켜 수명을 연장하기 위한 점검, 청소, 주유 및 교체 등의 활동은?
• 8장 3절 설비보전

① 사후보전
② 개량보전
③ 일상보전
④ 보전예방

해설

일상보전(Daily Maintenance) : 설비의 열화를 방지하고 그 진행을 지연시켜 수명을 연장하기 위한 점검, 청소, 주유 및 교체 등의 활동

46 인간-기계시스템 설계과정 중 직무분석을 하는 단계는?
• 1장 2절 인간-기계체계

① 제1단계 – 시스템의 목표와 성능명세 결정
② 제2단계 – 시스템의 정의
③ 제3단계 – 기본 설계
④ 제4단계 – 인터페이스 설계

해설

3단계 : 기본설계
- 시스템이 형태를 갖추기 시작하는 단계
- S/W에 대한 기능할당, 직무분석, 작업설계

47 인간공학 연구방법 중 실제의 제품이나 시스템이 추구하는 특성 및 수준이 달성되는지를 비교하고 분석하는 연구는?
• 1장 1절 인간공학의 정의

① 조사연구 ② 실험연구
③ 분석연구 ④ 평가연구

해설
평가적 연구(Evaluation Research) : 실제의 제품이나 시스템이 추구하는 특성과 수준이 달성되었는지를 평가하는 연구

48 FT도에서 시스템의 신뢰도는 얼마인가? (단, 모든 부품의 발생확률은 0.1)
• 1장 3절 체계설비와 인간요소

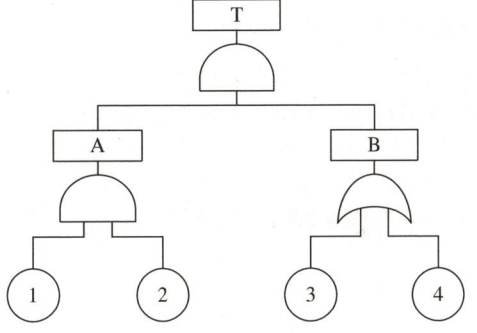

① 0.0033 ② 0.0062
③ 0.9981 ④ 0.9936

해설
• F(T) = R(A) × R(B)= (R(1) × R(2)) × [1 − (1 − R1)(1 − R2)] = (0.1 × 0.1) × (1 − 0.9 × 0.9) = 0.0019
• R(T) = 1 − 0.0019 = 0.9981

49 두 가지 상태 중 하나가 고장 또는 결함으로 나타나는 비정상적인 사건은?
• 6장 1절 FTA(결함수) 분석

① 톱사상 ② 결함사상
③ 정상적인 사상 ④ 기본적인 사상

해설
결함사상 : 두 가지 상태 중 하나가 고장 또는 결함으로 나타나는 비정상적인 사건

50 음량수준을 평가하는 척도와 관계없는 것은? ・4장 1절 작업조건과 환경조건

① dB ② HSI
③ phon ④ sone

해설
음량수준을 평가하는 척도 : dB, phon, sone

51 동작경제의 원칙과 가장 거리가 먼 것은? ・4장 4절 동작경제의 원칙

① 급작스런 방향의 전환은 피하도록 할 것
② 가능한 관성을 이용하여 작업하도록 할 것
③ 두 손의 동작은 같이 시작하고 같이 끝나도록 할 것
④ 두 팔의 동작은 동시에 같은 방향으로 움직일 것

해설
두 팔의 동작은 동시에 서로 대칭방향으로 움직이도록 함

52 FTA에서 사용하는 다음 사상기호에 대한 설명으로 맞는 것은? ・6장 1절 FTA(결함수) 분석

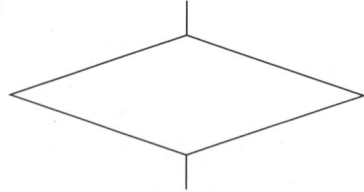

① 시스템 분석에서 좀 더 발전시켜야 하는 사상
② 시스템의 정상적인 가동상태에서 일어날 것이 기대되는 사상
③ 불충분한 자료로 결론을 내릴 수 없어 더 이상 전개할 수 없는 사상
④ 주어진 시스템의 기본사상으로 고장원인이 분석되었기 때문에 더 이상 분석할 필요가 없는 사상

해설
생략사상(Undeveloped Event) : 사고 결과나 관련정보가 미비하여 계속 개발될 수 없는 특정 초기사상

50 ② 51 ④ 52 ③

53 욕조곡선에서의 고장 형태에서 일정한 형태의 고장률이 나타나는 구간은?

• 1장 3절 체계설비와 인간요소

① 초기고장구간
② 마모고장구간
③ 피로고장구간
④ 우발고장구간

해설

우발고장(Random Failure)
• 초기고장과 마모고장기간 사이에서 우발적으로 발생하는 고장
• 시간 의존성이 없고, 언제 다음 고장이 일어날지 예측할 수 없음

54 감각저장으로부터 정보를 작업기억으로 전달하기 위한 코드화 분류에 해당되지 않는 것은?

• 2장 3절 기타 감각적 표시장치

① 시각코드   ② 촉각코드
③ 음성코드   ④ 의미코드

해설

코드화
• 감각 저장장소의 정보를 코드화하고 작업기억 장소로 전달해 유지하려면 사람이 이 과정에 직접 주의를 기울여야 함
• 코드화의 분류 : 작업기억의 정보는 시각(Visual), 음성(Phonetic), 의미(Semantic) 코드로 저장됨
• 코드화의 방법 : 크기를 이용한 코드화, 조종장치의 형상 코드화, 표면 촉감을 이용한 코드화가 있음

55 중량물 들기 작업 시 5분간의 산소소비량을 측정한 결과 90ℓ의 배기량 중에 산소가 16%, 이산화탄소가 4%로 분석되었다. 해당 작업에 대한 산소소비량(ℓ/min)은 약 얼마인가? (단, 공기 중 질소는 79vol%, 산소는 21vol%)

• 4장 2절 작업생리학

① 0.948   ② 1.948
③ 4.74   ④ 5.74

해설

• 산소소비량 = 흡기 시 산소농도 × 흡기량 − 배기 시 산소농도 × 배기량
  = 21% × 18.2278 − 16% × 18 = 0.948
• 배기량 : 90ℓ/5분 = 18ℓ/분
• 흡기량 = 배기량 × (100% − O_2% − CO_2%)/79% = 18ℓ/분 × (100% − 16% − 4%)/79% = 18.2278ℓ/분

정답 53 ④ 54 ② 55 ①

56 어떤 설비의 시간당 고장률이 일정하다고 할 때 이 설비의 고장간격은 다음 중 어떤 확률분포를 따르는가?
• 1장 3절 체계설비와 인간요소

① t분포
② 와이블분포
③ 지수분포
④ 아이링(Eyring)분포

해설

수명분포
- 푸아송분포(Poisson Distribution) : 단위시간, 단위공간에서 발생한 사건의 분포로 설비의 고장과 같이 발생확률이 낮은 사건의 특정시간 또는 구간에서의 발생횟수를 측정하는 데 가장 적합
- 와이블분포(Weibull Distribution) : 사건발생율이 시간에 따라 변화하는 지수분포로 고장률이 노후등으로 시간에 따라 커지는 경우에 사용
- 지수분포(Exponential Distribution) : 한 사건에서 그 다음 사건까지의 시간, 거리에 대한 분포로 시간당 고장률이 일정하다고 보며, 가장 널리 사용

57 시스템 수명주기에 있어서 예비위험분석(PHA)이 이루어지는 단계에 해당하는 것은?
• 5장 2절 시스템 위험분석기법

① 구상단계
② 점검단계
③ 운전단계
④ 생산단계

해설

PHA(예비위험분석, Preliminary Hazard Analysis)
복잡한 시스템을 설계, 가동하기 전의 구상단계에서 시스템의 근본적인 위험성을 평가

58 실효온도(Effective Temperature)에 영향을 주는 요인이 아닌 것은? • 4장 1절 작업조건과 환경조건

① 온 도
② 습 도
③ 복사열
④ 공기 유동

해설

열압박(Heat Stress)
- 체심(Core)의 온도로 피로도를 파악
- 체심온도가 38.8°C만 되면 기진하게 됨
- 실효온도가 증가할수록 육체작업의 기능은 저하됨
- 실효온도 : 온도, 습도, 공기 유동이 인체에 미치는 열효과를 하나의 수치로 통합한 것
- 열압박은 정신활동에도 악영향을 미침

59 일반적으로 은행의 접수대 높이나 공원의 벤치를 설계할 때 가장 적합한 인체 측정자료의 응용원칙은?

• 3장 1절 인간계측 및 인간의 체계제어

① 조절식 설계
② 평균치를 이용한 설계
③ 최대치수를 이용한 설계
④ 최소치수를 이용한 설계

해설
평균치 설계 : 다른 기준이 적용되기 어려운 경우 마지막으로 적용되는 기준
예 계산대, 식당의 테이블, 지하철 손잡이, 은행의 접수대

60 정보를 전송하기 위해 청각적 표시장치보다 시각적 표시장치를 사용하는 것이 더 효과적인 경우는?

• 2장 1절 시각적 표시장치

① 정보의 내용이 간단한 경우
② 정보가 후에 재참조되는 경우
③ 정보가 즉각적인 행동을 요구하는 경우
④ 정보의 내용이 시간적인 사건을 다루는 경우

해설

시각적 표시장치	청각적 표시장치
• 메세지가 길고 복잡	• 메세지가 짧고 단순한 경우
• 메세지가 공간적 참조를 다룸	• 메세지가 시간상의 사건을 다루는 경우
• 메세지를 나중에 참고할 필요가 있음	• 메세지가 일시적으로 나중에 참고할 필요가 없음
• 소음이 과도할 때	• 시(視)가 과도할 때
• 작업자의 이동이 적음	• 작업자의 이동이 많음
• 즉각적인 행동 불필요	• 즉각적인 행동이 필요
• 정보가 후에 재참조될 때 효과적	• 수신장소가 너무 밝거나 암순응이 요구될 때

정답 59 ② 60 ②

2021년 제1회 기출해설

3과목 인간공학 및 시스템안전공학

41 작업공간의 배치에 있어 구성요소 배치의 원칙으로 옳지 않은 것은? • 1장 2절 인간–기계체계

① 기능성의 원칙
② 사용빈도의 원칙
③ 사용순서의 원칙
④ 사용방법의 원칙

해설
부품배치의 원칙
중요도 → 사용빈도 → 사용순서 → 일관성 → 양립성 → 기능성

42 불필요한 작업을 수행함으로써 발생하는 오류로 옳은 것은? • 2장 4절 휴먼에러

① Command Error
② Extraneous Error
③ Secondary Error
④ Commission Error

해설
불필요한 행동에러(Extraneous Act Error) : 해서는 안 될 불필요한 작업의 행동을 수행한 에러

43 불(Boole)대수의 정리를 나타낸 관계식으로 옳지 않은 것은? • 6장 1절 FTA(결함수) 분석

① $A \cdot A = A^2$
② $A + \overline{A} = 0$
③ $A + AB = A$
④ $A + A = A$

해설
보수법칙 : $A + A' = 1 // A \times A' = 0$

정답 41 ④ 42 ② 43 ②

44 작업면상의 필요한 장소만 높은 조도를 취하는 조명으로 옳은 것은? • 4장 1절 작업조건과 환경조건

① 완화조명
② 전반조명
③ 투명조명
④ 국소조명

> **해설**
> **작업상의 조명**
> • 완화조명 : 눈의 암순응을 고려하여 휘도를 서서히 낮추어 가면서 조명
> • 전반조명 : 실내전체를 균등하게 조명
> • 국소조명 : 작업면상의 필요한 장소만 높은 조도를 취함

45 인간이 기계보다 우수한 기능이라 할 수 있는 것은? (단, 인공지능은 제외)
• 1장 2절 인간-기계체계

① 일반화 및 귀납적 추리
② 신뢰성 있는 반복 작업
③ 신속하고 일관성 있는 반응
④ 대량의 암호화된 정보의 신속한 보관

> **해설**
> **인간과 기계의 기능비교**
>
> | 인간의 장점 | 인간의 단점 |
> |---|---|
> | • 오감의 작은 자극도 감지 가능
• 각각으로 변화하는 자극 패턴을 인지
• 예기치 못한 자극을 탐지
• 기억에서 적절한 정보를 꺼냄
• 결정 시에 여러가지 경험을 꺼내 맞춤
• 귀납적으로 추리, 관찰을 통한 일반화
• 원리를 여러 문제 해결에 응용
• 주관인 평가를 함
• 아주 새로운 해결책을 생각
• 조작이 다른 방식에도 몸으로 순응 | • 어떤 한정된 범위 내에서만 자극을 감지
• 드물게 일어나는 현상을 감지할 수 없음
• 수계산을 하는 데 한계
• 신속 고도의 신뢰도로 대량의 정보를 꺼낼 수 없음
• 운전작업을 정확히 일정한 힘으로 할 수 없음
• 반복작업을 확실하게 할 수 없음
• 자극에 신속 일관된 반응을 할 수 없음
• 장시간 연속해서 작업을 수행할 수 없음 |

정답 44 ④ 45 ①

46 자동차를 생산하는 공장의 어떤 근로자가 95dB(A)의 소음수준에서 하루 8시간 작업하며 매 시간 조용한 휴게실에서 20분씩 휴식을 취한다고 가정하였을 때, 8시간 시간가중평균(TWA)으로 옳은 것은? (단, 소음은 누적소음노출량측정기로 측정하였으며, OSHA에서 정한 95dB(A)의 허용시간은 4시간이라 가정)

• 4장 1절 작업조건과 환경조건

① 약 91dB(A) ② 약 92dB(A)
③ 약 93dB(A) ④ 약 94dB(A)

해설
• 시간가중평가지수(TWA) = 16.61 × log(D/100) + 90 = 92.06dB(A)
• 소음노출지수(D%) = C1/T1 + C2/T2 + ⋯ + Cn/tn(Ci : 노출된 시간, Ti : 허용노출기준)
              = 8(60 − 20) ÷ 60/4 = 133%(95dB(A)
※ 4시간이나 8시간 근무하므로 8h/4h으로 계산하되 휴식시간 20분을 고려함

소음노출지수
• 소음노출지수 : 여러 종류의 소음이 여러 시간동안 복합적으로 노출된 경우의 소음지수
• 소음노출지수(%) = C1/T1 + C2/T2 + ⋯ + Cn/tn(Ci : 노출된 시간, Ti : 허용노출기준)
• 시간가중평가지수 TWA(dB) = 16.61log(D/100) + 90 (D : 누적소음노출지수)
• TWA(Time-Weighted Average) : 누적소음노출지수를 8시간 동안의 평균소음 수준값으로 변환한 것
• 소음노출기준을 정할 때 고려대상
  − 소음의 크기
  − 소음의 높낮이
  − 소음의 지속시간

47 그림과 같은 FT도에서 정상사상 T의 발생확률로 옳은 것은? (단 X_1, X_2, X_3의 발생 확률은 각각 0.1, 0.15, 0.1)

• 6장 1절 FTA(결함수) 분석

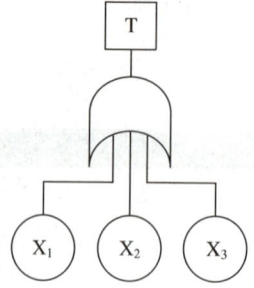

① 0.3115 ② 0.35
③ 0.496   ④ 0.9985

해설
Pt = 1 − (1 − X₁)(1 − X₂)(1 − X₃) = 0.3115

48 다음 현상을 설명하는 이론으로 옳은 것은?　　　　•2장 4절 휴먼에러

> 인간이 감지할 수 있는 외부의 물리적 자극 변화의 최소범위는 표준 자극의 크기에 비례한다.

① 피츠(Fitts) 법칙
② 웨버(Weber) 법칙
③ 신호검출이론(SDT)
④ 힉-하이만(Hick-Hyman) 법칙

해설
베버비 : JND/기준자극크기, 인간이 감지할 수 있는 외부의 물리적 자극 변화의 최소범위는 기준 자극의 크기에 비례

49 정신작업 부하를 측정하는 척도를 크게 4가지로 분류할 때 심박수의 변동, 뇌 전위, 동공 반응 등 정보처리에 중추신경계 활동이 관여하고 그 활동이나 징후를 측정하는 것으로 옳은 것은?
　　　　•3장 2절 신체활동의 생리학적 측정

① 주관적(Subjective) 척도
② 생리적(Physiological) 척도
③ 주임무(Primary Task) 척도
④ 부임무(Secondary Task) 척도

해설
정신적 작업부하 측정방법
• 주임무 척도(Primary Task Measure)
　- 작업부하 = 직무수행에 필요한 시간/직무수행에 쓸 수 있는 시간
　- 서로 다른 직무의 작업부하를 비교하기는 어려움
• 부임무 척도(Secondary Measure)
　- 주임무에서 사용하지 않은 예비 용량을 부임무에서 이용하는 것
　- 주임무에서의 자원요구량이 클수록 부임의 자원이 적어지고 성능이 나빠짐
• 생리적 척도(Physiological Measure) : 심박수의 변동, 뇌 전위, 동공 반응 등 정보처리에 중추신경계 활동이 관여하고 그 활동이나 징후를 측정
　- 뇌파도(Eeg), 점멸융합주파수(Flicker Fusion Frequency)
　- 혈액의 성분(화학적 척도)
　- 부정맥 지수
• 주관적 척도(Subjective Measure) : Nasa-Tlx
　- 심박수, 매회 평균호흡진폭, 수장 피부저항치, 정신전류현상
　- 소변속의 스테로이드의 양
　- 노르아드레날린 배설량
• 기 타
　- 압박이나 긴장 시 코티솔이 아드레날린 분비를 촉진하여 혈액성분이 변화

정답　48 ②　49 ②

50 서브시스템, 구성요소, 기능 등의 잠재적 고장 형태에 따른 시스템의 위험을 파악하는 위험 분석 기법으로 옳은 것은?
• 5장 2절 시스템 위험분석기법

① ETA(Event Tree Analysis)
② HEA(Human Error Analysis)
③ PHA(Preliminary Hazard Analysis)
④ FMEA(Failure Mode And Effect Analysis)

해설

FMEA(Failure Mode & Effect Analysis)
- 정성적, 귀납적 분석법으로 서브시스템, 구성요소, 기능 등의 잠재적 고장 형태에 따른 시스템의 위험을 파악
- 부품 등이 고장났을 경우 그것이 전체제품에 미치는 영향을 분석

51 산업안전보건법령상 해당 사업주가 유해위험방지계획서를 작성하여 제출해야 하는 대상으로 옳은 것은?
• 8장 1절 유해위험방지계획서

① 시·도지사
② 관할 구청장
③ 고용노동부장관
④ 행정안전부장관

해설

유해위험방지계획서
산업안전보건법 제42조, 시행규칙 제42조에서 규정하고 있으며, 근로자의 안전과 보건을 확보하기 위해 사전에 안전성 심사를 통해 위험요소를 제거하여 근로자의 안전과 보건을 증진하기 위한 목적으로 시행하며 고용노동부장관에게 제출하고 심사를 받아야 함

52 컷셋(Cut Sets)과 최소패스셋(Minimal Path Sets)의 정의로 옳은 것은?
• 6장 1절 FTA(결함수) 분석

① 컷셋은 시스템 고장을 유발시키는 필요 최소한의 고장들의 집합이며, 최소패스셋은 시스템의 신뢰성을 표시한다.
② 컷셋은 시스템 고장을 유발시키는 기본고장들의 집합이며, 최소패스셋은 시스템의 불신뢰도를 표시한다.
③ 컷셋은 그 속에 포함되어 있는 모든 기본 사상이 일어났을 때 정상사상을 일으키는 기본사상의 집합이며, 최소패스셋은 시스템의 신뢰성을 표시한다.
④ 컷셋은 그 속에 포함되어 있는 모든 기본 사상이 일어났을 때 정상사상을 일으키는 기본사상의 집합이며, 최소패스셋은 시스템의 성공을 유발하는 기본사상의 집합이다.

해설

- 컷셋은 그 속에 포함되어 있는 모든 기본 사상이 일어났을 때 정상사상을 일으키는 기본사상의 집합이며, 최소패스셋은 시스템의 신뢰성을 표시함
- FT에서 정상사상이나 중간사상의 발생확률을 계산하여 이것을 예측하는 것도 중요하나 정상사상 발생에 영향을 미치는 요소를 파악하는 것도 중요함

50 ④ 51 ③ 52 ③

53 시각적 표시장치보다 청각적 표시장치를 사용하는 것이 더 유리한 경우로 옳은 것은?

• 2장 1절 시각적 표시장치

① 정보의 내용이 복잡하고 긴 경우
② 정보가 공간적인 위치를 다룬 경우
③ 직무상 수신자가 한 곳에 머무르는 경우
④ 수신 장소가 너무 밝거나 암순응이 요구될 경우

해설

시각적 표시장치	청각적 표시장치
• 메세지가 길고 복잡	• 메세지가 짧고 단순한 경우
• 메세지가 공간적 참조를 다룸	• 메세지가 시간상의 사건을 다루는 경우
• 메세지를 나중에 참고할 필요가 있음	• 메세지가 일시적으로 나중에 참고할 필요가 없음
• 소음이 과도할 때	• 시(視)가 과도할 때
• 작업자의 이동이 적음	• 작업자의 이동이 많음
• 즉각적인 행동 불필요	• 즉각적인 행동이 필요
• 정보가 후에 재참조될 때 효과적	• 수신장소가 너무 밝거나 암순응이 요구될 때

54 인간의 위치 동작에 있어 눈으로 보지 않고 손을 수평면상에서 움직이는 경우 짧은 거리는 지나치고, 긴 거리는 못 미치는 경향이 있는데 이를 나타내는 말로 옳은 것은?

• 4장 3절 작업환경과 인간공학

① 사정효과(Range Effect)
② 반응효과(Reaction Effect)
③ 간격효과(Distance Effect)
④ 손동작효과(Hand Action Effect)

해설

범위효과(Range Effect), 사정효과
• 조작자가 작은 오차에는 과잉반응, 큰 오차에는 과소반응을 함
• 눈으로 보지 않고 손을 수평면상에서 움직이는 경우에 짧은 거리는 지나치고, 긴 거리는 못미치는 것을 말함

정답 53 ④ 54 ①

55 Chapanis가 정의한 위험의 확률수준과 그에 따른 위험발생률로 옳은 것은?

• 5장 2절 시스템 위험분석기법

① 전혀 발생하지 않는(Impossible) 발생빈도 − $10^{-8}/day$
② 극히 발생할 것 같지 않는(Extremely Unlikely) 발생빈도 − $10^{-7}/day$
③ 거의 발생하지 않는(Remote) 발생빈도 − $10^{-6}/day$
④ 가끔 발생하는(Occasional) 발생빈도 − $10^{-5}/day$

해설

Chapanis의 위험발생률
• 전혀 발생하지 않는(Impossible) 발생빈도 : $10^{-8}/day$
• 극히 발생할 것 같지 않은(Extremely Unlikely) 발생빈도 : $10^{-6}/day$
• 거의 발생하지 않는(Remote) 발생빈도 : $10^{-5}/day$
• 가끔 발생하는(Occasional) 발생빈도 : $10^{-4}/day$
• 합리적으로 가능성이 있는(Reasonably probable) 발생빈도 : $10^{-3}/day$

56 인체측정 자료를 장비, 설비 등의 설계에 적용하기 위한 응용원칙으로 옳지 않은 것은?

• 3장 1절 인간계측 및 인간의 체계제어

① 조절식 설계
② 극단치를 이용한 설계
③ 구조적 치수 기준의 설계
④ 평균치를 기준으로 한 설계

해설

인체 측정치의 응용원리(조절식 → 극단치 → 평균치)
• 조절식 설계
• 극단치 설계
• 평균치 설계

57 화학설비에 대한 안전성 평가 중 정성적 평가방법의 주요 진단 항목으로 옳지 않은 것은?

• 5장 1절 시스템 위험분석 관리

① 건조물
② 취급물질
③ 입지 조건
④ 공장 내 배치

해설

2단계 : 정성적 평가
• 설비관계 : 입지조건, 공장내 배치, 건조물, 소방설비
• 운전관계 : 원재료, 중간체제품, 공정, 수송 및 저장, 공정기기

55 ① 56 ③ 57 ②

58 시스템의 수명 및 신뢰성에 관한 설명으로 옳지 않은 것은? •1장 3절 체계설비와 인간요소

① 병렬설계 및 디레이팅 기술로 시스템의 신뢰성을 증가시킬 수 있다.
② 직렬시스템에서는 부품들 중 최소 수명을 갖는 부품에 의해 시스템 수명이 정해진다.
③ 수리가 가능한 시스템의 평균수명(MTBF)은 평균 고장률(λ)과 정비례 관계가 성립한다.
④ 수리가 불가능한 구성요소로 병렬구조를 갖는 설비는 중복도가 늘어날수록 시스템 수명이 길어진다.

해설

MTBF = 총동작시간/고장횟수 = $1/\lambda$

59 동작경제의 원칙으로 옳지 않은 것은? •4장 4절 동작경제의 원칙

① 공구의 기능을 각각 분리하여 사용하도록 한다.
② 두 팔의 동작은 동시에 서로 반대방향으로 대칭적으로 움직이도록 한다.
③ 공구나 재료는 작업동작이 원활하게 수행되도록 그 위치를 정해준다.
④ 가능하다면 쉽고도 자연스러운 리듬이 작업동작에 생기도록 작업을 배치한다.

해설

공구 및 설비(Design of tools & Equipment)디자인에 관한 원칙
• 공구와 자재는 가능한 사용하기 쉽도록 미리 위치를 정함
• 각 손가락이 서로 다른 작업을 할 때에는 작업량을 각 손가락의 능력에 맞게 분배
• 레버, 핸들 그리고 제어장치는 작업자가 몸의 자세를 크게 바꾸지 않더라도 조작하기 용이하도록 배치
• 치구(Jig & Fixture), 족답장치(Foot Operated Device)를 활용하여 양손이 다른 일을 할 수 있도록 함
• 공구의 기능을 결합하여 사용

60 다음 시스템의 신뢰도 값으로 옳은 것은? •1장 3절 체계설비와 인간요소

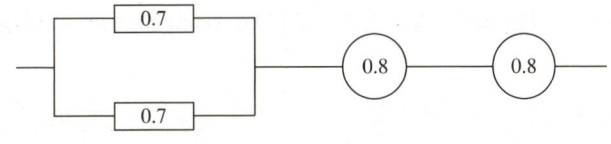

① 0.5824
② 0.6682
③ 0.7855
④ 0.8642

해설

• 직렬시스템의 신뢰도 : R = a × b × c
• 병렬시스템의 신뢰도 : R = 1 − (1 − a)(1 − b)
• 총신뢰도 = 병렬 + 직렬 = [1 − (1 − 0.7)(1 − 0.7)] × 0.8 × 0.8 = 0.5824

정답 58 ③ 59 ① 60 ①

2020년 제4회 기출해설

3과목 인간공학 및 시스템안전공학

41 결함수분석법에서 Path Set에 관한 설명으로 옳은 것은? • 6장 1절 FTA(결함수) 분석

① 시스템의 약점을 표현한 것이다.
② Top사상을 발생시키는 조합이다.
③ 시스템이 고장 나지 않도록 하는 사상의 조합이다.
④ 시스템고장을 유발시키는 필요불가결한 기본사상들의 집합이다.

해설

최소컷셋(Minimal Cut Sets)과 최소패스셋(Minimal Path Sets)

컷 셋	시스템을 고장나게 하는 기본사상의 조합
패스셋	시스템을 고장나지 않도록 하는 기본사상의 조합
최소컷셋	시스템을 고장나게 하는 최소한의 기본사상의 조합
최소패스셋	시스템을 고장나지 않도록 하는 최소한의 기본사상의 조합

42 촉감의 일반적인 척도의 하나인 2점 문턱값(Two-point Threshold)이 감소하는 순서대로 나열된 것은?

① 손가락 → 손바닥 → 손가락 끝
② 손바닥 → 손가락 → 손가락 끝
③ 손가락 끝 → 손가락 → 손바닥
④ 손가락 끝 → 손바닥 → 손가락

해설

2점 문턱값(Two-point Threshold) : 두 지점을 눌렀을 때 느껴지는 감각이 서로 다르게 느껴지는 점 사이의 최소거리로, 손가락으로 갈수록 더 예민해짐

정답 41 ③ 42 ②

43 결함수분석의 기호 중 입력사상이 어느 하나라도 발생할 경우 출력사상이 발생하는 것은?

• 6장 1절 FTA(결함수) 분석

① NOR GATE
② AND GATE
③ OR GATE
④ NAND GATE

해설
OR 게이트(OR Gate) : 한 개 이상의 입력사상이 발생하면 출력사상이 발생하는 논리게이트

44 FTA결과 〈보기〉와 같은 패스셋을 구하였다. 최소패스셋(Minimal Path Sets)으로 옳은 것은?

• 6장 1절 FTA(결함수) 분석

$$\{X_2, X_3, X_4\}$$
$$\{X_1, X_3, X_4\}$$
$$\{X_3, X_4\}$$

① $\{X_3, X_4\}$
② $\{X_1, X_3, X_4\}$
③ $\{X_2, X_3, X_4\}$
④ $\{X_2, X_3, X_4\}$ 와 $\{X_3, X_4\}$

해설
최소패스셋(Minimal Path Sets)
기본 사상이 일어나지 않으면 정상사상이 발생하지 않는 기본사상의 집합으로, 타 패스셋을 포함하고 있는 것을 배제하고 남은 패스셋은 $\{X_3, X_4\}$ 이다.

45 인체측정에 대한 설명으로 옳은 것은?

• 3장 1절 인간계측 및 인간의 체계제어

① 인체측정은 동적측정과 정적측정이 있다.
② 인체측정학은 인체의 생화학적 특징을 다룬다.
③ 자세에 따른 인체치수의 변화는 없다고 가정한다.
④ 측정항목에 무게, 둘레, 두께, 길이는 포함되지 않는다.

해설
인체측정학(Anthropometry)
• 신체의 치수, 부피, 질량, 무게중심 등의 물리적 특성을 다루는 학문
• 인체치수는 고정자세에서 측정하는 구조적(정적)인체치수와 활동자세에서 측정하는 기능적(동적)인체치수가 있음

46 시스템 안전분석 방법 중 예비위험분석(PHA)단계에서 식별하는 4가지 범주에 속하지 않는 것은?

• 5장 2절 분석기법에 따른 분류

① 위기상태
② 무시가능상태
③ 파국적상태
④ 예비조처상태

해설

정성적 분석기법
• PHA(예비위험분석 : Preliminary Hazard Analysis) 그래프
• PHA에서 예비조처상태는 없음

47 다음은 불꽃놀이용 화학물질취급설비에 대한 정량적 평가이다. 해당 항목에 대한 위험등급이 올바르게 연결된 것은?

• 7장 1절 위험성 평가의 개요

항 목	A(10점)	B(5점)	C(2점)	D(0점)
취급물질	○	○	○	
조 작		○		○
화학설비의 용량	○		○	
온 도	○	○		
압 력		○	○	○

① 취급물질 – Ⅰ등급, 화학설비의 용량 – Ⅰ등급
② 온도 – Ⅰ등급, 화학설비의 용량 – Ⅱ등급
③ 취급물질 – Ⅰ등급, 조작 – Ⅳ등급
④ 온도 – Ⅱ등급, 압력 – Ⅲ등급

해설

위험성 평가의 진행순서

등 급	점 수	내 용
등급 Ⅰ	16점 이상	위험도가 높음
등급 Ⅱ	11~15점 이하	주위 상황, 다른 설비와 관련해서 평가
등급 Ⅲ	10점 이하	위험도가 낮음

• 온도 : 합산점수 15점으로 2등급
• 압력 : 합산점수 7점으로 3등급

48 인간-기계 시스템에서 시스템의 설계를 다음과 같이 구분할 때 제3단계인 기본설계에 해당되지 않는 것은?

• 1장 2절 인간-기계체계

> 1단계 – 시스템의 목표와 성능 명세 결정
> 2단계 – 시스템의 정의
> 3단계 – 기본설계
> 4단계 – 인터페이스설계
> 5단계 – 보조물 설계
> 6단계 – 시험 및 평가

① 화면 설계
② 작업 설계
③ 직무 분석
④ 기능 할당

해설

3단계 : 기본설계
• 시스템이 형태를 갖추기 시작하는 단계
• S/W에 대한 기능할당, 직무분석, 작업설계

49 어떤 소리가 100Hz, 60dB인 음과 같은 높이임에도 4배 더 크게 들린다면, 이 소리의 음압수준은 얼마인가?

• 4장 1절 작업조건과 환경조건

① 70dB
② 80dB
③ 90dB
④ 100dB

해설

4Sone = 2(Phon − 40)/10에서 Phon = 80dB

Sone	2^0	2^1	2^2	2^3	2^4	2^5	2^6
phon	40	50	60	70	80	90	100

50 연구 기준의 요건과 내용이 옳은 것은?

• 1장 1절 인간공학의 정의

① 무오염성 – 실제로 의도하는 바와 부합해야 한다.
② 적절성 – 반복 실험 시 재현성이 있어야 한다.
③ 신뢰성 – 측정하고자 하는 변수 이외의 다른 변수의 영향을 받아서는 안 된다.
④ 민감도 – 피실험자 사이에서 볼 수 있는 예상 차이점에 비례하는 단위로 측정해야 한다.

해설

인간공학의 연구기준
• 적절성 : 기준이 의도된 목적에 적합한가
• 무오염성 : 측정하고자 하는 변수가 아닌 다른 외적 변수들에 의해 영향을 받지 않았는가
• 신뢰성 : 비슷한 환경에서 반복할 경우 일정한 결과가 나오는가
• 민감도 : 피검자 사이에서 볼 수 있는 예상 차이점에 비례하는 단위로 측정하였는가

정답 48 ① 49 ② 50 ④

51 어느 부품 1,000개를 100,000시간 동안 가동하였을 때 5개의 불량품이 발생하였을 경우 평균동작시간(MTTF)은?
• 1장 3절 체계설비와 인간요소

① 1×10^6 시간
② 2×10^7 시간
③ 1×10^8 시간
④ 2×10^9 시간

해설
평균수명(MTTF, Mean Time To Failure)
총동작시간/기간중 총고장건수 = 1000개 × 100,000시간/5 = 2×10^7시간

52 시스템 안전분석 방법 중 HAZOP에서 '완전대체'를 의미하는 것은?
• 5장 2절 시스템 위험분석기법

① NOT
② REVERSE
③ PART OF
④ OTHER THAN

해설
HAZOP : Hazard & Operability Study

기타(Other than)	설계의도가 완전히 바뀜	밸브의 잘못 조작으로 다른 원료가 공급되는 상태 등

53 실린더 블록에 사용하는 가스켓의 수명분포는 $X \sim N(10000, 200^2)$인 정규분포를 따른다. t = 9600시간일 경우에 신뢰도(R(t))는? (단, $P(Z \leq 1) = 0.8413$, $P(Z \leq 1.5) = 0.9332$, $P(Z \leq 2) = 0.9772$, $P(Z \leq 3) = 0.9987$)

① 84.13% ② 93.32%
③ 97.72% ④ 99.87%

해설
신뢰도
Z = (사용시간 − 수명시간)/표준편차 = (9,600 − 10,000)/200 = −2
Z = [−2] = 0.9772 = 97.72%

54 신체활동의 생리학적 측정법 중 전신의 육체적인 활동을 측정하는 데 가장 적합한 방법은?

• 4장 2절 작업생리학

① Flicker 측정
② 산소소비량 측정
③ 근전도(EMG) 측정
④ 피부전기반사(GSR) 측정

해설

작업이 인체에 미치는 생리적 부담은 주로 산소소비량으로 측정한다.

산소소비량
- 산소 1리터가 소모하는 에너지는 5kcal
- 에너지 소비율
  - 가벼운 작업 : 2.5kcal/min 이하
  - 보통작업 5~7.5kcal/min 이상
  - 격렬작업 12.5kcal/min 이상

55 신호검출이론(SDT)의 판정결과 중 신호가 없었는데도 있었다고 말하는 경우는?

• 1장 4절 정보처리이론

① 긍정(Hit)
② 누락(Miss)
③ 허위(False Alarm)
④ 부정(Correct Rejection)

해설

신호검출이론 판정결과

구 분	신호(Signal)	소음(Noise)
신호발생(S)	Hit : P(S/S)	1종오류(False Alarm) : P(S/N)
신호없음(N)	2종오류(Miss) : P(N/S)	Correct Rejection : P(N/N)

신호가 없었는데도 있었다고 말하는 경우는 1종오류(False Alarm) : P(S/N)이다.

정답 54 ② 55 ③

56 가스밸브를 잠그는 것을 잊어 사고가 발생했다면 작업자는 어떤 인적오류를 범한 것인가?

• 2장 4절 휴먼에러

① 생략 오류(Omission Error)
② 시간지연 오류(Time Error)
③ 순서 오류(Sequential Error)
④ 작위적 오류(Commission Error)

해설

휴먼에러의 분류
- Swain과 Guttman의 심리적 분류 : 개별적인 행동결과에 대한 분류
  - 실행 에러(Commission Error) : 작업 내지 단계는 수행하였으나 잘못한 에러
  - 주차금지 구역에 주차하여 스티커가 발부된 경우
- 생략 에러(Omission Error) : 필요한 작업 내지 단계를 수행하지 않은 에러
  - 자동차 하차 시 실내등을 끄지 않아 방전된 경우
- 순서 에러(Sequential Error) : 작업수행의 순서를 잘못한 에러
  - 자동차 출발 시 사이드 브레이크를 내리지 않고 가속하는 경우
- 시간 에러(Timing Error) : 주어진 시간 내에 동작을 수행하지 못하거나 너무 빠르게 또는 너무 느리게 수행하였을 때 생긴 에러
- 불필요한 행동에러(Extraneous Act Error) : 해서는 안 될 불필요한 작업의 행동을 수행한 에러

57 산업안전보건법령상 유해위험방지계획서의 제출 대상 제조업은 전기 계약 용량이 얼마 이상인 경우에 해당되는가? (단, 기타 예외사항은 제외)

• 8장 1절 유해위험방지계획서

① 50kW
② 100kW
③ 200kW
④ 300kW

해설

유해위험방지계획서 제출대상 - 업종대상
- 전기계약용량 300kW 이상인 13대 업종으로 해당제품의 생산공정과 직접적으로 관련된 건설물, 기계 및 설비 등 전부를 설치, 이전하거나 그 주요 구조부분을 변경하려는 경우
- 전기정격용량의 합 100kW 이상 증설, 교체, 개조, 이설하는 경우

56 ① 57 ④

58 다음 중 열중독증(Heat Illness)의 강도를 올바르게 나열한 것은?

> ⓐ 열소모(Heat Exhaustion)
> ⓑ 열발진(Heat Rash)
> ⓒ 열경련(Heat Cramp)
> ⓓ 열사병(Heat Stroke)

① ⓒ < ⓑ < ⓐ < ⓓ
② ⓒ < ⓑ < ⓓ < ⓐ
③ ⓑ < ⓒ < ⓐ < ⓓ
④ ⓑ < ⓓ < ⓐ < ⓒ

해설

열중독의 강도 순서 : 열발진 < 열경련 < 열소모 < 열사병

59 암호체계의 사용 시 고려해야 될 사항과 거리가 먼 것은? • 2장 1절 시각적 표시장치

① 정보를 암호화한 자극은 검출이 가능하여야 한다.
② 다 차원의 암호보다 단일 차원화된 암호가 정보 전달이 촉진된다.
③ 암호를 사용할 때는 사용자가 그 뜻을 분명히 알 수 있어야 한다.
④ 모든 암호 표시는 감지장치에 의해 검출될 수 있고, 다른 암호 표시와 구별될 수 있어야 한다.

해설

암호 체계의 일반적 사항
• 암호의 검출성
• 암호의 변별성
• 부호의 양립성
• 부호의 의미
• 암호의 표준화
• 다차원 암호의 사용

60 사무실 의자나 책상에 적용할 인체 측정 자료와 설계 원칙으로 가장 적합한 것은? • 3장 1절 인간계측 및 인간의 체계제어

① 평균치 설계
② 조절식 설계
③ 최대치 설계
④ 최소치 설계

해설

인체 측정치의 응용원칙
• 인체 측정치의 응용원리(조절식 → 극단치 → 평균치)
• 조절식 설계 : 가장 먼저 고려할 개념(5~95% tile)

정답 58 ③ 59 ② 60 ②

2020년 제3회 기출해설

3과목 인간공학 및 시스템안전공학

41 후각적 표시장치(Olfactory Display)와 관련된 내용으로 옳지 않은 것은?

• 2장 3절 기타 감각적 표시장치

① 냄새의 확산을 제어할 수 없다.
② 시각적 표시장치에 비해 널리 사용되지 않는다.
③ 냄새에 대한 민감도의 개별적 차이가 존재한다.
④ 경보 장치로서 실용성이 없기 때문에 사용되지 않는다.

해설

후각적 표시장치(Olfactory Display)
• 후 각
 - 민감도는 자극 물질과 개인에 따라 다름
 - 후각 : 절대적 식별 능력이 가장 좋은 감각기관
• 표시장치 이용의 어려움
 - 냄새에 대한 민감도의 개인차 심함
 - 냄새의 확산을 제어할 수 없음
 - 냄새에 대한 민감도의 개별적 차이가 존재
 - 노출 후 냄새에 익숙해짐
 - 시각적 표시장치에 비해 널리 사용되지 않음

41 ④

42 HAZOP 기법에서 사용하는 가이드워드와 의미가 잘못 연결된 것은? • 5장 2절 시스템 위험분석기법

① No/Not – 설계 의도의 완전한 부정
② More/Less – 정량적인 증가 또는 감소
③ Part of – 성질상의 감소
④ Other than – 기타 환경적인 요인

해설

가이드워드의 종류

가이드워드	정 의	예 시
없음 (No, Not, or None)	설계의도에 완전히 반하여 공정변수의 양이 없는 상태	유량없음(No flow)이라고 표현할 경우 : 검토구간 내에서 유량이 없거나 흐르지 않는 상태를 뜻함
증가 (More)	공정변수가 양적으로 증가되는 상태	유량증가(More flow)라고 표현할 경우 : 검토구간 내에서 유량이 설계의도보다 많이 흐르는 상태를 뜻함
감소 (Less)	공정변수가 양적으로 감소되는 상태	유량감소(Less flow)라고 표현할 경우 : 누설 등으로 설계의도보다 유량이 적어진 경우를 뜻함
반대 (Reverse)	설계의도와 정반대로 나타나는 상태	유량이나 반응 등에 흔히 적용되며 반대흐름(Reverse flow)이라고 표현할 경우 : 검토구간 내에서 유체가 정반대 방향으로 흐르는 상태
부가 (As well as)	설계의도 외에 다른 공정변수가 부가되는 상태, 질적 증가	오염(Contamination) 등과 같이 설계의도 외에 부가로 이루어지는 상태를 뜻함
부분 (Parts of)	설계의도대로 완전히 이루어지지 않는 상태, 질적 감소	조성 비율이 잘못된 것과 같이 설계의도대로 되지 않는 상태
기타 (Other than)	설계의도가 완전히 바뀜	밸브의 잘못 조작으로 다른 원료가 공급되는 상태 등

정답 42 ④

43 그림과 같은 FT도에서 F1 = 0.015, F2 = 0.02, F3 = 0.05이면, 정상사상 T가 발생할 확률은 약 얼마인가?

• 1장 3절 체계설비와 인간요소

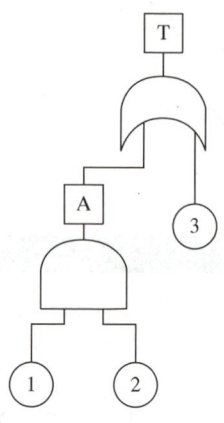

① 0.0002
② 0.0283
③ 0.0503
④ 0.9500

해설
- 직렬시스템의 신뢰도 R = a × b × c
- 병렬시스템의 신뢰도 R = 1 − (1 − a)(1 − b)
∴ A = ① × ② = 0.015 × 0.02 = 0.0003
∴ T = 1 − (1 − 0.0003) × (1 − 0.05) = 0.0503

44 다음은 유해위험방지계획서의 제출에 관한 설명이다. ( ) 안에 들어갈 내용으로 옳은 것은?

• 8장 1절 유해위험방지계획서

산업안전보건법령상 "대통령령으로 정하는 사업의 종류 및 규모에 해당하는 사업으로서 해당 제품의 생산 공정과 직접적으로 관련된 건설물·기계·기구 및 설비 등 일체를 설치·이전하거나 그 주요 구조 부분을 변경하려는 경우"에 해당하는 사업주는 유해위험방지계획서에 관련 서류를 첨부하여 해당 작업 시작 (㉠)까지 공단에 (㉡)부를 제출하여야 한다.

① ㉠ − 7일 전, ㉡ − 2
② ㉠ − 7일 전, ㉡ − 4
③ ㉠ − 15일 전, ㉡ − 2
④ ㉠ − 15일 전, ㉡ − 4

해설
유해·위험방지계획서를 제출하려면 유해·위험방지계획서에 관련서류를 첨부하여 해당 작업 시작 15일 전까지 한국산업안전보건공단에 2부를 제출

45 차폐효과에 대한 설명으로 옳지 않은 것은?

• 4장 1절 작업조건과 환경조건

① 차폐음과 배음의 주파수가 가까울 때 차폐효과가 크다.
② 헤어드라이어 소음 때문에 전화 음을 듣지 못한 것과 관련이 있다.
③ 유의적 신호와 배경 소음의 차이를 신호/소음(S/N) 비로 나타낸다.
④ 차폐효과는 어느 한 음 때문에 다른 음에 대한 감도가 증가되는 현상이다.

해설

은폐효과(Masking Effect)
- 크고 작은 두 소리를 동시에 들을 때 큰 소리만 들리고 작은 소리는 들리지 않는 현상
- 두 음의 차이가 10dB 이상인 경우에 높은 음이 낮은 음을 상쇄시켜 높은 음만 들림
- 두 음의 주파수가 비슷하거나, 배음에 가까우면 음폐효과가 대단히 커짐
- 두 음의 주파수가 거의 같을 때에는 음폐효과가 감소
- 유의적 신호와 배경 소음의 차이를 신호/소음(S/N) 비로 나타냄
- 사례 : 헤어드라이어 소음 때문에 전화음을 듣지 못함

46 그림과 같이 FTA로 분석된 시스템에서 현재 모든 기본사상에 대한 부품이 고장난 상태이다. 부품 X_1부터 부품 X_5까지 순서대로 복구한다면 어느 부품을 수리 완료하는 시점에서 시스템이 정상가동 되는가?

• 6장 1절 FTA(결함수) 분석

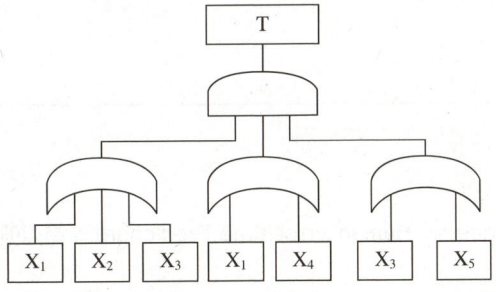

① 부품 X_2 ② 부품 X_3
③ 부품 X_4 ④ 부품 X_5

해설
- 정상사상 아래가 and 게이트이므로 아래의 3개의 사상이 모두 복구되어야 움직임
- X_1이 복구되면 → 1, 2번 or 게이트가 복구되나 3번 or 게이트 고장으로 여전히 고장
- X_2가 복구되면 → 변화 없음, x와 동일
- X_3가 복구되면 → 남아 있던 3번 or 게이트마저 복구되어 정상가동

정답 45 ④ 46 ②

47 인간이 기계보다 우수한 기능으로 옳지 않은 것은? (단, 인공지능은 제외)

• 1장 2절 인간-기계체계

① 암호화된 정보를 신속하게 대량으로 보관할 수 있다.
② 관찰을 통해서 일반화하여 귀납적으로 추리한다.
③ 항공사진의 피사체나 말소리처럼 상황에 따라 변화하는 복잡한 자극의 형태를 식별할 수 있다.
④ 수신 상태가 나쁜 음극선관에 나타나는 영상과 같이 배경 잡음이 심한 경우에도 신호를 인지할 수 있다.

해설

인간의 장점	인간의 단점
• 오감의 작은 자극도 감지가능 • 각각으로 변화하는 자극 패턴을 인지 • 예기치 못한 자극을 탐지 • 기억에서 적절한 정보를 꺼냄 • 결정 시에 여러 가지 경험을 꺼내 맞춤 • 귀납적으로 추리, 관찰을 통한 일반화 • 원리를 여러 문제해결에 응용 • 주관적인 평가를 함 • 아주 새로운 해결책을 생각 • 조작이 다른 방식에도 몸으로 순응	• 어떤 한정된 범위 내에서만 자극을 감지 • 드물게 일어나는 현상을 감지할 수 없음 • 수 계산을 하는 데 한계 • 신속 고도의 신뢰도로 대량의 정보를 꺼낼 수 없음 • 운전작업을 정확히 일정한 힘으로 할 수 없음 • 반복 작업을 확실하게 할 수 없음 • 자극에 신속 일관된 반응을 할 수 없음 • 장시간 연속해서 작업을 수행할 수 없음

기계의 장점	기계의 단점
• 인간의 감각범위를 넘어서는 구역도 감지 가능 • 드물게 일어나는 현상을 감지 가능 • 신속하면서 대량의 정보를 기억할 수 있음 • 신속정확하게 정보를 꺼냄 • 특정 프로그램에 대해서 수량적 정보를 처리 • 입력신호에 신속하고 일관된 반응 • 연역적인 추리 • 반복 동작을 확실히 함 • 명령대로 작동 • 동시에 여러 가지 활동을 함 • 물리량을 셈하거나 측정이 가능	• 미리 정해놓은 활동만 할 수 있음 • 학습을 한다든가 행동을 바꿀 수 없음 • 추리를 하거나 주관적인 평가를 할 수 없음 • 즉석에서 적응할 수 없음 • 기계에 적합한 부호화된 정보만 처리

48 THERP(Technique for Human Error Rate Prediction)의 특징에 대한 설명으로 옳은 것을 모두 고른 것은?

• 5장 2절 시스템 위험분석기법

㉠ 인간-기계 계(System)에서 여러 가지의 인간의 에러와 이에 의해 발생할 수 있는 위험성의 예측과 개선을 위한 기법
㉡ 인간의 과오를 정성적으로 평가하기 위하여 개발된 기법
㉢ 가지처럼 갈라지는 형태의 논리구조와 나무 형태의 그래프를 이용

① ㉠, ㉡
② ㉠, ㉢
③ ㉡, ㉢
④ ㉠, ㉡, ㉢

> **해설**
>
> THERP(Technique for Human Error Rate Prediction) 인간 에러율 예측기법
> - 시스템에 있어서 인간의 과오를 정량적으로 평가하기 위해 개발된 확률론적 안전기법
> - 인간-기계 시스템에서 인간의 에러와 이로 인해 발생할 수 있는 위험성을 예측하여 개선
> - 가지처럼 갈라지는 형태의 논리구조와 나무형태의 그래프를 이용
> - 인간의 과오율 추정법은 5개의 단계로 되어 있음
> - 100만 운전시간 당 과오도수를 기본 과오율로 하여 평가

49 설비의 고장과 같이 발생확률이 낮은 사건의 특정시간 또는 구간에서의 발생횟수를 측정하는 데 가장 적합한 확률분포는? ・1장 3절 체계설비와 인간요소

① 이항분포(Dinomial Distribution)
② 푸아송분포(Poisson Distribution)
③ 와이블분포(Weibull Distribution)
④ 지수분포(Exponential Distribution)

> **해설**
>
> 수명분포
> - 푸아송분포(Poisson Distribution) : 단위시간, 단위공간에서 발생한 사건의 분포로 설비의 고장과 같이 발생확률이 낮은 사건의 특정시간 또는 구간에서의 발생횟수를 측정하는 데 가장 적합
> - 와이블분포(Welbull Distribution) : 사건발생률이 시간에 따라 변화하는 지수분포로 고장률이 노후 등으로 시간에 따라 커지는 경우에 사용
> - 지수분포(Exponential Distribution) : 한 사건에서 그 다음 사건까지의 시간, 거리에 대한 분포로 시간당 고장률이 일정하다고 보며, 가장 널리 사용

50 인간공학을 기업에 적용할 때의 기대효과로 볼 수 없는 것은? ・1장 1절 인간공학의 정의

① 노사 간의 신뢰 저하
② 작업손실시간의 감소
③ 제품과 작업의 질 향상
④ 작업자의 건강 및 안전 향상

> **해설**
>
> 인간공학의 가치 및 효과
> - 성능의 향상
> - 훈련비용의 절감
> - 인력이용률의 향상
> - 사고 및 오용에 의한 손실 감소
> - 생산 및 정비유지의 경제성 증대
> - 사용자의 수용도 향상, 노사 간 신뢰 상승

정답 49 ② 50 ①

51. 인간 에러(Human Error)에 관한 설명으로 틀린 것은?
• 2장 4절 인간요소와 휴먼에러

① Omission Error - 필요한 작업 또는 절차를 수행하지 않는 데 기인한 에러
② Commission Error - 필요한 작업 또는 절차의 수행지연으로 인한 에러
③ Extraneous Error - 불필요한 작업 또는 절차를 수행함으로써 기인한 에러
④ Sequential Error - 필요한 작업 또는 절차의 순서 착오로 인한 에러

해설

휴먼에러의 분류 - Swain과 Guttman
• 실행 에러(Commission Error) : 작업 내지 단계는 수행하였으나 잘못한 에러
• 생략 에러(Omission Error) : 필요한 작업 내지 단계를 수행하지 않은 에러
• 순서 에러(Sequential Error) : 작업수행의 순서를 잘못한 에러
• 시간 에러(Timing Error) : 주어진 시간 내에 동작을 수행하지 못하거나 너무 빠르게 또는 너무 느리게 수행하였을 때 생긴 에러
• 불필요한 행동에러(Extraneous Act Error) : 해서는 안 될 불필요한 작업의 행동을 수행한 에러

52. 눈과 물체의 거리가 23cm, 시선과 직각으로 측정한 물체의 크기가 0.03cm 일 때 시각(분)은 얼마인가? (단, 시각은 600 이하이며, radian 단위를 분으로 환산하기 위한 상수값은 57.3과 60을 모두 적용하여 계산)
• 4장 1절 작업조건과 환경조건

① 0.001　　② 0.007
③ 4.48　　④ 24.55

해설

시각(Visual Angle)
• 시각은 도, 분, 초로 나타내며 일반적으로 분단위로 표현됨
• 시력을 측정하는 방법 중 가장 보편적인 방법은 최소가분시력(Minimal Separable Acuity)임
• 최소가분시력(Minimal Separable Acuity) : 눈이 식별할 수 있는 표적의 최소 공간 = 1/시각
• 시각 = $\frac{180}{\pi} \times 60 \times$ (물체의 크기 ÷ 물체와의 거리) = $57.3 \times 60 \times \frac{0.03(D)}{23L}$ (1rad = $\frac{180}{\pi}$) = 4.48

53. 산업안전보건기준에 관한 규칙상 "강렬한 소음 작업"에 해당하는 기준은?
• 4장 1절 작업조건과 환경조건

① 85데시벨 이상의 소음이 1일 4시간 이상 발생하는 작업
② 85데시벨 이상의 소음이 1일 8시간 이상 발생하는 작업
③ 90데시벨 이상의 소음이 1일 4시간 이상 발생하는 작업
④ 90데시벨 이상의 소음이 1일 8시간 이상 발생하는 작업

해설

허용노출시간 : 강렬한 소음작업(5dB 증가 시마다 반으로 줄음)
• 90dB : 8시간　　• 95dB : 4시간
• 100dB : 2시간　　• 105dB : 1시간
• 110dB : 30분　　• 115dB : 15분

54 컴퓨터 스크린 상에 있는 버튼을 선택하기 위해 커서를 이동시키는 데 걸리는 시간을 예측하는 가장 적합한 법칙은?

•2장 4절 휴먼에러

① Fitts의 법칙
② Lewin의 법칙
③ Hick의 법칙
④ Weber의 법칙

해설

피츠의 법칙(Fitts law)
- 이동시간은 이동길이가 클수록, 폭이 작을수록 오래 걸린다는 법칙
- MT(Movement Time) = $a + b \log_2(D/W + 1)$
  (a, b : 경험적 상수, D : 목표물까지의 거리, W : 목표물의 폭)

55 직무에 대하여 청각적 자극 제시에 대한 음성 응답을 하도록 할 때 가장 관련 있는 양립성은?

•1장 2절 인간-기계체계

① 공간적 양립성
② 양식 양립성
③ 운동 양립성
④ 개념적 양립성

해설

양식적 양립성(Modality)
- 과업에 따라 맞는 자극-응답양식이 존재함
- 음성과업에서 청각제시와 음성응답이 좋음
- 공간과업에서 시각제시와 수동응답이 좋음

56 NIOSH Lifting Guideline에서 권장무게한계(RWL) 산출에 사용되는 계수가 아닌 것은?

•3장 5절 인력운반과 NIOSH lifting guideline

① 휴식 계수
② 수평 계수
③ 수직 계수
④ 비대칭 계수

해설

사용하는 6가지 계수
- HM : 수평계수(Horizontal Multiplier) HM = 25/H
- VM : 수직계수(Vertical Multiplier) VM = 1 − 0.003|V − 75|
- DM : 거리계수(Distance Multiplier) DM = 0.82 + 4.5/D
- AM : 비대칭성계수(Asymmetric Multiplier) AM = 1 − 0.0032A
- FM : 빈도계수(Frequency Multiplier)
- CM : 결합계수(Coupling Multiplier)

정답 54 ① 55 ② 56 ①

57 Sanders와 McCormick의 의자 설계의 일반적인 원칙으로 옳지 않은 것은?

• 3장 2절 신체활동의 생리학적 측정

① 요부 후만을 유지한다.
② 조정이 용이해야 한다.
③ 등근육의 정적부하를 줄인다.
④ 디스크가 받는 압력을 줄인다.

해설

Sanders와 McCormick의 의자 설계원칙
- 요부는 똑바로 서있는 자세에서 전만자세를 취함
- 조정이 용이해야 함
- 등근육의 정적부하를 줄임
- 디스크가 받는 압력을 줄임

58 화학설비의 안정성 평가에서 정량적 평가의 항목에 해당되지 않는 것은?

• 5장 1절 시스템 위험분석 관리

① 훈련
② 조작
③ 취급물질
④ 화학설비용량

해설

화학설비의 안전성 평가
- 1단계 : 관계 자료의 검토
  - 입지에 관한 도표
  - 화학설비 배치도
  - 건물의 평면도, 단면도, 입면도
  - 공정기기 목록
- 2단계 : 정성적 평가
  - 설비관계 : 입지조건, 공장내 배치, 건조물, 소방설비
  - 운전관계 : 원재료, 중간체제품, 공정, 수송 및 저장, 공정기기
- 3단계 : 정량적 평가
  - 취급물질, 용량, 온도, 압력, 조작
- 4단계 : 안전대책 수립
  - 보전
  - 설비 대책 : 안전장치 및 방재장치
  - 관리적 대책 : 인원배치, 교육훈련, 보전
  - 교육훈련
- 5단계 : 재해사례에 의한 평가
  - 안전대책 강구 후 그 설계 내용에 동종설비 또는 동종장치의 재해정보를 적용
  - 안전대책의 재평가 실시
- 6단계 : FTA에 의한 재평가

59 그림과 같이 신뢰도 95%인 펌프 A가 각각 신뢰도 90%인 밸브 B와 밸브 C의 병렬밸브계와 직렬계를 이룬 시스템의 실패확률은 약 얼마인가?

• 1장 3절 체계설비와 인간요소

① 0.0091
② 0.0595
③ 0.9405
④ 0.9811

해설
- 직렬시스템의 신뢰도 R = a × b × c
- 병렬시스템의 신뢰도 R = 1 − (1 − a)(1 − b)
- 밸브의 신뢰도 = 1 − (1 − 0.9) × (1 − 0.9) = 0.99
- 펌프와 밸브의 신뢰도 = 0.95 × 0.99 = 0.9405
- 실패확률 = 1 − 0.9405 = 0.0595

60 FTA에서 사용되는 최소컷셋에 관한 설명으로 옳지 않은 것은?

• 6장 1절 FTA(결함수) 분석

① 일반적으로 Fussell Algorithm을 이용한다.
② 정상사상(Top Event)을 일으키는 최소한의 집합이다.
③ 반복되는 사건이 많은 경우 Limnios와 Ziani Algorithm을 이용하는 것이 유리하다.
④ 시스템에 고장이 발생하지 않도록 하는 모든 사상의 집합이다.

해설
- 최소컷셋(Minimal Cut Sets)
  - 정상사상(Top Event)을 일으키기 위한 최소한의 집합
  - 일반적으로 Fussell Algorithm을 이용
  - 반복되는 사건이 많은 경우 Limnios와 Ziani Algorithm을 이용하는 것이 유리
  - 시스템의 위험성을 표시하여 개수가 늘어나면 위험수준이 높아짐
  - 중복되는 사상의 컷셋 중 다른 컷셋에 포함되는 셋을 제거한 컷셋과 중복되지 않는 사상의 컷셋을 합한 것
- 최소패스셋(Minimal Path Sets)
  - 기본 사상이 일어나지 않으면 정상사상이 발생하지 않는 기본사상의 집합
  - 시스템의 신뢰성을 표시함

정답 59 ② 60 ④

2020년 제1·2회 통합 기출해설

3과목 인간공학 및 시스템안전공학

41 인체에서 뼈의 주요 기능이 아닌 것은?
• 3장 4절 신체부위

① 인체의 지주
② 장기의 보호
③ 골수의 조혈
④ 근육의 대사

해설

뼈의 구조와 기능
• 장기 등 주요기관 보호
• 조혈작용을 통해 혈액세포 생산
• 인과 칼슘을 저장했다가 필요할 때 공급
• 인체를 지지하여 자세 유지하는 지주역할
• 지렛대 작용으로 인체의 운동을 가능하게 함

42 FT도에서 사용하는 기호 중 다음 그림과 같이 OR 게이트이지만, 2개 또는 그 이상의 입력이 동시에 존재할 때 출력이 생기지 않은 경우 사용하는 것은?
• 6장 1절 FTA분석

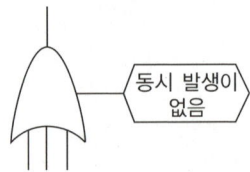

① 부정 OR 게이트
② 배타적 OR 게이트
③ 억제 게이트
④ 조합 OR 게이트

해설

FT도에 사용되는 게이트

AND 게이트	OR 게이트	부정 게이트	우선적 AND 게이트
조합 AND 게이트	위험지속 게이트	배타적 OR 게이트	억제 게이트

41 ④ 42 ②

배타적 OR 게이트(XOR : Exclusive OR 게이트)
두 개의 입력신호가 서로 같으면 출력이 0으로 나타나고, 서로 다르면 1로 출력

43 손이나 특정 신체부위에 발생하는 누적손상 장애(CTD)의 발생인자와 가장 거리가 먼 것은?

• 4장 2절 작업생리학

① 무리한 힘
② 다습한 환경
③ 장시간의 진동
④ 반복도가 높은 작업

해설

누적손상 장애(CTD ; Cumulative Disorder)
• 개 요
 - 외부적 요인에 의해서 오랜 시간을 두고 반복 발생하는 체적인 질환
 - 손가락, 손목, 팔, 어깨 등에서 발생
 - 노화에 따른 자연발생적 질환이라기보다는 직업특성과 밀접한 관계를 가지고 있음
• 발생요인
 - 무리한 힘
 - 장시간 진동
 - 반복도가 높은 작업
 - 부적합한 작업자세

44 FTA에 의한 재해사례 연구순서 중 2단계에 해당하는 것은?

• 6장 1절 FTA분석

① FT도의 작성
② 톱 사상의 선정
③ 개선계획의 작성
④ 사상의 재해원인을 규명

해설

FTA의 절차
1) 1단계 : 정상사상(Top Event) 설정
 • 재해의 위험도를 고려하여 해석할 재해를 결정
 • 재해발생 확률의 목표값 설정
2) 2단계 : 재해원인 규명
 • 해석하려는 시스템의 공정과 작업내용을 파악
 • 재해와 관련 있는 설비 배치도, 재료 배치도, 운전지침서 등을 준비하고 이를 숙지
 • 예상되는 재해에 대하여 과거의 재해사례나 재해통계 등을 활용하여 가급적 폭넓게 조사
 • 재해와 관련 있는 작업자 실수(Human Error)에 대하여 그 원인과 영향을 상세히 조사
3) 3단계 : FT(Fault Tree) 작성
 • 정상사상에 대한 1차원인을 분석
 • 정상사상과 1차원인과의 관계를 논리 게이트(Gate)로 연결
 • 1차원인에 대한 2차원인(결함사상)을 분석
 • 정상사상과 1차원인과의 관계를 논리 게이트로 연결
 • 위의 과정을 더 이상 분할할 수 없는 기본사상(Basic Event)까지 반복 분석
4) 4단계 : 재해원인 규명
 • 정성적 분석
  - 정량적인 변수들을 이용하지 않고 제품의 구조적 특성이나 각 기본사상들이 정상사상의 발생에 미치는 상대적 중요도 등을 평가하는 분석
  - 정성적 분석단계 : 결함수의 타당성 조사 → 결함수의 축약 → Cut Set과 Path Set
  - 가장 중요한 것은 최소컷셋(Minimal Cut Sets)의 도출

정답 43 ② 44 ④

- 정량적 분석
  - 사상 발생확률의 평가 : 기본사상들의 발생확률만 알고 있다면 몇 가지 가정들을 추가함으로써 중간사상들이나 정상사상의 발생확률을 계산할 수 있음
  - 중요도 지수 : 어떤 기본사상의 발생이 정상사상의 발생에 어느 정도의 영향을 미치는가를 정량적으로 나타낸 것으로서, 재해예방책 선정의 우선순위를 제시
  - 중요도 지수에는 확률중요도, 치명중요도, 구조중요도 등이 있음
  - 확률중요도 : 기본사상의 발생확률이 증감하는 경우 정상사상의 발생확률에 어느 정도 영향을 미치는가를 반영하는 지표로 수리적으로는 편미분과 같은 의미
  - 치명중요도 : 기본사상 발생확률의 변화율에 대한 정상사상 발생확률의 변화율
  - 평균고장률과 평균수리시간 : 하위수준의 기본사상이나 중간사상들의 평균고장률과 평균수리시간으로부터 정상사상으로 인한 평균고장률이나 평균수리시간도 구할 수 있음
  - 기타 신뢰도척도의 추정 : 이 외에도 해당 제품의 여러 가지 신뢰도 특성이나 척도들을 추정할 수 있으며 이때 유용한 것이 최소컷셋(Minimal Cut Sets)임

5) 5단계 : 대책수립 및 개선계획
- 정성적, 정량적 분석이 완료되면 최종적인 보고서를 준비
- 보고서에 포함되어야 하는 기본적인 사항
  - 목적과 범위
  - 가정사항 : 신뢰도 및 가용도 모형의 가정
  - 제품 결함의 정의 및 기준
  - 결함수 분석 : 분석내용, 자료, 사용기호
  - 결과 및 결론
- 재해발생확률이 허용할 수 있는 위험수준인지 확인
- 허용할 수 없는 위험수준일 경우 감소시키기 위한 대책 수립

---

45 산업안전보건법령상 사업주가 유해위험방지계획서를 제출할 때에는 사업장 별로 관련서류를 첨부하여 해당 작업 시작 며칠 전까지 해당 기관에 제출하여야 하는가? •8장 1절 유해위험방지계획서

① 7일 ② 15일
③ 30일 ④ 60일

해설
유해·위험방지계획서를 제출하려면 유해·위험방지계획서에 관련서류를 첨부하여 해당 작업 시작 15일 전까지 한국산업안전보건공단에 2부를 제출

---

46 반사율이 85%, 글자의 밝기가 400cd/m²인 VDT화면에 350lux의 조명이 있다면 대비는 약 얼마인가? •4장 1절 작업조건과 환경조건

① -6.0 ② -5.0
③ -4.2 ④ -2.8

해설
- 반사율(%) = 광도(fL)/조도(fc) = 휘도(cd/m²) × π/lux
- 대비 = (배경의 휘도 − 표적의 휘도) ÷ (배경의 휘도) × 100
  - 배경의 휘도 = 반사율 × lux/π = 85% × 350/π = 94.69
  - 글자의 휘도 = 조명의 휘도 + 글자의 휘도 = 94.69 + 400 = 494.69
∴ 대비 = 배경휘도 − 글자휘도 ÷ 배경휘도 = −400 ÷ 94.69 = −4.22

47 휴먼 에러(Human Error)의 요인을 심리적 요인과 물리적 요인으로 구분할 때, 심리적 요인에 해당하는 것은?

• 2장 4절 인간요소와 휴먼에러

① 일이 너무 복잡한 경우
② 일의 생산성이 너무 강조될 경우
③ 동일 형상의 것이 나란히 있을 경우
④ 서두르거나 절박한 상황에 놓여있을 경우

해설

휴먼에러의 내외적 요인
• 내적요인(심리적요인) : 지식부족, 의욕결여, 서두름, 절박한 상황, 체험적 습관, 선입견, 부주의, 과대자극, 피로
• 외적요인(물리적요인) : 단조로운 작업, 복잡한 작업, 지나친 생산성의 강조, 재촉, 유사형상의 배열, 양립성 불일치, 공간적 배치 원칙의 위배

48 각 부품의 신뢰도가 다음과 같을 때 시스템의 전체 신뢰도는 약 얼마인가?

• 1장 3절 체계설비와 인간요소

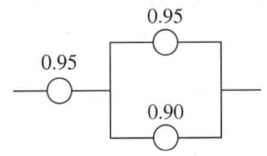

① 0.8123
② 0.9453
③ 0.9553
④ 0.9953

해설

• 직렬시스템의 신뢰도 $R = a \times b \times c$
• 병렬시스템의 신뢰도 $R = 1 - (1 - a)(1 - b)$
∴ $R = 0.95 \times [1 - (1 - 0.95)(1 - 0.9)] = 0.9453$

49 시스템 안전 MIL-STD-882B 분류기준의 위험성 평가 매트릭스에서 발생빈도에 속하지 않는 것은?

• 7장 1절 위험성 평가의 개요

① 거의 발생하지 않는(Remote)
② 전혀 발생하지 않는(Impoossible)
③ 보통 발생하는(Reasonably Probable)
④ 극히 발생하지 않을 것 같은(Extremely Improbable)

정답 47 ④ 48 ② 49 ②

해설

분류	한국산업안전공단	MIL-STD-882B
빈도	5단계	5단계
	• 빈번함 • 가능성 높음 • 있음 • 낮음 • 없음	• 자주발생(Frequent) • 보통발생(Probable) • 가끔발생(Occasional) • 거의 발생하지 않음(Remote) • 극히 발생하지 않음(Improbable)
강도	4단계	4단계
	• 중대재해 • 경미한 휴업재해 • 경미한 불휴업재해 • 영향 없음	• 파국(Catastrophic) • 중대재해(Critical) • 경미재해(Marginal) • 무시재해(Negligible)

50 적절한 온도의 작업환경에서 추운 환경으로 온도가 변할 때 우리의 신체가 수행하는 조절작용이 아닌 것은?
• 4장 1절 작업조건과 환경조건

① 발한(發汗)이 시작된다.
② 피부의 온도가 내려간다.
③ 직장(直腸)온도가 약간 올라간다.
④ 혈액의 많은 양이 몸의 중심부를 위주로 순환한다.

해설

온도변화에 따른 인체의 적응(저열작용) : 추운 환경으로 바뀔 때
• 피부온도가 내려감
• 피부의 혈액순환량은 감소하고 몸의 중심부를 순환
• 직장온도가 상승하며 소름이 돋고 몸이 떨림

51 의자 설계 시 고려해야 할 일반적인 원리와 가장 거리가 먼 것은?
• 3장 2절 신체활동의 생리학적 측정법

① 자세고정을 줄인다.
② 조정이 용이해야 한다.
③ 디스크가 받는 압력을 줄인다.
④ 요추 부위의 후만곡선을 유지한다.

해설

의자의 설계 : 체압분포
• 사람이 의자에 앉을 때 엉덩이의 좌골융기(Ischial Tuberosity)에 일차적인 체중이 집중됨
• 전 체중이 한곳에 집중되면 피부에 통증을 유발
• 엉덩이 전체에 체중이 분배되도록 함
• 콘투어 의자(Contoured Seat) : 체중의 분배를 도모할 수 있지만 움직임이 제한되어 자세의 고정이 문제가 됨
• 자세의 지지, 압력의 분배, 움직임의 자유 등을 동시에 감안해야 함
• 자세고정을 줄임
• 디스크가 받는 압력을 줄임
• 요추부위의 전만곡선 유지

52 인체 계측 자료의 응용 원칙이 아닌 것은? • 3장 1절 인간계측 및 인간의 체계제어

① 기존 동일 제품을 기준으로 한 설계
② 최대치수와 최소치수를 기준으로 한 설계
③ 조절범위를 기준으로 한 설계
④ 평균치를 기준으로 한 설계

해설

인체 측정치의 응용원리(조절식 → 극단치 → 평균치)
- 조절식 설계 : 가장 먼저 고려할 개념(5~95%tile). 예 의자
- 극단치 설계 : 극단에 속하는 사람을 대상으로 하면 모든 사람을 수용할 수 있는 경우.
  예 출입문의 높이, 통로의 폭
- 평균치 설계 : 다른 기준이 적용되기 어려운 경우 마지막으로 적용되는 기준.
  예 계산대, 식당의 테이블, 지하철 손잡이, 은행의 접수대

53 컷셋(Cut Set)과 패스셋(Pass Set)에 관한 설명으로 옳은 것은? • 6장 1절 FTA(결함수) 분석

① 동일한 시스템에서 패스셋의 개수와 컷셋의 개수는 같다.
② 패스셋은 동시에 발생했을 때 정상사상을 유발하는 사상들의 집합이다.
③ 일반적으로 시스템에서 최소컷셋의 개수가 늘어나면 위험 수준이 높아진다.
④ 최소컷셋은 어떤 고장이나 실수를 일으키지 않으면 재해는 일어나지 않는다고 하는 것이다.

해설

최소컷셋(Minimal Cut Sets)
- 정상사상(Top Event)을 일으키기 위한 최소한의 집합
- 일반적으로 Fussell Algorithm을 이용
- 반복되는 사건이 많은 경우 Limnios와 Ziani Algorithm을 이용하는 것이 유리
- 시스템의 위험성을 표시하여 개수가 늘어나면 위험수준이 높아짐
- 중복되는 사상의 컷셋 중 다른 컷셋에 포함되는 셋을 제거한 컷셋과 중복되지 않는 사상의 컷셋을 합한 것

정답 52 ① 53 ③

54 모든 시스템에서 안전분석에서 제일 첫 번째 단계의 분석으로 실행되고 있는 시스템을 포함한 모든 것의 상태를 인식하고 시스템의 개발단계에서 시스템 고유의 위험상태를 식별하여 예상되고 있는 재해의 위험수준을 결정하는 것을 목적으로 하는 위험분석 기법은? • 5장 2절 시스템 위험분석기법

① 결함위험분석(FHA ; Fault Hazard Analysis)
② 시스템위험분석(SHA ; System Hazard Analysis)
③ 예비위험분석(PHA ; Preliminary Hazard Analysis)
④ 운용위험분석(OHA ; Operating Hazard Analysis)

해설

예비위험분석(PHA ; Preliminary Hazard Analysis)
• 공정에 대한 상세한 정보를 얻을 수 없는 상황에서 위험물질과 공정요소에 초점을 맞추어 초기위험을 확인
• 위험을 먼저 발견하여 나중에 발견 시 개선에 소요되는 비용을 절약하기 위함
• 복잡한 시스템을 설계, 가동하기 전의 구상단계에서 시스템의 근본적인 위험성을 평가
• 물질, 설비에 대한 위험수준을 정성적으로 판정
• 규모, 비용에 상관없이 모든 사업에서 권장되며, 평가의 단위도 개별시스템, 전체시스템, 단위공정, 단위공장까지 다양함
• Preliminary Hazard Lists에서 얻은 위험에 대한 확인에서 시작하여 PHA 작업지 작성

55 다음 FT도에서 시스템에 고장이 발생할 확률이 약 얼마인가? (단, X_1과 X_2의 발생확률은 각각 0.05, 0.03) • 1장 3절 체계설비와 인간요소

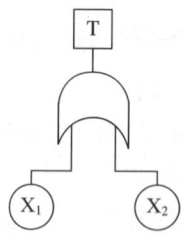

① 0.0015
② 0.0785
③ 0.9215
④ 0.9985

해설

병렬시스템의 신뢰도
• R = 1 − (1 − a)(1 − b)
• P(T) = 1 − (1 − 0.05)(1 − 0.03) = 0.0785

56 조종장치를 촉각적으로 식별하기 위하여 사용되는 촉각적 코드화의 방법으로 옳지 않은 것은?

• 2장 3절 기타 감각적 표시장치

① 색감을 활용한 코드화
② 크기를 이용한 코드화
③ 조종장치의 형상 코드화
④ 표면 촉감을 이용한 코드화

해설

촉각적 표시장치(Tactual Display)
- 촉각의 표시
  - 기계적 진동(Mechanical Vibration) : 진동의 위치, 주파수, 세기, 지속 시간
  - 전기적 자극(Electric Impulse) : 전극의 위치, 자극 속도, 지속 시간, 강도, 위상
- 표시방식 설계 시 고려사항 : 지각이 쉽도록 다이얼, 계기, 눈금을 적절하게 표시
- 표시장치의 구분 : 정적, 동적 표시장치
- 코드화 방법
  - 크기를 이용한 코드화
  - 조종장치의 형상 코드화
  - 표면 촉감을 이용한 코드화
- 촉각적 암호화 방법
  - 점 자
  - 진 동
  - 온 도

57 인간-기계 시스템을 설계할 때에는 특정기능을 기계에 할당하거나 인간에게 할당하게 된다. 이러한 기능할당과 관련된 사항으로 옳지 않은 것은? (단, 인공지능과 관련된 사항은 제외)

• 1장 2절 인간-기계체계

① 인간은 원칙을 적용하여 다양한 문제를 해결하는 능력이 기계에 비해 우월하다.
② 일반적으로 기계는 장시간 일관성이 있는 작업을 수행하는 능력이 인간에 비해 우월하다.
③ 인간은 소음, 이상온도 등의 환경에서 작업을 수행하는 능력이 기계에 비해 우월하다.
④ 일반적으로 인간은 주위가 이상하거나 예기치 못한 사건을 감지하여 대처하는 능력이 기계에 비해 우월하다.

해설

인간과 기계의 기능비교

인간의 장점	인간의 단점
• 오감의 작은 자극도 감지가능 • 각각으로 변화하는 자극 패턴을 인지 • 예기치 못한 자극을 탐지 • 기억에서 적절한 정보를 꺼냄 • 결정 시에 여러 가지 경험을 꺼내 맞춤 • 귀납적으로 추리, 관찰을 통한 일반화 • 원리를 여러 문제해결에 응용 • 주관적인 평가를 함 • 아주 새로운 해결책을 생각 • 조작이 다른 방식에도 몸으로 순응	• 어떤 한정된 범위 내에서만 자극을 감지 • 드물게 일어나는 현상을 감지할 수 없음 • 수 계산을 하는 데 한계 • 신속 고도의 신뢰도로 대량의 정보를 꺼낼 수 없음 • 운전작업을 정확히 일정한 힘으로 할 수 없음 • 반복 작업을 확실하게 할 수 없음 • 자극에 신속 일관된 반응을 할 수 없음 • 장시간 연속해서 작업을 수행할 수 없음

정답 56 ① 57 ③

58 화학설비에 대한 안전성 평가 중 정량적 평가항목에 해당되지 않는 것은?

• 5장 1절 시스템 위험분석 관리

① 공 정
② 취급물질
③ 압 력
④ 화학설비용량

해설

화학설비의 안전성 평가
• 3단계 : 정량적 평가
 - 취급물질, 용량, 온도, 압력, 조작

59 시각 장치와 비교하여 청각 장치 사용이 유리한 경우는?

• 2장 2절 청각적 표시장치

① 메시지가 길 때
② 메시지가 복잡할 때
③ 정보 전달 장소가 너무 소란할 때
④ 메시지에 대한 즉각적인 반응이 필요할 때

해설

청각적 표시장치를 사용하는 경우
• 신호원 자체가 음인 경우
• 메시지가 간단하고 짧은 경우
• 메시지를 나중에 참고할 필요가 없는 경우
• 경고나 메시지가 즉각적 행동을 지시하는 경우
• 계속적으로 변하는 정보를 제시하는 경우
• 시각적 표시장치에 과부하가 걸리는 경우
• 음성통신경로가 전부 사용되고 있는 경우
• 신호의 수용자가 움직이고 있는 경우
• 음성으로 응답을 해야 하는 경우

60 인간공학 연구조사에 사용되는 기준의 구비조건과 가장 거리가 먼 것은? • 1장 1절 인간공학의 정의

① 다양성
② 적절성
③ 무오염성
④ 기준 척도의 신뢰성

해설

인간공학의 연구기준
• 적절성 : 기준이 의도된 목적에 적합한가?
• 무오염성 : 측정하고자 하는 변수가 아닌 다른 외적 변수들에 의해 영향을 받지 않았는가?
• 신뢰성 : 비슷한 환경에서 반복할 경우 일정한 결과가 나오는가?

2019년 제4회 기출해설

41 다음 FT도에서 각 요소의 발생확률이 요소 ①과 요소 ②는 0.2, 요소 ③은 0.25, 요소 ④는 0.3일 때, A사상의 발생확률은 얼마인가?

• 1장 3절 체계설비와 인간요소

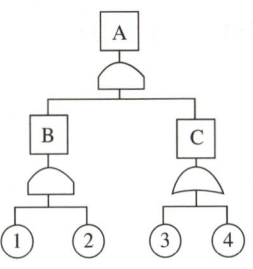

① 0.007
② 0.014
③ 0.019
④ 0.071

해설

- 직렬시스템의 신뢰도 R = a × b × c
- 병렬시스템의 신뢰도 R = 1 − (1 − a)(1 − b)

∴ R = B × C = [(0.2 × 0.2) × [(1 − (1 − 0.25)(1 − 0.3)] = 0.04 × 0.475 = 0.019

42 정성적 시각 표시장치에 관한 사항 중 다음에서 설명하는 특성은?

복잡한 구조 그 자체를 완전한 실체로 지각하는 경향이 있기 때문에, 이 구조와 어긋나는 특성은 즉시 눈에 띈다.

① 양립성
② 암호화
③ 형태성
④ 코드화

해설

정성적(Qualitative) 정보
- 변동치의 대략적인 값
- 온도, 압력, 속도와 같이 연속적으로 변하는 변수의 대략적인 값이나 또는 변화의 추세, 변화율 등을 알고자 할 때 주로 사용. 수치보다 형태를 중요시하는 비수치적 언어

정답 41 ③ 42 ③

- 형태성 : 물품성, 시각성, 심미성과 함께 디자인의 4요소로 형상, 모양, 색채 또는 이들의 결합
- 게슈탈트 : 인간이 형태를 지각하는 방법 및 법칙
- 연속적으로 변하는 변수의 대략적인 상태, 변화, 추세 등을 알고자 할 때
- 변수의 상태나 조건이 미리 정해 놓은 몇 개의 범위 중 어디에 속하는가를 판정 시 구체적인 물리량을 알 필요가 없음
- 시스템이나 부품의 상태가 정상상태인가를 판정

43 산업안전보건법령에 따라 기계·기구 및 설비의 설치·이전 등으로 인해 유해·위험방지계획서를 제출하여야 하는 대상에 해당하지 않는 것은?

• 8장 1절 유해위험방지계획서

① 건조설비
② 공기압축기
③ 화학설비
④ 가스집합 용접장치

해설

설비대상
- 용해로(금속이나 그 밖의 광물의 용해로) : 노용량이 3톤 이상인 것
- 화학설비 : "특수화학설비"로 하루 동안 제조·취급량이 기준량 이상인 것
- 건조설비 : 열원 연료 최대 소비량 50kg/hr 이상 또는 정격소비전력이 50kW 이상인 설비
- 가스집합용접장치 : 용접·용단용으로 인화성가스 집합량이 1,000kg 이상인 것
- 허가·관리대상 유해물질 및 분진작업 관련설비
- 안전검사 대상물질 49종 : 배풍량 60m^3/분 이상
- 허가대상 또는 관리대상 물질 : 배풍량 150m^3/분 이상

44 인체측정자료에서 극단치를 적용하여야 하는 설계에 해당하지 않는 것은?

• 3장 1절 인간계측 및 인간의 체계제어

① 계산대
② 문 높이
③ 통로 폭
④ 조종장치까지의 거리

해설

인체 측정치의 응용원리(조절식 → 극단치 → 평균치)
- 조절식 설계 : 가장 먼저 고려할 개념(5~95%tile)
  예 의자
- 극단치 설계 : 극단에 속하는 사람을 대상으로 하면 모든 사람을 수용할 수 있는 경우
  예 출입문의 높이, 통로의 폭
- 평균치 설계 : 다른 기준이 적용되기 어려운 경우 마지막으로 적용되는 기준
  예 계산대, 식당의 테이블, 지하철 손잡이, 은행의 접수대

45 작위실수(Commission Error)의 유형이 아닌 것은?

① 선택착오
② 순서착오
③ 시간착오
④ 직무누락착오

해설

Swain과 Guttman : 개별적인 행동결과에 대한 분류
- 실행 에러(Commission Error) : 작업 내지 단계는 수행하였으나 잘못한 에러
  [예] 주차금지 구역에 주차하여 스티커가 발부된 경우
- 생략 에러(Omission Error) : 필요한 작업 내지 단계를 수행하지 않은 에러
  [예] 자동차 하차 시 실내등을 끄지 않아 방전된 경우
- 순서 에러(Sequential Error) : 작업수행의 순서를 잘못한 에러
  [예] 자동차 출발 시 사이드 브레이크를 내리지 않고 가속하는 경우
- 시간 에러(Timing Error) : 주어진 시간 내에 동작을 수행하지 못하거나 너무 빠르게 또는 너무 느리게 수행하였을 때 생긴 에러
- 불필요한 행동에러(Extraneous Act Error) : 해서는 안 될 불필요한 작업의 행동을 수행한 에러

46 인간-기계 통합체계의 유형에서 수동체계에 해당하는 것은?

• 1장 2절 인간-기계체계

① 자동차
② 공작기계
③ 컴퓨터
④ 장인과 공구

해설

인간과 기계의 통합시스템

수동시스템	기계시스템	자동시스템
• 수공구나 보조물을 통한 기계조작 • 자신의 힘을 이용한 작업통제	• 반자동체계라고도 하며, 동력장치를 통한 기능 수행 • 동력은 기계가 전달, 운전자는 기능을 조정, 통제 하는 시스템 • 동력기계화시스템과 고도로 통합된 부	• 인간은 감시 및 정비기능만 유지 • 센서를 통한 기계의 자동작동시스템 • 인간요소를 고려해야 함

47 각 기본사상의 발생확률이 증감하는 경우 정상사상의 발생확률에 어느 정도 영향을 미치는가를 반영하는 지표로서 수리적으로는 편미분계수와 같은 의미를 갖는 FTA의 중요도 지수는?

• 6장 1절 FTA(결함수) 분석

① 확률중요도
② 구조중요도
③ 치명중요도
④ 비구조중요도

해설

확률중요도
기본사상의 발생확률이 증감하는 경우 정상사상의 발생확률에 어느 정도 영향을 미치는가를 반영하는 지표로 수리적으로는 편미분과 같은 의미

정답 45 ④ 46 ④ 47 ①

48 동작경제의 원칙 중 신체사용에 관한 원칙에 해당하지 않는 것은? • 4장 4절 동작경제의 원칙

① 손의 동작은 유연하고 연속적인 동작이어야 한다.
② 두 손의 동작은 같이 시작해서 동시에 끝나도록 한다.
③ 동작이 급작스럽게 크게 바뀌는 직선동작은 피해야 한다.
④ 공구, 재료 및 제어장치는 사용하기 용이하도록 가까운 곳에 배치한다.

해설

신체사용의 원칙(Use of Human Body)
- 탄도동작은 제한된 동작보다 더 신속하고, 용이하고, 정확
- 눈에 초점을 모아야 작업할 수 있는 경우는 가능한 없애고, 이것이 불가피한 경우 눈의 초점이 모아지는 두 작업지점간의 거리를 짧게 함
- 자연스러운 리듬이 작업동작에 생기도록 배치
- 손의 동작은 부드럽고 연속적인 동작이 되도록 하며 방향이 갑작스럽게 크게 바뀌는 직선동작은 피함
- 가장 낮은 동작등급을 사용

동작등급	축	동작신체부위
1	손가락 관절	손가락
2	손 목	손가락, 손
3	팔꿈치	손가락, 손, 팔뚝
4	어 깨	손가락, 손, 팔뚝, 상지
5	허리통	손가락, 손, 팔뚝, 상지, 몸통

- 두 손의 동작은 같이 시작하고 같이 끝남
- 관성을 이용하여 작업을 하되 관성을 억제하여야 하는 경우 최소한도로 줄임
- 휴식시간을 제외하고는 양손이 동시에 쉬지 않음
- 두 팔의 동작은 동시에 서로 대칭방향으로 움직이도록 함

49 일반적으로 재해 발생 간격은 지수분포를 따르며, 일정기간 내에 발생하는 재해발생 건수는 푸아송 분포를 따른다고 알려져 있다. 이러한 확률변수들의 발생과정을 무엇이라고 하는가?
• 1장 3절 체계설비와 인간요소

① Poisson 과정
② Bernoulli 과정
③ Wiener 과정
④ Binomial 과정

해설

수명분포
- 푸아송분포(Poisson Distribution) : 단위시간, 단위공간에서 발생한 사건의 분포로 설비의 고장과 같이 발생확률이 낮은 사건의 특정시간 또는 구간에서의 발생횟수를 측정하는 데 가장 적합
- 와이블분포(Weibull Distribution) : 사건발생률이 시간에 따라 변화하는 지수분포로 고장률이 노후 등으로 시간에 따라 커지는 경우에 사용
- 지수분포(Exponential Distribution) : 한 사건에서 그 다음 사건까지의 시간, 거리에 대한 분포로 시간당 고장률이 일정하다고 보며, 가장 널리 사용

50 한 화학공장에 24개의 공정제어회로가 있다. 4,000시간의 공정 가동 중 이 회로에서 14건의 고장이 발생하였고, 고장이 발생하였을 때마다 회로는 즉시 교체되었다. 이 회로의 평균고장시간은 약 얼마인가?

• 1장 3절 체계설비와 인간요소

① 6,857시간
② 7,571시간
③ 8,240시간
④ 9,800시간

해설

평균고장간격(MTBF ; Mean Time Between Failure)
• MTBF = 총동작 시간 ÷ 고장횟수 = $\frac{1}{\lambda}$
• 평균고장간격(MTBF) = 평균수리시간(MTTR) + 평균수명(MTTF)
• 가용도(Availability) = 평균수명(MTTF) ÷ 평균고장간격(MTBF) = MTBF ÷ (MTBF + MTTR)
∴ MTBF = 총동작시간 ÷ 고장횟수 = 24 × 4000 ÷ 14 = 6,857시간

51 압박이나 긴장에 대한 척도 중 생리적 긴장의 화학적 척도에 해당하는 것은?

• 3장 2절 신체활동의 생리학적 측정

① 혈 압
② 호흡수
③ 혈액 성분
④ 심전도

해설

정신적 작업부하 측정방법
• 주임무 척도(Primary Task Measure)
 – 작업부하 = 직무수행에 필요한 시간/직무수행에 쓸 수 있는 시간
 – 서로 다른 직무의 작업부하를 비교하기는 어려움
• 부임무 척도(Secondary Measure)
 – 주임무에서 사용하지 않은 예비 용량을 부임무에서 이용하는 것
 – 주임무에서의 자원요구량이 클수록 부임의 자원이 적어지고 성능이 나빠짐
• 생리적 척도(Physiological Measure) : 심박수의 변동, 뇌 전위, 동공 반응 등 정보처리에 중추신경계 활동이 관여하고 그 활동이나 징후를 측정
 – 뇌파도(Eeg), 점멸융합주파수(Flicker Fusion Frequency)
 – 혈액의 성분(화학적 척도)
 – 부정맥 지수
• 주관적 척도(Subjective Measure) : NASA-TLX
 – 심박수, 매회 평균호흡진폭, 수장 피부저항치, 정신전류현상
 – 소변속의 스테로이드의 양
 – 노르아드레날린 배설량
• 기 타
 – 압박이나 긴장 시 코티솔이 아드레날린 분비를 촉진하여 혈액성분이 변화

52 사용조건을 정상사용조건보다 강화하여 적용함으로써 고장발생시간을 단축하고, 검사비용의 절감 효과를 얻고자 하는 수명시험은?
•1장 3절 체계설비와 인간요소

① 중도중단시험 ② 가속수명시험
③ 감속수명시험 ④ 정시중단시험

해설

가속수명시험(Accelerated Life Test) : 사용조건을 정상사용조건보다 강화하여 적용함으로써 고장발생시간을 단축하고, 검사비용의 절감효과를 얻고자 하는 수명시험

53 다음 중 안전성 평가 단계가 순서대로 올바르게 나열된 것은?
•4장 1절 시스템 위험분석 관리

① 정성적 평가 → 정량적 평가 → FTA에 의한 재평가 → 재해정보로부터 재평가 → 안전대책
② 정량적 평가 → 재해정보로부터의 재평가 → 관계 자료의 작성준비 → 안전대책 → FTA에 의한 재평가
③ 관계 자료의 작성준비 → 정성적 평가 → 정량적 평가 → 안전대책 → 재해정보로부터의 재평가 → FTA에 의한 재평가
④ 정량적 평가 → 재해정보로부터의 재평가 → FTA에 의한 재평가 → 관계 자료의 작성준비 → 안전대책

해설

화학설비의 안전성 평가 6단계
• 1단계 : 관계 자료의 검토
• 2단계 : 정성적 평가
• 3단계 : 정량적 평가
• 4단계 : 안전대책 수립
• 5단계 : 재해사례에 의한 평가
• 6단계 : FTA에 의한 재평가

54 A 작업장에서 1시간 동안에 480Btu의 일을 하는 근로자의 대사량은 900Btu이고, 증발 열손실이 2250Btu, 복사 및 대류로부터 열이득이 각각 1900Btu 및 80Btu라 할 때, 열축적은 얼마인가?
•4장 1절 작업조건과 환경조건

① 100 ② 150
③ 200 ④ 250

해설

열평형
S = Met(대사) − W(일) ± Cnd(전도) ± Cnv(대류) ± Rad(복사) − Evp(증발) = 0
∴ S = (대사 − 일) + 복사 + 대류 − 증발 = (900 − 480) + 1900 + 80 − 2250 = 150

55 국제표준화기구(ISO)의 수직진동에 대한 피로-저감숙달경계(Fatigue-Decreased Proficiency Boundary)표준 중 내구수준이 가장 낮은 범위로 옳은 것은?

① 1~3Hz
② 4~8Hz
③ 9~13Hz
④ 14~18Hz

해설

4~8Hz : 인체에 영향을 끼치는 주파수로, 경부골에 민감하게 작용함

56 산업 현장에서는 생산설비에 부착된 안전장치를 생산성을 위해 제거하고 사용하는 경우가 있다. 이와 같이 고의로 안전장치를 제거하는 경우에 대비한 예방 설계 개념으로 옳은 것은?

• 5장 1절 시스템 위험분석 관리

① Fail Safe
② Fool Proof
③ Lock Out
④ Temper Proof

해설

- Fail Safe : 기계고장으로 인한 사고를 방지하기 위한 예방설계
- Fool Proof : 부주의로 인한 실수를 방지하기 위한 예방설계
- Temper Proof : 설비에 부착된 안전장치를 제거하고 사용하는 것을 방지하기 위한 예방설계

57 FT도에서 사용되는 다음 기호의 명칭으로 맞는 것은?

• 6장 1절 FTA분석

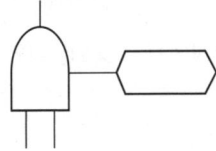

① 부정 게이트
② 수정기호
③ 위험지속기호
④ 배타적 OR 게이트

해설

FTA의 논리기호

	위험지속 AND 게이트	입력현상이 생겨서 어떤 일정한 기간이 지속될 때 출력이 생김. 만약 그 시간이 지속되지 않으면 출력은 생기지 않음

정답 55 ② 56 ④ 57 ③

58 음의 은폐(Masking)에 대한 설명으로 옳지 않은 것은?   • 4장 1절 작업조건과 환경조건

① 은폐음 때문에 피은폐음의 가청역치가 높아진다.
② 배경음악에 실내소음이 묻히는 것은 은폐효과의 예시이다.
③ 음의 한 성분이 다른 성분에 대한 귀의 감수성을 감소시키는 작용이다.
④ 순음에서 은폐효과가 가장 큰 것은 은폐음과 배음(Harmonic Overtone)의 주파수가 멀 때이다.

해설

은폐효과(Masking Effect)
- 크고 작은 두 소리를 동시에 들을 때 큰 소리만 들리고 작은 소리는 들리지 않는 현상
- 두 음의 차이가 10dB 이상인 경우에 높은 음이 낮은 음을 상쇄시켜 높은 음만 들림
- 두 음의 주파수가 비슷하거나, 배음에 가까우면 음폐효과가 대단히 커짐
- 두 음의 주파수가 거의 같을 때에는 음폐효과가 감소
- 유의적 신호와 배경 소음의 차이를 신호/소음(S/N) 비로 나타냄
- 사례 : 헤어드라이어 소음 때문에 전화 음을 듣지 못함

59 기계 시스템은 영구적으로 사용하며, 조작자는 한 시간마다 스위치를 작동해야 되는데 인간오류확률(HEP)은 0.001이다. 2시간에서 4시간까지 인간–기계 시스템의 신뢰도로 옳은 것은?   • 1장 3절 체계설비와 인간요소

① 91.5% ② 96.6%
③ 98.7% ④ 99.8%

해설

$R(n) = (1 - HEP)^n = (1 - 0.001)^2$
∴ 0.998

60 예비위험분석(PHA)은 어느 단계에서 수행되는가?   • 5장 2절 시스템 위험분석기법

① 구상 및 개발단계
② 운용단계
③ 발주서 작성단계
④ 설치 또는 제조 및 시험단계

해설

예비위험분석(PHA ; Preliminary Hazard Analysis)
- 공정에 대한 상세한 정보를 얻을 수 없는 상황에서 위험물질과 공정요소에 초점을 맞추어 초기위험을 확인
- 위험을 먼저 발견하여 나중에 발견 시 개선에 소요되는 비용을 절약하기 위함
- 복잡한 시스템을 설계, 가동하기 전의 구상단계에서 시스템의 근본적인 위험성을 평가
- 물질, 설비에 대한 위험수준을 정성적으로 판정
- 규모, 비용에 상관없이 모든 사업에서 권장되며, 평가의 단위도 개별시스템, 전체시스템, 단위공정, 단위공장까지 다양함
- Preliminary Hazard Lists에서 얻은 위험에 대한 확인에서 시작하여 PHA 작업지 작성

58 ④ 59 ④ 60 ①

2019년 제2회 기출해설

41 FT도에 사용하는 기호에서 3개의 입력 현상 중 임의의 시간에 2개가 발생하면 출력이 생기는 기호의 명칭은?
• 6장 1절 FTA분석

① 억제 게이트
② 조합 AND 게이트
③ 배타적 OR 게이트
④ 우선적 AND 게이트

해설
FTA의 논리기호

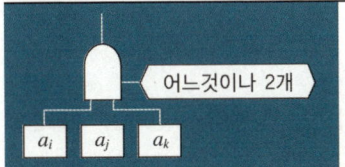	조합 AND 게이트	3개 이상의 입력현상에 언젠가 2개가 일어나면 출력이 생김

42 고장형태와 영향분석(FMEA)에서 평가요소로 틀린 것은?
• 5장 2절 시스템 위험분석기법

① 고장발생의 빈도
② 고장의 영향 크기
③ 고장방지의 가능성
④ 기능적 고장 영향의 중요도

해설
FMEA(Failure Mode & Effect Analysis)
• 정성적, 귀납적 분석법
• 부품 등이 고장 났을 경우 그것이 전체제품에 미치는 영향을 분석
• 공정이나 장치에서 일어나는 오류와 이에 따른 영향을 파악하는 기법
• 작업자의 실수 같은 인적요소에 의한 오류는 확인되지 않음
• 장점 : 서식이 간단하고, 비교적 적은 노력으로 특별한 훈련 없이 분석가능
• 단점 : 논리성이 부족, 각 요소간의 영향을 분석하기 어렵고 안전원인 분석이 곤란
• 시스템의 평가등급(C_s)

$$C_s = \sqrt[5]{C_1 \cdot C_2 \cdot C_3 \cdot C_4 \cdot C_5}$$

– C_1 : 기능적 고장영향의 중요도
– C_2 : 영향을 미치는 범위
– C_3 : 고장발생의 빈도
– C_4 : 고장방지의 가능성
– C_5 : 신규설계의 정도

정답 41 ② 42 ②

43 소음방지 대책에 있어 가장 효과적인 방법은? •4장 1절 작업조건과 환경조건

① 음원에 대한 대책
② 수음자에 대한 대책
③ 전파경로에 대한 대책
④ 거리감쇠와 지향성에 대한 대책

해설
소음대책
- 소음원의 제어 : 저소음 설계, 저소음 정비, 고무받침 부착, 소음기부착
- 소음원의 격리 : Enclosure 씌움, 방음벽 설치, 창문닫기
- 차폐장치 및 흡음재 사용, 음향처리재 사용
- 적절한 배치, 배경음악(BGM, Back Ground Music)
- 소음대책은 음원대책이 가장 효과적임
- 방음보호구 사용(최후수단) – 음원에 대한 대책이 아님

44 다음 그림과 같이 7개의 기기로 구성된 시스템의 신뢰도는 약 얼마인가? (단, 네모안의 숫자는 각 부품의 신뢰도) •1장 3절 체계설비와 인간요소

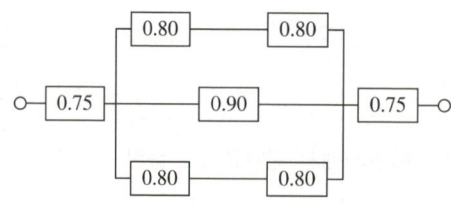

① 0.5552
② 0.5427
③ 0.6234
④ 0.9740

해설
- 직렬시스템의 신뢰도 R = a × b × c
- 병렬시스템의 신뢰도 R = 1 − (1 − a)(1 − b)
∴ R = 0.75 × [1 − (1 − 0.8 × 0.8)(1 − 0.9)(1 − 0.8 × 0.8)] × 0.75 = 0.5552

45 산업안전보건법에 따라 유해위험방지계획서의 제출대상 사업은 해당 사업으로서 전기 계약용량이 얼마 이상인 사업을 말하는가? •8장 1절 유해위험방지계획서

① 150kW
② 200kW
③ 300kW
④ 500kW

해설
전기계약용량 300kW 이상인 13대 업종 중 생산공정과 관련된 건물, 기계, 설비 등 설치, 이전하는 경우

46 화학설비에 대한 안전성 평가(Safety Assessment)에서 정량적 평가 항목이 아닌 것은?
• 5장 1절 시스템 위험분석 관리

① 습 도
② 온 도
③ 압 력
④ 용 량

해설
화학설비의 안전성 평가
• 3단계 : 정량적 평가
• 취급물질, 용량, 온도, 압력, 조작

47 인간의 오류모형에서 '알고 있음에도 의도적으로 따르지 않거나 무시한 경우'를 무엇이라 하는가?
• 2장 4절 휴먼에러

① 실수(Slip)
② 착오(Mistake)
③ 건망증(Lapse)
④ 위반(Violation)

해설
위반(Violation)
• 위반 : 작업 수행방법과 절차를 알고 있음에도 의도적으로 따르지 않거나 무시한 경우
• 일상적 위반(Routine Violation) : 규칙이나 절차를 위반하는 것이 일상화되어 습관적으로 위반
• 상황적 위반(Situational Violation) : 시간압박, 인력부족, 적합설비의 부재, 악천후 등 상황적 조건 때문에 불가피하게 규칙이나 절차를 위반
• 예외적 위반(Exceptional Violation) : 문제의 해결을 위해 위험을 감수하더라도 규칙이나 절차를 지킬 필요가 없다고 판단해 위반

48 아령을 사용하여 30분간 훈련한 후, 이두근의 근육 수축작용에 대한 전기적인 신호 데이터를 모았다. 이 데이터들을 이용하여 분석할 수 있는 것은 무엇인가?
• 3장 2절 신체활동의 생리학적 측정

① 근육의 질량과 밀도
② 근육의 활성도와 밀도
③ 근육의 피로도와 크기
④ 근육의 피로도와 활성도

해설
국소작업부하(정적)
근전도(EMG) : 근육의 피로도와 활성도 검사

정답 46 ① 47 ④ 48 ④

49 신체 부위의 운동에 대한 설명으로 틀린 것은? • 3장 4절 신체부위

① 굴곡(Flexion)은 부위 간의 각도가 증가하는 신체의 움직임을 의미한다.
② 외전(Abduction)은 신체 중심선으로부터 이동하는 신체의 움직임을 의미한다.
③ 내선(Adduction)은 신체의 외부에서 중심선으로 이동하는 신체의 움직임을 의미한다.
④ 외선(Lateral Rotation)은 신체의 중심선으로부터 회전하는 신체의 움직임을 의미한다.

해설
굴곡(Flexion) : 굽히기, 부위 간의 각도가 감소

50 공정안전관리(Process Safety Management : PSM)의 적용대상 사업장이 아닌 것은?
• 8장 1절 유해위험방지계획서

① 복합비료 제조업
② 농약 원제 제조업
③ 차량 등의 운송 설비업
④ 합성수지 및 기타 플라스틱물질 제조업

해설
공정안전관리(PSM ; Process Safety Management)
• 원유정제처리업
• 기타 석유정제물 재처리업
• 석유화학계 기초화학물질 제조업 또는 합성수지 및 기타 플라스틱물질 제조업
• 질소질 화학비료 제조업
• 복합비료 제조업
• 농약제조업
• 화약 및 불꽃제품 제조업

51 어떤 결함수를 분석하여 Minimal Cut Set을 구한 결과 다음과 같았다. 각 기본사상의 발생확률을 q_i, I = 1, 2, 3이라 할 때 정상사상의 발생확률함수로 맞는 것은? • 5장 1절 시스템 위험분석 관리

$$K_1 = [1, 2], K_2 = [1, 3], K_3 = [2, 3]$$

① $q_1q_2 + q_1q_2 - q_2q_3$
② $q_1q_2 + q_1q_3 - q_2q_3$
③ $q_1q_2 + q_1q_3 + q_2q_3 - q_1q_2q_3$
④ $q_1q_2 + q_1q_3 + q_2q_3 - 2q_1q_2q_3$

해설
$P(T) = 1 - (1-q_1q_2)(1-q_1q_3)(1-q_2q_3) = q_1q_2 + q_1q_3 + 2q_1q_2q_3 = q_1q_2 + q_1q_3 + q_2q_3 - 2q_1q_2q_3$

49 ① 50 ③ 51 ④

52 n개의 요소를 가진 병렬 시스템에 있어 요소의 수명(MTTF)이 지수 분포를 따를 경우, 이 시스템의 수명을 구하는 식으로 맞는 것은?

• 1장 3절 체계설비와 인간요소

① $MTTF \times n$

② $MTTF \times \dfrac{1}{n}$

③ $MTTF \times (1 + \dfrac{1}{2} + \cdots + \dfrac{1}{n})$

④ $MTTF \times (1 \times \dfrac{1}{2} \times \cdots \times \dfrac{1}{n})$

해설

평균수명(MTTF ; Mean Time To Failure)
- 총동작시간 ÷ 기간 중 총고장건수
- 직렬계 시스템의 수명 = MTTF/n = $\dfrac{1}{\lambda}$
- 병렬계 시스템의 수명 = MTTF$(1 + \dfrac{1}{2} + \dfrac{1}{3} + \cdots + \dfrac{1}{n})$
- λ : 고장률 = 기간 중 총고장건수 ÷ 총동작시간, n : 직렬 또는 병렬계의 요소

53 결함수분석의 기대효과와 가장 관계가 먼 것은?

• 6장 1절 FTA(결함수) 분석

① 시스템의 결함 진단
② 시간에 따른 원인 분석
③ 사고원인 규명의 간편화
④ 사고원인 분석의 정량화

해설

FTA의 기대효과
- 시스템의 결함진단
- 사고원인 규명의 간편화
- 사고원인 분석의 정량화
- 사고원인 분석의 일반화
- 노력과 시간의 절감
- 안전점검 체크리스트 작성

정답 52 ③ 53 ②

54 인간전달함수(Human Transfer Function)의 결점이 아닌 것은?   • 1장 1절 인간공학의 정의

① 입력의 협소성
② 시점적 제약성
③ 정신운동의 묘사성
④ 불충분한 직무 묘사

해설
인간전달함수의 결점
• 입력의 협소성
• 시점적 제약성
• 불충분한 직무 묘사

55 다음과 같은 실내 표면에서 일반적으로 추천반사율의 크기를 맞게 나열한 것은?
• 4장 1절 작업조건과 환경조건

| ㉠ 바 닥 | ㉡ 천 장 |
| ㉢ 가 구 | ㉣ 벽 |

① ㉠ < ㉣ < ㉢ < ㉡
② ㉣ < ㉠ < ㉡ < ㉢
③ ㉠ < ㉢ < ㉣ < ㉡
④ ㉣ < ㉡ < ㉠ < ㉢

해설
반사율(Reflectance)
• 반사율 = 표면에서 반사되는 빛의 양 ÷ 표면에 비치는 빛의 양
• 반사율(%) = 광도(fL) ÷ 조도(fc) = 휘도(cd/m^2) × π/lux
• 빛을 완전히 반사하면 반사율은 100%
• 천장의 추천반사율 : 80~90%
• 벽의 추천반사율 : 40~60%
• 바닥의 추천반사율 : 20~40%
• 천장과 바닥의 반사비율은 최소 3:1을 유지
• 추천반사율이 높은 순서 : 천장 > 벽 > 가구 > 바닥

56 인간공학에 대한 설명으로 틀린 것은?

① 인간이 사용하는 물건, 설비, 환경의 설계에 적용된다.
② 인간을 작업과 기계에 맞추는 설계 철학이 바탕이 된다.
③ 인간-기계 시스템이 안전성과 편리성, 효율성을 높인다.
④ 인간의 생리적, 심리적인 면에서 특성이나 한계점을 고려한다.

해설
인간을 작업과 기계에 맞추는 것이 아니라 작업과 기계를 인간의 특성에 맞춤

57 정성적 표시장치의 설명으로 틀린 것은? •2장 1절 시각적 표시장치

① 정성적 표시장치의 근본 자료 자체는 정량적인 것이다.
② 전력계에서와 같이 기계적 혹은 전자적으로 숫자가 표시된다.
③ 색채 부호가 부적합한 경우에는 계기판 표시 구간을 형상 부호화하여 나타낸다.
④ 연속적으로 변하는 변수의 대략적인 값이나 변화추세, 변화율 등을 알고자 할 때 사용된다.

해설
정성적(Qualitative) 정보
- 변동치의 대략적인 값
- 온도, 압력, 속도와 같이 연속적으로 변하는 변수의 대략적인 값이나 또는 변화의 추세, 변화율 등을 알고자 할 때 주로 사용, 수치보다 형태를 중요시하는 비수치적 언어
- 형태성 : 물품성, 시각성, 심미성과 함께 디자인의 4요소로 형상, 모양, 색채 또는 이들의 결합
- 게슈탈트 : 인간이 형태를 지각하는 방법 및 법칙
- 연속적으로 변하는 변수의 대략적인 상태, 변화, 추세 등을 알고자 할 때
- 변수의 상태나 조건이 미리 정해 놓은 몇 개의 범위 중 어디에 속하는 가를 판정 시 구체적인 물리량을 알 필요가 없음
- 시스템이나 부품의 상태가 정상상태인가를 판정

58 착석식 작업대의 높이 설계를 할 경우 고려해야 할 사항과 가장 관계가 먼 것은? •3장 2절 신체활동의 생리학적 측정

① 의자의 높이   ② 작업의 성질
③ 대퇴 여유   ④ 작업대의 형태

해설
착석식 작업대의 높이 설계 시 고려사항
- 작업의 성격
- 의자의 높이
- 작업대 두께
- 대퇴여유

59 음량수준을 평가하는 척도와 관계없는 것은? •4장 1절 작업조건과 환경조건

① HSI   ② phon
③ dB   ④ sone

해설
음량수준
- phon : 1,000Hz의 기준음과 같은 크기로 들리는 다른 주파수의 음의 크기
- sone : phon의 단점인 음의 상대적 크기를 비교하기 위해 고안, 1sone = 40phon
- 데시벨 : 소리의 상대적인 크기를 나타내는 단위

정답 57 ② 58 ④ 59 ①

60 빨강, 노랑, 파랑의 3가지 색으로 구성된 교통신호등이 있다. 신호등은 항상 3가지 색 중 하나가 켜지도록 되어 있다. 1시간 동안 조사한 결과, 파란등은 총 30분 동안, 빨간등과 노란등은 각각 총 15분 동안 켜진 것으로 나타났다. 이 신호등의 총 정보량은 몇 bit인가? • 1장 4절 정보처리이론

① 0.5
② 0.75
③ 1.0
④ 1.5

해설

- 정보량(H) = $\log_2 N = \log_2\left(\dfrac{1}{P}\right)$
- 빨강 = $\log_2\left(\dfrac{1}{0.25}\right) = 2$
- 노랑 = $\log_2\left(\dfrac{1}{0.25}\right) = 2$
- 파랑 = $\log_2\left(\dfrac{1}{0.5}\right) = 2$
- 총정보량 = $\sum_{i=1}^{N} P_i \log_2\left(\dfrac{1}{P_i}\right)$

∴ 0.25 × 2 + 0.25 × 2 + 0.5 × 1
= 1.5

2019년 제1회 기출해설

3과목 인간공학 및 시스템안전공학

41 FMEA의 장점이라 할 수 있는 것은? •5장 2절 시스템 위험분석기법

① 분석방법에 대한 논리적 배경이 강하다.
② 물적, 인적요소 모두가 분석대상이 된다.
③ 서식이 간단하고 비교적 적은 노력으로 분석이 가능하다.
④ 두 가지 이상의 요소가 동시에 고장 나는 경우에도 분석이 용이하다.

해설

FMEA(Failure Mode & Effect Analysis)
• 정성적, 귀납적 분석법
• 부품 등이 고장 났을 경우 그것이 전체제품에 미치는 영향을 분석
• 공정이나 장치에서 일어나는 오류와 이에 따른 영향을 파악하는 기법
• 작업자의 실수 같은 인적요소에 의한 오류는 확인되지 않음
• 장점 : 서식이 간단하고, 비교적 적은 노력으로 특별한 훈련 없이 분석가능
• 단점 : 논리성이 부족, 각 요소 간의 영향을 분석하기 어렵고 안전원인 분석이 곤란

42 시스템의 수명주기 단계 중 마지막 단계인 것은? •5장 1절 시스템 위험분석 관리

① 구상단계
② 개발단계
③ 운전단계
④ 생산단계

해설

시스템 수명주기 단계

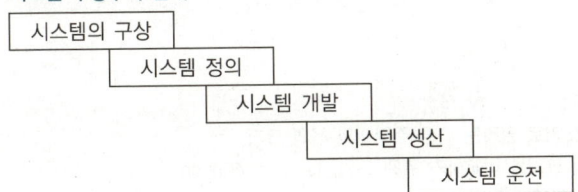

정답 41 ③ 42 ③

43 인체계측자료의 응용원칙 중 조절 범위에서 수용하는 통상의 범위는 얼마인가?

• 3장 1절 인간계측 및 인간의 체계제어

① 5~95%tile
② 20~80%tile
③ 30~70%tile
④ 40~60%tile

해설

인체 측정치의 응용원리(조절식 → 극단치 → 평균치)
- 조절식 설계 : 가장 먼저 고려할 개념(5~95%tile) 예 의자
- 극단치 설계 : 극단에 속하는 사람을 대상으로 하면 모든 사람을 수용할 수 있는 경우 예 출입문의 높이, 통로의 폭
- 평균치 설계 : 다른 기준이 적용되기 어려운 경우 마지막으로 적용되는 기준 예 계산대, 식당의 테이블, 지하철 손잡이, 은행의 접수대

44 의도는 올바른 것이었지만, 행동이 의도한 것과는 다르게 나타나는 오류를 무엇이라 하는가?

• 2장 4절 휴먼에러

① Slip
② Mistake
③ Lapse
④ Violation

해설

숙련기반 에러
- 실수(Slip)
  - 행동의 실수
  - 자동차에서 내릴 때 마음이 급해 창문 닫는 것을 잊고 내리는 경우
- 망각(Lapse)
  - 기억의 실수
  - 전화 통화 중에 상대의 전화번호를 기억했으나 전화를 끊은 후 기억을 잃어버림

45 음량수준을 측정할 수 있는 3가지 척도에 해당되지 않는 것은?

• 4장 1절 작업조건과 환경조건

① sone
② 럭스
③ phon
④ 인식소음 수준

해설

음량수준
- phon : 1,000Hz의 기준음과 같은 크기로 들리는 다른 주파수의 음의 크기
- sone : phon의 단점인 음의 상대적 크기를 비교하기 위해 고안, 1sone = 40phon
- 데시벨 : 소리의 상대적인 크기를 나타내는 단위

정답 43 ① 44 ① 45 ②

46 산업안전보건법령에 따라 제조업 중 유해·위험방지계획서 제출대상 사업의 사업주가 유해·위험방지계획서를 제출하고자 할 때 첨부하여야 하는 서류에 해당하지 않는 것은? (단, 기타 고용노동부장관이 정하는 도면 및 서류 등은 제외)
• 8장 1절 유해위험방지계획서

① 공사개요서
② 기계·설비의 배치도면
③ 기계·설비의 개요를 나타내는 서류
④ 원재료 및 제품의 취급, 제조 등의 작업방법의 개요

해설
유해·위험방지계획서 제출서류
• 건축물 각 층의 평면도
• 기계·설비의 배치도면
• 기계·설비의 개요를 나타내는 서류
• 원재료 및 제품의 취급, 제조 등의 작업방법의 개요
• 그 밖에 고용노동부장관이 정하는 도면 및 서류

47 동작 경제 원칙에 해당되지 않는 것은?
• 4장 4절 동작경제의 원칙

① 신체사용에 관한 원칙
② 작업장 배치에 관한 원칙
③ 사용자 요구 조건에 관한 원칙
④ 공구 및 설비 디자인에 관한 원칙

해설
동작경제의 원칙
• 신체사용의 원칙(Use of Human Body)
• 작업장 배치의 원칙(Workplace Arrangement)
• 공구 및 설비 디자인에 관한 원칙(Design of Tools & Equipment)

48 인간-기계시스템의 설계를 6단계로 구분할 때, 첫 번째 단계에서 시행하는 것은?

① 기본설계
② 시스템의 정의
③ 인터페이스 설계
④ 시스템의 목표와 성능명세 결정

해설
인간-기계시스템 설계 6단계
시스템의 목표와 성능명세 결정 → 시스템의 정의 → 기본설계 → 인터페이스 설계 → 보조물 설계 → 시험 및 평가

정답 46 ① 47 ③ 48 ④

49 FT도에 사용되는 다음 게이트의 명칭은?   • 6장 1절 FTA(결함수) 분석

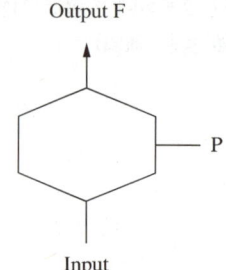

① 부정 게이트
② 억제 게이트
③ 배타적 OR 게이트
④ 우선적 AND 게이트

해설

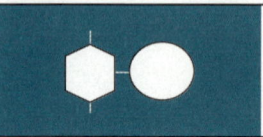	억제 게이트	AND 게이트의 특별한 경우로서 이 게이트의 출력 사상은 한 개의 입력사상에 의해 발생하며, 입력사상이 출력사상을 생성하기 전에 특정조건을 만족하여야 하는 논리게이트

50 FTA에서 시스템의 기능을 살리는 데 필요한 최소 요인의 집합을 무엇이라 하는가?
• 6장 1절 FTA(결함수) 분석

① Critical Set
② Minimal Gate
③ Minimal Path
④ Boolean Indicated Cut Set

해설

최소패스셋(Minimal Path Sets)
• 기본 사상이 일어나지 않으면 정상사상이 발생하지 않는 기본사상의 집합
• 시스템의 신뢰성을 표시함

51 다음의 각 단계를 결함수분석법(FTA)에 의한 재해사례의 연구 순서대로 나열한 것은?

• 6장 1절 FTA분석

> ㉠ 정상사상의 선정
> ㉡ FT도 작성 및 분석
> ㉢ 개선 계획의 작성
> ㉣ 각 사상의 재해원인 규명

① ㉠ → ㉡ → ㉢ → ㉣
② ㉠ → ㉣ → ㉢ → ㉡
③ ㉠ → ㉢ → ㉡ → ㉣
④ ㉠ → ㉣ → ㉡ → ㉢

해설

FTA의 절차
- 1단계 : 정상사상(Top Event) 설정
- 2단계 : 재해원인 규명
- 3단계 : FT(Fault Tree) 작성
- 4단계 : 재해원인 규명
- 5단계 : 대책수립 및 개선계획

52 쾌적환경에서 추운환경으로 변화 시 신체의 조절작용이 아닌 것은? • 4장 1절 작업조건과 환경조건

① 피부온도가 내려간다.
② 직장온도가 약간 내려간다.
③ 몸이 떨리고 소름이 돋는다.
④ 피부를 경유하는 혈액 순환량이 감소한다.

해설

추운 환경으로 바뀔 때
- 피부온도가 내려감
- 피부의 혈액순환량은 감소하고 몸의 중심부를 순환
- 직장온도가 상승하며 소름이 돋고 몸이 떨림

정답 51 ④ 52 ②

53 정신적 작업 부하에 관한 생리적 척도에 해당하지 않는 것은? • 3장 2절 신체활동의 생리학적 측정

① 부정맥 지수
② 근전도
③ 점멸융합주파수
④ 뇌파도

해설

정신적 작업부하 측정방법
- 주임무 척도(Primary Task Measure)
  - 작업부하 = 직무수행에 필요한 시간/직무수행에 쓸 수 있는 시간
  - 서로 다른 직무의 작업부하를 비교하기는 어려움
- 부임무 척도(Secondary Measure)
  - 주임무에서 사용하지 않은 예비 용량을 부임무에서 이용하는 것
  - 주임무에서의 자원요구량이 클수록 부임의 자원이 적어지고 성능이 나빠짐
- 생리적 척도(Physiological Measure) : 심박수의 변동, 뇌 전위, 동공 반응 등 정보처리에 중추신경계 활동이 관여하고 그 활동이나 징후를 측정
  - 뇌파도(Eeg), 점멸융합주파수(Flicker Fusion Frequency)
  - 혈액의 성분(화학적 척도)
  - 부정맥 지수
- 주관적 척도(Subjective Measure) : NASA-TLX
  - 심박수, 매회 평균호흡진폭, 수장 피부저항치, 정신전류현상
  - 소변속의 스테로이드의 양
  - 노르아드레날린 배설량
- 기 타
  - 압박이나 긴장 시 코티솔이 아드레날린 분비를 촉진하여 혈액성분이 변화

54 인간-기계시스템의 연구 목적으로 가장 적절한 것은? • 1장 2절 인간-기계체계

① 정보 저장의 극대화
② 운전 시 피로의 평준화
③ 시스템의 신뢰성 극대화
④ 안전의 극대화 및 생산능률의 향상

해설

MMS(Man Machine System)
- 인간과 기계가 특정한 목적을 수행하기 위하여 결합된 집합체
- 인간과 기계에 각각의 역할과 기능이 주어짐
- 공통의 목표를 이루기 위하여 인간과 기계의 의사소통이 존재하는 집합체
- 인간과 기계 사이의 유기적인 정보흐름이 중요함
- 안전의 극대화 및 생산능률의 향상에 힘써야 함

55 생명유지에 필요한 단위시간당 에너지량을 무엇이라 하는가?

• 4장 2절 작업생리학

① 기초 대사량
② 산소 소비율
③ 작업 대사량
④ 에너지 소비율

> **해설**
>
> **기초대사량(BMR ; Basal Metabolic Rate)**
> • 생명을 유지하는 데 필요한 최소한의 에너지량
> • 쾌적한 상태에서 공복인 상태로 가만히 누워있을 때 에너지 소비량
> • 남자는 1kcal/h.kg, 여자는 0.9kcal/h.kg
> • 남자의 하루 동안의 기초대사량 : 70kg × 1kcal/h.kg × 24h = 1680kcal
> • 여자의 하루 동안의 기초대사량 : 50kg × 0.9kcal/h.kg × 24h = 1080kcal

56 점광원으로부터 0.3m 떨어진 구면에 비추는 광량이 5Lumen 일 때, 조도는 약 몇 럭스인가?

• 4장 1절 작업조건과 환경조건

① 0.06
② 16.7
③ 55.6
④ 83.4

> **해설**
>
> **조도(Illuminance)**
> 광도(cd) ÷ 거리제곱(m^2) = 5 ÷ 0.3^2 = 55.6

57 염산을 취급하는 A 업체에서는 신설 설비에 관한 안전성 평가를 실시해야 한다. 정성적 평가단계의 주요 진단 항목에 해당하는 것은?

• 5장 1절 시스템 위험분석 관리

① 공장 내의 배치
② 제조공정의 개요
③ 재평가 방법 및 계획
④ 안전·보건교육 훈련계획

> **해설**
>
> **화학설비의 안전성 평가**
> • 2단계 : 정성적 평가
>   – 설비관계 : 입지조건, 공장 내 배치, 건조물, 소방설비
>   – 운전관계 : 원재료, 중간체제품, 공정, 수송 및 저장, 공정기기

정답 55 ① 56 ③ 57 ①

58 음압수준이 70dB인 경우, 1000Hz에서 순음의 phon 치는? • 4장 1절 작업조건과 환경조건

① 50phon ② 70phon
③ 90phon ④ 100phon

해설

음량수준(phon) : 1,000Hz의 기준음과 같은 크기로 들리는 다른 주파수의 음의 크기

59 수리가 가능한 어떤 기계의 가용도(Availability)는 0.9이고, 평균수리시간(MTTR)이 2시간일 때, 이 기계의 평균수명(MTBF)은? • 1장 3절 체계설비와 인간요소

① 15시간 ② 16시간
③ 17시간 ④ 18시간

해설

평균고장간격(MTBF ; Mean Time Between Failure)

- MTBF = 총동작시간 ÷ 고장횟수 = $\dfrac{1}{\lambda}$
- 평균고장간격(MTBF) = 평균수리시간(MTTR) + 평균수명(MTTF)
- 가용도(Availability) = 평균수명(MTTF) ÷ 평균고장간격(MTBF) = MTBF ÷ (MTBF + MTTR)
- 가용도 = MTBF ÷ (MTBF + 2) = 0.9
- MTBF = 18

60 실린더 블록에 사용하는 가스켓의 수명은 평균 10000 시간이며, 표준편차는 200 시간으로 정규분포를 따른다. 사용시간이 9600 시간일 경우에 신뢰도는 약 얼마인가? (단, 표준정규분포표에서 $u_{0.8413} = 1$, $u_{0.9772} = 2$) • 1장 3절 체계설비와 인간요소

① 84.13% ② 88.73%
③ 92.72% ④ 97.72%

해설

확률변수 X가 정규분포를 따르므로 $N(\overline{X}, \sigma) = N(10,000, 200)$이며

$P(\overline{X} > 9,600) = P\left(Z > \dfrac{9,600 - 10,000}{200}\right) = P(Z > -2) = P(Z \leq 2) = 0.9772 = 97.72\%$

2018년 제4회 기출해설

41 인체의 관절 중 경첩관절에 해당하는 것은? •3장 4절 신체부위

① 손목관절 ② 엉덩관절
③ 어깨관절 ④ 팔꿈관절

해설

가동관절(윤활관절, 움직임이 자유스러운 관절)
- 윤활관절의 구조로 되어 있음
- 관절강에서 윤활액이 분비되어 뼈의 마찰을 감소
- 경첩관절 : 팔꿈치, 무릎, 손가락
- 평면관절 : 손목, 손허리 관절
- 차축관절(중쇠관절) : 팔꿈치에서 아래팔을 회외와 회내를 할 때 요골(노뼈)과 척골(자뼈)이 만나는 근위부의 접점부위, 다리의 정강뼈와 종아리뼈의 접점부위
- 타원관절 : 아래팔 요골(노뼈)과 손목뼈 사이의 손목관절, 손가락의 중수지절 관절
- 안장관절 : 손목뼈인 대능형골과 엄지손가락의 제1중수골(손허리뼈)이 접합하는 관절
- 절구관절 : 어깨관절, 엉덩이관절

42 시스템 수명주기에 있어서 예비위험분석(PHA)이 이루어지는 단계에 해당하는 것은? •5장 2절 시스템 위험분석기법

① 구상단계 ② 점검단계
③ 운전단계 ④ 생산단계

해설

예비위험분석(PHA ; Preliminary Hazard Analysis)
- 공정에 대한 상세한 정보를 얻을 수 없는 상황에서 위험물질과 공정요소에 초점을 맞추어 초기위험을 확인
- 위험을 먼저 발견하여 나중에 발견 시 개선에 소요되는 비용을 절약하기 위함
- 복잡한 시스템을 설계, 가동하기 전의 구상단계에서 시스템의 근본적인 위험성을 평가
- 물질, 설비에 대한 위험수준을 정성적으로 판정
- 규모, 비용에 상관없이 모든 사업에서 권장되며, 평가의 단위도 개별시스템, 전체시스템, 단위공정, 단위공장까지 다양함
- Preliminary Hazard Lists에서 얻은 위험에 대한 확인에서 시작하여 PHA 작업지 작성

정답 41 ④ 42 ①

43 100분 동안 8kcal/min으로 수행되는 삽질작업을 하는 40세의 남성 근로자에게 되어야 할 적합한 휴식시간은 얼마인가? (단, Murrel의 공식 적용)   • 5장 2절 시스템 위험분석기법

① 10.00분
② 46.15분
③ 51.77분
④ 85.71분

해설

휴식시간(Murrel의 에너지소비량)
• 산소 1ℓ당 5kcal를 소비
• 근무 중 권장 에너지량 = 작업 중 에너지소비량 + 휴식 중 에너지소비량
• 휴식시간 = 작업시간 × (E − 5) ÷ (E − 1.5) (E : 작업 중 에너지 소비량)
• 산소소비량 = 흡기 시 산소농도 × 급기량 − 배기 시 산소농도 × 배기량
∴ 휴식시간 = 작업시간 × (E − 5) ÷ (E − 1.5) = 100 × (8 − 5) ÷ (8 − 1.5) = 46.15

44 결함위험분석(FHA, Fault Hazard Analysis)의 적용 단계로 가장 적절한 것은?   • 5장 2절 시스템 위험분석기법

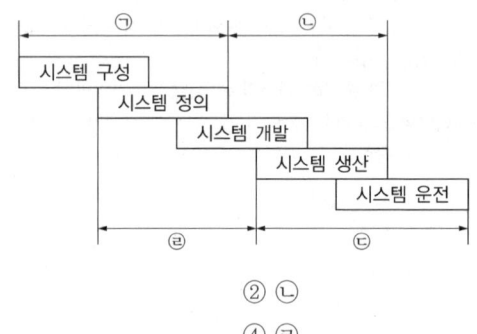

① ㉠
② ㉡
③ ㉢
④ ㉣

해설

결함위험분석(FHA ; Fault Hazard Analysis)
• 여러 공장에서 제작된 부품들을 조립하여 하나의 기계가 되었을 때 각각의 서브시스템이 전체 시스템에 어떠한 결과를 미치는지 분석하는 기법
• 서브시스템의 요소, 고장형태, 고장률 등을 알아야 하고, 전 시스템에 미치는 영향을 파악해야 함

45 FTA에 의한 재해사례 연구 순서에서 가장 먼저 실시하여야 하는 상황은?   • 6장 1절 FTA분석

① FT 도의 작성
② 개선 계획의 작성
③ 톱(TOP)사상의 선정
④ 사상의 재해 원인의 규명

해설

FTA의 절차
• 1단계 : 정상사상(Top Event) 설정
• 2단계 : 재해원인 규명
• 3단계 : FT(Fault Tree) 작성
• 4단계 : 재해원인 규명
• 5단계 : 대책수립 및 개선계획

46 FTA에서 활용하는 최소컷셋(Minimal Cut Sets)에 관한 설명으로 맞는 것은?

• 6장 1절 FTA(결함수) 분석

① 해당 시스템에 대한 신뢰도를 나타낸다.
② 컷셋 중에 타 컷셋을 포함하고 있는 것을 배제하고 남은 컷셋들을 의미한다.
③ 어느 고장이나 에러를 일으키지 않으면 재해가 일어나지 않는 시스템의 신뢰성이다.
④ 기본사상이 일어나지 않을 때 정상사상(Top Event)이 일어나지 않는 기본사상의 집합이다.

해설

최소컷셋(Minimal Cut Sets)
• 정상사상(Top Event)을 일으키기 위한 최소한의 집합
• 일반적으로 Fussell Algorithm을 이용
• 반복되는 사건이 많은 경우 Limnios와 Ziani Algorithm을 이용하는 것이 유리
• 시스템의 위험성을 표시하여 개수가 늘어나면 위험수준이 높아짐
• 중복되는 사상의 컷셋 중 다른 컷셋에 포함되는 셋을 제거한 컷셋과 중복되지 않는 사상의 컷셋을 합한 것

47 조도에 관련된 척도 및 용어 정의로 틀린 것은?

• 4장 1절 작업조건과 환경조건

① 조도는 거리가 증가할 때 거리의 제곱에 반비례한다.
② candela는 단위 시간당 한 발광점으로부터 투광되는 빛의 에너지양이다.
③ lux는 1cd의 점광원으로부터 1m 떨어진 구면에 비추는 광의 밀도이다.
④ lambert는 완전 발산 및 반사하는 표면에 표준 촛불로 1m 거리에서 조명될 때 조도와 같은 광도이다.

해설

조도(Illuminance)	광도(Luminance)
• 광도(cd) ÷ 거리제곱(m^2) • 어떤 면에 도달하는 빛의 양(lm/m^2) • 거리가 증가할 때 조도는 거리의 제곱에 반비례로 감소 • 단위는 lux(lx), foot candle(fc) • 1fc = 10.764lx	• 단위 면적당 표면에서 반사 또는 방출되는 광량(Luminous Intensity) • 휘도라고도 하며 단위로는 L(Lambert)을 씀 • 단위 시간당 한 발광점으로부터 투광되는 빛의 에너지양 • 칸델라(Candela)로 표기하며 1칸델라(Candela)는 촛불 하나의 밝기

정답 46 ② 47 ④

48 예비위험분석(PHA)에서 식별된 사고의 범주로 부적절한 것은? • 5장 2절 시스템 위험분석기법

① 중대(Critical)
② 한계적(Marginal)
③ 파국적(Catastrophic)
④ 수용가능(Acceptable)

> 해설

Risk Assessment Matrix

SEVERITY / PROBABILITY	Catastrophic (1)	Critical (2)	Marginal (3)	Negligible (4)
Frequent (A)	High	High	Serious	Medium
Probable (B)	High	High	Serious	Medium
Occasional (C)	High	Serious	Medium	Low
Remote (D)	Serious	Medium	Medium	Low
Improbable (E)	Medium	Medium	Medium	Low
Eliminated (F)	Eliminated			

49 다음 중 불대수 관계식으로 틀린 것은? • 6장 1절 FTA(결함수) 분석

① $A(A+B) = A$
② $\overline{A \cdot B} = \overline{A} + \overline{B}$
③ $A + \overline{A} \cdot B = A + B$
④ $A + B = \overline{A} \cdot \overline{B}$

> 해설

불대수 기본공식
- 교환법칙 : A + B = B + A
- 결합법칙 : A + (B + C) = (A + B) + C
- 분배법칙 : A × (B + C) = A × B + A × C // A + B × C = (A + B) × (A + C)
- 멱등법칙 : A + A = A // A × A = A
- 보수법칙 : A + A' = 1 // A × A' = 0
- 항등법칙 : A + 0 = A // A + 1 = A // A × 0 = 0 // A × 1 = A
- 드모르간 법칙 : (A + B)' = A' · B' // (A · B)' = A' + B'

48 ④ 49 ④

50 산업안전보건법령에 따라 유해·위험방지계획서 제출 대상 사업장에서 해당하는 1차 금속 제조업의 유해·위험방지계획서에 첨부되어야 하는 서류에 해당하지 않는 것은? (단, 그 밖에 고용노동부장관이 정하는 도면 및 서류는 제외)
• 8장 1절 유해위험방지계획서

① 기계·설비의 배치도면
② 건축물 각 층의 평면도
③ 위생시설물 설치 및 관리대책
④ 기계·설비의 개요를 나타내는 서류

해설
유해·위험방지계획서 제출서류
• 건축물 각 층의 평면도
• 기계·설비의 배치도면
• 기계·설비의 개요를 나타내는 서류
• 원재료 및 제품의 취급, 제조 등의 작업방법의 개요
• 그 밖에 고용노동부장관이 정하는 도면 및 서류

51 부품성능이 시스템 목표달성의 긴요도에 따라 우선순위를 설정하는 부품배치 원칙에 해당하는 것은?
• 3장 2절 신체활동의 생리학적 측정

① 중요성의 원칙
② 사용빈도의 원칙
③ 사용순서의 원칙
④ 기능별 배치의 원칙

해설
공간배치의 원칙
• 중요성의 원칙 : 시스템 목적을 달성하는 데 상대적으로 더 중요한 요소들은 사용하기 편리한 지점에 위치
• 사용빈도의 원칙 : 빈번하게 사용되는 요소들은 가장 사용하기 편리한 곳에 배치
• 사용순서의 원칙 : 연속해서 사용하여야 하는 구성요소들은 서로 옆에 놓여야 하고, 조작순서를 반영하여 배열
• 일관성 원칙 : 동일한 구성요소들은 기억이나 찾는 것을 줄이기 위하여 같은 지점에 위치
• 양립성 원칙 : 서로 근접하여 위치, 조종장치와 표시장치들의 관계를 쉽게 알아볼 수 있도록 배열 형태를 반영
• 기능성 원칙 : 비슷한 기능을 갖는 구성요소들끼리 한데 모아서 서로 가까운 곳에 위치시킴, 색상으로 구분

52 일반적인 화학설비에 대한 안전성 평가(Safety Assessment) 절차에 있어 안전대책 단계에 해당되지 않는 것은?
• 5장 1절 시스템 위험분석 관리

① 위험도 평가
② 보 전
③ 관리적 대책
④ 설비 대책

해설
안전성 평가 6단계 중 4단계 : 안전대책 수립
• 보 전
• 설비 대책 : 안전장치 및 방재장치
• 관리적 대책 : 인원배치, 교육훈련, 보전
• 교육훈련

정답 50 ③ 51 ① 52 ①

53 수공구 설계의 원리로 틀린 것은? •4장 2절 작업생리학

① 양손잡이를 모두 고려하여 설계한다.
② 손바닥 부위에 압박을 주는 손잡이 형태로 설계한다.
③ 손잡이의 길이는 95% 남성의 손 폭을 기준으로 한다.
④ 동력공구 손잡이는 최소 두 손가락 이상으로 작동하도록 설계한다.

해설

수공구 설계원칙
- 손바닥부위에 압박을 주는 형태를 피함
- 손잡이의 직경은 사용용도에 따라서 조정
- 손잡이 길이는 95% 남성의 손과 폭을 기준
- Plier 형태의 손잡이에는 Spring을 설치
- 양손잡이를 모두 고려한 설계
- 수동공구대신에 동력공구를 사용
- 무게는 최대한 줄이고 사용 시 무게의 균형유지
- 동력공구는 한 손가락이 아닌 두 손가락 이상으로 작동
- 손목을 꺾지 말고 공구의 손잡이를 꺾어야 함
- 손잡이 재질은 미끄러지지 않고 비전도성이고 열과 땀에 강해야 함

54 습구온도가 23℃이며, 건구온도가 31℃일 때의 Oxford지수(건습지수)는 얼마인가? •4장 1절 작업조건과 환경조건

① 2.42℃ ② 2.98℃
③ 24.2℃ ④ 29.8℃

해설

Oxford지수
- 습건(WD)지수라고도 하며 습구, 건구 온도의 가중 평균치로서 나타냄
- WD = 0.85W(습구온도) + 0.15D(건구온도) = 0.85 × 23 + 0.15 × 31 = 24.2

55 인간이 현존하는 기계를 능가하는 기능이 아닌 것은? (단, 인공지능은 제외) •1장 2절 인간-기계체계

① 원칙을 적용하여 다양한 문제를 해결한다.
② 관찰을 통해서 특수화하고 연역적으로 추리한다.
③ 주위의 이상하거나 예기치 못한 사건들을 감지한다.
④ 어떤 운용방법이 실패할 경우 새로운 다른 방법을 선택할 수 있다.

해설
인간과 기계의 비교

인간의 장점	기계의 장점
• 오감의 작은 자극도 감지가능 • 각각으로 변화하는 자극 패턴을 인지 • 예기치 못한 자극을 탐지 • 기억에서 적절한 정보를 꺼냄 • 결정 시에 여러 가지 경험을 꺼내 맞춤 • 귀납적으로 추리, 관찰을 통한 일반화 • 원리를 여러 문제해결에 응용 • 주관적인 평가를 함 • 아주 새로운 해결책을 생각 • 조작이 다른 방식에도 몸으로 순응	• 인간의 감각범위를 넘어서는 구역도 감지 가능 • 드물게 일어나는 현상을 감지 가능 • 신속하면서 대량의 정보를 기억할 수 있음 • 신속정확하게 정보를 꺼냄 • 특정 프로그램에 대해서 수량적 정보를 처리 • 입력신호에 신속하고 일관된 반응 • 연역적인 추리 • 반복 동작을 확실히 함 • 명령대로 작동 • 동시에 여러 가지 활동을 함 • 물리량을 셈하거나 측정이 가능

56 작업설계(Job Design) 시 철학적으로 고려해야 할 사항 중 작업만족도(Job Satisfaction)를 얻기 위한 수단으로 볼 수 없는 것은?
• 4장 3절 작업환경과 인간공학

① 작업감소(Job Reduce)
② 작업순환(Job Rotation)
③ 작업확대(Job Enlargement)
④ 작업윤택화(Job Enrichment)

해설
작업설계(Job Design)
• 작업순환(Job Rotation)
• 작업확대(Job Enlargement)
• 작업충실화(Job Enrichment)
• 유연시간 근무제(Flextime)
• 작업 공유(Job Sharing)
• 자율적관리팀(Self-managed Work Team)
• 재택근무(Telecommuting)
• 압축근무제(Compressed Work)

57 중이소골(Ossicle)이 고막의 진동을 내이의 난원창(Oval Window)에 전달하는 과정에서 음파의 압력은 어느 정도 증폭되는가?

① 2배　　　　　　　　　　② 12배
③ 22배　　　　　　　　　 ④ 220배

해설
고막의 진동을 내이의 난원창에 전달하는 과정에서 음파의 압력은 22배로 증폭됨

58 양립성의 종류에 해당하지 않는 것은?
・1장 2절 인간-기계체계

① 기능 양립성
② 운동 양립성
③ 공간 양립성
④ 개념 양립성

해설
인간-기계설계의 4원칙
양립성의 원칙 : 공간적, 개념적, 운동적, 양식적

59 원자력 발전소 운전에서 발생 가능한 응급조치 중 성격이 다른 것은?
・2장 4절 휴먼에러

① 조작자가 표지(Label)를 잘못 읽어 틀린 스위치를 선택하였다.
② 조작자가 극도로 높은 압력 발생이후 처음 60초 이내에 올바르게 행동하지 못하였다.
③ 조작자는 절차적 단계 중 마지막 점검목록인 수동 점검 밸브를 적절한 형태로 복귀시키지 않았다.
④ 조작자가 하나의 절차적 단계에서 2개의 긴밀하게 결부된 밸브 중에서 하나를 올바르게 조작하지 못하였다.

해설
③ 조작자는 절차적 단계 중 마지막 점검목록인 수동 점검 밸브를 적절한 형태로 복귀시키지 않았다. - 생략 에러
① 조작자가 표지(Label)를 잘못 읽어 틀린 스위치를 선택하였다. - 실행 에러
② 조작자가 극도로 높은 압력 발생 이후 처음 60초 이내에 올바르게 행동하지 못하였다. - 실행 에러
④ 조작자가 하나의 절차적 단계에서 2개의 긴밀하게 결부된 밸브 중 하나를 올바르게 조작하지 못하였다. - 실행 에러

휴먼에러의 분류
- 실행 에러(Commission Error) : 작업 내지 단계는 수행하였으나 잘못한 에러
  예 주차금지 구역에 주차하여 스티커가 발부된 경우
- 생략 에러(Omission Error) : 필요한 작업 내지 단계를 수행하지 않은 에러
  예 자동차 하차 시 실내등을 끄지 않아 방전된 경우
- 순서 에러(Sequential Error) : 작업수행의 순서를 잘못한 에러
  예 자동차 출발 시 사이드 브레이크를 내리지 않고 가속하는 경우
- 시간 에러(Timing Error) : 주어진 시간 내에 동작을 수행하지 못하거나 너무 빠르게 또는 너무 느리게 수행하였을 때 생긴 에러
- 불필요한 행동에러(Extraneous Act Error) : 해서는 안 될 불필요한 작업의 행동을 수행한 에러

60 형광등과 물체의 거리가 50cm이고, 광도가 30fL일 때, 반사율은 얼마인가?
・4장 1절 작업조건과 환경조건

① 12%
② 25%
③ 35%
④ 42%

해설
반사율(Reflectance)
- 반사율 = 광속발산도 ÷ 조명 = 휘도 ÷ 조도 = 표면에서 반사되는 빛의 양 ÷ 표면에 비치는 빛의 양 = 30 ÷ 120 = 25%
- 조도 = 광도 ÷ 거리제곱(m^2) = 30 ÷ 0.25 = 120

2018년 제2회 기출해설

3과목 인간공학 및 시스템안전공학

41 음향기기 부품 생산공장에서 안전업무를 담당하는 ○○○대리는 공장 내부에 경보등을 설치하는 과정에서 도움이 될 만한 몇 가지 지식을 적용하고자 한다. 적용 지식 중 맞는 것은?

• 4장 1절 작업조건과 환경조건

① 신호 대 배경의 휘도대비가 작을 때는 백색신호가 효과적이다.
② 광원의 노출시간이 1초보다 작으면 광속발산도는 작아야 한다.
③ 표적의 크기가 커짐에 따라 광도의 역치가 안정되는 노출시간은 증가한다.
④ 배경광 중 점멸 잡음광의 비율이 10% 이상이면 점멸등은 사용하지 않는 것이 좋다.

해설
- 배경 불빛이 신호등과 비슷하면 신호광의 식별이 힘들어짐
- 광원의 노출시간이 짧으면 광속발산도는 커야 함
- 점멸 잡음과의 비율이 10% 이상이면 점멸등은 비효율적

42 제한된 실내 공간에서 소음문제의 음원에 관한 대책이 아닌 것은? • 4장 1절 작업조건과 환경조건

① 저소음 기계로 대체한다.
② 소음 발생원을 밀폐한다.
③ 방음 보호구를 착용한다.
④ 소음 발생원을 제거한다.

해설
소음대책
- 소음원의 제어 : 저소음 설계, 저소음 정비, 고무받침 부착, 소음기부착
- 소음원의 격리 : Enclosure 씌움, 방음벽 설치, 창문닫기
- 차폐장치 및 흡음재 사용, 음향처리재 사용
- 적절한 배치, 배경음악(BGM, Back Ground Music)
- 소음대책은 음원대책이 가장 효과적임
- 방음보호구 사용(최후수단) – 음원에 대한 대책이 아님

정답 41 ④ 42 ③

43 FMEA에서 고장 평점을 결정하는 5가지 평가요소에 해당하지 않는 것은?

• 5장 2절 시스템 위험분석기법

① 생산능력의 범위
② 고장발생의 빈도
③ 고장방지의 가능성
④ 영향을 미치는 시스템의 범위

해설

FMEA(Failure Mode & Effect Analysis)
• 시스템의 평가등급(C_s)
$$C_s = \sqrt[5]{C_1 \cdot C_2 \cdot C_3 \cdot C_4 \cdot C_5}$$
- C_1 : 기능적 고장영향의 중요도
- C_2 : 영향을 미치는 범위
- C_3 : 고장발생의 빈도
- C_4 : 고장방지의 가능성
- C_5 : 신규설계의 정도

44 다음 그림과 같은 직·병렬 시스템의 신뢰도는? (단, 병렬 각 구성요소의 신뢰도는 R이고, 직렬 구성요소의 신뢰도는 M)

• 1장 3절 체계설비와 인간요소

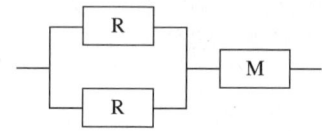

① MR^3
② $R^2(1 - MR)$
③ $M(R^2 + R) - 1$
④ $M(2R - R^2)$

해설

• 직렬시스템의 신뢰도 R = a × b × c
• 병렬시스템의 신뢰도 R = 1 - (1 - a)(1 - b)
∴ R = [1 - (1 - R)(1 - R)] × M = $M(2R - R^2)$

45 시스템의 수명 및 신뢰성에 관한 설명으로 틀린 것은?

• 1장 3절 체계설비와 인간요소

① 병렬설계 및 디레이팅 기술로 시스템의 신뢰성을 증가시킬 수 있다.
② 직렬시스템에서는 부품들 중 최소 수명을 갖는 부품에 의해 시스템 수명이 정해진다.
③ 수리가 가능한 시스템의 평균 수명(MTBF)은 평균 고장율(λ)과 정비례 관계가 성립한다.
④ 수리가 불가능한 구성요소로 병렬구조를 갖는 설비는 중복도가 늘어날수록 시스템 수명이 길어진다.

해설

평균고장간격(MTBF ; Mean Time Between Failure)
• MTBF = 총동작시간 ÷ 고장횟수 = 1 ÷ λ
• 평균고장간격(MTBF) = 평균수리시간(MTTR) + 평균수명(MTTF)
• 가용도(Availability) = 평균수명(MTTF) ÷ 평균고장간격(MTBF) = MTBF ÷ (MTBF + MTTR)

46 A회사에서는 새로운 기계를 설계하면서 레버를 위로 올리면 압력이 올라가도록 하고, 오른쪽 스위치를 눌렀을 때 오른쪽 전등이 켜지도록 하였다면, 이것은 각각 어떤 유형의 양립성을 고려한 것인가?
• 1장 2절 인간-기계체계

① 레버 - 공간양립성, 스위치 - 개념양립성
② 레버 - 운동양립성, 스위치 - 개념양립성
③ 레버 - 개념양립성, 스위치 - 운동양립성
④ 레버 - 운동양립성, 스위치 - 공간양립성

해설

- 공간적 양립성(Spatial)
  - 물리적 형태나 공간적 배치가 사용자의 기대와 일치하도록 함
  - 조정장치가 왼쪽에 있으면 왼쪽에 장치를 배치
- 운동적 양립성(Movement)
  - 조작장치의 방향과 표시장치의 움직이는 방향이 일치
  - 조정장치를 시계방향으로 돌리면 표시장치도 우측으로 이동

47 현재 시험문제와 같이 4지택일형 문제의 정보량은 얼마인가?
• 1장 4절 정보처리이론

① 2bit ② 4bit
③ 2byte ④ 4byte

해설

정보처리단위
- 정보의 측정단위로 bit(binary digit)를 사용
- 1bit : 동일한 실현가능성을 갖는 2개의 대안 중에서 결정에 필요한 정보량
- 얻은 정보량 = 줄어든 불확실성
- 정보량 (H) = $\log_2 N = \log_2 4 = 2$

48 사업장에서 인간공학의 적용분야로 가장 거리가 먼 것은?
• 1장 1절 인간공학의 정의

① 제품설계 ② 설비의 고장률
③ 재해·질병 예방 ④ 장비·공구·설비의 배치

해설

인간공학의 적용분야 및 기대효과
- 작업환경개선
- 장비 및 공구설계
- 작업공간의 설계
- MMI(Man-Machine Interface)설계
- 재해 및 질병예방
- 제품설계

정답 46 ④ 47 ① 48 ②

49 음성통신에 있어 소음환경과 관련하여 성격이 다른 지수는?

① AI(Articulation Index) – 명료도 지수
② MAA(Minimum Audible Angle) – 최소 가청 각도
③ PSIL(Preferred-octave Speech Interference Level) – 음성간섭수준
④ PNC(Preferred Noise Criteria Curves) – 선호 소음판단 기준곡선

해설

MAA(Minimum Audible Angle)
• 최소 가청 각도
• 청각신호의 위치를 식별할 때 사용하는 척도

50 안전교육을 받지 못한 신입직원이 작업 중 전극을 반대로 끼우려고 시도했으나, 플러그의 모양이 반대로는 끼울 수 없도록 설계되어 있어서 사고를 예방할 수 있었다. 작업자가 범한 오류와 이와 같은 사고 예방을 위해 적용된 안전설계 원칙으로 가장 적합한 것은?

• 2장 4절 휴먼에러, 5장 1절 시스템 위험분석 관리

① 누락(Omission) 오류, Fail Safe 설계원칙
② 누락(Omission) 오류, Fool Safe 설계원칙
③ 작위(Commission) 오류, Fail Safe 설계원칙
④ 작위(Commission) 오류, Fool Safe 설계원칙

해설

• 휴먼 에러
 – 실행 에러(Commission Error) : 작업 내지 단계는 수행하였으나 잘못된 에러
  예 주차금지 구역에 주차하여 스티커가 발부된 경우
 – 생략 에러(Omission Error) : 필요한 작업 내지 단계를 수행하지 않은 에러
  예 자동차 하차 시 실내등을 끄지 않아 방전된 경우
• 시스템 안전 설계
 – Fail Safe : 기계고장으로 인한 사고를 방지하기 위한 예방설계
 – Fool Proof : 부주의로 인한 실수를 방지하기 위한 예방설계
 – Temper Proof : 설비에 부착된 안전장치를 제거하고 사용하는 것을 방지하기 위한 예방설계

51 결함수분석법(FTA)의 특징으로 볼 수 없는 것은? •6장 1절 FTA분석

① Top Down 형식
② 특정사상에 대한 해석
③ 정성적 해석의 불가능
④ 논리기호를 사용한 해석

해설

FTA 특징
- 미사일 발사 제어시스템에서의 우발사고를 예측하는 문제 해결방법이 제시되어 원자력, 화학플랜트 등의 위험성 해석에 널리 응용되기 시작
- 이미 알고 있는 판단을 근거로 새로운 판단을 유도하는 연역적 논리전개방법으로 사고가 왜 일어났는지 특정한 범인(Event)을 찾아가는 방법(Top Down방식)
- 사고를 발생시키는 사상(Event)과 그로 인한 인과관계를 논리기호를 활용하여 고장계통도(Fault Tree Diagram)를 만들고 시스템의 고장확률을 구해 문제가 되는 부분을 찾아내어 시스템의 신뢰성을 개선함
- AND와 OR인 두 종류의 논리게이트 조합에 의해 공정의 위험성을 표현하여 시각적으로 파악이 용이하며 여러 가지 전문기술 분야에 걸친 정보를 망라할 수 있는 유연성이 있음
- 정성적 평가방법뿐만 아니라 확률론적인 정량평가 방법을 사용하므로 기존의 감각적, 경험적 사고로부터 탈피하여 논리적이고 확률론적인 정량적 결과를 도출할 수 있음

52 작업장 배치 시 유의사항으로 적절하지 않은 것은? •3장 3절 체계기계 및 건물의 배치

① 작업의 흐름에 따라 기계를 배치한다.
② 생산효율 증대를 위해 기계설비 주위에 재료나 반제품을 충분히 놓아둔다.
③ 공장내외는 안전한 통로를 두어야 하며, 통로는 선을 그어 작업장과 명확히 구별하도록 한다.
④ 비상시에 쉽게 대비할 수 있는 통로를 마련하고 사고 진압을 위한 활동통로가 반드시 마련되어야 한다.

해설

기계의 배치
- 공정의 흐름에 따라 불필요한 운반작업이 없도록 배치
- 작업자가 능률적으로 일할 수 있도록 충분한 공간을 두고 배치
- 기계의 정비, 보수, 수리 작업이 용이하도록 배치
- 안전통로를 구획하고 황색페인트로 표시
- 기어, 체인, 벨트 등의 회전부는 작업자 통로에 노출되지 않도록 배치
- 원재료, 부재료의 보관장소는 별도로 확보
- 위험물질은 필요한 양만 작업장에 보관하고 별도의 보관장소를 확보
- 압력용기, 고압설비, 고속회전체 등 위험도가 높은 설비를 배치 시 작업자의 위치를 고려하여 피해를 최소화
- 소음을 내는 기계의 배치는 격벽을 설치하고 천정에 크레인을 설치할 때는 기둥에 대한 강도 등을 충분히 검토
- 향후 설비 증설을 고려하여 설비 배치

정답 51 ③ 52 ②

53 산업안전보건법령에 따라 제조업 등 유해·위험 방지계획서를 작성하고자 할 때 관련 규정에 따라 1명 이상 포함시켜야 하는 사람의 자격으로 적합하지 않은 것은? • 8장 1절 유해위험방지계획서

① 한국산업안전보건공단이 실시하는 관련 교육을 8시간 이수한 사람
② 기계, 재료, 화학, 전기, 전자, 안전관리 또는 환경분야 기술사 자격을 취득한 사람
③ 관련분야 기사 자격을 취득한 사람으로서 해당 분야에서 3년 이상 근무한 경력이 있는 사람
④ 기계안전, 전기안전, 화공안전분야의 산업안전지도사 또는 산업보건지도사 자격을 취득한 사람

해설
유해위험방지계획서 작성 자격
• 한국산업안전보건공단이 실시하는 관련 교육을 20시간 이수한 사람
• 기계, 재료, 화학, 전기, 전자, 안전관리 또는 환경분야 기술사 자격을 취득한 사람
• 관련분야 기사 자격을 취득한 사람으로서 해당 분야에서 3년 이상 근무한 경력이 있는 사람
• 기계안전, 전기안전, 화공안전분야의 산업안전지도사, 산업보건지도사 자격을 취득한 사람

54 인간이 기계와 비교하여 정보처리 및 결정의 측면에서 상대적으로 우수한 것은? (단, 인공지능은 제외) • 1장 2절 인간-기계체계

① 연역적 추리
② 정량적 정보처리
③ 관찰을 통한 일반화
④ 정보의 신속한 보관

해설
인간과 기계의 기능비교

인간의 장점	인간의 단점
• 오감의 작은 자극도 감지가능	• 어떤 한정된 범위 내에서만 자극을 감지
• 각각으로 변화하는 자극 패턴을 인지	• 드물게 일어나는 현상을 감지할 수 없음
• 예기치 못한 자극을 탐지	• 수 계산을 하는 데 한계
• 기억에서 적절한 정보를 꺼냄	• 신속·고도의 신뢰도로 대량의 정보를 꺼낼 수 없음
• 결정 시에 여러 가지 경험을 꺼내 맞춤	• 운전작업을 정확히 일정한 힘으로 할 수 없음
• 귀납적으로 추리, 관찰을 통한 일반화	• 반복 작업을 확실하게 할 수 없음
• 원리를 여러 문제해결에 응용	• 자극에 신속·일관된 반응을 할 수 없음
• 주관적인 평가를 함	• 장시간 연속해서 작업을 수행할 수 없음
• 아주 새로운 해결책을 생각	
• 조작이 다른 방식에도 몸으로 순응	

55 스트레스에 반응하는 신체의 변화로 맞는 것은?   • 4장 2절 작업생리학

① 혈소판이나 혈액응고 인자가 증가한다.
② 더 많은 산소를 얻기 위해 호흡이 느려진다.
③ 중요한 장기인 뇌·심장·근육으로 가는 혈류가 감소한다.
④ 상황 판단과 빠른 행동 대응을 위해 감각기관은 매우 둔감해진다.

해설
스트레스 반응에 대한 신체의 변화
• 더 많은 산소를 공급하기 위해 호흡이 빨라짐
• 뇌, 심장, 근육으로 가는 혈류가 증가
• 모든 감각기관이 빨라짐
• 혈소판, 혈액응고 인자가 증가

56 다음의 FT도에서 사상 A의 발생 확률 값은?   • 1장 3절 체계설비와 인간요소

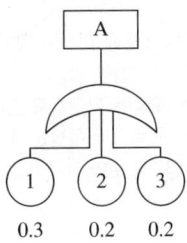

① 게이트 기호가 OR이므로 0.012
② 게이트 기호가 AND이므로 0.012
③ 게이트 기호가 OR이므로 0.552
④ 게이트 기호가 AND이므로 0.552

해설
병렬시스템의 신뢰도
• R = 1 − (1 − a)(1 − b)
∴ R = [1 − (1 − 0.3)(1 − 0.2)(1 − 0.2)] = 0.552

정답 55 ① 56 ③

57 작업공간의 포락면(包絡面)에 대한 설명으로 맞는 것은? •3장 2절 신체활동의 생리학적 측정

① 개인이 그 안에서 일하는 일차원 공간이다.
② 작업복 등은 포락면에 영향을 미치지 않는다.
③ 가장 작은 포락면은 몸통을 움직이는 공간이다.
④ 작업의 성질에 따라 포락면의 경계가 달라진다.

해설

작업공간 포락면(Work-space Envelope)의 설계
- 포락면이란 사람이 작업하는 데 사용하는 공간으로 사람이 몸을 앞으로 구부리거나 구부리지 않고 도달할 수 있는 전방의 3차원 공간
- 수평 작업면 영역에서 팔 뻗치는 동작에 의한 도달영역으로 정상작업역과 최대작업역이 있음
- 정상작업역(Normal Area) : 상완을 자연스럽게 몸에 붙인 채로 전완을 움직일 때 도달하는 영역
- 최대작업역(Maximum Area) : 어깨에서부터 팔을 뻗쳐 도달하는 최대영역
- 일반적으로 빈번하게 취급해야 하는 물건은 정상 작업역 안에 위치해야 하고 그렇지 않은 물건들은 최대 작업역 안에 위치
- 실행하는 작업의 유형에 따라 작업공간 포락면의 경계는 달라짐

58 인간실수확률에 대한 추정기법으로 가장 적절하지 않은 것은? •5장 2절 시스템 위험분석기법

① CIT(Critical Incident Technique) - 위급사건 기법
② FMEA(Failure Mode and Effect Analysis) - 고장형태 영향분석
③ TCRAM(Task Criticality Rating Analysis) - 직무위급도 분석법
④ THERP(Technique for Human Error Rate Prediction) - 인간 실수율 예측기법

해설

FMEA(Failure Mode & Effect Analysis)
- 정성적, 귀납적 분석법
- 부품 등이 고장 났을 경우 그것이 전체제품에 미치는 영향을 분석
- 공정이나 장치에서 일어나는 오류와 이에 따른 영향을 파악하는 기법
- 작업자의 실수 같은 인적요소에 의한 오류는 확인되지 않음
- 장점 : 서식이 간단하고, 비교적 적은 노력으로 특별한 훈련 없이 분석가능
- 단점 : 논리성이 부족, 각 요소간의 영향을 분석하기 어렵고 안전원인 분석이 곤란

59 입력 B1과 B2의 어느 한쪽이 일어나면 출력 A가 생기는 경우를 논리합의 관계라 한다. 이때 입력과 출력 사이에는 무슨 게이트로 연결되는가? •6장 1절 FTA(결함수) 분석

① OR 게이트
② 억제 게이트
③ AND 게이트
④ 부정 게이트

해설

OR 게이트 : 입력이 모두 0인 경우에만 출력은 0이 되고, 입력 중에 1이 하나라도 있으면, 출력은 1이 됨

57 ④ 58 ② 59 ①

60 어떤 소리가 1000Hz, 60dB인 음과 같은 높이임에도 4배 더 크게 들린다면, 이 소리의 음압수준은 얼마인가?
• 4장 1절 작업조건과 환경조건

① 70dB
② 80dB
③ 90dB
④ 100dB

해설

sone = $2^{(phon-40)/10}$
60dB = 60phon, 이 경우 sone = 4
4배 더 크게 들릴 경우 sone = 16, 이 경우 phon = 80
∴ 80dB

2018년 제1회 기출해설

3과목 인간공학 및 시스템안전공학

41 동작경제의 원칙에 해당하지 않는 것은?   • 4장 4절 동작경제의 원칙

① 공구의 기능을 각각 분리하여 사용하도록 한다.
② 두 팔의 동작은 동시에 서로 반대방향으로 대칭적으로 움직이도록 한다.
③ 공구나 재료는 작업동작이 원활하게 수행되도록 그 위치를 정해준다.
④ 가능하다면 쉽고도 자연스러운 리듬이 작업동작에 생기도록 작업을 배치한다.

해설

공구 및 설비(Design of Tools & Equipment)
• 공구와 자재는 가능한 사용하기 쉽도록 미리 위치를 정함
• 각 손가락이 서로 다른 작업을 할 때에는 작업량을 각 손가락의 능력에 맞게 분배
• 레버, 핸들 그리고 제어장치는 작업자가 몸의 자세를 크게 바꾸지 않더라도 조작하기 용이하도록 배치
• 치구(Jig & Fixture), 족답장치(Foot Operated Device)를 활용하여 양손이 다른 일을 할 수 있도록 함
• 공구의 기능을 결합하여 사용

42 다음 시스템의 신뢰도는 얼마인가? (단, 각 요소의 신뢰도는 a, b가 각 0.8, c, d가 각 0.6)

• 1장 3절 체계설비와 인간요소

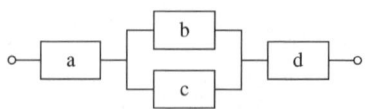

① 0.2245
② 0.3754
③ 0.4416
④ 0.5756

해설

• 직렬시스템의 신뢰도 R = a × b × c
• 병렬시스템의 신뢰도 R = 1 − (1 − a)(1 − b)
∴ R = 0.8 × [1 − (1 − 0.8)(1 − 0.6)] × 0.6 = 0.4416

정답 41 ① 42 ③

43 FMEA의 특징에 대한 설명으로 틀린 것은? •5장 2절 시스템 위험분석기법

① 서브시스템 분석 시 FTA보다 효과적이다.
② 시스템 해석기법은 정성적·귀납적 분석법 등에 사용된다.
③ 각 요소간 영향 해석이 어려워 2가지 이상 동시 고장은 해석이 곤란하다.
④ 양식이 비교적 간단하고 적은 노력으로 특별한 훈련 없이 해석이 가능하다.

해설
FMEA(Failure Mode & Effect Analysis)
• 정성적, 귀납적 분석법
• 부품 등이 고장 났을 경우 그것이 전체제품에 미치는 영향을 분석
• 공정이나 장치에서 일어나는 오류와 이에 따른 영향을 파악하는 기법
• 작업자의 실수 같은 인적요소에 의한 오류는 확인되지 않음
• 장점 : 서식이 간단하고, 비교적 적은 노력으로 특별한 훈련 없이 분석가능
• 단점 : 논리성이 부족, 각 요소간의 영향을 분석하기 어렵고 안전원인 분석이 곤란

44 기계설비 고장 유형 중 기계의 초기결함을 찾아내 고장률을 안정시키는 기간은? •1장 3절 체계설비와 인간요소

① 마모고장 기간
② 우발고장 기간
③ 에이징(Aging) 기간
④ 디버깅(Debugging) 기간

해설
초기고장(Intial Failure)
• 고장률이 높은 상태에서 출발하여 점차 감소하는 형태로 변화
• 설계, 제작, 조립상의 결함, 사용환경과 부적합 등에 의해서 발생
• Debugging 기간, Burn in 기간, DFR(Decreasing Failure Rate)이라고도 함

45 동작의 합리화를 위한 물리적 조건으로 적절하지 않은 것은? •4장 4절 동작경제의 원칙

① 고유 진동을 이용한다.
② 접촉 면적을 크게 한다.
③ 대체로 마찰력을 감소시킨다.
④ 인체표면에 가해지는 힘을 적게 한다.

해설
동작합리화를 위한 물리적 조건
• 고유진동을 이용
• 접촉 면적을 최대한 작게 함
• 대체로 마찰력을 감소시킴
• 인체표면에 가해지는 힘을 적게 함

정답 43 ① 44 ④ 45 ②

46 경계 및 경보신호의 설계지침으로 틀린 것은? • 2장 2절 청각적 표시장치

① 주의를 환기시키기 위하여 변조된 신호를 사용한다.
② 배경소음의 진동수와 다른 진동수의 신호를 사용한다.
③ 귀는 중음역에 민감하므로 500~3000Hz의 진동수를 사용한다.
④ 300m 이상의 장거리용으로는 1000Hz를 초과하는 진동수를 사용한다.

해설

경계 및 경보신호의 설계지침
- 주의를 환기시키기 위하여 변조된 신호를 사용(초당 1~8번 나는 소리, 초당 1~3 오르내리는 소리)
- 배경소음의 진동수와 다른 진동수의 신호를 사용
- 귀는 중음역에 민감하므로 500~3000Hz의 진동수 사용
- 300m 이상의 장거리용으로는 1000Hz 이하의 진동수 사용
- 장애물 및 칸막이 통과 시 500Hz 이하의 진동수 사용
- 경보효과를 높이기 위해 개시 시간이 짧은 고강도 신호 사용
- 수화기를 사용하는 경우 좌우로 교번하는 신호를 사용
- 확성기, 경적 등과 같은 별도의 통신계동을 사용

47 휴먼 에러 예방 대책 중 인적 요인에 대한 대책이 아닌 것은? • 2장 4절 휴먼에러

① 설비 및 환경 개선
② 소집단 활동의 활성화
③ 작업에 대한 교육 및 훈련
④ 전문인력의 적재적소 배치

해설

휴먼에러 대책
- 인적요인 대책
  - 소집단 활동의 활성화
  - 작업에 대한 교육 및 훈련
  - 전문인력의 적재적소 배치
- 물적요인 대책
  - 작업환경 개선
  - 안전방호장치의 설치
  - 설비 및 설비의 배치 개선

정답 46 ④ 47 ①

48 운동관계의 양립성을 고려하여 동목(Moving Scale)형 표시장치를 바람직하게 설계한 것은?

• 1장 2절 인간-기계체계

① 눈금과 손잡이가 같은 방향으로 회전하도록 설계한다.
② 눈금의 숫자는 우측으로 감소하도록 설계한다.
③ 꼭지의 시계 방향 회전이 지시치를 감소시키도록 설계한다.
④ 위의 세 가지 요건을 동시에 만족시키도록 설계한다.

해설

운동적 양립성(Movement)
• 조작장치의 방향과 표시장치의 움직이는 방향이 일치
• 조정장치를 시계방향으로 돌리면 표시장치도 우측으로 이동

49 에너지대사율(RMR)에 대한 설명으로 틀린 것은?

• 4장 2절 작업생리학

① RMR = 운동대사량 ÷ 기초대사량
② 보통 작업 시 RMR은 4~7임
③ 가벼운 작업 시 RMR은 1~2임
④ RMR = (운동 시 산소소모량 − 안정 시 산소소모량) ÷ 기초대사량 산소소비량

해설

에너지대사율(RMR ; Relative Metabolic Rate)
• 산소소모량으로 에너지소비량을 결정하는 방식으로 국제적으로 가장 많이 사용
• 노동대사량 ÷ 기초대사량 = (작업 시 소비에너지 − 안정 시 소비에너지) ÷ 기초대사량
　− 경작업 : 1~2RMR
　− 중(中)작업 : 2~4RMR
　− 중(重)작업 : 4~7RMR
　− 초중작업 : 7RMR 이상

50 일반적으로 작업장에서 구성요소를 배치할 때, 공간의 배치 원칙에 속하지 않는 것은?

• 1장 2절 인간-기계체계

① 사용빈도의 원칙　　　　② 중요도의 원칙
③ 공정개선의 원칙　　　　④ 기능성의 원칙

해설

공간배치의 원칙
중요성의 원칙, 사용빈도의 원칙, 사용순서의 원칙, 일관성 원칙, 양립성 원칙, 기능성 원칙

정답　48 ①　49 ②　50 ③

51 산업안전보건법령상 유해하거나 위험한 장소에서 사용하는 기계·기구 및 설비를 설치·이전하는 경우 유해·위험방지계획서를 작성, 제출하여야 하는 대상이 아닌 것은?

• 8장 1절 유해위험방지계획서

① 화학설비　　　　　　　　② 금속 용해로
③ 건조설비　　　　　　　　④ 전기용접장치

해설

유해위험방지계획서 제출대상 – 설비대상
- 용해로(금속이나 그 밖의 광물의 용해로) : 노용량이 3톤 이상인 것
- 화학설비 : "특수화학설비"로 하루 동안 제조·취급량이 기준량 이상인 것
- 건조설비 : 열원 연료 최대 소비량 50kg/hr 이상 또는 정격소비전력이 50kW 이상인 설비
- 가스집합용접장치 : 용접·용단용으로 인화성가스 집합량이 1,000kg 이상인 것
- 허가·관리대상 유해물질 및 분진작업 관련설비
- 안전검사 대상물질 49종 : 배풍량 60m³/분 이상
- 허가대상 또는 관리대상 물질 : 배풍량 150m³/분 이상

52 정량적 표시장치에 관한 설명으로 맞는 것은?

• 2장 1절 시각적 표시장치

① 정확한 값을 읽어야 하는 경우 일반적으로 디지털보다 아날로그 표시장치가 유리하다.
② 동목(Moving Scale)형 아날로그 표시장치는 표시장치의 면적을 최소화할 수 있는 장점이 있다.
③ 연속적으로 변화하는 양을 나타내는 데에는 일반적으로 아날로그보다 디지털표시장치가 유리하다.
④ 동침(Moving Pointer)형 아날로그 표시장치는 바늘의 진행 방향과 증감속도에 대한 인식적인 암시 신호를 얻는 것이 불가능한 단점이 있다.

해설

정량적(Quantitative) 정보
- 아날로그
  - 연속적으로 변화하는 양을 나타내는 데 유리함
  - 변화방향이나 변화속도를 관찰할 필요가 있는 경우
- 디지털
  - 정확한 값을 읽어야 하는 경우 아날로그보다 유리함
  - 택시 미터계, 전자적으로 숫자로 표시
- 동침형(지침 이동형)
  - 눈금이 고정되고 지침이 움직이는 형
  - 바늘의 진행방향과 증감속도에 대한 인식적인 암시신호를 얻는 것이 가능
- 동목형(지침 고정형)
  - 지침이 고정되고 눈금이 움직이는 형
  - 표시장치의 면적을 최소화할 수 있음

51 ④　52 ②

53 신뢰성과 보전성 개선을 목적으로 한 효과적인 보전기록자료에 해당하는 것은?

• 1장 3절 체계설비와 인간요소

① 자재관리표 ② 주유지시서
③ 재고관리표 ④ MTBF분석표

해설
평균고장간격(MTBF ; Mean Time Between Failure)
• MTBF = 총동작 시간 ÷ 고장횟수 = 1 ÷ λ
• 평균고장간격(MTBF) = 평균수리시간(MTTR) + 평균수명(MTTF)
• 가용도(Availability) = 평균수명(MTTF) ÷ 평균고장간격(MTBF) = MTBF ÷ (MTBF + MTTR)

54 FTA(Fault Tree Analysis)에 사용되는 논리기호와 명칭이 올바르게 연결된 것은?

• 6장 1절 FTA분석

① 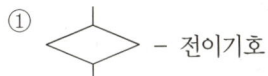 – 전이기호
② 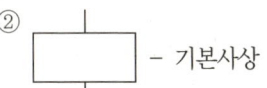 – 기본사상
③  – 통상사상
④ 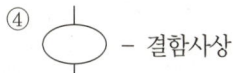 – 결함사상

해설
① 생략사상
② 결함사상
④ 기본사상

55 들기 작업 시 요통재해예방을 위하여 고려할 요소와 가장 거리가 먼 것은?

• 3장 5절 인력운반과 NIOSH Lifting Guideline

① 들기 빈도 ② 작업자 신장
③ 손잡이 형상 ④ 허리 비대칭 각도

해설
요통예방기준

구 분	내 용	기 준
취급중량	한 계	단독작업은 30kg 이하
		장시간 작업 시에는 체중의 40% 한도 내
동 작	자 세	물건을 몸 가까이 하고 자세를 낮춤
		어깨 위에 올려 운반
		무리한 자세로 장시간 취급하지 않도록 함
시 간	작업량	1일 1인 1,500kg 이내(30kg × 500개)
		실취급시간은 2.5시간 이내(30초 × 500개)
		연속작업은 20분 이내
		운반거리는 2km 이내

정답 53 ④ 54 ③ 55 ②

56 다음 시스템에 대하여 톱사상(Top Event)에 도달할 수 있는 최소컷셋(Minimal Cut Sets)을 구할 때 올바른 집합은? (단, X_2, X_3, X_4는 각 부품의 고장확률을 의미하며 집합{X_1, X_2}는 X_1부품과 X_2부품이 동시에 고장 나는 경우를 의미)

• 6장 1절 FTA(결함수) 분석

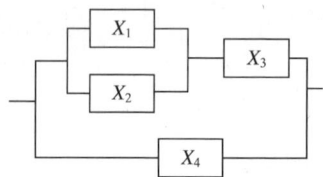

① {X_1, X_2}, {X_3, X_4}
② {X_1, X_3}, {X_2, X_4}
③ {X_1, X_2, X_4}, {X_3, X_4}
④ {X_1, X_3, X_4}, {X_2, X_3, X_4}

해설

• X_1, X_2를 A로 표시하고 A와 X_3을 B로 표시하여 FT도를 작성하면 아래 그림으로 표시됨

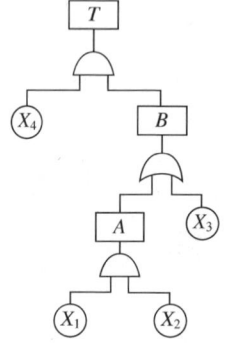

• $T = X_4 \cdot B = X_4 \cdot (X_1 X_2 + X_3) = X_1 X_2 X_4 + X_3 X_4$ 이므로, 최소컷셋은 {1, 2, 4}, {3, 4}

57 보기의 실내면에서 빛의 반사율이 낮은 곳에서부터 높은 순서대로 나열한 것은?

• 4장 1절 작업조건과 환경조건

| ㉠ 바 닥 | ㉡ 천 정 |
| ㉢ 가 구 | ㉣ 벽 |

① ㉠ < ㉡ < ㉢ < ㉣
② ㉠ < ㉢ < ㉡ < ㉣
③ ㉠ < ㉢ < ㉣ < ㉡
④ ㉠ < ㉣ < ㉢ < ㉡

56 ③ 57 ③ **정답**

해설

반사율(Reflectance)
- 반사율 = 광속발산도 ÷ 조명
- 반사율 = 휘도 ÷ 조도
- 반사율 = 표면에서 반사되는 빛의 양 ÷ 표면에 비치는 빛의 양
- 빛을 완전히 반사하면 반사율은 100%
- 천장의 추천반사율 : 80~90%
- 벽의 추천반사율 : 40~60%
- 바닥의 추천반사율 : 20~40%
- 천장과 바닥의 반사비율은 최소 3 : 1을 유지
- 반사율이 높은 순서 : 천장 > 벽 > 가구 > 바닥

58 HAZOP기법에서 사용하는 가이드워드와 그 의미가 잘못 연결된 것은?

• 5장 2절 시스템 위험분석기법

① Other than – 기타 환경적인 요인
② No/Not – 디자인 의도의 완전한 부정
③ Reverse – 디자인 의도의 논리적 반대
④ More/Less – 정량적인 증가 또는 감소

해설

가이드워드의 종류

가이드워드	정 의	예 시
없음 (No, Not, or None)	설계의도에 완전히 반하여 공정변수의 양이 없는 상태	유량없음(No Flow)이라고 표현할 경우 : 검토 구간 내에서 유량이 없거나 흐르지 않는 상태를 뜻함
증가 (More)	공정변수가 양적으로 증가되는 상태	유량증가(More Flow)라고 표현할 경우 : 검토 구간 내에서 유량이 설계의도보다 많이 흐르는 상태를 뜻함
감소 (Less)	공정변수가 양적으로 감소되는 상태	유량감소(Less Flow)라고 표현할 경우 : 누설 등으로 설계의도보다 유량이 적어진 경우를 뜻함.
반대 (Reverse)	설계의도와 정반대로 나타나는 상태	유량이나 반응 등에 흔히 적용되며 반대흐름(Reverse Flow)이라고 표현할 경우 : 검토구간 내에서 유체가 정반대 방향으로 흐르는 상태
부가 (As well as)	설계의도 외에 다른 공정변수가 부가되는 상태, 질적 증가	오염(Contamination) 등과 같이 설계의도 외에 부가로 이루어지는 상태를 뜻함
부분 (Parts of)	설계의도대로 완전히 이루어지지 않는 상태, 질적 감소	조성 비율이 잘못된 것과 같이 설계의도대로 되지 않는 상태
기타 (Other than)	설계의도가 완전히 바뀜	밸브의 잘못 조작으로 다른 원료가 공급되는 상태 등

정답 58 ①

59 A사의 안전관리자는 자사 화학 설비의 안전성 평가를 위해 제 2단계인 정성적 평가를 진행하기 위하여 평가 항목 대상을 분류하였다. 주요 평가 항목 중에서 설계관계항목이 아닌 것은?

• 5장 1절 시스템 위험분석 관리

① 건조물
② 공장 내 배치
③ 입지조건
④ 원재료, 중간제품

해설

화학설비의 안전성 평가 : 2단계 – 정성적 평가
• 설계관계 : 입지조건, 공장 내 배치, 건조물, 소방설비
• 운전관계 : 원재료, 중간체제품, 공정, 수송 및 저장, 공정기기

60 반사율이 60%인 작업 대상물에 대하여 근로자가 검사작업을 수행할 때 휘도(luminance)가 90fL 이라면 이 작업에서의 소요조명(fc)은 얼마인가?

• 4장 1절 작업조건과 환경조건

① 75
② 150
③ 200
④ 300

해설

반사율(Reflectance)
• 반사율 = 광속발산도 ÷ 조명
• 반사율 = 휘도 ÷ 조도
• 반사율 = 표면에서 반사되는 빛의 양 ÷ 표면에 비치는 빛의 양
  → 반사율(60%) = 90 ÷ X
∴ X = 150

정답 59 ④ 60 ②

2017년 제4회 기출해설

3과목 인간공학 및 시스템안전공학

41 컷셋과 패스셋에 관한 설명으로 맞는 것은?

• 6장 1절 FTA(결함수) 분석

① 동일한 시스템에서 패스셋의 개수와 컷셋의 갯수는 같다.
② 패스셋은 동시에 발생했을 때 정상사상을 유발하는 사상들의 집합이다.
③ 일반적으로 시스템에서 최소컷셋의 개수가 늘어나면 위험 수준이 높아진다.
④ 최소컷셋은 어떤 고장이나 실수를 일으키지 않으면 재해는 일어나지 않는다고 하는 것이다.

해설

최소컷셋(Minimal Cut Sets)
• 정상사상(Top Event)을 일으키기 위한 최소한의 집합
• 일반적으로 Fussell Algorithm을 이용
• 반복되는 사건이 많은 경우 Limnios와 Ziani Algorithm을 이용하는 것이 유리
• 시스템의 위험성을 표시하여 개수가 늘어나면 위험수준이 높아짐

42 그림과 같은 압력탱크 용기에 연결된 두개의 안전밸브의 신뢰도를 구하고자 한다. 2개의 밸브 중 하나만 작동되어도 안전하다고 하고, 안전밸브 하나의 신뢰도를 r이라 할 때 안전밸브 전체의 신뢰도는?

• 1장 3절 체계설비와 인간요소

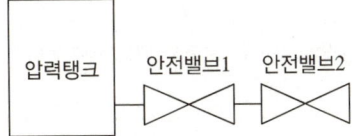

① r^2
② $2r - r^2$
③ $r(1 - r)$
④ $(1 - r)^2$

해설

• 직렬시스템의 신뢰도 $R = a \times b \times c$
• 병렬시스템의 신뢰도 $R = 1 - (1 - a)(1 - b) = 1 - (1 - r)(1 - r) = 2r - r^2$

정답 41 ③ 42 ②

43 위험관리 단계에서 발생빈도보다는 손실에 중점을 두며, 기업 간 의존도, 한 가지 사고가 여러 가지 손실을 수반하는 것에 대해 유의하여 안전에 미치는 영향의 강도를 평가하는 단계는?

• 7장 1절 위험성 평가의 개요

① 위험의 파악 단계
② 위험의 처리 단계
③ 위험의 분석 및 평가 단계
④ 위험의 발견, 확인, 측정방법 단계

해설

4단계 위험도 평가
• 위험의 빈도와 심도를 고려하여 위험도 등급을 결정
• 과거 사고와 자료를 토대로 장래 발생확률과 피해규모를 계산
• 기업에 존재하는 위험의 객관적인 파악이 가능
• 기업 간의 의존도, 한 가지 사고가 여러 가지 손실을 수반
• 발생빈도보다는 강도에 중점을 둠
• 사업장 특성에 따라 관리기준을 달리할 수 있음

44 위험상황을 해결하기 위한 위험처리기술에 해당하는 것은?

• 7장 1절 위험성 평가의 개요

① Combine(결합)
② Reduction(위험감축)
③ Simplify(작업의 단순화)
④ Rearrange(작업순서의 변경 및 재배열)

해설

위험관리의 처리기술
• 위험을 관리하기 위한 기법으로는 위험통제와 위험재무기법이 있음
• 위험통제(Risk Control)
  – 위험의 회피, 제거
  – 위험의 예방
  – 위험의 경감
  – 위험의 분산(분리, 분할)
  – 위험의 결합(협정, 합병)
  – 위험의 제한(이전, 제한)
• 위험재무(Risk Financing)
  – 위험의 보유(기업의 자산을 담보로 부담)
  – 위험의 준비(준비금 설정, 자가보험)
  – 위험의 전가(보험, 공제, 기금, Pool)
  – 위험의 헷징(Hedging)

45 PCB 납땜작업을 하는 작업자가 8시간 근무시간을 기준으로 수행하고 있고, 대사량을 측정한 결과 분당 산소소비량이 1.3L/min으로 측정되었다. Murrell 방식을 적용하여 이 작업자의 노동활동에 대한 설명으로 틀린 것은? • 4장 2절 작업생리학

① 납땜 작업의 분당 에너지 소비량은 6.5 kcal/min 이다.
② 작업자는 NIOSH가 권장하는 평균에너지소비량을 따른다.
③ 작업자는 8시간의 작업시간 중 이론적으로 144분의 휴식시간이 필요하다.
④ 납땜작업을 시작할 때 발생한 작업자의 산소결핍은 작업이 끝나야 해소된다.

해설

휴식시간(Murrel의 에너지소비량)
• 산소1ℓ 당 5kcal를 소비
• 근무 중 권장 에너지량 = 작업 중 에너지소비량 + 휴식 중 에너지소비량
• 휴식시간 = 작업시간 × (E − 5) ÷ (E − 1.5) (E : 작업 중 에너지 소비량)
• 산소소비량 = 흡기 시 산소농도 × 급기량 − 배기 시 산소농도 × 배기량
→ 에너지소비량 = 5 kcal/min × 1.3L/min = 6.5kcal/min
→ 휴식시간 = 8 × (6.5 − 5) ÷ (6.5 − 1.5) = 2.4h = 144분

46 인체측정에 대한 설명으로 맞는 것은? • 3장 2절 신체활동의 생리학적 측정

① 신체측정은 동적측정과 정적측정이 있다.
② 인체측정학은 신체의 생화학적 특징을 다룬다.
③ 자세에 따른 신체치수의 변화는 없다고 가정한다.
④ 측정항목에는 주로 무게, 직경, 두께, 길이 등이 포함된다.

해설

신체적 작업부하 측정방법
• 전신작업부하(동적)
 − 산소소비량, 심박수, 주관적평가(Borg Scale : Borg-RPE, Borg CR10)
 − 에너지 대사량, 에너지 대사율, 산소섭취량, CO_2배출량, 호흡량, 심박수, 근전도
• 국소작업부하(정적)
 − 근전도(EMG) : 근육의 피로도와 활성도 검사
 − 동작분석
 − 에너지 대사량과 심박수와의 상관관계

정답 45 ② 46 ①

47 A 자동차에서 근무하는 K씨는 지게차로 철강판을 하역하는 업무를 한다. 지게차 운전으로 K씨에게 노출된 직업성 질환의 위험 요인과 동일한 위험 진동에 노출된 작업자는?

① 연마기 작업자
② 착암기 작업자
③ 진동 수공구 작업자
④ 대형운송차량 운전자

해설
지게차 운전자와 비슷한 유형의 위험에 노출된 작업자는 보기에서 대형운송차량 운전자밖에 없음

48 건습구온도계에서 건구온도가 24℃ 이고 습구온도가 20℃일 때, Oxford 지수는 얼마인가?

• 4장 1절 작업조건과 환경조건

① 20.6℃ ② 21.0℃
③ 23.0℃ ④ 23.4℃

해설
건습지수(Oxford 지수)
• 습건(WD)지수라고도하며 습구, 건구 온도의 가중 평균치로서 나타냄
• WD = 0.85W(습구온도) + 0.15D(건구온도) = 0.85 × 20 + 0.15 × 24 = 20.6

49 사무실 의자나 책상에 적용할 인체 측정 자료의 설계 원칙으로 가장 적합한 것은?

• 3장 1절 인간계측 및 인간의 체계제어

① 평균치 설계
② 조절식 설계
③ 최대치 설계
④ 최소치 설계

해설
인체 측정치의 응용원칙(조절식 → 극단치 → 평균치)
• 조절식 설계 : 가장 먼저 고려할 개념(5~95%tile) 예 의자
• 극단치 설계 : 극단에 속하는 사람을 대상으로 하면 모든 사람을 수용할 수 있는 경우 예 출입문의 높이, 통로의 폭
• 평균치 설계 : 다른 기준이 적용되기 어려운 경우 마지막으로 적용되는 기준 예 계산대, 식당의 테이블, 지하철 손잡이, 은행의 접수대

정답 47 ④ 48 ① 49 ②

50 인간공학의 정의로 가장 적합한 것은? • 1장 1절 인간공학의 정의

① 인간의 과오가 시스템에 미치는 영향을 최대화하기 위한 학문분야
② 인간, 기계, 물자, 환경으로 구성된 복잡한 체계의 효율을 최대로 활용하기 위하여
③ 인간의 특성과 한계 능력을 분석, 평가하여 이를 복잡한 체계의 설계에 응용하여 효율을 최대로 활용할 수 있도록 하는 학문분야
④ 인간, 기계, 물자, 환경으로 구성된 복잡한 체계의 효율을 최대로 활용하기 위하여 인간의 생리적, 심리적 조건을 시스템에 맞추는 학문분야

해설

인간공학의 정의
- 차페니스(Chapanis A) : 기계와 그 조작, 작업환경을 인간의 특성 및 능력과 한계에 잘 조화되도록 설계하기 위한 수단을 연구하는 학문
- 칼 크뢰머(Karl Kroemer) : 다양한 학문 분야에서 얻어진 과학적인 원리와 방법, 데이터를 이용하여 인간에게 최적화된 공학 시스템 개발에 적용하는 학문
- 매코믹(E.J.McCormick) : 사람이 기계나 물건을 사용하는 기술 체계로 작업과 작업환경을 사람의 정신적, 신체적 능력에 적용시키는 것을 목적으로 하는 과학
- 유럽 인간공학회(The Ergonomics Society, Europe) : 사람, 하는 일, 사용하는 물건, 환경을 사람에게 적합하도록 맞추는 것
- 미국 직업안전위생관리국(OSHA ; Occupational Safety and Health Administration) : 사람에게 적합하도록 일을 맞춰가는 과학
- 김훈 : 공학, 의학, 인지과학, 생리학, 인체측정학, 심리학 등 다양한 학문 분야에서 얻어진 데이터와 과학적인 원리와 방법을 이용하여 사람에게 효율적이면서도 편리하게 일을 할 수 있는 시스템을 개발하는 학문

51 기계를 10000시간 작동시키는 동안 부품에서 3번의 고장이 발생하였다. 3번의 수리를 하는 동안 6시간의 시간이 소요되었다면 가용도는 약 얼마인가? • 1장 3절 체계설비와 인간요소

① 0.9994
② 0.9995
③ 0.9996
④ 0.9997

해설

- 가용도(Availability) = 시스템이 어떤 기간 중에 성능을 발휘하고 있을 확률(MTTF ÷ MTBF)
- ∴ 가용도(Availability) = 9994 ÷ 10,000 = 0.9994

52 중복사상이 있는 FT(Fault Tree)에서 모든 컷셋(Cut Set)을 구한 경우에 최소컷셋(Minimal Cut Set)의 설명으로 맞는 것은? • 6장 1절 FTA(결함수) 분석

① 모든 컷셋이 바로 최소컷셋이다.
② 모든 컷셋에서 중복되는 컷셋만이 최소컷셋이다.
③ 최소컷셋은 시스템의 고장을 방지하는 기본 고장들의 집합이다.
④ 중복되는 사상의 컷셋 중 다른 컷셋에 포함되는 셋을 제거한 컷셋과 중복되지 않는 사상의 컷셋을 합한 것이 최소컷셋이다.

정답 50 ③ 51 ① 52 ④

해설

최소컷셋(Minimal Cut Sets)
- 정상사상(Top Event)을 일으키기 위한 최소한의 집합
- 일반적으로 Fussell Algorithm을 이용
- 반복되는 사건이 많은 경우 Limnios와 Ziani Algorithm을 이용하는 것이 유리
- 시스템의 위험성을 표시하여 개수가 늘어나면 위험수준이 높아짐
- 중복되는 사상의 컷셋 중 다른 컷셋에 포함되는 셋을 제거한 컷셋과 중복되지 않는 사상의 컷셋을 합한 것

53 위험도분석(CA ; Criticality Analysis)에서 설비고장에 따른 위험도를 4가지로 분류하고 있다. 이 중 생명의 상실로 이어질 염려가 있는 고장의 분류에 해당하는 것은?

• 5장 2절 시스템 위험분석기법

① Category Ⅰ
② Category Ⅱ
③ Category Ⅲ
④ Category Ⅳ

해설

CA(Criticality Analysis) 치명도 분석
- 공장에서 최악의 사고가 발생한 경우에 대한 시나리오를 작성하여 각 시나리오에 따른 화재, 폭발, 누출 등에 따른 피해거리, 피해정도 등을 예측하는 기법
- Category Ⅰ : 고장발생확률이 20% 이상
- Category Ⅱ : 고장발생확률이 10~20% 이상
- Category Ⅲ : 고장발생확률이 1~10% 이상
- Category Ⅳ : 고장발생확률이 1% 미만

54 '원래의 신호 정보를 새로운 형태로 변화시켜 표시하는 것'은 어떤 것의 정의인가?

• 1장 2절 인간-기계체계

① 차 원
② 표시양식
③ 코 딩
④ 묘사정보

해설

정보처리 과정
- 정보입력 → 감지 → 정보처리 및 의사결정 → 행동 → 정보출력
- 코딩(Coding) : 원래의 신호 정보를 새로운 형태로 변화시켜 표시하는 것
- 시각적 암호화(Coding) 설계 시 고려사항
  - 사용될 정보의 종류
  - 수행될 과제의 성격과 수행조건
  - 코딩의 중복 또는 결합에 대한 필요성

55 인간-기계 시스템을 3가지로 분류한 설명으로 틀린 것은? • 1장 2절 인간-기계시스템

① 자동 시스템에서는 인간요소를 고려하여야 한다.
② 기계 시스템에서는 동력기계화 체계와 고도로 통합된 부품으로 구성된다.
③ 자동 시스템에서 인간은 감시, 정비유지, 프로그램 등의 작업을 담당한다.
④ 수동 시스템에서 기계는 동력원을 제공하고 인간의 통제하에서 제품을 생산한다.

해설
인간과 기계의 통합시스템

수동시스템	기계시스템	자동시스템
• 수공구나 보조물을 통한 기계조작 • 자신의 힘을 이용한 작업통제	• 반자동체계라고도 하며, 동력장치를 통한 기능 수행 • 동력은 기계가 전달, 운전자는 기능을 조정, 통제 하는 시스템 • 동력기계화시스템과 고도로 통합된 부	• 인간은 감시 및 장비기능만 유지 • 센서를 통한 기계의 자동작동시스템 • 인간요소를 고려해야 함

56 인간의 과오를 정량적으로 평가하기 위한 기법으로서 인간의 과오율 추정법 등 5개의 스텝으로 되어 있는 기법은? • 5장 2절 시스템 위험분석기법

① FTA
② FMEA
③ THERP
④ MORT

해설
인간 에러율 예측기법(THERP ; Technique for Human Error Rate Prediction)
• 시스템에 있어서 인간의 과오를 정량적으로 평가하기 위해 개발된 확률론적 안전기법
• 인간-기계 시스템에서 인간의 에러와 이로 인해 발생할 수 있는 위험성을 예측하여 개선
• 가지처럼 갈라지는 형태의 논리구조와 나무형태의 그래프를 이용
• 인간의 과오율 추정법은 5개의 단계로 되어 있음
• 100만 운전시간 당 과오도 수를 기본 과오율로 하여 평가

57 산업안전보건법령상 유해·위험방지계획서를 제출할 때에는 사업장 별로 관련 서류를 첨부하여 해당 작업 시작 며칠 전까지 해당기관에 제출하여야 하는가? • 8장 1절 유해위험방지계획서

① 7일
② 15일
③ 30일
④ 60일

해설
유해·위험방지계획서를 제출하려면 유해·위험방지계획서에 관련서류를 첨부하여 해당 작업 시작 15일 전까지 한국산업안전보건공단에 2부를 제출

58 FTA에 사용되는 논리 게이트 중 여러 개의 입력 사상이 정해진 순서에 따라 순차적으로 발생해야만 결과가 출력되는 것은?
• 6장 1절 FTA(결함수) 분석

① 억제 게이트
② 조합 AND 게이트
③ 배타적 OR 게이트
④ 우선적 AND 게이트

해설

	우선적 AND 게이트	AND 게이트의 특별한 경우로서 입력사상이 특정 순서별로 발생한 경우에만 출력사상이 발생하는 논리게이트

59 좋은 코딩 시스템의 요건에 해당하지 않는 것은?
• 1장 2절 인간-기계체계

① 코드의 검출성
② 코드의 식별성
③ 코드의 표준화
④ 단순차원 코드의 사용

해설
좋은 코딩시스템의 요건
• 코드의 검출성
• 코드의 식별성
• 코드의 표준화

60 화학물 취급회사의 안전담당자 최○○는 화재 발생 시 대피안내방송을 음성 합성기로 전달하고자 한다. 최○○가 활용할 수 있는 음성 합성 체계유형에 대한 설명으로 맞는 것은?

① 최○○는 경고안내문을 낭독하는 본인의 실제 음성 파형을 모형화하는 음성 정수화 방법을 활용할 수 있다.
② 최○○는 경고안내문을 낭독할 때, 본인 음성의 질을 가장 우수하게 합성할 수 있는 불규칙에 의한 합성법을 활용할 수 있다.
③ 최○○는 발음모형의 적절한 모수들을 경고안내문을 낭독 시 본인이 실제 발은 할 때에 결정하는 분석-합성에 의한 합성법을 적용할 수 있다.
④ 최○○는 규칙에 의한 합성법을 사용하여 경고안내문을 낭독하는 본인의 실제 음성으로부터 발음 모형 모수들의 변화를 암호화할 수 있다.

해설
• 음성합성이란 음성합성기를 이용하여 자동으로 음성파형을 만들어 내는 것
• 사람의 실제 음성파형을 모형화하는 음성 정수화 방법을 사용함

PART 4

건설시공학

CHAPTER 01 시공일반

CHAPTER 02 토공사

CHAPTER 03 기초공사

CHAPTER 04 철근콘크리트공사

CHAPTER 05 철골공사

CHAPTER 06 조적공사

모든 전사 중 가장 강한 전사는 이 두 가지, 시간과 인내다.

– 레프 톨스토이 –

끝까지 책임진다! 시대에듀!

QR코드를 통해 도서 출간 이후 발견된 오류나 개정법령, 변경된 시험 정보, 최신기출문제, 도서 업데이트 자료 등이 있는지 확인해 보세요! **시대에듀 합격 스마트 앱**을 통해서도 알려 드리고 있으니 구글 플레이나 앱 스토어에서 다운받아 사용하세요. 또한, 파본 도서인 경우에는 구입하신 곳에서 교환해 드립니다.

CHAPTER 01 시공일반

4과목 건설시공학

01 공사 시공방식

(1) 건설시공의 의의
① 건축재료를 이용하여 인간의 생활에 필요한 건축물을 설계도에 따라 최적의 공비로 최적의 시일 내에 완성시키는 기술
② 시공 과정 : 기획 → 설계 → 시공/감리 → 완공
③ **비용구배** [기출] 19년 4회, 20년 1·2회 통합
  ㉠ 비용구배 : 작업을 1일 단축할 때 추가되는 직접비용
  ㉡ 비용구배 = (특급비용 − 표준비용) ÷ (표준시간 − 특급시간)
④ **시공계획의 내용 및 순서** [기출] 18년 1회, 18년 2회
  현장원 편성 → 공정표 작성 → 실행예산 편성 및 조정 → 하도급자의 선정 → 가설준비물 결정 → 재료선정 및 결정 → 재해방지대책 및 의료대책
⑤ **건설업 비산먼지 신고대상** [기출] 18년 1회
  ㉠ 건축물축조공사 :「건축법」에 따른 건축물의 증·개축, 재축 및 대수선을 포함하고, 연면적이 1,000m² 이상인 공사
  ㉡ 토목공사
    • 구조물의 용적 합계가 1,000m³ 이상, 공사면적이 1,000m² 이상 또는 총 연장이 200m 이상인 공사
    • 굴정(구멍뚫기)공사의 경우 총 연장이 200m 이상 또는 굴착(땅파기)토사량이 200m³ 이상인 공사
  ㉢ 조경공사 : 면적의 합계가 5,000㎡ 이상인 공사
  ㉣ 지반조성공사
    • 건축물해체공사의 경우 연면적이 3,000m² 이상인 공사
    • 토공사 및 정지공사의 경우 공사면적의 합계가 1,000m² 이상인 공사
    • 농지조성 및 농지정리 공사의 경우 흙쌓기(성토) 등을 위하여 운송차량을 이용한 토사 반출입이 함께 이루어지거나 농지전용 등을 위한 토공사·정지공사 등이 복합적으로 이루어지는 공사로서 공사면적의 합계가 1,000m² 이상인 공사
  ㉤ 도장공사 :「공동주택관리법」에 따라 장기수선계획을 수립하는 공동주택에서 시행하는 건물외부 도장공사

⑥ **건축시공의 3S 시스템** 기출 19년 1회
  ㉠ 단순화(Simplification)
  ㉡ 표준화(Standardization)
  ㉢ 전문화(Specification)

(2) 공사관련자

① 건축주
  ㉠ 건축을 기획하고 자금을 투자하는 개인, 공공단체, 정부기관
  ㉡ 도급 공사에서는 주문자, 직영 공사에서는 시행주 자체
  ㉢ 계약조건 확인 → 설계도서 파악 → 현지조사 → 주요수량 파악 → 시공계획 입안

② 감리자 : 일정한 자격이 있는 건축사 또는 감리전문업체로 다음의 업무를 수행
  ㉠ 시공의 적정성 확인
  ㉡ 시공계획, 공정표의 검토·확인
  ㉢ 공정 및 기성고 검토·확인
  ㉣ 설계변경사항의 검토·확인
  ㉤ 사용자재의 적합성 검토·확인
  ㉥ 안전관리 검토·확인
  ㉦ 품질관리계획의 검토·확인
  ㉧ 하도급에 대한 타당성 검토

③ 공사관리자
  ㉠ 도급공사에서 시공관계 업무를 담당하는 책임자
  ㉡ 도급 업무자편에 속하여 재료·노무동원·공사추진 등 공사 일체를 책임 맡아 시행하는 자
  ㉢ 현장소장

④ 시공자 : 건축주의 주문에 따라 일정한 기간 내에 공사를 책임 완성시키는 자

⑤ 노무자
  ㉠ 직용노무자
    • 원도급자에게 직접 고용되어 임금을 받는 노무자
    • 잡역 등 미숙련자가 많음
  ㉡ 정용노무자
    • 전문업자·하도급자에게 상시 종속되어 있는 기능 노무자
    • 출근일수로 임금을 받음

⑥ 임금제
  ㉠ 정액 임금제
    • 일일 출근일수에 따라 임금을 지불
    • 작업질의 향상효과가 있음
    • 노무관리 능률증진에는 불리

- ⓒ 기성고 임금제
    - 일정한 작업량에 따라 노동시간에 관계없이 임금 지급
    - 작업질의 저하 우려가 있음
    - 노무관리 능률증진에는 유리
- ⑦ 건설 사업의 고도화 기출 21년 4회, 23년 복원
    - ⊙ VE(Value Engineering) : 대체안 개발을 통한 원가절감기법으로 기능(Function)을 향상 또는 유지하면서 비용(Cost)을 최소화하여 가치(Value)를 극대화
        - 고정관념의 제거 : 창조적 사고, 유연한 사고
        - 사용자 중심의 사고 : 사용자, 발주자의 판단에 의해 가치의 크기가 결정
        - 기능중심의 접근 : 기본기능, 2차기능, 불필요한 기능, 과잉기능으로 분석하여 불필요한 기능을 제거
        - 조직적 노력 : 개인, 한 부문의 노력보다 팀 단위 노력을 강조
    - ⓒ EC(Engineering Construction) : 종합건설업화, 업무형태의 확대, 종래의 단순시공에서 벗어나 사업의 발굴, 기획, 설계, 시공 유지관리에 이르는 사업전반의 종합기획, 관리를 담당하는 종합건설업화
    - ⓒ CIC(Computer Integrated Construction) : 컴퓨터를 통한 건설 통합생산 개념, 건설생산 전과정에 걸쳐 컴퓨터, 정보통신 및 자동화 생산 조립기술을 통합 Data Base 하에서 이용하여 최적화
    - ② CALS(Continuous Acquistion & Life Cycle Support) : 건설생산활동의 전 과정에서 건설관련 주체가 초고속정보통신망이나 전자상거래 등 정보의 실시간공유를 통해 공기단축, 원가절감 등을 도모하려는 건설분야 통합정보시스템
    - ⓜ PMIS(Project Management Information System) : 사업별 경영정보 전산체계, 사업의 전 과정에서 건설관련주체간 발생되는 각종 정보를 체계적, 종합적으로 관리하여 최고품질의 사업 목적물을 건설하도록 지원하는 전산 시스템
    - ⓗ OR(Operation Research) : 생산계획의 최적방법 발견, 건축경영상의 관리활동을 수리적 모형으로 하여 최적경영을 위한 의사결정기법으로 생산계획과 수단에 대한 복수의 방법을 비교하여 가장 능률적인 최적방안을 선정하는 기법

(3) 도급업자의 분류

① **원도급업자** : 건축주와 직접 도급계약을 한 시공업자
② **재도급** : 원도급업자가 도급공사의 전부를 건축주와 관계없이 다른 공사자에게 도급을 주어 시행하는 것
③ **하도급** : 도급공사를 부분적으로 분할하여 제 3자에게 도급을 주어 시행하는 것

(4) 도급의 분류 [기출] 17년 4회, 20년 1·2회 통합, 21년 4회

구 분	일식도급(일괄도급)	분할도급	공동도급
개 요	• 공사전체를 한 업체에게 시공하게 하는 도급	• 공사를 여러 업체가 나눠 시공하게 하는 도급	• 기술·자본 등의 위험 분산을 위해 여러 개의 건설회사가 공동 출자
장 점	• 공사관리 용이 • 계약·감독 업무 단순 • 가설재 중복이 없다는 측면에서 공사비 절감	• 우량시공기대(전문업자시공) • 저액시공 가능(입찰경쟁) • 설계도서 의도가 충분히 반영	• 위험분산 • 융자력 증가 • 시공의 확실성
단 점	• 설계도서의 의도반영 불충분 • 공사비 증가 우려	• 감독상 업무 증가 • 비용 증가 • 후속공사를 다른 업자로 바꾸거나, 후속공사금액 결정이 어려움	• 경비 증가 • 회사 간 이해 충돌 • 하자책임 불분명

(5) 도급금액 결정방법에 따른 분류 [기출] 19년 2회, 19년 4회

구 분	정액도급	단가도급	실비정산 보수가산도급
개 요	• 공사비 총액을 확정	• 재료·임금·체적 등의 단가만으로 계약하고 차후 실시수량에 따라 정산(주로 긴급한 공사에 이용)	• 공사비는 건축주·감리자·시공자가 청산 • 가장 이상적인 도급계약형태
장 점	• 경쟁입찰로 공사비 저하 • 자금 계획이 명확 • 공사관리 업무가 간편	• 신속한 공사 • 설계변경에 따른 수량증감 용이 • 간단한 계약	• 양심시공 기대가능
단 점	• 도급금액 증감곤란 • 조잡한 공사 우려 • 설계도서 변경이 잦은 대규모 공사에는 부적당	• 총공사비 예측불가능 • 공사비절약으로 의욕 저하	• 공기연장 우려 • 공사비 절감 노력이 없어 공사비 증가 우려

(6) 실비정산 보수가산도급의 종류

① 실비 비율 보수가산식 : 공사실비에 일정한 보수비율을 추가로 지급
② 실비 정액 보수가산식 : 실비가 아무리 크든지 작든지 간에 정액보수비용을 지급
③ 실비 준동률 보수가산식 : 실비를 단계별로 나누어 해당 구간에 따른 보수비율을 적용
④ 실비 한정비율 보수가산식 : 실비에 제한을 붙이고 시공자에게 제한된 금액 이내에 공사를 완성할 책임을 주는 방식

(7) 업무범위에 따른 계약방식

① Turn Key 방식(일괄수주방식) : 시공자가 주문자가 필요로 하는 모든 것을 조달하여 주문자에게 인도
  ㉠ 장점 : 창의적설계, 신공법 개발 유도
  ㉡ 단점 : 건축주 의도반영불충분, 대규모 회사에 유리, 최저낙찰제인 경우 공사품질저하, 우수한 설계의도 반영이 어려움

② CM(Construction Management) 방식 기출 18년 4회, 20년 1·2회 통합
  ㉠ 시공 시 단계별 시공법을 적용할 수 있어 설계 및 시공기간이 단축
  ㉡ 설계과정에서 설계가 시공에 미치는 영향을 예측할 수 있어 설계도서의 현실성을 향상
  ㉢ 기획 및 설계과정에서 발주자와 설계자간의 의견대립 없이 설계대안 및 특수공법의 적용 가능
  ㉣ 전문가집단이 전 과정에 참여하여 공기단축, 공사비 절감을 위해 프로젝트를 통합관리가 가능
  ㉤ 설계 후 입찰·시공이 아니라 설계와 시공을 병행하여 공기단축·원가절감, 설계자와 시공자의 의사소통문제 해결
  ㉥ Agency CM : CM업무를 외부에 위탁 기출 20년 1·2회 통합, 20년 3회, 23년 복원
    • 대리인형 CM(CM for Fee) 기출 22년 1회
      – 서비스를 제공하고 용역비(Fee)를 받는 대리인의 역할
      – 프로젝트 전반에 걸쳐 발주자의 컨설턴트 역할을 수행
      – 공사비, 공기, 품질에 관한 책임을 지지 않음
    • 시공자형 CM(CM at Risk)
      – CM이 하도급업자와 직접 계약하여 공사를 수행
      – 공사비와 공기에 관한 책임과 위험을 부담
  ㉦ Owner CM : 발주자가 CM업무를 직접 수행
③ PM(Project Management) 방식
  ㉠ 건축주가 최고경영자가 됨
  ㉡ CM인력과 컨설턴트를 통하여 통합된 프로젝트를 관리
④ Partnering 방식 : 발주자가 설계·시공에 참여하여 관련자들이 상호 신뢰를 바탕으로 팀 구성
⑤ 성능발주방식 : 발주자는 요구 성능만을 제시하고 시공자가 실현하는 방식
  ㉠ 장점 : 시공자의 창조적 시공 기대, 시공자의 기술향상
  ㉡ 단점 : 공사비 증대, 성능확인의 애매모호함
⑥ SOC 방식
  ㉠ BOT(Build-Operate-Transfer) 방식
    • 사회기반시설의 준공 후 일정기간동안 사업시행자에게 당해시설의 소유권이 인정됨
    • 그 일정기간의 만료 시 시설소유권이 국가 또는 지방자치단체에 귀속됨
  ㉡ BOO(Build-Own-Operate) 방식 : 사회기반시설의 준공과 동시에 사업시행자에게 당해시설의 소유권이 인정되는 방식
  ㉢ BLT(Build-Lease-Transfer) 방식
    • 사업시행자가 사회기반시설을 준공한 후 일정기간동안 타인에게 임대
    • 임대기간 종료 후 시설물을 국가 또는 지방자치단체에 이전
  ㉣ ROT(Rehabilitate-Operate-Transfer) 방식 : 국가 또는 지방자치단체 소유의 기존시설을 정비한 사업시행자에게 일정기간 동시설에 대한 운영권을 인정
  ㉤ ROO(Rehabilitate-Own-Operate) 방식 : 기존시설을 정비한 사업시행자에게 당해 시설의 소유권을 인정

ⓗ RTL(Rehabilitate-Transfer-Lease) 방식
- 사회기반시설의 개량·보수를 시행하여 공사의 완료와 동시에 당해시설의 소유권이 국가 또는 지방자치단체에 귀속됨
- 사업시행자는 일정기간 관리운영권을 인정받아 당해 시설을 타인이 사용할 수 있도록 하는 방식

⑦ 공사계약 중 재계약 조건 [기출] 18년 4회
  ㉠ 설계도면 및 시방서의 중대한 결함, 오류에 기인한 경우
  ㉡ 계약상 현장조건 및 시공조건이 상이한 경우
  ㉢ 계약사항에 중대한 변경이 있는 경우

(7) 적 산

① 건축공사비를 산정하는 수단으로 각 부분의 수량을 산출하는 작업
② 견적을 알기 위해서는 무엇보다 정확한 물량산출이 기본임
③ 정확한 산출을 위해서는 설계도면의 정확한 이해와 공사 시 필요한 자재에 대한 해박한 지식이 필요
④ 적산 시 고려사항

종 류	고려사항
공정별 분류	토공사, 가설공사, 철근 콘크리트공사, 미장공사, 조적공사, 창호공사 등
재료의 구분	디럭스타일(수장), 온수난방(미장), 인조석 물갈기(미장), 석공사(건식, 습식) 등
곡면의 구분	원형형틀, 곡면유리, 석공사(곡면) 등

⑤ 적산 시 주의할 점
  ㉠ 적산은 주의 깊게 노력을 기울여야 함
  ㉡ 빠르게 진행하기 보다는 늦어도 정확해야 함
  ㉢ 수량의 단위 계산은 소수점 이하를 정하기에 주의해야 함
  ㉣ 본인이 실시한 작업 결과를 꼭 확인해야 함
  ㉤ 적산에 관한 통계 및 분류 자료에 유의하여 실시작업과 비교 검토함
  ㉥ 적산은 공사의 개요를 기억하고 항상 작업과 확인함
  ㉦ 불확실한 사항은 조사 확인함

⑥ 적산의 작업 과정

> 도면 인수(도면, 현장 설명) → 적산 조건 확인 → 수량 산출 및 단가 조사 → 수량 산출 집계 → 내역서 작성 → 내역서 제출

(8) 견 적

① 건축기획 견적 : 건축기획의 투자계획을 결정하기 위한 개산 견적
② 기본설계 견적 : 설계자가 예산 범위의 설계를 위한 개산 견적
③ 설계 견적 : 완성된 설계도서에 의해 정밀 산출하는 견적
④ 실행 견적 : 시공자가 공사수량을 정밀 계산하고 실시 가격을 기입한 실행 견적

⑤ 개산견적(개념견적, 기본견적)
  ㉠ 설계가 시작되기 전에 프로젝트의 실행 가능성을 알아보기 위한 견적
  ㉡ 설계의 초기단계 또는 진행단계에서 여러 설계대안의 경제성을 평가하기 위해 수행
⑥ 명세견적(최종견적, 상세견적, 입찰견적) : 완성된 설계도서로 명확한 수량을 산출 집계한 후 공사의 실제 상황에 맞는 적절한 단가로 정밀하게 산출

02 공사계획

(1) 공사계획의 개요
① 공사작업계획의 목표
  ㉠ 품질확보
  ㉡ 공기준수
  ㉢ 작업의 안전성 확보와 제3자의 재해방비
② 공사계획 수립순서 [기출] 22년 2회, 24년 복원

> 현장투입 직원편성 → 공정표 작성 → 실행예산 편성 → 하도급자 선정 → 자재, 장비설치계획 → 가설준비물 결정 → 노무, 노력공수 결정 → 재해방지대책 수립 → 품질관리계획 수립

③ 공기를 지배하는 3요소
  ㉠ 1차적 요소 : 건축물의 구조, 규모, 용도
  ㉡ 2차적 요소 : 청부자 능력, 자금사정, 기후
  ㉢ 3차적 요소 : 발주자 요구(설계변경), 설계적부, 감사능력
④ 공사가격

〈건설원가의 구성 체계〉

자재비				
노무비	직접공사비			
외주비		공사원가	총 원가	견적가액(도급금액)
경 비				
	간접공사비			
		일반관리비		
			이 윤	

  ㉠ 직접공사비
    • 자재비 : 직접자재비, 간접자재비
    • 노무비 : 임금, 급료, 잡급, 상여수당
    • 외주비 : 일괄외주비, 부분외주비, 제작외주비
    • 경비 : 건설공사 시 자재, 노무, 외주비를 제외한 비용

        ㄴ 간접공사비 : 각종 보험료, 퇴직공제부금, 안전관리비, 하도급 보증 수수료, 환경보전비, 공사이행 보증 수수료
        ㄷ 일반관리비 : 본사관리비, 영업비
    ⑤ 최적시공속도
        ㄱ 경제적 시공속도라고도 함
        ㄴ 총공사비(직접공사비 + 간접공사비)가 최소가 되는 지점
        ㄷ 시공속도를 빠르게 할수록 간접공사비는 감소
        ㄹ 시공속도를 빠르게 할수록 직접공사비는 증가
        ㅁ 시공속도를 빠르게 할수록 공사품질은 나빠짐

(2) 공사계획내용
    ① 공정표 작성
        ㄱ 작성시기 : 공사착수 전
        ㄴ 작성 시 가장 기본이 되는 사항 : 각 공사별 공사량
    ② 실행예산의 편성방법(공사항목의 종류)
    ③ 공사비 지불순서
        ㄱ 착공급(착수금)
            • 공사가 시작되기 전에 지급하는 공사비
            • 도급금액의 25~33% 지급
        ㄴ 중간불(기성불) : 월별이나 공종으로 나누어서 진행되는 만큼 지불하는 공사비
        ㄷ 준공불(완공불) : 건물인도 후 대금을 청산하는 것
        ㄹ 하자보증금
            • 공사 후 발견될지 모르는 하자의 보수를 보증하기 위해 예치하는 보증금
            • 1~3년 이하 동안 계약금의 2~5% 예치

(3) 공정표의 종류
    ① 횡선식 공정표(Bar Chart)
        ㄱ 각 공종을 세로로 날짜를 가로로 잡고 공정을 막대 그래프로 표시
        ㄴ 공사진척 사항을 기입하고 예정과 실시를 비교하면서 관리
        ㄷ 각 공종별 공사와 전체의 공정시기 등이 일목요연함
        ㄹ 각 공종별의 착수일, 종료일이 명시되어 있어 판단이 용이함
        ㅁ 단순하여 경험이 적은 사람도 쉽게 작성할 수 있어 가장 많이 이용
        ㅂ 단 점
            • 각 공종별로 상호관계, 순서 등이 시간과의 관련성이 없음
            • 횡선의 길이에 따라 진척도를 객관적으로 판단해야 함
            • 공사기일에 맞추어 단순한 작도를 꾸미는 결함이 있음
            • 여유시간, 작업상호 관계를 파악하기 어려움
            • 주공정선을 파악하기 힘들어 관리통제가 어려움

② 사선식 공정표
  ㉠ 횡선 공정표의 결함을 보완하는 공정표
  ㉡ 세로에 공사량·총인부수를 기입하고 가로에 월·일·일수 등을 취함
  ㉢ 예정한 절선을 가지고 공사의 진행 상태를 수량적으로 나타냄
  ㉣ 각 부분별 공사의 진척 상태를 파악할 수 있어 주로 상세 공정표로 이용
  ㉤ 작업의 관련성을 나타낼 수는 없으나 공사의 기성고를 표시하는 데 편리
③ 열기식 공정표
  ㉠ 공사의 착수와 완료 기일 등을 글자로 나열한 가장 간단한 형식의 공정표
  ㉡ 각 부분 공사 상호 간의 지속 관계를 한 번에 알 수 없음
  ㉢ 부분 공사의 기성고를 표시하지 못함
④ 일순 공정표
  ㉠ 1주일이나 10일 단위로 상세히 작성한 공정표
  ㉡ 공사 중 1주간 또는 10일간 각 공사의 관계를 표시한 공정표
  ㉢ 공사의 진척 변화에 대하여 적절히 처리하여 다음 주의 예정을 하는 것
⑤ LOB(Line of Balance) 기출 18년 2회
  ㉠ 반복작업에서 각 작업조의 생산성을 유지시키면서 그 생산성을 기울기로 하는 직선으로, 각 반복 작업의 진행을 표시하여 전체공사를 도식화하는 기법
  ㉡ 일정통제 균형선 기법이라고도 함
⑥ 연관도표, 마디도표(PDM, Precedence Diagramming method) 기출 21년 1회, 23년 복원, 24년 복원
  ㉠ 한 공종의 작업이 하나의 숫자로 표기되고 컴퓨터에 적용하기 용이한 이점 때문에 많이 사용
  ㉡ 각 작업은 node로 표기하고 node 안에 작업과 소요일수 등 공사의 관련사항이 표기됨, 더미의 사용이 불필요하며 화살표는 단순히 작업의 선후관계만을 나타냄
  ㉢ 반복적이고 많은 작업이 동시에 일어날 때에 네트워크 작성에 더욱 효율적

(4) 네트워크(Network) 공정표
  ① 개 요
    ㉠ 작업의 상호관계를 ○와 → 로 표시한 망상도
    ㉡ ○에는 공정상의 계획 및 관리상 필요한 정보를 기입
    ㉢ 공정상의 제문제를 도해나 수리적 모델로 해명하고 진척도를 관리함
    ㉣ CPM, PERT 기법이 대표적임
  ② 특 징
    ㉠ 공사계획의 전모와 공사전체 내용파악을 쉽게 할 수 있음
    ㉡ 각 공정이 분해되어 작업의 흐름과 상호관계가 명확하게 표시됨
    ㉢ 계획단계에서부터 공정상의 문제점이 명확하게 파악되고 작업 전에 수정을 할 수 있음
    ㉣ 공사의 진척상황이 누구에게나 쉽게 알려지게 됨
  ③ 장 점
    ㉠ 개개의 관련 작업이 도시되어 있어 내용을 파악하기 쉬움
    ㉡ 신뢰도가 높으며 전자계산기의 이용이 가능
    ㉢ 공정이 원활하게 추진되며 여유시간 관리가 편함

ⓔ 상호관계가 명확하여 주공정선의 일에는 현장 인원의 중점 배치가 가능함
ⓜ 이해가 용이하여 건축주, 관련업자의 공정회의에 대단히 편리함

④ 단 점
  ㉠ 다른 공정표에 비해 작성시간이 많이 걸림
  ㉡ 작성 및 검사에 특별한 기능이 요구됨
  ㉢ 작업의 세분화 정도에 한계가 있어 공정 세분화가 어려움
  ㉣ 공정표를 수정하기가 대단히 어려움

⑤ 네트워크 공정표 작성 기본원칙

공정원칙	• 모든 공정은 어떤 특정 공정에 대한 대체 공종이 아닌 각각 독립된 공정으로 간주되어야 함 • 모든 공정은 의무적으로 수행되어야만 목표가 완수됨
단계원칙	• 어떤 단계로 연결 유도된 모든 활동이 완수될 때까지 그 단계는 그 시점에 발생할 수 없음
활동원칙	• 어떤 활동이 시작될 때 이에 선행하는 모든 활동은 완료되어야 함 • 필요에 따라 명목상 활동은 도입되어야 함
연결원칙	• Network를 작성할 때는 각 활동은 한 쪽 방향의 화살표로만 표시되어야 함 • 우측으로 일방통행원칙이 적용됨

⑥ 주공정선(Critical Path)
  ㉠ 주어진 Project에서 소요시간이 가장 긴 일련의 작업들의 경로를 Critical Path라 함
  ㉡ TF(Total Float)가 0(Zero)인 작업을 주공정작업이라 하고, 이들을 연결한 공정을 주공정이라 하며, 주공정을 단축시키는 것이 핵심
  ㉢ 총 공기는 공사착수에서부터 공사완공까지의 소요시간의 합계이며, 최장시간이 소요되는 경로
  ㉣ 주공정은 고정적이거나 절대적인 것이 아니고 공사 진행상황에 따라 가변적임

⑦ PERT(Program Evaluation and Review Technique)
  ㉠ 결합점(Event)을 중심으로 일정을 계산하는 공정표로 프로젝트의 시간 및 비용관리에 사용
  ㉡ 미 해군이 Polaris 무기 시스템 종합계획 관리를 목적으로 개발
  ㉢ 장단점 기출 19년 1회

PERT/CPM의 장점	PERT/CPM의 단점
• 상세한 계획을 수립가능하고, 변화나 변경에 대한 신속 대처 가능 • 작업착수 전 문제점 파악 및 중점관리 가능 • 제자원의 효율화 • 총 소요기간의 정도가 향상됨 • 시간단축, 비용절감 • 정확한 계획 분석이 가능 • 정보교환이 용이함	• 계획과 이에 필요한 자료의 자세한 검토, 손질이 필요함 • 관계자 전원의 참여 및 서로 책임을 져야 함 • 단순한 작업에서부터 고도의 훈련을 쌓아야 적용 가능 • 자원의 부족은 전제하지 않고, 전단계의 활동에 의해서만 활동이 수행된다는 가정은 의문이 있을 수 있고, 계산방법의 정확상에 대해서도 비판이 있음

⑧ PERT와 CPM의 차이점

구 분	PERT	CPM
개발배경	• 1958년 미해군 Polaris 핵잠수함건조계획 시 개발	• 1956년 미국의 Dupant사에서 연구개발
목 적	• 공기단축	• 공사비절감
대 상	• 신규사업, 비반복사업(경험이 없는 사업)	• 반복사업(경험이 있는 사업)
소요시간추정	• 3점 추정(낙관·정상·비관) • Te = to + 4tm + tp/6	• 1점 추정(정상) • Te = tm
일정계산	• 결합점(Event)중심 • TE(Earliest Expected time) • TL(Latest Allowable Times)	• 활동(Actvity)중심 • EST, EFT, LST, LFT
여유시간	• SLACK	• TF(전체여유) • FF(자유여유) • DF(종속여유)
MCX (최소비용)	• 이론이 없음	• CPM의 핵심이론

⑨ 용 어 기출 20년 1·2회 통합, 22년 1회

용어	기호	내용 및 설명
Event	○	• 작업의 결합점, 개시점 또는 종료점
Activity	→	• 작업·프로젝트를 고성하는 작업단위
Dummy	⋯→	• 가상적 작업(시간이나 작업량 없음)
가장 빠른 개시시각	EST	• Earliest Starting Time • 작업을 시작하는 가장 빠른 시각
가장 늦은 종료시각	EFT	• Earliest Finishing Time • 작업을 끝낼 수 있는 가장 빠른 시각
가장 늦은 개시시각	LST	• Latest Starting Time • 공기에 영향이 없는 범위에서 작업을 늦게 개시하여도 좋은 시각
가장 늦은 종료시각	LFT	• Latest Finishing Time • 공기에 영향이 없는 범위에서 작업을 늦게 종료하여도 좋은 시각
Path	–	• 네트워크 중 둘 이상의 작업이 이어짐
Longest Path	LP	• 임의의 두 결합점 간의 패스 중 소요 시간이 가장 긴 패스
Critical Path	CP	• 작업의 시작점에서 종료점에 이르는 가장 긴 패스
Float	–	• 작업의 여유시간
Slack	SL	• 결합점이 가지는 여유시간
Total Float (전체여유)	TF	• 최초 개시일에 작업을 시작하여 가장 늦은 종료일에 완료할 때 생기는 여유일 • 해당 작업의 LFT – 해당 작업의 EFT
Free Float (자유여유)	FF	• 최초 개시일에 작업을 시작하여 후속작업을 최초 개시일에 시작할 때 생기는 여유일 • 후속 작업의 EAT – 해당 작업의 EFT
Dependence Float (종속여유)	DF	• 후속작업의 TF에 영향을 주는 플로트(기간) • DF + TF – FF

03 공사현장관리

(1) 건축공사 계약제도

① **직영방식** [기출] 20년 1·2회 통합

㉠ 건축주가 직접 계획을 세우고 재료, 노무자, 시공기계, 가설재 등을 확보하여 공사를 시행

직영방식의 장점	직영방식의 단점
• 비영리를 목적으로 확실한 공사 가능 • 계약에 구속됨이 없어 임기응변 처리가 가능 • 발주계약 등의 수속 절감	• 공사비 증대 • 재료의 낭비 또는 잉여 • 시공관리 능력부족

㉡ 직영공사가 필요한 경우 [기출] 18년 4회
- 공사 중 설계변경이 빈번한 공사
- 매우 중요한 시설물 공사
- 비밀유지가 필요한 공사

② **일식도급** [기출] 20년 4회

㉠ 하나의 공사를 전부 한 도급자에게 맡겨 노무, 재료, 기계, 현장 시공업무 일체를 일괄하여 시행
㉡ 계약과 감독이 수월하고 확정적인 공사비로 책임한계가 명확하며 가설재의 중복이 없어 공사비가 절감됨
㉢ 단점은 건축주의 의견이 충분히 반영되지 않으며, 도급업자의 이윤이 가산되어 공사비가 증대
㉣ 재하청을 주는 경우가 많아 말단노무자의 임금이 적어 조잡한 공사가 우려됨
㉤ 설계와 시공이 분리된 형태로 설계와 시공을 일괄수주하는 턴키도급방식과는 차이가 있음

일식도급의 장점	일식도급의 단점
• 계약, 감독이 간단 • 전체 공사 진척 원활 • 재도급자의 선택 용이 • 가설재의 중복이 없음	• 건축주의 의향이나 설계도상의 취지가 충분히 이행되지 못함 • 도급자의 이윤이 가산되어 공사비 증대 • 공사 조잡 우려

③ **분할도급** [기출] 21년 2회, 21년 4회

㉠ 공사를 여러 유형으로 세분하여 각기 따로 전문도급업자를 선정하여 도급계약을 맺는 방식
㉡ 건축주와 시공자와의 의사소통이 원활하여 우량시공이 기대됨
㉢ 단점 : 현장사무가 복잡하고 경비가 증대됨
㉣ 종 류 [기출] 18년 2회, 19년 1회, 20년 3회, 24년 복원
- 전문공종별 : 전체공사를 건축, 기계설비, 전기설비 등으로 세분하여 계약하는 방식
- 직종별, 공종별 : 건축, 기계설비, 전기설비 등을 또다시 세분화하여 전문업자와 계약하는 방식으로 직영제도에 가깝고 건축주의 의도를 잘 반영함
- 공정별 : 정지, 기초, 구체, 마무리 공사 등의 과정별로 나누어 도급주는 방식
- 공구별 : 대규모 공사에서 지역별로 공사를 구분하여 발주하는 방식

분할도급의 장점	분할도급의 단점
• 우량 시공 기대(전문업자 시공) • 건축주와 시공자와의 의사소통 원활	• 공사감독자 노무증대 • 현장 종합관리 복잡 • 경비가산

④ 공동도급
- ㉠ 1개 회사가 단독으로 도급을 맡기에는 규모가 클 경우 2개 이상의 건설회사가 임시로 결합
- ㉡ 장단점 기출 17년 4회, 18년 2회, 21년 1회

공동도급의 장점	공동도급의 단점
• 융자력 증대 • 기술의 확충 • 위험의 분산 • 공사시공의 확실성 • 신용도의 증대 • 공사도급 경쟁완화	한 회사의 도급공사보다 경비 증대

⑤ 정액도급
- ㉠ 공사비의 총액을 확정하여 계약하는 제도
- ㉡ 공사관리 업무가 간편하면 자금, 공사계획의 수립이 명확
- ㉢ 단점은 공사변경에 따른 도급액의 증감이 곤란하고 이윤관계로 공사가 조잡해질 수 있음

⑥ 단가도급
- ㉠ 공사금액을 구성하는 단위 공사부분에 대한 단가만을 확정
- ㉡ 공사가 완료되면 실시수량의 확정에 따라 정산하는 방식
- ㉢ 공사의 신속한 착공과 설계 변경이 용이
- ㉣ 단점은 자재, 노무비 절감의욕이 결여되고 단순한 작업이나 단일공사에 채택될수 있음

⑦ **실비정산 보수가산식 도급** 기출 22년 2회
- ㉠ 설계도와 시방서가 명확하지 않거나 설계는 명확하지만 공사비 총액을 산출하기 곤란한 경우 적합
- ㉡ 건축주가 양질의 공사를 원하고, 직영방식처럼 자기 의사대로 공사를 진척하고 싶을 경우 유리
- ㉢ 직영방식과 도급방식의 장점을 취한 가장 이상적인 제도
- ㉣ 공사의 실비를 건축주와 시공자가 확인하여 정산
- ㉤ 건축주는 미리 정한 보수율에 따라 시공자에게 보수를 지불
- ㉥ 단점은 공사기일의 지연, 공사비절감의 노력과 의지가 결여

(2) 입 찰

① 건설공사의 입찰 및 계약 순서 : 입찰통지 → 현장설명 → 입찰 → 개찰 → 낙찰 → 계약
② 입찰방식에는 특명입찰과 경쟁입찰이 있음
③ **특명입찰** 기출 18년 1회
- ㉠ 수의계약으로 공사에 적합한 1개 회사를 선정하여 계약
- ㉡ 공사기밀이 유지되며, 입찰수속이 간단하고 우량공사가 기대됨
- ㉢ 공사비가 높아지며 공사금액 결정이 불명확 함
- ㉣ 성능발주방식 : 건축주가 제시하는 기본 요건(면적, 용도, 환경)에 맞게 도급자가 제시한 시공법, 공사비 등을 대상으로 심사하여 적격자에게 시공시키는 일종의 특명입찰 방식

④ **경쟁입찰** : 공개경쟁입찰(일반입찰), 지명경쟁입찰, 제한경쟁입찰이 있음
  ㉠ 공개경쟁입찰
    - 일반입찰, 공입찰이라고도 하며 유자격자에게 모두 참가할 수 있는 기회부여
    - 담합의 우려가 적고 공사비가 절감
    - 입찰수속이 번잡하고 조잡한 공사가 우려
  ㉡ 지명경쟁입찰
    - 공사에 적격이라고 인정되는 3~7개의 시공업자를 미리 선정하여 입찰하게 하는 방식
    - 시공상의 신뢰성이 높고, 부당한 업자를 제거하는 효과가 있음
    - 단점은 담합의 우려가 있음
  ㉢ 제한경쟁입찰
    - 일정자격 외에 특수한 기술, 실적 등 추가적 요건을 갖춘 불특정 다수인을 참여시키는 제도
    - 불성실, 무능력자 배제가 목적임
    - 규모가 크고 특수한 공법이 요구되는 공사에 적합

(3) 낙찰

① 낙찰자 선정방식
  ㉠ 최저가 낙찰제 : 입찰자 중 예정가격 범위 내에서 최저가격으로 입찰한 자 선정(부적격자 낙찰 우려) 기출 22년 2회
  ㉡ 제한적 최저가 낙찰제 : 덤핑에 의한 부실공사의 방지 목적으로 예정 가격의 85% 이상 중 가장 최저가로 입찰한 자 선정 기출 19년 2회
  ㉢ 부찰제 : 예정가격 85% 이상 입찰자 중 평균가격을 산정하고 이 평균가격 밑으로 가장 근접한 입찰자를 선정
  ㉣ 최적격 낙찰제 : 건설업체의 기술 능력, 시공경험, 재정능력, 성실도 등을 중합적으로 평가하여 적격자에게 낙찰
② 도급금액 결정방식에 의한 도급

(4) 계약서류

① 도급계약서 첨부도서
  ㉠ 계약서
  ㉡ 계약유의사항(약관)
  ㉢ 설계도면
  ㉣ 시방서
  ㉤ 지급재료명세서
  ㉥ 공사비내역서
  ㉦ 공정표

② 시방서
  ㉠ 설계도면상에 나타낼 수 없는 부분을 기재한 문서, 공사의 항목별로 공사의 순서를 적음
  ㉡ 시방서의 작성원칙 기출 19년 4회
    • 지정고시된 신재료 또는 신기술을 적극 활용
    • 공사 전반에 대한 지침을 세밀하고 간단명료하게 서술
    • 시공자가 정확하게 시공하도록 설계자의 의도를 상세히 기술
  ㉢ 종류
    • 표준 시방서 : 시설물의 안전 및 공사시행의 적정성과 품질확보 등을 위해 시설물별로 정한 표준적인 시공기준
    • 전문 시방서 : 표준시방서를 기본으로 하여 특정한 공사의 시공 또는 공사시방서의 작성에 활용하기 위한 종합적인 시공기준
    • 공사 시방서 : 공사에 쓰이는 재료, 설비, 시공체계, 시공기준, 시공기술에 대한 기술설명서와 이에 적용하는 행정명세서로 설계도면에 대한 설명, 설계도면에 기재하기 어려운 기술적인 사항을 표시해 놓은 도서 기출 21년 2회
    • 특기 시방서 : 당해 공사의 특수한 조건에 따라 표준시방서에 대하여 추가, 변경, 삭제를 규정한 것 기출 18년 4회
  ㉣ 시방서 기재내용
    • 공사전체의 개요
    • 시방서의 적용범위, 공통주의사항
    • 사용재료의 품질시험방법
    • 각 부위별 시공방법
    • 각 부위별 사용 재료의 품질
  ㉤ 시방서 기재 시 주의사항
    • 시공순서에 맞게 기재할 것
    • 간결할 것
    • 누락된 것이 없을 것
    • 중복되지 않을 것
    • 오자, 오기가 없을 것
    • 재료, 공법은 정확하게 지시할 것
    • 공사범위를 명시할 것
  ㉥ 시방서와 설계도서가 상이할 때 우선순위 기출 19년 1회, 22년 2회
    • 설계도면과 공사시방서가 상이할 때는 공사감리자와 협의
    • 설계도면과 내역서가 상이할 때는 설계도면을 우선
    • 일반시방서와 전문시방서가 상이할 때는 전문시방서를 우선
    • 설계도면과 상세도면이 상이할 때는 상세도면을 우선

(5) 품질관리

① 전사적 품질관리(TQC)의 7가지 도구 [기출] 19년 4회, 20년 3회, 21년 1회
  ㉠ 히스토그램 : 데이터가 어떤 분포를 하고 있는지를 알아보기 위해 작성한 분포도
  ㉡ 파레토그램 : 현장에서 불량품수, 결점수, 클레임건수, 사고발생건수, 손실금액 등의 데이터를 그 현상이나 원인별로 분류하여 문제의 크기 순서로 나열한 그래프 [기출] 22년 1회, 24년 복원
  ㉢ 특성요인도 : 결과에 원인이 어떻게 관계하고 있는가를 한눈에 알 수 있게 물고기뼈 모양으로 나타낸 원인결과도
  ㉣ 체크시트 : 불량수, 결점수 등 셀 수 있는 데이터가 분류항목별로 어디에 집중되어 있는가를 알기 쉽도록 나타냄
  ㉤ 산점도 : 데이터의 흩어짐이나 분포의 형태를 쉽게 판단할수 있게 만든 상관도
  ㉥ 층별 : 수집된 데이터를 어떤 특징에 따라 몇 개의 그룹, 부분집단으로 나눈 부분집단도
  ㉦ 관리도 : 불량건수, 등의 추이를 파악하여 목표관리를 위해 만든 도표

② 품질관리의 근본목적 4가지
  ㉠ 시공능률의 향상
  ㉡ 품질 및 신뢰성의 향상
  ㉢ 설계의 합리화
  ㉣ 작업의 표준화

③ 계약서 기재내용(건설업법 시행령)
  ㉠ 공사내용(규모, 도급금액)
  ㉡ 공사착수시기, 완공시기(물가변동에 대한 도급액 변경)
  ㉢ 도급액 지불방법, 지불시기
  ㉣ 인도, 검사 및 인도시기
  ㉤ 설계변경, 공사중지의 경우 도급액 변경, 손해부담에 대한 사항

CHAPTER 02 토공사

4과목 건설시공학

01 흙파기

(1) 흙의 휴식각

① 흙입자의 부착력, 응집력은 무시
② 흙의 마찰력만으로 자중에 대하여 정지할 수 있는 최대각도
③ 흙의 종류, 함수량, 흙의 적재높이에 따라 다르며 안식각, 자연경사각이라고도 함
④ 기초터파기의 구배는 토사의 휴식각에서 결정되며 터파기의 경사는 휴식각의 2배 정도로 함
⑤ 습윤 상태에서 휴식각은 모래 30~45°, 흙 35° 정도

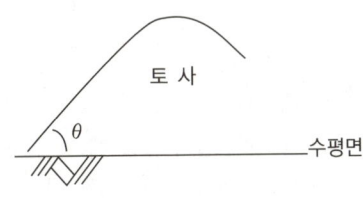

〈흙의 휴식각〉

〈토사의 휴식각〉

흙의 종류		중량(kg/m³)	안식각(°)	파기경사각(°)
모래	건조 상태	1,500~1,800	20~35	40~70
	습윤 상태	1,600~1,800	30~45	60~90
	젖은 상태	1,800~1,900	20~40	40~80
흙	건조 상태	1,300~1,600	20~45	40~90
	습윤 상태	1,300~1,600	25~45	50~90
	젖은 상태	1,600~1,900	25~30	50~90
진흙	건조 상태	1,600	40~50	80이상
	습윤 상태	2,000	20~25	40~50
자갈	-	1,600~2,200	30~48	60~96
모래, 진흙 섞인 자갈	-	1,600~1,900	20~37	40~74

⑥ 흙의 함수율 기출 18년 1회

간극비	Vv ÷ Vs = 간극의 용적 ÷ 토립자의 용적
간극률	Vv ÷ V × 100% = 간극의 용적 ÷ 전체용적 × 100%
포화도	Vw ÷ Vv = 물의 용적 ÷ 간극의 용적
함수비	Vw ÷ Vs = 물의 중량 ÷ 토립자의 중량
함수율	Vw ÷ V = 물의 중량 ÷ (토립자 + 물의 중량) × 100%

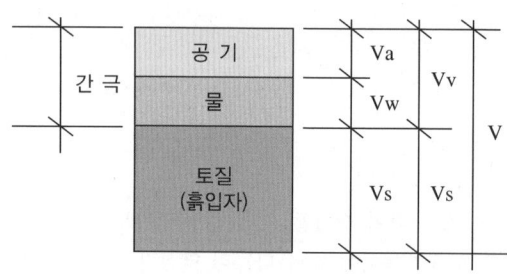

〈간극비, 함수비, 포화도〉

(2) 터파기 공법

① 개착공법(Open Cut)
  ㉠ 토질이 좋고 면적이 넓을 때 사용
  ㉡ 사면이 넓고 주변에 건물이나 지장물이 없을 때 경사면을 만들면서 파내려가는 공법
  ㉢ 주로 산간지나 도로에서 산을 통과할 시 절토공사에 사용
  ㉣ 흙의 자유경사각을 이용하여 V자 형식으로 파내려감
  ㉤ 시공속도가 빠르고 별도의 흙막이 가시설이 필요 없음
  ㉥ 단점은 주변에 건물이나 지장물이 존재할 경우 적용이 곤란하며 경사면 보호를 위한 별도 대책이 필요

② 아일랜드컷(Island Cut)
  ㉠ 지반이 좋은 곳에 사용
  ㉡ 터파기의 중앙부분을 개착공법으로 파내려가 구조물을 설치하고 그 옆 부분을 추가 굴착하는 공법
  ㉢ 중앙구간을 개착공법으로 선시행하므로 주변지반에 미치는 영향을 최소화할 수 있고 넓은 구간의 토공사시 유리
  ㉣ 단점은 분할시공에 따른 공사비 증가와 공사기간이 길어짐

③ 트랜치컷(Trench Cut)
  ㉠ 연약지반에 사용
  ㉡ 아일랜드컷과는 반대로 먼저 둘레 부분에 흙막이 가시설을 이용하여 구조물을 선시공
  ㉢ 선시공된 구조물을 흙막이로 이용하여 가운데 부분을 파내어 시공해 나가는 방식
  ㉣ 중앙구간을 개착공법으로 선 시행하므로 주변지반에 미치는 영향을 최소화할 수 있음
  ㉤ 단점은 분할시공에 따른 공사비 증가와 공사기간이 길어짐

(3) 흙막이 공법
① 가시설을 이용하여 흙의 토압에 저항하면서 굴착을 하는 공법
② 흙막이 벽체는 토사의 붕괴를 막기 위해 굴착면에 설치
③ 공법선정 시 고려사항
  ㉠ 지반조건 : 지반의 연약정도, 지하수위, 용수량
  ㉡ 시공조건 : 공사부지의 넓이, 기계화시공 가능성
  ㉢ 굴착조건 : 굴착깊이, 작업제약, 동시굴착가능 면적
  ㉣ 기타조건 : 공사기간, 경제성, 안전성, 무공해성

〈흙막이 공법〉

(4) 지지방식의 흙막이 공법
① 자립식 공법
  ㉠ 버팀대나 앵커 없이 흙막이벽 자체로 흙막이 배면의 토압을 지지하도록 하는 방식
  ㉡ 규모가 작고 굴토깊이가 낮은 경질지반인 경우에 이용

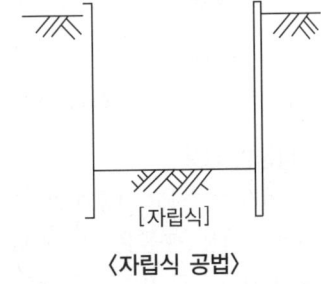

〈자립식 공법〉

② 버팀대(Strut) 공법 기출 20년 1·2회 통합, 23년 복원
  ㉠ 흙막이 벽을 설치하고, 양측 토압의 균형을 이용한 수평 버팀대로 토류벽을 지지하면서 점차 흙을 굴착하는 공법
  ㉡ 토질의 영향을 적게 받고, H-pile이나 Sheet Pile과 함께 수평버팀대로 토압을 지지함
  ㉢ 어스앵커 공법의 적용이 어려운 도심지 공사 등에 적용가능하나 고저차가 크거나 상이한 구조인 경우 균형을 잡기 어려움
  ㉣ 가설구조물로 인해 중장비작업이나 토량제거 작업의 능률이 저하되며 공기지연으로 공사비가 상승함

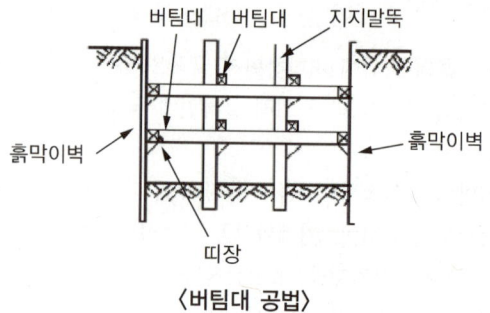

〈버팀대 공법〉

③ 어스앵커(Earth Anchor) 공법 기출 18년 4회, 19년 2회
　㉠ 흙막이 벽을 천공하고 인장재(철근, PC강선)를 삽입하여 경질지반에 정착시킴으로써 흙막이널을 지지
　㉡ 버팀대가 불필요, 토공사 범위를 한 번에 시공 가능, 기계화시공이 가능해 공기가 빠름
　㉢ 비교적 고가, 인근 구조물이나 지장 매설물이 있을 경우 시공이 곤란

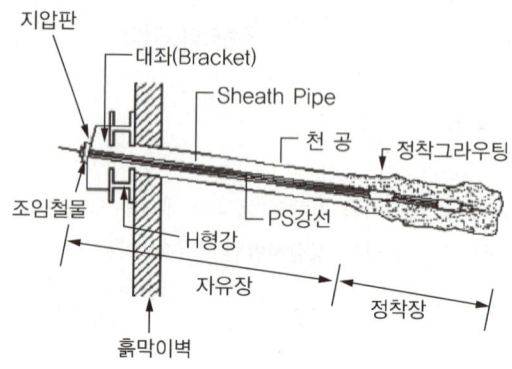

〈어스앵커 공법〉

④ 탑다운(Top Down) 공법, 역타공법 기출 19년 4회
　㉠ 슬러리 월(Slurry Wall)을 먼저 설치하고 기둥과 보를 정위치에 구축하고 1층 부분의 바닥을 설치한 후 터파기를 병행하면서 지상구조물을 축조해 나가는 공법
　㉡ 굴착전 영구구조물의 벽체와 기둥 등의 기초를 완성하여 지표면으로부터 지하 1,2,3층 등의 역순으로 굴착과 함께 구조물을 시공하여 흙막이벽체를 지지함
　㉢ 시공순서 : 외벽시공 → 기초, 철골기둥설치 → 1층 바닥판 설치 → 터파기 및 지상, 지하 골조 공사
　㉣ 특 징
　　• 안정성이 높음
　　• 공기단축(지하층과 지상층을 동시에 시공)
　　• 작업공간의 확보 가능
　　• 환경보전양호
　　• 전천 후 시공 가능

⑤ <u>이코스 파일 공법(Icos Pile Method)</u> 기출 18년 2회
  ㉠ 수직으로 구멍을 연속해서 파서 그 안에 콘크리트를 넣어 외벽 겸 흙막이벽을 형성하는 공법
  ㉡ 지수 흙막이 벽으로 말뚝구멍을 하나 걸름으로 뚫고 콘크리트를 타설하여 만든 후, 말뚝과 말뚝 사이에 다음 말뚝구멍을 뚫어 흙막이 벽을 완성함

⑥ <u>언더피닝(Underpinning) 공법</u> 기출 18년 2회, 19년 2회, 21년 4회, 23년 복원
  ㉠ 기존 구조물의 침하방지를 위한 밑받이 보호공법
  ㉡ 기존 건축물과 인접하여 시공 시 기존 구조물의 기초를 보강하거나 새로운 기초를 설치
  ㉢ 공법의 종류
    • 이중널말뚝 공법
    • 차단벽 설치공법
    • 현장타설 콘크리트 말뚝설치 보강공법
    • 강재말뚝 보강공법
    • 약액주입법
    • Jack Support 지지
    • Bracket설치 지지

(5) 구조방식의 흙막이 공법

① H-pile 및 토류판 공법
  ㉠ H-pile을 일정한 간격으로 박고 굴착과 동시에 토류판을 사이에 끼워 흙막이 벽을 설치
  ㉡ Strut 버팀대를 설치하여 흙막이벽을 지지하며 시공이 간단하고 공기도 짧음
  ㉢ 차수성, 그라우팅보강과 히빙(Heaving) 현상에 대한 대책이 필요

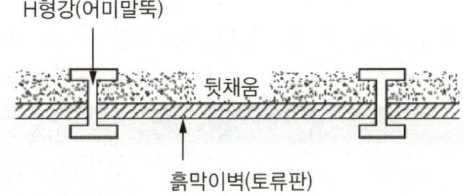

〈H-pile 및 토류판 공법〉

② <u>시트파일(Sheet Pile) 공법</u> 기출 18년 1회
  ㉠ 널말뚝(Sheet Pile)을 연속으로 연결하여 벽체를 형성하는 공법
  ㉡ 차수성이 높아 연약지반에 적합함
  ㉢ 차수성은 양호하나 자갈층 관입이 곤란하며 휨 발생이 큼
  ㉣ 타입 시 지반의 체적변형이 작아 항타가 쉬움
  ㉤ 이음부를 볼트나 용접접합에 의해서 말뚝의 길이를 자유로이 늘릴 수 있음
  ㉥ 몇 회씩 재사용이 가능하며, 적당한 보호처리를 하면 물 위나 아래에서 수명이 긺

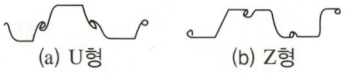

〈Sheet Pile 공법〉

③ 강관Sheet Pile 기출 22년 1회
  ㉠ Sheet Pile의 강성보완을 위해 강관말뚝에 Locking을 설치하여 지중에 타입
  ㉡ 차수성 우수, 경질지반 타입, 단면계수 큼
  ㉢ 공사비 고가, 이음부 파손 시 차수 저하, 소음, 진동

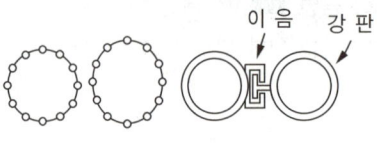

〈강관Sheet Pile〉

  ㉣ 주열식 흙막이 공법
    • 현장 타설 콘크리트 말뚝을 연속으로 박아 주열식으로 흙막이벽을 형성하는 공법
    • 말뚝내에는 철근 및 H-pile을 박아 벽체를 보강함
    • 저소음 공법으로 차수성이 우수하고 벽의 강성이 높으며 주변침하가 적음
    • 단점으로는 경질지반에는 불리하며 공기가 비교적 길고 공사비가 증대됨
    • CIP(Cast In Place), SCW(Soil Cement Wall), PIP(Packed In Pile), LW Grounting 공법 등이 있음

④ 지하연속벽(Slurry Wall) 공법 기출 20년 3회, 20년 4회, 21년 2회, 22년 2회, 24년 복원
  ㉠ 지반굴착 시 안정액을 사용하여 지반의 붕괴를 방지하면서 굴착
  ㉡ 굴착한 곳에 철근망을 넣고 콘크리트를 타설
  ㉢ 연속으로 콘크리트 흙막이 벽을 설치
  ㉣ 공사의 안전성, 공해문제, 인접건물의 영향성을 고려하여 도심지 공사에 적합
  ㉤ 벽체의 강성이 커서 대규모, 대심도 굴착공사 시 영구벽체로 사용 가능
  ㉥ 대지경계선까지 근접시공이 가능하므로 지하공간 최대로 이용
  ㉦ 암반을 포함한 대부분의 지반에 시공이 가능하며 차수벽의 기능도 지님

구 분		공 법
벽체형식		엄지말뚝 + 흙막이판
		널말뚝(Sheet Pile)
	주열식 벽체	• CIP(Cast In Place Pile) • SCW(Soil Cement Wall) • SPW(Secant Pile Wall) • TCM(Trench Cutting & continuously Mixing Method)
	지하연속벽체 (Diaphragm Wall)	• 현장타설지하연속벽체 • 기성지하연속벽체

02 토공기계

(1) 건설기계의 종류

① 캐리올 스크레이퍼(Carry All Scraper) : 흙의 적재, 운반, 정지의 기능을 가지고 있는 장비로서 일반적으로 중거리 정지공사에 많이 사용
② 모터 그레이더(Motor Grader) : 토공대패라고 불리며 토목공사에 주로 사용하는 것으로 균토판(삽날, 블레이드)을 탑재하여 지표를 긁어 땅을 고르게 하는 장비
③ 파워쇼벨(Power Shovel) : 버킷이 외측으로 움직여 기계가 서 있는 위치보다 높은 곳의 굴착에 적당

기출 19년 2회

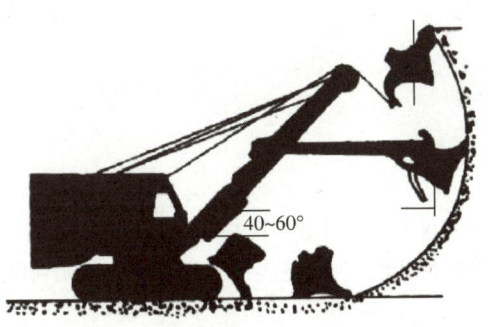

〈파워쇼벨〉

④ 로더(Loader) : 트랙터의 앞 작업장치에 버킷을 붙인 것으로 쇼벨도저(Shovel Dozer)또는 트랙터쇼벨(Tractor Shovel)이라고도 하며, 버킷에 의한 굴착, 상차를 주 작업으로 하는 기계
⑤ 드래그라인 : 굴삭기가 위치한 지면보다 낮은데 적합하고 백호우처럼 단단한 토질을 굴삭할 수 없으나 굴삭 반경이 크므로 수중 굴삭(하천 개수), 모래 채취 등에 많이 사용 기출 17년 4회, 21년 2회
⑥ 클램쉘 : 굴착기가 위치한 지면보다 낮은 데를 굴삭하는 데 적합하고 수중, 굴삭, 호퍼(Hopper) 작업, 교량기초, 건축물의 지하실 공사 등 깊게 굴삭하는 데 많이 이용
⑦ 백호우 : 일명 굴삭기로, 지면보다 낮은 곳을 굴삭하는 데 적합하며 단단한 토지의 굴삭과 상차 작업에도 유리

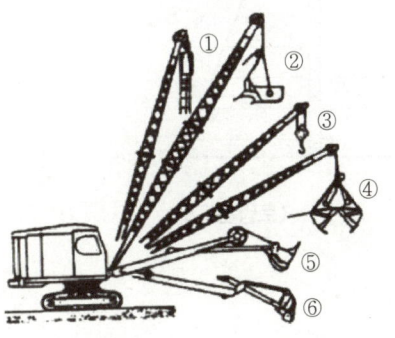

① 파일 드라이버
② 드래그라인
③ 크레인
④ 클램쉘
⑤ 파워 셔블
⑥ 드래그 셔블

〈드래그라인, 클램쉘〉

(2) 굴삭기의 작업량 기출 23년 복원

① 시간당 굴삭기의 작업량(m^3/h) 계산식

$$\text{굴삭기의 작업량}(m^3/h) = \frac{3600 \times q \times K \times f \times E}{\text{사이클타임}}$$

(q : 버킷용량, K : 버킷계수, f : 체적환산계수, E : 작업효율)

② 예시 : 버킷용량 0.8[m^3], 사이클타임 40초, 작업효율 0.8, 굴삭계수 0.7, 굴삭토의 용적변화계수 1.1

$$\text{굴삭기의 작업량}(m^3/h) = \frac{3600 \times 0.8 \times 0.7 \times 1.1 \times 0.8}{40} = 44.352$$

03 흙막이

(1) 흙막이 벽과 토압
① 흙막이 벽 : 토압에 저항하여 흙이 무너지는 것을 방지하기 위하여 굴착면에 설치하는 벽체
② 흙막이 벽의 고려하중 : 토압, 수압, 굴착주변 적재하중, 버팀대의 온도상승에 의한 축력의 증가
③ 토압 : 흙과 접촉하는 옹벽, 흙막이 벽, 지하 매설물 등이 흙의 의해 받는 수평 방향의 압력

(2) 토압의 종류
① 정지토압 : 흙이 정지상태일 때의 토압
② 주동토압(Pa) : 전면으로 변위가 발생할 때의 토압
③ 수동토압(Pp) : 배면측으로 변위가 발생할 때의 토압

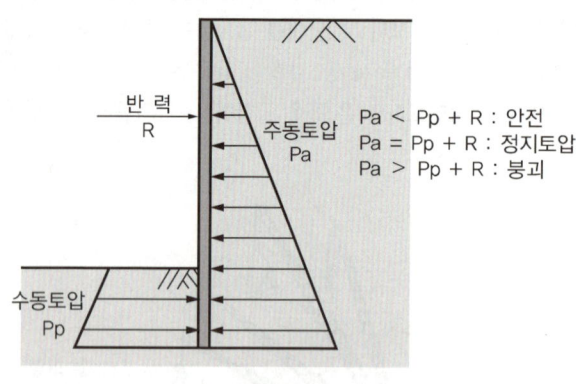

〈토압분포도〉

(3) 히빙, 분사, 보일링, 파이핑현상

① 히빙(Heaving) 현상 기출 18년 4회, 19년 1회, 23년 복원
  ㉠ 연약점토지반에서 굴착작업 시 흙막이벽 내외의 흙의 중량차이로 인해 저면 흙이 지지력을 상실하여 붕괴되어 흙막이 바깥에 있는 흙이 흙막이벽 선단을 돌며 밀려들어와 굴착 저면이 부풀어 오르는 현상
  ㉡ 원 인
   • 연약한 점토지반
   • 흙막이 벽체의 근입장 부족
   • 흙막이 내외부 중량차
   • 지표 재하중
  ㉢ 대 책
   • 가장 안전한 대책은 강성이 높은 강력한 흙막이벽의 밑 끝을 양질의 지반속까지 깊게 박는 것
   • 굴착주변 지표면의 상재하중을 제거
   • 흙막이벽 재료를 강도가 높은 것을 사용하고 버팀대의 수를 증가

② 분사(Quick Sand)현상
  ㉠ 주로 모래지반에서 일어나는 현상으로 상향침투수압에 의해 흙입자가 물과 함께 유출되는 현상
  ㉡ 분사현상이 진행되면 보일링현상이 되고, 보일링현상이 심해지면 파이핑현상이 발생

③ 보일링(Boiling)
  ㉠ 투수성이 좋은 사질지반에서 흙파기 공사를 하는 경우, 흙막이벽 배면의 지하수위가 굴착저면보다 높을 때 굴착저면 위로 모래와 지하수가 부풀어 오르는 현상
  ㉡ 원 인
   • 굴착저면 하부가 투수성이 좋은 사질지반인 경우
   • 흙막이 벽체의 근입장 깊이 부족
   • 흙막이 배면 지하수위 높이가 굴착저면 지하수위보다 높을 경우
   • 굴착저면 하부의 피압수
  ㉢ 대 책
   • 흙막이벽의 근입장 깊이연장
   • 차수성이 높은 흙막이 설치
   • Well Point, Deep Well 공법으로 지하수위 저하

④ 파이핑(Piping)현상 기출 22년 1회
  ㉠ 보일링 현상이 진전되어 물의 통로가 생기면서 파이프 모양으로 구멍이 뚫려 흙이 세굴되어 지반이 파괴되는 현상
  ㉡ 흙막이벽 배면, 굴착저면, 댐, 제방의 기초지반에서 발생될 수 있으며, 발생 시 지반의 붕괴원인이 되어 피해가 큼

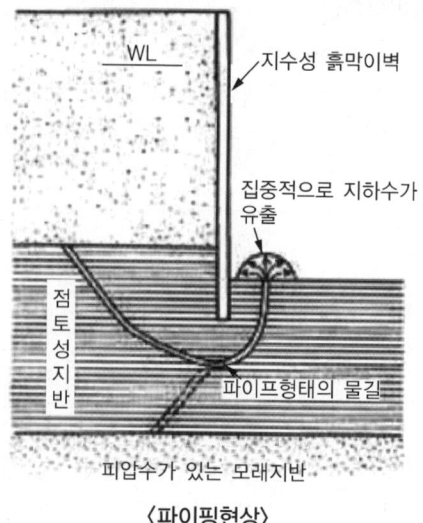

〈파이핑현상〉

ⓒ 원인
- 흙막이벽의 근입장 깊이 부족
- 흙막이 배면 지하수위 높이가 굴착저면 지하수위보다 높을 경우
- 흙막이 배면, 굴착저면 하부의 피압수가 있는 경우
- 굴착저면 하부의 투수성 좋은 사질지반인 경우

ⓔ 대책
- 흙막이벽의 근입장 깊이 연장
- 차수성 높은 흙막이 설치
- Well Point, Deep Well 공법으로 지하수위 저하

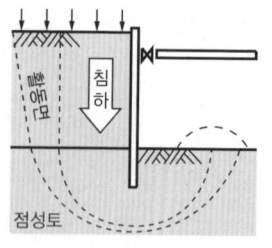 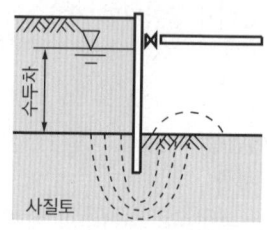 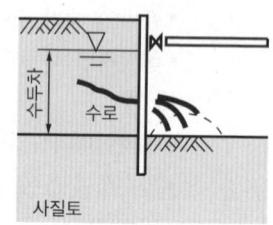

〈히빙, 보일링, 파이핑〉

⑤ 액상화 현상
 ㉠ 포화된 느슨한 모래가 지진 등의 충격을 받으면 땅 아래에 있던 물이 지표면 위로 솟아올라 지반이 액체와 같이 변하는 현상
 ㉡ 분사현상과 액상화 현상은 원인은 다르지만 결과는 같음
 ㉢ 분사현상이 지반 내 물의 흐름에 의해 간극 수압증가를 원인으로 본다면 액상화현상은 동적하중(지진)에 의한 간극수압증가가 원인임

(4) 지하수 처리

① 지하수의 구분
  ㉠ 자유수 : 중력만의 영향을 받는 지표나 지하의 물
  ㉡ 피압수 : 지하층 상하의 불투수층에 의해 압력을 받는 지하수
  ㉢ 복류수 : 지하수의 일종으로 모래층 속을 흐르는 물

② 지하수위 저하의 문제점
  ㉠ 주변지반의 침하나 건물의 침하
  ㉡ 인접구조물의 지지력 저하
  ㉢ 공공매설물의 손상
  ㉣ 지하수로 재편성에 따른 우물의 고갈

③ 지하수 처리방안 [기출] 18년 2회, 19년 4회
  ㉠ 차수공법 : 흙막이공법, 고결공법, 약액 주입공법이 있음
  ㉡ 배수공법 : 중력배수, 강제배수, 복수공법이 있음
  ㉢ 계측관리 : Water Level Meter, Piezometer, Load Cell, Tilt Meter가 있음

차수공법	흙막이식	Sheet Pile, Slurry Wall, Top Down 공법
	약액 주입공법	Cement Grouting, LW Grouting, Soil Grouting Rocket 공법
	고결공법	생석회 말뚝공법, 동결공법, 소결공법
배수공법	중력배수	집수정(Sump)공법, 깊은우물(Deep Well)공법
	강제배수	웰포인트공법, 진공 Deep Well공법, 전기침투공법
	복수공법	주수공법, 담수공법, Recharge
계측관리	• Water Level Meter • Piezometer • Load Cell • Tilt Meter(주변 건물이나 옹벽, 철탑 등 터파기 주위의 주요 구조물에 설치하여 구조물의 경사 변형상태를 측정)	
차수효과	• 공사장 주변의 지하수위 저하방지 • 인접지반 및 건축물 침하방지 • 배수설비 소규모화 가능 • 그라우팅 공법의 경우 지반보강의 효과	
배수효과	• 솟아나는 물(용수)의 방지 • 굴착사면의 안정 • 퀵샌드현상, 보일링, 히빙 방지 • 반부풀음 방지 • 흙막이널 틈에서의 토사유출방지 • 흙막이 배면의 수압경감 • 장비 주행성 확보, 굴착면에서 Dry Work • 지반압밀 촉진	

④ 배수공법 [기출] 21년 2회

중력배수 (중력에 의해 침투하는 지하수를 집수)	지표배수
	지하배수
	Deep Well
	집수정(Sump) 공법
강제배수 (진공압으로 지하수를 강제적으로 집수)	웰포인트(Well Point)
	진공 Deep Well
복수(Recharge)공법	주수공법
	담수공법

㉠ 지표배수 : 지형구배를 이용한 자연배수
㉡ 지하배수 : 맹암거, 수평배수공, 수직배수공을 이용하여 배수하는 공법
㉢ 웰포인트(Well Point)공법 [기출] 19년 2회, 22년 1회
  • 우물을 파고 수중모터펌프를 설치하여 양수하여 배수
  • 넓은 범위의 지하수위 저하
  • 배수성능 양호 급속시공 가능
  • Heaving현상에 대응하는 공법
  • 지하용수량이 많고 투수성이 큰 사질지반에 적합
  • 압밀 침하량 과다로 주변대지 및 도로에 균열발생 가능
  • 일시적인 사질토 개량공법, 점토질 지반에는 적용불가
  • 굴착을 요하는 지역에 Well Point라는 흡수관을 타입
  • 이를 흡입관으로 연결하여 진공펌프로 배수하는 강제 배수 공법
  • 지하수 저하에 따른 인접건축물과 공동매설물 침하에 주의해야 함
㉣ 진공 Deep Well
  • 점성토 토질에 주로 사용, 배수량이 많을 때 사용
  • Deep Well에서 우물관 내의 기압을 진공펌프로 강하하여 강제배수

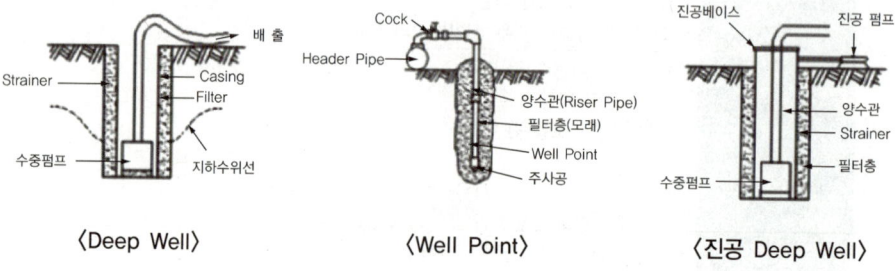

〈Deep Well〉　〈Well Point〉　〈진공 Deep Well〉

04 지반조사

(1) 지반조사의 정의 [기출] 21년 4회
① 지반을 구성하는 토층의 쌓인 순서를 밝혀 구조물의 설계, 시공의 기초적인 자료를 구하는 조사
② 기존자료를 조사하는 간접조사방법과 시험굴착, 보링, 표준관입시험, 물리적 지하탐사 등의 직접조사방법이 있음

(2) 지반조사의 목적
① 대상지역의 지층분포와 토질, 암석, 암반 등 지반의 공학적 성질을 명확히 파악하여 구조물의 계획, 설계, 시공, 유지관리 업무를 수행하는데 필요한 제반 지반정보를 제공함
② 지반조사를 소홀히 하는 경우 공사비 증가, 공기지연 등을 초래함

(3) 지반조사의 순서

예비조사	넓은 범위를 대상으로 수행하며 직간접조사를 실시하여 개략적인 지반특성을 파악
개략조사	예비조사에서 구한 결과를 토대로 현지답사를 수행, 시추와 시료채취실시
본조사	개략조사를 통해 얻은 정보를 토대로 시추, 시료채취, 원위치시험, 실내실험, 물리탐사를 실시
보충조사	본조사내용과 시공상태에서 확인한 지층구조가 달라 설계변경이 필요할때 시공 중 시료를 채취하고 실험을 실시하여 지반의 변위나 침하, 지지력을 계측

(4) 지반조사의 방법
① 지하탐사법
  ㉠ 터파보기(Test Pit) : 삽으로 구멍을 파보는 방법으로 소규모 건축물에 적용
  ㉡ 짚어보기(Sound Rod) : 직경 9mm 정도의 철봉을 박아보고 그 저항울림, 꽂히는 속도 등을 파악
  ㉢ 물리적 탐사
    • 넓고 연약한 층을 탐사
    • 전기저항식, 탄성파식, 강제진동식, GPR탐사 등이 있음
    • 지층의 심도변화 측정에 적합하여 주로 전기저항식을 이용
② 보링(Boring) [기출] 18년 1회
  ㉠ 지반조사방법 중 가장 대표적인 방법
  ㉡ 신뢰성이 높고, 토질의 분포, 토층의 구성 등을 육안으로 확인할 수 있음
  ㉢ 종 류
    • 회전식(Rotary Boring) : 비트를 회전시켜 천공, 자연상태의 시료를 연속적으로 채취 가능, 가장 정확한 방식
    • 충격식(Percussion Boring) : 경질층에 이용, 비트의 상하 충격으로 토사와 암사를 파쇄
    • 수세식(Washing Boring) : 깊이 30m 이내의 연질층에 사용, 충격을 주며 물을 분사하여 흙과 물을 배출
    • 오거보링(Auger Boring) : 깊이 10m 이내의 점토층에 적합

대상공사		시추 간격 배치 기준
광범위한 단지조성		• 예비조사 : 인접한 4개소의 Boring Hole을 잇는 면적이 현장 전체 면적의 10% 정도가 되도록 배치 • 본조사 : 예비조사 결과 유효한 토층 단면도가 되도록 추가배치
건축물기초	연약층 분포지역	• 건축물 예상 위치에서 15~50m 간격 • 건축물 위치 확정 후 중간 지점에서 추가 시추
	간격이 좁은 독립기초의 대규모 구조물	• 각 방향으로 15m 간격으로 기초외벽, 기계실, Elevator실 등 • 효과적인 토층 단면이 될 수 있도록 배치하되 최소 3개소 이상
	큰 면적에 하중이 적은 구조물	• 최소 네 모퉁이에 시추하고 토층 단면도 작성에 필요한 다수의 시추공을 내부 기초 위치에 추가
	면적 250~1000m²인 독립 강성기초	• 주변을 따라 최소 3개소의 Boring을 실시한 후 그 결과에 따라 중간에 시추공을 추가
	면적 250m² 이하의 독립 강성기초	• 최소 대각의 모퉁이에 2개소, 중앙에 1개소의 시추를 실시한 후 그 결과에 따라 나머지 모퉁이에 시추공을 추가

③ 사운딩(Sounding)
㉠ 로드(Rod) 선단에 저항체를 부착하여 땅 속에 넣어 관입, 회전, 압입 및 인발시켜 발생하는 저항을 측정하여 지반의 강도 및 밀도 등을 파악하는 방법
㉡ 종 류
- 표준관입시험(SPT ; Standard Penetration Test) : N치(N Value)를 구하는 시험으로 사질지반의 다짐상태 파악에 적합
- 베인시험(Vane Test) : 십자형의 베인을 지중에 삽입, 회전시켜 저하하는 저항치로 진흙의 점착력을 파악하는 시험으로 깊이 10m 이내의 연약점토지반에 사용
- 콘관입시험 : 원추형의 콘을 지중에 관입시켜 관입저항치로 흙의 경연정도를 파악하는 시험
- 스웨덴식 사운딩 : 저항체를 100kg으로 하중을 가하면서 회전시켜 관입량과 회전수로 흙의 상태를 파악하는 시험

㉢ 표준관입시험의 N치(지내력) [기출] 20년 1·2회 통합
- N치란 63.5kg의 해머를 76cm 높이에서 자유낙하시켜 로드 선단의 샘플러를 지반에 30cm 박아 넣는 데 필요한 타격횟수
- N치는 지반 특성을 판별, 결정하거나 지반구조물을 설계하고 해석하는 데 활용됨
- 사질토 이외의 경우, 특히 연약점성토층, 자갈층, 풍화암층을 대상으로 적용할 때 주의가 필요함
- N치와 흙의 상대밀도

모래지반의 N치	점토지반의 N치	상대밀도(g/cm²)
0~4	0~2	매우연약(Very Loose)
4~10	2~4	연약(Loose)
10~30	4~8	보통(Medium)
30~50	8~15	단단한 모래(Dense), 점토(Stiff)
50 이상	15~30	아주 단단한 모래(Very Dense), 점토(Stiff)
-	30 이상	경질(Hard)

• 시험순서 : 시험구멍 굴착 → 시험장치의 조립 → 예비박기 → 본박기 → 채취시료 관찰 및 보관 → 기록 및 정리

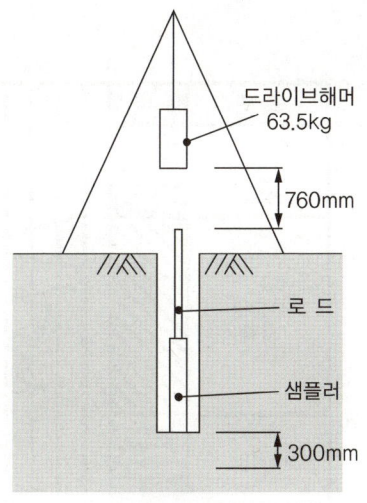

〈표준관입시험〉

④ 샘플링(Sampling)
  ㉠ 현장에서 지반조사를 수행하는 것 이외에 현장을 대표할 수 있는 시료를 채취하여야 함
  ㉡ 샘플링의 종류

교란시료 (Disturbed Sampling)	• 채취하는 시료는 토질이 흩어진 상태로 채취하는 시료 • 흙의 공학적 분류를 위해 사용
불교란시료 (Undisturbed Sampling)	• 토질의 자연상태 그대로 흩어지지 않도록 채취하는 시료로 보링과 병행하여 실시 • 지반의 강도, 압축성 등을 평가하기 위해 사용

(5) **토질주상도(Columnar Section)** 기출 20년 3회, 24년 복원
  ① 조사지역의 층서를 여러 가지 기호와 색으로 표시한 그래프로 지하부위의 단면상태를 예측가능
  ② 토질주상도에는 그 지역의 층서(지층이 쌓인 순서), 지층의 두께, 지질상태, 지하수위 등을 표시
  ③ 토질주상도의 활용
    ㉠ 지층의 확인 : 터파기 공법 선정, 터파기 공사비 선정
    ㉡ 지하수위의 확인 : 차수 및 배수공법, 흙막이 공법의 선정
    ㉢ 지내력(N값)의 확인 : 기초설계 및 기초의 안전성 확인
    ㉣ 지하매설물 : 토공사 및 공기파악
    ㉤ 지반공동구 : 잔토량 산정
  ④ 기입내용
    ㉠ 지반조사지역
    ㉡ 조사일자
    ㉢ 조사자
    ㉣ 보링방법
    ㉤ 지하수위

ⓗ 심도에 따른 색조 및 토질
ⓢ 층두께 및 구성상태
ⓞ N값

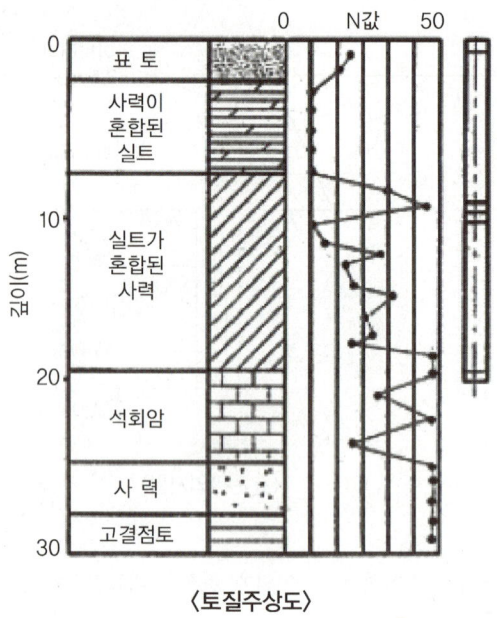

〈토질주상도〉

05 연약지반 개량공법

(1) 연약지반
① 흙의 강도가 작고 압축되기 쉬워 건물, 교량 도로 및 댐 등과 같은 구조물의 하중을 원상태로 지지할 수 없는 지반
② 일반적으로 간극비가 큰 실트층이나 점토층, 압축성이 큰 유기질토층, 느슨한 모래층 등을 말함
③ N값이 4 이하인 것을 유기질토, 6 이하인 것을 점성토, 10 이하인 것을 사질토라 함
④ 연약지반에 구조물을 세우거나 성토를 하면 기초지반의 지지력이 부족하고 침하가 발생하여 구조물이나 성토가 불안정해지거나 파괴가 발생
⑤ 연약지반에서는 공사용 장비의 주행이 곤란하고, 굴착공사 시 분사현상이나 융기현상이 발생할 가능성이 많음
⑥ 지진이나 진동으로 인해 지반이 액상화되어 지지력이 저하될 가능성도 높음
⑦ 예민비 [기출] 18년 4회, 20년 1·2회 통합
  ㉠ 예민비 : 흙을 이김에 의해서 약해지는 정도를 표시한 것
  ㉡ 예민비 = 불교란시료의 일축압축강도 ÷ 교란시료의 일축압축강도

(2) 연약지반 개량공법의 분류 기출 21년 1회

점토 지반개량공법	• 치환 공법 • 프리 로딩 공법(사전 압밀 공법) • 압성토 공법(부제 공법) • 샌드 드레인 공법(Sand Drain 공법) • 페이퍼 공법(Paper Drain 공법) • 팩 드레인 공법(Pack Drain 공법) • 위크 드레인 공법(Wick Drain 공법) • 전기 침투 공법 • 침투압 공법(MAIS 공법) • 생석회 말뚝 공법(Chemico Pile 공법)
사질토 지반개량공법	• 폭파 다짐 공법 • 약액 주입 공법 • 진동(물) 다짐(Vibroflotation 공법) • 동다짐 공법[동압밀(점토)] • 전기 충격 방법 • 다짐모래 말뚝 공법(Composor 공법)
일시적인 지반개량공법	• 진공 압밀(대기압 공법) • 동결 공법 • 웰포인트 공법 • 소결 공법
강제압밀공법 기출 19년 1회	• 여성토(Surcharge) 공법 • 프리로딩(Preloading) 공법 • 프리콤프레션(Precompression) 공법 • 페이퍼드레인(Paper Drain) 공법 • 샌드드레인(Sand Drain) 공법 • 플라스틱드레인(Plastic Drain) 공법
고결공법	• 주입공법 • 고압분사 공법 • 심층혼합처리 공법 • 압축그라우팅 공법
응결공법	• 시멘트 처리 공법 • 석회처리 공법 • 심층혼합처리 공법 • 기타 공법

① 점토지반 개량공법

㉠ 치환 공법 : 연약 점토지반의 일부 또는 전부를 조립토로 치환하여 지지력을 증대시키는 공법

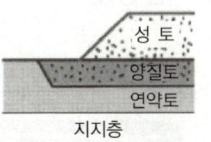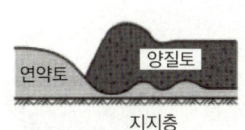

〈굴착치환공법, 강제치환공법〉

㉡ 프리로딩 공법(사전 압밀 공법) : 구조물 시공 전에 미리 하중을 재하하여 압밀을 미리 끝나게 하여, 지반의 강도를 증가시키는 공법

ⓒ 압성토 공법(부제 공법) : 성토체에 의한 연약지반의 활동파괴를 방지하고자 성토체의 옆에 압성토하는 공법

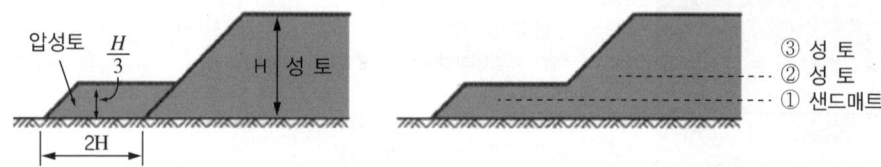

〈압성토의 크기, 압성토의 시공순서〉

ⓔ 샌드 드레인 공법(Sand Drain 공법) : 연약 점토지반에 모래 말뚝을 설치하여 배수거리를 단축하여 압밀을 촉진시켜 압밀시간을 단축시키는 공법

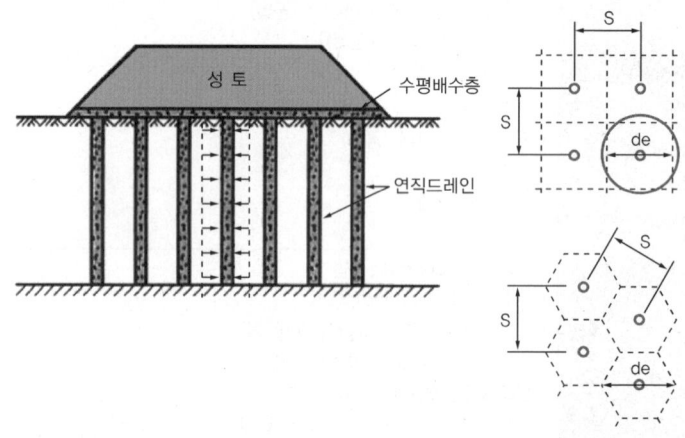

〈샌드드레인 공법〉

ⓜ 페이퍼 공법(Paper Drain 공법) : 모래 말뚝 대신에 합성수지로 된 페이퍼를 땅 속에 박아 압밀을 촉진시키는 공법

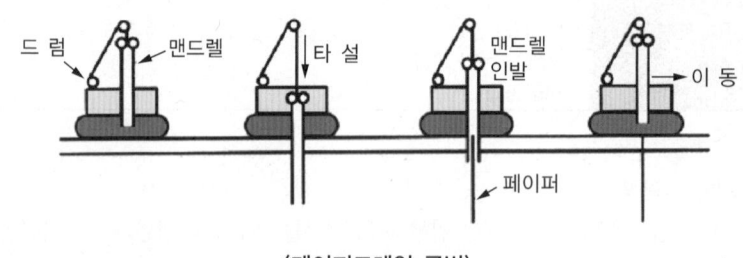

〈페이퍼드레인 공법〉

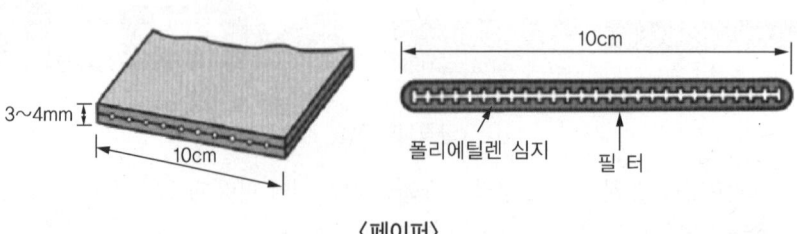

〈페이퍼〉

ⓑ 팩 드레인 공법(Pack Drain 공법) : Sand Drain의 결점인 모래 말뚝의 절단을 보완하기 위하여 합성 섬유로된 포대에 모래를 채워 만든 공법
ⓢ 위크 드레인 공법(Wick Drain 공법) : 포화된 점토층에서 연직 방향의 배수를 촉진하기 위해 Sand Drain 공법의 대안으로 개발된 공법
ⓞ 전기 침투 공법 : 지반 내에 직류 전극을 설치하여 직류를 보내어, (-)극에 모인 물을 배수하여 탈수 및 지지력을 증가시키는 공법
ⓩ 침투압 공법(MAIS 공법) : 지반 내에 반투막 중공 원통을 설치하고 그 속에 농도가 높은 용액을 넣어서 물을 흡수, 탈수시켜 지반의 지지력을 증가시키는 공법
ⓧ 생석회 말뚝 공법(Chemico Pile 공법) : 생석회는 수분을 흡수하면서 발열반응을 일으켜서 체적이 팽창하면서 탈수, 건조, 화학반응, 압밀효과 등에 의해 지반을 강화하는 공법

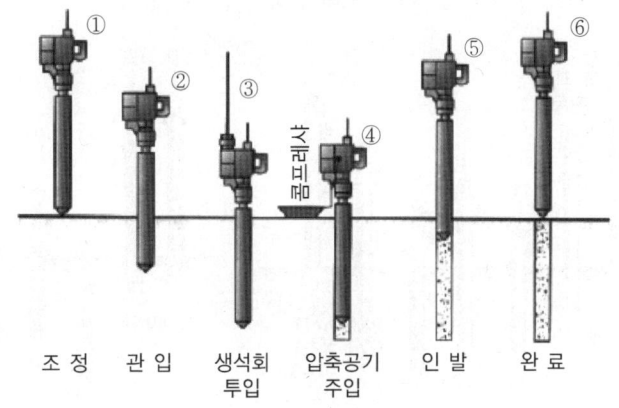

〈생석회말뚝의 시공순서〉

② 사질토지반 개량공법
　㉠ 폭파 다짐 공법 : 다이너마이트의 폭발 시 발생하는 충격력을 이용하여 느슨한 모래지반을 다지는 공법
　㉡ 약액 주입 공법 : 지반 내에 응결재료를 주입시켜 고결시킴으로써 요구되는 목적에 따른 지반개량을 하는 공법
　㉢ 진동(물)다짐(Vibroflotation) 공법 : Vibroflot 끝에 설치된 노즐로부터 물분사와 수평방향의 진동작용을 동시에 일으켜서 지반 내에 생긴 빈틈에 모래나 자갈을 채워서 지반을 개량하는 공법

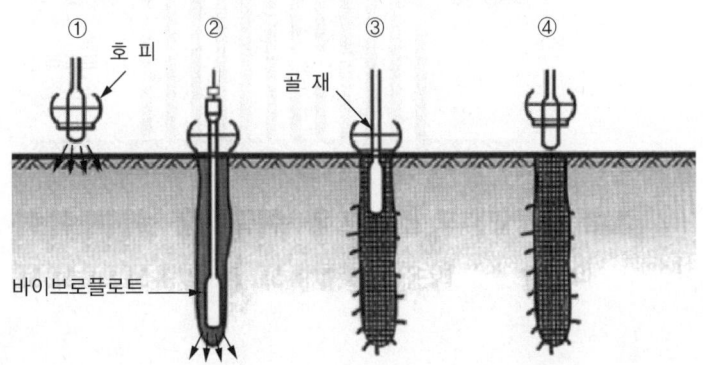

〈바이브로플로테이션공법의 시공순서〉

② 동다짐 공법(중추낙하 공법) [기출] 18년 4회, 22년 1회
- 말뚝을 땅속에 여러 개 박아서 말뚝의 체적만큼 흙을 배제하여 압축
- 간극을 감소시켜 강도를 증진시키는 공법, 무거운 추를 반복 자유낙하함
- 지반진동으로 인한 공해문제가 발생하기도 함
- 깊은 심도의 지반개량에 대해서는 초대형 장비가 필요
- 특별한 약품이나 자재를 필요로 하지 않음
- 지반 내에 암괴 등의 장애물이 있어도 가능

◎ 전기 충격 방법 : 포화된 지반 속에 방전전극을 삽입한 후 이 방전전극에 고압전류를 일으켜서, 이 때 생긴 충격력에 의해 지반을 다지는 공법

⊕ 다짐모래 말뚝 공법(Composor 공법) : 다짐 말뚝 공법과 원리가 같지만, 충격 또는 진동타입에 의해서 지반에 모래를 압입하여 모래 말뚝을 만드는 공법

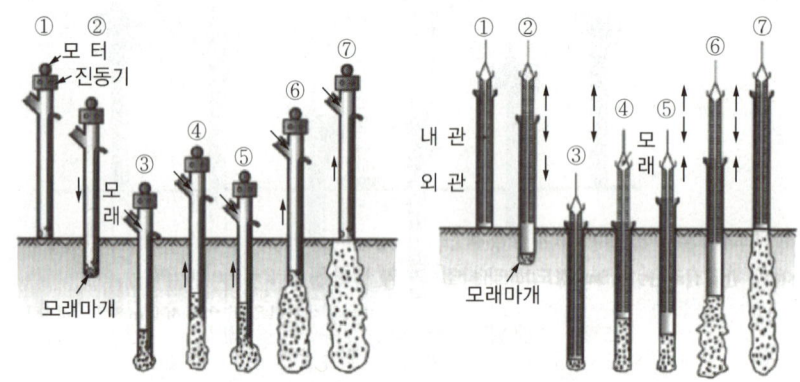

〈진동식 콤포져공법, 충격식 콤포져공법〉

③ 일시적인 지반개량공법
㉠ 진공 압밀 공법(대기압 공법) : 기밀막을 지표면을 씌운 다음 진공 Pump라는 흡수관을 타입하고 이를 흡입관으로 연결하여 진공펌프로 배수하는 강제 배수 공법

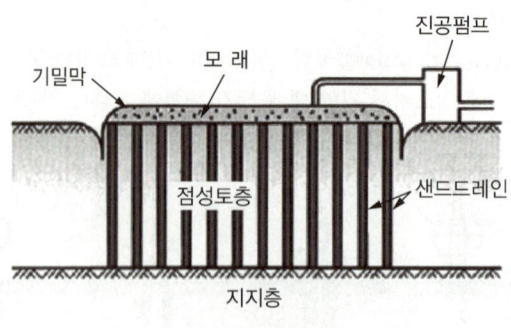

〈진공압밀공법〉

ⓒ 동결 공법
- 동결 관을 지반 내에 설치하고, 냉각제를 흐르게 하여 주위의 흙을 동결
- 동결된 흙의 강도와 불투성의 성질을 이용하는 공법

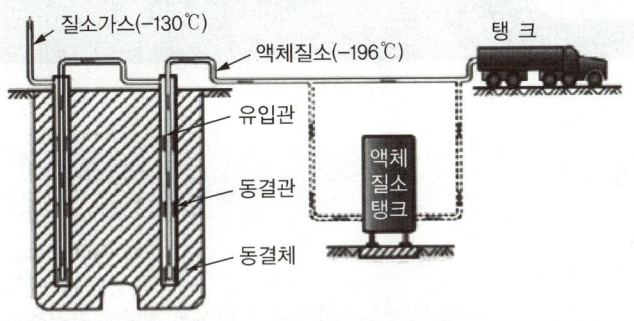

〈액체질소를 이용한 동결 공법〉

ⓒ 웰포인트 공법 기출 19년 4회, 20년 4회
- 일시적인 사질토 개량공법, 점토질 지반에는 적용불가
- 굴착을 요하는 지역에 Well Point라는 흡수관을 타입하고 이를 흡입관으로 연결하여 진공펌프로 배수하는 강제 배수 공법

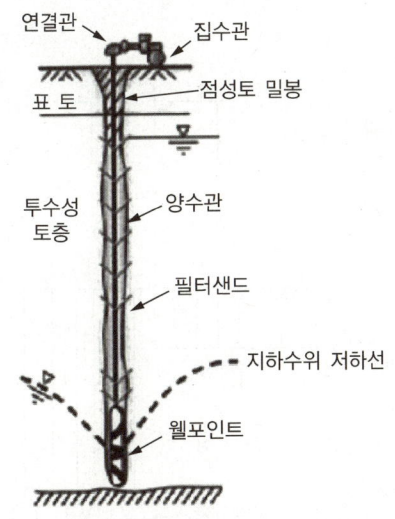

〈웰포인트 공법〉

ⓔ 소결 공법 : 지반 내 보링공을 설치하고 그 안에 연료를 연소시켜 공벽을 고결, 탈수하여 지반개량을 행하는 공법

CHAPTER 03 기초공사

4과목 건설시공학

01 지 정

(1) 지 정
① 기초 : 건축물의 최하부에서 상부구조의 하중을 받아서 지반에 안전하게 전달시키는 최하층 구조체
② 지정 : 기초밑면을 보강하거나 지반의 지지력을 보강해주기 위한 부분
③ 지지말뚝 : 연약층이 깊어 굳은 층에 지지할 수 없을 때 말뚝과 지반의 마찰력에 의하는 말뚝
④ **말뚝재하시험(Pile Load Test)** 기출 19년 1회, 21년 2회
  ㉠ 말뚝길이의 결정
  ㉡ 말뚝 관입량 결정
  ㉢ 지지력 추정

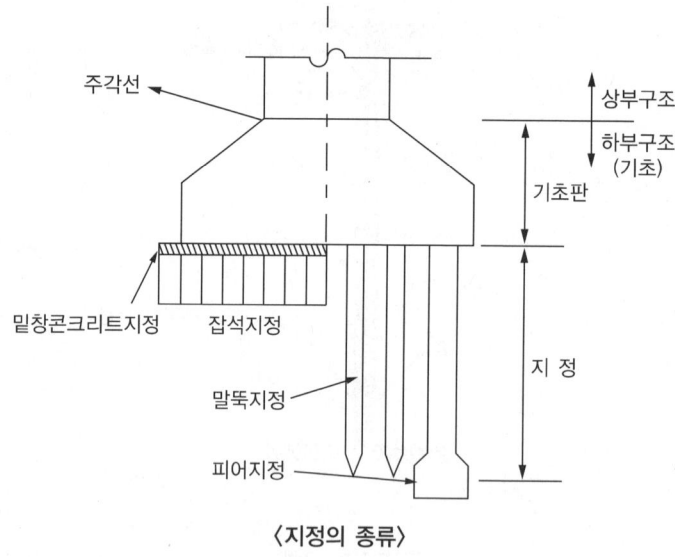

〈지정의 종류〉

⑤ <u>재하시험의 종류</u> 기출 20년 4회
㉠ 정적재하시험 : 타입된 기성말뚝에 실제하중을 완속으로 재하시켜 지지력을 추정하는 시험
㉡ 동적재하시험 : 시험말뚝에 변형률계(Strain Gauge)와 가속도계(Accelerometer)를 부착하여 말뚝항타에 의한 파형으로부터 지지력을 구하는 시험

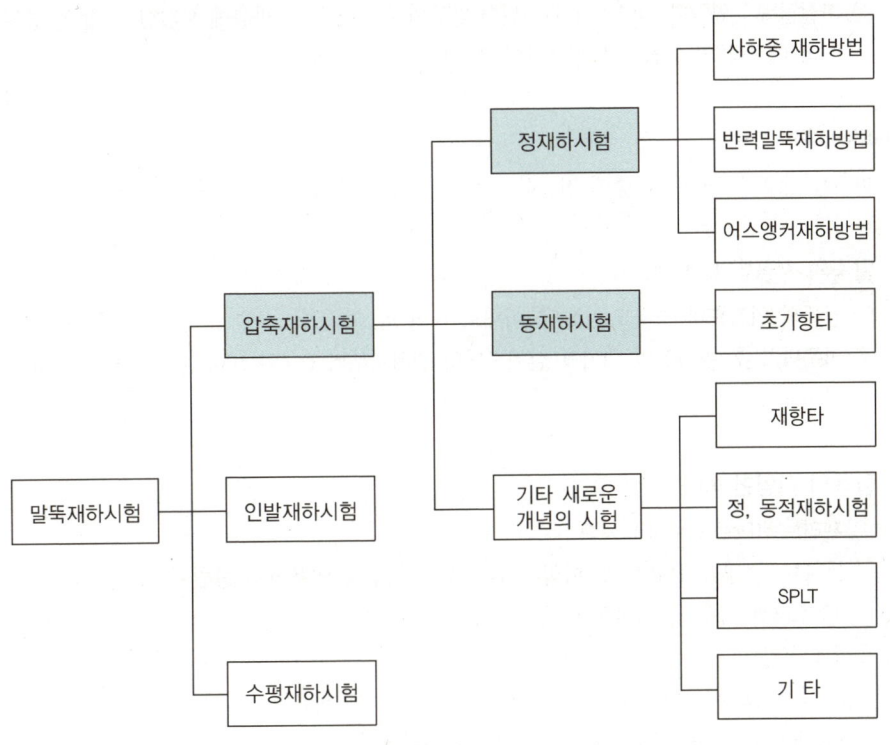

〈말뚝재하시험의 종류〉

(2) 보통지정

① <u>잡석지정</u> 기출 19년 1회
  ㉠ 지름 10~30cm 정도의 깬돌을 세워서 깔고 사춤자갈을 채워서 다지는 지정
  ㉡ 사춤자갈량 = 잡석량 × 30%
  ㉢ 기초 콘크리트 타설 시 흙의 혼입을 방지하기 위해 사용
② <u>모래지정</u> 기출 20년 1·2회 통합
  ㉠ 지반이 연약하거나 하부 2m 이내에 굳은 지층이 있는 경우
  ㉡ 모래를 넣고 30cm마다 물다짐을 하는 지정
③ 자갈지정 : 굳은 지반에 지름 5cm 정도의 자갈을 5~10cm 깔고 잔 자갈을 채우고 다지는 지정
④ 긴주춧돌 지정 : 기초구덩이 밑부분에 잡석다짐 위에 화강석 또는 콘크리트로 긴 주춧돌을 세운 지정
⑤ 밑창콘크리트 지정
  ㉠ 배합비 1:3:6의 콘크리트를 두께 5cm 정도로 잡석지정 윗면에 타설
  ㉡ 잡석의 유동을 막고 거푸집 먹줄치기를 용이하게 하는 지정

(3) 말뚝지정
① 건물의 하중이 지나치게 커서 일반적인 방법으로는 기초를 만들기 어려울 때 지반을 보강하는 지정 방법
② 말뚝의 끝이 굳은 지반에 지지되어 건물의 하중을 지반에 직접 전달
③ 마찰말뚝 : 연약한 지반층이 계속되어 말뚝의 끝이 굳은 지반층에 도달할 수 없을 경우 말뚝표면과 흙의 마찰력 및 교착력을 이용하여 건물의 하중을 지반에 전달하는 말뚝

(4) 피어지정
피어란 상부의 하중을 지중에 전달하기 위해 기둥 밑에 설치하는 원통기둥 모양의 구조체

(5) 말뚝의 시공법 기출 21년 4회
① 말뚝의 연직도나 경사도는 1/50 이내로 해야 함
② 말뚝박기 후 평면상의 위치가 설계도면의 위치로부터 D/4와 100mm 중 큰 값 이상으로 벗어나지 않아야 함

(6) 말뚝의 다양한 시공법
① 프리보링(Pre-boring) 공법
  ㉠ Pile 구멍을 선굴착 후 매입하거나 타입, 압입을 병용하는 방법
  ㉡ 스크류 오우거, 회전식 버켓, Pit등으로 굴착
② 압입공법
  ㉠ 유압 Jack을 이용한 무소음, 무진동공법 또는 회전압입
  ㉡ 진동압입과 수사식을 병용함
③ 수사식 공법(Water Jet)
  ㉠ 물을 고속분사하여 타입, 압입을 병용
  ㉡ 타공법의 보조적인 방법으로 사용
④ 중굴공법 : 말뚝의 중공부에 삽입 후 굴착하며 Open type의 말뚝에 사용
⑤ 디젤해머(Diesel Hammer) 기출 18년 1회
  ㉠ 대규모 말뚝과 널말뚝타입 시 사용
  ㉡ 연약지반에서는 능률이 떨어지고, 규모가 크고 단단한 지반에 적용
  ㉢ 단위시간당 타격횟수가 많고, 능률적, 타격음이 큼
  ㉣ 말뚝부두 파손우려가 있으므로 대책수립이 필요

02 말뚝의 분류

기능에 따른 분류	선단지지말뚝(Point Bearing Pile)
	지지말뚝(Bearing Pile)
	마찰말뚝(Friction Pile)
	다짐말뚝(Compaction Pile)
	활동억제말뚝(Sliding Control Pile)
	수평저항말뚝(Lateral Load Pile)
	인장말뚝(Tension Pile)
재질에 따른 분류	나무말뚝(Timber Pile)
	강말뚝(Steel Pile) : 강관, H형, I형, Box형, Sheet-pile
	콘크리트 말뚝(Concrete Pile) : 무근 콘크리트, RC, PC, PHC 말뚝
	복합말뚝(Composite Pile)
	특수말뚝(Special Pile)
설치방법에 따른 분류	기성철근콘크리트 말뚝(Precast Reinforced Concrete Pile)
	현장타설콘크리트 말뚝(Cast-in Place Pile)

(1) 기능에 따른 분류

① **선단지지말뚝(Point Bearing Pile)**
  ㉠ 축하중의 대부분을 말뚝 선단을 통하여 지지층에 전달하는 말뚝
  ㉡ 선단지지말뚝은 대체로 장기 하중에 대해서 잔류 침하량이 크지 않아서 침하에 까다로운 구조물 기초에 적당
  ㉢ 선단지지말뚝은 이를 다시 완전지지와 불완전지지로 나누는데, 불완전지지란 말뚝 선단이 박힌 지지층 아래에 상대적으로 약한 지층이 존재하는 경우로 그 지층의 지지력과 침하를 고려해야 함
  ㉣ 지지층 : 사질토층은 SPT의 N값 50 이상, 점성토 지반은 N값 30 이상인 지층이 상당한 두께(5m) 이상 존재하는 층

② **지지말뚝(Bearing Pile)** : 하부에 존재하는 견고한 지반에 어느 정도 관입시켜 지지하게 하는 것으로 관입한 부분의 마찰력과 선단지지력에 의존하는 말뚝

③ **마찰말뚝(Friction Pile)**
  ㉠ 상부구조물의 하중을 주로 말뚝의 주변마찰력으로 지지하는 말뚝
  ㉡ 지지 가능한 지층이 너무 깊게 위치하여 지지층까지 말뚝을 설치할 수 없어서 말뚝의 선단지지력을 기대하지 못할 때에 적용
  ㉢ 마찰말뚝의 길이는 흙의 전단 강도, 가해진 하중, 그리고 말뚝의 크기에 따라 달라짐

④ **다짐말뚝(Compaction Pile)**
  ㉠ 말뚝을 지반에 타입하여 지반의 간극을 말뚝의 부피만큼 감소시켜서 지반이 다져지는 효과를 얻기 위하여 사용하는 말뚝으로 주로 느슨한 사질지반의 개량에 사용
  ㉡ 다짐말뚝의 길이는 다짐 이전의 흙의 상대 밀도, 다짐 후의 흙의 필요 상대 밀도, 필요한 다짐 깊이 등과 같은 요소에 따라 달라짐

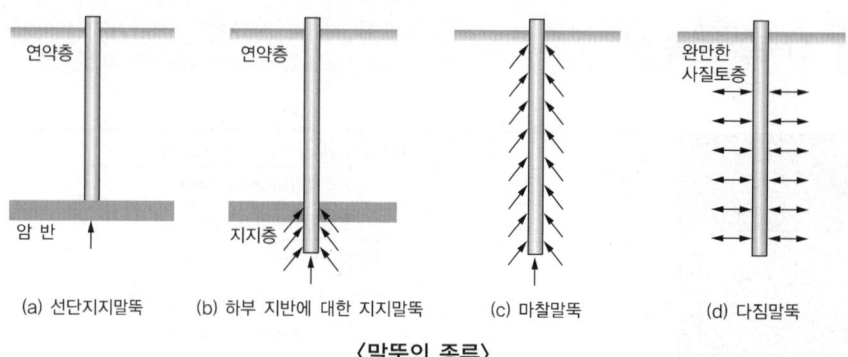

〈말뚝의 종류〉

⑤ 활동억제말뚝(Sliding Control Pile)
  ㉠ 사면 등의 활동을 억제하거나 중지시킬 목적으로 유동중인 지반에 설치하는 말뚝
  ㉡ 대개 충분한 전단강도를 얻기 위하여 직경 2~3m로 시공함
⑥ 수평저항말뚝(Lateral Load Pile) : 안벽, 교대 등에서와 같이 횡력에 저항하기 위해 사용하는 말뚝
⑦ 인장말뚝(Tension Pile)
  ㉠ 주로 인발력에 저항하도록 계획된 말뚝으로 마찰말뚝과 원리는 같으나 힘의 방향이 다름
  ㉡ 말뚝자체가 인장력을 받으므로 인장에 강한 재질을 사용

(2) 재질에 따른 분류

① 나무말뚝(Timber Pile)
  ㉠ 보통 낙엽송이나 미송 등의 통나무를 그대로 사용
  ㉡ 타입중에 말뚝선단부의 손상을 피하고 관입이 용이하도록 선단에 강재 말뚝 슈를 설치하고 항타 시에 헤드를 보호하기 위하여 말뚝캡을 씌움
  ㉢ 나무말뚝은 지지력이 작아 지하수면 이하에서만 사용할 수 있음
  ㉣ 장 점
    • 타입 시 지반이 다져짐
    • 취급이 용이하고 절단이 쉬움
    • 단면이 원형이므로 지지력이 큼
    • 값이 비교적 저렴
    • 가볍고 수송 및 타입이 쉬움
  ㉤ 단 점
    • 쉽게 부식되어 지하수위 이하에서만 오래 보존됨
    • 단면의 크기와 길이 및 지지력이 한정됨
    • 강한 항타에 의하여 손상되는 경우가 있음
    • 부재를 잇기가 어려움
② 강말뚝(Steel Pile) 기출 19년 2회, 20년 3회
  ㉠ 다른 종류의 말뚝에 비해 지지력이 크고 시공능률이 훨씬 우수하여 널리 사용하며 단면형에 따라 H Pile과 Pipe Pile로 분류함
  ㉡ 강말뚝은 재료비가 많이 들지만 지지력이 크고 시공능률이 우수하여 전체적으로 공사기간이 많이 단축되므로 대규모 공사에서는 오히려 경제적임

ⓒ 강말뚝은 수분이나 대기에 노출되면 산화되어 단면이 감소하고 지지력이 작아짐
ⓓ 강말뚝의 부식은 보통 지반중에서는 1년에 0.05mm, 해수에 직접 노출되거나 수면 부근에 있는 경우에는 연간 0.1~0.2mm 정도를 예상하여 설계함
ⓔ 강말뚝의 부식 방지대책
- 두께 증가 : 단순히 소요단면보다 두꺼운 부재를 사용하는 방법으로 공사비가 많이 듦
- 도장에 의한 방법 : 부식을 방지하기 위해서 표면을 방식도장
- 콘크리트 피복 : 부식이 심한 지표면 부근이나 건습이 되풀이되는 부분을 콘크리트로 피복
- 전기방식법 : 전기적으로 처리하여 부식량을 1/10 이하로 감소시킴

ⓕ 장단점

장 점	• 변형량이 적고, 허용지지력이 큼 • 타입 시 지반이 다져지는 효과가 있음 • 단면 및 길이를 무제한으로 시공할 수 있음 • 단면의 휨강성이 커서 수평저항력이 큼 • 말뚝의 이음과 절단 등 취급이 용이 • 날개 등을 붙여서 선단의 보강이 가능 • 가벼워서 소형의 기계로 빠르고 용이하게 운반하고 타입할 수 있음 • 재질이 강하여 중간 정도의 상대밀도를 갖는 지반을 관통하여 타입할 수 있고, 개당 100톤 이상의 큰 지지력을 얻을 수 있음
단 점	• 단가가 비싸고 부식이 잘 됨 • 휨강성이 약한 I 형 단면은 타입 시에 휘어질 가능성이 있음

③ H형 말뚝(H Pile)
㉠ Pipe Pile에 비해 가격이 20~30% 정도 저렴
㉡ 흙의 배제량이 적기 때문에 좁은 곳에 조밀하게 타입할 수 있음
㉢ 관입에 의한 흙의 배제가 적기 때문에 비교적 조밀한 간격을 두고 타설할 수 있음
㉣ 허용압축강도는 600~800kg/cm² 이하로 하는 것이 일반적이나, 강철의 탄성한계 강도까지 하중을 버틸 수가 있음

④ **강관말뚝(Pipe Pile)** 기출 19년 4회
㉠ 모든 방향으로 강성이 고르며 단위중량당 단면계수, 외주면적, 선단의 저면적 등의 공학적 특성이 일반적으로 H Pile보다 우수함
㉡ 강관말뚝에는 그 끝을 개구로 하는 개관말뚝과 폐쇄하는 폐단말뚝 2종류가 있으며, 직경은 25~50cm의 것이 보통 사용됨
㉢ 개구단의 강관말뚝을 흙속에 박을 때는 폐쇄단의 경우보다 주위의 흙의 이동이나 융기가 적어짐
㉣ 개구단의 관내에 들어온 흙은 타입후 물로 분출하게 하거나 압축공기를 사용하여 제거함
㉤ 강관말뚝은 타입 후 콘크리트를 채우면 우수한 말뚝으로 됨
㉥ 강관말뚝은 비교적 가벼워 다루기가 쉽고, 용접에 의해서 간단하게 첨접할 수가 있고, 콘크리트를 채우기 전에 내부를 검사할 수 있는 등의 이점도 있음
㉦ H형 말뚝보다도 강하여 장애물에 걸려 옆으로 기울어지거나 하는 일은 적음
㉧ 콘크리트를 채운 강관말뚝의 하중은 대부분 강관이 지지하게 되지만, 하중이 콘크리트와 강철로 분담되기 때문에, 각각 그 허용응력(콘크리트는 45kg/cm², 철근은 700kg/cm²)을 초과해서는 안 됨
㉨ 보통 강관말뚝의 설계하중은 25cm관(두께 6mm)에서 60t 정도로 지지력이 크고, 강한 타격에도 잘 견딤

⑤ 복합말뚝(Composite Pile)
  ㉠ 상단과 하단이 서로 다른 재질로 만들어져 강재와 콘크리트 혹은 목재와 콘크리트로 만들어질 수 있음
  ㉡ 강재와 콘크리트 복합말뚝은 하부는 강재이고 상부는 현장 타설 콘크리트임
  ㉢ 복합말뚝은 단순히 현장 타설 말뚝만으로는 충분히 적절한 지지력을 발휘할 수 없을 경우에 사용
  ㉣ 목재와 콘크리트 복합 말뚝은 보통 영구 지하수위면 아래 부분은 목재 말뚝이고, 윗부분은 콘크리트 말뚝으로 이루어짐
  ㉤ 두개의 다른 재질 사이에 적당한 결합 형태를 이루는 것은 어려워 복합 말뚝은 널리 사용되지 않음

(3) 기성철근콘크리트 말뚝(Precast Reinforced Concrete Pile) 기출 17년 4회, 19년 4회
  ① 가장 많이 사용하는 말뚝이며, 형상과 길이 등을 다양하게 할 수 있음
  ② 지하에 장애물이 있을 때 설치에 어려움이 있으며, 길이의 조절이 어려움
  ③ 타입 시 소음이 많이 나며 횡력에 대한 저항력이 약함
  ④ 말뚝이음이 어렵고 신뢰성이 떨어짐
  ⑤ 재질이 균질하여 신뢰할 수 있음
  ⑥ 자체하중이 커서 운반과 시공에 주의가 필요
  ⑦ 종 류
    ㉠ RC(Reinforced Concrete Pile)말뚝
      • 1960년대부터 1970년대 초반까지는 주로 사용
      • 양생 중에 원심력을 이용하여 콘크리트의 밀도와 강도를 높인 것으로 길이 15m 이하인 경우에 경제적
      • 재질이 균질하며 강도가 커서 지지말뚝으로 적합하고 상부구조와의 연결이 용이함
      • 말뚝 이음이 어려워 이음이 2개 이상일 경우 신뢰성이 크게 저하됨
      • 중간 이상의 강성을 갖는 토층(N치 > 30)에서는 타입이 거의 불가능함
      • 무거워서 취급하기 어려우며 타입 시 균열이 생기기 쉽고, 균열 시 철근이 부식됨
    ㉡ PC(Prestressed Concrete Pile)말뚝
      • 1970년대 후반부터 1990년대 초반까지 주로 사용
      • 균열이 생기지 않으므로 강재의 부식이 없어 내구성이 큼
      • 휨력을 받았을 때의 휨량이 적음
      • 타입 시 인장력을 받더라도 프리스트레스가 유효하게 작용하여 인장 파괴가 일어나지 않음
      • 길이의 조절이 비교적 쉽고, 중량이 가벼워 운반이 쉬움
      • 이음이 쉽고 신뢰성이 있으며 지지력 감소가 적음
      • 강선을 인장하는 방식에 따라 Pretension방식과 Post Tension방식이 있음
      • Pretension방식은 강선을 미리인장하고 그 주위에 콘크리트를 쳐서 콘크리트가 굳은 후 강선을 풀어 콘크리트 말뚝에 프리스트레스를 넣는 방식
      • Post Tension방식은 부재에 미리 강선이 들어갈 구멍을 뚫어 놓은 상태로 콘크리트를 치고, 콘크리트가 경화되면 구멍 속에 강선을 넣고 인장하고 그 끝을 콘크리트 단부에 정착해 프리스트레스를 가하는 방식

ⓒ PHC(Pretensioned spun High strength Concrete Piles)말뚝
- 콘크리트의 압축강도가 800kgf/cm² 이상인 고강도 콘크리트 파일
- 기존의 PC말뚝을 개량하여 실용화한 것으로 1992년에 일본에서 기술을 도입
- 현재 국내 총 콘크리트 말뚝 생산량의 90% 이상을 차지
- 설계지지력이 크고, 타격에 대한 저항력이 크며, 경제적인 설계가 가능함
- 건조수축이 적고, 내약품성이 뛰어나며 휨모멘트가 큼
- 재료의 특성상 깨지거나 균열발생이 쉬워 운반, 보관, 거치 시 주의를 요함

(4) 현장 타설콘크리트(제자리 콘크리트) 말뚝

① 지반을 먼저 굴착한 후 현장에서 콘크리트를 타설하여 지중에서 양생 제작하는 콘크리트 말뚝
② 소구경부터 대구경(750~3000mm)에 이르는 다양한 직경을 가지고 있으며, 무근과 철근 콘크리트 모두 사용 가능
③ 현장조건에 따라 시공 중에 굴착공 주위의 흙이 무너지지 않도록 케이싱(Casing) 또는 흙막이판 (Lagging)을 사용하기도 함
④ 말뚝의 종류
  ㉠ 페디스탈말뚝(Pedestal Pile)
  ㉡ 컴프레솔말뚝(Compressol Pile)
  ㉢ 심플렉스말뚝(Simplex Pile)
  ㉣ 레이몬드말뚝(Raymond Pile)
  ㉤ 프랭키말뚝(Franky Pile) 기출 21년 4회

충전식 이음	• 이음부 내부에 철근과 콘크리트를 채워 말뚝을 연결 • 내압축성, 내식성이 우수하고 이음부의 강성이 커서 파손이 적음
볼트식 이음	• 말뚝 제작시 미리 철물을 삽입하여 현장에서 볼트 조임만으로 쉽게 연결 • 이음부의 내력이 크고, 시공이 신속하고 간편
용접식 이음	• 말뚝 이음부에 강판을 부착하여 현장에서 직접 용접으로 이음 • 강성이 가장 우수하고 안전하며 시공이 간편하고 경제적
Band식 이음	• 이음부에 밴드를 채워서 이음 • 구조가 간단하고 시공이 빠르나 강성이 약하여 파손율이 높음 • 부마찰력에 의해 밑 말뚝이 이탈하여 연약지반사용이 불가

⑤ 장 점
  ㉠ 큰 지지력을 가지므로 말뚝의 소요 개수가 적어지고, 큰 수평하중이나 휨모멘트에 저항할 수 있음
  ㉡ 조밀한 모래나 자갈층에서 기성말뚝보다 쉽게 설치
  ㉢ 소음 및 진동이 적어 도심지 공사에 적합
  ㉣ 말뚝 선단이 위치하는 지지층을 직접 확인할 수 있고 선단지반과 콘크리트를 잘 밀착시켜 선단지지력을 확보하는 데 용이
  ㉤ 선단부를 확장할 수 있어 인발력에 대한 저항력을 증가시킬 수 있음

⑥ 단 점
  ㉠ 깊은 굴착으로 인한 주변지반의 이완 및 유실로 지반침하와 인접구조물의 피해를 유발할 가능성이 다른 형식의 기초에 비해 큼
  ㉡ 시공 후 품질검사가 어려우므로 철저한 시공관리가 요구됨
  ㉢ 굴착 후 말뚝저부와 지지층 사이의 침전물(Slime)을 처리하는 데 어려움
⑦ 종 류
  ㉠ 선단지지형 : 견고한 지층 또는 암반부 상부에 설치
  ㉡ 선단관입형 : 견고한 지층 또는 암반층까지 굴착하여 설치. 지지력 계산에서는 선단지지력과 말뚝 주면과 암반 접촉면 사이에 발생하는 전단저항력 고려
  ㉢ 선단확대형은 선단지지력 또는 인발력 증가를 위해 선단부를 확대

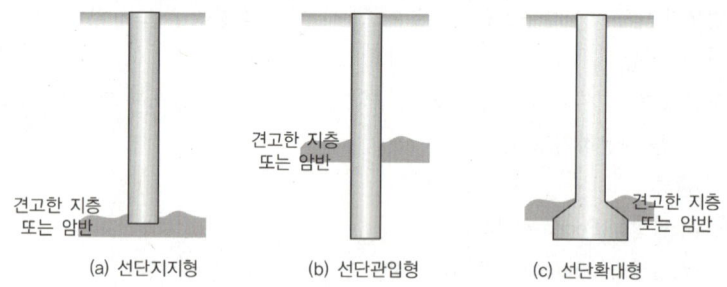

(a) 선단지지형   (b) 선단관입형   (c) 선단확대형

〈선단지지형, 선단관입형, 선단확대형〉

⑧ **시공방법** 기출 20년 1·2회 통합

공 법	굴착기구	배토방법	공벽 보호공법	공내수
올케이싱	해머그래브	굴착기구 사용	케이싱튜브 삽입	없 음
어스드릴	회전버킷	굴착기구 사용	벤토나이트	벤토나이트
RCD	회전비트	순환수와 함께 빨아올림	수두압	자연수

㉠ 올케이싱공법(All Casing Method, Benoto Method)
  • 굴착구멍의 전체 길이에 케이싱 튜브(Casing Tube)를 요동 압입하면서 해머 그래브(Hammer Grab)로 토사를 집어 올려 지상에 직접 배출하고 소정의 깊이까지 콘크리트를 타설하는 공법으로, 베노토공법(Benoto Method)이라고도 함
  • 단계별 시공순서
    - 현장타설말뚝 중심에 케이싱 설치, 최초굴착
    - 절삭날이 부착된 길이 6m 정도의 케이싱을 진동(15 정도 회전 반복)하여 압입
    - 해머그래브를 낙하하여 굴착, 배토
    - 소정의 깊이까지 굴착 후 슬라임(Slime) 제거
    - 콘크리트 타설(트레미관 2m 이상 삽입 유지)
    - 케이싱 진동 인발
    - 안정액이나 토사의 혼합 등으로 불량해진 최상부 콘크리트(50~80cm) 제거 후 완성

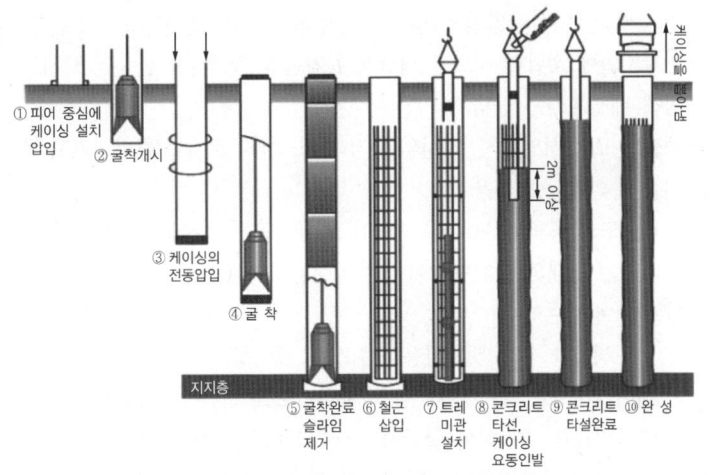

〈올케이싱공법의 시공과정〉

ⓒ 어스드릴공법(Earth Drill Method)
- 절삭날(Cutting Edge)을 갖는 굴착버킷을 부착한 오거를 흙속에 관입 회전시켜 굴착하는 공법
- 오거는 켈리(Kelly)라고 하는 정사각형 축의 끝에 부착되고 지층에 관입되면서 회전
- 단계별 시공순서
  - 켈리 축을 말뚝중심에 맞추고 굴착 버킷 설치, 최초굴착
  - 표층케이싱 삽입
  - 벤토나이트 안정액을 공급하면서 일정깊이까지 굴착 후 슬라임 1차 제거
  - 철근망 삽입/트래미(Tremie)관 설치 후 슬라임 2차 제거
  - 콘크리트 타설(트레미관 2m 이상 삽입 유지)
  - 케이싱 인발
  - 안정액이나 토사의 혼합 등으로 불량해진 최상부 콘크리트(50~80cm) 제거 후 완성

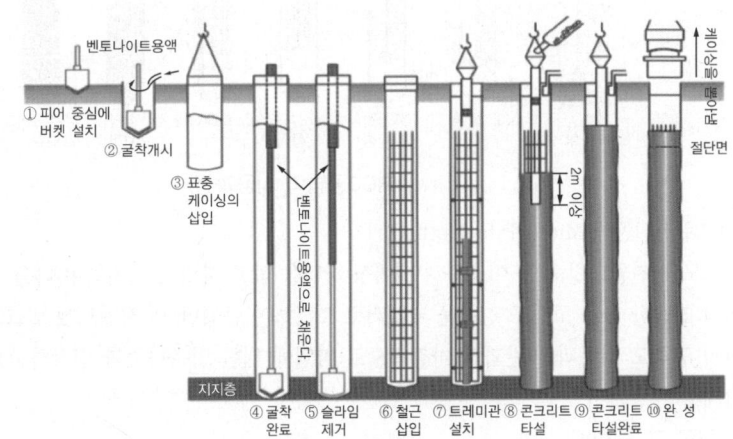

〈어스드릴공법의 시공과정〉

ⓒ 리버스써큘레이션공법(Reverse Circulation Drilling Method ; RCD) 기출 21년 4회
- 현장지반에 적합한 비트를 회전시켜 지반을 굴착하고 굴착된 토사는 굴착파이프를 통해 물과 함께 배출시키는 공법
- 배출된 토사 섞인 물은 지상의 슬러리 탱크에서 토사를 침전시키고 물만 다시 구멍 속으로 되돌리는 순환방식을 사용
- 굴착로드와 공벽 사이로 물을 보내고 굴착로드 내부를 통해 토사 섞인 물을 배출하므로 다른 공법과는 반대의 순환방식이어서 역순환(Reverse Circulation)이라고 함
- 단계별 시공순서
  - 진동해머나 유압잭을 사용하여 상부 케이싱 설치
  - 해머그래브로 케이싱 내 굴착 굴착비트를 회전하여 굴착하고 굴착
  - 굴착비트를 회전하여 굴착하고 굴착파이프 통해 순환
  - 소정의 깊이까지 굴착 후 초음파 등을 이용하여 공벽 측정
  - 철근망 삽입/트레미관 설치
  - 슬라임 제거
  - 콘크리트 타설(트레미관 2m 이상 삽입 유지)
  - 케이싱 인발
  - 안정액이나 토사의 혼합 등으로 불량해진 최상부 콘크리트(50~80cm) 제거 후 완성

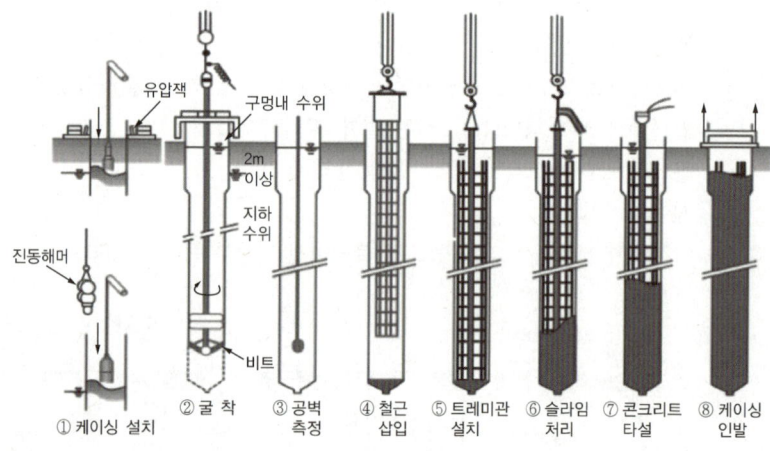

〈RCD공법의 시공과정〉

ⓓ 마이크로파일공법(Micro Pile Method)
- 소규모의 천공드릴 등을 이용하여 케이싱 강관을 박고 파일의 지지력이 나올 수 있는 정착깊이까지 천공한 다음 고강도 강봉을 커플러로 조립하여 근입한 후 시멘트계 밀크 그라우팅을 주입하여 고강도 강봉과 지반과의 마찰력으로 파일에 대한 압축하중과 인장하중을 지지하는 공법
- 단계별 시공순서
  - 천공 및 케이싱 설치
  - 천공비트 제거
  - 보강재 삽입 및 그라우팅
  - 케이싱 제거(필요 시 추가주입 및 가압)
  - 두부정리

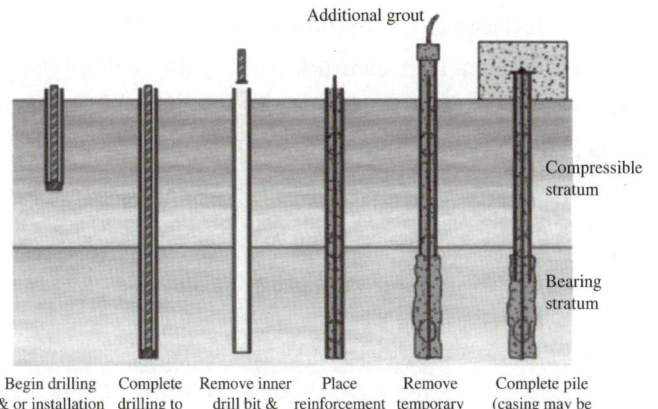

〈마이크로파일의 시공순서〉

ⓜ 프리팩트(Pre-packed) 콘크리트 말뚝공법
- 지반을 굴착 후 철근 또는 철골을 삽입한 다음에 모르타르 주입관을 넣고 그 사이에 자갈을 채운후, 주입관을 이용하여 밑에서부터 모르타르를 주입하여 현장 말뚝을 형상시키는 공법(Prepacked Concrete Pile)
- 기초지정공사, 흙막이벽, 차수벽을 형성하기 위해 시공
- 장 점
  - 무소음, 무진동 공법, 공사비가 저렴
  - 지반 여건에 따라 길이, 규격조정이 가능
  - 굴착기계가 소형으로 협소한 장소에 작업이 용이
- 단 점
  - 지중에 형성되므로 지지층 확인이 곤란
  - 공벽붕괴 우려가 있으므로 이에 대한 관리가 필요
  - 경암반층에서는 시공이 곤란

ⓗ CIP(Cast In Place Pile) 기출 17년 4회, 18년 1회, 20년 3회
- 보링기로 지반을 굴착하고 조립한 철근을 삽입한 후 굵은골재를 채우고 모르타르를 주입
- 주열식 강성체로서 토류벽 역할을 함
- 소음 및 진동이 적음
- 협소한 장소에도 시공이 가능
- 굴착을 깊게 하면 수직도가 떨어짐

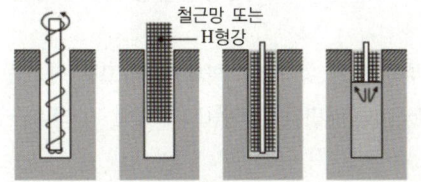

〈CIP공법〉

ⓐ MIP(Mixed In Place Pile) : 자연토질을 Soil Cement화 하고 철근을 압입
ⓑ PIP(Packed In Place Pile) : Earth Auger로 소정의 깊이까지 파고 오거를 뽑아 올리면서 오거의 샤프트(속빈 구멍)을 통하여 프리팩트 모르터를 주입하고 오거를 뽑아낸 후 곧 조립된 철근 또는 형강 등을 모르터에 삽입

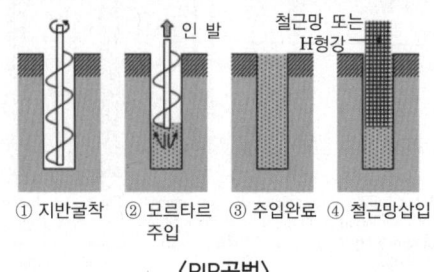

〈PIP공법〉

03 기초

(1) 기초의 역할
① 건물에 작용하는 각종 하중들은 수평부재를 거쳐 수직부재로 전달되고 최종적으로 지반으로 흘러감
② 슬래브(Slab) → 작은 보(Beam) → 큰 보(Girder) → 기둥(Column)/벽체(Wall) → 기초(Footing)
③ 기초는 최하층 기둥 하부에 위치하여 각종 하중들을 최종 집결하여 지반에 전달시키는 장소임
④ 지반침하 및 파괴에 대하여 구조내력상 안전성을 유지해야 하는 중요한 구조요소임
⑤ 기초는 지반과 밀접한 상관관계가 있으며, 기초가 설치되는 지지층은 상부구조물을 안전하게 지지할 수 있고, 적절한 기초 시공이 가능한 지층으로 선정되어야 함
⑥ 기초형식은 건물하중과 지반의 지지능력에 따라 크게 영향을 받게 됨
⑦ 기둥하중에 대하여 상대적으로 지반상태가 좋으면 작은 독립기초로 충분하지만, 지반상태가 좋지 않을수록 인접기초, 복합기초, 전면기초로 확대됨
⑧ 지반의 지지능력이 더 나쁘면 말뚝(Pile)을 이용하여 지지지반을 바꾸거나 지반개량을 하여야 함

(2) 기초의 분류
① 얕은 기초(Shallow Foundation) : 푸팅기초[독립기초, 복합기초, 연속기초(줄기초)], 전면기초

㉠ 상부 구조물로부터 하중을 기초저면을 통하여 직접 지반에 전달하며, 기초저면 지반의 전단저항력으로 하중을 지지시키는 형식으로, 압축성이 큰 지층이 없을 때 지반에 직접 설치하므로 직접기초라고도 함
㉡ 하중전달기둥의 하부를 넓힌 형식으로 확대기초라고도 함
㉢ 얕은 기초는 푸팅(Footing)저면의 기초폭(B)에 대한 기초의 근입깊이(Df), Df/B 가 1~4 이하인 경우
㉣ 그 형식과 기능에 따라 푸팅기초(Footing Foundation)와 전면기초(Mat 또는 Raft Foundation)로 크게 구분

- ⑩ 푸팅기초(Footing Foundation) 기출 21년 2회
  - 독립기초(Individual Footing) : 단일기둥을 지지, 기둥간격이 넓은 경우
  - 복합기초(Combined Footing) : 2개 이상의 기둥을 지지, 기둥간격이 좁을 경우
  - 연속기초(Contintious Footing) : 다수의 연속기둥 또는 벽체를 지지
- ⓗ 전면기초(Mat 또는 Raft Foundation)
  - 다수의 기둥들을 지지, 상부구조 전 단면 아래의 지지토층 위에 있는 단일 슬래브 형식의 확대기초
  - 고층건물, 중량건물, 연약지반, 지하수위가 높은 지하실바닥에 유리
  - 허용지내력에 대한 하중증가로 인하여 기초저면적이 최하층바닥의 2/3 이상을 차지할 때 유리

② 깊은기초(Deep Foundation) 기출 18년 4회
- ㉠ 기초슬래브 하부 지층이 구조물 하중을 지지할 수 없는 경우에는 깊은 지중에 있는 굳은 지층에 말뚝이나 피어 등을 이용하여 하중을 전달시켜야 함
- ㉡ 푸팅(Footing)저면의 기초폭(B)에 대한 기초의 근입깊이(Df), Df/B가 4보다 큰 이러한 기초를 깊은 기초(Deep Foundation)라고 함
- ㉢ 하중지지 형태에 따라서는 선단지지말뚝과 마찰말뚝이 있음
- ㉣ 말뚝형태에 따라서는 말뚝기초, 피어기초, 케이슨 기초가 있음
- ㉤ 말뚝기초
  - 대표적인 깊은 기초공법으로 피어기초, 케이슨기초보다 시공이 간편하고 공사비가 저렴
  - 말뚝의 축방향 허용지지력은 지반의 허용지지력과 말뚝재료의 허용하중을 비교하여 낮은 값으로 결정
- ㉥ 피어(Pier)기초 기출 18년 2회, 21년 1회, 21년 4회
  - 지반에 굴착한 구멍 속에 현장타설 콘크리트를 채워 설치하는 기초로, 지름이 큰 직경 760mm 이상
  - 시공 중에 굴착된 흙을 직접 눈으로 검사할 수 있어 연약한 지층을 지나 견고한 지지층에 기초를 설치
  - 비교적 큰 연직하중을 전달시킬 수 있을 뿐만 아니라 수평력에 대한 저항력이 크며 시공 중 소음과 진동이 낮음
  - 중량구조물을 설치하는 데 있어서 지반이 연약하거나 말뚝으로도 수직지지력이 부족하고 그 시공이 불가능한 경우와 기초지반의 교란을 최소화해야 할 경우에 채용
  - 굴착된 흙을 직접 탐사할 수 있고 지지층의 상태를 확인할 수 있음
  - 피어기초를 채용한 국내의 초고층 건축물에는 63빌딩이 있음
- ㉦ 잠함(Caisson) 기초 기출 19년 1회
  - 수상이나 지상에서 미리 제작한 속이 빈 콘크리트 또는 강재구조물을 자중이나 적재하중을 가하여 지지층까지 침하시킨 후 그 바닥을 콘크리트로 막고 모래, 자갈, 또는 콘크리트 등으로 속 채움을 하여 설치하는 기초
  - 케이슨은 상부구조물의 하중과 토압 및 수압뿐만 아니라 시공 중에 받게 되는 모든 하중조건에 대해서도 충분히 안전하도록 설계되어야 하고, 견고한 지지층에 충분히 관입시켜야 함

- 지중에 설치하는 기초 케이슨에는 압축공기를 이용하여 케이슨 내에 침입하는 물을 막으면서 시공하는 공기케이슨과 대기압에서 내부바닥을 굴착하는 오픈케이슨 등 두 가지 종류가 있음
- 장점 : 소음·진동이 없으며 출수가 많은 곳에 유리
- 단점 : 침하량판단 및 경사각의 측정과 조정이 어려움, 정확한 시공을 요하며 공사비가 많이 들고 지하수가 많은 지반에서는 침하가 잘 되지 않음

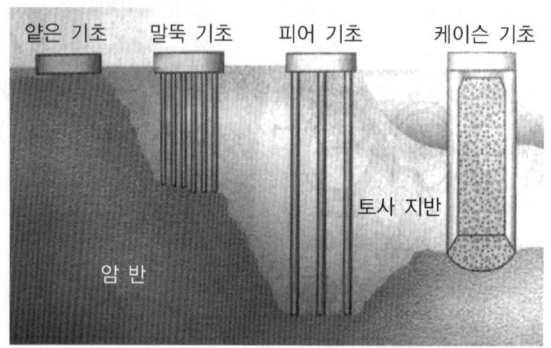

〈기초의 종류〉

철근콘크리트공사

4과목 건설시공학

01 콘크리트공사

(1) 개요

① 용어정리

유효흡수량	유효함수량/절대건조중량 × 100%, (유효함수량 : 표건중량 - 기건중량)
워커빌리티(Workability)	재료분리를 일으키지 않고 타설, 응결 및 마감 등의 작업이 용이한 정도
디스펜서(Dispenser)	AE제 계량치
워싱턴 미터(Washington Meter) 기출 18년 2회	콘크리트 속의 공기량을 측정하는 계기
배처 플랜트(Batcher Plant)	콘크리트 배합 시 각 재료를 정확하게 계량하는 기계장치
이넌데이터(Inundator)	모래의 용적 계량장치
워세크리터(Wacecretor)	물과 시멘트를 일정하게 유지하면서 골재를 계량하는 장치
블리딩(Bleeding)	아직 굳지 않은 콘크리트에서 물이 상승하는 현상
레이턴스(Laitance)	콘크리트를 부어넣은 후 블리딩수의 증발에 따라 그 표면에 발생하는 백색의 미세물질
Inundate현상	절건상태와 습윤상태의 모래의 용적이 동일한 현상
리세스(Recess)	프리캐스트 콘크리트 부재를 만들기 위하여 콘크리트를 부어넣을 때 블록(Block) 모양의 것을 몰드에 삽입하여 부재의 오목 부분을 만드는 것
매스콘크리트	부재 단면의 최소치수가 크고 또한 시멘트의 수화열에 의한 온도상승으로 유해한 균열이 발생할 우려가 있는 부분의 콘크리트
베어링 패드(Bearing Pad)	프리캐스트 콘크리트의 부재와 그 지지부재 사이에 넣는 재료의 총칭
블록아웃(Blockout)	프리캐스트 콘크리트 부재를 만들기 위하여 콘크리트를 부어넣을 때 블록 모양의 것을 몰드에 삽입하여 부재에 구멍을 만들게 하는 것
성형성(Plasticity)	거푸집 등의 형상에 순응하여 채우기 쉽고, 분리가 일어나지 않은 성질, 거푸집에 잘 채워질 수 있는지의 난이도

(2) 시멘트 종류

〈KS L 5201 보통 포틀랜드 시멘트 5종〉 기출 18년 2회

1종	보통 포틀랜드 시멘트
2종	중용열 포틀랜드 시멘트
3종	조강 포틀랜드 시멘트
4종	저열 포틀랜드 시멘트
5종	내황산염 포틀랜드 시멘트

① 보통 포틀랜드 시멘트
    ㉠ 콘크리트 공사용으로서 넓게 사용하고 있는 만능시멘트라고도 불리우는 시멘트
    ㉡ 실리카(SiO_2), 알루미나(Al_2O_3), 산화철(Fe_2O_3), 석회(CaO) 등이 포함된 원료를 혼합하여 용융소성한 클링커에 소량의 석고(3%)를 가입하여 미분쇄함

② 조강 포틀랜드 시멘트
    ㉠ 보통 포틀랜드 시멘트에 석회분과 알루미나분을 조금 많이 첨가하여 단기강도를 높인 시멘트
    ㉡ 보통 포틀랜드 시멘트의 재령 3일 압축강도를 1일에 발현하나 응결시간 및 장기강도는 보통 시멘트와 큰 차이가 없음
    ㉢ 발열량이 크고 단기강도가 크기 때문에 한중, 수중공사, 긴급공사에 적합
    ㉣ 경화건조될 때에는 수축이 크며, 대형 단면부재에서는 내부응력으로 균열이 발생하기 쉬움

③ 초조강 포틀랜드 시멘트
    ㉠ 보통 포틀랜드 시멘트의 재령 7일 압축강도를 1일에 발현
    ㉡ 수화반응이 급격하게 진행하고, 발열속도가 매우 크기 때문에, 한중 콘크리트에는 적합
    ㉢ 주용도 : 도로 및 구조물 긴급보수공사, 토목공사 공기단축

④ 중용열 포틀랜드 시멘트
    ㉠ 시멘트의 성분 중에 석회(CaO), 알루미나(Al_2O_3), 마그네시아(MgO) 등을 적게 하고 실리카(SiO_2)와 산화철(Fe_2O_3) 등을 많이 넣어 수화열을 적게 한 것, 내화학성이 크고, 내산성이 우수
    ㉡ 초기 수화과정의 발열속도를 작게 하여 발열량을 낮춘 시멘트로 내식성이 있고 안정도가 높음
    ㉢ 내구성이 크고 수축률이 적어서 대형 단면부재에 쓸 수 있음
    ㉣ 1년 이상의 장기강도는 다른 포틀랜드 시멘트보다 높음
    ㉤ 치밀한 경화체 조직을 얻을 수 있으며, 화학저항성이 강한 특징을 갖고 있음
    ㉥ Mass Concrete 용으로 많이 사용되고 방사선 차폐용에 적합

⑤ 내황산염 포틀랜드 시멘트
    ㉠ 황산염 침입에 대한 저항성을 높이기 위해서 C_3A 함유율을 4% 이하로 한 시멘트
    ㉡ 내황산염성 이외에, 감수제 등 계면활성제의 효력의 발휘가 우수
    ㉢ 보통 포틀랜드 시멘트보다 수화열이 약 10kcal/kg 정도 낮은 특징을 갖고 있음

⑥ 백색 포틀랜드 시멘트 : 성분 중에 산화철(Fe_2O_3)의 포함률을 0.5% 이내로 낮춰 염화물 중의 착색성분을 상당히 낮춘 시멘트로 주로 미장재료나 인조석원료로 쓰임

⑦ 고로 시멘트
    ㉠ 포틀랜드 시멘트에 고로수쇄 슬래그를 배합한 것으로 단기재령에서의 강도발현성은 작지만, 3개월 이상의 장기에서의 강도발현성은 보통 포틀랜드 시멘트를 상회함
    ㉡ 내해수성, 화학저항성에 우수하며, 알카리 골재반응이 일어나지 않는 등의 특징을 가지고 있음
    ㉢ 비중이 낮고 수화열이 적으며 수축균열도 적음
    ㉣ 대단면 공사, 해안공사, 지층구조물 등에 사용

⑧ 알루미나 시멘트
    ㉠ 주로 석회(CaO), 알루미나(Al_2O_3)와 석회-알루미나계의 유리질로 이루어진 시멘트
    ㉡ 주로 내화물 케스타블(Castable) 혼화재로 사용되며 단기강도는 크나 장기강도가 적음
    ㉢ 포틀랜드 시멘트와 비교하여 강도 발현속도가 크기 때문에 긴급 공사용으로 사용
    ㉣ 재령과 온도조건에 따라 수화생성물이 변화(Confusion)되어 강도열화되는 것에 주의를 요함

02 콘크리트 재료

(1) 잔골재
① 5mm 체를 다 통과하고, 0.08mm 체에 다 남는 골재 또는 10mm 체를 전부 통과하고 5mm 체를 거의 다 통과하며, 0.08mm 체에 거의 다 남는 골재
② 잔골재에는 자연모래, 부순모래, 해사, 고로슬래그 잔골 재 및 그 혼합물이 있음
③ 잔골재는 깨끗하고 강하고 내구적이고, 알맞은 입도를 가져야 하며, 먼지·흙·유기불순물·염화물 등의 유해량을 함유하여서는 안 됨
④ 자연모래 : 빙하작용 또는 물에 의한 퇴적작용으로 인하여 생성된 잔골재
⑤ 부순모래 : 암석을 기계적으로 파쇄하여 단단한 입방체 모양의 입자로 든 잔골재
⑥ 고로슬래그 잔골재 : 용광로에서 선철과 동시에 생성되는 용융 슬래그를 서서히 냉각시켜 부순 것
⑦ 해사 : 바다에서 채취하여 물로 세척한 모래

(2) 굵은 골재
① 5mm체에 다 남거나 또는 거의 다 남는 골재로 부순골재·자갈·고로슬래그 및 그 혼합물
② 굵은 골재는 깨끗하고 강하고 내구적이고 적당한 입도를 가지며, 얇은 석편, 먼지, 흙, 유기불순물, 염화물 등의 유해량을 함유하여서는 안 됨
③ 굵은 골재로 사용할 부순 골재는 KS F 2527에 적합하여야 하며, 자갈은 사용 전에 물로 깨끗이 씻어야 함
④ 콘크리트용 굵은 골재로 사용할 슬래그는 고로 슬래그로써 강하고 내구적이고 균일한 재질과 밀도를 가지며, 얇은 조각·가느다란 토막·유리질의 슬래그 등의 유해 물을 함유하여서는 안 됨
⑤ 자갈은 둥글고 표면이 약간 거친 것을 선택(길죽하거나 넓적하지 않은 것)

(3) 골재의 선정 기출 17년 4회, 18년 1회
① 철근콘크리트용 : 10~25mm(쇄석 : 20mm 이하)
② 무근콘크리트용 : 40mm(단면의 1/4 이하)
③ 비중이 2.60 이상인 것을 사용
④ 입도는 조세립이 연속적으로 혼합된 것을 사용
⑤ 골재강도는 콘크리트의 시멘트강도보다 커야 함
⑥ 골재는 견고하며, 밀도가 크고, 내구성이 커서 풍화가 잘 되지 않아야 함
⑦ 염분(NaCl)이 0.1%가 넘는 잔골재는 물로 씻어서 기준값 0.02% 이하로 해야 함
⑧ 염분이 0.04%가 넘는 골재를 사용할 경우는 철근에 대한 녹막이 대책을 취함
⑨ 철근콘크리트공사에서 철근과 철근의 순간격은 굵은 골재 최대치수에 최소 4/3배 이상
⑩ 콘크리트에서 골재가 차지하는 용적은 70~80%

(4) 재료의 취급과 저장
① 시멘트는 종류별로 구분하여 풍화되지 않도록 저장
② 저장 중에 풍화되어 KS규격에 적합하지 않은 시멘트는 사용하지 않음

③ 골재는 잔골재, 굵은골재 및 각 종류별로 저장하고, 먼지, 흙 등의 유해물의 혼입을 막도록 함
④ 골재는 잔·굵은 입자가 분리되지 않도록 취급하고, 물빠짐이 좋은 장소에 저장
⑤ 혼화재료는 품질의 변화가 일어나지 않게 하고 또한 종류별로 저장
⑥ 철근 및 용접철망은 종류별로 정돈하여 저장
⑦ 철근은 직접 지상에 놓지 말아야 함
⑧ 비, 이슬, 바닷바람 등에 노출되지 않고 먼지, 흙, 기름 등에 오염되지 않도록 저장
⑨ 가공 또는 조립된 철근 및 용접철망은 공사현장 반입 후 종류, 직경, 사용개소 등을 구별하여 순서가 흐트러지지 않게 저장

(5) 골재의 종류

① 경량골재 기출 18년 4회
  ㉠ 보통골재보다 비중이 작은 골재
  ㉡ 콘크리트의 중량경감, 단열 등의 목적으로 사용
  ㉢ 천연경량골재 : 경석화산력, 응회암, 용암
  ㉣ 인공경량골재 : 팽창성 혈암, 팽창성점토, 플라이애시 등을 주원료로 하여 소성, 팽창한 골재
  ㉤ 부산경량골재 : 팽창슬래그, 석탄찌꺼기 등과 같은 산업부산물을 주원료로 한 골재 및 그 가공품
  ㉥ 초경량골재 : 퍼라이트

② 중량골재
  ㉠ 원자로 감마선과 같은 투과성이 큰 방사선 등의 차폐효과를 높이기 위해 사용
  ㉡ 자철광, 갈철광, 적철광, 중정석, 사철 등과 같이 비중이 큰 골재

③ 깬자갈
  ㉠ 암석을 파쇄하여 체로 쳐서 분류한 골재
  ㉡ 깬자갈을 사용한 콘크리트는 동일한 워커빌리티의 보통 콘크리트보다 단위수량이 일반적으로 10% 정도 많이 요구됨
  ㉢ 시멘트풀과의 부착이 좋기 때문에 강자갈을 사용한 콘크리트와 거의 동등한 강도 이상을 냄
  ㉣ 수밀성, 내구성 등이 약간 떨어짐
  ㉤ 깬자갈을 사용한 콘크리트는 강자갈을 사용한 콘크리트보다 시멘트 페이스트와의 부착성능이 높음

④ 고로슬래그
  ㉠ 철을 생산하는 과정에서 용광로에서 생기는 광재를 공기중에서 서냉 경화시켜 파쇄한 것
  ㉡ 콘크리트 구조체의 장기강도를 증진시킴
  ㉢ 해수, 하수, 지하수, 광천 등에 대한 내침수성이 우수
  ㉣ 조기강도는 낮지만 장기강도가 커짐

⑤ 실리카퓸
  ㉠ 실리카퓸 : 실리콘이나 페로실리콘 등의 규소합금을 전기로에서 제조할 때 배출가스에 섞여 부유하여 발생하는 부유부산물
  ㉡ 고강도 콘크리트 및 투수성이 작은 콘크리트를 만들 때 사용
  ㉢ 수화초기에 발열량감소, 블리딩 감소
  ㉣ 강도 및 내화학성 증대, 수밀성 및 기밀성 증대
  ㉤ 고강도 콘크리트, 해양구조물, 매스콘크리트, 터널, 댐 등의 시공 시 사용

⑥ 플라이애시 기출 22년 2회
  ㉠ 화력발전소의 보일러 연소물로 회분을 전기집진기로 포집한 것
  ㉡ 입자가 거의 구형으로 시공연도 향상됨
  ㉢ 첨가하면 수화열을 저감시키고, 수축을 작게 할 수 있으며 장기강도가 증진
  ㉣ 세공량의 감소로 수밀성이 향상됨
  ㉤ 황산염 및 화학적 저항성이 향상되고, 알카리 골재반응 억제 효과가 있음

(6) 용 수
  ① 용수는 청정하고 유해량의 기름, 산, 알칼리, 유기 불순물을 포함하지 않아야 함
  ② 해수는 철근 또는 PC강선을 부식시킬 염려가 있으므로 철근이 배치된 콘크리트의 혼합수로 사용해서는 안 됨
  ③ 콘크리트 용수로는 수돗물, 하천수, 호소수 등을 이용함
  ④ 불가피하게 해수를 사용할 경우에는 적정한 부배합과 양호한 시공으로 수밀콘크리트로 하고 충분한 피복두께를 취함으로써 철근 콘크리트로서의 수명이 유지되도록 조치를 취하여야 함

(7) 콘크리트 혼화재료
  ① 콘크리트 제조 시 필요한 시멘트, 골재, 물 이외의 재료
  ② 혼화재(Admixture)는 포졸란, 고로슬래그분말, 플라이애시, 시멘트 팽창재처럼 다량으로 사용되는 것
  ③ 혼화제(Agent)는 AE제, 분산제, 강화촉진제, 방동제, 감수제, 지연제 등으로 약품적으로 소량 사용하는 것
  ④ AE제 : 워커빌리티 증진 기출 19년 2회

03 콘크리트 배합

(1) 콘크리트의 배합
  ① 시멘트, 골재, 물, 혼화재료의 최적의 배합을 의미함
  ② 배합 시 워커빌리티, 소요강도, 내구성, 내화성, 수밀성 등을 고려하여 배합해야 함
  ③ 단위수량의 최소화하여 가장 경제적이고 안전한 구조물이 되도록 배합
  ④ 최적의 배합조건
    ㉠ 최소의 슬럼프 : 균일한 콘크리트를 만들기 위해 타설할 수 있는 가장 된 반죽질기
    ㉡ 최대치수의 골재 : 콘크리트를 타설하는 데 지장이 없는 한 최대치수의 골재가 경제적
    ㉢ 충분한 강도 : 파괴작용에 저항할 수 있는 충분한 강도
    ㉣ 내구성 및 수밀성 : 경화 후 충분한 크기의 내구성과 수밀성이 있어야 함
  ⑤ 워커빌리티에 영향을 미치는 요소 기출 18년 2회
    ㉠ 시멘트의 분말도가 클수록 수화작용이 빠름
    ㉡ 단위수량을 증가시킬수록 재료분리가 증가하여 워커빌리티가 나빠짐
    ㉢ 비빔시간이 길어질수록 수화작용을 촉진시켜 워커빌리티가 저하

② 쇄석의 사용은 워커빌리티를 저하
⑥ 배합 및 타설
㉠ 콘크리트는 신속하게 운반하여 즉시 타설하고 충분한 다지기 실시
㉡ 비기기로부터 타설이 끝날 때까지의 시간은 외기온도 25℃ 이상 시에는 1.5시간, 외기온도 25℃ 미만일 때는 2시간을 넘기면 안 됨

(2) 콘크리트 배합설계 순서
① 설계강도의 결정
㉠ 구조계산의 기준이 되는 설계기준강도는 콘크리트의 28일 압축강도임
㉡ 설계기준강도(Fck) = 3 × 장기허용응력도 = 1.5 × 단기허용응력도
㉢ 설계기준강도는 18, 21, 24, 27, 30Mpa 등으로 나타내며 고강도 콘크리트는 40Mpa 이상임

② 배합강도(F) 결정
㉠ 재령 28일의 압축강도로 표시
㉡ 재령 28일인 경우 배합강도는 다음 중 큰 값을 선택
- $F \geq F_{ck} + T + 1.73\sigma \ N/mm^2$
- $F \geq 0.85(F_{ck} + T) + 3\sigma \ N/mm^2$

㉢ 재령 28~91일 이내의 n일인 경우 배합강도는 다음 중 큰 값을 선택
- $F \geq F_{ck} + T_n + 1.73\sigma \ N/mm^2$
- $F \geq 0.85(F_{ck} + T_n) + 3\sigma \ N/mm^2$

- T : 재령을 28일로 한 경우, 콘크리트 타설일로부터 28일간의 예상 평균기온에 의한 콘크리트 보정값(N/mm^2)
- T_n : 재령 28~90일 이내의 n일로 한 경우, 콘크리트 타설일로부터 n일간의 예상 평균기온에 의한 콘크리트 보정값(N/mm^2)
- σ : 사용하는 콘크리트 강도의 표준편차(N/mm^2)

③ 시멘트강도(K) 결정
㉠ 시멘트강도는 28일 압축강도(K28)를 기준으로 하고 시간여유가 없는 경우는 3일 강도(K3), 7일 강도(K7)에서 추정가능
㉡ 시멘트 종류에 따른 강도(K)의 최대치 : 400(조강 포틀랜드 시멘트), 370(고로, 플라이애시, 실리카 A종), 350(고로 B종, 중용열), 320(플라이애시 B종, 실리카 B종)

④ 물시멘트비(W/C) 결정
㉠ W/C비 : 부어넣기 직후의 모르타르나 콘크리트 속에 포함된 시멘트풀 속의 시멘트에 대한 물의 중량백분율
㉡ 물시멘트비는 소요강도, 내구성, 수밀성, 균열저항성 등을 고려하여 정하며 압축강도와 물시멘트비와의 관계는 시험에 의해 정하는 것이 원칙
㉢ 내구성을 위한 단위수량의 최대치는 185kg/m^3 이하, 단위시멘트량의 최소치는 270kg/m^3 이상이며, 단위수량과 물시멘트비로 정함
- W/C비가 클 때의 문제점
  - 내부공급 증가로 강도 저하
  - 부착력 저하

- 재료분리 증가
- 블리딩, 레이턴스 증가
- 내구성, 내마모성, 수밀성 저하
- 건조수축, 균열발생 증가
- 크리프 현상 증가
- 동결융해 저항성 저하
- 이상응결(응결지연)
- 시공연도 저하

• 물시멘트비 산정방법(보통 포틀랜드 시멘트)

W/C(%) = 51 ÷ (f_28 ÷ K + 0.31), [f_28 : 콘크리트의 재령 28일 압축강도, K : 시멘트강도]

• 크리프(Creep)의 증가원인 기출 19년 2회
- 부재단면의 치수가 작을수록
- 재하시기가 빠를수록
- 재령이 짧을수록
- 물시멘트비가 클수록
- 단위 시멘트량이 많을수록
- 온도가 높고, 습도가 작을수록
- 응력이 클수록

⑤ 슬럼프 시험(Slump Test)
㉠ 콘크리트의 반죽의 정도를 측정하는 시험으로 슬럼프 값이 작을수록 된 반죽임
㉡ 몰드의 내면과 평판의 윗면을 미리 젖은 수건으로 닦고 시료를 용적에 1/3 정도 넣고 다짐대로 각 25회씩 균일하게 다짐
㉢ 용적의 2/3 깊이까지 넣고 다시 다짐대로 25번을 다짐(다짐대가 콘크리트 속으로 들어가는 깊이는 9cm로 함)
㉣ 몰드에 시료를 넘칠 정도로 넣고 다시 다짐대로 25번을 다짐
㉤ 몰드를 가만히 들어올려 30cm의 높이의 콘크리트가 가라앉은 값을 슬럼프 값으로 함
㉥ 슬럼프가 크면 작업은 쉽지만 블리딩이 많아지고, 슬럼프가 작으면 다짐이 어려워 곰보가 발생하기 쉽고 작업성이 떨어짐

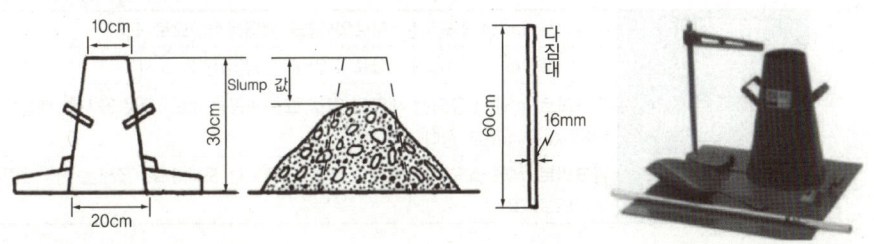

〈슬럼프 시험〉

⑥ 굵은골재 최대치수 결정
  ㉠ 50mm 이하로서 부재 최소 치수의 1/5, 철근 최소 수평간격의 3/4을 넘어서는 안 됨
  ㉡ 일반적인 구조물 : 25mm 이하
  ㉢ 단면이 큰 경우 : 40mm 이하
  ㉣ 무근콘크리트 : 100mm 이하, 부재 최소 치수의 1/4을 초과해서는 안 됨

⑦ 잔골재율(S/a) 결정
  ㉠ 잔골재율을 작게 하면 같은 슬럼프값을 얻는 데 필요한 단위수량이 감소되며, 단위 시멘트량도 감소되어 경제적
  ㉡ 어느 한계를 지나면 콘크리트가 거칠어지고, 재료분리가 잘 생김
  ㉢ 슬럼프 시험으로 적합한 잔골재율을 결정

⑧ 단위수량결정
  ㉠ 단위수량은 슬럼프를 측정하여 결정
  ㉡ 단위수량을 감소할 경우 AE제, 감수제, AE감수제, 고성능AE감수제 등을 사용

⑨ 시방배합의 결정
  ㉠ 계량의 1회 계량분의 0.5% 정밀도 유지
  ㉡ 투입 시 동일한 조합콘크리트는 소량 배합하고, 믹서면내에 시멘트풀을 발라둠
  ㉢ 비빔시간은 보통 3분으로 하고, 10분 이상부터는 강도의 변화가 없음
  ㉣ 슬럼프의 조정 : 18cm 이하에서 약 1.2%, 18cm 이상에서 약 1.5%
  ㉤ 골재분리와 유동성 조정
  ㉥ 공기량 조정

⑩ 현장배합의 결정
  ㉠ 콘크리트를 만드는 데 계량이 부정확하고 비비기가 불충분하면 필요한 성능의 콘크리트를 생산할 수 없음
  ㉡ 현장에서 계량하여 콘크리트를 생산하는 방법을 표준배합, 현장배합이라 함
  ㉢ 현장배합은 배치배합이라고도 하며 시멘트 1포대당 또는 배치 1회당 비벼내기에 필요한 각 재료의 양을 중량, 현장계량용적으로 표시함
  ㉣ 시방배합을 현장배합으로 고칠 경우에는 골재의 함수상태, 잔골재 중 5mm체에 남은 굵은 골재량 굵은 골재 중에서 5mm체를 통과하는 잔골재량 및 혼화재를 희석시킨 희석수량 등을 고려

절대용적배합	콘크리트 1m³에 소요되는 재료의 양을 절대용적(l)으로 표시
중량배합	콘크리트 1m³에 소요되는 재료의 양을 중량(g)으로 표시
표준계량용적배합	콘크리트 m³에 소요되는 재료의 양을 표준계량용적(m³)으로 표시한 배합으로, 시멘트는 1,500kg을 1m³로 한다.
현장계량용적배합	콘크리트 m³에 소요되는 재료의 양을 시멘트는 포대수로, 골재는 현장계량에 의한 용적 1(m³)으로 표시

⑪ 콘크리트의 강도 검사 기출 18년 1회, 21년 1회
  ㉠ 재령 28일에서 압축강도시험 실시
  ㉡ 1회의 시험결과는 지정한 호칭강도(레디믹스트 콘크리트 발주 시 구입자가 지정하는 강도)의 85% 이상
  ㉢ 3회 시험의 평균치가 호칭강도 이상 나와야 함

② 강도추정을 위한 비파괴 시험법
③ 강도법(반발경도법, 슈미트해머법)
④ 초음파법, 방사선투과법
⑤ 복합법(반발경도법 + 초음파법)
⑥ 자기법(철근탐사법)
⑦ 코어채취법, 인발법

〈구조물에 따른 콘크리트의 강도〉

압축강도(MPa)	용도
45 이상	PC Segment, 장대교 등 구조물이 특수하며, 지중의 경량화를 필요로 한 특수배합
40	PC Beam등 구조물이 특수하게 설계되어 높은 압축강도를 필요로 하는 배합
30	고층건물, RC교량 등에 이용되고 비교적 높은 압축강도를 필요로 하는 배합
27, 24	수밀성, 내구성을 필요로 하는 배합, 고층아파트 구조물(철근콘크리트 구조물)
21	27, 24와 동일하나 일반건축물에 많이 사용(철근콘크리트 구조물)
18	일반 포장이나 기계 기층에 사용
16 이하	버림용 콘크리트에 사용

(3) 콘크리트 운반

① 제조된 콘크리트의 품질을 변화시키지 않고 신속하게 건설현장까지 운반해야 하며 운반에 의해 워커빌리티가 저하된 콘크리트는 타설과 다짐에 큰 영향을 미침
② 레미콘 회사에서 현장까지 운송시간이 길어지면 콘크리트가 경화되어 타설이 곤란하며 온도가 높은 여름철에 운반된 콘크리트는 균열, 콜드조인트, 슬럼프 저하, 강도저하를 야기함
③ 기온이 높아지면 콘크리트의 혼합, 타설 시 콘크리트 온도가 높아지고 급격한 수분의 증발로 슬럼프의 저항, 시공성, 작업성이 불량해짐, 타설 시 기온이 30℃가 넘을 경우 서중 콘크리트 대책을 강구해야 함

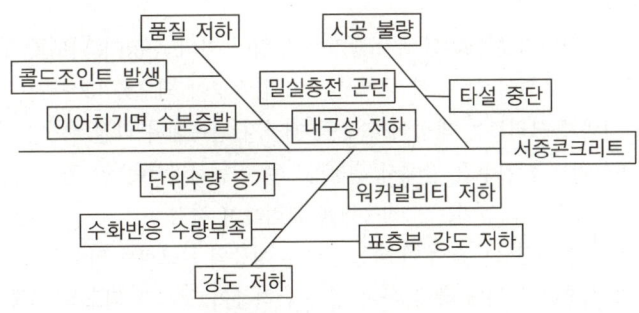

〈서중콘크리트의 특성요인도〉

(4) 콘크리트 타설

① 타설 계획
  ㉠ 구조물의 강도에 영향이 적은 곳
  ㉡ 이음길이가 짧게 곳
  ㉢ 시공순서에 무리가 없는 곳

② 시공조인트의 위치
  ㉠ 벽체의 경우, 시공조인트의 간격은 수평으로는 약 12m 이하, 수직으로는 한층 높이 또는 약 4m 이하로 설치하는 깃이 바람직하고, 수평 시공조인트는 바닥면 또는 창턱(Window Sill)선이 일반적이며, 수직 시공조인트는 건물모서리 부위를 피하고 건물모서리에서 3.5~4m 떨어진 부분이 좋음
  ㉡ 보, 슬래브의 경우, 경간(Span)의 중간 또는 경간의 1/3~2/3 구간(전단력이 작은 곳)이 바람직하며 캔틸레버 보나 슬래브의 경우에는 지지조건이 불완전하므로 가급적 이어치기를 하지 않는 것이 좋으나, 불가피하게 이어치기를 해야 하는 경우에는 주철근 방향으로 하는 것이 바람직함
  ㉢ 기둥의 경우, 슬래브 또는 보 하단, 기초상단이 좋고 아치의 이음은 아치축에 직각으로 함
  ㉣ 시공이음 기출 21년 4회
    • 시공이음은 될 수 있는 대로 전단력이 작은 위치에 설치하고, 부재의 압축력이 작용하는 방향과 직각이 되도록 하는 것이 원칙
    • 외부의 염분에 의한 피해를 받을 우려가 있는 해양 및 항만 콘크리트 구조물 등에 있어서는 시공이음부를 두지 않는 것이 좋음
    • 이음부의 시공에 있어서는 설계에 정해져 있는 이음의 위치와 구조는 지켜져야 함
    • 수밀을 요하는 콘크리트에 있어서는 소요의 수밀성이 얻어지도록 적절한 간격으로 시공이음부를 두어야 함
    • 수평시공이음이 거푸집에 접하는 선은 될수 있는 대로 수평한 직선이 되도록 함
    • 콘크리트를 이어칠 경우에는 구 콘크리트 표면의 레이턴스 등을 완전히 제거하고 충분히 흡수시켜야 함
③ **콘크리트 타설하기** 기출 19년 4회, 20년 3회, 21년 4회
  ㉠ 기둥과 같이 깊이가 깊을수록 묽게 하고 상부에 갈수록 된비빔으로 하여 기포가 생기지 않게 함
  ㉡ 주입높이는 될 수 있는 대로 낮은 곳에서 주입하고, 운반거리가 먼 곳부터 시작
  ㉢ 콘크리트 부어넣기는 낮은 곳에서부터 기초, 기둥, 벽, 계단, 보, 바닥판의 순서로 부어나감
  ㉣ 일단 계획한 작업구획은 완료될 때까지 계속해서 부어넣고 콘크리트는 비비는 곳에서 먼 곳으로부터 부어넣기 시작
  ㉤ 한 구획에 있어서의 콘크리트 부어넣기는 표면이 거의 수평이 되도록 부어나감
  ㉥ 콘크리트는 그 표면이 한 구획 내에서는 거의 수평이 되도록 타설하는 것을 원칙으로 함
  ㉦ 한 구획 내의 콘크리트는 타설이 완료될 때까지 연속해서 타설
  ㉧ 타설한 콘크리트를 거푸집 안에서 횡방향으로 이동시켜서는 안 됨
  ㉨ 콘크리트 타설의 1층 높이는 다짐능력을 고려하여 결정
  ㉩ 콘크리트를 2층 이상으로 나누어 타설할 경우 상층의 콘크리트 타설은 원칙적으로 하층의 콘크리트가 굳기 시작하기 전에 해야 하며 상층과 하층이 일체가 되도록 시공
  ㉪ 콜드조인트가 발생하지 않도록 하나의 시공구획의 면적, 콘크리트의 공급능력, 이어치기 허용시간 간격 등을 정해야 함
    • 외기온도 25℃ 초과 시 이어치기 허용시간 : 2.0시간
    • 외기온도 25℃ 이하 시 이어치기 허용시간 : 2.5시간 기출 20년 3회
  ㉫ 콜드조인트(Cold Joint) : 콘크리트 타설 중 응결이 어느 정도 진행된 콘크리트에 새로운 콘크리트를 이어치면 시공불량 이음부가 발생하여 경화 후 누수의 원인 및 철근의 녹 발생 등 내구성에 손상을 일으키는 현상 기출 20년 1·2회 통합

④ 타설이음
　㉠ 타설이음부의 위치, 형상 및 처리방법은 구조내력 및 내구성을 손상하지 않아야 함
　㉡ 타설이음부의 위치는 구조부재의 내력의 영향이 가장 작은 곳에 정함
　㉢ 보, 바닥슬래브 및 지붕슬래브의 수직 타설이음부는 스팬의 중앙 부근에 주근과 직각방향으로 설치
　㉣ 기둥 및 벽의 수평 타설이음부는 바닥슬래브(지붕슬래브), 보의 하단에 설치하거나 바닥슬래브, 보, 기초보의 상단에 설치
　㉤ 콘크리트의 타설이음면은 레이턴스나 취약한 콘크리트 등을 제거하여 새로 타설하는 콘크리트와 일체가 되도록 처리
　㉥ 타설이음부의 콘크리트는 살수 등에 의해 습윤시키되 타설이음면의 물은 콘크리트 타설 전에 고압공기 등에 의해 제거
　㉦ 타설이음부의 일체성 확보 또는 수밀성 확보를 위하여 특별한 조치를 강구하는 경우에는 적절한 방법을 정하여 담당원의 승인을 받음
　㉧ 콘크리트 타설 시작 후 할 수 없이 타설을 중지하는 경우의 타설이음부의 위치, 형상 및 처리방법은 ㉠~㉥항에 준함

⑤ <u>진동다짐</u> 기출 18년 4회
　㉠ 콘크리트를 거푸집 구석구석까지 충진시키고 밀실하게 콘크리트를 넣기 위함
　㉡ 진동다짐기계(Vibrator)는 Slump 15cm 이하의 된 비빔 콘크리트에 사용함을 원칙으로 함
　㉢ 가급적 모래의 양을 적게 하는 배합을 함
　㉣ 콘크리트 붓기(진동 다짐1회) 높이는 30~60cm가 표준, 진동기는 하층 콘크리트에 10cm 정도 삽입
　㉤ 막대진동기는 1일 콘크리트 작업량 20m³ 마다 1대로 잡는 것이 표준
　㉥ 진동기 종류
　　• <u>내부진동기 : 막대진동기(슬럼프 15cm 이하 사용), 횡방향 이동 시 콘크리트 재료가 분리됨</u>
　　　　　　　　　　　　　　　　　　　　　　　　　　　　　　　　　　　　　　　기출 19년 4회
　　• 외부진동기 : 거푸집진동기, 표면진동기

⑥ 진동기 사용 시 유의점
　㉠ 수직으로 사용
　㉡ 철근에 닿지 않도록 함
　㉢ 간격은 진동이 중복되지 않는 범위에서 60cm 이하로 함
　㉣ 사용기간은 30~40초가 적당
　㉤ 콘크리트에 구멍이 남지 않도록 서서히 빼냄
　㉥ 굳기 시작한 콘크리트에는 사용하지 않음

⑦ 콘크리트 타워높이
　㉠ 콘크리트 타워높이(m) = 부어넣을 콘크리트의 최고높이 + (타워에서 호퍼까지의 수평거리 ÷ 2) + 12m
　㉡ 콘크리트 타워높이는 최고 70m 이하로 하고, 15m 마다 4개의 당김줄로 지지해야 함

(5) 양 생

① 콘크리트의 양생
  ㉠ 일광의 직사, 풍우, 강설에 대해 노출면을 보호
  ㉡ 콘크리트가 충분히 경화할 때까지 충격 및 하중을 가하지 않게 보호
  ㉢ 상당한 온도(5℃ 이상)를 유지하여 경화를 도모하고 급격한 건조를 막을 수 있도록 함
  ㉣ 수화작용이 충분히 되도록 하상 습윤상태를 유지
  ㉤ 거푸집은 공사에 지장이 없는 한 오래 존치하는 것이 유리

② 보양방법
  ㉠ 습윤보양 : 보통 수중보양 또는 살수보양
  ㉡ 증기보양 : 거푸집을 빨리 제거하고 단시일에 소요강도를 내기 위해서 고온, 고압 증기로 보양하는 것으로 한중 콘트리트에도 유리
  ㉢ 전기보양 : 콘크리트 중에 저압교류를 통해 전기저항열을 이용
  ㉣ 피막보양 : 포장 콘크리트보양에 쓰임

(6) 특수 콘크리트

① 서중 콘크리트
  ㉠ 일평균 기온이 25℃를 넘는 더운 시기에 시공하는 콘크리트
  ㉡ 타설온도가 30℃가 넘을 경우 수분 증발로 인하여 연행 공기량이 감소하고 콜드조인트(Cold Joint)가 발생하거나 수분 증발에 의한 균열 및 온도 균열 등의 위험성이 증가
  ㉢ 중용열 시멘트, 플라이애시 시멘트, 혼합 시멘트를 사용하며 낮은 온도에서 저장하고 골재는 직사광선을 쬐지 않도록 조치하며 찬물을 살수하여 온도를 낮추어 사용
  ㉣ <u>서중 시공 시 유의사항</u> 기출 19년 1회
    • 교반기 내의 모르타르 저류시간을 짧게 함
    • 비빈 후 즉시 주입
    • 수송관 주변의 온도를 낮춤
    • 응결을 지연시키며 유도성을 크게 함
    • 유동성을 유지시킬 수 있는 혼화제를 추가로 혼입

② 한중 콘크리트
  ㉠ 일평균 기온이 4℃ 이하인 기상조건에서 시공하는 콘크리트
  ㉡ 외기온도 0℃ 이하에서 타설 시 초기 동결 동해를 입게 되고 내구성이 저하됨
  ㉢ 적정한 온수를 공급하기 위하여 온수시설을 설치하여 가동하여야 하며, 운송 중 제품의 보온을 위하여 믹서트럭 차량에 보온덮개를 장착하여야 함

③ 수중 콘크리트
  ㉠ 높은 점성과 유동성을 부여하여 수밀성과 내구성을 향상시켜 수중에서도 완벽한 구조물을 만들 수 있도록 한 콘크리트
  ㉡ 단위 시멘트량과 잔골재율을 크게 하여 콘크리트에 강한 점성과 유동성을 부여하여 수중에서 재료가 분리되는 것을 차단하고, 특히 시멘트가 수중으로 유출되어 강도 및 내구성이 저하되는 것을 방지함
  ㉢ 콘크리트가 분리되지 않도록 트레미관을 이용

ⓔ 온도 0℃의 수중 또는 흙탕물 속에서는 공사할 수 없음
ⓜ 배합은 공기 중에서 하는 것보다 시멘트를 10~30% 증가시킴

④ 매스 콘크리트
㉠ 부재치수가 1~2m 이상인 구조물용 콘크리트로 시멘트 수화열에 의한 온도 상승이 큼
㉡ 넓이가 넓은 슬라브에서는 80cm, 구속된 벽체에서는 50cm을 매스 콘크리트라 함
㉢ 부재가 두꺼운 콘크리트는 과도한 수화열이 발생하고, 내외부의 온도차로 인해 인장응력에 의한 균열이 발생하기 쉬움
㉣ 온도균열은 콘크리트 타설 후 수일 내에 발생하며, 발생위치에 규칙성이 있고 형상이나 배근 상태가 복잡하거나 불균형 시 발생함
㉤ 중용열 시멘트, 플라이애시 시멘트, 고로슬래그 시멘트, 저발열성 시멘트를 사용함

⑤ 고강도 콘크리트 `기출` 22년 2회
㉠ 보통의 콘크리트보다 강도가 높은 시멘트로 압축강도 420kg/cm² 이상이며 초고강도 콘크리트는 압축강도 1050kg/cm² 이상임
㉡ 압축강도 420kg/cm² 이상의 고강도 콘크리트 제조를 위해서는 물결합재비(Water/Binder Ratio)를 낮게 함(30~35%의 물결합재비가 많이 사용됨)
㉢ 일반콘크리트와 비교하여 시멘트량이 많고 단위수량이 적어 배합이 어려워 고성능 감수제를 사용해야 함
㉣ 재료의 작업성 손실을 방지하기 위해 신속히 운반되어야 하며 하절기 등의 콘크리트 온도가 상대적으로 높은 경우에는 콘크리트의 작업성 확보를 위한 대책이 사전에 수립되어야 함

⑥ 유동화 콘크리트
㉠ 대상구조물의 형태가 복잡하고 부재단면이 비교적 작고 배근량이 많은 경우 사용하는 슬럼프 값이 큰 콘크리트
㉡ 슬럼프 값을 키우기 위해서는 단위수량이 비교적 많아지게 되어 건조수축에 따른 균열이 발생하여 구조물에 결함이 발생함
㉢ 이러한 결함을 방지하기 위해 시공성을 손상시키지 않고 슬럼프 값이 작은 콘크리트로 개발된 것이 유동화 콘크리트임
㉣ 미리 비벼낸 단위수량이 적은 콘크리트에, 유동화제라는 분산성능이 높은 혼화제를 혼합하여 된 비빔 콘크리트의 품질을 유지한 채 유동성을 일시적으로 증대시킨 것
㉤ 유동화 콘크리트의 슬럼프(mm) `기출` 21년 2회

콘크리트의 종류	베이스 콘크리트	유동화 콘크리트
보통 콘크리트	150 이하	210 이하
경량골재 콘크리트	180 이하	210 이하

⑦ AE(Air-Entrained) 콘크리트 `기출` 22년 2회
㉠ 콘크리트를 믹싱할 때 AE제를 시멘트량의 0.03~0.05% 정도 첨가하여 콘크리트 내부에 공기 기포를 형성시킨 콘크리트
㉡ 콘크리트는 더우면 팽창하고, 추우면 수축하는데 이렇게 기후변화에 따라 수축과 팽창을 반복할 경우 콘크리트에 균열이 생기고 파괴됨
㉢ AE제에 의해 5% 정도의 공기량을 갖는 콘크리트는 기포가 쿠션역할을 하여 보통 콘크리트에 비해 내구성 향상, 염류 및 동결에 대한 저항력이 향상

⑧ 프리스트레스드 콘크리트(PSC ; Prestressed Concrete)
  ㉠ 인장력을 미리 가하여 콘크리트를 치고 양생시키면 인장력 때문에 반력으로 압축력이 생겨 철근이 인장을 받을 때 반력 압축력 때문에 더 큰 인장력을 받을 수 있어 경제적 단면제작이 가능하게 만든 콘크리트
  ㉡ 종 류
    • 프리텐션(Pretension)
      강재에 미리 인장력을 가한 상태로 콘크리트를 넣고 완전 경화 후 강재 단부에서 인장력을 푸는 방법이며 강선을 긴장하기 위한 지주가 사용(압축강도 30MPa)
    • 포스트텐션(Posttension)
      콘크리트를 부어넣기 전에 얇은 시스(Sheath)를 묻어두고 콘크리트를 부어넣은 후 시스 구멍에 강재를 통하여 긴장시키고 고정하며 고정 방법은 일반적으로 시멘트 페이스트를 그라우팅 방법으로 함

장점	• 내구성과 복원성이 큼 • 구조물에 대한 적용성과 안정성이 큼 • 공기가 단축되며 거푸집, 가설물 등이 없어도 됨 • 작은 단면으로 큰 응력에 견딜 수 있어 구조물의 자중을 감소시킬 수 있고 큰 Span 횡가재로도 적당
단점	• 고강도의 강재나 각종 보조재료 및 Grouting 비용 등이 소요되어 단가가 비쌈 • 강성이 적어 하중에 의한 처짐 및 충격에 의한 진동이 큼 • 제작에 고도의 기술과 세심한 주의를 요함

  ㉢ 프리스트레스 하지 않는 부재의 현장치기 콘크리트의 최소 피복 두께 〔기출〕 19년 4회

수중에서 치는 콘크리트	• 100mm
흙에 접하여 콘크리트를 친 후 영구히 흙에 묻혀 있는 콘크리트	• 80mm
흙에 접하거나 옥외의 공기에 직접 노출되는 콘크리트	• D29 이상의 철근 : 60mm • D25 이하의 철근 : 50mm • D16 이하의 철근, 지름 16mm 이하 : 40mm
옥외의 공기나 흙에 직접 접하지 않는 콘크리트	• 슬래브, 벽체, 장선(D35 초과하는 철근) : 40mm • 슬래브, 벽체, 장선(D35 이하인 철근) : 20mm • 보, 기둥 : 40mm • 쉘, 절판부재 : 20mm

  ㉣ 프리스트레스하는 부재의 현장치기 콘크리트의 최소 피복 두께

흙에 접하여 콘크리트를 친 후 영구히 흙에 묻혀 있는 콘크리트	• 80mm
흙에 접하거나 옥외의 공기에 직접 노출되는 콘크리트	• 벽체, 슬래브, 장선구조 : 30mm • 기타 부재 : 40mm
옥외의 공기나 흙에 직접 접하지 않는 콘크리트	• 슬래브, 벽체, 장선 : 20mm • 보, 기둥(주철근) : 40mm • 보, 기중(띠철근, 스터럽, 나선철근) : 30mm

⑨ **경량 콘크리트** 기출 18년 2회
　㉠ 중량경감의 목적으로 인공 또는 천연골재를 이용하여 만든 단위용적중량 $2ton/m^3$ 이하의 콘크리트
　㉡ 구조물의 자중이 경감되며, 콘크리트 타설 시 노동력이 절감되고, 내화와 단열, 방음효과가 큼
　㉢ 단점은 시공이 복잡하고 재료처리가 필요하며 강도가 작고, 건조수축이 크며 중성화가 빠름
　㉣ 종 류
　　• 경량골재 콘크리트 : 경량골재를 사용
　　• 기포경량 콘크리트 : 콘크리트 속에 기포를 만듦
　　• 무세골재 콘크리트 : 세(細)골재를 넣지 않고 10~20mm의 굵은 골재와 시멘트, 물만으로 만듦
　　• 톱밥 콘크리트 : 톱밥을 골재로 하여 못을 박을 수 있는 콘크리트
　　• 신더(Cinder) 콘크리트 : 석탄재(Coal Cinder)를 골재로 사용하여 만듦

⑩ **수밀 콘크리트**
　㉠ 콘크리트의 공극을 줄여 물의 침입을 막은 밀도가 높은 콘크리트
　㉡ 혼합은 3분 이상, 슬럼프는 18cm 이하, W/C는 50% 이하이며, AE제・감수제를 사용하여 공기량을 5%로 만듦
　㉢ 단위수량을 줄이고, 단위시멘트량을 늘이며, 진동다짐을 원칙으로 하고, 될 수 있는 한 이음을 두지 않음
　㉣ 골재는 둥글고 양호한 것으로 조골재는 최대지름이 규정된 치수 이하인 적당한 입도인 것을 사용

⑪ **쇄석 콘크리트(깬자갈 콘크리트)**
　㉠ 석산의 암석을 파쇄한 골재를 사용한 콘크리트
　㉡ 골재의 형태가 부드러운 원형이 아닌 세장한 입형으로 시공성이 떨어지기 때문에 AE제를 반드시 사용
　㉢ 강도는 보통 콘크리트보다 10~20% 정도 증가하며 가는 모래는 10%, 모르타르는 8%가 증가함

⑫ **프리팩트 콘크리트(Prepacked Concrete)**
　㉠ 거푸집 안에 미리 굵은 골재를 채워 넣은 후, 그 공극 속으로 특수한 모르타르(Intrusion Mortar)를 주입하여 만든 콘크리트
　㉡ 수중 콘크리트와 구조물의 보수 보강공업에 주로 적용하며, 수화발열량이 적어 건조수축에 의한 균열발생이 적음
　㉢ 수중콘크리트, 중량콘크리트(방사선 차폐용), 보통콘크리트로 시공이 곤란한 곳에서 사용
　㉣ 건조수축이 일반콘크리트에 비해 1/2, 강도가 크고, 내구성과 수밀성이 뛰어남

⑬ **숏크리트(Shotcrete)**
　㉠ 거나이트(Gunite)라고도 하며, 압축공기를 이용하여 콘크리트를 암반면에 뿜어 붙이는 콘크리트
　㉡ 터널의 지보재, 사면의 보호, 암반의 풍화방지, 큰 공동구조물의 라이닝, 구조물의 피복 등 적용범위가 매우 다양함
　㉢ 표면뿐만 아니라 얇은 벽바름 녹막이에 유효하나 균열이 생기기 쉽고 다공질이며 외관이 좋지 않음
　㉣ 제조 방법으로는 건식공법과 습식공법이 있으며, 일반적으로 보통 포틀랜드 시멘트를 사용

⑭ 진공 콘크리트(Vacuum Concrete)
　㉠ 콘크리트가 경화하기 전에 진공펌프로 콘크리트에 잔류해 있는 잉여수 및 공기를 제거한 콘크리트
　㉡ 한중콘크리트, 포장콘크리트, Precast Panel제작, Slab부재 타설용으로 사용
　㉢ 슬럼프 감소로 콘크리트의 강도 증진, 동해에 대한 저항성 증가, 마모에 대한 내구성 증가
　㉣ 건조수축 감소, 수밀성 증가, 조기강도 발현 등의 효과가 있음

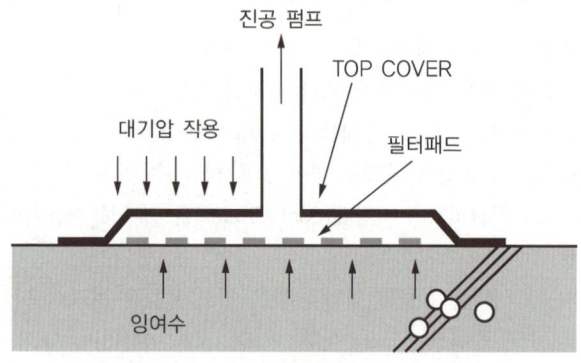

〈진공콘크리트〉

⑮ 제치장 콘크리트(Exposed Concrete) 기출 23년 복원
　㉠ 개요
　　• 마감재료를 시공하지 않고 콘크리트 자체의 색상 및 질감으로 마감하는 콘크리트
　　• 콘크리트 표면 자체가 마감으로, 시공 및 재료적인 측면에서 철저한 사전준비가 필요
　㉡ 장단점

장 점	단 점
• 마감자재의 절감 • 자중의 감소 • 환경친화적 • 공기단축	• 거푸집 공사비 증가 • 전문인력 수급 곤란 • 하자 발생 시 보수가 어려움 • 품질관리가 어려움

(7) 레미콘(REMICON)
　① Ready Mixed Concrete의 약자로서 시멘트, 골재, 혼화재의 재료를 이용하여 전문적인 콘크리트 생산공장에서 제조한 후 트럭믹서(Truck Mixer) 또는 에지테이터트럭(Agitator-Truck)으로 공사현장까지 운반되는 아직 굳지 않은 콘크리트
　② 레미콘 종류
　　㉠ 센트럴 믹스드 콘크리트(Central Mixed Concrete) : 플랜트에서 완전히 믹싱하여 트럭 믹서 또는 트럭 애지터이터 운반 중에 교반하면서 공사현장까지 가는 가장 일반적 공급 방식
　　㉡ 쉬링크 믹스드 콘크리트(Shrink Mixed Concrete) : 플랜트에서 어느 정도 콘크리트를 비빈 후 트럭믹서 또는 트럭애지테이터에 투입하여 운반시간 동안 혼합하여 배달 공급하는 방식
　　㉢ 트랜싯 믹스드 콘크리트(Transit Mixed Concrete) : 플랜트에서 계량된 각각의 재료를 트럭믹서에 투입하여 운반시간 동안에 혼합수를 가하여 교반 혼합하여 배달 공급하는 방식

③ 레미콘 장단점 **기출** 17년 4회

장 점	• 품질이 균등 • 공사추진 정확, 기일연장 등이 없음 • 협소한 장소에서 대량의 콘크리트를 얻을 수 있음 • 콘크리트의 품질을 확보하고 가격이 일정하여 비용이 저렴해짐
단 점	• 현장과 제조자와 충분한 협의가 필요 • 운반차 출입경로, 짐부리기 설비가 필요 • 부어넣기 작업도 운반과 견주어 강행해야 함 • 운반 중 재료분리, 시간경과로 인한 품질의 문제점 발생 • 외기온도 기준 : 30℃ 이상, 0℃ 이하에서 문제 발생

(8) 콘크리트 비비기량

① 콘크리트 비비기량 : $V(m^3) = 1.1 \times m + 0.57 \times n$
  [현장배합비 1 : m : n일 때(m = 모래의 배합비, n = 자갈의 배합비)]
② 시멘트량 : $C = 1500 \div V$ (시멘트 $1m^3 = 1500kg$)
③ 모래량 : $S = m \div V$
④ 자갈양 : $G = n \div V$
⑤ 물의 양 : $W = C \times (W \div C)$

  예제 m = 2, n = 4일 때,
  • 콘크리트 비비기량(V) = $1.1 \times 2 + 0.57 \times 4 = 4.48m^3$
  • 시멘트량(C) = $1500 \div 4.48 = 334.8kg$
  • 모래량(S) = $m \div V = 2 \div 4.48 = 0.446m^3$
  • 자갈양(G) = $n \div V = 4 \div 4.48 = 0.893m^3$
  • 물의 양(W) = $334.8 \times 0.6 = 200.9kg$ (W/C = 60%로 가정)

⑥ 단위중량
  ㉠ 자갈의 단위중량 : $1.6 \sim 1.7(t/m^3)$
  ㉡ 모래의 단위중량 : $1.5 \sim 1.6(t/m^3)$
  ㉢ 목재의 단위중량 : $0.5(t/m^3)$
  ㉣ 시멘트 $1(m^3)$: 1,500(kg)[1포대는 40(kg)]
  ㉤ 못 한 가마 : 50(kg)
  ㉥ 철근 콘크리트 단위중량 : $2,400(kg/m^3)$
  ㉦ 무근 콘크리트 단위중량 : $2,300(kg/m^3)$
  ㉧ 경량 콘크리트 단위중량 : $1,700(kg/m^3)$

04 철근공사

(1) 철근재료

① 철근의 종류

㉠ 원형철근(Round Steel Bar) : 표면에 리브나 마디가 없이 매끈하며 단면이 원형인 철근으로 이형철근이 나오면서 잘 사용하지 않고 있음

㉡ 피아노선(Piano Wire) : 프리스트레스드 콘크리트(Prestressed Concrete)에 사용하며, 보통 원형 철근의 4~6배 정도 고강도이고 이형철근에 비해 신장률은 작음

㉢ 이형철근(Deformed Steel Bar)
- 콘크리트와 부착강도를 높이기 위해 표면에 리브나 마디를 붙인 철근
- 정착길이를 짧게 할 수 있으며, Hook가공을 하지 않아도 됨
- 이형철근은 지름과 단면적을 공칭지름·공칭단면적으로 나타냄
- 공칭지름 : 단위길이당의 무게가 이형철근과 같은 원형철근을 가정하여 나타낸 지름
- 공칭단면적 : 공칭지름으로 계산한 단면적
- 원형 철근보다 부착력이 40~50% 이상 증가
- 이형철근은 D로 표시하고 mm로 단위를 표시(D10, D13) 하며, H는 고강도철근, D는 이형철근을 뜻함
  - 예 10-HD22의 뜻은 22mm 고강도 철근을 10개 배근하라는 의미
  - 예 HD10·300의 뜻은 10mm 고강도 철근을 300mm 간격으로 배근하라는 의미

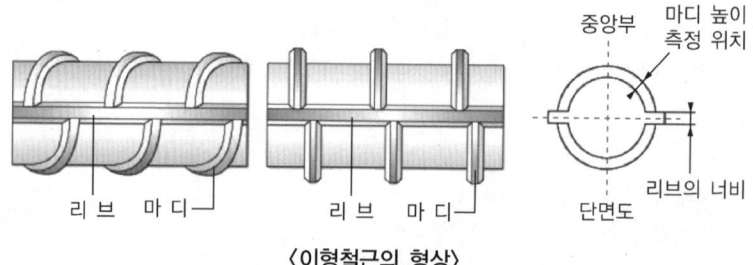

〈이형철근의 형상〉

② 철근 가공

㉠ 구부리기
- 25mm 이하 : 상온에서 가공(상온가공 = 냉간가공)
- 28mm 이상 : 가열하여 가공(열간가공)

㉡ 원형 철근의 말단부는 원칙적으로 Hook을 둠

㉢ 이형 철근은 기둥 또는 굴뚝을 제외한 부분은 Hook을 생략할 수 있음

(2) 철근정착 및 이음 기출 20년 3회, 20년 4회, 21년 1회, 21년 4회

① **철근의 정착길이** : 콘크리트에 묻힌 철근이 뽑히거나 미끄러지지 않고 철근의 인장항복에 이르기까지의 응력을 발휘할 수 있는 최소묻힘 길이
  ㉠ 기둥의 주근은 기초 또는 바닥판에 정착
  ㉡ 큰 보의 주근은 기둥에 정착하고, 작은 보의 주근은 큰 보에 정착
  ㉢ 지중보의 주근은 기초 또는 주근에 정착
  ㉣ 벽철근은 기둥, 보, 바닥판에 정착
  ㉤ 바닥철근은 보 또는 벽체에 정착
  ㉥ 보밑 기둥이 없을 때에는 보 상호 간에 정착
  ㉦ 철근 체적의 약 1% 이내가 부식된 철근은 부착강도가 증가

② **철근의 이음** 기출 17년 4회, 20년 1·2회 통합
  ㉠ 철근의 이음부는 구조내력상 취약점이 되는 곳
  ㉡ 이음위치는 되도록 응력이 큰 곳을 피해야 함
  ㉢ 한 곳에 집중되지 않도록 엇갈리게 교대로 분산
  ㉣ 한 곳에서 철근 수의 반 이상을 이어서는 안 됨
  ㉤ 철근의 이음은 힘의 전달이 연속적이고 응력집중이 일어나지 않도록 함
  ㉥ 응력이 작은 곳에서 엇갈리게 이음을 둠
  ㉦ D35 이상의 철근은 겹침이음으로 하지 않음 기출 18년 1회, 24년 복원
  ㉧ 보 철근은 이음 시 인장력이 작은 곳에서 이음
  ㉨ 기둥, 벽, 철근이음은 층높이의 2/3 이하에서 엇갈리게 함
  ㉩ 갈고리는 이음길이에 포함하지 않음
  ㉪ 철근이음의 종류 기출 17년 4회, 20년 3회, 21년 4회, 24년 복원

종류	내용	검사항목
겹침이음	철근이음부 1개소에 두 군데 이상 결속선으로 결속하는 이음	• 위치 • 이음길이
가스압접	철근의 단면을 산소-아세틸렌 불꽃 등을 사용하여 가열하고 기계적 압력을 가하여 용접한 맞댐 이음	• 위치 • 외관검사 • 초음파탐사검사 • 인장시험
기계식 이음	나사를 가지는 슬리브 또는 커플러, 에폭시나 모르타르 또는 용융금속 등을 충전한 슬리브, 클립이나 편체 등의 보조장치 등을 이용하는 이음	• 위치 • 외관검사 • 인장시험
용접이음	용접으로 접합되는 이음	• 외관검사 • 용접부의 내부결함 • 인장시험

③ **철근가공(이음 및 장착) 시 주의사항**
  ㉠ 구부림은 냉간가공으로 함
  ㉡ 원형 철근의 말단부는 반드시 갈고리(Hook)를 만듦
  ㉢ 철근과 철근의 순간격은 굵은골재 최대치수 1.25배 이상, 25mm 이상 또는 공칭지름의 1.5배 이상으로 함
  ㉣ D35 이상은 겹침이음을 하지 않음

ⓜ 갈고리(Hook)는 정착, 이음길이에 포함하지 않음
ⓗ 지름이 다른 겹침이음 길이는 작은 철근지름에 의함
ⓢ 철근의 정착은 기둥 및 보의 중심을 지나서 구부림

(3) 가스압접

① 철근의 단면을 산소-아세틸렌 불꽃 등을 사용하여 가열하고, 기계적 압력을 가하여 용접하는 맞댐이음 공법
② 가격이 저렴하고 경제적으로 겹침이음 부위의 철근량을 줄일 수 있으며 타설이 용이
③ 기후의 영향을 많이 받고 화재위험성이 있으며, 열로 인해 철근의 산화 및 강도저하가 발생
④ 작업순서 : 압접면 연마 → 압접기 세팅 → 가열 및 가압 → 외관검사
⑤ 압접 시 유의사항
  ㉠ 압접작업은 철근을 완전히 조립하기 전에 실시
  ㉡ 철근의 지름이나 종류가 같은 것을 압접하는 것이 좋음(지름의 차가 6mm를 넘는 것은 압접하지 않음)
  ㉢ 기둥, 보 등의 압접 위치는 한 곳에 집중되지 않게 함
  ㉣ 풍속 5m/s 이상의 바람이나 눈, 비가 압접면에 닿을 염려가 있을 때는 작업을 중지
  ㉤ 화구는 철근지름에 적합한 8구 이상의 것을 사용하며 30MPa 이상의 압력을 유지
  ㉥ 이음부위의 성능은 설계기준항복강도의 125% 이상이어야 함

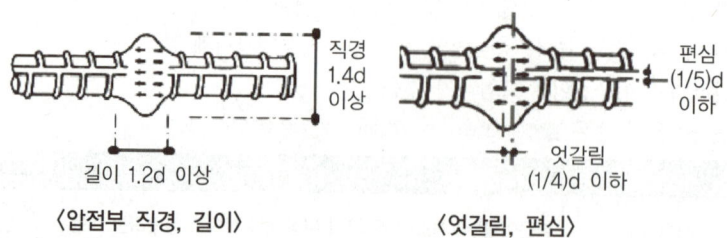

〈압접부 직경, 길이〉   〈엇갈림, 편심〉

⑥ 압접부 수정방법 [기출] 18년 1회, 22년 2회
  ㉠ 심하게 구부러졌을 때는 재가열하여 수정
  ㉡ 압접면의 엇갈림이 규정값을 초과했을 때는 압접부를 잘라내고 다시 압접
  ㉢ 형태가 심하게 불량하거나 또는 압접부에 유해하다고 인정되는 결함이 생긴 경우는 압접부를 잘라내고 재압접
  ㉣ 철근중심축의 편심량이 규정값을 초과했을 때는 압접부를 떼어내고 재압접

(4) 철근의 간격 및 피복두께

① 보의 철근 간격
  ㉠ 주철근을 2단 이상 배근할 때 상하철근은 동일 연직면 내에 두어야 하며 연직 순간격은 25mm 이상이어야 함
  ㉡ 주철근의 수평 순간격은 25mm 이상, 굵은 골재 최대치수의 4/3 이상, 철근의 공칭지름 이상이어야 함 [기출] 22년 1회

ⓒ 주철근 : 콘크리트 부재의 설계에서 하중작용에 의해 생긴 단면력에 대하여 소요단면적을 산출한 철근
ⓓ 부철근 : 부의 휨모멘트에 의하여 생긴 인장응력에 대하여 배치하는 철근
ⓔ 정철근 : 정의 휨모멘트에 의하여 생긴 인장응력에 대하여 배치하는 철근
ⓕ 나선철근 : 기둥에서 종방향 철근을 나선형으로 둘러싼 철근 또는 철선

② 기둥의 철근간격 : 기둥의 축방향 철근의 순간격은 40mm 이상, 굵은 골재 최대치수의 4/3 이상, 철근 공칭지름의 1.5배 이상

③ 다발철근
ⓐ 2개 이상의 철근을 묶어서 사용하는 철근으로 이형철근으로 하며 갯수는 4개 이하로 함
ⓑ 스터럽이나 띠철근으로 둘러싸여져야 하며 휨부재의 경간 내에서 끝나는 한 다발철근 내의 개개 철근은 철근 지름의 40배 이상 서로 엇갈리게 끝내야 함
ⓒ 다발철근의 순간격과 피복두께 및 도막계수 그리고 구속효과 관련항을 계산할 경우, 다발철근의 전체와 동등한 단면적과 도심을 가지는 하나의 철근으로 취급하여야 함

④ **최소피복두께** 기출 18년 2회, 19년 1회, 20년 1·2회 통합, 22년 2회
ⓐ 콘크리트의 표면에서 가장 바깥쪽 철근의 표면까지의 최단거리를 피복두께라고 함
ⓑ 철근콘크리트 부재에 최소피복두께를 두는 이유는 철근의 부식 방지, 내화목적, 철근의 부착강도 향상, 콘크리트의 유동성 확보 등임

구 분			최소피복두께
수중에서 타설하는 콘크리트			100mm
영구히 흙에 묻혀 있는 콘크리트			80mm
옥외의 공기나 흙에 직접 접하는 콘크리트	D29 이상 철근		60mm
	D25 이하 철근		50mm
	D16 이하 철근, 지름 16mm 이하의 철선		40mm
옥외의 공기나 흙에 직접 접하지 않는 콘크리트	슬래브, 벽체 장선구조	D35을 초과하는 철근	40mm
		D35 이하인 철근	20mm
	보, 기둥		40mm
	쉘, 절판 부재		20mm

⑤ **내화피복** 기출 19년 1회, 20년 1·2회 통합, 20년 3회, 23년 복원

습식공법	뿜칠공법	강 주위를 뿜칠 암면, 습식 뿜칠 암면, 뿜칠 모르타르로 피복
	타설공법	강 주위를 콘크리트, 경량콘크리트로 5cm 이상 타설
	미장공법	강 주위를 철망을 사용하여 모르타르와 플라스터로 미장
	조적공법	강 주위를 콘크리트, 경량콘크리트 블록, 돌, 벽돌로 쌓음
건식공법	성형판붙임	ALC판, 석고보드 등으로 붙임
	기 타	피복공법, 세라믹울, 휘감기 등
합성공법		천장판, PC판 등 마감재와 동시에 피복공사를 실시

⑥ **내화피복검사** 기출 21년 1회, 22년 1회
ⓐ 미장공법 : 시공 시 시공면적 5m² 당 1개소 단위로 핀 등을 이용하여 두께를 확인
ⓑ 뿜칠공법 : 시공 후 두께나 비중은 코어를 채취하여 측정하고, 측정빈도는 각 층마다 또는 바닥면적 1500m² 마다 각 부위별 1회를 원칙으로 하고 1회에 5개로 함

㉢ 조적공법, 붙임공법, 멤브레인공법 : 재료반입 시 재료의 두께 및 비중을 확인, 빈도는 각층마다 바닥면적 1500m^2마다 각 부위별 1회로 하며, 1회에 3개로 함
⑦ **철근 조립순서** 기출 19년 2회
  ㉠ RC(Reinforced Concrete)조 : 기초 → 기둥 → 벽 → 보 → 바닥판 → 계단
  ㉡ SRC(Steel Reinforced Concrete)조 : 기초 → 기둥 → 보 → 벽 → 바닥판 → 계단
  ㉢ 시공도 작성 → 공장절단 → 가공 → 이음·조립 → 운반 → 현장부재양중 → 이음·조립

(5) **철근의 부식 방지 대책** 기출 19년 1회, 24년 복원
  ① 콘크리트 중의 염소 이온량을 적게 함
  ② 에폭시 수지 도장 철근을 사용
  ③ 방청제 투입을 고려
  ④ 물-시멘트비를 최소로 함
  ⑤ 철근피복두께를 충분히 확보
  ⑥ 수밀콘크리트를 만들고 콜드조인트가 없게 시공
  ⑦ 철근 표면에 부동태막을 유지하도록 pH 11 이상의 강알칼리 환경 유지

(6) **철근피복두께 목적** 기출 21년 2회
  ① 내화성 확보 : 철근은 고온에서 강도가 저하하여 약 600℃에서 항복점 1/2 감소
  ② 내구성 확보 : 중성화 방지
  ③ 부착강도 확보 : 콘크리트의 허용부착력은 피복두께 1.5cm를 기준
  ④ 시공 시 유동성 확보 : 철근과 거푸집 사이의 간격에 따라 골재유동이 좌우됨

05 거푸집 공사

(1) **개 요**
  ① 거푸집이란 콘크리트가 유동성을 가지고 있는 시기부터 콘크리트가 경화되어 자립할 시기까지 굳지 않는 콘크리트를 지지하는 가설구조물
  ② 콘크리트를 일정한 형상과 치수로 유지시켜 주며, 경화에 필요한 수분의 누출을 방지하고, 외기의 영향을 차단하며 콘크리트가 제대로 양생되도록 하는 역할을 함
  ③ 콘크리트공사 중 발생하는 안전사고는 대부분이 콘크리트 타설 중에 일어나며, 거푸집 시공불량으로 인한 것이 대부분임
  ④ 거푸집은 콘크리트의 자중, 측압 등 고정하중뿐만 아니라 작업 중 발생하는 작업자의 이동, 소요자재 등의 적재 등에도 안전하도록 구조적으로 검토되고 철저하게 확인되어야 함
  ⑤ 거푸집 공사기간은 전체 공사기간의 25% 정도를 비중을 차지하는 주공정(Critical Path)이 되고 있으며, 그 성격상 반복적인 공사이므로 공기단축을 도모하는 데 핵심적인 위치를 차지함
  ⑥ 거푸집 공사는 골조공사비의 30%, 전체공사비의 10% 이상을 차지하므로 거푸집 공사의 생산성 향상은 전체 공사비의 절감을 위해서는 원가절감을 위한 합리적인 공법의 선정이 중요함

⑦ 거푸집 시공목적 기출 19년 1회
  ㉠ 콘크리트가 응결하기까지의 형상과 치수유지
  ㉡ 콘크리트 수화반응에 필요한 수분과 시멘트풀의 누출방지
  ㉢ 철근의 피복두께 확보 및 양생을 위한 외기 영향방지

(2) 거푸집 공사

① 거푸집 시공
  ㉠ 형상치수가 정확하고 처짐, 배부름, 뒤틀림 등의 변형이 생기지 않게 할 것
  ㉡ 거푸집널의 쪽매는 수밀하게 되어 시멘트풀이 새지 않게 할 것
  ㉢ 외력에 충분히 안전하게 할 것
  ㉣ 조립 제거할 때 파손, 손상되지 않게 할 것
  ㉤ 소요자재가 절약되고 반복사용이 가능하게 할 것

② 거푸집 공사 시 주의사항
  ㉠ 거푸집널에는 수밀성이 요구됨
  ㉡ 거푸집널의 재료에 의해 콘크리트 표면의 상태가 좌우됨
  ㉢ 거푸집은 타설 시 변형, 도괴되지 않도록 충분한 강성과 강도가 요구됨
  ㉣ 콘크리트 표면에 타일, 플라스터 등의 마감을 할 경우 마감재의 부착성이 요구됨
  ㉤ 메탈폼, 플라스틱 패널 등을 사용하여 표면이 너무 평활하면 미장 몰타르가 부착되지 않고 박락의 원인이 됨
  ㉥ 거푸집의 경제성은 구입가격과 내구성에 의존하므로 가격이 높다하더라도 내구성이 좋은 거푸집을 사용하는 것이 경제적

③ 거푸집의 측압에 영향을 주는 요소 기출 18년 4회, 19년 1회, 22년 1회
  ㉠ Concrete 타설 속도 : 속도가 빠를수록 측압이 큼
  ㉡ 반죽질기(Consistency) : 묽은 콘크리트일수록, 슬럼프 값이 클수록 측압이 큼
  ㉢ 콘크리트의 비중 : 비중이 클수록 측압이 큼
  ㉣ 시멘트양 : 부배합일수록 큼
  ㉤ Concrete의 온도 및 습도 : 온도가 높고 습도가 낮으면 경화가 빠르므로 Concrete 측압은 작아짐
  ㉥ 시멘트의 종류 : 조강 시멘트 등 응력시간이 빠를수록 작아짐
  ㉦ 거푸집 표면의 평활도 : 표면이 평활하면 마찰계수가 적게 되어 측압이 큼
  ㉧ 거푸집의 특수성 및 누수성 : 투수성 및 누수성이 클수록 측압이 작아짐
  ㉨ 진동기의 사용 : 진동기를 사용하여 다질수록 측압이 큼(30% 정도 증가)
  ㉩ 붓기방법 : 높은 곳에서 낙하시켜 충격을 주면 측압은 커짐
  ㉪ 거푸집의 강성 : 거푸집의 강성이 클수록 측압이 큼
  ㉫ 철골 또는 철근량 : 철공 또는 철근량이 많을수록 측압은 작아짐
  ㉬ 거푸집 붕괴사고 방지대책 기출 19년 2회
    • 콘크리트 측압 확인
    • 조임철물 배치간격 검토
    • 콘크리트 단기 집중타설 여부 검토
    • 수평, 수직, 측압, 풍하중, 편심하중 검토

(3) 거푸집 공법 기출 20년 1·2회 통합, 20년 3회

① **메탈 폼(Metal Form)** 기출 22년 1회
  ㉠ 강재거푸집으로 조립이 간단함
  ㉡ 콘크리트를 정확히 주입할 수 있음
  ㉢ 콘크리트면이 너무 평활하여 모르타르의 접착이 나쁜 점과 메탈 폼의 녹이 콘크리트 표면과 내부에 묻게 되는 단점

② **슬라이딩 폼(Sliding Form, 슬립폼)** 기출 17년 4회, 18년 2회, 19년 4회, 21년 1회
  ㉠ 거푸집 높이는 약 1m, 하부가 벌어진 원형 철판 거푸집을 요크로 서서히 끌어올리는 공법
  ㉡ 1일 5~10m 정도 수직시공이 가능, 공기가 약 1/3 단축되어 소요 경비가 절감됨
  ㉢ 연속적으로 부어넣으므로 일체성을 확보할 수 있음
  ㉣ 형상 및 치수가 정확하며 시공오차가 적음
  ㉤ 타설작업과 마감작업을 병행할 수 있음
  ㉥ 시공이음 없이 콘크리트를 타설
  ㉦ 콘크리트를 부어올리면서 유압잭 등을 이용하여 거푸집을 연속적으로 끌어올림
  ㉧ 구조물 형태에 따른 사용 제약이 있음
  ㉨ 슬립폼(Slip Form) : 굴뚝이나 사일로(Silo) 등 평면형상이 일정하고 돌출부가 없는 구조물 공사에 적합

③ **워플 폼(Waffle Form)**
  ㉠ 무량판 구조, 평판구조에서 특수상자 모양의 기성재 거푸집
  ㉡ 크기는 60~90cm, 각 높이는 9~18cm이고 모서리는 둥그스름하게 되어 있어 2방향 장선 바닥판 구조를 만들 수 있음

④ **유로 폼(Euro Form)**
  ㉠ 공장에서 경량형강과 코팅합판으로 거푸집을 제작한 것
  ㉡ 현장에서 못을 쓰지 않고 웨지핀을 사용하여 간단히 조립할 수 있는 거푸집
  ㉢ 가장 초보적인 단계의 시스템거푸집
  ㉣ 거푸집의 현장제작에 소요되는 인력을 줄여 생산성을 향상시키고 자재의 전용횟수를 증대시키는 목적으로 사용
  ㉤ 하나의 판으로 벽, 기둥, 슬래브 조립

⑤ **트래블링 폼(Traveling Form)** 기출 18년 1회
  ㉠ 해체 및 이동에 편리하도록 제작된 수평활동 시스템 거푸집
  ㉡ 터널, 교량, 지하철 등에 주로 적용

⑥ **플라잉 폼(Flying Form)** 기출 24년 복원
  ㉠ 거푸집, 장선, 멍에, 지주를 일체화
  ㉡ 수평, 수직으로 이동할 수 있도록 한 바닥전용 대형거푸집

⑦ **갱 폼(Gang Form)** 기출 20년 4회, 21년 2회
  ㉠ 사용 시마다 조립·분해를 반복하지 않도록 대형화·단순화
  ㉡ 대형벽체거푸집으로 인력절감 및 재사용이 가능한 장점이 있음

⑧ 터널 폼(Tunnel Form) 기출 21년 2회, 21년 4회, 23년 복원, 24년 복원
  ㉠ 벽체용, 바닥용 거푸집을 일체로 제작하여 벽과 바닥 콘크리트를 일체로 하는 거푸집
  ㉡ 트윈 쉘(Twin Shell)과 모노 쉘(Mono Shell)이 있음
⑨ 클라이밍 폼(Climbing Form) : 벽체 전용거푸집으로 거푸집과 벽체마감공사를 위한 비계틀을 일체로 조립한 거푸집
⑩ 무지주공법
  ㉠ 보빔(Bow Beam) : 서포트를 쓰지 않고 수평지지보를 걸어서 거푸집을 지지하는 것
  ㉡ 페코빔(Pecco Beam) : 간 사이에 따라 신축이 가능한 무지주 공법의 수평지지보
    • 신축가능 : 외부빔과 내부빔의 조절에 따라 2.9~7.7m까지 가능
    • 자체 변경 : 길이 조절용 나사의 조임상태에 따라 Span의 1/400~1/800 정도 변형이 생김
⑪ 무폼타이 거푸집 기출 20년 4회
  ㉠ 양면 거푸집 설치가 곤란한 구조물에 적용
  ㉡ 지하 합벽거푸집에서 측압에 대비하여 버팀대를 삼각형으로 일체화한 공법
⑫ 알루미늄 폼(Aluminium Form)
  ㉠ 경량으로 설치시간이 단축
  ㉡ 이음매(Joint) 감소로 견출작업이 감소
  ㉢ 주요 시공 부위는 내부벽체, 슬래브, 계단실 벽체이며, 슬래브 필러 시스템이 있어서 해체가 간편
  ㉣ 산화보호막을 형성하여 내식성이 우수

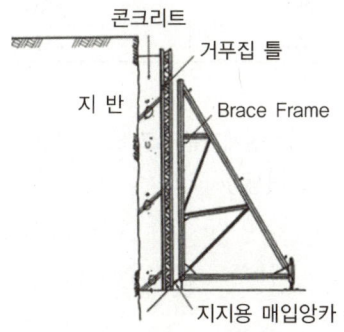

〈무폼타이 거푸집 도해〉

(4) 거푸집의 설계하중 기출 17년 4회
  ① 거푸집 설계 시 고려하중 기출 19년 2회, 22년 2회
    ㉠ 바닥판, 보밑 등 수평부재(연직방향하중)
      • 작업하중
      • 충격하중
      • 생 콘크리트 자중
    ㉡ 벽, 기둥, 보옆 등 수직부재
      • 생 콘크리트 자중
      • 생 콘크리트 측압

② 콘크리트의 단위중량은 철근의 중량을 포함하여 보통 콘크리트 24kN/m³이며 거푸집의 무게는 최소 0.4kN/m³ 이상을 적용하지만, 특수 거푸집의 경우에는 그 실제 거푸집 및 철근의 무게를 적용함
③ 작업하중은 작업원 + 경량의 장비하중 + 기타 콘크리트 타설에 필요한 자재 및 공구 등의 시공하중 + 충격하중을 고려함
④ 적설하중이 작업하중을 초과하는 경우에는 적설하중을 적용

(5) 거푸집 존치기간
① 존치기간 판정을 위해 별도의 공시체를 만들어 콘크리트의 압축강도를 확인 후에 거푸집을 해체
② 공시체는 표준 양생이 아닌 현장조건에 가까운 형태로 양생한 것을 사용
③ 확대기초, 보 기둥 등의 측면 : 압축강도 5MPa 이상
④ 슬라브 및 보의 밑면, 아치 내면(단층구조) : 설계기준 압축강도의 2/3 이상 또한, 최소 14MPa 이상
⑤ 슬라브 및 보의 밑면, 아치 내면(다층구조) : 설계기준 압축강도 이상(필러 동바리 구조를 이용할 경우는 구조계산에 의해 기간을 단축할 수 있음. 단, 이 경우라도 최소강도는 14MPa 이상으로 함)
⑥ <u>콘크리트의 압축강도를 시험하지 않을 경우 거푸집널의 해체 시기(기초, 보 기둥 및 벽의 측면)</u>

기출 19년 4회

구 분	조강 포틀랜드 시멘트	보통 포틀랜드 시멘트, 고로 슬래그 시멘트, 포틀랜드 포졸란 시멘트(A종), 플라이애쉬 시멘트(A종)	고로 슬래그 시멘트(1급), 포틀랜드 포졸란 시멘트, 플라이애쉬 시멘트(B종)
평균 20℃ 이상	2일	3일	4일
평균 10℃~20℃	3일	4일	6일

⑦ 동바리의 존치기간 결정
　㉠ 바닥슬라브, 지붕슬라브 하부는 설계기준강도 85% 이상
　㉡ 보하부는 설계기준강도 100% 이상

(6) 거푸집의 제거 시 주의사항
① 진동, 충격 등을 주지 말 것
② 지주 바꾸어 세우는 동안 상부의 작업을 제한
③ 차양 등으로 낙하물의 충격 우려가 있는 것은 존치 기간을 연장
④ 거푸집 추락 및 손상을 방지
⑤ <u>거푸집 해체 시 확인해야 할 사항</u> 기출 18년 2회, 24년 복원
　㉠ 수직, 수평부재의 존치기간 준수여부
　㉡ 소요강도 확보 이전에 지붕의 교환여부
　㉢ 거푸집해체용 압축강도 확인시험 실시여부

(7) 동바리 바꾸어 세우기 순서
① 동바리 바꾸어 세우기는 원칙적으로 하지 않는 것이 좋음
② 콘크리트 타설 후 거푸집의 존치기간을 지키지 않고 동바리를 해체하거나 바꾸는 행위는 위험함
③ 동바리 교체는 보나 슬래브 하부의 거푸집 존치기간이 지난 다음에 이루어져야 함

④ 동바리 교체를 존치기간 내에 행하고 싶으면 동바리 배치 등을 고려하여 구조적인 검토가 필요함
⑤ 동바리 교체순서는 큰 보 → 작은 보 → 슬라브 순서로 하고 있지만 구조의 중요도에 따라 우선순위를 정해야 함
⑥ <u>거푸집 조립순서</u> 기출 19년 1회, 23년 복원
   기초 → 기둥 → 보받이 내력벽 → 큰 보 → 작은 보 → 바닥판 → 계단 → 외벽
⑦ RC조 시공 순서
   기초옆, 기초보 거푸집 조립 → 기초판, 기초보 철근 배근 → 기둥철근 기초에 정착 → 기초판 콘크리트 타설 → 기둥철근 배근 → 기둥 거푸집, 벽의 한쪽 거푸집 → 벽 철근 배근 → 벽의 다른 면 거푸집 → 보 밑면 거푸집 → 보옆 및 바닥판 거푸집 → 보 및 바닥판 철근배근 → 콘크리트 타설

(8) 거푸집 면적산출
① 기둥 : 기둥면적 산출은 (기둥 둘레길이 × 기둥높이), 기둥높이는 바닥판 내부 간의 높이
② 벽 : 벽은 [(벽면적 − 개구부적) × 2]로 하며 벽면적은 기둥과 보의 면적을 뺀 것으로 함
③ 기초 : $\theta \geq 30°$인 경우에는 경사면 거푸집을 계산, $\theta < 30°$인 경우에는 기초 주위의 수직면 거푸집(A)만을 계산
④ 보 : (기둥간 내부길이 × 바닥판 두께를 뺀 보 옆면적 × 2)로 함, 보의 밑부분은 바닥판에 포함
⑤ 바닥 : 면적 산출은 외벽의 두께를 뺀 내벽간 바닥면적으로 함

(9) 거푸집 용어
① <u>격리재(Separator)</u> : 거푸집 상호 간의 간격을 유지, 측벽 두께를 유지하기 위한 것
   기출 20년 1·2회 통합, 24년 복원
② 긴장재(Form Tie) : 콘크리트를 부어 넣을 때 거푸집이 벌어지거나 변형되지 않게 연결 고정하는 것이며 조임용 철선은 달구어 누구린 철선을 두겹으로 탕개를 틀어 조여맨 것
③ <u>간격재(Spacer)</u> : 철근과 거푸집의 간격 유지를 위한 것으로 상단은 보 밑에서 0.5m 기출 18년 4회
④ 박리제(Formoil) : 중유, 석유, 동식물유, 아마인유, 파라핀, 합성수지 등을 사용, 콘크리트와 거푸집의 박리를 용이하게 하는 것
⑤ <u>캠버(Camber)</u> : 보, 슬래브, 트러스 등에서 처짐을 고려하여 보나 슬래브 중앙부를 $\ell/300 \sim \ell/500$ 정도 미리 치켜올림, 높이 조절용 쐐기 기출 19년 4회, 20년 3회, 22년 1회
⑥ 컬럼밴드(Column Band) : 기둥거푸집을 고정시켜주는 밴드
⑦ 드롭헤드(Drop Head) : 철재 거푸집에서 사용되는 철물로 지주를 제거하지 않고 슬래브 거푸집만 제거할 수 있도록 한 철물

CHAPTER 05 철골공사

4과목 건설시공학

01 철골작업

(1) 철골일반

① 강재 재료의 시험 [기출] 21년 4회
  ㉠ 인장 및 상온 휨 시험
  ㉡ 단면이 다를 때마다, 중량 20t마다 1개씩 시험

판두께	SS235	SS275
16mm 이하	235	275
16~40mm 이하	225	265
40~75mm 이하	205	245
75~100mm 이하	205	245
100mm 초과	195	235

② 리벳 재료의 시험
  ㉠ 기계시험
  ㉡ 지름이 다를 때마다, 중량 2t마다 1개씩 시험

③ 강관틀비계 [기출] 20년 4회
  ㉠ 비계기둥의 밑둥에는 밑받침 철물을 사용하여야 하며 밑받침에 고저차가 있는 경우에는 조절형 밑받침철물을 사용하여 각각의 강관틀비계가 항상 수평 및 수직을 유지하도록 할 것
  ㉡ 전체높이는 40m를 초과할 수 없으며, 높이가 20m를 초과하거나 중량물의 적재를 수반하는 작업을 할 경우에는 주틀의 높이를 2m 이내로 하고, 주틀 간의 간격을 1.8m 이하로 할 것
  ㉢ 주틀 간에 교차 가새를 설치하고 최상층 및 5층 이내마다 수평재를 설치
  ㉣ 수직방향으로 6m, 수평방향으로 8m 이내마다 벽이음
  ㉤ 길이가 띠장 방향으로 4m 이하이고 높이가 10m를 초과하는 경우에는 10m 이내마다 띠장 방향으로 버팀기둥을 설치
  ㉥ 주틀의 기둥관 1개 당의 수직하중의 한도는 견고한 기초 위에 설치하게 될 경우에는 24.5kN{2500kgf}으로 함

④ 구멍뚫기
  ㉠ 펀칭(Punching)
    • 부재의 두께가 12mm 이하, 리벳지름 9mm 이하일 때 사용
    • 속도는 빠르나 구멍주위에 변형이 생김
    • 기밀을 요하는 곳이나 주철재일 경우는 사용하지 않음

ㄴ 송곳뚫기(Drilling)
      - 부재의 두께가 13mm 이상인 때 사용
      - 3장 이상 겹칠 때, 주철재일 때, 정밀가공일 때, 수밀성을 요하는 물탱크, 기름탱크 등에 사용
   ㄷ 구멍가심(Reaming) 기출 22년 2회, 23년 복원
      - 조립 시 리벳구멍 위치가 다르면 리머(Reamer)로 구멍 가심을 함
      - 3장 이상 부재가 겹칠 때, 송곳으로 구멍지름보다 1.5mm 정도 작게 뚫고 드릴 또는 리머로 조정(구멍지름 오차 ± 2mm 이하)

⑤ 리벳수와 가조립 볼트수
   ㄱ 현장치기 리벳수 : 전 리벳수의 1/3
   ㄴ 공장치기 리벳수 : 전 리벳수의 2/3 이상
   ㄷ 세우기용 가볼트수 : 전 리벳수의 20~30% 또는 현장치기 리벳수의 1/5 이상

⑥ 녹막이칠을 하지 않는 부분 기출 17년 4회, 18년 2회
   ㄱ 콘크리트에 밀착 또는 매입되는 부분
   ㄴ 조립에 의하여 서로 밀착되는 면
   ㄷ 현장용접을 하는 부위 및 인접하는 양측 100mm 이내
   ㄹ 고장력볼트 마찰 접합부의 마찰면
   ㅁ 폐쇄형 단면을 한 부재의 밀폐된 내면
   ㅂ 기계깎기 마무리면

⑦ 철골 ton당 리벳 개수
   ㄱ 일반리벳 : 300~400개
   ㄴ 공장리벳치기 : 200~250개(전체의 2/3)
   ㄷ 현장리벳치기 : 100~150(전체의 1/3)

⑧ 방청페인트 철골 1ton당 도장면적의 계산값
   ㄱ 큰 부재(간단한 것) : 25~30m^2
   ㄴ 보통 부재(보통) : 30~45m^2
   ㄷ 작은 부재(복잡한 것) : 45~60m^2

⑨ 스터드(Stud) : 철골보와 콘크리트 슬래브를 연결하는 전단연결재(Shear Connector) 기출 18년 1회, 24년 복원

(2) 리벳접합
   ① 리벳(Rivet)치기
      ㄱ 리벳 가열온도 : 600~1,100℃(800℃가 적당)
      ㄴ 리벳구멍 지름크기(d = 리벳지름)
         - 20mm 미만 : d + 1.0mm 이하
         - 20mm 이상 : d + 1.5mm 이하
      ㄷ 리벳간격(Pitch)
         - 같은 열에 있는 리벳간의 사이간격(리벳 상호 중심 간의 거리)
         - 최소값 : 리벳지름의 2.5d 이상
         - 표준값 : 리벳지름의 4d 이상
         - 최대값 : 인장재 12d 또는 30t 이상, 압축재 8d 또는 15t 이하(t : 가장 얇은 판의 두께)

② 불량 리벳
  ㉠ 건들거리는 것
  ㉡ 머리와 축선이 일치하시 않는 것
  ㉢ 밀착되지 않은 것
  ㉣ 머리 모양이 틀린 것
  ㉤ 리벳머리에 갈라짐이 생긴 것
  ㉥ 머리가 강재에 밀착되지 않은 것
  ㉦ 강재 간에 틈새가 있는 것
  ㉧ 불량리벳은 리벳머리를 따내고 다시 쳐야 함
③ 용어정의
  ㉠ 게이지(Gauge) : 게이지라인과 게이지라인과의 거리
  ㉡ 게이지라인(Gauge Line) : 리벳의 중심선을 연결하는 선
  ㉢ Clearance : Guage Line과 수직부재와의 거리
  ㉣ Grip : 리벳 치는 판의 총두께(5d이하)
  ㉤ 연단거리
    • 리벳구멍에서 부재 끝단까지 거리
    • 응력방향으로 3개 이상 배치되지 않을 때의 최소연단거리는 2.5d 이상
    • 최대연단거리는 12t 이하 또는 15cm 이하(d = 리벳지름, t = 재료의 두께)
    • 그립(Grip) : 리벳으로 접하는 재의 총두께 그립의 길이는 5d 이하(d = 리벳지름)

(3) 볼트접합
  ① 비교적 경미한 구조물에 한정하여 사용(처마높이 ≤ 9m, 스팬 ≤ 13m)
  ② 풀릴 우려가 있는 경우 : 2중너트조이기, Spring Washer로 조이기, 용접
  ③ 고장력 볼트(High-Tension Bolt) 접합
    ㉠ 고장력 볼트의 길이 = 조임길이 + 조임길이에 더하는 길이
    ㉡ 고장력볼트 구멍의 크기(d : HTB직경)
    ㉢ 조임기기 : Torque Wrench, Impact Wrench
  ④ 볼트의 현장시공 기출 20년 3회
    ㉠ 볼트 조임작업 전에 마찰접합면의 흙, 먼지 또는 유해한 도료, 유류, 녹, 밀스케일 등 마찰력을 저감시키는 불순물을 제거
    ㉡ 마찰내력을 저감시킬 수 있는 틈이 있는 경우에는 끼움판을 삽입
    ㉢ 접합부재 간의 접촉면이 밀착되게 하고, 뒤틀림 및 구부림 등은 반드시 교정
    ㉣ 볼트머리 또는 너트의 하면이 접합부재의 접합면과 1/20 이상의 경사가 있을 때에는 경사 와셔를 사용
    ㉤ 1군의 볼트조임은 중앙부에서 가장자리의 순으로 함
    ㉥ 현장조임은 1차 조임, 마킹, 2차 조임(본조임), 육안검사의 순으로 함
    ㉦ 1차 조임은 토크렌치 또는 임펙트렌치 등을 이용해 접합부재가 충분히 밀착되도록 함
    ㉧ 본 조임은 고장력볼트 전용 전동렌치를 이용하여 조임
    ㉨ 눈이 오거나 우천 시에는 작업을 피해야 하고, 접합면이 결빙 시에는 작업을 중지

ⓒ 각 볼트군에 대한 볼트 수의 10% 이상, 최소 1개 이상에 대해 조임검사를 실시하고, 조임력이 부적합할 때에는 반드시 보정

(4) 용접접합
① 압 접
  ㉠ 철의 녹는점을 초과하지 않는 온도에서 압력을 이용해 접합
  ㉡ 냉간압접, 마찰용접, 폭발용접, 저항용접 등이 주로 사용하는 압접의 종류임
② 용 접
  ㉠ 서브머지드 아크(Submerged Arc) 용접
    • 모재표면 위에 플럭스를 살포하여, 플럭스 속에 용접봉을 꽂아 넣는 자동 아크용접
    • 플럭스 : 용접 시 용접봉의 피복제 역할을 하는 분말상의 재료 [기출] 18년 4회
  ㉡ 전기저항용접 : 접합하는 양 금속을 접합시켜 전류를 흘려 용접
  ㉢ 아크용접 : 3,500℃의 아크열을 이용하여 금속을 용접하는 방법
  ㉣ Cad Welding [기출] 18년 4회
    • 철근에 Sleeve를 끼우고 Sleeve 구멍을 통해 화약과 합금을 섞은 혼합물을 넣고 순간폭발을 이용해 합금을 녹여 공간을 충전시킴
    • 기후의 영향이 적고 화재위험 감소, 각종 이형철근에 대한 적용범위가 넓음, 예열 및 냉각이 필요 없고 용접시간이 짧음, 육안검사가 불가능
  ㉤ 맞댐용접(Butt Joint Welding) : 모재의 마구리를 서로 맞대어 용접, 3mm를 넘지 않는 범위에서 보강 살붙임을 함
  ㉥ 모살용접(Fillet Welding) [기출] 17년 4회, 22년 1회
    • 부재의 끝을 가공하지 않고 부재와 부재의 교선을 따라 용접
    • 모살용접의 유효면적은 유효길이에 유효목두께를 곱한 것으로 함
    • 모살용접의 유효길이는 모살용접의 총길이에서 2배의 모살사이즈를 공제한 값으로 함
    • 모살용접의 유효목두께는 모살사이즈의 0.7배로 함
    • 구멍모살과 슬롯 모살용접의 유효길이는 목두께의 중심을 잇는 용접 중심선의 길이로 함

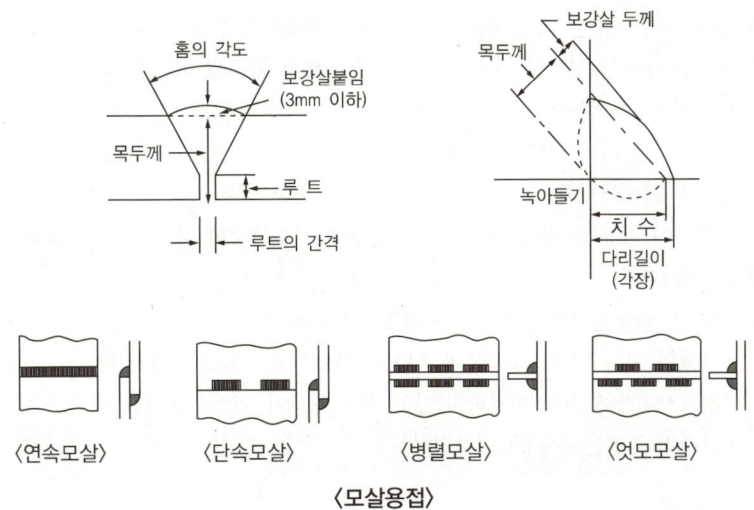

〈모살용접〉

③ 용접의 장단점 [기출] 19년 4회

장점	• 공해(소음, 진동)가 없음 • 철골 중량이 감소, 강재량 절약 • 단면이음이 간단하고 자유로움 • 응력전달이 확실 • 일체성, 수밀성 확보가 가능
단점	• 강재의 재질적인 영향이 큼 • 용접 내부의 결함을 육안으로 알 수 없음, 품질검사가 어려움 • 용접열에 의한 변형이나 왜곡이 생김 • 검사가 어렵고 비용과 시간이 걸림 • 일체 구조가 되므로 응력집중이 민감 • 용접공 개인의 기능에 의존도가 큼

④ 용접결함 [기출] 21년 1회, 21년 4회, 23년 복원
  ㉠ 슬래그 감싸돌기 : 용접봉의 피복재 심선과 모재가 변하여 생긴 화분이 용착 금속 내에 혼입되는 현상
  ㉡ 언더컷(Under-cut) : 모재가 녹아 용착 금속이 채워지지 않고 홈으로 남게 된 부분 [기출] 19년 2회
  ㉢ 오버랩(Over-lap) : 용접금속과 모재가 융합되지 않고 겹쳐진 것
  ㉣ 기공 및 피트(Blow Hole & Pit) : 금속이 녹아들 때 생기는 기포나 작은 틈
  ㉤ 크랙(Crack) : 용접부에 생기는 미세한 홈
  ㉥ 크레이터(Crater) : Arc용접 시 끝부분이 항아리모양으로 패인 것
  ㉦ 스패터(Spatter) : 용접 시 튀어나온 슬래그가 굳은 현상
  ㉧ 플럭스(Flux) : 용접 시 용접결함을 방지하기 위해 용접봉의 피복제 역할을 하는 분말상의 재료
  [기출] 22년 2회

⑤ 용접에 대한 주의사항 [기출] 21년 2회
  ㉠ 용접할 모재의 표면에 있는 녹, 페인트, 유분 등은 제거하고 작업
  ㉡ 용접선에서 50mm 이내에 도장금지(단, KS규격으로 정한 보일유의 얇은 층은 무방함)
  ㉢ 기온이 0℃ 이하로 될 때에는 용접하지 않음
  ㉣ 기온이 15℃ 이하일 때 용접 시작부에서 10cm 이내에 있는 모재의 온도를 36℃ 이상이 되도록 하면서 용접
  ㉤ 용접 시 발생하는 가스 등으로 질식 또는 중독되지 않도록 환기조치
  ㉥ 용접할 소재는 정확한 시공과 정밀도를 위하여 치수에 여유를 둠
  ㉦ 맞대기용접의 살올림 높이는 손용접은 3mm, 서브머지드 자동용접은 4mm를 넘지 않음
  ㉧ 용접으로 인하여 모재에 균열이 생긴 때에는 원칙적으로 모재를 교환
  ㉨ 용접자세는 부재의 위치를 조절하여 될 수 있는 대로 아래보기로 함
  ㉩ 수축량이 가장 큰 부분부터 최초로 용접하고 수축량이 작은 부분은 최후에 용접

⑥ 용접 예열
  ㉠ 용접 시 예열을 해야 하는 경우 [기출] 21년 1회
    • 강재의 밀시트에서 계산한 탄소당량, Ceq가 0.44%를 초과할 때
    • 경도시험에 있어서 예열하지 않고 최고 경도가 370을 초과할 때
    • 모재의 표면온도가 0℃이하일 때

ⓒ 주의사항
- 모재의 표면온도가 0℃ 미만인 경우는 적어도 20℃ 이상 예열
- 이종금속 간에 용접을 할 경우는 예열과 층간온도는 상위등급을 기준으로 하여 실시
- 버너로 예열하는 경우에는 개선면에 직접 가열금지
- 온도관리는 용접선에서 75mm 떨어진 위치에서 표면온도계 또는 온도쵸크 등에 의하여 온도관리

⑦ **용접부의 비파괴 검사법** 기출 20년 1·2회 통합, 20년 4회, 23년 복원
㉠ 방사선 투과법(RT ; Radiography Testing)
- 두께 100mm 이상도 가능하나 검사장소가 제한적
- 필름의 밀착성이 좋지 않은 건축물에서는 검출이 어려움
㉡ 초음파 탐상법(UT ; Ultrasonic Testing)
- 두께 5mm 이상은 불가능
- 빠르고 경제적이어서 현장에서 주로 사용
㉢ 자기분말 탐상법(MT ; Magnetic Particle Testing) : 두께 15mm까지 가능, 미세부분도 검사가 가능
㉣ 침투 탐상법(PT ; Liquid Penetrant Testing) : 모세관현상을 이용한 것으로 넓은 범위의 표면결함만 검사가능

(5) 메탈터치(Metal Touch) 기출 20년 4회
① 철골 기둥 이음부를 절삭가공기로 정밀가공하여 축력의 25%를 하부기둥 밀착면에 직접 전달하는 철골 기둥 이음 공법
② 용접 이음, 볼트 이음의 단점을 보완하고 경제성, 진동 등 구조적 안전성을 확보함
③ 메탈터치 후 나머지 75%의 축력은 용접 및 볼트에 의해 전달

(6) 철골부재의 절단 기출 19년 4회
① 절단 및 개선(그루브)가공에 관한 사항
㉠ 주요 부재의 강판 절단은 주된 응력의 방향과 압연방향을 일치시켜 절단함을 원칙으로 하며, 절단작업 착수 전 재단도를 작성해야 함
㉡ 강재의 절단은 강재의 형상, 치수를 고려하여 기계절단, 가스절단, 플라즈마절단 등을 적용
㉢ 절단할 강재의 표면에 녹, 기름, 도료가 부착되어 있는 경우에는 제거 후 절단해야 함
㉣ 용접선의 교차부분 또는 한 부재를 다른 부재에 접합시킬 때 불필요한 접촉을 피하기 위하여 모퉁이 따기를 할 경우에는 10mm 이상 둥글게 해야 함
㉤ 마킹시 주의점
- 마킹은 절단을 고려하여 응력방향과 압연방향을 일치시킴
- 펀치 등으로 부재에 상처를 남겨서는 안 됨
- 용접열에 의한 수축 여유를 고려하여 최종 교정, 다듬질 후 정확한 치수를 확보

② **절단방법** 기출 19년 2회, 20년 3회
㉠ 톱절단 : Angle Cutter, 정밀한 절단방법
㉡ 전단절단 : Sheaving Machine, Plate Sheaving Machine

ⓒ 가스절단 : 자동가스절단기, 반자동가스절단기, 철판가스 절단기
ⓔ 정밀도가 우수한 순서 : 톱절단 > 전단절단 > 가스절단
ⓜ 핵 소우(Hack Saw) : 손잡이용 쇠톱 기출 22년 2회

02 철골세우기

(1) 시공순서 기출 19년 1회
① 중심선 먹매김 → 기초 볼트 설치 → 콘크리트 타설 → 베이스 플레이트 고정 → 기둥세우기 → 주각부 모르타르 채움
② 기초상부 고르기
  ⓐ 철골세우기에서 기초상부는 베이스판을 완전수평으로 밀착시키기 위해서 30~50mm 두께로 모르타르를 펴서 바름
  ⓑ 기초상부 고름질 방법의 종류 : 전면바름 마무리법, 나중 채워넣기 중심바름법, 나중 채워넣기 십자(+)바름법, 완전나중 채워넣기법 기출 19년 1회, 23년 복원

(2) 철골세우기 시 고려사항
① 설치계획
  ⓐ 건축규모, 형상, 공정 등을 고려하여 반입, 설치, 양중 등의 설치계획을 결정
  ⓑ 고정하중, 적재하중, 풍하중, 지진하중, 적설하중, 충격하중 등에 안전성 확인
② 설치장비선정
  ⓐ 최재하중, 작업반경, 작업능률에 따른 설치장비 선정
  ⓑ 설치장비를 설치하는 구조체, 가설체, 가설대, 노반 등이 풍하중, 지진하중, 충격하중 등에 안전성 확인
③ 제품의 반입
  ⓐ 제품의 수량, 변형, 손상유무 확인
  ⓑ 부재를 적절한 받침대 위에 올려 변형, 손상방지
  ⓒ 변형, 손상이 생긴 경우 설치 전에 수정
④ 풍속 : 풍력계를 설치하지 않은 경우 주변의 상황으로 풍속을 판단

10분간 평균풍속	작업범위
10m/s 이상	작업불가능
0~7m/s	안전작업범위(전작업실시)
7~10m/s	주의 경보(외부용접작업 중지)
10~14m/s	경계 경보(세우기 작업중지)
14m/s 이상	위험 경보(높은 곳에서 작업자를 내려오게 함)

⑤ 철골작업중지 기후조건
  ⓐ 풍속이 초당 10m 이상인 경우
  ⓑ 강우량이 시간당 1mm 이상인 경우
  ⓒ 강설량이 시간당 1cm 이상인 경우

⑥ 지붕세우기
  ㉠ 래프터(Rafter) 기출 18년 1회
    • 지붕에서 경사진 골조를 구성하는 부재 또는 트러스의 상부코드
    • 부재의 위치 및 용도에 따라 Hip, Jack, 또는 Valley라고도 함
    • 지붕에서 지붕내력을 받는 경사진 구조부재로 트러스와 달리 하현재가 없음

(3) **세우기용 기계** 기출 18년 2회, 19년 4회
  ① 가이데릭(Guy Derrick)
    ㉠ 가장 일반적으로 사용되는 기중기의 일종
    ㉡ 5~10ton 정도의 것이 많음
    ㉢ Guy의 수 : 6~8개
    ㉣ 붐(Boom)의 회전범위 : 360°
    ㉤ 7.5ton 데릭을 1일 세우기 능력 : 철골재 15~20ton
    ㉥ 붐의 길이는 주축으로 Mast보다 짧게 함
    ㉦ 당김줄은 지면과 45° 이하가 되도록 함
  ② 스티프레그 데릭(Stiffleg Derrick) 기출 18년 1회
    ㉠ 3각형 토대 위에 철골재 3각을 놓고 이것으로 붐을 조작
    ㉡ 가이데릭에 비해 수평이동이 가능하므로 층수가 낮은 긴 평면에 유리
    ㉢ 회전범위 : 270°(작업범위 180°)
  ③ 진폴(Gin Pole)
    ㉠ 1개의 기둥을 세워 철골을 매달아 세우는 가장 간단한 설비
    ㉡ 소규모 철골공사에 사용
    ㉢ 옥탑 등의 돌출부에 쓰이고 중량재료를 달아 올리기에 편리
  ④ 트럭크레인(Truck Crane)
    ㉠ 트럭에 설치한 크레인
    ㉡ 이동이 용이하고 작업능률이 높음
  ⑤ 타워크레인(Tower Crane) : 타워 위에 크레인을 설치한 것
  ⑥ 러핑크레인(Luffing Crane) 기출 18년 1회
    ㉠ 상하기복형으로 협소한 공간에서 작업이 용이
    ㉡ 장애물이 있을 때 효과적인 장비로서 초고층건축물 공사에 많이 사용

(4) **앵커볼트 매입공법**
  ① 고정매입공법
    ㉠ 정밀한 검사, 중요공사에 사용, 앵커볼트 지름이 클 때 사용
    ㉡ 앵커볼트를 정확한 위치에 고정시키고 콘크리트 타설, 위치수정이 불가능, 구조적으로 튼튼함
  ② 가동매입공법
    ㉠ 깔대기 모양의 통을 미리 매설하여 콘크리트타설
    ㉡ 두부가 나중에 다소 조절이 가능하고, 경미한 공사에 사용

③ 나중매입공법 기출 22년 1회
   ㉠ 기초볼트 자리를 콘크리트가 채워지지 않도록 타설하였다가 나중에 앵커볼트를 묻고 그라우팅으로 고정
   ㉡ 위치 수정이 가능하며, 기계설치 등 소규모 공사에 이용

(5) 고장력볼트(High Tension Bolt) 접합
① 일반볼트에 비해 높은 인장강도를 가지고 있는 볼트로 고탄소강 또는 합금강을 열처리해서 만듦(항복점 $7t/cm^2$ 이상, 인장강도 $9t/cm^2$ 이상)
② 특 징
   ㉠ 강한 조임력으로 너트의 풀림이 생기지 않음
   ㉡ 응력방향이 바뀌더라도 혼란이 일어나지 않음(불량개소 수정용이)
   ㉢ 응력집중이 적으므로 반복응력에 대해서 강함
   ㉣ 고력볼트의 전단응력과 판의 지압응력이 생기지 않음
   ㉤ 유효단면적당 응력이 작으며, 피로강도가 높음
③ 종 류
   ㉠ 일반적으로 고력볼트접합이라고 하면 마찰접합을 의미
   ㉡ 호칭지름은 M12 등으로 표시
④ 접합방법

마찰접합	• 고장력볼트의 강력한 조임력에 의해 부재간에 발생하는 마찰력에 의해 응력을 전달하는 접합형식 • 응력의 흐름이 원활하고 접합부의 강성이 높으며, 부재의 접합면에서 응력이 전달되기 때문에 국부적인 응력집중현상이 생길 염려가 없음
지압접합	• 부재간 발생하는 마찰력과 고력볼트 축의 전단력 및 부재의 지압력을 동시에 발생시켜 응력을 부담하는 접합방식 • 고장력볼트 자체의 고강도성을 유효하게 이용하고자 하는 접합법이기 때문에 종국내력이 고력볼트의 전단내력에 의해 결정되는 이음부의 접합방식으로 이용
안정접합	• 고장력볼트를 조일 때의 부재간 압축력을 이용하여 응력을 전달시키지만, 마찰이 관여하지 않는다는 점에서 마찰접합과 본질적으로 다름 • 충분한 축력에 의하여 조임된 접합부에 인장외력이 작용할 때 부재간 압축력과 인장력이 평형상태를 이루기 때문에 부가되는 축력은 미소함 • 접합부의 변형은 적고, 강성이 대단히 크며 조립시공 시 편리

⑤ 베이스 플레이트(Base Plate)
   ㉠ 철골기둥의 부재력을 기초로 전달하는 판
   ㉡ 이동식 공법에 사용하는 모르타르는 무수축 모르타르로 함
   ㉢ 앵커볼트 설치 시 베이스플레이트 위치의 콘크리트는 설계도면 레벨보다 30~50mm 낮게 타설
   ㉣ 모르타르의 크기는 200mm 각 또는 직경 200mm 이상
   ㉤ 베이스 모르타르는 철골 설치 전 3일 이상 양생
   ㉥ 베이스 플레이트 설치 후 그라우팅 처리

CHAPTER 06 조적공사

4과목 건설시공학

01 벽돌공사

(1) 벽 돌

① 벽돌의 종류로는 보통벽돌(시멘트벽돌, 붉은벽돌), 내화벽돌, 경량벽돌, 이형벽돌 등이 있음
② 벽돌의 규격(길이 × 너비 × 두께)
  ㉠ 표준형 : 190 × 90 × 57(단위 : mm)
  ㉡ 구형은 : 210 × 100 × 60(길이와 너비의 허용오차는 ± 3%)
③ 종 류
  ㉠ 시멘트벽돌
    • 시멘트와 골재를 배합하여 성형 제작한 것으로 강도는 $40kg/cm^2$ 이상
    • 성형 후에도 500℃(21℃ × 24h) 이상 다습 상태에서 보양
    • 도시 : 양생 온도(℃)와 양생 시간(h)을 서로 곱한 것
  ㉡ 붉은벽돌
    • 소성온도 : 900~1,000℃이며, 일반 조적 구조재 등에 사용
    • 1종 : 압축강도(MPa) 24.50 이상, 흡수율 10% 이하
    • 2종 : 압축강도(MPa) 14.7 이상, 흡수율 15% 이하
  ㉢ 내화벽돌
    • 내화점토로 제작되어 내화도는 1500~2000℃, 형태에 따라 표준벽돌과 이형벽돌로 구분
    • 고온상태에서 산화작용에 따라 산성, 염기성, 중성 내화벽돌로 구분
    • 화학성분에 따라 점토질, 규석질, 특수질 내화벽돌로 구분
    • 내화벽돌 시공 시 줄눈은 내화몰탈을 사용
    • 저급은 SK26~29, 중급은 SK30~33, 고급은 SK34~42
    • 굴뚝, 난로 등의 내부쌓기용으로는 S.K NO.26~29 정도의 것이 사용
    • 내화벽돌의 내화도 측정은 제게르추(SK ; Seger – Keger cone)를 사용
    • 제게르추는 세모뿔형으로 된 것으로 노 중의 고온도(600~2,000℃)를 측정하는 온도계

등 급	S.K – NO	내화온도
저 급	26~29	1,580~1,650℃
보 통	30~33	1,670~1,730℃
고 급	34~42	1,730~2,000℃

(2) 벽돌쌓기 시공 시 주의사항 [기출] 21년 1회, 21년 4회

① 일반벽돌 [기출] 18년 1회, 18년 2회, 19년 2회
㉠ 줄눈은 가로는 벽돌벽 기준틀에 수평실을 치고 세로는 다림추로 일직선상에 오도록 함
㉡ 굳기 시작한 모르타르는 사용하지 않음(물을 부어 비빈 후 1시간 이내에 사용)
㉢ 하루 벽돌의 쌓는 높이는 1.2m를 표준으로 하고 최대 1.5m 이내로 함
㉣ 붉은벽돌은 쌓기 전에 충분한 물축임을 하고 시멘트벽돌은 쌓으면서 뿌리거나 쌓는 벽 옆에서 뿌림
㉤ 도중에 쌓기를 중단할 때에는 층단들여쌓기로 하고 직각으로 교차되는 벽의 물림은 켜걸름 들여쌓기로 함
㉥ 벽돌쌓기는 도면 또는 공사시방서에서 정한 바가 없을 때에는 영식쌓기 또는 화란식쌓기로 함 [기출] 20년 3회
㉦ 줄눈자비는 가로 세로 10mm를 표준으로 하고 줄눈에 모르타르가 빈틈없이 채워지도록 함
㉧ 벽돌벽이 블록벽과 서로 직각으로 만날 때는 연결철물을 만들어 블록 3단마다 보강하며 쌓음
㉨ 연속되는 벽면의 일부를 트이게 하여 나중쌓기로 할 때에는 그 부분을 층단 들여쌓기로 함
㉩ 가로 및 세로줄눈의 너비는 도면 또는 공사시방서에 정한 바가 없을 때에는 10mm를 표준으로 함
㉪ 세로줄눈은 통줄눈이 되지 않도록 하며, 수직 일직선상에 오도록 벽돌 나누기를 함

② 내화벽돌
㉠ 내화벽돌은 기건성이므로 물축이기를 하지 않고 쌓아야 함
㉡ 보관 시에도 우로를 피해야 하고 모르타르는 내화모르타르 또는 단열 모르타르를 사용
㉢ 줄눈나비는 6mm를 표준으로 함
㉣ 굴뚝, 연도 등의 안쌓기는 구조 벽체에서 0.5B 정도 떼어 공간을 두고 쌓되 거리 간격 60cm 정도마다 엇갈림으로 구조 벽체와 접촉하여 자립할 수 있게 쌓음
㉤ 내화벽돌쌓기가 끝나는 대로 줄눈을 흙손으로 눌러 두고 줄눈은 줄바르고 평활하게 바름

③ 세로 규준틀에 기입해야 할 사항
㉠ 블록의 칸수
㉡ 창문틀 위치
㉢ 앵커볼트의 위치
㉣ 나무벽돌 위치

④ 모르타르 배합비
㉠ 일반쌓기용 = 1 : 3~1 : 5
㉡ 아치쌓기용 = 1 : 2
㉢ 치장줄눈용 = 1 : 1

⑤ 백화현상 방지대책 [기출] 19년 4회, 21년 2회
㉠ 모르타르에 방수액을 혼합하고 분말도가 큰 시멘트를 사용
㉡ 흡수율이 낮은 벽돌을 사용(소성이 잘된 벽돌)
㉢ 쌓기용 모르타르에 파라핀 도료와 같은 혼화제를 사용
㉣ 돌림대, 차양 등을 설치하여 빗물이 벽체에 직접 흘러내리지 않게 함

(3) 벽돌쌓기 형식

① 벽돌쌓기
  ㉠ 영식쌓기
    - 한 켜는 길이, 한 켜는 마구리쌓기를 반복
    - 모서리나 벽 끝에는 이오토막을 사용, 구조적으로 가장 튼튼
  ㉡ 화란식쌓기
    - 한 켜는 길이, 한 켜는 마구리쌓기를 반복
    - 모서리나 벽끝에는 칠오토막을 사용, 모서리가 튼튼하게 시공됨
  ㉢ 미식쌓기
    - 5켜는 길이쌓기, 1켜는 마구리쌓기를 반복
    - 뒷면은 영식쌓기
  ㉣ 불식쌓기 : 매 켜에 길이와 마구리가 번갈아 가는 것

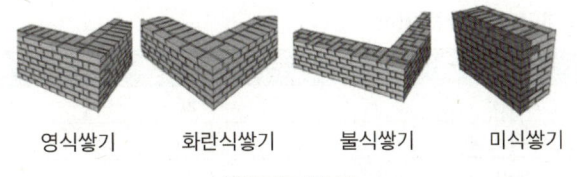

〈벽돌쌓기형식〉

② 기본쌓기 방법
  ㉠ 마구리쌓기 : 벽돌을 내쌓기 할 때 이용, 원형굴뚝, 사일로(Silo) 등 벽두께 1.0B 이상 쌓기
    [기출] 19년 4회
  ㉡ 길이쌓기 : 0.5B두께의 칸막이벽에 쓰임(가장 얇은 벽돌쌓기)
  ㉢ 공간쌓기 : 습기, 열, 음향의 차단효과가 있음
  ㉣ 세워쌓기 : 길이면이 보이도록 벽돌 벽면을 수직으로 세움
  ㉤ 옆세워쌓기 : 마구리면이 내보이도록 벽돌 벽면을 수직으로 세움 [기출] 18년 4회, 22년 2회
  ㉥ 내쌓기 : 벽돌을 벽면에서 부분적으로 내쌓는 방식

③ 벽돌공사의 시공순서
  규준틀 → 기초 → 조적 → 지붕 → 창호 → 내장 → 외장 → 도장

④ 블록쌓기 시공순서 [기출] 20년 3회
  접착면 청소 → 세로규준틀 설치 → 규준쌓기 → 중간부 쌓기 → 줄눈누르기 및 파기 → 치장줄눈

(4) 벽돌의 균열

① 계획 설계상의 미비 균열
  ㉠ 기초의 부동침하
  ㉡ 건물의 평면 입면의 불균형 및 불합리 배치
  ㉢ 불균형 또는 큰 집중하중, 횡력 및 충격
  ㉣ 벽돌벽의 길이, 높이, 두께와 벽돌 벽체의 강도
  ㉤ 문꼴 크기의 불합리 불균형 배치

② 시공상의 결함 균열
- ㉠ 벽돌 및 모르타르의 강도부족과 신축성
- ㉡ 벽돌벽의 부분적 시공결함
- ㉢ 이질재와의 접합부
- ㉣ 장막벽의 상부
- ㉤ 모르타르 바름의 들뜨기

(5) 벽돌량 산출방법

① 벽돌할증(Loss) : 적벽돌 3%, 시멘트 벽돌 5%, 시멘트 블럭 4%
② 벽돌사이간격(매지) : 10mm, 표준형(190 × 90 × 57)
③ 벽돌량(정미량) = 벽면적 × 단위수량
④ 구매량 = 정미량 × 할증률
⑤ 모르타르 소요량 기출 23년 복원

벽돌 1,000매당 모르타르량(m^3)

두 께	표준형	기존형
0.5B	0.25	0.3
1.0B	0.33	0.37
1.5B	0.35	0.4

⑥ 종 류
- ㉠ 0.5B 쌓기
  - 높이는 57mm, 벽체두께는 90mm가 되도록 쌓은 방법
  - 0.5B로 쌓을 때 $1m^2$ 당 75매가 들어감
  - 시멘트와 모래량 : $1m^2$ 당 10kg과 $0.02m^2$ 소요
- ㉡ 1.0B 쌓기
  - 높이는 57mm, 벽체두께는 190mm가 되도록 쌓은 방법
  - 1B로 쌓을 때 $1m^2$ 당 149매가 들어감
  - 시멘트와 모래량 : $1m^2$ 당 25kg과 $0.054m^2$ 소요
- ㉢ 1.5B 쌓기
  - 높이는 57mm, 벽체두께는 280mm가 되도록 쌓은 방법
  - 1.5B로 쌓을 때 $1m^2$ 당 224매가 들어감

⑦ 벽돌쌓기 기준량(m^2 당) 기출 20년 1·2회 통합, 24년 복원

벽돌규격	0.5B(매)	1.0B(매)	1.5B(매)	2.0B(매)
구형 (210 × 100 × 60)	65	130	195	260
표준형 (190 × 90 × 57)	75	149	224	299
내화벽돌 (230 × 114 × 65)	61(59)	122(118)	183(177)	244(236)

내화벽돌의 수량은 할증률 3%가 포함된 양이며 (   ) 안은 정미량

〈0.5B, 1B, 1.5B 쌓기〉

길이 쌓기

마구리 쌓기

〈길이 쌓기, 마구리 쌓기〉

> **예제**
>
> 벽두께 1.0B로 20m²의 벽을 쌓을 때 점토벽돌의 매수는? (규격은 표준형, 할증율은 3%로 함)
>
> **해설** 149매/m² × 20m² × 1.03 = 3069.4매 ≒ 3070매

(6) 줄 눈

① 통줄눈(Straight Joint)
   ㉠ 세로 줄눈의 위·아래가 이어져 있음
   ㉡ 상부의 하중이 하부에 불균등하게 전달되어 구조내력상 불리
   ㉢ 부동침하 시 균열이 발생하기 쉽고 습기가 잘 스며듦
   ㉣ 구조체에는 사용하지 않음

〈통줄눈〉

② 막힌줄눈(Bearing Joint)
   ㉠ 세로 줄눈의 위·아래가 막힌 줄눈
   ㉡ 상부의 하중이 하부에 균일하게 전달되어 구조내력상 유리

〈막힌줄눈〉

③ 치장줄눈(Pointing Joint) 기출 19년 2회
  ㉠ 벽돌 쌓기가 끝난 후 벽돌 벽에서 10mm 정도의 깊이로 줄눈 파기한 후 치장용 모르타르로 마무리하는 것
  ㉡ 세로줄눈을 먼저 시공한 후에 가로줄눈을 시공
  ㉢ 치장줄눈의 종류
    • 평줄눈 : 벽돌의 형태가 부정형일 때 사용, 거친 질감, 일반적으로 가장 많이 이용
    • 빗줄눈 : 벽면의 음영차가 나타남, 거친 질감을 강조할 때 사용
    • 볼록줄눈 : 면이 깨끗하고 반듯한 벽돌, 부드러운 선의 흐름, 벽면의 형태가 반듯할 때 사용
    • 민줄눈 : 형태가 고르고 깨끗한 벽돌, 깨끗한 질감, 일반적, 부드러운 느낌
    • 내민줄눈 : 면이 고르지 않는 벽돌, 줄눈의 효과가 확실함
    • 오목줄눈 : 면이 깨끗한 벽돌, 약간의 음영표시

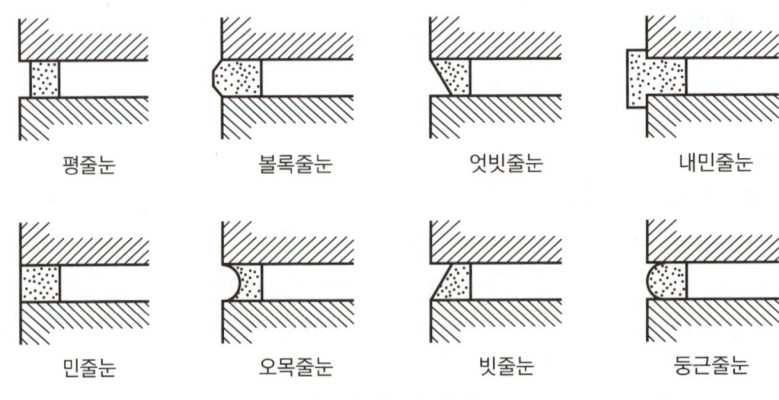

〈치장줄눈의 종류〉

(7) 용어정의
  ① 기준점(Bench Mark) : 공사 중 높이 기준점
  ② 정미량 : 설계도서에 의거하여 정확한 길이, 면적, 체적 등으로 산출한 수량
  ③ 수평규준틀 : 건축물의 기초 내력벽 및 각부 위치를 설정하기 위해 설치함
  ④ 세로규준틀
    ㉠ 벽돌, 블록, 돌쌓기 등의 고저 및 수직면의 기준을 위해 설치
    ㉡ 표시내용 : 창문의 위치, 줄눈 간격, 나무벽돌의 위치, Bolt의 위치
  ⑤ 마구리 쌓기 : 벽돌을 내쌓기 할 때 일반적으로 이용되는 방법

(8) **내력벽** 기출 20년 4회
① 조적식구조인 건축물중 2층 건축물에 있어서 2층 내력벽의 높이는 4미터를 넘을 수 없음
② 조적식구조인 내력벽의 길이는 10미터를 넘을 수 없음
③ 조적식구조인 내력벽으로 둘러싸인 부분의 바닥면적은 80m²을 넘을 수 없음

02 블록공사

(1) 블 럭
① KSF 4002(속빈 시멘트 블록)의 규격으로 BI, BM, BS형이 있으나 우리나라에서는 BI형만 사용
② 블록의 강도 : 1급은 60kg/cm², 2급은 40kg/cm²
③ 블록의 비중 : 1.8 이상은 중량블록, 그 이하는 경량블록
④ 블록의 치수 : (390 × 190 × 190, 390 × 190 × 150, 390 × 190 × 100) 기출 18년 4회, 21년 1회

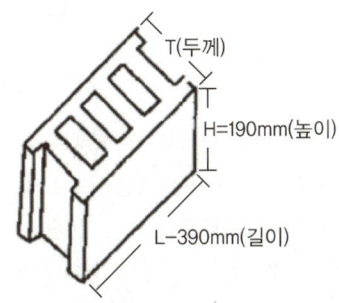

형 상	치수(mm)		
	길 이	높 이	두 께
기본블록	390	190	190
			150
			100
이형블록	• 길이, 높이, 두께의 최소 치수를 90mm 이상으로 함 • 가로근 삽입 블록, 모서리 블록과 기본 블록과 동일한 크기인 것의 치수 및 허용치는 기본 블록에 따름		

⑤ 블록의 등급 기출 17년 4회

구 분	기건비중	전단면에 대한 압축강도(N/mm³)	흡수율(%)
A종 블록	1.7 미만	4.0 이상	-
B종 블록	1.9 미만	6.0 이상	-
C종 블록	-	8.0 이상	10 이하

(2) 블록시공 시 주의사항 기출 23년 복원

① 기초 또는 바닥판 윗면은 깨끗이 청소하고 충분한 물축임을 함
② 모르터 일반
　㉠ 모르터의 배합강도는 블록강도의 1.3~1.5배
　㉡ 물시멘트비는 보통 60~70%, 시공연도는 플로우 테스트 140~150(슬럼프 8cm정도)
　㉢ 용적비는 1 : 3(1 : 5를 초과하지 않는다) 정도
　㉣ 슬럼프는 중량블록용 21cm, 경량블록용 23cm 정도
　㉤ 골재 10mm채를 통과하는 가는 골재 사용
　㉥ 진동기(콘크리트 Vibrator) 사용 기출 20년 4회, 23년 복원, 24년 복원
　　• 진동기는 콘크리트 밀실화 유지를 위해 사용
　　• 지나친 진동은 거푸집 도괴의 원인이 될 수 있으므로 각별히 주의
③ 살 두께가 두꺼운 쪽이 위로 가게 쌓음
④ 모르타르는 정확한 배합으로 충분히 반죽하여 쓰고, 응결이 시작된 모르타르는 사용하지 않음
⑤ 줄눈두께는 약 10mm로 함, 사춤은 블록 3~4켜마다 실시하며, 하루쌓는 높이는 표준 1.2m(6켜)로서 1.7m(7켜)를 넘지 않음
⑥ 블록은 모르타르 접착부분만 사전에 알맞게 축이며 지나치게 물을 축이지 않음(수축팽창에 따른 균열발생)
⑦ 라멘 구조체 내에 블록을 나중쌓기로 할 때는 라멘체와의 접착면에 사춤을 충분히 함
⑧ 보강이 없는 블록쌓기는 통줄눈을 피하고 막힘줄눈으로 쌓음
⑨ 직교하는 벽은 통줄눈으로 하고 줄눈에 철근 또는 철망을 삽입하여 보강(한켜 걸러 교대로 함)
⑩ 철근의 위치는 정확하게 설치·유지하고, 도중에서는 구부리지 않게 함

(3) 각부 블록쌓기

① 인방, 테두리보(Lintel, Wall, Girder)
　㉠ 블록구조에서는 블록자체를 철근 콘크리트로 보강하지 않더라도 창문, 기타 문꼴 위에는 인방보를, 충마루 부분에는 테두리보를 철근콘크리트조로 보강함
　㉡ 문틀 위에 테두리보가 가까이 있고, 문꼴 너비가 작을 때는 가로근용 블록 또는 인방용 블록을 쓰고 철근 콘크리트로 채워 인방보를 설치
　㉢ 인방보는 좌우 지지벽에 최소 20cm 이상, 보통 40cm 이상 물리고 옆벽과 튼튼히 연결
　㉣ 그 외의 경우는 대개 제자리 철근콘크리트인방보를 설치, 이때 철근은 옆벽에 40d 이상 정착하고, 블록의 빈속은 철판마개로 덮거나 모르타르 막음한 블록을 사용하여 쌓음

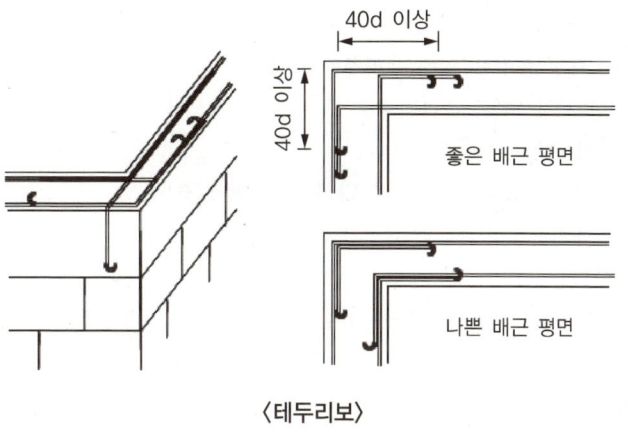

〈테두리보〉

② 테두리보(Wall Girder)의 설치목적 기출 18년 2회
  ㉠ 수직균열의 방지
  ㉡ 세로 철근의 끝을 정착할 필요가 있을 때 정착가능
  ㉢ 분산된 벽체를 일체로 하여 하중을 균등히 분포시킴
  ㉣ 가장 큰 목적은 조적조의 벽체와 일체가 되어 건물의 강도를 높이고 하중을 균등하게 전달하기 위함

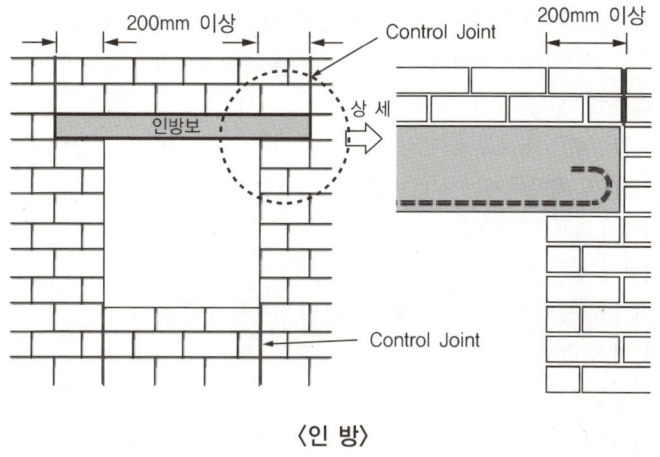

〈인 방〉

(4) 보강 콘크리트 블록

① 일반사항

  ㉠ 보강블록조는 통줄눈 쌓기를 원칙으로 함 기출 18년 4회, 21년 4회
    • 철근의 배근, 조립용이, 블록쌓기 간편
    • 통줄눈에 콘크리트 충진으로 일체화 → 막힌줄눈 불필요
  ㉡ 세로철근은 중간에서 잇지 않고 기초보와 테두리보에 정착(정착길이는 40d 이상)
  ㉢ 철근을 배근한 곳에는 모르타르 또는 콘크리트를 충분히 피복
  ㉣ 창문틀 등의 개구부가 많은 벽은 횡력에 대한 보강

② 철근의 보강
　㉠ 전단력에 대한 보강을 위해 수평철근 보강
　㉡ 휨에 대한 보강 : 철근콘크리트로 보강하여 일종의 라멘체를 구성
　㉢ 철근보강의 요령
　　• 철선은 굵은 것보다 가는 것을 많이 넣는 것이 좋음
　　• 철근을 배치한 곳에는 모르타르 또는 콘크리트를 채워넣어 철근피복이 충분히 되고 빈틈없게 되어야 함
　　• 보강근의 정착, 이음길이 부분의 겹친부분의 길이는 25d 이상
　㉣ 벽 세로근
　　• 벽의 세로근은 구부리지 않고, 항상 진동 없이 설치
　　• 세로근은 줄기초에서 그 위의 보까지 하나의 철근으로 하는 것이 이상적 〔기출〕 19년 1회
　　• 재력벽은 끝부분과 벽의 모서리 부분에서는 12mm 이상 배치하고 벽에는 9mm 이상의 철근을 80cm 이하로 함
　　• 그라우트 및 모르터의 세로피복 두께는 2cm 이상으로 함
　　• 테두리보 위에 쌓는 박공벽의 세로근은 테두리보에 40d 이상 정착하고, 세로근 상단부는 180°의 갈구리를 내어 벽 상부의 보강근에 걸치고 결속선으로 결속
　㉤ 벽 가로근 〔기출〕 20년 1·2회 통합
　　• 가로근을 블록 조적 중의 소정의 위치에 배근해 이동하지 않도록 고정
　　• 우각부, T형 접합부 등에서의 가로근은 세로근을 구속하지 않도록 배근하고 세로근과의 교차부를 결속선으로 결속
　　• 가로근은 배근 상세도에 따라 가공하되 그 단부는 180°의 갈구리로 구부려 배근
　　• 콘크리트의 피복두께는 2cm 이상으로 하며 세로근과의 교차부는 모두 결속선으로 결속
　　• 모서리에 가로근의 단부는 수평방향으로 구부려서 세로근의 바깥쪽으로 두르고 정착길이는 공사시방에 정한 바가 없는 한 40d 이상으로 함
　　• 창, 출입구 등의 모서리 부분에 가로근의 단부를 수평방향으로 정착할 여유가 없을 때에는 갈구리로 하여 단부 세로근에 걸고 결속선으로 결속
　　• 개구부 상하부의 가로근을 양측벽부에 묻을 때의 정착길이는 40d 이상으로 함
　　• 가로근은 그와 동등 이상의 유효단면적을 가진 블록 보강용 철망으로 대신 사용할 수 있음
　㉥ 사춤 : 이어붓기는 블록 윗면에서 5cm 하부에 둠
　㉦ 줄눈 : 보강블록조는 원칙적으로 통줄눈 쌓기로 함

(5) 방수 및 방습처리 〔기출〕 20년 3회
① 방습층은 도면 또는 공사시방서에서 정한 바가 없을 때에는 마루 밑이나 콘크리트 바닥판 밑에 접근되는 가로줄눈의 위치에 둠
② 물빼기 구멍은 콘크리트의 윗면에 두거나 물끊기 및 방습층 등의 바로 위에 둠
③ 도면 또는 공사시방서에서 정한 바가 없을 때 물빼기 구멍의 직경은 10mm 이내, 간격 1.2m마다 1개소로 함
④ 물빼기 구멍에는 다른 지시가 없는 한 직경 6mm, 길이 100mm의 폴리에틸렌 플라스틱 튜브를 만들어 집어넣음

03 석공사

(1) 석재의 종류
① 화강암 : 석재 중에서 가장 가공성이 풍부, 구조용이나 장식용으로 사용, 화열에 약함 [기출] 22년 1회
② 안산암 : 화강암과 비교하여 내화력 우수, 무광택, 강도와 내구성이 커서 구조용으로 가장 많이 사용
③ 응회암 : 강도가 약하고 풍화, 변색되기 쉬움, 외관도 좋지 않으나 채석가공이 용이, 가격 저렴
④ 사암 : 내화력 우수, 내구력 약함, 톱으로 켜서 사용하는 경우도 있음
⑤ 점판암 : 진흙이 압력을 받아서 응결한 이판암이 더욱 큰 압력을 받아 경화한 것. 지붕재료로 쓰임
⑥ 대리석 : 광택과 빛깔이 미려, 내부장식용으로 사용, 산 및 화열에 약함, 외장용으로는 화강암보다 영구적이지 못함 [기출] 23년 복원

(2) 석재의 형상
① 잡석 : 20cm 정도의 막생긴 돌, 둥근돌을 호박돌이라 함
② 간석 : 20~30cm 정도의 네모진 돌, 간단한 석축쌓기에 쓰임
③ 견치돌 : 면 30cm 정도의 사각뿔형의 돌, 석축쌓기에 쓰임
④ 각석 : 단면이 각형으로 길게 된 돌, 장대석이라고도 함
⑤ 판돌 : 두께에 비하여 넓이가 큰 돌, 구들장에 사용

(3) 석재의 강도 [기출] 23년 복원
① 일반적으로 비중이 큰 것은 강도가 큼
② 압축강도가 큰 순서 : 화강암(1,920) > 대리석(1,200) > 안산암(1,150) > 사암(450) > 응회암(180)
③ 인장강도는 압축강도의 1/10~1/20 정도
④ 인장 및 휨모멘트를 받는 곳에는 석재 사용금지

(4) 석재의 내화도

대리석	700℃($CaCO_3$이 열분해)
화강암	800℃(석영의 변태점 575℃)
화산석	1,000℃(변색할 정도이고 내화도가 가장 높음)

(5) 석재의 수명
① 석회석 : 40년
② 조소사암 : 50년
③ 대리석 : 100년
④ 화강암 : 200년

(6) 표면가공마무리
① 혹떼기(메다듬) : 쇠메
② 정다듬 : 정
③ 도드락다듬 : 도드락망치
④ 잔다듬(날망치다듬) : 양날망치
⑤ 물갈기 : 연마기
⑥ 광내기 : 왁스

(7) 돌쌓기 종류
① 거친돌쌓기 : 제면쌓기라 하고 잡석, 간사 등을 적당한 크기로 쌓는 방식으로 담 등에 사용
② 다듬돌쌓기 : 돌의 맞댄면을 일정하게 다듬어 쌓음, 튼튼하고 외관이 미려
  ㉠ 바른층쌓기 : 돌쌓기의 1켜의 높이는 모두 동일한 것을 쓰고 수평줄눈이 일직선으로 연결되게 쌓는 것. 다만 각 켜마다 동일한 높이로 할 필요는 없음
  ㉡ 허튼층쌓기(완자쌓기) : 면이 네모진 2~3가지의 높이의 돌을 수평줄눈이 부분적으로만 연속되게 쌓으며, 일부 상하 세로줄눈이 통하게 된 것
  ㉢ 층지어쌓기 : 막돌, 둥근돌 등을 중간켜에서는 돌의 모양대로 수직·수평줄눈에 관계없이 흐트려 쌓되 2~3켜마다 수평줄눈이 일직선으로 연속되게 쌓는 것
  ㉣ 막쌓기(허튼쌓기) : 막돌·잡석·둥근돌·야산석 등을 수평·수직줄눈에 관계없이 돌의 생김새대로 흐트려 놓아 쌓는 것

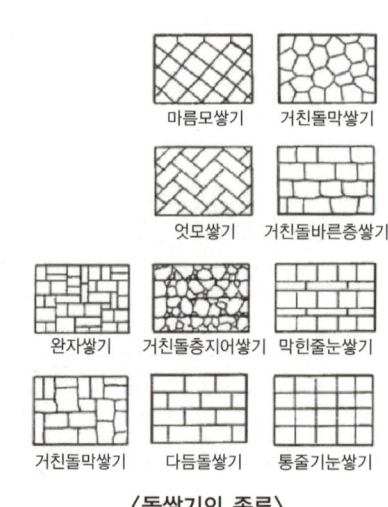

〈돌쌓기의 종류〉

(8) 돌쌓기 순서 기출 17년 4회
① 공사 착수 전에 배열도, 공작도를 작성
② 수평실을 띄우고 기준 위치부터 쌓기 시작
③ 뒷면에 1:3 모르타르를 채우고 인접된 돌 사이에 줄눈두께의 쐐기를 끼워 완전히 고정
④ 사춤 모르타르는 줄눈을 헝겊 등으로 막고 1:2 배합비를 사용
⑤ 1일 시공단수는 3~4단으로 함
⑥ 석재의 하부는 지지용, 상부는 고정용으로 설치

(9) 돌붙이기(대리석 붙이기)
① 붙이기 밑바탕면과 붙이기 뒷면과의 사이는 25~30mm를 표준으로 함
② 돌붙임을 꺾쇠, 촉, 긴결철물(대리석 1장당 2~4개소)을 사용
③ 줄눈 모르타르가 경화되면 호분, 백지를 붙여 오염되는 것을 방지
④ 돌쌓기가 완료되면 종이·널 등은 제거하여 깨끗한 헝겊으로 잘 닦고 필요할 때는 왁스를 얇게 여러 번 칠하고 문질러 끝냄
⑤ 화강암 표면에 묻은 시멘트풀을 제거하기 위해 염산을 사용할 경우 즉시 깨끗이 닦아냄
⑥ <u>앵커공법에서 사용하는 철물 : 앵커, 볼트, 촉, 연결철물</u> 기출 18년 1회, 22년 1회

(10) 보 양
① 깨끗한 물로 이물질 등을 제거한 후, 24시간 동안 4℃ 이상 유지되도록 보온조치를 취함
② 보양재료는 호분, 하트론지, 종이, 널판 등이 있음
③ 돌면은 호분, 백지 등을 발라 보양
④ 모서리 돌출부에는 널판을 대어 보양

(11) 줄눈 모르타르

용 도	시멘트 : 모래 비
조적용	1 : 3
사춤용	1 : 3
치장용	1 : 1
대리석 붙이기용 모르타르	1 : 1(시멘트 : 석고)

04 타일공사

(1) 타일의 종류
① 도기질
  ㉠ 도기질은 보통 내장타일로 사용되며, 굽는 온도가 낮아 강도가 약함
  ㉡ 자기질 타일보다는 비교적 다양한 색상과 무늬를 만들어 낼 수 있음
  ㉢ 내구성과 내마모성이 약하기 때문에 바닥 타일로는 잘 사용하지 않고 주로 벽 마감재로 사용
  ㉣ 제조가 쉬워서 단가가 낮음
② 자기질
  ㉠ 도기질 타일 특징과 반대로 굽는 온도가 높아서 강도가 강함
  ㉡ 흡수율이 적어서 주로 바닥이나 외장 타일, 위생도기로 쓰임
  ㉢ 다양한 색상을 만들어내기 어려워 색상은 대부분 어두운 색 타일임
  ㉣ 자기질 타일에는 폴리싱타일, 포세린타일, 석재타일이 포함됨

- ⑩ 폴리싱타일은 자기질의 무유타일을 연마하여 대리석 질감과 흡사하게 만든 타일로 벽이나 바닥용 고급마감재로 사용, 대부분 유광 종류의 타일이 많으며, 정말 감쪽같은 대리석 느낌을 만들어 낼 수 있어 아파트인테리어로 선호도가 높음
- ⓗ 포세린타일은 보통 무광타일이라고 부르는데, 내수성, 내구성, 내마모성이 좋아서 거의 반영구적으로 사용할 수 있어 주로 외장용으로 많이 사용
- ⓢ 석재타일도 무광타일로서 표면이 거칠어서 논슬립기능이 뛰어나고 내구성이 좋아 주차장 바닥이나 보도용으로 쓰이며, 정원을 꾸미는 타일로도 많이 사용

③ 석기질
- ㉠ 불순물을 많이 함유하고 있는 저급 점토를 사용하여 표면에 여러 가지 모양을 넣어 미끄러지지 않게 만들며 건물 외벽용이나 터널벽체용, 보도용으로 많이 사용
- ㉡ 초벌구이 없이 한번에 구운 타일로 자기질 타일에 비해 흡수성이 높은 것이 특징

종류	소성온도	흡수율	주된 용도
자기질 타일	1,200℃ 이상	1% 이하	바닥, 내외장용
석기질 타일	1,200~1,350℃	8% 이하	바닥, 내외장용
반자기질 타일	1,230~1,260℃	15% 이하	바닥, 내외장용
경질도기 타일	1,160 (유약 800~1,000℃)	15% 이하	바닥, 내외장용
도기질 타일	1,140~1,230℃	20% 이하	내장용

(2) 타일 붙이기

① 바탕은 바르게 하는 정도로 모르타르를 바르고, 되풀이하여 손질
② 바탕 처리 후에는 물로 깨끗이 씻어내고 정확하게 타일나누기를 함
③ 붙이기 방법은 타일나누기에 의하여 수평실을 치고 비틀림이나 그릇됨이 없도록 장확하게 붙여 올라감
④ 붙이기한 뒤 약 3시간이 지나서 줄눈 둘레를 청소하고, 치장줄눈의 경우는 줄눈을 파서 표면을 물씻기한 후 적당한 치장줄눈을 하고, 다시 청소한 뒤 신문지나 하드롱지류로 양생
⑤ 타일 붙임 모르타르는 붙임면의 뒤에 남아 있지 않도록 주의
⑥ 붙임 모르타르는 붙임면의 뒤에 틈이 남아 있지 않도록 주의
⑦ 모자이크타일 붙이기는 30cm × 30cm 정도의 종이 붙임을 한 것으로, 붙임용 모르타르(시멘트 1 : 모래적량)를 바른 뒤에 붙이고, 완전히 붙은 뒤에 물을 축여 겉종이를 떼어낸 후 치장줄눈을 함
⑧ 벽타일 붙임의 단비붙이기는 타일 뒷면에 모르타르(시멘트 1 : 모래 2.5)를 충분히 발라서 붙임
⑨ 벽타일 붙임의 접착(압착)붙이기는 바탕면에 합성수지 접착재(MC)를 적당히 혼입한 접착용 모르타르(시멘트 1 : 모래 적량)를 두께 5mm 정도로 고르게 바르고 줄눈을 고르며 타일 뒷면에 빈틈이 없이 보기 좋게 나란히 눌러 붙임
⑩ 벽모자이크타일 붙이기는 일종의 압착공법으로 하는데, 접착용 모르타르의 바름두께는 3mm 정도
⑪ 도장바름은 타일의 뒷면에 공극이 있으므로 줄눈으로 침투한 물의 통로가 되어 에플로레센스의 원인이 되기 쉬우나, 접착(압착)공법은 그 단점을 최소한 줄이므로 외벽용으로 적당함
⑫ 도기질, 석기질, 반자기질은 붙이기 전에 물적심을 함
⑬ 바탕의 청소 및 물적심은 타일 붙이기 직전에 함

(3) 공법

① 벽타일 붙이기

압착공법(압착 붙이기)	• 미장공사의 재벌 바르기까지 한 면에 타일 접착용 모르타르를 전면에 바르고 타일을 눌러 붙이는 공법 • 모르타르 두께는 5~7mm • 창문, 출입구, 모퉁이 등에 이형 타일을 먼저 붙임
떠붙임공법	• 타일의 뒷면에 모르타르를 얹어서 콘크리트 바탕에 1장씩 붙이는 공법 • 바탕과 타일의 틈새는 20~25mm • 1일 붙이는 높이는 1.2m 이내
접착공법	• 접착제를 바탕에 2~3mm 두께로 바르고 타일을 붙이는 공법 • 1회 붙이는 면적은 $2m^2$ 이내

② 바닥타일 붙이기

바닥용 타일 붙이기	• 정두리나 걸레받이의 마무리가 끝난 다음에 착수 • 바닥에 모르타르를 깔아 고르고 수평실을 띄워 마무리 경사와 높이를 확인 • 모르타르 배합 : 된비빔(시멘트 1 : 모래 3) • 바름두께는 20~30mm 정도로 함 • 모르타르 위에 시멘트 페이스트를 2mm 정도 바르고 타일을 붙임
바닥 모자이크 타일 붙이기	• 모자이크타일 유닛을 붙임 • 대지는 붙인 2~3시간 후에 물을 축여 벗김 • 구석, 모퉁이, 바닥배수기구 및 변기 등의 주위는 1장씩 줄눈너비에 주의해서 붙임 • 경사가 있을 때는 바탕에서 경사를 잡고 페이스트로는 경사를 잡지 않음
클링커타일 붙이기	• 바닥용 타일에 준해서 붙임 • 지붕방수층 위에 시공할 때는 보호층의 신축줄눈 위에 줄눈을 잡음 • 모르타르의 두께는 3cm 정도(된비빔) • 페이스트의 두께는 3mm 정도 • 페이스트로는 경사를 잡지 않음

③ 공법

㉠ 줄눈의 처리가 조잡하면 외부의 타일은 침수하여 타일이 떨어지거나 백화현상이 나타나고, 바닥과 내벽이 들뜨는 원인이 됨

㉡ 기온이 2℃ 이하로 될 때는 시공 중지, 시공 후 24시간 이내에 기온이 5℃가 될 염려가 있을 때는 적당하게 보양을 함

㉢ 청소는 물로 씻는 것을 원칙으로 하고 염산으로 씻을 때는 줄눈메우기를 한 후 1일이 지나서 함

④ 타일의 종류

㉠ 우유타일 : 표면에 유약을 바르지 않은 것으로 바닥용 타일에 쓰임(Clinker Tile, Nonslip Tile)

㉡ 시유타일 : 표면에 유약을 바른 것으로 외장용 타일에 쓰임(Ceramic Tile)

㉢ 모자이크타일 : 4cm 각 이하의 소형타일로 30cm 각의 하트론지에 일정하게 붙여서 바닥에 쓰임

㉣ 면처리타일 : 천무늬타일, 클링커타일, 스크래치타일(Scratch Tile), 태피스트리타일

비관론자는 어떤 기회가 찾아와도 어려움만을 보고,
낙관론자는 어떤 난관이 찾아와도 기회를 바라본다.

- 윈스턴 처칠 -

PART 4

최신기출 15회분

2022년 제2회
2022년 제1회
2021년 제4회
2021년 제2회
2021년 제1회
2020년 제4회
2020년 제3회
2020년 제1·2회 통합

2019년 제4회
2019년 제2회
2019년 제1회
2018년 제4회
2018년 제2회
2018년 제1회
2017년 제4회

꿈을 꾸기에 인생은 빛난다.

- 모차르트 -

끝까지 책임진다! 시대에듀!

QR코드를 통해 도서 출간 이후 발견된 오류나 개정법령, 변경된 시험 정보, 최신기출문제, 도서 업데이트 자료 등이 있는지 확인해 보세요! **시대에듀 합격 스마트 앱**을 통해서도 알려 드리고 있으니 구글 플레이나 앱 스토어에서 다운받아 사용하세요. 또한, 파본 도서인 경우에는 구입하신 곳에서 교환해 드립니다.

2022년 제2회 기출해설

4과목 건설시공학

61 통상적으로 스팬이 큰 보 및 바닥판의 거푸집을 걸 때에 스팬의 캠버(Camber) 값으로 옳은 것은?

• 4장 5절 거푸집 공사

① 1/300~1/500
② 1/200~1/350
③ 1/150~1/250
④ 1/100~1/300

해설
캠버(camber)란 보, 슬래브, 트러스 등에서 처짐을 고려하여 보나 슬래브 중앙부를 1/300~1/500 정도 미리 치켜 올리는 것이다.

62 지반개량 공법 중 동다짐(Dynamic Compaction) 공법의 특징으로 옳지 않은 것은?

• 2장 5절 연약지반 개량공법

① 시공 시 지반진동에 의한 공해문제가 발생하기도 한다.
② 지반 내에 암괴 등의 장애물이 있으면 적용이 불가능하다.
③ 특별한 약품이나 자재를 필요로 하지 않는다.
④ 깊은 심도의 지반개량에 대해서는 초대형 장비가 필요하다.

해설
동다짐 공법은 지반 내에 암괴 등의 장애물이 있어도 가능하다.

63 기성콘크리트 말뚝에 표기된 PHC-A · 450-12의 각 기호에 대한 설명으로 옳지 않은 것은?

① PHC - 원심력 고강도 프리스트레스트 콘크리트말뚝
② A - A종
③ 450 - 말뚝바깥지름
④ 12 - 말뚝삽입 간격

해설
12는 말뚝길이 12m를 의미한다.

정답 61 ① 62 ② 63 ④

64 흙막이 공법과 관련된 내용의 연결로 옳지 않은 것은? • 2장 1절 흙파기

① 버팀대공법 - 띠장, 지지말뚝
② 지하연속벽 - 안정액, 트레미관
③ 자립식공법 - 안내벽, 인터록킹 파이프
④ 어스앵커공법 - 인장재, 그라우팅

해설
안내벽, 인터록킹 파이프는 지하연속벽(Slurry Wall)공법이다.

65 흙막이 공법 중 지하연속벽(Slurry Wall) 공법에 대한 설명으로 옳지 않은 것은? • 2장 1절 흙파기

① 흙막이벽 자체의 강도, 강성이 우수하기 때문에 연약지반의 변형 및 이면침하를 최소한으로 억제할 수 있다.
② 차수성이 좋아 지하수가 많은 지반에도 사용할 수 있다.
③ 시공 시 소음, 진동이 작다.
④ 다른 흙막이벽에 비해 공사비가 적게 든다.

해설
다른 흙막이벽에 비해 공사비가 많이 든다.

66 건축물의 지하공사에서 계측관리에 관한 설명으로 틀린 것은?

① 계측관리의 목적은 위험의 징후를 발견하는 것이다.
② 계측관리의 중점관리사항으로는 흙막이 변위에 따른 배면지반의 침하가 있다.
③ 계측관리는 인적이 뜸하고 위험이 적은 안전한 곳에 설치하여 주기적으로 실시한다.
④ 일일점검항목으로는 흙막이벽체, 주변지반, 지하수위 및 배수량 등이 있다.

해설
계측관리는 인적이 많고 위험이 많은 곳에 설치하여 주기적으로 실시한다.

67 벽길이 10m, 벽높이 3.6m인 블록벽체를 기본블록(390mm × 190mm × 150mm)으로 쌓을 때, 소요되는 블록의 수량으로 옳은 것은?(단, 블록은 온장으로 고려하고 줄눈 나비는 가로, 세로 10mm이며 할증은 고려하지 않음)
• 6장 2절 블록공사

① 412매
② 468매
③ 562매
④ 598매

해설
블록 한 장당 면적 = (0.39+0.01)×(0.19+0.01) = 0.08m²
단위면적(m²)을 쌓는데 필요한 블록의 정미량 = 1/0.08 = 12.5매
블록의 정수산정 : 13매/m²
블록수량 = 36m²×13매/m² = 468매

68 외관 검사 결과 불합격된 철근 가스압접이음부의 조치 내용으로 옳지 않은 것은?
• 4장 4절 철근공사

① 심하게 구부러졌을 때는 재가열하여 수정한다.
② 압접면의 엇갈림이 규정값을 초과했을 때는 재가열하여 수정한다.
③ 형태가 심하게 불량하거나 또는 압접부에 유해하다고 인정되는 결함이 생긴 경우는 압접부를 잘라내고 재압접한다.
④ 철근중심축의 편심량이 규정값을 초과했을 때는 압접부를 떼어내고 재압접한다.

해설
압접면의 엇갈림이 규정값을 초과했을 때는 압접부를 잘라내고 다시 압접한다.

69 철골부재조립 시 구멍의 위치가 다소 다를 때 구멍을 맞추기 위한 작업은?
• 5장 1절 철골작업

① 송곳뚫기(Drilling)
② 리이밍(Reaming)
③ 펀칭(Punching)
④ 리벳치기(Riveting)

해설
조립 시 리벳구멍 위치가 다르면 리머(Reamer)로 구멍 가심을 한다.

정답 67 ② 68 ② 69 ②

70 철골작업용 장비 중 절단용 장비로 옳은 것은?   • 5장 1절 철골작업

① 프릭션 프레스(Friction Press)
② 플레이트 스트레이닝 롤(Plate Straining Roll)
③ 파워 프레스(Power Press)
④ 핵 소우(Hack Saw)

해설
①·②·③ 철골 변형바로잡기 장비
핵 소우(hack saw)는 손잡이용 쇠톱을 말한다.

71 시방서 및 설계도면 등이 서로 상이할 때의 우선순위에 대한 설명으로 옳지 않은 것은?
    • 1장 3절 공사현장관리

① 설계도면과 공사시방서가 상이할 때는 설계도면을 우선한다.
② 설계도면과 내역서가 상이할 때는 설계도면을 우선한다.
③ 표준시방서와 전문시방서가 상이할 때는 전문시방서를 우선한다.
④ 설계도면과 상세도면이 상이할 때는 상세도면을 우선한다.

해설
설계도면과 공사시방서가 상이할 때는 공사감리자와 협의한다.

72 예정가격범위 내에서 최저가격으로 입찰한 자를 낙찰자로 선정하는 낙찰자 선정 방식은?
    • 1장 3절 공사현장관리

① 최적격 낙찰제   ② 제한적 최저가 낙찰제
③ 최저가 낙찰제   ④ 적격 심사 낙찰제

해설
최저가격으로 입찰한 자를 낙찰자로 선정하는 방식은 최저가 낙찰제로 공사품질 저하우려가 있다.

73 설계도와 시방서가 명확하지 않거나 설계는 명확하지만 공사비 총액을 산출하기 곤란하고 발주자가 양질의 공사를 기대할 때 채택될 수 있는 도급방식은?
    • 1장 3절 공사현장관리

① 실비정산 보수가산식 도급   ② 단가 도급
③ 정액 도급   ④ 턴키 도급

해설
실비정산 보수가산식은 설계도와 시방서가 명확하지 않거나 설계는 명확하지만 공사비 총액을 산출하기 곤란한 경우 적합하다.

74 철근공사에 대한 설명으로 옳지 않은 것은? • 4장 4절 철근공사

① 조립용 철근은 철근을 구부리기 할 때 철근의 위치를 확보하기 위하여 쓰는 보조적인 철근이다.
② 철근의 용접부에 순간최대풍속 2.7m/s 이상의 바람이 불 때는 철근을 용접할 수 없으며, 풍속을 2.7m/s 이하로 저감시킬 수 있는 방풍시설을 설치하는 경우에만 용접할 수 있다.
③ 가스압접이음은 철근의 단면을 산소-아세틸렌 불꽃 등을 사용하여 가열하고 기계적 압력을 가하여 용접한 맞댐이음을 말한다.
④ D35를 초과하는 철근은 겹침이음을 할 수 없다. 다만, 서로 다른 크기의 철근을 압축부에서 겹침이음을 하는 경우, D35 이하의 철근과 D35를 초과하는 철근은 겹침이음을 할 수 있다.

해설
철근을 조립할 때 철근의 위치를 확보하기 위해 쓰는 철근은 조립형 철근이다.

75 철골공사의 용접접합에서 플럭스(Flux)를 옳게 설명한 것은? • 5장 1절 철골작업

① 용접 시 용접봉의 피복제 역할을 하는 분말상의 재료
② 압연강판의 층 사이에 균열이 생기는 현상
③ 용접작업의 종단부에 임시로 붙이는 보조판
④ 용접부에 생기는 미세한 구멍

해설
플럭스(Flux)란 용접 시 용접결함을 방지하기 위해 용접봉의 피복제 역할을 하는 분말상의 재료이다.

76 착공단계에서의 공사계획을 수립할 때 우선 고려하지 않아도 되는 것은? • 1장 2절 공사계획

① 현장 직원의 조직편성
② 예정 공정표의 작성
③ 유지관리지침서의 변경
④ 실행예산 편성

해설
공사계획 수립순서
현장투입 직원편성 → 공정표 작성 → 실행예산 편성 → 하도급자 선정 → 자재·장비설치계획 → 가설준비물 결정 → 노무, 노력공수 결정 → 재해방대책 수립 → 품질관리계획 수립

정답 74 ① 75 ① 76 ③

77 AE콘크리트에 관한 설명으로 옳은 것은?

① 공기량은 기계비빔이 손비빔의 경우보다 적다.
② 공기량은 비벼놓은 시간이 길수록 증가한다.
③ 공기량은 AE제의 양이 증가할수록 감소하나 콘크리트의 강도는 증대한다.
④ 시공연도가 증진되고 재료분리 및 블리딩이 감소한다.

해설
콘크리트 내부에 공기 기포를 형성시킨 콘크리트로 시공연도(Workability)가 증진되고 블리딩(Bleeding)이 감소한다.

78 콘크리트의 고강도화와 관련이 가장 적은 것은?

① 물시멘트비를 작게 한다.
② 시멘트의 강도를 크게 한다.
③ 폴리머(Polymer)를 함침(含浸)한다.
④ 골재의 입자분포를 가능한 한 균일입자분포로 한다.

해설
고강도콘크리트에 사용하는 골재는 크고 작은 입자가 골고루 섞여 공극을 줄여야 한다.

79 벽돌쌓기법 중에서 마구리를 세워 쌓는 방식으로 옳은 것은?   • 6장 1절 벽돌공사

① 옆세워 쌓기
② 허튼 쌓기
③ 영롱 쌓기
④ 길이 쌓기

해설
① 마구리면이 내보이도록 벽돌 벽면을 수직으로 세우는 방식이다.

80 바닥판 거푸집의 구조계산 시 고려해야 하는 연직하중에 해당하지 않는 것은?
• 4장 5절 거푸집 공사

① 작업하중
② 충격하중
③ 고정하중
④ 굳지 않은 콘크리트의 측압

해설
연직하중이란 바닥판이나 보 밑의 수평부재가 받는 하중으로 작업하중, 충격하중, 자중이 있다. 생 콘크리트 측압은 수직부재가 받는 하중이다.

2022년 제1회 기출해설

61 석재붙임을 위한 앵커긴결공법에서 일반적으로 사용하지 않는 재료는? • 6장 3절 석공사

① 앵커
② 볼트
③ 모르타르
④ 연결철물

해설
앵커긴결공법에서 사용하는 철물은 앵커, 볼트, 촉, 연결철물이다.

62 강재 널말뚝(Steel Sheet Pile) 공법에 관한 설명으로 옳지 않은 것은? • 2장 1절 흙파기

① 무소음 설치가 어렵다.
② 타입 시 지반의 체적변형이 작아 항타가 쉽다.
③ 강제 널말뚝에는 U형, Z형, H형 등이 있다.
④ 관입, 철거 시 주변 지반침하가 일어나지 않는다.

해설
철거 시 주변 지반침하가 일어나기 때문에 상황에 따라 박아 넣은 채로 두는 경우도 있다.

63 철근 조립에 관한 설명으로 옳지 않은 것은? • 4장 4절 철근공사

① 철근의 피복두께를 정확히 확보하기 위해 적절한 간격으로 고임재 및 간격재를 배치한다.
② 거푸집에 접하는 고임재 및 간격재는 콘크리트 제품 또는 모르타르 제품을 사용하여야 한다.
③ 경미한 황갈색의 녹이 발생한 철근은 일반적으로 콘크리트와의 부착을 해치므로 사용해서는 안 된다.
④ 철근의 표면에는 흙, 기름 또는 이물질이 없어야 한다.

해설
철근 체적의 약 1% 이내가 부식된 철근은 부착강도가 증가한다.

정답 61 ③ 62 ④ 63 ③

64 소규모 건축물을 조적식 구조로 담을 쌓을 경우 최대 높이 기준으로 옳은 것은?

① 2m 이하 ② 2.5m 이하
③ 3m 이하 ④ 3.5m 이하

해설

보강콘크리트 블록조의 담 높이는 3m 이하로 하고, 두께는 높이가 2m 이하의 것은 9cm 이상, 높이가 2m 이상인 것은 두께를 15cm 이상으로 한다.

65 필릿용접(Fillet Welding)의 단면상 이론 목두께에 해당하는 것은? • 5장 1절 철골작업

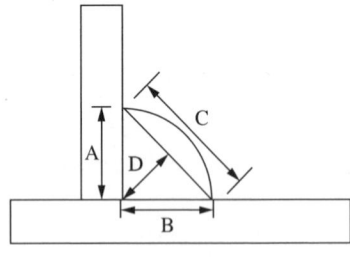

① A ② B
③ C ④ D

해설

모살용접의 유효목두께는 모살사이즈의 0.7배로 한다.

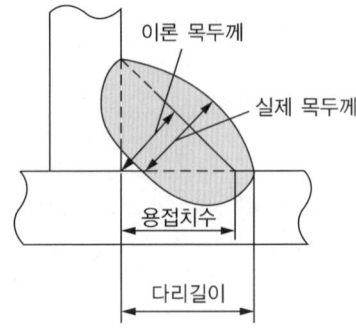

66 네트워크 공정표에 사용되는 용어에 관한 설명으로 옳지 않은 것은? • 1장 2절 공사계획

① 크리티컬 패스(Critical Path) - 개시 결합점에서 종료 결합점에 이르는 가장 긴 경로
② 더미(Dummy) - 결합점이 가지는 여유시간
③ 플로트(Float) - 작업의 여유시간
④ 패스(Path) - 네트워크 중에서 둘 이상의 작업이 이어지는 경로

해설

더미는 공정표상의 점선 화살표로 결합점 사이를 연결해주는 것으로 작업이나 시간의 요소는 없으며 결합점 중복을 피하기 위한 것이다.

64 ③ 65 ④ 66 ② **정답**

67 콘크리트의 측압에 영향을 주는 요소에 관한 설명으로 옳지 않은 것은? • 4장 5절 거푸집 공사

① 콘크리트 타설속도가 빠를수록 측압은 커진다.
② 콘크리트 온도가 낮으면 경화속도가 느려 측압은 작아진다.
③ 벽 두께가 얇을수록 측압은 작아진다.
④ 콘크리트의 슬럼프 값이 클수록 측압은 커진다.

해설
온도가 높고 습도가 낮으면 경화가 빠르므로 Concrete 측압은 작아진다.

68 석공사에 사용하는 석재 중에서 수성암계에 해당하지 않는 것은? • 6장 3절 석공사

① 사 암
② 석회암
③ 안산암
④ 응회암

해설
안산암은 수성암이 아니라 화성암이다.

69 매스 콘크리트(Mass Concrete) 시공에 관한 설명으로 옳지 않은 것은? • 4장 3절 콘크리트 배합

① 매스 콘크리트의 타설온도는 온도균열을 제어하기 위한 관점에서 가능한 한 낮게 한다.
② 매스 콘크리트 타설 시 기온이 높을 경우에는 콜드조인트가 생기기 쉬우므로 응결촉진제를 사용한다.
③ 매스 콘크리트 타설 시 침하발생으로 인한 침하균열을 예방하기 위해 재진동 다짐 등을 실시한다.
④ 매스 콘크리트 타설 후 거푸집 탈형 시 콘크리트 표면의 급랭을 방지하기 위해 콘크리트 표면을 소정의 기간 동안 보온해주어야 한다.

해설
매스 콘크리트는 부재 단면의 최소치수가 커서 시멘트의 수화열에 의한 온도상승이 크다. 따라서 응결촉진제가 아니라 응결지연제를 사용하여 콘크리트 온도를 낮추어야 한다.

정답 67 ② 68 ③ 69 ②

70 거푸집공사(Form Work)에 관한 설명으로 옳지 않은 것은?

① 거푸집널은 콘크리트의 구조체를 형성하는 역할을 한다.
② 콘크리트 표면에 모르타르, 플라스터 또는 타일붙임 등의 마감을 할 경우에는 평활하고 광택 있는 면이 얻어질 수 있도록 철제 거푸집(Metal Form)을 사용하는 것이 좋다.
③ 거푸집공사비는 건축공사비에서의 비중이 높으므로, 설계단계부터 거푸집 공사의 개선과 합리화 방안을 연구하는 것이 바람직하다.
④ 폼타이(Form Tie)는 콘크리트를 타설할 때 거푸집이 벌어지거나 우그러들지 않게 연결, 고정하는 긴결재이다.

> **해설**
> 콘크리트면이 너무 평활하면 모르타르의 접착이 나쁘고 메탈 폼의 녹이 콘크리트 표면과 내부에 묻게 된다.

71 철근콘크리트 말뚝머리와 기초와의 집합에 관한 설명으로 옳지 않은 것은?

① 두부를 커팅기계로 정리할 경우 본체에 균열이 생김으로 응력손실이 발생하여 설계내력을 상실하게 된다.
② 말뚝머리 길이가 짧은 경우는 기초저면까지 보강하여 시공한다.
③ 말뚝머리 철근은 기초에 30cm 이상의 길이로 정착한다.
④ 말뚝머리와 기초와의 확실한 정착을 위해 파일앵커링을 시공한다.

> **해설**
> 말뚝머리(두부)의 절단은 커팅기계 등 말뚝에 유해한 충격 및 손상을 주지 않는 기구를 사용해야 한다.

72 철근콘크리트 보에 사용된 굵은 골재의 최대치수가 25mm일 때, D22철근(동일평면에서 평행한 철근)의 수평 순간격으로 옳은 것은?(단, 콘크리트를 공극 없이 칠 수 있는 다짐 방법을 사용할 경우에는 제외)
• 4장 2절 콘크리트 재료

① 22.2mm
② 25mm
③ 31.25mm
④ 33.3mm

> **해설**
> 보의 철근의 간격은 굵은 골재치수의 4/3 이상, 철근의 공칭지름 이상이어야 하므로 25×4/3 = 33.3mm이다.

정답 70 ② 71 ① 72 ④

73 철근의 피복두께를 유지하는 목적이 아닌 것은? • 4장 4절 철근공사

① 부재의 소요 구조 내력 확보
② 부재의 내화성 유지
③ 콘크리트의 강도 증대
④ 부재의 내구성 유지

해설
콘크리트의 강도 증대가 아니라 철근의 부착강도 증대이다. 철근콘크리트 부재에 최소 피복두께를 두는 이유는 철근의 부식방지, 내화목적, 철근의 부착강도향상, 콘크리트의 유동성 확보 등이다.

74 불량품·결점·고장 등의 발생건수를 현상과 원인별로 분류하고, 여러 가지 데이터를 항목별로 분류해서 문제의 크기 순서로 나열하여, 그 크기를 막대그래프로 표기한 품질관리 도구는?
• 1장 3절 공사현장관리

① 파레토그램
② 특성요인도
③ 히스토그램
④ 체크시트

해설
파레토그램은 현장에서 불량품수, 결점수, 클레임건수, 사고발생건수, 손실금액 등의 데이터를 그 현상이나 원인별로 분류하여 문제의 크기 순서로 나열한 그래프이다.

75 강구조 공사 시 앵커링(Anchoring)에 관한 설명으로 옳지 않은 것은?   • 5장 2절 철골세우기

① 필요한 앵커링 저항력을 얻기 위해서는 콘크리트에 피해를 주지 않도록 적절한 대책을 수립해야 한다.
② 앵커볼트 설치 시 베이스플레이트 위치의 콘크리트는 설계도면 레벨보다 -30~-50mm 낮게 타설하고, 베이스플레이트 설치 후 그라우팅 처리한다.
③ 구조용 앵커볼트를 사용하는 경우 앵커볼트 간의 중심선은 기둥중심선으로부터 3mm 이상 벗어나지 않아야 한다.
④ 앵커볼트로는 구조용 혹은 세우기용 앵커볼트가 사용되어야 하고, 나중매입공법을 원칙으로 한다.

해설
나중매입공법은 콘크리트 속에 앵커볼트를 묻을 자리를 미리 만들어주는 공법으로 소규모, 경미한 공사로 철골주각을 고정시킬 때 사용한다.

정답 73 ③ 74 ① 75 ④

76 모래지반 흙막이 공사에서 널말뚝의 틈새로 물과 토사가 유실되어 지반이 파괴되는 현상은?

• 2장 3절 흙막이

① 히빙 현상(Heaving)
② 파이핑 현상(Piping)
③ 액상화 현상(Liquefaction)
④ 보일링 현상(Boiling)

해설
파이핑(Piping) 현상이란 보일링 현상이 진전되어 물의 통로가 생기면서 파이프 모양으로 구멍이 뚫려 흙이 세굴되어 지반이 파괴되는 현상이다.

77 공사관리계약(Construction Management Contract) 방식의 장점이 아닌 것은?

• 1장 1절 공사 시공방식

① 시공 시 단계별 시공법을 적용할 수 있어 설계 및 시공기간을 단축시킬 수 있다.
② 설계과정에서 설계가 시공에 미치는 영향을 예측할 수 있어 설계도서의 현실성을 향상시킬 수 있다.
③ 기획 및 설계과정에서 발주자와 설계자 간의 의견대립 없이 설계대안 및 특수공법의 적용이 가능하다.
④ 대리인형 CM(CM for Fee) 방식은 공사비와 품질에 직접적인 책임을 지는 공사관리계약 방식이다.

해설
대리인형 CM(CM for Fee) 방식은 공사비, 공기, 품질에 관한 책임을 지지 않는다.

78 철골구조의 내화피복에 관한 설명으로 옳지 않은 것은?

• 4장 4절 철근공사

① 조적공법은 용접철망을 부착하여 경량모르타르, 펄라이트 모르타르와 플라스터 등을 바름하는 공법이다.
② 뿜칠공법은 철골표면에 접착제를 혼합한 내화피복제를 뿜어서 내화피복을 한다.
③ 성형판 공법은 내화단열성이 우수한 각종 성형판을 철골주위에 접착제와 철물 등을 설치하고 그 위에 붙이는 공법으로 주로 기둥과 보의 내화피복에 사용된다.
④ 타설공법은 아직 굳지 않은 경량콘크리트나 기포모르타르 등을 강재 주위에 거푸집을 설치하여 타설한 후 경화시켜 철골을 내화피복하는 공법이다.

해설
조적공법은 강 주위를 콘크리트, 경량콘크리트 블록, 돌, 벽돌로 쌓는 공법이다.

76 ② 77 ④ 78 ① **정답**

79 철근콘크리트에서 염해로 인한 철근의 부식방지대책으로 옳지 않은 것은? • 4장 4절 철근공사

① 콘크리트 중의 염소 이온량을 적게 한다.
② 에폭시 수지 도장 철근을 사용한다.
③ 방청제 투입을 고려한다.
④ 물-시멘트비를 크게 한다.

해설
철근의 부식방지를 위해서는 물-시멘트비를 최소화해야 한다.

80 웰 포인트 공법(Well Point Method)에 관한 설명으로 옳지 않은 것은? • 2장 3절 흙막이

① 사질지반보다 점토질 지반에서 효과가 좋다.
② 지하수위를 낮추는 공법이다.
③ 1~3m의 간격으로 파이프를 지중에 박는다.
④ 인접지 침하의 우려에 따른 주의가 필요하다.

해설
웰 포인트 공법은 큰 사질지반에 적합한 공법이다.

정답 79 ④ 80 ①

2021년 제4회 기출해설

61 기존에 구축된 건축물 가까이에서 건축공사를 실시할 경우 기존 건축물의 지반과 기초를 보강하는 공법으로 옳은 것은?

• 2장 1절 흙파기

① 리버스 서큘레이션 공법
② 언더피닝 공법
③ 슬러리 월 공법
④ 탑다운 공법

해설

언더피닝(Underpinning) 공법
- 기존 구조물의 침하방지를 위한 밑받이 보호공법
- 기존 건축물과 인접하여 시공 시 기존 구조물의 기초를 보강하거나 새로운 기초를 설치

62 기성말뚝 세우기에 관한 표준시방서 규정 중 빈칸 안에 순서대로 들어갈 내용으로 옳은 것은? (단, 보기항의 D는 말뚝의 바깥지름)

> 말뚝의 연직도나 경사도는 (　) 이내로 하고, 말뚝박기 후 평면상의 위치가 설계도면의 위치로부터 (　)와 100mm 중 큰 값 이상으로 벗어나지 않아야 한다.

① 1/100, D/4
② 1/100, D/3
③ 1/150, D/4
④ 1/150, D/3

해설

※ 법 개정으로 정답 없음

말뚝의 연직도나 경사도는 1/50 이내로 하고, 말뚝박기 후 평면상의 위치가 설계도면의 위치로부터 D/4(D는 말뚝의 바깥지름)와 100mm 중 큰 값 이상으로 벗어나지 않아야 한다.

정답 61 ② 62 정답 없음

63 철골공사에서 발생하는 용접결함으로 옳지 않은 것은?

• 5장 1절 철골작업

① 피트(Pit)
② 블로우 홀(Blow Hole)
③ 오버 랩(Over Lap)
④ 가우징(Gouging)

해설

용접결함
- 슬래그 감싸돌기 : 용접봉의 피복재 심선과 모재가 변하여 생긴 화분이 용착 금속 내에 혼입되는 현상
- 언더컷(Under-Cut) : 모재가 녹아 용착 금속이 채워지지 않고 홈으로 남게 된 부분
- 오버랩(Over-Lap) : 용접금속과 모재가 융합되지 않고 겹쳐진 것
- 기공 및 피트(Blow Hole & Pit) : 금속이 녹아들 때 생기는 기포나 작은 틈
- 크랙(Crack) : 용접부에 생기는 미세한 홈
- 크레이터(Crater) : Arc용접 시 끝부분이 항아리모양으로 패인 것
- 스패터(Spatter) : 용접 시 튀어나온 슬래그가 굳은 현상
- 플럭스(Flux) : 용접 시 용접결함을 방지하기 위해 용접봉의 피복제 역할을 하는 분말상의 재료

64 원심력 고강도 프리스트레스트 콘크리트말뚝의 이음방법 중 가장 강성이 우수하고 안전하여 많이 사용하는 이음방법으로 옳은 것은?

• 3장 2절 말뚝의 분류

① 충전식 이음
② 볼트식 이음
③ 용접식 이음
④ 강관말뚝이음

해설

이음방법

충전식 이음	• 이음부 내부에 철근과 콘크리트를 채워 말뚝을 연결 • 내압축성, 내식성이 우수하고 이음부의 강성이 커서 파손이 적음
볼트식 이음	• 말뚝 제작 시 미리 철물을 삽입하여 현장에서 볼트 조임만으로 쉽게 연결 • 이음부의 내력이 크고, 시공이 신속하고 간편
용접식 이음	• 말뚝 이음부에 강판을 부착하여 현장에서 직접 용접으로 이음 • 강성이 가장 우수하고 안전하며 시공이 간편하고 경제적
Band식 이음	• 이음부에 밴드를 채워서 이음 • 구조가 간단하고 시공이 빠르나 강성이 약하여 파손율이 높음 • 부마찰력에 의해 밑 말뚝이 이탈하여 연약지반사용이 불가

정답 63 ④ 64 ③

65 철근이음의 종류 중 나사를 가지는 슬리브 또는 커플러, 에폭시나 모르타르 또는 용융금속 등을 충전한 슬리브, 클립이나 편체 등의 보조장치 등을 이용한 것으로 옳은 것은? • 4장 4절 철근공사

① 겹침이음
② 가스압접 이음
③ 기계적 이음
④ 용접이음

해설

종 류	내 용	검사항목
겹침이음	철근이음부 1개소에 두 군데 이상 결속선으로 결속하는 이음	• 위 치 • 이음길이
가스압접 이음	철근의 단면을 산소-아세틸렌 불꽃 등을 사용하여 가열하고 기계적 압력을 가하여 용접한 맞댐 이음	• 위 치 • 외관검사 • 초음파탐사검사 • 인장시험
기계식 이음	나사를 가지는 슬리브 또는 커플러, 에폭시나 모르타르 또는 용융금속 등을 충전한 슬리브, 클립이나 편체 등의 보조장치 등을 이용	• 위 치 • 외관검사 • 인장시험
용접이음	용접으로 접합되는 이음	• 외관검사 • 용접부의 내부결함 • 인장시험

66 R.C.D(리버스 서큘레이션 드릴)공법의 특징으로 옳지 않은 것은? • 3장 1절 지정

① 드릴파이프 직경보다 큰 호박들이 있는 경우 굴착이 불가하다.
② 깊은 심도까지 굴착이 가능하다.
③ 시공속도가 빠른 장점이 있다.
④ 수상(해상)작업이 불가하다.

해설

리버스써큘레이션공법(Rcd, Reverse Circulation Drilling Method)
현장지반에 적합한 비트를 회전시켜 지반을 굴착하고 굴착된 토사는 굴착된 토사는 굴착파이프를 통해 물과 함께 배출시키는 공법

67 보강블록공사 시 벽의 철근 배치에 관한 설명으로 옳지 않은 것은? •6장 2절 블록공사

① 가로근은 배근 상세도에 따라 가공하되, 그 단부는 180°의 갈구리로 구부려 배근한다.
② 블록의 공동에 보강근을 배치하고 콘크리트를 다져 넣기 때문에 세로줄눈은 막힌줄눈으로 하는 것이 좋다.
③ 세로근은 기초 및 테두리보에서 위층의 테두리보까지 잇지 않고 배근하여 그 정착길이는 철근 직경의 40배 이상으로 한다.
④ 벽의 세로근은 구부리지 않고 항상 진동없이 설치한다.

해설

보강 콘크리트 블록
• 통줄눈에 콘크리트 충진으로 일체화 → 막힌줄눈 불필요
• 블록의 공동에 보강근을 배치하고 콘크리트를 다져 넣기 때문에 세로줄눈은 통줄눈으로 하는 것이 좋음

68 철근공사 시 철근의 조립과 관련된 설명으로 옳지 않은 것은? •4장 4절 철근공사

① 철근이 바른 위치를 확보할 수 있도록 결속선으로 결속하여야 한다.
② 철근은 조립한 다음 장기간 경과한 경우에는 콘크리트의 타설 전에 다시 조립검사를 하고 청소하여야 한다.
③ 경미한 황갈색의 녹이 발생한 철근은 콘크리트와의 부착이 매우 불량하므로 사용이 불가하다.
④ 철근의 피복두께를 정확하게 확보하기 위해 적절한 간격으로 고임재 및 간격재를 배치하여야 한다.

해설

철근정착 및 이음 : 철근 체적의 약 1% 이내가 부식된 철근은 부착강도가 증가함

69 공사계약방식에서 공사실시 방식에 의한 계약제도로 옳지 않은 것은? •1장 1절 공사 시공방식

① 일식도급
② 분할도급
③ 실비정산보수가산도급
④ 공동도급

해설

도급의 분류
• 일식도급(일괄도급) : 공사전체를 한 업체에게 시공하게 하는 도급
• 분할도급 : 공사를 여러 업체가 나눠 시공하게 하는 도급
• 공동도급 : 기술, 자본 등의 위험 분산을 위해 여러 개의 건설회사가 공동 출자

정답 67 ② 68 ③ 69 ③

70 알루미늄 거푸집에 관한 설명으로 옳지 않은 것은? • 4장 5절 거푸집 공사

① 경량으로 설치시간이 단축된다.
② 이음매(Joint) 감소로 견출작업이 감소된다.
③ 주요 시공 부위는 내부벽체, 슬래브, 계단실 벽체이며, 슬래브 필러 시스템이 있어서 해체가 간편하다.
④ 녹이 슬지 않는 장점이 있으나 전용횟수가 매우 적다.

해설

알루미늄 폼(Aluminium Form)
• 경량으로 설치시간이 단축
• 이음매(Joint) 감소로 견출작업이 감소
• 주요 시공 부위는 내부벽체, 슬래브, 계단실 벽체이며, 슬래브 필러 시스템이 있어서 해체가 간편
• 산화보호막을 형성하여 내식성이 우수

71 철거작업 시 지중장애물 사전조사항목으로 가장 옳지 않은 것은? • 6과목 3장 4절 해체공사

① 주변 공사장에 설치된 모든 계측기 확인
② 기존 건축문의 설계도, 시공기록 확인
③ 가스, 수도, 전기 등 공공매설물 확인
④ 시험굴착, 탐사 확인

해설

지장물의 사전조사 항목
• 기존 건축물의 설계도, 시공기록 확인
• 가스, 수도, 전기 등 공공매설물 확인
• 시험굴착, 탐사 확인

72 벽돌쌓기 시 사전준비에 관한 설명으로 옳지 않은 것은? • 6장 1절 벽돌공사

① 줄기초, 연결보 및 바닥 콘크리트의 쌓기면은 작업 전에 청소하고, 우묵한 곳은 모르타르로 수평지게 고른다.
② 벽돌에 부착된 흙이나 먼지는 깨끗이 제거한다.
③ 모르타르는 지정한 배합으로 하되 시멘트와 모래는 건비빔으로 하고, 사용할 때에는 쌓기에 지장이 없는 유동성이 확보되도록 물을 가하고 충분히 반죽하여 사용한다.
④ 콘크리트 벽돌은 쌓기 직전에 충분한 물축이기를 한다.

해설

붉은벽돌은 쌓기 전에 충분한 물축임을 하고 시멘트벽돌은 쌓으면서 뿌리거나 쌓는 벽 옆에서 뿌림

73 콘크리트는 신속하게 운반하여 즉시 타설하고, 충분히 다져야 하는데 비비기로부터 타설이 끝날 때까지의 시간은 원칙적으로 넘어서면 안 되는가? (단, 외기온도가 25℃ 이상일 경우)

• 4장 3절 콘크리트 배합

① 1.5시간
② 2시간
③ 2.5시간
④ 3시간

해설

배합 및 타설
• 콘크리트는 신속하게 운반하여 즉시 타설하고 충분한 다지기 실시
• 비비기로부터 타설이 끝날 때까지의 시간은, 외기온도 25℃ 이상시에는 1.5시간, 외기온도 25℃ 미만일때는 2시간을 넘기면 안 됨

74 피어기초공사에 관한 설명으로 옳지 않은 것은?

• 3장 3절 기초

① 중량구조물을 설치하는 데 있어서 지반이 연약하거나 말뚝으로도 수직지지력이 부족하여 그 시공이 불가능한 경우와 기초지반의 교란을 최소화해야 할 경우에 채용한다.
② 굴착된 흙을 직접 탐사할 수 있고 지지층의 상태를 확인할 수 있다.
③ 진동과 소음이 발생하는 공법이긴 하나 여타 기초형식에 비하여 공기 및 비용이 적게 소요된다.
④ 피어기초를 채용한 국내의 초고층 건축물에는 63빌딩이 있다.

해설

피어(Pier)기초 : 비교적 큰 연직하중을 전달시킬 수 있을 뿐만 아니라 수평력에 대한 저항력이 크며 시공중 소음과 진동이 낮음

75 다음 각 거푸집에 관한 설명으로 옳은 것은?

• 4장 5절 거푸집 공사

① 트래블링 폼(Travelling Form) - 무량판 시공 시 2방향으로 된 상자형 기성재 거푸집이다.
② 슬라이딩 폼(Sliding Form) - 수평활동 거푸집이며 거푸집 전체를 그대로 떼어 다음 사용 장소로 이동시켜 사용할 수 있도록 한 거푸집이다.
③ 터널 폼(Tunnel Form) - 한 구획 전체의 벽판과 바닥판을 ㄱ자형 또는 ㄷ자형으로 짜서 이동시키는 형태의 기성재 거푸집이다.
④ 워플 폼(Waffle Form) - 거푸집 높이는 약 1m이고 하부가 약간 벌어진 원형 철판 거푸집을 요오크(Yoke)로 서서히 끌어올리는 공법으로 Silo 공사 등에 적당하다.

해설

① 워플 폼에 대한 설명
② 트래블링 폼에 대한 설명
④ 슬립 폼에 대한 설명

터널 폼(Tunnel Form)
• 벽체용, 바닥용 거푸집을 일체로 제작하여 벽과 바닥 콘크리트를 일체로 하는 거푸집
• 트윈 쉘(Twin Shell)과 모노 쉘(Mono Shell)이 있음

정답 73 ① 74 ③ 75 ③

76 강구조물 부재 제작 시 마킹(금긋기)에 관한 설명으로 옳지 않은 것은?   • 5장 1절 철골작업

① 주요부재의 강판에 마킹할 때에는 펀치(Punch) 등을 사용하여야 한다.
② 강판 위에 주요부재를 마킹할 때에는 주된 응력의 방향과 압연 방향을 일치시켜야 한다.
③ 마킹할 때에는 구조물이 완성된 후에 구조물의 부재로서 남을 곳에는 원칙적으로 강판에 상처를 내어서는 안 된다.
④ 마킹 시 용접열에 의한 수축 여유를 고려하여 최종 교정, 다듬질 후 정확한 치수를 확보할 수 있도록 조치해야 한다.

해설

마킹 시 주의점
• 마킹은 절단을 고려하여 응력방향과 압연방향을 일치시킴
• 펀치 등으로 부재에 상처를 남겨서는 안 됨
• 용접열에 의한 수축 여유를 고려하여 최종 교정, 다듬질 후 정확한 치수를 확보

77 건축공사 시 각종 분할도급의 장점에 관한 설명으로 옳지 않은 것은?   • 1장 1절 공사 시공방식

① 전문공정별 분할도급은 설비업자의 자본, 기술이 강화되어 능률이 향상된다.
② 공정별 분할도급은 후속공사를 다른 업자로 바꾸거나 후속공사 금액의 결정이 용이하다.
③ 공구별 분할도급은 중소업자에 균등기회를 주고, 업자 상호간 경쟁으로 공사기일 단축, 시공 기술 향상에 유리하다.
④ 직종별, 공종별 분할도급은 전문직종으로 분할하여 도급을 주는 것으로 건축주의 의도를 철저하게 반영시킬 수 있다.

해설

단점 : 감독상 업무 증대, 비용증가, 후속공사를 다른 업자로 바꾸거나, 후속공사금액 결정이 어려움

78 두께 110mm의 일반구조용 압연강재 SS275의 항복강도(f_y) 기준값으로 옳은 것은?

• 5장 1절 철골작업

① 275 MPa 이상   ② 265 MPa 이상
③ 245 MPa 이상   ④ 235 MPa 이상

해설

구조용 강재의 재료강도(MPa)

판두께	SS235	SS275
16mm 이하	235	275
16~40mm 이하	225	265
40~75mm 이하	205	245
75~100mm 이하	205	245
100mm 초과	195	235

76 ① 77 ② 78 ④

79 건설사업이 대규모화, 고도화, 다양화, 전문화 되어감에 따라 종래의 단순 기술에 의한 시공만이 아닌 고부가가치를 추구하기 위하여 업무영역의 확대를 의미하는 것으로 옳은 것은?

• 1장 1절 공사 시공방식

① BTL
② EC
③ BOT
④ SOC

해설
건설 사업의 고도화
EC(Engineering Construction) 업무형태의 확대를 의미, 종래의 단순시공에서 벗어나 사업의 발굴, 기획, 설계, 시공 유지관리에 이르는 사업전반의 종합기획, 관리를 담당하는 종합건설업화

80 콘크리트 공사 시 시공이음에 관한 설명으로 옳지 않은 것은?

• 4장 3절 콘크리트 배합

① 시공이음은 될 수 있는 대로 전단력이 작은 위치에 설치하고, 부재의 압축력이 작용하는 방향과 직각이 되도록 하는 것이 원칙이다.
② 외부의 염분에 의한 피해를 받을 우려가 있는 해양 및 항만 콘크리트 구조물 등에 있어서는 시공이음부를 최대한 많이 설치하는 것이 좋다.
③ 이음부의 시공에 있어서는 설계에 정해져 있는 이음의 위치와 구조는 지켜져야 한다.
④ 수밀을 요하는 콘크리트에 있어서는 소요의 수밀성이 얻어지도록 적절한 간격으로 시공이음부를 두어야 한다.

해설
시공이음
외부의 염분에 의한 피해를 받을 우려가 있는 해양 및 항만 콘크리트 구조물 등에 있어서는 시공이음부를 두지 않는 것이 좋음

정답 79 ② 80 ②

2021년 제2회 기출해설

4과목 건설시공학

61 지반개량공법 중 배수공법이 아닌 것은? •2장 3절 흙막이

① 집수정공법
② 동결공법
③ 웰포인트 공법
④ 깊은우물 공법

해설

차수공법	흙막이식	Sheet Pile, Slurry Wall, Top Down 공법
	약액 주입공법	Cement Grouting, LW Grouting, Soil Grouting Rocket 공법
	고결공법	생석회 말뚝공법, 동결공법, 소결공법
배수공법	중력배수	집수정(Sump)공법, 깊은우물(Deep Well)공법
	강제배수	웰포인트공법, 진공 Deep Well공법, 전기침투공법
	복수공법	주수공법, 담수공법, Recharge
계측관리		Water level meter
		Piezometer
		Lload cell
		Tilt meter(주변 건물이나 옹벽, 철탑 등 터파기 주위의 주요 구조물에 설치하여 구조물의 경사 변형상태를 측정)

62 갱 폼(Gang Form)에 관한 설명으로 옳지 않은 것은? •4장 5절 거푸집 공사

① 대형화 패널 자체에 버팀대와 작업대를 부착하여 유니트화 한다.
② 수직, 수평 분할 타설 공법을 활용하여 전용도를 높인다.
③ 설치와 탈형을 위하여 대형 양중장비가 필요하다.
④ 두꺼운 벽체를 구축하기에는 적합하지 않다.

해설

갱 폼(Gang Form)
- 사용 시마다 조립, 분해를 반복하지 않도록 대형화, 단순화
- 대형벽체거푸집으로 인력절감 및 재사용이 가능한 장점이 있음

61 ② 62 ④

63 말뚝재하시험의 주요목적과 거리가 먼 것은? •3장 1절 지정

① 말뚝길이의 결정
② 말뚝 관입량 결정
③ 지하수위 추정
④ 지지력 추정

해설

말뚝재하시험(Pile Load Test)
• 말뚝길이의 결정
• 말뚝 관입량 결정
• 지지력 추정

64 철근의 피복두께 확보 목적과 가장 거리가 먼 것은? •4장 4절 철근공사

① 내화성 확보
② 내구성 확보
③ 구조내력의 확보
④ 블리딩 현상 방지

해설

철근피복두께 목적
• 내화성 확보 : 철근은 고온에서 강도가 저하하여 약 600℃에서 항복점 1/2 감소
• 내구성 확보 : 중성화 방지
• 부착강도 확보 : 콘크리트의 허용부착력은 피복두께 1.5cm를 기준
• 시공 시 유동성 확보 : 철근과 거푸집 사이의 간격에 따라 골재유동이 좌우됨

65 철근 콘크리트 구조물(5~6층)을 대상으로 한 벽, 지하외벽의 철근 고임재 및 간격재의 배치표준으로 옳은 것은? •4장 5절 거푸집 공사

① 상단은 보 밑에서 0.5m
② 중단은 상단에서 2.0m 이내
③ 횡간격은 0.5m
④ 단부는 2.0m 이내

해설

간격재(Spacer) : 철근과 거푸집의 간격 유지를 위한 것으로 상단은 보 밑에서 0.5m
② 중단은 상단에서 1.5m 이내
③ 횡간격은 1.5m 정도
④ 단부는 1.5m 이내

정답 63 ③ 64 ④ 65 ①

66 유동화 콘크리트를 제조할 때 유동화제를 첨가하기 전 기본 배합 콘크리트인 베이스 콘크리트의 슬럼프 기준은? (단, 보통 콘크리트의 경우)　•4장 3절 콘크리트 배합

① 150mm 이하
② 180mm 이하
③ 210mm 이하
④ 240mm 이하

해설

유동화 콘크리트의 슬럼프(mm)

콘크리트의 종류	베이스 콘크리트	유동화 콘크리트
보통콘크리트	150 이하	210 이하
경량골재 콘크리트	180 이하	210 이하

67 조적식구조에서 조적식구조인 내력벽으로 둘러쌓인 부분의 최대 바닥면적은 얼마인가?
　•6장 1절 벽돌공사

① 60m²
② 80m²
③ 100m²
④ 120m²

해설

내력벽
- 조적식구조인 건축물중 2층 건축물에 있어서 2층 내력벽의 높이는 4m를 넘을 수 없음
- 조적식구조인 내력벽의 길이는 10m를 넘을 수 없음
- 조적식구조인 내력벽으로 둘러싸인 부분의 바닥면적은 80m²를 넘을 수 없음

68 공사용 표준시방서에 기재하는 사항으로 거리가 먼 것은?　•1장 3절 공사현장관리

① 재료의 종류, 품질 및 사용처에 관한 사항
② 검사 및 시험에 관한 사항
③ 공정에 따른 공사비 사용에 관한 사항
④ 보양 및 시공상 주의사항

해설

공사 시방서
- 공사에 쓰이는 재료, 설비, 시공체계, 시공기준, 시공기술에 대한 기술설명서와 이에 적용하는 행정명세서
- 설계도면에 대한 설명, 설계도면에 기재하기 어려운 기술적인 사항을 표시해 놓은 도서

66 ① 67 ② 68 ③

69 다음 각 기초에 관한 설명으로 옳은 것은? · 3장 3절 기초

① 온통기초 – 기둥 1개에 기초판이 1개인 기초
② 복합기초 – 2개 이상의 기둥을 1개의 기초판으로 받치게 한 기초
③ 독립기초 – 조적조의 벽을 지지하는 하부 기초
④ 연속기초 – 건물 하부 전체 또는 지하실 전체를 기초판으로 구성한 기초

해설
푸팅기초(Footing Foundation)
- 독립기초(Individual Footing) : 단일기둥을 지지, 기둥간격이 넓은 경우
- 복합기초(Combined Footing) : 2개 이상의 기둥을 지지, 기둥간격이 좁을 경우

70 발주자가 직접 설계와 시공에 참여하고 프로젝트 관련자들이 상호 신뢰를 바탕으로 Team을 구성해서 프로젝트의 성공과 상호 이익 확보를 공동 목표로 하여 프로젝트를 추진하는 공사수행 방식은? · 1장 1절 공사 시공방식

① PM 방식(Project Management)
② 파트너링 방식(Partnering)
③ CM 방식(Construction Management)
④ BOT 방식(Build Operate Transfer)

해설
Partnering 방식 : 발주자가 설계·시공에 참여하여 관련자들이 상호 신뢰를 바탕으로 팀 구성

71 조적 벽면에서의 백화방지에 대한 조치로서 옳지 않은 것은? · 6장 1절 벽돌공사

① 소성이 잘 된 벽돌을 사용한다.
② 줄눈으로 비가 새어들지 않도록 방수처리한다.
③ 줄눈모르타르에 석회를 혼합한다.
④ 벽돌벽의 상부에 비막이를 설치한다.

해설
백화현상 방지대책
- 모르타르에 방수액을 혼합하고 분말도가 큰 시멘트를 사용
- 흡수율이 낮은 벽돌을 사용(소성이 잘된 벽돌)
- 쌓기용 모르타르에 파라핀 도료와 같은 혼화제를 사용
- 돌림대, 차양 등을 설치하여 빗물이 벽체에 직접 흘러내리지 않게 함

정답 69 ② 70 ② 71 ③

72 철근콘크리트 공사 중 거푸집 해체를 위한 검사가 아닌 것은?
　　　　　　　　　　　　　　　　　　　　　　　• 4장 5절 거푸집 공사
① 각종 배관 슬리브, 매설물, 인서트, 단열재 등 부착 여부
② 수직, 수평부재의 존치기간 준수 여부
③ 소요의 강도 확보 이전에 지주의 교환여부
④ 거푸집 해체용 콘크리트 압축강도 확인시험 실시여부

해설
각종 배관 슬리브, 매설물, 인서트, 단열재 등은 거푸집을 제거하고 하는 공사

73 다음 네트워크 공정표에서 주공정선에 의한 총 소요공기(일수)로 옳은 것은? (단, 결합점간 사이의 숫자는 작업일수임)
　　　　　　　　　　　　　　　　　　　　　　　• 1장 2절 공사계획

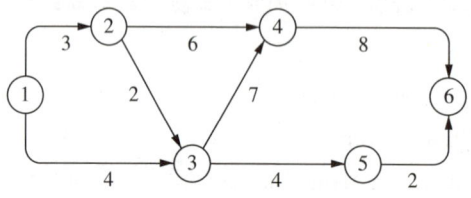

① 17일　　　　　　　　　② 19일
③ 20일　　　　　　　　　④ 22일

해설
소요공기 = 3 + 2 + 7 + 8 = 20

74 용접작업 시 주의사항으로 옳지 않은 것은?
　　　　　　　　　　　　　　　　　　　　　　　• 5장 1절 철골작업
① 용접할 소재는 수축변형이 일어나지 않으므로 치수에 여분을 두지 않아야 한다.
② 용접할 모재의 표면에 녹·유분 등이 있으면 접합부에 공기포가 생기고 용접부의 재질을 약화시키므로 와이어 브러시로 청소한다.
③ 강우 및 강설 등으로 모재의 표면이 젖어 있을 때나 심한 바람이 불 때는 용접하지 않는다.
④ 용접봉을 교환하거나 다층용접일 때는 슬래그와 스패터를 제거한다.

해설
용접할 소재는 수축변형이 일어나므로 치수에 여분을 두어야 한다.

75 지하 연속벽 공법(Slurry Wall)에 관한 설명으로 옳지 않은 것은? • 2장 1절 흙파기

① 저진동, 저소음의 공법이다.
② 강성이 높은 지하구조체를 만든다.
③ 타 공법에 비하여 공기, 공사비 면에서 불리한 편이다.
④ 인접 구조물에 근접하도록 시공이 불가하여 대지이용의 효율성이 낮다.

해설
지하 연속벽(Slurry Wall) 공법 : 대지경계선까지 근접시공이 가능하므로 지하공간 최대로 이용

76 강재 중 SN 355 B에 관한 설명으로 옳지 않은 것은?

① 건축 구조물에 사용된다.
② 냉간 압연 강재이다.
③ 강재의 두께가 6mm 이상 40mm 이하일 때 최소 항복강도가 $355N/mm^2$이다.
④ 용접성에 있어 중간 정도의 품질을 갖고 있다.

해설
Sn(Steel New)은 건축구조용 열간 압연강재이다.

77 벽식 철근콘크리트 구조를 시공할 경우, 벽과 바닥의 콘크리트 타설을 한번에 가능하게 하기 위하여 벽체용 거푸집과 슬래브거푸집을 일체로 제작하여 한번에 설치하고 해체할 수 있도록 한 시스템 거푸집은? • 4장 5절 거푸집 공사

① 유로 폼
② 클라이밍 폼
③ 슬립 폼
④ 터널 폼

해설
터널 폼(Tunnel Form)
• 벽체용, 바닥용 거푸집을 일체로 제작하여 벽과 바닥 콘크리트를 일체로 하는 거푸집
• 트윈 쉘(Twin Shell)과 모노 쉘(Mono Shell)이 있음

정답 75 ④ 76 ② 77 ④

78 흙이 소성 상태에서 반고체 상태로 바뀔 때의 함수비를 의미하는 용어는?

• 6과목 1장 4절 지반의 안전성

① 예민비
② 액성한계
③ 소성한계
④ 소성지수

해설
반고체에서 소성상태로 가는 한계를 Plastic limit(PL)소성한계라 함

79 분할도급 발주 방식 중 지하철공사, 고속도로공사 및 대규모 아파트단지 등의 공사에 채용하면 가장 효과적인 것은?

• 1장 1절 공사 시공방식

① 직종별 공종별 분할도급
② 공정별 분할도급
③ 공구별 분할도급
④ 전문공종별 분할도급

해설
공구별 분할도급은 대규모 공사에서 구역별로 공사를 구분하여 발주하는 방식으로 지하철, 고속도로 공사등에 주로 사용된다.

80 철골세우기용 기계설비가 아닌 것은?

• 2장 2절 토공기계

① 가이데릭
② 스티프레그데릭
③ 진 폴
④ 드래그라인

해설
드래그라인
굴삭기가 위치한 저면보다 낮은 데 적합하고 백호우처럼 단단한 토질을 굴삭할 수 없으나 굴삭 반경이 크므로 수중 굴삭(하천 개수), 모래 채취 등에 많이 사용

2021년 제1회 기출해설

4과목 건설시공학

61 콘크리트 구조물의 품질관리에서 활용되는 비파괴시험(검사) 방법으로 경화된 콘크리트 표면의 반발경도를 측정하는 것으로 옳은 것은?

• 4장 3절 콘크리트 배합

① 슈미트해머 시험
② 방사선 투과 시험
③ 자기분말 탐상시험
④ 침투 탐상시험

해설

콘크리트의 강도 검사
• 재령 28일에서 압축강도시험 실시
• 1회의 시험결과는 지정한 호칭강도의 85% 이상
• 3회 시험의 평균치가 호칭강도 이상 나와야 함
• 강도추정을 위한 비파괴 시험법
• 강도법(반발경도법, 슈미트해머법)

62 시공의 품질관리를 위한 7가지 도구에 해당하지 않는 것은?

• 1장 3절 공사현장관리

① 파레토그램
② LOB기법
③ 특성요인도
④ 체크시트

해설

전사적 품질관리(TQC)의 7가지 도구
• 히스토그램 : 데이터가 어떤 분포를 하고 있는지를 알아보기 위해 작성한 분포도
• 파레토그램 : 현장에서 불량품수, 결점수, 클레임건수, 사고발생건수, 손실금액 등의 데이터를 그 현상이나 원인별로 분류하여 나타낸 영향도(하자도)
• 특성요인도 : 결과에 원인이 어떻게 관계하고 있는가를 한눈에 알 수 있게 물고기뼈 모양으로 나타낸 원인결과도
• 체크시트 : 불량수, 결점수 등 셀 수 있는 데이터가 분류항목별로 어디에 집중되어 있는가를 알기 쉽도록 나타냄
• 산점도 : 데이터의 흩어짐이나 분포의 형태를 쉽게 판단할 수 있게 만든 상관도
• 층별 : 수집된 데이터를 어떤 특징에 따라 몇 개의 그룹, 부분집단으로 나눈 부분집단도
• 관리도 : 불량건수 등의 추이를 파악하여 목표관리를 위해 만든 도표

정답 61 ① 62 ②

63 다음 조건에 따른 백호의 단위시간당 추정굴삭량으로 옳은 것은?

> 버켓용량 0.5m³, 사이클타임 20초, 작업효율 0.9, 굴삭계수 0.7, 굴삭토의 용적변화계수 1.25

① 94.5m³
② 80.5m³
③ 76.3m³
④ 70.9m³

해설
- 싸이클 타임이 20초이므로 작업회수는 3600/20 = 180회
- 작업효율이 0.9이므로 실제작업횟수는 180 × 0.9 = 162회
- 버켓용량 0.5, 굴삭계수 0.7, 굴삭토의 용적변화계수 1.25를 고려 시 추정굴삭량 = 162회 × 0.5 × 0.7 × 1.25 = 70.875m³

64 벽돌공사 시 벽돌쌓기에 관한 설명으로 옳은 것은?   • 6장 1절 벽돌공사

① 연속되는 벽면의 일부를 트이게 하여 나중쌓기로 할 때에는 그 부분을 층단들여쌓기로 한다.
② 벽돌쌓기는 도면 또는 공사시방서에서 정한 바가 없을 때에는 미식 쌓기 또는 불식 쌓기로 한다.
③ 하루의 쌓기 높이는 1.8m를 표준으로 한다.
④ 세로줄눈은 구조적으로 우수한 통줄눈이 되도록 한다.

해설
일반 벽돌쌓기 시공 시 주의사항
- 줄눈은 가로는 벽돌벽 기준틀에 수평실을 치고 세로는 다림추로 일직선상에 오도록 함
- 굳기 시작한 모르타르는 사용하지 않음(물을 부어 비빈 후 1시간 이내에 사용)
- 하루 벽돌의 쌓는 높이는 1.2m를 표준으로 하고 최대 1.5m 이내로 함
- 붉은벽돌은 쌓기 전에 충분한 물축임을 하고 시멘트벽돌은 쌓으면서 뿌리거나 쌓는 벽 옆에서 뿌림
- 도중에 쌓기를 중단할 때에는 층단들여쌓기로 하고 직각으로 교차되는 벽의 물림은 켜걸름 들여쌓기로 함
- 벽돌쌓기는 도면 또는 공사시방서에서 정한 바가 없을 때에는 영식쌓기 또는 화란식쌓기로 함
- 줄눈자비는 가로 세로 10mm를 표준으로 하고 줄눈에 모르타르가 빈틈없이 채워지도록 함
- 벽돌벽이 블록벽과 서로 직각으로 만날 때는 연결철물을 만들어 블록 3단마다 보강하며 쌓음
- 연속되는 벽면의 일부를 트이게 하여 나중쌓기로 할 때에는 그 부분을 층단 들여쌓기로 함
- 가로 및 세로줄눈의 너비는 도면 또는 공사시방서에 정한 바가 없을 때에는 10mm를 표준으로 함
- 세로줄눈은 통줄눈이 되지 않도록 하며, 수직 일직선상에 오도록 벽돌 나누기를 함

65 콘크리트 공사 시 철근의 정착위치에 관한 설명으로 옳지 않은 것은? • 4장 4절 철근공사

① 작은 보의 주근은 벽체에 정착한다.
② 큰 보의 주근은 기둥에 정착한다.
③ 기둥의 주근은 기초에 정착한다.
④ 지중보의 주근은 기초 또는 기둥에 정착한다.

해설

철근의 정착길이
콘크리트에 묻힌 철근이 뽑히거나 미끄러지지 않고 철근의 인장항복에 이르기까지의 응력을 발휘할 수 있는 최소묻힘 길이
• 기둥의 주근은 기초 또는 바닥판에 정착
• 큰 보의 주근은 기둥에 정착하고, 작은 보의 주근은 큰 보에 정착
• 지중보의 주근은 기초 또는 주근에 정착
• 벽철근은 기둥, 보, 바닥판에 정착
• 바닥철근은 보 또는 벽체에 정착
• 보밑 기둥이 없을 때에는 보 상호 간에 정착
• 철근 체적의 약 1% 이내가 부식된 철근은 부착강도가 증가

66 강구조 부재의 용접 시 예열에 관한 설명으로 옳지 않은 것은? • 5장 1절 철골작업

① 모재의 표면온도가 0℃ 미만인 경우는 적어도 20℃ 이상 예열한다.
② 이종금속 간에 용접을 할 경우는 예열과 층간온도는 하위등급을 기준으로 하여 실시한다.
③ 버너로 예열하는 경우에는 개선면에 직접 가열해서는 안 된다.
④ 온도관리는 용접선에서 75mm 떨어진 위치에서 표면온도계 또는 온도쵸크 등에 의하여 온도관리를 한다.

해설

용접 예열
• 용접 시 예열을 해야 하는 경우
  – 강재의 밀시트에서 계산한 탄소당량, Ceq가 0.44%를 초과할 때
  – 경도시험에 있어서 예열하지 않고 최고 경도가 370을 초과할 때
  – 모재의 표면온도가 0℃ 이하일 때
• 주의사항
  – 모재의 표면온도가 0℃ 미만인 경우는 적어도 20℃ 이상 예열
  – 이종금속 간에 용접을 할 경우는 예열과 층간온도는 상위등급을 기준으로 하여 실시
  – 버너로 예열하는 경우에는 개선면에 직접 가열금지
  – 온도관리는 용접선에서 75mm 떨어진 위치에서 표면온도계 또는 온도쵸크 등에 의하여 온도관리

정답 65 ① 66 ②

67 미장공법, 뿜칠공법을 통한 강구조부재의 내화피복 시공 시 시공면적 얼마 당 1개소 단위로 핀 등을 이용하여 두께를 확인하여야 하는가?

• 4장 4절 철근공사

① 2m²
② 3m²
③ 4m²
④ 5m²

해설

내화피복검사
- 미장공법 : 시공 시 시공면적 5m² 당 1개소 단위로 핀 등을 이용하여 두께를 확인
- 뿜칠공법 : 시공 후 두께나 비중은 코어를 채취하여 측정하고, 측정빈도는 각 층마다 또는 바닥면적 1500m² 마다 각 부위별 1회를 원칙으로 하고 1회에 5개로 함
- 조적공법, 붙임공법, 멤브레인공법 : 재료반입 시 재료의 두께 및 비중을 확인, 빈도는 각층마다 바닥면적 1500m² 마다 각 부위별 1회로 하며, 1회에 3개로 함

68 다음 설명에 해당하는 공정표의 종류로 옳은 것은?

• 1장 2절 공사계획

> 한 공종의 작업이 하나의 숫자로 표기되고 컴퓨터에 적용하기 용이한 이점 때문에 많이 사용되고 있다. 각 작업은 node로 표기하고 더미의 사용이 불필요하며 화살표는 단순히 작업의 선후관계만을 나타낸다.

① 횡선식 공정표
② CPM
③ PDM
④ LOB

해설

연관도표, 마디도표(PDM, Precedence Diagramming Method)
- 한 공종의 작업이 하나의 숫자로 표기되고 컴퓨터에 적용하기 용이한 이점 때문에 많이 사용
- 각 작업은 node로 표기하고 node안에 작업과 소요일수 등 공사의 관련사항이 표기됨, 더미의 사용이 불필요하며 화살표는 단순히 작업의 선후관계만을 나타냄
- 반복적이고 많은 작업이 동시에 일어날 때에 네트워크작성에 더욱 효율적

69 속빈 콘크리트블록의 규격 중 기본블록치수로 옳지 않은 것은? (단, 단위 : mm)

• 6장 2절 블록공사

① 390 × 190 × 190
② 390 × 190 × 150
③ 390 × 190 × 100
④ 390 × 190 × 80

해설

형상	치수(mm)		
	길이	높이	두께
기본 블록	390	190	190
			150
			100
이형 블록	길이, 높이, 두께의 최소 치수를 90mm 이상으로 함		
	가로근 삽입 블록, 모서리 블록과 기본 블록과 동일한 크기인 것의 치수 및 허용치는 기본 블록에 따름		

67 ④ 68 ③ 69 ④

70. 지반개량 지정공사 중 응결공법으로 옳지 않은 것은?

• 2장 5절 연약지반 개량공법

① 플라스틱드레인 공법
② 시멘트처리공법
③ 석회처리공법
④ 심층혼합 처리공법

해설

구분	공법
점토 지반개량공법	• 치환 공법 • 프리 로딩 공법(사전 압밀 공법) • 압성토 공법(부제 공법) • 샌드 드레인 공법(Sand Drain 공법) • 페이퍼 공법(Paper Drain 공법) • 팩 드레인 공법(Pack Drain 공법) • 위크 드레인 공법(Wick Drain 공법) • 전기 침투 공법 • 침투압 공법(MAIS 공법) • 생석회 말뚝 공법(Chemico Pile 공법)
사질토 지반개량공법	• 폭파 다짐 공법 • 약액 주입 공법 • 진동(물) 다짐(Vibroflotation 공법) • 동다짐 공법[동압밀(점토)] • 전기 충격 방법 • 다짐모래 말뚝 공법(Composor 공법)
일시적인 지반개량공법	• 진공 압밀(대기압 공법) • 동결 공법 • 웰포인트 공법 • 소결 공법
강제압밀공법	• 여성토(Surcharge) 공법 • 프리로딩(Preloading) 공법 • 프리콤프레션(Precompression) 공법 • 페이퍼드레인(Paper Drain) 공법 • 샌드드레인(Sand Drain) 공법 • 플라스틱드레인(Plastic Drain) 공법
고결공법	• 주입공법 • 고압분사 공법 • 심층혼합처리 공법 • 압축그라우팅 공법
응결공법	• 시멘트 처리 공법 • 석회처리 공법 • 심층혼합처리 공법 • 기타 공법

정답 70 ①

71 지하수가 없는 비교적 경질인 지층에서 어스오거로 구멍을 뚫고 그 내부에 철근과 자갈을 채운 후, 미리 삽입해 둔 파이프를 통해 저면에서부터 모르타르를 채워 올라오게 한 것으로 옳은 것은?
• 3장 2절 말뚝의 분류

① 슬러리 월
② 시트 파일
③ CIP 파일
④ 프랭키 파일

해설
CIP(Cast-In-Place Pile)
• 보링기로 지반을 굴착하고 조립한 철근을 삽입한 후 굵은골재를 채우고 모르타르를 주입
• 주열식 강성체로서 토류벽 역할을 함
• 소음 및 진동이 적음
• 협소한 장소에도 시공이 가능
• 굴착을 깊게 하면 수직도가 떨어짐

72 콘크리트에서 사용하는 호칭강도의 정의로 옳은 것은?
• 4장 3절 콘크리트 배합

① 레디믹스트 콘크리트 발주 시 구입자가 지정하는 강도
② 구조계산 시 기준으로 하는 콘크리트의 압축강도
③ 재령 7일의 압축강도를 기준으로 하는 강도
④ 콘크리트의 배합을 정할 때 목표로 하는 압축강도로 품질의 표준편차 및 양생온도 등을 고려하여 설계기준강도에 할증한 것

해설
콘크리트의 강도 검사
• 재령 28일에서 압축강도시험 실시
• 1회의 시험결과는 지정한 호칭강도(레디믹스트 콘크리트 발주 시 구입자가 지정하는 강도)의 85% 이상

73 일명 테이블 폼(Table Form)으로 불리는 것으로 거푸집널에 장선, 멍에, 서포트 등을 기계적인 요소로 부재화한 대형 바닥판거푸집으로 옳은 것은?
• 4장 5절 거푸집 공사

① 갱 폼(Gang Form)
② 플라잉 폼(Flying Form)
③ 유로 폼(Euro Form)
④ 트래블링 폼(Traveling Form)

해설
플라잉 폼(Flying Form)
• 거푸집, 장선, 멍에, 지주를 일체화
• 수평, 수직으로 이동할 수 있도록 한 바닥전용 대형거푸집

74 표준시방서에 따른 철근의 이음에 관한 내용 중 빈칸에 공통으로 들어갈 말로 옳은 것은?

• 4장 4절 철근공사

> ( )를 초과하는 철근은 겹침이음을 할 수 없다. 다만, 서로 다른 크기의 철근을 압축부에서 겹침이음하는 경우 ( ) 이하의 철근과 ( )를 초과하는 철근은 겹침이음을 할 수 있다.

① D29
② D25
③ D32
④ D35

해설
D35 이상의 철근은 겹침이음으로 하지 않음

75 공동도급방식의 장점에 해당하지 않는 것은?

• 1장 1절 공사 시공방식

① 위험의 분산
② 시공의 확실성
③ 이윤 증대
④ 기술 자본의 증대

해설
공동도급
기술, 자본 등의 위험 분산을 위해 여러 개의 건설회사가 공동 출자
• 장점 : 위험분산, 융자력 증대, 시공의 확실성
• 단점 : 경비증가, 회사 간 이해 충돌, 하자책임 불분명

76 슬라이딩 폼(Sliding Form)에 관한 설명으로 옳지 않은 것은?

• 4장 5절 거푸집 공사

① 1일 5~10m 정도 수직시공이 가능하므로 시공속도가 빠르다.
② 타설작업과 마감작업을 병행할 수 없어 공정이 복잡하다.
③ 구조물 형태에 따른 사용 제약이 있다.
④ 형상 및 치수가 정확하며 시공오차가 적다.

해설
슬라이딩 폼(Sliding Form, 슬립폼) : 타설작업과 마감작업을 병행할 수 있음

정답 74 ④ 75 ③ 76 ②

77 공사계약 중 재계약 조건으로 옳지 않은 것은? • 1장 1절 공사 시공방식

① 설계도면 및 시방서(Specification)의 중대결함 및 오류에 기인한 경우
② 계약상 현장조건 및 시공조건이 상이(Difference)한 경우
③ 계약사항에 중대한 변경이 있는 경우
④ 정당한 이유 없이 공사를 착수하지 않은 경우

해설

공사계약 중 재계약 조건
- 설계도면 및 시방서의 중대한 결함, 오류에 기인한 경우
- 계약상 현장조건 및 시공조건이 상이한 경우
- 계약사항에 중대한 변경이 있는 경우

78 기초의 종류 중 지정형식에 따른 분류에 속하는 것으로 옳지 않은 것은? • 3장 3절 기초

① 직접기초
② 피어기초
③ 복합기초
④ 잠함기초

해설

지정형식에 따른 분류로는 직접기초, 말뚝기초, 피어기초, 잠함기초가 있다.

79 철골공사에서 발생할 수 있는 용접불량으로 옳지 않은 것은? • 5장 1절 철골작업

① 스캘럽(Scallop)
② 언더컷(Under Cut)
③ 오버랩(Over Lap)
④ 피트(Pit)

해설

용접결함
- 슬래그 감싸돌기 : 용접봉의 피복재 심선과 모재가 변하여 생긴 화분이 용착 금속 내에 혼입되는 현상
- 언더컷(Under-Cut) : 모재가 녹아 용착 금속이 채워지지 않고 홈으로 남게 된 부분
- 오버랩(Over-Lap) : 용접금속과 모재가 융합되지 않고 겹쳐진 것
- 기공 및 피트(Blow Hole & Pit) : 금속이 녹아들 때 생기는 기포나 작은 틈
- 크랙(Crack) : 용접부에 생기는 미세한 홈
- 크레이터(Crater) : Arc용접 시 끝부분이 항아리모양으로 패인 것
- 스패터(Spatter) : 용접 시 튀어나온 슬래그가 굳은 현상
- 플럭스(Flux) : 용접 시 용접결함을 방지하기 위해 용접봉의 피복제 역할을 하는 분말상의 재료

80 시험말뚝에 변형율계(Strain Gauge)와 가속도계(Accelerometer)를 부착하여 말뚝항타에 의한 파형으로부터 지지력을 구하는 시험으로 옳은 것은?
• 3장 1절 지정

① 정재하시험
② 비비시험
③ 동재하시험
④ 인발시험

> **해설**
>
> **동재하시험**
> - 말뚝의 정적지지력 결정, 말뚝항타시 말뚝과 지반간의 거동측정, 항타장비의 성능 검증의 목적을 위하여 실시
> - 시험말뚝에 변형율계(Strain Gauge)와 가속도계(Accelerometer)를 부착하여 말뚝항타에 의한 파형으로부터 지지력을 구하는 시험

2020년 제4회 기출해설

4과목 건설시공학

61 철골공사의 내화피복공법에 해당하지 않는 것은?

① 표면탄화법
② 뿜칠공법
③ 타설공법
④ 조적공법

해설

표면탄화법
- 목재의 방부법으로 철골피복공법이 아님
- 가격이 싸고 간편하나 효과가 지속적이지 못함
- 목재의 부패균 침입을 방지하기 위해 목재 표면을 약간 태워 탄소로 표면을 씌워버림
- 표면탄화는 일시적으로만 유효하고 1~2년이 지나면 탄소가 떨어져 버림
- 외관이 좋지 않고, 탄소분이 인체에 부착되어 가설재 등에 임시로 사용

62 강관틀비계에서 주틀의 기둥관 1개당 수직하중의 한도는 얼마인가? (단, 견고한 기초 위에 설치하게 될 경우)

① 16.5kN   ② 24.5kN
③ 32.5kN   ④ 38.5kN

해설

강관틀비계
- 비계기둥의 밑둥에는 밑받침 철물을 사용하여야 하며 밑받침에 고저차가 있는 경우에는 조절형 밑받침철물을 사용하여 각각의 강관틀비계가 항상 수평 및 수직을 유지하도록 할 것
- 전체높이는 40m를 초과할 수 없으며, 높이가 20m를 초과하거나 중량물의 적재를 수반하는 작업을 할 경우에는 주틀의 높이를 2m 이내로 하고, 주틀 간의 간격을 1.8m 이하로 할 것
- 주틀 간에 교차 가새를 설치하고 최상층 및 5층 이내마다 수평재를 설치
- 수직방향으로 6m, 수평방향으로 8m 이내마다 벽이음
- 길이가 띠장 방향으로 4m 이하이고 높이가 10m를 초과하는 경우에는 10m 이내마다 띠장 방향으로 버팀기둥을 설치
- 주틀의 기둥관 1개 당의 수직하중의 한도는 견고한 기초 위에 설치하게 될 경우에는 24.5kN{2500kgf}으로 함

정답 61 ① 62 ②

63 고압증기양생 경량기포콘크리트(ALC)의 특징으로 거리가 먼 것은? • 4장 3절 콘크리트 배합

① 열전도율이 보통 콘크리트의 1/10 정도이다.
② 경량으로 인력에 의한 취급이 가능하다.
③ 흡수율이 매우 낮은 편이다.
④ 현장에서 절단 및 가공이 용이하다.

해설

ALC 제품(Autoclaved Lightweight Concrete)
• 고온고압에서 양생하여 벽돌에 기포를 넣어 경량화한 제품
• 규사와 석회를 원료로 하여 시멘트 제품은 아님
• 강도가 40kg/cm² 정도로 구조재로서는 적합하지 못함
• 경량이므로 단열성이나 시공성이 매우 우수
• 내화성이 크고 차음성이 있어 매우 경제적
• 사용 후 변형이나 균열이 비교적 적음
• 다공질로 흡수율이 높아 습기에 취약하여 곰팡이가 발생하기 쉬움

64 콘크리트 타설 시 진동기를 사용하는 가장 큰 목적은? • 6장 2절 블록공사

① 콘크리트 타설 시 용이함
② 콘크리트 응결, 경화 촉진
③ 콘크리트 밀실화 유지
④ 콘크리트 재료 분리 촉진

해설

진동기(콘크리트 Vibrator) 사용
• 진동기는 콘크리트 밀실화 유지를 위해 사용
• 지나친 진동은 거푸집 도괴의 원인이 될 수 있으므로 각별히 주의

정답 63 ③ 64 ③

65. 철골용접 부위의 비파괴 검사에 관한 설명으로 옳지 않은 것은?

• 5장 1절 벽돌공사

① 방사선검사는 필름의 밀착성이 좋지 않은 건축물에서도 검출이 우수하다.
② 침투 탐상검사는 액체의 모세관현상을 이용한다.
③ 초음파 탐상검사는 인간의 귀로 들을 수 없는 주파수를 갖는 초음파를 사용하여 결함을 검출하는 방법이다.
④ 외관검사는 용접을 한 용접공이나 용접관리 기술자가 하는 것이 원칙이다.

해설

용접부의 비파괴 검사법
- 방사선 투과법(RT, Radiogtaphy Testing)
  - 두께 100mm 이상도 가능하나 검사장소가 제한적
  - 필름의 밀착성이 좋지 않은 건축물에서는 검출이 어려움
- 초음파 탐상법(UT, Ultrasonic Testing)
  - 두께 5mm 이상은 불가능
  - 빠르고 경제적이어서 현장에서 주로 사용
- 자기분말 탐상법(MT, Magnetic particle Testing)
  - 두께 15mm까지 가능, 미세부분도 검사가 가능
- 침투 탐상법(PT, Liquid Penetrant Testing)
  - 모세관현상을 이용한 것으로 넓은 범위의 표면결함만 검사가능

66. 단순조적 블록쌓기에 관한 설명으로 옳지 않은 것은?

① 단순조적 블록쌓기의 세로줄눈은 도면 또는 공사시방서에서 정한 바가 없을 때에는 막힌 줄눈으로 한다.
② 살두께가 작은 편을 위로 하여 쌓는다.
③ 줄눈 모르타르는 쌓은 후 줄눈누르기 및 줄눈파기를 한다.
④ 특별한 지정이 없으면 줄눈은 10mm가 되게 한다.

해설
살두께가 두꺼운 편을 위로 하여 쌓아야 한다.

67. 네트워크공정표의 단점이 아닌 것은?

• 1장 2절 공사계획

① 다른 공정표에 비하여 작성시간이 많이 필요하다.
② 작성 및 검사에 특별한 기능이 요구된다.
③ 진척관리에 있어서 특별한 연구가 필요하다.
④ 개개의 관련작업이 도시되어 있지 않아 내용을 알기 어렵다.

해설
네크워크(Network) 공정표의 장점 : 개개의 관련 작업이 도시되어 있어 내용을 파악하기 쉬움

정답 65 ① 66 ② 67 ④

68 주문받은 건설업자가 대상 계획의 기업, 금융, 토지조달, 설계, 시공 등을 포괄하는 도급계약방식을 무엇이라 하는가?
• 1장 3절 공사현장관리

① 실비청산 보수가산도급   ② 정액도급
③ 공동도급   ④ 턴키도급

해설
일식도급
- 하나의 공사를 전부 한 도급자에게 맡겨 노무, 재료, 기계, 현장 시공업무 일체를 일괄하여 시행
- 계약과 감독이 수월하고 확정적인 공사비로 책임한계가 명확하며 가설재의 중복이 없어 공사비가 절감됨
- 단점은 건축주의 의견이 충분히 반영되지 않으며, 도급업자의 이윤이 가산되어 공사비가 증대
- 재하청을 주는 경우가 많아 말단노무자의 임금이 적어 조잡한 공사가 우려됨
- 설계와 시공이 분리된 형태로 설계와 시공을 일괄수주하는 턴키도급방식과는 차이가 있음

일식도급의 장점	일식도급의 단점
• 계약, 감독이 간단 • 전체 공사 진척 원활 • 재도급자의 선택 용이 • 가설재의 중복이 없음	• 건축주의 의향이나 설계도상의 취지가 충분히 이행되지 못함 • 도급자의 이윤이 가산되어 공사비 증대 • 공사 조잡 우려

69 ALC 블록공사 시 내력벽 쌓기에 관한 내용으로 옳지 않은 것은?

① 쌓기 모르타르는 교반기를 사용하여 배합하며, 1시간 이내에 사용해야 한다.
② 가로 및 세로줄눈의 두께는 3~5mm 정도로 한다.
③ 하루 쌓기 높이는 1.8m를 표준으로 하며, 최대 2.4m 이내로 한다.
④ 연속되는 벽면의 일부를 나중쌓기로 할 때에는 그 부분을 층단 떼어쌓기로 한다.

해설
가로 및 세로줄눈의 두께는 1~3mm 정도

70 시험말뚝에 변형률계(Strain Gauge)와 가속도계(Accelerometer)를 부착하여 말뚝항타에 의한 파형으로부터 지지력을 구하는 시험은?
• 3장 1절 지정

① 정적재하시험   ② 동적재하시험
③ 비비시험   ④ 인발시험

해설
재하시험의 종류
- 정적재하시험 : 타입된 기성말뚝에 실제하중을 완속으로 재하시켜 지지력을 추정하는 시험
- 동적재하시험 : 시험말뚝에 변형률계(Strain Gauge)와 가속도계(Accelerometer)를 부착하여 말뚝항타에 의한 파형으로부터 지지력을 구하는 시험

정답 68 ④ 69 ② 70 ②

71 지하 합벽거푸집에서 측압에 대비하여 버팀대를 삼각형으로 일체화한 공법은?

• 4장 5절 거푸집 공사

① 1회용 리브라스 거푸집
② 와플 거푸집
③ 무폼타이 거푸집
④ 단열 거푸집

해설

무폼타이 거푸집
• 양면 거푸집 설치가 곤란한 구조물에 적용
• 지하 합벽거푸집에서 측압에 대비하여 버팀대를 삼각형으로 일체화한 공법

72 부재별 철근의 정착위치에 관한 설명으로 옳지 않은 것은?

① 작은 보의 주근은 슬래브에 정착한다.
② 기둥의 주근은 기초에 정착한다.
③ 바닥철근은 보 또는 벽체에 정착한다.
④ 벽철근은 기둥, 보 또는 바닥판에 정착한다.

해설

작은 보의 주근은 슬래브가 아니라 큰 보에 정착해야 함

73 다음은 표준시방서에 따른 기성말뚝 세우기 작업 시 준수사항이다. 빈칸 안에 들어갈 내용으로 옳은 것은? (단, 보기항의 D는 말뚝의 바깥지름임)

• 3장 1절 지정

> 말뚝의 연직도나 경사도는 (A) 이내로 하고, 말뚝박기 후 평면상의 위치가 설계도면의 위치로부터 (B)와 100mm 중 큰 값 이상으로 벗어나지 않아야 한다.

① A − 1/100, B − D/4
② A − 1/150, B − D/4
③ A − 1/100, B − D/2
④ A − 1/150, B − D/2

해설

※ 법 개정으로 정답 없음
말뚝의 연직도나 경사도는 1/50 이내로 하고, 말뚝박기 후 평면상의 위치가 설계도면의 위치로부터 D/4(D는 말뚝의 바깥지름)와 100mm 중 큰 값 이상으로 벗어나지 않아야 한다.

74 제자리 콘크리트 말뚝지정 중 베노토 파일의 특징에 관한 설명으로 옳지 않은 것은?

• 3장 1절 지정

① 기계가 저가이고 굴착속도가 비교적 빠르다.
② 케이싱을 지반에 압입해 가면서 관 내부 토사를 특수한 버킷으로 굴착 배토한다.
③ 말뚝구멍의 굴착 후에는 철근콘크리트 말뚝을 제자리치기 한다.
④ 여러 지질에 안전하고 정확하게 시공할 수 있다.

> 해설

가격이 비쌈

현장타설 콘크리트 말뚝
- 올케이싱공법(All Casing Method, Benoto Method)
  - 굴착구멍의 전체 길이에 케이싱 튜브(Casing Tube)를 요동 압입하면서 해머 그래브(Hammer Grab)로 토사를 집어 올려 지상에 직접 배출하고 소정의 깊이까지 콘크리트를 타설하는 공법으로, 베노토공법(Benoto Nethod)이라고도 함
- 단계별 시공순서
  - 현장타설말뚝 중심에 케이싱 설치, 최초굴착
  - 절삭날이 부착된 길이 6M정도의 케이싱을 진동(15 정도 회전 반복)하여 압입
  - 해머그래브를 낙하하여 굴착, 베토
  - 소정의 깊이까지 굴착 후 슬라임(Slime) 제거
  - 콘크리트 타설(트레미관 2m이상 삽입 유지)
  - 케이싱 진동 인발
  - 안정액이나 토사의 혼합 등으로 불량해진 최상부 콘크리트(50~80cm) 제거 / 완성

75 철골 공사 중 현장에서 보수도장이 필요한 부위에 해당되지 않는 것은?

① 현장 용접을 한 부위
② 현장접합 재료의 손상 부위
③ 조립상 표면접합이 되는 면
④ 운반 또는 양중 시 생긴 손상부위

> 해설

조립상 표면접합이 되는 부분은 현장에서 도장이 불가

정답 74 ① 75 ③

76 웰포인트(Well Point)공법에 관한 설명으로 옳지 않은 것은?

• 2장 3절 흙막이

① 강제 배수 공법의 일종이다.
② 투수성이 비교적 낮은 사질실트층까지도 배수가 가능하다.
③ 흙의 안정성을 대폭 향상시킨다.
④ 인근 건축물의 침하에 영향을 주지 않는다.

해설

웰포인트(Well Point)공법
• 우물을 파고 수중모터펌프를 설치하여 양수하여 배수
• 넓은 범위의 지하수위 저하
• 배수성능 양호 급속시공 가능
• Heaving현상에 대응하는 공법
• 지하용수량이 많고 투수성이 큰 사질지반에 적합
• 압밀 침하량 과다로 주변대지 및 도로에 균열발생 가능
• 일시적인 사질토 개량공법, 점토질 지반에는 적용불가
• 굴착을 요하는 지역에 Well Point라는 흡수관을 타입
• 이를 흡입관으로 연결하여 진공펌프로 배수하는 강제 배수 공법
• 지하수 저하에 따른 인접건축물과 공동매설물 침하에 주의해야 함

77 갱 폼(Gang Form)에 관한 설명으로 옳지 않은 것은?

• 4장 5절 거푸집 공사

① 타워크레인, 이동식 크레인 같은 양중장비가 필요하다.
② 벽과 바닥의 콘크리트 타설을 한번에 가능하게 하기 위하여 벽체 및 슬래브거푸집을 일체로 제작한다.
③ 공사초기 제작기간이 길고 투자비가 큰 편이다.
④ 경제적인 전용횟수는 30~40회 정도이다.

해설

터널 폼에 대한 설명
갱 폼(Gang Form)
• 사용 시마다 조립, 분해를 반복하지 않도록 대형화, 단순화
• 대형벽체거푸집으로 인력절감 및 재사용이 가능한 장점이 있음
터널 폼(Tunnel Form)
• 벽체용, 바닥용 거푸집을 일체로 제작하여 벽과 바닥 콘크리트를 일체로 하는 거푸집

78 철골기둥의 이음부분 면을 절삭가공기를 사용하여 마감하고 충분히 밀착시킨 이음에 해당하는 용어는?

• 5장 1절 철골작업

① 밀 스케일(Mill Scale)
② 스캘럽(Scallop)
③ 스패터(Spatter)
④ 메탈터치(Metal Touch)

해설

메탈터치(Metal Touch)
• 철골 기둥 이음부를 절삭가공기로 정밀가공하여 축력의 25%를 하부기둥 밀착면에 직접 전달하는 철골 기둥 이음 공법
• 용접 이음, 볼트 이음의 단점을 보완하고 경제성, 진동 등 구조적 안전성을 확보함
• 메탈터치 후 나머지 75%의 축력은 용접 및 볼트에 의해 전달

79 공사의 도급계약에 명시하여야 할 사항과 가장 거리가 먼 것은? (단, 첨부서류가 아닌 계약서 상 내용을 의미)

• 1장 2절 공사계획

① 공사내용
② 구조설계에 따른 설계방법의 종류
③ 공사착수의 시기와 공사완성의 시기
④ 하자담보책임기간 및 담보방법

해설

계약서 기재내용(건설업법 시행령)
• 공사내용(규모, 도급금액)
• 공사착수시기, 완공시기(물가변동에 대한 도급액 변경)
• 도급액 지불방법, 지불시기
• 인도, 검사 및 인도시기
• 설계변경, 공사중지의 경우 도급액 변경, 손해부담에 대한 사항

80 지하연속벽(Slurry Wall) 굴착 공사 중 공벽붕괴의 원인으로 보기 어려운 것은?

• 2장 2절 토공기계

① 지하수위의 급격한 상승
② 안정액의 급격한 점도 변화
③ 물다짐하여 매립한 지반에서 시공
④ 공사 시 공법의 특성으로 발생하는 심한 진동

해설

지하연속벽(Slurry Wall) 공법
• 진동이 적은 공법
• 공사의 안전성, 공해문제, 인접건물의 영향성을 고려하여 도심지 공사에 적합

정답 78 ④ 79 ② 80 ④

2020년 제3회 기출해설

4과목 건설시공학

61 지하연속벽 공법에 관한 설명으로 옳지 않은 것은?
• 2장 1절 흙파기

① 흙막이벽의 강성이 적어 보강재를 필요로 한다.
② 차수벽의 기능도 갖고 있다.
③ 인접건물의 경계선까지 시공이 가능하다.
④ 암반을 포함한 대부분의 지반에 시공이 가능하다.

해설

지하연속벽(Slurry Wall) 공법
• 지반굴착 시 안정액을 사용하여 지반의 붕괴를 방지하면서 굴착
• 굴착한 곳에 철근망을 넣고 콘크리트를 타설
• 연속으로 콘크리트 흙막이 벽을 설치
• 공사의 안전성, 공해문제, 인접건물의 영향성을 고려하여 도심지 공사에 적합
• 벽체의 강성이 커서 대규모, 대심도 굴착공사 시 영구벽체로 사용 가능
• 대지경계선까지 근접시공이 가능하므로 지하공간 최대로 이용
• 암반을 포함한 대부분의 지반에 시공이 가능하며 차수벽의 기능도 지님

62 벽돌공사 중 벽돌쌓기에 관한 설명으로 옳지 않은 것은?
• 6장 1절 벽돌공사

① 가로 및 세로줄눈의 너비는 도면 또는 공사시방서에 정한 바가 없을 때에는 10mm를 표준으로 한다.
② 벽돌쌓기는 도면 또는 공사시방서에서 정한 바가 없을 때에는 불식쌓기 또는 미식쌓기로 한다.
③ 연속되는 벽면의 일부를 트이게 하여 나중쌓기로 할 때에는 그 부분을 층단 들여쌓기로 한다.
④ 벽돌은 각부를 가급적 동일한 높이로 쌓아 올라가고, 벽면의 일부 또는 국부적으로 높게 쌓지 않는다.

해설

벽돌쌓기는 도면 또는 공사시방서에서 정한 바가 없을 때에는 영식쌓기 또는 화란식쌓기로 함

61 ① 62 ②

63 프리플레이스트 콘크리트 말뚝으로 구멍을 뚫어 주입관과 굵은 골재를 채워 넣고 관을 통하여 모르타르를 주입하는 공법은?

• 3장 2절 말뚝의 분류

① MIP 파일(Mixed In Place pile)
② CIP 파일(Cast In Place pile)
③ PIP 파일(Packed In Place pile)
④ NIP 파일(Nail In Place pile)

> 해설
>
> CIP(Cast In Place pile)
> - 보링기로 지반을 굴착하고 조립한 철근을 삽입한 후 굵은 골재를 채우고 모르타르를 주입
> - 주열식 강성체로서 토류벽 역할을 함
> - 소음 및 진동이 적음
> - 협소한 장소에도 시공이 가능
> - 굴착을 깊게 하면 수직도가 떨어짐

64 철근이음의 종류 중 기계적 이음의 검사 항목에 해당되지 않는 것은?

• 4장 4절 철근공사

① 위 치
② 초음파 탐사검사
③ 인장시험
④ 외관검사

> 해설
>
> 철근이음 검사의 항목
>
> | 종류 | 검사항목 |
> | --- | --- |
> | 겹침이음 | 위치, 이음길이 |
> | 가스압접 | 위치, 외관검사, 초음파 탐사검사, 인장시험 |
> | 기계식 이음 | 위치, 외관검사, 인장시험 |
> | 용접이음 | 외관검사, 용접부의 내부결함, 인장시험 |

정답 63 ② 64 ②

65 강구조 건축물의 현장조립 시 볼트시공에 관한 설명으로 옳지 않은 것은? •5장 1절 철골작업

① 마찰내력을 저감시킬 수 있는 틈이 있는 경우에는 끼움판을 삽입해야 한다.
② 볼트조임 작업 전에 마찰접합면의 흙, 먼지 또는 유해한 도료, 유류, 녹, 밀스케일 등 마찰력을 저감시키는 불순물을 제거해야 한다.
③ 1군의 볼트조임은 가장자리에서 중앙부의 순으로 한다.
④ 현장조임은 1차 조임, 마킹, 2차 조임(본조임), 육안검사의 순으로 한다.

해설

볼트의 현장시공
- 볼트조임작업 전에 마찰접합면의 흙, 먼지 또는 유해한 도료, 유류, 녹, 밀스케일 등 마찰력을 저감시키는 불순물을 제거
- 마찰내력을 저감시킬 수 있는 틈이 있는 경우에는 끼움판을 삽입
- 접합부재 간의 접촉면이 밀착되게 하고, 뒤틀림 및 구부림 등은 반드시 교정
- 볼트머리 또는 너트의 하면이 접합부재의 접합면과 1/20 이상의 경사가 있을 때에는 경사 와셔를 사용
- 1군의 볼트조임은 중앙부에서 가장자리의 순으로 함
- 현장조임은 1차 조임, 마킹, 2차 조임(본조임), 육안검사의 순으로 함
- 1차 조임은 토크렌치 또는 임펙트렌치 등을 이용해 접합부재가 충분히 밀착되도록 함
- 본 조임은 고장력볼트 전용 전동렌치를 이용하여 조임
- 눈이 오거나 우천 시에는 작업을 피해야 하고, 접합면이 결빙 시에는 작업을 중지
- 각 볼트군에 대한 볼트 수의 10% 이상, 최소 1개 이상에 대해 조임검사를 실시하고, 조임력이 부적합할 때에는 반드시 보정

66 거푸집 설치와 관련하여 다음 설명에 해당하는 것으로 옳은 것은? •4장 5절 거푸집 공사

> 보, 슬래브 및 트러스 등에서 그의 정상적 위치 또는 형상으로부터 처짐을 고려하여 상향으로 들어 올리는 것 또는 들어 올린 크기

① 폼타이
② 캠 버
③ 동바리
④ 턴버클

해설

캠버(Camber)
보, 슬래브, 트러스 등에서 처짐을 고려하여 보나 슬래브 중앙부를 $l/300 \sim l/500$ 정도 치켜올리는 높이 조절용 쐐기

67 품질관리를 위한 통계 수법으로 이용되는 7가지 도구(Tools)를 특징별로 조합한 것 중 잘못 연결된 것은?

• 1장 3절 공사현장관리

① 히스토그램 – 분포도
② 파레토그램 – 영향도
③ 특성요인도 – 원인결과도
④ 체크시트 – 상관도

해설

전사적 품질관리(TQC)의 7가지 도구

히스토그램	데이터가 어떤 분포를 하고 있는지를 알아보기 위해 작성한 분포도
파레토그램	현장에서 불량품수, 결점수, 클레임건수, 사고발생건수, 손실금액 등의 데이터를 그 현상이나 원인별로 분류하여 나타낸 영향도(하자도)
특성요인도	결과에 원인이 어떻게 관계하고 있는가를 한눈에 알 수 있게 물고기뼈 모양으로 나타낸 원인결과도
체크시트	불량수, 결점수 등 셀 수 있는 데이터가 분류항목별로 어디에 집중되어 있는가를 알기 쉽도록 나타냄
산점도	데이터의 흩어짐이나 분포의 형태를 쉽게 판단할 수 있게 만든 상관도
층 별	수집된 데이터를 어떤 특징에 따라 몇 개의 그룹, 부분집단으로 나눈 부분집단도
관리도	불량건수, 등의 추이를 파악하여 목표관리를 위해 만든 도표

68 말뚝지정 중 강재말뚝에 관한 설명으로 옳지 않은 것은?

• 3장 2절 말뚝의 분류

① 기성콘크리트말뚝에 비해 중량으로 운반이 쉽지 않다.
② 자재의 이음 부위가 안전하여 소요길이의 조정이 자유롭다.
③ 지중에서의 부식 우려가 높다.
④ 상부구조물과의 결합이 용이하다.

해설

강말뚝(Steel Pile)

• 다른 종류의 말뚝에 비해 지지력이 크고 시공능률이 훨씬 우수하여 널리 사용하며 단면형에 따라 H Pile과 Pipe Pile로 분류함
• 강말뚝은 재료비가 많이 들지만 지지력이 크고 시공능률이 우수하여 전체적으로 공사기간이 많이 단축되므로 대규모 공사에서는 오히려 경제적임
• 강말뚝은 수분이나 대기에 노출되면 산화되어 단면이 감소하고 지지력이 작아짐
• 강말뚝의 부식은 보통 지반중에서는 1년에 0.05mm, 해수에 직접 노출되거나 수면 부근에 있는 경우에는 연간 0.1~0.2mm 정도를 예상하여 설계함
• 강말뚝의 부식 방지대책
  – 두께 증가 : 단순히 소요단면보다 두꺼운 부재를 사용하는 방법으로 공사비가 많이 듦
  – 도장에 의한 방법 : 부식을 방지하기 위해서 표면을 방식도장
  – 콘크리트 피복 : 부식이 심한 지표면 부근이나 건습이 되풀이되는 부분을 콘크리트로 피복
  – 전기방식법 : 전기적으로 처리하여 부식량을 1/10 이하로 감소시킴

정답 67 ④ 68 ①

69 지반조사 시 시추주상도 보고서에서 확인사항과 거리가 먼 것은? •2장 4절 지반조사

① 지층의 확인
② Slime의 두께 확인
③ 지하수위 확인
④ N값의 확인

해설

토질주상도(Columnar Section)
- 조사지역의 층서를 여러 가지 기호와 색으로 표시한 그래프로 지하부위의 단면상태를 예측가능
- 토질주상도에는 그 지역의 층서(지층이 쌓인 순서), 지층의 두께, 지질상태, 지하수위 등을 표시
- 토질주상도의 활용
  - 지층의 확인 : 터파기 공법 선정, 터파기 공사비 선정
  - 지하수위의 확인 : 차수 및 배수공법, 흙막이 공법의 선정
  - N값의 확인 : 기초설계 및 기초의 안전성 확인
- 기입내용 : 지반조사지역, 조사일자, 조사자, 보링방법, 지하수위, 심도에 따른 색조 및 토질, 층 두께 및 구성상태, N값

70 철골부재 절단 방법 중 가장 정밀한 절단방법으로 앵글커터(Angle Cutter) 등으로 작업하는 것은? •5장 2절 철골세우기

① 가스절단
② 전단절단
③ 톱절단
④ 전기절단

해설

절단방법
- 톱절단 : Aangle Cutter, 정밀한 절단방법
- 전단절단 : Sheaving Machine, Plate Sheaving Machine
- 가스절단 : 자동가스절단기, 반자동가스절단기, 철판가스 절단기
- 정밀도가 우수한 순서 : 톱절단 > 전단절단 > 가스절단
- 절단장비 : 프릭션 프레스(Friction Press), 플레이트 스트레이닝 롤(Plate Straining Roll), 파워 프레스(Power Press)

71 CM 제도에 관한 설명으로 옳지 않은 것은? •1장 1절 공사시공방식

① 대리인형 CM(CM for Fee) 방식은 프로젝트 전반에 걸쳐 발주자의 컨설턴트 역할을 수행한다.
② 시공자형 CM(CM at Risk) 방식은 공사관리자의 능력에 의해 사업의 성패가 좌우된다.
③ 대리인형 CM(CM for Fee) 방식에 있어서 독립된 공종별 수급자는 공사관리자와 공사계약을 한다.
④ 시공자형 CM(CM at Risk) 방식에 있어서 CM조직이 직접 공사를 수행하기도 한다.

해설

Agency CM
- 대리인형 CM(CM for Fee) : 서비스를 제공하고 용역비(Fee)를 받는 대리인의 역할로 프로젝트 전반에 걸쳐 발주자의 컨설턴트 역할을 수행, 공사비, 공기, 품질에 관한 책임을 지지 않음
- 시공자형 CM(CM at Risk) : CM이 하도급업자와 직접 계약하여 공사를 수행, 공사비와 공기에 관한 책임과 위험을 부담

72 다음 보기의 블록쌓기 시공순서로 옳은 것은? • 6장 1절 벽돌공사

> A. 접착면 청소
> B. 세로규준틀 설치
> C. 규준쌓기
> D. 중간부쌓기
> E. 줄눈누르기 및 하기
> F. 치장줄눈

① A → D → B → C → F → E
② A → B → D → C → F → E
③ A → C → B → D → E → F
④ A → B → C → D → E → F

해설

블록쌓기 시공순서
접착면 청소 → 세로규준틀 설치 → 규준쌓기 → 중간부 쌓기 → 줄눈누르기 및 파기 → 치장줄눈

73 강구조부재의 내화피복공법이 아닌 것은? • 4장 4절 철근공사

① 조적공법
② 세라믹울 피복공법
③ 타설공법
④ 메탈라스 공법

해설

내화피복

습식공법	뿜칠공법	강 주위를 뿜칠 암면, 습식 뿜칠 암면, 뿜칠 모르타르로 피복
	타설공법	강 주위를 콘크리트, 경량콘크리트로 5cm 이상 타설
	미장공법	강 주위를 철망을 사용하여 모르타르와 플라스터로 미장
	조적공법	강 주위를 콘크리트, 경량콘크리트 블록, 돌, 벽돌로 쌓음
건식공법	성형판붙임	ALC판, 석고보드 등으로 붙임
	기 타	피복공법, 세라믹울, 휘감기 등
합성공법		천장판, PC판 등 마감재와 동시에 피복공사를 실시

정답 72 ④ 73 ④

74 콘크리트 공사 시 콘크리트를 2층 이상으로 나누어 타설할 경우 허용 이어치기 시간간격의 표준으로 옳은 것은? (단, 외기온도가 25℃ 이하일 경우이며, 허용이어치기 시간간격은 하층 콘크리트 비비기 시작에서부터 콘크리트 타설 완료한 후, 상층 콘크리트가 타설되기까지의 시간을 의미)

• 4장 3절 콘크리트 배합

① 2.0 시간　　　　　② 2.5 시간
③ 3.0 시간　　　　　④ 3.5 시간

해설
- 외기온도 25℃ 초과 시 이어치기 허용시간 : 2.0시간
- 외기온도 25℃ 이하 시 이어치기 허용시간 : 2.5시간

75 대규모공사에서 지역별로 공사를 분리하여 발주하는 방식이며 공사기일단축, 시공기술향상 및 공사의 높은 성과를 기대할 수 있어 유리한 도급방법은?

• 1장 3절 공사현장관리

① 전문공종별 분할도급
② 공정별 분할도급
③ 공구별 분할도급
④ 직종별 공종별 분할도급

해설
공구별 분할도급
대규모 공사에서 지역별로 공사를 구분하여 발주하는 방식

76 단순조적 블록공사 시 방수 및 방습처리에 관한 설명으로 옳지 않은 것은? • 6장 2절 블록공사

① 방습층은 도면 또는 공사시방서에서 정한 바가 없을 때에는 마루 밑이나 콘크리트 바닥판 밑에 접근되는 세로줄눈의 위치에 둔다.
② 물빼기 구멍은 콘크리트의 윗면에 두거나 물끊기 및 방습층 등의 바로 위에 둔다.
③ 도면 또는 공사시방서에서 정한 바가 없을 때 물빼기 구멍의 직경은 10mm 이내, 간격 1.2m마다 1개소로 한다.
④ 물빼기 구멍에는 다른 지시가 없는 한 직경 6mm, 길이 100mm되는 폴리에틸렌 플라스틱 튜브를 만들어 집어넣는다.

해설
방수 및 방습처리
- 방습층은 도면 또는 공사시방서에서 정한 바가 없을 때에는 마루밑이나 콘크리트 바닥판 밑에 접근되는 가로줄눈의 위치에 둠
- 물빼기 구멍은 콘크리트의 윗면에 두거나 물끊기 및 방습층 등의 바로 위에 둠
- 도면 또는 공사시방서에서 정한 바가 없을 때 물빼기 구멍의 직경은 10mm 이내, 간격 1.2m마다 1개소로 함
- 물빼기 구멍에는 다른 지시가 없는 한 직경 6mm, 길이 100mm되는 폴리에틸렌 플라스틱 튜브를 만들어 집어넣음

77 기초굴착 방법 중 굴착 공에 철근망을 삽입하고 콘크리트를 타설하여 말뚝을 형성하는 공법이며, 안정액으로 벤토나이트 용액을 사용하고 표층부에서만 케이싱을 사용하는 것은? • 3장 1절 지정

① 리버스 서큘레이션 공법
② 베노토공법
③ 심초공법
④ 어스드릴공법

해설

어스드릴공법(Earth Drill Method)
- 절삭날(Cutting Edge)을 갖는 굴착버킷을 부착한 오거를 흙 속에 관입·회전시켜 굴착하는 공법
- 오거는 켈리(Kelly)라고 하는 정사각형 축의 끝에 부착되고 지층에 관입되면서 회전
- 단계별 시공순서
  - 켈리 축을 말뚝중심에 맞추고 굴착 버켓 설치, 최초굴착
  - 표층케이싱 삽입
  - 벤토나이트 안정액을 공급하면서 일정깊이까지 굴착 후 슬라임 1차 제거
  - 철근망 삽입/트레미(Tremie)관 설치 후 슬라임 2차 제거
  - 콘크리트 타설(트레미관 2m이상 삽입 유지)
  - 케이싱 인발
  - 안정액이나 토사의 혼합 등으로 불량해진 최상부 콘크리트(50~80cm) 제거 후 완성

78 철근콘크리트의 부재별 철근의 정착위치로 옳지 않은 것은? • 4장 4절 철근공사

① 작은 보의 주근은 기둥에 정착한다.
② 기둥의 주근은 기초에 정착한다.
③ 바닥철근은 보 또는 벽체에 정착한다.
④ 지중보의 주근은 기초 또는 기둥에 정착한다.

해설

철근정착 및 이음
철근의 정착길이 : 콘크리트에 묻힌 철근이 뽑히거나 미끄러지지 않고 철근의 인장항복에 이르기까지의 응력을 발휘할 수 있는 최소묻힘 길이
- 기둥의 주근은 기초 또는 바닥판에 정착
- 큰 보의 주근은 기둥에 정착하고, 작은 보의 주근은 큰 보에 정착
- 지중보의 주근은 기초 또는 주근에 정착
- 벽철근은 기둥, 보, 바닥판에 정착
- 바닥철근은 보 또는 벽체에 정착
- 보밑 기둥이 없을 때에는 보 상호 간에 정착

정답 77 ④ 78 ①

79 콘크리트 타설 시 주의사항으로 옳지 않은 것은? • 4장 3절 콘크리트 배합

① 콘크리트는 그 표면이 한 구획 내에서는 거의 수평이 되도록 타설하는 것을 원칙으로 한다.
② 한 구획내의 콘크리트는 타설이 완료될 때까지 연속해서 타설하여야 한다.
③ 타설한 콘크리트를 거푸집 안에서 횡방향으로 이동시켜 밀실하게 채워질 수 있도록 한다.
④ 콘크리트 타설의 1층 높이는 다짐능력을 고려하여 결정하여야 한다.

해설

콘크리트 타설하기
- 기둥과 같이 깊이가 깊을수록 묽게 하고 상부에 갈수록 된비빔으로 하여 기포가 생기지 않게 함
- 주입높이는 될 수 있는 대로 낮은 곳에서 주입
- 콘크리트 부어넣기는 낮은 곳에서부터 기둥, 벽, 계단, 보, 바닥판의 순서로 부어나감
- 일단 계획한 작업구획은 완료될 때까지 계속해서 부어넣고 콘크리트는 비비는 곳에서 먼 곳으로부터 부어넣기 시작
- 한 구획에 있어서의 콘크리트 부어넣기는 표면이 거의 수평이 되도록 부어나감
- 콘크리트는 그 표면이 한 구획 내에서는 거의 수평이 되도록 타설하는 것을 원칙으로 함
- 한 구획내의 콘크리트는 타설이 완료될 때까지 연속해서 타설
- 타설한 콘크리트를 거푸집 안에서 횡방향으로 이동시켜서는 안 됨
- 콘크리트 타설의 1층 높이는 다짐능력을 고려하여 결정

80 각 거푸집 공법에 관한 설명으로 옳지 않은 것은? • 4장 5절 거푸집 공사

① 플라잉 폼 – 벽체 전용거푸집으로 거푸집과 벽체마감공사를 위한 비계틀을 일체로 조립한 거푸집을 말한다.
② 갱 폼 – 대형벽체거푸집으로써 인력절감 및 재사용이 가능한 장점이 있다.
③ 터널 폼 – 벽체용, 바닥용 거푸집을 일체로 제작하여 벽과 바닥 콘크리트를 일체로 하는 거푸집공법이다.
④ 트래블링 폼 – 수평으로 연속된 구조물에 적용되며 해체 및 이동에 편리하도록 제작된 이동식 거푸집공법이다.

해설

- 트래블링 폼(Traveling Form)
  - 해체 및 이동에 편리하도록 제작된 수평활동 시스템 거푸집
  - 터널, 교량, 지하철 등에 주로 적용
- 플라잉 폼
  - 거푸집, 장선, 멍에, 지주를 일체화
  - 수평, 수직으로 이동할 수 있도록 한 바닥전용 대형거푸집
- 갱 폼
  - 사용 시마다 조립, 분해를 반복하지 않도록 대형화, 단순화
  - 대형벽체거푸집으로 인력절감 및 재사용이 가능한 장점이 있음
- 터널 폼
  - 벽체용, 바닥용 거푸집을 일체로 제작하여 벽과 바닥 콘크리트를 일체로 하는 거푸집
  - 트윈 쉘(Twin Shell)과 모노 쉘(Mono Shell)이 있음
- 클라이밍 폼 : 벽체 전용거푸집으로 거푸집과 벽체마감공사를 위한 비계틀을 일체로 조립한 거푸집

2020년 제1·2회 통합 기출해설

4과목 건설시공학

61 흙을 이김에 의해서 약해지는 강도를 나타내는 흙의 성질은?　•2장 5절 연약지반 개량공법

① 간극비
② 함수비
③ 예민비
④ 항복비

해설

예민비
- 흙을 이김에 의해서 약해지는 정도를 표시한 것
- 예민비 = 불교란시료의 일축압축강도 ÷ 교란시료의 일축압축강도

62 콘크리트 타설 중 응결이 어느 정도 진행된 콘크리트에 새로운 콘크리트를 이어치면 시공불량이음부가 발생하여 경화 후 누수의 원인 및 철근의 녹 발생 등 내구성에 손상을 일으키는 것은?　•4장 3절 콘크리트 배합

① Expansion Joint
② Construction Joint
③ Cold Joint
④ Sliding Joint

해설

콜드조인트(Cold Joint)
콘크리트 타설 중 응결이 어느 정도 진행된 콘크리트에 새로운 콘크리트를 이어치면 시공불량이음부가 발생하여 경화 후 누수의 원인 및 철근의 녹 발생 등 내구성에 손상을 일으키는 현상

63 표준관입시험의 N치에서 추정이 곤란한 사항은?　•2장 4절 지반조사

① 사질토의 상대밀도와 내부 마찰각
② 선단지지층이 사질토지반일 때 말뚝 지지력
③ 점성토의 전단강도
④ 점성토 지반의 투수 계수와 예민비

해설

표준관입시험의 N치(지내력)
- N치란 63.5kg의 해머를 76cm 높이에서 자유낙하시켜 로드 선단의 샘플러를 지반에 30cm 박아 넣는 데 필요한 타격 횟수
- N치는 지반 특성을 판별, 결정하거나 지반구조물을 설계하고 해석하는 데 활용됨
- 사질토 이외의 경우, 특히 연약점성토층, 자갈층, 풍화암층을 대상으로 적용할 때 주의가 필요함
- 시험순서 : 시험구멍 굴착 → 시험장치의 조립 → 예비박기 → 본박기 → 채취시료 관찰 및 보관 → 기록 및 정리

정답 61 ③　62 ③　63 ④

64 공동도급(Joint Venture Contract)의 장점이 아닌 것은? • 1장 1절 공사시공방식

① 융자력의 증대
② 위험의 분산
③ 이윤의 증대
④ 시공의 확실성

해설
공동도급
- 기술, 자본 등의 위험 분산을 위해 여러 개의 건설회사가 공동 출자하는 것
- 장점 : 위험분산, 융자력 증대, 시공의 확실성
- 단점 : 경비증가, 회사 간 이해 충돌, 하자책임 불분명

65 철골 내화피복공법의 종류에 따른 사용재료의 연결이 옳지 않은 것은? • 4장 4절 철근공사

① 타설공법 – 경량콘크리트
② 뿜칠공법 – 압면 흡음판
③ 조적공법 – 경량콘크리트 블록
④ 성형판붙임공법 – ALC판

해설
내화피복

습식공법	뿜칠공법	강 주위를 뿜칠 암면, 습식 뿜칠 암면, 뿜칠 모르타르로 피복
	타설공법	강 주위를 콘크리트, 경량콘크리트로 5cm 이상 타설
	미장공법	강 주위를 철망을 사용하여 모르타르와 플라스터로 미장
	조적공법	강 주위를 콘크리트, 경량콘크리트 블록, 돌, 벽돌로 쌓음
건식공법	성형판붙임	ALC판, 석고보드 등으로 붙임
	기 타	피복공법, 세라믹울, 휘감기 등
합성공법		천장판, PC판 등 마감재와 동시에 피복공사를 실시

66 기초공사 시 활용되는 현장타설 콘크리트 말뚝공법에 해당되지 않는 것은? • 3장 1절 지정

① 어스드릴(Earth Drill) 공법
② 베노토 말뚝(Benoto Pile) 공법
③ 리버스서큘레이션(Reverse Circulation Pile) 공법
④ 프리보링(Pre-Boring) 공법

해설
현장타설 말뚝공법의 종류
- 올케이싱 공법(All Casing Method, Benoto Method)
- 어스드릴 공법(Earth Drill Method)
- 리버스써큘레이션 공법(Reverse Circulation Drilling Method ; RCD)
- 마이크로파일 공법(Micro Pile Method)
- 프리팩트(Pre-packed) 콘크리트 말뚝공법

프리보링(Pre-Boring) 공법
- Pile 구멍을 선굴착 후 매입하거나 타입·압입을 병용하는 방법
- 스크류 오우거, 회전식 버켓, Pit 등으로 굴착

64 ③ 65 ② 66 ④

67 벽돌벽 두께 1.0B, 벽높이 2.5m, 길이 8m인 벽면에 소요되는 점토벽돌의 매수는 얼마인가? (단, 규격은 190 × 90 × 57mm, 할증은 3%로 하며, 소수점 이하 결과는 올림하여 정수매로 표기)

• 6장 1절 벽돌공사

① 2980매
② 3070매
③ 3278매
④ 3542매

해설

벽돌규격	0.5B(매)	1.0B(매)	1.5B(매)	2.0B(매)
구형(210 × 100 × 60)	65	130	195	260
표준형(190 × 90 × 57)	75	149	224	299
내화벽돌(230 × 114 × 65)	61(59)	122(118)	183(177)	244(236)

190 × 90 × 57m²당 149매 필요
149매 × (벽높이 2.5m × 길이 8m) × 1.03(할증률) = 3070매

68 금속제 천장틀 공사 시 반자틀의 적정한 간격으로 옳은 것은? (단, 공사시방서가 없는 경우)

① 450mm 정도
② 600mm 정도
③ 900mm 정도
④ 1200mm 정도

해설

수장공사
반자틀 간격은 공사시방서에 의하되 공사시방서가 없는 경우는 900mm 정도로 함

69 철근이음에 관한 설명으로 옳지 않은 것은?

• 4장 4절 철근공사

① 철근의 이음부는 구조내력상 취약점이 되는 곳이다.
② 이음위치는 되도록 응력이 큰 곳을 피하도록 한다.
③ 이음이 한 곳에 집중되지 않도록 엇갈리게 교대로 분산시켜야 한다.
④ 응력 전달이 원활하도록 한 곳에서 철근수의 반 이상을 주어야 한다.

해설

철근의 이음
- 철근의 이음부는 구조내력상 취약점이 되는 곳
- 이음위치는 되도록 응력이 큰 곳을 피해야 함
- 한 곳에 집중되지 않도록 엇갈리게 교대로 분산
- 한 곳에서 철근 수의 반 이상을 이어서는 안 됨
- 철근의 이음은 힘의 전달이 연속적이고 응력집중이 일어나지 않도록 함
- 응력이 작은 곳에서 엇갈리게 이음을 둠
- D35 이상의 철근은 겹침이음으로 하지 않음
- 보 철근은 이음 시 인장력이 작은 곳에서 이음
- 기둥, 벽, 철근이음은 층높이의 2/3 이하에서 엇갈리게 함
- 갈고리는 이음길이에 포함하지 않음

정답 67 ② 68 ③ 69 ④

70 철골용접이음 후 용접부의 내부결함 검출을 위하여 실시하는 검사로써 빠르고 경제적이어서 현장에서 주로 사용하는 초음파를 이용한 비파괴 검사법은? • 5장 1절 철골작업

① MT(Magnetic Particle Testing)
② UT(Ultrasonic Testing)
③ RT(Radiogtaphy Testing)
④ PT(Liquid Penetrant Testing)

해설

용접부의 비파괴 검사법
- 방사선 투과법(RT ; Radiogtaphy Testing)
  - 두께 100mm 이상도 가능하나 검사장소가 제한적
  - 필름의 밀착성이 좋지 않은 건축물에서는 검출이 어려움
- 초음파 탐상법(UT ; Ultrasonic Testing)
  - 두께 5mm 이상은 불가능
  - 빠르고 경제적이어서 현장에서 주로 사용
- 자기분말 탐상법(MT ; Magnetic particle Testing) : 두께 15mm까지 가능, 미세부분도 검사가 가능
- 침투 탐상법(PT ; Liquid Penetrant Testing) : 모세관현상을 이용한 것으로 넓은 범위의 표면결함만 검사가능

71 건설의 전 과정에 걸쳐 프로젝트를 보다 효율적이고 경제적으로 수행하기 위하여 각 부문의 전문가들로 구성된 통합관리기술을 발주자에게 서비스하는 것을 무엇이라고 하는가? • 1장 1절 공사시공방식

① Cost Management
② Cost Manpower
③ Construction Manpower
④ Construction Management

해설

CM(Construction Management)방식
- 시공 시 단계별 시공법을 적용할 수 있어 설계 및 시공기간을 단축
- 설계과정에서 설계가 시공에 미치는 영향을 예측할 수 있어 설계도서의 현실성을 향상
- 기획 및 설계과정에서 발주자와 설계자간의 의견대립 없이 설계대안 및 특수공법의 적용이 가능
- 전문가집단이 전 과정에 참여하여 공기단축, 공사비 절감을 위해 프로젝트를 통합관리
- 설계 후 입찰·시공이 아니라 설계와 시공을 병행하여 공기단축·원가절감, 설계자와 시공자의 의사소통문제 해결
- CM유형 : 발주자가 CM업무를 직접 수행하는 Owner CM과 외부에 위탁하는 Agency CM 있음
- Agency CM
  - 대리인형 CM(CM for Fee) : 서비스를 제공하고 용역비(Fee)를 받는 대리인의 역할로 프로젝트 전반에 걸쳐 발주자의 컨설턴트 역할을 수행, 공사비, 공기, 품질에 관한 책임을 지지 않음
  - 시공자형 CM(CM at Risk) : CM이 하도급업자와 직접 계약하여 공사를 수행, 공사비와 공기에 관한 책임과 위험을 부담

72 네트워크공정표에서 후속작업의 가장 빠른 개시시간(EST)에 영향을 주지 않는 범위 내에서 한 작업이 가질 수 있는 여유시간을 의미하는 것은?
• 1장 2절 공사계획

① 전체여유(TF)
② 자유여유(FF)
③ 간섭여유(IF)
④ 종속여유(DF)

해설

네트워크 공정표 용어

용어	기호	내용 및 설명
Event	O	작업의 결합점, 개시점 또는 종료점
Activity	→	작업, 프로젝트를 고성하는 작업단위
Dummy	···→	가상적 작업(시간이나 작업량 없음)
가장 빠른 개시시각	EST	작업을 시작하는 가장 빠른 시각(Earliest Starting Time)
가장 늦은 종료시각	EFT	작업을 끝낼 수 있는 가장 빠른 시각(Earliest Finishing Time)
가장 늦은 개시시각	LST	공기에 영향이 없는 범위에서 작업을 늦게 개시하여도 좋은 시각 (Latest Starting Time)
가장 늦은 종료시각	LFT	공기에 영향이 없는 범위에서 작업을 늦게 종료하여도 좋은 시각 (Latest Finishing Time)
Path		네트워크 중 둘 이상의 작업이 이어짐
Longest Path	LP	임의의 두 결합점간의 패스 중 소요 시간이 가장 긴 패스
Critical Path	CP	작업의 시작점에서 종료점에 이르는 가장 긴 패스
Float		작업의 여유시간
Slack	SL	결합점이 가지는 여유시간
Total Float (전체여유)	TF	최초 개시일에 작업을 시작하여 가장 늦은 종료일에 완료할 때 생기는 여유일 (그 작업의 LFT- 그 작업의 EFT)
Free Float (자유여유)	FF	최초 개시일에 작업을 시작하여 후속작업을 최초 개시일에 시작할 때 생기는 여유일(후속 작업의 EAT - 그 작업의 EFT)
Dependence Float (종속여유)	DF	후속작업의 TF에 영향을 주는 플로트(기간) (DF + TF-FF)

정답 72 ②

73 강구조물 제작 시 절단 및 개선(그루브)가공에 관한 일반사항으로 옳지 않은 것은?

• 5장 1절 철골작업

① 주요 부재의 강판 절단은 주된 응력의 방향과 압연방향을 직각으로 교차시켜 절단함을 원칙으로 하며, 절단작업 착수 전 재단도를 작성해야 하다.
② 강재의 절단은 강재의 형상, 치수를 고려하여 기계절단, 가스절단, 플라즈마절단 등을 적용한다.
③ 절단할 강재의 표면에 녹, 기름, 도료가 부착되어 있는 경우에는 제거 후 절단해야 한다.
④ 용접선의 교차부분 또는 한 부재를 다른 부재에 접합시킬 때 불필요한 접촉을 피하기 위하여 모퉁이따기를 할 경우에는 10mm 이상 둥글게 해야 한다.

해설

철골부재의 절단 – 절단 및 개선(그루브)가공에 관한 사항
- 주요 부재의 강판 절단은 주된 응력의 방향과 압연방향을 일치시켜 절단함을 원칙으로 하며, 절단작업 착수 전 재단도를 작성해야 함
- 강재의 절단은 강재의 형상, 치수를 고려하여 기계절단, 가스절단, 플라즈마절단 등을 적용
- 절단할 강재의 표면에 녹, 기름, 도료가 부착되어 있는 경우에는 제거 후 절단해야 함
- 용접선의 교차부분 또는 한 부재를 다른 부재에 접합시킬 때 불필요한 접촉을 피하기 위하여 모퉁이 따기를 할 경우에는 10mm 이상 둥글게 해야 함

74 공사계약방식 중 직영공사방식에 관한 설명으로 옳은 것은?

• 1장 3절 공사현장관리

① 사회간접자본(SOC ; Social Overhead Capital)의 민간투자유치에 많이 이용되고 있다.
② 영리목적의 도급공사에 비해 저렴하고 재료선정이 자유로운 장점이 있으나, 고용기술자 등에 의한 시공관리능력이 부족하면 공사비 증대, 시공성의 결함 및 공기가 연장되기 쉬운 단점이 있다.
③ 도급자가 자금을 조달하면 설계, 엔지니어링, 시공의 전부를 도급받아 시설물을 완성하고 그 시설을 일정기간 운영하는 것으로, 운영수입으로부터 투자자금을 회수한 후 발주자에게 그 시설을 인도하는 방식이다.
④ 수입을 수반한 공공 혹은 공익 프로젝트(유료도로, 도시철도, 발전도 등)에 많이 이용되고 있다.

해설

직영방식
- 건축주가 직접 계획을 세우고 재료구입, 노무자 고용, 시공기계, 가설재 등을 확보하여 공사를 시행
- 계약 등의 수속이 간편하고 설계변경 없이 임기응변 처리가 가능, 건축주의 의견반영이 용이
- 시공관리 능력 부족으로 공기가 연장될 우려가 있고 공사비가 증대될 수 있음

직영방식의 장점	직영방식의 단점
• 비영리를 목적으로 확실한 공사 가능 • 계약에 구속됨이 없어 임기응변 처리가 가능 • 발주계약 등의 수속 절감	• 공사비 증대 • 재료의 낭비 또는 잉여 • 시공관리 능력부족

정답 73 ① 74 ②

75
보강블록 공사 시 벽 가로근의 시공에 관한 설명으로 옳지 않은 것은? • 6장 2절 블록공사

① 가로근은 배근 상세도에 따라 가공하되 그 단부는 90°의 갈구리로 구부려 배근한다.
② 모서리에 가로근의 단부는 수평방향으로 구부려서 세로근의 바깥쪽으로 두르고, 정착길이는 공사시방서에 정한 바가 없는 한 40d 이상으로 한다.
③ 창 및 출입구 등의 모서리 부분에 가로근의 단부를 수평방향으로 정착할 여유가 없을 때에는 갈구리로 하여 단부 세로근에 걸고 결속선으로 결속한다.
④ 개구부 상하부의 가로근을 양측 벽부에 묻을 때의 정착길이는 40d 이상으로 한다.

해설
벽 가로근
- 가로근을 블록 조적 중의 소정의 위치에 배근해 이동하지 않도록 고정
- 우각부, T형 접합부 등에서의 가로근은 세로근을 구속하지 않도록 배근하고 세로근과의 교차부를 결속선으로 결속
- 가로근은 배근 상세도에 따라 가공하되 그 단부는 180°의 갈구리로 구부려 배근
- 콘크리트의 피복두께는 2cm 이상으로 하며 세로근과의 교차부는 모두 결속선으로 결속
- 모서리에 가로근의 단부는 수평방향으로 구부려서 세로근의 바깥쪽으로 두르고 정착길이는 공사시방에 정한 바가 없는 한 40d 이상으로 함
- 창·출입구 등의 모서리 부분에 가로근의 단부를 수평방향으로 정착할 여유가 없을 때에는 갈구리로 하여 단부 세로근에 걸고 결속선으로 결속
- 개구부 상하부의 가로근을 양측벽부에 묻을 때의 정착길이는 40d 이상으로 함
- 가로근은 그와 동등이상의 유효단면적을 가진 블록 보강용 철망으로 대신 사용할 수 있음

76
철근배금 시 콘크리트의 피복두께를 유지해야 되는 가장 큰 이유는? • 4장 4절 철근공사

① 콘크리트의 인장강도 증진을 위하여
② 콘크리트의 내구성, 내화성 확보를 위하여
③ 구조물의 미관을 좋게 하기 위하여
④ 콘크리트 타설을 쉽게 하기 위하여

해설
최소피복두께
- 콘크리트의 표면에서 가장 바깥쪽 철근의 표면까지의 최단거리를 피복두께라고 함
- 철근콘크리트 부재에 최소피복두께를 두는 이유는 철근의 부식 방지, 내화목적, 철근의 부착강도 향상, 콘크리트의 유동성 확보 등임

정답 75 ① 76 ②

77 흙막이 지지공법 중 수평버팀대 공법의 특징에 관한 설명으로 옳지 않은 것은? • 2장 1절 흙파기

① 가설구조물이 적어 중장비작업이나 토량제거작업의 능률이 좋다.
② 토질에 대해 영향을 적게 받는다.
③ 인근 대지로 공사범위로 넘어가지 않는다.
④ 고저차가 크거나 상이한 구조인 경우 균형을 잡기 어렵다.

해설

버팀대(Strut)공법
- 흙막이 벽을 설치하고, 양측 토압의 균형을 이용한 수평 버팀대로 토류벽을 지지하면서 점차 흙을 굴착하는 공법
- 토질의 영향을 적게 받고, H Pile이나 Sheet Pile과 함께 수평버팀대로 토압을 지지함
- 어스앵커 공법의 적용이 어려운 도심지 공사 등에 적용가능하나 고저차가 크거나 상이한 구조의 경우 균형을 잡기 어려움
- 가설구조물로 인해 중장비작업이나 토량제거 작업의 능률이 저하되며 공기지연으로 공사비가 상승함

78 터널 폼에 관한 설명으로 옳지 않은 것은? • 4장 5절 거푸집 공사

① 거푸집의 전용횟수는 약 10회 정도로 매우 적다.
② 노무 절감, 공기단축이 가능하다.
③ 벽체 및 슬래브거푸집을 일체로 제작한 거푸집이다.
④ 이 폼의 종류에는 트윈 쉘(Twin Shell)과 모노 쉘(Mono Shell)이 있다.

해설

- 트래블링 폼(Traveling Form)
  - 해체 및 이동에 편리하도록 제작된 수평활동 시스템 거푸집
  - 터널, 교량, 지하철 등에 주로 적용
- 플라잉 폼
  - 거푸집, 장선, 멍에, 지주를 일체화
  - 수평·수직으로 이동할 수 있도록 한 바닥전용 대형거푸집
- 갱 폼
  - 사용 시마다 조립, 분해를 반복하지 않도록 대형화, 단순화
  - 대형벽체거푸집으로 인력절감 및 재사용이 가능한 장점이 있음
- 터널 폼
  - 벽체용, 바닥용 거푸집을 일체로 제작하여 벽과 바닥 콘크리트를 일체로 하는 거푸집
  - 트윈 쉘(Twin Shell)과 모노 쉘(Mono Shell)이 있음
- 클라이밍 폼 : 벽체 전용거푸집으로 거푸집과 벽체마감공사를 위한 비계틀을 일체로 조립한 거푸집

79 철근콘크리트 공사에서 거푸집의 간격을 일정하게 유지시키는 데 사용되는 것은?

• 4장 5절 거푸집 공사

① 클램프
② 쉐어 커넥터
③ 세퍼레이터
④ 인서트

해설
격리재(Separator) : 거푸집 상호 간의 간격을 유지, 측벽 두께를 유지하기 위한 것

80 지정에 관한 설명으로 옳지 않은 것은?

• 3장 1절 지정

① 잡석지정 – 기초 콘크리트 타설 시 흙의 혼입을 방지하기 위해 사용한다.
② 모래지정 – 지반이 단단하며 건물이 중량일 때 사용한다.
③ 자갈지정 – 굳은 지반에 사용되는 지정이다.
④ 밑창 콘크리트지정 – 잡석이나 자갈 위 기초부분의 먹매김을 위해 사용한다.

해설
모래지정
• 지반이 연약하거나 하부 2m 이내에 굳은 지층이 있는 경우
• 모래를 넣고 30cm마다 물다짐을 하는 지정

정답 79 ③ 80 ②

2019년 제4회 기출해설

4과목 건설시공학

61 벽돌을 내쌓기 할 때 일반적으로 이용되는 벽돌쌓기 방법은? • 6장 1절 벽돌공사

① 마구리 쌓기
② 길이 쌓기
③ 옆세워 쌓기
④ 길이세워 쌓기

해설
마구리 쌓기
- 벽돌을 내쌓기 할 때 이용
- 원형굴뚝, 사일로(Silo)등 벽두께 1.0B이상 쌓기

62 조적공사의 백화현상을 방지하기 위한 대책으로 옳지 않은 것은? • 6장 1절 벽돌공사

① 석회를 혼합한 줄눈 모르타르를 활용하여 바른다.
② 흡수율이 낮은 벽돌을 사용한다.
③ 쌓기용 모르타르에 파라핀 도료와 같은 혼화제를 사용한다.
④ 돌림대, 차양 등을 설치하여 빗물이 벽체에 직접 흘러내리지 않게 한다.

해설
백화현상 방지대책
- 모르타르에 방수액을 혼합하고 분말도가 큰 시멘트를 사용
- 흡수율이 낮은 벽돌을 사용
- 쌓기용 모르타르에 파라핀 도료와 같은 혼화제를 사용
- 돌림대, 차양 등을 설치하여 빗물이 벽체에 직접 흘러내리지 않게 함

63 강관말뚝지정의 특징에 해당되지 않는 것은? • 3장 1절 지정

① 강한 타격에도 견디며 다져진 중간지층의 관통도 가능하다.
② 지지력이 크고 이음이 안전하고 강하므로 장척말뚝에 적당하다.
③ 상부구조와의 결합이 용이하다.
④ 길이조절이 어려우나 재료비가 저렴한 장점이 있다.

> **해설**
>
> **강관말뚝(Pipe Pile)**
> - 모든 방향으로 강성이 고르며 단위중량당 단면계수, 외주면적, 선단의 저면적 등의 공학적 특성이 일반적으로 H Pile보다 우수함
> - 강관말뚝에는 그 끝을 개구로 하는 개관말뚝과 폐쇄하는 폐단말뚝 2종류가 있으며, 직경은 25~50cm의 것이 보통 사용됨
> - 개구단의 강관말뚝을 흙속에 박을 때는 폐쇄단의 경우보다 주위의 흙의 이동이나 융기가 적어짐
> - 개구단의 관내에 들어온 흙은 타입 후 물로 분출하게 하거나 압축공기를 사용하여 제거함
> - 강관말뚝은 타입 후 콘크리트를 채우면 우수한 말뚝으로 됨
> - 강관말뚝은 비교적 가벼워 다루기가 쉽고, 용접에 의해서 간단하게 첨접할 수가 있고, 콘크리트를 채우기 전에 내부를 검사할 수 있는 등의 이점도 있음
> - H형 말뚝보다도 강하여 장애물에 걸려 옆으로 기울어지거나 하는 일은 적음
> - 콘크리트를 채운 강관말뚝의 하중은 대부분 강관이 지지하게 되지만, 하중이 콘크리트와 강철로 분담되기 때문에, 각각 그 허용응력(콘크리트는 45kg/cm^2, 철근은 700kg/cm^2)을 초과해서는 안 됨
> - 보통 강관말뚝의 설계하중은 25cm관(두께 6mm)에서 60t 정도로 지지력이 크고, 강한 타격에도 잘 견딤

64 지하수위 저하 공법 중 강제배수 공법이 아닌 것은? • 2장 3절 흙막이

① 전기침투 공법
② 웰포인트 공법
③ 표면배수 공법
④ 진공 Deep Well 공법

> **해설**
>
> **지하수 처리방안**
>
> | | | |
> |---|---|---|
> | 차수공법 | 흙막이식 | Sheet Pile, Slurry Wall, Top Down 공법 |
> | | 약액 주입공법 | Cement Grouting, LW Grouting, Soil Grouting Rocket 공법 |
> | | 고결공법 | 생석회 말뚝공법, 동결공법, 소결공법 |
> | 배수공법 | 중력배수 | 집수정(Sump)공법, 깊은우물(Deep Well)공법 |
> | | 강제배수 | 웰포인트공법, 진공 Deep Well공법, 전기침투공법 |
> | | 복수공법 | 주수공법, 담수공법, Recharge |
> | 계측관리 | | Water Level Meter |
> | | | Piezometer |
> | | | Load Cell |
> | | | Tilt Meter(주변 건물이나 옹벽, 철탑 등 터파기 주위의 주요 구조물에 설치하여 구조물의 경사 변형상태를 측정) |

정답 63 ④ 64 ③

65 콘크리트의 압축강도를 시험하지 않을 경우 거푸집널의 해체시기로 옳은 것은? (단, 기타 조건은 아래와 같음)

• 4장 5절 거푸집 공사

> • 평균기온 – 20℃ 이상
> • 보통 포틀랜드 시멘트 사용
> • 대상 – 기초, 보, 기둥 및 벽의 측면

① 2일 ② 3일
③ 4일 ④ 6일

해설

콘크리트의 압축강도를 시험하지 않을 경우 거푸집널의 해체 시기(기초, 보 기둥 및 벽의 측면)

구 분	조강 포틀랜드 시멘트	보통 포틀랜드 시멘트, 고로 슬래그 시멘트, 포틀랜드 포졸란 시멘트(A종), 플라이애쉬 시멘트(A종)	고로 슬래그 시멘트(1급), 포틀랜드 포졸란 시멘트, 플라이애쉬 시멘트(B종)
평균 20℃ 이상	2일	3일	4일
평균 10℃~20℃	3일	4일	6일

66 거푸집 공사에 적용되는 슬라이딩 폼 공법에 관한 설명으로 옳지 않은 것은?

• 4장 5절 거푸집 공사

① 형상 및 치수가 정확하며 시공오차가 적다.
② 마감작업이 동시에 진행되므로 공정이 단순화된다.
③ 1일 5~10m 정도 수직시공이 가능하다.
④ 일반적으로 돌출물이 있는 건축물에 많이 적용된다.

해설

슬라이딩 폼(Sliding Form, 슬립 폼)
• 거푸집 높이는 약 1m, 하부가 벌어진 원형 철판 거푸집을 요크로 서서히 끌어올리는 공법
• 1일 5~10m 정도 수직시공이 가능, 공기가 약 1/3 단축되어 소요 경비가 절감됨
• 연속적으로 부어넣으므로 일체성을 확보할 수 있음
• 형상 및 치수가 정확하며 시공오차가 적음
• 타설작업과 마감작업을 병행할 수 있음
• 시공이음 없이 콘크리트를 타설
• 콘크리트를 부어올리면서 유압잭 등을 이용하여 거푸집을 연속적으로 끌어올림
• 구조물 형태에 따른 사용 제약이 있음
• 굴뚝이나 사일로(Silo) 등 평면형상이 일정하고 돌출부가 없는 구조물 공사에 적합

67 강구조용 강제의 절단 및 개선가공에 관한 사항으로 옳지 않은 것은? •5장 1절 철골작업

① 주요 부재의 강판 절단은 주된 응력의 방향과 압연방향을 직각으로 교차하여 절단함을 원칙으로 한다.
② 절단할 강재의 표면에 녹, 기름, 도료가 부착되어 있는 경우에는 제거 후 절단해야 한다.
③ 용접선의 교차부분 또는 한 부재를 다른 부재에 접합시킬 때 불필요한 접촉을 피하기 위하여 모퉁이따기를 할 경우에는 10mm 이상 둥글게 해야 한다.
④ 스캘럽 가공은 절삭 가공기 또는 부속장치가 달린 수동가스 절단기를 사용한다.

해설

철골부재의 절단 - 절단 및 개선(그루브)가공에 관한 사항
- 주요 부재의 강판 절단은 주된 응력의 방향과 압연방향을 일치시켜 절단함을 원칙으로 하며, 절단작업 착수 전 재단도를 작성해야 함
- 강재의 절단은 강재의 형상, 치수를 고려하여 기계절단, 가스절단, 플라즈마절단 등을 적용
- 절단할 강재의 표면에 녹, 기름, 도료가 부착되어 있는 경우에는 제거 후 절단해야 함
- 용접선의 교차부분 또는 한 부재를 다른 부재에 접합시킬 때 불필요한 접촉을 피하기 위하여 모퉁이 따기를 할 경우에는 10mm 이상 둥글게 해야 함

68 콘크리트 타설에 관한 설명으로 옳은 것은? •4장 3절 콘크리트 배합

① 콘크리트 타설은 바닥판 → 보 → 계단 → 벽체 → 기둥의 순서로 한다.
② 콘크리트 타설은 운반거리가 먼 곳부터 시작한다.
③ 콘크리트 타설할 때에는 다짐이 잘 되도록 타설높이를 최대한 높게 한다.
④ 콘크리트 타설 준비 시 콘크리트가 닿았을 때 흡수할 우려가 있는 곳은 미리 건조시켜 두어야 한다.

해설

콘크리트 타설하기
- 기둥과 같이 깊이가 깊을수록 묽게 하고 상부에 갈수록 된비빔으로 하여 기포가 생기지 않게 함
- 주입높이는 될 수 있는 대로 낮은 곳에서 주입하고, 운반거리가 먼 곳부터 시작
- 콘크리트 부어넣기는 낮은 곳에서부터 기초, 기둥, 벽, 계단, 보, 바닥판의 순서로 부어나감
- 일단 계획한 작업구획은 완료될 때까지 계속해서 부어넣고 콘크리트는 비비는 곳에서 먼 곳으로부터 부어넣기 시작
- 한 구획에 있어서의 콘크리트 부어넣기는 표면이 거의 수평이 되도록 부어나감
- 콘크리트는 그 표면이 한 구획 내에서는 거의 수평이 되도록 타설하는 것을 원칙으로 함
- 한 구획 내의 콘크리트는 타설이 완료될 때까지 연속해서 타설
- 타설한 콘크리트를 거푸집 안에서 횡방향으로 이동시켜서는 안 됨
- 콘크리트 타설의 1층 높이는 다짐능력을 고려하여 결정

정답 67 ① 68 ②

69 기성콘크리트 말뚝의 특징에 관한 설명으로 옳지 않은 것은? · 3장 1절 지정

① 말뚝이음 부위에 대한 신뢰성이 떨어진다.
② 재료의 균질성이 부족하다.
③ 자재하중이 크므로 운반과 시공에 각별한 주의가 필요하다.
④ 시공과정상의 항타로 인하여 자재균열의 우려가 높다.

해설

기성철근콘크리트 말뚝(Precast Reinforced Concrete Pile)
- 가장 많이 사용하는 말뚝이며, 형상과 길이 등을 다양하게 할 수 있음
- 지하에 장애물이 있을 때 설치에 어려움이 있으며, 길이의 조절이 어려움
- 타입 시 소음이 많이 나며 횡력에 대한 저항력이 약함
- 말뚝이음이 어렵고 신뢰성이 떨어짐
- 재질이 균질하여 신뢰할 수 있음
- 자체하중이 커서 운반과 시공에 주의가 필요

70 설계도와 시방서가 명확하지 않거나 설계는 명확하지만 공사비 총액을 산출하기 곤란하고 발주자가 양질의 공사를 기대할 때 채택될 수 있는 가장 타당한 방식은? · 1장 3절 공사현장관리

① 실비정산 보수가산식 도급
② 단가 도급
③ 정액 도급
④ 턴키 도급

해설

실비정산 보수가산식 도급
- 설계도와 시방서가 명확하지 않거나 설계는 명확하지만 공사비 총액을 산출하기 곤란한 경우 적합
- 건축주가 양질의 공사를 원하고, 직영방식처럼 자기 의사대로 공사를 진척하고 싶을 경우 유리
- 직영방식과 도급방식의 장점을 취한 가장 이상적인 제도
- 공사의 실비를 건축주와 시공자가 확인하여 정산
- 건축주는 미리 정한 보수율에 따라 시공자에게 보수를 지불
- 단점은 공사기일의 지연, 공사비절감의 노력과 의지가 결여

71 철골공사에서 용접접합의 장점과 거리가 먼 것은?   • 5장 1절 철골작업

① 강재량을 절약할 수 있다.
② 소음을 방지할 수 있다.
③ 일체성 및 수밀성을 확보할 수 있다.
④ 접합부의 품질검사가 매우 간단하다.

해설

용접의 장단점

장 점	• 공해(소음, 진동)가 없음 • 철골 중량이 감소, 강재량 절약 • 단면이음이 간단하고 자유로움 • 응력전달이 확실 • 일체성, 수밀성 확보가 가능
단 점	• 강재의 재질적인 영향이 큼 • 용접 내부의 결함을 육안으로 알 수 없음, 품질검사가 어려움 • 용접열에 의한 변형이나 왜곡이 생김 • 검사가 어렵고 비용과 시간이 걸림 • 일체 구조가 되므로 응력집중이 민감 • 용접공 개인의 기능에 의존도가 큼

72 웰포인트 공법에 관한 설명으로 옳지 않은 것은?   • 2장 5절 연약지반 개량공법

① 지하수위를 낮추는 공법이다.
② 1~3m의 간격으로 파이프를 지중에 박는다.
③ 주로 사질지반에 이용하면 유효하다.
④ 기초파기에 히빙 현상을 방지하기 위해 사용한다.

해설

웰포인트 공법
• 일시적인 사질토 개량공법, 점토질 지반에는 적용불가
• 굴착을 요하는 지역에 Well Point라는 흡수관을 타입
• 이를 흡입관으로 연결하여 진공펌프로 배수하는 강제 배수 공법

정답 71 ④ 72 ④

73 프리스트레스 하지 않는 부재의 현장치기 콘크리트의 최소 피복 두께 기준 중 가장 큰 것은?

• 4장 3절 콘크리트 배합

① 수중에 치는 콘크리트
② 흙에 접하여 콘크리트를 친 후 영구히 흙에 묻혀 있는 콘크리트
③ 옥외의 공기에 흙에 직접 접하지 않는 콘크리트 중 슬래브
④ 옥외의 공기나 흙에 직접 접하지 않는 콘크리트 중 벽체

해설

프리스트레스 하지 않는 부재의 현장치기 콘크리트의 최소 피복 두께

수중에서 치는 콘크리트	100mm
흙에 접하여 콘크리트를 친 후 영구히 흙에 묻혀 있는 콘크리트	80mm
흙에 접하거나 옥외의 공기에 직접 노출되는 콘크리트	• D29 이상의 철근 : 60mm • D25 이하의 철근 : 50mm • D16 이하의 철근, 지름 16mm 이하 : 40mm
옥외의 공기나 흙에 직접 접하지 않는 콘크리트	• 슬래브, 벽체, 장선(D35 초과하는 철근) : 40mm • 슬래브, 벽체, 장선(D35 이하인 철근) : 20mm • 보, 기둥 : 40mm • 쉘, 절판부재 : 20mm

74 품질관리(TQC)를 위한 7가지 도구 중에서 불량수, 결점수 등 셀 수 있는 데이터가 분류항목별로 어디에 집중되어 있는가를 알기 쉽도록 나타낸 그림은?

• 1장 3절 공사현장관리

① 히스토그램
② 파레토도
③ 체크시트
④ 산포도

해설

전사적 품질관리(TQC)의 7가지 도구

히스토그램	데이터가 어떤 분포를 하고 있는지를 알아보기 위해 작성한 분포도
파레토그램	현장에서 불량품수, 결점수, 클레임건수, 사고발생건수, 손실금액 등의 데이터를 그 현상이나 원인별로 분류하여 나타낸 영향도(하자도)
특성요인도	결과에 원인이 어떻게 관계하고 있는가를 한눈에 알 수 있게 물고기뼈 모양으로 나타낸 원인결과도
체크시트	불량수, 결점수 등 셀 수 있는 데이터가 분류항목별로 어디에 집중되어 있는가를 알기 쉽도록 나타냄
산점도	데이터의 흩어짐이나 분포의 형태를 쉽게 판단할 수 있게 만든 상관도
층 별	수집된 데이터를 어떤 특징에 따라 몇 개의 그룹, 부분집단으로 나눈 부분집단도
관리도	불량건수, 등의 추이를 파악하여 목표관리를 위해 만든 도표

73 ① 74 ③

75 시방서의 작성원칙으로 옳지 않은 것은? •1장 3절 공사현장관리

① 지정고시된 신재료 또는 신기술을 적극 활용한다.
② 공사 전반에 대한 지침을 세밀하고 간단명료하게 서술한다.
③ 공종을 세밀하게 나누고, 단위 시방의 수를 최대한 늘려 상세히 서술한다.
④ 시공자가 정확하게 시공하도록 설계자의 의도를 상세히 기술한다.

해설
시방서의 작성원칙
• 지정고시된 신재료 또는 신기술을 적극 활용
• 공사 전반에 대한 지침을 세밀하고 간단명료하게 서술
• 시공자가 정확하게 시공하도록 설계자의 의도를 상세히 기술

76 슬래브에서 4변 고정인 경우 철근배근을 가장 많이 하여야 하는 부분은?

① 단변 방향의 주간대
② 단변 방향의 주열대
③ 장변 방향의 주간대
④ 장변 방향의 주열대

해설
• 4변 고정인 경우의 슬래브 철근배근은 단변 방향의 주열대 부분에 가장 많은 철근이 배근됨
• 단변과 장변 중 단변주열대가 휨모멘트가 더 크므로 단변의 주열대에 배근을 더 많이 함
• 주열대 : 보와 보 사이 간격을 1/4 했을 때 기둥쪽 1/4에 해당하는 부분
• 주간대 : 보와 보 사이 간격을 1/4 했을 때 중간의 2/4에 해당하는 부분

77 Top Down 공법의 특징으로 옳지 않은 것은? •2장 1절 흙파기

① 1층 바닥 기준으로 상방향, 하방향 중 한쪽 방향으로만 공사가 가능하다.
② 공기단축이 가능하다.
③ 타 공법 대비 주변지반 및 인접건물에 미치는 영향이 작다.
④ 소음 및 진동이 적어 도심지 공사로 적합하다.

해설
탑다운(Top Down) 공법
• 슬러리 월(Slurry Wall)을 먼저 설치하고 기둥과 보를 정위치에 구축하고 1층 부분의 바닥을 설치한 후 터파기를 병행하면서 지상구조물을 축조해 나가는 공법
• 굴착 전 영구구조물의 벽체와 기둥 등의 기초를 완성하여 지표면으로부터 지하 1, 2, 3층 등의 역순으로 굴착과 함께 구조물을 시공하여 흙막이벽체를 지지함

정답 75 ③ 76 ② 77 ①

78 철재 거푸집에서 사용되는 철물로 지주를 제거하지 않고 슬래브 거푸집만 제거할 수 있도록 한 철물은?

• 4장 5절 거푸집 공사

① 와이어클리퍼(Wire Clipper)
② 캠버(Camber)
③ 드롭헤드(Drop Head)
④ 베이스플레이트(Base Plate)

해설
- 캠버(Camber) : 보, 슬래브, 트러스 등에서 처짐을 고려하여 보나 슬래브 중앙부를 $\ell/300 \sim \ell/500$ 정도 미리 올리는 높이 조절용 쐐기
- 컬럼밴드 : 기둥거푸집을 고정시켜주는 밴드
- 드롭헤드(Drop Head) : 철재 거푸집에서 사용되는 철물로 지주를 제거하지 않고 슬래브 거푸집만 제거할 수 있도록 한 철물

79 콘크리트 다짐 시 진동기의 사용에 관한 설명으로 옳지 않은 것은?

• 4장 3절 콘크리트 배합

① 진동다지기를 할 때에는 내부진동기를 하층의 콘크리트 속으로 0.1m정도 찔러 넣는다.
② 1개소당 진동시간은 다짐할 때 시멘트풀이 표면 상부로 약간 부상하기까지가 적절하다.
③ 내부진동기는 콘크리트로부터 천천히 빼내어 구멍이 남지 않도록 한다.
④ 내부진동기는 콘크리트를 횡방향으로 이동시킬 목적으로 사용한다.

해설
내부진동기
- 막대진동기(슬럼프 15cm 이하 사용)
- 횡방향 이동 시 콘크리트 재료가 분리됨

80 다음과 같이 정상 및 특급공기와 공비가 주어질 경우 비용구배(Cost Slope)는?

• 1장 1절 공사 시공방식

정 상		특 급	
공 기	공 비	공 기	공 비
20일	120,000원	15일	180,000원

① 9,000원/일
② 12,000원/일
③ 15,000원/일
④ 18,000원/일

해설
비용구배
- 비용구배 : 작업을 1일 단축할 때 추가되는 직접비용
- 비용구배 = (특급비용 − 표준비용) ÷ (표준시간 − 특급시간)
∴ (180,000 − 120,000) ÷ (20 − 15) = 12,000/일

2019년 제2회 기출해설

4과목 건설시공학

61 강말뚝의 특징에 관한 설명으로 옳지 않은 것은? •3장 2절 말뚝의 분류

① 휨강성이 크고 자중이 철근콘크리트말뚝보다 가벼워 운반취급이 용이하다.
② 강재이기 때문에 균질한 재료로서 대량생산이 가능하고 재질에 대한 신뢰성이 크다.
③ 표준관입시험 N값 50정도의 경질지반에도 사용이 가능하다.
④ 지중에서 부식되지 않으며 타 말뚝에 비하여 재료비가 저렴한 편이다.

해설

강말뚝(Steel Pile)
- 다른 종류의 말뚝에 비해 지지력이 크고 시공능률이 훨씬 우수하여 널리 사용하며 단면형에 따라 H pile과 Pipe pile로 분류함
- 재료비가 많이 들지만 지지력이 크고 시공능률이 우수하여 전체적으로 공사기간이 많이 단축되므로 대규모 공사에서는 오히려 경제적임
- 수분이나 대기에 노출되면 산화되어 단면이 감소하고 지지력이 작아짐
- 강말뚝의 부식은 보통 지반중에서는 1년에 0.05mm, 해수에 직접 노출되거나 수면 부근에 있는 경우에는 연간 0.1~0.2mm 정도를 예상하여 설계함
- 강말뚝의 부식 방지대책
  - 두께 증가 : 단순히 소요단면보다 두꺼운 부재를 사용하는 방법으로 공사비가 많이 듬
  - 도장에 의한 방법 : 부식을 방지하기 위해서 표면을 방식도장
  - 콘크리트 피복 : 부식이 심한 지표면 부근이나 건습이 되풀이되는 부분을 콘크리트로 피복
  - 전기방식법 : 전기적으로 처리하여 부식량을 1/10 이하로 감소시킴

62 바닥판 거푸집의 구조계산 시 고려해야 하는 연직하중에 해당하지 않는 것은? •4장 5절 거푸집 공사

① 굳지 않은 콘크리트 중량
② 작업하중
③ 충격하중
④ 굳지 않은 콘크리트 측압

해설

거푸집 설계 시 고려하중

바닥판, 보밑 등 수평부재 (연직방향하중)	• 작업하중 • 충격하중 • 생 콘크리트 자중
벽, 기둥, 보 옆 등 수직부재	• 생 콘크리트 자중 • 생 콘크리트 측압

정답 61 ④ 62 ④

63 원가절감에 이용되는 기법 중 VE(Value Engineering)에서 가치를 정의하는 공식은?

① 품질 ÷ 비용
② 비용 ÷ 기능
③ 기능 ÷ 비용
④ 비용 ÷ 품질

해설

VE의 가치방정식
가치(Value) = 기능(Function) ÷ 비용(Cost)

64 실비에 제한을 붙이고 시공자에게 제한된 금액 이내에 공사를 완성할 책임을 주는 공사방식은?

• 1장 1절 공사시공방식

① 실비 비율 보수가산식
② 실비 정액 보수가산식
③ 실비 한정비율 보수가산식
④ 실비 준동률 보수가산식

해설

실비정산보수가산도급
• 공사비는 건축주, 감리자, 시공자가 청산, 가장 이상적인 도급계약형태
• 장점 : 양심시공기대가능
• 단점 : 공기연장우려, 공사비 절감 노력이 없어 공사대증대우려
• 종 류
 - 실비 비율 보수가산식 : 공사실비에 일정한 보수비율을 추가로 지급
 - 실비 정액 보수가산식 : 실비가 아무리 크든지 작든지 간에 정액보수비용을 지급
 - 실비 준동률 보수가산식 : 실비를 단계별로 나누어 해당 구간에 따른 보수비율을 적용
 - 실비 한정비율 보수가산식 : 실비에 제한을 붙이고 시공자에게 제한된 금액 이내에 공사를 완성할 책임을 주는 방식

65 그림과 같이 H – 400 × 400 × 30 × 50인 형강재의 길이가 10m일 때 이 형강의 개산 중량으로 가장 가까운 값은? (단, 철의 비중은 7.85ton/m³)

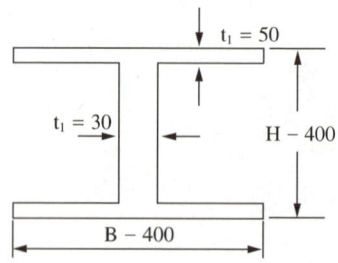

① 1ton
② 4ton
③ 8ton
④ 12ton

해설

무게 = 단면적 × 길이 × 비중
∴ [(0.4 × 0.1 × 10) + (0.03 × 0.3 × 10)] × 7.85 = 3.8ton

66 다음 보기에서 일반적인 철근의 조립순서로 옳은 것은?

• 4장 4절 철근공사

> A. 계단철근
> B. 기둥철근
> C. 벽철근
> D. 보철근
> E. 바닥철근

① A → B → C → D → E
② B → C → D → E → A
③ A → B → C → E → D
④ B → C → A → D → E

해설

철근 조립순서
- RC(Reinforced Concrete)조 : 기초 → 기둥 → 벽 → 보 → 바닥판 → 계단
- SRC(Steel Reinforced Concrete)조 : 기초 → 기둥 → 보 → 벽 → 바닥판 → 계단

67 깊이 7m 정도의 우물을 파고 이곳에 수중 모터펌프를 설치하여 지하수를 양수하는 배수공법으로 지하용수량이 많고 투수성이 큰 사질지반에 적합한 것은?

• 2장 3절 흙막이

① 집수정(Sump Pit)공법
② 깊은우물(Deep Well)공법
③ 웰포인트(Well Point)공법
④ 샌드 드레인(Sand Drain)공법

해설

깊은우물(Well Point)공법
- 우물을 파고 수중모터펌프를 설치하여 양수배수
- 넓은 범위의 지하수위 저하
- 배수성능 양호 급속시공 가능
- Heaving현상에 대응하는 공법
- 지하용수량이 많고 투수성이 큰 사질지반에 적합
- 압밀 침하량 과다로 주변대지 및 도로에 균열발생 가능

정답 66 ② 67 ②

68 벽돌, 블록 등 조적공사에서 일반적으로 가장 많이 이용되는 치장줄눈 형태는?

• 6장 1절 벽돌공사

① 평줄눈
② 볼록줄눈
③ 오목줄눈
④ 민줄눈

해설

치장줄눈(Pointing Joint)
- 벽돌 쌓기가 끝난 후 벽돌 벽에서 10mm 정도의 깊이로 줄눈 파기한 후 치장용 모르타르로 마무리하는 것
- 세로줄눈을 먼저 시공한 후에 가로줄눈을 시공
- 치장줄눈의 종류
  - 평줄눈 : 벽돌의 형태가 부정형일 때 사용, 거친 질감, 일반적으로 가장 많이 이용
  - 빗줄눈 : 벽면의 음영차가 나타남, 거친 질감을 강조할 때 사용
  - 볼록줄눈 : 면이 깨끗하고 반듯한 벽돌, 순하고 부드러운 선의 흐름, 벽면의 형태가 반듯할 때 사용
  - 민줄눈 : 형태가 고르고 깨끗한 벽돌, 깨끗한 질감, 일반적, 부드러운 느낌
  - 내민줄눈 : 면이 고르지 않은 벽돌, 줄눈의 효과가 확실함
  - 오목줄눈 : 면이 깨끗한 벽돌, 약간의 음영표시

69 철골작업용 장비 중 절단용 장비로 옳은 것은?

• 5장 1절 철골작업

① 프릭션 프레스(Friction Press)
② 플레이트 스트레이닝 롤(Plate Straining Roll)
③ 파워 프레스(Power Press)
④ 핵 소우(Hack Saw)

해설

절단방법
- 톱절단 : Angle Cutter, 정밀한 절단방법
- 전단절단 : Sheaving Machine, Plate Sheaving Machine
- 가스절단 : 자동가스절단기, 반자동가스절단기, 철판가스절단기
- 정밀도가 우수한 순서 : 톱절단 > 전단절단 > 가스절단
- 핵 소우(Hack Saw) : 손잡이용 쇠톱

68 ① 69 ④

70 어스앵커 공법에 관한 설명 중 옳지 않은 것은? • 2장 1절 흙파기

① 인근구조물이나 지중매설물에 관계없이 시공이 가능하다.
② 앵커체가 각각의 구조체이므로 적용성이 좋다.
③ 앵커에 프리스트레스를 주기 때문에 흙막이벽의 변형을 방지하고 주변 지반의 침하를 최소한으로 억제할 수 있다.
④ 본 구조물의 바닥과 기둥의 위치에 관계없이 앵커를 설치할 수도 있다.

해설

어스앵커(Earth Anchor)공법
• 흙막이 벽을 천공하고 인장재(철근, PC강선)를 삽입하여 경질지반에 정착시킴으로써 흙막이널을 지지
• 버팀대가 불필요, 토공사 범위를 한 번에 시공 가능, 기계화시공이 가능해 공기가 빠름
• 비교적 고가, 인근 구조물이나 지장 매설물이 있을 경우 시공이 곤란

71 건설현장에서 시멘트벽돌쌓기 시공 중에 붕괴사고가 가장 많이 일어날 것으로 예상할 수 있는 경우는? • 6장 1절 벽돌공사

① 0.5B쌓기를 1.0B쌓기로 변경하여 쌓을 경우
② 1일 벽돌쌓기 기준높이를 초과하여 높게 쌓을 경우
③ 습기가 있는 시멘트벽돌을 사용할 경우
④ 신축줄눈을 설치하지 않고 시공할 경우

해설

벽돌쌓기 붕괴사고의 대표적인 원인은 기준높이 초과임

벽돌쌓기 시공 시 주의사항 - 일반벽돌
• 줄눈은 가로는 벽돌벽 기준틀에 수평실을 치고 세로는 다림추로 일직선상에 오도록 함
• 굳기 시작한 모르타르는 사용하지 않음 (물을 부어 비빈 후 1시간 이내에 사용)
• 하루 벽돌의 쌓는 높이는 1.2m를 표준으로 하고 최대 1.5m 이내로 함
• 붉은벽돌은 쌓기 전에 충분한 물축임을 하고 시멘트벽돌은 쌓으면서 뿌리거나 쌓는 벽 옆에서 뿌림

정답 70 ① 71 ②

72 시간이 경과함에 따라 콘크리트에 발생되는 크리프(Creep)의 증가원인으로 옳지 않은 것은?

• 4장 3절 콘크리트 배합

① 단위 시멘트량이 적을 경우
② 단면의 치수가 작을 경우
③ 재하시기가 빠를 경우
④ 재령이 짧을 경우

해설

크리프(Creep)의 증가원인
• 부재단면의 치수가 작을수록
• 재하시기가 빠를수록
• 재령이 짧을수록
• 물시멘트비가 클수록
• 단위 시멘트량이 많을수록
• 온도가 높고, 습도가 작을수록
• 응력이 클수록

73 콘크리트 타설과 관련하여 거푸집 붕괴사고 방지를 위하여 우선적으로 검토·확인하여야 할 사항 중 가장 거리가 먼 것은?

• 4장 5절 거푸집 공사

① 콘크리트 측압 확인
② 조임철물 배치간격 검토
③ 콘크리트의 단기 집중타설 여부 검토
④ 콘크리트의 강도 측정

해설

거푸집 붕괴사고 방지대책
• 콘크리트 측압 확인
• 조임철물 배치간격 검토
• 콘크리트 단기 집중타설 여부 검토
• 수평, 수직, 측압, 풍하중, 편심하중 검토

74 터파기용 기계장비가운데 장비의 작업면보다 상부의 흙을 굴삭하는 장비는?

• 2장 2절 토공기계

① 불도저(Bull Dozer)
② 모터 그레이더(Motor Grader)
③ 클램쉘(Clam Shell)
④ 파워쇼벨(Power Shovel)

해설

파워쇼벨(Power Shovel)
버킷이 외측으로 움직여 기계가 서 있는 위치보다 높은 곳의 굴착에 적당

72 ① 73 ④ 74 ④

75 다음 중 콘크리트에 AE제를 넣어주는 가장 큰 목적은? • 4장 2절 콘크리트 재료

① 압축강도 증진
② 부착강도 증진
③ 워커빌리티 증진
④ 내화성 증진

해설
콘크리트 혼화재료 중 AE제를 넣는 이유는 워커빌리티를 증진시키기 위함

76 다음 설명에 해당하는 공사낙찰자 선정방식은? • 1장 3절 공사현장관리

> 예정가격 대비 85% 이상 입찰자 중 가장 낮은 금액으로 입찰한 자를 선정하는 방식으로, 최저가 낙찰자를 통한 덤핑의 우려를 방지할 목적을 지니고 있다.

① 부찰제
② 최저가 낙찰제
③ 제한적 최저가 낙찰제
④ 최적격 낙찰제

해설
제한적 최저가 낙찰제 : 덤핑에 의한 부실공사의 방지 목적으로 예정 가격의 85% 이상 중 가장 최저가로 입찰한 자 선정

77 철근콘크리트 구조의 철근 선조립 공법의 순서로 옳은 것은? • 4장 4절 철근공사

① 시공도 작성 → 공장절단 → 가공 → 이음·조립 → 운반 → 현장부재양중 → 이음·설치
② 공장절단 → 시공도 작성 → 가공 → 이음·조립 → 이음·설치 → 운반 → 현장부재양중
③ 시공도 작성 → 가공 → 공장절단 → 운반 → 현장부재양중 → 이음·조립 → 이음·설치
④ 시공도 작성 → 공장절단 → 운반 → 가공 → 이음·조립 → 현장부재양중 → 이음·설치

해설
철근 조립순서
시공도 작성 → 공장절단 → 가공 → 이음·조립 → 운반 → 현장부재양중 → 이음·조립

정답 75 ③ 76 ③ 77 ①

78 용접불량의 일종으로 용접의 끝부분에서 용착금속이 채워지지 않고 홈처럼 우묵하게 남아 있는 부분을 무엇이라 하는가? • 5장 1절 철골작업

① 언더컷
② 오버랩
③ 크레이터
④ 크 랙

해설

언더컷(Under-cut) : 모재가 녹아 용착 금속이 채워지지 않고 홈으로 남게 된 부분

79 기초공사 중 언더피닝(Under Pinning) 공법에 해당하지 않는 것은? • 2장 1절 흙파기

① 2중 널말뚝 공법
② 전기침투 공법
③ 강재말뚝 공법
④ 약액주입법

해설

언더피닝(Underpinning) 공법
• 기존 구조물의 침하방지를 위한 밑받이 보호 공법
• 기존 건축물과 인접하여 시공 시 기존 구조물의 기초를 보강하거나 새로운 기초를 설치
• 공법의 종류
 - 이중널말뚝 공법
 - 차단벽 설치 공법
 - 현장타설 콘크리트 말뚝설치 보강 공법
 - 강재말뚝 보강 공법
 - 약액주입법
 - Jack Support 지지
 - Bracket설치지지

80 네트워크 공정표의 주공정(Critical Path)에 관한 설명으로 옳지 않은 것은? • 1장 2절 공사계획

① TF가 0(Zero)인 작업을 주공정작업이라 한다.
② 총 공기는 공사착수에서부터 공사완공까지의 소요시간의 합계이며, 최장시간이 소요되는 경로이다.
③ 주공정은 고정적이거나 절대적인 것이 아니고 가변적이다.
④ 주공정에 대한 공기단축은 불가능하다.

해설

Critical Path(CP : 주공정선)
• 주어진 Project에서 소요시간이 가장 긴 일련의 작업들의 경로를 Critical Path라 함
• TF(Total Float)가 0(Zero)인 작업을 주공정작업이라 하고, 이들을 연결한 공정을 주공정이라 하며 주공정을 단축시키는 것이 핵심

2019년 제1회 기출해설

4과목 건설시공학

61 철근콘크리트부재의 피복두께를 확보하는 목적과 거리가 먼 것은? •4장 4절 철근공사

① 철근이음 시 편의성
② 내화성 확보
③ 철근의 방청
④ 콘크리트의 유동성 확보

해설

최소피복두께
- 콘크리트의 표면에서 가장 바깥쪽 철근의 표면까지의 최단거리를 피복두께라고 함
- 철근콘크리트 부재에 최소피복두께를 두는 이유는 철근의 부식 방지, 내화목적, 철근의 부착강도 향상, 콘크리트의 유동성 확보 등임

62 철골공사에서 철골 세우기 순서가 옳게 연결된 것은? •5장 2절 철골세우기

> A. 기초 볼트위치 재점검
> B. 기둥 중심선 먹매김
> C. 기둥 세우기
> D. 주각부 모르타르 채움
> E. Base Plate의 높이 조정용 Plate 고정

① A → B → C → D → E
② B → A → E → C → D
③ B → A → C → D → E
④ E → D → B → A → C

해설

시공순서
중심선 먹매김 → 기초 볼트 설치 → 콘크리트 타설 → 베이스 플레이트 고정 → 기둥 세우기 → 주각부 모르타르 채움

정답 61 ① 62 ②

63 지반개량공법 중 강제압밀 또는 강제압밀탈수공법에 해당하지 않는 것은?

• 2장 5절 연약지반 개량공법

① 프리로딩공법
② 페이퍼드레인공법
③ 고결공법
④ 샌드드레인공법

해설

강제압밀공법
- 여성토(Surcharge)공법
- 프리로딩(Preloading)공법
- 프리콤프레션(Precompression)공법
- 페이퍼드레인(Paper Drain)공법
- 샌드드레인(Sand Drain)공법
- 플라스틱드레인(Plastic Drain) 공법

64 거푸집이 콘크리트 구조체의 품질에 미치는 영향과 역할이 아닌 것은?

• 4장 5절 거푸집 공사

① 콘크리트가 응결하기까지의 형상, 치수의 확보
② 콘크리트 수화반응의 원활한 진행을 보조
③ 철근의 피복두께 확보
④ 건설 폐기물의 감소

해설

거푸집 시공목적
- 콘크리트가 응결하기까지의 형상과 치수유지
- 콘크리트 수화반응에 필요한 수분과 시멘트풀의 누출방지
- 철근의 피복두께 확보 및 양생을 위한 외기 영향방지

65 다음 중 철근공사의 배근순서로 옳은 것은?

• 4장 5절 거푸집 공사

① 벽 → 기둥 → 슬래브 → 보
② 슬래브 → 보 → 벽 → 기둥
③ 벽 → 기둥 → 보 → 슬래브
④ 기둥 → 벽 → 보 → 슬래브

해설

거푸집 조립순서
기초 → 기둥 → 보받이 내력벽 → 큰 보 → 작은 보 → 바닥판 → 계단 → 외벽

정답 63 ③ 64 ④ 65 ④

66 철근콘크리트에서 염해로 인한 철근부식 방지대책으로 옳지 않은 것은? • 4장 4절 철근공사

① 콘크리트 중의 염소 이온량을 적게 한다.
② 에폭시 수지 도장 철근을 사용한다.
③ 방청제 투입을 고려한다.
④ 물-시멘트비를 크게 한다.

해설
철근의 부식 방지 대책
• 콘크리트 중의 염소 이온량을 적게 함
• 에폭시 수지 도장 철근을 사용
• 방청제 투입을 고려
• 물-시멘트비를 최소로 함
• 철근피복두께를 충분히 확보
• 수밀콘크리트를 만들고 콜드조인트가 없게 시공
• 철근 표면에 부동태막을 유지하도록 pH11 이상의 강알카리 환경 유지

67 공사 중 시방서 및 설계도서가 서로 상이할 때의 우선순위에 관한 설명으로 옳지 않은 것은? • 1장 3절 공사현장관리

① 설계도면과 공사시방서가 상이할 때는 설계도면을 우선한다.
② 설계도면과 내역서가 상이할 때는 설계도면을 우선한다.
③ 일반시방서와 전문시방서가 상이할 때는 전문시방서를 우선한다.
④ 설계도면과 상세도면이 상이할 때는 상세도면을 우선한다.

해설
시방서와 설계도서가 상이할 때 우선순위
• 설계도면과 공사시방서가 상이할 때는 공사감리자와 협의
• 설계도면과 내역서가 상이할 때는 설계도면을 우선
• 일반시방서와 전문시방서가 상이할 때는 전문시방서를 우선
• 설계도면과 상세도면이 상이할 때는 상세도면을 우선

68 건축시공의 현대화 방안 중 3S System과 거리가 먼 것은? • 1장 1절 공사 시공방식

① 작업의 표준화 ② 작업의 단순화
③ 작업의 전문화 ④ 작업의 기계화

해설
건축시공의 3S 시스템
• 단순화(Simplification)
• 표준화(Standardization)
• 전문화(Specification)

정답 66 ④ 67 ① 68 ④

69 개방잠함공법(Open Caisson Method)에 관한 설명으로 옳은 것은?
• 3장 3절 기초

① 건물외부 작업이므로 기후의 영향을 많이 받는다.
② 지하수가 많은 지반에서는 침하가 잘 되지 않는다.
③ 소음발생이 크다.
④ 실의 내부 갓 둘레부분을 중앙 부분보다 먼저 판다.

해설

잠함(Caisson) 기초
- 수상이나 지상에서 미리 제작한 속이 빈 콘크리트 또는 강재구조물을 자중이나 적재하중을 가하여 지지층까지 침하시킨 후 그 바닥을 콘크리트로 막고 모래, 자갈, 또는 콘크리트 등으로 속채움을 하여 설치하는 기초
- 케이슨은 상부구조물의 하중과 토압 및 수압 뿐만 아니라 시공 중에 받게 되는 모든 하중조건에 대해서도 충분히 안전하도록 설계되어야 하고, 견고한 지지층에 충분히 관입시켜야 함
- 지중에 설치하는 기초 케이슨에는 압축공기를 이용하여 케이슨 내에 침입하는 물을 막으면서 시공하는 공기케이슨과 대기압에서 내부바닥을 굴착하는 오픈케이슨 등 두가지 종류가 있음
- 장점 : 소음, 진동이 없음, 출수가 많은 곳에 유리
- 단점 : 침하량판단 및 경사각의 측정과 조정이 어려움, 정확한 시공을 요하며 공사비가 많이 듦, 지하수가 많은 지반에서는 침하가 잘 되지 않음

70 분할도급 발주 방식 중 지하철공사, 고속도로공사 및 대규모 아파트단지 등의 공사에 채용하면 가장 효과적인 것은?
• 1장 3절 공사현장관리

① 직종별 공종별 분할도급
② 공정별 분할도급
③ 공구별 분할도급
④ 전문공종별 분할도급

해설

분할도급 종류
- 전문공종별 : 전체공사를 건축, 기계설비, 전기설비 등으로 세분하여 계약하는 방식
- 직종별, 공종별 : 건축, 기계설비, 전기설비 등을 또다시 세분화하여 전문업자와 계약하는 방식으로 직영제도에 가깝고 건축주의 의도를 잘 반영함
- 공정별 : 정지, 기초, 구체, 마무리 공사 등의 과정별로 나누어 도급주는 방식
- 공구별 : 대규모 공사에서 지역별로 공사를 구분하여 발주하는 방식

69 ② 70 ③

71 연질의 점토지반에서 흙막이 바깥에 있는 흙의 중량과 지표위에 적재하중의 중량에 못 견디어 저면 흙이 붕괴되고 흙막이 바깥에 있는 흙이 안으로 밀려 불룩하게 되는 현상을 무엇이라고 하는가?

• 2장 3절 흙막이

① 보일링 파괴
② 히빙 파괴
③ 파이핑 파괴
④ 언더 피닝

해설

히빙(Heaving) 현상
연약점토지반에서 굴착작업 시 흙막이벽 내외의 흙의 중량차이로 인해 저면흙이 지지력을 상실하여 붕괴되어 흙막이 바깥에 있는 흙이 흙막이벽 선단을 돌며 밀려들어와 굴착 저면이 부풀어 오르는 현상

72 프리플레이스트 콘크리트의 서중 시공 시 유의사항으로 옳지 않은 것은? • 4장 3절 콘크리트 배합

① 애지데이터 안의 모르타르 저류시간을 짧게 한다.
② 수송관 주변의 온도를 높여 준다.
③ 응결을 지연시키며 유동성을 크게 한다.
④ 비빈 후 즉시 주입한다.

해설

서중 시공 시 유의사항
• 교반기내의 모르타르 저류시간을 짧게 함
• 비빈 후 즉시 주입
• 수송관 주변의 온도를 낮춤
• 응결을 지연시키며 유도성을 크게 함
• 유동성을 유지시킬 수 있는 혼화제를 추가로 혼입

73 잡석지정의 다짐량이 $5m^3$일 때 틈막이로 넣는 자갈의 양으로 가장 적당한 것은? • 3장 1절 지정

① $0.5m^3$
② $1.5m^3$
③ $3.0m^3$
④ $5.0m^3$

해설

잡석지정
• 지름 10~30cm 정도의 깬돌을 세워서 깔고 사춤자갈을 채워서 다지는 지정
• 사춤자갈량 = 잡석량 × 30%

정답 71 ② 72 ② 73 ②

74 석공사에서 건식공법에서 관한 설명으로 옳지 않은 것은?

① 하지철물의 부식문제와 내부단열재 설치문제 등이 나타날 수 있다.
② 긴결 철물과 채움 모르타르로 붙여 대는 것으로 외벽공사 시 빗물이 스며들어 들뜸, 백화현상 등이 발생하지 않도록 한다.
③ 실런트(Sealant) 유성분에 의한 석재면의 오염문제는 비오염성 실런트로 대체하거나, Open Joint 공법으로 대체하기도 한다.
④ 강재트러스, 트러스지지공법 등 건식공법은 시공정밀도가 우수하고, 작업능률이 개선되며, 공기단축이 가능하다.

해설
백화현상은 습식공법에서 발생함

75 PERT/CPM의 장점이 아닌 것은? • 1장 2절 공사계획

① 변화에 대한 신속한 대책수립이 가능하다.
② 비용과 관련된 최적안 선택이 가능하다.
③ 작업선후 관계가 명확하고 책임소재 파악이 용이하다.
④ 주공정(Critical Path)에 의해서만 공기관리가 가능하다.

해설
PERT/CPM의 장단점

PERT/CPM의 장점	PERT/CPM의 단점
• 상세한 계획을 수립가능하고, 변화나 변경에 대한 신속 대처 가능 • 작업착수전 문제점 파악 및 중점관리 가능 • 제자원의 효율화 • 총소요기간의 정도가 향상됨 • 시간단축, 비용절감 • 정확한 계획 분석이 가능 • 정보교환이 용이함	• 계획과 이에 필요한 자료의 자세한 검토·손질이 요망됨 • 관계자 전원의 참여 및 서로 책임을 져야 함 • 단순한 작업에서부터 고도의 훈련을 쌓아야 적용 가능 • 자원의 부족은 전제하지 않고, 전단계의 활동에 의해서만 활동이 수행된다는 가정은 의문이 있을 수 있고, 계산 방법의 정확성에 대해서도 비판이 있음

76 콘크리트 타설 시 거푸집에 작용하는 측압에 관한 설명으로 옳지 않은 것은?

• 4장 5절 거푸집 공사

① 기온이 낮을수록 측압은 작아진다.
② 거푸집의 강성이 클수록 측압은 커진다.
③ 진동기를 사용하여 다질수록 측압은 커진다.
④ 조강시멘트 등을 활용하면 측압은 작아진다.

해설

거푸집의 측압에 영향을 주는 요소
- Concrete 타설 속도 : 속도가 빠를수록 측압이 큼
- 반죽질기(Consistency) : 묽은 콘크리트일수록, 슬럼프값이 클수록 측압이 큼
- 콘크리트의 비중 : 비중이 클수록 측압이 큼
- 시멘트양 : 부배합일수록 큼
- Concrete의 온도 및 습도 : 온도가 높고 습도가 낮으면 경화가 빠르므로 Concrete 측압은 작아짐
- 시멘트의 종류 : 조강 시멘트 등 응력시간이 빠를수록 작아짐
- 거푸집 표면의 평활도 : 표면이 평활하면 마찰계수가 적게 되어 측압이 큼
- 거푸집의 특수성 및 누수성 : 투수성 및 누수성이 클수록 측압이 작아짐
- 진동기의 사용 : 진동기를 사용하여 다질수록 측압이 큼(30% 정도 증가)
- 붓기방법 : 높은 곳에서 낙하시켜 충격을 주면 측압은 커짐
- 거푸집의 강성 : 거푸집의 강성이 클수록 측압이 큼
- 철골 또는 철근량 : 철공 또는 철근량이 많을수록 측압이 작아짐

77 내화피복의 공법과 재료와의 연결이 옳지 않은 것은?

• 4장 4절 철근공사

① 타설공법 – 콘크리트, 경량콘크리트
② 조적공법 – 콘크리트, 경량콘크리트 블록, 돌, 벽돌
③ 미장공법 – 뿜칠 플라스터, 알루미나 계열 모르타르
④ 뿜칠공법 – 뿜칠 암면, 습식 뿜칠 암면, 뿜칠 모르타르

해설

내화피복

습식공법	뿜칠공법	강 주위를 뿜칠 암면, 습식 뿜칠 암면, 뿜칠 모르타르로 피복
	타설공법	강 주위를 콘크리트, 경량콘크리트로 5cm 이상 타설
	미장공법	강 주위를 철망을 사용하여 모르타르와 플라스터로 미장
	조적공법	강 주위를 콘크리트, 경량콘크리트 블록, 돌, 벽돌로 쌓음
건식공법	성형판붙임	ALC판, 석고보드 등으로 붙임
	기 타	피복공법, 세라믹울, 휘감기 등
합성공법		천장판, PC판 등 마감재와 동시에 피복공사를 실시

정답 76 ① 77 ③

78 철골공사의 기초상부 고름질 방법에 해당되지 않는 것은?
• 5장 2절 철골세우기

① 전면바름 마무리법
② 나중 채워넣기 중심바름법
③ 나중 매입공법
④ 나중 채워넣기법

해설

기초상부 고름질 방법
전면바름 마무리법, 나중채워넣기 중심바름법, 나중채워넣기 십자(+)바름법, 완전나중채워넣기법

79 보강 콘크리트 블록조 공사에서 원칙적으로 기초 및 테두리보에서 위층의 테두리보까지 잇지 않고 배근하는 것은?
• 6장 2절 블록공사

① 세로근
② 가로근
③ 철 선
④ 수평횡근

해설

세로근은 줄기초에서 그 위의 보까지 하나의 철근으로 하는 것이 이상적

80 말뚝재하시험의 주요목적과 거리가 먼 것은?
• 3장 1절 지정

① 말뚝길이의 결정
② 말뚝 관입량 결정
③ 지하수위 추정
④ 지지력 추정

해설

말뚝재하시험(Pile Load Test)
• 말뚝길이의 결정
• 말뚝 관입량 결정
• 지지력 추정

2018년 제4회 기출해설

61 콘크리트 타설 후 진동다짐에 관한 설명으로 옳지 않은 것은? •4장 3절 콘크리트 배합

① 진동기는 하층 콘크리트에 10cm 정도 삽입하여 상하층 콘크리트를 일체화 시킨다.
② 진동기는 가능한 연직방향으로 찔러 넣는다.
③ 진동기를 빼낼 때는 서서히 뽑아 구멍이 남지 않도록 한다.
④ 된비빔 콘크리트의 경우 구조체의 철근에 진동을 주어 진동효과를 좋게 한다.

해설
• 진동다짐
  – 콘크리트를 거푸집 구석구석까지 충진시키고 밀실하게 콘크리트를 넣기 위함
  – 진동다짐기계(Vibrator)는 Slump 15cm 이하의 된 비빔 콘크리트에 사용함을 원칙으로 함
  – 가급적 모래의 양을 적게 하는 배합을 함
  – 콘크리트 붓기(진동 다짐1회) 높이는 30~60cm가 표준, 진동기는 하층 콘크리트에 10cm 정도 삽입
  – 막대진동기는 1일 콘크리트 작업량 20m³마다 1대로 잡는 것이 표준
  – 내부진동기 : 막대진동기(슬럼프 15cm 이하 사용)
  – 외부진동기 : 거푸집진동기, 표면진동기
• 진동기 사용 시 유의점
  – 수직으로 사용
  – 철근에 닿지 않도록 함
  – 간격은 진동이 중복되지 않는 범위에서 60cm 이하로 함
  – 사용기간은 30~40초가 적당
  – 콘크리트에 구멍이 남지 않도록 서서히 빼냄
  – 굳기 시작한 콘크리트에는 사용하지 않음

62 속빈 콘크리트블록의 규격 중 기본블록치수가 아닌 것은? (단, 단위 : mm) •6장 2절 블록공사

① 390 × 190 × 190
② 390 × 190 × 150
③ 390 × 190 × 100
④ 390 × 190 × 80

해설
블록의 치수

형상	치수(mm)		
	길이	높이	두께
기본블록	390	190	190
			150
			100
이형블록	• 길이, 높이, 두께의 최소 치수를 90mm 이상으로 함 • 가로근 삽입 블록, 모서리 블록과 기본 블록과 동일한 크기인 것의 치수 및 허용치는 기본 블록에 따름		

정답 61 ④ 62 ④

63 철골공사의 용접접합에서 플럭스(Flux)를 옳게 설명한 것은? •5장 1절 철골작업

① 용접 시 용접봉의 피복제 역할을 하는 분말상의 재료
② 압연강판의 층 사이에 균열이 생기는 현상
③ 용접작업의 종단부에 임시로 붙이는 보조판
④ 용접부에 생기는 미세한 구멍

해설
플럭스 : 용접 시 용접봉의 피복제 역할을 하는 분말상의 재료

64 콘크리트 측압에 관한 설명으로 옳지 않은 것은? •4장 5절 거푸집 공사

① 콘크리트의 비중이 클수록 측압이 크다.
② 외기의 온도가 낮을수록 측압이 크다.
③ 거푸집의 강성이 작을수록 측압이 크다.
④ 진동다짐의 정도가 클수록 측압이 크다.

해설
거푸집의 측압에 영향을 주는 요소
- Concrete 타설 속도 : 속도가 빠를수록 측압이 큼
- 반죽질기(Consistency) : 묽은 콘크리트일수록, 슬럼프 값이 클수록 측압이 큼
- 콘크리트의 비중 : 비중이 클수록 측압이 큼
- 시멘트양 : 부배합일수록 큼
- Concrete의 온도 및 습도 : 온도가 높고 습도가 낮으면 경화가 빠르므로 Concrete 측압은 작아짐
- 시멘트의 종류 : 조강 시멘트 등 응력시간이 빠를수록 작아짐
- 거푸집 표면의 평활도 : 표면이 평활하면 마찰계수가 적게 되어 측압이 큼
- 거푸집의 투수성 및 누수성 : 투수성 및 누수성이 클수록 측압이 작아짐
- 진동기의 사용 : 진동기를 사용하여 다질수록 측압이 큼(30% 정도 증가)
- 붓기방법 : 높은 곳에서 낙하시켜 충격을 주면 측압은 커짐
- 거푸집의 강성 : 거푸집의 강성이 클수록 측압이 큼
- 철골 또는 철근량 : 철공 또는 철근량이 많을수록 측압은 작아짐

65 철근콘크리트 보강 블록공사에 관한 설명으로 옳지 않은 것은? •6장 2절 블록공사

① 보강 블록조 쌓기에서 세로줄눈은 막힌줄눈으로 하는 것이 좋다.
② 블록을 쌓을 때 지나치게 물축이기하면 팽창수축으로 벽체에 균열이 생기기 쉬우므로, 접착면에 적당히 물축여 모르타르 경화강도에 지장이 없도록 한다.
③ 보강블록공사 시 철근은 굵은 것보다 가는 철근을 많이 넣는 것이 좋다.
④ 벽체를 일체화시키기 위한 철근콘크리트조의 테두리 보의 춤은 내력벽 두께의 1.5배 이상으로 한다.

해설
보강 콘크리트 블록 : 보강 블록조는 통줄눈 쌓기를 원칙으로 함

66 공사관리계약(Construction Management Contract) 방식의 장점이 아닌 것은?

• 1장 1절 공사시공방식

① 시공 시 단계별 시공법을 적용할 수 있어 설계 및 시공기간을 단축시킬 수 있다.
② 설계과정에서 설계가 시공에 미치는 영향을 예측할 수 있어 설계도서의 현실성을 향상시킬 수 있다.
③ 기획 및 설계과정에서 발주자와 설계자간의 의견대립 없이 설계대안 및 특수공법의 적용이 가능하다.
④ 대리인형 CM(CM for Fee) 방식은 공사비와 품질에 직접적인 책임을 지는 공사관리계약방식이다.

해설

CM(Construction Management)방식
• 시공 시 단계별 시공법을 적용할 수 있어 설계 및 시공기간을 단축
• 설계과정에서 설계가 시공에 미치는 영향을 예측할 수 있어 설계도서의 현실성을 향상
• 기획 및 설계과정에서 발주자와 설계자간의 의견대립 없이 설계대안 및 특수공법의 적용이 가능
• 전문가집단이 전 과정에 참여하여 공기단축, 공사비 절감을 위해 프로젝트를 통합관리
• 설계 후 입찰·시공이 아니라 설계와 시공을 병행하여 공기단축·원가절감, 설계자와 시공자의 의사소통문제 해결

67 다음 중 깊은기초지정에 해당되는 것은?

• 3장 3절 기초

① 잡석지정
② 피어기초지정
③ 밑창콘크리트지정
④ 긴주춧돌지정

해설

깊은기초(Deep Foundation)
• 하중지지 형태에 따라서는 선단지지말뚝과 마찰말뚝이 있음
• 말뚝형태에 따라서는 말뚝기초, 피어기초, 케이슨 기초가 있음

68 당해 공사의 특수한 조건에 따라 표준시방서에 대하여 추가, 변경, 삭제를 규정한 시방서는?

• 1장 3절 공사현장관리

① 안내시방서   ② 특기 시방서
③ 자료시방서   ④ 공사 시방서

해설

특기 시방서 : 당해 공사의 특수한 조건에 따라 표준 시방서에 대하여 추가, 변경, 삭제를 규정한 것

정답 66 ④ 67 ② 68 ②

69 흙막이공사의 공법에 관한 설명으로 옳은 것은? •2장 1절 흙파기

① 지하연속벽(Slurry Wall)공법은 인접건물의 근접시공은 어려우나 수평방향의 연속성이 확보된다.
② 어스앵커공법은 지하 매설물 등으로 시공이 어려울 수 있으나 넓은 작업장 확보가 가능하다.
③ 버팀대(Strut)공법은 가설구조물을 설치하지만 토량제거 작업의 능률이 향상된다.
④ 강재 널말뚝(Steel Sheet Pile)공법은 철재판재를 사용하므로 수밀성이 부족하다.

해설

어스앵커(Earth Anchor)공법
• 흙막이 벽을 천공하고 인장재(철근, PC강선)를 삽입하여 경질지반에 정착시킴으로써 흙막이널을 지지
• 버팀대가 불필요, 토공사 범위를 한 번에 시공 가능, 기계화시공이 가능해 공기가 빠름
• 비교적 고가, 인근 구조물이나 지장 매설물이 있을 경우 시공이 곤란

---

70 콘크리트 골재의 비중에 따른 분류로서 초경량골재에 해당하는 것은? •4장 2절 콘크리트 재료

① 중정석   ② 퍼라이트
③ 강모래   ④ 부순자갈

해설

골재의 종류 – 경량골재
• 보통골재보다 비중이 작은 골재
• 콘크리트의 중량경감, 단열 등의 목적으로 사용

천연경량골재	경석화산력, 응회암, 용암
인공경량골재	팽창성 혈암, 팽창성점토, 플라이애시 등을 주원료로 하여 소성, 팽창한 골재
부산경량골재	팽창슬래그, 석탄찌꺼기 등과 같은 산업부산물을 주원료로 한 골재 및 그 가공품
초경량골재	퍼라이트

---

71 자연상태로서의 흙의 강도가 1MPa이고, 이긴상태로의 강도는 0.2MPa라면 이 흙의 예민비는?
•2장 5절 연약지반 개량공법

① 0.2   ② 2
③ 5   ④ 10

해설

예민비
• 흙을 이김에 의해서 약해지는 정도를 표시한 것
• 예민비 = 불교란시료의 일축압축강도 ÷ 교란시료의 일축압축강도
∴ 1 ÷ 0.2 = 5

정답 69 ② 70 ② 71 ③

72 철근 용접이음 방식 중 Cad Welding 이음의 장점이 아닌 것은? • 5장 1절 철골작업

① 실시간 육안검사가 가능하다.
② 기후의 영향이 적고 화재위험이 감소된다.
③ 각종 이형철근에 대한 적용범위가 넓다.
④ 예열 및 냉각이 불필요하고 용접시간이 짧다.

해설

Cad Welding
• 기후의 영향이 적고 화재위험 감소
• 각종 이형철근에 대한 적용범위가 넓음
• 예열 및 냉각이 필요없고 용접시간이 짧음
• 실시간 육안검사가 불가능

73 공사계약 중 재계약 조건이 아닌 것은? • 1장 1절 공사시공방식

① 설계도면 및 시방서(Specification)의 중대결함 및 오류에 기인한 경우
② 계약상 현장조건 및 시공조건이 상이(Difference)한 경우
③ 계약사항에 중대한 변경이 있는 경우
④ 정당한 이유 없이 공사를 착수하지 않은 경우

해설

공사계약 중 재계약 조건
• 설계도면 및 시방서의 중대한 결함, 오류에 기인한 경우
• 계약상 현장조건 및 시공조건이 상이한 경우
• 계약사항에 중대한 변경이 있는 경우

74 발주자가 수급자에게 위탁하지 않고 직영공사로 공사를 수행하기에 가장 부적합한 공사는? • 1장 3절 공사현장관리

① 공사 중 설계변경이 빈번한 공사
② 아주 중요한 시설물공사
③ 군비밀상 부득이한 공사
④ 공사현장 관리가 비교적 복잡한 공사

해설

직영공사가 필요한 경우
• 공사 중 설계변경이 빈번한 공사
• 매우 중요한 시설물 공사
• 비밀유지가 필요한 공사

75 강재 중 SN 355 B에서 각 기호의 의미를 잘못 나타낸 것은?

① S – Steel
② N – 일반 구조용 압연강재
③ 355 – 최저 항복강도 355N/mm^2
④ B – 용접성에 있어 중간 정도의 품질

해설
SN(Steel New Structure) : 일반 구조용이 아닌 건축 구조용 내진용 압연강재임

76 지반개량 공법 중 동다짐(Dynamic Compaction)공법의 특징으로 옳지 않은 것은?

• 2장 5절 연약지반 개량공법

① 시공 시 지반진동에 의한 공해문제가 발생하기도 한다.
② 지반 내에 암괴 등의 장애물이 있으면 적용이 불가능하다.
③ 특별한 약품이나 자재를 필요로 하지 않는다.
④ 깊은 심도의 지반개량에 대해서는 초대형 장비가 필요하다.

해설
동다짐 공법[동압밀(점토)]
• 말뚝을 땅속에 여러 개 박아서 말뚝의 체적만큼 흙을 배제하여 압축
• 간극을 감소시켜 강도를 증진시키는 공법, 무거운 추를 반복 자유낙하함
• 지반진동으로 인한 공해문제가 발생하기도 함
• 깊은 심도의 지반개량에 대해서는 초대형 장비가 필요
• 특별한 약품이나 자재를 필요로 하지 않음
• 지반 내에 암괴 등의 장애물이 있어도 가능

77 철근콘크리트 구조물(5~6층)을 대상으로 한 벽, 지하외벽의 철근 고임대 및 간격재의 배치표준으로 옳은 것은?

• 4장 5절 거푸집 공사

① 상단은 보 밑에서 0.5m
② 중단은 상단에서 2.0m 이내
③ 횡간격은 0.5m 정도
④ 단부는 2.0m 이내

해설
간격재(Spacer) : 철근과 거푸집의 간격 유지를 위한 것으로 상단은 보 밑에서 0.5m
② 중단은 상단에서 1.5m 이내
③ 횡간격은 1.5m 정도
④ 단부는 1.5m 이내

78 철골부재 공장제작에서 강재의 절단 방법으로 옳지 않은 것은?

① 기계 절단법
② 가스 절단법
③ 로터리 베니어 절단법
④ 프라즈마 절단법

해설
로터리 베니어는 강재가 아닌 목재를 벗기는 방식임

79 벽돌쌓기법 중에서 마구리를 세워 쌓는 방식으로 옳은 것은? • 6장 1절 벽돌공사

① 옆세워 쌓기
② 허튼 쌓기
③ 영롱 쌓기
④ 길이 쌓기

해설
옆세워 쌓기 : 마구리면이 내보이도록 벽돌 벽면을 수직으로 세움

80 연약한 점토지반에서 지반의 강도가 굴착규모에 비해 부족할 경우에 흙이 돌아 나오거나 굴착바닥면이 융기하는 현상은? • 2장 3절 흙막이

① 히 빙
② 보일링
③ 파이핑
④ 틱소트로피

해설
히빙(Heaving) 현상
연약점토지반에서 굴착작업 시 흙막이벽 내외의 흙의 중량차로 인해 저면흙이 지지력을 상실하여 붕괴되어 흙막이 바깥에 있는 흙이 흙막이벽 선단을 돌며 밀려들어와 굴착 저면이 부풀어 오르는 현상

정답 78 ③ 79 ① 80 ①

2018년 제2회 기출해설

61 수평, 수직적으로 반복된 구조물을 시공 이음 없이 균일한 형상으로 시공하기 위하여 요크(Yoke), 로드(Rod), 유압잭(Jack)을 이용하여 거푸집을 연속적으로 이동시키면서 콘크리트를 타설할 수 있는 시스템거푸집은?
• 4장 5절 거푸집 공사

① 슬라이딩 폼
② 갱 폼
③ 터널 폼
④ 트레블링 폼

해설
슬라이딩 폼(Sliding Form, 슬립 폼)
• 거푸집 높이는 약 1m, 하부가 벌어진 원형 철판 거푸집을 요크로 서서히 끌어올리는 공법
• 1일 5~10m 정도 수직시공이 가능, 공기가 약 1/3 단축되어 소요 경비가 절감됨
• 연속적으로 부어넣으므로 일체성을 확보할 수 있음
• 형상 및 치수가 정확하며 시공오차가 적음
• 타설작업과 마감작업을 병행할 수 있음
• 시공이음 없이 콘크리트를 타설
• 콘크리트를 부어올리면서 유압잭 등을 이용하여 거푸집을 연속적으로 끌어올림
• 구조물 형태에 따른 사용 제약이 있음
• 굴뚝이나 사일로(Silo) 등 평면형상이 일정하고 돌출부가 없는 구조물 공사에 적합

62 다음 중 철골세우기용 기계가 아닌 것은?
• 5장 2절 철골세우기

① Stiff Leg Derrick
② Guy Derrick
③ Penumatic Hammer
④ Truck Crane

해설
세우기용 기계
• 가이데릭(Guy Derrick)
• 스티프레그 데릭(Stiff Leg Derrick)
• 진폴(Gin Pole)
• 트럭크레인(Truck Crane)
• 타워크레인(Tower Crane)
• 러핑크레인(Luffing Crane)

61 ① 62 ③

63 콘크리트의 수화작용 및 워커빌리티에 영향을 미치는 요소에 관한 설명으로 옳지 않은 것은?

• 4장 3절 콘크리트 배합

① 시멘트의 분말도가 클수록 수화작용이 빠르다.
② 단위수량을 증가시킬수록 재료분리가 감소하여 워커빌리티가 좋아진다.
③ 비빔시간이 길어질수록 수화작용을 촉진시켜 워커빌리티가 저하된다.
④ 쇄석의 사용은 워커빌리티를 저하시킨다.

해설

워커빌리티에 영향을 미치는 요소
- 시멘트의 분말도가 클수록 수화작용이 빠름
- 단위수량을 증가시킬수록 재료분리가 증가하여 워커빌리티가 나빠짐
- 비빔시간이 길어질수록 수화작용을 촉진시켜 워커빌리티가 저하
- 쇄석의 사용은 워커빌리티를 저하시킴

64 철골구조의 녹막이 칠 작업을 실시하는 곳은?

• 5장 1절 철골작업

① 콘크리트에 매입되지 않는 부분
② 고력볼트 마찰 접합부의 마찰면
③ 폐쇄형 단면을 한 부재의 밀폐된 면
④ 조립상 표면접합이 되는 면

해설

녹막이칠을 하지 않는 부분
- 콘크리트에 밀착 또는 매입되는 부분
- 조립에 의하여 서로 밀착되는 면
- 현장용접을 하는 부위 및 인접하는 양측 100mm 이내
- 고장력볼트 마찰 접합부의 마찰면
- 폐쇄형 단면을 한 부재의 밀폐된 내면
- 기계깎기 마무리면

65 조적조의 벽체 상부에 철근 콘크리트 테두리보를 설치하는 가장 중요한 이유는?

• 6장 2절 블록공사

① 벽체에 개구부를 설치하기 위하여
② 조적조의 벽체와 일체가 되어 건물의 강도를 높이고 하중을 균등하게 전달하기 위하여
③ 조적조의 벽체의 수직하중을 특정부위에 집중시키고 벽돌 수량을 절감하기 위하여
④ 상층부 조적조 시공을 편리하게 하기 위하여

해설

테두리보(Wall Girder)의 설치목적
- 수직균열의 방지
- 세로 철근의 끝을 정착할 필요가 있을 때 정착가능
- 분산된 벽체를 일체로 하여 하중을 균등히 분포시킴
- 가장 큰 목적은 조적조의 벽체와 일체가 되어 건물의 강도를 높이고 하중을 균등하게 전달하기 위함

정답 63 ② 64 ① 65 ②

66. LOB(Line Of Balance) 기법을 옳게 설명한 것은?
•1장 2절 공사계획

① 세로축에 작업명을 순서에 따라 배열하고 가로축에 날짜를 표기한 다음, 각 작업의 시작과 끝을 연결한 횡선의 길이로 작업 길이를 표시한 기법
② 종래의 건축공사에 있어서 낭비요인을 배제하고, 작업의 고밀도화와 인원, 기계, 자재의 효율화를 꾀함으로써 공기의 단축과 원가절감을 이루는 기법
③ 반복작업에서 각 작업조의 생산성을 유지시키면서 그 생산성을 기울기로 하는 직선으로 각 반복작업의 진행을 표시하여 전체공사를 도식화하는 기법
④ 공구별로 직렬 연결된 작업을 다수 반복하여 사용하는 기법

해설
LOB(Line Of Balance)
• 반복작업에서 각 작업조의 생산성을 유지시키면서 그 생산성을 기울기로 하는 직선으로 각 반복작업의 진행을 표시하여 전체공사를 도식화하는 기법
• 일정통제 균형선 기법이라고도 함

67. 건축시공계획수립에 있어 우선순위에 따른 고려사항으로 가장 거리가 먼 것은?
•1장 1절 공사 시공방식

① 공종별 재료량 및 품셈
② 재해방지대책
③ 공정표 작성
④ 원척도(原尺圖)의 제작

해설
시공계획의 내용 및 순서
• 현장원 편성
• 공정표 작성
• 실행예산 편성 및 조정
• 하도급자의 선정
• 가설준비물 결정
• 재료선정 및 결정
• 재해방지대책 및 의료대책

68. 철근의 피복두께 확보 목적과 가장 거리가 먼 것은?
•4장 4절 철근공사

① 내화성 확보
② 내구성 확보
③ 구조내력의 확보
④ 블리딩 현상 방지

해설
최소피복두께
• 콘크리트의 표면에서 가장 바깥쪽 철근의 표면까지의 최단거리를 피복두께라고 함
• 철근콘크리트 부재에 최소피복두께를 두는 이유는 철근의 부식 방지, 내화목적, 철근의 부착강도 향상, 콘크리트의 유동성 확보 등임

66 ③ 67 ④ 68 ④

69 지반개량 지정공사 중 응결공법이 아닌 것은?

① 플라스틱 드레인공법
② 시멘트 처리공법
③ 석회 처리공법
④ 심층혼합 처리공법

해설

플라스틱 드레인공법은 지반개량공법이 아닌 지반보강공법임

70 피어기초공사에 관한 설명으로 옳지 않은 것은? • 3장 3절 기초

① 중량구조물을 설치하는데 있어서 지반이 연약하거나 말뚝으로도 수직지지력이 부족하고 그 시공이 불가능한 경우와 기조지반의 교란을 최소화해야 할 경우에 채용한다.
② 굴착된 흙을 직접 탐사할 수 있고 지지층의 상태를 확인할 수 있다.
③ 무진동, 무소음공법이며, 여타 기초형식에 비하여 공기 및 비용이 적게 소요된다.
④ 피어기초를 채용한 국내의 초고층 건축물에는 63빌딩이 있다.

해설

피어(Pier)기초
- 지반에 굴착한 구멍 속에 현장타설 콘크리트를 채워 설치하는 기초로, 지름이 큰 직경 760mm 이상
- 시공 중에 굴착된 흙을 직접 눈으로 검사할 수 있어 연약한 지층을 지나 견고한 지지층에 기초를 설치
- 비교적 큰 연직하중을 전달시킬 수 있을 뿐만 아니라 수평력에 대한 저항력이 크며 시공 중 소음과 진동이 낮음
- 중량구조물을 설치하는 데 있어서 지반이 연약하거나 말뚝으로도 수직지지력이 부족하고 그 시공이 불가능한 경우와 기조지반의 교란을 최소화해야 할 경우에 채용
- 굴착된 흙을 직접 탐사할 수 있고 지지층의 상태를 확인할 수 있음
- 피어기초를 채용한 국내의 초고층 건축물에는 63빌딩이 있음

71 벽돌쌓기에 관한 설명으로 옳지 않은 것은? • 6장 1절 벽돌공사

① 붉은 벽돌은 쌓기 전 벽돌을 완전히 건조시켜야 한다.
② 하루 벽돌의 쌓는 높이는 1.2m를 표준으로 하고 최대 1.5m 이내로 한다.
③ 벽돌벽이 블록벽과 서로 직각으로 만날 때는 연결철물을 만들어 블록 3단마다 보강하며 쌓는다.
④ 연속되는 벽면의 일부를 트이게 하여 나중쌓기로 할 때에는 그 부분을 층단 들여쌓기로 한다.

해설

벽돌쌓기 시공 시 주의사항
- 줄눈은 가로는 벽돌벽 기준틀에 수평실을 치고 세로는 다림추로 일직선상에 오도록 함
- 굳기 시작한 모르타르는 사용하지 않음 (물을 부어 비빈 후 1시간 이내에 사용)
- 하루 벽돌의 쌓는 높이는 1.2m를 표준으로 하고 최대 1.5m 이내로 함
- 붉은벽돌은 쌓기 전에 충분한 물축임을 하고 시멘트벽돌은 쌓으면서 뿌리거나 쌓는 벽 옆에서 뿌림

정답 69 ① 70 ③ 71 ①

72 거푸집 해체 시 확인해야 할 사항이 아닌 것은? • 4장 5절 거푸집 공사

① 거푸집의 내공 치수
② 수직, 수평부재의 존치기간 준수여부
③ 소요강도 확보 이전에 지주의 교환여부
④ 거푸집 해체용 압축강도 확인시험 실시여부

> **해설**
> 거푸집 해체 시 확인해야 할 사항
> • 수직, 수평부재의 존치기간 준수여부
> • 소요강도 확보 이전에 지분의 교환여부
> • 거푸집 해체용 압축강도 확인시험 실시여부

73 KS L 5201에 정의된 포틀랜드 시멘트의 종류가 아닌 것은? • 4장 1절 콘크리트공사

① 고로 포틀랜드 시멘트
② 조강 포틀랜드 시멘트
③ 저열 포틀랜드 시멘트
④ 중용열 포틀랜드 시멘트

> **해설**
> KS L 5201 보통 포틀랜드 시멘트 5종
>
> | 종류 | 명칭 |
> |---|---|
> | 1종 | 보통 포틀랜드 시멘트 |
> | 2종 | 중용열 포틀랜드 시멘트 |
> | 3종 | 조강 포틀랜드 시멘트 |
> | 4종 | 저열 포틀랜드 시멘트 |
> | 5종 | 내황산염 포틀랜드 시멘트 |

74 지수 흙막이 벽으로 말뚝구멍을 하나 걸름으로 뚫고 콘크리트를 타설하여 만든 후, 말뚝과 말뚝 사이에 다음 말뚝구멍을 뚫어 흙막이 벽을 완성하는 공법은? • 2장 1절 흙파기

① 어스드릴공법(Earth Drill Method)
② CIP 말뚝공법(Cast-in-place Pile Method)
③ 콤프레솔 파일공법(Compressol Pile Method)
④ 이코스 파일공법(Icos Pile Method)

> **해설**
> 이코스 파일공법(Icos Pile Method)
> • 수직으로 구멍을 연속해서 파서 그 안에 콘크리트를 넣어 외벽 겸 흙막이벽을 형성하는 공법
> • 지수 흙막이 벽으로 말뚝구멍을 하나 걸름으로 뚫고 콘크리트를 타설하여 만든 후, 말뚝과 말뚝 사이에 다음 말뚝구멍을 뚫어 흙막이 벽을 완성함

정답 72 ① 73 ① 74 ④

75 다음 중 공기량 측정기에 해당하는 것은? • 4장 1절 콘크리트공사

① 리바운드 기록지(Rebound Check Sheet)
② 디스펜서(Dispenser)
③ 워싱턴 미터(Washington Meter)
④ 이넌데이터(Inundator)

해설

워싱턴 미터(Washington Meter) : 콘크리트 속의 공기량을 측정하는 계기

---

76 보통콘크리트와 비교한 경량콘크리트의 특징이 아닌 것은? • 4장 3절 콘크리트 배합

① 자중이 작고 건물 중량이 경감된다.
② 강도가 작은 편이다.
③ 건조수축이 작다.
④ 내화성이 크고 열전도율이 작으며 방음효과가 크다.

해설

경량 콘크리트
- 중량경감의 목적으로 인공 또는 천연골재를 이용하여 만든 단위용적중량 $2ton/m^3$ 이하의 콘크리트
- 구조물의 자중이 경감되며, 콘크리트 타설 시 노동력이 절감되고, 내화와 단열, 방음효과가 큼
- 단점은 시공이 복잡하고 재료처리가 필요하며 강도가 작고, 건조수축이 크며 중성화가 빠름

---

77 주변 건물이나 옹벽, 철탑 등 터파기 주위의 주요 구조물에 설치하여 구조물의 경사 변형상태를 측정하는 장비는? • 2장 3절 흙막이

① Piezo Meter
② Tilt Meter
③ Load Cell
④ Strain Gauge

해설

지하수 처리방안

차수공법	흙막이식	Sheet Pile, Slurry Wall, Top Down 공법
	약액 주입공법	Cement Grouting, LW Grouting, Soil Grouting Rocket 공법
	고결공법	생석회 말뚝공법, 동결공법, 소결공법
배수공법	중력배수	집수정(Sump)공법, 깊은우물(Deep Well)공법
	강제배수	웰포인트공법, 진공 Deep Well공법, 전기침투공법
	복수공법	주수공법, 담수공법, Recharge
계측관리		Water Level Meter
		Piezometer
		Load Cell
		Tilt Meter (주변 건물이나 옹벽, 철탑 등 터파기 주위의 주요 구조물에 설치하여 구조물의 경사 변형상태를 측정)

정답 75 ③ 76 ③ 77 ②

78 대규모 공사 시 한 현장 안에서 여러 지역별로 공사를 분리하여 공사를 발주하는 방식은?

• 1장 3절 공사현장관리

① 공정별 분할도급
② 공구별 분할도급
③ 전문공종별 분할도급
④ 직종별, 공정별 분할도급

해설

분할도급의 종류
- 전문공종별 : 전체공사를 건축, 기계설비, 전기설비 등으로 세분하여 계약하는 방식
- 직종별, 공종별 : 건축, 기계설비, 전기설비 등을 또다시 세분화하여 전문업자와 계약하는 방식으로 직영제도에 가깝고 건축주의 의도를 잘 반영함
- 공정별 : 정지, 기초, 구체, 마무리 공사 등의 과정별로 나누어 도급주는 방식
- 공구별 : 대규모 공사에서 지역별로 공사를 구분하여 발주하는 방식

79 기존에 구축된 건축물 가까이에서 건축공사를 실시할 경우 기존 건축물의 지반과 기초를 보강하는 공법은?

• 2장 1절 흙파기

① 리버스 서큘레이션 공법
② 슬러리 월 공법
③ 언더피닝 공법
④ 탑다운 공법

해설

언더피닝(Underpinning) 공법
- 기존 구조물의 침하방지를 위한 밑받이 보호공법
- 기존 건축물과 인접하여 시공 시 기존 구조물의 기초를 보강하거나 새로운 기초를 설치
- 공법의 종류
  - 이중널말뚝 공법
  - 차단벽 설치공법
  - 현장타설 콘크리트 말뚝설치 보강공법
  - 강재말뚝 보강공법
  - 약액주입법
  - Jack Support 지지
  - Bracket설치 지지

80 공동도급방식의 장점에 관한 설명으로 옳지 않은 것은?

• 1장 1절 공사시공방식

① 각 회사의 상호 신뢰와 협조로써 긍정적인 효과를 거둘 수 있다.
② 공사의 진행이 수월하며 위험부담이 분산된다.
③ 기술의 확충, 강화 및 경험의 증대 효과를 얻을 수 있다.
④ 시공이 우수하고 공사비를 절약할 수 있다.

해설

공동도급
- 기술, 자본 등의 위험 분산을 위해 여러 개의 건설회사가 공동 출자
- 장점 : 위험분산, 융자력 증대, 시공의 확실성
- 단점 : 경비증가, 회사 간 이해 충돌, 하자책임 불분명

78 ② 79 ③ 80 ④

2018년 제1회 기출해설

4과목 건설시공학

61 건설공사의 시공계획 수립 시 작성할 필요가 없는 것은?

• 1장 1절 공사 시공방식

① 현치도
② 공정표
③ 실행예산의 편성 및 조정
④ 재해방지계획

해설

시공계획의 내용 및 순서(현치도는 시공도 작성 시 필요)
- 현장원 편성
- 공정표 작성
- 실행예산 편성 및 조정
- 하도급자의 선정
- 가설준비물 결정
- 재료선정 및 결정
- 재해방지대책 및 의료대책

62 콘크리트 구조물의 품질관리에서 활용되는 비파괴 검사 방법과 가장 거리가 먼 것은?

• 4장 3절 콘크리트 배합

① 슈미트해머법
② 방사선 투과법
③ 초음파법
④ 자기분말 탐상법

해설

콘크리트의 강도 검사
- 재령 28일에서 압축강도시험 실시
- 1회의 시험결과는 지정한 호칭강도의 85% 이상
- 3회 시험의 평균치가 호칭강도 이상 나와야 함
- 강도추정을 위한 비파괴 시험법
- 강도법(반발경도법, 슈비트해머법)
- 초음파법, 방사선투과법
- 복합법(반발경도법 + 초음파법)
- 자기법(철근탐사법)
- 코어채취법, 인발법

정답 61 ① 62 ④

63 시트 파일(Steel Sheet Pile)공법의 주된 이점이 아닌 것은? •2장 1절 흙파기

① 타입 시 지반의 체적 변형이 커서 항타가 어렵다.
② 용접접합 등에 의해 파일의 길이연장이 가능하다.
③ 몇 회씩 재사용이 가능하다.
④ 적당한 보호처리를 하면 물 위나 아래에서 수명이 길다.

해설

시트파일(Sheet Pile) 공법
- 널말뚝(Sheet Pile)을 연속으로 연결하여 벽체를 형성하는 공법
- 차수성이 높아 연약지반에 적합함
- 차수성은 양호하나 자갈층 관입이 곤란하며 휨 발생이 큼
- 타입 시 지반의 체적 변형이 작아 항타가 쉬움
- 이음부를 볼트나 용접접합에 의해서 말뚝의 길이를 자유로이 늘일 수 있음
- 몇 회씩 재사용이 가능하며, 적당한 보호처리를 하면 물 위나 아래에서 수명이 길

64 흙의 함수율을 구하기 위한 식으로 옳은 것은? •2장 1절 흙파기

① (물의 용적 ÷ 입자의 용적) × 100(%)
② (물의 중량 ÷ 토립자의 중량) × 100(%)
③ (물의 용적 ÷ 전체의 용적) × 100(%)
④ (물의 중량 ÷ 흙 전체의 중량) × 100(%)

해설

흙의 함수율

간극비	$V_v ÷ V_s$ = 간극의 용적 ÷ 토립자의 용적
간극률	$V_v ÷ V × 100\%$ = 간극의 용적 ÷ 전체용적 × 100%
포화도	$V_w ÷ V_v$ = 물의 용적 ÷ 간극의 용적
함수비	$V_w ÷ V_s$ = 물의 중량 ÷ 토립자의 중량
함수율	$V_w ÷ V$ = 물의 중량 ÷ (토립자 + 물의 중량) × 100%

65 블록의 하루 쌓기 높이는 최대 얼마를 표준으로 하는가? •6장 1절 벽돌공사

① 1.5m 이내   ② 1.7m 이내
③ 1.9m 이내   ④ 2.1m 이내

해설

벽돌쌓기 시공 시 주의사항
- 줄눈은 가로는 벽돌벽 기준틀에 수평실을 치고 세로는 다림추로 일직선상에 오도록 함
- 굳기 시작한 모르타르는 사용하지 않음(물을 부어 비빈 후 1시간 이내에 사용)
- 하루 벽돌의 쌓기 높이는 1.2m를 표준으로 하고 최대 1.5m 이내로 함

63 ① 64 ④ 65 ①

66 경량형강공사에 사용되는 부재 중 지붕에서 지붕내력을 받는 경사진 구조부재로서 트러스와 달리 하현재가 없는 것은?
• 5장 2절 철골세우기

① 스터드
② 윈드 칼럼
③ 아웃리거
④ 래프터

해설
래프터(Rafter)
• 지붕에서 경사진 골조를 구성하는 부재 또는 트러스의 상부코드
• 부재의 위치 및 용도에 따라 Hip, Jack 또는 Valley라고도 함
• 지붕에서 지붕내력을 받는 경사진 구조부재로 트러스와 달리 하현재가 없음

67 벽돌쌓기 시 일반사항에 관한 설명으로 옳지 않은 것은?
• 6장 1절 벽돌공사

① 가로 및 세로줄눈의 너비는 도면 또는 공사시방서에서 정한 바가 없을 때에는 10mm를 표준으로 한다.
② 벽돌쌓기는 도면 또는 공사시방서에서 정한 바가 없을 때에는 영식 쌓기 또는 화란식 쌓기로 한다.
③ 세로줄눈은 통줄눈이 되도록 유도하여, 미관을 향상시키도록 한다.
④ 벽돌벽이 블록벽과 서로 직각으로 만날 때는 연결철물을 만들어 블록 3단마다 보강하여 쌓는다.

해설
벽돌쌓기 시공 시 주의사항 – 일반벽돌
세로줄눈은 통줄눈이 되지 않도록 하며, 수직 일직선상에 오도록 벽돌 나누기를 함

68 비산먼지 발생사업 신고 적용대상 규모기준으로 옳은 것은?
• 1장 1절 공사 시공방식

① 건축물 축조공사로 연면적 1000m^2 이상
② 굴정공사로 총 연장 300m 이상 또는 굴착토사량 300m^3 이상
③ 토공사/정지공사로 공사면적 합계 1500m^2 이상
④ 토목공사로 구조물 용적합계 2000m^2 이상

해설
건설업 비산먼지 신고대상
• 건축물 축조공사로 연면적이 1,000m^2 이상
• 굴정공사로 총 연장 200m 이상 또는 굴착토사량 200m^3 이상
• 토공사/정지공사로 공사면적 합계 1,000m^2 이상
• 토목공사로 구조물 용적합계 1,000m^2 이상
• 조경공사로 면적의 합계가 5,000m^2 이상
• 건축물 해체공사로 연면적이 3,000m^2 이상
• 농지조성공사로 공사면적합계가 1,000m^2 이상

정답 66 ④ 67 ③ 68 ①

69 말뚝박기 기계 중 디젤해머(Diesel Hammer)에 관한 설명으로 옳지 않은 것은? • 3장 1절 지정

① 타격정밀도가 높다.
② 타격 시의 압축·폭발 타격력을 이용하는 공법이다.
③ 타격 시의 소음이 작아 도심지 공사에 적용된다.
④ 램의 낙하 높이 조정이 곤란하다.

해설

디젤해머(Diesel Hammer)
- 대규모 말뚝과 널말뚝타입 시 사용
- 연약지반에서는 능률이 떨어지고, 규모가 크고 단단한 지반에 적용
- 단위시간당 타격횟수가 많고, 능률적임
- 말뚝부두 파손우려가 있으므로 대책수립이 필요

70 상하기복형으로 협소한 공간에서 작업이 용이하고 장애물이 있을 때 효과적인 장비로서 초고층건축물 공사에 많이 사용되는 장비는? • 5장 2절 철골세우기

① 호이스트카
② 타워크레인
③ 러핑크레인
④ 데 릭

해설

러핑크레인(Luffing Crane)
- 상하기복형으로 협소한 공간에서 작업이 용이
- 장애물이 있을 때 효과적인 장비로서 초고층건축물 공사에 많이 사용

71 해체 및 이동에 편리하도록 제작된 수평활동 시스템 거푸집으로서 터널, 교량, 지하철 등에 주로 적용되는 거푸집은? • 4장 5절 거푸집 공사

① 유로 폼(Euro Form)
② 트래블링 폼(Traveling Form)
③ 워플 폼(Waffle Form)
④ 갱 폼(Gang Form)

해설

트래블링 폼(Traveling Form)
- 해체 및 이동에 편리하도록 제작된 수평활동 시스템 거푸집
- 터널, 교량, 지하철 등에 주로 적용

72 외관검사 결과 불합격된 철근 가스압접 이음부의 조치 내용으로 옳지 않은 것은?

• 4장 4절 철근공사

① 심하게 구부러졌을 때는 재가열하여 수정한다.
② 압접면의 엇갈림이 규정값을 초과했을 때는 재가열하여 수정한다.
③ 형태가 심하게 불량하거나 또는 압접부에 유해하다고 인정되는 결함이 생긴 경우는 압접부를 잘라내고 재압접한다.
④ 철근중심축의 편심량이 규정값을 초과했을 때는 압접부를 떼어내고 재압접한다.

해설

압접부 수정방법
• 심하게 구부러졌을 때는 재가열하여 수정
• 압접면의 엇갈림이 규정값을 초과했을 때는 압접부를 잘라내고 다시 압접
• 형태가 심하게 불량하거나 또는 압접부에 유해하다고 인정되는 결함이 생긴 경우는 압접부를 잘라내고 재압접
• 철근중심축의 편심량이 규정값을 초과했을 때는 압접부를 떼어내고 재압접

73 보링방법 중 연속적으로 시료를 채취할 수 있어 지층의 변화를 비교적 정확히 알 수 있는 것은?

• 2장 4절 지반조사

① 수세식 보링
② 충격식 보링
③ 회전식 보링
④ 압입식 보링

해설

보링(Boring)
• 지반조사방법 중 가장 대표적인 방법으로 신뢰성이 높고, 토질의 분포, 토층의 구성 등을 육안으로 확인할 수 있음
• 종 류

회전식(Rotary Boring)	비트를 회전시켜 천공, 자연상태의 시료를 연속적으로 채취 가능, 가장 정확한 방식
충격식(Percussion Boring)	경질층에 이용, 비트의 상하 충격으로 토사와 암사를 파쇄
수세식(Washing Boring)	깊이 30m 이내의 연질층에 사용, 충격을 주며 물을 분사하여 흙과 물을 배출
오거보링(Auger Boring)	깊이 10m 이내의 점토층에 적합

74 철골보와 콘크리트 슬래브를 연결하는 전단연결재(Shear Connector)의 역할을 하는 부재의 명칭은?

• 5장 1절 철골작업

① 리인포싱 바(Reinforcing Bar)
② 턴버클(Turn Buckle)
③ 메탈 서포트(Metal Support)
④ 스터드(Stud)

해설

스터드(Stud) : 철골보와 콘크리트 슬래브를 연결하는 전단연결재(Shear Connector)

정답 72 ② 73 ③ 74 ④

75 다음은 표준시방서에 따른 철근의 이음에 관한 내용이다. 빈 칸에 공통으로 들어갈 내용으로 옳은 것은?

• 4장 4절 철근공사

( )를 초과하는 철근은 겹침이음을 할 수 없다. 다만, 서로 다른 크기의 철근을 압축부에서 겹침이음하는 경우 ( ) 이하의 철근과 ( )를 초과하는 철근은 겹침이음할 수 있다.

① D25　　　　　　　　　　② D29
③ D32　　　　　　　　　　④ D35

해설
D35 이상의 철근은 겹침이음으로 하지 않음

76 건축주가 시공회사의 신용, 자산, 공사경력, 보유기술 등을 고려하여 그 공사에 가장 적격한 단일 업체에게 입찰시키는 방법은?

• 1장 3절 공사현장관리

① 일반공개입찰　　　　　　② 특명입찰
③ 지명경쟁입찰　　　　　　④ 대안입찰

해설
특명입찰
- 수의계약으로 공사에 적합한 1개 회사를 선정하여 계약
- 공사기밀이 유지되며 입찰수속이 간단하고 우량공사가 기대됨
- 공사비가 높아지며 공사금액 결정이 불명확 함
- 성능발주방식 : 건축주가 제시하는 기본 요건(면적, 용도, 환경)에 맞게 도급자가 제시한 시공법, 공사비 등을 대상으로 심사하여 적격자에게 시공시키는 일종의 특명입찰 방식

77 프리팩트말뚝공사 중 CIP(Cast In Place Pile)말뚝의 강성을 확보하기 위한 방법이 아닌 것은?

• 3장 2절 말뚝의 분류

① 구멍에 삽입하는 철근의 조립은 원형철근조립으로 당초 설계치수보다 작게 하여 콘크리트 타설을 쉽게 하여야 한다.
② 공벽붕괴방지를 위한 케이싱을 설치하고 구멍을 뚫어야 하며, 콘크리트 타설 후에 양생되기 전에 인발한다.
③ 구멍깊이는 풍화암 이하까지 뚫어 말뚝선단이 충분한 지지력이 나오도록 시공한다.
④ 콘크리트 타설 시 재료분리가 발생하지 않도록 한다.

해설
CIP(Cast In Place Pile)
- 보링기로 지반을 굴착하고 조립한 철근을 삽입한 후 굵은골재를 채우고 모르타르를 주입
- 주열식 강성체로서 토류벽 역할을 함
- 소음 및 진동이 적음
- 협소한 장소에도 시공이 가능
- 굴착을 깊게 하면 수직도가 떨어짐

75 ④　76 ②　77 ①

78 수평이동이 가능하여 건물의 층수가 적은 긴 평면에 사용되며 회전범위가 270°인 특징을 갖고 있는 철골 세우기용 장비는? • 5장 2절 철골세우기

① 가이데릭(Guy Derrick)
② 스티프레그 데릭(Stiffleg Derrick)
③ 트럭 크레인(Truck Crane)
④ 플레이트 스트레이닝 롤(Plate Straining Roll)

▣ 해설
스티프레그 데릭(Stiffleg Derrick)
• 3각형 토대 위에 철골재 3각을 놓고 이것으로 붐을 조작
• 가이데릭에 비해 수평이동이 가능하므로 층수가 낮은 긴 평면에 유리
• 회전범위 : 270°(작업범위 180°)

79 콘크리트의 재료로 사용되는 골재에 관한 설명으로 옳지 않은 것은? • 4장 2절 콘크리트 재료

① 골재는 밀도가 크고, 내구성이 커서 풍화가 잘 되지 않아야 한다.
② 콘크리트나 모르타르를 만들 때 물, 시멘트와 함께 혼합하는 모래, 자갈 및 부순돌 기타 유사한 재료를 골재라고 한다.
③ 콘크리트 중 골재가 차지하는 용적은 절대용적으로 50%를 넘지 않도록 한다.
④ 일반적으로 골재의 강도는 시멘트 페이스트 강도 이상이 되어야 한다.

▣ 해설
골재의 선정
• 철근콘크리트용 : 10~25mm(쇄석 : 20mm 이하)
• 무근콘크리트용 : 40mm(단면의 1/4 이하)
• 비중이 2.60 이상인 것을 사용
• 입도는 조세립이 연속적으로 혼합된 것을 사용
• 골재강도는 콘크리트의 시멘트강도보다 커야 함
• 골재는 견고하며, 밀도가 크고, 내구성이 커서 풍화가 잘 되지 않아야 함
• 염분(NaCl)이 0.1%가 넘는 잔골재는 물로 씻어서 기준값 0.02% 이하로 해야 함
• 염분이 0.04%가 넘는 골재를 사용할 경우는 철근에 대한 녹막이 대책을 취함
• 철근콘크리트공사에서 철근과 철근의 순간격은 굵은 골재 최대치수에 최소 4/3배 이상
• 콘크리트에서 골재가 차지하는 용적은 70~80%

80 석재붙임을 위한 앵커긴결공법에서 일반적으로 사용하지 않는 재료는? • 6장 3절 석공사

① 앵 커
② 볼 트
③ 연결철물
④ 모르타르

▣ 해설
앵커긴결공법에서 사용하는 철물 : 앵커, 볼트, 촉, 연결철물

정답 78 ② 79 ③ 80 ④

2017년 제4회 기출해설

4과목 건설시공학

61 철공공사의 모살용접에 관한 설명으로 옳지 않은 것은? • 5장 1절 철골작업

① 모살용접의 유효면적은 유효길이에 유효목두께를 곱한 것으로 한다.
② 모살용접의 유효길이는 모살용접의 총길이에서 2배의 모살사이즈를 공제한 값으로 해야 한다.
③ 모살용접의 유효목두께는 모살사이즈의 0.3배로 한다.
④ 구멍모살과 슬롯 모살용접의 유효길이는 목두께의 중심을 잇는 용접 중심선의 길이로 한다.

해설

모살용접(Fillet Welding)
- 부재의 끝을 가공하지 않고 부재와 부재의 교선을 따라 용접
- 모살용접의 유효면적은 유효길이에 유효목두께를 곱한 것으로 함
- 모살용접의 유효길이는 모살용접의 총길이에서 2배의 모살사이즈를 공제한 값으로 함
- 모살용접의 유효목두께는 모살사이즈의 0.7배로 함
- 구멍모살과 슬롯 모살용접의 유효길이는 목두께의 중심을 잇는 용접 중심선의 길이로 함

62 네트워크 공정표에 사용되는 용어에 관한 설명으로 옳지 않은 것은? • 1장 2절 공사계획

① 크리티컬 패스(Critical Path) – 개시 결합전에서 종료 결합점에 이르는 가장 긴 경로
② 더미(Dummy) – 결합점이 가지는 여유시간
③ 플로트(Float) – 작업의 여유시간
④ 디펜던트 플로트(Dependent Float) – 후속작업의 토탈 플로트에 영향을 주는 플로트

해설

네트워크 공정표 용어

용 어	기 호	내용 및 설명
Event	○	작업의 결합점, 개시점 또는 종료점
Activity	→	작업, 프로젝트를 고성하는 작업단위
Dummy	┄→	가상적 작업(시간이나 작업량 없음)
가장 빠른 개시시각	EST	작업을 시작하는 가장 빠른 시각(Earliest Starting Time)
가장 늦은 종료시각	EFT	작업을 끝낼 수 있는 가장 빠른 시각(Earliest Finishing Time)
가장 늦은 개시시각	LST	공기에 영향이 없는 범위에서 작업을 늦게 개시하여도 좋은 시각 (Latest Starting Time)
가장 늦은 종료시각	LFT	공기에 영향이 없는 범위에서 작업을 늦게 종료하여도 좋은 시각 (Latest Finishing Time)
Path	–	네트워크 중 둘 이상의 작업이 이어짐
Longest Path	LP	임의의 두 결합점간의 패스 중 소요 시간이 가장 긴 패스

61 ③ 62 ②

Critical Path	CP	작업의 시작점에서 종료점에 이르는 가장 긴 패스
Float	–	작업의 여유시간
Slack	SL	결합점이 가지는 여유시간
Total Float (전체여유)	TF	최초 개시일에 작업을 시작하여 가장 늦은 종료일에 완료할 때 생기는 여유일 (그 작업의 LFT – 그 작업의 EFT)
Free Float (자유여유)	FF	최초 개시일에 작업을 시작하여 후속작업을 최초 개시일에 시작할 때 생기는 여유일(후속 작업의 EAT – 그 작업의 EFT)
Dependence Float (종속여유)	DF	후속작업의 TF에 영향을 주는 플로트(기간) (DF + TF – FF)

63 철골공사에서 강재의 기계적 성질, 화학성분, 외관 및 치수공차 등 재원과 제조회사 확인으로 제품의 품질확보를 위해 공인된 시험기관에서 발행하는 검사증명서는?

① Mill Sheet
② Full Size Drawing
③ 표준 시방서
④ Shop Drawing

해설

Mill Sheet
- 강재제조업자가 발행하는 품질보증서
- 제품의 재원 : 길이, 두께, 중량
- 제품의 역학적 성능 : 인장, 항복강도, 연신율
- 제품의 화학적 성능 : 탄소, 철, 기타 금속의 함유량
- 시험종류와 기준 : 시험방법, 시험기관, 시험기준
- 제품의 제조사항 : 제조사, 제조연월일, 공장, 제품번호 등

64 철근이음에 관한 설명으로 옳지 않은 것은? • 4장 4절 철근공사

① 철근의 이음부는 구조내력상 취약점이 되는 곳이다.
② 이음위치는 되도록 응력이 큰 곳을 피하도록 한다.
③ 이음이 한 곳에 집중되지 않도록 엇갈리게 교대로 분산시켜야 한다.
④ 응력 전달이 원활하도록 한 곳에서 철근 수의 반 이상을 이어야 한다.

해설

철근의 이음
- 철근의 이음부는 구조내력상 취약점이 되는 곳
- 이음위치는 되도록 응력이 큰 곳을 피해야 함
- 한 곳에 집중되지 않도록 엇갈리게 교대로 분산
- 한 곳에서 철근 수의 반 이상을 이어서는 안 됨
- 철근의 이음은 힘의 전달이 연속적이고 응력집중이 일어나지 않도록 함
- 응력이 작은 곳에서 엇갈리게 이음을 둠
- D35 이상의 철근은 겹침이음으로 하지 않음
- 보 철근은 이음 시 인장력이 작은 곳에서 이음
- 기둥, 벽, 철근이음은 층높이의 2/3 이하에서 엇갈리게 함
- 갈고리는 이음길이에 포함하지 않음

정답 63 ① 64 ④

65 벽돌치장면의 청소방법 중 옳지 않은 것은?

① 벽돌 치장면에 부착된 모르타르 등의 오염은 물과 솔을 사용하여 제거하며 필요에 따라 온수를 사용하는 것이 좋다.
② 세제세척은 물 또는 온수에 중성세제를 사용하여 세정한다.
③ 산세척은 다른 방법으로 오염물을 제거하기 곤란한 장소에 적용하고, 그 범위는 가능한 작게 한다.
④ 산세척은 오염물을 제거한 후 물세척을 하지 않는 것이 좋다.

[해설]

치장면 청소방법
- 오염된 곳은 즉시 씻어내고 염산 5% 이하로 닦음
- 염산사용 후 다시 물씻기를 행함
- 보양 및 오염방지 필요시 돌면은 벽지, 창호지 등으로 하고 모서리 돌출부는 널판을 대어 보양하며, 헝겊으로 닦고 왁스칠을 함
- 석축쌓기 등 돌쌓기의 전체 길이가 길 때에는 10~20m마다 구획하여 신축줄눈을 설치함

66 공동도급방식의 장점에 해당하지 않는 것은?

• 1장 1절 공사시공방식

① 위험의 분산 ② 시공의 확실성
③ 기술 자본의 증대 ④ 이윤 증대

[해설]

공동도급
- 기술, 자본 등의 위험 분산을 위해 여러 개의 건설회사가 공동 출자
- 장점 : 위험분산, 융자력 증대, 시공의 확실성
- 단점 : 경비증가, 회사 간 이해 충돌, 하자책임 불분명

67 지내력시험을 한 결과 침하곡선이 그림과 같이 항복 상황을 나타냈을 때 이 지반의 단기하중에 대한 허용지내력은 얼마인가? (단, 허용지내력은 m²당 하중의 단위를 기준으로 함)

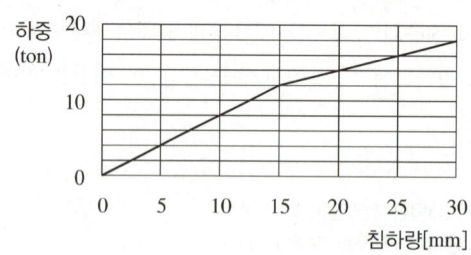

① 6 ton/m² ② 7 ton/m²
③ 12 ton/m² ④ 14 ton/m²

[해설]

허용지내력
- 단기하중 : 12 ton/m²
- 장기하중 : 단기하중 ÷ 2

68 CIP(Cast In Place Prepacked Pile)공법에 관한 설명으로 옳지 않은 것은? • 3장 1절 시공방법

① 주열식 강성체로서 토류벽 역할을 한다.
② 소음 및 진동이 적다.
③ 협소한 장소에는 시공이 불가능하다.
④ 굴착을 깊게 하면 수직도가 떨어진다.

해설

CIP(Cast In Place Pile)
• 보링기로 지반을 굴착하고 조립한 철근을 삽입한 후 굵은골재를 채우고 모르타르를 주입
• 주열식 강성체로서 토류벽 역할을 함
• 소음 및 진동이 적음
• 협소한 장소에도 시공이 가능
• 굴착을 깊게 하면 수직도가 떨어짐

69 기성콘크리트 말뚝에 표기된 PHC-A·450-12의 각 기호에 대한 설명으로 옳지 않은 것은?
• 3장 1절 지정

① PHC – 원심력 고강도 프리스트레스트 콘크리트말뚝
② A – A종
③ 450 – 말뚝바깥지름
④ 12 – 말뚝삽입 간격

해설

기성철근콘크리트 말뚝(Precast Reinforced Concrete Pile)
• 가장 많이 사용하는 말뚝이며, 형상과 길이 등을 다양하게 할 수 있음
• 지하에 장애물이 있을 때 설치에 어려움이 있으며, 길이의 조절이 어려움
• 타입 시 소음이 많이 나며 횡력에 대한 저항력이 약함

70 기계를 설치한 지반보다 낮은 장소, 넓은 범위의 굴착이 가능하며 주로 수로, 골재채취용으로 많이 사용되는 토공사용 굴착기계는?
• 2장 2절 토공기계

① 모터 그레이더　　② 파워쇼벨
③ 클램쉘　　　　　 ④ 드래그 라인

해설

드래그 라인
굴삭기가 위치한 저면보다 낮은 데 적합하고 백호우처럼 단단한 토질을 굴착할 수 없으나 굴삭 반경 크므로 수중 굴삭(하천 개수), 모래 채취 등에 많이 사용

정답 68 ③　69 ④　70 ④

71 거푸집 구조설계 시 고려해야 하는 연직하중에서 무시해도 되는 요소는? • 4장 5절 거푸집 공사

① 작업 하중
② 거푸집 중량
③ 콘크리트 자중
④ 충격하중

해설
거푸집의 설계하중
• 보, 슬래브 밑면은 생콘크리트의 중량, 작업하중, 충격하중을 받음
• 벽, 기둥, 보 옆면은 생콘크리트의 중량, 생콘크리트의 측압력을 받음
• 콘크리트의 단위중량은 철근의 중량을 포함하여 보통 콘크리트 24 kN/m³이며 거푸집의 무게는 최소 0.4 kN/m² 이상을 적용하나 특수 거푸집의 경우에는 그 실제 거푸집 및 철근의 무게를 적용함
• 작업하중은 작업원 + 경량의 장비하중 + 기타 콘크리트 타설에 필요한 자재 및 공구 등의 시공하중 + 충격하중을 고려함
• 적설하중이 작업하중을 초과하는 경우에는 적설하중을 적용

72 건식 석재공사에 관한 설명으로 옳지 않은 것은? • 6장 3절 석공사

① 촉구멍 깊이는 기준보다 3mm 이상 더 깊이 천공한다.
② 석재는 두께 30mm 이상을 사용한다.
③ 석재의 하부는 고정용으로, 석재의 상부는 지지용으로 설치한다.
④ 모든 구조재 또는 트러스 철물은 반드시 독막이 처리한다.

해설
돌쌓기 순서
• 공사 착수 전에 배열도, 공작도를 작성
• 수평실을 띄우고 기준 위치부터 쌓기 시작
• 뒷면에 1 : 3 모르타르를 채우고 인접된 돌 사이에 줄눈두께의 쐐기를 끼워 완전히 고정
• 사춤 모르타르는 줄눈을 헝겊 등으로 막고 1 : 2 배합비를 사용
• 1일 시공단수는 3~4단으로 함
• 석재의 하부는 지지용, 상부는 고정용으로 설치

73 슬라이딩 폼(Sliding Form)에 관한 설명으로 옳지 않은 것은?　　　　•4장 5절 거푸집 공사

① 1일 5~10m 정도 수직시공이 가능하므로 시공속도가 빠르다.
② 타설작업과 마감작업을 병행할 수 없어 공정이 복잡하다.
③ 구조물 형태에 따른 사용 제약이 있다.
④ 형상 및 치수가 정확하며 시공오차가 적다.

해설
슬라이딩 폼(Sliding Form, 슬립폼)
• 거푸집 높이는 약 1m, 하부가 벌어진 원형 철판 거푸집을 요크로 서서히 끌어올리는 공법으로 Silo 공사 등에 적합
• 1일 5~10m 정도 수직시공이 가능, 공기가 약 1/3 단축되어 소요 경비가 절감됨
• 연속적으로 부어넣으므로 일체성을 확보할 수 있음
• 형상 및 치수가 정확하며 시공오차가 적음
• 타설작업과 마감작업을 병행할 수 있음
• 시공이음 없이 콘크리트를 타설
• 콘크리트를 부어올리면서 유압잭 등을 이용하여 거푸집을 연속적으로 끌어올림
• 구조물 형태에 따른 사용 제약이 있음

74 콘크리트의 배합설계 있어 구조물의 종류가 무근콘크리트인 경우 굵은 골재의 최대치수로 옳은 것은?　　　　•4장 2절 콘크리트 재료

① 30mm, 부재 최소 치수의 1/4을 초과해서는 안 됨
② 35mm, 부재 최소 치수의 1/4을 초과해서는 안 됨
③ 40mm, 부재 최소 치수의 1/4을 초과해서는 안 됨
④ 50mm, 부재 최소 치수의 1/4을 초과해서는 안 됨

해설
골재의 선정
• 철근콘크리트용 : 10~25mm(쇄석 : 20mm 이하)
• 무근콘크리트용 : 40mm(단면의 1/4 이하)

75 철근의 이음 방법에 해당되지 않는 것은?　　　　•4장 4절 철근공사

① 겹침이음　　　　② 병렬이음
③ 기계식 이음　　　④ 용접이음

해설
철근이음의 종류
• 겹침이음
• 용접이음
• 가스압접
• 기계식 이음

정답 73 ② 74 ③ 75 ②

76 콘크리트 블록에서 A종 블록의 압축강도 기준은? •6장 2절 블록공사

① 2 N/mm³ 이상
② 4 N/mm³ 이상
③ 6 N/mm³ 이상
④ 8 N/mm³ 이상

해설

블록의 등급

구 분	기건비중	전단면에 대한 압축강도(N/mm³)	흡수율(%)
A종 블록	1.7 미만	4.0 이상	–
B종 블록	1.9 미만	6.0 이상	–
C종 블록	–	8.0 이상	10 이하

77 철골작업 중 녹막이칠을 피해야 할 부위에 해당하지 않는 것은? •5장 1절 철골작업

① 콘크리트에 매립되는 부분
② 현장에서 깎기 마무리가 필요한 부분
③ 현장용접 예정부위에 인접하는 양측 50cm 이내
④ 고력볼트 마찰 접합부의 마찰면

해설

녹막이칠을 하지 않는 부분
• 콘크리트에 밀착 또는 매입되는 부분
• 조립에 의하여 서로 밀착되는 면
• 현장용접을 하는 부위 및 인접하는 양측 100mm 이내
• 고장력볼트 마찰 접합부의 마찰면
• 폐쇄형 단면을 한 부재의 밀폐된 내면
• 기계깎기 마무리면

78 다음 각 도급공사에 관한 설명으로 옳지 않은 것은? •1장 3절 공사현장관리

① 분할도급은 전문공종별, 공정별, 공구별 분할도급으로 나눌 수 있으며 이 경우 재료는 건축주가 직접 조달하여 지급하고 노무만을 도급하는 것이다.
② 공동도급이란 대규모 공사에 대하여 여러 개의 건설회사가 공동출자 기업체를 조직하여 도급하는 방식이다.
③ 공구별 분할도급은 대규모 공사에서 지역별로 분리하여 발주하는 방식이다.
④ 일식도급은 한 공사 전부를 도급자에게 맡겨 재료, 노무, 현장시공업무 일체를 일괄하여 시행시키는 방법이다.

정답 76 ② 77 ③ 78 ①

> **해설**

건축주가 재료를 직접 조달하는 방식은 직영방식임

분할도급
- 공사를 여러유형으로 세분하여 각기 따로 전문도급업자를 선정하여 도급계약을 맺는 방식
- 건축주와 시공자와의 의사소통이 원활하여 우량시공이 기대됨
- 단점은 현장사무가 복잡하고 경비가 증대됨
- 종 류
  - 전문공종별 : 전체공사를 건축, 기계설비, 전기설비 등으로 세분하여 계약하는 방식
  - 직종별, 공종별 : 건축, 기계설비, 전기설비 등을 또다시 세분화하여 전문업자와 계약하는 방식으로 직영제도에 가깝고 건축주의 의도를 잘 반영함
  - 공정별 : 정지, 기초, 구체, 마무리 공사등의 과정별로 나누어 도급주는 방식
  - 공구별 : 대규모 공사에서 지역별로 공사를 구분하여 발주하는 방식

79 래디믹스트 콘크리트 운반 차량에 특수보온시설을 하여야 할 외기온도 기준으로 옳은 것은?

• 4장 3절 콘크리트 배합

① 30℃ 이상 또는 0℃ 이하
② 30℃ 이상 또는 -2℃ 이하
③ 25℃ 이상 또는 0℃ 이하
④ 25℃ 이상 또는 -2℃ 이하

> **해설**

레미콘(REMICON)

장 점	• 품질이 균등 • 공사추진 정확, 기일연장 등이 없음 • 협소한 장소에서 대량의 콘크리트를 얻을 수 있음 • 콘크리트의 품질을 확보하고 가격이 일정하여 비용이 저렴해짐
단 점	• 현장과 제조자와 충분한 협의가 필요 • 운반차 출입경로, 짐부리기 설비가 필요 • 부어넣기 작업도 운반과 견주어 강행해야 함 • 운반 중 재료분리, 시간경과로 인한 품질의 문제점 발생 • 외기온도 기준 : 30℃ 이상, 0℃ 이하에서 문제 발생

80 다음 기초의 종류 중 기초슬래브의 형식에 따른 분류가 아닌 것은?

• 3장 3절 기초

① 직접기초   ② 복합기초
③ 독립기초   ④ 줄기초

> **해설**

기초의 분류
얕은기초(Shallow Foundation) : 푸팅기초(독립기초, 복합기초, 연속기초, 줄기초), 전면기초

정답 79 ① 80 ①

우리는 삶의 모든 측면에서 항상 '내가 가치있는 사람일까?'
'내가 무슨 가치가 있을까?' 라는 질문을 끊임없이 던지곤 합니다.
하지만 저는 우리가 날 때부터 가치있다 생각합니다.

- 오프라 윈프리 -

PART 5
건설재료학

CHAPTER 01 건설재료 일반

CHAPTER 02 목 재

CHAPTER 03 시멘트 및 콘크리트

CHAPTER 04 석재 및 점토

CHAPTER 05 금속재

CHAPTER 06 미장 및 방수재료

CHAPTER 07 합성수지

CHAPTER 08 도료 및 접착제

계속 갈망하라. 언제나 우직하게.

– 스티브 잡스 –

끝까지 책임진다! 시대에듀!

QR코드를 통해 도서 출간 이후 발견된 오류나 개정법령, 변경된 시험 정보, 최신기출문제, 도서 업데이트 자료 등이 있는지 확인해 보세요! **시대에듀 합격 스마트 앱**을 통해서도 알려 드리고 있으니 구글 플레이나 앱 스토어에서 다운받아 사용하세요! 또한, 파본 도서인 경우에는 구입하신 곳에서 교환해 드립니다.

CHAPTER 01 건설재료 일반

5과목 건설재료학

01 건설재료

(1) 건설재료의 보유성능
① 설계자의 요구성능보다 커야 함
② 경과년수 증가에 따른 열화율이 낮아야 함
③ 보유성능과 요구성능 사이에는 안전여유가 있어야 함
④ 재료의 보유성능이 크면 초기투자 비용이 커지고, 작으면 유지보수 비용이 커짐
⑤ 재료의 보유성능이 같더라도 건축자의 숙련도에 따라 성능에서 차이가 발생함
⑥ 재료의 보유성능 = 요구성능 + 재료의 안전율 + 숙련도

(2) 건설재료의 특성
① 건물의 골격을 구성하는 구조재료로 강도와 내구성이 있어야 함
② 건물 전반에 걸친 외력에 대한 변형이나 파괴 등이 일어나지 않아야 함
③ 목재, 석재, 벽돌, 철강제, 콘크리트 등이 주로 사용됨
④ 석재는 가공에 많은 노력이 필요하고 중량이 커서 시공성이 좋지 않음
⑤ 벽돌은 시공성이 좋고 강도와 내구성, 내화성이 좋아 주로 사용되나 횡력에 대해 구조적으로 불리하므로 지진이 많은 지방이나 고층건물에는 부적합함
⑥ 목재는 비중에 비해 강도가 크고 가공성이 좋으나 부식에 약하고 내화성능이 떨어짐
⑦ **환경표지** : 에너지절약, 유해물질 저감, 자원의 절약 등을 유도하기 위한 목적으로 건설자재의 환경성에 대한 일정기준을 정하여 제품에 부여하는 인증제도 기출 18년 1회
⑧ 금속재는 철재와 알루미늄이 주로 사용되며 철재는 강재, 강판, 형강, 강봉, 강선, 강관 등이 있음
⑨ 알루미늄은 신재료에 속하며 내외장재와 창호재로 주로 사용되며 녹이 슬지 않고 가벼운 잇점이 있으나 내화성이 낮음
⑩ 콘크리트는 내화성, 내구성이 우수하여 현재까지 구조재로 가장 널리 쓰이는 재료이나, 비중이 크고 거푸집을 써야 하기 때문에 소요되는 경비가 상당하고, 물을 사용해야 하는 습식구조로 공시기간 동안 외기조건에 영향을 많이 받으며 경화 시까지 상당시간이 필요함
⑪ **마감재료로 사용되는 모르타르, 회반죽, 타일, 유리, 금속판, 합판, 섬유판, 벽지 등은 방수성, 단열성, 내화성 흡습성이 좋아야 함** 기출 22년 1회
⑫ 바닥재로 사용되는 고무류판, 합성수지 제품류 등은 마모, 패임, 흠집에 강해야 하고 마감과 보행감이 좋아야 함

(3) 건축용 건설재료의 종류
① 구조재료 : 목재, 석재, 시멘트 콘크리트, 금속
② 마감재료 : 유리, 점토, 석재, 석고, 플라스틱, 도료, 타일
③ 차단재료 : 방수, 단열재
④ 방화재료 : 석고보드, 방화실란트, 글라스울

(4) 건축재료의 사용부위에 따른 분류
① 기초재 : 콘크리트, 시멘트, 벽돌, 석재
② 외벽재 : 석재, 벽돌, 유리, 철강재, 비철금속, 콘크리트, 목재
③ 구조재 : 콘크리트, 철강재, 목재, 벽돌
④ 내벽재 : 석고보드, 목재, 콘크리트, 비철금속, 유리, 세라믹, 도료
⑤ 지붕재 : 합성판넬, 비철금속, 유리, 방수재
⑥ 천장재 : 석고보드, 플라스틱, 목재, 비철금속
⑦ 바닥재 : 석재, 목재, 콘크리트, 세라믹, 플라스틱

(5) 건설재료의 조건
① 재질이 균등하며 강도가 크고, 역학적으로 안정을 줄 수 있어야 함
② 운반, 취급이 용이하고 생산량이 많으며 경제적이어야 함
③ 외부의 여러 기상 화학적 작용에 대한 저항성 내구성이 커야 함
④ 가격이 저렴해야 함
⑤ 공업화, 생산성, 고성능화가 가능해야 함

(6) 건설재료의 분류
① 구조재료
② 마감재료
③ 설비재료
④ 가설재료
⑤ 기타재료

(7) 재료의 역학적 성질 기출 21년 2회, 21년 4회, 24년 복원
① 강도 : 물체가 얼마나 강한지를 나타내는 척도로, 재료가 변형에 저항하는 정도
② 경도 : 재료의 표면 특성으로써 국소부의 표면 변형(긁힘, 찍힘 등)에 저항하는 정도
③ 탄성 : 물체에 변형이 가해졌을 때, 원래상태로 돌아오는 성질
  ㉠ 완전탄성체 : 반발계수가 1인 탄성체로 외력이 없어지면 다시 원래의 형체로 돌아오는 물체
  ㉡ 비탄성체 : 외력이 사라졌을 때 원래의 형체로 일부분만 돌아오는 물체
  ㉢ 완전비탄성체 : 외력이 사라졌을 때 원래의 형태로 돌아가지 않는 물체
④ 소성 : 물체에 외력이 가해졌을 때, 원래대로 돌아가지 않는 성질
  ㉠ 소성지수 : 액성한계와 소성한계의 차이, 흙이 소성상태로 존재할 수 있는 함수비 구간의 크기

ⓛ 소성지수가 크다는 것은 액성한계와 소성한계의 차이가 크다는 것을 의미하는 것으로 흙에 점토성분이 많고, 사질토의 성분이 적다는 것을 의미
ⓒ 토질의 입자가 작아질수록 입자가 함유하는 수분량은 많아지고 투수성이 낮아지며 접착력은 높아지는 특성이 있음
⑤ 연성 : 재료가 외력을 받아 길이 방향으로 늘어나는 성질
⑥ 취성 : 재료가 외력을 받아 변형되지 않고 급격하게 파괴되는 성질
⑦ 인성 : 재료가 외력을 받을 때 점성이 강한 질긴 성질
⑧ 피로 : 재료가 인장과 압축의 외력을 장시간 받을 때 파괴되는 성질

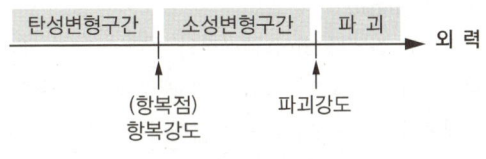

〈소성과 탄성변형구간〉

(8) 응력과 변형률 기출 19년 1회
① 재료에 외력을 가했을 때 그 크기에 대응하여 재료 내부에 생기는 저항력을 응력(Stress)이라 하고 응력과 변형률의 관계를 선도에 표시한 것을 응력-변형률 선도라고 함
② 응력의 크기 순서 : 극한강도 > 항복점 > 탄성한도 > 비례한도 > 허용응력 > 사용응력
③ 응력의 변화구간
  ㉠ 비례한도(Propotional Limit)
    • 응력과 변형률이 비례관계를 가지는 최대응력, 후크의 법칙이 성립
    • 재료가 비례한도를 지나면 응력은 더 이상 변형률에 비례하지 않음
    • 응력과 변형률은 직선적인 관계를 가지며 이 직선의 기울기를 탄성계수라 함
  ㉡ 탄성한계(Elastic Limit)
    • 재료에 가해지는 외력을 제거할 때 원상복원되는 구간
    • 하중제거시에도 변형이 남아 있는 것을 영구변형이라 부름
    • 비례한도보다 약간 큰 값을 가짐
    • 레질리언스(Resilience)계수 : 단위체적당 흡수할 수 있는 탄성에너지로 외력을 제거하면 없어지며 물가 탄성에너지를 저축할 수 있는 능력을 재는 기준이 됨
    • 인성계수 : 재료가 파단될 때까지 단위체적당 흡수할 수 있는 최대에너지
  ㉢ 상항복점(Yield Point)
    • 응력 변형률 선도가 거의 수평이 되는 지점
    • 항복점을 지나면 하중의 증가없이도 재료의 신장현상이 발생
    • 항복이 일어나는 동안 응력이 감소하기도 함
    • 재료의 변형률은 항복점 이전에서는 응력과 비례하여 증가, 항복점을 넘어서면 변형이 급증
    • 재료가 탄성적 응집력을 상실하고 미끄럼 현상이 발생하는 점을 상항복점이라 함

㉣ 하항복점
  - 상항복점보다 낮은 응력으로 변형이 진행되는 점
  - 상항복점에서 갑자기 응력이 하강하는 점
㉤ 극한강도(Ultimate Strength)
  - 응력 변형률 곡선상의 최대응력으로 인장강도라고도 함
  - 재료가 인장강도를 넘어서면 하중을 줄여도 계속하여 늘어나는 현상이 발생
  - 재료가 파단되는 시점에서의 하중은 최고점보다 적게 됨
  - 이 응력값이 바로 물체가 지탱할 수 있는 최대 강도
㉥ 파단강도(Rupture Strength)
  - 재료의 변율이 멈추고 파괴가 일어나는 점의 응력
  - 공칭 파단응력은 초기 단면적으로 계산하기 때문에 최종응력에 비해 상당히 작은 값을 가짐
  - 이 이상으로 물체에 힘을 가하면 물체가 끊어지는 파단점에 도달하게 됨

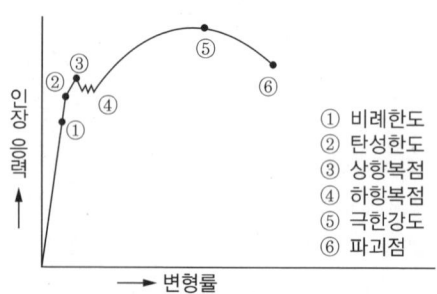

〈응력과 변형률 선도〉

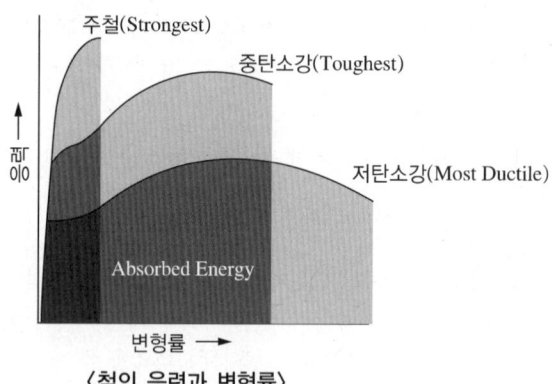

〈철의 응력과 변형률〉

CHAPTER 02

5과목 건설재료학

목 재

01 목재의 개요

(1) 목재의 특징

① 사용의 역사
  ㉠ 목재는 오랫동안 인류의 건축자재로 사용
  ㉡ 현대에서도 구조재부터 실내외장재 등 다양하게 사용되고 있음

② 섬유질 재료
  ㉠ 목재는 나무가 살아있는 동안에 형성된 세포인 섬유들로 이루어져 있음
  ㉡ 섬유의 배열에 따라서 여러 가지 목재의 특징적인 성질들이 나타남

③ 복잡한 화학구성
  ㉠ 목재의 구성성분 : 셀룰로오즈, 리그닌, 헤미 셀룰로오즈 등으로 구성
  ㉡ 복잡하고 다양한 화학물질로 구성
  ㉢ 목재로부터 많은 화학물질들을 추출하여 사용

④ <u>목재의 성질</u> 기출 18년 1회, 19년 1회, 19년 4회
  ㉠ 수종별로 성질이 다르고, 지역과 개체에 따라서 성질이 다름
  ㉡ 동일 개체 내에서도 주위환경에 따라서, 세포에 따라서도 성질이 다름
  ㉢ 수종에 따라 수축률 및 팽창률에 상당한 차이가 있음
  ㉣ 변재는 심재보다 수축률 및 팽창률이 일반적으로 큼
  ㉤ 수축이 과도하거나 고르지 못하면, 할렬, 비틀림 등이 생김
  ㉥ 고은결폭보다 널결폭이 신축의 정도가 큼
  ㉦ 섬유포화점 이상의 함수상태에서는 함수율이 변해도 목재의 물리적 성질은 변화가 없음
  ㉧ <u>섬유포화점</u> : 목재 세포가 최대 한도의 수분을 흡착한 상태(함수율이 약 30%의 상태) 기출 22년 1회

⑤ 가공이 쉬운 재료
  ㉠ 목재는 적은 비용, 에너지, 시간 및 장비를 가지고 원하는 제품으로 가공할 수가 있음
  ㉡ 넓은 재료를 얻기 위하여 합판이나, OSB·PB·MDF 등의 각종 판상재료를 제조할 수 있음
  ㉢ 높은 강도에 보다 큰 치수를 얻기 위하여 다음과 같은 공학목재를 제조하여 사용
    • LVL(Laminated Veneer Lumber)
    • PSL(Parallel Strand Lumber)
    • LSL(Laminated Strand Lumber)
    • CLT(CRoss-Laminated Timber)
    • TCC(Timber Concrete Composite)

⑥ 이방성 재료
  ㉠ 목재는 섬유의 배열과 세포벽 내의 마이크로피브릴의 배열에 따라서 섬유방향, 방사방향 및 접선방향 등의 세 개의 주축에 대하여 서로 다른 성질을 나타내는 직교이방성의 재료임
  ㉡ 이방성의 특성은 섬유방향이 다른 방향에 비하여 매우 높은 강도를 지님
  ㉢ 섬유방향의 매우 높은 강도를 이용하여 구조체 내에서 발생하는 응력이 목재의 섬유방향으로 작용하도록 구조를 설계하면 작은 치수의 부재로 높은 외력을 지지할 수 있는 매우 효율적인 구조의 건축이 가능함
⑦ 흡습성 재료
  ㉠ 목재를 구성하는 주된 성분인 셀룰로오즈에는 많은 양의 수산기들이 노출되어 있으며 이 수산기들이 물분자와 수소결합을 이루어 수분의 흡습이 이루어짐
  ㉡ 목재의 흡습 또는 방습의 특성을 잘 이용하면 실내의 상대습도를 가장 쾌적한 상태로 유지시켜주는 조습효과를 얻을 수 있음
⑧ 점탄성 재료 : 변형 시 점성과 탄성을 같이 보이는 재료
  ㉠ 점탄성 재료의 특징은 탄성한계를 벗어나 변형이 일어나도 상당한 크기의 응력을 견딜 수 있음
  ㉡ 목조건축물은 비례한도 내에서 응력에 대한 설계보다는 최대강도에 근거한 설계를 함으로써 보다 효율적인 구조의 건축이 가능해진다는 특징이 있음
  ㉢ 시간에 따른 변형의 증가, 진동의 흡수 성능, 반복하중 하에서의 저항 성능 등 여러 가지 측면에서 목재의 점탄성 특성을 활용한 설계가 가능함
⑨ 풍부하며 재생산이 가능한 재료
  ㉠ 전 세계에 골고루 분포하는 자원
  ㉡ 풍부하며 재생산이 용이함
⑩ 목재의 장점
  ㉠ 가볍고 가공이 용이함
  ㉡ 비중에 비해 강도, 인성, 탄성이 큼
  ㉢ 비강도가 큼(가볍고 강도가 큼)
  ㉣ 열전도율, 열팽창률이 작음
  ㉤ 종류가 다양하며 질감이 좋고 우아함
  ㉥ 산이나 염분에 강함
⑪ 목재의 단점
  ㉠ 착화점이 250℃로 낮아 불이 잘 붙음
  ㉡ 흡수성이 커서 변형이 쉬움
  ㉢ 습도가 높으면 부식이 촉진됨
  ㉣ 충해나 풍화로 내구성이 낮음

(2) 목재의 분류

① 소프트우드(Softwood)
  ㉠ 소프트우드는 일반적으로 침엽수를 말하며 목질이 부드러운 나무를 뜻함
  ㉡ 침엽수는 생장이 빠르기 때문에 조직이 연하고 부드럽고 빠른 성장으로 조직의 밀도가 낮아 무게도 가벼운 편임

ⓒ 대표적인 것으로 소나무(Pine), 삼나무(Cedar), 가문비나무(Spruce), 편백나무(Hinoki), 낙엽송(Larch), 전나무(Fir) 등이 있음
ⓓ 침엽수들은 대부분 향이 좋고 가공성이 좋음. 특히 소프트우드는 빠른 성장속도 덕분에 공급이 원활하여 전 세계 목재의 80% 이상을 차지하고 있기 때문에 가격이 저렴함

② 하드우드(Hardwood)
  ⓐ 하드우드는 넓은 나뭇잎을 가진 활엽수를 뜻하며 목질이 단단해서 휘거나 갈라지는 일이 드문 고급 목재에 해당하며 소프트우드에 비해 고가임
  ⓑ 일반적으로 성장속도가 느리고 조직이 치밀해서 무게가 무겁고 진한 무늬 색상이 많으며 같은 수종이라고 해도 더운 지방보다 추운지방에서 자란 종이 더욱 단단함
  ⓒ 고가임에도 불구하고 하드우드는 나이테 무늬가 화려해서 고급가구에 주로 사용
  ⓓ 대표적인 하드우드(Hardwood)로는 참나무(Oak), 물푸레나무(Ash), 호두나무(Walnut), 자작나무(Birch), 단풍나무(Maple), 오리나무(Alder), 벚나무(Cherry), 마호가니(Mahogany), 티크나무(Teak)등이 있음

구 분	Hardwood	Softwood
특 성	• 색과 무늬가 아름다우며 단단함 • 잘 변형되거나 변질되지 않고 오래감 • 나무가 단단해 가공과 취급이 어려움	• 나무결이 곧고 연하며 탄력있음 • 가공이 쉽고 가격이 저렴
용 도	• 내부장식이나 고급가구 등 전문 목공작업에 쓰임	• 건축의 뼈대를 이루는 구조용 재료 및 단순 목재 구조물 등에 쓰임
대표수종	• 물푸레나무(Ash) • 자작나무(Birch) • 벚나무(Cherry) • 단풍나무(Maple) • 참나무(Oak) • 호두나무(Walnut) • 오리나무(Alder)	• 소나무(Pine) • 삼나무(Cedar) • 가문비나무(Spruce) • 편백나무(Hinoki) • 낙엽송(Larch) • 전나무(Fir)

③ 성장에 의한 분류
  ㉠ 외장수(두께와 길이가 모두 성장) : 침엽수와 활엽수
  ㉡ 내장수(길이만 성장) : 대나무, 야자수

④ 재질에 의한 분류
  ㉠ 연재 : 침엽수로 소나무, 삼나무 등
  ㉡ 경재 : 활엽수로 떡깔나무, 참나무 등
  ㉢ 침엽수 : 구조재와 장식재로 사용하며, 가볍고 가공이 용이함
  ㉣ 활엽수 : 장식재로 사용하며, 무겁고 단단함

⑤ 용도에 의한 분류
  ㉠ 구조용 : 구조물의 뼈대를 형성하는 용도
  ㉡ 장식용 : 내부 치장용이나 가구제침의 용도

(3) 죽 재

① 성 질
- ㉠ 나이테가 없고, 줄기가 곧고 탄력성이 크며 강도가 매우 큼
- ㉡ 쪼개지기 쉽고 썩기 쉬움
- ㉢ 비중은 생대나무가 1.1~2.2
- ㉣ 기전재의 비중은 0.3~0.4
- ㉤ 인장강도 1,500~2,500kg/cm^2, 압축강도 600~900kg/cm^2, 휨강도 2,000kg/cm^2

② **벌목과 건조** `기출` 20년 4회
- ㉠ 용재로는 3년생 정도가 좋음
- ㉡ 서까래, 장대 등과 같은 강도를 필요로 하는 것은 5년생이 좋음
- ㉢ 벌목시기는 봄, 여름에는 충해의 염려가 있고, 색깔도 황갈색으로 변해 내구성이 떨어지므로 10월에서 11월경이 좋음
- ㉣ 인공건조 시는 온도 46℃, 습도 55% 이하로 함
- ㉤ 건조가 빠르며 쪼갠 것은 10~20일, 통재는 3~4월이면 건조되며 담황갈색이 됨
- ㉥ 생제를 수중에 일정시간 침수시키면 수액이 빠져 건조시간이 단축됨

③ 가공성
- ㉠ 대나무는 쪼개지기 쉬우나 탄성과 인성이 큼
- ㉡ 속이 비어 가볍고, 건습에 따른 신축변형이 적음
- ㉢ 0.3% 알칼리로 처리하면 연해져 쉽게 쪼개어 평판으로 만들 수 있음
- ㉣ 재질이 단단하여 기계톱니가 쉽게 상하기 쉬움

02 목재의 조직

(1) 헛물관(Tracheid)
① 겉씨식물에 있으며 수목 전 용적의 90~97%를 차지함
② 길이 1~4mm의 주머니 모양으로 끝이 차차 가늘어져서 막혀있음
③ 중간에 구멍이 있어 옆의 섬유와 통하여 수액의 통로가 됨

(2) 물 관
① 속씨식물에 있고, 크고 길며 줄기방향으로 배치, 양분과 수분의 통로
② 활엽수에만 있음, 크고 길며 줄기방향으로 배치, 양분과 수분의 통로
③ 나무의 종류를 구별하는 표준이 되기도 하고, 건조한 목재는 종단면 위에 크고 진한 색깔의 무늬가 나타남

(3) 수 선
  ① 침엽수에서는 가늘며 잘 보이고 않고 활엽수에서만 나타남
  ② 종단면에서는 암색 반문과 광택이 나는 뚜렷한 무늬로 나타남
  ③ 수목줄기의 중심에서 겉껍질 방향에 방사상으로 들어 있는 물관과 비슷한 세포

(4) 수지관
  ① 수지의 이동이나 저장을 하는 곳, 나무줄기 방향으로 나타나는 것과 직각방향으로 나타나는 것이 있음
  ② 침엽수재에 많고 활엽수재에는 극히 드묾

03 목재의 결

(1) **나이테** 기출 18년 2회, 18년 4회
  ① 봄에는 빠르게 성장, 여름에는 광합성으로 인해 작고 단단한 세포를 만듦
  ② 겨울에는 세포분열을 하지 않고 성장도 전혀 일어나지 않음
  ③ **춘재(Earlywood)** : 봄에 자란 부분
  ④ **추재(Latedwood)** : 여름과 가을에 자란 부분
  ⑤ **심재(Heartwood)** : 죽은 세포로 단단한 물성을 가지고 있는 색이 진한 부분, 단단하고 함수율이 낮음
  ⑥ **변재(Sapwood)** : 한창 자라고 있는 세포로 물과 양분을 전달하며 색이 연한 부분, 건조 시 수축과 변형이 심하며 내구성이 떨어짐

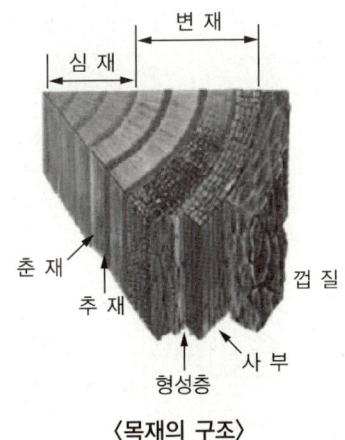

〈목재의 구조〉

(2) 목재의 결점
① 옹이(knot) : 아래 있는 나뭇가지가 윗층에 있는 가지에 밀려 피압되어 줄기속에 파묻힌 것, 줄기에 붙어 있는 가지가 남긴 흔적으로 죽은 가지의 밑둥이 죽은 옹이가 됨, 죽은 옹이의 둘레는 줄기와 조직이 붙지 않아 제재시 쉽게 떨어져 나갈수 있음
② 수지낭 : 수지주머니로 연륜간 결합력이 약해 강도가 떨어지며, 건조시 수지가 목재면으로 스며나오기 때문에 표면이 오염되고, 도장도 어려움
③ 미숙재 : 세포의 길이가 안정되지 못한 수(pith)주위의 목재임, 성숙재에 비해 강도가 약해 구조재로 사용할수 없고 침엽수재의 미숙재는 활엽수재의 미숙재보다 더 열악함
④ 컴프레션페일러 : 목재의 결점 중 벌채시의 충격이나 그 밖의 생리적 원인으로 인하여 세로축에 직각으로 섬유가 절단된 것

(3) 목재의 벌목
① 봄, 여름 : 성장의 시기로 수액이 많아 재질이 무르고 함수율이 많아 건조가 잘 되지 않으며 벌목에도 불리
② 가을, 겨울 : 수액이 적어 건조가 빠르고, 목질도 견고하고 운반도 용이. 벌목에 유리함
③ 유목기 : 벌목 시 재적이 적고, 변재만 있어 무르고 함수율이 많아 썩기 쉬움
④ 장목기 : 장년기에 해당하는 나무로 줄기도 굵어 벌목하기 좋음
⑤ 노목기 : 노쇠기에 해당하며 재적도 감소, 재질도 약해 용재로서 좋지 않음

(4) 제 재 기출 17년 4회, 20년 통합
① 제재 계획 : 건조에 의한 수축을 고려하여 여유가 있어야 함
② 나뭇결을 생각하여 효과적인 목재면을 얻어야 함
③ 무늬결 : 나뭇결이 곡선이며, 건조 시 변형이 큼
④ 곧은결 : 목재의 직각방향의 나뭇결로 평행직선이며, 건조 시 수축변형이 적음
⑤ 제재치수 : 제재된 목재의 실제 치수
⑥ 마무리치수 : 가공이나 조립이 완료된 상태의 치수

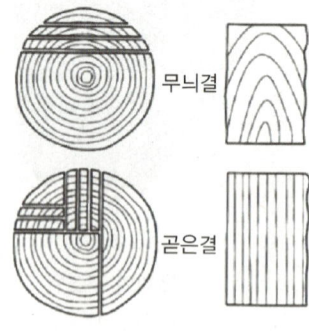

〈목재의 결〉

(5) 건조 기출 19년 1회
① 생나무 무게의 1/3 이상이 경감될 때까지 건조
② 구조용재는 함수율 15% 이하, 가구용재는 10%까지 건조
③ 건조가 잘 되어야 균열, 변형이 일어나지 않고 부패균의 생성을 방지
④ 건조가 잘 되어야 강도가 좋고, 가공도 용이함
⑤ 온도가 높을수록, 풍속이 빠를수록 건조속도가 빠름
⑥ 비중이 작을수록 건조속도가 빠름

(6) 자연건조방법
① 직사광선과 비를 맞지 않도록 옥내에 보관
② 옥외에 보관 시 직사광선을 피하고 짚으로 덮고 통풍으로만 건조
③ 건조비가 적게 들고 변질도 적으나 건조시간이 오래 걸리며 변형이 생기기 쉬움
④ 지면에서 습기의 흡수를 막기 위해 30cm정도의 굄나무를 놓고 쌓음

(7) 인공건조방법
① 증기법 : 건조실을 증기로 가열하여 건조, 가장 많이 사용함
② 열기법 : 건조실 내의 공기를 가열하거나 가열공기를 넣어 건조
③ 훈연법 : 짚이나 톱밥 등을 태운 연기를 건조실에 도입하여 건조
④ 진공법 : 원통형 탱크 속에 목재를 넣고 밀폐하여 고온, 저압상태에서 수분을 제거

04 목재의 성질

(1) 함수율 기출 19년 2회, 21년 1회, 21년 2회, 23년 복원, 24년 복원
① 생재상태 : 40~100%
② 기건상태(Air Dried Condition) : 함수율 15%
③ 전건상태(Oven Dried Condition) : 함수율 0%
④ 섬유포화점
  ㉠ 섬유포화점이란 목재의 종류에 관계없이 함수율 30%일 때
  ㉡ 섬유포화점에서는 세포벽에는 수분이 남아있고, 새포내강에는 수분이 증발한 상태
  ㉢ 섬유포화점 이상에서는 함수율이 증가해도 신축변동이 없음
  ㉣ 섬유포화점 이하에서는 함수율이 감소함에 따라 강도는 증가, 인성은 감소
  ㉤ 함수율 12% 부근에서는 함수율이 1% 감소하지만 압축·휨 강도는 5% 증가하고, 전단강도는 3% 증가
  ㉥ 전건재(함수율 0%)를 대기 중에 방치하면 수분을 흡수하여 기건재(함수율10~15%)가 됨
  ㉦ 벌목직후 생재상태에서 함수율이 섬유포화점까지 감소하는 동안 강도도 감소
⑤ 함수율 = (목재무게 − 전건조 시 목재무게 / 전건조 시 목재무게) × 100%
  전건조 : 온도가 100℃가 될 때까지 건조

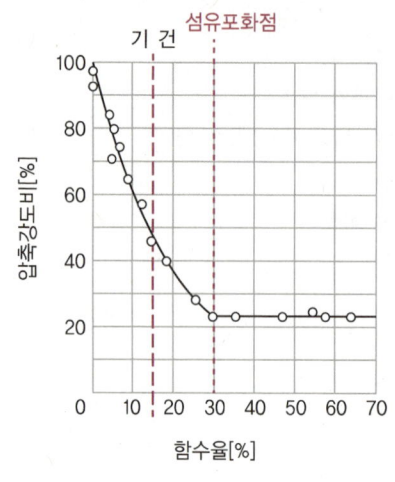
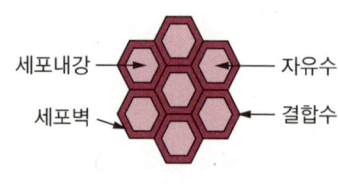

(2) 비 중 기출 17년 4회

① 목재의 비중은 대략 0.3~1
② 오동나무(0.3) < 삼나무 < 회나무 < 소나무 < 느티나무 < 티크 < 떡갈나무(0.95) < 자단, 흑단(1)
③ 목재를 구성하고 있는 세포막의 두께, 도관막의 두께에 따라 다름
④ 세포 자체의 비중은 수종에 관계없이 대체로 1.54
⑤ 목재의 비중이 클수록 팽창과 수축도 심함

(3) 변 형

① 함수율의 증감에 따라 수축과 팽창
② 수축과 팽창은 그 함수율이 섬유포화점 이상에서는 생기지 않으나 그 이하에서는 함수율에 비례하여 신축
③ 팽창수축률은 기건상태일 때의 목재의 길이를 기준으로 함
④ 무늬결, 곧은결 너비를 길이로 재어 함수율의 변화에 대한 팽창수축률로 표시하는 방법과 전수축률로 표시하는 방법이 있음

(4) 전수축률

① 무늬결의 너비 방향이 가장 큼(6~10%)
② 곧은결의 너비 방향은 무늬결 너비방향의 50% 정도
③ 길이방향은 곧은결 너비방향의 5% 정도
④ 전수축률 = 생나무의 길이 − 전건재의 길이 ÷ 전건재의 길이
⑤ 축방향의 수축률이 가장 적음 : 0.35%
⑥ 지름방향의 수축률은 중간 정도 : 8%
⑦ 촉방향의 수축률은 가장 큼 : 14%

(5) 수축과 팽창을 줄이는 방법
   ① 급속건조를 피할 것
   ② 기건재를 사용
   ③ 무늬결보다 곧은결 목재를 사용
   ④ 비중이 크면 변형이 크기 때문에 가벼운 목재를 사용
   ⑤ 널결판은 심재쪽을 약간 파둠
   ⑥ 합판은 결을 교차해서 만듦
   ⑦ 고온에서 건조한 목재를 사용
   ⑧ 겉면을 도장하거나 기름을 주입
   ⑨ 저장창고의 공기습도를 일정하게 유지

(6) <u>목재의 강도</u> 기출 17년 4회, 18년 4회, 19년 2회, 20년 3회
   ① 함수율이 감소하면 강도는 증가, 함수율이 일정하면 비중이 클수록 강도는 증가
   ② 함수율이 증가하면 섬유포화점 이상에서는 강도가 일정, 섬유포화점 이하에서는 함수율이 감소할수록 강도가 증가하여 함수율 12% 부근에서는 함수율이 1% 감소하지만 압축·휨 강도는 5% 증가하고 전단강도는 3% 증가
   ③ 심재가 변재보다 강도가 큼
   ④ <u>흠과 강도</u> : 옹이, 갈래, 썩정이 등의 흠이 있으면 강도는 떨어짐 기출 22년 2회, 24년 복원
   ⑤ 겨울철 벌목이 목재의 강도가 가장 좋음
   ⑥ 인장강도 > 휨강도 > 압축강도 > 전단강도
      ㉠ 인장강도 : 섬유방향이 가장 크고, 그것의 직각방향이 가장 작음
      ㉡ 휨강도 : 만곡강도, 곡강도로 목재를 사용함에 있어 중요한 값으로 작용
      ㉢ 압축강도 : 목재의 양방향에서 내부로 미는 힘에 대한 저항력
      ㉣ 전단강도 : 전단력이 가해질 때 재료가 파괴되는 최대응력

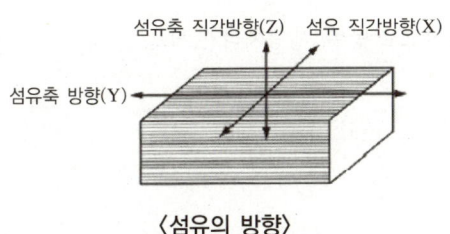

〈섬유의 방향〉

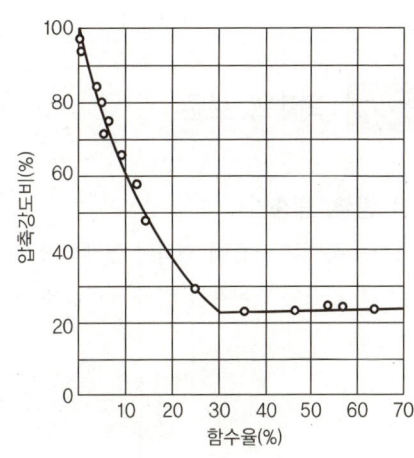

〈함수율과 압축강도의 관계〉

(7) **목재의 연소** 기출 18년 2회, 19년 1회, 22년 2회
　① 수분소실, 열분해, 가스방출 : 100℃
　② 가소성(탄화점) : 180℃
　③ 목재의 착화점(화재위험온도) : 260~270℃
　④ 목재의 자연발화점 : 400~450℃
　⑤ 발화 후 10~20분 내에 100~1200℃까지 상승하고 그 이후 온도가 급격히 떨어짐

(8) **목재의 내구성**
　① 부 패
　　㉠ 목질부에는 단백질, 녹말 등의 영양분이 포함되어 있어 부패균이 침입하여 번식하고 균에서 분비되는 효소에 의해 목재의 섬유질을 용해 감소시켜 목질이 분해되어 부패, 부패한 목재는 무게와 강도가 감소하고 건습의 속도가 빨라져 착화점도 낮아짐
　　㉡ 부패균의 번식은 온도, 습도, 산소, 양분 등과 밀접한 관계가 있으며 이 중 하나라도 없으면 생존 불가
　　㉢ 부패균은 4℃ 이하에서는 발육을 못하지만 25~30℃에서는 왕성하게 활동, 50℃에서는 소멸
　　㉣ 습도 15% 이하 시 번식이 중단, 습도 20% 이상이 되면 발육을 시작하고, 40~50%에서 가장 왕성하게 활동, 발육할 수 있는 최고 습도는 80%임
　② 풍 화
　　㉠ 오랜 세월 햇빛, 비바람, 기온의 변화를 겪으면 수지성분이 증발하여 광택이 없어지고, 표면이 변색·변질되는 것을 풍화라고 함
　　㉡ 풍화초기는 갈색이고 더 진행되면 은백색이 됨
　③ 충 해
　　㉠ 주로 흰개미와 굼벵이와 같은 곤충이 주로 목재를 침식
　　㉡ 토대, 기중, 보 등의 밑에서 침식하고 목재의 껍질만 남기고 속을 비게 함

05 목재의 보존

(1) **방부, 방충법**
　① 목재는 균류에 의하여 부패되어 변색, 변질됨
　② 곤충류의 피해를 받아 구조물의 손상을 초래하므로 방부, 방충처리가 필요

(2) 목재의 방부법 [기출] 18년 2회, 20년 통합, 21년 4회, 24년 복원

도포법	• 가장 일반적인 방법임 • 목재를 충분히 건조시키고 균열이나 이음부에 방부제를 도포함
주입법	• 상압주입법 : 방부액속에 목재를 침지함 • 가압주입법 : 압력용기에 목재를 넣어 7~12기압으로 방부재를 주입하는 방법으로 가장 신속하고 효과적임
침지법	• 방부액 속에 목재를 몇 시간~며칠 동안 침지함 • 용액을 가열하면 15mm까지 침투함
표면탄화법	• 가격이 싸고 간편하나 효과가 지속적이지 못함 • 목재의 부패균 침입을 방지하기 위해 목재 표면을 약간 태워 탄소로 표면을 씌워버림 • 표면탄화는 일시적으로만 유효하고 1~2년이 지나면 탄소가 떨어져 버림 • 외관이 좋지 않고, 탄소분이 인체에 부착되어 가설재 등에 임시로 사용함
생리주입법	• 벌목 전 나무뿌리에 약액을 주입함 • 효과가 미미함

(3) 방부제 사용법

① 목재에 침투가 잘되고 방부성이 큰 것이 좋음
② 목재에 접촉되는 금속이나 인체에 피해가 없어야 함
③ 악취가 나거나 목재를 변색시키는 일이 없어야 함
④ 방부처리를 하고도 표면에 페인트칠을 할 수 있는 것이 좋음
⑤ 목재의 인화성, 흡수성 증가가 없어야 함
⑥ 목재가공이 용이해야 함
⑦ 방부제의 값이 싸며 방부처리가 용이해야 함

(4) 방부제의 종류

① 수용성 방부제
　㉠ 황산구리 1% 용액은 방부성은 좋으나 인체에 유해하고 철재부식이 심해 오래가지 못함
　㉡ 염화아연 4% 용액은 방부효과는 좋으나 목질부를 약화시키고 전기 전도율이 증가되고 내구성이 약함
　㉢ 염화 제2수은 1% 용액은 방부효과는 좋으나 철재부식과 인체에 유해함
　㉣ 플로오화소다 2% 용액은 방부효과도 좋고 철재나 인체에 무해하며 페인트도장도 가능하나 내구성이 떨어지고 값이 비쌈

② 유성방부제
　㉠ 크레오소트 오일 [기출] 17년 4회, 20년 3회, 22년 2회
　　• 방부성은 좋으나 목재가 흑갈색으로 착색되고 악취가 있고 흡수성이 있음
　　• 외관이 불미하므로 보이지 않는 곳의 토대, 기둥, 도리 등에 사용됨
　　• 값도 싸고 침투성도 크고 시공이 편리함
　㉡ 콜타르
　　• 가열도포하면 방부성은 좋으나 목재를 흑갈색으로 착색하고 페인트칠도 불가능
　　• 보이지 않는 곳이나 가설재 등에 이용됨

ⓒ 아스팔트
　　　• 가열용해하여 목재에 도포하면 방부성이 크나 흑색으로 착색되며 페인트 도장이 안됨
　　　• 보이지 않는 곳에만 사용됨
　　ⓔ 페인트
　　　• 유성 페인트를 목재에 도포하면 피막을 형성하여 목재 표면을 피복하므로 방습, 방부효과가 있음
　　　• 착색이 자유로우므로 외관을 미화하는 효과도 겸함
　　ⓜ 방화법
　　　• 목재의 표면에 불연성 도료를 칠하여 방화막을 만듦
　　　• 방화재를 목재에 주입시켜 발염성을 적게 하고 인화점을 높임
　　　• 목재의 표면은 단열성이 큰 시멘트 몰타르나 벽돌 등으로 둘러싸서 화재위험을 방지함

06 목재 가공품

(1) 합판(Plywood)

① 합판의 개요 기출 20년 3회
　ⓐ 제재판재, 소각재, 섬유질소편에 접착제를 사용하여 인접하는 층의 단판의 섬유방향에 서로 직교하도록 홀수로 적층
　ⓑ 변형에 대한 방향성을 제거되어 변형이 적고 내수성이 있음
　ⓒ 접합성이 강한 합성수지계 접착제를 써서 가압하여 만든 것으로 방수성이 있음
　ⓓ 판재에 비하여 균질이며 우수한 품질 좋은 재료를 많이 얻을 수 있음
　ⓔ 잘 갈라지지 않으며 방향에 따른 강도의 차이가 적음
　ⓕ 함수율 변화에 의한 신축변형이 작고, 건조가 빠르고 뒤틀림이 없음
　ⓖ 곡면가공을 해도 균열이 생기지 않으며 쉽게 곡면판으로 만들수도 있음

② 합판의 종류
　ⓐ 보통 합판의 두께는 3, 4, 5, 6, 9, 12, … 24mm 등이 있음
　ⓑ 크기는 91cm × 182cm, 121cm × 242cm 2종류가 있음
　ⓒ 1류합판 : 페놀을 접착제로 사용한 것으로 장기간의 외기 및 습윤상태에서 견디며 내수성이 가장 큼
　ⓓ 2류합판 : 요소수지, 멜라민을 접착제로 사용한 것으로 습도가 높은 곳에서 잘 견디며 높은 내구성을 가짐
　ⓔ 3류합판 : 카세인을 접착제로 쓴 것으로 보통합판으로 사용됨

③ 특종합판
　ⓐ 표면에 오버레이, 프린트, 도장 등의 가공을 한 것
　ⓑ 화장합판 : 미관용으로 표면에 괴목 등의 얇은 단판을 붙인 합판으로 무늬목 합판이라고도 함
　ⓒ 멜라민 화장합판 : 표면에 종이 또는 섬유질 재료를 멜라민 수지와 결합하여 입힌 것
　ⓓ 기타 : 폴리에스테르 화장합판, 염화비닐 화장합판, 프린트 합판, 도장 합판, 방화 합판, 방부 합판

〈합 판〉

④ 베니어판(Veneer)
  ㉠ 목재를 두께 1~4mm 정도로 얇게 썰어 만든 널
  ㉡ 제조방법에는 통나무의 둘레를 따라 깎아내는 로터리베니어와 목재를 평면으로 깎아내는 슬라이스드베니어와 소드베니어가 있음
  ㉢ 침엽수로 삼나무·노송나무·소나무 등이 이용됨
  ㉣ 활엽수로는 졸참나무·너도밤나무·느티나무·단풍나무·오동나무 등이 이용됨

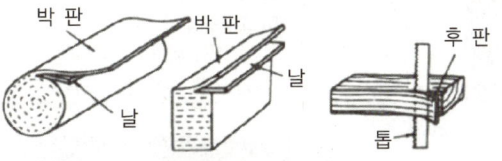

〈베니어판의 종류〉

(2) 집성목 기출 19년 4회, 20년 4회, 22년 2회
  ① 두께 1.5~5cm의 단판을 몇 장 또는 몇 겹으로 접착한 것
  ② 섬유방향을 평행으로 붙인 것으로 박판이 아니며 기둥으로도 사용할 수 있음
  ③ 요소수지가 접착제로 사용, 많은 곳에는 페놀수지 접착제가 사용됨
  ④ 강도를 인위적으로 조절할 수 있음
  ⑤ 구조변형이 용이하여 응력에 따라 제품을 만듦
  ⑥ 아치와 같은 굽은 재로 만들 수 있으며 길고 단면이 큰 부재도 간단히 만들 수 있음

〈집성목〉

(3) 파티클 보드(PB ; Particle Board) 기출 18년 1회, 22년 1회

① 개요 기출 20년 3회
  ㉠ 목재 및 기타 식물의 섬유질소편에 합성수지 접착제를 도포하여 가열압착 성형한 판상제품
  ㉡ 원목제품을 생산하고 남은 것으로 제작하기 때문에 가격이 저렴하고 비중은 0.4 이상

② 장단점

장점	· 섬유 방향성이 없어 원목의 단점 중 하나인 팽창과 수축이 없어 변형이 극히 적음 · 사이즈와 형태에 대한 제한이 적고 가공성이 우수함 · 가격이 저렴함(목재, 합판, MDF보다 저렴) · 목재를 결합하여 만들기 때문에 빈공간이 생겨 방음효과가 좋음 · MDF보다 수분에 강해 싱크대용으로 많이 사용됨 · 흡음성과 열의 차단성도 좋음 · 강도가 크므로 구조용으로 적당함
단점	· 엣지 및 디테일한 작업이 어려움 · 접착제로 압축하기때문에 화학성분이 방출되어 암을 유발함 · 접착제로 사용하는 포름알데히드 방출량에 따라 4가지 환경기준등급으로 나뉨 　- 1단계 : 슈퍼이제로(SE0) 최고급 등급(국제 환경기준 포름알데히드 수치) 0.3mg/L 　- 2단계 : 이제로(E0) 고급등급(국제 환경기준 포름알데히드 수치) 0.5mg/L 　- 3단계 : 이원(E1) 보통(국제 환경기준 포름알데히드 수치) 1.5mg/L 　- 4단계 : 이투(E2) 하급(국제 환경기준 포름알데히드 수치) 5mg/L

〈파티클 보드〉

(4) 섬유판 기출 19년 4회

① 연질섬유판(IB ; Insulation Board)
  ㉠ 밀도 $0.35g/cm^2$ 미만의 섬유판
  ㉡ Door 및 벽체, 충진제, 흡음제(방음제) 등으로 이용

② 중질섬유판(MDF ; Midium Density Fiberboard)
  ㉠ 밀도 $0.35g/cm^2 \sim 0.85g/cm^2$ 미만의 섬유판
  ㉡ 일반 가구, 악기 등에 사용

③ 경질섬유판(HD ; Hard Board) 기출 23년 복원
  ㉠ 밀도 $0.85g/cm^2$ 이상의 섬유판
  ㉡ 창호, 문틀재 및 바닥재 등으로 이용
  ㉢ 펄프를 접착제로 제판하여 양면을 열압 건조시킨 것

④ OSB(Oriented Strand Board) 기출 21년 4회
  ㉠ PB의 일종으로 직사각형 모양의 얇은 나무조각을 서로 다른 방향으로 배열해 압착하여 제작
  ㉡ 벽체나 지붕, 바닥 등 주로 목조주택의 구조용 자재로 널리 사용됨

ⓒ 각층이 겹쳐지게 배열되기 때문에 높은 강도와 경도를 유지함
ⓓ 내장용은 좀 얇으나 외장용은 좀 두껍고, 강도가 높으며 내수성이 있는 접착제를 사용

〈OSB〉

(5) MDF(Medium Density Fiberboard)

① 개 요
  ㉠ 나무를 가공하는 과정에서 얻어지는 톱밥이나 원목을 파쇄할 때 발생하는 조각 등을 고온에서 펄프로 만들어 얻은 목섬유를 액상의 합성수지와 접착제를 첨가하여 압력과 고온의 열로 제작한 인조목재판

② 장단점

장 점	• 목재로 사용할 수 없는 원목의 자투리 부분을 모두 갈아서 만드는 것이기 때문에 가격이 저렴함 • 압착기계만 충분히 크다면 원하는 넓이로 얼마든지 제작 가능함 • 천연 목재판보다 변형이 적고 재질이 균일하며 비교적 강도가 좋은 편임 • 가공성이 매우 우수하고 접착성이 뛰어나 실내 인테리어에서는 가장 많이 사용함 • MDF는 시공도 용이하고 표면이 깨끗한 점이 큰 장점이기 때문에 주로 몰딩, 가구 제작에 많이 사용함

단 점	• 물에 약하여 물을 흡수하면 부풀게 되며, 다시 마르더라도 강도가 떨어지며 형태가 복원되지 않음
	• 원목에 비해 내구성이 좋지 않으며 목재가공품중에서 내구성이 가장 약함
	• 같은 두께의 원목에 비해 잘 휘어지고 잘 부서지는 편으로 나사가공이 힘듦
	• 흡습성이 높기 때문에 수성페인트칠이 어려움
	• 접착제로 사용하는 포름알데히드 방출량에 따라 4가지 환경기준등급으로 나뉨
	  - 1단계 : 슈퍼이제로(SE0) 최고급 등급(국제 환경기준 포름알데히드 수치) 0.3mg/L
	  - 2단계 : 이제로(E0) 고급등급(국제 환경기준 포름알데히드 수치) 0.5mg/L
	  - 3단계 : 이원(E1) 보통(국제 환경기준 포름알데히드 수치) 1.5mg/L
	  - 4단계 : 이투(E2) 하급(국제 환경기준 포름알데히드 수치) 5mg/L

〈MDF〉

(6) PSL(Parallel Strand Lumber)
① 목재 스트랜드를 무작위가 아닌 한 방향으로 배치하여 압착한 것
② 수축, 팽창, 변형이 작고, 강도가 높음
③ 주로 각재로 생산되고, 구조재로 많이 사용되며 인테리어 내장재로도 사용

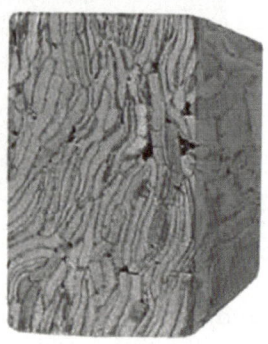

〈PSL〉

07 건축자재

(1) 마루판
① 목질부가 굳고 무늬가 좋은 참나무, 미송, 나와, 시오지, 아피톤 등
② 가공하여 판재로 만들어 공장에서 생산
③ 종 류 기출 18년 2회, 20년 4회
　㉠ 플로어링 보드 : 표면은 상대패 마감하고 양측면은 제혀쪽매로 하여 접합
　㉡ 파키트리 보드 : 경목재판의 표면은 상대패 마감
　㉢ 파키트리 블록
　　• 파키트리 보드를 3~5장 조합하여 접착제나 파정으로 붙인 것
　　• 건조변형이 적고 마모성이 적어 마루판으로 우수
　　• 목조 마루틀 위에 2중으로 깔 수도 있고 슬래브 상부에 아스팔트 피치 등으로 방습 시공할 수도 있음

〈마루판〉

(2) 벽, 천장재
  ① 코펜하겐 리브
    ㉠ 자유곡선으로 깎아 수직 평행선이 되게 리브를 만든 것
    ㉡ 면적이 넓은 강당, 극장 안벽에 음향조절 장식 효과로 사용

〈코펜하겐 리브〉

  ② 코르크판(Cork Board)
    ㉠ 코르크나무 표피를 원료로 하여 분말화한 것을 판형으로 열압한 것
    ㉡ 탄성, 보온, 흡습성이 뛰어나며 비중은 0.22~0.26
    ㉢ 열전도율이 0℃에서 0.035kcal/mh℃ 기출 22년 1회
    ㉣ 흡음률은 다른 어떤 재료보다도 커서 방송실 내부에 흡음판으로 사용
  ③ 폴리스티렌판
    ㉠ 천장재를 비롯하여 건축벽 타일과 블라인드 등에 사용됨되는 열가소성 수지
    ㉡ 발포제품은 저온단열재로 단열효과가 크고, 내수성과 내약품성이 큼
  ④ 기타 합성수지
    ㉠ 아크릴수지 : 가공성이 용이하며, 투명도가 높고 착색이 자유로워 채광판 등의 유리대용품으로 사용하나 마찰이 생기면 정전기가 발생함
    ㉡ 염화비닐수지 : 성형이 쉽고, 내수성과 내약품성이 있어 농업용 필름, 수도관, 배관, 도로, 수지 시멘트 등에 사용
    ㉢ 초산비닐수지 : 접착성이 좋고 무색, 무미, 무취의 특징, 에멜션형 도료 등에 사용
    ㉣ 폴리에틸렌수지 : 가볍고 백색의 우윳빛 색을 띰, 내약품성, 내수성이 좋고 건축용 성형품, 방수 필름과 벽체 발포 보온판에 주로 사용

CHAPTER 03 시멘트 및 콘크리트

5과목 건설재료학

01 시멘트(Cement)

(1) 개요

① 물과 반응하여 굳고 단단해지는 무기물 접착제
② 일반적으로 시멘트란 수경성 시멘트인 포틀랜드 시멘트(Portland Cement)를 말함
③ 시멘트의 종류로는 기경성 시멘트, 수경성 시멘트, 천연 시멘트가 있음

기경성 시멘트	수중에서는 경화되지 않고 공기 중에서 완전히 경화되는 시멘트로, 그리스 로마 건축물 또는 이집트의 피라미드에 사용된 것이 대표적	• 소석회, 석고, 마그네시아 시멘트
수경성 시멘트	공기와 물속에서 경화되는 보통의 무기질 시멘트로, 포틀랜드 시멘트가 대표적	• 포틀랜드 시멘트 • 포틀랜드계 시멘트 • 혼합시멘트 • 초조강 포틀랜드 시멘트 • 내황산염 포틀랜드 시멘트
천연 시멘트	석회석와 점토를 혼합하여 만든 시멘트로, 수경성 시멘트와 비슷하며 규산, 알루미나, 산화철 등이 함유되어 있음	• 수경성 석회(hydraulic lime) • 설키(surkhi)

④ 기경성 시멘트
　㉠ 소석회
　㉡ 석 고
　㉢ 마그네시아 시멘트
⑤ 수경성 시멘트
　㉠ 포틀랜드 시멘트
　　• 보통 포틀랜드 시멘트　　• 중용열 포틀랜드 시멘트
　　• 조강 포틀랜드 시멘트　　• 초조강 포틀랜드 시멘트
　　• 내황산염 포틀랜드 시멘트
　㉡ 포틀랜드계 시멘트
　　• 백색 포틀랜드 시멘트　　• 유정시멘트
　　• 콜로이드 시멘트
　㉢ 혼합시멘트
　　• 고로 시멘트　　　　　• Fly-ash 시멘트
　　• Silica 시멘트　　　　• 초저발열 시멘트
　　• 지열정 시멘트　　　　• RCCP용 시멘트

　　　　ⓔ 기타 시멘트
　　　　　• 알루미나 시멘트
　　　　　• 초속경 시멘트
　　　　　• GRC용 저알칼리 시멘트

(2) 시멘트의 역사
　① 이집트
　　　㉠ 피라미드 : 시멘트를 사용하여 지은 가장 오랜된 건축물
　　　㉡ 피라미드에 쓰인 시멘트는 소석고와 석회와의 혼합물임
　② 그리스와 로마시대
　　　㉠ 석회와 모래를 혼합한 모르타르를 사용
　　　㉡ 화산재에 석회와 모래를 혼합하여 내구성이 강한 수경성 모르타르를 사용
　③ 영국의 스미턴(Smeaton) : 점토분을 포함하는 석회석을 구워 우수한 수경성 석회를 발명하여 내해
　　　수성의 모르타르를 사용
　④ 영국의 파커(Parker) : 수경성 시멘트를 구산질의 석회석을 구워 만들어 특허를 얻었으며 이를 파커
　　　시멘트라 부르게 됨
　⑤ 비가(Vicat) : 석회석과 점토를 습식분쇄기로 갈아 잘 혼합한 것을 구워서 인공적인 수경성 석회를
　　　만든 것이 포틀랜드 시멘트 제조의 시초로 봄
　⑥ 영국의 애습딘(Aspdin) : 석회석과 점토를 혼합한 것을 구워서 포틀랜드 시멘트의 특허를 얻었으며
　　　이 시멘트가 굳은 뒤의 겉모양이 포틀랜드 지방에서 산출되는 건축용 석회석과 비슷하다 하여 포틀
　　　랜드 시멘트라 부르게 됨

(3) 시멘트의 분류
　① 보통 포틀랜드 시멘트
　　　㉠ 콘크리트 공사용으로서 넓게 사용하고 있는 만능시멘트라고도 불리우는 시멘트
　　　㉡ 실리카(SiO_2), 알루미나(Al_2O_3), 산화철(Fe_2O_3), 석회(CaO) 등이 포함된 원료를 혼합하여 용융소
　　　　성한 클링커에 소량의 석고(3%)를 가입하여 미분쇄함
　② 조강 포틀랜드 시멘트
　　　㉠ 보통 포틀랜드 시멘트와 원료는 동일하고 조기강도가 높음
　　　㉡ 보통 포틀랜드 시멘트의 재령 3일 압축강도를 1일에 발현
　　　㉢ 수화 발열량이 많아 한중 콘크리트나 긴급 공사용 콘크리트 재료로 이용
　　　㉣ 경화건조될 때에는 수축이 크며 발열량이 많으므로 대형 단면부재에서는 내부응력으로 균열이
　　　　발생하기 쉬움
　③ 초조강 포틀랜드 시멘트
　　　㉠ 보통 포틀랜드 시멘트의 재령 7일 압축강도를 1일에 발현
　　　㉡ 수화반응이 급격하게 진행되고 발열속도가 매우 크기 때문에 한중 콘크리트에는 적합

④ 중용열 포틀랜드 시멘트 기출 17년 4회, 23년 복원
　㉠ 시멘트의 성분 중에 CaO, Al$_2$O$_3$, MgO 등을 적게 하고 SiO$_2$, Fe$_2$O$_3$ 등을 많게 한 것
　㉡ 초기 수화과정의 발열속도를 작게 하여 발열량을 낮춘 시멘트로 내식성이 있고 안정도가 높음
　㉢ 내구성이 크고 수축률이 적어서 댐공사와 같이 대형 단면부재에 쓸 수 있음
　㉣ 1년 이상의 장기강도는 다른 포틀랜드 시멘트보다 높음
　㉤ 치밀한 경화체 조직을 얻을 수 있으며, 화학저항성이 강한 특징을 갖고 있음
　㉥ 방사선 차단효과가 있음
⑤ 내황산염 포틀랜드 시멘트
　㉠ 황산염 침입에 대한 저항성을 높이기 위해서 C$_3$A 함유율을 4% 이하로 한 시멘트
　㉡ 내황산염성 이외에, 감수제 등 계면활성제의 효력의 발휘가 우수
　㉢ 보통 포틀랜드 시멘트보다 수화열이 약 10kcal/kg 정도 낮은 특징을 갖고 있음
⑥ 백색 포틀랜드 시멘트
　㉠ 성분 중에 Fe$_2$O$_3$의 포함률을 0.5% 이내로 낮춰 염화물 중의 착색성분을 상당히 낮춘 시멘트
　㉡ 주로 미장재료나 인조석원료로 사용
⑦ 저열 포틀랜드 시멘트 기출 19년 2회 21년 4회
　㉠ 대규모 지하구조물, 댐 등 매스콘크리트의 수화열에 의한 균열발생을 억제하기 위해 벨라이트의 비율을 높인 시멘트
　㉡ 수화열이 적어 온도균열 억제가 효과적이고, 장기강도 발현성이 우수하며, 시공이 양호함
　㉢ 중성화 억제에 효과가 있고, 알칼리 골재반응 억제, 자기수축이 적음
⑧ KS에 의한 분류
　㉠ KS L 5201 포틀랜드 시멘트
　㉡ KS L 5205 내화물용 알루미나 시멘트
　㉢ KS L 5210 고로 슬래그 시멘트
　㉣ KS L 5211 플라이 애시 시멘트
　㉤ KS L 5217 팽창성 수경시멘트
　㉥ KS L 5401 포틀랜드 포졸란시멘트

〈포틀랜드 시멘트의 종류(KS L5201)〉

포틀랜드 시멘트의 종류(KS L5201)	용 도
1종 보통 콘크리트	일반 구조물
2종 중용열 콘크리트	단면이 큰 구조물
3종 조강콘크리트	한냉지, 급속공사
4종 저열콘크리트	단면이 큰 구조물
5종 내황산염 콘크리트	해수 및 황산침해 구조물

(4) 혼합시멘트
① 고로 시멘트 기출 20년 3회, 20년 4회
　㉠ 시멘트의 클링커와 슬래그의 혼합물
　㉡ 콘크리트는 발열량이 적고 염분에 대한 저항이 큼

ⓒ 수화열이 낮고, 수축률이 적어 댐이나 항만공사에 적합
　　　ⓔ 응결시간이 느려 겨울철 공사 시 주의해야 하며, 단기강도가 부족함
　　　ⓜ 다량으로 사용하게 되면 콘크리트의 화학저항성 및 수밀성, 알칼리골재반응 억제 등에 효과적임
　② **실리카 시멘트** [기출] 23년 복원
　　　㉠ 시멘트의 클링커와 규산질물(Silica)의 혼합물
　　　㉡ 저온에서 응결이 늦고 화학적 저항성이 큼
　　　㉢ 수화열이 적고 수밀성이 크고 해수에 대한 저항도 큼
　　　㉣ 단기강도가 적으나 장기강도는 포틀랜드 시멘트와 유사
　③ **알루미나(Al_2O_3) 시멘트** [기출] 20년 통합
　　　㉠ 성분 중에 알루미나(Al_2O_3)가 많은 시멘트
　　　㉡ 조기강도가 높고 염분이나 화학적 저항이 많음
　　　㉢ 수화열량이 높아서 대형 단면부재에는 부적당하나 긴급공사나 동기공사에 좋음

02　시멘트의 특성

(1) 시멘트 제조
　① 건식과 습식이 있으나 습식은 원료 분쇄 시 섞은 물을 증발시키기 위해 다량의 열이 필요하여 현재는 건식방식으로 제조
　② 원재료인 산화철, 점토, 석회석을 원료 건조기고 건조하여 원료 사일로에 저장
　③ 원재료를 로타리 킬른에 통하여 900℃로 소성하여 시멘트 클링커로 만들면서 탈탄산처리함
　④ 소성이 끝난 시멘트 클링커를 분쇄공정에서 석고 3~5%를 첨가하여 입경 3~30um로 미분쇄함

(2) 시멘트의 성분
　① 화학성분
　　　㉠ CaO 석회(64.8%), SiO_2 실리카(22.1%), Al_2O_3 알루미나(5.7%), Fe_2O_3 산화철(3.2%)
　　　㉡ MgO 마그네시아(1.3%), SO_3 무수황산(1.2%), 감열감량(1.1%), 불용해잔량(0.4%) 등으로 구성
　② 경화작용
　　　㉠ 발열량이 높을수록 경화가 촉진되고 방동효과가 있음
　　　㉡ 발열량이 높은 시멘트는 큰 구조체의 내부 열응력이 발생하는 원인이 됨
　③ 시멘트의 비중
　　　㉠ 비중은 3.05~3.15
　　　㉡ 비중 감소의 원인
　　　　・풍화작용이 생길 때
　　　　・소성온도가 부족할 때
　　　　・성분 중에 SiO_2, Fe_2O_3가 부족할 때
　　　　・혼화제를 혼합할 때
　　　㉢ 시멘트의 단위용적중량 : 1.5ton/m^3, 1포대의 무게는 40kg

④ **분말도** 기출 18년 4회, 19년 4회, 20년 통합
  ㉠ 분말도가 클수록 수화반응이 촉진되고 초기강도가 큼
  ㉡ 시공연도, 공기량, 수밀성, 내구성 등이 높아지며 풍화작용도 크게 됨
  ㉢ 표준체 공경 0.088mm로 쳐서 밭량이 10% 이내로 하여야 함
  ㉣ 포틀랜드 시멘트의 분말도 시험방법 : 블레인 시험
  ㉤ 분말도가 너무 크면 비표면적이 증가하고 풍화되기 쉬움

⑤ **응 결**
  ㉠ 사용 수량이 많을수록 응결이 늦고 온도가 높으며, 분말도가 클수록 응결이 빠름
  ㉡ 온도 20±3℃, 습도 80% 이상일 때 시멘트의 응결은 시결이 1시간, 종결이 10시간
  ㉢ 콘크리트의 작업은 혼합 후 응결이 되기 전인 1시간 이내에 마치는 것이 좋음

(3) 시멘트의 강도

① 시멘트의 강도는 분말도, 수량, 풍화도에 따라 다르며 분말도가 크면 조기강도가 증가함
② **분말도** : 분말도가 크면 조기강도가 증가
③ **수량** : 최적의 수량보다 많으면 강도가 감소
④ **풍화** : 시멘트가 풍화되면 비중과 비표면적이 감소하고, 강도도 떨어지며 응결시간이 지연됨
⑤ 온도가 낮으면 강도(특히 조기강도)가 저하됨
⑥ 모르타르의 압축강도는 245kg/cm² 이상(28일 강도) 되어야 함
⑦ 시멘트의 클링커 중의 산화마그네슘(MgO), 무수황산(SO_3), 유리석회 등의 함유량이 클 경우 강도 저하
⑧ 시멘트의 클링커 화합물 중 C_3A의 양을 줄이면 시멘트의 수축률이 감소함
⑨ 시멘트 원료의 성분이나 배합방법이 불완전할 경우 강도저하
⑩ 소성온도가 낮아 유리석회분이 많아진 경우 강도저하
⑪ 클링커가 냉각되기 전에 석고를 넣거나 석고분이 많은 경우 강도저하
⑫ 안전성시험방법 : 팽창과 균열을 검사하는 방법으로 침수법과 비등법이 있음

(4) 시멘트의 풍화(수화)

① 저장 중에 공기에 노출된 시멘트는 대기의 수분을 흡수하여 수화반응을 일으킴
② 수화반응으로 수산화칼슘이 되고 수산화칼슘이 CO_2와 반응하여 탄산칼슘이 됨
③ 풍화된 시멘트는 응결지연, 강도저하, 밀도저하, 강열감량(Loss Ignition)이 증가됨

03 혼화제(Chemical Admixture)

(1) 혼화제(Chemical Admixture) 기출 18년 4회

① 시멘트의 성능을 향상시키고 작업능률을 좋게 하기 위해 첨가하는 약제와 재료
② 콘크리트가 굳기 전 또는 굳은 후의 성능의 성능을 향상시키기 위해 첨가함
③ 그 사용량이 전체 시멘트 무게의 1% 미만으로 콘크리트 용적계산에 영향을 미치지 않음

④ 혼화제의 작용 : 기포작용, 분산작용, 습윤작용

〈혼화제의 종류〉 기출 22년 1회

구 분	종 류
혼화제	• 표면활성제(Surface Active Agent) • 유동화제(Superplasticizer) • 응결, 경화촉진제, 지연제 촉진제, 급결제 및 초지연계 • 방청제(Rust Inhibitor) • 기포제(Foaming Agent) • 증점제(Thickener) 및 수중Conec' 혼화재 • 수축 저감제 • 알칼리-골재반응 억제재 • 경화촉진제 • 방수제 • 발포제 • 지연제

(2) 표면활성제(Surface Active Agent)

① AE제(Air Entraining) 기출 22년 1회
  ㉠ 콘크리트 속에 독립기포를 발생시켜 시공연도를 개선하고 작업성능을 향상 시키고 동해융해작용(콘크리트가 고온과 저온에 반복하여 노출되었을 때 콘크리트내의 수분이 수축과 팽창을 반복하면서 균열을 생기게 하는 현상)에 대한 저항성을 증대
  ㉡ 아직 굳지 않은 콘크리트에 독립된 기포를 고르게 발생시켜 기포가 열적 스트레스에 대한 쿠션역할을 하게 함
  ㉢ 기포는 아직 굳지 않은 콘크리트에서 윤활작용(볼베어링 효과)을 하여 유동성을 증가시키고 콘크리트 타설 시 거푸집에 고르게 충전되게 도와주기도 함
  ㉣ 일반인 콘크리트에는 1~2% 정도의 공기(Entrapped Air)를 포함하고 있으나 AE제를 첨가하여 공기량을 3~5% 정도 증가시킴
  ㉤ 단위수량이 적어지고 수밀성이 향상, 시공연도가 좋아지고 재료분리, Bleeding이 감소
  ㉥ 공기량이 증가되면 Slump가 증대, 공기량이 1% 증가 시 압축강도는 3~5% 감소
  ㉦ AE제에 의한 지나친 공기량 증가(7% 이상)는 콘크리트의 내구성을 저하
② 감수제(내동해성 증대)
  ㉠ 재료분리가 적고 수밀성이 개선
  ㉡ 해수의 작용 및 중성화에 대한 저항성이 증가
  ㉢ 과잉사용하면 응결이 지연되고 심한 경우 불경화 현상이 일어날 수 있음
  ㉣ Workability 향상, 단위수량의 감소
③ AE감수제(내구성 증대)
  ㉠ 콘크리트 중에 미세기포를 연행시키면서 작업성을 향상시킴
  ㉡ 분산효과로 단위수량이 감소
  ㉢ AE제 첨가 시 감수효과는 8%, AE감수제 10~15% 감수효과
④ 고성능 감수제 기출 22년 1회
  ㉠ 응결지연 및 강도저하, 지나친 공기연행 등의 악영향이 없이 단위수량을 대폭 감소시킴
  ㉡ 고강도 콘크리트 제조 시 사용

⑤ 고성능 AE감수제
　㉠ 콘크리트는 물의 양이 적을수록 큰 강도를 발휘하나 물을 너무 적게 넣으면 콘크리트의 유동성이 떨어져 타설작업에 애로가 있음
　㉡ 이때 강도의 증가를 위해 물을 적게 넣으면서도 유동성이 높아지도록 첨가하는 것이 고성능 감수제임
　㉢ 고성능 감수제는 아주 적은 양으로도 시멘트 입자를 강하게 분산시켜 굳지 않은 콘크리트의 유동성을 높게 만듦
　㉣ AE감수제에 비해 감수효과가 뛰어나고 Slump 손실이 적음
　㉤ 압축강도 50MPa 이상의 고강도 콘크리트 제조에 사용
　㉥ 용도별로 구분하면 일반강도용, 고강도용, 초고강도용 및 고유동콘크리트 등의 강도별, 콘크리트 종류별로 구분
　㉦ 고내구성 콘크리트 및 자기 충전성의 고유동 콘크리트 제조 등에 폭넓게 이용
　㉧ 빈배합의 경우에는 사용량을 증가시켜도 큰 감수 효과를 얻을 수 없음
　㉨ 감수율을 20% 이상 사용하면 응결이 상당히 늦어짐

(3) 유동화제(Superplasticizer) 기출 17년 4회, 21년 1회
① 미리 비벼놓은 콘크리트에 첨가
② 일시적으로 콘크리트의 유동성을 증가할 목적으로 사용
③ 종류 : 멜라닌계, 나프탈렌계, 리그닌계

(4) 응결, 경화촉진제, 지연제 촉진제, 급결제 및 초지연계
① 응결, 경화촉진제
　㉠ 콘크리트의 응결이 촉진되고, 조기강도가 증대되며 한중콘크리트에 사용되는 염화칼($CaCl_2$: 철근부식 : 무근콘크리트에 사용), 규산소오다 등이 있음
　㉡ 시멘트의 1~2% 사용하면 조기강도가 증대되나 4% 이상 쓰면 순간응결의 우려가 있고 장기강도가 감소
　㉢ 적당량을 사용하면 마모에 대한 저항성이 커짐
　㉣ 건습에 따른 팽창·축이 크게 되고 황산염에 대한 저항이 적어짐
② 지연제 기출 19년 2회
　㉠ 시멘트의 응결시간을 늦추기 위해서 쓰이는 재료
　㉡ 여름철 콘크리트인 경우 레디믹스트 콘크리트로 운반거리가 긴 경우 등에 사용하면 효과가 큼
　㉢ 장기강도증대 서중콘크리트에 사용
　㉣ 리그닌설폰산염, 옥시카르본산, 인산염 등이 있음
③ 촉진제(Accelerator)
　㉠ 동절기의 거푸집 존치기간 단축 및 초기 동해 방지 등의 목적에 사용
　㉡ 조기 강도 증대
　㉢ 콘크리트 응결시간이 빠르므로 운반, 타설, 다짐을 신속히 함
　㉣ 건조습도에 대한 팽창 및 수축이 증대
　㉤ 2% 이상 사용하면 큰 효과 없이 오히려 급결 및 강도 저하시킴

　　　　ⓗ 염화 칼슘 등의 촉진제는 강재를 부식시키는 작용
　　　　ⓢ 시멘트 중량의 2%를 초과하면 강재의 부식과 콘크리트의 건조 수축 및 황산염에 대한 저항성을 저하
　　　　ⓞ 프리 스트레스트 콘크리트나 철근콘크리트에는 사용해서는 안 되며 염화물이 없는 아초산염을 주로 사용
　　④ 급결제(Accelerating Agent)
　　　　㉠ 시멘트의 응결을 촉진하기 위하여 가하는 약제(염화칼슘, 물, 유리, 탄산나트륨, 규소 불산염류 등)
　　　　㉡ 초기 강도를 증대하므로 급경제, 경화 촉진제가 되기도 함
　　⑤ 초지연제(Super-set-retarding)
　　　　㉠ 응결을 지연시킨 혼화재로 옥시카르본산염이 쓰임
　　　　㉡ 매스 콘크리트의 수화열의 저감, 주입 시의 유동성 향상, 연속 지중벽에서의 슬라임 처리 등에 사용
　　　　㉢ 응결시간이 24~36 시간, Cold Joint 방지에 유효

(5) 방청제(Rust Inhibitor)
콘크리트 내부의 철근이 콘크리트에 혼입되는 염화물에 의해 부식되는 것을 억제하기 위해 사용

(6) 기포제(Foaming Agent)
콘크리트의 단위용적중량의 경감, 단열성의 부여를 목적으로 안정된 기포를 물리적인 방법으로 도입

(7) 증점제(Thickener) 및 수중콘크리트 혼화재
점성, 응집작용 향상 재료분리억제

(8) 수축 저감제
　① 콘크리트 건조 시에 생기는 수축을 감소하기 위하여 사용
　② 콘크리트 균열 감소와 박리 방지 등을 주목적으로 사용

(9) 알칼리-골재반응 억제제
　① 알칼리-골재반응에 의한 콘크리트 팽창을 줄이기 위해 사용
　② 억제제를 함유하지 않은 콘크리트에 비해 팽창을 95%까지 줄일 수 있음

(10) 경화촉진제
　① 겨울철에 공사 시 경화를 촉진하기 위하여 염화칼슘($CaCl_2$), 규산소다, 소금 등을 씀
　② 콘크리트 내부는 높은 알칼리성을 유지하여 철근표면은 부동태화 되어 부식하지 않지만, 한도량을 넘는 염화물이 존재하면 부동태 피막이 파괴되어 철근을 부식시킴
　③ 염화칼슘을 2% 정도 혼합하면 응결이 촉진되어서 방동효과가 있음

④ 경화촉진제를 사용할 때 효과
  ㉠ 단기강도, 조기발열량이 높아지나 4% 이상 사용하면 유해
  ㉡ 마모저항이 커지고 건조수축도 증가
  ㉢ 시공연도가 급격히 감소하므로 시공작업을 신속히 해야 함

(11) 방수제
① 모르타르에 방수성을 부여하기 위한 혼화제
② 공극충전법 : 콘크리트에 소석회소분, 규산백토, 플라이 애시, 염화암모니아 등을 혼입하는 방법
③ 방수성방법 : 명반, 수지비누, 파라핀, 아스팔트, 실리콘수지 등을 혼입하는 방법
④ $Ca(OH)_2$ 유출방지법 : 포졸란, 발포제를 혼입하는 방법

(12) 발포제
① 경량기포콘크리트의 기포를 만들기 위한 혼화제
② 콘크리트에 알루미늄, 아연분말 등을 혼입하면 알칼리와 반응하여 수소를 발생시킴
③ 콘크리트에 과산화수소와 표백분을 혼입하면 산소를 발생시키며 각종 AE를 사용하여도 기포가 발생함
④ 알루미늄 분말을 사용한 ALC기술이 개발되어 사용 중임

(13) 지연제
① 콘크리트의 응결을 늦추는 목적으로 사용되는 혼화제
② 서중 콘크리트, 장거리용 레미콘, 수조, 사일로 등 연속타설을 요하는 부분에 사용
③ 타설 후 장시간에 걸쳐 응결을 늦춰 이음새가 생기지 않도록 하기 위한 이음방지효과가 큼

04 혼화재(Mineral Admixture)

(1) 혼화재(Mineral Admixture)
① 혼화재료 중 그 사용량이 비교적 많아 콘크리트 배합 계산에 고려되는 재료
② 콘크리트의 장기 강도 증진이나, 콘크리트의 건조수축에 의한 균열 발생 억제 등의 효과
③ 보통 시멘트와 같은 분말의 형태임
④ 종 류
  ㉠ 포졸란(Pozzolan)　　　　　㉡ 플라이 애쉬(Fly-ash)
  ㉢ 고로슬래그(Blast-furnace Slag)　㉣ 실리카 퓸(Silica Fume)
  ㉤ 팽창재(Expansive)　　　　㉥ 착색재(Coloring)

(2) 포졸란(Pozzolan)
　① 실리카질, 실리카 및 알루미나가 주성분
　② 자체에는 수경성이 없으나 소석회[수산화칼슘, $Ca(OH)_2$]와 혼합되어 불용성 물질을 만듦
　③ 천연산으로는 화산재, 규산백토, 석회 등이 있고 인공제품으로는 광재, 플라이 애시, 소성점토 등이 있음
　④ 포졸란의 효과
　　㉠ 시공연도(Workability)가 좋아지고 블리딩(Bleeding)과 재료분리가 적어짐
　　㉡ 수밀성이 증가하고 해수에 대한 저항이 커짐
　　㉢ 수화작용이 늦어지고 발열량이 감소되며 장기강도는 증가
　　㉣ 인장강도와 신율이 증가
　　㉤ 건조수축이 증가

(3) 플라이 애시(Fly-ash) 기출 18년 2회, 19년 4회, 24년 복원
　① 석탄발전소에서 발생하는 석탄을 태우고 남은 재를 말함
　② 입형이 구형으로 콘크리트에 20~30% 정도 혼합하면 볼베어링효과로 유동성 증대
　③ 유동성 증대로 단위수량이 및 블리딩이 감소하고 장기강도 증진, 내화학성 증가
　④ 수화 초기의 발열량을 감소
　⑤ 콘크리트의 수밀성을 향상

(4) 고로슬래그(Blast-furnace Slag) 기출 18년 2회, 20년 3회, 22년 2회, 23년 복원
　① 쇳물을 생산하는 과정에서 발생되는 비철 부산물
　② 장기강도가 높고, 수화열이 낮음
　③ 화학저항성이 크고, 수밀성이 큼
　④ 해수의 저항성이 커서 철근부식 억제효과가 있음
　⑤ 초기강도가 낮고 건조수축이 큼

(5) 실리카 품(Silica Fume) 기출 19년 1회
　① 규소합금 제조 시 발생하는 폐가스를 집진하여 얻어진 부산물
　② 첨가 시 고강도 및 투수성이 적은 콘크리트를 만듦
　③ 수화초기에 발열량이 감소하고 블리딩이 감소
　④ 강도 및 내화학성 증대, 수밀성 및 기밀성 증대 효과
　⑤ 고강도 콘크리트, 해양 및 지하구조물, 매스콘크리트, 터널, 댐 시공 시 사용
　⑥ 매스콘크리트 : 구조물의 치수가 커서 수화열에 의한 온도상승과 강하를 고려해야 함

(6) 팽창재(Expansive)
　① 콘크리트를 팽창시키는 작용을 하여 콘크리트 중의 미세 공극을 충진시키는 혼화재
　② 콘크리트 내구성에 영향을 미치는 균열 감소
　③ 탄산화와 염분의 침투에 기인한 철근의 부식감소

④ 블리딩과 건조수축 저감 등 제반 결점을 개선효과
⑤ 사용 시 보통 콘크리트에 비해 균열 발생이 거의 없음
⑥ 균열보수 공사, Grouting 재료 및 PS 콘크리트에 사용
⑦ 과잉 사용하면 콘크리트 표면에 팝아웃 현상이 일어나 거북 등 모양의 큰 팽창성 균열이 발생할 수 있음

(7) 착색재(Coloring)
① 콘크리트와 모르타르에 색을 입히는 혼화재
② 종류는 다음과 같음
  ㉠ 빨강 : 산화제2철
  ㉡ 파랑 : 군청
  ㉢ 갈색 : 이산화망간
  ㉣ 노랑 : 크롬산바륨
  ㉤ 초록 : 산화크롬
  ㉥ 검정 : Carbon Black

05 시멘트 제품

(1) 시멘트벽돌
① 시멘트와 모래를 배합하여 가압, 성형한 후 양생
② 골재는 모래, 자갈, 쇄석이며 최대크기는 10mm 이하
③ 혼합은 믹서로, 성형은 진동과 압축을 병용
④ 성형 후에는 500℃·H 이상, 습도 100%에 가까운 상태로 둠
⑤ 성형 후에 통상 4,000℃·H 이상, 다습상태에서 양생하며 7일 이상 보존하여 출하
  [℃·H란 양생온도(℃)와 양생시간(H)을 곱한 값]
⑥ 시멘트벽돌의 압축강도는 80kg/cm^2 이상

(2) 시멘트블록
① 시멘트와 골재를 1:5~1:7의 비율로 혼합한 잔자갈의 콘크리트를 형틀에 채워 넣은 다음에 진동, 가압하여 성형
② 성형한 후 40~60℃의 온도와 80~100%의 습도로 500℃·H의 증기보양한 다음 2,000℃·H 이상으로 대기보양하여 사용
③ 크기에 따라 기본블록, 이형블록으로 구분
④ 수밀성에 따라 보통블럭과 방수블록으로 구분
⑤ 사용골재에 따라 경량블록과 중량블록으로 구분

(3) 기 와
① 시멘트와 모래를 1 : 3의 비율로 혼합한 것
② 성형은 간단한 제기와를 써서 철제롤러로 다지면서 고름
③ 소량의 시멘트 또는 착색 시멘트를 뿌리고 다시 롤러로 고름
④ 성형 후에는 양생실에서 다음 날까지 온도양생을 한 후 탈형하여 7~10일간 습윤양생하고 또 다시 7일 이상 보존한 다음 출하
⑤ 지붕잇기 재료로서는 외관의 미, 강도, 흡수율, 기타 내구성 등이 좋아야 함
⑥ 기와의 종류
  ㉠ 시유와 : 소소와에 유약을 발라 재소성한 기와
  ㉡ 오지기와 : 기와 소성이 끝날 무렵에 식염증기를 충만시켜 유약 피막을 형성시킨 기와
  ㉢ 소소와 : 저급점토를 원료로 900~1,000℃로 소소하여 만든 것으로 흡수율이 큰 기와
  ㉣ 훈소와 : 건조제품을 가마에 넣고 장작이나 솔잎 등을 태워 검은 연기로 그을려 만든 기와

(4) 후형 슬레이트(가압 시멘트기와)
① 시멘트와 모래의 배합비를 1 : 2(무게비)로 하여 모르트르를 형틀에 담아 $50kg/cm^2$ 이상의 압력을 가하여 성형한 것
② 시멘트기와에 비하여 강도가 매우 큼

(5) 목모시멘트판[Wood Wool(Fiber) – Cement Board]
① 목모와 시멘트판의 무게비를 4.5 : 5.5로 하여 물에 반죽한 후 압축성형한 얇은 판이 목모시멘트판
② 흡음, 보온, 화장의 목적으로 주로 내벽, 천정의 마감재, 지붕의 단열재, 콘크리트거푸집 등에 사용
③ 듀리졸(Durisol) : 목모시멘트판을 보다 향상시킨 것으로서 폐기목재의 삭편을 화학처리하여 비교적 두꺼운 판 또는 공동블록 등으로 제작하여 마루, 지붕, 천장, 벽 등의 구조체에 사용 기출 24년 복원

(6) 목편시멘트판(Durisol)
① 목모시멘트판을 보다 향상시킨 것으로 목모는 신재를 무처리한대로 사용하는 데 비해 목편은 폐재를 화학처리하여 광물화할 수 있는 점이 다름
② 목모 대신 나뭇조각을 방부처리한 후 시멘트와 혼합하여 판·블록으로 가압, 성형한 경량제품
③ 용도는 단열보온재 또는 칸막이판으로 사용되며, 철근을 보강한 판으로 바닥이나 지붕을 만들 수 있음
④ 나뭇조각이 목모보다 짧기 때문에 휨강도는 목모시멘트판에 비해 약함

(7) 철근콘크리트관(Hume Pipe)
① 철재의 원통형틀 속에 철근을 조립해 넣고, 형틀을 동력으로 회전시키면서 혼합된 콘크리트를 넣어 굳힌 것
② 일정 두께가 되면 약 20분간 회전, 가압시킨 다음 증기보양을 하여 형틀을 떼어내고 수중모양을 하여 완제품을 만듦

③ 제품에는 보통관과 압력관이 있으며 보통관은 외부의 압력에 견딜 수 있도록 설계된 것이며 하수관 등에 쓰임
④ 압력관은 1~10kg/cm²의 수압에 견딜 수 있도록 설계
⑤ 상수도관 등에는 안지름 7.5cm에서 180cm까지 있음

(8) 철근콘크리트말뚝
① 제법은 철근콘크리트관과 동일
② 나무말뚝에 비해 내구력이 있음
③ 상수면 위치에 관계없이 널리 쓰임
④ 말뚝에는 바깥지름이 20~50cm, 길이가 3~15m 정도의 여러 가지가 있음
⑤ 타격으로 인한 파손에 대비하여 머리에는 철관을 씌우고, 밑에는 철제의 신을 씌움

(9) 철근콘크리트기둥(Pole)
① 송배전선, 통신선용, 전주로 쓰임
② 큰 휨모멘트에 저항하기 위하여 강봉은 고강도의 것을 사용
③ 길이는 7~15m의 원통형으로, 밑에서 위로 갈수록 지름이 작음
④ 끝마무리 지름은 14~19cm 임

(10) 프리스트레스드(Pre-stressed) 제품
① 약칭 PS, 콘크리트·피아노선·특수강선 등을 사용해 미리 부재 내에 응력을 주어 사용 시 받는 외력을 없앰
② 프리텐션(Pre-tension) : 강선에 인장력을 준 상태에서 콘크리트를 타설하여 경화한 후 강선의 양단부를 벗김
③ 포스트텐션(Post-tension) : 콘크리트가 경화된 후 사전에 만들어 둔 부재 속의 구멍에 강선을 넣어 잡아당겨 양단을 콘크리트 부재 단부에 고정
④ 내구성과 복원성이 있고, 탄성강도가 크고 안정성 좋음
⑤ 건조수축에 의한 균열을 줄이고 자중을 감소시킬 수 있음
⑥ 단점으로 고강도 강재나 보조 재료 등 비용이 많이 듦
⑦ 강성이 적어 하중에 의한 처짐과 충격에 의한 진동이 매우 큼
⑧ 제작에 기술과 세심한 주의가 필요함

(11) ALC 제품(Autoclaved Lightweight Concrete) 기출 18년 1회, 19년 1회, 19년 2회, 21년 2회, 22년 2회
① 고온고압에서 양생하여 벽돌에 기포를 넣어 경량화한 제품
② 규사와 석회를 원료로 하여 시멘트 제품은 아님
③ 강도가 40kg/cm² 정도로 구조재로서는 적합하지 못함
④ 경량이므로 단열성이나 시공성이 매우 우수
⑤ 내화성이 크고 차음성이 있어 매우 경제적
⑥ 사용 후 변형이나 균열이 비교적 적음

⑦ 다공질로 흡수율이 높아 습기에 취약하여 곰팡이가 발생하기 쉬움
⑧ 마감재를 빠르게 흡수하여 두꺼운 칠 시공이 어려움
⑨ 표면이 마모되기 쉽고, 인장강도가 약함
⑩ 보통콘크리트에 비해 탄산화우려가 높음
⑪ 현장에서 취급이 간편하고, 절단 및 가공이 용이

06 콘크리트

(1) 개요

① 시멘트, 물, 모래, 자갈을 넣어 섞어서 굳힌 혼합물로 혼화재를 넣기도 함
② 굵은 골재를 넣지 않은 것은 모르타르, 시멘트와 물을 반죽한 것은 시멘트풀
③ 콘크리트의 체적을 대부분 차지하고 있는 골재의 빈틈에 시멘트풀이 채워져서 골재를 결합
④ 시멘트풀 경화 시 콘크리트는 강도, 수밀성 및 내구성을 가지게 됨
⑤ 콘크리트 품질향상을 위해 시멘트품질, 물시멘트비, 골재품질, 입도, 시공관리 등이 필요
⑥ <u>콘크리트의 건조수축</u> 기출 19년 2회, 20년 통합
  ㉠ 시멘트의 분말도가 높을수록 건조수축이 증가
  ㉡ 골재의 탄성계수가 클수록, 흡수율이 클수록 건조수축이 증가
  ㉢ 불량한 입도의 골재는 건조수축이 증가
  ㉣ 물의 양이 증가할수록 건조수축이 증가(골재의 크기를 증가시키면 물의 양이 감소)
  ㉤ AE제의 사용은 건조수축을 약간 증가
  ㉥ 경화촉진제의 사용은 건조수축을 증가
  ㉦ 포졸란의 사용은 건조수축을 증가
  ㉧ 증기양생은 건조수축을 증가(습윤양생 기간은 영향없음)
  ㉨ 콘크리트 부재의 크기가 클수록 건조수축이 증가
  ㉩ 건조수축의 종류
    • 소성수축 : 블리딩수보다 외부증발수가 많은 경우 발생
    • 자기수축 : 미수화 시멘트가 내부의 수분을 소진하면서 발생
    • 건조수축 : 내부의 수분이 외부로 빠져나가면서 발생
    • 탄화수축 : 경화된 콘크리트의 수축
  ㉫ 신축이음(Expansion Joint) : 기초의 부동침하와 온도, 습도 등의 변화에 따라 신축팽창을 흡수시킬 목적으로 설치하는 줄눈 기출 18년 4회
  ㉬ 공기량 기출 18년 4회
    • AE 콘크리트의 공기량은 보통 3~6%를 표준으로 함
    • 콘크리트를 진동시키면 공기량이 감소
    • 콘크리트의 온도가 높으면 공기량이 감소
    • 비빔시간이 길면 길수록 공기량이 감소

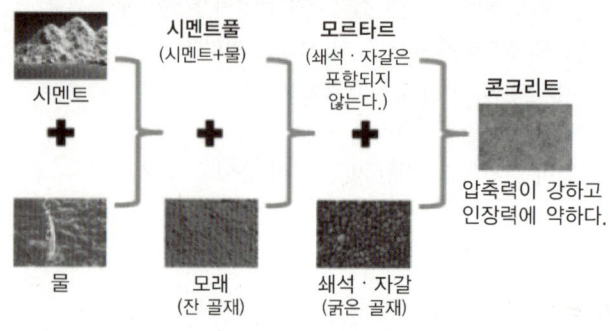

〈콘크리트의 구성성분〉

(2) 특징 [기출] 17년 4회
① 압축강도가 크고 내화성능, 내수성능, 내구성능이 있음
② 강과의 접착이 잘되고 방청력이 좋음
③ 중량이 크고 인장강도가 작음
④ 경화할 때 수축에 의한 균열이 발생하기 쉽고 균열의 보수, 제거가 곤란
⑤ 콘크리트의 열팽창계수는 상온의 범위에서 $1 \times 10^{-5}/℃$ 전후
⑥ 500℃에 이르면 가열 전에 비하여 약 40%의 강도발현이 나타남
⑦ 콘크리트의 내동해성을 확보하기 위해서는 흡수율이 적은 골재를 이용하는 것이 좋음
⑧ 공기량이 동일한 경우 경화콘크리트의 기포간격계수가 클수록 내동해성이 저하됨
⑨ 콘크리트에 염화물이온이 일정량 이상 존재하면 철근표면의 부동태피막이 파괴되어 철근부식을 유발하기 쉬움

(3) 구성성분
① 시멘트(Cement)
　㉠ 수경성이 있어 물에 의하여 경화됨
　㉡ 입자가 미세할수록, 분말도가 높을수록 물과의 접촉면적이 커서 수화가 빨리 진행
　㉢ 물과 혼합시 화학반응을 일으키는 수화반응이 있으며 수화열이 발생함
② 골재(Aggregate) [기출] 20년 4회, 24년 복원
　㉠ 콘크리트 중 골재가 차지하는 용적은 70~80%로 시공성, 강도, 내구성에 큰 영향을 미침
　㉡ 골재는 먼지, 흙, 유기불순물, 염화물이 없어야 함
　㉢ 잔골재인 모래의 크기는 10mm체를 전부 통과하고 5mm체를 85% 이상 통과해야 함
　㉣ 굵은 골재인 자갈의 크기는 5mm체에 85% 이상 남아야 함
　㉤ 골재는 시멘트 혼합물의 강도보다 굳어야 하므로 석회석, 사암 등의 연질수성암은 부적당
　㉥ 연속적인 입도분포를 가지며, 표면이 거칠고 구형에 가까울 것
　㉦ 골재의 흡수율 [기출] 18년 1회, 18년 2회, 20년 통합

(a) 절대 건조상태　　(b) 공기 중 건조상태　　(c) 표면건조 포화상태(SSD)　　(d) 습윤상태

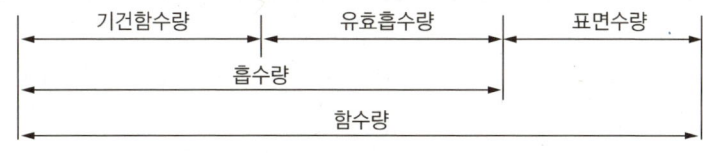

〈골재흡수율〉

- 유효흡수율 = (표건중량 − 기건중량)/절건중량
- 흡수율 = (표건중량 − 절건중량)/절건중량
- 함수율 = 함수량/절건중량
- 표면수율 = 표면수량/습윤중량
- 절건(절대건조)상태 : 골재를 100~110℃의 온도에서 질량변화가 없어질 때까지 건조한 상태
- 기건(기본건조)상태 : 골재를 공기중에 건조하여 내부는 수분을 포함하고 있는 상태
- 표건상태 : 골재 내부의 공극에 물이 꽉 차있는 상태(콘크리트 배합설계 시 기준상태)
- 습윤상태 : 골재의 내외부에 물이 묻어 있는 상태
- 흡수량 : 표건상태의 골재에 포함된 수량
- 함수량 : 습윤상태의 골재에 포함된 수량
- 표면수량 : 습윤상태의 골재 표면의 수량

　예 습윤상태의 모래 780g을 건조로에서 건조시켜 절대건조상태 720g으로 되었을 때, 이 모래의 표면수율은 얼마인가? (단, 이 모래의 흡수율은 5%)
　*흡수율 = (표건중량 − 절건중량)/절건중량 = (표건중량 − 720)/720 = 5%　기출 21년 1회, 23년 복원
　표건중량 = 720 × 1.05 = 756
　*표면수율 = (습윤수량 − 표건중량) ÷ 습윤중량 = (780 − 756)/(720 × 1.05) = 3.17%

◎ 골재의 KS시험 　기출 19년 1회, 19년 2회
- 체가름 : 입도분포를 측정시험
- 체통과량 : 0.08mm체 통과량 시험
- 밀도(비중) 및 흡수율 : 골재원, 1000m³마다
- 모래의 유기 불순물 : 골재원, 1000m³마다
- 마모 : 골재원, 1000m³마다
- 안정성 : 골재원, 1000m³마다
- 단위중량
- 화물 함유량 : 공급회사별, 재질변화 시마다
- 골재의 알칼리 잠재반응 시험 : 골재원마다, 재질변화 시마다
- 표면수량 : 1일 1회 이상
- 절대건조밀도

③ 용수 : 맑은 물이 좋고 기름기, 산분, 점토분, 유기질 등이 유해량 이상 포함되어 있지 않아야 함

(4) 강도(Strength) 기출 20년 3회

① 콘크리트의 강도
   ㉠ 콘크리트의 강도에는 압축강도, 인장강도, 휨강도, 전단강도, 부착강도, 피로강도 등이 있음
   ㉡ 콘크리트의 강도는 압축강도가 가장 크고 기타의 인장, 전단, 부착강도 등은 극히 적음
   ㉢ 압축강도 : 콘크리트의 굳은 성질로, 부재가 외력에 대하여 저항하는 힘의 최대값
   ㉣ 강도는 콘크리트의 재료 품질, 조합비, 혼합정도 W/C, 양생정도, 재령 등에 따라 다름
   ㉤ 철근용 콘크리트의 4주 압축강도는 210kg/cm^2 이상, 무근 콘크리트의 4주 압축강도는 310kg/cm^2 이상이어야 함
   ㉥ 습윤양생을 실시하게 되면 일반적으로 압축강도는 증진
   ㉦ 양생온도가 높을수록 초기강도는 증가하나 건조수축, 온도균열이 발생할 수 있음
   ㉧ 콘크리트의 강도에 영향을 미치는 가장 중요한 요인은 물시멘트비
   ㉨ 물시멘트비가 작을수록 압축강도가 큼
   ㉩ 강도추정을 위한 비파괴 시험법 기출 18년 2회
      • 강도법(반발경도법, 슈미트해머법)
      • 초음파법(음속법)
      • 복합법(반발경도법 + 초음파법)
      • 자기법(철근탐사법)
      • 코어채취법
      • 방사선법
      • 인발법

② 물시멘트비(W/C) 기출 19년 2회
   ㉠ 물과 시멘트의 질량비로 강도와 내구성에 가장 큰 영향을 줌
   ㉡ W/C가 클수록 내구성과 수밀성이 저하되므로 강도를 크게 하기 위해서는 물의 비중을 낮추어야 함
   ㉢ 해양구조물의 W/C : 45~50%
   ㉣ 콘크리트의 내동해성 W/C : 45~60%
   ㉤ 콘크리트의 수밀성을 고려한 W/C : 50% 이하

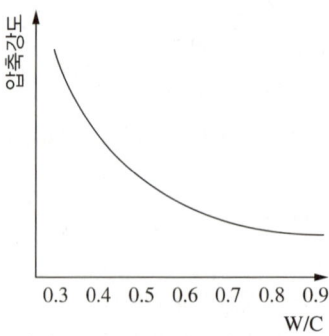

〈물시멘트비와 압축강도〉

③ 아브람스(Abrams)의 물-시멘트비 이론(Water-cement Ration Theory)
   ㉠ 현재 가장 많이 사용되는 이론으로 1919년 아브람스(Abrams)가 제시
   ㉡ 깨끗하고 단단한 골재를 사용하여 콘크리트를 적절히 시공한 경우 콘크리트의 강도는 골재의 최대치수, 입도, 배합에는 큰 영향이 없고 물-시멘트비에 의하여 강도가 결정된다는 이론
   ㉢ 콘크리트의 강도(F) = a/b^x [kg/cm²] 여기서 a, b는 시멘트의 품질에 의하여 결정되는 상수, x는 W/C

④ 리스(Lyse)의 시멘트-물비 이론(Cement-water Ratio Theory)
   ㉠ 1932년 리세(Lyse)에 의해 제시된 이론으로 콘크리트의 강도는 사용 수량이 일정한 경우 시멘트의 사용량에 의해 정해지므로, 콘크리트의 강도와 시멘트물비가 직선적인 관계에 있다는 이론
   ㉡ 콘크리트의 강도(F) = A + B × (C/W) [kg/cm²] 여기서 A, B는 실험정수, C/W는 시멘트/물 비
   ㉢ 이용이 간편하여 보통 콘크리트의 배합설계 등에 유효하게 이용

⑤ 시멘트 공극비 이론(Cement Void Ratio Theory)
   ㉠ 1921년 탤버트(Talbot)에 의해 제시된 이론으로 콘크리트의 강도는 시멘트의 공극비에 의해 지배된다는 이론
   ㉡ 콘크리트의 강도(F) = A + B × (C/V) [kg/cm²] 여기서 A, B는 실험정수, C/V는 시멘트/공극비
   ㉢ 된비빔의 콘크리트에서 공극이 남아 있는 경우 또는 AE 콘크리트 등의 경우에 적용

⑥ 워커빌리티(Workability) **기출** 18년 1회, 20년 4회, 23년 복원
   ㉠ 재료의 분리 없이 작업에 용이한 정도로 굳지 않은 콘크리트의 성질을 나타내는 용어
   ㉡ 과도하게 비빔시간이 길면 시멘트의 수화를 촉진하여 워커빌리티가 나빠짐
   ㉢ 단위수량을 너무 증가시키면 재료분리가 생기기 쉽기 때문에 워커빌리티가 나빠짐
   ㉣ AE제를 혼입하면 워커빌리티가 좋아짐
   ㉤ 깬자갈 등의 쇄석을 사용하면 워커빌리티가 나빠짐

(5) 콘크리트 시공법
   ① 배 합
      ㉠ 개 요
         • 콘크리트의 배합은 시멘트, 물, 골재, 혼화재임
         • 물시멘트비(W/C) = 물무게/시멘트 무게
         • 배합방법에 따라 콘크리트의 성질이 달라지며 물시멘트비가 미치는 영향이 가장 큼
      ㉡ 배합의 목적
         • 소요강도가 충분해야 함
         • 균질 소요의 연도를 가지며 소성되고 분리가 일어나지 않아야 함
         • 내구적이며 경제적이어야 함
         • 배합은 수밀성, 방수성, 내마모성 등을 목적으로 함
      ㉢ 배합의 기본조건
         • 소요강도 시방서에 요구된 시공연도, 균일성, 내구성을 만족시켜야 함
         • 골재에 대한 재질 및 규격(AE제 포함)에 맞아야 함
         • 콘크리트 및 시멘트의 강도는 KS에 규정된 재령 28일 압축강도에 의함
         • 시공연도(Workability)는 KS에 의한 슬럼프(Slump)값으로 구함

② 배합설계 시 결정사항
- 물시멘트비를 결정
- 시멘트, 모래, 자갈의 배합비로 결정
- AE제 및 혼화제의 사용량으로 결정

⑩ 배합 방법
- 무게배합 : 재료의 무게에 의해 배합하는 방법으로 주로 실험실에서 쓰임
- 용적배합 : 절대용적배합, 표준계량용적배합, 현장계량용적배합
- 표준배합표에 의한 배합 : 절대용적배합, 무게배합, 표준계량배합, 현장계량용적배합

(6) 콘크리트의 기타 성질

① 탄성적 성질
  ㉠ 콘크리트는 극히 작은 탄성한계를 가진 불완전 탄성체
  ㉡ 탄성한계는 압축강도에서는 150~200kg/cm^{2}일 때 변형도 0.14~0.19%
  ㉢ 인장강도 12~20kg/cm^{2}일 때 변형도는 0.01~0.012% 정도

② 풍화작용
  ㉠ 콘크리트가 풍화되어 중성이 되는 데는 반영구적
  ㉡ 철근의 피복두께인 콘크리트 부분이 중화되는 기간을 내구연한으로 봄
  ㉢ 피복부분의 중화연구에 관한 식은 다음과 같음

③ 시공연도(Workability) 측정법
  ㉠ 슬럼프시험(Slump Test) 기출 22년 1회
  - 콘크리트의 부드러운 정도를 재는 시험
  - 원뿔모양의 틀에 콘크리트를 채우고 다진 뒤에 틀을 떼어 냈을 때 내려앉는 정도를 측정
  - 슬럼프가 작으면 퍽퍽하고, 크면 묽어 유동성이 좋으나 재료분리가 심함
  - 철재 원통형의 시험기는 윗지름이 10cm이고 아랫지름이 20cm이며 높이가 30cm
  - 콘크리트의 규격(레미콘) : 골재크기-강도-슬럼프값으로 표기(보통 25-16-8)
  - 골재크기는 보통 25mm, 40mm이나 대부분이 25mm
  - 강도는 보통 16~24(교량 30 이상, 옹벽 24, 수로박스 21, 콘크리트 포장 18, 버림콘크리트 16)
  - 슬럼프값은 cm로 표기하며 8, 12를 주로 사용함(무근구조물 8, 철근구조물 12)
  - 슬럼프 시험시 각층을 25회 다짐

〈슬럼프 시험기〉

〈건축공사 표준시방서의 슬럼프 표준범위〉

장소	슬럼프cm	
	진동다지기일 때	진동다지기가 아닐 때
기초, 바닥판	5~10	15~19
보, 기둥, 벽	10~15	19~22

- ㉡ 플로시험(Flow Test)
  - 시멘트 모르트르의 플로시험과 거의 같음
  - 통의 상면지름이 17cm, 하면지름이 25.5cm이고 상하운동의 낙차가 13mm이며 10초 동안에 15회 운동시켜 시료의 흐름정도를 나타냄
  - 플로값은 슬럼프값과 관계가 있음

④ 재 령
  - ㉠ 경량 콘크리트가 동일 조건하에서는 시공 후 경과 일수에 따라 강도가 증가
  - ㉡ 온도 20℃ 이상, 습도 80% 이상으로 보양된 콘크리트는 28일 이상만 경과되면 강도를 충분히 가지게 되므로 장기강도(4주) 시험이 불가능한 경우에는 1주 강도만 측정
  - ㉢ $F_4 = F_1 + 0.8F_1$(F_4 : 4주 강도, F_1 : 1주 강도)

(7) 섬유보강 콘크리트

① 보강용 섬유를 혼입하여 인성, 내충격성, 내마모성을 높이고 균열을 억제한 콘크리트

② 사용목적
  - ㉠ 콘크리트의 피로저항, 휨인성, 전단력, 유연성 증대
  - ㉡ 충격저항, 파괴저항, 건조수축 저항성 증대
  - ㉢ 내마모성, 내침식성, 내부식성 증대, 균열억제

③ 종 류 기출 19년 4회

무기계 섬유	• 강섬유(Steel Fiber) • 유리섬유(Glass Fiber) • 탄소섬유(Carbon Fiber)
유기계 섬유	• 아라미드 섬유(Alamide Fiber) • 폴리프로필렌 섬유(Polypropylene Fiber) • 비닐론 섬유(Vinylon Fiber)

(8) 특수 콘크리트

① 경량 콘크리트
  - ㉠ 개 요
    - 콘크리트의 자중을 경감시키고 단열, 방음 등의 효과 상승
    - 미경화 콘크리트를 감압하거나 발포제 또는 경량골재를 사용하여 콘크리트 내부를 다공질로 만든 것
    - 강도가 저하되고 수밀성이 부족하므로 시공 시 골재를 충분히 적신 후 6~7시간 경과된 후에 사용
    - 콘크리트 타설 후의 보양은 물론 표면의 방수처리에 유의하여야 함

ⓛ 경량골재의 성질
- 골재조직이 균일하고 내부의 기공이 가급적 작고 독립된 것이 좋음
- 골재표면이 가급적 매끈하고 구형에 가까운 것이 좋음
- 조립에서부터 세립까지 적당한 배열로 분포된 것이 좋음
- 비중은 작으면서 필요한 강도가 있는 것이어야 함
- 유해물이 없고 내구성이 있고 동해를 받지 않는 것이어야 함
- 가격이 싸고 용이하게 대량공급이 가능한 것이어야 함

② 중량콘크리트(차폐용 콘크리트) 기출 18년 2회
ⓐ 중량골재를 사용하여 만든 콘크리트
ⓑ 주로 방사선 차폐용으로 사용
ⓒ 사용골재는 중정석, 자철광, 갈철광, 사철 등임

③ AE 콘크리트 기출 19년 2회, 24년 복원
ⓐ 콘크리트에 발포제를 혼합한 다공질 제품의 콘크리트
ⓑ 미세기포가 볼베어링(Ball Bearing)의 역할을 하며 콘크리트의 시공연도를 개선
ⓒ 용수량을 감소시키므로 W/C가 적어져서 블리딩현상이 생기지 않고 건조수축도 적음
ⓓ 표면이 평활하게 되어 수장 겸용 콘크리트로 쓸 수 있음
ⓔ 공기량이 증가되므로 압축강도가 5% 감소하며 철근부착력이 감소되고, 미장재 부착력도 낮아짐
ⓕ 경량 콘크리트는 동기공사 및 수면공사의 방동 콘크리트, 엑스포우즈드 콘크리트, 시멘트 제품 포장용으로도 쓰임

④ 레미콘(Ready Mixed Concrete)
ⓐ 개 요
- 토목공사용으로 1920년경부터 사용되기 시작
- 레미콘은 공사현장의 부지가 좁은 곳으로 콘크리트 작업이 곤란하거나 재료의 보관이 불가능할 경우는 물론 긴급공사, 소규모 공사, 양질 콘크리트를 필요로 하는 특수한 조건의 공사에 이용
- 가설비, 동력비, 용수비, 기계손료, 인건비 등이 절약되어 대규모공사가 아닌 경우에 공사비절약을 기할 수 있음

ⓑ 종 류
- Central Mixed Concrete : 공장의 Mixer에서 충분히 혼합된 콘크리트를 트럭으로 현장까지 운반하는 것으로 비교적 단거리의 현장으로 운반시간이 40분 이내가 되는 곳에 사용. 운반 및 형틀에 주입까지 1시간 이내에 작업을 완료할 수 있어야 함
- Strink Mixed Concrete : 믹서에서 반 정도 혼합한 것을 Agitator Truck에서 운반 도중에 계속 혼합하여 사용하며 중거리용
- Transit Mixed Concrete : 트럭믹서에 재료만 공급받아서 적당한 거리에 도달하였을 때 트럭믹서에서 혼합하여 현장에 도착하여 넣는 방식으로 현장이 거리가 멀 때에 이용하는 원거리용

⑤ 프리플레이스드(Preplaced) 콘크리트 기출 19년 4회, 23년 복원
ⓐ 거푸집에 골재를 넣고 그 골재 사이 공극에 모르타르를 넣어서 만든 콘크리트
ⓑ 자갈이 촘촘하게 차 있어서 시멘트가 적게 들고 치밀함
ⓒ 곰보현상이 적고 내수성·내구성이 뛰어남
ⓓ 골재를 먼저 넣으므로 중량콘크리트 시공을 할 수도 있음

- ⑩ 재료가 분리되지 않고 유동성·팽창성·응결지연성을 좋게 하기 위해 플라이 애시, 표면활성제, 알루미늄 분말 등의 혼화제를 섞어서 사용함
- ⑪ 모르타르를 넣을 때는 새지 않도록 하고 연속적으로 넣음
- ⑫ 모르타르면의 상승속도를 0.3~2.0m/h 정도로 조절
- ⑬ 주로 기초말뚝의 현장 시공과 수중공사에 쓰임
- ⑭ 골재의 적절한 입도 분포를 위해 일반적으로 굵은 골재의 최대 치수는 최소 치수의 2~4배 정도함

⑥ PS 콘크리트(Pre-stressed Concrete)
  ㉠ 개 요
    - 고강도 피아노선이나 고강도 강봉에 인장력을 주어 미리 콘크리트 부재에 인장력을 압축력으로 도입함
    - 이렇게 하중에 의해 생기는 인장력을 상쇄함으로써 하중에 의한 콘크리트의 균열을 방지
    - 큰 하중에도 견딜 수 있음
    - 프리텐션(Pre-tension) 공법과 포스트텐션(Post-tension) 공법이 있음
  ㉡ PS 콘크리트의 특징
    - 설계하중 내에서는 콘크리트에 균열이 생기지 않게 할 수 있음
    - 단면을 작게 할 수 있고 자중을 크게 경감시킬 수 있음
    - 강재의 양을 적게 할 수 있음
    - 기성 콘크리트로 하면 효과를 더욱 크게 할 수 있음
    - 제작과 취급에 숙련을 요하며 장치 및 제작비가 높음

⑦ **한중 콘크리트** 기출 20년 4회
  ㉠ 4℃ 이하의 기온에서는 합당한 시공을 해야 함
  ㉡ 콘크리트를 칠 때의 온도는 10℃ 이상으로 함
  ㉢ 시멘트 중량의 1% 정도의 염화칼슘을 가하거나 AE제를 사용하는 것이 좋음
  ㉣ 사용 수량은 가능한 한 적게 함
  ㉤ 물과 골재는 가열하여도 되나 시멘트는 가열하여 사용할 수 없음
  ㉥ 동결해가 있든가 빙설이 섞여 있는 골재는 그대로 사용할 수 없음

⑧ 서중 콘크리트
  ㉠ 고온의 시멘트는 사용하지 않음
  ㉡ 골재와 물은 저온의 것을 사용
  ㉢ 거푸집은 사용하기 전에 충분히 적심
  ㉣ 콘크리트 타설시의 온도는 30℃ 이하로 함
  ㉤ 혼합과 타설의 모든 작업은 1시간 이내에 완료
  ㉥ 콘크리트를 타설한 후 표면이 습윤 상태로 유지되도록 보양에 유의

⑨ 프리캐스트 콘크리트(Precast Concrete)
  ㉠ 공장에서 만들어진 기성 콘크리트
  ㉡ 철근 콘크리트, PS 콘크리트 제품 등이 있으며 공장에서 배합양생 등의 과정을 합리적으로 하므로 강도를 높일 수 있음
  ㉢ 현장에서 즉시 조립, 시공할 수 있어 공기를 단축할 수 있는 방법

⑩ **폴리머 콘크리트** 기출 20년 4회, 24년 복원
  ㉠ 포틀랜드 시멘트에 폴리머(Polymer)를 혼입한 것으로 모르타르, 강재, 목재 등의 재료와 잘 접착함
  ㉡ 방수성 및 수밀성이 우수하고 동결융해에 대한 저항성이 양호하며 휨, 인장강도 및 신장능력도 우수
  ㉢ 소정의 반죽질기를 얻는 데 필요한 물·시멘트비는 폴리머·시멘트비의 증가에 따라 감소되는 특징이 있음
⑪ **콘크리트의 중성화(탄산화)** 기출 17년 4회, 19년 4회
  ㉠ 최초의 콘크리트의 pH는 12~13의 강알칼리성이나 공기 중의 탄산가스와 반응하여 약알칼리화 되는 현상
  ㉡ 탄산가스의 농도, 온도, 습도 등 외부환경조건은 탄산화 속도에 영향을 줌
  ㉢ 물시멘트비가 클수록 탄산화의 진행속도가 **빠름**
  ㉣ 탄산화된 부분은 페놀프탈레인액을 분무해도 착색되지 않음
  ㉤ 경량골재 콘크리트는 자체 기공이 많고 투수성이 커서 중성화 속도가 **빠름**

(9) 콘크리트 시험
① 골재시험
  ㉠ 개 요
    - 골재 : 모르타르 또는 콘크리트를 만들기 위하여 시멘트 및 물 등에 의해서 일체로 굳어진 불활성의 입자상 재료
    - 자연작용에 의해서 암석으로부터 생긴 모래 및 자갈, 암석이나 슬래그를 깨어서 인공적으로 만든 깬자갈
    - 절건비중 2 이하의 경량골재, 자철광 및 바라이트 및 철편
    - 방사선 차폐를 목적으로 한 중량골재 등 그 종류의 범위가 넓음
    - 입도의 크기에 의해서 콘크리트용 체규격 5mm 망체를 중량으로 90% 이상 통과하는 세골재, 같은 체를 중량으로 90% 이상 잔류하는 조골재로 분류
    - 콘크리트 중의 골재의 접하는 용적은 70~75%에 이름
    - 그 양부가 콘크리트의 강도 및 내구성, 워커빌리티에 미치는 영향은 큼
  ㉡ 콘크리트용 골재에 필요한 성질 기출 20년 4회, 21년 1회
    - 골재는 청정, 건경, 내구적인 것으로 유해량의 먼지, 흙, 유기불순물 등을 포함하지 않아야 함
    - 골재의 강도는 콘크리트 중의 경화 시멘트 페이스트의 강도 이상이어야 함
    - 골재의 입형은 될 수 있는 대로 편평세장하지 않아야 함
    - 세골재는 세정시험에서 손실량이 3.0% 이하이어야 함
    - 세골재는 유기불순물 시험에 합격한 것이어야 함
    - 세골재의 염분 허용한도는 0.001%(NaCl)로 함
    - 구형이나 입방체에 가까운 것이 좋으며 너무 매끄러운 것, 납작한 것, 길죽한 것, 예각으로 된 것은 좋지 않음

② 체분석 시험
　㉠ 골재가 콘크리트 공사용으로 적당한 것인가 아닌가를 입도의 측면에서 검토하기 위한 시험
　㉡ 건축공사 표준시방서에 표시된 표준배합표는 골재의 크기별로 건축공사용 콘크리트의 조합을 표시함
　㉢ 배합을 구하기 위해서는 체분석시험을 해야 함
　㉣ 화학작용
　　• 미경화 콘크리트(Fresh Concrete)
　　　- 사용 골재나 용수 중에 포함된 산, 염기, 유분, 염분 등의 불순물은 경화 작용을 저하시키며 콘크리트의 내구성, 수밀성 등의 저하를 가져옴
　　　- 당분이 0.15% 이상만 포함되어도 콘크리트는 붕괴됨
　　• 경화 콘크리트
　　　- 산류는 콘크리트를 분해시켜 파괴함
　　　- 알칼리는 콘크리트에 큰 피해를 주지 않음
　　　- 염기류는 성분 중의 $Ca(OH)_2$와 작용하여 가용성 물질을 만들어 용해시키며 염기성 물질과 작용하여 복염을 형성하면 콘크리트의 결정수를 탈취하여 팽창붕괴시킴

(10) 블리딩과 레이턴스
① 블리딩(Bleeding)
　㉠ 워커빌리티가 좋지 못할 때 재료의 비중차이에 의해 재료가 분리되기 쉬움
　㉡ 블리딩은 이러한 재료분리의 일종으로 거푸집에 부어 넣은 콘크리트가 시멘트 페이스트와 물이 분리되어 수화 반응에 참여하지 않은 물이 위쪽으로 이동하여 콘크리트의 상부에 모이는 현상임
　㉢ 블리딩은 마감작업이나 소성수축균열 억제 측면에서 어느 정도 바람직하지만, 상부의 콘크리트를 다공질로 만들어 품질을 저하시킬 뿐만 아니라 콘크리트 내부에 수로를 형성하여 수밀성 및 내구성을 저하시키는 원인으로 작용하기도 함
　㉣ 블리딩 현상에 의해 콘크리트 내부의 수분이 상승할 때 블리딩수와 함께 시멘트 입자, 미세한 골재 입자, 석분, 혼화재 등이 콘크리트 표면에 떠올라 표면 상층부에 침전되어 수분이 증발한 후 회백색의 얇은 층을 형성한 것을 레이턴스(Laitance)라 함
　㉤ 레이턴스는 연속 타설 시 상층부와의 접착을 나쁘게 하여 경화 후 구조적인 결함부분이 되거나 수분이나 기체가 침투하는 통로가 되어 내구성에도 악영향을 미침
② 블리딩의 원인
　㉠ 배합적인 원인 : 슬럼프가 190mm 이상일 시 블리딩이 급격히 증가
　㉡ 재료적인 원인 : 시멘트, 혼화재, 골재의 영향
　㉢ 시공, 환경적인 원인 : 타설속도가 빠르면 블리딩이 많아짐
③ **블리딩의 피해** 기출 18년 1회, 20년 3회, 21년 4회
　㉠ 철근과 콘크리트의 부착력 저하
　㉡ 콘크리트의 수밀성 저항
　㉢ 철근하부에 공극발생
　㉣ 강도저하, 내구성약화, 구조적 결함형성

④ 크리프(Creep)
  ㉠ 크리프 : 일정한 응력 하에서 변형이 증가하는 현상
  ㉡ 콘크리트에 지속하중을 가하면 응력변화가 없어도 시간 경과 시 변형이 증가함
  ㉢ 지속응력의 크기가 정적강도의 80% 이상이 되면 크리프 파괴가 발생
  ㉣ 크리프는 건조수축과 함께 발생함
  ㉤ 크리프의 증가원인
    • 시멘트 페이스트가 묽을수록
    • 작용응력이 클수록
    • 재하재령이 짧을수록
    • W/C가 클수록
    • 온도가 높고 습도가 작을수록
    • 단위시멘트 양이 많을수록
  ㉥ 크리프계수 기출 20년 3회
    • 크리프계수 = 크리프변형률 ÷ 탄성변형률
    • 옥내구조물 : 3(건조함)
    • 옥외구조물 : 2(비가 내림)
    • 수중구조물 : 1(물과 항상 접촉)

CHAPTER 04 석재 및 점토

5과목 건설재료학

01 석재

(1) 석재의 개요
① 주로 내외장재료로 사용
② 철골, 철근콘크리트 구조의 발달로 석재는 구조재료로서 사용은 감소하고 있음
③ 다른 건축재료에 비해 중량이 크고 대량으로 사용하는 경우가 많아 운반비가 비쌈
④ 석재선택 시 재료의 성질, 강도, 외관, 생산량, 운송 등을 충분히 고려해야 함
⑤ 암석을 구성하는 광물로는 석영, 장석, 운모, 휘석, 감성석류, 감람석 등이 있음
⑥ 불이 만든 암석은 화성암, 물이 만든 암석은 수성암, 퇴적물이 만든 암석은 퇴적암, 열과 압력에 의해 변성된 것은 변성암이라고 함

〈암석의 구성물질〉

구 분	화학성분	색 조	경 도	성 질
석 영	SiO_2	무색투명·백색	7	산·알칼리에 안전, 팽창계수 작음
장 석	Al, Na, Ca, K의 화합물	백색·연한흑색	6	조암광물 중 가장 많음, 풍화되기 쉬움
운 모	Al, K, Fe, Mg의 화합물	무색·연한흑색	2.5	전기의 부도체, 비늘모양으로 벗겨짐
휘석·강성석	Al, Ca, Fe, Mg의 화합물	흑색·갈색 또는 녹색	5~6	유색암석의 주요성분, 풍화되기 쉬움
감람석	Mg, Fe의 화합물	백색·녹색	2.5~5	풍화되기 쉬움

(2) 절리, 석목, 층리, 석리, 편리 기출 20년 통합
① **절리** : 암석이 수축할 때 수평수직방향으로 자연적으로 생기는 금
② 화강암의 절리는 거리가 비교적 커서 큰 판재를 얻을 수 있음
③ **석목(Rift)** : 암석이 가장 쪼개지기 쉬운 면으로 절리보다 불분명하지만 절리와 비슷하며 방향이 대체로 일치(석목이 비교적 분명한 것은 화강암)
④ **층리** : 퇴적암 및 변성암에 나타나는 평행의 절리로 층이 퇴적할 때 계절의 변화, 생물의 번식상태의 변화 등이 원인
⑤ **석리** : 암석을 구성하고 있는 조암광물의 집합상태에 따라 생기는 모양으로 암석조직상의 갈라진 금
⑥ **편리** : 변성암에 생기는 절리로서 그 방향이 불규칙하고 엽편상의 암석이 얇은 판자 또는 편도 모양으로 갈라지는 성질이 있음

(3) 석재의 분류 기출 20년 3회, 21년 1회

성인에 의한 종별		암석의 종류	건축용 석재 종별
화성암	심성암	화강암, 섬록암, 반려암	화강석
	화산암	안산암(휘석, 각섬, 운모, 석영)	안산암, 화산암
		석영, 조면암	경석 부석
수성암 (퇴적암)	쇄설암	점판암, 이판암, 나판암	점판암
		사암, 역암	사 암
		응회암, 사질응회암, 각력질응회암	응회암
	유기암	석회암	석회석, 규조암
	침적암	석 고	석고, 석회암
변성암	수성암계	대리암	대리석
	화성암계	사문암	사문암, 사회암

① 화성암
  ㉠ 화산작용으로 용융한 마그마가 냉각응고한 것
  ㉡ 응고한 위치에 따라 석재의 조직이 다르며 심성암과 화산암이 있음
  ㉢ 심성암은 지표로부터 깊은 곳에서 냉각하여 굳은 것일수록 결정입자가 큼
  ㉣ 화산암은 지표부근에서 빨리 식어 굳어진 암석으로 결정입자가 작음
  ㉤ 다른 암석의 갈라진 틈을 혈관처럼 뻗어나가 굳은 화성암을 맥암이라 함

② 수성암(퇴적암)
  ㉠ 물이 만든 암석으로 물속에서 쌓인 퇴적임을 말함
  ㉡ 풍화와 침식에 의해 퇴적물이 만들어지면 저지대로 이동되어 쌓임
  ㉢ 강의 하류로 갈수록 투수율은 작고, 공극률이 큰 모래가 쌓임
  ㉣ 층상으로 된 퇴적물이 물의압력으로 인해 고화되어 암석이 됨

③ 변성암
  ㉠ 변성암은 접촉변성과 광역변성작용으로 만들어짐
  ㉡ 접촉변성 : 마그마와 접촉한 좁은 지역에서 뜨거운 열 때문에 성질이 변함
  ㉢ 광역변성 : 조산대나 산이 만들어지는 넓은 지역에서 거대한 압력과 열로 인해 성질이 변함
  ㉣ 대리석은 석회암 또는 백운암이 접촉변성이나 관역변성작용을 통해 만들어짐

(4) 석재의 종류

① 화성암의 종류
  ㉠ 화강암(Granite)
    • 화산활동 말기 저온에 생긴 끈적한 산성암
    • 석영 30%, 장석 65%로 구성되어 Na, K, Si 성분이 풍부하며 색조는 장석의 색으로 좌우됨
    • 석질이 견고(1500kg/cm^2)하여 풍화작용과 마멸에 강하고 세밀한 조각이 불가능함
    • 용이한 채취가 가능하며 대형 구조재로 사용 가능함
    • 외관이 비교적 아름다워 토목건축에서 장식재로 사용함
    • 내화도가 낮아서 고열을 받는 곳에는 부적합함
    • 내화도 : 응회암 > 사암 > 안산암 > 점판암 > 화강암 > 대리석
    • 서울 근교의 산은 거의 화강암으로 이루어져 있을 만큼 전국에 널리 분포되어있음

- 외장, 내장, 구조재 건축용으로 경계석, 판석, 석등, 묘비석 등에 사용함
- 내구연한은 약 200년임

ⓒ 현무암(Basalt)
- 화산활동 초기 고온에 생긴 염기성암
- 검고 무거우며 규산염(SiO_2)이 50% 내외이고 Ca, Fe, Mg 성분이 풍부함
- 입자가 잘고 치밀하고, 색은 검은색, 암회색임
- 석질이 견고하여 토대석, 석축 등에 쓰이며 암면의 원료로도 사용함

ⓒ 안산암(Andesite)
- 산출량이 가장 많고, 성질은 화강암과 비슷하며 빛깔이 좋지 않고, 광택이 나지 않음
- 가공성이 떨어지지만 내화력은 화강암보다 크고, 강도와 내구성이 커 주로 구조재로 사용함
- 반상조직으로 석질은 치밀한 것부터 극히 조잡한 종류까지 있음
- 구조재, 판석, 비석, 장식재 등 특수 장식재나 경량골재, 내화재로 쓰임
- 종류에는 휘석, 안산암, 각섬안산암, 석영안산암이 있음

ⓔ 감람석(Serpentine)
- 크롬, 철광으로 된 흑록색의 치밀한 석질의 화성암
- 고운 것은 옥으로 사용되며, 투명한 녹색으로 페리도트라는 보석으로 사용함
- 변질되기 쉬우며 그 둘레나 갈라진 틈을 따라 사문석으로 변함
- 변질된 사문석은 건축장식재로 이용함

ⓜ 화산암(부석, Pumice Stone)
- 화산분출 시 만들어진 가벼운 돌
- 마그마가 급속히 냉각될 때 가스가 방출되면서 다공질의 파리질로 됨
- 비중은 0.7~0.8로서 석재 중에서 가장 가벼우며 물에 뜸
- 내산성이 강하고 열전도율이 작아서 화학공장의 특수장치용이나 방열용 등에 쓰임
- 색은 회색 또는 담홍색이고 콘크리트의 골재로도 사용함

② 수성암의 종류
ⓘ 점판암
- 점토가 강물에 녹아 바다 밑에 침전 응결된 것을 이판암(Clay Stone)이라고 함
- 이판암이 다시 오랜 세월 동안 지열 지압으로 인하여 변질되어 층상으로 응고됨
- 천연 슬레이트(Slate), 숫돌에 쓰임

ⓒ 사암(Sand Stone)
- 석영질의 모래가 압력을 받아 규산질, 산화철, 탄산석회질, 점토질 등의 사질이 고결재에 의해 경화된 암석
- 사질에 따라 석영질사암, 화강암질사암, 운모질사암 등으로 구분
- 고결재의 종류에 따라 규질, 석회질, 점토질, 철질사암 등으로 구분
- 함유광물의 성분에 따라 암석의 질, 내구성, 강도에 현저한 차이가 있음
- 규산질 사암이 가장 강하고 내구성이 크나 가공이 어려움
- 칠전사암은 철분의 산화 정도에 따라 흑색, 황갈색, 적색을 띠고 풍화되기 쉬움
- 석회질사암은 연하고 가공성이 좋으나 흡수율이 크고, 풍화되기 쉬우며 점토질사암도 비슷함
- 경질사암은 구조용재에 적합하나 대체로 외관이 좋지 못하며, 연질사암은 실내장식재로 사용함

ⓒ 응회암(Tuff)
- 화산재, 화산모래 등이 퇴적응고되거나, 이것이 물에 의하여 운반되어 암석 분쇄물과 혼합되어 침전된 것
- 암질이 연하고 다공질로 흡수성이 크기 때문에 동해를 받기 쉬움
- 내화성이 우수하나 강도가 크지 않아 건축용으로는 부적당하여 내화재로 사용
- 무르고 가벼워서 채석, 가공이 용이하고, 가격이 저렴하여 특수장식재, 경량골재로 사용

ⓓ 석회암(Limestone) 기출 18년 4회, 20년 통합
- 화강암이나 동식물 잔해에 포함된 석회질이 녹아 바닷속에 침전된 암석
- 석회질 성분을 많아 흡수성이 있고, 치밀 견고하나 내산, 내화성이 부족함
- 대부분 칼싸이트(Calcite)로 되어 있으며, 산성을 만나면 거품을 내면서 반응함
- 대리석의 원료로 석회석의 주성분인 탄산칼슘($CaCO_3$)은 탄산수(산성의 물)에 잘 녹는 성질이 있음
- 석회나 시멘트의 원료로 사용되며, 재질이 물러서 구조재로 사용할 수 없고 조각용으로 사용함

③ 변성암의 종류
ⓐ 대리석(Marble)
- 석회석이나 백운석이 오랜 세월 동안 땅속에서 지열지압으로 변질되어 결정화된 것
- 주성분은 탄산칼슘($CaCO_3$)이며 성질은 치밀 견고하고 포함된 성분에 따라 경도, 색채, 무늬 등이 매우 다양하여 아름답고 갈면 광택이 남
- 대리석에 있어서 색상, 결, 얼룩은 형성되는 동안에 포함되는 작은 양의 물질이 원인으로 산화아연은 핑크색, 황색, 갈색, 적색을 만듦

ⓑ 트래버틴(Travertine) : 대리석과 동일하지만 석질이 불균일하고 다공질이며, 황갈색의 반문이 있고 아치가 있어 특수 내장재로서 사용함 기출 21년 4회, 23년 복원

ⓒ 철평석(Natural Slate Stone) : 변성암의 일종으로 장기간의 지각의 퇴적, 고열과 압축으로 형성된 층의 결에 따라 일정한 간격으로 박피시킨 판석

ⓓ 사문암(Serpemtine)
- 감람석 중에 포함되었던 철분이 변질되어 흑녹색을 띰
- 외관은 아름다우나 강도가 약해 풍화해서 흡수, 팽창하는 성질이 있음

ⓔ 석면(Asbestos)
- 섬유상으로 된 암석으로 보통의 석재와는 성질과 용도가 전혀 다름
- 사문암, 각석암이 열과 압력에 의해 변질된 것으로 변성암의 일종
- 내화온도 1,200~1,300℃로 화재에도 안전하므로 장섬유는 석면포로서 단열재로 쓰임
- 1급 발암물질로 근래에는 거의 사용되지 않음

④ 활석(Talc)
- 재질은 연하고 비중은 2.6~2.8, 담녹, 담황색의 진주와 같은 광택이 있음
- 분말은 흡수성, 고착성, 활성, 내화성 및 작열 후에 경도 증가 특성이 있음
- 마그네시아(MgO)를 포함하는 여러 가지 암석이 변질된 것
- 페인트의 혼화제, 아스팔트 루핑 등의 표면정활제, 유리의 연마제 등으로 쓰임

(5) 석재의 가공

① 돌쪼갬
  ㉠ 부리쪼갬(Wedging) : 돌눈에 따라 얕고 작은 구멍을 일렬로 파서 여기에 철재 쐐기를 박아 쪼갬
  ㉡ 톱켜기(Sawing) : 화강암, 대리석 등의 붙임돌 등은 톱으로 쪼갬
  ㉢ 공장에서 판재 가공 : 대형 판재는 Gang Saw라는 톱날을 사용하며, 일반 판재는 원형 톱날을 사용

② 표면마무리
  ㉠ 메다듬(Knobbing) : 마름돌의 거친 면을 쇠메로 다듬어 면을 보기 좋게 한 것임. 혹두기라고도 함
  ㉡ 정다듬 : 정으로 쪼아 평탄한 거친 면으로 한 것으로 조밀의 정도에 따라 구분
  ㉢ 줄정다듬 : 정다듬의 일정으로 정으로 일정방향으로 줄지어 쪼아 평탄하게 하는 것으로 줄의 간격으로 대·중·소로 나눔
  ㉣ 도드락다듬(Bush Hammered Course) : 약 35mm각의 네모 망치형에 네모뿔대의 날이 돋힌 작은 메로써 거친정다듬을 한 면을 더욱 평탄하게 다듬는 것으로 도드락망치를 사용
  ㉤ 잔다듬(Dabbed Finish) : 도드락다듬을 한 위를 날망치로 곱게 쪼아 더욱 평탄하게 표면이 균일하게 하는 것
  ㉥ 물갈기(Rubbing) : 잔다듬 또는 톱켜기면을 철사·금강사·카아보런덤·모래·숫돌 등으로 물주어 갈아 광택이 나게 함
  ㉦ 버너마감(Burner Finish, 화염처리, 버너튀김) : 보통 톱으로 켜낸 돌면을 산소불로 굽고, 물을 끼얹음

③ 표면의 형상에 의한 종류
  ㉠ 혹두기(Rock Face Finish) : 거친 면을 그대로 두고 심한 요철은 없게 한 것으로 다듬돌면이라 함
  ㉡ 모치기(Rustication) : 돌의 줄눈 부분의 모를 접어 잔다듬하는 일로서 면은 거친 면 또는 다듬은 면으로 함. 모치기의 종류에는 두모치기·세모치기 등이 있음

④ 돌쌓기의 종류
  ㉠ 거친돌쌓기(Rubber Work)
    • 잡석·간사 등을 적당한 크기로 쪼개어 쓰고 맞댐면은 그대로 또는 거친다듬으로 하여 불규칙하게 쌓은 것
    • 중량감이 있고 안전감을 느끼므로 전원건축, 담 등에 적당함
  ㉡ 다듬돌쌓기
    • 돌의 모서리, 맞댐면을 일정하게 다듬어 쌓기의 원칙에 따라 쌓는 것
    • 막쌓기와 바른층쌓기가 있고, 석재의 표면 마무리의 여하를 막론하고 다듬돌쌓기라 함
    • 외관이 미려하고 가장 튼튼해서 많이 쓰임
  ㉢ 줄눈의 외관상 구분
    • 바른층쌓기 – 줄눈의 모서리·맞댐면을 일정하게 쌓는 것
    • 허튼층쌓기 – 줄눈의 모서리·맞댐면을 허튼 눈으로 쌓는 것

(6) 석재의 성질
① 물리적 성질

㉠ 비중
- 석재의 비중은 조암광물의 성질, 비율, 공극의 정도에 따라 달라짐
- 석재의 강도는 비중에 비례함
- 석재의 비중 시험방법은 한국산업규격(KS F 2518)에 규정되어 있음
- 비중은 2.5~3.0이며 평균 2.65정도이나 암석의 종류에 따라 다름
- <u>공시체의 비중 = A ÷ (B − C)</u> 기출 19년 2회
  - A : 공시체의 건조무게
  - B : 공시체의 표면건조포화상태의 무게
  - C : 공시체의 수중무게

㉡ 흡수율
- 흡수율은 풍화, 파괴, 내구성과 큰 관계가 있음
- 흡수된 양은 석재 분자간의 공극에 침입하므로 그 공극률을 알 수 있음
- 흡수율이 크다는 것은 다공성이라는 것을 의미하며 동해나 풍화를 받기 쉽다는 것을 의미함
- 흡수량 시험방법은 한국산업규격(KS F 2518)에 규정되어 있음
- 흡수율 = (W3 − W1) ÷ W1 × 100%
  W1 : 공기 중에서 측정한 중량, 즉 흡수된 시험편의 표면을 닦고 측정한 중량(g)
  W3 : 절대건조 공기 중의 중량, 즉 110℃로 건조시켜 냉각시킨 중량(g)

㉢ <u>공극률</u> 기출 17년 4회, 18년 4회, 22년 1회
- 골재의 단위용적중의 공극을 백분율로 나타낸 값
- 석재의 공극률은 석재가 함유하고 있는 전공극과 겉보기 체적의 비임
- 공극률(%) = (1 − W/ρ) × 100%, ρ = (V − U) ÷ V × 100%
  - W : 겉보기 단위중량(kg/ℓ)
  - ρ : 비중, V : 겉보기 전체적(ℓ), U : 실질의 체적(ℓ)
- 공극률은 석재의 산지와 밀접하여 심성암은 공극률이 작음
- 내화성은 공극률이 클수록 크고, 조성결정형이 클수록 작음
- 표면이 평활할수록 결로가 발생하기 쉬워 화강암이나 대리석을 실내장식에 사용 시 주의를 해야 함

㉣ <u>실적률</u> 기출 19년 4회, 21년 2회, 22년 1회
- 골재의 단위용적 중의 실적 용적을 백분율로 나타낸 값
- 실적률(%) = W/ρ × 100%
- 골재 입형의 양부를 평가하는 지표로 사용
- 순 자갈의 실적률은 그 입형 때문에 강 자갈의 실적률보다 적음
- 실적률 산정 시 골재의 밀도는 절대건조 상태의 밀도를 말함
- 골재의 단위용적질량이 동일하면 골재의 밀도가 클수록 실적률은 작음

ⓜ 선팽창계수
- 선팽창계수는 광물성분에 따라 다르며 광물의 결정도에 따라 다름
- 암석의 온도변화에 의해 신축 시 내부에서는 매우 복잡한 응력이 발생하고 이것이 붕괴의 원인이 됨
- 선팽창계수는 온도의 변화에 따라서 상당한 차이가 있음

ⓑ 강 도
- 석재는 압축강도가 가장 크고 인장강도는 압축강도의 1/10~1/30 정도임
- 휨과 전단강도는 압축강도에 비해 매우 작아 석재를 구조용으로 사용 시 압축력을 많이 받는 부분에 사용
- 압축강도는 단위용적 중량이 클수록 크고, 공극률이 작을수록, 구성입자가 작을수록, 결정도와 결합상태가 좋을수록 큰 특징이 있음
- 함수율에 의한 영향을 많이 받아 함수율이 높을수록 강도가 저하됨
- 석재의 압축강도시험은 한국산업규격(KS F 2519)에 규정되어 있음

ⓢ 탄성계수
- 현무암, 경질사암은 후크의 법칙에 따라 영계수가 일정함
- 화강암, 사암은 후크의 법칙을 따르지 않고 응력의 증가와 함께 영계수의 값이 증가함
- 석재의 프아송비는 보통 0.25임

ⓞ 내구성
- 내구성은 조암광물의 종류, 조직, 사용장소, 기후, 노출상태, 풍토에 따라 달라짐
- 조암광물이 미립자, 등립자일수록 내구성이 큼
- 흡수율이 큰 다공질일수록 동해를 받기 쉽고 내구성이 약함
- 유화물, 규산, 규산염류는 풍화되기 어려움
- 동일한 석재라도 노출상태, 기후, 풍토에 따라 풍화속도가 달라짐

ⓩ 내화성
- 석재는 열에 대한 불량도체로 열의 불균일분포가 생기기 쉬움
- 열응력으로 인해 조암광물의 팽창계수가 서로 달라져 1000℃ 이상에서는 암석이 파괴됨
- 일반적으로 석재는 500℃까지는 견디며 그 이상의 온도에서도 견디나 그 온도를 넘어서면 급격히 파괴됨
- 안산암, 사암, 응회암 등은 1000℃ 이하의 온도에서는 거의 영향을 받지 않음

ⓩ 석재의 수명
- 사암 : 10~15년
- 석회암 : 40년
- 대리석 : 100년
- 화강암 : 200년

② **화학적 성질** 기출 21년 2회
  ㉠ 산화작용
  - 공기 중의 탄산, 약산, 염산, 황산 등에 의한 침식
  - 산을 포함한 물의 흡습에 의한 팽창과 수축의 반복
  - 장석과 방해석은 주성분인 칼슘이 공기와 물에 의해 녹아 모암파괴를 유발
  - 황철강과 각철광과 같은 금속함유광물은 산화작용으로 인해 팽창붕괴함

㉡ 용해작용
　　　• 주로 빗물에 의한 산화작용으로 용해됨
　　　• 산류를 취급하는 곳의 바닥재는 내산성이 강한 소재를 사용
　　　• 규산분을 함유한 석재는 내력이 크고, 석회분을 함유한 것은 내산성이 적음
　　　• 따라서 대리석, 사문암을 외장재로 사용하는 것은 좋지 않음
　③ **석재시공 시 유의사항** 기출 18년 1회
　　㉠ 외벽 특히 콘크리트 표면 첨부용 석재는 경석을 사용
　　㉡ 동일건축물에는 동일석재로 시공
　　㉢ 석재를 구조재로 사용할 경우 직압력재로 사용
　　㉣ 중량이 큰 것은 높은 곳에 사용하지 않음

02 석재 제품

(1) 제품의 종류 및 특징

　① 암면(Rockwool, Mineral Wool)
　　㉠ 안산암, 사문암 등을 원료로 하여 이를 고열로 녹여만 든 섬유
　　㉡ 흡음, 단열, 보온성 등이 우수
　　㉢ 화학적으로 매우 안정적이나 흡수율이 매우 큼
　② 질석(Vermiculite)
　　㉠ 운모계 광석을 800~1,000℃ 정도로 가열 팽창시켜 체적이 5~6배로 된 것
　　㉡ 비중 0.2~0.4의 다공질 경석으로 운모계와 사문암계가 있음
　　㉢ 시멘트와 배합하여 콘크리트블록, 벽돌 등을 제조하는 데 사용
　③ 퍼라이트(Perlite)
　　㉠ 진주석·흑요석을 분쇄한 가루를 가열, 팽창시켜 만든 백색·회백색의 초경량골재
　　㉡ 제법, 성질, 용도 등은 질석과 거의 같음
　④ 인조석
　　㉠ 대리석, 화강암 등의 쇄석(종석)을 백색 시멘트, 안료 등을 혼합하여 만든 석재
　　㉡ 기공이 없어 흡수율이 낮고 오염이 되지 않아 싱크대로 사용
　　㉢ 레진(수지)베이스로 김치국물, 염색약 등에 취약하며 스크래치에 약하고 화재 시 유독가스가 발생
　⑤ 테라조(Terazzo)
　　㉠ 대리석 가루와 화강암 등을 부순 골재에 안료와 시멘트, 고착제를 첨가하여 성형한 인조대리석
　　㉡ 천연석보다 다양한 제품과 균일한 상태의 제품을 만들 수 있음

03 점토

(1) 개요 및 생성

① 개요 기출 18년 4회, 20년 3회
  ㉠ 점토는 암석이 풍화, 분해되어 만들어진 가는 입자로 주성분은 실리카, 알루미나임
  ㉡ 가소성은 점토입자가 미세할수록 좋고, 높은 온도로 구웠다가 식히면 강도가 증가함
  ㉢ 입자크기에 따라 강도가 변하며 압축강도는 인장강도의 5배 정도임 기출 22년 2회
  ㉣ 철산화물이 많을수록 적색을 띠고, 석회물질이 많을수록 황색을 띰
  ㉤ Fe_2O_3 등의 성분이 많으면 제품의 건조수축이 큼

② 점토의 생성
  ㉠ 잔류 점토(1차 점토)
   • 모암이 풍화한 위치에 그대로 잔류되어 있는 점토
   • 물, 바람, 얼음에 의해 운반되지 않아 입자가 거칠고 점력이 부족하여 형태를 만드는 데 부적합
   • 유기물과 철분 등의 불순물 함유량이 적어 백색이 많고 규산분이 많아 내화도가 높음
   • 종류로는 고령토, 와목점토 등이 있음
  ㉡ 침적 점토(2차 점토)
   • 모암이 분해된 미립자들이 물에 의해 떠내려가면서 입도가 분리되어 미세한 입자만 퇴적해 생긴 점토
   • 미세한 입자로 인해 가소성과 건조강도가 크며 철분을 포함하고 있어 소성 후에 붉은 색을 띰
   • 종류로는 석기점토, 벤토나이트, 볼클레이, 목절점토, 도석점토 등이 있음

③ 점토의 성질 기출 21년 1회
  ㉠ 주성분은 실리카와 알루미나, 비중은 2.5~2.6, 입자의 크기는 0.1~25㎛
  ㉡ 함수율이 40~45%일 때 가소성이 가장 크며 30%일 때 최대수축을 보임
  ㉢ 암석성분에 따라 산화철, 석회, 산화마그네슘, 산화칼륨, 산화나트륨 등을 포함하고 있으며 함유량에 따라 색상이 달라짐
  ㉣ 점토내 화학성분은 내화성, 소성변형, 색채 등에 영향을 줌
  ㉤ 점토의 인장강도는 입자크기가 작을수록 향상됨

④ 온도측정법 기출 19년 1회, 19년 4회, 23년 복원
  ㉠ 소성온도는 점토의 성분이나 제품의 종류에 따라 상이함
  ㉡ 소성온도 측정법에는 1886년 제게르가 고안하고 1908년 시모니스가 개량한 제게르콘법이 있음 (SK번호는 소송온도를 표시함)

(2) 규석 기출 23년 복원

① 규석 : 규산(SiO_2)으로 구성된 광물
② 역할 : 타일 소지에 첨가하여 점성을 제거하고 소결 온도를 낮추며, 미분화하여 타일 소지의 기본 골격 형성

(3) 고령토
① 고령토 : 알루미늄을 함유한 규산염 광물
② 역할 : 소지의 점성을 높이고 백색도를 향상시키는 역할
③ 고령토가 도자기 원료로 쓰이기 위해서는 산화알루미늄(Al_2O_3) 함유량 35% 이상, 내화도 SK33 이상이 되어야 함

(4) 납 석
① 곱돌이라도 하며 엽납석을 주성분으로 하는 암석
② 유약의 광택을 높이고 융점을 낮추는 역할을 함
③ 유리섬유, 내화물, 도자기, 시멘트의 원료로 사용

04 점토 제품

(1) 분류 및 제법 기출 18년 2회, 18년 4회
① 점토 제품의 분류 기출 22년 2회, 24년 복원
  ㉠ 토기 : 소성온도 790~1,000℃, 흡수율 20% 이상, 유색, 불투명, 기와 벽돌 토관
  ㉡ 도기 : 소성온도 1,100~1,230℃, 흡수율 10% 이상, 백색, 불투명, 타일 테라코타
  ㉢ 석기 : 소성온도 1,160~1,350℃, 흡수율 3~10% 이상, 유색, 불투명, 마루타일 클링커타일
  ㉣ 자기 : 소성온도 1,230~1,460℃, 흡수율 0~1% 이상, 백색, 투명, 바닥용 자기질타일 모자이크타일 위생도기
② 제법의 순서
  원토처리 → 원료배합 → 반죽 → 성형 → 건조 → 소성

(2) 벽 돌
① 점토벽돌
  ㉠ 보통벽돌 : 진흙을 빚어 소성한 벽돌로 실내의 비내력벽이나 칸막이벽으로 사용
  ㉡ 경량벽돌 : 공극 및 구멍을 내어 만든 벽돌로 단열, 방음 목적으로 사용
  ㉢ 구멍벽돌 : 벽돌내부에 구멍을 뚫어 속이 비게 성형한 벽돌로, 방음벽, 단열벽 등에 사용
  ㉣ 다공벽돌 : 분탄, 톱밥, 겨 등을 혼합하여 만든 벽돌로 내부에 무수히 많은 구멍이 있고, 비중이 가볍고 공극도 커져서 절단가공이 쉬우며 못을 박을 수도 있으며 방열·방음 목적으로 사용
  ㉤ 내화벽돌 : 내화점토로 만든 황백색의 벽돌로 1500~2000℃의 고온에서 구워낸 벽돌로, 내화도는 SK26(1,580℃) 이상이며 주요광물은 납석임 기출 18년 4회
  ㉥ 점토벽돌의 흡수율 기출 18년 1회
    • 1종 : 24시간 10% 이하
    • 2종 : 24시간 13% 이하
    • 3종 : 24시간 15% 이하

② 특수벽돌 기출 21년 4회
  ㉠ 이형벽돌 : 보통벽돌보다 형상, 치수가 상이한 벽돌로 주로 원형벽체를 쌓는데 쓰임
  ㉡ 검정벽돌 : 불완전연소하여 빛깔이 검게 된 벽돌로 주로 실내 치장용으로 사용
  ㉢ 치장벽돌 : 벽돌을 노출되게 쌓을 경우 색깔, 형태, 질감 등 원하는 효과를 얻기 위해 특별히 만들어진 벽돌
  ㉣ 오지벽돌 : 벽돌길이나 마구리면에 오지물을 칠해 구운벽돌로 치장벽돌의 일종
  ㉤ 포도벽돌 : 도로나 바닥에 깔기 위하여 만든 벽돌로 경질이고 흡수성이 적고 내마모성이 있으며 두께가 두꺼우며 색소를 넣거나 식염유로 시유소성한 벽돌 기출 18년 1회
  ㉥ 황토벽돌 : 단열성, 습기조절능력이 뛰어나고 자연적이며 냄새를 제거하는 자정능력이 있어 실내용으로 사용하는 벽돌
  ㉦ 전벽돌 : 옛날 벽 또는 바닥에 까는 검정색의 큰 벽돌로 전돌이라고도 함, 원적외선이 방출되고 해충의 접근을 막는 효과가 있어 궁궐이나 고대건축물에 많이 사용함
③ 시멘트벽돌
  ㉠ 시멘트와 모래를 배합하여 성형한 벽돌
  ㉡ 내외벽의 조적재로 많이 쓰이며 칸막이벽을 조성하거나 방수가 요구되는 부위의 바탕구성제로 사용

(3) 벽돌 쌓기 기출 20년 통합, 21년 1회, 21년 2회
① 시멘트, 모르타르를 조적할 때는 벽돌 사이를 모르타르로 잘 채우고 통줄눈을 피함
② 쌓기높이는 1일에 15단 이하로 함
③ 쌓기 전에 충분히 물에 적셔서 모르타르 경화를 잘되게 함
④ 1종 : 압축강도 24.5 MPa(N/mm^2) 이상, 흡수율이 10% 이하
⑤ 2종 : 압축강도는 20.59MPa(N/mm^2) 이상, 흡수율은 13% 이하
⑥ 3종 : 압축강도 10.78MPa(N/mm^2) 이상, 흡수율 15% 이하
⑦ 과소품
  ㉠ 벽돌을 지나치게 구워 흡수율이 매우 적음
  ㉡ 압축강도는 매우 크나 모양이 바르지 않아서 기초 쌓기나 특수 장식용으로 이용하는 벽돌
  ㉢ 색채가 흑갈색이고 검은 흙이 생겨 외관이 좋지 못함
  ㉣ 압축강도는 200kg/cm^{2}이며 흡수율은 15% 이하
⑧ 토 막
  ㉠ 길이의 1/4로 자르면 0.25(이오)토막
  ㉡ 길이의 1/2로 자르면 반토막
  ㉢ 길이의 3/4으로 자르면 0.75(칠오)토막
  ㉣ 너비의 1/2로 자르면 반절, 반절의 반토막은 반반절

(4) 기 와
① 개 요
  ㉠ 저급점토를 원료로 하여 만듦
  ㉡ 기와의 색깔은 바르는 유약의 종류에 따라 달라짐

        ⓒ 식염을 유약으로 사용하여 적갈색으로 만든 기와를 많이 사용
        ⓔ 복사열을 집안으로 전도되지 않도록 하며 공중으로 분산시키는 역할을 함
    ② 기와의 종류
        ⓐ 한식기와 : 우리나라의 재래식기와로서 지붕의 각 부분에 쓰이는 기와모양에 따라 다름
        ⓑ 일식기와 : 경사지붕에 많이 쓰이며 암키와, 수키와의 구별이 없는 것이 한식기와와의 차이점
        ⓒ 양식기와 : 유럽 각국에서 발달된 기와로서 영국식, 프랑스식, 에스파이나식, 그리스식 등이 있음
    ③ **점토기와의 품질시험종목** 기출 18년 4회
        ⓐ 겉모양 및 치수
        ⓑ 흡수율
        ⓒ 휨파괴하중
        ⓓ 내동해성

(5) 타 일
① 개 요
    ⓐ 지토, 도토, 내화점토 등을 원료로 하여 두께 5mm 정도의 판형으로 만든 것
    ⓑ 시유 타일이 대부분이나 무유 타일도 있음
        • 시유 타일(Ceramic Tile) : 두 번 굽는 타일
        • 무유 타일(Porcelain Tile) : 한 번 굽는 타일
    ⓒ 표면은 매끄럽고 광택이 나는 것, 모양은 정사각형, 직사각형, 육각형, 팔각형, 원형, 부정형 등이 있음
    ⓓ 크기에 대한 구분이 없고 크기가 작은 것을 모자이크 타일이라 함
    ⓔ 타일은 질에 따라 자기질 타일, 도기질 타일, 석기질 타일로 구분
        • 도기질 타일 : 저온(700~800℃)에서 구워져, 물 흡수성은 좋지만 경도가 약해 외부보다는 실내에 사용
        • <u>자기질 타일 : 고온(1250~1435℃)에서 구워져, 경도가 높아 외부용으로 사용</u> 기출 21년 4회, 24년 복원
        • <u>폴리싱 타일 : 표면을 연마한 고광택의 시유타일, 대리석보다 싸고 튼튼하며 대리석 느낌을 낼 수 있으나 물기가 있을 때 매우 미끄러움</u> 기출 19년 1회
        • 포세린 타일 : 주원료가 점토인 타일로 고온 고압에서 제작되어 강도와 밀도가 높음
        • 부속 타일, 특수용 타일 : 벽의 모서리나 구석, 걸레받이, 논슬립 등에 사용
② 타일의 종류
    ⓐ 정방형 타일 : 클링커 타일이나 모자이크 타일을 제외한 벽・바닥에 까는 유색타일을 말함
    ⓑ 스크래치 타일 : 겉이 긁혀져 이는 것 같이 만든 6 × 21cm의 벽돌길이 방향과 같은 크기의 타일
    ⓒ 클링커 타일 : 소과타일을 말하며 평지붕, 현관 등에 적합한 타일
    ⓓ 논슬립 타일 : 화장실이나 계단디딤판 끝에 붙여 미끄럼을 방지하는 타일
    ⓔ 모자이크 타일 : 자기질 또는 도기질로 된 장식 마감용 타일

(6) 테라코타(Terracotta) 기출 21년 2회
① 점토와 물을 이용해 1,200℃ 이상의 고온에서 장시간 소성한 건축외장재
② 건축물의 패러핏, 주두 등의 장식에 사용
③ 일반 석재보다 가볍고, 압축강도는 800~900kg/m^{2}로서 화강암의 1/2 정도
④ 화강암보다 내화력이 강하고 대리석보다 풍화에 강하므로 외장에 적당
⑤ 석기질 점토나 상당히 철분이 많은 점토를 원료로 사용
⑥ 건축물의 패러핏, 주두 등의 장식에 사용

(7) 본드 브레이커(Bond Breaker)
① 실링재를 접착시키지 않기 위해 줄눈 바닥에 붙이는 테이프형 재료
② 3면 접착에 의한 파단을 방지하기 위함

CHAPTER 05 금속재

5과목 건설재료학

01 금속재 일반

(1) 개요
① 금속재료는 철금속과 비철금속으로 크게 구분됨
② 비철금속으로는 알루미늄, 구리, 납, 주석, 아연 등임
③ 비중이 크고 빛에 불투명
④ 열과 전기의 양도체
⑤ 금속 광택을 가지고 있음

(2) 금속의 장단점 [기출 21년 4회]

장점	• 불연재료 • 경도, 강도, 내마멸성이 큼 • 전성과 연성이 풍부하여 가공성형에 적합
단점	• 고온에서 연화되기 쉬움 • 녹슬기 쉬워 녹방지 조치가 필요 • 비중이 크고 색상이 다양하지 않음

(3) 철강의 분류
① 개요
  ㉠ 순수한 철(Fe)만으로 너무 연하여 실용적이지 못하며 철 외에 5대 합금원소를 첨가해야 함
  ㉡ 5대원소 : 탄소(C), 규소(Si), 망간(Mn), 인(P), 황(S)
  ㉢ 5대원소 중 특히 탄소량에 따라 성질이 달라짐
② 탄소강의 조직성분
  ㉠ 순철(Pure Steel)
    • 탄소함유량 0.025% 이하
    • 극연강으로 사용하지 않음
  ㉡ 강(Steel) [기출 18년 1회, 18년 4회, 20년 통합]
    • 탄소함유량 0.025~2% 이하
    • 탄소함유량이 증가할수록 강도가 커지나 신율이 감소함
    • 탄소함유량 0.8%(공석강) 초과 시 취성이 증가함
  ㉢ 주철(Cast Iron) : 탄소함유량 2% 이상

(4) 강의 열처리 기출 19년 4회

① 담금질(Quenching)
  ㉠ 금속에 강도와 경도를 부여하기 위하여 실시하는 열처리 조작
  ㉡ 고온에서 급속히 냉각시키는 조작을 말하며, 급냉에 의하여 강의 경도는 담금질 전의 3배 정도로 상승함

② 뜨임(Tempering)
  ㉠ 담금질로 인한 불안전한 내부응력의 조직을 안정화시키고, 기계적 성질을 개선하기 위한 열처리
  ㉡ 723℃ 이하의 적당한 온도 구간에서 가열·냉각함
  ㉢ 강재의 경도는 다소 저하되더라도 인성은 증가함

③ 풀림(Annealing) 기출 21년 1회
  ㉠ 가공할 때에 생긴 내부응력을 제거하고 연화하는 열처리 조작으로 결정을 미립화하고, 균일하게 함
  ㉡ 800~1000℃까지 가열하여 소정의 시간까지 유지한 후에 로(爐)의 내부에서 서서히 냉각

④ 불림(Normalizing) 기출 23년 복원
  ㉠ 주조, 단조 압연 등에 의하여 만들어진 강재는 과열이상 조직이나 탄화물의 국부응집, 결정립의 조대화 등이 발생함
  ㉡ 강철의 결정립을 미세하게 하여 기계적 성질을 향상시키기 위한, 즉 강을 표준상태로 하기 위한 열처리임

(5) 비철금속 기출 20년 3회

① 구리(Cu)
  ㉠ 황동은 구리와 아연의 합금, 청동은 구리와 주석의 합금
  ㉡ 구리는 연성과 전성이 크고, 열과 전기의 전도율이 큼
  ㉢ 건조한 공기 중에서는 변화하지 않음
  ㉣ 습기를 받으면 이산화탄소의 작용으로 부식하여 녹청색을 나타내는데 내부까지는 부식하지 않음
  ㉤ 암모니아, 알칼리성 용액에는 잘 침식됨(바닷물은 약 알칼리임)
  ㉥ 아세트산, 진한 황산 등에는 잘 용해 됨
  ㉦ 건축재료로 지붕잇기, 홈통, 철사, 못, 철망, 온돌용 파이프 등의 제조에 사용

② 알루미늄(Al) 기출 17년 4회, 18년 1회, 20년 4회
  ㉠ 보크사이트로 순수한 알루미나를 만들고 이것을 전기분해하여 정련
  ㉡ 전기나 열의 전도율이 높으며 공작이 자유롭고 기밀성이 우수
  ㉢ 전성과 연성이 풍부하며 가공이 용이하며 도장이 자유로움
  ㉣ 순도가 높을수록 내식성이 크고, 빛이나 열의 반사성이 커서 지붕잇기로 사용
  ㉤ 산, 알칼리에는 약하며 이종금속과 접촉 시 부식이 심함
  ㉥ 콘크리트는 강 알칼리로 알루미늄과 접할 때에는 방식처리(알루마이트처리)를 해야 함
  ㉦ 지붕잇기, 실내장식, 가구, 창호, 커튼의 레일 등에 쓰임

③ 알루미늄합금
  ㉠ 두랄루민(알루미늄에 구리 4%, 마그네슘 0.5%, 망간 0.5%)이 대표적임
  ㉡ 염분이 있는 바닷물에는 잘 부식됨
  ㉢ 비중 2.7, 인장강도 40kg/mm^2

④ 주석(Sn) 기출 18년 2회
  ㉠ 청백색의 광택이 있고 주조성과 단조성 우수
  ㉡ 전성과 연성이 풍부하고 내식성이 큼
  ㉢ 산소나 이산화탄소의 작용을 받지 않음
  ㉣ 유기산에 거의 침식되지 않음
  ㉤ 공기 중이나 수중에서 녹지 않으나 알칼리에는 천천히 침식됨
  ㉥ 식료품이나 음료수용 금속재료의 방식피복재료로 사용됨

⑤ 납(Pb) 기출 18년 2회, 19년 2회, 21년 2회
  ㉠ 비중(11.34)이 크고 연한 성질로 X선 차단효과가 큰 금속
  ㉡ 주조 가공성 및 단조성이 풍부하나 인장강도가 극히 작음
  ㉢ 열전도율은 작으나 온도의 변화에 따른 신축이 큼
  ㉣ 알칼리에는 침식되는 성질이 있음
  ㉤ 송수관, 가스관, X선실, 방사선 차단 안벽붙임 등에 쓰임

⑥ 아연(Zn)
  ㉠ 연성 및 내식성이 양호
  ㉡ 산과 알칼리에 약하나, 공기나 수중에서 내식성이 큼
  ㉢ 습기 및 이산화탄소기 있을 때에는 표면에 탄산염이 생김
  ㉣ 철강의 방식용 피복재로 사용

⑦ 니켈(Ni)
  ㉠ 전성과 연성이 좋음
  ㉡ 내식성이 커서 공기, 습기에 산화되지 않음
  ㉢ 주로 도금하여 장식용으로 쓰일 뿐이며 대부분은 합금하여 사용

⑧ 양은(German Silver)
  ㉠ 구리에 니켈 16~20%와 아연 15~35%를 첨가한 구리합금
  ㉡ 화이트브론즈라고 함
  ㉢ 색깔이 아름답고 내산, 내알칼리성이 있어 문짝, 전기기구 등에 쓰임

⑨ 금속의 부식 기출 17년 4회, 18년 4회, 21년 1회
  ㉠ 금속의 이온화 경향 : 금속이 전해질 속에서 전자를 잃고 양이온으로 되려는 성질
  ㉡ 이온화경향이 큰 순서 : K > Na > Ca > Mg > Al > Zn > Fe > Ni > Sn > Pb > Cu
  ㉢ 금속이 이온화되려는 경향을 부식이라 함
  ㉣ 방식처리 방법
    • 동종의 두 금속을 인접 또는 접촉시켜 사용
    • 균질의 것을 선택하고 사용할 때 큰 변형을 주지 않음
    • 표면을 평활, 청결하게 하고 가능한 한 건조상태로 유지
    • 큰 변형을 준 것은 가능한 한 풀림하여 사용

02 금속제품

(1) 구조용 강재
  ① 형 강
    ㉠ 일정한 단면 모양으로 미리 성형된 강철의 총칭
    ㉡ 종류 : H형강, I형강, L형강, T형강, H형강, ㄷ형강 등
    ㉢ 용도 : 철골 구조물, 철골철근, 콘크리트 구조물에 사용
  ② 봉 강
    ㉠ 단면의 형상이 원형, 각형인 봉상의 압연강재를 말함
    ㉡ 철근 콘크리트 구조용으로 사용하는 봉강에는 원형철근과 이형철근이 있음
    ㉢ 원형철근은 마디와 리브의 돌기가 없으며 이형철근은 철근의 부착강도를 높이기 위하여 리브와 돌기가 있음
  ③ 강 판
    ㉠ 강괴를 롤러에 넣어 압연한 강철판으로 두께에 따라 후판과 박판으로 나뉨
    ㉡ 두께 6mm 이상은 후판, 3~6mm는 중판, 3mm 이하는 박판이라 함
    ㉢ 철의 재결정온도(350~450℃) 이상에서 압연하면 열연강판(Hr, Hot Rolled Steel), 그 이하에서 압연하면 냉연강판(Cr, Cold Rolled Steel)이라 함
    ㉣ <u>TMC(Thermo Mechanical Control Process Steel) : 부재 두께의 증가에 따른 강도저하, 용접성 확보 등에 대응하기 위해 열간압연 시 냉각조건을 조절하여 냉각속도에 의해 강도를 상승시킨 구조용 특수강재</u> `기출` 20년 4회
  ④ 강관 및 주철관
    ㉠ 탄소강 강관(흑관), 아연도금강관(백관), 합금강, 스테인레스강관 등이 있음
    ㉡ 탄소강 강관은 배관용 탄소강 강관(SPP), 일반 구조용 탄소강 강관(STK) 등이 있음
    ㉢ 주철관은 강관에 비하여 내식성이 커서 급배수관으로 사용
  ⑤ 경량형강
    ㉠ 단면이 작은 얇은 강판을 냉간성형하여 만든 것
    ㉡ 가설구조물 등에 많이 사용됨
    ㉢ 휨내력은 우수하나 판 두께가 얇아 국부좌굴이나 녹막이 등에 주의할 필요가 있음

(2) PC(Pre-stressed Concrete) 강재
  ① Pre-stress : 외부 힘에 의한 인장응력을 상쇄하기 위해 미리 인위적으로 준 압축 응력
  ② PC공법 : 콘크리트에 미리 압축력을 가하여 인장력에 대한 약점을 개선하는 공법
  ③ PC 강재에는 PC 강연선, PC 강선, PC 강봉이 있고, 인장강도가 큰 순서는 PC 강연선 > PC 강선 > PC 강봉임
    ㉠ PC 강선(Prestressed Concrete Steel Wire)
      • PC공법에서 긴장재로 쓰이는 고강도 강선
      • 고탄소강을 열처리한 후 신선하고 저온뜨임으로 생산함
      • 인장강도가 큰 고강도 강선으로 콘크리트 중에 매설하여 사용
      • 콘크리트와 부착성이 우수하고 응력부식균열에 저항성이 높음

○ PC 강연선(Prestressed Concrete Wire and Strand)
    • PC 강선을 여러줄 꼬아서 만듦
    • 2줄, 3줄, 7줄, 19줄 등이 있음
    • 강선을 여러줄 꼬아서 만들기 때문에 매우 강한 인장력을 가짐
  ○ PC 강봉(Prestressed Concrete Steel bar)
    • 고강도의 강봉으로 지름10~33mm 정도
    • 종류로는 인발강봉, 압연강봉, 고주파열연강봉 등이 있음
    • 강봉에는 실리콘(Si)과 망간(Mn) 성분이 포함되어 있음

(3) 구조용 긴결철물(Fastener)
① 콘크리트와 조적벽과 같이 이질접합부을 일체화시키기 위해 서로 연결하는 철물
② 리벳(Rivet)
  ○ 형강, 평강 등의 긴결용
  ○ 종류 : 둥근머리벳, 냄비머리리벳, 접시머리리벳, 둥근접시머리리벳, 나사리벳
  ○ 나사리벳은 창호, 가구, 전기용으로 쓰임
③ 볼트(Bolt)
  ○ 재질에 따라 흑볼트, 중볼트, 상볼트로 구분
  ○ 형상에 따라 앙나사볼트, 외나사볼트, 갈고리볼트, 추격볼트, 가시볼트 등이 있음
  ○ 이 밖에 리벳 대신 쓰이는 고장력볼트 등이 있음
④ 듀벨(Dubel)
  목재이음을 할 때에 접합부의 어긋남을 방지하기 위해 볼트 죔과 같이 사용
⑤ 드라이브핀(Drive Pin) 기출 21년 2회
  극소량의 화약을 사용하는 못박기총으로 박는 콘크리트나 강재 등에 박는 특수못
⑥ 인서트(Insert)
  콘크리트 바닥판 밑에 설치하여 반자틀 등을 달아 매고자할 때 볼트 또는 달대의 걸침이 되는 철물
⑦ 익스팬션볼트(Expansion Bolt)
  콘크리트, 벽돌 등의 면에 띠장, 문틀 등의 다른 부재를 고정하기 위하여 묻어 두는 특수 볼트

(4) 동 판
① 동 판 기출 19년 2회
  ○ 내구성, 내부식성이 우수하여 지붕재로 쓰임
  ○ 대기 중에 노출 시 산화하면서 녹청을 발생하여 보호막을 형성
② 황 동
  ○ 구리에 아연을 첨가한 것
  ○ 장석 가공품 등으로 사용

(5) 알루미늄판
① 산, 알칼리에 약하고 바닷물에 잘 부식됨
② 알루미늄의 비중은 철의 약 1/3
③ 알루미늄의 응력-변형곡선은 강재와 같은 명확한 항복점이 없음
④ 알루미늄과 강판을 접촉하여 사용하면 알루미늄판이 부식됨
⑤ 순도가 높은 것은 내식성이 크고 빛·열의 반사성이 커서 지붕잇기 재료로 적당
⑥ 가공품은 흡음판, 새시 등으로 쓰임

(6) 메탈라스 기출 22년 2회
① 천장·벽 등의 모르타르바름 바탕용으로 사용
② 연강판에 일정한 간격으로 그물눈을 내고 늘여 철망모양으로 만듦
③ 얇은 강판에 마름모꼴의 구멍을 연속적으로 뚫어 그물처럼 만든 것으로 천장·벽 등의 미장바탕에 사용됨

(7) 펀칭메탈
① 두께 1.2mm 이하의 박강판을 여러 가지 무늬 모양으로 구멍을 뚫어 만든 것
② 환기구멍, 방열기덮개 등으로 쓰임

(8) 코너비드 기출 19년 2회
① 미장공사에서 기둥이나 벽의 모서리 부분을 보호하기 위하여 쓰는 철물
② 재질은 아연철판, 황동판 제품 등이 쓰임

(9) 조이너(Joiner) 기출 20년 통합
① 천장, 벽 등에 보드류를 붙이고 그 이음새를 감추고 누르는 데 쓰임
② 아연도금철판제·경금속제·황동제의 얇은 판을 프레스하여 만듦
③ 줄눈대(Metallic Joiner) : 인조석 갈기 및 테라조 현장갈기 등에 사용되는 구획용 철물

(10) 금속의 부식방지 대책 기출 20년 3회, 22년 2회
① 가능한 동종의 금속을 인접 또는 접촉시켜 사용
② 가공 중에 생긴 변형은 뜨임질·풀림 등에 의해서 제거
③ 표면은 깨끗하게 하고 물기나 습기가 없도록 함
④ 부분적으로 녹이 나면 즉시 제거

(11) 창호철물 기출 19년 1회, 19년 4회, 22년 1회
① 피벗힌지(Pivot Hinge) : 경첩 대신 촉을 사용하여 여닫이문을 회전시킴
② 나이트래치(Night Latch) : 외부에서는 열쇠, 내부에서는 작은 손잡이로 개폐하는 잠금장치
③ 크레센트(Crescent) : 오르내리기창(Hung Window)이나 미서창(Sliding Window)의 잠금장치
④ 래버터리힌지(Lavatory Hinge) : 스프링힌지의 일종으로 공중용 화장실 등에 사용
⑤ 플로어힌지 : 경첩으로 유지할 수 없는 무거운 지재 여닫이문에 사용

CHAPTER 06 미장 및 방수재료

5과목 건설재료학

01 미장재료

(1) 개 요 기출 20년 통합, 20년 3회, 21년 1회, 21년 2회
① 건축물의 구체부위를 대상으로 보온, 단열, 방습, 방음, 내화, 미화, 보호 등의 목적으로 적절한 두께로 발라 마감하는 재료
② 넓은 면적을 이음매 없이 마무리할 수 있다는 장점이 있으나, 반드시 물을 사용해야만 하는 습식재료이므로 공기의 단축이 어려움
③ 높은 인건비와 품질향상을 위해 최근에는 기계화 시공이 점차 확산되고 있으며 대표적인 예가 셀프 레벨링재에 의한 바닥마감 시공임
④ 미장재는 크게 공기 중에서 경화하는 기경성과 물속에서 경화하는 수경성으로 나뉨
⑤ **기경성 미장재** : 돌로마이트 플라스터, 회반죽 바람, 흙벽바름
⑥ **수경성 미장재** : 시멘트 모르타르, 마그네시아 시멘트, 석고 플라스터 기출 19년 1회, 20년 4회
⑦ 기경성 미장재는 통풍이 좋지 않은 지하실 등의 미장에는 적합하지 않음
⑧ **미장바탕이 갖추어야 할 조건** 기출 18년 2회, 22년 2회
   ㉠ 미장층 시공에 적합한 평면상태, 흡수성을 가질 것
   ㉡ 미장층과 유효한 접착강도를 얻을 수 있을 것
   ㉢ 미장층의 경화, 건조에 지장을 주지 않을 것
   ㉣ 미장층과 유해한 화학반응을 하지 않을 것
⑨ **플라스터(Plaster)** 기출 17년 4회
   ㉠ 석고, 석회, 물, 모래 등으로 이루어져 마르면 경화하는 성질을 이용
   ㉡ 벽, 천장 등을 마감하는 데 사용하는 풀모양의 건축재료, 강재의 초기부식을 유발
   ㉢ **돌로마이트 플라스터(마그네시아 석회)** 기출 18년 2회, 18년 4회, 22년 1회
     • 소석회에 비해 점성이 높고 작업성이 좋음
     • 변색, 냄새, 곰팡이가 없으며 보수성이 큼
     • 회반죽에 비해 조기강도 및 최종강도가 큼
     • 경화가 늦고 수축성이 큼
     • 물, 여물을 사용하지 않고 물로 연화
     • 공기 중의 탄산가스와 결합하여 경화

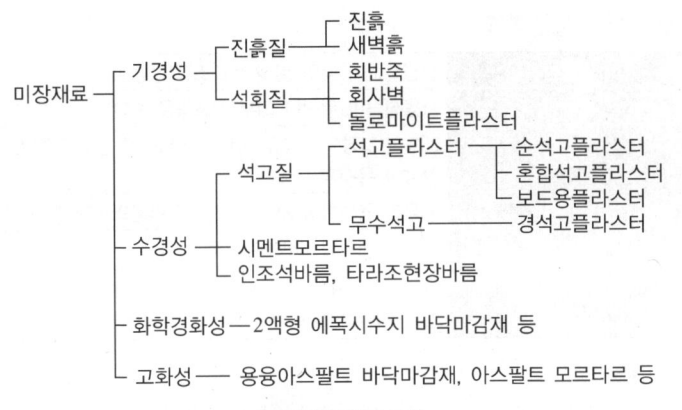

〈미장재료의 분류〉

(2) 회반죽의 종류 및 특징

① 석회(생석회)
  ㉠ 산소와 칼슘의 화합물
  ㉡ 천연 석회석이나 조개껍데기를 900~1,300℃ 정도 가열하여 만든 생석회를 말함
  ㉢ 주성분은 탄산칼슘($CaCO_3$)이며, 순수한 것은 탄산마그네슘과 규산을 약간 함유하고 있음
  ㉣ 생석회를 공기 중에 방치하면 수분과 이산화탄소를 흡수하여 소석회(수산화칼슘)와 탄산칼슘으로 분해됨
  ㉤ 생석회의 소화방법(Hydration, Slaking)에는 점성 및 소성이 큰 양질의 석회죽을 만드는 습식법과 분쇄한 생석회에 물을 뿌리는 방법인 건식법이 있음

② 석고(Gypsum)
  ㉠ 황산 칼슘($CaSO_4$)을 주성분으로 하는 매우 부드러운 황산염 광물
  ㉡ 천연석고와 화학석고 두 종류가 오늘날 많이 이용되고 있음
  ㉢ 석고를 180~190℃로 가열하면 결정수의 일부를 잃고 소석고가 됨
  ㉣ 이수석고
    • 결정수가 2개 첨가된 석고($CaSO_4 \cdot 2H_2O$)
    • 물을 첨가해도 경화되지 않음
  ㉤ 반수석고
    • 결정수가 물 분자의 반개의 비율로 결합되어 있는 석고($CaSO_4 \cdot 1/2H_2O$)
    • 가수 후 20~30분에서 급속경화
  ㉥ 무수석고
    • 물 분자가 전혀 없는 석고($CaSO_4$)
    • 경화가 늦어 경화촉진제가 필요한 석고
    • 석고원석을 500~900℃로 소성

ⓢ 석고보드의 특징 기출 19년 4회, 21년 2회

단열성	열전도율이 낮아 실내 온도조절이 용이
차음성	차음성능이 뛰어나 외부의 소음을 차단
방화성	20%의 결정수가 함유되어 초기연소지연을 도와주며 무기질섬유가 들어 있어 내화성능이 우수함
경제성	시공이 용이하며 자재가 가벼워 건물의 구조자재비가 절감됨
치수 안정성	온습도 변화에 따라 수축 팽창 등의 변형이 거의 없어 시공 후 뒤틀림이 없음
방수성	특수방수처리를 하여 습기가 많은 욕실이나 주방에서도 사용이 가능
시공성	쉽게 절단되고, 벽지와 페인트 등 다양한 외부마감재 사용이 가능

③ 돌로마이트 석회
  ㉠ 마그네시아를 다량 함유한 백운석(Dolomite)을 구워 소석회와 같은 공정을 거친 뒤 분쇄한 것
  ㉡ 탄산마그네슘을 상당량 함유하고 있으며 수산화마그네슘도 함유하고 있어 마그네슘석회라고도 함
  ㉢ 소석회보다 비중이 크고, 굳으면 강도가 큼
  ㉣ 점도가 높아 풀을 넣을 필요가 없고 냄새 곰팡이가 없고 변색되지 않음
  ㉤ 단점은 건조수축이 커서 균열이 많이 생김
  ㉥ 완전건조까지 많은 시간이 걸리고 백화현상이 발생하여 오늘날에는 거의 사용하지 않음

④ 회반죽
  ㉠ 소석회에 여물, 모래, 해초풀을 넣어 반죽한 것
  ㉡ 목조바탕, 콘크리트블록, 벽돌바탕 등에 사용
  ㉢ 초벌후 10일 이상 재벌을 바르고 반건조 되었을때 정벌을 바름
  ㉣ 바르는 작업동안에는 통풍을 차단하고 종료후 조금씩 통풍을 주어 서서히 건조시킴
  ㉤ 다른 재료에 비해 건조시간이 오래 걸림
  ㉥ 외관이 온유하며 시공을 잘하면 균열, 박락 될 우려가 없는 비교적 값싼 재료

⑤ 석고 플라스터
  ㉠ 소석고를 주재료로 하는 것과 경석고를 주재료로 하는 것으로 나뉨
  ㉡ 소석고를 주재료로 하는 것에는 미리 건조 석회유 분말을 혼합해 놓고 물, 모래, 섬유 등을 첨가하여 바로 사용할 수 있는 혼합석고플라스터와 석회 크림, 소석회, 섬유 등을 가해서 사용하는 순석고 플라스터가 있음
  ㉢ 순수한 소석고는 경화시간이 극히 짧아 경화시간 조절을 위해 혼화재(소석회, 돌로마이트 플라스터)를 사용해야 함
  ㉣ 소석고는 천연 석고원석 등을 150~190℃로 구워서 만든 것
  ㉤ 경석고는 소석고를 500~900℃로 구운 것으로 욕실, 주방 등의 벽면에 사용
  ㉥ 혼합석고플라스터 : 소석고, 소석회, 돌로마이트를 섞은 것으로 콘크리트 바탕의 초벌, 정벌용으로 사용
  ㉦ 보드용 석고플라스터 : 혼합석고플라스터에 석고분을 많게 하여 접착력과 강도를 크게 한 것으로 석고보드의 바탕을 바를 때 많이 사용
  ㉧ 경석고 플라스터(킨즈시멘트) 기출 17년 4회, 20년 통합, 22년 2회
    • 무수석고를 경화를 촉진시키기 위해 백반을 첨가하여 만든 것
    • 백반은 산성이므로 금속을 녹슬게 하기 때문에 금속에 방수처리가 필요함

- 강도가 크고 응결수축에 따른 수축이 거의 없음
- 수경성 재료로, 경화가 빨라 동기 시공에 적당
- 바닥 바름 재료로도 쓰일 수 있으나 산성이어서 철을 녹슬게 함

〈회반죽의 종류〉

비교항목	회반죽	돌로마이트 플라스터	석고 플라스터
주 체	석회, 소석회	마그네시아 석회	순석고, 배합석고, 경석고
경화속도	늦 음	늦 음	빠 름
수축성	가장 큼	큼	작 음
백색도	좋 음	곱지 못함	희고 고움
점 성	적 음	큼	보 통
경도, 강도	연 질	회반죽에 비해 큼	큼
도장 가능성	가 능	도장 불가능	도장가능
가 격	비교적 저렴	저 렴	비 쌈
내수성	비내수적	약 함	큼
수경성, 기경성	기경성(수축성)	기경성	수경성(팽창성)

⑥ 풀과 여물

㉠ 풀
- 해초풀 : 파래, 청각, 불가사리 등의 해초를 끓인 물을 체로 거른 것
- 해초는 봄철에 채취하여 2~3년 묵힌 것이 좋음

㉡ 여물 [기출] 17년 4회, 19년 1회, 20년 3회
- 바름에 있어서 재료에 끈기를 주어 흘러내림을 방지함
- 흙손실을 용이하게 하는 효과가 있음
- 바름 중에는 보수성을 향상시키고, 바름 후에는 건조에 따라 생기는 균열을 방지함
- 좋은 여물은 섬유가 질기고 가늘며 부드럽고 흰색임
- 나쁜 여물은 마디가 있거나 엉킨 것, 굵고 빛깔이 짙으며 빳빳함
- 종류 : 삼여물, 짚여물, 종이여물, 털여물, 종려털여물 등

(3) 시멘트 모르타르

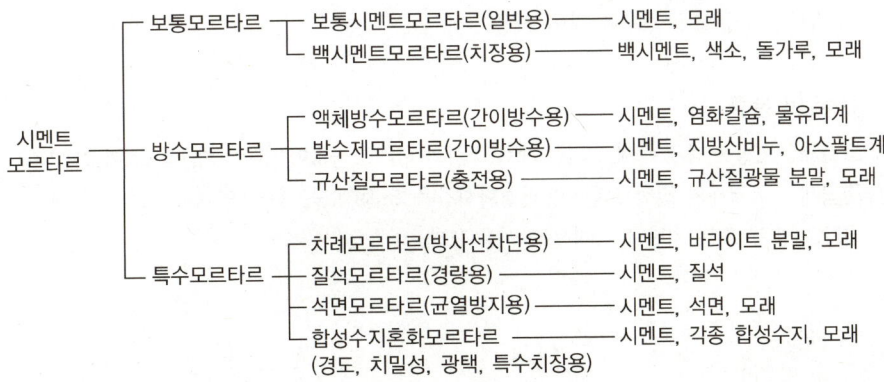

〈시멘트 모르타르의 분류〉

① 시멘트 모르타르
  ㉠ 일반 시멘트 모르타르
    • 시멘트 + 모래 + 물을 혼합한 것으로 사용장소에 따라 배합비를 달리 함
    • 접착성, 보수성, 방수성을 가지며 균열 방지를 위해 무기질 혼합재와 무기질 혼합재를 섞음
    • 무기질 혼합재 : 석면가루, 플라이 애시, 규산백토, 돌로마이트 석회, 소석회 등
  ㉡ 특수 시멘트 모르타르

방수 시멘트 모르타르	염화칼슘, 물유리, 규산질 광물의 가루, 파라핀, 아스팔트 등의 방수제를 섞은 것
경량 시멘트 모르타르	모르타르 골재로 비중이 작은 모래를 쓰거나 발포제를 혼합하여 보온성과 흡음성을 향상시킨 것
백색 시멘트 모르타르	백색 포틀랜드 시멘트를 사용한 모르타르, 백색타일의 줄눈, 인조석바름 등에 쓰임
바라이트 모르타르	방사선 차단용
질석 모르타르	경량구조용
석면 모르타르	균열방지용
합성수지 모르타르	특수치장용

② 마그네시아(MgO) 시멘트 기출 17년 4회
  ㉠ 마그네시아를 주원료로 하고 탄산마그네슘($MgCO_2$)을 800~900℃로 가소하고 염화마그네슘($MgCl_2$, 간수)수용액을 가하여 경화시킨 것으로 1853년 소렐이 만들었다 하여 소렐(Sorel) 시멘트라고도 함
  ㉡ 모래, 한수적분, 목분, 규조토, 규산백토, 안료 등을 혼합하여 모르타르를 만들어 사용
  ㉢ 단기강도가 포틀랜드 시멘트에 가까울 정도로 커서 바닥미장에 많이 이용
  ㉣ 단시간에 응결, 경화 후에는 견고하고 반투명의 광택이 나고 아름다운 것이 특징
  ㉤ 미장바름재료, 특히 외장용으로 외벽에 칠하거나 뿜거나 하여 사용
  ㉥ 착색이 용이하고 경화가 빠르며 코르크가루·톱밥 등을 가하여 쓰면 경량이며 탄성이 있음
  ㉦ 단점은 물에 약하고 습기가 차며 고온에 못 견디며, 철을 녹슬게 하고 백화현상이 생기기 쉬우며 경화 수축도 큰 편임

③ 기성배합 모르타르 기출 19년 1회
  ㉠ 공장에서 미리 배합하므로 재료가 균질하며 현장에서 시공이 간편
  ㉡ 접착력 강화제가 혼입되기도 함
  ㉢ 바름두께가 얇은 경우에 많이 사용

(4) 미장재료의 분류
  ① 고결재 : 미장 바름의 주체가 되는 재료(소석회, 점토, 돌로마이트 석회, 석고, 마그네시아 시멘트 등)
  ② 결합재 : 고결재의 결점 보완, 응결경화시간을 조정(여물, 풀 수염 등)
  ③ 골재 : 중량 또는 치장을 목적으로 사용(모래)

02 방수재료

(1) 아스팔트 방수재료

천연 아스팔트 기출 21년 1회	레이크(Lake) 아스팔트	• 호수와 같이 지표면에 노출된 것으로 규석, 교질점토 등이 포함 • 도로포장, 방수, 내산공사에 이용
	록(Rock) 아스팔트	• 다공성의 석회암, 석회석, 사암에 아스팔트가 스며든 것 • 아스팔트 함유량은 10% 정도, 도로포장에 사용
	샌드(Snad) 아스팔트	• 모래층 속에 아스팔트가 스며든 것
	아스팔타이트 (Asphaltite)	• 암석의 균열부분에 아스팔트가 스며든 것 • 불순물이 거의 없는 아스팔트의 총칭 • 길소나이트, 글랜스피치, 그라하마이트
석유 아스팔트 (인공 아스팔트)	스트레이트(Straight) 아스팔트 기출 20년 통합	• 원유를 정제하고 다시 감압증류하여 얻은 것 • 연화점이 낮고, 온도에 의한 변화가 큼 • 신장성, 점착성, 방수성이 우수 • 주로 지하실 방수공사에 사용 • 내구력이 떨어져 건축공사에는 많이 사용하지 않음
	블로운(Blown) 아스팔트 기출 19년 1회	• 감압잔사유에 압축공기를 불어넣어 축중합반응을 일으켜 분자량을 크게 한 것 • 아스팔트시멘트와 비교하여 상온에서 고체상태 • 도로포장에서는 시멘트포장의 채움재(Joint Filler)로 사용 • 감온성이 적고 내후성, 내열성이 커서 지붕공사에 사용
	컷백(Cutback) 아스팔트	• 상온에서 반고체 상태인 도로포장용 아스팔트를 사용성 향상을 위해 액체상태로 개선한 것 • 액체상태로 만들기 위한 용제의 종류에 따라 급속경화형(RC), 중속경화형(MC), 완속경화형(SC) 등이 있음 • 국내는 대부분 중속경화형(MC)을 사용
	유화(Emulsified) 아스팔트	• 아스팔트를 미세한 입자로 만들어 물에 분산시킨 것 • 물속에서 아스팔트 상분리가 일어나지 않고 분산상태를 유지하기 위해서는 유화제(Emulsifier)가 필요 • 유화제가 양전하로 대전되어 있으면 양이온 유화아스팔트 • 유화제가 음전하로 대전되어 있으면 음이온 유화아스팔트 • 국내생산품은 대부분 양이온계임
	개질(Modified) 아스팔트	• 특정용도의 도로포장에 사용하기 위해 아스팔트시멘트에 합성수지나 고무 등을 첨가하여 포장성능을 개선시킨 것 • 교량, 고가도로, 중차량도로 등의 포장에 사용 • 도심도로의 경우 빛의 반사, 우천 시 빗물고임 등의 문제를 해결하기 위해 배수 아스팔트로 사용
	아스팔트 콤파운드	• 아스팔트에 동식물성 유지나 광물성 분말을 혼합하여 탄성, 접착성, 내구성, 내열성을 개량한 것 • 가장 신축이 큰 최우량품

※ 용어해설
• 감온성 : 저온에서 딱딱하고 고온에서 연화되는 정도
• 연화점 : 고형의 물질이 열을 받아 연화를 일으키는 온도
• 신장성 : 길게 늘어나는 성질
• 점착성 : 끈끈하게 달라붙는 성질

① 아스팔트의 특징
- ㉠ 장 점 [기출] 18년 2회, 23년 복원
  - 화학약품에 대한 내성이 큼
  - 외기에 대한 내열화성이 우수
  - 접착성이 양호하고 방수성능이 우수
- ㉡ 단 점
  - 시공성이 나쁨
  - 결함부 발견이 어려움
  - 악취와 이산화탄소 발생
  - 보호누름층이 절대적으로 필요함
- ㉢ 아스팔트의 양부를 판별하는 성질 [기출] 18년 2회, 19년 1회, 21년 2회, 21년 4회
  - 신도, 감온비
  - 침입도 : 역청재의 온도에 비례
  - 침입도 시험 : 측정조건은 온도 25℃, 100g, 5초가 표준으로 하며 바늘이 관입한 깊이를 0.1mm 단위로 나타냄

② 아스팔트의 방수공법
- ㉠ 열공법 : 루핑, 펠트를 용융가마에서 260℃로 가열 용융한 아스팔트를 적층
- ㉡ 냉공법 : 상온에서 액상 아스팔트를 사용하여 방수층을 형성
- ㉢ 시트공법 : 개량아스팔트로 만든 시트재의 밑 부분을 토치로 가열 용융시켜 접착

③ 아스팔트 방수재료 [기출] 19년 2회
- ㉠ 아스팔트 루핑 : 두꺼운 펠트의 양면에 블로운 아스팔트를 피복한 것으로 평지붕의 방수층, 슬레이트평판, 금속판 등의 지붕깔기 바탕 등에 이용 [기출] 18년 1회
- ㉡ 아스팔트 펠트 : 천연 유기섬유에 스트레이트 아스팔트를 합침한 것, 아스팔트 방수의 중간층 재료로 사용
- ㉢ 아스팔트 블록 : 아스팔트 모르타르를 벽돌형으로 만든 것으로 화학공장의 내약품 바닥마감재로 이용
- ㉣ 아스팔트 모르타르 : 아스팔트에 모래, 활석, 석회석 등을 혼합하여 만든 것
- ㉤ 아스팔트 프라이머 : 블로운 아스팔트를 용제에 녹인 것으로 아스팔트 방수, 아스팔트 타일의 바탕재와의 밀착용으로 사용 [기출] 18년 4회, 21년 2회, 24년 복원
- ㉥ 아스팔트 코팅 : 블로운 아스팔트를 휘발성 용제에 녹이고 광물분말 등을 가하여 만든 것으로 방수, 접합부 충전 등에 쓰임 [기출] 22년 2회, 24년 복원
- ㉦ 아스팔트 유제 : 스트레이트 아스팔트를 미립으로 수중에 분산시켜 제조한 것으로 방진처리, 방수제, 토질안정의 용도로 사용
- ㉧ 아스팔트 컴파운드 : 블로운 아스팔트의 내열성, 내한성을 개량하기 위해 동식물성 유지와 광물질 분말을 혼입한 것 [기출] 21년 4회

④ 아스팔트 싱글 [기출] 20년 통합
- ㉠ 목조지붕에 방수층으로 사용 시 지붕의 경사가 1/3~3/4 이내인 지붕에 사용해야 함
- ㉡ 풍압이 강한 곳에서는 고정못을 사용하여 고정, 제조업체가 추천하는 플라스틱 아스팔트 시멘트를 사용하여 아스팔트 싱글 하단부의 아랫면을 점착

- ⓒ 두루마리 형태의 제품은 반드시 수직으로 세워서 보관
- ⓒ 플래싱(비흘림판)
  - 지붕면에 돌출된 부위와 지붕면과의 연결부위
  - 지붕 끝 부분 및 외벽과 만나는 부분 등에 댈 목적으로 용도나 부위의 형상에 맞도록 제작된 금속판
- ⓜ 일반 아스팔트 싱글 : 단위중량이 10.3~12.5kg/m² 인 제품
- ⓗ 중량 아스팔트 싱글 : 단위중량이 12.5~14.2kg/m² 인 제품
- ⓢ 초중량 아스팔트 싱글 : 단위중량이 14.2kg/m² 이상인 제품
- ⓞ 무기질 제품 싱글 : 밑면에 접착제가 도포된 제품으로 설계도면이나 공사시방서에서 별도로 명시되지 않은 경우에는 4kg/m² 이상의 무게를 가진 제품

(2) 방수법

① 아스팔트 방수
  - ㉠ 아스팔트펠트, 아스팔트루핑 등을 바탕 접착 후 여러 층으로 포개어 방수층을 만듦
  - ㉡ 지붕방수, 수조방수, 욕실방수에 주로 쓰이며 열공법, 냉공법, 시트공법이 있음

② 시멘트 방수
  - ㉠ 방수제를 물에 타서 섞은 다음 콘크리트 또는 모르타르에 섞어 방수처리하는 것으로 시멘트의 가수분해로 생기는 소석회의 유출을 방지함
  - ㉡ 시멘트 방수는 탄성이 없어 균일 발생하기 쉽고, 온도변화와 진동에 대한 내구성이 없음
  - ㉢ 시공이 간편하고 가격이 저렴하여 소규모 지붕방수, 지하실내 방수 등 비교적 경비한 방수공법으로 이용
  - ㉣ 제1공정은 방수액 침투 - 시멘트풀 - 방수액 침투 - 시멘트 모르타르 순
  - ㉤ 제2공정은 방수액 침투 - 시멘트풀 - 방수액 침투 - 시멘트 모르타르 순

③ 도막 방수 기출 18년 2회, 19년 4회, 22년 1회, 23년 복원
  - ㉠ 합성고무, 합성수지용액, 에멀젼을 콘크리트 바탕에 2~4mm 두께로 도포
  - ㉡ 종 류
    - 고무아스팔트계 : 천연 및 합성고무와 아스팔트로 만듦
    - 우레탄 고무계 : 1성분형과 2성분형이 있고 2성분형이 이용됨
    - 아크릴 고무계 : 수분의 증발에 의해 도막을 형성하는 방수재료
    - 아크릴 수지계 : 연속저온하에에서는 굳어지고, 연속고온하에서는 연화됨
    - 클로로프렌 고무계 : 클로로프렌 고무를 주성분으로 하고 무기질 충전제, 안정제를 혼합
    - FRP도막방수재 : 내마모성이 뛰어나고 강인하며, 경량이며, 내수성, 내식성, 내후성이 뛰어남
    - 에폭시 : 내약품성, 내마모성이 우수하여 화학공장의 방수층을 겸한 바닥 마무리로 적합
    - 폴리우레탄 : 도막방수재, 실링재로 사용, 기포성 보온재료로도 사용

CHAPTER 07 합성수지

5과목 건설재료학

01 열가소성 수지

(1) 열가소성 수지
① 열을 가하면 연화되어 용융이 일어나고 냉각하면 다시 고화되는 플라스틱
② 가열, 성형 공정 중 고분자의 화학적 변화 없이 물리적인 변화만 수반되는 재료
③ 대표적인 수지로 PVC, PE, PS, PP, ABS가 있으며 이들을 5대 범용수지라고 함

(2) 열가소성 수지의 종류
① 폴리염화비닐(PVC ; Poly Vinylchloride) [기출] 22년 1회
　㉠ 무색무취의 분말로 불에 잘 타지 않고 전기적 성질이 좋으며 내약품성이 우수
　㉡ 자외선에 의해 분해되므로 반드시 안정제가 첨가 되어야 함
　㉢ 강도가 크고 습기에 강해 전선피복, 상하수도관, 호스 등에 사용
② 폴리에틸렌(PE ; Polyethylene)
　㉠ 유백색, 불투명 내지 반투명으로 분말 또는 입상으로 되어있음
　㉡ 에틸렌을 중합하여 생산
　㉢ 전기절연성, 내화학성이 강함
　㉣ 절연재료, 장난감, 원예용 필름, 주방용구, 화학약품용기에 사용
③ 폴리스티렌(PS-Poly Stylene) [기출] 17년 4회, 21년 4회
　㉠ 발포제로 보드상으로 성형, 단열재로 널리 사용
　㉡ 전기절연성, 가공성이 우수하여 천장재, 전기용품, 냉장고 내부상자 등에 주로 사용
　㉢ 무미, 무취, 무독성으로 내수성이 높고 투명도와 치수 안정성이 좋음
　㉣ 발포제품은 저온 단열재로서 일회용 용기에 사용하나 내충격성이 약함
　㉤ 벤젠과 에틸렌으로부터 에틸벤젠을 만들고 이를 탈수소화해서 스틸렌모노머를 만든 다음 이것을 중합하여 제조
④ 폴리프로필렌(PP-Polypropylene)
　㉠ 인장강도가 우수하며, 압축, 충격 강도가 양호하고 표면강도가 높음
　㉡ 내열성이 높고, 유동성이 좋으며 내열, 내약품성이 양호
　㉢ 프로틸렌을 적절한 촉매에 중합하여 제조
　㉣ 화장품용기, 수화물 상자, 주방용품, 포장재료로 사용

⑤ ABS(Acrylonitrile Butadiene Styrene)
  ㉠ 강하고 단단하며 자연색은 엷은 상아색을 띄지만 어떤 색으로 착색할 수 있고 광택이 있는 성형품에 유리
  ㉡ 부타디엔과 아크릴로니트릴, 스티렌을 중합하여 제조
  ㉢ 전기, 전자제품, 자동차 내외장재, 가구, 악기, 잡화 등에 사용
⑥ 아크릴(Acrylic) 기출 18년 1회, 18년 4회, 19년 1회
  ㉠ 빛의 투과성이 좋고 온도변화에도 잘 견딤
  ㉡ 광학렌즈, 간판, 안전유리 대용으로 사용
  ㉢ 투명도가 높아 유기유리라고 불리며 유리대체재로 사용
  ㉣ 착색이 자유롭고 상온에서도 절단가공이 용이
  ㉤ 가열하면 연화, 융해하고 냉각하면 경화됨
  ㉥ 분자구조가 쇄상구조로 되어 있음
⑦ 나일론(Nylon)
  ㉠ 마찰과 마모에 강하고 내유성, 내열성, 내화학성이 좋음
  ㉡ 섬유 및 나일론 수지에 유리섬유를 배합하여 고강도·경량화시켜 자동차산업에도 사용

02 열경화성 수지

(1) 열경화성 수지
① 열을 가하면 우선 유동하지만, 다음에 3차원적으로 가치구조가 생성되면서 경화되고 재가열해도 용융되지 않음
② 경도가 높아 기계적 성질이나 전기적 성질이 뛰어나 공업재료나 식기 등으로 폭넓게 쓰이고 있음
③ 페놀수지, 우레아수지, 불포화 폴리에스테르수지, 폴리우레탄, 알키드수지, 멜라민수지, 에폭시수지, 규소수지 등이 있음

(2) 열경화성 수지의 종류 기출 19년 4회, 21년 1회, 21년 4회, 22년 2회
① 페놀수지(Phenol Resin, 석탄산수지)
  ㉠ 플라스틱 중에서 가장 오래된 수지로 내열성, 치수 안정성, 가공성 등이 우수
  ㉡ 산을 촉매로 하여 과잉의 페놀과 포름알데히드와 반응시켜 만듦
  ㉢ 가격이 저렴하여 전기 절연물, 공업부품, 일용품 등에 폭넓게 사용됨
  ㉣ 페놀 대신에 알킬페놀(Alkyl Phenol)을 사용하면 알콜 페놀수지, 크레졸(Cresol)을 사용하면 크레졸수지가 됨
② 폴리에스테르수지(Polyester Resin)
  ㉠ 소형선박, 요트등 조선해양산업에서 많이 사용
  ㉡ 포화 폴리에스테르수지와 불포화 폴리에스테르수지가 있으며 불포화 폴리에스테르수지가 열경화성 수지

③ 요소수지(Urea-Formaldehyde Resin)
  ㉠ 무색투명한 수지로 착색이 자유롭고 접착강도가 크며 경화가 빠름
  ㉡ 가격이 저렴하여 생산량의 대부분(80% 이상)이 합판용 접착제로 사용
  ㉢ 요소를 포르말린을 반응시켜 만듦
④ 멜라민수지(Melamine Formaldehyde Resin) 기출 22년 1회, 23년 복원
  ㉠ 표면 경도가 현재 생산되고 있는 합성 수지 중 가장 단단함
  ㉡ 식기류, 커피잔, 식기, 일용품, 전기부품, 도료, 적층판 등으로 사용
  ㉢ Melamine(결정성 백색분말)과 Formaldehyde를 염기성 촉매 존재하에 반응시켜 만듦
⑤ 에폭시수지(Epoxy Resin) 기출 20년 3회, 21년 4회
  ㉠ 도료, 접착제 같이 성형가공을 필요로 하지 않는 것이 많이 사용
  ㉡ 성형은 분말의 에폭시 수지 성형 재료로 압축성형 트랜스퍼 성형으로 실시
  ㉢ 전기적 성질이 우수하고, 내열성, 방한성, 역학적 성질이 좋음
  ㉣ 경화할 때 물, 이외에 부 생성물이 없고 치수 안정성이 좋음
  ㉤ 내수성, 내습성이 좋고, 금속 목재, 시멘트, 플라스틱과의 접착성이 좋음
  ㉥ 비소페놀A와 에피크롤히드린과 축합에 의해 만듦
  ㉦ 알루미늄과 같은 경금속 접착에 가장 적합
⑥ 폴리우레탄수지(Polyurethane Resin) 기출 18년 1회
  ㉠ 탄성·강인성이 풍부하고 인열강도가 큼
  ㉡ 내마모성·내노화성·내유성·내용제성이 우수, 저온 특성이 우수
  ㉢ 도막방수재, 실링재 및 기포성 보온재료로도 사용
  ㉣ 가수분해가 쉽고, 산 알칼리에 비교적 약함
  ㉤ 열이나 빛의 작용으로 황변화하는 결점이 있음
⑦ 규소수지(Silicone) 기출 19년 2회, 20년 4회
  ㉠ 실리콘 고무, 실리콘 발포체, 실리콘유 등이 있음
  ㉡ 내열성이 크고, 발수성이 있으며 탄성이 좋고 전기적 성질이 뛰어남
  ㉢ 저온에서도 탄성이 있어 가스켓, 패킹 등의 원료로 사용
  ㉣ 중합에의 생성된 고무에 충전제, 기타 첨가제를 혼합하여 가열해서 만듦

(3) 셀룰로오스계 수지(Cellulose Resin)
  ① 식물성 물질의 구성 성분으로 자연계에 많이 있음
  ② 고분자물질을 질산, 아세트산(초산) 등의 화학약품에 의해 변성한 것으로 반합성수지
  ③ 종류로는 질산과 셀루오스를 합성한 셀룰로이드와 아세트산 섬유소수지가 있음

(4) 고무 및 합성고무
  ① 고 무
    ㉠ 라텍스에 황을 혼합하여 가공한 가황고무이며 라텍스를 정제한 것을 생고무라 함
    ㉡ 황을 함유하는 양에 따라 연질고무(6%), 경질고무(30%)로 나뉨
    ㉢ 염소나 염산을 작용시켜 염화고무, 염산고무가 되어 고무유도체를 만듦

② 합성고무
  ㉠ 2가지 이상의 원료 물질에 촉매를 가하여 중합시킨 고무
  ㉡ 2원공중합 : SBR(스티렌 + 부타디엔), NBR(니트릴 + 부타디엔)
  ㉢ 3원공중합 : EPDM(에틸렌 + 비닐 + 다이엔)
  ㉣ 합성고무의 종류
    • 부타디엔고무(BR ; Butadiene Rubber)
    • 스티렌부타디엔고무(SBR ; Styrene Butadiene Rubber)
    • 에틸렌프로필렌고무(EPR ; Ethylene Propylene Rubber)
    • 아크릴로니트릴부타디엔고무(NBR, Acrylonitrile Butadiene Rubber)
    • 에틸렌프로필렌고무(EPR = EPDM ; Ethylene Propylene Rubber) : 고무 중 가장 가벼워 자동차 부품으로 사용, 발포제를 첨가한 것이 고무발포 보온재인 Aeroflex임

03 합성수지 제품

(1) **바닥재료 제품** 기출 18년 1회
  ① 폴리염화비닐(PVC)타일 기출 22년 1회
    ㉠ 시공이 간편하고 내구성이 좋고 가격이 저렴
    ㉡ 내부에 미세한 구조의 발포층이 있어 경량성, 단열성, 완충이 좋음
    ㉢ 탄력성, 내마멸성, 내약품성이 있으나 열에 약하고 강도와 경도가 낮음
  ② 아스팔트 타일
    ㉠ 아스팔트와 구마론인덴 수지를 혼합하여 전충제, 안료를 섞어 열압성형한 것
    ㉡ PVC 타일에 비하여 가열변형의 정도가 큰 편
    ㉢ 유지용제로 연화되기 쉬우므로 중량물이나 기름용제 등을 많이 취급하는 건물바닥에는 부적합
  ③ 리놀륨(Linoleum) 기출 20년 3회
    ㉠ 아마씨기름을 의미하는 라틴어 단어 Linum에서 파생
    ㉡ 아마인유, 송진, 목재, 코르크, 석회석 등의 간단한 조합으로 만든 유지계 바닥재료
    ㉢ 리녹신에 수지, 고무물질, 코르크분말 등을 섞어 마포(Hemp Cloth) 등에 발라 두꺼운 종이모양으로 압면·성형

(2) **플라스틱 제품**
  ① 신축줄눈(Expansion Joint) 기출 17년 4회
    ㉠ 신축줄눈은 구조물의 온도변화에 따른 수축팽창을 고려하여 설치하는 것
    ㉡ 수성아크릴계 실링재, 유성우레탄계 실링재, 실리콘고무, 네오프렌, 테플론 등을 사용
    ㉢ 투광률이 비교적 큰 것이 있어 유리대용의 효과를 가진 것이 있음
    ㉣ 착색이 자유로우며 형태와 표면이 매끈하고 미관이 좋음
    ㉤ 흡수율, 투수율이 작으므로 방수효과가 좋음
    ㉥ 경도가 낮아서 마멸되기 쉬움

② 가스켓(Gasket)
   ㉠ 수밀성, 기밀성을 확보하기 위해 유리 끼우는 틀 등에 사용
   ㉡ 내후성이 우수하고 부착이 용이함
③ 조이너(Joinor) 기출 21년 2회
   ㉠ 보온재·흡음재 등 보드 붙임의 조인트 부분에 보드의 이음부를 가리기 위한 줄눈재
   ㉡ 경질 염화비닐제를 많이 사용함
④ 계단용 논슬립 : 계단의 미끄럼 방지용으로 염화비닐 제품이 많이 쓰임
⑤ FRP(Fiber Glass Reinforced Plastics) 폴리에스테르강화판 : 유리섬유를 폴리에스테르수지에 혼입하여 가압·성형한 판 기출 18년 4회
⑥ 비닐 레더(Vinyl Leather) 기출 17년 4회, 20년 4회
   ㉠ 색채, 모양, 무늬 등을 자유롭게 할 수 있음
   ㉡ 면포로 된 것은 찢어지지 않고 튼튼함
   ㉢ 두께는 0.5~1mm이고, 길이는 10m 두루마리로 만듦
   ㉣ 커튼, 테이블크로스, 방수막으로 사용
   ㉤ 인조가죽, 합성피혁의 용도로 주로 사용

(3) 합성수지계 접착제

① 에폭시수지 접착제(Epoxy Resin Paste) 기출 18년 1회, 19년 1회
   ㉠ 내수성, 내습성, 내약품성, 전기절연성이 우수, 접착력이 강함
   ㉡ 피막이 단단하고 유연성이 부족하고 값이 비쌈
   ㉢ 현재까지의 접착제 중 가장 우수하여 금속, 항공기 접착에도 쓰임
   ㉣ 내용제성과 내약품성이 뛰어나고 경화할 때 휘발성이 적음
   ㉤ 금속유리, 목재, 알루미늄과 같은 경금속의 접착제로 사용
② 페놀수지 접착제(Phenol Resin Paste)
   ㉠ 합판, 목재제품 등에 사용
   ㉡ 접착력, 내역, 내수성이 우수
   ㉢ 유리나 금속의 접착에는 적당하지 않음
③ 비닐수지 접착제(Vinyl Resin Paste) 기출 19년 2회
   ㉠ 값이 싸고 작업성이 좋고, 다양한 종류의 접착에 알맞아 일반적으로 많이 사용
   ㉡ 목재가구 및 창호, 종이도배, 천도배, 논슬립 등의 접착에 사용하나 물에 약함
   ㉢ 작업성이 좋으며 용제형과 에멀견형이 있음
   ㉣ 내열성이 떨어짐
④ 요소수지 접착제(Urea Formaldehyde Resin Paste)
   ㉠ 목재접합, 합판 제조 등에 사용, 가장 값이 싸고, 접착력이 우수
   ㉡ 집성목재, 파티클보드에 많이 쓰이나 물에 약함
⑤ 멜라민수지 접착제(Melamine Resin Paste)
   ㉠ 내수성, 내열성이 좋고, 목재와의 접착성이 우수하여 내수합판 등에 쓰임
   ㉡ 값이 비싸며 단독으로 쓸 경우는 적으며 금속, 고무, 유리 접착용으로는 부적합

⑥ 실리콘수지 접착제(Silicon Resin Paste)
　㉠ 내수성이 우수하고 내열성, 내연성, 전기적 절연성이 우수함
　㉡ 유리섬유판, 텍스, 피혁류 등 모든 접착이 가능
　㉢ 방수제로도 사용
⑦ 푸란수지 접착제(Furan Resin Paste)
　㉠ 내산, 알칼리, 접착력이 좋음
　㉡ 화학공장의 벽돌, 타일붙이기의 유일한 접착제이며 고온까지 견딤

CHAPTER 08 도료 및 접착제

5과목 건설재료학

01 도 료

(1) 도 료
① 액상의 물질로 건조, 경화반응에 의해 액체 내에 고체입자가 분산되어 있는 졸(Sol)상태에서 반고체 상태인 겔(Gel)로 변화
② 물체보호 : 방균, 항균, 방식, 방습, 방청, 제습, 내후, 내유, 내구, 내약품성
③ 외관미화 : 색상, 광택, 무늬, 입체화
④ 다양한 성능 : 절연, 대전방지, 전자파차단
⑤ 도료의 건조제 [기출] 18년 2회, 20년 통합
  ㉠ 건조제를 많이 넣으면 건조는 빠르나 도막에 균열이 생김
  ㉡ 고온의 기름에 용해 : 연, 망간, 코발트의 수지산, 지방산 염류
  ㉢ 상온의 기름에 용해 : 리사지, 연단, 초산염, 붕산망간, 이산화망간, 수산화망간

(2) 페인트
① 유성페인트 [기출] 17년 4회
  ㉠ 기름을 용제로 하는 도료로 내알칼리성이 약해 콘크리트에는 부적합
  ㉡ 내수성과 내구성이 좋으나 인화성이 있어 화기에 유의해야 함
  ㉢ 장단점

장 점	가격이 저렴, 밀착성・내후성이 좋음
단 점	점도가 낮음, 건조속도 느림, 내화성 나쁨, 붓자국이 남기 쉬움, 내알칼리성이 약해 시멘트, 모르타르, 회반죽 등에 부적합함

  ㉣ 종류로는 에나멜, 래커, 우레탄페이트가 있음

에나멜(Enamel) [기출] 18년 4회	• 희석제로 신너를 사용하며, 색상이 선명함 • 물과 오염에 강하지만 냄새가 심하고 휘발성분이 강해 인체에 유해함 • 일반 페인트보다 도막이 두껍고, 광택이 좋음 • 내후, 내수, 내열, 내약품성이 우수하여 문, 몰딩이나 목재, 철재 제품에 사용 • 접착력이 좋고 수성페인트나 유성페인트 위에 덧칠할 수 있는 장점이 있음 • 염화비닐수지에나멜 : 자연에서 용제가 증발하여 표면에 피막이 형성

래커(Lacquer) 기출 19년 1회, 20년 통합, 21년 2회	• 일명 락카라고도 하는 유성도료 • 건조속도가 빠르기 때문에 스프레이로 시공 • 도막이 견고하며, 광택이 좋고, 연마가 용이 • 내마멸성, 내수성, 내유성, 내후성, 불점착성이 좋음 • 다른 페인트에 비해 독성이 강하여 기존의 칠을 녹이는 성질이 있음 • 단점으로는 도막이 얇고 부착력이 약함 • 투명래커 : 도막을 얇으나 견고하고 광택이 우수, 내후성이 나빠 내부용으로 사용 • 래커에나멜 : 투명래커에 안료를 첨가한 것으로 불투명한 도료, 뉴트로셀룰로오스 등의 천연수지를 이용, 단기간에 도막이 형성
우레탄	• 원목 가구를 제외한 대부분의 가구에 많이 사용 • 1액형과 2액형이 있으며 강도는 2액형이 더 우수 • 통기성과 투수성, 내긁힘성이 우수한편이고 옥상 방수 공사에도 사용 • 여러번의 공정 없이도 두꺼운 도막을 만들어 낼 수 있어 상도 마감재로 사용하거나 방수제 역할로 사용하기도 함

② **수성페인트** 기출 19년 4회, 22년 1회
  ㉠ 안료를 물로 용해하여 수용성 교착제와 혼합한 분말상태의 도료로 물을 많이 타면 거품이 생기고, 은폐성, 도막성능이 저하됨
  ㉡ 주로 콘크리트, 모르타르, 회반죽 등 주로 알칼리성재료에 사용
  ㉢ 물체가 완전히 건조된 상태에서 칠해야 하며 유성페인트보다 칠하기 쉽고 다양한 색상을 만들어 낼 수 있음
  ㉣ 종류로는 유기질 호재 분산 수성, 무기지 호재 분산 수성, 에멀젼(Emulsion)이 있으며, 에멀젼 페인트가 가장 많이 사용됨
  ㉤ 에멀젼 페인트
    • 수성페인트에 합성수지와 유화제를 섞은 것
    • 내수성, 내구성이 크고, 표면이 아름다움
    • 나무, 몰탈, 석고보드에 사용이 가능
    • 내부용 : 입자가 큰 편이며, 거의 무광임
    • 외부용 : 입자가 작고 어느 정도 광택이 있음
  ㉥ 장점 : 건조가 빠르고, 균열이 발생하지 않고 색이 발하지 않음
  ㉦ 단점 : 내구성이 약하고, 물에 약해 쉽게 오염되며 수명이 짧음

③ **니스(Vanish)** 기출 17년 4회
  ㉠ 도막을 형성케 하는 성분을 용제로 녹인 투명한 도료
  ㉡ 락카보다 내구성이 뛰어나며 사소한 하자는 벗겨냄 없이 수정가능
  ㉢ 천천히 마르기 때문에 건조과정에 먼지 등이 앉을 수 있음
  ㉣ 수지를 휘발성 용제로 녹인 휘발성니스, 수지와 건성유를 가열 융합시킨 유성니스가 있음
  ㉤ 휘발성니스는 빨리 건조하여 건축, 가구 등에 많이 쓰임
  ㉥ 유성니스는 건조가 더디고, 내구·내수성이 크나 내화학성이 나쁘고, 시간이 지나면 누렇게 변해 외부용으로 불가능

④ **알키드 수지도료(Alkyd Resin Paint)**
  ㉠ 알키드 수지란 알콜과 산의 결합으로 생성된 수지로 대표적인 것이 폴리에스테르(Polyester)
  ㉡ 도료용 합성수지 중에서 가장 많이 사용하는 수지
  ㉢ 도막이 강하고, 부착성, 내후성이 높음

ⓔ 가격이 저렴하여 건축용·선박용·차량용으로 많이 사용
　　ⓜ 내알칼리성이 약해 콘크리트에는 사용이 어려움
⑤ 에폭시 수지(Epoxy Resin)
　　㉠ 도료, 접착제 같이 성형가공을 필요로 하지 않는 것이 많이 사용
　　㉡ 성형은 분말의 에폭시 수지 성형 재료로 압축성형 트랜스퍼 성형으로 실시
　　㉢ 전기적 성질이 우수하고, 내열성, 방한성, 역학적 성질이 좋음
　　㉣ 경화할 때 물 이외에 부 생성물이 없고 치수 안정성이 좋음
　　㉤ 내수성, 내습성이 좋고, 금속 목재, 시멘트, 플라스틱과의 접착성이 좋음
　　㉥ 비소페놀 A와 에피크롤히드린과 축합에 의해 만듦
　　㉦ 알루미늄과 같은 경금속 접착에 가장 적합
⑥ 우레탄 수지도료(Urethane Resin Paint)
　　㉠ 우레탄결합을 하는 도료
　　㉡ 우레탄결합으로 인해 내약품성, 내마모성, 부착성 등이 우수
　　㉢ 황변이 쉽기 때문에 독성물질인 이소시아네이트 경화제를 사용해야 함
　　㉣ 종 류

2액형 우레탄 수지도료	주로 콘크리트 주차장 바닥재로 사용
블록형 우레탄수지도료	전기절연재료로 사용
습기 경화형 폴리우레탄 수지도료	목공과 플라스틱 도장용

⑦ 아크릴 수지도료(Acrylic Resin Paint)
　　㉠ 무색투명하며 자외선 투과율이 높고 옥외에서도 변색되지 않음
　　㉡ 내약품성이 우수하고 절연절연성과 내수성이 양호함
　　㉢ 주로 금속마감용 도장이나 자동차, 가전제품, 가드레일 등에 사용
　　㉣ 종류로는 열가소성수지, 열경화성수지, 아크릴에멀견수지가 있음
⑧ 불소 수지도료(Fluorocarbon Resin Paint)
　　㉠ 낮은 표면에너지와 화학적 불활성으로 내약품성 우수
　　㉡ 적은 수분 침투성으로 탁월한 내식성
　　㉢ 불소분자의 강인한 결합으로 인한 우수한 내마모성
　　㉣ 도막의 열화, 변질에 따른 잦은 보수 도장이 필요없음
　　㉤ 고내후성 외장 판넬용, 칼라강판용
　　㉥ 화학플랜트, 강교, 건축물 등 심한 부식환경과 장기내구성이 요구되는 곳에 사용
⑨ 실리콘 수지도료(Silicone Resin Paint)
　　㉠ 내열성, 내한성, 내후성이 좋음
　　㉡ 우수한 전기적 특성, 열이나 빛에 대한 안정성이 좋음
　　㉢ 에폭시의 단점인 황변현상이나 초킹(Chalking), 광택의 소실이 일어나지 않으며 장기간에 걸쳐 안정적인 성능을 보여줌

⑩ **방청도료** 기출 18년 4회, 19년 2회, 19년 4회, 20년 4회, 24년 복원
  ㉠ 광명단페인트 : 금속재료의 녹막이를 위하여 사용하는 바탕칠 도료로 사산화삼납의 함유량에 따라 1, 2, 3종으로 구분
  ㉡ 징크로메이트 : 크롬산 아연을 안료로, 알키드 수지를 전색재로 함. 철제가 아닌 알미늄 녹막이용으로 사용
  ㉢ 알미늄페인트 : 알미늄 분말을 안료로 사용하며 방청효과와 더불어 열반사효과가 있음
  ㉣ 역청질페인트 : 아스팔트 등의 역청질을 주원료로 하여 건성유, 수지류를 첨가한 것으로 일시적인 방청용으로 적합
  ㉤ 방청산화철페인트 : 산화철에 아연화, 아연분말, 연단 등을 혼합한 페인트
  ㉥ 워쉬프라이머 : 합성수지를 전색제로 하여 안료와 인산을 첨가한 것
  ㉦ 규염산페인트 : 교상의 규산염과 방청안료를 주원료로 장유성 바니쉬를 혼합한 것
  ㉧ 에칭프라이머 : 금속도장 시 바탕처리에 사용하는 것으로 금속과 반응하여 화학적 생성물을 만들고 도막의 부착성이 증가됨

⑪ **페인트 보조제**
  ㉠ 프라이머 : 칠하고자 하는 부위의 소재와 페인트의 접착력을 증대시키는 보조제
  ㉡ 젯소 : 프라이머와 비슷한 역할을 하지만 유리와 같이 페인트 고착이 안 되는 부위에 페인트 칠을 가능하게 함
  ㉢ 스테인 : 목재에 스며들어 착색과 염색을 하는 보조재로, 모재를 숨쉬게 하고 외부의 습기로부터 보호

⑫ **친환경페인트**
  ㉠ 유해물질이 전혀 없는 것이 아니라 법정기준치보다 낮게 포함된 페인트
  ㉡ 친환경 마크인 HB마크는 실내 공기 중 오염물질 방출량만을 기준으로 해야 함
  ㉢ 최우수(클로버 5개), 우수(클로버 4개), 양호(클로버 3개)로 인증함

(3) **도료의 결함과 대책** 기출 20년 통합, 23년 복원
  ① 결함현상

종류	현상	발생원인	방지대책
점도상승	용기 내에서 가스가 발생 (용기나 뚜껑이 부풀어오르는 경우도 있음)	• 도료 중에 용제 또는 첨가한 신나의 증발 • 부적당한 신너로 희석시 • 저장 중 산화, 중합의 의함 • 안료와 수지의 반응 • 주제와 경화제의 반응	• 사용치 않을 때는 밀폐 보관 • 규정의 신나 사용 • 보관상태 및 기간에 유의 • 구입선에 교환, 반품 • 규정의 가사시간 내에 사용할 만큼의 양만 배합
가스발생	도료를 사용 중, 또는 보관 중 점도가 상승하는 것	• 도료 성분의 반응 • 장기보관 • 고온에서 보관	• 조기에 사용 • 장기저장을 피함 • 냉암소에 저장
안료침전	용기 아래 안료가 침전	• 장기저장 • 희석 도료의 장기간 방치	• 장기저장을 피함 • 희석 도료의 장기간 방치를 피함 • 용기를 정기적으로 뒤집어 보관
피막	도료의 저장 중 또는 용기 중에 방치 시 도료의 표면에 피막이 형성되는 현상	• 뚜껑의 봉합불량 • 용기 중에 공간이 있을 때 공기 중의 산소와 산화반응을 일으켜 발생	• 뚜껑을 잘 봉함 • 사용 중의 도료는 빨리 사용 • 표면에 신너를 붓고 나서 보관

굳음	사용 중 또는 저장 중 도료가 젤리 상으로 되는 것	• 도료 중의 수지 반응 • 도료 중의 수지와 안료 반응 • 가사시간 경과	• 수지의 산가 조절 • 안료 선별 사용 • 가사시간 이내의 사용
변색	도료의 상태에서 초기의 색이 다른 색으로 변해 버리는 것	• 안료와 산성도가 강한 비히클과의 반응 • 안료 상호 간의 작용	• 수지의 산가 조절 • 안료 선별 사용

② 결함의 종류 기출 24년 복원

피막(Skinning)	도료의 보관 중 도료 표면에 피막이 형성되는 현상
증점(Bodying)	도료의 사용·보관 중 점도가 상승하는 현상
시딩(Seeding)	도료 도막에 온도의 작용으로 서로 다른 형태의 좁쌀 모양의 알갱이가 생기는 현상
흐름(Sagging)	수직면에 도장된 Wet 상태의 도료의 일부가 흘러내려 맺히는 현상

(4) 실리콘

초산형실리콘	• 산성을 띠고 있고 굳는 속도가 빨라 유리를 끼우는 데 사용 • 알칼리성분과 반응성이 높아 콘크리트에는 적합하지 않음
무초산형실리콘	• 초산형보다 경화속도가 느리지만 냄새가 적음 • 가장 범용으로 사용
바이오실리콘	• 화장실 등 습기가 많아 곰팡이가 피기 쉬운 곳에 사용
수용성실리콘	• 도배사들이 벽지 마무리용으로 사용 • 굳으면 고운 석고와 비슷한 촉감

(5) 실란트

① 접합부나 갈리진 틈에 대한 수밀, 기밀유지를 위해 사용
② 탄성실링재를 보통 실란트라 하며 형태에 따라 부정형과 가스켓과 같은 정형이 있으나 주로 부정형 재료를 말함

(6) 퍼 티

① 벌어진 틈새를 메꾸거나 움푹 패인 곳을 채우는 데 사용
② 유지, 수지, 탄산칼슘, 연백, 티탄백 등의 충전재를 혼합하여 만듦
③ 종 류 기출 23년 복원
  ㉠ 에폭시 퍼티 : 에폭시 수지를 기본으로 하는 퍼티. 에폭시 수지의 강한 강도가 특징으로 콘크리트 균열 보수 등 강한 강도가 필요한 부위에 사용할 수 있음. 다목적 보수용으로 사용하는 믹스앤픽스 또한 에폭시 퍼티의 한 종류
  ㉡ 우레탄 퍼티 : 폴리 우레탄계 합성수지로 제조되는 퍼티로 탄성력이 아주 좋음. 우레탄 계열의 페인트로 도장해야 하는 부위를 보수할 때 많이 사용
  ㉢ 폴리에스테르 퍼티 : 폴리 퍼티, 포리 퍼티 등으로 불림. 자동차 표면을 판금할 때 주로 사용. 가공성이 좋고, 빨리 경화되고 경화된 후에는 강도가 큼
  ㉣ 핸디코트 : 수성 아크릴 퍼티의 한 종류. 탄성이 없어서 충격에 약하고 강도도 약해서 잘 부서지며 건조시간도 길고 수축이 심해서 한꺼번에 두껍게 올리지 못함
  ㉤ 아연 퍼티 : 불포화폴리에스테르 수지를 주성분으로 하는 이액형 폴리에스테르계 퍼티. 아연도금 강판 표면에 부착이 잘 되도록 만들어진 퍼티

ⓗ 플라스틱 퍼티 : 플라스틱의 탄성을 가진 퍼티로 주로 범퍼 수리 시 사용
ⓐ 페인트 퍼티 : 건성유에 연백 또는 안료를 넣어 만든 것으로 유성페인트의 바탕만들기에 사용되며, 페인트의 밀착력과 내구성을 높이는 역할을 함

02 접착제

(1) 식물성 접착제
① 옥수수, 밀, 감자, 바나나 등에서 나오는 전분접착제(Starch Glue)를 주로 사용
② 수분, 균, 곤충에 대한 저항성이 없어 합성수지계 접착제를 혼합하여 사용
③ 종 류

대두접착제 (Soybean Glue)	• 지방을 뺀 콩을 가루로 만든 것으로 콩에 함유되어 있는 단백질이 원료 • 알칼리성이나 수분에 대한 접착층의 저항성이 낮으며 균이나 곤충에 대한 피해를 심하게 받음 • 접착력은 콩가루에 50% 정도 포함되어 있는 단백질인 리그닌에 의해 결정됨
녹말풀	• 쌀, 밀, 옥수수, 감자 등에 포함된 녹말의 접착성을 이용 • 부패하기 쉽고, 내소성, 내구성이 나쁨 • 용도로는 종이나 천 등을 바를 때 사용
해초풀	• 황각, 미역 등을 따서 말린 것 • 회반죽 재료에 풀기를 주기 위한 것으로, 회반죽에 혼합하여 사용
옻 풀	• 생옻에 밀가루를 타서 반죽한 것 • 목재 세공품, 도자기 등의 접착에 사용

(2) 동물성 접착제 기출 21년 4회
① 가축의 가죽, 뼈 및 근육에 존재하는 콜라겐(Collagen)을 이용하여 만든 것으로 아교(수교)가 대표적임
② 종 류

아 교	• 접착력이 좋고 빨리 굳음 • 내수성이 없어 암모니아, 포르말린, 중크롬산칼륨 등을 첨가하여 방부성 및 접착성을 증가시킴 • 용도는 나무나 가구의 맞춤, 나무와 종이 등의 접착제로서 습기가 많은 곳은 적합하지 않음
카세인 접착제 (Casein Glue) 기출 20년 3회	• 단백질계 접착제로, 강한 접착력을 나타내나 실외의 대기상태 또는 상대습도가 높은 환경에는 부적합함 • 접착층이 균이나 곤충에 의해 피해를 받을 수 있어 약품을 첨가하여 개선해야 함
혈액알부민 (Blood Albumin Glue)	• 소, 말, 돼지 등의 혈액 속의 알부민의 접착성을 이용한 것 • 시간의 경과에 따라 품질이 떨어지며, 특히 사용하기 위해 물에 풀어 놓으면 품질의 저하가 심함 • 접착 시 70℃ 이상의 고온이 필요하여 열압법을 이용하여 접착해야 함
난백알부민	• 달걀의 흰자위를 원료로 하여 타닌산 혹은 아세트산을 가해 정제함 • 상온에서도 사용할 수 있으나 혈액알부민에 비해 값이 비쌈 • 시간이 지나면 품질이 나빠지며 수분을 흡수하면 더욱 심함 • 주로 직물가공에 쓰임

카세인 풀	• 지방질을 빼낸 우유를 자연산화시키거나, 황산, 염산 등을 가해 카세인(Casein)을 분리하여 만듦 • 사용 시 카세인 무게에 대하여 소석회 3% 정도를 혼합하여 물에 풀어 사용 • 접착력을 증가시키려면 수산화나트륨, 플루오르화나트륨 등 나트륨염이나 물유리를 섞으며, 사용가능 시간은 6~7시간 정도 • 주로 수성도료의 접착용으로 사용

(3) 합성수지계 접착제

① 열경화성수지

석탄산수지	• 접착력 우수. 냉수와 열수에 대한 저항성이 있으며 균, 곤충, 화학약품에 의한 피해를 받지 않음 • 단점 : 접착층의 색이 암색으로 담색의 단판에서는 오염이 발생하기 때문에 주의를 하여야 하며 피부자극을 느끼게 되고 경화 후에도 불쾌한 냄새가 남
요소수지	• 가격이 저렴하여 일반적으로 가장 널리 이용되고 있는 접착제임. 상온 및 고온(95~130℃)에서 경화 • 목재에 대한 상태접착력이 강하고, 내수성 및 내습성도 어느 정도 강하지만 열수에는 약함 • 수용성 또는 알코올용성으로서 사용하기 편리 • 석탄산수지에 비하여 내수성, 내노화성 등이 약하지만 증량을 임의로 할 수 있기 때문에 일반적으로 실내용 합판, 집성재, 파티클보드 및 그 밖의 일반 목공용 접착제로 가장 많이 사용
멜라민수지	• 경화온도는 50~100℃이며 접착층은 무색·투명하고 수분과 열수 및 미생물에 대한 저항성이 있음 • 가격이 비싸 거의 단독으로는 사용하지 않고 요소수지의 성질 개선을 위하여 첨가되기도 함
리소시놀수지	• 대개 액상으로 암색이며 5~100℃의 폭넓은 온도 범위에서 경화가 이루어짐 • 목재의 함수율이 비교적 높은 조건(약 18%)에서도 사용할 수 있음
에폭시수지	• 내수성, 내습성, 내약품성, 전기절연성이 우수하고, 접착력이 강함 • 피막이 단단하나 유연성이 부족, 값이 비쌈 • 금속, 항공기 접착제로 사용 • 현재까지의 접착제 중 가장 우수
이소시아네이트접착제	• 높은 목재 함수율(약 20%) 조건에서도 강한 접착력을 나타냄 • 포름알데히드 방산이 없으나 가격이 비싸고 경화 이전에는 건강에 유해한 증기가 발생 • 압체 시 카울(Caul)과 접착되는 공정상의 문제점을 가지고 있음
페놀수지 접착제	• 접착성 및 기계적 강도, 내수성, 내열성 등이 우수하여 내수합판용으로 사용 • 합판용 외에도 목공용, 금형용, 지석용, 연마포지용, 브레이크라이닝용, 유리섬유용, 파티클보드용, 하드 보드용 등으로 사용 • 가공법 및 용도에 따라서 일반법 페놀수지, 또는 이단법 페놀수지로 구분 • 특수한 사용법으로서 필름상 접착제인 테고필름(Tego Film)으로 목재가공 접착도 하는 경우가 있음

폴리에스테르수지풀
기출 21년 1회
	• 용제를 사용하지 않은 열경화성수지 접착제
	• 알키드수지풀 : 금속이나 도자기의 접착에 사용, 내열성이 우수하나 300℃의 고온에서 경화시켜야 함
	• 알릴수지풀 : 광학유리의 접착에 사용
	• 불포화 폴리에스테르수지
	  – 금속, 목재, 플라스틱, 시멘트 제품의 접착에 사용
	  – 접착력이 강력하여 항공기나 구조재의 접착에도 쓰임
	  – 붙일 부분에 수분이 있으면 접착성이 크게 나빠짐

	– 전기절연성, 내열성이 우수하고 특히 내약품성이 뛰어남 – 유리섬유로 보강하여 강화플라스틱(F.R.P)의 제조에 사용

② 열가소성 수지 – 비닐수지풀
  ㉠ 종류는 용제형, 에멀젼형이 있음
  ㉡ 비닐계 합성수지 제품 등의 접착에 좋고, 금속, 유리, 천 등의 접착에 사용
  ㉢ 내열성, 내수성이 좋지 않아 외부용으로는 부적합

열가소성 수지	열경화성 수지
• 염화비닐수지 • 불소수지 • 플로스티렌수지 • 폴리에틸렌수지 • 폴리아미드수지 • 초산비닐수지 • 메틸아크릴수지	• 폴리에스테르수지 • 아미노수지 • 페놀수지 • 멜라민수지 • 에폭시수지 • 요소수지 • 프란수지

③ 기타 수지류

실리콘수지풀	• 알코올, 벤졸 등의 유기 용제로 60% 정도의 농도가 되게 녹여서 사용 • 200℃의 온도에도 견디며, 전기 절연성, 내수성이 매우 우수 • 가죽제품 이외의 모든 재료를 붙일 수 있음
섬유소계 수지풀	• 셀룰로이드를 아세톤, 아세트산아밀 등에 녹인 것 • 가죽, 종이, 천 등의 접착에 사용

④ 고무계 접착제

천연고무풀	• 천연고무, 재생고무 등을 사염화탄소, 벤젠, 에테르, 알코올의 휘발성 용제에 녹인 것 • 접착력, 내수성이 크고, 상온에서 사용할 수 있으며, 황을 혼합하면 열경화성이 됨 • 용도는 목재, 플라스틱, 종이, 펠트, 천, 가죽, 도자기 등을 붙일 때 사용
아라비아고무풀	• 아카시아 속의 나무줄기에서 채취한 액체를 가공한 것 • 2~3배의 물에 타서 뜨겁지 않게 데워 사용 • 습기에 매우 약함
합성고무풀	• 합성고무를 휘발성 용제에 녹인 것 • 네오프랜 : 클로로프랜의 종합체 • 금속, 목재, 고무, 합성수지, 콘크리트, 유리 등을 붙일 때 사용 • 내수성, 내산성, 내알칼리성이 큼 • 산화마그네슘, 아연화 등과 함께 황을 혼합하면 내유성, 내약품성이 커짐
부 나	• 부타디엔계 고무 • 스티렌 또는 아크릴노니트릴을 혼성중합시킨 것을 부나에스 또는 부나엔이라 함 • 부나에스는 천의 접착에 강함 • 부나엔은 금속, 천, 목재, 유리, 가죽, 종이의 접착에 사용
치오콜	• 다황화올레핀계 고무 • 내유성이 우수하고 내약품성도 좋아 주로 코킹재로 사용

(4) 아스팔트 접착제
  ① 아스팔트를 용제에 녹여 광물질을 첨가한 것으로서, 아스팔트 시멘트라고도 함
  ② 아스팔트 타일, 시트, 루핑, 펠트 등의 접착제로 사용
  ③ 접착성이 우수하고 접착면이 부드러우며 습기를 막고 내화학적이며 값이 저렴
  ④ 건조속도에 따라 속경성, 중경성, 지경성으로 분류

03 유리

(1) 유리의 정의
① 철, 시멘트와 함께 3대 건축재료
② 규사, 소석회, 탄산석회 등의 혼합물을 고온에서 용해하여 냉각하는 과정에서 결정화가 일어나지 않은 채 고체화 된것
③ 열역학적으로 비평형한 상태의 망목형 고체
④ 무정형 상태, 즉 어모포스(Amorphous)의 대표적인 물질

(2) 유리의 종류
① 물유리
  ㉠ 액체로 된 유리, 물에 녹은 유리로 규산나트륨(Na_2SiO_3)의 수용액을 물유리라 함
  ㉡ 이산화규소에 탄산나트륨 등의 알칼리를 반응시키면 규산나트륨을 만듦
  ㉢ 규산나트륨은 규산염의 일종으로 소금처럼 물에 잘 녹아서 '물유리(Waterglass)'라고 부름
  ㉣ 흡습제로 쓰이는 실리카 겔도 이 물유리를 산으로 처리하여 산화규소를 유리시킨 겔을 만들어 건조시킨 것
  ㉤ 물유리는 방수성과 불연성 종하 건축재료로 사용하는 데 콘크리트 건물을 지을 때 양생중인 콘크리트 표면에 액체 물유리를 페인트처럼 바르면 일종의 방수 코팅이나 접착제가 되어 콘크리트의 공극을 메워서 강도를 강화하고 콘크리트의 건조가 빨라지고 물기에 강해져 콘크리트가 방수가 됨
  ㉥ 물유리는 접착성이 있으므로 단단한 종이 판지를 만들거나 건축물의 방화재를 접착하는 접착제로 쓰임

② 스팬드럴 유리(Spandrel Glass)
  ㉠ 판유리 한쪽 면에 판유리와 성분이 거의 같은 세라믹질의 특수도료를 코팅한 뒤에 고온에서 융착과 반강화시켜 만든 불투명색상의 유리
  ㉡ 건축물의 외벽 층간이나 내·외부 장식용 유리로 사용
  ㉢ 판유리 한쪽 면에 세라믹질의 도료를 도장한 후 고온에서 융착, 반강화한 것으로 내구성이 뛰어남
  ㉣ 색상이 다양하고 중후한 질감을 갖고 있으며 건축물의 모양에 따라 선택의 폭이 넓음
  ㉤ 열충격에 대한 저항이 큼

③ **강화유리** 기출 19년 1회, 19년 4회
  ㉠ 고온으로 가열하여 유리표면에 강한 압축응력층을 만들어 파괴강도를 증가시킨 것
  ㉡ 강도는 플로트 판유리에 비해 강도가 3~5배 정도로 높음
  ㉢ 200℃ 온도에도 견디는 강한 내열성을 가짐
  ㉣ 깨어질 때는 판유리 전체가 파편으로 잘게 부서져 안전유리라고도 함
  ㉤ 주로 출입문이나 계단 난간, 안전성이 요구되는 칸막이 등에 사용
  ㉥ 검사항목 : 파쇄시험, 쇼트백시험, 내충격시험

④ 방화유리
  ㉠ 강화유리의 2~4배의 강도를 가지고 있음
  ㉡ 800℃ 이상의 초고온에서 2차례 결정화시킨 제품으로 일반 강화유리보다 강도가 뛰어남

⑤ 차열방화유리
  ㉠ 한국건설기술연구원에 의해 내화구조로 인정받는 유리
  ㉡ 규산나트륨(Sodium Silicate)을 주성분으로 함
  ㉢ 화재 시 발생하는 온도차와 압력에 노출 시 균열을 방지하기 위해 고온압축처리를 해서 제조
  ㉣ G30 : 30분 내화, G120 : 120분 내화

⑥ 배강도 유리 기출 20년 3회
  ㉠ 플로트판유리를 연화점부근까지 가열 후 양 표면에 냉각공기를 흡착시켜 유리의 표면에 20Mpa 이상 60Mpa 이하(N/mm²)의 압축응력층을 갖도록 한 유리
  ㉡ 내풍압 강도, 열깨짐 강도 등은 동일한 두께의 플로트 판유리의 2배 이상의 성능을 가짐
  ㉢ 제품의 절단은 불가능

⑦ 로이유리
  ㉠ 열적외선을 반사하는 은소재 도막으로 코팅하여 방사율과 열관류율을 낮추고 가시광선 투과율을 높인 유리로 일반적으로 복층유리로 제조하여 사용하며, 저방사유리라고도 함
  ㉡ 한쪽 면에 얇은 은막으로 코팅하여 열의 이동을 최소화시켜 주는 에너지 절약형 유리
  ㉢ 겨울철에는 건물 내의 장파장의 열선을 실내로 재반사시켜 보온성능을 증대시키고 여름철에는 바깥 열기를 차단하여 냉방부하를 저감시킴

⑧ 복층유리 기출 21년 4회
  ㉠ 2장 이상의 판유리 등을 나란히 넣고, 그 틈새에 대기압에 가까운 압력의 건조한 공기를 채우고 그 주변을 밀봉·봉착한 것
  ㉡ 단열 및 방음성능이 좋고 결로가 발생하지 않음
  ㉢ 빌딩 및 건물 외벽창에 주로 사용

⑨ 에칭유리 : 유리가 불화수소에 부식하는 성질을 이용하여 5mm 이상 판유리면에 그림, 문자 등을 새긴 유리 기출 19년 1회, 21년 2회

⑩ 유리블록
  ㉠ 사각형이나 원형 등의 상자형 유리를 고열로 융착시켜 일체로 만든 유리로 도면에 따라 줄눈나누기를 하고, 방수재가 혼입된 시멘트 모르타르를 쌓음
  ㉡ 장식재료로 우수하고, 열전도율이 작아 단열성능과 방음효과가 있음
  ㉢ 계단실 채광과 구조 겸용으로 사용

⑪ 무늬유리 기출 18년 2회
  ㉠ 판유리의 한쪽 표면에 무늬를 새겨 넣은 유리로 엠보싱유리, 형판유리라고도 함
  ㉡ 밋밋한 판유리에 장식효과를 주기위해 만들어진 반투명유리, 롤아웃(Roll-out)공법으로 제조
  ㉢ 빛이 유리에 새겨진 무늬에 따라 확산되므로 은은하고 부드러운 분위기를 연출
  ㉣ 유리 반대편의 시선을 차단하는 효과가 있음
  ㉤ 일반주택의 창문이나 현관, 욕실의 문, 건축의 내외장재, 실내칸막이 가구를 비롯하여 호텔, 사무실, 매장, 식당같은 곳의 칸막이벽에 주로 사용

(3) **유리공사용 자재** 기출 19년 4회, 20년 3회
　① 흡습재 : 작은 기공을 수억 개 갖고 있는 입자로 기체분자를 흡착하는 성질에 의해 밀폐공간에 건조 상태를 유지하는 재료
　② 세팅블록 : 새시 하단부의 유리끼움용 부재료로서 유리의 자중을 지지하는 고임재
　③ 측면 블록 : 프레임에서 유리가 일정한 면 클리어런스를 유지토록 하며 프레임의 양 측면에 대해 중심에 위치하도록 하는 재료
　④ 백업재 : 실링 시공인 경우에 부재의 측면과 유리면 사이에 연속적으로 충전하여 유리를 고정하는 재료로 내후성이 우수하고 부착이 용이함
　⑤ 가스켓 : 수밀성, 기밀성 확보를 위하여 유리와 새시의 접합부, 패널의 접합부 등에 사용되는 재료, 형상에 따라 H형, Y형, ㄷ형이 있음
　⑥ 실링재 : KSF 4910에 규정된 적합한 내곰팡이성이 있는 실리콘(Silicone)계의 비초산형 재료

(4) **건축용 코킹재의 특징** 기출 18년 2회, 23년 복원
　① 수축률이 작음
　② 내부의 점성이 지속됨
　③ 내산·내알칼리성이 있음
　④ 각종 재료에 접착이 잘됨

(5) **유리의 파손** 기출 21년 1회
　① 색유리는 열흡수율이 높아 파손이 많이 발생
　② 프레임과 유리와의 온도차이가 커서 동절기 맑은날 오전에 많이 발생
　③ 두께가 두꺼울수록 열팽창 응력이 큼
　④ 균열은 프레임에 직각으로 시작하여 경사지게 진행
　⑤ 판유리 온도차가 60℃ 이상이 되면 열파손이 발생

04 세라믹 화이버

(1) **세라믹 화이버**
　① 세라믹은 고온에 강하지만 충격에 약하여 이러한 단점을 보완하기 위해 세라믹 화이버를 이용함
　② 세라믹 화이버는 유리섬유(Glass Wool)나 암면(Rock Wool)보다도 내열성이 높음
　③ 단열재, 내열성 보온재료, 내화벽돌, 표면코팅, 우주항공 기재용으로 사용
　④ 세라믹의 주성분은 산소, 질소, 붕소, 탄소, 규소 등과 같은 비금속원소
　⑤ 파인세라믹은 세라믹 성분에 산화물, 탄화물, 질화물, 붕화물, 황화물을 첨가하여 만든 제품
　⑥ 세라믹 화이버는 내열성이 우수하여 철골의 내화피복재로도 사용됨

(2) 세라믹 화이버의 특징
① 고온 안정성이 좋아 1,600℃까지도 견딜 수 있음
② 고온에서 열전도율이 매우 낮으므로 우수한 단열효과를 가짐
③ 밀도가 내화벽돌보다 매우 작아 축적되는 열량이 작고 흡음성이 좋음
④ 일반 내화물에 비해 가볍고 유연성이 좋아 어느 곳에서도 시공이 가능
⑤ 산, 알칼리 등 화학물질에 강하고 화학적으로도 안정된 제품
⑥ 우수한 단열효과로 연료비를 절약, 시공성이 좋아 공기단축으로 인하여 인건비를 절감
⑦ 보수가 용이해 경제적이며 기름, 물, 증기에 의해 영향을 받지 않음

(3) 파인세라믹의 종류
① 구조용 세라믹스
    ㉠ 엔지니어링 세라믹스 : 내열 재료, 내마모 배료(절삭 공구)
    ㉡ 일렉트로닉스 세라믹스 : 반도체, 자성체
② 기능성 세라믹스
    ㉠ 바이오 세라믹스 : 인공 뼈, 인공 치아
    ㉡ 광학 세라믹스 : 광섬유
    ㉢ 초전도 세라믹스
③ 산화물계 : 연마제, 도가니, 단열재로 사용
④ 비산화물계
    ㉠ 탄화물계 : 절삭 공구, 연마제
    ㉡ 질화물계 : 고온 기계 부품, 연마제, LSI 기판
    ㉢ 붕화물

05 단열재

(1) 단열재의 선정조건 [기출] 20년 통합, 21년 1회
① 열전도율, 흡수율이 작을 것
② 비중, 투기성이 작을 것
③ 내화성이 크고 내부식성이 좋을 것
④ 시공성이 좋고 기계적인 강도가 있을 것
⑤ 재질의 변질이 없고 균일한 품질일 것
⑥ 가격이 저렴하고 연소 시 유독가스 발생이 없을 것
⑦ 단열재에 습기나 물기가 침투하면 열전도율이 높아져 단열성능이 떨어짐

(2) 무기질 단열재료 [기출] 20년 통합
① 유리면(Glass Wool)
    ㉠ 유리를 고온에 녹여 압축공기로 불어 섬유처럼 뽑아낸 것

- ⓒ 보온성, 단열성, 흡음성, 방음성, 내식성, 내수성, 전기절연성 우수
- ⓒ 내열성이 좋아 350℃ 까지 견디며 단열재, 보온재, 방음재, 전기절연재, 축전지용 격벽재 등에 사용
- ⓔ 만지면 따가우나 섬유크기가 호흡기로 들어가기에는 큰 구조로 인체유해성은 낮음

② 암면(Rock Wool)
- ⓐ 규산칼슘계 광석을 고열로 용융, 액화시켜 고속회전공법으로 섬유상태로 만든 것으로 미네랄울(Mineral Wool)이라고도 불림
- ⓑ 단위체적당 섬유량이 많아 단열성이 좋고 흡음성이 좋음
- ⓒ 600℃까지 견디는 내화성과 화염확산이 없고 독가스를 발생하지 않음
- ⓔ 습기를 조절하는 능력이 떨어져 시간이 지나면서 곰팡이의 서식지가 될 수 있음

③ 세라믹 울(Ceramic Wool)
- ⓐ 실리카 알루미나를 용융하여 섬유화시킨 후 연속적으로 적층시켜 블랭킷 형태로 성형한 것
- ⓑ 경량이며 유연하여 시공이 간편하여 고온용 단열재로 사용
- ⓒ 내열성이 높아 1,000℃ 이상에서도 사용할 수 있고 열전도율이 매우 낮음

④ 펄라이트(Perlite) 단열재 기출 19년 2회
- ⓐ 진주석을 900~1200℃로 가열 팽창시킨 구상입자의 제품으로 단열, 흡음, 보온에 사용
- ⓑ 내부가 미세공극을 가지는 경량구상형의 작은 입자로 구성되어 경량골재 및 단열재로 사용

⑤ 규산칼슘(Calcium Silicate) 단열재
- ⓐ 규산질분말과 석회분말을 주원료로 오토클레이브(Autoclave) 처리하여 보강섬유를 첨가하여 만든 것
- ⓑ 가볍고 내열성, 단열성, 내수성이 우수

⑥ 경량 기포콘크리트(Autoclaved Lightweight Concrete)
- ⓐ 콘크리트 속에 무수한 기포를 발생시켜 비중 2.0 이하로 개발한 콘크리트
- ⓑ 콘크리트의 1/4의 중량으로 경량성, 내화성, 가공성이 뛰어남
- ⓒ 콘크리트의 1/10의 열전도율로 단열성이 뛰어남
- ⓔ 습기에 취약하여 국내에서는 잘 사용하지 않음

(3) 유기질 단열재료

① EPS(Extended Polystyrene)
- ⓐ 일명 스티로폼이라 불리는 발포 폴리스틸렌 단열재
- ⓑ 밀도에 따라 등급을 구분할 수 있으며 통상 30kg/m³이 가장 단단하며 열전도특성도 가장 뛰어남
- ⓒ 현장에서 절단 등의 가공이 쉽고 시공방법에 따른 단열성능의 오차가 적음
- ⓔ 다른 단열재에 비해 가격이 저렴하고 단열성능이 우수하여 가장 널리 사용
- ⓜ 단점은 열에 취약하고 화재 시 인체에 해로운 가스를 발생시키므로 내단열재로의 사용은 피해야 함
- ⓗ 흡수율이 약 2~4%로 상대적으로 흡수율이 높아 물에 직접 닿을 경우 단열성능이 급격히 저하됨
- ⓢ 미네랄 울보다 흡수율이 적어 고온다습, 호수주변, 겨울철 일교차가 큰 지역에서 사용 가능
- ⓞ 접착 모르타르 사용 시 단열재의 40% 이상 사방으로 돌아가며 접착제를 붙이고 중간에 몇군데 더 첨가하여 공기층을 없애야 함

② XPS(Extruded Polystyrene Sheet)
  ㉠ 일명 아이소 핑크라 불리는 압출법 보온판 단열재
  ㉡ 통상적으로 흡수율이 거의 없어 직접 물에 닿는 부위에 적용하여도 단열성능을 보장함
  ㉢ EPS보다 단열성능이 높으므로 벽체두께를 줄이거나 동일한 두께로 단열효과를 더 필요 시 외벽단열에 사용할 수 있음
  ㉣ 시간이 경과하면서 압출법 보온판 셀속의 기체가 아주 서서히 빠져나가 단열성능이 떨어질 수도 있음

③ 폴리우레탄 폼(Polyurethane Foam) 기출 20년 4회
  ㉠ MDI와 PPG를 주제로 하여 발포제, 촉매제, 안정제, 난연제 등을 혼합시켜 만든 발포단열재
  ㉡ 주로 보냉용 단열재로 냉동창고를 비롯하여 전 산업에 걸쳐 사용됨
  ㉢ 폼의 겉보기 밀도(Bulk Density)를 비교적 자유롭게 조절할 수 있고 현장에서 간단히 발포시킬 수 있음
  ㉣ 사용하는 원료 글리콜의 종류에 따라 폴리에테르폼과 폴리에스터폼으로 나눌 수 있음
  ㉤ 폴리에테르폼은 유연성이 좋고, 폴리레스터폼은 공업용 폼으로 쓰기에 알맞게 딱딱함
  ㉥ 이렇게 만들어지는 폼은 초연질, 연질, 반경질, 경질 등의 여러 가지 굳기를 가짐
  ㉦ 연소 시 인체에 치명적인 맹독성 가스인 시안화수소를 발생시킨다는 단점이 있음

④ 수성연질 폼
  ㉠ 일반 우레탄폼 단열재와 비슷하지만 물을 베이스로 한 단열재
  ㉡ 기포구조로 재료 1%에 공기가 99%로 이루어진 단열기포 형상을 지님
  ㉢ 별도의 기계장치가 필요하고 재료가 고가인 단점이 있음

⑤ 우레아 폼
  ㉠ 요소수지를 경화제와 공기를 사용하여 현장에서 발포시켜 시공부위에 주입 또는 분사시키는 단열재
  ㉡ 폴리우레탄폼이 석유수지계 원료인데 비하여 우레아폼은 요소수지계 원료이므로 가격이 저렴하고 내열성도 다소 높은 편
  ㉢ 우레아폼은 분사식 단열재의 일종으로서 현장시공이 편리하고 폴리우레탄폼과 비교해도 단열, 방음의 성능이 우수함
  ㉣ 수축이 심하고 경화 후에는 부서져 내리는 문제점이 있고 발포 시 다량의 포름알데히드를 방출해 주거시설에서는 사용이 금지됨

⑥ 네오 폴(Neopor)
  ㉠ 독일 바스프사 개발 제품으로 흑연 함침공법으로 제조
  ㉡ EPS 단열재보다 열전도율이 25% 정도 낮아 15~20% 얇은 두께로 시공이 가능

⑦ 에너포르
  ㉠ EPS에 열을 흡수하는 흑연을 첨가하여 만듦
  ㉡ 동일기준의 기존 단열재에 비해 단열 성능이 10~20% 향상된 고효율 단열재
  ㉢ 독립된 미세한 기포구조로 이루어져있고 습기·곰팡이 등으로부터 영향이 적음

당신이 저지를 수 있는 가장 큰 실수는
실수를 할까 두려워하는 것이다.

- 앨버트 하버드 -

PART 5

최신기출 15회분

2022년 제2회
2022년 제1회
2021년 제4회
2021년 제2회
2021년 제1회
2020년 제4회
2020년 제3회
2020년 제1·2회 통합

2019년 제4회
2019년 제2회
2019년 제1회
2018년 제4회
2018년 제2회
2018년 제1회
2017년 제4회

훌륭한 가정만한 학교가 없고, 덕이 있는 부모만한 스승은 없다.

– 마하트마 간디 –

끝까지 책임진다! 시대에듀!

QR코드를 통해 도서 출간 이후 발견된 오류나 개정법령, 변경된 시험 정보, 최신기출문제, 도서 업데이트 자료 등이 있는지 확인해 보세요! **시대에듀 합격 스마트 앱**을 통해서도 알려 드리고 있으니 구글 플레이나 앱 스토어에서 다운받아 사용하세요. 또한, 파본 도서인 경우에는 구입하신 곳에서 교환해 드립니다.

2022년 제2회 기출해설

81 플라이애시시멘트에 대한 설명으로 옳은 것은? •3장 4절 혼화재

① 수화할 때 불용성 규산칼슘 수화물을 생성한다.
② 화력발전소 등에서 완전 연소한 미분탄의 회분과 포틀랜드시멘트를 혼합한 것이다.
③ 재령 1~2시간 안에 콘크리트 압축강도가 20MPa에 도달할 수 있다.
④ 용광로의 선철제작 부산물을 급랭시키고 파쇄하여 시멘트와 혼합한 것이다.

해설
① 수화할 때 생기는 수산화칼슘과 화합하여 불용성의 규산, 석회염, 알루민산, 석회염을 생성한다.
③ 재령 7일 안에 콘크리트 압축강도가 20MPa에 도달할 수 있다.
④ 발전소에서 분쇄된 석탄을 태우고 남는 부산물이다.

82 건축용 접착제로서 요구되는 성능에 해당되지 않는 것은?

① 진동, 충격의 반복에 잘 견딜 것
② 취급이 용이하고 독성이 없을 것
③ 장기부하에 의한 크리프가 클 것
④ 고화 시 체적수축 등에 의한 내부변형을 일으키지 않을 것

해설
크리프가 작아야 한다.

83 골재의 함수상태에서 유효흡수량의 정의로 옳은 것은? •3장 6절 콘크리트

① 습윤상태와 절대건조상태의 수량의 차이
② 표면건조포화상태와 기건상태의 수량의 차이
③ 기건상태와 절대건조상태의 수량의 차이
④ 습윤상태와 표면건조포화상태의 수량의 차이

해설
유효흡수량이란 표면건조중량과 기본건조중량의 차이를 말한다.

정답 81 ② 82 ③ 83 ②

84 도장재료 중 물이 증발하여 수지입자가 굳는 융착건조경화를 하는 것은?

① 알키드수지 도료
② 에폭시수지 도료
③ 불소수지 도료
④ 합성수지 에멀션 페인트

해설
합성수지 에멀션 페인트는 수성페인트에 합성수지와 유화제를 혼합한 것이다. 수성페인트이기 때문에 물이 증발하면 합성수지가 융착건조한다.

85 목재의 역학적 성질에 대한 설명으로 옳지 않은 것은? • 2장 4절 목재의 성질

① 목재 섬유 평행방향에 대한 인장강도가 다른 여러 강도 중 가장 크다.
② 목재의 압축강도는 옹이가 있으면 증가한다.
③ 목재를 휨부재로 사용하여 외력에 저항할 때는 압축, 인장, 전단력이 동시에 일어난다.
④ 목재의 전단강도는 섬유 간의 부착력, 섬유의 곧음, 수선의 유무 등에 의해 결정된다.

해설
옹이가 있으면 목재의 압축강도는 감소한다.

86 합판에 대한 설명으로 옳지 않은 것은? • 2장 6절 목재 가공품

① 단판을 섬유방향이 서로 평행하도록 홀수로 적층하면서 접착시켜 합친 판을 말한다.
② 함수율 변화에 따라 팽창·수축의 방향성이 없다.
③ 뒤틀림이나 변형이 적은 비교적 큰 면적의 평면 재료를 얻을 수 있다.
④ 균일한 강도의 재료를 얻을 수 있다.

해설
단판을 섬유방향에 직교하도록 접착제로 겹쳐서 붙여 놓은 것이다.

87 미장바탕의 일반적인 성능조건으로 가장 거리가 먼 것은? • 6장 1절 미장재료

① 미장층보다 강도가 클 것
② 미장층과 유효한 접착강도를 얻을 수 있을 것
③ 미장층보다 강성이 작을 것
④ 미장층의 경화, 건조에 지장을 주지 않을 것

해설
미장층보다 강성이 커야 한다.

84 ④ 85 ② 86 ① 87 ③

88 절대건조밀도가 2.6g/cm³이고, 단위용적질량이 1,750kg/m³인 굵은 골재의 공극률은?

• 4장 1절 석재

① 30.5%
② 32.7%
③ 34.7%
④ 36.2%

해설

공극률(%) = (1−W/ρ)×100% = (1−단위용적중량/비중)×100% = (1−1.75/2.6)×100% = 32.7%

89 목재의 내연성 및 방화에 대한 설명으로 옳지 않은 것은?

• 2장 4절 목재의 성질

① 목재의 방화는 목재 표면에 불연소성 피막을 도포 또는 형성시켜 화염의 접근을 방지하는 조치를 한다.
② 방화재로는 방화페인트, 규산나트륨 등이 있다.
③ 목재가 열에 닿으면 먼저 수분이 증발하고 160℃ 이상이 되면 소량의 가연성 가스가 유출된다.
④ 목재는 450℃에서 장시간 가열하면 자연발화하게 되는데, 이 온도를 화재위험온도라고 한다.

해설

화재위험온도가 아니라 자연발화온도이다.

90 금속의 부식방지를 위한 관리대책으로 옳지 않은 것은?

• 5장 2절 금속제품

① 부분적으로 녹이 발생하면 즉시 제거할 것
② 큰 변형을 준 것은 가능한 한 풀림하여 사용할 것
③ 가능한 한 이종 금속을 인접 또는 접촉시켜 사용할 것
④ 표면을 평활하고 깨끗이 하며, 가능한 한 건조상태로 유지할 것

해설

이종금속과 접촉시 부식이 심하다.

91 다음의 미장재료 중 균열저항성이 가장 큰 것은?

• 6장 1절 미장재료

① 회반죽 바름
② 소석고 플라스터
③ 경석고 플라스터
④ 돌로마이트 플라스터

해설

킨즈시멘트라고도 하며 균열저항성이 크다.

정답 88 ② 89 ④ 90 ③ 91 ③

92 점토의 물리적 성질에 관한 설명으로 옳지 않은 것은? • 4장 3절 점토

① 점토의 인장강도는 압축강도의 약 5배 정도이다.
② 입자의 크기는 보통 2㎛ 이하의 미립자이지만 모래알 정도의 것도 약간 포함되어 있다.
③ 공극률은 점토의 입자 간에 존재하는 모공용적으로 입자의 형상, 크기에 관계한다.
④ 점토입자가 미세하고, 양질의 점토일수록 가소성이 좋으나, 가소성이 너무 클 때는 모래 또는 샤모트를 섞어서 조절한다.

해설
점토의 압축강도는 인장강도의 5배 정도이다.

93 일반 콘크리트 대비 ALC의 우수한 물리적 성질로서 옳지 않은 것은? • 3장 5절 시멘트 제품

① 경량성
② 단열성
③ 흡음 · 차음성
④ 수밀성, 방수성

해설
수밀성이 낮고 흡수율이 높아 습기에 취약하여 곰팡이가 발생하기 쉽다.

94 콘크리트 바탕에 이음새 없는 방수 피막을 형성하는 공법으로, 도료상태의 방수재를 여러 번 칠하여 방수막을 형성하는 방수공법은? • 6장 2절 방수재료

① 아스팔트 루핑 방수
② 합성고분자 도막 방수
③ 시멘트 모르타르 방수
④ 규산질 침투성 도포 방수

해설
합성고분자 도막 방수공법의 최대 장점은 이음새 없는 연속피막을 만들 수 있다는 점이다.

95 열경화성수지가 아닌 것은? • 7장 2절 열경화성 수지

① 페놀수지
② 요소수지
③ 아크릴수지
④ 멜라민수지

해설
페놀, 요소, 멜라민은 모두 열경화성수지이며, 아크릴수지에는 열가소성수지와 열경화성수지가 있다.

정답 92 ① 93 ④ 94 ② 95 ③

96 블로운 아스팔트(Blown Asphalt)를 휘발성 용제에 녹이고 광물분말 등을 가하여 만든 것으로 방수, 접합부 충전 등에 쓰이는 아스팔트 제품은?

• 6장 2절 방수재료

① 아스팔트 코팅(Asphalt Coating)
② 아스팔트 그라우트(Asphalt Grout)
③ 아스팔트 시멘트(Asphalt Cement)
④ 아스팔트 콘크리트(Asphalt Concrete)

해설
아스팔트 방수재료 중 아스팔트 코팅은 블로운 아스팔트를 휘발성 용제에 녹이고 광물분말 등을 가하여 만든 것으로 방수, 접합부 충전 등에 쓰인다.

97 연강판에 일정한 간격으로 그물눈으로 내고 늘여 철망모양으로 만든 것으로 옳은 것은?

• 5장 2절 금속제품

① 메탈라스(Metal Lath)
② 와이어메시(Wire Mesh)
③ 인서트(Insert)
④ 코너비드(Corner Bead)

해설
메탈라스(Metal Lath)는 벽과 천장 도장에 사용하는 모르타르 바탕제로 연강판에 일정한 간격으로 그물눈을 내고 늘여 철망모양으로 만든 것이다.

98 고로슬래그 쇄석에 대한 설명으로 옳지 않은 것은?

• 3장 4절 혼화재

① 철을 생산하는 과정에서 용광로에서 생기는 광재를 공기 중에서 서서히 냉각시켜 경화된 것을 파쇄하여 만든다.
② 투수성은 보통골재의 경우보다 작으므로 수밀콘크리트에 적합하다.
③ 고로슬래그 쇄석을 활용한 콘크리트는 다른 암석을 사용한 콘크리트보다 건조수축이 적다.
④ 다공질이기 때문에 흡수율이 크므로 충분히 살수하여 사용하는 것이 좋다.

해설
고로슬래그는 다공질로 투수성이 크다.

정답 96 ① 97 ① 98 ②

99 점토제품 중 소성온도가 가장 고온이고 흡수성이 매우 작으며 모자이크 타일, 위생도기 등에 주로 쓰이는 것은?

• 4장 4절 점토 제품

① 토 기
② 도 기
③ 석 기
④ 자 기

해설
자기의 소성온도는 1,230~1,460℃로 가장 고온이고 흡수성이 낮아 모자이크타일 위생도기로 주로 사용한다.

100 목재에 사용되는 크레오소트 오일에 대한 설명으로 옳지 않은 것은?

• 2장 5절 목재의 보존

① 냄새가 좋아서 실내에서도 사용이 가능하다.
② 방부력이 우수하고 가격이 저렴하다.
③ 독성이 적다.
④ 침투성이 좋아 목재에 깊게 주입된다.

해설
자극적인 냄새가 나서 실내에서는 사용이 불가하다.

99 ④ 100 ①

2022년 제1회 기출해설

5과목 건설재료학

81 깬자갈을 사용한 콘크리트가 동일한 시공연도의 보통 콘크리트보다 유리한 점은?

① 시멘트 페이스트와의 부착력 증가
② 단위수량 감소
③ 수밀성 증가
④ 내구성 증가

해설
깬자갈을 사용하면 부착력이 증가한다.

82 목재를 작은 조각으로 하여 충분히 건조시킨 후 합성수지와 같은 유기질의 접착제를 첨가하여 열압 제판한 목재 가공품은?
• 2장 6절 목재 가공품

① 파티클 보드(Particle Board)
② 코르크판(Cork Board)
③ 섬유판(Fiber Board)
④ 집성목재(Glulam)

해설
파티클 보드는 목재 또는 기타 식물질을 절삭 또는 파쇄하고 소편으로 하여 충분히 건조시킨 후 합성수지 접착제와 같은 유기질의 접착제를 첨가하여 열압제판한 보드로써 상판, 칸막이벽, 가구 등에 사용된다.

83 도료상태의 방수재를 바탕면에 여러 번 칠하여 얇은 수지피막을 만들어 방수효과를 얻는 것으로 에멀션형, 용제형, 에폭시계 형태의 방수공법은?
• 6장 2절 방수재료

① 시트 방수
② 도막 방수
③ 침투성 도포 방수
④ 시멘트 모르타르 방수

해설
도막 방수란 합성고무, 합성수지용액, 에멀션을 콘크리트 바탕에 2~4mm 두께로 도포한 것이다.

정답 81 ① 82 ① 83 ②

84 합성수지의 종류 중 열가소성 수지가 아닌 것은? • 7장 1절 열가소성 수지

① 염화비닐 수지
② 멜라민 수지
③ 폴리프로필렌 수지
④ 폴리에틸렌 수지

해설
멜라민 수지는 열경화성 수지이다.

85 수성페인트에 대한 설명으로 옳지 않은 것은? • 8장 1절 도료

① 수성페인트의 일종인 에멀션 페인트는 수성페인트에 합성수지와 유화제를 섞은 것이다.
② 수성페인트를 칠한 면은 외관은 온화하지만 독성 및 화재발생의 위험이 있다.
③ 수성페인트의 재료로 아교·전분·카세인 등이 활용된다.
④ 광택이 없으며 회반죽면 또는 모르타르면의 칠에 적당하다.

해설
수성페인트는 독성 및 화재위험성이 낮다.

86 금속판에 관한 설명으로 옳지 않은 것은?

① 알루미늄 판은 경량이고 열반사도 좋으나 알칼리에 약하다.
② 스테인리스 강판은 내식성이 필요한 제품에 사용된다.
③ 함석판은 아연도철판이라고도 하며 외관미는 좋으나 내식성이 약하다.
④ 연판은 X선 차단효과가 있고 내식성도 크다.

해설
함석판은 아연도철판이라고도 하며 외관미가 좋고 내식성도 강하다.

87 다음 중 열전도율이 가장 낮은 것은? • 2장 7절 건축자재

① 콘크리트
② 코르크판
③ 알루미늄
④ 주철

해설
코르크판은 열전도율이 0°C에서 0.035kcal/mh°C로 매우 낮다.

84 ② 85 ② 86 ③ 87 ②

88 콘크리트의 혼화재료 중 혼화제에 속하는 것은?   • 3장 4절 혼화재

① 플라이애시
② 실리카흄
③ 고로슬래그 미분말
④ 고성능 감수제

해설
혼화제란 그 사용량이 용적계산에 영향을 미치지 않는 것이고, 혼화재는 사용량이 많아 콘크리트 배합계산에 영향을 미치는 것이다. 고성능 감수제를 제외하고 모두 혼화재에 해당한다.

89 점토의 성질에 관한 설명으로 옳지 않은 것은?

① 사질점토는 적갈색으로 내화성이 좋다.
② 자토는 순백색이며 내화성이 우수하나 가소성은 부족하다.
③ 석기점토는 유색의 견고치밀한 구조로 내화도가 높고 가소성이 있다.
④ 선회질점토는 백색으로 용해되기 쉽다.

해설
사질점토는 내화성이 낮다.

90 콘크리트에 AE제를 첨가했을 경우 공기량 증감에 큰 영향을 주지 않는 것은?   • 3장 6절 콘크리트

① 혼합시간
② 시멘트의 사용량
③ 주위온도
④ 양생방법

해설
혼합시간이 길면 공기량은 감소, 시멘트 사용량이 많으면 공기량 감소, 온도가 낮으면 공기량 증가, 양생방법은 영향이 없다.

91 슬럼프 시험에 대한 설명으로 옳지 않은 것은?   • 3장 6절 콘크리트

① 슬럼프 시험 시 각 층을 50회 다진다.
② 콘크리트의 시공연도를 측정하기 위하여 행한다.
③ 슬럼프콘에 콘크리트를 3층으로 분할하여 채운다.
④ 슬럼프 값이 높을 경우 콘크리트는 묽은 비빔이다.

해설
50회가 아니라 25회이다.

정답 88 ④ 89 ① 90 ④ 91 ①

92 목재 섬유포화점의 함수율은 대략 얼마 정도인가? • 2장 1절 목재의 개요

① 약 10%
② 약 20%
③ 약 30%
④ 약 40%

해설
목재의 섬유포화점이란 목재 세포가 최대한도의 수분을 흡착한 상태로 함수율이 약 30%의 상태이다.

93 각 창호철물에 관한 설명으로 옳지 않은 것은? • 5장 2절 금속제품

① 피벗힌지(Pivot Hinge) – 경첩 대신 축을 사용하여 여닫이문을 회전시킨다.
② 나이트래치(Night Latch) – 외부에서는 열쇠, 내부에서는 작은 손잡이를 틀어 열 수 있는 실린더장치로 된 것이다.
③ 크레센트(Crescent) – 여닫이문의 상하단에 붙여 경첩과 같은 역할을 한다.
④ 래버터리힌지(Lavatory Hinge) – 스프링힌지의 일종으로 공중용 화장실 등에 사용된다.

해설
크레센트(Crescent)는 오르내리기창이나 미서창에 설치하는 잠금장치이다.

94 건축재료 중 마감재료의 요구성능으로 가장 거리가 먼 것은? • 1장 1절 건설재료

① 화학적 성능
② 역학적 성능
③ 내구 성능
④ 방화 · 내화 성능

해설
마감재료의 요구성능은 화학적 성능, 내구 성능, 방화 성능, 내화 성능이다.

95 PVC바닥재에 대한 일반적인 설명으로 옳지 않은 것은? • 7장 1절 열가소성 수지

① 보통 두께 3mm 이상의 것을 사용한다.
② 접착제는 비닐계 바닥재용 접착제를 사용한다.
③ 바닥시트에 이용하는 용접봉, 용접액 혹은 줄눈재는 제조업자가 지정하는 것으로 한다.
④ 재료보관은 통풍이 잘 되고 햇빛이 잘 드는 곳에 보관한다.

해설
PVC 바닥재는 습기에는 강하지만 열에 약하다.

96 점토기와 중 훈소와에 해당하는 설명은? •3장 5절 시멘트 제품

① 소소와에 유약을 발라 재소성한 기와
② 기와 소성이 끝날 무렵에 식염증기를 충만시켜 유약 피막을 형성시킨 기와
③ 저급점토를 원료로 900~1,000℃로 소소하여 만든 것으로 흡수율이 큰 기와
④ 건조제품을 가마에 넣고 연료로 장작이나 솔잎 등을 써서 검은 연기로 그을려 만든 기와

> **해설**
> 훈소와란 건조제품을 가마에 넣고 장작이나 솔잎 등을 태워 검은 연기로 그을려 만든 기와로 표면은 흑회색이고, 방수성이 있으며 강도가 높다.
> ① 시유와
> ② 오지기와
> ③ 소소와

97 골재의 실적률에 관한 설명으로 옳지 않은 것은? •4장 1절 석재

① 실적률은 골재 입형의 양부를 평가하는 지표이다.
② 부순 자갈의 실적률은 그 입형 때문에 강자갈의 실적률보다 적다.
③ 실적률 산정 시 골재의 밀도는 절대건조상태의 밀도를 말한다.
④ 골재의 단위용적질량이 동일하면 골재의 비중이 클수록 실적률도 크다.

> **해설**
> • 골재의 단위용적질량이 동일하면 골재의 밀도가 클수록 실적률은 작다.
> • 실적률 = (단위용적질량/비중)×100%

98 미장재료 중 돌로마이트 플라스터에 대한 설명으로 옳지 않은 것은? •6장 1절 미장재료

① 보수성이 크고 응결시간이 길다.
② 소석회에 모래, 해초풀, 여물 등을 혼합하여 바르는 미장재료이다.
③ 회반죽에 비하여 조기강도 및 최종강도가 크고 착색이 쉽다.
④ 여물을 혼입하여도 건조수축이 크기 때문에 수축 균열이 발생한다.

> **해설**
> 회반죽이란 소석회에 여물, 모래, 해초풀을 넣어 반죽한 것이다.

정답 96 ④ 97 ④ 98 ②

99 파손방지, 도난방지 또는 진동이 심한 장소에 적합한 망입(網入)유리의 제조 시 사용되지 않는 금속선은?

① 철선(철사)
② 황동선
③ 청동선
④ 알루미늄선

해설
망입유리란 판유리에 철망을 넣어 만든 것으로 파손방지, 파편비산방지, 화재방지 등에 사용되며 망의 원료로 철, 황동, 알루미늄 등이 사용된다.

100 목재의 결점 중 벌채 시 충격이나 그 밖의 생리적 원인으로 인하여 세로축에 직각으로 섬유가 절단된 형태로 옳은 것은?
• 2장 3절 목재의 결

① 수지낭
② 미숙재
③ 컴프레션페일러
④ 옹이

해설
컴프레션페일러란 목재 세로축에 직각으로 섬유가 절단된 것이다.
① 수지낭 : 수지주머니로 연륜간 결합력이 약해 강도가 약함
② 미숙재 : 세포의 길이가 안정되지 못한 수(pith) 주위의 목재로 성숙재에 비해 강도가 약해 구조재로 사용금지
④ 옹이 : 아래 있는 나뭇가지가 윗층에 있는 가지에 밀려 피압되어 줄기속에 파묻힌 것

정답 99 ③ 100 ③

2021년 제4회 기출해설

81 건축재료의 성질을 물리적 성질과 역학적 성질로 구분할 때 물체의 운동에 관한 성질인 역학적 성질로 옳지 않은 것은?

• 1장 1절 건설재료

① 비 중
② 탄 성
③ 강 성
④ 소 성

해설

재료의 역학적 성질
- 강도 : 물체가 얼마나 강한지를 나타내는 척도로, 재료가 변형에 저항하는 정도
- 경도 : 재료의 표면 특성으로써 국소부의 표면 변형(긁힘, 찍힘 등)의 저항하는 정도
- 탄성 : 물체에 변형이 가해졌을 때, 원래상태로 돌아오는 성질
  - 완전탄성체 : 반발계수가 1인 탄성체로 외력이 없어지면 다시 원래의 형체로 돌아오는 물체
  - 비탄성체 : 외력이 사라졌을 때 원래의 형체로 일부분만 돌아오는 물체
  - 완전비탄성체 : 외력이 사라졌을 때 원래의 형태로 돌아가지 않는 물체

82 강재(鋼材)의 일반적인 성질에 관한 설명으로 옳지 않은 것은?

• 5장 1절 금속재 일반

① 열과 전기의 양도체이다.
② 광택을 가지고 있으며, 빛에 불투명하다.
③ 경도가 높고 내마멸성이 크다.
④ 전성이 일부 있으나 소성변형능력은 없다.

해설

금속의 장점
- 불연재료
- 경도, 강도, 내마멸성이 큼
- 전성과 연성이 풍부하여 가공성형에 적합

정답 81 ① 82 ④

83 콘크리트 혼화재 중 하나인 플라이 애시가 콘크리트에 미치는 작용에 관한 설명으로 옳지 않은 것은?
• 3장 4절 혼화재

① 내황산염에 대한 저항성을 증가시키기 위하여 사용한다.
② 콘크리트 수화초기시의 발열량을 감소시키고 장기적으로 시멘트의 석회와 결합하여 장기강도를 증진시키는 효과가 있다.
③ 입자가 구형이므로 유동성이 증가되어 단위수량을 감소시키므로 콘크리트의 워커빌리티의 개선, 압송성을 향상시킨다.
④ 알칼리 골재반응에 의한 팽창을 증가시키고 콘크리트의 수밀성을 약화시킨다.

해설

플라이 애시
• 화력발전소의 보일러 연소물로 회분을 전기집진기로 포집한 것
• 입자가 거의 구형으로 시공연도 향상됨
• 첨가하면 수화열을 저감시키고, 수축을 작게 할수 있으며 장기강도가 증진
• 세공량의 감소로 수밀성이 향상됨
• 황산염 및 화학적 저항성이 향상되고, 알카리 골재반응 억제 효과가 있음

84 대리석의 일종으로 다공질이며 황갈색의 반문이 있고 갈면 광택이 나서 우아한 실내장식에 사용되는 것으로 옳은 것은?
• 4장 1절 석재

① 테라조   ② 트래버틴
③ 석 면   ④ 점판암

해설

트래버틴(Travertine)
대리석과 동일하지만 석질이 불균일하고 다공질이며, 황갈색의 반문이 있고 아치가 있어 특수 내장재로서 사용

85 비스페놀과 에피클로로히드린의 반응으로 얻어지며 주제와 경화제로 이루어진 2성분계의 접착제로서 금속, 플라스틱, 도자기, 유리 및 콘크리트 등의 접합에 널리 사용되는 접착제로 옳은 것은?
• 7장 3절 합성수지 제품

① 실리콘수지 접착제   ② 에폭시 접착제
③ 비닐수지 접착제   ④ 아크릴수지 접착제

해설

에폭시 수지(Epoxy Resin)
• 도료, 접착제 같이 성형가공을 필요로 하지 않는 것이 많이 사용
• 성형은 분말의 에폭시 수지 성형 재료로 압축성형 트랜스퍼 성형으로 실시
• 전기적 성질이 우수하고, 내열성, 방한성, 역학적 성질이 좋음
• 경화할 때 물, 이외에 부 생성물이 없고 치수 안정성이 좋음
• 내수성, 내습성이 좋고, 금속 목재, 시멘트, 플라스틱과의 접착성이 좋음
• 비스페놀A와 에피크롤히드린과 축합에 의해 만듬
• 알루미늄과 같은 경금속 접착에 가장 적합

83 ④ 84 ② 85 ②

86 외부에 노출되는 마감용 벽돌로써 벽돌면의 색깔, 형태, 표면의 질감 등의 효과를 얻기 위한 것으로 옳은 것은?
• 4장 4절 점토 제품

① 광재벽돌
② 내화벽돌
③ 치장벽돌
④ 포도벽돌

해설

특수벽돌
- 이형벽돌 : 보통벽돌보다 형상, 치수가 상이한 벽돌로 주로 원형벽체를 쌓는 데 쓰임
- 검정벽돌 : 불완전연소하여 빛깔이 검게 된 벽돌로 주로 실내 치장용으로 사용
- 치장벽돌 : 벽돌을 노출되게 쌓을 경우 색깔, 형태, 질감 등 원하는 효과를 얻기 위해 특별히 만들어진 벽돌

87 콘크리트 블리딩 현상에 의한 성능저하로 가장 옳지 않은 것은?
• 3장 6절 콘크리트

① 골재와 페이스트의 부착력 저하
② 철근과 페이스트의 부착력 저하
③ 콘크리트의 수밀성 저하
④ 콘크리트의 응결성 저하

해설

블리딩의 피해
- 철근과 콘크리트의 부착력 저하
- 콘크리트의 수밀성 저항
- 철근하부에 공극발생
- 강도저하, 내구성약화, 구조적 결함형성
※ 응결성은 블리딩과 관련이 없음

88 직사각형으로 자른 얇은 나뭇조각을 서로 직각으로 겹쳐지게 배열하고 방수성 수지로 강하게 압축 가공한 보드로 옳은 것은?
• 2장 6절 목재 가공품

① O.S.B
② M.D.F
③ 플로어링블록
④ 시멘트 사이딩

해설

OSB(Oriented Strand Board)
- Pb의 일종으로 직사각형 모양의 얇은 나무조각을 서로 다른 방향으로 배열해 압착하여 제작
- 벽체나 지붕, 바닥 등 주로 목조주택의 구조용 자재로 널리 사용됨
- 각층이 겹쳐지게 배열되기 때문에 높은 강도와 경도를 유지함
- 내장용은 좀 얇으나 외장용은 좀 두껍고, 강도가 높으며 내수성이 있는 접착제를 사용

정답 86 ③ 87 ④ 88 ①

89 발포제로서 보드상으로 성형하여 단열재로 널리 사용되며 천장재, 전기용품, 냉장고 내부상자 등으로 쓰이는 열가소성 수지로 옳은 것은?

• 7장 1절 열가소성 수지

① 폴리스티렌수지
② 폴리에스테르수지
③ 멜라민수지
④ 메타크릴수지

해설

폴리스티렌(PS-Poly Stylene)
- 발포제로 보드상으로 성형, 단열재로 널리 사용
- 전기절연성, 가공성이 우수하여 천장재, 전기용품, 냉장고 내부상자 등에 주로 사용
- 무미, 무취, 무독성으로 내수성이 높고 투명도와 치수 안정성이 좋음
- 발포제품은 저온 단열재로서 일회용 용기에 사용하나 내충격성이 약함
- 벤젠과 에틸렌으로부터 에틸벤젠을 만들고 이를 탈수소화해서 스틸렌모노머를 만든 다음 이것을 중합하여 제조

90 블로운 아스팔트의 내열성, 내한성 등을 개량하기 위해 동물섬유나 식물섬유를 혼합하여 유동성을 증대시킨 것으로 옳은 것은?

• 6장 2절 방수재료

① 아스팔트 펠트(Asphalt Felt)
② 아스팔트 루핑(Asphalt Roofing)
③ 아스팔트 프라이머(Asphalt Primer)
④ 아스팔트 컴파운드(Asphalt Compound)

해설

아스팔트 컴파운드 : 블로운 아스팔트의 내열성, 내한성을 개량하기 위해 동식물성 유지와 광물질 분말을 혼입한 것

91 목모시멘트판을 보다 향상시킨 것으로서 폐기목재의 삭편을 화학처리하여 비교적 두꺼운 판 또는 공동블록 등으로 제작하여 마루, 지붕, 천장, 벽 등의 구조체에 사용되는 것으로 옳은 것은?

• 3장 5절 시멘트 제품

① 펄라이트 시멘트판
② 후형 슬레이트
③ 석면 슬레이트
④ 듀리졸(Durisol)

해설

목모시멘트판[Wood Wool(Fiber)-Cement Board]
- 목모와 시멘트판의 무게비를 4.5 : 5.5로 하여 물에 반죽한 후 압축성형한 얇은 판이 목모시멘트판
- 흡음, 보온, 화장의 목적으로 주로 내벽, 천정의 마감재, 지붕의 단열재, 콘크리트거푸집 등에 사용
- 듀리졸(Durisol) : 목모시멘트판을 보다 향상시킨 것으로서 폐기목재의 삭편을 화학처리하여 비교적 두꺼운 판 또는 공동블록 등으로 제작하여 마루, 지붕, 천장, 벽 등의 구조체에 사용

92 역청재료의 침입도 시험에서 질량 100g의 표준침이 5초 동안에 10mm 관입했다면 이 재료의 침입도로 옳은 것은?
• 6장 2절 방수재료

① 1
② 10
③ 100
④ 1,000

해설

10mm/0.1mm = 100

아스팔트의 양부를 판별하는 성질
• 신도, 감온비
• 침입도 : 역청재의 온도에 비례
• 침입도 시험 : 측정조건은 온도 25℃, 100g, 5초가 표준으로 하며 바늘이 관입한 깊이를 0.1mm 단위로 나타냄

---

93 지름이 18mm인 강봉을 대상으로 인장시험을 행하여 항복하중 27kN, 최대하중 41kN을 얻었을 때, 이 강봉의 인장강도로 옳은 것은?
• 5장 2절 금속제품

① 약 106.3MPa
② 약 133.9MPa
③ 약 161.1MPa
④ 약 182.3MPa

해설

형 강
• 인장강도(MPa) = 최대하중(N)/단면적(mm^2)
• 인장강도 = 최대하중/단면적 = 41kN × 1000/(π × $(18)^2$/4) = 161.1MPa

---

94 열경화성 수지로 옳지 않은 것은?
• 8장 2절 접착제

① 염화비닐 수지
② 페놀 수지
③ 멜라민 수지
④ 에폭시 수지

해설

열가소성 수지	열경화성 수지
• 염화비닐수지 • 불소수지 • 플로스티렌수지 • 폴리에틸렌수지 • 폴리아미드수지 • 초산비닐수지 • 메틸아크릴수지	• 폴리에스테르수지 • 아미노수지 • 페놀수지 • 멜라민수지 • 에폭시수지 • 요소수지 • 프란수지

정답 92 ③ 93 ③ 94 ①

95 자기질 점토제품에 관한 설명으로 옳지 않은 것은?

• 4장 4절 점토 제품

① 조직이 치밀하지만, 도기나 석기에 비하여 강도 및 경도가 약한 편이다.
② 1,230~1,460℃ 정도의 고온으로 소성한다.
③ 흡수성이 매우 낮으며, 두드리면 금속성의 맑은 소리가 난다.
④ 제품으로는 타일 및 위생도기 등이 있다.

해설
자기질 : 도기질 타일 특징과 반대로 굽는 온도가 높아서 강도가 강함

96 접착제를 동물질 접착제와 식물질 접착제로 분류할 때 동물질 접착제로 옳지 않은 것은?

• 8장 2절 접착제

① 아 교
② 덱스트린 접착제
③ 카세인 접착제
④ 알부민 접착제

해설
덱스트린은 식물성 접착제이다.
동물성 접착제
- 아 교
- 카세인 접착제(Casein Glue)
- 혈액알부민(Blood Albumin Glue)
- 난백알부민
- 카세인 풀

97 대규모 지하구조물, 댐 등 매스콘크리트의 수화열에 의한 균열발생을 억제하기 위해 벨라이트의 비율을 중용열 포틀랜드 시멘트 이상으로 높인 시멘트로 옳은 것은?

• 3장 1절 시멘트

① 저열 포틀랜드 시멘트
② 보통 포틀랜드 시멘트
③ 조강 포틀랜드 시멘트
④ 내황산염 포틀랜드 시멘트

해설
저열 포틀랜드 시멘트
- 대규모 지하구조물, 댐 등 매스콘크리트의 수화열에 의한 균열발생을 억제하기 위해 벨라이트의 비율을 높인 시멘트
- 수화열이 적어 온도균열 억제가 효과적이고, 장기강도 발현성이 우수하며, 시공이 양호함
- 중성화 억제에 효과가 있고, 알칼리 골재반응 억제, 자기수축이 적음

95 ① 96 ② 97 ①

98 목재의 방부처리법으로 가장 옳지 않은 것은? ・2장 5절 목재의 보존

① 약제도포법　　　　　　② 표면탄화법
③ 진공탈수법　　　　　　④ 침지법

해설
목재의 방부법
- 도포법
- 주입법
- 침지법
- 표면탄화법
- 생리주입법

99 2장 이상의 판유리 등을 나란히 넣고, 그 틈새에 대기압에 가까운 압력의 건조한 공기를 채우고 그 주변을 밀봉・봉착한 것으로 옳은 것은? ・8장 3절 유리

① 열선흡수유리　　　　　② 배강도 유리
③ 강화유리　　　　　　　④ 복층유리

해설
복층유리
- 2장 이상의 판유리 등을 나란히 넣고, 그 틈새에 대기압에 가까운 압력의 건조한 공기를 채우고 그 주변을 밀봉・봉착한 것
- 단열 및 방음성능이 좋고 결로가 발생하지 않음
- 빌딩 및 건물 외벽창에 주로 사용

100 미장재료의 구성재료에 관한 설명으로 옳지 않은 것은? ・6장 1절 미장재료

① 부착재료는 마감과 바탕재료를 붙이는 역할을 한다.
② 무기혼화재료는 시공성 향상 등을 위해 첨가된다.
③ 풀재는 강도증진을 위해 첨가된다.
④ 여물재는 균열방지를 위해 첨가된다.

해설
풀
- 접착력 증대
- 해초풀 : 파래, 청각, 불가사리 등의 해초를 끓인 물을 체로 거른 것
- 해초는 봄철에 채취하여 2~3년 묵힌 것이 좋음

여 물
- 균열방지, 끈기향상, 흘러내림 방지용

정답　98 ③　99 ④　100 ③

2021년 제2회 기출해설

5과목 건설재료학

81 석고보드에 관한 설명으로 옳지 않은 것은?

• 6장 1절 미장재료

① 부식이 잘되고 충해를 받기 쉽다.
② 단열성, 차음성이 우수하다.
③ 시공이 용이하여 천장, 칸막이 등에 주로 사용된다.
④ 내수성, 탄력성이 부족하다.

해설

석고보드의 특징
- 단열성 : 열전도율이 낮아 실내 온도조절이 용이
- 차음성 : 차음성능이 뛰어나 외부의 소음을 차단
- 방화성 : 20%의 결정수가 함유되어 초기연소지연을 도와주며 무기질섬유가 들어 있어 내화성능이 우수함
- 경제성 : 시공이 용이하며 자재가 가벼워 건물의 구조자재비가 절감됨
- 치수 안정성 : 온습도 변화에 따라 수축 팽창 등의 변형이 거의 없어 시공 후 뒤틀림이 없음
- 방수성 : 특수방수처리를 하여 습기가 많은 욕실이나 주방에서도 사용이 가능
- 시공성 : 쉽게 절단되고, 벽지와 페인트 등 다양한 외부마감재 사용이 가능
※ 석고보드는 부식이 잘 안되고 충해를 받지 않음

82 주로 석기질 점토나 상당히 철분이 많은 점토를 원료로 사용하며, 건축물의 패러핏, 주두 등의 장식에 사용되는 공동의 대형 점토제품은?

• 4장 4절 점토 제품

① 테라죠 ② 도 관
③ 타 일 ④ 테라코타

해설

테라코타(Terracotta)
- 점토와 물을 이용해 1,200℃ 이상의 고온에서 장시간 소성한 건축외장재
- 건축물의 패러핏, 주두 등의 장식에 사용
- 일반 석재보다 가볍고, 압축강도는 800~900kg/m² 로서 화강암의 1/2 정도
- 화강암보다 내화력이 강하고 대리석보다 풍화에 강하므로 외장에 적당
- 석기질 점토나 상당히 철분이 많은 점토를 원료로 사용
- 건축물의 패러핏, 주두 등의 장식에 사용

81 ① 82 ④

83 일종의 못박기총을 사용하여 콘크리트나 강재 등에 박는 특수못을 의미하는 것은?

• 5장 2절 금속제품

① 드라이브핀
② 인서트
③ 익스팬션볼트
④ 듀벨

해설

드라이브핀(Drive Pin) : 극소량의 화약을 사용하는 못박기총으로 박는 콘크리트나 강재 등에 박는 특수못

84 목재의 함수율과 섬유포화점에 관한 설명으로 옳지 않은 것은?

• 2장 1절 목재의 개요

① 섬유포화점은 세포 사이의 수분은 건조되고, 섬유에만 수분이 존재하는 상태를 말한다.
② 벌목 직후 함수율이 섬유포화점까지 감소하는 동안 강도 또한 서서히 감소한다.
③ 전건상태에 이르면 강도는 섬유포화점 상태에 비해 3배로 증가한다.
④ 섬유포화점 이하에서는 함수율의 감소에 따라 인성이 감소한다.

해설

함수율
• 생재상태 : 40~100%
• 기건상태(Air Dried Condition) : 함수율 15%
• 전건상태(Oven Dried Condition) : 함수율 0%
• 섬유포화점 : 30% 함수율
  – 세포벽에는 수분이 남아있고, 새포내강에는 수분이 증발한 상태
  – 섬유포화점 이상에서는 함수율이 증가해도 신축변동이 없음
  – 섬유포화점 이하에서는 함수율이 감소함에 따라 인성도 감소
  – 전건재를 대기중에 방치하면 수분을 흡수하여 기전재가 됨
  – 벌목 직후 생재상태에서 함수율이 섬유포화점까지 감소하는 동안 강도도 감소
• 함수율 = (목재무게 – 전건조 시 목재무게/전건조 시 목재무게) × 100%
• 전건조 : 온도가 100℃가 될 때까지 건조

정답 83 ① 84 ②

85 콘크리트용 골재 중 깬자갈에 관한 설명으로 옳지 않은 것은?

① 깬자갈의 원석은 안산암·화강암 등이 많이 사용된다.
② 깬자갈을 사용한 콘크리트는 동일한 워커빌리티의 보통자갈을 사용한 콘크리트보다 단위수량이 일반적으로 약 10% 정도 많이 요구된다.
③ 깬자갈을 사용한 콘크리트는 강자갈을 사용한 콘크리트 보다 시멘트 페이스트와의 부착성능이 매우 낮다.
④ 콘크리트용 굵은 골재로 깬자갈을 사용할 때는 한국산업표준(KS F 2527)에서 정한 품질에 적합한 것으로 한다.

해설
깬자갈
- 암석을 파쇄하여 체로 쳐서 분류한 골재
- 깬자갈을 사용한 콘크리트는 동일한 워커빌리티의 보통 콘크리트보다 단위수량이 일반적으로 10% 정도 많이 요구됨
- 시멘트풀과의 부착이 좋기 때문에 강자갈을 사용한 콘크리트와 거의 동등한 강도 이상을 냄
- 수밀성, 내구성 등이 약간 떨어짐
- 깬자갈을 사용한 콘크리트는 강자갈을 사용한 콘크리트보다 시멘트 페이스트와의 부착성능이 높음

86 유리가 불화수소에 부식하는 성질을 이용하여 5mm 이상 판유리면에 그림, 문자 등을 새긴 유리는?
• 8장 3절 유리

① 스테인드유리　　② 망입유리
③ 에칭유리　　　　④ 내열유리

해설
에칭유리
유리가 불화수소에 부식하는 성질을 이용하여 5mm 이상 판유리면에 그림, 문자 등을 새긴 유리

87 KS L 4201에 따른 1종 점토벽돌의 압축강도는 최소 얼마 이상이어야 하는가?
• 4장 4절 점토 제품

① 9.80MPa 이상
② 14.70MPa 이상
③ 20.59MPa 이상
④ 24.50MPa 이상

해설
1종 : 압축강도 24.5MPa(N/mm^2) 이상, 흡수율이 10% 이하

85 ③　86 ③　87 ④

88 각종 금속에 관한 설명으로 옳지 않은 것은? • 5장 1절 금속재 일반

① 동은 건조한 공기 중에서는 산화하지 않으나, 습기가 있거나 탄산가스가 있으면 녹이 발생한다.
② 납은 비중이 비교적 작고 융점이 높아 가공이 어렵다.
③ 알루미늄은 비중이 철의 1/3 정도로 경량이며 열·전기전도성이 크다.
④ 청동은 구리와 주석을 주체로 한 합금으로 건축장식부품 또는 미술공예 재료로 사용된다.

해설
비중이 크고 융점이 낮음
납(Pb)
- 비중(11.34)이 크고 융점이 낮음, 연한 성질로 X선 차단효과가 큰 금속
- 주조 가공성 및 단조성이 풍부하나 인장강도가 극히 작음
- 열전도율은 작으나 온도의 변화에 따른 신축이 큼
- 알칼리에는 침식되는 성질이 있음
- 송수관, 가스관, X선실, 방사선 차단 안벽붙임 등에 쓰임

89 실적률이 큰 골재로 이루어진 콘크리트의 특성이 아닌 것은? • 4장 1절 석재

① 시멘트 페이스트의 양이 커져 콘크리트 제조 시 경제성이 낮다.
② 내구성이 증대된다.
③ 투수성, 흡습성의 감소를 기대할 수 있다.
④ 건조수축 및 수화열이 감소된다.

해설
시멘트 페이스트의 양이 커져 콘크리트 제조 시 경제성이 높음
실적률
- 골재의 단위용적 중의 실적 용적을 백분율로 나타낸 값
- 실적률(%) = W/ρ*100%
- 골재 입형의 양부를 평가하는 지표로 사용
- 순 자갈의 실적률은 그 입형 때문에 강 자갈의 실적률보다 적음
- 실적률 산정 시 골재의 밀도는 절대건조 상태의 밀도를 말함
- 골재의 단위용적질량이 동일하면 골재의 밀도가 클수록 실적률은 작음

90 중량 5kg인 목재를 건조시켜 전건중량이 4kg이 되었다. 건조 전 목재의 함수율은 몇 %인가?
• 1장 4절 목재의 성질

① 20% ② 25%
③ 30% ④ 40%

해설
- (5 − 4)/4 = 25%
- 함수율 = (목재무게 − 전건조 시 목재무게/전건조 시 목재무게) × 100%
- 전건조 : 온도가 100℃가 될 때까지 건조

정답 88 ② 89 ① 90 ②

91 아스팔트 방수시공을 할 때 바탕재와의 밀착용으로 사용하는 것은? •6장 2절 방수재료

① 아스팔트 컴파운드
② 아스팔트 모르타르
③ 아스팔트 프라이머
④ 아스팔트 루핑

해설

아스팔트 프라이머 : 블로운 아스팔트를 용제에 녹인 것으로 아스팔트 방수, 아스팔트 타일의 바탕재와의 밀착용으로 사용

92 다음 중 건축용 단열재와 거리가 먼 것은? •8장 5절 단열재

① 유리면(Glass Wool)
② 암면(Rock Wool)
③ 테라코타
④ 펄라이트판

해설

건축용 단열재
- 유리면(Glass Wool)
- 암면(Rock Wool)
- 세라믹 울(Ceramic Wool)
- 펄라이트(Perlite)단열재
- 규산칼슘(Calcium Silicate)단열재
- 경량 기포콘크리트(Autoclaved Lightweight Concrete)

93 인조석 갈기 및 테라조 현장갈기 등에 사용되는 구획용 철물의 명칭은? •5장 2절 금속제품

① 인서트(Insert)
② 앵커볼트(Anchor Bolt)
③ 펀칭메탈(Punching Metal)
④ 줄눈대(Metallic Joiner)

해설

조이너(Joiner)
- 천장, 벽 등에 보드류를 붙이고 그 이음새를 감추고 누르는 데 쓰임
- 아연도금철판제·경금속제·황동제의 얇은 판을 프레스하여 만듦
- 줄눈대(Metallic Joiner) : 인조석 갈기 및 테라조 현장갈기 등에 사용되는 구획용 철물

91 ③ 92 ③ 93 ④

94 경량 기포콘크리트(Autoclaved Lightweight Concrete)에 관한 설명으로 옳지 않은 것은?

• 3장 5절 시멘트 제품

① 보통콘크리트에 비하여 탄산화의 우려가 낮다.
② 열전도율은 보통콘크리트의 약 1/10 정도로 단열성이 우수하다.
③ 현장에서 취급이 편리하고 절단 및 가공이 용이하다.
④ 다공질이므로 흡수성이 높은 편이다.

해설

ALC 제품(Autoclaved Lightweight Concrete)
- 고온고압에서 양생하여 벽돌에 기포를 넣어 경량화한 제품
- 규사와 석회를 원료로 하여 시멘트 제품은 아님
- 강도가 40kgcm² 정도로 구조재로서는 적합하지 못함
- 경량이므로 단열성이나 시공성이 매우 우수
- 내화성이 크고 차음성이 있어 매우 경제적
- 사용 후 변형이나 균열이 비교적 적음
- 다공질로 흡수율이 높아 습기에 취약하여 곰팡이가 발생하기 쉬움
- 마감재를 빠르게 흡수하여 두꺼운 칠 시공이 어려움
- 표면이 마모되기 쉽고, 인장강도가 약함
- 보통콘크리트에 비해 탄산화우려가 높음
- 현장에서 취급이 간편하고, 절단 및 가공이 용이

95 석재의 화학적 성질에 관한 설명으로 옳지 않은 것은?

• 4장 1절 석재

① 규산분을 많이 함유한 석재는 내산성이 약하므로 산을 접하는 바닥은 피한다.
② 대리석, 사문암 등은 내장재로 사용하는 것이 바람직하다.
③ 조암광물 중 장석, 방해석 등은 산류의 침식을 쉽게 받는다.
④ 산류를 취급하는 곳의 바닥재는 황철광, 갈철광 등을 포함하지 않아야 한다.

해설

내산성이 약한 것은 규산분이 아니라 석회분이 포함된 석재임

화학적 성질
- 산화작용
  - 공기중의 탄산, 약산, 염산, 황산 등에 의한 침식
  - 산을 포함한 물의 흡습에 의한 팽창과 수축의 반복
  - 장석과 방해석은 주성분인 칼슘이 공기와 물에 의해 녹아 모암파괴를 유발
  - 황철강과 각철광과 같은 금속함유광물은 산화작용으로 인해 팽창붕괴함
- 용해작용
  - 주로 빗물에 의한 산화작용으로 용해됨
  - 산류를 취급하는 곳의 바닥재는 내산성이 강한 소재를 사용
  - 규산분을 함유한 석재는 내력이 크고, 석회분을 포함한 것은 내산성이 적음
  - 따라서 대리석, 사문암을 외장재로 사용하는 것은 좋지 않음

정답 94 ① 95 ①

96 미장재료에 관한 설명으로 옳은 것은?
• 6장 1절 미장재료

① 보강재는 결합재의 고체화에 직접 관계하는 것으로 여물, 풀, 수염 등이 이에 속한다.
② 수경성 미장재료에는 돌로마이트 플라스터, 소석회가 있다.
③ 소석회는 돌로마이트 플라스터에 비해 점성이 높고, 작업성이 좋다.
④ 회반죽에 석고를 약간 혼합하면 수축균열을 방지할 수 있는 효과가 있다.

[해설]
- 여물, 풀, 수염등의 보강재는 바름성질을 개선하기 위한 것으로 접착력을 증대시킴
- 돌로마이트는 기경성 미장재임
- 플라스터는 소석회에 비해 점성이 높고, 작업성이 좋음

97 안료가 들어가지 않는 도료로서 목재면의 투명도정에 쓰이며, 내후성이 좋지 않아 외부에 사용하기에는 적당하지 않고 내부용으로 주로 사용하는 것은?
• 8장 1절 도료

① 수성페인트
② 클리어래커
③ 래커에나멜
④ 유성에나멜

[해설]
투명래커 : 도막은 얇으나 견고하고 광택이 우수, 내후성이 나빠 내부용으로 사용

98 아스팔트 침입도 시험에 있어서 아스팔트의 온도는 몇 ℃를 기준으로 하는가?
• 6장 2절 방수재료

① 15℃
② 25℃
③ 35℃
④ 45℃

[해설]
아스팔트의 양부를 판별하는 성질
- 신도, 감온비
- 침입도 : 역청재의 온도에 비례
- 침입도 시험 : 측정조건은 온도 25℃, 100g, 5초가 표준으로 하며 바늘이 관입한 깊이를 0.1mm 단위로 나타냄

96 ④ 97 ② 98 ②

99 수화열의 감소와 황산염 저항성을 높이려면 시멘트에 다음 중 어느 화합물을 감소시켜야 하는가?

• 3장 1절 시멘트

① 규산 3칼슘
② 알루민산 철4칼슘
③ 규산 2칼슘
④ 알루민산 3칼슘

해설

내황산염 포틀랜드 시멘트가 황산염의 침입에 대한 저항성을 높이기 위해 알루민산 3칼슘 함유율을 4% 이하로 한 시멘트이다.

내황산염 포틀랜드 시멘트
• 황산염 침입에 대한 저항성을 높이기 위해서 C_3A 함유율을 4% 이하로 한 시멘트
• 내황산염성 이외에, 감수제 등 계면활성제의 효력의 발휘가 우수
• 보통 포틀랜드 시멘트보다 수화열이 약 10kcal/kg 정도 낮은 특징을 갖고 있음

100 재료의 단단한 정도를 나타내는 용어는?

• 1장 1절 건설재료

① 연 성
② 인 성
③ 취 성
④ 경 도

해설

재료의 역학적 성질
• 강도 : 물체가 얼마나 강한지를 나타내는 척도로, 재료가 변형에 저항하는 정도
• 경도 : 재료의 표면 특성으로써 국소부의 표면 변형(긁힘, 찍힘 등)의 저항하는 정도
• 탄성 : 물체에 변형이 가해졌을 때, 원래상태로 돌아오는 성질
  – 완전탄성체 : 반발계수가 1인 탄성체로 외력이 없어지면 다시 원래의 형체로 돌아오는 물체
  – 비탄성체 : 외력이 사라졌을 때 원래의 형체로 일부분만 돌아오는 물체
  – 완전비탄성체 : 외력이 사라졌을 때 원래의 형태로 돌아가지 않는 물체

정답 99 ④ 100 ④

2021년 제1회 기출해설

81 다음 합성수지 중 열가소성 수지로 옳지 않은 것은?
・7장 2절 열경화성 수지

① 알키드수지
② 염화비닐수지
③ 아크릴수지
④ 폴리프로필렌수지

해설

열경화성 수지
- 열을 가하면 우선 유동하지만, 다음에 3차원적으로 가치구조가 생성되면서 경화되고 재가열해도 용융되지 않음
- 경도가 높아 기계적 성질이나 전기적 성질이 뛰어나 공업재료나 식기 등으로 폭넓게 쓰이고 있음
- 페놀수지, 우레아수지, 불포화 폴리에스테르수지, 폴리우레탄, 알키드수지, 멜라민수지, 에폭시수지, 규소수지 등이 있음

82 유리의 중앙부와 주변부와의 온도 차이로 인해 응력이 발생하여 파손되는 현상을 유리의 열파손이라 하는데, 열파손에 관한 설명으로 옳지 않은 것은?
・8장 3절 유리

① 색유리에 많이 발생한다.
② 동절기의 맑은 날 오전에 많이 발생한다.
③ 두께가 얇을수록 강도가 약해 열팽창응력이 크다.
④ 균열은 프레임에 직각으로 시작하여 경사지게 진행된다.

해설

유리의 파손
- 색유리는 열흡수율이 높아 파손이 많이 발생
- 프레임과 유리와의 온도차이가 커서 동절기 맑은날 오전에 많이 발생
- 두께가 두꺼울수록 열팽창 응력이 큼
- 균열은 프레임에 직각으로 시작하여 경사지게 진행
- 판유리 온도차가 60℃ 이상이 되면 열파손이 발생

81 ① 82 ③

83 점토의 성질에 관한 설명으로 옳지 않은 것은? •4장 3절 점토

① 양질의 점토는 건조상태에서 현저한 가소성을 나타내며, 점토 입자가 미세할수록 가소성은 나빠진다.
② 점토의 주성분은 실리카와 알루미나이다.
③ 인장강도는 점토의 조직에 관계하며 입자의 크기가 큰 영향을 준다.
④ 점토제품의 색상은 철산화물 또는 석회물질에 의해 나타난다.

해설
점토의 성질
- 주성분은 실리카와 알루미나, 비중은 2.5~2.6, 입자의 크기는 0.1~25㎛
- 함수율이 40~45%일 때 가소성이 가장 크며 30%일 때 최대수축을 보임
- 암석성분에 따라 산화철, 석회, 산화마그네슘, 산화칼륨, 산화나트륨 등을 포함하고 있으며 함유량에 따라 색상이 달라짐
- 다기류 등 고급제품을 만드는 데 쓰이는 고령토(카올린) 알루미늄의 수분을 포함한 규산염 광물
- 점토내 화학성분은 내화성, 소성변형, 색채 등에 영향을 줌
- 점토의 인장강도는 입자크기가 작을수록 향상됨

84 각 미장재료별 경화형태로 옳지 않은 것은? •6장 1절 미장재료

① 회반죽 – 수경성
② 시멘트 모르타르 – 수경성
③ 돌로마이트플라스터 – 기경성
④ 테라조 현장바름 – 수경성

해설
미장재료
- 보온, 단열, 방습, 방음, 내화 등의 목적으로 적절한 두께로 발라 마감하는 재료
- 반드시 물을 사용해야만 하는 습식재료이므로 공기의 단축이 어려움
- 높은 인건비와 품질향상을 위해 최근에는 기계화 시공이 점차 확산되고 있으며 대표적인 예가 셀프 레벨링재에 의한 바닥마감 시공임
- 미장재는 크게 공기중에서 경화하는 기경성과 물속에서 경화하는 수경성으로 나뉨
- 기경성 미장재 : 돌로마이트 플라스터, 회반죽 바름, 흙벽바름
- 수경성 미장재 : 시멘트 모르타르, 마그네시아 시멘트, 석고 플라스터
- 기경성 미장재는 통풍이 좋지 않은 지하실 등의 미장에는 적합하지 않음

정답 83 ① 84 ①

85 도료의 사용 용도에 관한 설명으로 옳지 않은 것은? • 8장 1절 도료

① 유성바니쉬는 투명도료이며, 목재마감에도 사용가능하다.
② 유성페인트는 모르타르, 콘크리트면에 발라 착색방수피막을 형성한다.
③ 합성수지 에멀션페인트는 콘크리트면, 석고보드 바탕 등에 사용된다.
④ 클리어래커는 목재면의 투명도장에 사용된다.

해설
유성페인트는 기름을 용제로 하는 도료로 내알칼리성이 약해 콘크리트에는 부적합

86 목재 건조의 목적으로 옳지 않은 것은? • 2장 1절 목재의 개요

① 강도의 증진
② 중량의 경감
③ 가공성의 증진
④ 균류 발생의 방지

해설
목재를 건조하면 가공성이 떨어진다.

87 전기절연성, 내열성이 우수하고 특히 내약품성이 뛰어나며, 유리섬유로 보강하여 강화플라스틱(F.R.P)의 제조에 사용되는 합성수지로 옳은 것은? • 8장 2절 접착제

① 멜라민수지
② 불포화 폴리에스테르수지
③ 페놀수지
④ 염화비닐수지

해설
불포화 폴리에스테르수지
• 금속, 목재, 플라스틱, 시멘트 제품의 접착에 사용
• 접착력이 강력하여 항공기나 구조재의 접착에도 쓰임
• 붙일 부분에 수분이 있으면 접착성이 크게 나빠짐
• 전기절연성, 내열성이 우수하고 특히 내약품성이 뛰어남
• 유리섬유로 보강하여 강화플라스틱(F.R.P)의 제조에 사용

85 ② 86 ③ 87 ②

88 콘크리트용 골재의 품질요건에 관한 설명으로 옳지 않은 것은? •3장 6절 콘크리트

① 골재는 청정·견경해야 한다.
② 골재는 소요의 내화성과 내구성을 가져야 한다.
③ 골재는 표면이 매끄럽지 않으며, 예각으로 된 것이 좋다.
④ 골재는 밀실한 콘크리트를 만들 수 있는 입형과 입도를 갖는 것이 좋다.

해설

콘크리트용 골재에 필요한 성질
- 골재는 청정, 건경, 내구적인 것으로 유해량의 먼지, 흙, 유기불순물 등을 포함하지 않아야 함
- 골재의 강도는 콘크리트 중의 경화 시멘트 페이스트의 강도 이상이어야 함
- 골재의 입형은 될 수 있는 대로 편평세장하지 않아야 함
- 세골재는 세정시험에서 손실량이 3.0% 이하이어야 함
- 세골재는 유기불순물 시험에 합격한 것이어야 함
- 세골재의 염분 허용한도는 0.001%(NaCl)로 함
- 구형이나 입방체에 가까운 것이 좋으며 너무 매끄러운 것, 납작한 것, 길죽한 것, 예각으로 된 것은 좋지 않음

89 금속부식에 관한 대책으로 옳지 않은 것은? •5장 1절 금속재 일반

① 가능한 한 이종 금속은 이를 인접, 접속시켜 사용하지 않을 것
② 균질한 것을 선택하고, 사용할 때 큰 변형을 주지 않도록 할 것
③ 큰 변형을 준 것은 가능한 한 풀림하여 사용할 것
④ 표면을 거칠게 하고 가능한 한 습윤상태로 유지할 것

해설

금속의 부식
- 금속의 이온화 경향 : 금속이 전해질 속에서 양이온으로 되려는 성질
- 이온화경향이 큰 순서 : K > Na > Ca > Mg > Al > Zn > Fe > Ni > Sn > Pb > Cu
- 금속이 이온화되려는 경향을 부식이라 함
- 방식처리 방법
  - 동종의 두 금속을 인접 또는 접촉시켜 사용
  - 균질의 것을 선택하고 사용할 때 큰 변형을 주지 않음
  - 표면을 평활, 청결하게 하고 가능한 한 건조상태로 유지
  - 큰 변형을 준 것은 가능한 한 풀림하여 사용

정답 88 ③ 89 ④

90 습윤상태의 모래 780g을 건조로에서 건조시켜 절대건조상태 720g으로 되었을 때, 이 모래의 표면수율로 옳은 것은? (단, 이 모래의 흡수율은 5%)
• 3장 6절 콘크리트

① 3.08% ② 3.17%
③ 3.33% ④ 3.52%

해설

골재의 흡수율
- 흡수율 = (표건중량 − 절건중량)/절건중량 = (표건중량 − 720)/720 = 5%
- 표건중량 = 720 × 1.05 = 756
- 표면수율 = (습윤수량 − 표건중량) ÷ 습윤중량
  = (780 − 756)/(720 × 1.05) = 3.17%

91 고강도 강선을 사용하여 인장응력을 미리 부여함으로써 큰 응력을 받을 수 있도록 제작된 것은?
• 4장 3절 점토

① 매스 콘크리트
② 프리플레이스드 콘크리트
③ 프리스트레스드 콘크리트
④ AE 콘크리트

해설

프리스트레스드 콘크리트(PSC, Prestressed Concrete)
인장력을 미리 가하여 콘크리트를 치고 양생시키면 인장력때문에 반력으로 압축력이 생겨 철근이 인장을 받을때 반력 압축력 때문에 더 큰 인장력을 받을 수 있어 경제적 단면제작이 가능하게 만든 콘크리트

92 석재의 종류와 용도가 연결된 것 중 옳지 않은 것은?
• 4장 1절 석재

① 화산암 − 경량골재
② 화강암 − 콘크리트용 골재
③ 대리석 − 조각재
④ 응회암 − 건축용 구조재

해설

응회암(Tuff)
- 내화성이 우수하나 강도가 크지 않아 건축용으로는 부적당하여 내화재로 사용
- 무르고 가벼워서 채석, 가공이 용이하고, 가격이 저렴하여 특수장식재, 경량골재로 사용

93 강의 열처리 방법 중 결정을 미립화하고 균일하게 하기 위해 800~1000℃까지 가열하여 소정의 시간까지 유지한 후에 로(爐)의 내부에서 서서히 냉각하는 방법으로 옳은 것은?

• 5장 1절 금속재 일반

① 풀림
② 불림
③ 담금질
④ 뜨임질

해설

풀림(Annealing)
• 가공할 때에 생긴 내부응력을 제거하고 연화하는 열처리 조작으로 결정을 미립화하고, 균일하게 함
• 800~1000℃까지 가열하여 소정의 시간까지 유지한 후에 로(爐)의 내부에서 서서히 냉각

94 단열재료에 관한 설명으로 옳지 않은 것은?

• 8장 5절 단열재

① 열전도율이 높을수록 단열성능이 좋다.
② 같은 두께인 경우 경량재료인 편이 단열에 더 효과적이다.
③ 일반적으로 다공질의 재료가 많다.
④ 단열재료의 대부분은 흡음성도 우수하므로 흡음재료로서도 이용된다.

해설

단열재의 선정조건
• 열전도율, 흡수율이 작을 것
• 비중, 투기성이 작을 것

95 KS L 4201에 따른 1종 점토벽돌의 압축강도 기준으로 옳은 것은?

• 4장 4절 점토 제품

① 8.78 MPa 이상
② 14.70 MPa 이상
③ 20.59 MPa 이상
④ 24.50 MPa 이상

해설

벽돌 쌓기
• 시멘트, 모르타르를 조적할 때는 벽돌 사이를 모르타르로 잘 채우고 통줄눈을 피함
• 쌓기높이는 1일에 15단 이하로 함
• 쌓기 전에 충분히 물에 적셔서 모르타르 경화를 잘 되게 함
• 1종 : 압축강도 24.5 MPa(N/mm^2) 이상, 흡수율이 10% 이하
• 2종 : 압축강도는 20.59MPa(N/mm^2) 이상, 흡수율은 13% 이하
• 3종 : 압축강도 10.78MPa(N/mm^2) 이상, 흡수율 15% 이하

정답 93 ① 94 ① 95 ④

96 표면건조포화상태 질량 500g의 잔골재를 건조시켜, 공기 중 건조상태에서 측정한 결과 460g, 절대건조상태에서 측정한 결과 450g이었을 때, 이 잔골재의 흡수율로 옳은 것은?
• 4장 4절 점토 제품

① 8%
② 8.8%
③ 10%
④ 11.1%

해설

골재의 흡수율
(표건중량 − 절건중량)/절건중량 = (500 − 450)/450 = 11.1%

97 목재의 압축강도에 영향을 미치는 원인에 관한 설명으로 옳지 않은 것은? • 2장 1절 목재의 개요

① 기건비중이 클수록 압축강도는 증가한다.
② 가력방향이 섬유방향과 평행일 때의 압축강도가 직각일 때의 압축강도보다 크다.
③ 섬유포화점 이상에서 목재의 함수율이 커질수록 압축강도는 계속 낮아진다.
④ 옹이가 있으면 압축강도는 저하하고 옹이 지름이 클수록 더욱 감소한다.

해설

함수율
• 생재상태 : 40~100%
• 기건상태(Air Dried Condition) : 함수율 15%
• 전건상태(Oven Dried Condition) : 함수율 0%
• 섬유포화점 : 30% 함수율
 − 세포벽에는 수분이 남아있고, 새포내강에는 수분이 증발한 상태
 − 섬유포화점 이상에서는 함수율이 증가해도 신축변동이 없음
 − 섬유포화점 이하에서는 함수율이 감소함에 따라 인성도 감소
 − 전건재를 대기중에 방치하면 수분을 흡수하여 기전재가 됨
 − 벌목직후 생재상태에서 함수율이 섬유포화점까지 감소하는 동안 강도도 감소
• 함수율 = (목재무게 − 전건조 시 목재무게/전건조 시 목재무게) × 100%
 − 전건조 : 온도가 100℃가 될 때까지 건조
※ 압축강도는 일정

98 콘크리트용 혼화제의 사용용도와 혼화제 종류를 연결한 것으로 옳지 않은 것은? • 3장 3절 혼화제

① AE 감수제 − 작업성능이나 동결융해 저항성능의 향상
② 유동화제 − 강력한 감수효과와 강도의 대폭 증가
③ 방청제 − 염화물에 의한 강재의 부식억제
④ 증점제 − 점성, 응집작용 등을 향상시켜 재료분리를 억제

해설

감수효과가 아니라 유동화시킴

유동화제(Superplasticizer)
• 미리 비벼놓은 콘크리트에 첨가
• 일시적으로 콘크리트의 유동성을 증가할 목적으로 사용
• 종류 : 멜라닌계, 나프탈렌계, 리그닌계

99 아스팔트를 천연아스팔트와 석유아스팔트로 구분할 때 천연아스팔트로 옳지 않은 것은?

• 6장 2절 방수재료

① 록아스팔트
② 레이크아스팔트
③ 아스팔타이트
④ 스트레이트아스팔트

해설

천연 아스팔트	레이크(Lake) 아스팔트	• 호수와 같이 지표면에 노출된 것으로 규석, 교질점토 등이 포함 • 도로포장, 방수, 내산공사에 이용
	록(Rock) 아스팔트	• 다공성의 석회암, 석회석, 사암에 아스팔트가 스며든 것 • 아스팔트 함유량은 10%정도, 도로포장에 사용
	샌드(Snad) 아스팔트	• 모래층 속에 아스팔트가 스며든 것
	아스팔타이트 (Asphaltite)	• 암석의 균열부분에 아스팔트가 스며든 것 • 불순물이 거의 없는 아스팔트의 총칭 • 길소나이트, 글랜스피치, 그라하마이트

100 미장재료 중 회반죽에 관한 설명으로 옳지 않은 것은?

• 6장 1절 미장재료

① 경화속도가 느린 편이다.
② 일반적으로 연약하고, 비내수성이다.
③ 여물은 접착력 증대를, 해초풀은 균열방지를 위해 사용된다.
④ 소석회가 주원료이다.

해설

풀과 여물
• 풀
 - 접착력 증대
 - 해초풀 : 파래, 청각, 불가사리 등의 해초를 끓인 물을 체로 거른 것
 - 해초는 봄철에 채취하여 2~3년 묵힌 것이 좋음
• 여 물
 균열방지, 끈기향상, 흘러내림 방지용

정답 99 ④ 100 ③

2020년 제4회 기출해설

81 다음 미장재료 중 수경성 재료인 것은?
　• 6장 1절 미장재료

① 회반죽
② 회사벽
③ 석고 플라스터
④ 돌로마이트 플라스터

해설
수경성 미장재 : 시멘트 모르타르, 마그네시아 시멘트, 석고 플라스터

82 부재 두께의 증가에 따른 강도저하, 용접성 확보 등에 대응하기 위해 열간압연 시 냉각조건을 조절하여 냉각속도에 의해 강도를 상승시킨 구조용 특수강재는?
　• 5장 2절 금속제품

① 일반구조용 압연강재
② 용접구조용 압연강재
③ TMC 강재
④ 내후성 강재

해설
TMC(Thermo Mechanical Control process steel)
부재 두께의 증가에 따른 강도저하, 용접성 확보 등에 대응하기 위해 열간압연 시 냉각조건을 조절하여 냉각속도에 의해 강도를 상승시킨 구조용 특수강재

81 ③　82 ③

83 다음 중 고로 시멘트의 특징으로 옳지 않은 것은? • 4장 1절 석재

① 고로 시멘트는 포틀랜드 시멘트 클링커에 급랭한 고로슬래그를 혼합한 것이다.
② 초기강도는 약간 낮으나 장기강도는 보통 포클랜드 시멘트와 같거나 그 이상이 된다.
③ 보통 포클랜드 시멘트에 비해 화학저항성이 매우 낮다.
④ 수화열이 적어 매스콘크리트에 적합하다.

해설

고로 시멘트
- 포틀랜드 시멘트에 고로수쇄 슬래그를 배합한 것으로 단기재령에서의 강도발현성은 작지만, 3개월 이상의 장기에서의 강도발현성은 보통 포틀랜드 시멘트를 상회함
- 내해수성, 화학저항성에 우수하며, 알카리 골재반응이 일어나지 않는 등의 특징을 가지고 있음
- 비중이 낮고 수화열이 적으며 수축균열도 적음
- 대단면 공사, 해안공사, 지층구조물 등에 사용

84 목재를 이용한 가공제품에 관한 설명으로 옳은 것은? • 2장 6절 목재 가공품

① 집성재는 두께 1.5~3cm의 널을 접착제로 섬유평행방향으로 겹쳐 붙여서 만든 제품이다.
② 합판은 3매 이상의 얇은 판을 1매마다 접착제로 섬유평행방향으로 겹쳐 붙여서 만든 제품이다.
③ 연질섬유판은 두께 50mm, 나비 100mm의 긴 판에 표면을 리브로 가공하여 만든 제품이다.
④ 파티클보드는 코르크나무의 수피를 분말로 가열, 성형, 접착하여 만든 제품이다.

해설

② 합판은 3매 이상의 얇은 판을 1매마다 접착제로 직교방향으로 겹쳐 붙여서 만든 제품
③ 코펜하겐 리브는 두께 50mm, 나비 100mm의 긴 판에 표면을 리브로 가공하여 만든 제품
④ 코르크판은 코르크나무의 수피를 분말로 가열, 성형, 접착하여 만든 제품

집성목
- 두께 1.5~5cm의 단판을 몇 장 또는 몇 겹으로 접착한 것
- 섬유방향을 평행으로 붙인 것으로 박판이 아니며 기둥으로도 사용할 수 있음
- 요소수지가 접착제로 사용, 많은 곳에는 페놀수지 접착제가 사용됨
- 강도를 인위적으로 조절할 수 있음
- 구조변형이 용이하여 응력에 따라 제품을 만듬
- 아치와 같은 굽은 재로 만들 수 있으며 길고 단면이 큰 부재도 간단히 만들 수 있음

정답 83 ③ 84 ①

85 플라스틱 제품 중 비닐 레더(Vinyl Leather)에 관한 설명으로 옳지 않은 것은?

• 7장 3절 합성수지 제품

① 색채, 모양, 무늬 등을 자유롭게 할 수 있다.
② 면포로 된 것은 찢어지지 않고 튼튼하다.
③ 두께는 0.5~1mm이고, 길이는 10m의 두루마리로 만든다.
④ 커튼, 테이블크로스, 방수막으로 사용된다.

해설

비닐 레더(Vinyl Leather)
- 색채, 모양, 무늬 등을 자유롭게 할 수 있음
- 면포로 된 것은 찢어지지 않고 튼튼함
- 두께는 0.5~1mm이고, 길이는 10m 두루마리로 만듦
- 인조가죽, 합성피혁의 용도로 주로 사용

86 알루미늄의 성질에 관한 설명으로 옳지 않은 것은?

• 5장 1절 금속재 일반

① 비중이 철에 비해 약 1/3정도이다.
② 황산, 인산 중에서는 침식되지만 염산 중에서는 침식되지 않는다.
③ 열, 전기의 양도체이며 반사율이 크다.
④ 부식률은 대기 중의 습도와 염분함유량, 불순물의 양과 질 등에 관계되며 0.08mm/년 정도이다.

해설

알루미늄(Al)
- 보크사이트로 순수한 알루미나를 만들고 이것을 전기분해하여 정련
- 전기나 열의 전도율이 높으며 공작이 자유롭고, 기밀성이 우수
- 전성과 연성이 풍부하며 가공이 용이하며 도장이 자유로움
- 순도가 높을수록 내식성이 크고, 빛이나 열의 반사성이 커서 지붕잇기로 사용
- 산, 알칼리에는 약하며 이종금속과 접촉 시 부식이 심함

87 목재 건조 시 생재를 수중에 일정기간 침수시키는 주된 이유는?

• 2장 1절 목재의 개요

① 재질을 연하게 만들어 가공하기 쉽게 하기 위하여
② 목재의 내화도를 높이기 위하여
③ 강도를 크게 하기 위하여
④ 건조기간을 단축시키기 위하여

해설

벌목과 건조
- 용재로는 3년생 정도가 좋음
- 서까래, 장대 등과 같은 강도를 필요로 하는 것은 5년생이 좋음
- 벌목시기는 봄, 여름에는 충해의 염려가 있고, 색깔도 황갈색으로 변해 내구성이 떨어지므로 10월에서 11월경이 좋음
- 인공건조 시는 온도 46℃, 습도 55% 이하로 함
- 건조가 빠르며 쪼갠 것은 10~20일, 통재는 3~4월이면 건조되며 담황갈색이 됨
- 생재를 수중에 일정시간 침수시키면 수액이 빠져 건조시간이 단축됨

85 ④ 86 ② 87 ④

88 다음 중 방청도료에 해당되지 않는 것은? ・8장 1절 도료

① 광명단조합페인트
② 클리어 래커
③ 에칭프라이머
④ 징크로메이트 도료

해설

클리어 래커는 목재투명도장에 쓰임

방청도료
- 광명단페인트 : 금속재료의 녹막이를 위하여 사용하는 바탕칠 도료로 사산화삼납의 함유량에 따라 1, 2, 3종으로 구분
- 징크로메이트 : 크롬산 아연을 안료로, 알키드 수지를 전색재로 함, 철재가 아닌 알미늄 녹막이용으로 사용
- 알미늄페인트 : 알미늄 분말을 안료로 사용하며 방청효과와 더불어 열반사효과가 있음
- 역청질페인트 : 아스팔트 등의 역청질을 주원료로 하여 건성유, 수지류를 첨가한 것으로 일시적인 방청용으로 적합
- 방청산화철페인트 : 산화철에 아연화, 아연분말, 연단등을 혼합한 페인트
- 워쉬프라이머 : 합성수지를 전색제로 하여 안료와 인산을 첨가한 것
- 규염산페인트 : 교상의 규산염과 방청안료를 주원료로 장유성 바니쉬를 혼합한 것
- 에칭프라이머 : 금속도장 시 바탕처리에 사용하는 것으로 금속과 반응하여 화학적 생성물을 만들고 도막의 부착성이 증가됨

89 보통 시멘트 콘크리트와 비교한 폴리머 시멘트콘크리트의 특징으로 옳지 않은 것은? ・3장 6절 콘크리트

① 유동성이 감소하여 일정 워커빌리티를 얻는 데 필요한 물–시멘트비가 증가한다.
② 모르타르, 강재, 목재 등의 각종 재료와 잘 접착한다.
③ 방수성 및 수밀성이 우수하고 동결융해에 대한 저항성이 양호하다.
④ 휨, 인장강도 및 신장능력이 우수하다.

해설

폴리머 콘크리트
- 포틀랜드 시멘트에 폴리머(Polymer)를 혼입한 것으로 모르타르, 강재, 목재 등의 재료와 잘 접착함
- 방수성 및 수밀성이 우수하고 동결융해에 대한 저항성이 양호하며 휨, 인장강도 및 신장능력도 우수
- 소정의 반죽질기를 얻는 데 필요한 물・시멘트비는 폴리머・시멘트비의 증가에 따라 감소되는 특징이 있음

정답 88 ② 89 ①

90 실리콘(Silicon)수지에 관한 설명으로 옳지 않은 것은? • 7장 2절 열경화성 수지

① 실리콘수지는 내열성, 내한성이 우수하여 −60~260℃의 범위에서 안정하다.
② 탄성을 지니고 있고, 내후성도 우수하다.
③ 발수성이 있기 때문에 건축물, 전기 절연물 등의 방수에 쓰인다.
④ 도료로 사용할 경우 안료로서 알루미늄 분말을 혼합한 것은 내화성이 부족하다.

해설

규소수지(Silicone)
• 실리콘 고무, 실리콘 발포체, 실리콘유 등이 있음
• 내열성이 크고, 발수성이 있으며 탄성이 좋고 전기적 성질이 뛰어남
• 저온에서도 탄성이 있어 가스켓, 패킹 등의 원료로 사용
• 중합에의 생성된 고무에 충전제, 기타 첨가제를 혼합하여 가열해서 만듦

91 다음 제품 중 점토로 제작된 것이 아닌 것은? • 2장 7절 건축자재

① 경량벽돌
② 테라코타
③ 위생도기
④ 파키트리 패널

해설

파키트리 보드 : 경목재판의 표면은 상대패 마감한 것

92 다음 각 도료에 관한 설명으로 옳지 않은 것은? • 8장 1절 도료

① 유성페인트 – 건조시간이 길고 피막이 튼튼하고 광택이 있다.
② 수성페인트 – 유성페인트에 비하여 광택이 매우 우수하고 내구성 및 내마모성이 크다.
③ 합성수지 페인트 – 도막이 단단하고 내산성 및 내알칼리성이 우수하다.
④ 에나멜페인트 – 건조가 빠르고, 내수성 및 내약품성이 우수하다.

해설

수성페인트의 단점
• 내구성이 약하고, 물에 약해 쉽게 오염
• 수명이 짧음
• 광택이 없음

93 경질우레탄폼 단열재에 관한 설명으로 옳지 않은 것은? • 8장 5절 단열재

① 규격은 한국산업표준(KS)에 규정되어 있다.
② 공사현장에서 발포시공이 가능하다.
③ 사용시간이 경과함에 따라 부피가 팽창하는 결점이 있다.
④ 초저온 장치용 보냉재로 사용된다.

> **해설**

③ 부피가 변하지 않음

폴리우레탄 폼(Polyurethane Foam)
• MDI와 PPG를 주제로 하여 발포제, 촉매제, 안정제, 난연제등을 혼합시켜 만든 발포단열재
• 주로 보냉용 단열재로 냉동창고를 비롯하여 전 산업에 걸쳐 사용됨
• 폼의 겉보기 밀도(bulk density)를 비교적 자유롭게 조절할 수 있고 현장에서 간단히 발포시킬 수 있음
• 사용하는 원료 글리콜의 종류에 따라 폴리에테르폼과 폴리에스터폼으로 나눌 수 있음
• 폴리에테르폼은 유연성이 좋고, 폴리에스터폼은 공업용 폼으로 쓰기에 알맞게 딱딱함
• 이렇게 만들어지는 폼은 초연질, 연질, 반경질, 경질 등의 여러 가지 굳기를 가짐
• 연소 시 인체에 치명적인 맹독성 가스인 시안화수소를 발생시킨다는 단점이 있음

94 콘크리트용 골재의 요구성능에 관한 설명으로 옳지 않은 것은? • 3장 6절 콘크리트

① 골재의 강도는 경화한 시멘트페이스트 강도보다 클 것
② 골재의 형태가 예각이며, 표면은 매끄러울 것
③ 골재의 입형이 둥글고 입도가 고를 것
④ 먼지 또는 유기불순물을 포함하지 않을 것

> **해설**

콘크리트용 골재에 필요한 성질
• 골재는 청정, 견경, 내구적인 것으로 유해량의 먼지, 흙, 유기불순물 등을 포함하지 않아야 함
• 골재의 강도는 콘크리트 중의 경화 시멘트 페이스트의 강도 이상이어야 함
• 골재의 입형은 될 수 있는 대로 편평세장하지 않아야 함
• 세골재는 세정시험에서 손실량이 3.0% 이하이어야 함
• 세골재는 유기불순물 시험에 합격한 것이어야 함
• 세골재의 염분 허용한도는 0.001%(NaCl)로 함
• 구형이나 입방체에 가까운 것이 좋으며 너무 매끄러운 것, 납작한 것, 길죽한 것, 예각으로 된 것은 좋지 않음

정답 93 ③ 94 ②

95 양질의 도토 또는 장석분을 원료로 하며, 흡수율이 1% 이하로 거의 없고 소성온도가 약 1230~1460℃인 점토 제품은?　　　　　　　　　　　　　　　　　　　　　　　　• 4장 4절 점토제품

① 토 기　　　　　　　　　　　② 석 기
③ 자 기　　　　　　　　　　　④ 도 기

해설
자기 : 소성온도 1,230~1,460℃, 흡수율 0~1% 이상, 백색, 투명, 바닥용 자기질타일·모자이크타일·위생도기 등

96 콘크리트의 워커빌리티(Workability)에 관한 설명으로 옳지 않은 것은?　　• 3장 6절 콘크리트

① 과도하게 비빔시간이 길며 시멘트의 수화를 촉진하여 워커빌리티가 나빠진다.
② 단위수량을 너무 증가시키면 재료분리가 생기기 쉽기 때문에 워커빌리티가 좋아진다고 볼 수 없다.
③ AE제를 혼입하면 워커빌리티가 좋아진다.
④ 깬자갈이나 깬모래를 사용할 경우, 잔골재율을 작게 하고 단위수량을 감소시켜 워커빌리티가 좋아진다.

해설
워커빌리티(Workability)
• 과도하게 비빔시간이 길면 시멘트의 수화를 촉진하여 워커빌리티가 나빠짐
• 단위수량을 너무 증가시키면 재료분리가 생기기 쉽기 때문에 워커빌리티가 나빠짐
• AE제를 혼입하면 워커빌리티가 좋아짐
• 깬자갈 등의 쇄석을 사용하면 워커빌리티가 나빠짐

97 건축물에 사용되는 천장마감재의 요구성능으로 옳지 않은 것은?

① 내충격성　　　　　　　　　　② 내화성
③ 흡음성　　　　　　　　　　　④ 차음성

해설
천장마감재가 필요한 요구성능은 내화, 흡음, 차음성

98 세라믹재료의 일반적인 특성에 관한 설명으로 옳지 않은 것은?

① 내열성, 화학저항성이 우수하다.
② 전연성이 매우 뛰어나 가공이 용이하다.
③ 단단하고, 압축강도가 높다.
④ 전기절연성이 있다.

해설
세라믹은 전연성이 없음

99 한중 콘크리트의 배합에 관한 설명으로 옳지 않은 것은?   • 3장 6절 콘크리트

① 한중 콘크리트에는 일반콘크리트만을 사용하고, AE콘크리트의 사용을 금한다.
② 단위수량은 초기동해를 적게 하기 위하여 소요의 워커빌리티를 유지할 수 있는 범위 내에서 되도록 적게 정하여야 한다.
③ 물-결합재비는 원칙적으로 60% 이하로 하여야 한다.
④ 배합강도 및 물-결합재비는 적산온도방식에 의해 결정할 수 있다.

해설
한중 콘크리트
• 4℃ 이하의 기온에서는 합당한 시공을 해야 함
• 콘크리트를 칠 때의 온도는 10℃ 이상으로 함
• 시멘트 중량의 1% 정도의 염화칼슘을 가하거나 AE제를 사용하는 것이 좋음
• 사용 수량은 가능한 한 적게 함
• 물과 골재는 가열하여도 되나 시멘트는 가열하여 사용할 수 없음
• 동결해가 있든가 빙설이 섞여 있는 골재는 그대로 사용할 수 없음

100 유리의 주성분 중 가장 많이 함유되어 있는 것은?

① CaO
② SiO_2
③ Al_2O_3
④ MgO

해설
실리카(SiO_2)는 유리의 주성분

정답 98 ② 99 ① 100 ②

2020년 제3회 기출해설

81 통풍이 좋지 않은 지하실에 사용하는 데 가장 적합한 미장재료는? •6장 1절 미장재료

① 시멘트 모르타르
② 회사벽
③ 회반죽
④ 돌로마이트 플라스터

해설

미장재료 개요
- 건축물의 구체부위를 대상으로 보온, 단열, 방습, 방음, 내화, 미화, 보호 등의 목적으로 적절한 두께로 발라 마감하는 재료
- 넓은 면적을 이음매 없이 마무리할 수 있다는 장점이 있으나, 반드시 물을 사용해야만 하는 습식재료이므로 공기의 단축이 어려움
- 높은 인건비와 품질향상을 위해 최근에는 기계화 시공이 점차 확산되고 있으며 대표적인 예가 셀프 레벨링재에 의한 바닥마감 시공임
- 미장재는 크게 공기 중에서 경화하는 기경성과 물속에서 경화하는 수경성으로 나눔
- 기경성 미장재 : 돌로마이트 플라스터, 회반죽 바람, 흙벽바름
- 수경성 미장재 : 시멘트 모르타르, 석고플라스터
- 플라스터(Plaster) : 석고, 석회, 물, 모래 등으로 이루어져 마르면 경화하는 성질을 이용하여 벽, 천장 등을 마감하는 데 사용하는 풀모양의 건축재료
- 기경성 미장재는 통풍이 좋지 않은 지하실 등의 미장에는 적합하지 않음

82 점토의 성분 및 성질에 관한 설명으로 옳지 않은 것은? •4장 3절 점토

① Fe_2O_3 등의 부성분이 많으면 제품의 건조수축이 크다.
② 점토의 주성분은 실리카, 알루미나이다.
③ 소성 색상은 석회물질이 많을수록 짙은 적색이 된다.
④ 가소성은 점토입자가 미세할수록 좋다.

해설

점토의 개요
- 점토는 암석이 풍화, 분해되어 만들어진 가는 입자로 주성분은 실리카, 알루미나임
- 가소성은 점토입자가 미세할수록 좋고, 높은 온도로 구웠다가 식히면 강도가 증가함
- 입자크기에 따라 강도가 변하며 압축강도는 인장강도의 5배 정도임
- 철산화물이 많을수록 적색을 띠고, 석회물질이 많을수록 황색을 띰
- Fe_2O_3 등의 성분이 많으면 제품의 건조수축이 큼

81 ① 82 ③

83 석재를 성인에 의해 분류하면 크게 화성암, 수성암, 변성암으로 대별하는데 다음 중 수성암에 속하는 것은?
• 4장 1절 석재

① 사문암
② 대리암
③ 현무암
④ 응회암

> **해설**
> **석재의 분류**

성인에 의한 종별		암석의 종류	건축용 석재 종별
화성암	심성암	화강암, 섬록암, 반려암	화강석
	화산암	안산암(휘석, 각섬, 운모, 석영)	안산암, 화산암
		석영, 조면암	경석, 부석
수성암 (퇴적암)	쇄설암	점판암, 이판암, 나판암	점판암
		사암, 역암	사암
		응회암, 사질응회암, 각력질응회암	응회암
	유기암	석회암	석회석, 규조암
	침적암	석고	석고, 석회암
변성암	수성암계	대리암	대리석
	화성암계	사문암	사문암, 사회암

84 블리딩현상이 콘크리트에 미치는 가장 큰 영향은?
• 3장 6절 콘크리트

① 공기량이 증가하여 결과적으로 강도를 저하시킨다.
② 수화열을 발생시켜 콘크리트에 균열을 발생시킨다.
③ 콜드조인트의 발생을 방지한다.
④ 철근과 콘크리트의 부착력 저하, 수밀성 저하의 원인이 된다.

> **해설**
> **블리딩의 피해**
> • 철근과 콘크리트의 부착력 저하
> • 콘크리트의 수밀성 저항
> • 철근하부에 공극발생
> • 강도 저하, 내구성 약화, 구조적 결함 형성

정답 83 ④ 84 ④

85 미장공사에서 사용되는 바름재료 중 여물에 관한 설명으로 옳지 않은 것은? • 6장 1절 미장재료

① 바름에 있어서 재료에 끈기를 주어 흘러내림을 방지한다.
② 흙손질을 용이하게 하는 효과가 있다.
③ 바름 중에는 보수성을 향상시키고, 바름 후에는 건조에 따라 생기는 균열을 방지한다.
④ 여물의 섬유는 질기고 굵으며, 색이 짙고 빳빳한 것일수록 양질의 제품이다.

해설

여 물
- 바름에 있어서 재료에 끈기를 주어 흘러내림을 방지함
- 흙손실을 용이하게 하는 효과가 있음
- 바름 중에는 보수성을 향상시키고, 바름 후에는 건조에 따라 생기는 균열을 방지
- 좋은 여물은 섬유가 질기고 가늘며 부드럽고 흰색
- 나쁜 여물은 마디가 있거나 엉킨 것, 굵고 빛깔이 짙으며 빳빳함
- 종류 : 삼여물, 짚여물, 종이여물, 털여물, 종려털여물 등

---

86 플로트판유리를 연화점부근까지 가열 후 양 표면에 냉각공기를 흡착시켜 유리의 표면에 20Mpa 이상 60Mpa 이하(N/mm^2)의 압축응력층을 갖도록 한 가공유리는? • 8장 3절 유리

① 강화유리
② 열선반사유리
③ 로이유리
④ 배강도 유리

해설

배강도 유리
- 플로트판유리를 연화점부근까지 가열 후 양 표면에 냉각공기를 흡착시켜 유리의 표면에 20Mpa 이상 60Mpa 이하(N/mm^2)의 압축응력층을 갖도록 유리
- 내풍압 강도, 열깨짐 강도 등은 동일한 두께의 플로트 판유리의 2배 이상의 성능을 가짐
- 제품의 절단은 불가능

---

87 고로슬래그 쇄석에 관한 설명으로 옳지 않은 것은? • 3장 4절 혼화재

① 철을 생산하는 과정에서 용광로에서 생기는 광재를 공기 중에서 서서히 냉각시켜 경화된 것을 파쇄하여 입도를 고른 것이다.
② 다른 암석을 사용한 콘크리트보다 고로슬래그 쇄석을 사용한 콘크리트가 건조수축이 매우 큰 편이다.
③ 투수성은 보통골재를 사용한 콘크리트보다 크다.
④ 다공질이기 때문에 흡수율이 높다.

해설

고로슬래그(Blast-furnace Slag)
- 철을 생산하는 과정에서 용광로에서 생기는 광재를 공기 중에서 서서히 냉각시켜 경화된 것을 파쇄한 것
- 투수성은 보통골재를 사용한 콘크리트보다 크고, 다공질로 흡수율이 높음
- 시멘트와 섞어서 사용하면 콘크리트의 장기강도가 증가하고 경화 시 열을 낮추는 효과가 있음
- 해수의 저항성이 크고, 건조수축이 작음

정답 85 ④ 86 ④ 87 ②

88 유리공사에 사용되는 자재에 관한 설명으로 옳지 않은 것은? •8장 3절 유리

① 흡습제는 작은 기공을 수억 개 갖고 있는 입자로 기체분자를 흡착하는 성질에 의해 밀폐공간에 건조상태를 유지하는 재료이다.
② 세팅 블록은 새시 하단부의 유리끼움용 부재료로서 유리의 자중을 지지하는 고임재이다.
③ 단열간봉은 복층유리의 간격을 유지하는 재료로 알루미늄간봉을 말한다.
④ 백업제는 실링 시공인 경우에 부재의 측면과 유리면 사이에 연속적으로 충전하여 유리를 고정하는 재료이다.

해설

유리공사용 자재
- 흡습제 : 작은 기공을 수억 개 갖고 있는 입자로 기체분자를 흡착하는 성질에 의해 밀폐공간에 건조상태를 유지하는 재료
- 세팅 블록 : 새시 하단부의 유리끼움용 부재료로서 유리의 자중을 지지하는 고임재
- 측면 블록 : 프레임에서 유리가 일정한 면 클리어런스를 유지토록 하며 프레임의 양 측면에 대해 중심에 위치하도록 하는 재료
- 백업제 : 실링 시공인 경우에 부재의 측면과 유리면 사이에 연속적으로 충전하여 유리를 고정하는 재료
- 가스켓 : 네오프렌(Neoprene), EPDM, 실리콘 고무화합물 등의 재료
- 실링재 : KSF 4910에 규정된 적합한 내곰팡이성이 있는 실리콘(Silicone)계의 비초산형 재료

89 목재 또는 기타 식물질을 절삭 또는 파쇄하고 소편으로 하여 충분히 건조시킨 후 합성수지 접착제와 같은 유기질의 접착제를 첨가하여 열압제판한 보드로써 상판, 칸막이벽, 가구 등에 사용되는 것은? •2장 6절 목재 가공품

① 파키트리 보드
② 파티클 보드
③ 플로링 보드
④ 파키트리 블록

해설

파티클 보드(PB ; Particle Board)
- 목재 또는 기타 식물질을 절삭 또는 파쇄하고 소편으로 하여 충분히 건조시킨 후 합성수지 접착제와 같은 유기질의 접착제를 첨가하여 열압제판한 보드
- 원목제품을 생산하고 남은 것으로 제작하기 때문에 가격이 저렴하고 비중은 0.4 이상

정답 88 ③ 89 ②

90 금속재료의 일반적인 부식 방지를 위한 대책으로 옳지 않은 것은?   • 5장 2절 금속제품

① 가능한 다른 종류의 금속을 인접 또는 접촉시켜 사용한다.
② 가공 중에 생긴 변형은 뜨임질, 풀림 등에 의해서 제거한다.
③ 표면은 깨끗하게 하고, 물기나 습기가 없도록 한다.
④ 부분적으로 녹이 나면 즉시 제거한다.

해설

금속의 부식방지 대책
- 가능한 동종의 금속을 인접 또는 접촉시켜 사용
- 가공 중에 생긴 변형은 뜨임질, 풀림 등에 의해서 제거
- 표면은 깨끗하게 하고, 물기나 습기가 없도록 함
- 부분적으로 녹이 나면 즉시 제거

91 목재용 유성 방부제의 대표적인 것으로 방부성이 우수하나, 악취가 나고 흑갈색으로 외관이 불미하여 눈에 보이지 않는 토대, 기둥, 도리 등에 이용되는 것은?   • 2장 5절 목재의 보존

① 유성페인트
② 크레오소트 오일
③ 염화아연 4% 용액
④ 불화소다 2% 용액

해설

유성방부제 - 크레오소트 오일
- 방부성은 좋으나 목재가 흑갈색으로 착색되고 악취가 있고 흡수성이 있음
- 외관이 불미하므로 보이지 않는 곳의 토대, 기둥, 도리 등에 사용됨
- 값도 싸고 침투성도 크고 시공도 편리함

92 다음 중 알루미늄과 같은 경금속 접착에 가장 적합한 합성 수지는?   • 7장 2절 열경화성 수지

① 멜라민 수지
② 실리콘 수지
③ 에폭시 수지
④ 푸란 수지

해설

에폭시 수지(Epoxy Resin)
- 도료, 접착제 같이 성형가공을 필요로 하지 않는 것이 많이 사용되지만 주형품, 적층품, 성형품도 사용
- 성형은 분말의 에폭시 수지 성형 재료로 압축성형 트랜스퍼 성형으로 실시
- 전기적 성질이 우수하고, 내열성, 방한성, 역학적 성질이 좋음
- 경화할 때 물, 이외에 부 생성물이 없고 치수 안정성이 좋음
- 내수성, 내습성이 좋고, 금속 목재, 시멘트, 플라스틱과의 접착성이 좋음
- 비스페놀A와 에피크롤히드린과 축합에 의해 만듦
- 알루미늄과 같은 경금속 접착에 가장 적합

90 ① 91 ② 92 ③

93 리녹신에 수지, 고무물질, 코르크분말 등을 섞어 마포(Hemp Cloth) 등에 발라 두꺼운 종이모양으로 압면·성형한 제품은?

• 7장 3절 합성수지 제품

① 스펀지 시트
② 리놀륨
③ 비닐 시트
④ 아스팔트 타일

해설

리놀륨
- 아마씨기름을 의미하는 라틴어 단어 Linum에서 파생
- 아마인유, 송진, 목재, 코르크, 석회석 등의 간단한 조합으로 만든 유지계 바닥재료
- 리녹신에 수지, 고무물질, 코르크분말 등을 섞어 마포(Hemp Cloth) 등에 발라 두꺼운 종이모양으로 압면·성형

94 다음 중 단백질계 접착제에 해당하는 것은?

• 8장 2절 접착제

① 카세인 접착제
② 푸란 수지 접착제
③ 에폭시 수지 접착제
④ 실리콘 수지 접착제

해설

카세인 접착제(Casein Glue)
- 단백질계 접착제로, 강한 접착력을 나타내나 실외의 대기상태 또는 상대습도가 높은 환경에는 부적합 함
- 접착층이 균이나 곤충에 의해 피해를 받을 수 있어 약품을 첨가하여 개선해야 함

95 고로 시멘트의 특성에 관한 설명으로 옳지 않은 것은?

• 3장 1절 시멘트

① 수화열이 낮고 수축률이 적어 댐이나 항만공사 등에 적합하다.
② 보통 포틀랜드 시멘트에 비하여 비중이 크고 풍화에 대한 저항성이 뛰어나다.
③ 응결시간이 느리기 때문에 특히 겨울철 공사에 주의를 요한다.
④ 다량으로 사용하게 되면 콘크리트의 화학저항성 및 수밀성, 알칼리골재반응 억제 등에 효과적이다.

해설

고로 시멘트
- 시멘트의 클링커와 슬래그의 혼합물
- 콘크리트는 발열량이 적고 염분에 대한 저항이 큼
- 수화열이 낮고, 수축률이 적어 댐이나 항만공사에 적합
- 응결시간이 느려 겨울철 공사 시 주의해야 하며, 단기강도가 부족함
- 다량으로 사용하게 되면 콘크리트의 화학저항성 및 수밀성, 알칼리골재반응 억제 등에 효과적임

정답 93 ② 94 ① 95 ②

96 비철금속에 관한 설명으로 옳지 않은 것은? • 5장 1절 금속재 일반

① 청동은 구리와 아연을 주체로 한 합금으로 건축용 장식철물에 사용된다.
② 알루미늄은 산 및 알칼리에 약하다.
③ 아연은 산 및 알칼리에 약하나 일반대기나 수중에서는 내식성이 크다.
④ 동은 전기 및 열전도율이 매우 크다.

해설

비철금속 - 구리 (Cu) : 황동은 구리와 아연의 합금, 청동은 구리와 주석의 합금

97 콘크리트의 압축강도에 영향을 주는 요인에 관한 설명으로 옳지 않은 것은? • 3장 6절 콘크리트

① 양생온도가 높을수록 콘크리트의 초기강도는 낮아진다.
② 일반적으로 물-시멘트비가 같으면 시멘트의 강도가 큰 경우 압축강도가 크다.
③ 동일한 재료를 사용하였을 경우에 물-시멘트비가 작을수록 압축강도가 크다.
④ 습윤양생을 실시하게 되면 일반적으로 압축강도는 증진된다.

해설

강도(Strength)
- 콘크리트의 강도에는 압축강도, 인장강도, 휨강도, 전단강도, 부착강도, 피로강도 등이 있음
- 콘크리트의 강도는 압축강도가 가장 크고 기타의 인장, 전단, 부착강도 등은 극히 적음
- 압축강도 : 콘크리트의 굳은 성질로, 부재가 외력에 대하여 저항하는 힘의 최대값
- 강도는 콘크리트의 재료 품질, 조합비, 혼합정도 W/C, 양생정도, 재령 등에 따라 다름
- 철근용 콘크리트의 4주 압축강도는 210kg/cm^2 이상, 무근 콘크리트의 4주 압축강도는 310kg/cm^2 이상이어야 함
- 습윤양생을 실시하게 되면 일반적으로 압축강도는 증진
- 양생온도가 높을수록 초기강도는 증가하나 건조수축, 온도균열이 발생할 수 있음
- 콘크리트의 강도에 영향을 미치는 가장 중요한 요인은 물-시멘트비로 작을수록 압축강도가 큼

98 목재의 강도에 관한 설명으로 옳지 않은 것은? • 1장 4절 목재의 성질

① 목재의 건조는 중량을 경감시키지만 강도에는 영향을 끼치지 않는다.
② 벌목의 계절은 목재의 강도에 영향을 끼친다.
③ 일반적으로 응력의 방향이 섬유방향에 평행인 경우 압축강도가 인장강도보다 작다.
④ 섬유포화점 이하에서는 함수율 감소에 따라 강도가 증대한다.

해설

목재의 강도
- 함수율이 감소하면 강도는 증가, 함수율이 일정하면 비중이 클수록 강도는 증가
- 섬유포화점 이상에서는 함수율이 변화해도 목재의 강도는 일정, 섬유포화점 이하에서는 함수율이 작을수록 강도는 커짐
- 심재가 변재보다 강도가 큼
- 흠과 강도 : 옹이, 갈래, 썩정이 등의 흠이 있으면 강도는 떨어짐
- 겨울철 벌목이 목재의 강도가 가장 좋음
- 인장강도 > 휨강도 > 압축강도 > 전단강도

99 목제 제품 중 합판에 관한 설명으로 옳지 않은 것은? • 1장 6절 목재 가공품

① 방향에 따른 강도차가 작다.
② 곡면가공을 하여도 균열이 생기지 않는다.
③ 여러 가지 아름다운 무늬를 얻을 수 있다.
④ 함수율 변화에 의한 신축변형이 크다.

해설

합판의 개요
- 제재판재, 소각재, 섬유질소편에 합성수지를 써서 섬유평행방향으로 접착
- 변형에 대한 방향성을 제거되어 변형이 적고 내수성이 있음
- 접합성이 강한 합성수지계 접착제를 써서 가압하여 만든 것으로 방수성이 있음
- 판재에 비하여 균질이며 우수한 품질 좋은 재료를 많이 얻을 수 있음
- 잘 갈라지지 않으며 방향에 따른 강도의 차이가 적음
- 함수율 변화에 의한 신축변형이 작고, 건조가 빠르고 뒤틀림이 없음
- 곡면가공을 해도 균열이 생기지 않으며 쉽게 곡면판으로 만들 수도 있음

100 어떤 재료의 초기 탄성변형량이 2.0cm이고, 크리프(Creep) 변형량이 4.0cm라면 이 재료의 크리프계수는 얼마인가? • 3장 6절 콘크리트

① 0.5　　　　　　　　　　② 1.0
③ 2.0　　　　　　　　　　④ 2.5

해설

크리프계수
- 크리프계수 = 크리프변형률 ÷ 탄성변형률 = 4 ÷ 2 = 2
- 옥내구조물 : 3(건조함)
- 옥외구조물 : 2(비가내림)
- 수중구조물 : 1(물과 항상 접촉)

정답 99 ④　100 ③

2020년 제1·2회 통합 기출해설

5과목 건설재료학

81 도료의 저장 중 또는 용기 내 방치 시 도료의 표면에 피막이 형성되는 현상의 발생 원인과 가장 관계가 먼 것은?

• 8장 1절 도료

① 피막방지제의 부족이나 건조제가 과잉일 경우
② 용기 내의 공간이 커서 산소의 양이 많을 경우
③ 부적당한 신너로 희석하였을 경우
④ 사용잔량을 뚜껑을 열어둔 채 방치하였을 경우

해설

도료의 결함과 대책

종 류	현 상	발생원인	방지대책
점도상승	용기 내에서 가스가 발생 (용기나 뚜껑이 부풀어오르는 경우도 있음)	• 도료 중에 용제 또는 첨가한 신나의 증발 • 부적당한 신너로 희석시 • 저장 중 산화, 중합의 의함 • 안료와 수지의 반응 • 주제와 경화제의 반응	• 사용치 않을 때는 밀폐 보관 • 규정의 신나 사용 • 보관상태 및 기간에 유의 • 구입선에 교환, 반품 • 규정의 가사시간 내에 사용할 만큼의 양만 배합
가스발생	도료를 사용 중, 또는 보관 중 점도가 상승하는 것	• 도료 성분의 반응 • 장기보관 • 고온에서 보관	• 조기에 사용 • 장기 저장을 피함 • 냉암소에 저장
안료침전	용기 아래 안료가 침전	• 장기저장 • 희석 도료의 장기간 방치	• 장기 저장을 피함 • 희석 도료의 장기간 방치를 피함 • 용기를 정기적으로 뒤집어 보관
피 막	도료의 저장 중 또는 용기 중에 방치 시 도료의 표면에 피막이 형성되는 현상	• 뚜껑의 봉합불량 • 용기 중에 공간이 있을 때 공기 중의 산소와 산화반응을 일으켜 발생	• 뚜껑을 잘 봉함 • 사용 중의 도료는 빨리 사용 • 표면에 신너를 붓고 나서 보관
굳 음	사용 중 또는 저장 중 도료가 젤리상으로 되는 것	• 도료 중의 수지 반응 • 도료 중의 수지와 안료 반응 • 가사시간 경과	• 수지의 산가 조절 • 안료 선별 사용 • 가사시간 이내의 사용
변 색	도료의 상태에서 초기의 색이 다른 색으로 변해 버리는 것	• 안료와 산성도가 강한 비히클과의 반응 • 안료 상호 간의 작용	• 수지의 산가 조절 • 안료 선별 사용

81 ③

82 다음 중 무기질 단열재에 해당하는 것은?

• 8장 5절 단열재

① 발포폴리스티렌 보온재
② 셀룰로스 보온재
③ 규산칼슘판
④ 경질폴리우레탄폼

해설

무기질 단열재료
- 유리면(Glass Wool)
- 암면(Rock Wool)
- 세라믹 울(Ceramic Wool)
- 펄라이트(Perlite)단열재
- 규산칼슘(Calcium Silicate)단열재
- 경량 기포콘크리트(Autoclaved Lightweight Concrete)

83 통풍이 잘 되지 않는 지하실의 미장재료로서 가장 적합하지 않은 것은?

• 6장 1절 미장재료

① 시멘트 모르타르
② 석고 플라스터
③ 킨즈 시멘트
④ 돌로마이트 플라스터

해설

미장재료 개요
- 건축물의 구체부위를 대상으로 보온, 단열, 방습, 방음, 내화, 미화, 보호 등의 목적으로 적절한 두께로 발라 마감하는 재료.
- 넓은 면적을 이음매 없이 마무리할 수 있다는 장점이 있으나, 반드시 물을 사용해야만 하는 습식재료이므로 공기의 단축이 어려움
- 높은 인건비와 품질향상을 위해 최근에는 기계화 시공이 점차 확산되고 있으며 대표적인 예가 셀프 레벨링재에 의한 바닥마감 시공임
- 미장재는 크게 공기 중에서 경화하는 기경성과 물속에서 경화하는 수경성으로 나뉨
- 기경성 미장재 : 돌로마이트 플라스터, 회반죽 바람, 흙벽바름
- 수경성 미장재 : 시멘트 몰탈, 석고플라스터
- 플라스터(Plaster) : 석고, 석회, 물, 모래 등으로 이루어져 마르면 경화하는 성질을 이용하여 벽, 천장 등을 마감하는 데 사용하는 풀모양의 건축재료
- 기경성 미장재는 통풍이 좋지 않은 지하실 등의 미장에는 적합하지 않음

정답 82 ③ 83 ④

84 지붕공사에 사용되는 아스팔트 싱글제품 중 단위 중량이 10.3kg/m² 이상 12.5kg/m² 미만인 것은?

• 6장 2절 방수재료

① 경량 아스팔트 싱글
② 일반 아스팔트 싱글
③ 중량 아스팔트 싱글
④ 초중량 아스팔트 싱글

해설

아스팔트 싱글
• 목조지붕에 방수층으로 사용 시 지붕의 경사가 1/3~3/4 이내인 지붕에 한함
• 풍압이 강한 곳에서는 고정못을 사용하여 고정하고 추가로 제조업체가 추천하는 플라스틱 아스팔트 시멘트를 사용하여 아스팔트 싱글 하단부의 아랫면을 점착함
• 두루마리 형태의 제품은 반드시 수직으로 세워서 보관
• 플래싱(비흘림판)
  - 지붕면에 돌출된 부위와 지붕면과의 연결부위
  - 지붕 끝 부분 및 외벽과 만나는 부분 등에 댈 목적으로 용도나 부위의 형상에 맞도록 제작된 금속판
• 일반 아스팔트 싱글 : 단위중량이 10.3kg/m²~12.5kg/m²인 제품
• 중량 아스팔트 싱글 : 단위중량이 12.5kg/m²~14.2kg/m²인 제품
• 초중량 아스팔트 싱글 : 단위중량이 14.2kg/m² 이상인 제품
• 무기질 제품 싱글 : 밑면에 접착제가 도포된 제품으로 설계도면이나 공사시방서에서 별도로 명시되지 않은 경우에는 4kg/m² 이상의 무게를 가진 제품

85 점토벽돌 1종의 압축강도는 최소 얼마 이상인가?

• 4장 4절 점토 제품

① 17.85 MPa
② 19.53 MPa
③ 20.59 MPa
④ 24.50 MPa

해설

벽돌 쌓기
• 시멘트, 모르타르를 조적할 때는 벽돌 사이를 모르타르로 잘 채우고 통줄눈을 피함
• 쌓기높이는 1일에 15단 이하로 함
• 쌓기 전에 충분히 물에 적셔서 모르타르 경화를 잘되게 함
• 1종 : 압축강도 24.5MPa(N/mm²) 이상, 흡수율 10% 이하
• 2종 : 압축강도는 20.59MPa(N/mm²) 이상, 흡수율 13% 이하
• 3종 : 압축강도 10.78MPa(N/mm²)이상, 흡수율 15% 이하

정답 84 ② 85 ④

86 골재의 함수상태에 따른 질량이 다음과 같을 경우 표면수율은? • 3장 6절 콘크리트

> • 절대 건조 상태 : 490g
> • 표면 건조 상태 : 500g
> • 습윤 상태 : 550g

① 2%
② 3%
③ 10%
④ 15%

해설

표면수율 = 표면수량 ÷ 습윤중량 = (습윤상태 − 표건상태) ÷ 습윤중량 = 50 ÷ 550 ≒ 10%

골재의 흡수율
- 유효흡수율 = (표건중량 − 기건중량) ÷ 절건중량
- 흡수율 = (표건중량 − 절건중량) ÷ 절건중량
- 함수율 = 함수량 ÷ 절건중량
- 표면수율 = (습윤수량 − 표면건조포화상태의 중량) ÷ 습윤중량
- 절건(절대건조)상태 : 골재를 100∼110℃의 온도에서 질량변화가 없어질 때까지 건조한 상태
- 기건(기본건조)상태 : 골재를 공기 중에 건조하여 내부는 수분을 포함하고 있는 상태
- 표건상태 : 골재 내부의 공극에 물이 꽉 차있는 상태(콘크리트 배합설계 시 기준상태)
- 습윤상태 : 골재의 내외부에 물이 묻어 있는 상태
- 흡수량 : 표건상태의 골재에 포함된 수량
- 함수량 : 습윤상태의 골재에 포함된 수량
- 표면수량 : 습윤상태의 골재 표면의 수량

87 콘크리트의 건조수축에 관한 설명으로 옳지 않은 것은? • 3장 6절 콘크리트

① 시멘트의 제조성분에 따라 수축량이 다르다.
② 골재의 성질에 따라 수축량이 다르다.
③ 시멘트량의 다소에 따라 수축량이 다르다.
④ 된비빔일수록 수축량이 많다.

해설

콘크리트의 건조수축
- 시멘트의 분말도가 높을수록 건조수축이 증가
- 골재의 탄성계수가 클수록, 흡수율이 클수록 건조수축이 증가
- 불량한 입도의 골재는 건조수축이 증가
- 물의 양이 증가할수록 건조수축이 증가(골재의 크기를 증가시키면 물의 양이 감소)
- AE제의 사용은 건조수축을 약간증가
- 경화촉진제의 사용은 건조수축을 증가
- 포졸란의 사용은 건조수축을 증가
- 증기양생은 건조수축을 증가(습윤양생기간은 영향없음)
- 콘크리트 부재의 크기가 클수록 건조수축이 증가

정답 86 ③ 87 ④

88 목재의 나뭇결 중 아래의 설명에 해당하는 것은? • 1장 3절 목재의 결

> 나이테에 직각방향으로 켠 목재면에 나타나는 나뭇결로 일반적으로 외관이 아름답고 수축변형이 적으며 마모율도 낮다.

① 무늬결
② 곧은결
③ 널 결
④ 엇 결

해설
제 재
- 제재 계획 : 건조에 의한 수축을 고려하여 여유있어야 함
- 나뭇결을 생각하여 효과적인 목재면을 얻어야 함
- 무늬결 : 나뭇결이 곡선이며, 건조 시 변형이 큼
- 곧은결 : 목재의 직각방향의 나뭇결로 평행직선이며, 건조 시 수축변형이 적음

89 조이너(Joiner)의 설치목적으로 옳은 것은? • 5장 2절 금속제품

① 벽, 기둥 등의 모서리에 미장 바름의 보호
② 인조석깔기에서의 신축균열방지나 의장효과
③ 천장에 보드를 붙인 후 그 이음새를 감추기 위한 목적
④ 환기구멍이나 라디에이터의 덮개역할

해설
조이너(Joiner)
- 천장, 벽 등에 보드류를 붙이고 그 이음새를 감추고 누르는 데 쓰임
- 아연도금철판제·경금속제·황동제의 얇은 판을 프레스하여 만듦

90 각 석재별 주용도를 표기한 것으로 옳지 않은 것은? • 4장 1절 석재

① 화강암 - 외장재
② 석회암 - 구조재
③ 대리석 - 내장재
④ 점판암 - 지붕재

해설
석회암(Limestone)
- 화강암이나 동식물 잔해에 포함된 석회질이 녹아 바닷속에 침전된 암석
- 석회질 성분을 많아 흡수성이 있고, 치밀 견고하나 내산, 내화성이 부족
- 대부분 칼싸이트(Calcite)로 되어 있으며, 산성을 만나면 거품을 내면서 반응
- 대리석의 원료로 석회석의 주성분인 탄산갈슘($CaCO_3$)은 탄산수(산성의 물)에 잘 녹는 성질이 있음
- 석회나 시멘트의 원료로 사용되며, 재질이 물러서 구조재로 사용할 수 없고 조각용으로 사용

88 ② 89 ③ 90 ②

91 암석의 구조를 나타내는 용어에 관한 설명으로 옳지 않은 것은? • 4장 1절 석재

① 절리란 암석 특유의 천연적으로 갈라진 금을 말하며, 규칙적인 것과 불규칙적인 것이 있다.
② 층리란 퇴적암 및 변성암에 나타나는 퇴적할 당시의 지표면과 방향이 거의 평행한 절리를 말한다.
③ 석리란 암석이 가장 쪼개지기 쉬운 면을 말하며, 절리보다 불분명하지만 방향이 대체로 일치되어 있다.
④ 편리란 변성암에 생기는 절리로서 방향이 불규칙하고 얇은 판자모양으로 갈라지는 성질을 말한다.

해설
절리, 석목, 층리, 석리, 편리
- 절리 : 암석이 수축할 때 수평수직방향으로 자연적으로 생기는 금
- 화강암의 절리는 거리가 비교적 커서 큰 판재를 얻을 수 있음
- 석목(Rift) : 암석이 가장 쪼개지기 쉬운 면으로 절리보다 불분명하지만 절리와 비슷하며 방향이 대체로 일치(석목이 비교적 분명한 것은 화강암)
- 층리 : 퇴적암 및 변성암에 나타나는 평행의 절리로 층이 퇴적할 때 계절의 변화, 생물의 번식상태의 변화 등이 원인
- 석리 : 암석을 구성하고 있는 조암광물의 집합상태에 따라 생기는 모양으로 암석조직상의 갈라진 금
- 편리 : 변성암에 생기는 절리로서 그 방향이 불규칙하고 엽편상의 암석이 얇은 판자 또는 편도 모양으로 갈라지는 성질이 있음

92 강은 탄소 함유량의 증가에 따라 인장강도가 증가하지만 어느 이상이 되면 다시 감소한다 이때 인장강도가 가장 큰 시점의 탄소 함유량은? • 5장 1절 금속재 일반

① 약 0.9%   ② 약 1.8%
③ 약 2.7%   ④ 약 3.6%

해설
강(Steel)
- 탄소함유량 0.025~2% 이하
- 탄소함유량이 증가할수록 강도가 커지나 신율이 감소함
- 탄소함유량 0.8%(공석강) 초과 시 취성이 증가함

93 아스팔트의 물리적 성질에 관한 설명으로 옳은 것은? • 6장 2절 방수재료

① 감온성은 블로운 아스팔트가 스트레이트 아스팔트보다 크다.
② 연화점은 블로운 아스팔트가 스트레이트 아스팔트보다 낮다.
③ 신장성은 스트레이트 아스팔트가 블로운 아스팔트보다 크다.
④ 점착성은 블로운 아스팔트가 스트레이트 아스팔트보다 크다.

해설
스트레이트(Straight) 아스팔트
- 원유를 정제하고 다시 감압증류하여 얻은 것
- 연화점이 낮고, 온도에 의한 변화가 큼
- 신장성, 점착성, 방수성이 우수
- 주로 지하실 방수공사에 사용
- 내구력이 떨어져 건축공사에는 많이 사용하지 않음

정답 91 ③ 92 ① 93 ③

94 킨즈시멘트 제조 시 무수석고의 경화를 촉진시키기 위해 사용하는 혼화재료는?

• 6장 1절 미장재료

① 규산백토　　　　　　② 플라이애쉬
③ 화산회　　　　　　　④ 백반

해설
경석고 플라스터(킨즈시멘트)
- 무수석고를 경화를 촉진시키기 위해 백반을 첨가하여 만든 것
- 백반은 산성이므로 금속을 녹슬게 하기 때문에 금속에 방수처리가 필요함
- 강도가 크고 응결수축에 따른 수축이 거의 없음
- 수경성 재료로, 경화가 빨라 동기 시공에 적당
- 바닥 바름 재료로도 쓰일 수 있으나 산성이어서 철을 녹슬게 함

95 초기강도가 아주 크고 초기 수화발열이 커서 긴급공사나 동절기 공사에 가장 적합한 시멘트는?

• 3장 1절 시멘트

① 알루미나 시멘트　　　② 보통 포틀랜드 시멘트
③ 고로 시멘트　　　　　④ 실리카 시멘트

해설
알루미나(Al_2O_3) 시멘트
- 성분 중에는 알루미나(Al_2O_3)가 많은 시멘트
- 조기강도가 높고 염분이나 화학적 저항이 많음
- 수화열량이 높아서 대형 단면부재에는 부적당하나 긴급공사나 동기공사에 좋음

96 일반적으로 단열재에 습기나 물기가 침투하면 어떤 현상이 발생하는가?

• 8장 5절 단열재

① 열전도율이 높아져 단열성능이 좋아진다.
② 열전도율이 높아져 단열성능이 나빠진다.
③ 열전도율이 낮아져 단열성능이 좋아진다.
④ 열전도율이 낮아져 단열성능이 나빠진다.

해설
단열재의 선정조건
- 열전도율·흡수율이 작을 것
- 비중·투기성이 작을 것
- 내화성이 크고 내부식성이 좋을 것
- 시공성이 좋고 기계적인 강도가 있을 것
- 재질의 변질이 없고 균일한 품질일 것
- 가격이 저렴하고 연소 시 유독가스 발생이 없을 것
- 단열재에 습기나 물기가 침투하면 열전도율이 높아져 단열성능이 떨어짐

97 도장재료 중 래커(Lacquer)에 관한 설명으로 옳지 않은 것은? •8장 1절 도료

① 내구성은 크나 도막이 느리게 건조된다.
② 클리어래커는 투명래커로 도막은 얇으나 견고하고 광택이 우수하다.
③ 클리어래커는 내후성이 좋지 않아 내부용으로 주로 쓰인다.
④ 래커에나멜은 불투명 도료로서 클리어래커에 안료를 첨가한 것을 말한다.

해설

래커(Lacquer)
• 일명 락카라고도 하는 유성도료
• 건조속도가 빠르기 때문에 스프레이로 시공
• 도막이 견고하며 광택이 좋고 연마가 용이
• 내마멸성·내수성·내유성·내후성·불점착성이 좋음
• 다른 페인트에 비해 독성이 강하여 기존의 칠을 녹이는 성질이 있음
• 단점으로는 도막이 얇고 부착력이 약함
• 투명래커 : 도막을 얇으나 견고하고 광택이 우수, 내후성이 나빠 내부용으로 사용
• 래커에나멜 : 투명래커에 안료를 첨가한 것으로 불투명한 도료, 뉴트로셀룰로오스 등의 천연수지를 이용, 단기간에 도막이 형성

98 도료의 건조제 중 상온에서 기름에 용해되지 않는 것은? •8장 1절 도료

① 붕산망간 ② 이산화망간
③ 초산염 ④ 코발트의 수지산

해설

도료의 건조제
• 건조제를 많이 넣으면 건조는 빠르나 도막에 균열이 생김
• 고온의 기름에 용해 : 연, 망간, 코발트의 수지산, 지방산 염류
• 상온의 기름에 용해 : 리사지, 연단, 초산염, 붕산망간, 이산화망간, 수산화망간

99 시멘트의 분말도에 관한 설명으로 옳지 않은 것은? •3장 2절 시멘트의 특성

① 분말도가 클수록 수화반응이 촉진된다.
② 분말도가 클수록 초기강도는 작으나 장기강도는 크다.
③ 분말도가 클수록 시멘트 분말이 미세하다.
④ 분말도가 너무 크면 풍화되기 쉽다.

해설

분말도
• 분말도가 클수록 수화반응이 촉진되고 초기강도가 큼
• 시공연도, 공기량, 수밀성, 내구성 등이 높아지며 풍화작용도 크게 됨
• 표준체 공경 0.088mm로 쳐서 발량이 10% 이내로 하여야 함
• 포틀랜드 시멘트의 분말도 시험방법 : 블레인 시험
• 분말도가 너무 크면 비표면적이 증가하고 풍화되기 쉬움

정답 97 ① 98 ④ 99 ②

100 목재의 방부 처리법 중 압력용기 속에 목재를 넣어 처리하는 방법으로 가장 신속하고 효과적인 방법은?

• 1장 5절 목재의 보존

① 가압주입법
② 생리적 주입법
③ 표면탄화법
④ 침지법

해설

목재의 방부법

도포법	• 가장 일반적인 방법 • 목재를 충분히 건조시키고 균열이나 이음부에 방부제를 도포
주입법	• 상압주입법 : 방부액속에 목재를 침지 • 가압주입법 : 압력용기에 목재를 넣어 7~12기압으로 방부재를 주입하는 방법으로 가장 신속하고 효과적임
침지법	• 방부액 속에 목재를 몇 시간~며칠 동안 침지 • 용액을 가열하면 15mm까지 침투함
표면탄화법	• 가격이 싸고 간편하나 효과가 지속적이지 못함 • 목재의 부패균 침입을 방지하기 위해 목재 표면을 약간 태워 탄소로 표면을 씌워버림 • 표면탄화는 일시적으로만 유효하고 1~2년이 지나면 탄소가 떨어져 버림 • 외관이 좋지 않고, 탄소분이 인체에 부착되어 가설재 등에 임시로 사용
생리주입법	• 벌목 전 나무뿌리에 약액을 주입 • 효과가 미미함

정답 100 ①

2019년 제4회 기출해설

81 목재의 수축팽창에 관한 설명으로 옳지 않은 것은?
① 변재는 심재보다 수축률 및 팽창률이 일반적으로 크다.
② 섬유포화점 이상의 함수상태에서는 함수율이 클수록 수축률 및 팽창률이 커진다.
③ 수종에 따라 수축률 및 팽창률에 상당한 차이가 있다.
④ 수축이 과도하거나 고르지 못하면, 할렬, 비틀림 등이 생긴다.

해설

목재의 성질
- 수종별로 성질이 다르고, 지역과 개체에 따라서 성질이 다름
- 동일 개체 내에서도 주위환경에 따라서, 세포에 따라서도 성질이 다름
- 수종에 따라 수축률 및 팽창률에 상당한 차이가 있음
- 변재는 심재보다 수축률 및 팽창률이 일반적으로 큼
- 수축이 과도하거나 고르지 못하면, 할렬, 비틀림 등이 생김
- 섬유포화점 이상의 함수상태에서는 함수율이 변해도 목재의 물리적 성질은 변화가 없음
- 섬유포화점 : 목재 세포가 최대 한도의 수분을 흡착한 상태(함수율이 약 30%의 상태)

82 경질섬유판(Hard Fiber Board)에 관한 설명으로 옳은 것은?
① 밀도가 0.3g/cm³ 정도이다.
② 소프트 텍스라고도 불리며 수장판으로 사용된다.
③ 소판이나 소각재의 부산물 등을 이용하여 접착, 접합에 의해 소요 형상의 인공목재를 제조할 수 있다.
④ 펄프를 접착제로 제판하여 양면을 열압 건조시킨 것이다.

해설

섬유판

연질섬유판 (IB ; Insulation Board)	• 밀도 0.35gcm² 미만의 섬유판 • Door 및 벽체, 충진제, 흡음제(방음제) 등으로 이용
중질섬유판 (MDF ; Midium Density Fiberboard)	• 밀도 0.35g/cm²~0.85g/cm² 미만의 섬유판 • 일반 가구, 악기 등에 사용
경질섬유판 (HD ; Hard Board)	• 밀도 0.85g/cm² 이상의 섬유판 • 창호, 문틀재 및 바닥재 등으로 이용 • 펄프를 접착제로 제판하여 양면을 열압 건조시킨 것

정답 81 ② 82 ④

83 다음 중 열경화성 수지에 속하지 않는 것은? • 7장 2절 열경화성수지

① 멜라민 수지
② 요소 수지
③ 폴리에틸렌 수지
④ 에폭시 수지

해설

열경화성 수지의 종류
- 페놀 수지(Phenol Resin, 석탄산 수지)
- 폴리에스테르 수지(Polyester Resin)
- 요소 수지(Urea-Formaldehyde Resin)
- 멜라민 수지(Melamine Formaldehyde Resin)
- 에폭시 수지(Epoxy Resin)
- 폴리우레탄 수지(Polyurethane Resin)
- 규소 수지(Silicone)

84 콘크리트에 사용되는 혼화재인 플라이 애시에 관한 설명으로 옳지 않은 것은? • 3장 4절 혼화재

① 단위 수량이 커져 블리딩 현상이 증가한다.
② 초기 재령에서 콘크리트 강도를 저하시킨다.
③ 수화 초기의 발열량을 감소시킨다.
④ 콘크리트의 수밀성을 향상시킨다.

해설

플라이 애시(Fly-ash)
- 석탄발전소에서 발생하는 석탄을 태우고 남은 재를 말함
- 입형이 구형으로 콘크리트에 20~30% 정도 혼합하면 볼베어링효과로 유동성이 증대
- 유동성 증대로 단위수량이 및 블리딩 감소하고 장기강도 증진, 내화학성 증가
- 수화 초기의 발열량을 감소
- 콘크리트의 수밀성을 향상

85 점토에 관한 설명으로 옳지 않은 것은? • 4장 3절 점토

① 습윤상태에서 가소성이 좋다.
② 압축강도는 인장강도의 약 5배 정도이다.
③ 점토를 소성하면 용적, 비중 등의 변화가 일어나며 강도가 현저히 증대된다.
④ 점토의 소성온도는 점토의 성분이나 제품의 종류에 상관없이 같다.

해설

온도측정법
- 소성온도는 점토의 성분이나 제품의 종류에 따라 상이함
- 소성온도 측정법에는 1886년 제게르가 고안하고 1908년 시모니스가 개량한 제게르콘법이 있음(SK번호는 소성온도를 표시함)

83 ③ 84 ① 85 ④

86 도막 방수에 사용되지 않는 재료는? •6장 2절 방수재료

① 염화비닐 도막재
② 아크릴고무 도막재
③ 고무아스팔트 도막재
④ 우레탄고무 도막재

해설

도막 방수
• 합성고무, 합성수지용액, 에멀젼을 콘크리트 바탕에 2~4mm 두께로 도포
• 종 류
 – 고무아스팔트계 : 천연 및 합성고무와 아스팔트로 만듦
 – 우레탄 고무계 : 1성분형과 2성분형이 있고 2성분형이 이용됨
 – 아크릴 고무계 : 수분의 증발에 의해 도막을 형성하는 방수재료
 – 아크릴 수지계 : 연속저온하에에서는 굳어지고, 연속고온하에서는 연화됨
 – 클로로프렌 고무계 : 클로로프렌 고무를 주성분으로 하고 무기질 충전제, 안정제를 혼합
 – FRP도막방수재 : 내마모성이 뛰어나고 강인하며, 경량이며, 내수성, 내식성, 내후성이 뛰어남
 – 에폭시 : 내약품성, 내마모성이 우수하여 화학공장의 방수층을 겸한 바닥 마무리로 적합
 – 폴리우레탄 : 도막방수재, 실링재로 사용, 기포성 보온재료로도 사용

87 각 창호철물에 관한 설명으로 옳지 않은 것은? •5장 2절 금속제품

① 피벗힌지(Pivot Hinge) – 경첩 대신 촉을 사용하여 여닫이문을 회전시킨다.
② 나이트래치(Night Latch) – 외부에서는 열쇠, 내부에서는 작은 손잡이를 틀어 열 수 있는 실린더 장치로 된 것이다.
③ 크레센트(Crescent) – 여닫이문의 상하단에 붙여 경첩과 같은 역할을 한다.
④ 래버터리힌지(Lavatory Hinge) – 스프링힌지의 일종으로 공중용 화장실 등에 사용된다.

해설

창호철물
• 피벗힌지(Pivot Hinge) : 경첩 대신 촉을 사용하여 여닫이문을 회전시킨다.
• 나이트래치(Night Latch) : 외부에서는 열쇠, 내부에서는 작은 손잡이로 개폐하는 잠금장치
• 크레센트(Crescent) : 오르내리기창(Hung Window)이나 미서창(Sliding Window)의 잠금장치
• 래버터리힌지(Lavatory Hinge) : 스프링힌지의 일종으로 공중용 화장실 등에 사용
• 플로어힌지 : 경첩으로 유지할 수 없는 무거운 자재 여닫이문에 사용

정답 86 ① 87 ③

88 집성목재의 사용에 관한 설명으로 옳지 않은 것은?
• 2장 6절 목재 가공품

① 판재와 각재를 접착제로 결합시켜 대재(大材)를 얻을 수 있다.
② 보, 기둥 등의 구조재료로 사용할 수 없다.
③ 옹이, 균열 등의 결점을 제거하거나 분산시켜 균질의 인공목재로 사용할 수 있다.
④ 임의의 단면 형상을 갖도록 제작할 수 있어 목재 활용면에서 경제적이다.

해설

집성목
- 두께 1.5~5cm의 단판을 몇 장 또는 몇 겹으로 접착한 것
- 섬유방향을 평행으로 붙인 것으로 박판이 아니며 기둥으로도 사용할 수 있음
- 요소수지가 접착제로 사용, 많은 곳에는 페놀수지 접착제가 사용됨
- 강도를 인위적으로 조절할 수 있음
- 구조변형이 용이하여 응력에 따라 제품을 만듦
- 아치와 같은 굽은 재로 만들 수 있으며 길고 단면이 큰 부재도 간단히 만들 수 있음

89 다음 도료 중 방청도료에 해당하지 않는 것은?
• 8장 1절 도료

① 광명단 도료
② 다채무늬 도료
③ 알루미늄 도료
④ 징크로메이트 도료

해설

방청도료
- 광명단페인트 : 금속재료의 녹막이를 위하여 사용하는 바탕칠 도료로 사산화삼납의 함유량에 따라 1, 2, 3종으로 구분
- 징크로메이트 : 크롬산 아연을 안료로, 알키드 수지를 전색제로 함, 철재가 아닌 알미늄 녹막이용으로 사용
- 알미늄페인트 : 알미늄 분말을 안료로 사용하며 방청효과와 더불어 열반사효과가 있음
- 역청질페인트 : 아스팔트 등의 역청질을 주원료로 하여 건성유, 수지류를 첨가한 것으로 일시적인 방청용으로 적합
- 방청산화철페인트 : 산화철에 아연화, 아연분말, 연단 등을 혼합한 페인트
- 워쉬프라이머 : 합성수지를 전색제로 하여 안료와 인산을 첨가한 것
- 규염산페인트 : 교상의 규산염과 방청안료를 주원료로 장유성 바니쉬를 혼합한 것

90 강화유리에 관한 설명으로 옳지 않은 것은?
• 8장 3절 유리

① 유리 표면에 강한 압축응력층을 만들어 파괴강도를 증가시킨 것이다.
② 강도는 플로트 판유리에 비해 3~5배 정도이다.
③ 주로 출입문이나 계단 난간, 안전성이 요구되는 칸막이 등에 사용된다.
④ 깨어질 때는 판유리 전체가 파편으로 잘게 부서지지 않는다.

해설

강화유리
- 고온으로 가열하여 유리표면에 강한 압축응력층을 만들어 파괴강도를 증가시킨 것
- 강도는 플로트 판유리에 비해 강도가 3~5배 정도 높음
- 200℃ 온도에도 견디는 강한 내열성을 가짐
- 깨어질 때는 판유리 전체가 파편으로 잘게 부서져 안전유리라고도 함
- 주로 출입문이나 계단 난간, 안전성이 요구되는 칸막이 등에 사용

91 수밀성, 기밀성 확보를 위하여 유리와 새시의 접합부, 패널의 접합부 등에 사용되는 재료로서 내후성이 우수하고 부착이 용이한 특징이 있으며, 형상이 H형, Y형, ㄷ형으로 나누어지는 것은?

• 8장 3절 유리

① 유리퍼티(Glass Putty)
② 2액형 실링재(Two-part Liquid Sealing Compound)
③ 가스켓(Gasket)
④ 아스팔트코킹(Asphalt Caulking Materials)

해설

유리공사용 자재
- 흡습제 : 작은 기공을 수억 개 갖고 있는 입자로 기체분자를 흡착하는 성질에 의해 밀폐공간에 건조상태를 유지하는 재료
- 세팅블록 : 새시 하단부의 유리끼움용 부재료로서 유리의 자중을 지지하는 고임재
- 측면 블록 : 프레임에서 유리가 일정한 면 클리어런스를 유지토록 하며 프레임의 양 측면에 대해 중심에 위치하도록 하는 재료
- 백업제 : 실링 시공인 경우에 부재의 측면과 유리면 사이에 연속적으로 충전하여 유리를 고정하는 재료로 내후성이 우수하고 부착이 용이함
- 가스켓 : 수밀성, 기밀성 확보를 위하여 유리와 새시의 접합부, 패널의 접합부 등에 사용되는 재료, 형상에 따라 H형, Y형, ㄷ형이 있음
- 실링재 : KSF 4910에 규정된 적합한 내곰팡이성이 있는 실리콘(Silicone)계의 비초산형 재료

92 콘크리트의 탄산화에 관한 설명으로 옳지 않은 것은?

• 3장 6절 콘크리트

① 탄산가스의 농도, 온도, 습도 등 외부환경조건도 탄산화 속도에 영향을 준다.
② 물-시멘트비가 클수록 탄산화의 진행속도가 빠르다.
③ 탄산화된 부분은 페놀프탈레인액을 분무해도 착색되지 않는다.
④ 일반적으로 보통 콘크리트가 경량골재 콘크리트보다 탄산화 속도가 빠르다.

해설

콘크리트의 중성화(탄산화)
- 최초의 콘크리트의 pH는 12~13의 강알칼리성이나 공기 중의 탄산가스와 반응하여 약알칼리화 되는 현상
- 탄산가스의 농도, 온도, 습도 등 외부환경조건은 탄산화 속도에 영향을 줌
- 물-시멘트비가 클수록 탄산화의 진행속도가 빠름
- 탄산화된 부분은 페놀프탈레인액을 분무해도 착색되지 않음
- 경량골재 콘크리트는 자체 기공이 많고 투수성이 커서 중성화 속도가 빠름

정답 91 ③ 92 ④

93 골재의 실적률에 관한 설명으로 옳지 않은 것은? • 4장 1절 석재

① 실적률은 골재 입형의 양부를 평가하는 지표이다.
② 부순 자갈의 실적률은 그 입형 때문에 강자갈의 실적률보다 적다.
③ 실적률 산정 시 골재의 밀도는 절대건조 상태의 밀도를 말한다.
④ 골재의 단위용적질량이 동일하면 골재의 밀도가 클수록 실적률도 크다.

해설

실적률
- 골재의 단위용적 중의 실적 용적을 백분율로 나타낸 값
- 실적률(%) = $W/\rho \times 100\%$
- 골재 입형의 양부를 평가하는 지표로 사용
- 순 자갈의 실적률은 그 입형 때문에 강 자갈의 실적률보다 적음
- 실적률 산정 시 골재의 밀도는 절대건조 상태의 밀도를 말함
- 골재의 단위용적질량이 동일하면 골재의 밀도가 클수록 실적률은 작음

94 다음 중 강(鋼)의 열처리와 관계없는 용어는? • 5장 1절 금속재 일반

① 불림
② 담금질
③ 단조
④ 뜨임

해설

강의 열처리

담금질(Quenching)	• 금속에 강도와 경도를 부여하기 위하여 실시하는 열처리 조작 • 고온에서 급속히 냉각시키는 조작을 말하며, 급냉에 의하여 강의 경도는 담금질전의 3배 정도로 상승함
뜨임(Tempering)	• 담금질로 인한 불안전한 내부응력의 조직을 안정화 시키고, 기계적 성질을 개선하기 위한 열처리 • 723℃ 이하의 적당한 온도 구간에서 가열, 냉각함 • 강재의 경도는 다소 저하되더라도 인성은 증가함
풀림(Annealing)	• 불균일하고 거대한 조직을 균일하게 하고, 가공할 때에 생긴 내부응력을 제거하고 연화하는 열처리 조작
불림(Normalizing)	• 주조, 단조 압연 등에 의하여 만들어진 강재는 과열이상 조직이나 탄화물의 국부응집, 결정립의 조대화 등이 발생함 • 강철의 결정립을 미세하게 하여 기계적 성질을 향상시키기 위한, 즉 강을 표준상태로 하기 위한 열처리임

95 석고보드의 특성에 관한 설명으로 옳지 않은 것은? •6장 1절 미장재료

① 흡수로 인해 강도가 현저하게 저하된다.
② 신축변형이 커서 균열의 위험이 크다.
③ 부식이 안 되고 충해를 받지 않는다.
④ 단열성이 높다.

해설

석고보드의 특징
- 단열성 : 열전도율이 낮아 실내 온도조절이 용이
- 차음성 : 차음성능이 뛰어나 외부의 소음을 차단
- 방화성 : 20%의 결정수가 함유되어 초기연소지연을 도와주며 무기질섬유가 들어 있어 내화성능이 우수함
- 경제성 : 시공이 용이하며 자재가 가벼워 건물의 구조자재비가 절감됨
- 치수 안정성 : 온습도 변화에 따라 수축 팽창 등의 변형이 거의 없어 시공 후 뒤틀림이 없음
- 방수성 : 특수방수처리를 하여 습기가 많은 욕실이나 주방에서도 사용이 가능
- 시공성 : 쉽게 절단되고, 벽지와 페인트 등 다양한 외부마감재 사용이 가능

96 보통 포틀랜드 시멘트에 관한 설명으로 옳지 않은 것은? •3장 2절 시멘트의 특성

① 시멘트의 응결시간은 분말도가 작을수록, 또 수량이 많고 온도가 낮을수록 짧아진다.
② 시멘트의 안정성 측정법으로 오토클레이브 팽창도 시험방법이 있다.
③ 시멘트의 비중은 소성온도나 성분에 따라 다르며, 동일 시멘트인 경우에 풍화한 것일수록 작아진다.
④ 시멘트의 비표면적이 너무 크면 풍화하기 쉽고 수화열에 의한 축열량이 커진다.

해설

분말도
- 분말도가 클수록 수화반응이 촉진되고 초기강도가 큼
- 시공연도, 공기량, 수밀성, 내구성 등이 높아지며 풍화작용도 크게 됨
- 표준체 공경 0.088mm로 쳐서 발량이 10% 이내로 하여야 함
- 포틀랜드 시멘트의 분말도 시험방법 : 블레인 시험
- 분말도가 너무 크면 비표면적이 증가하고 풍화되기 쉬움

정답 95 ② 96 ①

97 안료를 적은 양의 물로 용해하여 수용성 교착제와 혼합한 분말상태의 도료는? •8장 1절 도료

① 수성 페인트 ② 바니시
③ 래 커 ④ 에나멜 페인트

해설

수성 페인트
• 안료를 물로 용해하여 수용성 교착제와 혼합한 분말상태의 도료로 물을 많이 타면 거품이 생기고, 은폐성, 도막성능이 저하됨
• 주로 콘크리트, 모르타르, 회반죽 등 주로 알칼리성재료에 사용
• 물체가 완전히 건조된 상태에서 칠해야 하며 유성페인트보다 칠하기 쉽고 다양한 색상을 만들어낼수 있음
• 종류로는 유기질 호재 분산 수성, 무기지 호재 분산 수성, 에멀젼(Emulsion)이 있으며, 에멀젼 페인트가 가장 많이 사용됨
• 에멀젼 페인트
 – 수성페인트에 합성수지와 유화제를 섞은 것
 – 내수성, 내구성이 크고, 표면이 아름다움
 – 나무, 모르타르, 석고보드에 사용이 가능
 – 내부용 : 입자가 큰 편이며, 거의 무광임
 – 외부용 : 입자가 작고 어느 정도 광택임 있음
• 장점 : 건조가 빠르고, 균열이 발생하지 않고 색이 발하지 않음
• 단점 : 내구성이 약하고, 물에 약해 쉽게 오염되며 수명이 짧음

98 프리플레이스드 콘크리트에 사용되는 골재에 관한 설명으로 옳지 않은 것은? •3장 6절 콘크리트

① 굵은 골재의 최소 치수는 15mm 이상, 굵은 골재의 최대 치수는 부재단면 최소 치수의 1/4 이하, 철근 콘크리트의 경우 철근 순간격의 2/3 이하로 하여야 한다.
② 굵은 골재의 최대 치수와 최소 치수와의 차이를 작게 하면 굵은 골재의 실적률이 커지고 주입모르타르의 소요량이 적어진다.
③ 대규모 프리플레이스드 콘크리트를 대상으로 할 경우, 굵은 골재의 최소 치수를 크게 하는 것이 효과적이다.
④ 골재의 적절한 입도 분포를 위해 일반적으로 굵은 골재의 최대 치수는 최소 치수의 2~4배 정도로 한다.

해설

프리플레이스드(Preplaced) 콘크리트
• 거푸집에 골재를 넣고 그 골재 사이 공극에 모르타르를 넣어서 만든 콘크리트
• 자갈이 촘촘하게 차 있어서 시멘트가 적게 들고 치밀함
• 곰보현상이 적고 내수성·내구성이 뛰어남
• 골재를 먼저 넣으므로 중량콘크리트 시공을 할 수도 있음
• 재료가 분리되지 않고 유동성·팽창성·응결지연성을 좋게 하기 위해 플라이 애시, 표면활성제, 알루미늄 분말 등의 혼화제를 섞어서 사용함
• 모르타르를 넣을 때는 새지 않도록 하고 연속적으로 넣음
• 모르타르면의 상승속도를 0.3~2.0m/h 정도로 조절
• 주로 기초말뚝의 현장 시공과 수중공사에 쓰임
• 골재의 적절한 입도 분포를 위해 일반적으로 굵은 골재의 최대 치수는 최소 치수의 2~4배 정도함

99 콘크리트 구조물의 강도 보강용 섬유소재로 적당하지 않은 것은?

• 3장 6절 콘크리트

① PCP
② 유리섬유
③ 탄소섬유
④ 아라미드섬유

해설

섬유보강 콘크리트의 종류

무기계 섬유	강섬유(Steel Fiber)
	유리섬유(Glass Fiber)
	탄소섬유(Carbon Fiber)
유기계 섬유	아라미드 섬유(Alamide Fiber)
	폴리프로필렌 섬유(Polypropylene Fiber)
	비닐론 섬유(Vinylon Fiber)
	나일론 섬유(Nylon Fiber)

100 내약품성, 내마모성이 우수하여 화학공장의 방수층을 겸한 바닥 마무리로 가장 적합한 것은?

• 6장 2절 방수재료

① 에폭시 도막 방수
② 아스팔트 방수
③ 무기질 침투 방수
④ 합성고분자 방수

해설

도막 방수
• 합성고무, 합성수지용액, 에멀젼을 콘크리트 바탕에 2~4mm 두께로 도포
• 종 류
 – 고무아스팔트계 : 천연 및 합성고무와 아스팔트로 만듦
 – 우레탄 고무계 : 1성분형과 2성분형이 있고 2성분형이 이용됨
 – 아크릴 고무계 : 수분의 증발에 의해 도막을 형성하는 방수재료
 – 아크릴 수지계 : 연속저온하에서는 굳어지고, 연속고온하에서는 연화됨
 – 클로로프렌 고무계 : 클로로프렌 고무를 주성분으로 하고 무기질 충전제, 안정제를 혼합
 – FRP도막방수재 : 내마모성이 뛰어나고 강인하며, 경량이며, 내수성, 내식성, 내후성이 뛰어남
 – 에폭시 : 내약품성, 내마모성이 우수하여 화학공장의 방수층을 겸한 바닥 마무리로 적합
 – 폴리우레탄 : 도막방수재, 실링재로 사용, 기포성 보온재료로도 사용

정답 99 ① 100 ①

2019년 제2회 기출해설

5과목 건설재료학

81 콘크리트의 건조수축에 관한 설명으로 옳지 않은 것은?
• 3장 6절 콘크리트

① 시멘트의 제조성분에 따라 수축량이 다르다.
② 시멘트량의 다소에 따라 일반적으로 수축량이 다르다.
③ 된비빔일수록 수축량이 크다.
④ 골재의 탄성계수가 크고 경질인 만큼 작아진다.

해설

콘크리트의 건조수축
• 시멘트의 분말도가 높을수록 건조수축이 증가
• 골재의 탄성계수가 클수록, 흡수율이 클수록 건조수축이 증가
• 불량한 입도의 골재는 건조수축이 증가
• 물의 양이 증가할수록 건조수축이 증가(골재의 크기를 증가시키면 물의 양이 감소)
• AE제의 사용은 건조수축을 약간 증가
• 경화촉진제의 사용은 건조수축을 증가
• 포졸란의 사용은 건조수축을 증가
• 증기양생은 건조수축을 증가(습윤양생기간은 영향 없음)
• 콘크리트 부재의 크기가 클수록 건조수축이 증가

82 플라스틱 건설재료의 현장적용 시 고려사항에 관한 설명으로 옳지 않은 것은?

① 열가소성 플라스틱 재료들은 열팽창계수가 작으므로 경질판의 정착에 있어서 열에 의한 팽창 및 수축 여유는 고려하지 않아도 좋다.
② 마감부분에 사용하는 경우 표면의 흠, 얼룩변형이 생기지 않도록 하고 필요에 따라 종이, 천 등으로 보호하여 양생한다.
③ 열경화성 접착제에 경화제 및 촉진제 등을 혼입하여 사용할 경우, 심한 발열이 생기지 않도록 적정량의 배합을 한다.
④ 두께 2mm 이상의 열경화성 평판을 현장에서 가공할 경우, 가열가공하지 않도록 한다.

해설

열가소성 플라스틱 재료들은 열팽창계수가 크므로 열에 의한 팽창 및 수축 여유를 고려해야 한다.

83 내열성이 크고 발수성을 나타내어 방수제로 쓰이며 저온에서도 탄성이 있어 Gasket, Packing의 원료로 쓰이는 합성수지는?
• 7장 2절 열경화성 수지

① 페놀수지
② 폴리에스테르수지
③ 실리콘수지
④ 멜라민수지

해설

규소수지(Silicone)
• 실리콘 고무, 실리콘 발포체, 실리콘유 등이 있음
• 내열성이 크고, 발수성이 있으며 탄성이 좋고 전기적 성질이 뛰어남
• 저온에서도 탄성이 있어 가스켓, 패킹 등의 원료로 사용
• 중합에의 생성된 고무에 충전제, 기타 첨가제를 혼합하여 가열해서 만듦

84 ALC 제품에 관한 설명으로 옳지 않은 것은?
• 3장 5절 시멘트 제품

① 보통콘크리트에 비하여 중성화의 우려가 높다.
② 열전도율은 보통콘크리트의 1/10 정도이다.
③ 압축강도에 비해서 휨강도나 인장강도는 상당히 약하다.
④ 흡수율이 낮고 동해에 대한 저항성이 높다.

해설

ALC 제품(Autoclaved Lightweight Concrete)
• 고온고압에서 양생하여 벽돌에 기포를 넣어 경량화한 제품
• 규사와 석회를 원료로 하여 시멘트 제품은 아님
• 강도가 40kg/cm^2 정도로 구조재로서는 적합하지 못함
• 경량이므로 단열성이나 시공성이 매우 우수
• 내화성이 크고 차음성이 있어 매우 경제적
• 사용 후 변형이나 균열이 비교적 적음
• 흡수율이 높아 습기에 취약하여 곰팡이가 발생하기 쉬움
• 마감재를 빠르게 흡수하여 두꺼운 칠 시공이 어려움
• 표면이 마모되기 쉽고, 인장강도가 약함

85 시멘트의 경화시간을 지연시키는 용도로 일반적으로 사용하고 있는 지연제와 거리가 먼 것은?
• 3장 3절 혼화제

① 리그닌설폰산염
② 옥시카르본산
③ 알루민산소다
④ 인산염

해설

지연제
• 시멘트의 응결시간을 늦추기 위해서 쓰이는 재료
• 여름철 콘크리트인 경우 레디믹스트 콘크리트로 운반거리가 긴 경우 등에 사용하면 효과가 큼
• 장기강도증대 서중콘크리트에 사용
• 리그닌설폰산염, 옥시카르본산, 인산염 등이 있음

정답 83 ③　84 ④　85 ③

86 부순굵은골재에 대한 품질규정치가 KS에 정해져 있지 않은 항목은?   • 3장 6절 콘크리트

① 압축강도　　　　　　② 절대건조밀도
③ 흡수율　　　　　　　④ 안정성

해설
골재의 KS시험
- 체가름 : 입도분포를 측정시험
- 체통과량 : 0.08mm체 통과량 시험
- 밀도(비중) 및 흡수율 : 골재원, 1000m³마다
- 모래의 유기 불순물 : 골재원, 1000m³마다
- 마모 : 골재원, 1000m³마다
- 안정성 : 골재원, 1000m³마다
- 단위중량
- 화물 함유량 : 공급회사별, 재질변화 시마다
- 골재의 알칼리 잠재반응 시험 : 골재원마다, 재질변화 시마다
- 표면수량 : 1일 1회 이상
- 절대건조밀도

87 다음 목재가공품 중 주요 용도가 나머지 셋과 다른 것은?   • 2장 7절 건축자재

① 플로어링블록(Flooring Block)
② 연질섬유판(Soft Fiber Insulation Board)
③ 코르크판(Cork Board)
④ 코펜하겐 리브판(Copenhagen Rib Board)

해설
플로어링 블록은 바닥재, 나머지는 벽·천장재임

88 특수도료의 목적상 방청도료에 속하지 않는 것은?   • 8장 1절 도료

① 알루미늄도료　　　　② 징크로메이트도료
③ 형광도료　　　　　　④ 에칭프라이머

해설
방청도료
- 광명단페인트 : 금속재료의 녹막이를 위하여 사용하는 바탕칠 도료로 사산화삼납의 함유량에 따라 1, 2, 3종으로 구분
- 징크로메이트 : 크롬산 아연을 안료로, 알키드 수지를 전색재로 함, 철제가 아닌 알미늄 녹막이용으로 사용
- 알미늄페인트 : 알미늄 분말을 안료로 사용하며 방청효과와 더불어 열반사효과가 있음
- 역청질페인트 : 아스팔트 등의 역청질을 주원료로 하여 건성유, 수지류를 첨가한 것으로 일시적인 방청용으로 적합
- 방청산화철페인트 : 산화철에 아연화, 아연분말, 연단등을 혼합한 페인트
- 워쉬프라이머 : 합성수지를 전색제로 하여 안료와 인산을 첨가한 것
- 규염산페인트 : 교상의 규산염과 방청안료를 주원료로 장유성 바니쉬를 혼합한 것

86 ①　87 ①　88 ③

89 건축용으로 판재지붕에 많이 사용되는 금속재료는? • 5장 2절 동판

① 철 ② 동
③ 주석 ④ 니켈

해설

동판
- 내구성, 내부식성이 우수하여 지붕재로 쓰임
- 대기 중에 노출 시 산화하면서 녹청을 발생하여 보호막을 형성

90 대규모 지하구조물, 댐 등 매스콘크리트의 수화열에 의한 균열발생을 억제하기 위해 벨라이트의 비율을 높인 시멘트는? • 3장 1절 시멘트

① 보통 포틀랜드 시멘트
② 저열 포틀랜드 시멘트
③ 실리카퓸 시멘트
④ 팽창시멘트

해설

저열 포틀랜드 시멘트
- 대규모 지하구조물, 댐 등 매스콘크리트의 수화열에 의한 균열발생을 억제하기 위해 벨라이트의 비율을 높인 시멘트
- 수화열이 적어 온도균열 억제가 효과적이고, 장기강도 발현성이 우수하며, 시공이 양호함
- 중성화 억제에 효과가 있고, 알칼리 골재반응 억제, 자기수축이 적음

91 콘크리트의 강도 및 내구성 증가에 가장 큰 영향을 주는 것은? • 3장 6절 콘크리트

① 물과 시멘트의 배합비
② 모래와 자갈의 배합비
③ 시멘트와 자갈의 배합비
④ 시멘트와 모래의 배합비

해설

물시멘트비(W/C)
- 물과 시멘트의 질량비로 강도와 내구성에 가장 큰 영향을 줌
- W/C가 클수록 내구성과 수밀성이 저하되므로 강도를 크게 하기 위해서는 물의 비중을 낮추어야 함
- 해양구조물의 W/C : 45~50%
- 콘크리트의 내동해성 W/C : 45~60%
- 콘크리트의 수밀성을 고려한 W/C : 50% 이하

정답 89 ② 90 ② 91 ①

92 금속 중 연(鉛)에 관한 설명으로 옳지 않은 것은? • 5장 1절 금속재 일반

① X선 차단효과가 큰 금속이다.
② 산, 알카리에 침식되지 않는다.
③ 공기 중에서 탄산연($PbCO_3$) 등이 표면에 생겨 내부를 보호한다.
④ 인장강도가 극히 작은 금속이다.

해설
납(Pb)
- 비중(11.34)이 크고 연한 성질로 X선 차단효과가 큰 금속
- 주조 가공성 및 단조성이 풍부하나 인장강도가 극히 작음
- 열전도율은 작으나 온도의 변화에 따른 신축이 큼
- 알칼리에는 침식되는 성질이 있음
- 송수관, 가스관, X선실, 방사선 차단 안벽붙임 등에 쓰임

93 비닐수지 접착제에 관한 설명으로 옳지 않은 것은? • 7장 3절 합성수지 제품

① 용제형과 에멀션(Emulsion)형이 있다.
② 작업성이 좋다.
③ 내열성 및 내수성이 우수하다.
④ 목재 접착에 사용가능하다.

해설
비닐수지 접착제(Vinyl Resin Paste)
- 값이 싸고 작업성이 좋고, 다양한 종류의 접착에 알맞아 일반적으로 많이 사용
- 목재가구 및 창호, 종이도배, 천도배, 논슬립 등의 접착에 사용하나 물에 약함
- 작업성이 좋으며 용제형과 에멀전형이 있음
- 내열성이 떨어짐

94 기건상태에서의 목재의 함수율은 약 얼마인가? • 2장 4절 목재의 성질

① 5% 정도 ② 15% 정도
③ 30% 정도 ④ 45% 정도

해설
함수율
- 생재상태 : 40~100%
- 기건상태 : 함수율 15%
- 전건상태 : 함수율 0%, 전건재를 대기 중에 방치하면 수분을 흡수하여 기전재가 됨
- 섬유포화점 : 30% 함수율
- 함수율 = (목재의 중량 − 100℃가 될 때까지 건조시켰을 때 전건중량) ÷ 100℃가 될 때까지 건조시켰을 때 전건중량

92 ② 93 ③ 94 ②

95 진주석 등을 800~1200℃로 가열 팽창시킨 구상입자 제품으로 단열, 흡음, 보온 목적으로 사용되는 것은?
• 8장 5절 단열재

① 암면 보온판
② 유리면 보온판
③ 카세인
④ 펄라이트 보온재

해설

펄라이트(Perlite) 단열재
• 진주석을 900~1200℃로 가열 팽창시킨 구상입자의 제품으로 단열, 흡음, 보온에 사용
• 내부가 미세공극을 가지는 경량구상형의 작은 입자로 구성되어 경량골재 및 단열재료 사용

96 아스팔트 제품에 관한 설명으로 옳지 않은 것은?
• 6장 2절 방수재료

① 아스팔트 프라이머 – 블로운 아스팔트를 용제에 녹인 것으로 아스팔트 방수, 아스팔트 타일의 바탕처리재로 사용된다.
② 아스팔트 유제 – 블로운 아스팔트를 용제에 녹여 석면, 광물질분말, 안정제를 가하여 혼합한 것으로 점도가 높다.
③ 아스팔트 블록 – 아스팔트 모르타르를 벽돌형으로 만든 것으로 화학공장의 내약품 바닥마감재로 이용된다.
④ 아스팔트 펠트 – 유기천연섬유 또는 석면섬유를 결합한 원지에 연질의 스트레이트 아스팔트를 침투시킨 것이다.

해설

아스팔트 방수재료
• 아스팔트 루핑 : 두꺼운 펠트의 양면에 블로운 아스팔트를 피복
• 아스팔트 펠트 : 천연 유기섬유에 스트레이트 아스팔트를 합침한 것
• 아스팔트 블록 : 아스팔트 모르타르를 벽돌형으로 만든 것으로 화학공장의 내약품 바닥마감재로 이용
• 아스팔트 모르타르 : 아스팔트에 모래, 활석, 석회석 등을 혼합하여 만든 것
• 아스팔트 프라이머 : 블로운 아스팔트를 용제에 녹인 것으로 아스팔트 방수, 아스팔트 타일의 바탕처리재로 사용
• 아스팔트 코팅 : 블로운 아스팔트를 휘발성 용제에 녹이고 광물분말 등을 가하여 만든 것으로 방수, 접합부 충전 등에 쓰임
• 아스팔트 유제 : 스트레이트 아스팔트를 미립으로 수중에 분산시켜 제조한 것으로 방진처리, 방수제, 토질안정의 용도로 사용

정답 95 ④ 96 ②

97 목재의 강도에 관한 설명으로 옳지 않은 것은?　　　　　• 2장 4절 목재의 성질

① 함수율이 섬유포화점 이상에서는 함수율이 증가하더라도 강도는 일정하다.
② 함수율이 섬유포화점 이하에서는 함수율이 감소할수록 강도가 증가한다.
③ 목재의 비중과 강도는 대체로 비례한다.
④ 전단강도의 크기가 인장강도 등 다른 강도에 비하여 크다.

해설

목재의 강도
- 함수율이 감소하면 강도는 증가, 함수율이 일정하면 비중이 클수록 강도는 증가
- 섬유포화점 이상에서는 함수율이 변화해도 목재의 강도는 일정, 섬유포화점 이하에서는 함수율이 작을수록 강도는 커짐
- 심재가 변재보다 강도가 큼
- 흠과 강도 : 옹이, 갈래, 썩정이 등의 흠이 있으면 강도는 떨어짐
- 겨울철 벌목이 목재의 강도가 가장 좋음
- 인장강도 > 휨강도 > 압축강도 > 전단강도
  - 인장강도 : 섬유방향이 가장 크고, 그것의 직각방향이 가장 작음
  - 휨강도 : 만곡강도, 곡강도로 목재를 사용함에 있어 중요한 값으로 작용
  - 압축강도 : 목재의 양방향에서 내부로 미는 힘에 대한 저항력
  - 전단강도 : 전단력이 가해질 때 재료가 파괴되는 최대응력

98 코너비드(Corner Bead)의 설치위치로 옳은 것은?　　　　　• 5장 2절 금속제품

① 벽의 모서리　　　　② 천장 달대
③ 거푸집　　　　　　④ 계단 손잡이

해설

코너비드
- 미장공사에서 기둥이나 벽의 모서리 부분을 보호하기 위하여 쓰는 철물
- 재질은 아연철판, 황동판 제품 등이 쓰임

99 공시체(천연산 석재)를 (105±2)°C로 24시간 건조한 상태의 질량이 100g, 표면건조포화상태의 질량이 110g, 물 속에서 구한 질량이 60g일 때 이 공시체의 표면건조포화상태의 비중은?
　　　　　• 4장 1절 석재

① 2.2　　　　　　② 2
③ 1.8　　　　　　④ 1.7

해설
- 석재의 물리적 성질 = 비중
- 공시체의 표면건조포화상태의 비중 = 건조무게 ÷ (표면건조 포화상태의 무게 − 수중무게)
  ∴ 100 ÷ (110 − 60) = 2

정답　97 ④　98 ①　99 ②

100 AE콘크리트에 관한 설명으로 옳지 않은 것은? ・3장 6절 콘크리트

① 시공연도가 좋고 재료분리가 적다.
② 단위수량을 줄일 수 있다.
③ 제물치장 콘크리트 시공에 적당하다.
④ 철근에 대한 부착강도가 증가한다.

해설

AE 콘크리트
- 콘크리트에 발포제를 혼합한 다공질 제품의 콘크리트
- 미세기포가 볼베어링(Ball Bearing)의 역할을 하며 콘크리트의 시공연도를 개선
- 용수량을 감소시키므로 W/C가 적어져서 블리딩현상이 생기지 않고 건조수축도 적음
- 표면이 평활하게 되어 수장 겸용 콘크리트로 쓸 수 있음
- 공기량이 증가되므로 압축강도가 5% 감소하며 철근부착력이 감소되고, 미장재 부착력도 낮아짐
- 경량 콘크리트는 동기공사 및 수면공사의 방동 콘크리트, 엑스포우즈드 콘크리트, 시멘트 제품 포장용으로도 쓰임

정답 100 ④

2019년 제1회 기출해설

5과목 건설재료학

81 합성수지 재료에 관한 설명으로 옳지 않은 것은? •7장 3절 합성수지 제품

① 에폭시수지는 접착성은 우수하나 경화 시 휘발성이 있어 용적의 감소가 매우 크다.
② 요소수지는 무색이어서 착색이 자유롭고 내수성이 크며 내수합판의 접착제로 사용된다.
③ 폴리에스테르수지는 전기절연성, 내열성이 우수하고 특히 내약품성이 뛰어나다.
④ 실리콘수지는 내약품성, 내후성이 좋으며 방수피막 등에 사용된다.

해설
에폭시수지 접착제(Epoxy Resin Paste)
• 내수성, 내습성, 내약품성, 전기절연성이 우수, 접착력이 강함
• 피막이 단단하고 유연성이 부족하고 값이 비쌈
• 현재까지의 접착제 중 가장 우수하여 금속, 항공기 접착에도 쓰임
• 내용제성과 내약품성이 뛰어나고 경화할 때 휘발성이 적음
• 금속유리, 목재, 알루미늄과 같은 경금속의 접착제로 사용

82 목재의 건조특성에 관한 설명으로 옳지 않은 것은? •2장 3절 목재의 결

① 온도가 높을수록 건조속도는 빠르다.
② 풍속이 빠를수록 건조속도는 빠르다.
③ 목재의 비중이 클수록 건조속도는 빠르다.
④ 목재의 두께가 두꺼울수록 건조시간이 길어진다.

해설
건 조
• 생나무 무게의 1/3 이상이 경감될 때까지 건조
• 구조용재는 함수율 15% 이하, 가구용재는 10%까지 건조
• 건조가 잘 되어야 균열, 변형이 일어나지 않고 부패균의 생성을 방지
• 건조가 잘 되어야 강도가 좋고, 가공도 용이함
• 온도가 높을수록, 풍속이 빠를수록 건조속도가 빠름
• 비중이 작을수록 건조속도가 빠름

정답 81 ① 82 ③

83 부재 혹은 구조물의 치수가 커서 시멘트의 수화열에 의한 온도상승 및 강하를 고려하여 설계·시공해야 하는 콘크리트를 무엇이라 하는가?
• 3장 4절 혼화재

① 매스콘크리트
② 한중콘크리트
③ 고강도콘크리트
④ 수밀콘크리트

해설

실리카 퓸(Silica Fume)
• 규소합금 제조 시 발생하는 폐가스를 집진하여 얻어진 부산물
• 첨가 시 고강도 및 투수성이 적은 콘크리트를 만듦
• 수화초기에 발열량이 감소하고 블리딩이 감소
• 강도 및 내화학성 증대, 수밀성 및 기밀성 증대 효과
• 고강도 콘크리트, 해양 및 지하구조물, 매스콘크리트, 터널, 댐 시공 시 사용
• 매스콘크리트 : 구조물의 치수가 커서 수화열에 의한 온도상승과 강하를 고려해야 함

84 목재의 내연성 및 방화에 관한 설명으로 옳지 않은 것은?
• 2장 4절 목재의 성질

① 목재의 방화는 목재 표면에 불연소성 피막을 도포 또는 형성시켜 화염의 접근을 방지하는 조치를 한다.
② 방화제로는 방화페인트, 규산나트륨 등이 있다.
③ 목재가 열이 닿으면 먼저 수분이 증발하고 160℃ 이상이 되면 소량의 가연성가스가 유출된다.
④ 목재는 450℃에서 장시간 가열하면 자연발화하게 되는데, 이 온도를 화재위험온도라고 한다.

해설

목재의 연소
• 수분소실, 열분해, 가스방출 : 100℃
• 가소성(탄화점) : 180℃
• 목재의 착화점(화재위험온도) : 260~270℃
• 목재의 자연발화점 : 400~450℃
• 발화 후 10~20분 내에 100~1200℃까지 상승하고 그 이후 온도가 급격히 떨어짐

85 점토 제품에서 SK번호가 의미하는 바로 옳은 것은?
• 4장 3절 점토

① 점토원료를 표시
② 소성온도를 표시
③ 점토 제품의 종류를 표시
④ 점토 제품 제법 순서를 표시

해설

온도측정법
• 소성온도는 점토의 성분이나 제품의 종류에 따라 상이함
• 소성온도 측정법에는 1886년 제게르가 고안하고 1908년 시모니스가 개량한 제게르콘법이 있음(SK번호는 소송온도를 표시함)

정답 83 ① 84 ④ 85 ②

86 다음 중 역청재료의 침입도 값과 비례하는 것은?
　　　　　　　　　　　　　　　　　　　　　　　• 6장 2절 방수재료
① 역청재의 중량
② 역청재의 온도
③ 대기압
④ 역청재의 비중

해설
아스팔트의 양부를 판별하는 성질
• 신도, 감온비
• 침입도 : 역청재의 온도에 비례
• 연화점 : 열을 받아 변형을 일으키는 온도로 침입도와 반비례함

87 표면을 연마하여 고광택을 유지하도록 만든 시유타일로 대형 타일에 많이 사용되며, 천연화강석의 색깔과 무늬가 표면에 나타나게 만들 수 있는 것은?
　　　　　　　　　　　　　　　　　　　　　　　• 5장 4절 점토 제품
① 모자이크 타일
② 징크판넬
③ 논슬립 타일
④ 폴리싱 타일

해설
폴리싱 타일
표면을 연마한 고광택의 시유타일, 대리석보다 싸고 튼튼하며 대리석 느낌을 낼 수 있으나 물기가 있을 때 매우 미끄러움

88 투명도가 높으므로 유기유리라고도 불리며 무색 투명하여 착색이 자유롭고 상온에서도 절단·가공이 용이한 합성수지는?
　　　　　　　　　　　　　　　　　　　　　　　• 7장 1절 열가소성 수지
① 폴리에틸렌 수지
② 스티롤 수지
③ 멜라민 수지
④ 아크릴 수지

해설
아크릴(Acrylic)
• 빛의 투과성이 좋고 온도변화에도 잘 견딤
• 광학렌즈, 간판, 안전유리 대용으로 사용
• 투명도가 높아 유기유리라고 불리며 유리대체재로 사용
• 착색이 자유롭고 상온에서도 절단가공이 용이
• 가열하면 연화, 융해하고 냉각하면 경화됨
• 분자구조가 쇄상구조로 되어 있음

86 ②　87 ④　88 ④

89 다음 중 원유에서 인위적으로 만든 아스팔트에 해당하는 것은?

• 6장 2절 방수재료

① 블론 아스팔트
② 로크 아스팔트
③ 레이크 아스팔트
④ 아스팔타이트

해설

아스팔트 방수재료 – 블로운(Blown) 아스팔트
- 감압잔사유에 압축공기를 불어넣어 축중합반응을 일으켜 분자량을 크게 한 것
- 아스팔트시멘트와 비교하여 상온에서 고체상태
- 도로포장에서는 시멘트포장의 채움재(Joint Filler)로 사용

90 강재 시편의 인장시험 시 나타나는 응력-변형률 곡선에 관한 설명으로 옳지 않은 것은?

• 1장 1절 건설재료

① 하위항복점까지 가력한 후 외력을 제거하면 변형은 원상으로 회복된다.
② 인장강도 점에서 응력값이 가장 크게 나타난다.
③ 냉간성형한 강재는 항복점이 명확하지 않다.
④ 상위항복점 이후에 하위항복점이 나타난다.

해설

응력과 변형률 : 재료에 외력을 가한 후 제거하면 원상으로 회복되는 구간은 탄성한계임

91 유리가 불화수소에 부식하는 성질을 이용하여 5mm 이상 판유리면에 그림, 문자 등을 새긴 유리는?

• 8장 3절 유리

① 스테인드유리
② 망입유리
③ 에칭유리
④ 내열수리

해설

에칭유리 : 유리가 불화수소에 부식하는 성질을 이용하여 5mm 이상 판유리면에 그림, 문자 등을 새긴 유리

92 회반죽에 여물을 넣는 가장 주된 이유는?   • 6장 1절 미장재료

① 균열을 방지하기 위하여
② 점성을 높이기 위하여
③ 경화를 촉진하기 위하여
④ 내수성을 높이기 위하여

해설

여 물
- 균열방지, 끈기향상, 흘러내림 방지용
- 흙손실을 용이하게 하는 효과가 있음
- 바름 중에는 보수성을 향상시키고, 바름 후에는 건조에 따라 생기는 균열을 방지
- 좋은 여물은 섬유가 질기고 가늘며 부드럽고 흰색
- 나쁜 여물은 마디가 있거나 엉킨 것, 굵고 빛깔이 짙으며 뻣뻣함
- 종류 : 삼여물, 짚여물, 종이여물, 털여물, 종려털여물 등

93 기성 배합 모르타르 바름에 관한 설명으로 옳지 않은 것은?   • 6장 1절 미장재료

① 현장에서의 시공이 간편하다.
② 공장에서 미리 배합하므로 재료가 균질하다.
③ 접착력 강화제가 혼입되기도 한다.
④ 주로 바름 두께가 두꺼운 경우에 많이 쓰인다.

해설

기성배합 모르타르
- 공장에서 미리 배합하므로 재료가 균질하며 현장에서 시공이 간편
- 접착력 강화제가 혼입되기도 함
- 바름두께가 얇은 경우에 많이 사용

94 골재의 입도분포를 측정하기 위한 시험으로 옳은 것은?   • 3장 6절 콘크리트

① 플로우 시험
② 블레인 시험
③ 체가름 시험
④ 비카트침 시험

해설

골재의 KS시험
- 체가름 : 입도분포 측정시험
- 체통과량 : 0.08mm체 통과량 시험
- 밀도(비중) 및 흡수율 : 골재원, 1000m^3마다
- 모래의 유기 불순물 : 골재원, 1000m^3마다
- 마모 : 골재원, 1000m^3마다
- 안정성 : 골재원, 1000m^3마다
- 단위중량
- 화물 함유량 : 공급회사별, 재질변화 시마다
- 골재의 알칼리 잠재반응 시험 : 골재원마다, 재질변화 시마다
- 표면수량 : 1일 1회 이상
- 절대건조밀도

92 ① 93 ④ 94 ③

95 다음 미장재료 중 기경성(氣硬性)이 아닌 것은?　　　　　• 6장 1절 미장재료

① 회반죽　　　　② 경석고 플라스터
③ 회사벽　　　　④ 돌로마이트플라스터

해설

기경성 미장재 : 돌로마이트플라스터, 회반죽, 흙벽바름

96 도료 중 주로 목재면의 투명도장에 쓰이고 오일 니스에 비하여 도막이 얇으나 견고하며, 담색으로서 우아한 광택이 있고 내부용으로 쓰이는 것은?　　• 8장 1절 도료

① 클리어 래커(Clear Lacquer)
② 에나멜 래커(Enamel Lacquer)
③ 에나멜 페인트(Enamel Paint)
④ 하이 솔리드 래커(High Solid Lacquer)

해설

래커(Lacqer)
• 일명 락카라고도 하는 유성도료
• 건조속도가 빠르기 때문에 스프레이로 시공
• 도막이 견고하며, 광택이 좋고, 연마가 용이
• 내마멸성, 내수성, 내유성, 내후성, 불점착성이 좋음
• 다른 페인트에 비해 독성이 강하여 기존의 칠을 녹이는 성질이 있음
• 단점으로는 도막이 얇고 부착력이 약함
• 투명래커 : 도막을 얇으나 견고하고 광택이 우수, 내후성이 나빠 내부용으로 사용
• 래커에나멜 : 투명래커에 안료를 첨가한 것으로 불투명한 도료, 뉴트로셀루로오스 등의 천연수지를 이용, 단기간에 도막이 형성

97 강화유리의 검사항목과 거리가 먼 것은?　　　　• 8장 3절 유리

① 파쇄시험　　　　② 쇼트백시험
③ 내충격성시험　　④ 촉진노출시험

해설

강화유리
• 고온으로 가열하여 유리표면에 강한 압축응력층을 만들어 파괴강도를 증가시킨 것
• 강도는 플로트 판유리에 비해 강도가 3~5배 정도로 높음
• 200℃ 온도에도 견디는 강한 내열성을 가짐
• 깨어질 때는 판유리 전체가 파편으로 잘게 부서져 안전유리라고도 함
• 주로 출입문이나 계단 난간, 안전성이 요구되는 칸막이 등에 사용
• 검사항목 : 파쇄시험, 쇼트백시험, 내충격시험

정답　95 ②　96 ①　97 ④

98 목재의 신축에 관한 설명으로 옳은 것은? •2장 1절 목재의 개요

① 동일 나뭇결에서 심재는 변재보다 신축이 크다.
② 섬유포화점 이상에서는 함수율의 변화에 따른 신축 변동이 크다.
③ 일반적으로 고은결폭보다 널결폭이 신축의 정도가 크다.
④ 신축의 정도는 수종과는 상관없이 일정하다.

해설

목재의 성질
• 수종별로 성질이 다르고, 지역과 개체에 따라서 성질이 다름
• 동일 개체 내에서도 주위환경에 따라서, 세포에 따라서도 성질이 다름
• 수종에 따라 수축률 및 팽창률에 상당한 차이가 있음
• 변재는 심재보다 수축률 및 팽창률이 일반적으로 큼
• 수축이 과도하거나 고르지 못하면, 할렬, 비틀림 등이 생김
• 고은결폭보다 널결폭이 신축의 정도가 큼
• 섬유포화점 이상의 함수상태에서는 함수율이 변해도 목재의 물리적 성질은 변화가 없음
• 섬유포화점 : 목재 세포가 최대 한도의 수분을 흡착한 상태(함수율이 약 30%의 상태)

99 창호용 철물 중 경첩으로 유지할 수 없는 무거운 자재여닫이문에 쓰이는 철물은? •5장 2절 금속제품

① 도어스톱
② 래버터리힌지
③ 도어체크
④ 플로어힌지

해설

창호철물
• 피벗힌지(Pivot Hinge) : 경첩 대신 촉을 사용하여 여닫이문을 회전시킨다.
• 나이트래치(Night Latch) : 외부에서는 열쇠, 내부에서는 작은 손잡이로 개폐하는 잠금장치
• 크레센트(Crescent) : 오르내리기창(Hung Window)이나 미서창(Sliding Window)의 잠금장치
• 래버터리힌지(Lavatory Hinge) : 스프링힌지의 일종으로 공중용 화장실 등에 사용
• 플로어힌지 : 경첩으로 유지할 수 없는 무거운 자재 여닫이문에 사용

100 오토클레이브(Auto Clave)에 포화증기 양생한 경량기포콘크리트의 특징으로 옳은 것은?

• 2장 5절 시멘트 제품

① 열전도율은 보통 콘크리트와 비슷하여 단열성은 약한 편이다.
② 경량이고 다공질이어서 가공 시 톱을 사용할 수 있다.
③ 불연성 재료로 내화성이 매우 우수하다.
④ 흡음성과 차음성은 비교적 약한 편이다.

해설

ALC 제품(Autoclaved Lightweight Concrete)
- 고온고압에서 양생하여 벽돌에 기포를 넣어 경량화한 제품
- 규사와 석회를 원료로 하여 시멘트 제품은 아님
- 강도가 40kg/cm² 정도로 구조재로서는 적합하지 못함
- 경량이므로 단열성이나 시공성이 매우 우수
- 내화성이 크고 차음성이 있어 매우 경제적
- 사용 후 변형이나 균열이 비교적 적음
- 흡수율이 높아 습기에 취약하여 곰팡이가 발생하기 쉬움
- 마감재를 빠르게 흡수하여 두꺼운 칠 시공이 어려움
- 표면이 마모되기 쉽고, 인장강도가 약함

정답 100 ②

2018년 제4회 기출해설

5과목 건설재료학

81 평판성형되어 유리대체재로서 사용되는 것으로 유기질 유리라고 불리우는 것은?

• 7장 1절 열가소성 수지

① 아크릴수지
② 페놀수지
③ 폴리에틸렌수
④ 요소수지

해설

아크릴(Acrylic)
- 빛의 투과성이 좋고 온도변화에도 잘 견딤
- 광학렌즈, 간판, 안전유리 대용으로 사용
- 투명도가 높아 유기유리라고 불리며 유리대체재로 사용
- 착색이 자유롭고 상온에서도 절단가공이 용이

82 콘크리트에 사용되는 신축이음(Expansion Joint)재료에 요구되는 성능 조건이 아닌 것은?

• 3장 6절 콘크리트

① 콘크리트의 수축에 순응할 수 있는 탄성
② 콘크리트의 팽창에 대한 저항성
③ 우수한 내구성 및 내부식성
④ 이음사이의 충분한 수밀성

해설

신축이음(Expansion Joint) : 기초의 부동침하와 온도, 습도 등의 변화에 따라 신축팽창을 흡수시킬 목적으로 설치하는 줄눈

정답 81 ① 82 ②

83 다음 제품의 품질시험으로 옳지 않은 것은? • 4장 4절 점토 제품

① 기와 – 흡수율과 인장강
② 타일 – 흡수율
③ 벽돌 – 흡수율과 압축강
④ 내화벽돌 – 내화도

해설
점토기와의 품질시험종목
• 겉모양 및 치수
• 흡수율
• 휨파괴하중
• 내동해성

84 점토에 관한 설명으로 옳지 않은 것은? • 4장 3절 점토

① 가소성은 점토입자가 클수록 좋다.
② 소성된 점토 제품의 색상은 철화합물, 망간화합물, 소성온도 등에 의해 나타난다.
③ 저온으로 소성된 제품은 화학변화를 일으키기 쉽다.
④ Fe_2O_3 등의 성분이 많으면 건조수축이 커서 고급 도자기 원료로 부적합하다.

해설
점토의 개요
• 점토는 암석이 풍화, 분해되어 만들어진 가는 입자로 주성분은 실리카, 알루미나임
• 가소성은 점토입자가 미세할수록 좋고, 높은 온도로 구웠다가 식히면 강도가 증가함
• 입자크기에 따라 강도가 변하며 압축강도는 인장강도의 5배 정도임
• 철산화물이 많을수록 적색을 띠고, 석회물질이 많을수록 황색을 띰
• Fe_2O_3 등의 성분이 많으면 제품의 건조수축이 큼

85 다음 중 이온화 경향이 가장 큰 금속은? • 5장 1절 금속재 일반

① Mg   ② Al
③ Fe   ④ Cu

해설
금속의 부식
• 금속의 이온화 경향 : 금속이 전해질 속에서 양이온으로 되려는 성질
• 이온화경향이 큰 순서 : K > Na > Ca > Mg > Al > Zn > Fe > Ni > Sn > Pb > Cu
• 금속이 이온화되려는 경향을 부식이라 함
• 방식처리 방법
 – 동종의 두 금속을 인접 또는 접촉시켜 사용
 – 균질의 것을 선택하고 사용할 때 큰 변형을 주지 않음
 – 표면을 평활, 청결하게 하고 가능한 한 건조상태로 유지
 – 큰 변형을 준 것은 가능한 한 풀림하여 사용

정답 83 ① 84 ① 85 ①

86 내화벽돌의 주원료 광물에 해당되는 것은?   • 4장 4절 점토 제품

① 형 석
② 방해석
③ 활 석
④ 납 석

해설
내화벽돌
내화점토로 만든 황백색의 벽돌로 1500~2000℃의 고온에서 구워낸 벽돌로, 내화도는 SK26(1,580℃) 이상이며 주요광물은 납석임

87 바닥용으로 사용되는 모자이크 타일의 재질로서 가장 적당한 것은?   • 4장 4절 점토 제품

① 도기질
② 자기질
③ 석기질
④ 토 기

해설
점토 제품의 분류
- 토기 : 소성온도 790~1,000℃, 흡수율 20% 이상, 유색, 불투명, 기와 벽돌 토관
- 도기 : 소성온도 1,100~1,230℃, 흡수율 10% 이상, 백색, 불투명, 타일 테라코타
- 석기 : 소성온도 1,160~1,350℃, 흡수율 3~10% 이상, 유색, 불투명, 마루타일 클링커타일
- 자기 : 소성온도 1,230~1,460℃, 흡수율 0~1% 이상, 백색, 투명, 바닥용 자기질타일 모자이크타일 위생도기

88 콘크리트 공기량에 관한 설명으로 옳지 않은 것은?   • 3장 6절 콘크리트

① AE 콘크리트의 공기량은 보통 3~6%를 표준으로 한다.
② 콘크리트를 진동시키면 공기량이 감소한다.
③ 콘크리트의 온도가 높으면 공기량이 줄어든다.
④ 비빔시간이 길면 길수록 공기량은 증가한다.

해설
공기량
- AE 콘크리트의 공기량은 보통 3~6%를 표준으로 함
- 콘크리트를 진동시키면 공기량이 감소
- 콘크리트의 온도가 높으면 공기량이 감소
- 비빔시간이 길면 길수록 공기량이 감소

89 목재의 심재와 변재에 관한 설명으로 옳지 않은 것은? · 2장 3절 목재의 결

① 변재는 심재 외측과 수피 내측 사이에 있는 생활세포의 집합이다.
② 심재는 수액의 통로이며 양분의 저장소이다.
③ 심재는 변재보다 단단하여 강도가 크고 신축 등 변형이 적다.
④ 심재의 색깔은 짙으며 변재의 색깔은 비교적 옅다.

해설

나이테
- 봄에는 빠르게 성장, 여름에는 광합성으로 인해 작고 단단한 세포를 만듦
- 겨울에는 세포분열을 하지 않고 성장도 전혀 일어나지 않음
- 춘재(Earlywood) : 봄에 자란 부분
- 추재(Latedwood) : 여름과 가을에 자란 부분
- 심재(Heartwood) : 죽은 세포로 단단한 물성을 가지고 있는 색이 진한 부분, 단단하고 함수율이 낮음
- 변재(Sapwood) : 한창 자라고 있는 세포로 물과 양분을 전달하며 색이 연한 부분, 건조 시 수축과 변형이 심하며 내구성이 떨어짐

90 금속재료의 녹막이를 위하여 사용하는 바탕칠 도료는? · 8장 1절 도료

① 알루미늄페인트
② 광명단
③ 에나멜페인트
④ 실리콘페인트

해설

방청도료
- 광명단페인트 : 금속재료의 녹막이를 위하여 사용하는 바탕칠 도료로 사산화삼납의 함유량에 따라 1, 2, 3종으로 구분
- 징크로메이트 : 크롬산 아연을 안료로, 알키드 수지를 전색재로 함, 철재가 아닌 알미늄 녹막이용으로 사용
- 알미늄페인트 : 알미늄 분말을 안료로 사용하며 방청효과와 더불어 열반사효과가 있음
- 역청질페인트 : 아스팔트 등의 역청질을 주원료로 하여 건성유, 수지류를 첨가한 것으로 일시적인 방청용으로 적합
- 방청산화철페인트 : 산화철에 아연화, 아연분말, 연단 등을 혼합한 페인트
- 워쉬프라이머 : 합성수지를 전색제로 하여 안료와 인산을 첨가한 것
- 규염산페인트 : 교상의 규산염과 방청안료를 주원료로 장유성 바니쉬를 혼합한 것

정답 89 ② 90 ②

91 콘크리트의 성질을 개선하기 위해 사용하는 각종 혼화제의 작용에 포함되지 않는 것은?

• 3장 3절 혼화제

① 기포작용
② 분산작용
③ 건조작용
④ 습윤작용

해설

혼화제(Chemical Admixture)
- 시멘트의 성능을 향상시키고 작업능률을 좋게 하기 위해 첨가하는 약제와 재료
- 콘크리트가 굳기 전 또는 굳은 후의 성능의 성능을 향상시키기 위해 첨가함
- 그 사용량이 전체 시멘트 무게의 1% 미만으로 콘크리트 용적계산에 영향을 미치지 않음
- 혼화제의 작용 : 기포작용, 분산작용, 습윤작용

92 돌로마이트 플라스터에 관한 설명으로 옳지 않은 것은?

• 6장 1절 미장재료

① 건조수축에 대한 저항성이 크다.
② 소석회에 비해 점성이 높고 작업성이 좋다.
③ 변색, 냄새, 곰팡이가 없으며 보수성이 크다.
④ 회반죽에 비해 조기강도 및 최종강도가 크다.

해설

돌로마이트 플라스터
- 소석회에 비해 점성이 높고 작업성이 좋음
- 변색, 냄새, 곰팡이가 없으며 보수성이 큼
- 회반죽에 비해 조기강도 및 최종강도가 큼
- 경화가 늦고 수축성이 큼

93 자연에서 용제가 증발해서 표면에 피막이 형성되어 굳는 도료는?

• 8장 1절 도료

① 유성조합페인트
② 에폭시수지도료
③ 알키드수지
④ 염화비닐수지에나멜

해설

에나멜(Enamel)
- 희석제로 신너를 사용하며, 색상이 선명함
- 물과 오염에 강하지만 냄새가 심하고 휘발성분이 강해 인체에 유해함
- 일반 페인트보다 도막이 두껍고, 광택이 좋음
- 내후, 내수, 내열, 내약품성이 우수하여 문, 몰딩이나 목재, 철재 제품에 사용
- 접착력이 좋고 수성페인트나 유성페인트 위에 덧칠할 수 있는 장점이 있음
- 염화비닐수지에나멜 : 자연에서 용제가 증발하여 표면에 피막이 형성

정답 91 ③ 92 ① 93 ④

94 절대건조밀도가 2.6g/cm³이고, 단위용적질량이 1,750kg/m³인 굵은 골재의 공극률은?

• 4장 1절 석재

① 30.5% ② 32.7%
③ 34.7% ④ 36.2%

해설

공극률 = 1 − 1,750/2.6 = 0.3269
∴ 32.7%

공극률
• 골재의 단위용적중의 공극을 백분율로 나타낸 값
• 석재의 공극률은 석재가 함유하고 있는 전공극과 겉보기 체적의 비임
• 공극률(%) = (1 − W/ρ) × 100%, ρ = (V − U)/V × 100%
  − W : 겉보기 단위중량(kg/ℓ)
  − ρ : 비중, V : 겉보기 전체적(ℓ), U : 실질의 체적(ℓ)
• 공극률은 석재의 산지와 밀접하여 심성암은 공극률이 작음
• 내화성은 공극률이 클수록 크고, 조성결정형이 클수록 작음
• 표면이 평활할수록 결로가 발생하기 쉬워 화강암이나 대리석을 실내장식에 사용 시 주의를 해야 함

실적률
• 골재의 단위용적 중의 실적 용적을 백분율로 나타낸 값
• 실적률(%) = (W/ρ) × 100%
• 골재 입형의 양부를 평가하는 지표로 사용
• 순 자갈의 실적률은 그 입형 때문에 강 자갈의 실적률보다 적음
• 실적률 산정 시 골재의 밀도는 절대건조 상태의 밀도를 말함
• 골재의 단위용적질량이 동일하면 골재의 밀도가 클수록 실적률은 작음

95 시멘트의 분말도가 높을수록 나타나는 성질변화에 관한 설명으로 옳은 것은?

• 3장 2절 시멘트의 특성

① 시멘트 입자 표면적의 증대로 수화반응이 늦다.
② 풍화작용에 대하여 내구적이다.
③ 건조수축이 적다.
④ 초기강도 발현이 빠르다.

해설

분말도
• 분말도가 클수록 수화반응이 촉진되고 초기강도가 큼
• 시공연도, 공기량, 수밀성, 내구성 등이 높아지며 풍화작용도 크게 됨
• 표준체 공경 0.088mm로 쳐서 잔량이 10% 이내로 하여야 함
• 포틀랜드 시멘트의 분말도 시험방법 : 블레인 시험
• 분말도가 너무 크면 비표면적이 증가하고 풍화되기 쉬움

정답 94 ② 95 ④

96 아스팔트 방수시공을 할 때 바탕재와의 밀착용으로 사용하는 것은? •6장 2절 방수재료

① 아스팔트 컴파운드
② 아스팔트 모르타르
③ 아스팔트 프라이머
④ 아스팔트 루핑

해설

아스팔트 프라이머 : 블로운 아스팔트를 용제에 녹인 것으로 아스팔트 방수, 아스팔트 타일의 바탕재와의 밀착용으로 사용

97 유리섬유를 폴리에스테르수지에 혼입하여 가압·성형한 판으로 내구성이 좋아 내·외 수장재로 사용하는 것은? •7장 3절 합성수지제품

① 아크릴평판
② 멜라민치장판
③ 폴리스티렌투명판
④ 폴리에스테르강화판

해설

FRP(Fiber Glass Reinforced Plastics) 폴리에스테르강화판 : 유리섬유를 폴리에스테르수지에 혼입하여 가압·성형한 판

98 석재에 관한 설명으로 옳지 않은 것은? •4장 1절 석재

① 석회암은 석질이 치밀하나 내화성이 부족하다.
② 현무암은 석질이 치밀하여 토대석, 석축에 쓰인다.
③ 테라조는 대리석을 종석으로한 인조석의 일종이다.
④ 화강암은 석회, 시멘트의 원료로 사용된다.

해설

석회암(Limestone)
• 화강암이나 동식물 잔해에 포함된 석회질이 녹아 바닷속에 침전된 암석
• 석회질 성분을 많아 흡수성이 있고, 치밀 견고하나 내산, 내화성이 부족
• 대부분 칼싸이트(Calcite)로 되어 있으며, 산성을 만나면 거품을 내면서 반응
• 대리석의 원료로 석회석의 주성분인 탄산갈슘($CaCO_3$)은 탄산수(산성의 물)에 잘 녹는 성질이 있음
• 석회나 시멘트의 원료로 사용되며, 재질이 물러서 구조재로 사용할 수 없고 조각용으로 사용

96 ③ 97 ④ 98 ④

99 목재의 강도 중에서 가장 작은 것은?   • 2장 4절 목재의 성질

① 섬유방향의 인장강도
② 섬유방향의 압축강도
③ 섬유 직각방향의 인장강도
④ 섬유방향의 휨강도

해설

목재의 강도
- 함수율이 감소하면 강도는 증가, 함수율이 일정하면 비중이 클수록 강도는 증가
- 섬유포화점 이상에서는 함수율이 변화해도 목재의 강도는 일정, 섬유포화점 이하에서는 함수율이 작을수록 강도는 커짐
- 심재가 변재보다 강도가 큼
- 흠과 강도 : 옹이, 갈래, 썩정이 등의 흠이 있으면 강도는 떨어짐
- 겨울철 벌목이 목재의 강도가 가장 좋음
- 인장강도 > 휨강도 > 압축강도 > 전단강도
  - 인장강도 : 섬유방향이 가장 크고, 그것의 직각방향이 가장 작음
  - 휨강도 : 만곡강도, 곡강도로 목재를 사용함에 있어 중요한 값으로 작용
  - 압축강도 : 목재의 양방향에서 내부로 미는 힘에 대한 저항력
  - 전단강도 : 전단력이 가해질 때 재료가 파괴되는 최대응력

100 강재의 인장강도가 최대로 될 경우의 탄소함유량의 범위로 가장 가까운 것은?   • 5장 1절 금속재 일반

① 0.04~0.2%
② 0.2~0.5%
③ 0.8~1.0%
④ 1.2~1.5%

해설

- 강(Steel)
  - 탄소함유량 0.025~2% 이하
  - 탄소함유량이 증가할수록 강도가 커지나 신율이 감소함
  - 탄소함유량 0.8%(공석강) 초과 시 취성이 증가함
- 주철(Cast Iron) : 탄소함유량 2% 이상

정답 99 ③ 100 ③

2018년 제2회 기출해설

5과목 건설재료학

81 다음 각 미장재료에 관한 설명으로 옳지 않은 것은?
• 6장 1절 미장재료

① 생석회에 물을 첨가하면 소석회가 된다.
② 돌로마이트 플라스터는 응결기간이 짧으므로 지연제를 첨가한다.
③ 회반죽은 소석회에서 모래, 해초풀, 여물 등을 혼합한 것이다.
④ 반수석고는 가수 후 20~30분에 급속 경화한다.

해설

돌로마이트 플라스터
• 소석회에 비해 점성이 높고 작업성이 좋음
• 변색, 냄새, 곰팡이가 없으며 보수성이 큼
• 회반죽에 비해 조기강도 및 최종강도가 큼
• 경화가 늦고 수축성이 큼
• 물, 여물을 사용하지 않고 물로 연화
• 공기 중의 탄산가스와 결합하여 경화

82 아스팔트 접착제에 관한 설명으로 옳지 않은 것은?
• 6장 2절 방수재료

① 아스팔트 접착제는 아스팔트를 주체로 하여 이에 용제를 가하고 광물질 분말을 첨가한 풀 모양의 접착제이다.
② 아스팔트 타일, 시트, 루핑 등의 접착용으로 사용한다.
③ 화학약품에 대한 내성이 크다.
④ 접착성은 양호하지만 습기를 방지하지 못한다.

해설

아스팔트의 장점
• 화학약품에 대한 내성이 큼
• 외기에 대한 내열화성이 우수
• 접착성이 양호하고 방수성능이 우수

정답 81 ② 82 ④

83 다음 각 비철금속에 관한 설명으로 옳지 않은 것은? •5장 1절 금속재 일반

① 알루미늄 – 융점이 낮기 때문에 용해주조도는 좋으나 내화성이 부족하다.
② 납 – 비중이 11.4로 아주 크고 연질이며 전·연성이 크다.
③ 구리 – 건조한 공기 중에서는 산화하지 않으나, 습기가 있거나 탄산가스가 있으면 녹이 발생한다.
④ 주석 – 주조성·단조성은 좋지 않으나 인장강도가 커서 선재(線材)로 주로 사용된다.

해설
주석(Sn)
• 청백색의 광택이 있고 주조성과 단조성 우수
• 전성과 연성이 풍부하고 내식성이 큼
• 산소나 이산화탄소의 작용을 받지 않음
• 유기산에 거의 침식되지 않음
• 공기 중이나 수중에서 녹지 않으나 알칼리에는 천천히 침식됨
• 식료품이나 음료수용 금속재료의 방식피복재료로 사용됨

84 건축용 코킹재의 일반적인 특징에 관한 설명으로 옳지 않은 것은? •8장 3절 유리

① 수축률이 크다.
② 내부의 점성이 지속된다.
③ 내산·내알칼리성이 있다.
④ 각종 재료에 접착이 잘 된다.

해설
건축용 코킹재의 특징
• 수축률이 작음
• 내부의 점성이 지속됨
• 내산, 내알칼리성이 있음
• 각종 재료에 접착이 잘됨

85 고로슬래그 분말을 혼화재로 사용한 콘크리트의 성질에 관한 설명으로 옳지 않은 것은? •3장 4절 혼화재

① 초기강도는 낮지만 슬래그의 잠재 수경성 때문에 장기강도는 크다.
② 해수, 하수 등의 화학적 침식에 대한 저항성이 크다.
③ 슬래그 수화에 의한 포졸란반응으로 공극 충전효과 및 알칼리 골재반응 억제효과가 크다.
④ 슬래그를 함유하고 있어 건조수축에 대한 저항성이 크다.

해설
고로슬래그(Blast-furnace Slag)
• 쇳물을 생산하는 과정에서 발생되는 비철 부산물
• 장기강도가 높고, 수화열이 낮음
• 화학저항성이 크고, 수밀성이 큼
• 해수의 저항성이 커서 철근부식 억제효과가 있음
• 초기강도가 낮고 건조수축이 큼

정답 83 ④ 84 ① 85 ④

86 목재 조직에 관한 설명으로 옳지 않은 것은? • 2장 3절 목재의 결

① 추재의 세포막은 춘재의 세포막보다 두껍고 조직이 치밀하다.
② 변재는 심재보다 수축이 크다.
③ 변재는 수심의 주위에 둘러져 있는, 생활기능이 줄어든 세포의 집합이다.
④ 침엽수의 수지구는 수지의 분비, 이동, 저장의 역할을 한다.

해설

나이테
- 봄에는 빠르게 성장, 여름에는 광합성으로 인해 작고 단단한 세포를 만듦
- 겨울에는 세포분열을 하지 않고 성장도 전혀 일어나지 않음
- 춘재(Earlywood) : 봄에 자란 부분
- 추재(Latedwood) : 여름과 가을에 자란 부분
- 심재(Heartwood) : 죽은 세포로 단단한 물성을 가지고 있는 색이 진한 부분, 단단하고 함수율이 낮음
- 변재(Sapwood) : 한창 자라고 있는 세포로 물과 양분을 전달하며 색이 연한 부분, 건조 시 수축과 변형이 심하며 내구성이 떨어짐

87 다음 중 도료의 건조제로 사용되지 않는 것은? • 8장 1절 도료

① 리사지   ② 나프타
③ 연단   ④ 이산화망간

해설

도료의 건조제
- 건조제를 많이 넣으면 건조는 빠르나 도막에 균열이 생김
- 고온의 기름에 용해 : 연, 망간, 코발트의 수지산, 지방산 염류
- 상온의 기름에 용해 : 리사지, 연단, 초산염, 붕산망간, 이산화망간, 수산화망간

88 미장바탕이 갖추어야 할 조건에 관한 설명으로 옳지 않은 것은? • 6장 1절 미장재료

① 미장층보다 강도, 강성이 작을 것
② 미장층과 유효한 접착강도를 얻을 수 있을 것
③ 미장층의 경화, 건조에 지장을 주지 않을 것
④ 미장층과 유해한 화학반응을 하지 않을 것

해설

미장바탕이 갖추어야 할 조건
- 미장층 시공에 적합한 평면상태, 흡수성을 가질 것
- 미장층과 유효한 접착강도를 얻을 수 있을 것
- 미장층의 경화, 건조에 지장을 주지 않을 것
- 미장층과 유해한 화학반응을 하지 않을 것

89 다음 중 점토로 만든 제품이 아닌 것은?

• 2장 7절 건축자재

① 경량벽돌
② 테라코타
③ 위생도기
④ 파키트리 패널

해설

마루판의 종류
- 파키트리 보드 : 경목재판의 표면은 상대패 마감
- 파키트리 블록
  – 파키트리 보드를 3~5장 조합하여 접착제나 파정으로 붙인 것
  – 건조변형이 적고 마모성이 적어 마루판으로 우수
  – 목조 마루틀 위에 2중으로 깔 수도 있고 스래브 상부에 아스팔트 피치 등으로 방습 시공할 수도 있음

90 비중이 크고 연성이 크며, 방사선실의 방사선 차폐용으로 사용되는 금속재료는?

• 5장 1절 금속재 일반

① 주 석
② 납
③ 철
④ 크 롬

해설

납(Pb)
- 비중(11.34)이 크고 연한 성질로 X선 차단효과가 큰 금속
- 주조 가공성 및 단조성이 풍부하나 인장강도가 극히 작음
- 열전도율은 작으나 온도의 변화에 따른 신축이 큼
- 알칼리에는 침식되는 성질이 있음
- 송수관, 가스관, X선실, 방사선 차단 안벽붙임 등에 쓰임

91 목재의 화재 시 온도별 대략적인 상태변화에 관한 설명으로 옳지 않은 것은?

• 2장 4절 목재의 성질

① 100℃ 이상 – 분자 수준에서 분해
② 100~150℃ – 열 발생률이 커지고 불이 잘 꺼지지 않게 됨
③ 200℃ 이상 – 빠른 열분해
④ 260~350℃ – 열분해 가속화

해설

목재의 연소
- 100℃ 이상 : 수분이 증발하기 시작하면서 분자 수준에서 분해
- 160℃ 인화점 이상에서 가연성 가스가 발생하고, 불꽃을 내면 가연성 가스에 불이 붙으나, 나무에는 불이 붙지 않음
- 200℃ 이상 : 열분해가 급속하게 일어남
- 260~270℃ : 착화점, 화재연화온도에서 가연성 가스가 더욱 많아지고 불꽃에 의하여 목재에 불이 붙음
- 260~350℃ : 열분해가 가속화
- 400~450℃ : 발화점에서 자연발화

정답 89 ④ 90 ② 91 ②

92 자갈 시료의 표면수를 포함한 중량이 2,100g이고 표면건조내부포화상태의 중량이 2,090g이며 절대건조상태의 중량이 2,070g이라면 흡수율과 표면수율은 약 몇 %인가? • 3장 6절 콘크리트

① 흡수율 - 0.48%, 표면수율 - 0.48%
② 흡수율 - 0.48%, 표면수율 - 1.45%
③ 흡수율 - 0.97%, 표면수율 - 0.48%
④ 흡수율 - 0.97%, 표면수율 - 1.45%

해설

골재의 흡수율
- 흡수율 = (표건중량 - 절건중량) ÷ 절건중량
∴ (2,090 - 2,070) ÷ 2,070 × 100% ≒ 0.97%
- 표면수율 = 표면중량(습윤수량 - 표면건조포화상태의 중량) ÷ 습윤중량
∴ (2,100 - 2,090) ÷ 2,090 × 0.97% ≒ 0.48%

---

93 다음 중 콘크리트의 비파괴 시험에 해당되지 않는 것은? • 3장 6절 콘크리트

① 방사선 투과 시험
② 초음파 시험
③ 침투탐상 시험
④ 표면경도 시험

해설

강도추정을 위한 비파괴 시험법
- 강도법[반발경도법, 슈미트해머법(표면강도)]
- 초음파법(음속법)
- 복합법(반발경도법 + 초음파법)
- 자기법(철근탐사법)
- 방사선법
- 코어채취법
- 인발법

---

94 플라이 애시 시멘트에 관한 설명으로 옳은 것은? • 3장 4절 혼화재

① 수화할 때 불용성 규산칼슘 수화물을 생성한다.
② 화력발전소 등에서 완전연소한 미분탄의 회분과 포틀랜드 시멘트를 혼합한 것이다.
③ 재령 1~2시간 안에 콘크리트 압축강도가 20MPa에 도달할 수 있다.
④ 용광로의 선철제작 부산물을 급랭시키고 파쇄하여 시멘트와 혼합한 것이다.

해설

플라이 애시(Fly-ash)
- 석탄발전소에서 발생하는 석탄을 태우고 남은 재를 말함
- 입형이 구형으로 콘크리트에 20~30% 정도 혼합하면 볼베어링효과로 유동성이 증대
- 유동성 증대로 단위수량 및 블리딩이 감소하고 장기강도 증진, 내화학성 증가
- 수화 초기의 발열량을 감소
- 콘크리트의 수밀성을 향상

95 지붕 및 일반바닥에 가장 일반적으로 사용되는 것으로 주제와 경화제를 일정 비율 혼합하여 사용하는 2성분형과 주제와 경화제가 이미 혼합된 1성분형으로 나누어지는 도막방수재는?

• 6장 2절 방수재료

① 우레탄 고무계 도막재
② FRP 도막재
③ 고무아스팔트계 도막재
④ 클로로프렌 고무계 도막재

해설

도막 방수
• 합성고무, 합성수지용액, 에멀젼을 콘크리트 바탕에 2~4mm 두께로 도포
• 종 류
 - 고무아스팔트계 : 천연 및 합성고무와 아스팔트로 만듦
 - 우레탄 고무계 : 1성분형과 2성분형이 있고 2성분형이 이용됨
 - 아크릴 고무계 : 수분의 증발에 의해 도막을 형성하는 방수재료
 - 아크릴 수지계 : 연속저온하에서는 굳어지고, 연속고온하에서는 연화됨
 - 클로로프렌 고무계 : 클로로프렌 고무를 주성분으로 하고 무기질 충전제, 안정제를 혼합
 - FRP도막방수재 : 내마모성이 뛰어나고 강인하며, 경량이며, 내수성, 내식성, 내후성이 뛰어남
 - 에폭시 : 내약품성, 내마모성이 우수하여 화학공장의 방수층을 겸한 바닥 마무리로 적합
 - 폴리우레탄 : 도막방수재, 실링재로 사용, 기포성 보온재료로도 사용

96 방수공사에서 쓰이는 아스팔트의 양부(良否)를 판별하는 주요 성질과 거리가 먼 것은?

• 6장 2절 방수재료

① 마모도
② 침입도
③ 신도(伸度)
④ 연화점

해설

아스팔트의 양부를 판별하는 성질
• 신도, 감온비
• 침입도 : 역청재의 온도에 비례
• 연화점 : 열을 받아 변형을 일으키는 온도로 침입도와 반비례함

정답 95 ① 96 ①

97 목재의 방부 처리법 중 압력용기 속에 목재를 넣어서 처리하는 방법으로 가장 신속하고 효과적인 것은?
• 1장 5절 목재의 보존

① 침지법
② 표면탄화법
③ 가압주입법
④ 생리적 주입법

해설

목재의 방부법

도포법	• 가장 일반적인 방법 • 목재를 충분히 건조시키고 균열이나 이음부에 방부제를 도포
주입법	• 상압주입법 : 방부액속에 목재를 침지 • 가압주입법 : 압력용기에 목재를 넣어 7~12기압으로 방부재를 주입하는 방법으로 가장 신속하고 효과적임
침지법	• 방부액 속에 목재를 몇 시간~며칠 동안 침지 • 용액을 가열하면 15mm까지 침투함
표면탄화법	• 가격이 싸고 간편하나 효과가 지속적이지 못함 • 목재의 부패균 침입을 방지하기 위해 목재 표면을 약간 태워 탄소로 표면을 씌워버림 • 표면탄화는 일시적으로만 유효하고 1~2년이 지나면 탄소가 떨어져 버림 • 외관이 좋지 않고, 탄소분이 인체에 부착되어 가설재 등에 임시로 사용
생리주입법	• 벌목 전 나무뿌리에 약액을 주입 • 효과가 미미함

98 다음 중 특수유리와 사용장소의 조합이 적절하지 않은 것은?
• 8장 3절 유리

① 진열용 창 - 무늬유리
② 병원의 일광욕실 - 자외선투과유리
③ 채광용 지붕 - 프리즘유리
④ 형틀 없는 문 - 강화유리

해설

무늬유리
• 판유리의 한쪽 표면에 무늬를 새겨 넣은 유리로 엠보싱유리, 형판유리라고도 함
• 밋밋한 판유리에 장식효과를 주기위해 만들어진 반투명유리, 롤아웃(Roll-out)공법으로 제조
• 빛이 유리에 새겨진 무늬에 따라 확산되므로 은은하고 부드러운 분위기를 연출
• 유리 반대편의 시선을 차단하는 효과가 있음
• 일반주택의 창문이나 현관, 욕실의 문, 건축의 내외장재, 실내칸막이 가구를 비롯하여 호텔, 사무실, 매장, 식당 같은 곳의 칸막이벽에 주로 사용

99 양질의 도토 또는 장석분을 원료로 하며, 흡수율이 1% 이하로 거의 없고 소성온도가 약 1,230~1,460℃인 점토 제품은?

• 4장 4절 점토 제품

① 토 기
② 석 기
③ 자 기
④ 도 기

해설

점토 제품의 분류
• 토기 : 소성온도 790~1,000℃, 흡수율 20% 이상, 유색, 불투명, 기와 벽돌 토관
• 도기 : 소성온도 1,100~1,230℃, 흡수율 10% 이상, 백색, 불투명, 타일 테라코타
• 석기 : 소성온도 1,160~1,350℃, 흡수율 3~10% 이상, 유색, 불투명, 마루타일 클링커타일
• 자기 : 소성온도 1,230~1,460℃, 흡수율 0~1% 이상, 백색, 투명, 바닥용 자기질타일 모자이크타일 위생도기

100 콘크리트의 종류 중 방사선 차폐용으로 주로 사용되는 것은?

• 3장 6절 콘크리트

① 경량콘크리트
② 한중콘크리트
③ 매스콘크리트
④ 중량콘크리트

해설

중량콘크리트(차폐용 콘크리트)
• 중량골재를 사용하여 만든 콘크리트
• 주로 방사선 차폐용으로 사용
• 사용골재는 중정석, 자철광, 갈철광, 사철 등임

정답 99 ③ 100 ④

2018년 제1회 기출해설

5과목 건설재료학

81 다음과 같은 특성을 가진 플라스틱의 종류는? •7장 1절 열가소성 수지

- 가열하면 연화 또는 융해하여 가소성이 되고, 냉각하면 경화하는 재료이다.
- 분자구조가 쇄상구조로 이루어져 있다.

① 멜라민 수지
② 아크릴 수지
③ 요소 수지
④ 페놀 수지

해설

아크릴(Acrylic)
- 빛의 투과성이 좋고 온도변화에도 잘 견딤
- 광학렌즈, 간판, 안전유리 대용으로 사용
- 투명도가 높아 유기유리라고 불리며 유리대체재로 사용
- 착색이 자유롭고 상온에서도 절단가공이 용이
- 가열하면 연화, 융해하고 냉각하면 경화됨
- 분자구조가 쇄상구조로 되어 있음

82 경질이며 흡습성이 적은 특성이 있으며 도로나 마룻바닥에 까는 두꺼운 벽돌로서 원료를 연와토 등을 쓰고 식염유로 시유소성한 벽돌은? •4장 4절 점토 제품

① 검정벽돌
② 광재벽돌
③ 날벽돌
④ 포도벽돌

해설

포도벽돌
도로나 바닥에 깔기 위하여 만든 벽돌로 경질이고 흡수성이 적고 내마모성이 있으며 두께가 두꺼우며 색소를 넣거나 식염유로 시유소성한 벽돌

81 ② 82 ④

83 건물 바닥용 제품에 해당되지 않는 것은?

• 7장 3절 합성수지 제품

① 염화비닐 타일
② 아스팔트 타일
③ 시멘트 사이딩 보드
④ 리놀륨

해설

바닥재료 제품

폴리염화비닐(PVC)타일	• 시공이 간편하고 내구성이 좋고 가격이 저렴 • 내부에 미세한 구조의 발포층이 있어 경량성, 단열성, 완충이 좋음 • 탄력성, 내마멸성, 내약품성이 있으나 열에 약하고 강도와 경도가 낮음
아스팔트 타일	• 아스팔트와 구마론인덴 수지를 혼합하여 전충제, 안료를 섞어 열압성형한 것 • PVC 타일에 비하여 가열변형의 정도가 큰 편 • 유지용제로 연화되기 쉬우므로 중량물이나 기름용제 등을 많이 취급하는 건물바닥에는 부적합
리놀륨	• 아마씨기름을 의미하는 라틴어 단어 Linum에서 파생 • 아마인유, 송진, 목재, 코르크, 석회석 등의 간단한 조합으로 만든 유지계 바닥재료 • 리녹신에 수지, 고무물질, 코르크분말 등을 섞어 마포(Hemp Cloth) 등에 발라 두꺼운 종이모양으로 압면·성형

84 ALC(Autoclaved Lightweight Concrete)에 관한 설명으로 옳지 않은 것은?

• 3장 5절 시멘트 제품

① 규산질, 석회질 원료를 주원료로 하여 기포제와 발포제를 첨가하여 만든다.
② 경량이며 내화성이 상대적으로 우수하다.
③ 별도의 마감 없이도 수분이 차단되어 주로 외벽에 사용된다.
④ 동일용도의 건축자재 중 상대적으로 우수한 단열성능을 가지고 있다.

해설

ALC 제품(Autoclaved Lightweight Concrete)
• 고온고압에서 양생하여 벽돌에 기포를 넣어 경량화한 제품
• 규사와 석회를 원료로 하여 시멘트 제품은 아님
• 강도가 40kg/cm^2 정도로 구조재로서는 적합하지 못함
• 경량이므로 단열성이나 시공성이 매우 우수
• 내화성이 크고 차음성이 있어 매우 경제적
• 사용 후 변형이나 균열이 비교적 적음
• 흡수율이 높아 습기에 취약하여 곰팡이가 발생하기 쉬움
• 마감재를 빠르게 흡수하여 두꺼운 칠 시공이 어려움
• 표면이 마모되기 쉽고, 인장강도가 약함

정답 83 ③ 84 ③

85 도막방수재 및 실링재로써 이용이 증가하고 있는 합성수지로서 기포성 보온재료도 사용되는 것은?

• 7장 2절 열경화성 수지

① 실리콘 수지
② 폴리우레탄 수지
③ 폴리에틸렌 수지
④ 멜라민 수지

해설

폴리우레탄 수지(Polyurethane Resin)
- 탄성·강인성이 풍부하고 인열강도가 큼
- 내마모성·내노화성·내유성·내용제성이 우수, 저온 특성이 우수
- 도막방수재·실링재·기포성 보온재료로도 사용
- 가수분해가 쉽고, 산 알칼리에 비교적 약하함
- 열이나 빛의 작용으로 황변화하는 결점이 있음

86 건설용 강재(철근 등)의 재료시험 항목에서 일반적으로 제외되는 것은?

① 압축강도 시험
② 인장강도 시험
③ 굽힘 시험
④ 연신율 시험

해설

강재는 압축하중을 받으면 먼저 좌굴되기 때문에 압축강도 시험은 하지 않음

87 알루미늄의 특성으로 옳지 않은 것은?

• 5장 1절 금속재 일반

① 순도가 높을수록 내식성이 좋지 않다.
② 알칼리나 해수에 침식되기 쉽다.
③ 콘크리트에 접하거나 흙 중에 매몰된 경우에 부식되기 쉽다.
④ 내화성이 부족하다.

해설

알루미늄(Al)
- 보크사이트로 순수한 알루미나를 만들고 이것을 전기분해하여 정련
- 전기나 열의 전도율이 높음
- 전성과 연성이 풍부하며 가공이 용이
- 순도가 높을수록 내식성이 크고, 빛이나 열의 반사성이 커서 지붕잇기로 사용
- 산, 알칼리에는 약함
- 콘크리트는 강 알칼리로 알루미늄과 접할 때에는 방식처리(알루마이트처리)를 해야 함
- 지붕잇기, 실내장식, 가구, 창호, 커튼의 레일 등에 쓰임

85 ② 86 ① 87 ①

88 콘크리트용 골재의 요구품질에 관한 조건으로 옳지 않은 것은? •3장 6절 콘크리트

① 시멘트 페이스트 이상의 강도를 가진 단단하고 강한 것
② 운모가 함유된 것
③ 연속적인 입도분포를 가진 것
④ 표면이 거칠고 구형에 가까운 것

해설

골재(Aggregate)
- 콘크리트 중 골재가 차지하는 용적은 70~80%로 시공성, 강도, 내구성에 큰 영향을 미침
- 골재는 먼지, 흙, 유기불순물, 염화물이 없어야 함
- 잔골재인 모래의 크기는 10mm체를 전부 통과하고 5mm체를 85% 이상 통과해야 함
- 굵은 골재인 자갈의 크기는 5mm체에 85% 이상 남아야 함
- 골재는 시멘트 혼합물의 강도보다 굳어야 하므로 석회석, 사암 등의 연질수성암은 부적당
- 연속적인 입도분포를 가지며, 표면이 거칠고 구형에 가까울 것

89 아스팔트 루핑의 생산에 사용되는 아스팔트는? •6장 2절 방수재료

① 록 아스팔트
② 유제 아스팔트
③ 컷백 아스팔트
④ 블로운 아스팔트

해설

아스팔트 루핑
두꺼운 펠트의 양면에 블로운 아스팔트를 피복한 것으로 평지붕의 방수층, 슬레이트평판, 금속판 등의 지붕깔기 바탕 등에 이용

90 1종 점토벽돌의 흡수율 기준으로 옳은 것은? •4장 4절 점토 제품

① 5% 이하
② 10% 이하
③ 12% 이하
④ 15% 이하

해설

점토벽돌의 흡수율
- 1종 : 24시간 10% 이하
- 2종 : 24시간 13% 이하
- 3종 : 24시간 15% 이하

정답 88 ② 89 ④ 90 ②

91 골재의 함수상태에서 유효흡수량의 정의로 옳은 것은? • 3장 6절 콘크리트

① 습윤상태와 절대건조상태의 수량의 차이
② 표면건조포화상태와 기건상태의 수량의 차이
③ 기건상태와 절대건조상태의 수량의 차이
④ 습윤상태와 표면건조포화상태의 수량의 차이

해설
골재의 흡수율

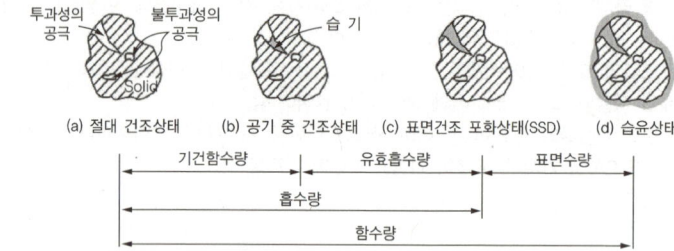

- 유효흡수율 = (표건중량 − 기건중량) ÷ 절건중량
- 흡수율 = (표건중량 − 절건중량) ÷ 절건중량
- 함수율 = 함수량 ÷ 절건중량
- 표면수율 = (습윤수량 − 표면건조포화상태의 중량) ÷ 습윤중량
- 절건(절대건조)상태 : 골재를 100~110℃의 온도에서 질량변화가 없어질 때까지 건조한 상태
- 기건(기본건조)상태 : 골재를 공기 중에 건조하여 내부는 수분을 포함하고 있는 상태
- 표건상태 : 골재 내부의 공극에 물이 꽉 차있는 상태(콘크리트 배합설계 시 기준상태)
- 습윤상태 : 골재의 내외부에 물이 묻어 있는 상태
- 흡수량 : 표건상태의 골재에 포함된 수량
- 함수량 : 습윤상태의 골재에 포함된 수량
- 표면수량 : 습윤상태의 골재 표면의 수량

92 콘크리트의 블리딩 현상에 의한 성능저하와 가장 거리가 먼 것은? • 3장 6절 콘크리트

① 골재와 시멘트 페이스트의 부착력 저하
② 철근과 시멘트 페이스트의 부착력 저하
③ 콘크리트의 수밀성 저하
④ 콘크리트의 응결성 저하

해설
블리딩의 피해
- 철근과 콘크리트의 부착력 저하
- 콘크리트의 수밀성 저하
- 철근하부에 공극발생
- 강도저하, 내구성약화, 구조적 결함형성

91 ② 92 ④

93 목재 및 기타 식물의 섬유질소편에 합성수지접착제를 도포하여 가열압착 성형한 판상제품은?

• 2장 6절 목재 가공품

① 합 판
② 시멘트목질판
③ 집성목재
④ 파티클보드

해설

파티클보드(PB ; Particle Board)
- 개 요
  - 목재 및 기타 식물의 섬유질소편에 합성수지접착제를 도포하여 가열압착 성형한 판상제품
  - 원목제품을 생산하고 남은 것으로 제작하기 때문에 가격이 저렴하고 비중은 0.4 이상
- 장단점

장 점	• 섬유 방향성이 없어 원목의 단점 중 하나인 팽창과 수축이 없어 변형이 극히 적음 • 사이즈와 형태에 대한 제한이 적고 가공성이 우수 • 가격이 저렴함(목재, 합판, MDF보다 저렴) • 목재를 결합하여 만들기 때문에 빈공간이 생겨 방음효과가 좋음 • MDF보다 수분에 강해 싱크대용으로 많이 사용됨 • 흡음성과 열의 차단성도 좋음 • 강도가 크므로 구조용으로 적당
단 점	• 엣지 및 디테일한 작업에 어려움 • 접착제로 압축하기때문에 화학성분들이 방출되어 암을 유발 • 접착제로 사용하는 포름알데히드 방출량에 따라 4가지 환경기준등급으로 나뉨 - 1단계 : 슈퍼이제로(SE0) 최고급 등급(국제 환경기준 포름알데히드 수치) 0.3mg/L - 2단계 : 이제로(E0) 고급등급(국제 환경기준 포름알데히드 수치) 0.5mg/L - 3단계 : 이원(E1) 보통(국제 환경기준 포름알데히드 수치) 1.5mg/L - 4단계 : 이투(E2) 하급(국제 환경기준 포름알데히드 수치) 5mg/L

94 강재 탄소의 함유량이 0%에서 0.8%로 증가함에 따른 제반물성 변화에 대한 설명으로 옳지 않은 것은?

• 5장 1절 금속재 일반

① 인장강도는 증가한다.
② 항복점은 커진다.
③ 신율은 증가한다.
④ 경도는 증가한다.

해설

강(Steel)
- 탄소함유량 0.025~2% 이하
- 탄소함유량이 증가할수록 강도가 커지나 신율이 감소함
- 탄소함유량 0.8%(공석강) 초과 시 취성이 증가함

정답 93 ④ 94 ③

95 에너지절약, 유해물질 저감, 자원의 절약 등을 유도하기 위한 목적으로 건설자재의 환경성에 대한 일정기준을 정하여 제품에 부여하는 인증제도로 옳은 것은? • 1장 1절 건설재료

① 환경표지
② NEP인증
③ GD마크
④ KS마크

해설
환경표지
에너지절약, 유해물질 저감, 자원의 절약 등을 유도하기 위한 목적으로 건설자재의 환경성에 대한 일정기준을 정하여 제품에 부여하는 인증제도

96 석재시공 시 유의하여야 할 사항으로 옳지 않은 것은? • 4장 1절 석재

① 외벽 특히 콘크리트 표면 첨부용 석재는 연석을 사용하여야 한다.
② 동일건축물에는 동일석재로 시공하도록 한다.
③ 석재를 구조재로 사용할 경우 직압력재로 사용하여야 한다.
④ 중량이 큰 것은 높은 곳에 사용하지 않도록 한다.

해설
석재시공 시 유의사항
• 외벽 특히 콘크리트 표면 첨부용 석재는 경석을 사용
• 동일건축물에는 동일석재로 시공
• 석재를 구조재로 사용할 경우 직압력재로 사용
• 중량이 큰 것은 높은 곳에 사용하지 않음

97 수직면으로 도장하였을 경우 도장 직후에 도막이 흘러내리는 형상의 발생 원인과 가장 거리가 먼 것은?

① 얇게 도장하였을 때
② 지나친 희석으로 점도가 낮을 때
③ 저온으로 건조시간이 길 때
④ Airless 도장 시 팁이 크거나 2차압이 낮아 분무가 잘 안되었을 때

해설
점도가 낮은 도료를 두껍게 도장했을 때 흘러내림

98 콘크리트의 워커빌리티(Workability)에 관한 설명으로 옳지 않은 것은? • 3장 6절 콘크리트

① 과도하게 비빔시간이 길면 시멘트의 수화를 촉진하여 워커빌리티가 나빠진다.
② 단위수량을 너무 증가시키면 재료분리가 생기기 쉽기 때문에 워커빌리티가 좋아진다고 볼 수 없다.
③ AE제를 혼입하면 워커빌리티가 좋아진다.
④ 깬자갈이나 깬모래를 사용할 경우, 잔골재율을 작게 하고 단위수량을 감소시키면 워커빌리티가 좋아진다.

해설

워커빌리티(Workability)
- 과도하게 비빔시간이 길면 시멘트의 수화를 촉진하여 워커빌리티가 나빠짐
- 단위수량을 너무 증가시키면 재료분리가 생기기 쉽기 때문에 워커빌리티가 나빠짐
- AE제를 혼입하면 워커빌리티가 좋아짐
- 깬자갈 등의 쇄석을 사용하면 워커빌리티가 나빠짐

99 에폭시수지 접착제에 관한 설명으로 옳지 않은 것은? • 7장 3절 합성수지 제품

① 비스페놀과 에피클로로하이드린의 반응에 의해 얻을 수 있다.
② 내수성, 내습성, 전기절연성이 우수하다.
③ 접착제의 성능을 지배하는 것은 경화제라고 할 수 있다.
④ 피막이 단단하지 못하나 유연성이 매우 우수하다.

해설

에폭시수지 접착제(Epoxy Resin Paste)
- 내수성, 내습성, 내약품성, 전기절연성이 우수, 접착력이 강함
- 피막이 단단하고 유연성이 부족하고 값이 비쌈
- 현재까지의 접착제 중 가장 우수하여 금속, 항공기 접착에도 쓰임
- 내용제성과 내약품성이 뛰어나고 경화할 때 휘발성이 적음
- 금속유리, 목재, 알루미늄과 같은 경금속의 접착제로 사용

100 목재에서 흡착수만이 최대한도로 존재하고 있는 상태인 섬유포화점의 함수율은 중량비로 몇% 정도인가? • 2장 1절 목재의 개요

① 15% 정도   ② 20% 정도
③ 30% 정도   ④ 40% 정도

해설

목재의 성질
- 수종별로 성질이 다르고, 지역과 개체에 따라서 성질이 다름
- 동일 개체 내에서도 주위환경에 따라서, 세포에 따라서도 성질이 다름
- 수종에 따라 수축률 및 팽창률에 상당한 차이가 있음
- 변재는 심재보다 수축률 및 팽창률이 일반적으로 큼
- 수축이 과도하거나 고르지 못하면, 할렬, 비틀림 등이 생김
- 고은결폭보다 널결폭이 신축의 정도가 큼
- 섬유포화점 이상의 함수상태에서는 함수율이 변해도 목재의 물리적 성질은 변화가 없음
- 섬유포화점 : 목재 세포가 최대한도의 수분을 흡착한 상태(함수율이 약 30%의 상태)

정답 98 ④ 99 ④ 100 ③

2017년 제4회 기출해설

5과목 건설재료학

81 콘크리트의 열적성질 및 내구성에 관한 설명으로 옳지 않은 것은? • 3장 6절 콘크리트

① 콘크리트의 열팽창계수는 상온의 범위에서 1×10^{-5}/℃ 전후이며 500℃에 이르면 가열 전에 비하여 약 40%의 강도발현을 나타낸다.
② 콘크리트의 내동해성을 확보하기 위해서는 흡수율이 적은 골재를 이용하는 것이 좋다.
③ 콘크리트에 염화물이온이 일정량 이상 존재하면 철근표면의 부동태피막이 파괴되어 철근부식을 유발하기 쉽다.
④ 공기량이 동일한 경우 경화콘크리트의 기포간극계수가 작을수록 내동해성은 저하된다.

해설

콘크리트의 특징
- 압축강도가 크고 내화성능, 내수성능, 내구성능이 있음
- 강과의 접착이 잘되고 방청력이 좋음
- 중량이 크고 인장강도가 작음
- 경화할 때 수축에 의한 균열이 발생하기 쉽고 균열의 보수, 제거가 곤란
- 콘크리트의 열팽창계수는 상온의 범위에서 1×10^{-5}/℃ 전후
- 500℃에 이르면 가열전에 비하여 약 40%의 강도발현이 나타남
- 콘크리트의 내동해성을 확보하기 위해서는 흡수율이 적은 골재를 이용하는 것이 좋음
- 공기량이 동일한 경우 경화콘크리트의 기포간극계수가 클수록 내동해성이 저하됨
- 콘크리트에 염화물이온이 일정량 이상 존재하면 철근표면의 부동태피막이 파괴되어 철근부식을 유발하기 쉬움

82 콘크리트의 유동성 증대를 목적으로 사용하는 유동화제의 주성분이 아닌 것은? • 3장 3절 혼화제

① 나프탈렌설폰산염계 축합물
② 폴리알킬아릴설폰산염계 축합물
③ 멜라민설폰산염계 축합물
④ 변성 리그닌설폰산계 축합물

해설

유동화제(Superplasticizer)
- 미리 비벼놓은 콘크리트에 첨가
- 일시적으로 콘크리트의 유동성을 증가할 목적으로 사용
- 종류 : 멜라닌계, 나프탈렌계, 리그닌계

81 ④ 82 ②

83 콘크리트의 중성화에 관한 설명으로 옳지 않은 것은?
• 3장 6절 콘크리트

① 콘크리트의 중의 수산화석회가 탄산가스에 의해서 중화되는 현상이다.
② 물시멘트비가 크면 클수록 중성화의 진행속도는 빠르다.
③ 중성화되면 콘크리트는 알칼리성이 된다.
④ 중성화되면 콘크리트 내 철근은 녹이 슬기 쉽다.

해설

콘크리트의 중성화(탄산화)
• 최초의 콘크리트의 pH는 12~13의 강알칼리성이나 공기 중의 탄산가스와 반응하여 중성화 되는 현상
• 탄산가스의 농도, 온도, 습도 등 외부환경조건은 탄산화 속도에 영향을 줌
• 물-시멘트비가 클수록 탄산화의 진행속도가 빠름
• 탄산화된 부분은 페놀프탈레인액을 분무해도 착색되지 않음
• 경량골재 콘크리트는 자체 기공이 많고 투수성이 커서 중성화 속도가 빠름

84 열가소성수지 제품은 전기절연성, 가공성이 우수하며 발포제품은 저온 단열재로서 널리 쓰이는 것은?
• 7장 1절 열가소성수지

① 폴리스티렌수지　　② 폴리프로필렌수지
③ 폴리에틸렌수지　　④ ABS수지

해설

폴리스티렌(PS-poly Stylene)
• 전기절연성, 가공성이 우수
• 무미, 무취, 무독성으로 내수성이 높고 투명도와 치수 안정성이 좋음
• 발포제품은 저온 단열재로서 일회용 용기에 사용하나 내충격성이 약함
• 벤젠과 에틸렌으로부터 에틸벤젠을 만들고 이를 탈수소화해서 스틸렌모노머를 만든 다음 이것을 중합하여 제조

85 플라스틱 제품 중 비닐 레더(Vinyl Leather)에 관한 설명으로 옳지 않은 것은?
• 7장 3절 합성수지제품

① 색채, 모양, 무늬 등을 자유롭게 할 수 있다.
② 면포로 된 것은 찢어지지 않고 튼튼하다.
③ 두께는 0.5~1mm이고, 길이는 10m 두루마리로 만든다.
④ 커튼, 테이블크로스, 방수막으로 사용된다.

해설

비닐 레더(Vinyl Leather)
• 색채, 모양, 무늬 등을 자유롭게 할 수 있음
• 면포로 된 것은 찢어지지 않고 튼튼함
• 두께는 0.5~1mm이고, 길이는 10m 두루마리로 만듦
• 인조가죽, 합성피혁의 용도로 주로 사용

86 목재용 유성 방부제의 대표적인 것으로 방부성이 우수하나, 악취가 나고 흑갈색으로 외관이 불미하여 눈에 보이지 않는 토대, 기둥, 도리 등에 이용되는 것은? • 2장 5절 목재의 보존

① 유성페인트
② 크레오소트 오일
③ 염화아연 4%용액
④ 불화소다 2%용액

해설

크레오소트 오일
• 방부성은 좋으나 목재가 흑갈색으로 착색되고 악취가 있고 흡수성이 있음
• 외관이 불미하므로 보이지 않는 곳의 토대, 기둥, 도리 등에 사용됨
• 값도 싸고 침투성도 크고 시공이 편리함

87 미장공사에서 사용되는 바름재료 중 여물에 관한 설명으로 옳지 않은 것은? • 6장 1절 미장재료

① 바름에 있어서 재료에 끈기를 주어 흘러내림을 방지한다.
② 흙손실을 용이하게 하는 효과가 있다.
③ 바름 중에는 보수성을 향상시키고, 바름 후에는 건조에 따라 생기는 균열을 방지한다.
④ 여물의 섬유는 질기고 굵으며 색이 짙고 빳빳한 것일수록 양질의 제품이다.

해설

여 물
• 균열방지, 끈기향상, 흘러내림 방지용
• 흙손실을 용이하게 하는 효과가 있음
• 바름 중에는 보수성을 향상시키고, 바름 후에는 건조에 따라 생기는 균열 방지
• 좋은 여물은 섬유가 질기고 가늘며 부드럽고 흰색
• 나쁜 여물은 마디가 있거나 엉킨 것, 굵고 빛깔이 짙으며 빳빳함
• 종류 : 삼여물, 짚여물, 종이여물, 털여물, 종려털여물 등

86 ② 87 ④

88 도장공사에 사용되는 유성도료에 관한 설명으로 옳지 않은 것은? • 8장 1절 도료

① 아마인유 등의 건조성 지방유를 가열 연화시켜 건조제를 첨가한 것을 보일유라 한다.
② 보일유와 안료를 혼합한 것이 유성페인트이다.
③ 유성페인트는 내알칼리성이 우수하다.
④ 유성페인트는 내후성이 우수하다.

> **해설**
> **유성페인트**
> • 종류로는 에나멜, 래커, 우레탄페이트가 있음
> • 기름을 용제로 하는 도료로 내알칼리성이 약해 콘크리트에는 부적합
> • 내수성과 내구성이 좋으나 인화성이 있어 화기에 유의해야 함
> • 장단점
>
> | 장 점 | 가격이 저렴, 밀착성·내후성이 좋음 |
> |---|---|
> | 단 점 | 점도가 낮음, 건조속도 느림, 내화성 나쁨, 붓자국이 남기 쉬움, 내알칼리성이 약해 시멘트·모르타르·회반죽 등에 부적합함 |

89 목재의 강도에 관한 설명으로 옳지 않은 것은? • 2장 4절 목재의 성질

① 목재의 건조는 중량을 경감시키지만 강도에는 영향을 끼치지 않는다.
② 벌목의 계절은 목재의 강도에 영향을 끼친다.
③ 일반적으로 응력의 방향이 섬유방향에 평행인 경우 압축강도가 인장강도보다 작다.
④ 섬유포화점 이하에서는 함수율 감소에 따라 강도가 증대한다.

> **해설**
> **목재의 강도**
> • 함수율이 감소하면 강도는 증가, 함수율이 일정하면 비중이 클수록 강도는 증가
> • 섬유포화점 이상에서는 함수율이 변화해도 목재의 강도는 일정, 섬유포화점 이하에서는 함수율이 작을수록 강도는 커짐
> • 심재가 변재보다 강도가 큼
> • 흠과 강도 : 옹이, 갈래, 썩정이 등의 흠이 있으면 강도는 떨어짐
> • 겨울철 벌목이 목재의 강도가 가장 좋음
> • 인장강도 > 휨강도 > 압축강도 > 전단강도
> – 인장강도 : 섬유방향이 가장 크고, 그것의 직각방향이 가장 작음
> – 휨강도 : 만곡강도, 곡강도로 목재를 사용함에 있어 중요한 값으로 작용
> – 압축강도 : 목재의 양방향에서 내부로 미는 힘에 대한 저항력
> – 전단강도 : 전단력이 가해질 때 재료가 파괴되는 최대응력

정답 88 ③ 89 ①

90 목재의 치수표시로 제재치수(Dressed Size)와 마무리 치수(Finishing Size)에 관한 설명으로 옳은 것은?
• 2장 3절 목재의 결

① 창호재와 가구재 치수는 제재치수로 한다.
② 구조재는 단면을 표시한 지정치수에 측기가 없으면 마무리 치수로 한다.
③ 제재치수는 제재된 목재의 실제 치수를 말한다.
④ 수장재는 단면을 표시한 지정치수에 측기가 없으면 마무리 치수로 한다.

해설

제 재
- 제재 계획 : 건조에 의한 수축을 고려하여 여유가 있어야 함
- 나뭇결을 생각하여 효과적인 목재면을 얻어야 함
- 무늬결 : 나뭇결이 곡선이며, 건조 시 변형이 큼
- 곧은결 : 목재의 직각방향의 나뭇결로 평행직선이며, 건조 시 수축변형이 적음
- 제재치수 : 제재된 목재의 실제 치수
- 마무리치수 : 가공이나 조립이 완료된 상태의 치수

91 재료배합 시 간수($MgCl_2$)를 사용하여 백화현상이 많이 발생되는 재료는?
• 6장 1절 미장재료

① 돌로마이트 플라스터
② 무수석고
③ 마그네시아 시멘트
④ 실리카 시멘트

해설

마그네시아(MgO) 시멘트
- 마그네시아를 주원료로 하고 탄산마그네슘($MgCO_2$)을 800~900℃로 가소하고 염화마그네슘($MgCl_2$, 간수)수용액을 가하여 경화시킨 것으로 1853년 소렐이 만들었다 하여 소렐(Sorel) 시멘트라고도 함
- 모래, 한수적분, 목분, 규조토, 규산백토, 안료 등을 혼합하여 모르타르를 만들어 사용
- 단기강도가 포틀랜드 시멘트에 가까울 정도로 커서 바닥미장에 많이 이용
- 단시간에 응결, 경화 후에는 견고하고 반투명의 광택이 나고 아름다운 것이 특징
- 미장바름재료, 특히 외장용으로 외벽에 칠하거나 뿜거나 하여 사용
- 착색이 용이하고 경화가 빠르며 코르크가루·톱밥 등을 가하여 쓰면 경량이며 탄성이 있음
- 단점은 물에 약하고 습기가 차며 고온에 못 견디며, 철을 녹슬게 하고 백화현상이 생기기 쉬우며 경화 수축도 큰 편임

92 증용열 포틀랜드 시멘트에 관한 설명으로 옳지 않은 것은? • 3장 1절 시멘트

① C_3S나 C_3A가 적고, 장기강도를 지배하는 C_2S를 많이 함유한 시멘트이다.
② 내황산염성이 작기 때문에 댐공사에는 사용이 불가능하다.
③ 수화속도를 지연시켜 수화열을 작게 한 시멘트이다.
④ 건조수축이 작고 건축용 매스콘크리트에 사용된다.

해설

중용열 포틀랜드 시멘트
• 시멘트의 성분 중에 CaO, Al_2O_3, MgO 등을 적게 하고 SiO_2, Fe_2O_3 등을 많게 한 것
• 초기 수화과정의 발열속도를 작게 하여 발열량을 낮춘 시멘트로 내식성이 있고 안정도가 높음
• 내구성이 크고 수축률이 적어서 댐공사와 같이 대형 단면부재에 쓸 수 있음
• 1년 이상의 장기강도는 다른 포틀랜드 시멘트보다 높음
• 치밀한 경화체 조직을 얻을 수 있으며, 화학저항성이 강한 특징을 갖고 있음
• 방사선 차단효과가 있음

93 다음 중 도장공사에 사용되는 투명도료는? • 8장 1절 도료

① 오일바니쉬   ② 에나멜페인트
③ 래커에나멜   ④ 합성수지페인트

해설

니스(Vanish)
• 도막을 형성케 하는 성분을 용제로 녹인 투명한 도료
• 락카보다 내구성이 뛰어나며 사소한 하자는 벗겨냄 없이 수정가능
• 천천히 마르기 때문에 건조과정에 먼지 등이 앉을 수 있음
• 수지를 휘발성 용제로 녹인 휘발성니스, 수지와 건성유를 가열·융합시킨 유성니스가 있음
• 휘발성니스는 빨리 건조하여 건축, 가구 등에 많이 쓰임
• 유성니스는 건조가 더디고, 내구·내수성이 크나 내화학성 나쁘고 시간이 지나면 누렇게 변해 외부용으로 불가능

94 알루미늄 창호의 특징으로 가장 거리가 먼 것은? • 5장 1절 금속재 일반

① 공작이 자유롭고 기밀성이 우수하다.
② 도장 등 색상이 자유도가 있다.
③ 이종금속과 접촉하면 부식되고 알칼리에 약하다.
④ 내화성이 높아 방화문으로 주로 사용된다.

해설

알루미늄(Al)
• 보크사이트로 순수한 알루미나를 만들고 이것을 전기분해하여 정련
• 전기나 열의 전도율이 높으며 공작이 자유롭고, 기밀성이 우수
• 전성과 연성이 풍부하며 가공이 용이하며 도장이 자유로움
• 순도가 높을수록 내식성이 크고, 빛이나 열의 반사성이 커서 지붕잇기로 사용
• 산, 알칼리에는 약하며 이종금속과 접촉 시 부식이 심함
• 콘크리트는 강 알카리로 알루미늄과 접할 때에는 방식처리(알루마이트처리)를 해야 함
• 지붕잇기, 실내장식, 가구, 창호, 커튼의 레일 등에 쓰임

정답 92 ② 93 ① 94 ④

95 굵은 골재의 단위용적중량이 1.7kg/L, 절건밀도가 2.65g/cm³일 때, 이 골재의 공극률은?

• 4장 1절 석재

① 25%
② 28%
③ 36%
④ 42%

해설

공극률(%) = (1 − 단위용적중량 ÷ 밀도) × 100%
∴ (1 − 1.7 ÷ 2.65) × 100 % = 35.8%

공극률
- 골재의 단위용적중의 공극을 백분율로 나타낸 값
- 석재의 공극률은 석재가 함유하고 있는 전공극과 겉보기 체적의 비임
- 공극률(%) = (1 − W/ρ) × 100%, ρ = (V − U) ÷ V × 100%
  W : 겉보기 단위중량(kg/ℓ)
  ρ : 비중, V : 겉보기 전체적(ℓ), U : 실질의 체적(ℓ)
- 공극률은 석재의 산지와 밀접하여 심성암은 공극률이 작음
- 내화성은 공극률이 클수록 크고, 조성결정형이 클수록 작음
- 표면이 평활할수록 결로가 발생하기 쉬워 화강암이나 대리석을 실내장식에 사용 시 주의를 해야 함

96 금속재의 방식 방법으로 옳지 않은 것은?

• 5장 1절 금속재 일반

① 상이한 금속은 두 금속을 인접 또는 접촉시켜 사용한다.
② 균질의 것을 선택하고 사용할 때 큰 변형을 주지 않는다.
③ 표면을 평활, 청결하게 하고 가능한 한 건조상태로 유지한다.
④ 큰 변형을 준 것은 가능한 한 풀림하여 사용한다.

해설

금속의 부식
- 금속의 이온화 경향 : 금속이 전해질 속에서 양이온으로 되려는 성질
- 이온화경향이 큰 순서 : K > Na > Ca > Mg > Al > Zn > Fe > Ni > Sn > Pb > Cu
- 금속이 이온화되려는 경향을 부식이라 함
- 방식처리 방법
  − 동종의 두 금속을 인접 또는 접촉시켜 사용
  − 균질의 것을 선택하고 사용할 때 큰 변형을 주지 않음
  − 표면을 평활, 청결하게 하고 가능한 한 건조상태로 유지
  − 큰 변형을 준 것은 가능한 한 풀림하여 사용

97 미장재료 중 고온소성의 무수석고를 특별한 화학처리를 한 것으로 킨즈시멘트라고도 불리우는 것은?

• 6장 1절 미장재료

① 경석고 플라스터
② 혼합석고 플라스터
③ 보드용 플라스터
④ 돌로마이트 플라스터

해설

경석고 플라스터(킨즈시멘트)
• 무수석고를 경화를 촉진시키기 위해 백반을 첨가하여 만든 것
• 백반은 산성이므로 금속을 녹슬게 하기 때문에 금속에 방수처리가 필요함
• 강도가 크고 응결수축에 따른 수축이 거의 없음
• 수경성 재료로, 경화가 빨라 동기 시공에 적당
• 바닥 바름 재료로도 쓰일 수 있으나 산성이어서 철을 녹슬게 함

98 합성수지에 관한 설명으로 옳지 않은 것은?

• 7장 3절 합성수지 제품

① 투광율이 비교적 큰 것이 있어 유리대용의 효과를 가진 것이 있다.
② 착색이 자유로우며 형태와 표면이 매끈하고 미관이 좋다.
③ 흡수율, 투수율이 작으므로 방수효과가 좋다.
④ 경도가 높아서 마멸되기 쉬운 곳에 사용하면 효과적이다.

해설

플라스틱 제품 – 신축줄눈(Expansion Joint)
• 신축줄눈은 구조물의 온도변화에 따른 수축팽창을 고려하여 설치하는 것
• 수성아크릴계 실링재, 유성우레탄계 실링재, 실리콘고무, 네오프렌, 테플론 등을 사용
• 투광율이 비교적 큰 것이 있어 유리대용의 효과를 가진 것이 있음
• 착색이 자유로우며 형태와 표면이 매끈하고 미관이 좋음
• 흡수율, 투수율이 작으므로 방수효과가 좋음
• 경도가 낮아서 마멸되기 쉬움

99 목재의 용적변화, 팽창수축에 관한 설명으로 옳지 않은 것은?

• 2장 4절 목재의 성질

① 변재는 일반적으로 심재보다 용적변화가 크다.
② 비중이 큰 목재일수록 팽창 수축이 적다.
③ 연륜에 접선 방향(널결)이 연륜에 직각 방향(곧은결)보다 수축이 크다.
④ 급속하게 건조된 목재는 완만히 건조된 목재보다 수축이 크다.

해설

목재의 성질 : 비중
• 목재의 비중은 대략 0.3~1
• 오동나무(0.3) < 삼나무 < 회나무 < 소나무 < 느티나무 < 티크 < 떡갈나무(0.95) < 자단, 흑단(1)
• 목재를 구성하고 있는 세포막의 두께, 도관막의 두께에 따라 다름
• 세포 자체의 비중은 수종에 관계없이 대체로 1.54
• 목재의 비중이 클수록 팽창과 수축도 심함

정답 97 ① 98 ④ 99 ②

100 다음 미장재료 중 시공 후 강재의 초기 부식 유발하는 재료와 가장 거리가 먼 것은?

· 6장 1절 미장재료

① 마그네시아 시멘트
② 시멘트 모르타르
③ 경석고 플라스터
④ 보드용석고 플라스터

해설

마그네시아(MgO) 시멘트
- 마그네시아를 주원료로 하고 탄산마그네슘($MgCO_2$)을 800~900℃로 가소하고 염화마그네슘($MgCl_2$, 간수)수용액을 가하여 경화시킨 것으로 1853년 소렐이 만들었다 하여 소렐(Sorel) 시멘트라고도 함
- 모래, 한수석분, 목분, 규조토, 규산백토, 안료 등을 혼합하여 모르타르를 만들어 사용
- 단기강도가 포틀랜드 시멘트에 가까울 정도로 커서 바닥미장에 많이 이용
- 단시간에 응결, 경화 후에는 견고하고 반투명의 광택이 나고 아름다운 것이 특징
- 미장바름재료, 특히 외장용으로 외벽에 칠하거나 뿜거나 하여 사용
- 착색이 용이하고 경화가 빠르며 코르크가루·톱밥 등을 가하여 쓰면 경량이며 탄성이 있음
- 단점은 물에 약하고 습기가 차며 고온에 못 견디며, 철을 녹슬게 하고 백화현상이 생기기 쉬우며 경화 수축도 큰 편임

플라스터(Plaster)
- 석고, 석회, 물, 모래 등으로 이루어져 마르면 경화하는 성질을 이용
- 벽, 천장 등을 마감하는데 사용하는 풀모양의 건축재료, 강재의 초기부식을 유발
- 돌로마이트 플라스터(마그네시아 석회)
  – 소석회에 비해 점성이 높고 작업성이 좋음
  – 변색, 냄새, 곰팡이가 없으며 보수성이 큼
  – 회반죽에 비해 조기강도 및 최종강도가 큼
  – 경화가 늦고 수축성이 큼
  – 물, 여물을 사용하지 않고 물로 연화
  – 공기 중의 탄산가스와 결합하여 경화

PART 6

건설안전기술

CHAPTER 01　건설공사 안전개요

CHAPTER 02　건설기계

CHAPTER 03　양중기와 해체공사

CHAPTER 04　건설재해 및 대책

CHAPTER 05　건설 가시설물 설치 기준

CHAPTER 06　건설 구조물공사 안전

CHAPTER 07　운반, 하역작업

교육은 우리 자신의 무지를 점차 발견해 가는 과정이다.

– 윌 듀란트 –

  **끝까지 책임진다! 시대에듀!**

QR코드를 통해 도서 출간 이후 발견된 오류나 개정법령, 변경된 시험 정보, 최신기출문제, 도서 업데이트 자료 등이 있는지 확인해 보세요! **시대에듀 합격 스마트 앱**을 통해서도 알려 드리고 있으니 구글 플레이나 앱 스토어에서 다운받아 사용하세요. 또한, 파본 도서인 경우에는 구입하신 곳에서 교환해 드립니다.

CHAPTER 01 건설공사 안전개요

6과목 건설안전기술

01 유해위험방지계획서

(1) 유해위험방지계획서

① 유해위험방지에 관한 사항을 적은 계획서
② 유해위험방지계획서 제출 기준일
  ㉠ 기계·기구 및 설비를 설치·이전하거나 그 주요 구조부분을 변경하려는 경우 : 해당 작업시작 15일 전까지 제출
  ㉡ 건설공사를 착공하려는 경우 : 해당 공사의 착공 전날까지 제출
③ <u>유해위험방지계획서 제출 후 건설공사 중 6개월 이내마다 안전보건공단의 확인을 받아야 할 사항</u>

  기출 20년 1·2회 통합

  ㉠ 유해위험방지계획서의 내용과 실제공사 내용이 부합하는지 여부
  ㉡ 유해위험방지계획서 변경 내용의 적정성
  ㉢ 추가적인 유해위험요인의 존재 여부
④ 해당 작업 시작이란 계획서 제출 대상 건설물·기계·기구 및 설비 등을 설치·이전하거나 주요구조부분을 변경하는 공사의 시작을 말하며, 대지정리 및 가설사무소 설치 등의 공사준비 기간은 제외함
⑤ 제출대상 공사 기출 18년 2회, 18년 4회, 19년 2회, 19년 4회, 20년 3회, 21년 4회, 24년 복원
  ㉠ 지상높이가 31m 이상인 건축물 또는 인공구조물
  ㉡ 연면적 3만m² 이상인 건축물
  ㉢ 연면적 5천m² 이상인 시설
   • 문화 및 집회시설(전시장, 동물원, 식물원 제외)
   • 판매시설, 운수시설(고속철도의 역사, 집배송시설 제외)
   • 종교시설
   • 의료시설 중 종합병원
   • 숙박시설 중 관광숙박시설
   • 지하도상가
   • 냉동·냉장 창고시설
  ㉣ 연면적 5천m² 이상인 냉동·냉장창고시설의 설비공사 및 단열공사
  ㉤ 최대 지간길이가 50m 이상인 교량 건설 등의 공사
  ㉥ 터널 건설 등의 공사
  ㉦ 다목적댐, 발전용댐 및 저수용량 2천만톤 이상의 용수전용댐, 지방상수도 전용댐 건설 등의 공사
  ㉧ 깊이 10m 이상인 굴착공사

⑥ **첨부서류** 기출 17년 4회, 20년 4회, 21년 4회, 24년 복원
　㉠ 공사 개요서
　㉡ 공사현장의 주변 현황 및 주변과의 관계를 나타내는 도면(매설물 현황 포함)
　㉢ 전체 공정표
　㉣ 산업안전보건관리비 사용계획
　㉤ 안전관리 조직표
　㉥ 재해 발생 위험 시 연락 및 대피방법

02 공사계획의 안전성

(1) 건설공사 안전계획
　① 입지 및 환경
　　㉠ 주변의 교통
　　㉡ 통행인(거주인)
　　㉢ 부지상황
　　㉣ 매설물
　　㉤ 유해물
　　㉥ 지역특성 등의 현황의 기술
　② 건설안전관리 중점목표
　　㉠ 전 공기에 해당되는 목표 달성
　　㉡ 착공에서 준공까지 각 단계의 중점 목표를 결정
　　㉢ 각 공정별 중점 목표를 결정
　　㉣ 구체적이고 실천 가능한 목표를 설정
　　㉤ 긴급성과 경제성을 고려한 목표를 설정
　③ 공정별 위험요소와 재해 예측
　　㉠ 주요공사 공정을 근거로 공정별 위험요소와 재해를 예측
　　㉡ 이들 항목을 기록하고 배치해야 할 유자격자 등을 명시
　④ 사고예방을 위한 구체적 실시 계획 : 공사 구분 및 재해항목(위험요소 포함)을 근거로 사고예방을 위한 구체적인 실시내용과 교육계획을 수립
　⑤ 안전행사 계획
　　㉠ 일일 계획
　　㉡ 주간 계획
　　㉢ 월간 계획
　　㉣ 수시 계획
　⑥ 안전업무 분담표 : 업무추진의 역할분담을 명확히 하여 정·부 책임자 및 보조자를 결정하여 책임을 분담시킴

⑦ 긴급연락망
  ㉠ 사내, 감독관서, 경찰서, 소방서, 병원, 전력, 수도가스 등
  ㉡ 각각에 대한 연락처의 일람표를 작성하여 공사현장, 사무실, 협력업자 사무소 등에 게시
⑧ 긴급 시 업무 분담
  ㉠ 재해, 화재, 도난 등의 비상사태 발생 시 업무에 대한 분담을 명확히 함
  ㉡ 공사현장 실정에 맞게 규정으로 설정, 담당책임자에게 각각의 임무를 이해시킴
  ㉢ 만일의 경우에 대비한 훈련을 실시함

(2) 건설재해의 예방대책

① 경영자의 확고한 안전의식이 필요
  ㉠ 경영자의 재해예방활동의 노력은 생산성 향상을 가져옴
  ㉡ 경영자는 기업의 사회적 책임을 확보하기 위한 재해 예방활동에 노력
  ㉢ 안전관리를 위한 투자가 생산성 증가임을 경영자는 인식
  ㉣ 재해 예방이 원만한 노사관계를 유지할 수 있다는 것을 인식
② 재해예방을 위한 적절한 공사기간의 확보
③ 근로자 안전 교육 철저

〈건설공사 단계별 점검사항〉

단 계	구 분	점검사항
제1단계	조사설계단계	• 기술용역 심의 사항 • 기술용역 평가 강화 • 설계 심의 내실화 • 사후 관리 평가 강화
제2단계	공사시공단계	• 발주자, 공사 감독 및 감리 강화 • 시공계획의 적정성 검토 • 검사 시험 및 준공검사 철저 • 기성 및 준공검사 철저
제3단계	운영관리단계	• 우수 공사 우대 • 부실 시공 제재 • 설계 및 시공의 객관적 평가 관리

03 지반의 안전성

(1) 건설 지반공사의 개요

① 건설공사 재해의 특징
  ㉠ 고소작업, 중량물 작업, 중장비를 이용한 작업 등과 같은 작업의 특수성
  ㉡ 발주자의 원가절감, 최저가 낙찰로 공사가 저가 하도급 계약으로 이어짐
  ㉢ 공사가 늦춰진 경우 공기를 만회하기 위해 무리하게 공사를 진행
  ㉣ 추락방지시설 미흡, 안전모 미착용 등의 안전의식 부족

② 건설재해 방지대책
　㉠ 발주자의 안전관리 책임강화
　　• 발주자의 건설재해 예방 의무 확대
　　• 공공발주기관의 재해예방노력 유도
　　• 공공발주기관의 안전관리 역량 강화
　㉡ 입찰제도 개선 및 설계단계에서 부터의 안전확보(Design for Safety)
　　• 건설공사 안전 확보를 위한 계약제도 개선
　　• 가설구조물의 안전성 확보
　　• 시공 전 안전성 검토 강화
　㉢ 안전한 시공을 위한 여건 개선
　　• 감리원의 역할 강화 및 역량 제고
　　• 시공단계 안전관리시스템 강화
　　• 건설재해 통계 및 위험정보제공 인프라 구축
　㉣ 건설현장 재해예방 및 제재 강화
　　• 공사 규모별 맞춤형 선제적 예방 관리감독 강화
　　• 재해발생 사업장에 대한 제재 강화
　　• 건설업체 자율안전점검제도 개선

③ 지반조사 자료항목
　㉠ 지반조사란 구조물이 축조될 기초 지반의 지층구조와 물리적 특성을 파악하는 일
　㉡ 암반 위의 중요 구조물인 경우 암석의 조인트, 크랙, 강도시험, 공내 재하 시험자료, 투시시험 결과, 암반 절취면의 안전성 검토
　㉢ 보링 깊이는 최소한 굴착 깊이보다 깊고, 응력범위까지 굴착하고, 배면 지반의 조건 등도 파악
　㉣ 토질주상도, 지하수위, 토질시험 자료, TCR, RQD, N값 등이 있음
　　• 토질주상도 : 지질단면을 도화할 때 사용하는 도법으로 조사지역의 층서를 여러 가지 기호와 색으로 표시한 그래프. 토질주상도에는 그 지역의 층서, 지층의 두께, 지질상태, 지하수위 등이 표시되어 있음
　　• 표준관입시험(SPT ; Standard Penetration Test)이란 지반의 지지력을 측정하는 시험으로 63.5kg의 추를 76cm의 높이에서 타격 시 로드가 30cm 관입할 때의 타격횟수 N값을 구함
　　• N값이 30이면 30cm의 관입 시 필요한 타격횟수가 20회란 의미
　　• 암석코아 회수율(TCR ; Total Core Recovery) = 암석코아(Rock Core) 길이의 합 ÷ 시추길이 × 100%
　　• 암질지수(RQD ; Rock Quality Designation) = 10cm 이상 되는 암석코아 길이의 합 ÷ 시추길이 × 100%

④ 인접 건물 답사자료 항목
　㉠ 인접건물의 기초 또는 가설 구조물의 종류 파악
　㉡ 인접 구조물의 현황 및 노후도 파악
　㉢ 굴착에 따른 영향 검토

⑤ 인접 매설물 현황자료
  ㉠ 상하수도관, 가스관로
  ㉡ 송유관, 통신케이블
  ㉢ 지하철, 한전케이블

(2) 건설지반의 특성

① 지반의 내력
  ㉠ 흙의 종류에는 암반, 모래, 진흙, 부식토, 역암 등이 있음
  ㉡ 지반에 대한 허용 응력도는 아래의 표와 같음

〈지반의 허용응력도〉

지반의 종류		허용응력도 (kg/cm^2)	
		장기하중	단기응력에 대한 허용응력도
경반암	화강암, 편마암, 안산암 등의 화성암의 암반	400	장기 응력에 대한 허용 응력도 각각의 값의 1.5배로 한다.
연암반	편암, 판암 등의 수성암의 암반	200	
	혈암, 표반암 등의 암반	100	
자 갈		30	
자갈과 모래의 혼합지반		20	
모래 섞인 점토		15	
모래 또는 점토		10	

② 투수압
  ㉠ 투수성은 배수 등의 측면에서 건설공사에 지대한 영향을 주기 때문에 기초 굴착 공사 시 지하수의 처리가 극히 중요
  ㉡ 점토 지반의 투수성은 압밀침하(외력에 의해 간극 내의 물이 밖으로 나가면서 흙의 부피가 감소하는 현상)의 원인이 됨

③ 지반조사의 토질 정수 결정방법
  ㉠ 조사 시 보링 깊이가 흙막이 굴착 깊이보다 얕은 경우
  ㉡ 지반 조사 보링, 토질 및 암석 실험, 구조계산에 상호연관성이 없는 경우
  ㉢ 토압 산정과 구조 계산을 위한 토질 정수를 N값으로 추정하는 경우
  ㉣ 암반 지역의 중요 대형 빌딩 시공 시 형식적인 BX 보링으로 설계
    • NX와 BX는 시추구경에 따른 국제규격 분류로서 NX size의 공경은 76mm, BX size의 외경은 60mm임
    • BX 구경의 경우 장비 자체가 작고 힘이 약하기 때문에 조사용으로 사용
    • NX 구경의 경우 대부분 유압식의 장비를 사용하여 암반 지층의 특성을 상세하게 파악하는 데 사용
    • 토질 파라미터 결정을 위해서 NX 보링과 코어 시험과 토질 시험 데이터가 필요함

④ 침수유량
  ㉠ 유량은 Darcy의 법칙에 의해 구할 수 있음
  ㉡ 침수유량 = 투수계수 × 수두기울기 × 단면적(매질을 통과하는 유량은 투수계수와 두 점간의 압력차와 단면적에 비례)
  ㉢ 투수계수의 특성 [기출] 21년 1회
    • 투수계수 : 물이 흙을 통과하여 이동하는 속도로 점성계수에 반비례함
    • 공극비가 크면 투수계수가 크고 침투량이 큼(모래는 투수계수가 큼)
    • 투수계수는 모래에 있어서 평균 입자 지름의 제곱에 비례하고, 간극비의 제곱에 비례

(3) 지반조사방법
① 예비조사항목 [기출] 23년 복원
  ㉠ 부지나 노선, 구조물의 위치결정을 위해 넓은 범위를 대상으로 수행하는 조사
  ㉡ 지형, 지하수위, 우물 등의 현황 조사
  ㉢ 인접 구조물의 크기, 기초의 형식 및 그 현황 조사
  ㉣ 주변의 환경(하천, 지표지질, 도로, 교통)
  ㉤ 기상조건 변동에 따른 영향 검토
② 본조사 방법
  ㉠ 부지나 노선, 구조물의 위치가 결정된 후 지층의 분포, 공학적 특성 등을 파악하기 위해 수행하는 조사
  ㉡ 지반의 구성을 분명히 하고 각 층의 역학적, 물리적 특성을 파악
  ㉢ 조사의 범위는 대략 50~100m 간격으로 설계 근입장 +α 깊이까지 실시
  ㉣ 조사 범위 검토에 있어서 작용 응력이 미치는 범위를 고려할 필요가 있음

〈지반조사항목〉

항목	매립특성	역학특성	압축특성	지하수	비고
강널말뚝	△	○	○	○	○ : 꼭 필요한 조사
지하연속벽	△	○	○	○	△ : 가능하면 조사하는 것이 좋은 조사
앵커사용 시	○	○	△	○	

③ 예민비(Sensitivity Ratio)
  ㉠ 점토를 이기면 자연상태보다 강도가 감소, 모래를 이기면 자연상태보다 강도가 증가함
  ㉡ 예민비란 흙의 이김으로 인하여 약해지는 정도를 표시한 것
  ㉢ 예민비가 클수록 공학적 성질이 불량하여 안전율을 크게 해야 함
  ㉣ 예민비 = 자연상태 흙의 일축압축강도 ÷ 교란시킨 흙의 일축압축강도
  ㉤ 예민비 = 불교란시료의 일축압축강도 ÷ 교란시료의 일축압축강도
  ㉥ 간극비가 클수록 예민비가 증가되어, 간극비가 1보다 작은 점토에서는 예민비가 1에 가까운 것이 많고 간극비가 1보다 큰 점토에서는 예민비가 4~10 정도 됨

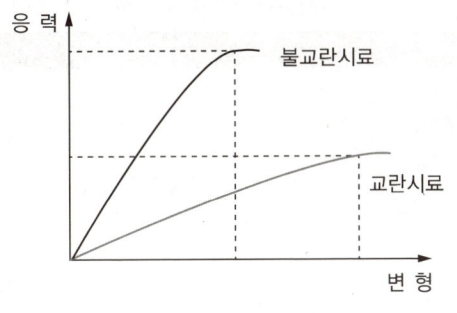

〈흙의 예민비 곡선〉

④ 간극비 기출 18년 2회
   ㉠ 흙은 흙입자와 흙입자 간극으로 구성되고, 간극은 물, 공기, 가스로 구성됨
   ㉡ 간극비(Void Ratio) = 흙입자의 체적에 대한 간극의 체적(공기 + 물)
   ㉢ 간극률(Porosity) = 전체 체적에 대한 간극의 체적의 비율
   ㉣ 포화도(Degree of Saturation) = 간극의 체적에 대한 물의 체적
   ㉤ 함수비(Water Content) = 흙입자 중량(건조된 흙의 중량)에 대한 물의 중량

간극비	Vv ÷ Vs
간극률	Vv/V ÷ 100%
포화도	Vw ÷ Vv
함수비	Vw ÷ Vs

   ㉥ 간극비가 높을 때 토질의 상태
   • 지지력 감소
   • 점착력 감소(점토지반인 경우)
   • 내부마찰력 감소(사질지반인 경우)
   • 전단강도 감소
   • 압밀침하 증가
   • 압축 증가, 투수성 증가
   ㉦ 간극비 감소대책
   • 다짐철저
   • 배수공법
   • 탈수공법
   • 지반개량

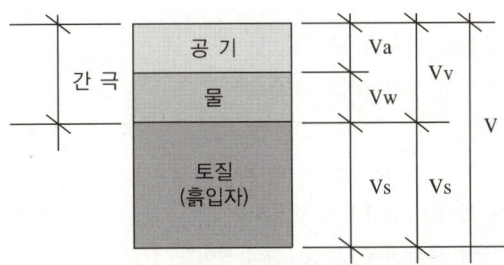

〈간극비, 함수비, 포화도〉

⟨사층과 점토층에 대한 흙의 특성 비교⟩

흙의 특성	사층(사질토)	점토층(점성토)
투수계수	크 다	작 다
압밀성	작 다	크 다
가소성	없 다	있 다
건조수축	수축이 어렵다	수축이 용이하다

⑤ 보링(Boring)
  ㉠ 보링 구멍은 수직으로 뚫음
  ㉡ 채취 시료는 충분히 양생
  ㉢ 한 장소에서 3개소 이상 실시
  ㉣ 간격은 약 30m로 하고 중간지점은 물리적 지하 탐사법에 의해 보충
  ㉤ 보링의 깊이는 경미한 건물은 기초폭의 1.5~2.0배, 일반적인 경우는 약 20m 또는 지지층 이상으로 함
  ㉥ 보링의 종류
    • 기계식
      - 회전식 보링(Rotary Boring) : 천공날을 회전시켜 천공하는 공법으로 가장 많이 사용되며 천공구멍 밑바닥의 지층을 흐트러지지 않게 하면서 토질의 성질을 분석(지질상태 가장 정확하게 파악)
      - 수세식 보링(Wash Boring) : 보링 내 선단에서 물을 뿜어내어 나온 진흙물을 침전시켜 지층의 토질을 분석하는 것으로 깊은 지층조사가 가능
      - 충격식 보링(Percussion Boring) : 낙하, 충격에 의해 파쇄되는 토사나 암석을 이용하여 분석하는 것으로 W/R에 충격날을 설치하여 낙하시켜 토질을 분석
    • 오거 보링(Auger Boring) : 보링에 쓰이는 송곳을 이용해 깊이 1m 이내의 시추에 사용되며 Hand Auger를 이용해 사람이 지중에 박아 2m 내외의 얕은 지층의 점토층을 토질분석

(4) 토질의 특성
  ① 흙의 점착력
    ㉠ 수직응력이 0일 때 지반의 전단강도를 말함
    ㉡ 지하수에 무관하고, 여러 외적인 요인들의 영향을 받음
    ㉢ 점착력은 입자주위를 둘러싸고 있는 물의 표면장력에 의해 발생
    ㉣ 점착력의 크기는 점토광물의 함량과 선행압밀에 의해 결정
    ㉤ 지반의 함수비가 증가할수록 점착력은 작아짐
    ㉥ 사질토
      • 전단강도가 크고 다지기 쉬움
      • 배수가 용이하며 동결피해가 적음
      • 횡토압이 작고, 성토재료로 적합
      • 지하수위 이하 굴착 시 과대한 배수가 필요
      • 진동하중에 의하여 침하하기 쉬움
      • 댐, 제방 등의 성토 재료로서는 투수성이 크므로 단독으로 사용은 곤란
      • 느슨한 모래를 제외한 경우 지지력이 크고 침하가 작으며 즉시 침하가 발생

ⓧ 점성토
- 전단강도가 작음
- 일반적으로 소성이며 압축성이 큼
- 습윤 시 전단강도가 약화
- 교란 시 전단강도가 약화
- 장기간의 하중하에서 소성변형(Creep)을 일으킴
- 습윤 시 팽창하고 건조 시 수축
- 횡토압이 작고, 성토재료로 부적합
- 투수계수가 작음
- 모세관 상승고가 높으며 동결피해를 입기 쉬움

② 흙의 마찰저항
㉠ 지하수에 무관하고 지반의 안식각과 거의 일치
㉡ 정확한 값은 전단시험을 실시하여 결정
㉢ 마찰저항은 주로 건조마찰, 회전마찰, 형상마찰 등으로 발생

③ 흙의 전단강도
㉠ 흙지반은 흙입자와 물, 공기로 구성되어 있어서 전단에 대해 민감
㉡ 소성파괴를 일으키지 않고 지지할 수 있는 최대 전단응력을 말함

④ 전단강도 시험
㉠ 흙의 인장저항력은 거의 없고 전단저항력만 있음
㉡ 흙의 전단강도특성을 파악하기 위하여 실시, 강도정수의 결정을 목적으로 함
㉢ 전단강도시험은 크게 현장시험과 실내시험으로 구분
㉣ 현장시험
- 흙의 교란이 시험결과에 미치는 오차의 가능성을 줄일 수 있음
- 길이에 따른 강도특성의 변화를 확인할 수 있음
- 종류 : 콘관입시험, 현장베인시험, 표준관입시험
- 표준관입시험
    - 지반 내에서 직접 모래를 채취하여 모래의 밀도를 측정
    - 표준 샘플러를 63.5kg의 해머로 76m의 낙하로 쳐서 박아 관입량 30m에 달하는 데 요하는 타격횟수를 구함
    - 타격횟수 (N)의 값이 클수록 밀실한 토질
    - 용도 : 주로 사질 지반에 사용
㉤ 실내시험
- 시험결과로부터 직접 강도정수를 얻을 수 있음
- 시험종류에 따라 예상되는 응력조건 및 배수조건의 조절이 가능
- 종류 : 일축압축시험, 삼축압축시험, 실내베인테스트, 직접전단시험
- 직접전단시험 : 시험장치를 이용하여 수직력을 변화시켜 이에 대응하는 전단력을 측정

⑤ 베인테스트(Vane Test) 기출 18년 4회, 20년 3회
  ㉠ 보링의 구멍을 이용하여 십자 날개형의 베인 테스너를 지반에 박고 이것을 회전시켜 그 회전력에 의하여 10m 이내 점토의 점착력을 판별
  ㉡ 연약 점토의 전단강도, 점착력을 판별하기 위하여 실시

⑥ 아터버그(Atterberg) 한계 기출 19년 4회
  ㉠ 연경도(Consistency of Soil) : 점성토가 함수량에 따라 변화하는 성질
  ㉡ 점성토는 물을 포함하고 있으며, 함수량의 변화에 따라 흙의 강도와 체적이 변함
  ㉢ 건조한 흙에 물을 가하면 흙의 상태가 변하고 이들의 변화하는 한계를 Consistency 한계 또는 Atterberg 한계라 함
  ㉣ 흙은 함수량에 따라 고체, 반고체, 소성, 액체상태로 변함
    • 고체에서 반고체로 가는 한계를 수축한계(SL ; Shrinkage Limit)
    • 반고체에서 소성상태로 가는 한계를 소성한계(PL ; Plastic Limit)
    • 소성에서 액성으로 가는 한계를 액성한계로 표현(LL ; Liquid Limit)

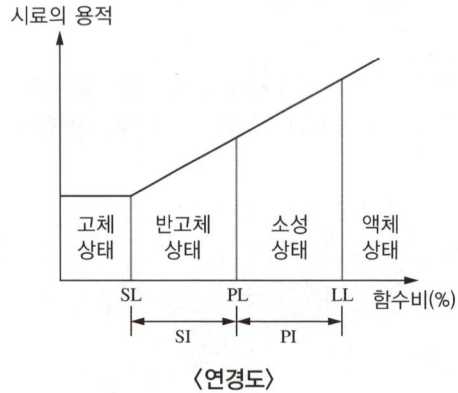

〈연경도〉

(5) 지하탐사법의 종류 및 특징

① 터파보기
  ㉠ 지층의 토질, 지하수 등을 조사하기 위하여 삽으로 구멍을 파 보는 방법으로 활석 기초의 얇고 경미한 건물의 기초에 사용
  ㉡ 구멍은 거리 간격 5~10m, 지름의 크기 60~90cm, 깊이 1.5~3.0m 정도가 가능

② 짚어보기
  ㉠ 철근을 땅속에 박아 그 저항, 울림, 침하력 등에 의하여 지반의 단단함을 판단
  ㉡ 얕은 기초의 생땅을 발견 시 사용되는 방법

③ 물리적 탐사법
  ㉠ 지하지반의 구성층을 진단하는 데 사용되며 필요한 곳을 보링(Boring)과 병행하여 정밀 조사를 실시
  ㉡ 탐사법에는 탄성파식 지하탐사법, 강제진동지하탐사법 및 전기저항식 지하탐사법이 있음

04 건설재료

(1) 물리적 성질

① 비중(Specific Gravity)
  ㉠ 비중 = 재료의 중량 ÷ 동일한 체적의 4℃인 물의 중량
  ㉡ 진비중(True Specific Gravity) : 공극과 수분을 포함하지 않는 실질적인 비중
  ㉢ 겉보기 비중 : 입자 사이의 공간의 부피까지 고려한 비중
  ㉣ 진비중을 G_t, 겉보기비중을 G_a라 하면
    • 공극률(%) = $(1 - G_a \div G_t) \times 100$
    • 실적률(%) = $(1 - G_t \div G_a) \times 100$
    • 공극률(%) + 실적률(%) = 100으로 표시

② 함수율(Water Content)
  ㉠ 습량기준 함수율 = 물의 무게 ÷ (물의 무게 + 물을 제외한 나머지 무게)
  ㉡ 건량기준 함수율 = 물의 무게 ÷ 물을 제외한 나머지 무게

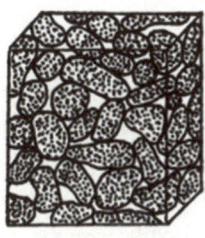 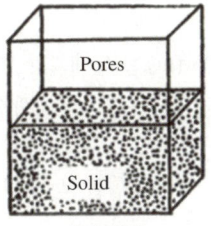

〈겉보기 비중〉   〈진비중〉

③ 흡수율
  ㉠ 재료를 일정시간 물속에 넣었을 때 재료의 건조중량에 대한 흡수량의 비율
  ㉡ 재료의 흡수율은 조직의 침수기간, 다공성, 압력 등에 따라 상이함

(2) 역학적 성질

① 탄성(Elasticity)
  ㉠ 탄성이란 재료에 외력이 작용하면 변형(Deformation)이 생기며, 이 외력을 제거하면 재료가 원래의 모양·크기로 되돌아가는 성질
  ㉡ 한편 외력을 제거하여도 재료가 원상으로 돌아가지 않고 변형된 그대로의 상태로 남아 있는 성질은 소성(Plasticity)
  ㉢ 탄성의 성질을 가진 물체를 탄성체, 소성의 성질을 가진 물체를 소성체라 함
  ㉣ 탄성변형을 하는 외력의 한도가 큰 물체를 탄성재료, 한도가 작은 것을 소성재료라 함
  ㉤ 완전탄성체가 아니면 외력에 의하여 행해지는 일(Work)의 일부는 비탄성적인 변형태에서 생기는 열로서 소멸
  ㉥ 점성(Viscosity) : 외력이 작용하였을 때의 변형이 하중속도에 따라 변화되는 성질
  ㉦ 소성과 점성을 총칭하여 비탄성이라고 하며 건축재료 중 비탄성적 성질을 가진 것도 많음

② 강도(Strength)
  ㉠ 정적강도 : 재료에 느린 속도로 하중이 작용할 때 이에 대한 저항성

- ⓒ 충격강도 : 재료에 빠른 속도로 하중이 작용할 때 이에 대한 저항성
- ⓓ 피로강도 : 재료가 반복하중을 받을 때 이에 대한 저항성
- ⓔ 피로파괴 : 재료가 반복하중을 받을 때 정적강도보다 낮은 강도에서 파괴되는 성질
- ⓕ 크리프강도 : 소재에 일정한 하중이 가해진 상태에서 시간의 경과에 따라 소재의 변형이 계속되는 현상

③ 응력-변형률 곡선(Stress-strain Curve)
- ⓐ 재료의 외력과 변형의 관계는 보통 응력-변형률 곡선으로 나타냄
- ⓑ 탄성 성질을 나타내는 재료의 수직응력(Normal Stress), 즉, $\delta = P/A$가 성립
- ⓒ 탄성체는 인장력이나 압축력이 작용할 때 외력의 방향으로 변형이 생기지만 외력과 직각의 방향으로도 변형이 생김. 이들 두 변형률의 비를 푸아송비(Poisson's Ration)라 하고 이것의 역수를 푸아송수(Poisson's Number)라 하는데, 이 값은 재료에 따라 일정하며 보통은 3~4임
  - 푸아송비(v) = 횡방향 변형률 ÷ 총 가동시간 = 1/m, 프아송수 (m) = 1/v

④ 경도(Hardness)
- ⓐ 재료의 단단한 정도를 경도라 하는데 재료의 용도에 따라 그 표시 방향이 달라짐
- ⓑ 건축 재료의 경도로는 브리넬(Brinell) 경도, 모스(Mohs) 경도가 많이 이용

⑤ 강성과 강도
- ⓐ 강성(Rigidity, Stiffness) : 재료가 변형에 저항하는 정도
- ⓑ 강도(Strength) : 재료가 파괴되기까지의 저항

⑥ 연성(Ductility)
- ⓐ 재료가 탄성한계 이상의 힘을 받아 파괴되지 않고 가늘고 길게 늘어나는 성질
- ⓑ 연성이 풍부한 재료 : 인장력을 주어 가늘고 길게 늘어나게 할 수 있는 재료

⑦ 취성(Brittleness)
- ⓐ 재료가 외력을 받아 변형되지 않고 파괴되는 성질
- ⓑ 주철 등의 금속 재료는 충격강도와 밀접한 관계가 있어 갑자기 파괴될 위험성이 큼
- ⓒ 유리와 콘크리트 등도 취성이 큰 재료

⑧ 인성(Toughness)
- ⓐ 재료가 외력을 받아 변형을 나타내면서도 파괴되지 않고 견딜 수 있는 성질
- ⓑ 극한 강도와 연신성이 큰 재료일수록 인성이 큼

⑨ 전성(Malleability)
- ⓐ 압력이나 타격에 의해서 파괴됨이 없이 판상으로 되는 성질
- ⓑ 금·은·알루미늄·구리 등은 전성이 큰 대표적인 재료임

(3) 열적 성질
① 비열(Specific Heat)
- ⓐ 중량이 1kg인 재료의 온도를 1℃ 높이는 데 필요한 열량
- ⓑ 단위는 (cal/g·℃), (kcal/kg·℃)
- ⓒ 물의 비열은 1(cal/g·℃)

② 열전도(Thermal Conduction) : 열이 고온에서 저온으로 이동하는 현상

CHAPTER 02 건설기계

6과목 건설안전기술

01 건설기계 개요

(1) 정 의
① 건설공사에 사용할 수 있는 기계
② 건설기계 소유자는 건설기계를 등록
③ 건설기계 소유자는 신규등록검사, 정기검사, 구조변경검사, 수시검사를 받아야 함
④ 건설기계를 조종하려는 사람은 건설기계조종사면허를 받아야 함

(2) 건설기계 분류
① 건설기계는 종류에 따라 토공기계, 다짐기계, 포장기계, 골재생산기계, 천공 및 터널기계, 기초공사용기계, 운반하역기계, 해상장비 등으로 분류

구 분	장비별
토공기계	• 불도저, 굴삭기, 트렌쳐, 로더, 스크레이퍼, 모터그레이더
다짐기계	• 롤러, 램머, 플래이트콤팩터
포장기계	• 노상노반 : 소일 스테빌라이저(Soil Stabilizer), 안정제살포기 • 아스팔트 : 아스팔트믹싱플랜트, 아스팔트페이버(피니셔), 아스팔트디스트리뷰터, 아스팔트스프레이어, 현장가열표층재생기 • 콘크리트 : 콘크리트배치플랜트, 사일로, 콘크리트피니셔, 콘크리트스프레더, 콘크리트조면마무리기, 콘크리트믹서, 콘크리트믹서트럭, 커터, 콘크리트펌프카, 콘크리트 펌프, 콘크리트진동기
골재생산기계	• 크러셔, 벨트컨베이어, 피더, 스크린, 아그리케이트빈, 골재세척설비
천공 및 터널기계	• 드릴웨곤, 크롤러드릴, 착암기, 노면파쇄기, 터널전단면굴착기, 공기압축기
기초공사용기계	• 그라우팅믹서, 안정액믹서, 해머, 보링기계, 오거, 리버스서큘레이션드릴, 해머그래브, 유압식압입인발기, 유압회전식굴착기, 유압식무한궤도
운반 및 하역기계	• 크레인, 지게차, 텔레핸들러(Telehandler), 붐리프트(Boom Lift), 리프트카(Lift Car), 덤프트럭, 트랙터, 트레일러
해상장비	• 준설선, 예선, 양묘선, 기중기선, 토운선

② 건설기계관리법의 건설기계 27종 구분

건설기계명	범 위
1. 불도저	무한궤도 또는 타이어식인 것
2. 굴착기	무한궤도 또는 타이어식으로 굴착장치를 가진 자체중량 1톤 이상인 것
3. 로더	무한궤도 또는 타이어식으로 적재장치를 가진 자체중량 2톤 이상인 것. 다만, 차체굴절식 조향장치가 있는 자체중량 4톤 미만인 것은 제외
4. 지게차	타이어식으로 들어올림장치와 조종석을 가진 것. 다만, 전동식으로 솔리드타이어를 부착한 것 중 도로(「도로교통법」에 따른 도로, 이하 동일)가 아닌 장소에서만 운행하는 것은 제외
5. 스크레이퍼	흙·모래의 굴착 및 운반장치를 가진 자주식인 것
6. 덤프트럭	적재용량 12톤 이상인 것. 다만, 적재용량 12톤 이상 20톤 미만의 것으로 화물운송에 사용하기 위하여 자동차관리법에 의한 자동차로 등록된 것을 제외
7. 기중기	무한궤도 또는 타이어식으로 강재의 지주 및 선회장치를 가진 것. 다만, 궤도(레일)식인 것을 제외
8. 모터그레이더	정지장치를 가진 자주식인 것
9. 롤러	1. 조종석과 전압장치를 가진 자주식인 것 2. 피견인 진동식인 것
10. 노상안정기	노상안정장치를 가진 자주식인 것
11. 콘크리트뱃칭플랜트	골재저장통·계량장치 및 혼합장치를 가진 것으로서 원동기를 가진 이동식인 것
12. 콘크리트피니셔	정리 및 사상장치를 가진 것으로 원동기를 가진 것
13. 콘크리트살포기	정리장치를 가진 것으로 원동기를 가진 것
14. 콘크리트믹서트럭	혼합장치를 가진 자주식인 것(재료의 투입·배출을 위한 보조장치가 부착된 것을 포함)
15. 콘크리트펌프	콘크리트배송능력이 매시간당 5세제곱미터 이상으로 원동기를 가진 이동식과 트럭적재식인 것
16. 아스팔트믹싱플랜트	골재공급장치·건조가열장치·혼합장치·아스팔트공급장치를 가진 것으로 원동기를 가진 이동식인 것
17. 아스팔트피니셔	정리 및 사상장치를 가진 것으로 원동기를 가진 것
18. 아스팔트살포기	아스팔트살포장치를 가진 자주식인 것
19. 골재살포기	골재살포장치를 가진 자주식인 것
20. 쇄석기	20킬로와트 이상의 원동기를 가진 이동식인 것
21. 공기압축기	공기토출량이 매분당 2.83세제곱미터(매제곱센티미터당 7킬로그램 기준) 이상의 이동식인 것
22. 천공기	천공장치를 가진 자주식인 것
23. 항타 및 항발기	원동기를 가진 것으로 헤머 또는 뽑는 장치의 중량이 0.5톤 이상인 것
24. 자갈채취기	자갈채취장치를 가진 것으로 원동기를 가진 것
25. 준설선	펌프식·바켓식·딧퍼식 또는 그래브식으로 비자항식인 것. 다만, 「선박법」에 따른 선박으로 등록된 것은 제외
26. 특수건설기계	제1호부터 제25호까지의 규정 및 제27호에 따른 건설기계와 유사한 구조 및 기능을 가진 기계류로서 국토교통부장관이 따로 정하는 것
27. 타워 크레인	수직타워의 상부에 위치한 지브(jib)를 선회시켜 중량물을 상하, 전후 또는 좌우로 이동시킬 수 있는 것으로서 원동기 또는 전동기를 가진 것. 다만, 「산업집적활성화 및 공장설립에 관한 법률」에 따라 공장등록대장에 등록된 것은 제외

(3) 건설기계의 종류

① 불도저(Bulldozers)
  ㉠ 트랙터의 전면에 부속장치인 블레이드(Blade)를 설치하여 작업을 수행하는 기계
  ㉡ 주로 100m 이내의 단거리 작업에 적합하며 무한궤도 또는 타이어식이 있음

② 굴삭기(Excavators)
  ㉠ 땅을 파거나 깎을 때 사용되는 건설기계로 무한궤도식과 타이어식이 있음
  ㉡ 배수로 묻기, 파이프 묻기, 건물기초 바닥파기, 토사적재 등 거의 모든 건설작업에 효과적으로 사용
  ㉢ 기계가 서있는 지면보다 낮은 곳의 굴착에 적당하고 수중굴착도 가능함

③ 로더(Loader)
  ㉠ 토사나 골재를 덤프 차량에 적재 및 운반하는 기계
  ㉡ 휠로우더는 전륜구동식이 주로 사용되며 기동성이 우수하고 주행속도가 빨라 포장도로에서 우수한 작업성능을 발휘

④ 지게차(Fork Lift Trucks)
  ㉠ 화물을 실어 옮기는 데 쓰는 특수차량으로 전륜구동과 후륜조향을 함
  ㉡ 공장 또는 항만, 공항 등에서 하역 작업 및 화물을 운반하는 데 주로 사용

⑤ 스크레이퍼(Scrapers)
  ㉠ 작업거리가 멀 때 토사 절토, 운반작업용으로 사용
  ㉡ 주로 고속도로나 비행장 등 규모가 큰 건설 현장에서 사용 흙·모래의 굴삭 및 운반 시 사용

⑥ 덤프트럭(Dump Trucks)
  ㉠ 적재함을 동력으로 60~70° 기울여서 적재물을 자동으로 내리는 토사·골재 운반용의 특수 화물 차량
  ㉡ 적재용량 12톤 이상 20톤 미만의 것으로 화물운송에 사용하기 위하여 자동차관리법에 의한 자동차로 등록된 것을 제외함

⑦ 기중기(Crane)
  ㉠ 동력을 사용하여 하물을 달아 올리고 상하·전후·좌우로 운반하는 기계
  ㉡ 형식에 따라 트럭식(도로형) 크레인, 크롤라식 크레인, 러프테레인 크레인, 올테레인 크레인 등이 있음

⑧ 모터 그레이더(Motor Graders)
  ㉠ 주로 도로공사의 정지작업에 주로 사용되는 굴착기계
  ㉡ 땅고르기, 배수파기, 파이프 묻기, 경사면 절삭, 제설작업 등 여러 작업에 사용

⑨ 롤러(Rollers)
  ㉠ 공사의 막바지에 지반이나 지층을 다지는 기계
  ㉡ 자체중량에 의하여 흙이나 아스팔트를 평면으로 다지는 일을 함

⑩ 노상안정기(Road Stabilizers)
　㉠ 노상에서 전진하며 토사를 파쇄 또는 혼합하는 기계
　㉡ 유재 살포작업도 가능한 기계로 혼합폭과 깊이를 유지할 수 있는 성능을 갖고 있음

⑪ 콘크리트 뱃칭 플랜트(Concrete Batching Plants)
　㉠ 저장부에서 시멘트, 자갈, 모래, 물, 혼합재 등을 계량기에 의해 소정의 배합비율로 신속 정확하게 계량하여 혼합 장치에 공급
　㉡ 믹서로 균일한 고능률로 혼합하여 아직 굳지 않은 상태의 생 콘크리트를 생산하는 설비로, 저장, 계량, 믹서부로 구성됨

⑫ 콘크리트 피니셔(Concrete Finishers)
　㉠ 콘크리트 스프레더가 깔아 놓은 콘크리트를 평탄하고 균일하게 다듬질하는 기계
　㉡ 1차 스크리드, 바이브레이터, 피니싱 스크리드 등의 정리 및 사상 장치를 가지고 있음

⑬ 콘크리트 살포기(Concrete Spreaders)
  ㉠ 콘크리트펌프에 의하여 배관을 통해 압송되어진 생콘크리트를 형틀 내로 분사하는 기계
  ㉡ 배관을 붐 등에 장착하고 공중으로부터 콘크리트를 공급·분배하는 것으로 자립 마스트식, 셀프 크라이밍식, 크롤라 탑재식 등 여러 가지가 있음

⑭ 콘크리트 믹서 트럭(Concrete Mixer Trucks)
  ㉠ 혼합장치를 가진 자주식으로 재료의 투입, 배출을 위한 보조장치가 부착됨
  ㉡ 컨베이어 또는 버킷 등 재료의 투입이나 배출을 위한 보조장치를 갖추고 있으며, 규격은 혼합 또는 교반장치의 1회 작업능력(m^3)으로 표시

⑮ 콘크리트 펌프(Concrete Pump)
  ㉠ 콘크리트 배송능력이 매 시간당 $6m^3$ 이상으로 원동기를 가진 것으로 이동식과 트럭적재식이 있음
  ㉡ 규격은 시간당 배송능력(m^3/hr)으로 표시하나, 최대 수직 붐길이(m)로 표시하기도 함

⑯ 아스팔트 믹싱 플랜트(Asphalt Mixing Plants)
　㉠ 아스팔트 도로공사에 사용되는 포장재료를 혼합·생산하는 기계
　㉡ 골재공급장치, 건조가열장치, 혼합장치, 아스팔트공급장치로 구성

⑰ 아스팔트 피니셔(Asphalt Finishers)
　㉠ 아스팔트플랜트로부터 덤프트럭에 운반된 혼합재를 노면 위에 일정한 규격과 두께로 깔아주는 기계
　㉡ 소형은 호퍼용량 1~2톤, 대형은 호퍼용량이 5~6톤 정도이며 자체중량은 13~14톤 정도임

⑱ 아스팔트 살포기(Asphalt Distributor)
　㉠ 아스팔트 살포 장치를 가진 자주식의 것으로 아스팔트탱크, 가열장치 및 살포장치 등으로 구성
　㉡ 아스팔트 분배기 또는 아스팔트 디스트리뷰터라고도 함

⑲ 골재살포기(Aggregate Spreaders)
   ㉠ 노반 공사에 필요한 각종 골재, 소일 시멘트, 성토 등의 재료를 소요의 폭, 소요두께에 맞추어 신속하게 살포하는 기계
   ㉡ 휠식 또는 크롤라식 주행장치 외에 골재 살포장치, 다짐장치 및 원동기 등으로 구성

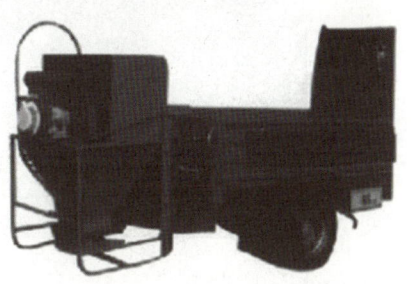

⑳ 쇄석기(Mobile Crushers)
   ㉠ 도로공사 및 콘크리트 공사에서 골재를 생산하기 위하여 원석을 부수어 자갈을 만드는 기계
   ㉡ 쇄석장치와 피터, 컨베이어, 스크린 등으로 구성

㉑ 공기압축기(Air Compressors)
   ㉠ 공기를 압축 생산하여 높은 공압으로 저장하였다가 필요에 따라서 각 공압 공구에 공급하여 작업을 수행할 수 있도록 하는 기계
   ㉡ 공기토출량이 매분당 $2.83m^3$ 이상의 것을 건설기계라고 하며, 2륜식과 4륜식이 있음

㉒ 천공기(Drilling Equipment)
  ㉠ 바위나 지면에 구멍을 뚫는 기계로서 공기압축이나 유압에 의해 작동
  ㉡ 크롤라식 또는 굴진식으로 천공 장치를 가짐

㉓ 항타기 및 항발기(Pile Drivers)
  ㉠ 붐에 파일을 때리는 부속장치를 붙여서 드롭 해머나 디젤 해머로 강관파일이나 콘크리트파일을 때려 넣는 데 사용하는 기계
  ㉡ 규격은 원동기 장치를 가진 것으로 해머 또는 뽑는 장치의 중량이 0.5톤 이상인 것을 건설기계라 함
  ㉢ 항타기는 기초공사 시 교주항타, 기중박기, 말목항타, I빔 및 H빔의 항타작업에 효과적임
  ㉣ 에너지 공급방식에 따라 드롭 해머, 증기 또는 압축공기 해머, 디젤 또는 가솔린 해머, 진동 항타기 등으로 분류

㉔ 사리채취기(Gravel Digging Equipment)
  ㉠ 사리채취장치를 가진 원동기를 가진 것으로 자갈, 모래 등을 선별하는 건설기계
  ㉡ 버킷장치, 선별장치, 파쇄장치, 전동장치 등으로 구성되며 대선, 대차, 탑재식은 건설기계에 속하나 정치식은 건설기계에 포함되지 않음

㉕ 준설선(Dredger)
  ㉠ 강, 항만, 항로 등의 바닥에 있는 흙, 모래, 자갈, 돌 등을 파내는 기계를 장착한 배로, 펌프식, 버킷식, 디퍼식, 그래브식 등이 있음
  ㉡ 펌프식의 규격은 준설펌프 구동용 주기관의 정격출력(HP)으로, 버킷식은 주기관의 연속 정격출력(HP)으로, 디퍼식은 버킷용량(m^3)으로, 그래브식은 그래브 버킷의 평적용량(m^3)으로 각각 표시함

㉖ 타워 크레인(Tower Crane)
  ㉠ 수직타워의 상부에 위치한 지브를 선회시켜 중량물을 상하, 전후 또는 좌우로 이동시킬 수 있는 정격하중 3톤 이상의 기계로 원동기 또는 전동기를 가지고 있음
  ㉡ 선정 시 검토사항 : 작업반경, 인양능력, 붐의 높이

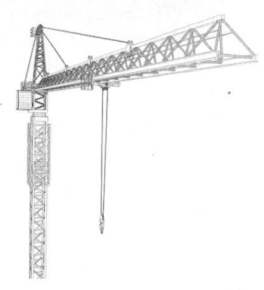

㉗ 특수건설기계
  ㉠ ①~㉖까지의 건설기계와 유사한 구조 및 기능을 가진 기계
  ㉡ 노면파쇄기, 도로보수트럭 등이 있음

〈특수건설기계(노면파쇄기)〉

〈특수건설기계(도로보수트럭)〉

02 굴착기계

(1) 쇼벨(Shovel)

① 종 류

ㄱ) 파워쇼벨(Power Shovel) [기출] 20년 3회
- 굴착공사와 신기에 많이 사용
- 앞으로 흙을 긁어서 굴착하는 방식
- 작업대가 견고하여 굳은 토질의 굴착에도 용이
- 백호우보다 버킷 용량이 훨씬 크고 굴착기가 더 위에 달려 있음
- 기계가 위치한 지면보다 높은 자오의 땅을 굴착하는 데 적합
- 산지에서의 토공사 및 암반부터 점토질까지 굴착할 수 있음

ㄴ) 드래그라인(Drag Line)
- 기계가 서 있는 위치보다 낮은 장소의 굴착에 적합
- 백호우만큼 굳은 토질에서의 굴착은 되지 않지만 굴착 반지름이 큼
- 골재 채취 등에 사용되며 기계의 위치보다 낮은 곳, 높은 곳 모두 작업 가능
- 작업 범위가 광범위하고 수중굴착 및 연한 토질 굴착에 적합하나 굳은 지반에는 부적합

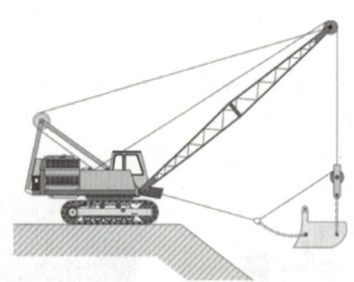

ㄷ) 클램쉘(Clamshell)
- 지반 아래 협소하고 깊은 수직굴착에 주로 사용
- Bucket이 양쪽으로 개폐되며 Bucket을 열어서 굴삭
- 모래, 자갈 등을 채취하여 트럭에 적재
- 연약지반이나 수중굴착 및 자갈 등을 싣는 데 적합
- 깊은 땅파기 공사와 흙막이 버팀대를 설치하는 데 사용

ⓒ 백호우(Back Hoe) 기출 20년 1·2회 통합, 21년 2회
- 지면보다 낮은 땅을 파는 데 적합하고 수중굴착도 가능
- 자신의 위치보다 낮은 지반굴착에 사용
- 토공 작업 시 굴착과 싣기를 동시에 할 수 있음
- 무한궤도식은 타이어식보다 경사로나 연약지반에서 더 안정적임
- 타이어식은 작업 시 안정성은 떨어지나 주행성이 좋아 트레일러 없이도 작업장 이동이 가능

ⓓ 항타기(Pile Driver)
붐에 형타용 해머를 부착하여 강관말뚝, 콘크리트말뚝, 널말뚝 등의 항타작업에 사용

ⓔ 어스드릴(Earth Drill)
붐에 부착하여 땅속에 규모가 큰 구멍을 파서 기초공사 작업에 사용하거나 상부 선회체를 대선과 고정하여 준설과 호퍼 작업, 크레인 작업 등에도 사용

03 토공기계

(1) 트랙터계 기계
① 종류 : 쇼벨불도저, 버킷도저, 휠불도저, 모터스크레이퍼, 피견인식 스크레이퍼
② 용도
ⓐ 토사의 굴착 및 단거리 운반, 깔기, 고르기, 메우기 등에 사용
ⓑ 특수 블레이드(Blade)를 부착하고 스크레이퍼의 푸셔로 사용
ⓒ 트랙터로서는 스크레이퍼, 롤러(Roller)류, 플라우(Plough), 해로(Harrow)
ⓓ 유압 리퍼에 의한 연암 굴삭에 사용

(2) 불도저
① 주행방식에 의한 분류
ⓐ 크롤러형(Crawler Type)
- 접지면적이 넓고 접지압력($0.5kg/cm^2$)이 낮아 습지, 모래밭 등의 작업이 가능
- 견인력과 등판능력이 커 험지작업이 가능하며 상부롤러까지 수중작업이 가능
- 암석지에서도 마모에 강하고 등판능력과 견인력이 큼
- 변화하는 지세에 대하여 넓은 적용성을 지니고 있음
- 중작업과의 연결에 적당하고 강한 견인력을 갖는 장점이 있음

- 돌기(Grouser)가 있는 보통 불도저와 습지용의 삼각형 트랙을 가진 습지 불도저가 있음
- 기동성이 낮아 장거리 이동 시 트레일러를 이용해야 함

ⓒ 타이어형(휠형)
- 평탄한 지면이나 포장도로에서 작업하기가 좋음
- 주행속도가 30~40km/h 정도로 기동성이 좋고 포장된 도로의 주행이 가능
- 크롤러식에 비하여 작업속도는 빠르나 부정지나 연약지의 작업에서는 크롤러식보다 느림
- 견인력이 적고 접지압력(2.5~3.0kg/cm^2)이 커서 습지, 모래밭 및 험지 등의 작업이 곤란

② 블레이드의 조작방식에 의한 분류
ⓐ 블레이드의 조작방식에는 와이어로프식과 유압식이 있음
ⓑ 유압 기술의 향상에 의하여 최근에는 유압식이 많이 사용

③ 설치방식에 의한 분류

종류	기능
불도저 또는 스트레이트 도저 (Bull Dozer or Straight Dozer)	• 트랙터 앞쪽에 블레이드를 90°로 부착, 블레이드를 상하로 조종 • 블레이드를 앞뒤로 10° 정도 경사 지을 수 있으나 좌우 및 상하로는 각을 지우지는 못함 • 불도저의 주 작업은 직선 송토작업, 굴토작업, 거친 배수로 매축업 등
앵글 도저 (Angle Dozer)	• 블레이드면의 방향이 진행 방향의 중심선에 대하여 20~30°의 경사가 진 것으로 사면굴착·정지·흙메우기 등으로 자체의 진행에 따라 흙을 횡송하는 작업에 적당 • 불도저나 틸트 도저보다 블레이드 길이가 길고 폭이 좁음 • 앵글 도저의 주작업은 매몰작업, 산허리 깎기작업, 땅고르기 작업 등에 사용 • 트랙터 빔(Beam)을 기준으로 하여 블레이드를 좌우로 20~30° 정도 각을 지울 수 있어 토사를 한쪽 방향으로 밀어낼 수 있음
틸트 도저 (Tilt Dozer)	• 블레이드면 좌우의 높이의 변경이 가능하며 단단한 흙의 도랑파기 절삭에 적당 • 수평면을 기준으로 하여 블레이드를 좌우로 15cm(최대 30cm) 정도 기울일 수 있어 블레이드 한쪽 끝 부분에 힘을 집중시킬 수 있음 • 틸트 도저의 주작업은 V형 배수로 굴삭, 언 땅 및 굳은 땅 파기, 나무뿌리 뽑기, 바위 굴리기 등 임
U형 도저 (U-type Dozer)	• U형 도저는 블레이드 좌우를 U자 형으로 만든 것으로 블레이드가 대용량이므로 석탄, 나무조각, 부드러운 흙 등 비교적 비중이 적은 것의 운반처리에 적합
습지 도저 (Wet Type Dozer)	• 트랙 슈가 삼각형으로 된 것이며, 접지압력이 0.1~0.3kg/cm^2 정도
레이크 도저 (Rake Dozer)	• 블레이드 대신에 레이크(갈퀴)를 설치하고 나무뿌리나 잡목을 제거하는 데 사용
트리밍 도저 (Trimming Dozer)	• 트리밍 도저는 좁은 장소에서 곡물, 소금, 설탕, 철광석 등을 내밀거나 끌어당겨 모으는 데 효과적
힌지도저 (Hinge Dozer)	• 배토판 중앙에 힌지를 붙여 안팎으로 V자형으로 꺾을 수 있는 도저

(3) 스크레이퍼(Scraper)

① 기능
ⓐ 작업거리가 멀 때 토사 절토, 운반 작업용으로 주로 고속도로나 비행장 등 규모가 큰 건설 현장에서 사용하나 암석이 많은 산지에는 부적당
ⓑ 무른 토사나 토괴로 된 평탄한 지형의 지표면을 얇게 깎거나 일정한 두께로 흙 쌓기 할 경우에 적당하여 도로·주택지의 조성, 공장용지의 조성 등에 널리 사용

ⓒ 구동륜은 2륜과 4륜 구동식이 있는데, 2륜 구동식은 신뢰성이 좋고 어떠한 곳에서도 통과성이 좋으며, 4륜 구동식은 안정성이 좋고 장거리와 고속도로 건설작업에 적합
ⓔ 굴착, 적재, 운반, 성토, 흙깔기, 흙다지기 등의 작업을 하나의 기계로 시공할 수 있는 장점
ⓜ 트랙터로 견인하는 피견인식 트랙터스크레이퍼와 자주식 모터스크레이퍼가 있음
ⓗ 피견인식 스크레이퍼의 운반거리는 200~1,000m까지 가능
ⓢ 작업량 증대방법 : 1회 작업량은 크게 하고 주행속도는 빠르게, 운반거리는 짧게 함
ⓞ 용도 : 채굴(Digging), 성토적재(Loading), 운반(Hauling), 하역(Dumping)

(4) 모터 그레이더(Motor Grader) 기출 17년 4회, 21년 2회
① 균토판(삽날, 블레이드)을 탑재하여 지표를 긁어 땅을 고르게 하는 장비로 지면을 매끈하게 다듬어 끝맺음을 할 때 주로 사용
② 작업 시 직진성을 좋게 하기 위해 후륜에 차동장치가 없기 때문에 작은 회전반경으로 회전하기가 매우 어려운 것이 특징

04 추락, 붕괴 위험방지

(1) 차량계 하역운반기계 기출 18년 4회, 19년 2회, 19년 4회
① 전도 등의 방지
  ㉠ 작업 시 기계가 넘어지거나 굴러 떨어질 위험이 있는 경우 유도자 배치
  ㉡ 지반의 부동침하 방지, 갓길 붕괴 방지조치
② 접촉의 방지
  ㉠ 하역, 운반 중인 화물이나 기계 등에 접촉위험이 있는 장소에 근로자 출입금지
  ㉡ 작업지휘자, 유도자 배치
  ㉢ 운전자는 작업지휘자, 유도자의 유도를 따라야 함
③ 화물적재 시의 조치
  ㉠ 하중이 한쪽으로 치우치지 않도록 적재
  ㉡ 화물의 붕괴, 낙하에 의한 위험 방지를 위해 화물에 로프를 거는 등 필요한 조치
  ㉢ 운전자의 시야를 가리지 않도록 화물을 적재
  ㉣ 화물을 적재하는 경우에는 최대적재량을 초과금지
④ 차량계 하역운반기계 등의 이송작업 시 다음 사항을 준수
  ㉠ 싣거나 내리는 작업은 평탄하고 견고한 장소에서 할 것
  ㉡ 발판을 사용하는 경우에는 충분한 길이 · 폭 및 강도를 가진 것을 사용하고 적당한 경사를 유지하기 위하여 견고하게 설치할 것
  ㉢ 가설대 등을 사용하는 경우에는 충분한 폭 및 강도와 적당한 경사를 확보할 것
  ㉣ 지정운전자의 성명 · 연락처 등을 보기 쉬운 곳에 표시하고 지정운전자 외에는 운전하지 않도록 할 것

⑤ 주용도 외의 사용 제한 : 차량계 하역운반기계 등을 화물의 적재·하역 등 주된 용도에만 사용
⑥ 수리, 부속장착, 해체작업 시의 조치
　㉠ 작업순서를 결정하고 작업을 지휘
　㉡ 안전지지대, 안전블록 등의 사용 상황 등을 점검
⑦ 100kg 이상의 화물을 싣거나 내리는 작업 시 작업지휘자 준수사항
　㉠ 작업순서 및 그 순서마다의 작업방법을 정하고 작업을 지휘할 것
　㉡ 기구와 공구를 점검하고 불량품을 제거할 것
　㉢ 해당 작업을 하는 장소에 관계 근로자가 아닌 사람이 출입하는 것을 금지할 것
　㉣ 로프 풀기 작업 또는 덮개 벗기기 작업은 적재함의 화물이 떨어질 위험이 없음을 확인한 후에 하도록 할 것
⑧ 허용하중 초과 등의 제한
　㉠ 지게차의 허용하중을 초과하여 사용금지, 지게차의 제품설명서에서 정한 기준 준수
　㉡ 구내운반차, 화물자동차를 사용할 때에는 그 최대적재량을 초과금지
⑨ 운전위치 이탈 시의 조치
　㉠ 포크, 버킷, 디퍼 등의 장치를 가장 낮은 위치 또는 지면에 내려 둘 것
　㉡ 원동기를 정지시키고 브레이크를 확실히 거는 등 갑작스러운 주행이나 이탈을 방지하기 위한 조치를 할 것
　㉢ 운전석을 이탈하는 경우에는 시동키를 운전대에서 분리시킬 것

(2) 지게차
① 전조등과 후미등을 갖추지 아니한 지게차 사용금지
② 근로자와 충돌할 위험이 있는 경우 경광등, 후진경보기, 후방감지기 설치
③ 다음에 따른 적합한 헤드가드(Head Guard) 설치
　㉠ 강도는 지게차의 최대하중의 2배 값(4톤을 넘는 값에 대해서는 4톤)의 등분포정하중에 견딜 수 있을 것
　㉡ 상부틀의 각 개구의 폭 또는 길이가 16cm 미만일 것
　㉢ 지게차의 헤드가드는 좌식 0.903m, 입식 1.88m 이상
④ 백레스트(Backrest)를 갖추지 아니한 지게차 사용금지
⑤ 하역운반작업에 사용하는 팔레트(Pallet) 또는 스키드(Skid)의 기준
　㉠ 적재하는 화물의 중량에 따른 충분한 강도를 가질 것
　㉡ 심한 손상·변형 또는 부식이 없을 것
⑥ 앉아서 조작하는 방식의 지게차 운전 시 안전띠 착용
⑦ 작업 전 점검사항
　㉠ 제동장치 및 조종장치 기능의 이상 유무
　㉡ 하역장치 및 유압장치 기능의 이상 유무
　㉢ 바퀴의 이상 유무
　㉣ 전조등·후미등·방향지시기 및 경보장치 기능의 이상 유무

(3) 구내운반차

① 주행을 제동하거나 정지상태를 유지하기 위하여 유효한 제동장치를 갖출 것
② 경음기를 갖출 것
③ 핸들의 중심에서 차체 바깥 측까지의 거리가 65cm 이상일 것
④ 운전석이 차 실내에 있는 것은 좌우에 한 개씩 방향지시기를 갖출 것
⑤ 전조등과 후미등을 갖출 것
⑥ 구내운반차에 피견인차를 연결하는 경우에는 적합한 연결장치 사용
⑦ 작업 전 점검사항
  ㉠ 제동장치 및 조종장치 기능의 이상 유무
  ㉡ 하역장치 및 유압장치 기능의 이상 유무
  ㉢ 바퀴의 이상 유무
  ㉣ 전조등·후미등·방향지시기 및 경음기 기능의 이상 유무
  ㉤ 충전장치를 포함한 홀더 등의 결합상태의 이상 유무

(4) 고소작업대

① 고소작업대의 설치
  ㉠ 작업대를 와이어로프 또는 체인으로 올리거나 내릴 경우에는 와이어로프 또는 체인이 끊어져 작업대가 떨어지지 아니하는 구조여야 함(와이어로프 또는 체인의 안전율은 5 이상)
  ㉡ 작업대를 유압에 의해 올리거나 내릴 경우에는 작업대를 일정한 위치에 유지할 수 있는 장치를 갖추고 압력의 이상저하를 방지할 수 있는 구조일 것
  ㉢ 권과방지장치를 갖추거나 압력의 이상상승을 방지할 수 있는 구조일 것
  ㉣ 붐의 최대 지면경사각을 초과 운전하여 전도되지 않도록 할 것
  ㉤ 작업대에 정격하중(안전율 5 이상)을 표시할 것
  ㉥ 작업대에 끼임·충돌 등 재해를 예방하기 위한 가드 또는 과상승방지장치를 설치할 것
  ㉦ 조작반의 스위치는 눈으로 확인할 수 있도록 명칭 및 방향표시를 유지할 것

② 고소작업대 설치 시 준수사항
  ㉠ 바닥과 고소작업대는 가능하면 수평을 유지하도록 할 것
  ㉡ 갑작스러운 이동을 방지하기 위하여 아웃트리거 또는 브레이크 등을 확실히 사용할 것

③ 고소작업대 이동 시 준수사항
  ㉠ 작업대를 가장 낮게 내릴 것
  ㉡ 작업대를 올린 상태에서 작업자를 태우고 이동하지 말 것
  ㉢ 이동통로의 요철상태 또는 장애물의 유무 등을 확인할 것

④ 고소작업대 사용 시 준수사항
  ㉠ 작업자가 안전모·안전대 등의 보호구를 착용하도록 할 것
  ㉡ 관계자가 아닌 사람이 작업구역에 들어오는 것을 방지하기 위하여 필요한 조치를 할 것
  ㉢ 안전한 작업을 위하여 적정수준의 조도를 유지할 것
  ㉣ 전로에 근접하여 작업을 하는 경우에는 작업감시자를 배치하는 등 감전사고를 방지하기 위하여 필요한 조치를 할 것
  ㉤ 작업대를 정기적으로 점검하고 붐·작업대 등 각 부위의 이상 유무를 확인할 것

ⓗ 전환스위치는 다른 물체를 이용하여 고정하지 말 것
ⓢ 작업대는 정격하중을 초과하여 물건을 싣거나 탑승하지 말 것
ⓞ 작업대의 붐대를 상승시킨 상태에서 탑승자는 작업대를 벗어나지 말 것
⑤ 작업 전 점검사항
㉠ 비상정지장치 및 비상하강 방지장치 기능의 이상 유무
㉡ 과부하 방지장치의 작동 유무(와이어로프 또는 체인구동방식의 경우)
㉢ 아웃트리거 또는 바퀴의 이상 유무
㉣ 작업면의 기울기 또는 요철 유무
㉤ 활선작업용 장치의 경우 홈·균열·파손 등 그 밖의 손상 유무

(5) 화물자동차
① 바닥으로부터 짐 윗면까지의 높이가 2m 이상인 화물자동차에 짐을 싣는 작업 또는 내리는 작업을 하는 경우, 승강설비 설치
② 꼬임이 끊어진 섬유로프 등을 화물자동차의 짐걸이로 사용금지
㉠ 꼬임이 끊어진 것
㉡ 심하게 손상되거나 부식된 것
③ 섬유로프 등을 화물자동차의 짐걸이에 사용하는 경우 조치사항
㉠ 작업순서와 순서별 작업방법을 결정하고 작업을 직접 지휘하는 일
㉡ 기구와 공구를 점검하고 불량품을 제거하는 일
㉢ 해당 작업을 하는 장소에 관계 근로자가 아닌 사람의 출입을 금지하는 일
㉣ 로프 풀기 작업 및 덮개 벗기기 작업을 하는 경우에는 적재함의 화물에 낙하 위험이 없음을 확인한 후에 해당 작업의 착수를 지시하는 일
④ 섬유로프 등에 대하여 이상 유무를 점검하고 이상이 발견된 섬유로프 등을 교체
⑤ 화물자동차에서 화물을 내리는 작업 시 화물의 중간에서 화물을 빼내는 행위 금지
⑥ 작업 전 점검사항
㉠ 제동장치 및 조종장치의 기능
㉡ 하역장치 및 유압장치의 기능
㉢ 바퀴의 이상 유무

(6) 컨베이어
① 컨베이어, 이송용 롤러 등을 사용하는 경우 정전·전압강하 등에 따른 화물 또는 운반구의 이탈 및 역주행을 방지하는 장치를 설치
② 컨베이어 등에 해당 근로자의 신체의 일부가 말려드는 등 근로자가 위험해질 우려가 있는 경우 및 비상시에는 즉시 컨베이어 등의 운전을 정지시킬 수 있는 장치를 설치
③ 컨베이어 등으로부터 화물이 떨어져 근로자가 위험해질 우려가 있는 경우, 해당 컨베이어 등에 덮개 또는 울을 설치하는 등 낙하 방지를 위한 조치
④ 트롤리 컨베이어를 사용하는 경우에는 트롤리와 체인·행거가 쉽게 벗겨지지 않도록 서로 확실하게 연결하여 사용
⑤ 운전 중인 컨베이어 상부에 건널다리 설치

⑥ 동일선상에 구간별 설치된 컨베이어에 중량물을 운반하는 경우에는 중량물 충돌에 대비한 스토퍼를 설치하거나 작업자 출입을 금지
⑦ 작업 전 점검사항
　㉠ 원동기 및 풀리(Pulley) 기능의 이상 유무
　㉡ 이탈 등의 방지장치 기능의 이상 유무
　㉢ 비상정지장치 기능의 이상 유무
　㉣ 원동기·회전축·기어 및 풀리 등의 덮개 또는 울 등의 이상 유무

(7) 차량계 건설기계 기출 21년 1회, 21년 4회, 23년 복원

작업명	사전조사내용	작업계획서 내용
차량계 건설기계를 사용하는 작업	해당 기계의 굴러 떨어짐, 지반의 붕괴 등으로 인한 근로자의 위험을 방지하기 위한 해당 작업장소의 지형 및 지반상태	• 사용하는 차량계 건설기계의 종류 및 성능 • 차량계 건설기계의 운행경로 • 차량계 건설기계에 의한 작업방법

① 동력원을 사용하여 특정되지 아니한 장소로 스스로 이동할 수 있는 건설기계
② 차량계 건설기계에 전조등을 갖추어야 함
③ 암석이 떨어질 우려가 있는 등 위험한 장소의 경우 헤드가드 설치
④ 기계가 넘어지거나 굴러 떨어짐으로써 근로자가 위험해질 우려가 있는 경우, 유도하는 사람을 배치, 지반의 부동침하 방지, 갓길의 붕괴 방지 및 도로 폭의 유지 등 필요한 조치 실시
⑤ 차량계 건설기계에 접촉되어 근로자가 부딪칠 위험이 있는 장소에 근로자를 출입금지
⑥ 차량계 건설기계의 운전자는 유도자가 유도하는 대로 따라야 함
⑦ 차량계 건설기계 이송 시 준수사항
　㉠ 싣거나 내리는 작업은 평탄하고 견고한 장소에서 할 것
　㉡ 발판을 사용하는 경우에는 충분한 길이·폭 및 강도를 가진 것을 사용하고 적당한 경사를 유지하기 위하여 견고하게 설치할 것
　㉢ 마대·가설대 등을 사용하는 경우에는 충분한 폭 및 강도와 적당한 경사를 확보할 것
⑧ 차량계 건설기계를 사용하여 작업 시 준수사항
　㉠ 승차석이 아닌 위치에 근로자 탑승금지
　㉡ 차량계 건설기계가 넘어지거나 붕괴될 위험 또는 붐·암 등 작업장치가 파괴될 위험을 방지하기 위하여 그 기계의 구조 및 사용상 안전도 및 최대사용하중을 준수
　㉢ 차량계 건설기계를 그 기계의 주된 용도에만 사용
⑨ 차량계 건설기계의 붐·암 등을 올리고 그 밑에서 수리·점검작업 등을 하는 경우 붐·암 등이 갑자기 내려옴으로써 발생하는 위험을 방지하기 위하여 해당 작업에 종사하는 근로자에게 안전지지대 또는 안전블록 등을 사용
⑩ 차량계 건설기계의 수리나 부속장치의 장착 및 제거작업을 하는 경우 그 작업을 지휘하는 사람을 지정하여 다음의 사항을 준수
　㉠ 작업순서를 결정하고 작업을 지휘
　㉡ 안전지지대 또는 안전블록 등의 사용상황 등을 점검

⑪ 운전위치 이탈 시의 조치 [기출] 17년 4회
   ㉠ 포크, 버킷, 디퍼 등의 장치를 가장 낮은 위치 또는 지면에 내려 둘 것
   ㉡ 원동기를 정지시키고 브레이크를 확실히 거는 등 갑작스러운 주행이나 이탈을 방지하기 위한 조치를 할 것
   ㉢ 운전석을 이탈하는 경우에는 시동키를 운전대에서 분리시킬 것
⑫ 작업 전 점검사항 : 브레이크 및 클러치 등의 기능
⑬ 속도규정
   ㉠ 차량계 하역운반기계, 차량계 건설기계를 사용하여 작업을 하는 경우 미리 작업장소의 지형 및 지반 상태 등에 적합한 제한속도를 정하고, 운전자로 하여금 준수
   ㉡ 기준속도 : 최대제한속도는 시속 10킬로미터 이하 [기출] 18년 1회
   ㉢ 궤도작업차량을 사용하는 작업, 입환기로 입환작업을 하는 경우에 작업에 적합한 제한속도를 정하고, 운전자는 준수

(8) 항타기, 항발기

① 항타기, 항발기를 조립 시 점검사항
   ㉠ 본체 연결부의 풀림 또는 손상의 유무
   ㉡ 권상용 와이어로프·드럼 및 도르래의 부착상태의 이상 유무
   ㉢ 권상장치의 브레이크 및 쐐기장치 기능의 이상 유무
   ㉣ 권상기의 설치상태의 이상 유무
   ㉤ 버팀의 방법 및 고정상태의 이상 유무
② 항타기, 항발기의 본체·부속장치 및 부속품의 사용기준
   ㉠ 적합한 강도를 가질 것
   ㉡ 심한 손상·마모·변형 또는 부식이 없을 것
③ 항타기, 항발기의 무너짐 방지조치 [기출] 20년 3회, 21년 4회
   ㉠ 연약한 지반에 설치하는 경우에는 각부나 가대의 침하를 방지하기 위하여 깔판, 깔목 등을 사용할 것
   ㉡ 시설 또는 가설물 등에 설치하는 경우에는 그 내력을 확인하고 내력이 부족하면 그 내력을 보강할 것
   ㉢ 각부나 가대가 미끄러질 우려가 있는 경우에는 말뚝 또는 쐐기 등을 사용하여 각부나 가대를 고정시킬 것
   ㉣ 궤도 또는 차로 이동하는 항타기 또는 항발기에 대해서는 불시에 이동하는 것을 방지하기 위하여 레일 클램프(Rail Clamp) 및 쐐기 등으로 고정시킬 것
   ㉤ 버팀대만으로 상단부분을 안정시키는 경우에는 버팀대는 3개 이상으로 하고 그 하단 부분은 견고한 버팀·말뚝 또는 철골 등으로 고정시킬 것
   ㉥ 버팀줄만으로 상단부분을 안정시키는 경우에는 버팀줄을 3개 이상으로 하고 같은 간격으로 배치할 것 [기출] 18년 4회
   ㉦ 평형추를 사용하여 안정시키는 경우에는 평형추의 이동을 방지하기 위하여 가대에 견고하게 부착시킬 것

④ 항타기, 항발기의 권상용 와이어로프 사용기준
  ㉠ 와이어로프의 안전계수 5 이상
  ㉡ 권상용 와이어로프는 추 또는 해머가 최저의 위치에 있을 때 또는 널말뚝을 빼내기 시작할 때를 기준으로 권상장치의 드럼에 적어도 2회 감기고 남을 수 있는 충분한 길이일 것
  ㉢ 권상용 와이어로프는 권상장치의 드럼에 클램프・클립 등을 사용하여 견고하게 고정할 것
  ㉣ 항타기의 권상용 와이어로프에서 추・해머 등과의 연결은 클램프・클립 등을 사용하여 견고하게 할 것
⑤ 항발기의 권상용 와이어로프・도르래 등은 충분한 강도가 있는 샤클・고정철물 등을 사용하여 말뚝・널말뚝 등과 연결
⑥ 항타기, 항발기에 사용하는 권상기에 쐐기장치 또는 역회전방지용 브레이크를 부착
⑦ 항타기, 항발기의 권상기가 들리거나 미끄러지거나 흔들리지 않도록 설치
⑧ 도르래의 부착 등
  ㉠ 항타기, 항발기에 도르래나 도르래 뭉치를 부착하는 경우, 부착부가 받는 하중에 의하여 파괴될 우려가 없는 브라켓・샤클 및 와이어로프 등으로 견고하게 부착
  ㉡ 항타기, 항발기의 권상장치의 드럼축과 권상장치로부터 첫 번째 도르래의 축 간의 거리를 권상장치 드럼폭의 15배 이상으로 하여야 함
  ㉢ ㉡의 도르래는 권상장치의 드럼 중심을 지나야 하며 축과 수직면상에 있어야 함
  ㉣ 항타기나 항발기의 구조상 권상용 와이어로프가 꼬일 우려가 없는 경우에는 ㉡과 ㉢을 적용하지 않음
⑨ 증기나 압축공기를 동력원으로 하는 항타기, 항발기를 사용 시 준수사항 **기출** 22년 2회, 24년 복원
  ㉠ 해머의 운동에 의하여 증기호스 또는 공기호스와 해머의 접속부가 파손되거나 벗겨지는 것을 방지하기 위하여 그 접속부가 아닌 부위를 선정하여 증기호스 또는 공기호스를 해머에 고정시킬 것
  ㉡ 증기나 공기를 차단하는 장치를 해머의 운전자가 쉽게 조작할 수 있는 위치에 설치할 것
⑩ 항타기, 항발기의 권상장치의 드럼에 권상용 와이어로프가 꼬인 경우 와이어로프에 하중을 걸어서는 안 됨
⑪ 항타기, 항발기의 권상장치에 하중을 건 상태로 정지하여 두는 경우에는 쐐기장치 또는 역회전방지용 브레이크를 사용하여 제동하는 등 확실하게 정지함
⑫ 말뚝 등을 끌어올릴 경우의 조치
  ㉠ 항타기를 사용하여 말뚝 및 널말뚝 등을 끌어올리는 경우에는 그 훅 부분이 드럼 또는 도르래의 바로 아래에 위치하도록 하여 끌어올림
  ㉡ 항타기에 체인블록 등의 장치를 부착하여 말뚝, 널말뚝 등을 끌어 올리는 경우에는 ㉠을 준용
⑬ 항타기나 항발기의 버팀줄을 늦추는 경우 버팀줄을 조정하는 근로자가 지지할 수 있는 한도를 초과하는 하중이 걸리지 않도록 장력조절블록 또는 윈치를 사용
⑭ 두 개의 지주 등으로 지지하는 항타기, 항발기를 이동시키는 경우에는 이들 각 부위를 당김으로 인하여 항타기 또는 항발기가 넘어지는 것을 방지하기 위하여 반대측에서 윈치로 장력와이어로프를 사용하여 확실히 제동
⑮ 항타기를 사용하여 작업할 때에 가스배관, 지중전선로 및 그 밖의 지하공작물의 손상으로 근로자가 위험에 처할 우려가 있는 경우에는 미리 작업장소에 가스배관・지중전선로 등이 있는지를 조사하여 이전 설치나 매달기 보호 등의 조치실시

05 안전인증, 자율안전, 안전검사

(1) 안전인증대상

안전인증 대상기계	안전인증 방호장치	안전인증 보호구
• 프레스 • 전단기 및 절곡기 • 크레인 • 리프트 • 압력용기 • 롤러기 • 사출성형기 • 고소 작업대 • 곤돌라	• 프레스 및 전단기 방호장치 • 양중기용 과부하 방지장치 • 보일러 압력방출용 안전밸브 • 압력용기 압력방출용 안전밸브 • 압력용기 압력방출용 파열판 • 절연용 방호구 및 활선작업용 기구 • 방폭구조 전기기계·기구 및 부품 • 추락, 낙하, 붕괴 등의 위험 방지 및 보호에 필요한 가설기자재로서 고용노동부장관이 정하여 고시하는 것 • 충돌, 협착 등의 위험 방지에 필요한 산업용 로봇 방호장치로서 고용노동부장관이 정하여 고시하는 것	• 추락 및 감전 위험방지용 안전모 • 안전화 • 안전장갑 • 방진마스크 • 방독마스크 • 송기마스크 • 전동식 호흡보호구 • 보호복 • 안전대 • 차광, 비산물 위험방지용 보안경 • 용접용 보안면 • 방음용 귀마개 또는 귀덮개

(2) 자율안전확인대상 기계

기계설비	방호장치	보호구
• 연삭기 또는 연마기 • 산업용 로봇 • 혼합기 • 파쇄기 또는 분쇄기 • 식품가공용 기계 • 컨베이어 • 자동차정비용 리프트 • 공작기계 • 고정형 목재가공용 기계 • 인쇄기	• 아세틸렌 용접장치용 또는 가스집합 용접장치용 안전기 • 교류 아크용접기용 자동전격방지기 • 롤러기 급정지장치 • 연삭기 덮개 • 목재 가공용 둥근톱 반발 예방장치와 날 접촉 예방장치 • 동력식 수동대패용 칼날 접촉 방지장치 • 추락, 낙하, 붕괴 등의 위험 방지 및 보호에 필요한 가설기자재	• 안전모 • 보안경 • 보안면

(3) 안전검사대상기계 및 유해위험 방지를 위한 방호조치가 필요한 기계기구

안전검사대상기계	유해위험 방지를 위한 방호조치가 필요한 기계기구 기출 18년 1회
• 프레스 • 전단기 • 크레인(정격하중 2톤 미만 제외) • 리프트 • 압력용기 • 곤돌라 • 국소배기장치 • 원심기 • 롤러기 • 사출성형기(형 체결력 294KN 미만은 제외) • 고소 작업대 • 컨베이어 • 산업용 로봇	• 예초기 • 원심기 • 공기압축기 • 금속절단기 • 지게차 • 포장기계(진공포장기, 래핑기)

CHAPTER 03 양중기와 해체공사

6과목 건설안전기술

01 양중기의 개요

(1) 양중기의 안전
① 양중기의 종류 : 크레인, 리프트, 곤돌라, 승강기
② 양중기를 사용하는 곳에는 작업자가 보기 쉬운 곳에 해당 기계의 정격하중, 운전속도, 경고표시 등을 부착
③ 보호장치 : 과부하방지장치, 권과방지장치, 비상정지장치, 제동장치, 승강기의 파이널 리미트 스위치, 속도조절기, 출입문 인터록 등
  ㉠ 과부하방지장치 : 적재하중의 1.1배 초과 시 승강되지 않음
  ㉡ 권과방지장치 : 강선의 과다감기를 방지 [기출] 19년 1회
  ㉢ 비상정지장치 : 돌발적인 사태 발생 시 모든 전원을 차단하고 급정지
  ㉣ 파이널 리미트 스위치 : 승강기가 리미트 스위치를 지나쳐서 현저하게 초과 승강하는 경우 정지
  ㉤ 해지장치 : 훅을 줄걸이 용구에서 이탈방지
④ 양중기의 적재하중을 초과하는 하중사용 금지
⑤ 유압을 동력으로 사용하는 크레인은 과도한 압력상승방지를 위한 안전밸브에 대하여 정격하중을 건 때의 압력 이하로 작동되도록 조정
⑥ 훅걸이용 와이어로프 등이 벗겨지지 않도록 훅 해지장치를 사용 [기출] 23년 복원
⑦ 지브크레인은 지브의 경사각 범위 내에서 사용(3톤 미만의 지브크레인은 제조자가 정한 경사각)
⑧ 주행로에 병렬로 설치되어 있는 주행크레인에는 충돌 및 접촉위험에 대비하여 감시인 배치, 스토퍼 설치
⑨ 안전거리 확보 [기출] 20년 1·2회 통합
  ㉠ 새들돌출부와 주변구조물 사이에는 40cm 이상의 안전공간이 확보되도록 바닥에 표시
  ㉡ 크레인과 건설물(설비) 사이에 통로를 설치하는 경우 그 폭을 60cm 이상으로 함(통로 중 건설물의 기둥이 접촉하는 부분에 대해서는 40cm 이상으로 할 수 있음)

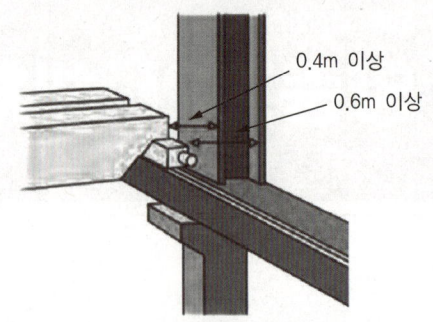

〈건설물의 통로확보〉

⑩ 안전간격 : 다음의 경우 간격을 30cm 이하로 해야 함
  ㉠ 크레인의 운전실 또는 운전대를 통하는 통로의 끝과 건설물 등의 벽체의 간격
  ㉡ 크레인 거더의 통로 끝과 크레인 거더의 간격
  ㉢ 크레인 거더의 통로로 통하는 통로의 끝과 건설물 등의 벽체의 간격
⑪ <u>옥외 주행크레인에 대하여 초당 30m를 초과하는 바람이 불어올 우려가 있는 경우 이탈방지장치를 작동시키는 등의 이탈방지조치</u> 기출 18년 4회
⑫ 30m/s 이상의 바람이 불거나 중진 이상의 지진이 있은 후 작업재개 시 기계 각 부위에 이상이 있는지 점검

(2) 양중기의 조립, 해체작업 시 안전
① 작업순서를 정하고 순서에 따라 작업 실시
② 작업구역에 관계자외 출입금지 표시
③ 기상상태 불안정 시 작업 중지
④ 작업장소는 충분한 공간을 확보하고 장애물 제거
⑤ 들어 올리거나 내리는 기자재는 균형을 유지하면서 작업
⑥ 크레인의 성능, 사용조건에 따라 충분한 응력을 갖도록 기초를 설치하고 침하예방
⑦ 규격볼트를 사용하고, 대칭되는 곳을 차례로 결합하고 분해

(3) 타워 크레인의 지지 기출 18년 1회, 24년 복원
① 타워 크레인을 자립고 이상의 높이로 설치하는 경우 건축물의 벽체에 지지
② 벽체가 없는 경우 와이어로프에 지지하되, 전용 지지프레임을 사용할 것
③ 와이어로프의 설치각도는 수평면에서 60°도 이내로 하고, 지지점은 4개소 이상, 같은 각도로 설치
④ 와이어로프와 고정부위는 충분한 강도와 장력을 갖도록 설치
⑤ 와이어로프를 클립, 샤클 등의 고정기구를 사용하여 견고하게 고정시켜 풀리지 않게 함
⑥ 와이어로프를 사용 중에는 충분한 강도와 장력을 유지할 것
⑦ 와이어로프가 가공전선에 근접하지 않도록 할 것

(4) 양중 작업 시 조치
① 인양할 물건을 바닥에서 끌어당기거나, 밀어내는 작업금지
② 유류드럼이나 위험물 용기는 보관함(보관고)에 담아 안전하게 매달아 운반
③ 고정된 물체를 직접 분리하거나 제거하는 작업 금지
④ 인양중인 하물이 작업자의 머리 위를 통과하지 않도록 함
⑤ 크레인 작업 시 근로자와 조종자 사이에 신호업무를 담당하는 사람을 각각 두어야 함
⑥ 조종석이 설치되어 있지 않은 크레인의 조치
　㉠ 고용노동부장관이 고시하는 크레인의 제작기준과 안전기준에 맞는 무선원격제어기 또는 펜던트 스위치를 설치, 사용할 것
　㉡ 무선원격제어기, 펜던트 스위치를 취급하는 근로자에게는 작동요령 등 안전조작에 관한 사항을 충분히 주지시킬 것

02 양중기의 종류 〔기출〕 20년 4회, 21년 2회

(1) 크레인
① 동력을 사용하여 중량물을 매달아 상하 및 좌우로 운반하는 기계
② 이동식 크레인 : 원동기를 내장, 불특정 장소에 스스로 이동할 수 있는 크레인
③ 호이스트 : 훅, 달기구 등을 사용하여 화물을 권상 및 횡행 또는 권상동작만을 하여 양중하는 기계
④ 작업 전 점검사항
　㉠ 권과방지장치・브레이크・클러치 및 운전장치의 기능
　㉡ 주행로의 상측 및 트롤리(Trolley)가 횡행하는 레일의 상태
　㉢ 와이어로프가 통하고 있는 곳의 상태

(2) 크레인의 종류
① 크롤러 크레인(Crawler Crane)
　㉠ 크롤러 셔블에 크레인 부속장치를 부착한 것
　㉡ 주행장치가 굴삭기용보다 긴 것 또는 넓은 것을 사용하며 안정성이 매우 우수
　㉢ 엔진, 제어장치, 케이블드럼, 조정실, 평형추로 구성됨
　㉣ 습지대, 활지대, 협소한 지역에서 작업이 가능(아웃트리거가 없음)
② 휠 크레인(Wheel Crane)
　㉠ 크롤러 크레인의 크롤러 대신 차륜을 장치한 것
　㉡ 드래그 크레인보다 소형이며 모빌 크레인이라고도 함
　㉢ 크레인 운전실에서 주행조작이 가능
　㉣ 공장과 같이 작업범위가 제한되어 있는 장소에 적합
③ 드래그 크레인(Drag Crane)
　㉠ 크레인의 선회부분을 트럭 섀시위에 장착한 것으로 안정도를 높이기 위해 아웃트리거가 있음
　㉡ 접지압이 크고, 연약지반에서는 작업이 불가능하나 기동성이 좋고 미세한 인칭(Inching)이 가능
　㉢ 엔진은 크레인용, 섀시용이 따로 탑재되어 있음

- ② 대용량으로서 표준붐과 확장붐(Extension Boom)의 것이 지부붐(Jib Boom)도 설치 가능
- ⑩ 고층건물의 철골조립, 자재의 적재운반, 항만하역작업 등에 사용

④ 케이블 크레인(Cable Crane)
- ㉠ 양끝을 타워에 굵은 케이블을 쳐서 트롤리를 달아 올리는 방식의 기계로 권상능력은 1톤에서 25톤까지임
- ㉡ 타워형은 한쪽주행형, 양쪽고정형, 양쪽주행형 등이 있음
- ㉢ 댐 공사 등에서 콘크리트나 자재 운반 시 이용
- ㉣ 권상하중은 양정(Lift)과 버킷용량, 스팬(Span) 등으로 나타냄

⑤ 천장주행 크레인
천장형 크레인에 양다리를 달고 여기에 주행 레일을 설치하여 이동하도록 한 기계이며, 주로 콘크리트 빔의 제작이나 가공 현장 등에서 사용

⑥ 타워 크레인(Tower Crane)
- ㉠ 높은 탑 위에 호이스트식 지브나 수평한쪽 지지식 지브붐을 설치한 것으로서 360° 회전이 가능
- ㉡ 종류로는 자립고정식과 주행차에 의한 주행식이 있음
- ㉢ 주로 높이를 필요로 하는 건축 현장이나 빌딩 고층화 등에 사용
- ㉣ 권상하중, 작업반경, 표준양정, 권상속도, 부하, 전접속도, 마스터 단면중량 등으로 성능을 표시

⑦ 이동식 크레인 **기출** 18년 1회
- ㉠ 동력을 이용해서 짐을 달아 올리거나 수평 운반을 목적으로 함
- ㉡ 기계장치에 있어서 원동기를 내장하며, 불특정의 장소로 이동시킬 수 있음
- ㉢ 작업 전 점검사항
  - 권과방지장치나 그 밖의 경보장치의 기능
  - 브레이크·클러치 및 조정장치의 기능
  - 와이어로프가 통하고 있는 곳 및 작업장소의 지반상태

⑧ 유압 크레인
- ㉠ 유압으로 하역장치를 조작하는 이동식 크레인으로 붐은 5~10ton까지 신축이 가능
- ㉡ 붐의 기울기도 유압잭으로 하며 권상하중은 3~10ton임
- ㉢ 항만하역공사, 토목공사, 전주작업, 중량물의 권상작업 등에 사용

⑨ 3각 데릭
- ㉠ 마스터를 2개의 다리로 지지한 것으로 Stiff Leg Derrick이라고도 함
- ㉡ 붐은 2개의 다리가 있으며 270°까지 회전함
- ㉢ 가이로프의 길이가 긴 것이 필요하지 않는 좁은 장소, 빌딩의 옥상작업에 적합
- ㉣ 기초가 없어도 되고, 차륜에 설치한 경우에는 이동이 용이하므로 파일해머작업, 교량가설, 항만하역 등에 사용

⑩ 가이데릭(Guy Derrick)
- ㉠ 마스터, 붐, 블록류, 가이로프로 구성되는 고정식으로 마스터 최상부에 6~8개의 가이로프로 지지되고, 경사진 붐이 설치되어 있고, 붐 끝에는 블록 호이스트가 달려 있음
- ㉡ 보통 붐은 마스터 높이 80% 정도의 길이까지 사용
- ㉢ 훅, 붐의 경사, 회전 등은 원치로 조정되며, 360° 선회가 가능함
- ㉣ 건축 공사장의 철골조립 및 철거 항만하역 등에 사용
- ㉤ 권상능력과 작업반경이 크므로 경제성이 좋으며 취급 및 조립해체가 용이함

⑪ 천장주행크레인
  ㉠ 천장형 크레인에 양다리를 달고 여기에 주행 레일을 설치하여 이동하도록 한 기계
  ㉡ 보통 콘크리트 빔의 제작 및 가공현장 등에서 사용
⑫ 트랙터 크레인
  ㉠ 쇼벨계 굴착기의 상체부에 크레인을 장착한 것으로 주행장치에 따라 휠 크레인, 장궤식 크레인 등으로 나뉨
  ㉡ 주로 고르지 못한 지형이나 연약지반에서의 작업에는 장궤식, 고속 주행을 요할 경우는 휠식 크레인이 사용
⑬ 체인블록(Chain Block)
  ㉠ 보통 하역용으로써 최대 15ton까지 하중을 인력으로 끌어 올릴 수 있으며 구조별로 나선형, 기어형, 차종형 등이 있음
  ㉡ 표준양정 훅 사이의 최단거리, 최대하중, 자중 등으로 성능을 표시함

(3) 리프트
 ① 동력을 사용하여 사람이나 화물을 운반하는 것을 목적으로 하는 기계설비
 ② 종 류
  ㉠ 건설작업용 리프트 : 동력을 사용하여 가이드레일을 따라 상하로 움직이는 운반구를 매달아 화물을 운반할 수 있는 설비 또는 이와 유사한 구조 및 성능을 가진 것으로 건설현장에서 사용하는 것
  ㉡ 일반작업용 리프트 : 동력을 사용하여 가이드레일을 따라 상하로 움직이는 운반구를 매달아 화물을 운반할 수 있는 설비 또는 이와 유사한 구조 및 성능을 가진 것으로 건설현장 외의 장소에서 사용하는 것
  ㉢ 간이 리프트 : 동력을 사용하여 가이드레일을 따라 움직이는 운반구를 매달아 소형 화물운반을 주목적으로 하며 승강기와 유사한 구조로서 운반구의 바닥면적이 $1m^2$ 이하이거나 천장높이가 1.2m 이하인 것
  ㉣ 자동차정비용 리프트 : 동력을 사용하여 가이드레일을 따라 움직이는 지지대로 자동차 등을 일정한 높이로 올리거나 내리는 구조의 리프트로서 자동차 정비에 사용하는 설비
  ㉤ 이삿짐운반용 리프트 : 연장 및 축소가 가능하고 끝단을 건축물 등에 지지하는 구조의 사다리형 붐에 따라 동력을 사용하여 움직이는 운반구를 매달아 화물을 운반하는 설비
 ③ 작업 전 점검사항
  ㉠ 방호장치·브레이크 및 클러치의 기능
  ㉡ 와이어로프가 통하고 있는 곳의 상태

(4) 곤돌라
 ① 달기발판 또는 운반구, 승강장치, 그 밖의 장치 및 이들에 부속된 기계부품으로 구성됨
 ② 와이어로프, 달기강선에 의하여 달기발판 또는 운반구가 전용 승강 장치를 따라 오르내리는 설비
 ③ 작업 전 점검사항
  ㉠ 방호장치·브레이크의 기능
  ㉡ 와이어로프·슬링와이어(Sling Wire) 등의 상태

(5) 승강기
　① 건축물이나 고정된 시설물에 설치되어 일정한 경로에 따라 사람이나 화물을 승강장으로 옮기는 데 사용되는 설비
　② 종류
　　㉠ 승객용 엘리베이터 : 사람의 운송에 적합하게 제조·설치된 엘리베이터
　　㉡ 승객화물용 엘리베이터 : 사람의 운송과 화물 운반을 겸용하는 데 적합하게 제조·설치된 엘리베이터
　　㉢ 화물용 엘리베이터 : 화물 운반에 적합하게 제조·설치된 엘리베이터로서 조작자 또는 화물취급자 1명은 탑승할 수 있는 것(적재용량이 300kg 미만은 제외)
　　㉣ 소형화물용 엘리베이터 : 음식물이나 서적 등 소형 화물의 운반에 적합하게 제조·설치된 엘리베이터로서 사람의 탑승이 금지된 것
　　㉤ 에스컬레이터 : 일정한 경사로 또는 수평로를 따라 위·아래 또는 옆으로 움직이는 디딤판을 통해 사람이나 화물을 승강장으로 운송시키는 설비

03 양중기의 안전

(1) 용어정의
　① 달아올리기 하중
　　크레인, 이동식 크레인 또는 데릭의 구조 및 재료에 따라 부하시킬 수 있는 최대하중
　② **정격하중** 기출 19년 2회
　　㉠ 권상하중에서 달기구의 중량을 뺀 하중으로 화물만의 무게를 뜻함
　　㉡ 크레인 작업 시 정격하중을 초과하여 사용하는 일이 없도록 해야 함
　③ 적재하중
　　승강기, 건설용 리프트 등을 사용하여 작업 시 짐을 올려놓고 승강시킬 수 있는 최대하중
　④ 정격운전속도
　　정격하중에 상당하는 하중을 매달고 권상 등을 할 수 있는 최고속도

(2) 양중기의 안전기준
　① 크레인의 작업 시작 전 점검사항
　　㉠ 권과방지장치, 브레이크, 클러치 및 운전장치의 기능
　　㉡ 주행로의 상측 및 트롤리가 횡행하는 레일의 상태
　　㉢ 와이어로프가 통하고 있는 곳의 상태
　　㉣ 와이어로프의 안전계수
　② **와이어로프의 사용제한 조건** 기출 20년 1·2회 통합
　　㉠ 이음매가 있는 것
　　㉡ 와이어로프의 한 꼬임에서 끊어진 소선의 수가 10% 이상인 것
　　㉢ 지름의 감소가 공칭지름의 7%를 초과하는 것
　　㉣ 꼬인 것

ⓜ 심하게 변형 또는 부식된 것
ⓗ 열과 전기 충격에 의해 손상된 것
③ 달기체인의 사용제한 조건
㉠ 달기체인의 길이의 증가가 그 달기체인이 제조된 때의 길이의 5%를 초과한 것
㉡ 링의 단면 지름의 감소가 그 달기체인이 제조된 때의 해당 링의 지름의 10%를 초과한 것
㉢ 균열이 있거나 심하게 변형된 것
④ 양중기의 재해유형
㉠ 양중기 이동부(Moving Part)와의 부딪힘
㉡ 화물 낙하에 의한 부딪힘
㉢ 신체 일부가 기계 구동부(롤러, 벨트체인 등)에 끼이는 끼임
㉣ 날카로운 모서리로부터 찢김, 긁힘, 절단
㉤ 양중기 이동부와 벽 등 고정설비 사이에 끼이는 끼임
㉥ 양중기로부터 전기적 감전
㉦ 양중기 또는 부품의 작동불량으로 화물에 맞음
㉧ 부식 및 재료의 열화에 의한 양중기의 무너짐
㉨ 운전자의 교육훈련 부족 또는 부적격자의 운전에 의한 사고
㉩ 정비 불량에 의한 설비 및 부품의 신뢰도 저하로 잦은 고장에 의한 사고
⑤ 달기구(달기 와이어로프, 달기체인)의 안전계수
㉠ 근로자가 탑승하는 운반구지지 : 10 이상
㉡ 화물의 하중을 직접 지지 : 5 이상
㉢ 훅, 샤클, 클램프, 리프팅 빔의 경우 : 3 이상
㉣ 기타 : 4 이상

(3) 양중기의 안전조치 기출 21년 4회
① 양중기의 안전고려사항
㉠ 작업회전반경 내에는 방해물이 없는 위치에 안전하고 견고하게 설치
㉡ 경사지에서는 제조자가 정한 경사각 범위 내에서 사용
㉢ 양중기에는 정격하중 등 안전사용에 대한 정보를 작업자가 잘 볼 수 있는 곳에 표시
㉣ 부속장치인 슬링 및 클램프(Clamp)에도 최대 허용하중 등의 안전정보가 표시되어야 함
㉤ 양중작업은 자격자에 의해 작업계획서대로 안전한 방식으로 행함
㉥ 필요시 작업현장의 관리감독자를 선임
㉦ 양중기(이동식크레인은 제외)가 사람을 태우는 데 사용될 경우 이에 대한 표시와 추가적인 방호장치 및 안전경고표지를 설치
㉧ 양중기는 최초 사용 시 안전인증제품을 사용
㉨ 양중기 사용 전 또는 최초 사용 시 법적 안전검사를 받아야 함
㉩ 안전검사 후 검사자는 검사결과를 사업주에 제출
㉪ 사업주는 결과에 따른 적절한 개선조치를 실시
② 양중기의 방호장치
㉠ 과부하 방지장치

ⓒ 권과 방지장치
　　　ⓓ 비상정지장치 및 제동장치
　　　ⓔ 유압을 동력으로 사용하는 양중기는 압력 방출장치
　　　ⓕ 훅걸이 사용 시 훅해지 장치
　③ 양중기 사용 중 확인사항
　　　㉠ 양중기의 운전 등 사용은 제조자의 안전운전 지침서에 따라 행하여야 함
　　　㉡ 양중기의 주위 및 작업장을 깨끗이 정리・정돈
　　　㉢ 미끄러짐 및 걸림 등의 요인이 되는 장애물이 없도록 함
　　　㉣ 양중기 및 부속장치의 인양능력이 화물의 무게를 수용할 수 있는지 확인
　　　㉤ 작업 중 안전장치를 해지하거나 무효화 금지
　　　㉥ 비, 눈 등 기상상태가 몹시 나쁠 때에는 옥외에서 양중기의 작업을 중지
　　　㉦ <u>순간풍속이 10m/s(타워 크레인의 경우 15m/s)를 초과하는 경우 작업을 중지하고 양중기의 넘어짐 또는 이탈방지 조치를 취하여야 함</u> 기출 18년 2회
　　　㉧ 기기조정 및 청소 등으로 양중기를 잠시 운전하지 않는 경우에는 안전하게 전원을 차단하고 제어 스위치에 잠금/표지(Lock Out Tag Out)의 조치를 하여야 함
　　　㉨ "손대지 말 것" 등 위험표시 또는 표지가 부착된 장치는 작동하지 않아야 하며 표지는 해제 권한을 가진 사람에 한하여 제거하고 작동 가능하도록 함
　　　㉩ 작업 시에는 느슨한 복장 등 양중기의 작동부에 끼어 들어가는 복장을 착용하지 않도록 함
　　　㉪ 운전자가 화물의 이동을 확인할 수 없을 때에는 신호수와 상호 인지된 신호시스템을 가지고 양중에 관한 의사소통을 하여야 함
　　　㉫ 독성물질 또는 산소 결핍이 우려되는 밀폐공간에서 작업할 때에는 사전에 독성물질의 제거 또는 안전한 산소농도를 확보한 후 작업
　④ 양중기 유지관리
　　　㉠ 유지관리는 유지관리 계획 프로그램을 수립하고 제조자가 제공하는 유지관리 지침을 따르는 작업순서에 따라 수행
　　　㉡ 유지관리 작업은 유지관리 전문가에 의하여 수행되어야 함
　　　㉢ 유지관리 작업은 전원을 완전히 끄고, 필요 시 완전 격리(Isolation) 및 잠금/표지 등의 조치를 취한 후 수행
　　　㉣ 교체되는 부품 또는 장치는 모두 제작자에 의해 제공된 부품으로 교체되어야 함
　　　㉤ 유지관리 작업은 기계 안에 있는 물질의 누출, 분사 등에 의하여 접촉이 되지 않도록 압력을 낮추고 안전하게 제거한 후 수행
　　　㉥ 유지관리 작업 시에는 작업에 맞는 개인보호구를 착용
　　　㉦ 고소에서 유지관리 작업을 하거나 또는 비정상적 장소에 접하여 작업을 할 때에는 안전접근 통로 및 안전작업공간을 확보
　　　㉧ 이동식 양중기의 경우 양중기를 정지시키고 스토퍼(Stopper) 등으로 안전하고 견고하게 고정하는 등 양중기의 이동을 방지
　　　㉨ 작업구역에는 타 작업자의 출입을 금하도록 안전방책을 설치하고 안전표지를 부착
　　　㉩ 유지관리 작업의 결과는 유지관리 이력을 알 수 있도록 보존

(4) 크레인의 안전조치

① 설치 시 안전
  ㉠ 작업 전에 아우트리거(잭)를 온전히 설치
  ㉡ 작업장은 수평이고 견고한 지면을 선택하여 장비를 설치
  ㉢ 작업장의 협소로 아우트리거를 사용하지 않을 때는 받침목을 고이고 규정된 타이어 공기압을 확인 유지

② 작업 시 안전
  ㉠ 붐을 세운 채로 현장 주행 금지
  ㉡ 화물 인양 시에는 능력표와 필히 비교한 후 인양
  ㉢ 작업반경과 인양능력은 밀접한 관계가 있으니 특히 주의해야 하며, 작업반경 내에는 불필요한 사람의 접근을 금함
  ㉣ 중량품을 취급할 경우 로프(크레인 붐, 호이스트 와이어)가 늘어나므로 실작업 반경보다 약간 길게 인양능력을 계산해야 함
  ㉤ 작업반경이 클수록 인양능력은 저하되므로 무리한 작업을 할 경우는 크레인이 전복되기 쉽고, 반면 반경이 작을 때는 좀 무리한 작업을 하더라도 전복은 되지 않으나 크레인이 파손될 우려가 있으니 절대로 무리한 작업금지
  ㉥ 화물을 인양한 채 운전석 이탈 절대 금지
  ㉦ 작업 중의 드럼에는 언제나 완전히 두 바퀴 이상 감길 수 있도록 와이어로프가 감겨야 함
  ㉧ 작업신호는 지정된 책임자 또는 지정된 요원에 의해 실시하고 현장 인부나 무경험자가 신호를 해서는 안 되며, 신호자가 책임을 가짐을 주지시켜야 함
  ㉨ 드럼에는 회전제어기나 역회전방지기가 장치되어야 함
  ㉩ 정지시킬 때에는 모든 조작 레버를 중위치에 둔 다음 메인 스위치를 뺌
  ㉪ 그 밖에 모든 규칙을 잘 수행해야 하며 스윙(회전) 시는 일단 정지 후 반대로 회전

(5) 리프트의 안전조치

① 설치 시 안전
  ㉠ 기초와 기초틀은 볼트로 긴결하여 수평으로 조립
  ㉡ 각 부의 볼트가 느슨하지 않도록 조임
  ㉢ 레일 서포트(Rail Support)는 1.8m 이내마다 철물을 사용해서 설치
  ㉣ 가이 로프(Guy Rope)는 1.8m 정도로 안전을 확보할 수 있도록 함
  ㉤ 작업 바닥면으로부터 1.8m까지 울을 설치
  ㉥ 플레이트 홈은 각 단 동일 방향으로 '주의' 표지를 붙임
  ㉦ 하대의 최종 위치를 와이어로프 등으로 표시하여 지나치게 상승하는 것을 방지
  ㉧ 운전원으로부터 각 층을 보는 것이 곤란한 경우는 버저, 램프 등의 신호장치를 둠
  ㉨ 각 와이어로프의 클립, 윈치드럼의 끝 손잡이 등은 와이어로프가 빠지지 않도록 긴결
  ㉩ 윈치는 플리트 앵글(Fleet Angle)을 적절히 취해 안정된 상태로 설치
  ㉪ 감전을 방지하기 위해 접지는 확실하게 함

② 작업 시 안전
　㉠ 운전은 기능자를 선정하여 정해진 사람이 수행
　㉡ 승강작업의 신호는 정해진 사람이 수행
　㉢ 권상 원치의 와이어로프는 엉키지 않도록 주의
　㉣ 권상 로프의 통로에 이상이 없는가 주의
　㉤ 하대의 짐내리기는 원활히 행하고 가능한 한 충격을 주지 않도록 함
　㉥ 타워머리의 좌우 움직임은 중심으로부터 좌우 45° 이상 흔들리지 않도록 윈치를 설치
　㉦ 안전율 = 기준강도 ÷ 허용응력 = (로프가닥수 × 로프의 파단강도) ÷ 허용응력

(6) 곤돌라의 안전조치
① 설치 시 안전
　㉠ 곤돌라가 전도 이탈 또는 낙하하지 않게 구조물에 와이어로프 및 앵커 볼트 등을 사용하여 구조적으로 견고하게 설치하고 지지
　㉡ 운반구의 잘 보이는 곳에 최대적재하중 표지판을 부착하고 바닥 끝부분은 발끝막이판을 설치
　㉢ 작업 시작 전에는 반드시 각종 방호장치, 브레이크의 기능, 와이어로프 등의 상태를 점검표에 의거 점검 실시
　㉣ 곤돌라 작업 시에는 작업자에게 특별안전교육을 실시하고 안전대, 안전모, 안전화 등 개인보호구를 착용
　㉤ 곤돌라의 낙하에 의한 위험을 방지하기 위하여 곤돌라와는 별개로 콘크리트 기둥 등 견고한 구조물에 구명줄을 설치하고 그 구명줄에 안전대(추락방지대)를 걸고 운반구에 탑승하여 작업
　㉥ 곤돌라 조작은 지정된 자만 하고 작업원은 곤돌라에 관한 특별안전교육을 받은 작업자만 시행

② 작업 시 안전
　㉠ 곤돌라 상승 시에는 지지대와 운반구의 충돌을 방지하기 위하여 지지대 50cm 하단에서 정지
　㉡ 2인 이상의 작업자가 곤돌라를 사용할 때에는 정해진 신호에 의해 작업을 하여야 함
　㉢ 작업은 운반구가 정지한 상태에서만 실시
　㉣ 탑승하거나 탑승자가 내릴 때에는 반드시 운반구를 정지한 상태에서 행동
　㉤ 작업공구 및 자재의 낙하를 방지할 수 있도록 정리정돈을 실시
　㉥ 운반구 안에서 발판, 사다리 등을 사용하지 않아야 함
　㉦ 곤돌라의 지지대와 운반구는 항상 수평을 유지하여 작업
　㉧ 곤돌라를 횡으로 이동시킬 때에는 최상부까지 들어 올리든가 최하부까지 내려서 이동
　㉨ 벽면에 운반구가 닿지 않도록 유의하고 필요한 경우에는 운반구 전면에 보호용 고무 등을 부착
　㉩ 전동식 곤돌라를 사용할 때 정전 또는 고장 발생 시 작업원은 승강 제어기가 정지위치에 있는 것을 확인한 후 책임자의 지시를 받음
　㉪ 작업종료 후는 운반구가 매달린 채 그냥 두지 말고 최하부 바닥에 고정시켜 놓음
　㉫ 강풍 등의 악천후 시 곤돌라 작업으로 인하여 작업자에게 위험을 미칠 우려가 있을 때에는 작업을 중지(강풍이라 함은 풍속이 초당 10m 이상인 경우를 말함)
　㉬ 고압선이 지나는 장소에서 작업할 경우에는 충전전로에 절연용 방호구를 설치하거나 작업자에게 보호구를 착용시키는 등 활선근접작업 시 감전재해예방조치 실시

(7) 승강기의 안전조치

① 설치 시 안전
- ㉠ 조립작업은 지정된 작업 지휘자의 지휘하에 실시
- ㉡ 기초와 마스트는 볼트로 견고하게 고정
- ㉢ 각부의 볼트가 헐겁지 않도록 조임
- ㉣ 마스트 지지는 최하층은 6m 이내에 설치하고 중간층은 18m 이내마다 설치하며 최상부층은 반드시 설치
- ㉤ 지상 방호울은 1.8m 높이까지 설치
- ㉥ 운전자가 각층을 보는 것이 곤란한 경우에는 경보음, 램프 등의 신호장치를 설치
- ㉦ 접지를 확실하게 설치
- ㉧ 폭풍·폭우 및 폭설 등의 악천후 시 작업 중지

② 작업 시 안전
- ㉠ 전담운전자를 배치하여 운행
- ㉡ 운전자는 조작방법을 충분히 숙지한 후 운행
- ㉢ 운전자는 운행 중 이상음, 진동 등의 발생여부를 확인하면서 운행
- ㉣ 출입문이 열려진 상태에서 운행금지
- ㉤ 조작반의 임의 조작으로 인한 자동운전금지
- ㉥ 리프트의 탑승은 운반구가 정지된 상태 실시
- ㉦ 리프트는 과적 또는 탑승인원을 초과하여 운행하지 않음
- ㉧ 리프트 하강운행 시 승강로 주변에 작업자가 접근하지 않도록 함

04 해체공사

(1) 해체공사 시 고려사항
① 해체대상 건물의 높이 및 층고
② 해체대상 건물과 보호대상 인접건물과의 거리 및 입지여건
③ 해체대상 건물의 평면형상 및 구조형식
④ 지붕형태 등 기타요인

(2) 해체공사 시 확인사항
① 해체대상 건물조사
- ㉠ 건축물의 이력 조사 : 준공연도, 사용용도, 증축, 개축, 보강, 화재 여부
- ㉡ 설계도서 확보 : 건축도면, 구조도면, 구조계산서, 지반조사보고서, 안전진단보고서
- ㉢ 건물구조, 층수, 건물높이, 연면적, 기준층 면적
- ㉣ 평면 구성 상태, 폭, 측고, 벽 배치 상태
- ㉤ 부재별 치수, 배근 상태, 해체 시 주의하여야 할 구조적으로 약한 부분
- ㉥ 해체 시 떨어질 우려가 있는 내외장재

- ⓐ 설비 기구, 전기 배선, 배관 설비 계통
- ⓞ 건물의 노후정도, 재해(화재, 동해 등) 유무
- ⓧ 재이용 또는 이설을 요하는 부재 현황 등
- ⓨ 그 밖의 해당 건물 특성에 따른 내용
- ㉠ 지장물의 사전조사 항목
  - 기존 건축문의 설계도, 시공기록 확인
  - 가스, 수도, 전기 등 공공매설물 확인
  - 시험굴착, 탐사 확인

② 현장 조사
- ㉠ 건축물 상태 점검
  - 외관조사 : 건축물의 기울기, 기초의 침하, 콘크리트의 균열 및 처짐, 철근의 노출, 강재의 부식 및 접합
  - 재료강도 조사 : 콘크리트 강도 및 탄산화 깊이
- ㉡ 해체공사 시 구조적으로 취약한 부분이 있는지 확인(켄틸레버 구조물, 발코니 등)
- ㉢ 내력벽, 비내력벽 위치 확인
- ㉣ 잔재위험물, 가연물질 등 확인
- ㉤ 지하층 해체 시, 지반조사를 통한 지하수위 확인 및 대책 수립을 권고함
- ㉥ 설계도서가 있는 경우
  - 구조도면과 현장의 일치여부 확인(구조형식, 구조재료 등)
  - 철근배근조사를 권고함
- ㉦ 설계도서가 없는 경우
  - 구조도면 작성여부 확인 : 전층의 구조평면도, 구조부재 일람표(해체공사와 관련된 구조부재에 한함)
  - 구조부재 상세조사 : 부재의 치수조사, 철근배근 조사

③ 부지상황조사
- ㉠ 부지 내 공지유무, 해체용 기계설비 위치, 발생재 처리장소
- ㉡ 해체공사 착수에 앞서 철거, 이설, 보호해야 할 필요가 있는 공사 장애물 현황
- ㉢ 접속도로의 폭, 출입구 갯수 및 매설물의 종류 및 개폐 위치
- ㉣ 인근 건물동수 및 거주자 현황
- ㉤ 도로 상황조사, 가공 고압선 유무
- ㉥ 차량대기 장소 유무 및 교통량(통행인 포함)
- ㉦ 진동, 소음발생 영향권 조사

④ 인근 조사
- ㉠ 인접 건축물 조사
  - 높이 · 구조형식 · 용도 등
  - 해체대상 건축물과의 이격거리
  - 상태 : 균열, 처짐, 침하 등
- ㉡ 인접 지반 및 통행조사
  - 경사면, 옹벽, 주변 부지 지형의 정보 : 등고선, 경사면의 단면도 등

- 인접도로의 폭, 보도, 출입구 위치
- 주변보행자 통행과 차량 이동상태
- 해체작업을 위한 주변의 여유부지 유·무
- 지하 구조물 : 하수터널 박스, 전력구 등
- 기반시설망 조사 및 조치계획 : 전기, 수도, 가스, 난방배관, 각종 케이블 및 오수정화조 등

05 해체공법

(1) 압쇄공법
① 백호우 장비에 브레이커 또는 압쇄기를 장착하여 상층에서 하층으로 파쇄하면서 해체하는 공법
② 보통 7층 이상의 건축물을 해체할 때는 해체장비의 붐 길이의 제약으로 인하여 장비 탑재에 의한 해체 적용
③ $0.2m^3 \sim 1.0m^3$급 백호우에 압쇄기를 장착한 중장비를 주로 사용
④ 방진벽, 비산차단벽 및 분진억제 살수시설 필요
⑤ 환경적 특성 : 절단공법에 비해 분진이 다소 발생되나 압쇄기를 사용하여 소음·진동 발생이 미미함
⑥ 작업안전성 : 장비 작업 시 지상에서 대형굴삭기를 이용하므로 작업 안전성이 우수
⑦ <u>압쇄기 사용 시 건물해체순서 : 슬래브 → 보 → 벽체 → 기둥</u> 기출 18년 2회

(2) 절단공법
① 콘크리트절단기, 산소 절단공법을 사용하여 구조물을 절단하고 크레인을 사용하여 절단 부재를 인양하여 지상에서 압쇄하는 공법
② 절단톱, 와이어 쏘를 이용하여 구조부재를 자르고 해체하여 양중장비로 달아 내리는 방법
③ 도심지 대형 고층 건축물의 정밀 해체에 적합
④ 예상치 못한 부재 파괴나 전도에 주의
⑤ 환경적 특성 : 소음·진동·분진 등 환경적인 영향이 거의 없어 현존하는 공법 중 가장 친환경적임
⑥ 작업 안전성 : 사전 계획에 따른 순차적 철거가 가능하여 작업 안전성이 우수

(3) 전도공법
① 구조물의 주요 연결부를 끊고 큰 부재를 전도하여 해체하는 공법
② 사전에 건축물을 취약화 시키고 외력을 가하여 건축물을 전도시킴으로써 해체
③ 주로 굴뚝, 기둥 및 벽 등의 수직부재 해체에 적용
④ 전도 위치와 파편 비산거리 등을 예측하여 작업반경 설정 필요
⑤ 환경적 특성 : 전도 시 분진, 소음이 발생함
⑥ 작업안전성 : 절단 후 기계를 사용하여 절단된 구조물들을 지정된 지역으로 인양, 낙하사고에 주의해야 함

(4) 발파공법

① 기둥이나 내력벽 등 주요부재에 장약을 이용하여 파괴시킴으로써 구조물을 불안정한 상태로 만들어 스스로 붕괴시키는 공법

② 발파 전 고려사항
  ㉠ 전문가에 의하여 구조안전성 검토
  ㉡ 시험 발파를 실시하여 대상건축물의 파쇄강도 파악
  ㉢ 대상건축물의 사전취약화, 천공계획, 장약위치 및 뇌관의 시간차를 포함한 발파계획 수립
  ㉣ 주변 건물 및 지하구조물의 안전성 검토

③ 발파 시 주의사항
  ㉠ 출입금지구역(대피구역) 반경은 건물높이의 2.5배 이상 유지
  ㉡ 조기 발파, 불발, 천둥에 의한 발파 중단 등 다양한 응급상황에 대한 대처방안 확보
  ㉢ 발파 이후 불발의 존재 확인 작업

④ 환경적 특성 : 발파하는 순간 폭풍압·순간소음·진동·분진이 발생

⑤ 작업안전성 : 주요 지점 천공에 의한 발파 해체로 구조적 안전성이 유리하고 안전사고가 감소

⑥ 해체공법 선정 시 주요 고려 요소
  ㉠ 해체대상 건축물의 높이 및 층고
  ㉡ 해체대상 건축물과 보호대상 인접건축물과의 거리 및 입지여건
  ㉢ 해체대상 건축물의 평면형상 및 구조형식
  ㉣ 해체공법 특성에 따른 비산각도 및 낙하반경의 현장 적용성 확인

(5) 발파작업의 안전조치 기출 17년 4회, 21년 1회, 23년 복원

① 발파작업 시 준수사항
  ㉠ 얼어붙은 다이너마이트는 화기에 접근시키거나 그 밖의 고열물에 직접 접촉금지
  ㉡ 화약이나 폭약을 장전 시 그 부근에서 화기를 사용하거나 흡연금지
  ㉢ 장전구는 마찰·충격·정전기 등에 의한 폭발의 위험이 없는 안전한 것을 사용할 것
  ㉣ 발파공의 충진재료는 점토·모래 등 발화성 또는 인화성의 위험이 없는 재료를 사용할 것
  ㉤ 장전된 화약류가 폭발하지 않은 경우, 장전된 화약류의 폭발 여부를 확인하기 곤란한 경우
  • 전기뇌관에 의한 경우에는 발파모선을 점화기에서 떼어 그 끝을 단락시켜 놓는 등 재점화되지 않도록 조치하고 그 때부터 5분 이상 경과한 후가 아니면 화약류의 장전장소에 접근시키지 않도록 할 것
  • 전기뇌관 외의 것에 의한 경우에는 점화한 때부터 15분 이상 경과한 후가 아니면 화약류의 장전장소에 접근시키지 않도록 할 것
  ㉥ 전기뇌관에 의한 발파의 경우 점화하기 전에 화약류를 장전한 장소로부터 30m 이상 떨어진 안전한 장소에서 전선에 대하여 저항측정 및 도통시험을 할 것

문화재	0.2cm/sec
주택, 아파트	0.5cm/sec
상 가	1cm/sec
철근콘크리트 건물	1~4cm/sec

② 작업중지 및 피난
- ㉠ 벼락이 떨어질 우려가 있는 경우에는 화약 또는 폭약의 장전 작업을 중지하고 근로자들은 안전한 장소로 대피
- ㉡ 발파작업 시 근로자가 안전한 거리로 피난할 수 없는 경우에는 앞면과 상부를 견고하게 방호한 피난장소를 설치

③ 발파작업 시 안전대책 기출 18년 1회
- ㉠ 발파는 선임된 발파책임자의 지휘에 따라 시행
- ㉡ 발파작업에 대한 특별시방을 준수
- ㉢ 굴착단면 경계면에는 모암에 손상을 주지 않도록 시방에 명기된 정밀폭약(FINEX Ⅰ, Ⅱ) 등을 사용
- ㉣ 지질, 암의 절리 등에 따라 화약량을 충분히 검토하여야 하며 시방기준과 대비하여 안전조치
- ㉤ 발파책임자는 모든 근로자의 대피를 확인하고 지보공 및 복공에 대하여 필요한 조치의 방호를 한 후 발파하도록 하여야 함
- ㉥ 발파 시 안전한 거리 및 위치에서의 대피가 어려울 때에는 전면과 상부를 견고하게 방호한 임시 대피장소를 설치
- ㉦ 화약류를 장진하기 전에 모든 동력선 및 활선은 장진기기로부터 분리시키고 조명회선을 포함한 모든 동력선은 발원점으로부터 최소한 15m 이상 후방으로 옮겨 놓도록 할 것
- ㉧ 발파용 점화회선은 타동력선 및 조명회선으로부터 분리
- ㉨ 발파 전 도화선 연결상태, 저항치 조사 등의 목적으로 도통시험을 실시하여야 하며 발파기 작동 상태를 사전 점검
- ㉩ 발파 후에는 충분한 시간이 경과한 후 접근하고, 다음의 조치를 취한 후 다음 단계의 작업실시
  - 유독가스의 유무를 재확인하고 신속히 환풍기, 송풍기 등을 이용 환기
  - 발파책임자는 발파 후 가스배출 완료 즉시 굴착면을 세밀히 조사하여 붕락 가능성의 뜬돌을 제거하여야 하며 용출수 유무를 동시에 확인
  - 발파단면을 세밀히 조사하여 필요에 따라 지보공, 록볼트, 철망, 뿜어 붙이기 콘크리트 등으로 보강
  - 불발화약류의 유무를 세밀히 조사하여야 하며 발견시 국부 재발파, 수압에 의한 제거방식 등으로 잔류화약을 처리

06 해체공사용 장비

(1) 압쇄기(Crusher)
① 개요
- ㉠ 유압력에 의한 압축력을 가하여 파쇄하는 장비로서, 주로 굴삭기에 장착하여 사용
- ㉡ 저소음, 저진동으로 도심 내 해체공사에 적합, 벽체의 해체에 용이하며 능률이 우수
- ㉢ 해체 높이에 제한이 없고, 취급·조작이 용이하고, 인력이 절감
- ㉣ 20m 높이까지 작업이 가능하며 철골·철근 절단도 가능

ⓜ 분진이 발생하므로 살수를 위한 작업인원 필요

〈회전식 압쇄기〉

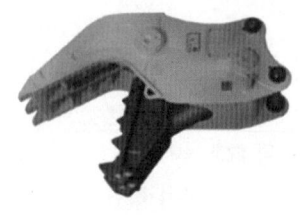
〈고정식 압쇄기〉

② 취급상 안전기준
　　ⓐ 압쇄기의 중량 등 시방에 따라 붐, 프레임 및 차체에 무리가 없는 압쇄기를 설치
　　ⓑ 압쇄기의 설치와 해체 시에는 숙련공이 수행
　　ⓒ 윤활유를 수시로 주입하고 보수, 점검에 유의
　　ⓓ 기름이 새는지 확인하고 배근 부분의 접속부가 안전한지 점검
　　ⓔ 절단 날은 마모가 심하기 때문에 수시로 교체
　　ⓕ 압쇄부의 날이 마모되면 수선하여 날을 날카롭게 함

(2) 브레이커(Breaker)
① 압축공기 또는 유압장치에 의한 정(Chisel)의 반복 충격력으로 파괴
② 굴삭기에 부착하여 사용하는 대형 브레이커와 손으로 조작하는 핸드브레이커가 있음
③ 소음으로 인하여 도심지에서의 사용이 곤란
④ 분진이 발생하므로 살수를 위한 작업인원 필요
⑤ 압쇄공법, 절단공법의 적용이 난해한 흙에 접해있는 지하구조물에 적합

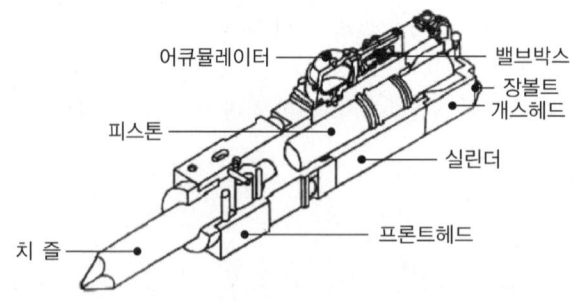
〈브레이커 상세도〉

(3) 절단톱(Cutter)
① 콘크리트 슬래브나 벽을 다이아몬드 날로 된 둥근톱을 사용해서 소단위로 절단
② 정확한 절단이 필요한 작업에 적당
③ 소음·진동에 대한 허용 수준이 제한된 지역에 적당
④ 절단 완료 시 해체된 구조물의 낙하방지 필요

〈수직절단기〉

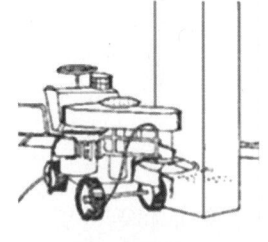
〈수평절단기〉

(4) 와이어 쏘(Wire Saw)
① 절단 대상물에 다이아몬드 쏘를 감아 걸고 유압모터로 고속 회전시켜 구조물을 절단
② 절단 완료 시 해체된 구조물의 낙하방지 필요
③ 인접 구조물이나 잔존 구조물에 손상을 주지 않고 깨끗한 절단면이 요구될 때 적당
④ 복잡하거나 협소한 장소의 작업이 용이
⑤ 수중에 있는 구조물의 절단이 용이

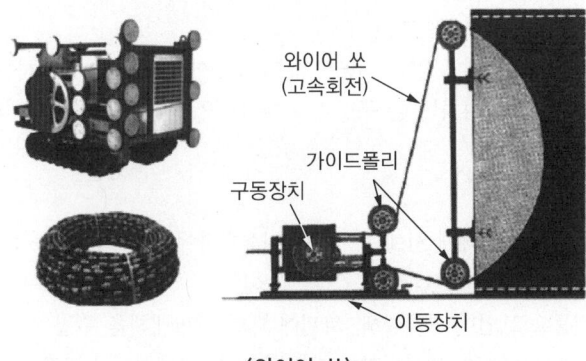
〈와이어 쏘〉

(5) 롱붐암(Long Boom Arm)
① 롱붐암에 장착된 유압식 분쇄기를 사용하여 해체하는 장비
② 중층 정도의 건축물 등을 지상에서 해체할 때 적합
③ 위에서 떨어지는 잔해를 고려하여 안전지대를 확보할 필요가 있기 때문에, 건축물 높이의 최소 1/2배에 해당하는 공터가 필요
④ 건축물의 안정성을 유지하기 위하여 각 부재를 탑다운 방식으로 해체하여야 함

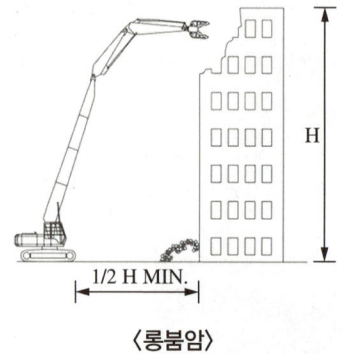

〈롱붐암〉

(6) 잭
    ① 건물을 들어올려 파쇄하는 공법
    ② 보, 바닥 해체에 적당
    ③ 단점으로 해체물이 많으면 기동성이 떨어지고 낙하물 보호조치가 필요
    ④ 취급상의 안전기준
        ㉠ 잭을 설치하거나 해체할 때는 경험이 많은 사람이 하도록 함
        ㉡ 유압호스 부분에서 기름이 새는지, 접속부는 이상이 없는지를 확인
        ㉢ 장시간 작업의 경우에는 호스의 커플링과 고무가 연결한 곳에 균열이 발생될 우려가 있으므로 적절히 교환
        ㉣ 보수 점검을 수시로 함

(7) **록잭(Rock Jack) 공법** 기출 21년 4회
    ① 파쇄하고자 하는 구조물에 구멍을 천공하여 이 구멍에 가력봉을 삽입하는 공법
    ② 가력봉에 유압을 가압하여 천공한 구멍을 확대시킴으로써 구조물을 파쇄하는 공법

(8) 화약류
    ① 화약류에 의한 발파파쇄 해체 시에는 사전에 시험발파에 의한 폭력, 폭속, 진동치속도 등에 파쇄능력과 진동, 소음의 영향력을 검토
    ② 소음, 분진, 진동으로 인한 공해대책, 파편에 대한 예방대책을 수립
    ③ 화약류 취급에 대하여는 법, 총포도검화약류단속법 등 관계법에서 규정하는 바에 의하여 취급하여야 하며 화약저장소 설치기준을 준수
    ④ 시공순서는 화약취급절차에 따름

(9) 철해머
    ① 이동식 크레인에 부착하여 사용
    ② 타격으로 파쇄하며 기둥, 보, 바닥, 벽체 해체에 적합하고 능률이 좋음
    ③ 소음 진동이 매우 크고 비산물이 많아 매설물 보호가 필요
    ④ 지하 콘크리트 파쇄에는 적합하지 않음

⑤ 취급상의 안전기준
  ㉠ 해머는 해체 대상물에 적합한 형상과 중량의 것을 선정
  ㉡ 해머는 중량과 작업반경을 고려, 차체의 붐, 프레임 및 차체에 무리가 없는 것을 부착
  ㉢ 해머를 매단 와이어로프의 종류와 직경 등은 적절한 것을 사용
  ㉣ 해머와 와이어로프의 결속은 경험이 많은 사람이 실시
  ㉤ 와이어로프와 결속부는 사용 전·후 항상 점검

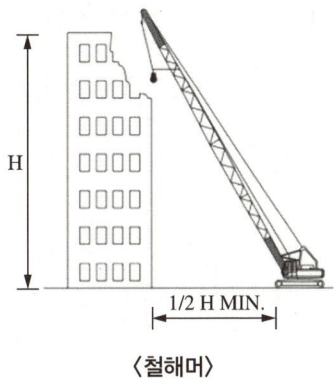

〈철해머〉

(10) 팽창제 [기출] 20년 1·2회 통합
① 광물의 수화반응에 의한 팽창압을 이용하여 파쇄하는 공법
② 팽창제와 물과의 시방 혼합비율을 확인하여야 함
③ 천공직경이 너무 작거나 크면 팽창력이 작아 비효율적이므로, 천공 직경은 30~50mm 정도를 유지
④ 천공간격은 콘크리트 강도에 의하여 결정되나 30~70cm 정도를 유지
⑤ 팽창제를 저장하는 경우에는 건조한 장소에 보관하고 직접 바닥에 두지 말고 습기를 피함
⑥ 개봉된 팽창제는 사용하지 않아야 하며 쓰다 남은 팽창제 처리에 유의

(11) 쐐기타입기
① 직경 30~40mm 정도의 구멍속에 쐐기를 박아 넣어 구멍을 확대하여 해체하는 것
② 구멍에 굴곡이 있으면 타입기 자체에 큰 응력이 발생하여 쐐기가 휠 우려가 있으므로 굴곡이 없도록 천공
③ 천공구멍은 타입기 삽입부분의 직경과 거의 같도록 함
④ 쐐기가 절단 및 변형된 경우는 즉시 교체
⑤ 보수점검은 수시로 함

(12) 화염방사기
① 구조체를 고온으로 용융시키면서 해체하는 것
② 고온의 용융물이 비산하고 연기가 많이 발생되므로 화재발생에 주의
③ 소화기를 준비하여 불꽃비산에 의한 인접부분의 발화에 대비
④ 작업자는 방열복, 마스크, 장갑 등의 보호구를 착용
⑤ 산소용기가 넘어지지 않도록 밑받침 등으로 고정시키고 빈 용기와 채워진 용기의 저장을 분리

⑥ 용기내 압력은 온도에 의해 상승하기 때문에 항상 섭씨 40° 이하로 보존
⑦ 호스는 결속물로 확실하게 결속하고, 균열되었거나 노후된 것은 사용하지 말 것
⑧ 게이지의 작동을 확인하고 고장 및 작동불량품은 교체

(13) 절단줄톱
① 와이어에 다이아몬드 절삭날을 부착하여, 고속회전시켜 절단 해체하는 공법
② 절단작업 중 줄톱이 끊어지거나, 수명이 다할 경우에는 줄톱의 교체가 어려우므로 작업 전에 충분히 와이어를 점검
③ 절단대상물의 절단면적을 고려하여 줄톱의 크기와 규격을 결정
④ 절단면에 고온이 발생하므로 냉각수 공급을 적절히 함
⑤ 구동축에는 접촉방지 커버를 부착

07 해체공사의 안전

(1) 해체공사 작업계획 수립 시 안전조치
① 작업구역 내에는 관계자 이외 출입 통제
② 강풍, 폭우, 폭설 등 악천후 시 작업 중지
③ 사용기계기구 등을 인양하거나 내릴 때에는 그물망이나 그물포대 등을 사용
④ 외벽과 기둥 등을 전도시키는 작업을 할 경우에는 전도 낙하위치 검토 및 파편 비산거리 등을 예측하여 작업반경을 설정
⑤ 전도작업을 수행할 때에는 작업자 이외의 다른 작업자는 대피시키도록 하고 완전 대피상태를 확인한 다음 전도시킴
⑥ 해체건물 외곽에 방호용 비계를 설치하여야 하며 해체물의 전도, 낙하, 비산의 안전거리 유지
⑦ 파쇄공법의 특성에 따라 방진벽, 비산차단벽, 분진억제 살수시설을 설치
⑧ 작업자 상호 간의 적정한 신호규정을 준수하고 신호방식 및 신호기기사용법은 사전교육에 의해 숙지되도록 함
⑨ 적정한 위치에 대피소 설치

(2) 압쇄공법
① 대형중기를 사용하게 되므로 중기의 안전성, 작업자의 안전을 고려해야 함
② 중기의 안전성을 확인하고 중기침하로 인한 위험을 사전 제거토록 조치, 중기작업구조의 지반다짐을 확인하고 편평도는 1/100 이내로 함
③ 중기의 작업가능 높이보다 높은 부분 해체 시에는 해체물을 깔고 올라가 작업을 하고, 이때에는 중기 전도로 인한 사고가 발생되지 않도록 조치
④ 중기 운전자는 경험이 풍부한 자격 소유자이어야 함
⑤ 중기작업반경내와 해체물의 낙하가 예상되는 지역에 대하여는 출입을 제한

⑥ 해체작업 중 발생되는 분진의 비산을 막기 위해 살수할 경우에는 살수 작업자와 중기운전자는 서로 상황을 확인
⑦ 외벽을 해체할 때에는 비계철거 작업자와 서로 연락하여야 하고 벽과 연결된 비계는 외벽해체 직전에 철거
⑧ 상층 부분의 보와 기둥, 벽체를 해체할 경우는 해체물이 비산, 낙하할 위험이 있으므로 해체구조 바로 아래층에 수평 낙하물 방호책을 설치해서 해체물이 비산, 낙하되지 않도록 함
⑨ 높은 곳에서 가스로 철근을 절단할 경우에는 항시 안전대 부착설비를 하고 안전대를 착용
⑩ 압쇄기에 의한 파쇄작업순서는 슬라브, 보, 벽체, 기둥의 순서로 해체

(3) 압쇄공법과 대형브레이커 공법 병용
① 압쇄기로 슬라브, 보, 내벽 등을 해체하고 대형브레이커로 기둥을 해체할 때에는 장비 간의 안전거리를 충분히 확보
② 대형브레이커와 엔진으로 인한 소음을 최대한 줄일 수 있는 수단을 강구하여야 하며 소음진동기준은 관계법에서 정하는 바에 따라 처리하도록 하여야 함

(4) 대형브레이커 공법과 전도공법 병용
① 전도작업은 작업순서가 임의로 변경될 경우 대형 재해의 위험을 초래, 사전 작업계획에 따라 작업하여야 하며 순서에 의한 단계별 작업을 확인하여야 함
② 전도 작업 시에는 미리 일정신호를 정하여 작업자에게 주지시켜야 하며 안전한 거리에 대피소 설치
③ 전도를 목적으로 절삭할 부분은 시공계획 수립 시 결정하고, 절삭되지 않는 단면으로 안전하게 유지되도록 하여 계획과 반대방향의 전도를 방지
④ 기둥 철근 절단 순서는 전도방향의 전면 그리고 양측면, 마지막으로 뒷부분 철근을 절단하도록 하고, 반대방향 전도를 방지하기 위해 전도방향 전면 철근을 2본 이상 남겨 두어야 함
⑤ 벽체의 절삭 부분 철근 절단 시는 가로철근을 아래에서 윗 쪽으로, 세로철근을 중앙에서 양단방향으로 순차적으로 절단
⑥ 인장 와이어로프는 2본 이상이어야 하며 대상구조물의 규격에 따라 적정한 위치를 선정
⑦ 와이어로프를 끌어당길 때에는 서서히 하중을 가하도록 하고, 구조체가 넘어지지 않을 때에도 반동을 주어 당겨서는 안 되며, 예정 하중으로 넘어지지 않을 때는 가력을 중지하고 절삭부분을 더 깎아내어 자중에 의하여 전도되게 유도하여야 함
⑧ 대상물의 전도 시 분진발생을 억제하기 위해 전도물과 완충재에는 충분히 물을 뿌림, 전도작업은 반드시 연속해서 실시하고, 그날 중으로 종료시키도록 하며 절삭한 상태로 방치해서는 안 됨
⑨ 전도작업 전에 비계와 벽이음재는 철거되었는지를 확인하고 방호시트 및 기타 가설물은 작업진행에 따라 해체하도록 함

(5) 철해머 공법과 전도공법 병용
① 크레인 설치위치의 적정 여부를 확인하여야 하며 붐회전반경 및 해머사양을 사전에 확인
② 철해머를 매단 와이어로프는 사용 전 반드시 점검하도록 하고 작업 중에도 와이어로프가 손상하지 않도록 주의

③ 철해머 작업반경 내와 해체물이 낙하·전도·비산하는 구간을 설정하고, 통행인의 출입을 통제
④ 슬라브와 보 등과 같이 수평재는 수직으로 낙하시켜 해체하고, 벽·기둥 등은 수평으로 선회시켜 타격에 의해 해체, 특히 벽과 기둥의 상단을 타격하지 않도록 함
⑤ 기둥과 벽은 철해머를 수평으로 선회시켜 원심력에 의한 타격력으로 해체하며, 이때 선회거리와 속도 등의 조건을 사전에 검토
⑥ 분진발생 방지 조치를 하여야 하며 방진벽, 비산파편 방지망 등을 설치
⑦ 철근절단은 높은 곳에서 시행되므로 안전대 부착설비를 설치하여 안전대를 사용하고 무리한 작업을 피하여야 함
⑧ 철해머 공법에 의한 해체작업은 작업방식이 복합적이어서 현장의 혼란과 위험을 초래하게 되므로 정리정돈에 노력하여야 하며 위험작업구간에는 안전담당자를 배치

(6) 화약발파 공법
① 폭발물을 보관하는 용기를 취급할 때는 불꽃을 일으킬 우려가 있는 철제기구나 공구 사용금지
② 화약류는 해당 사항에 대해 양도양수허가증의 수량에 의해 반입하고 사용 시 필요한 분량만을 용기로부터 반출하여 즉시 사용
③ 화약류에 충격을 주거나, 던지거나, 떨어뜨리지 않도록 함
④ 화약류는 화로나 모닥불 부근 또는 그라인더(Grinder)를 사용하고 있는 부근에선 취급하지 않도록 함
⑤ 전기뇌관은 전지, 전선, 전기모터, 기타의 전기설비 부근에 접촉되지 않도록 함
⑥ 화약, 폭약, 화공약품은 각각 다른 용기에 수납
⑦ 사용하고 남은 화약류는 발파현장에 남겨놓지 않고 화약류 취급소에 반납
⑧ 화약고나 다량의 폭발물이 있는 곳에서는 뇌관장치를 하지 않도록 함
⑨ 화약류 취급 시에는 항상 도난에 유의하여 출입자 명부를 비치함과 동시에 과부족이 발생되지 않도록 함
⑩ 화약류를 멀리 떨어진 현장에 운반할 때에는 정해진 포대나 상자 등을 사용
⑪ 화약, 폭약 및 도화선과 뇌관 등을 운반할 때에는 한 사람이 한꺼번에 운반하지 말고 여러 사람이 각기 종류별로 나누어 별개 용기에 넣어 운반
⑫ 화약류 운반 시에는 운반자의 능력에 알맞은 양을 운반
⑬ 발파기를 사전에 점검하고 작동불가 및 불능시 즉시 교체
⑭ 화약류의 운반 시는 화기나 전선의 부근을 피하며, 넘어지지 않게 하고 떨어뜨리거나 부딪히지 않도록 유의
⑮ 화약발파 공사 시 유의사항
  ㉠ 장약 전에 구조물 부근에 누설전류와 지전류 및 발화성 물질의 유무 확인
  ㉡ 전기 뇌관 결선 시 결선부위는 방수 및 누전방지를 위해 절연 테이프를 감을 것
  ㉢ 발파방식은 순발 및 지발을 구분하여 계획하고 사전에 필히 도통시험에 의한 도화선 연결상태를 점검
  ㉣ 발파작업 시 출입금지 구역을 설정
  ㉤ 점화신호(깃발 및 싸이렌 등의 신호) 확인
  ㉥ 폭발여부가 확실하지 않을 때는 지발전기뇌관 발파 시는 5분, 그 밖의 발파에서는 15분 이내에 현장에 접근금지

- ⊗ 발파 시 발생하는 폭풍압과 비산석을 방지할 수 있는 방호막 설치
- ⊙ 1단 발파 후 후속발파 전에 반드시 전회의 불발장약을 확인하고 발견 시 제거 후 후속발파를 실시

(7) 해체작업에 따른 공해방지
① 소음 및 진동
- ㉠ 공기압축기 등은 적당한 장소에 설치, 장비의 소음 진동기준은 관계법에서 정하는 바에 따라서 처리함
- ㉡ 전도공법의 경우 전도물 규모를 작게 하여 중량을 최소화하며, 전도대상물의 높이도 되도록 작게 하여야 함
- ㉢ 철해머 공법의 경우 해머의 중량과 낙하높이를 가능한 한 낮게 함
- ㉣ 현장 내에서는 대형 부재로 해체하며 장외에서 잘게 파쇄
- ㉤ 인접건물의 피해를 줄이기 위해 방음, 방진 목적의 가시설을 설치

② 분진 : 분진 발생을 억제하기 위하여 직접 발생 부분에 피라밋식, 수평살수식으로 물을 뿌리거나 간접적으로 방진시트, 분진차단막 등의 방진벽을 설치

③ 지반침하 : 지하실 등을 해체할 경우에는 해체 작업 전에 대상건물의 깊이, 토질, 주변상황 등과 사용하는 중기 운행 시 수반되는 진동 등을 고려하여 지반침하에 대비

④ 폐기물 : 해체작업 과정에서 발생하는 폐기물은 관계법에서 정하는 바에 따라 처리

(8) 해체작업계획서의 포함내용 기출 18년 4회, 24년 복원
① 해체의 방법 및 해체 순서도면
② 가설설비, 방호설비, 환기설비, 살수방화설비 등의 방법
③ 사업장내 연락방법
④ 해체물의 처분계획
⑤ 해체작업용 화약류 등의 사용계획서
⑥ 그 밖에 안전보건에 관련된 사항

CHAPTER 04 건설재해 및 대책

6과목 건설안전기술

01 추락재해

(1) 개 요
　① 정 의
　　㉠ 추락 : 사람이 중간 단계의 접촉 없이 떨어지는 것
　　㉡ 낙하 : 물체가 떨어지는 것
　　㉢ 전락 : 계단이나 경사면에서 굴러 떨어지는 것
　　㉣ 추락시간(s) = $\sqrt{(2h/g)}$
　　㉤ 추락속력 : 시간에 비례하여 증가
　　㉥ 추락충격 : 추락속도의 제곱에 비례하여 증가
　② 추락 재해 발생원인
　　㉠ 작업방법·작업순서 불량
　　㉡ 작업발판의 미설치 또는 불량한 작업발판의 설치
　　㉢ 통로의 미설치 또는 불량한 통로설치
　　㉣ 안전시설 미설치
　　㉤ 안전시설 해체하고 작업 또는 미복구로 제3자 추락
　　㉥ 안전시설 불량
　　㉦ 안전시설을 활용하지 않고 작업
　　㉧ 개인보호구 미착용
　　㉨ 가설구조물 기준 미준수로 붕괴·도괴 및 흔들림
　　㉩ 사다리를 작업발판으로 사용
　　㉪ 건설 기계·기구 및 장비의 결함 및 안전수칙 미준수
　③ 추락의 형태
　　㉠ 고소에서의 추락
　　㉡ 개구부 및 작업대 끝에서의 추락
　　㉢ 비계로부터의 추락
　　㉣ 사다리 및 작업대에서의 추락
　　㉤ 철골 등의 조립작업 시의 추락
　　㉥ 해체작업 중의 추락

(2) 추락의 원인

① 개구부에서의 추락
  ㉠ 바닥 개구부의 덮개를 설치하지 않거나 고정하지 않음
  ㉡ 방호울이나 안전난간이 설치되어 있지 않음
  ㉢ 방호울이나 안전난간을 해체하고 작업
  ㉣ 개구부 주위에서 안전대를 착용하지 않고 작업
  ㉤ 구조물 단부에서 불안전한 자세로 작업, 안전하지 않은 작업방법

② 비계에서의 추락
  ㉠ 안전난간이 설치되어 있지 않음
  ㉡ 안전난간을 해체하고 작업
  ㉢ 비계의 설치상태가 불안전
  ㉣ 작업발판을 설치하지 않고 작업
  ㉤ 추락 방지용 방망을 설치하지 않고 작업
  ㉥ 비계와 구조체 사이의 연결통로를 설치하지 않고 작업
  ㉦ 비계에 매달려 이동
  ㉧ 안전대를 착용하지 않고 작업

③ 작업발판에서의 추락
  ㉠ 작업발판을 고정하지 않고 작업
  ㉡ 작업발판을 부분적으로만 설치하고 불안전한 상태에서 발판을 이동
  ㉢ 작업발판의 폭이 좁음
  ㉣ 발판 주위에 안전난간이 설치되어 있지 않음
  ㉤ 안전대를 착용하지 않고 작업
  ㉥ 작업발판 위에 자재를 과적

(3) 추락안전대책

① 물적 안전대책
  ㉠ 발판, 작업대 등은 파괴되거나 동요하지 않도록 견고하고 안정된 구조로 함
  ㉡ 작업대와 통로는 미끄러지지 않고, 발에 걸려 넘어지지 않게 평탄해야 함
  ㉢ 작업대와 통로 주변에는 난간이나 보호대를 설치, 75룩스 이상의 조명
  ㉣ 수평개구부에는 발판 등의 보호물을 설치
  ㉤ 만일 추락해도 재해가 일어나지 않도록 추락방호조치
  ㉥ 작업 사정에 따라 추락방지가 곤란한 경우에는 안전대를 착용

② 인적 안전대책
  ㉠ 작업의 방법과 순서를 명확히 하여 작업자에게 주지
  ㉡ 작업자의 능력과 체력을 감안하여 적정하게 배치
  ㉢ 안전교육훈련을 통해 작업자에게 추락의 위험을 인식시킴과 동시에 자율적 규제를 촉구
  ㉣ 작업 지휘자를 지명하여 집단작업을 통제

③ 추락의 방지
  ㉠ 근로자가 추락하거나 넘어질 위험이 있는 장소(작업발판의 끝·개구부 등을 제외) 또는 기계·설비·선박블록 등에서 작업을 할 때에 근로자가 위험해질 우려가 있는 경우 비계를 조립하는 등의 방법으로 작업발판을 설치
  ㉡ 작업발판을 설치하기 곤란한 경우 다음기준에 맞는 추락방호망을 설치. 다만, 추락방호망을 설치하기 곤란한 경우에는 근로자에게 안전대를 착용하도록 하는 등 추락위험 방지조치 [기출] 22년 1회
    • 추락방호망의 설치위치는 가능하면 작업면으로부터 가까운 지점에 설치(작업면으로부터 망의 설치지점까지의 수직거리는 10m를 초과하지 아니할 것)
    • 추락방호망은 수평으로 설치하고, 망의 처짐은 짧은 변 길이의 12% 이상이 되도록 할 것
    • 건축물 등의 바깥쪽으로 설치하는 경우 추락방호망의 내민 길이는 벽면으로부터 3m 이상, 다만, 그물코가 20mm 이하인 추락방호망을 사용한 경우에는 낙하물 방지망을 설치한 것으로 봄
  ㉢ 추락방호망을 설치하는 경우에는 한국산업표준에서 정하는 성능기준에 적합한 추락방호망을 사용
④ 개구부 등의 방호 조치 [기출] 18년 2회
  ㉠ 안전난간, 울타리, 수직형 추락방망 또는 덮개 등의 방호 조치
  ㉡ 뒤집히거나 떨어지지 않도록 덮개를 설치
  ㉢ 어두운 장소에서도 알아볼 수 있도록 개구부임을 표시
  ㉣ 난간 설치가 곤란하거나 임시로 난간 등을 해체해야 하는 경우, 추락방호망 설치
  ㉤ 추락방호망을 설치하기 곤란한 경우, 근로자 안전대 착용
⑤ 안전대의 부착설비
  ㉠ 추락할 위험이 있는 높이 2m 이상의 장소에서 근로자가 안전대를 착용한 경우 안전대를 안전하게 걸어 사용할 수 있는 설비 등을 설치
  ㉡ 안전대 부착설비로 지지로프 등을 설치하는 경우에는 처지거나 풀리는 것을 방지하기 위하여 필요한 조치 실시
  ㉢ 작업 전 안전대 및 부속설비의 이상 유무를 점검
⑥ 지붕 위에서의 위험 방지
  슬레이트, 선라이트(Sunlight) 등 강도가 약한 재료로 덮은 지붕 위에서 작업을 할 때에 발이 빠지는 등 근로자가 위험해질 우려가 있는 경우 폭 30cm 이상의 발판을 설치하거나 추락방호망을 치는 등 위험을 방지하기 위하여 필요한 조치를 실시
⑦ 승강설비의 설치
  높이 또는 깊이가 2m를 초과하는 장소에서 작업하는 경우 해당 작업에 종사하는 근로자가 안전하게 승강하기 위한 건설작업용 리프트 등의 설비를 설치
⑧ 구명구 등
  수상 또는 선박건조 작업에 종사하는 근로자가 물에 빠지는 등 위험의 우려가 있는 경우 그 작업을 하는 장소에 구명을 위한 배 또는 구명장구의 비치 등 구명을 위하여 필요한 조치
⑨ 울타리의 설치 [기출] 19년 2회, 21년 2회
  근로자에게 작업 중 또는 통행 시 굴러 떨어짐으로 인하여 근로자가 화상·질식 등의 위험에 처할 우려가 있는 케틀(Kettle, 가열 용기), 호퍼(Hopper, 깔때기 모양의 출입구가 있는 큰 통), 피트(Pit, 구덩이) 등이 있는 경우에 그 위험을 방지하기 위하여 필요한 장소에 높이 90cm 이상의 울타리 설치

⑩ 조명의 유지
　근로자가 높이 2m 이상에서 작업을 하는 경우 그 작업을 안전하게 하는 데에 필요한 조명 유지
⑪ **표준안전난간** 기출 17년 4회
　㉠ 설치장소는 중량물 취급 개구부, 작업대, 가설계단의 통로, 흙막이 지보공의 상부 등
　㉡ 안전난간에 사용되는 재료
　　• 강재 : 현저한 손상, 변형, 부식 등이 없을 것
　　• 목재 : 갈라짐, 충식, 마디, 부식, 휨, 섬유의 경사 등이 없고 나무껍질이 완전히 제거된 것
　　• 기타 : 와이어로프 등의 재료는 강도상 현저한 결점이 되는 손상이 없을 것
　㉢ 안전난간은 난간기둥, 상부난간대, 중간대 및 폭목으로 구성
　㉣ 안전난간의 치수는 다음에 정하는 것과 같음
　　• 안전난간의 높이는 90cm 이상
　　• 난간기둥의 중심간격은 2m 이하
　　• 폭목과 중간대, 중간대와 상부난간대 등의 내부간격은 각각 45cm를 넘지 않도록 설치
　　• 폭목의 높이 : 작업면에서 띠장목의 상면까지의 높이가 10cm 이상 되도록 설치
　　• 띠장목과 작업바닥면 사이의 틈은 10mm 이하
　㉤ 난간기둥 간격(제2종 안전난간의 난간기둥 간격이 1.8m 이하인 경우)
　　• 와이어로우프를 사용하는 경우에는 그 직경이 9mm 이상
　　• 폭목으로 사용하는 목재는 폭은 10cm 이상으로 하고 두께는 1.6cm 이상
　㉥ 하중에 의한 수평최대처짐은 10mm 이하

(4) 낙하물 방지시설 기출 18년 1회, 20년 1·2회, 23년 복원
　① 낙하물 방지망
　　㉠ 구조물 벽면으로부터 내민거리 : 2m 이상
　　㉡ 수평면과 이루는 각도 : 20~30°
　　㉢ 설치간격 : 10m마다 설치
　　㉣ 방망의 가장자리 : 테두리 로프를 그물코마다 엮어 긴결
　　㉤ 긴결재의 강도 : 100kgf 이상
　　㉥ 설치 후 3개월마다 정기점검 실시
　② 방호선반 : 건물출입구, 건설현장 리프트 입구에 설치
　③ 수직보호망 : 갱폼 외부, 가시설외부에 설치
　④ 출입금지구역 설정
　⑤ **방망에 표시해야 할 사항** : 제조자명, 제조년월, 재봉치수, 그물코, 신품인 때의 방망의 강도

기출 19년 1회

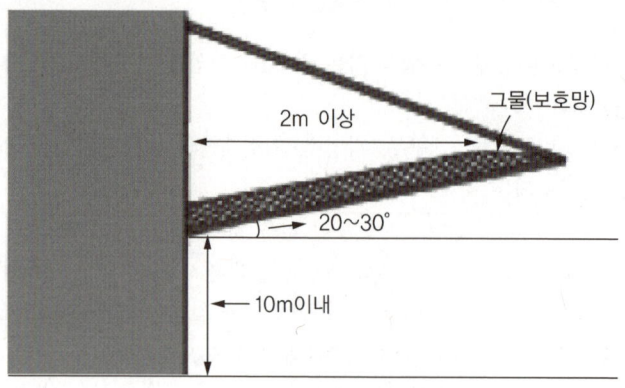

〈낙하물 방지망의 설치기준〉

〈낙하물방지 수직보호망〉

(5) 추락방지시설

① **추락방호망** 기출 18년 2회, 18년 4회

㉠ 내민거리 : 벽면으로부터 3m 이상

㉡ 망처짐 : 짧은 변의 길이(N)의 12% 이상(추락방호망은 처짐시공으로 충격을 흡수할 수 있으나 낙하물 방지망은 2차 피해를 유발할 수 있음)

㉢ 작업면으로부터 3~4m 아래에 설치

㉣ 그물코 한 변의 길이는 10cm 이하

㉤ 한 변의 길이가 3m 이상인 망은 3m 이내마다 같은 간격으로 테두리로프와 지지점을 달기로프로 결속하고, 추락방호망과 이를 지지하는 구조물 사이는 추락할 위험이 없도록 최대 간격이 10cm 이하가 되도록 설치

㉥ 달기로프의 길이는 2m 이상(동일지점에 2개의 달기로프를 부착 시 1m 이상)

㉦ 달기로프의 인장강도는 1500kgf 이상

㉧ 방망의 지지점의 강도는 600kgf 이상

㉨ 연속적인 구조물이 방망지지점인 경우 외력은(F) = 200B, B는 지지점의 간격(m)

ㅊ 방망사의 인장강도는 그물코크기 10cm에서 무매듭은 240kgf 이상, 매듭은 110kgf 이상
ㅋ 추락방호망을 고정시키기 위한 지지대 간의 거리는 10m 이내
ㅌ 방망과 방망을 연결하여 설치하는 경우 겹침 폭은 75cm 이상

〈방망사의 신품에 대한 인장강도〉 기출 19년 1회, 20년 3회, 23년 복원

그물코의 크기(cm)	방망의 종류(kg)	
	매듭 없는 방망	매듭방망
10	240	200
5		110

〈방망사의 폐기 시 인장강도〉 기출 19년 2회, 20년 1·2회 통합, 24년 복원

그물코의 크기(cm)	방망의 종류(kg)	
	매듭없는 방망	매듭방망
10	150	135
5		60

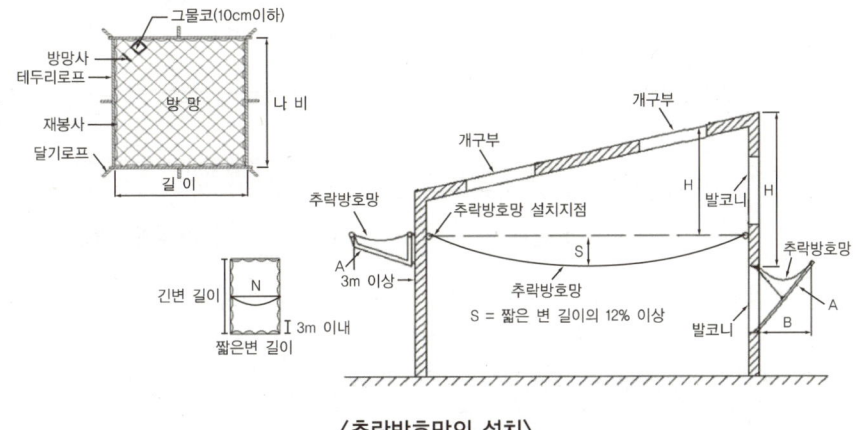

〈추락방호망의 설치〉

② 수직형 추락방망
  ㉠ 고층의 외벽개구부에 추락재해방지목적으로 설치하는 방망
  ㉡ 방망의 높이 폭은 1.5m 이상, 길이는 5m 이하
  ㉢ 달기로프는 방망의 끝단에 설치하고 75cm마다 고정할 수 있는 구조
  ㉣ 방망사의 인장강도는 매트시트형이 150kgf, 밴드형이 1000kgf임

③ 방망의 허용낙하높이와 공간높이 기출 21년 4회

구분 종류 조건	허용 낙하높이(H1)		공간높이(H2)		처짐길이(S)
	단일방망	복합방망	그물코		
			10센티미터	5센티미터	
L < A	0.25(L + 2A)	02.(L + 2A)	0.85(L + 3A)/4	0.95(L + 3A)/4	(L + 2A)/36
L ≥ A	0.75L	0.6L	0.85L	0.95L	0.75L/3

L : 설치된 방망의 단변 방향 길이
A : 설치된 방망의 장변 방향의 지지간격
㉠ 허용낙하높이 : 작업위치에서 방망의 설치 지점까지의 높이
㉡ 공간높이 : 방망의 지지점에서 바닥면 또는 돌출물의 최상부까지의 높이

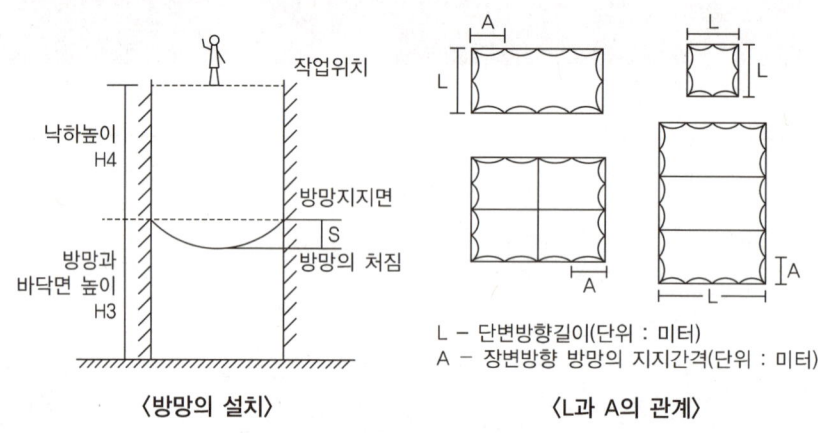

〈방망의 설치〉   〈L과 A의 관계〉

L – 단변방향길이(단위 : 미터)
A – 장변방향 방망의 지지간격(단위 : 미터)

예 추락방지를 위해 10cm 그물코인 방망을 설치할 때 방망과 바닥면의 최소높이는?

- 방망의 단변 방향길이 L = 12m
- 장변방향 방망의 지지간격 A = 6m

표에서 L ≥ A인 경우 공간높이는 0.85L이므로
공간높이 = 0.85 × 12 = 10.2m

④ 개구부
  ㉠ 개구부덮개
    • D13 이상의 철근으로 가로·세로 10cm 이하의 용접
    • 두께 12mm 이상의 합판 사용
    • 덮개는 상부판과 스토퍼로 구성
    • 상부판의 크기는 개구부보다 사면으로 10cm 이상 큰 구조로 할 것
  ㉡ 안전난간 기출 19년 1회
    • 폭목(발끝막이판)의 두께는 12mm 이상
    • 폭목의 높이는 10cm 이상
    • 난간지주는 2m 이하의 간격
    • 상부난간대의 높이는 90cm~20m로 하고 위험표지를 부착

- 개구부 주변작업 시 작업발판의 높이가 40cm 이상인 경우 개구부에 안전방망을 설치하고 안전난간 상부에는 보강난간 추가설치

⑤ 안전대
  ㉠ 안전대의 종류 기출 19년 2회
    - 벨트식 : 허리에 착용하는 제품으로, U자 걸이 전용, 1개걸이 전용, 1개걸이 및 U자 걸이 전용이 있음
    - 안전그네식 : 전신에 착용하는 띠 모양의 제품으로, 안전블록, 추락방지대로 구성
  ㉡ 안전대 착용대상 작업
    - 안전대는 높이 2m 이상의 추락위험이 있는 작업에는 반드시 착용하여 사용
    - 추락의 위험이 있는 장소
      - 작업발판(폭 40cm 이상)이 없는 장소의 작업
      - 작업발판이 있어도 난간대가 없는 장소의 작업
      - 난간대로부터 상체를 내밀어 작업하는 경우
      - 작업발판과 구조체 사이의 거리가 30cm 이상의 장소로 수평방호시설이 없는 경우
    - 철골부재의 조립 또는 해체작업은 작업발판이 없거나 난간대가 없는 경우가 보통으로 작업 시는 반드시 안전대를 착용하여야 함
  ㉢ 안전대의 구성
    - 안전블록 : 안전그네와 연결하여 추락발생 시 추락을 억제할 수 있는 자동잠김장치가 갖추어져 있고 죔줄이 자동적으로 수축되는 금속장치
    - 수직구명줄 : 로프 또는 레일 등과 같은 유연하거나 단단한 고정 줄로서 추락 발생 시 추락을 저지시키는 추락방지대를 지탱해 주는 줄모양의 부품
    - 죔줄 : 벨트 또는 안전그네를 구명줄 또는 구조물 등 기타 걸이설비와 연결하기 위한 줄모양의 부품
    - 보조죔줄 : 안전대를 U자 걸이로 사용할 때 U자 걸이를 위해 훅 또는 카라비나를 지탱벨트의 D링에 걸거나 떼어낼 때 잘못하여 추락하는 것을 방지하기 위하여 링과 걸이 설비연결에 사용하는 훅 또는 카라비나를 갖춘 줄모양의 부품
    - 지면으로부터 안전대 고정점까지의 높이
      = 로프의 길이 + 로프의 늘어난 길이 + 신장 ÷ 2 기출 18년 2회

(6) 통로안전
  ① 통로의 조명 기출 19년 1회, 22년 1회, 24년 복원
    근로자가 안전하게 통행할 수 있도록 통로에 75럭스 이상의 채광 또는 조명시설 설치(다만, 갱도 또는 상시 통행을 하지 아니하는 지하실 등을 통행하는 근로자에게 휴대용 조명기구를 사용하도록 한 경우에 제외)
    ㉠ 초정밀작업 : 750lux 이상
    ㉡ 정밀작업 : 300lux 이상
    ㉢ 보통작업 : 150lux 이상
    ㉣ 그 밖의 작업 : 75lux 이상

② 통로의 관리
  ㉠ 작업장으로 통하는 장소 또는 작업장 내에 근로자가 사용할 안전한 통로를 설치하고 항상 사용할 수 있는 상태로 유지
  ㉡ 통로의 주요 부분에 통로표시를 하고, 근로자가 안전하게 통행할 수 있도록 함
  ㉢ 통로면으로부터 높이 2m 이내에는 장애물이 없도록 함
③ 가설통로의 구조 기출 17년 4회, 18년 2회, 18년 4회, 19년 2회, 20년 1·2회 통합, 21년 1회, 22년 1회, 22년 2회, 23년 복원, 24년 복원
  ㉠ 견고한 구조로 할 것
  ㉡ 경사는 30° 이하로 할 것. 다만, 계단을 설치하거나 높이 2m 미만의 가설통로로서 튼튼한 손잡이를 설치한 경우는 제외
  ㉢ 경사가 15°를 초과하는 경우에는 미끄러지지 아니하는 구조
  ㉣ 추락할 위험이 있는 장소에는 안전난간을 설치할 것. 다만, 작업상 부득이한 경우에는 필요한 부분만 임시로 해체할 수 있음
  ㉤ 수직갱에 가설된 통로의 길이가 15m 이상인 경우에는 10m 이내마다 계단참을 설치
  ㉥ 건설공사에 사용하는 높이 8미터 이상인 비계다리에는 7미터 이내마다 계단참을 설치
④ 사다리식 통로 등의 구조 기출 19년 1회, 19년 2회, 20년 4회, 22년 1회, 24년 복원
  ㉠ 발판의 간격은 일정하게 할 것
  ㉡ 발판의 폭은 30cm 이상
  ㉢ 발판과 벽과의 사이는 15cm 이상
  ㉣ 사다리의 상단은 걸쳐 놓은 지점으로부터 60cm 이상 유지
  ㉤ 사다리식 통로의 길이가 10m 이상인 경우에는 5m 이내마다 계단참 설치
  ㉥ 사다리식 통로의 기울기는 75° 이하(고정식은 90° 이하)
  ㉦ 높이가 7m 이상인 경우 높이 2.5m 되는 지점부터 등받이울 설치
  ㉧ 접이식 사다리기둥은 사용 시 접히거나 펼쳐지지 않도록 할 것
⑤ 갱내 통로 등의 위험방지
  갱내에 설치한 통로 또는 사다리식 통로에 권상장치가 설치된 경우 권상장치와 근로자의 접촉에 의한 위험이 있는 장소에 판자벽이나 그 밖에 위험 방지를 위한 격벽 설치
⑥ 계단의 강도 기출 19년 2회
  ㉠ 계단 및 계단참은 500kg/m² 이상의 하중에 견뎌야 하며 안전율은 4 이상
  ㉡ 계단 및 승강구 바닥을 구멍이 있는 재료로 만드는 경우 렌치나 그 밖의 공구 등이 낙하할 위험이 없는 구조
⑦ 계단의 설치기준 기출 20년 1·2회 통합, 20년 4회
  ㉠ 계단 및 계단참은 500kg/m² 이상의 하중에 견뎌야 하며 안전율은 4 이상
  ㉡ 계단참의 높이 : 높이가 3m를 초과하는 계단에 높이 3m 이내마다 너비 1.2m 이상의 계단참을 설치
  ㉢ 바닥에서 높이 3m를 초과하는 계단에 높이 3m마다 너비 1.2m 이상의 계단참 설치
    통로의 폭(L)은 1m 이상으로 하되, 계단에 여러사람이 통행하거나, 교차되는 경우 1.2m 이상
  ㉣ 발판위의 머리 공간 높이(e)는 2m 이상
  ㉤ 답단의 높이(h)는 25cm 이하, 발판의 선단거리(g)는 10cm 이상
  ㉥ 최고 상부층계는 계단참에 접해야 함, 계단 기둥 간격 2m 이하

ⓈⓈ 계단의 높이가 1m 이상이면 난간을 설치
ⓄⓄ 난간은 100kgf 이상의 하중에 견딜 것
ⓏⓏ 발끝막이판은 10cm 이상의 높이를 유지
ⓍⒸ 상부난간대는 90cm 이상, 120cm 시 난간 상하간격이 60cm 이하가 되도록 중간난간대 설치
ⓀⓀ 상부 난간대를 120cm 이상 지점에 설치하는 경우에는 중간 난간대를 2단 이상으로 균등하게 설치하고 난간의 상하 간격은 60cm 이하가 되도록 할 것

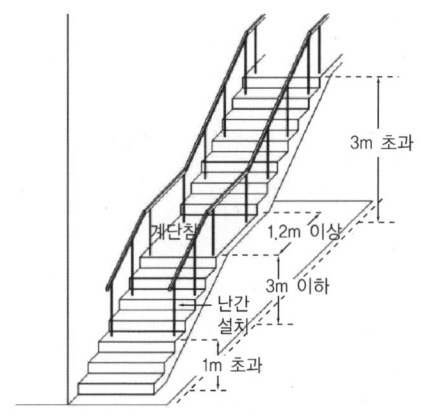

〈계단의 설치기준1〉

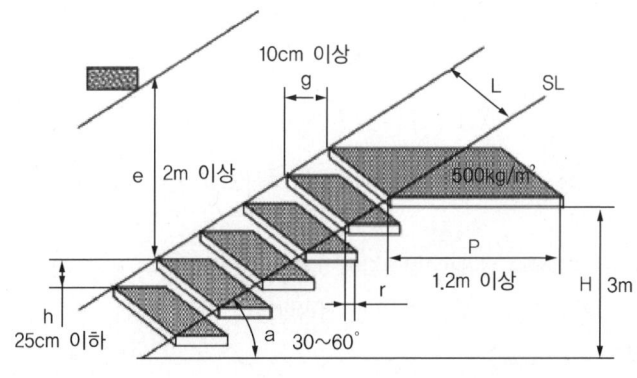

〈계단의 설치기준2〉

H : 계단높이
g : 발판깊이
e : 발판 위의 머리 공간
h : 답단 높이
P : 계단참
r : 겹침
a : 경사각
L : 통로폭
SL : 경사선

02 붕괴재해

(1) **토사붕괴의 원인** 기출 17년 4회, 18년 4회, 22년 1회
   ① 외적 원인
      ㉠ 사면, 법면의 경사 및 기울기의 증가
      ㉡ 절토 및 성토 높이의 증가
      ㉢ 작업진동 및 반복하중의 증가
      ㉣ 지표수, 지하수 침투에 의한 토사중량의 증가
      ㉤ 지진, 차량, 구조물의 하중
      ㉥ 토사 및 암석의 혼합층두께
   ② 내적 원인
      ㉠ 토석의 강도 저하
      ㉡ 성토사면의 토질
      ㉢ 절토사면의 토질, 암석
      ㉣ 지반 점착력의 감소

(2) **붕괴의 형태**
   ① 미끄러져 내림(Sliding) : 광범위한 붕괴현상으로 완만한 경사에서 완만한 속도로 붕괴
   ② 토사의 붕괴
      ㉠ 사면 천단부 붕괴, 사면중심부 붕괴, 사면하단부 붕괴의 형태
      ㉡ 작업위치와 붕괴예상지점의 사전조사를 필요로 함
   ③ 얕은 표층의 붕괴
      ㉠ 경사면이 침식되기 쉬운 토사로 구성된 경우 지표수와 지하수가 침투하여 경사면이 부분적으로 붕괴
      ㉡ 절토 경사면이 암반인 경우에도 파쇄가 진행됨에 따라서 균열이 많이 발생
      ㉢ 풍화하기 쉬운 암반인 경우에는 표층부 침식 및 절리발달에 의해 붕괴
   ④ 깊은 절토 법면의 붕괴
      사질암과 전석토층으로 구성된 심층부의 단층이 경사면 방향으로 하중응력이 발생하는 경우 전단력, 점착력 저하에 의해 경사면의 심층부에서 붕괴할 수 있으며, 이러한 경우 대량의 붕괴재해가 발생
   ⑤ 성토경사면의 붕괴
      ㉠ 성토 직후에 붕괴 발생률이 높음
      ㉡ 다짐불충분 상태에서 빗물이나 지표수, 지하수 등이 침투될 경우 공극수압이 증가되어 단위중량 증가에 의해 붕괴
      ㉢ 성토자체에 결함이 없어도 지반이 약한 경우는 붕괴
      ㉣ 풍화가 심한 급경사면과 미끄러져 내리기 쉬운 지층구조의 경사면에서 일어나는 성토붕괴의 경우에는 성토된 흙의 중량이 지반에 부가되어 붕괴

(3) 굴착공사 경사면의 안전성 검토 [기출] 18년 4회
① 지질조사 : 층별 또는 경사면의 구성 토질구조
② 토질시험 : 최적함수비, 삼축압축강도, 전단시험, 점착도 등의 시험
③ 사면붕괴 이론적 분석 : 원호활절법, 유한요소법 해석
④ 과거의 붕괴된 사례유무
⑤ 토층의 방향과 경사면의 상호관련성
⑥ 단층, 파쇄대의 방향 및 폭
⑦ 풍화의 정도
⑧ 용수의 상황

(4) 굴착면의 기울기
① 지반 등의 굴착 시 위험방지 [기출] 19년 4회
  ㉠ 지반 등을 굴착하는 경우에는 굴착면의 기울기를 기준에 맞도록 작업
  ㉡ 굴착면의 경사가 상이하여 기울기를 계산하기가 곤란한 경우에는 해당 굴착면에 대하여 굴착면의 기울기 기준에 따라 붕괴의 위험이 증가하지 않도록 해당 각 부분의 경사를 유지

〈굴착면의 기울기 기준〉 [기출] 17년 4회, 18년 1회, 19년 2회, 20년 1·2회 통합, 20년 3회, 20년 4회, 21년 4회

구 분	지반의 종류	기울기
보통흙	습 지	1:1∼1:1.5
	건 지	1:0.5∼1:1
암 반	풍화암	1:1.0
	연 암	1:1.0
	경 암	1:0.5

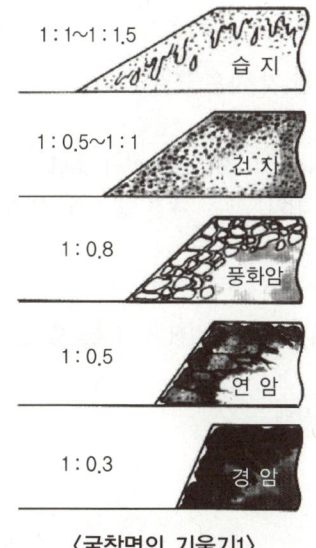

〈굴착면의 기울기1〉

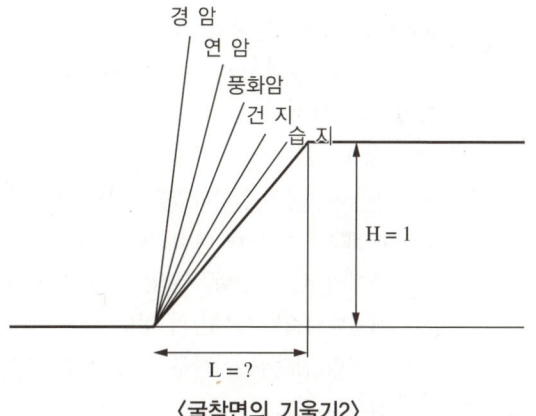

〈굴착면의 기울기2〉

ⓒ 굴착작업 전 형상, 지질, 지층의 상태와 작업 장소 및 그 주변의 부석·균열의 유무, 함수, 용수 및 동결상태의 변화를 점검

② 지반의 붕괴 등에 의한 위험방지
- 굴착작업에 있어서 지반의 붕괴 또는 토석의 낙하에 의하여 근로자에게 위험을 미칠 우려가 있는 경우에는 미리 흙막이 지보공의 설치, 방호망의 설치 및 근로자의 출입 금지 등 그 위험을 방지하기 위하여 필요한 조치 실시
- 비가 올 경우를 대비하여 측구를 설치하거나 굴착경사면에 비닐을 덮는 등 빗물 등의 침투에 의한 붕괴재해를 예방하기 위하여 필요한 조치 실시

ⓜ 매설물 등 파손에 의한 위험방지
- 매설물, 조적벽, 콘크리트벽 또는 옹벽 등의 건설물에 근접한 장소에서 굴착작업을 할 때에 해당 가설물의 파손 등에 의하여 근로자가 위험해질 우려가 있는 경우에는 해당 건설물을 보강하거나 이설하는 등 해당 위험을 방지하기 위한 조치 실시
- 굴착작업에 의하여 노출된 매설물 등이 파손됨으로써 근로자가 위험해질 우려가 있는 경우에는 해당 매설물 등에 대한 방호조치를 하거나 이설하는 등 필요한 조치 실시
- 매설물 등의 방호작업에 대하여 관리감독자에게 해당 작업을 지휘토록 함

ⓑ 굴착기계, 적재기계, 운반기계 등의 사용으로 가스도관, 지중전선로, 그 밖에 지하에 위치한 공작물이 파손되어 그 결과 근로자가 위험해질 우려가 있는 경우에는 그 기계를 사용한 굴착작업 금지

ⓢ 굴착작업을 하는 경우 미리 운반기계, 굴착기계 및 적재기계의 운행경로 및 토석 적재장소 출입방법을 정하여 관계근로자에게 주지

ⓞ 운반기계 등의 유도
- 굴착작업을 할 때에 운반기계 등이 근로자의 작업장소로 후진하여 근로자에게 접근하거나 굴러 떨어질 우려가 있는 경우에는 유도자를 배치하여 운반기계 등을 유도
- 운반기계 등의 운전자는 유도자의 유도에 따라야 함

② 흙막이 지보공
ⓐ 흙막이 지보공의 재료로 변형, 부식되거나 심하게 손상된 것 사용 금지
ⓑ 조립도 [기출] 18년 1회, 22년 2회
- 흙막이 지보공을 조립하는 경우 미리 조립도를 작성하여 그 조립도에 따라 조립
- 조립도에는 흙막이판, 말뚝, 버팀대 및 띠장 등 부재의 배치, 치수, 재질 및 설치방법과 순서가 명시되어야 함
ⓒ 붕괴 등의 위험 방지
- <u>흙막이 지보공을 설치하였을 때에는 정기적으로 다음의 사항을 점검하고 이상을 발견하면 즉시 보수</u> [기출] 17년 4회, 19년 1회, 20년 1·2회 통합, 21년 4회
  - 부재의 손상, 변형, 부식, 변위 및 탈락의 유무와 상태
  - 버팀대의 긴압(緊壓)의 정도
  - 부재의 접속부, 부착부, 교차부의 상태
  - 침하의 정도
- 설계도서에 따른 계측을 하고 계측분석결과 토압의 증가 등 이상한 점을 발견한 경우에는 즉시 보강조치

(5) 토사붕괴 예방조치
① 적절한 경사면의 기울기를 계획
② 경사면의 기울기가 당초 계획과 다를 경우 즉시 재검토하여 계획을 변경
③ 활동할 가능성이 있는 토석은 제거
④ 경사면의 하단부에 압성토 등 보강공법으로 활동에 대한 저항대책을 강구
⑤ 말뚝(강관, H형강, 철근 콘크리트)을 타입하여 지반을 강화

(6) 토사붕괴 발생예방을 위한 점검
① 전 지표면의 답사
② 경사면의 지층 변화부 상황 확인
③ 부석의 상황 변화의 확인
④ 용수의 발생 유·무 또는 용수량의 변화 확인
⑤ 결빙과 해빙에 대한 상황의 확인
⑥ 각종 경사면 보호공의 변위, 탈락 유무
⑦ 점검시기는 작업 전 중·후, 비온 후, 인접 작업구역에서 발파한 경우에 실시
⑧ 토석붕괴 작업 시 3대 만족 조건 : 안전성, 경제성, 적정한 공기

(7) 붕괴방지공정
① 활동할 가능성이 있는 토사 제거
② 비탈면 또는 법면의 하단을 다짐
③ 지표수가 침투되지 않도록 배수, 지하수위를 낮추기 위하여 수평 보링을 하여 배수
④ 말뚝(강관, H형강, 철근 콘크리트)을 박아 지반을 강화

(8) 개착공법(Open Cut)의 안전조치
① 굴착 전 변형률, 경사측정, 지하수위측정, 지반형상, 지층상태, 지하매설물 등 사전 조사
② 지반별 굴착면의 굴착구배 기준 준수
③ 굴착면 경사로의 길이는 굴착깊이의 6~10배로 구배 실시
④ 굴착사면을 천막 등으로 덮어 물의 침투에 의한 토사붕괴 예방
⑤ 굴착 높이가 5m 이상인 경우 5m마다 소단 설치
⑥ 굴착작업 주변으로 안전휀스, 표지판 등으로 관계자외 출입금지
⑦ 굴착사면을 천막 등으로 덮어 우수 침투에 의한 토사붕괴 예방
⑧ 경사면 우수가 굴착면에 체류되지 않도록 경사로 끝단부에 배수로 설치
⑨ 굴착장비는 별도의 신호수 복장, 호각, 신호봉 등을 갖춘 신호수 배치
⑩ 굴착면의 추락위험이 있는 곳에는 안전난간대 설치

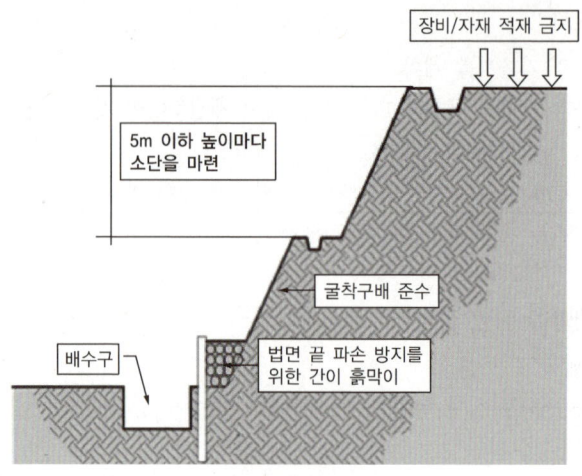

〈경사면의 안정조치1〉

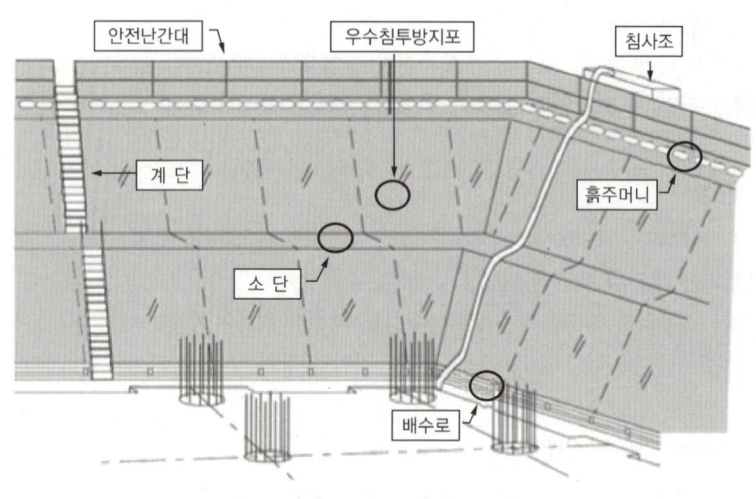

〈경사면의 안정조치2〉

(9) 토석붕괴의 안전조치

① **동시작업의 금지** : 붕괴 토석의 최고 도달거리는 경사 비탈면 높이의 약 2배에 달하므로 이 범위 내에서는 굴착공사, 배수관의 매설, 콘크리트 타설 작업 금지

② **대피 통로 및 공간의 확보** : 일반적으로 발생되는 붕괴는 높이에 비례하지만 그 폭(수평방향)은 작으므로 작업장 좌우에 피난 통로 등을 확보

③ **2차 재해의 방지**
  ㉠ 작은 규모의 붕괴가 발생하여 인명 구출 등 구조 작업 중 대형 붕괴가 재차 발생할 가능성 존재
  ㉡ 붕괴면의 주변 상황을 충분히 확인하고 안전하다고 판단되었을 경우에 복구 작업에 임함

(10) 터널작업의 안전조치

① **인화성 가스의 농도측정**
  ㉠ 터널작업 시 인화성 가스가 발생할 위험이 있는 경우, 화재/폭발 위험을 방지하기 위하여 인화성 가스의 농도를 측정할 담당자를 지명
  ㉡ 작업 시작 전 가스가 발생할 위험이 있는 장소에 대하여 인화성 가스의 농도를 측정
   • 인화성 가스가 존재하여 폭발이나 화재가 발생할 위험이 있는 경우에는 인화성 가스 농도의 이상 상승을 조기에 파악하기 위하여 그 장소에 자동경보장치를 설치
   • 터널굴착 등으로 인하여 도시가스관이 노출된 경우에 접속부 등 필요한 장소에 자동경보장치를 설치하고, 정기적 순회점검
   • <u>자동경보장치에 대하여 당일 작업 시작 전 다음의 사항을 점검하고 이상을 발견하면 즉시 보수</u> 기출 20년 3회, 21년 4회
    – 계기의 이상 유무
    – 검지부의 이상 유무
    – 경보장치의 작동상태

② **터널작업 시 위험의 방지** 기출 18년 1회, 20년 3회, 20년 4회
  ㉠ 낙반 위험이 있는 경우에 터널 지보공 및 록볼트의 설치, 부석의 제거
   • 록볼트 작업의 표준시공방식으로서 시스템 볼팅을 실시해야 함
   • 인발시험, 내공 변위측정, 천단침하측정, 지중변위측정 등의 계측결과를 토대로 록볼트의 추가 시공을 해야 함
  ㉡ 지반의 붕괴, 토석의 낙하위험이 있는 경우, 흙막이 지보공이나 방호망 설치
  ㉢ 터널 내부의 시계가 배기가스나 분진 등에 의하여 현저하게 제한되는 경우, 환기를 하거나 물을 뿌리는 등 시계를 유지하기 위하여 필요한 조치 실시
  ㉣ 인화성 가스가 분출할 위험이 있는 경우, 인화성 가스에 의한 폭발이나 화재를 예방하기 위하여 보링(Boring)에 의한 가스 제거 등의 인화성 가스의 분출 방지 조치 실시
  ㉤ 금속의 용접·용단, 가열작업 시 화재 예방조치 실시
   • 부근에 가연물, 인화성 액체를 제거, 인화성 액체에 불연성 물질의 덮개 설치, 불티비산 방지용 격벽 설치
   • 근로자에게 소화설비의 설치장소 및 사용방법을 주지
   • 작업 종료 후 불티 등에 의하여 화재가 발생할 위험이 있는지를 확인
  ㉥ 작업의 성질상 부득이한 경우를 제외하고는 터널 내부에서 근로자가 화기, 성냥, 라이터, 그 밖에 발화위험이 있는 물건을 휴대하는 것을 금지하고, 그 내용을 터널의 출입구 부근의 보기 쉬운 장소에 게시
  ㉦ 터널 내부의 화기나 아크를 사용하는 장소에 방화담당자를 지정하여 다음의 업무를 이행토록 함
   • 화기나 아크 사용 상황을 감시하고 이상을 발견한 경우에는 즉시 필요한 조치를 하는 일
   • 불 찌꺼기가 있는지를 확인하는 일
  ㉧ 터널 내부의 화기나 아크를 사용하는 장소 또는 배전반, 변압기, 차단기 등을 설치하는 장소에 소화설비 설치

- ⓩ 작업의 중지
  - 낙반·출수(出水) 등에 의하여 산업재해가 발생할 급박한 위험이 있는 경우에는 즉시 작업을 중지하고 근로자를 안전한 장소로 대피
  - 재해발생위험을 관계 근로자에게 신속히 알리기 위한 비상벨 등 통신설비 등을 설치하고, 그 설치장소를 관계 근로자에게 알림
③ 터널 지보공
  - ㉠ 터널 지보공의 재료로 변형·부식 또는 심하게 손상된 것 사용금지
  - ㉡ 터널 지보공을 설치하는 장소의 지반과 관계되는 지질·지층·함수·용수·균열 및 부식의 상태와 굴착 방법에 상응하는 견고한 구조의 터널 지보공을 사용
  - ㉢ 조립도
    - 터널 지보공을 조립하는 경우에는 미리 그 구조를 검토한 후 조립도를 작성하고, 그 조립도에 따라 조립
    - 조립도에는 재료의 재질, 단면규격, 설치간격 및 이음방법 등을 명시
  - ㉣ <u>터널 지보공을 조립하거나 변경 시 조치사항</u> 기출 18년 2회, 21년 1회
    - 주재(主材)를 구성하는 1세트의 부재는 동일 평면 내에 배치할 것
    - 목재의 터널 지보공은 그 터널 지보공의 각 부재의 긴압 정도가 균등하게 되도록 할 것
    - 기둥에는 침하를 방지하기 위하여 받침목을 사용하는 등의 조치를 할 것
    - 강(鋼)아치 지보공의 조립은 다음 각 목의 사항을 따를 것
      - 조립간격은 조립도에 따를 것
      - 주재가 아치작용을 충분히 할 수 있도록 쐐기를 박는 등 필요한 조치를 할 것
      - 연결볼트 및 띠장 등을 사용하여 주재 상호 간을 튼튼하게 연결할 것
      - 터널 등의 출입구 부분에는 받침대를 설치할 것
      - 낙하물이 근로자에게 위험을 미칠 우려가 있는 경우에는 널판 등을 설치할 것
    - 목재 지주식 지보공 설치 시 조치사항
      - 주기둥은 변위를 방지하기 위하여 쐐기 등을 사용하여 지반에 고정시킬 것
      - 양끝에는 받침대를 설치할 것
      - 터널 등의 목재 지주식 지보공에 세로방향의 하중이 걸림으로써 넘어지거나 비틀어질 우려가 있는 경우에는 양끝 외의 부분에도 받침대를 설치할 것
      - 부재의 접속부는 꺾쇠 등으로 고정시킬 것
    - 강아치 지보공 및 목재지주식 지보공 외의 터널 지보공에 대해서는 터널 등의 출입구 부분에 받침대를 설치할 것
  - ㉤ 하중이 걸려 있는 터널 지보공의 부재를 해체하는 경우에는 해당 부재에 걸려있는 하중을 터널 거푸집 동바리가 받도록 조치를 한 후에 그 부재를 해체
  - ㉥ <u>터널 지보공을 설치한 경우에 다음의 사항을 수시로 점검하고 이상을 발견한 경우에는 즉시 보강하거나 보수</u> 기출 18년 1회, 19년 2회
    - 부재의 손상·변형·부식·변위 탈락의 유무 및 상태
    - 부재의 긴압 정도
    - 부재의 접속부 및 교차부의 상태
    - 기둥침하의 유무 및 상태

④ 터널굴착작업
　㉠ 사전조사 내용
　　보링 등 적절한 방법으로 낙반, 출수 및 가스폭발 등으로 인한 근로자의 위험을 방지하기 위하여 미리 지형, 지질 및 지층상태를 조사
　㉡ 작업계획서 내용 　기출 19년 2회, 24년 복원
　　• 굴착의 내용
　　• 터널 지보공 및 복공의 시공방법과 용수의 처리방법
　　• 환기 또는 조명시설을 설치할 때에는 그 방법
⑤ 터널 거푸집 동바리
　㉠ 터널 거푸집 동바리의 재료로 변형·부식되거나 심하게 손상된 것 사용금지
　㉡ 터널 거푸집 동바리에 걸리는 하중 또는 거푸집의 형상 등에 상응하는 견고한 구조의 터널 거푸집 동바리를 사용
⑥ 교량작업 : 교량의 설치·해체 또는 변경작업 시 조치사항
　㉠ 작업을 하는 구역에는 관계 근로자가 아닌 사람의 출입을 금지
　㉡ 재료, 기구 또는 공구 등을 올리거나 내릴 경우, 근로자로 하여금 달줄, 달포대 등을 사용
　㉢ 중량물 부재를 크레인 등으로 인양하는 경우에는 부재에 인양용 고리를 견고하게 설치
　㉣ 인양용 로프는 부재에 두 군데 이상 결속하여 인양
　㉤ 중량물이 안전하게 거치되기 전까지는 걸이로프를 해제금지
　㉥ 자재나 부재의 낙하·전도 또는 붕괴 등에 의하여 근로자에게 위험을 미칠 우려가 있을 경우에는 출입금지구역의 설정, 자재 또는 가설시설의 좌굴(挫屈) 또는 변형 방지를 위한 보강재 부착 등의 조치

(11) 사면보호공법
　① 식생공법 　기출 20년 4회, 24년 복원
　　㉠ 녹생토 : 풍화암이나 경암에 부착망을 앵커핀과 착지핀으로 고정시키고 녹생토를 양잔디와 혼합 살포하여 식생기반을 조성
　　㉡ 덩굴식물 식재공법 : 토사나 경암 비탈면에 식재구덩이를 만들어 식물을 식재
　　㉢ 배토습식공법 : 토사나 경암에 인공배양토를 부착 후 양잔디 등을 식재
　② 구조물에 의한 보호공법 　기출 18년 2회, 21년 1회
　　㉠ 돌쌓기, 블록쌓기
　　　• 경사가 1 : 1(45° 이상)보다 급경사인 경우
　　　• 비탈면의 토질이 단단하여 토압이 작은 경우
　　㉡ 돌붙임, 블록붙임
　　　• 경사가 1 : 1(45° 이상)보다 완만한 경사인 경우
　　　• 점착력이 없는 토사 및 허물어지기 쉬운 절토 사면에 사용
　　　• 표면 보호공으로서 사용 이외에 소규모의 절토사면 붕괴의 되메움 보호 등에서도 사용
　　㉢ 콘크리트 붙임
　　　• 절리가 많은 암석, 낭떠러지 등의 붕락의 우려가 있는 경우
　　　• 철근콘크리트 붙임공 – 1 : 0.5의 경사
　　　• 무근콘크리트 붙임공 – 1 : 1 정도의 경사

- ㉣ 콘크리트블럭 격자공
    - 경사가 1 : 0.8보다 완만한 비탈면
    - 프리캐스트 제품으로 격자 내에 객토나 식생, 블록이나 옥석을 깔아 침식 방지
- ㉤ 현장타설 콘크리트 격자공
    - 용수가 있는 풍화암, 비탈면의 장기적 안정이 염려되는 곳
    - 콘크리트 블록 격자공으로는 붕락할 염려가 있는 곳
- ㉥ 모르타르 및 숏크리트
    - 절토사면에 용수가 없고 당장 붕괴의 위험성은 없으나 풍화되기 쉬운 암석이 있는 곳
    - 암석이나 호박돌 섞인 토사 등으로 식생이 부적합한 곳에 사용
    - 넓은 면적에 효과가 좋으며 경사가 심한 곳, 바위가 돌출한 비탈면에 시공
- ㉦ 개비온(Gabion)
    - 일정규격의 직사각형 아연도금 철망상자 속에 돌채움을 한 돌망태를 벽돌 쌓는 방법으로 쌓아 올려 벽체를 형성하는 공법
    - 콘크리트 옹벽 대체공법으로 사용, 배수성이 양호하기 때문에 설계 시에 수압의 작용을 고려할 필요가 없음
    - 장기적으로 철선의 부식으로 인해 돌이 떨어져서 낙하할 수 있기 때문에 시공 시 충분한 주의가 필요

(12) 사면지반 개량공법 기출 22년 1회

① 주입공법
  ㉠ 시멘트나 약액을 주입하여 지반을 강화하는 공법
  ㉡ 토사에서 경암까지 적용범위가 넓음
  ㉢ 이중관식주입공, 복합주입공(순경성 주입재와 침투 주입재를 병용) 있음
② 이온교환공법
  ㉠ 흙의 흡착양이온의 질과 양을 변경하는 등의 흙의 공학적 성질을 변경하여 사면을 안정화
  ㉡ 2가 양이온인 염화칼슘을 사면상부에 타설하여 칼슘이온을 흡착시킴
  ㉢ 효과가 나타나기까지는 장시간이 필요
③ 전기화학적공법
  ㉠ 직류전기를 가해 전기화학적으로 흙을 개량하여 사면을 안정화
  ㉡ 전기침투공 : 음극에 물이 집수되는 성질을 이용
  ㉢ 전기화학적 고결공 : 양극에 접하는 흙이 고결되는 것을 이용
④ 시멘트안정 처리공법
  ㉠ 흙에 시멘트 재료를 첨가하여 교반하여 고화시킴
  ㉡ 사면표층처리뿐만 아니라, 시멘트와 흙을 원위치에서 혼합처리한 말뚝상의 처리체임
⑤ 석회안정처리 공법 : 점성토에 소석회, 생석회를 가하여 이온교환작용, 화학적 결합작용 등에 따라 토성을 개량
⑥ 소결공법
  ㉠ 가열에 의한 토성개량을 목적으로 한 안정공법
  ㉡ 일정온도 이상 시 흙과 수분이 비가역적으로 반응하는 것을 이용

(13) 절토비탈면의 붕괴
　① 절토비탈면
　　㉠ 절토비탈면의 안정은 토질 또는 암반의 상태에 크게 좌우됨
　　㉡ 성토비탈면과는 달리 지질, 지층, 지하수위 등의 구성이 복잡하여 붕괴가능성 유무에 대한 검토와 대책을 수립이 필요
　② 붕괴원인
　　㉠ 비탈면 내부에 전단응력이 발생하여 전단강도를 초과하면 붕괴 발생
　　㉡ 전단응력 증가원인(외적인 원인)
　　　• 하중의 증가
　　　　- 함수비 증가로 인한 흙의 단위중량 증가
　　　　- 비탈면 높이와 기울기의 증가
　　　• 발파·공사용 기계의 충격으로 진동이 발생
　　　• 지하수위의 변동으로 인한 수압의 변화
　　㉢ 전단강도 감소원인(내적인 원인)
　　　• 풍화작용 : 동결융해, 건조수축
　　　• 점성토의 수축이나 팽창으로 균열발생
　　　• 사질토의 진동이나 충격으로 유동화
　　　• 내부수압의 증대
　③ 붕괴방지대책
　　㉠ 조 사
　　　• 지층구조의 조사와 시험
　　　• 현장조사 : 인근 사면형태, 지하수. 지표수 등
　　　• 자료조사 : 연간강수량. 최대강우강도 등
　　㉡ 공법선정
　　　• 경제성보다는 확실성 있는 공법 순으로 검토
　　　• 주위 환경과의 조화가 가능한 공법 순으로 검토
　　㉢ 방지대책 [기출] 20년 1·2회 통합, 21년 2회
　　　• 적정한 비탈면 기울기에 관한 계획
　　　• 불량한 기초지반 처리 후 시공
　　　• 필요에 따라 지표·지하 배수공 시공
　　　• 배토공 : 비탈면상부의 토사제거
　　　• 배수공 : 지표수 배수공, 침투방지공, 지하수 배제공
　　　• 압성토공 : 비탈면 하부의 성토
　　　• 블록공 : 프리캐스트 블록공, 뿜어붙이기 블록공, 현장치기 콘크리트공
　　　• 지반보강공
　　　• 사면안전공법(억제공, 억지공)
　　　• 사면거동계측관리

(14) 붕괴 등에 의한 위험방지

① 붕괴, 낙하에 의한 위험방지
  ㉠ 지반은 안전한 경사로 하고 낙하의 위험이 있는 토석을 제거하거나 옹벽, 흙막이 지보공 등을 설치
  ㉡ 지반의 붕괴, 토석의 원인이 되는 빗물이나 지하수 등을 배제
  ㉢ 갱내의 낙반, 측벽 붕괴의 위험이 있는 경우에는 지보공을 설치하고, 부석을 제거

② **구축물 또는 이와 유사한 시설물 등의 안전유지** 기출 19년 1회, 19년 4회
  ㉠ 설계도서에 따라 시공했는지 확인
  ㉡ 건설공사 시방서에 따라 시공했는지 확인
  ㉢ 건축물의 구조기준 등에 관한 규칙에 따른 구조기준을 준수했는지 확인

③ **구축물 또는 이와 유사한 시설물의 안전성평가** 기출 20년 1·2회 통합
  ㉠ 구축물 또는 이와 유사한 시설물의 인근에서 굴착·항타 작업 등으로 침하·균열 등이 발생하여 붕괴의 위험이 예상될 경우
  ㉡ 구축물 또는 이와 유사한 시설물에 지진, 동해, 부동침하 등으로 균열·비틀림 등이 발생하였을 경우에는 그에 필요한 계측장치 등을 설치하여 위험을 방지하기 위한 조치를 실시
  ㉢ 구조물, 건축물, 그 밖의 시설물이 그 자체의 무게·적설·풍압 또는 그 밖에 부가되는 하중 등으로 붕괴 등의 위험이 있을 경우
  ㉣ 화재 등으로 구축물 또는 이와 유사한 시설물의 내력이 심하게 저하되었을 경우
  ㉤ 오랜 기간 사용하지 아니하던 구축물 또는 이와 유사한 시설물을 재사용하게 되어 안전성을 검토하여야 하는 경우

④ 계측장치의 설치
  터널 등의 건설작업을 할 때에 붕괴 등에 의하여 근로자가 위험해질 우려가 있는 경우, 유해위험 방지계획서 심사 시 계측시공을 지시받은 경우에는 그에 필요한 계측장치 등을 설치하여 위험을 방지하기 위한 조치를 실시

(15) 다짐기계

① 전압식 다짐기계
  ㉠ 로드 롤러(Road Roller)
    • 머캐덤 롤러(Macadam Roller) : 3륜 형식으로 쇄석, 자갈 등의 전압에 사용
    • 탠덤 롤러(Tandem Roller) : 2륜 형식으로 주로 머캐덤 롤러의 작업 후 마무리 다짐 또는 아스팔트 포장의 끝마무리에 사용
  ㉡ 탬핑 롤러(Tamping Roller) 기출 23년 복원
    • 철륜 표면에 다수의 돌기를 붙여 접지압을 증가시킨 것
    • 깊은 다짐이나 고함수비 지반, 점성토 지반에 적합하며, 두터운 성토 전압작업에 이용
    • 돌기형태에 따라 Sheeps Foot Roller, Grid Roller, Tapper Foot Roller, Turn Foot Roller로 구분
  ㉢ 타이어 롤러(Tire Roller)
    • 접지압을 공기압으로 조절하여 접지압이 크면 깊은 다짐을 하고, 접지압이 작으면 표면다짐을 함
    • 기층이나 노반의 표면다짐, 사질토나 사질 점성토의 다짐 등 도로 토공에 많이 이용됨

㉣ 불도저(Bulldozer) : 예민비가 높은 점성토 지반에 많이 이용하며, 특히 습지도저가 효과적

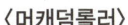  

〈머캐덤롤러〉 〈탠덤롤러〉 〈탬핑롤러〉

② 충격식 다짐기계
  ㉠ 래머(Rammer)
    • 내연기관의 폭발로 인한 반력과 낙하하는 충격으로 다짐
    • 댐 코어 다짐과 같은 국부적인 다짐에 양호함
  ㉡ 프로그 래머(Frog Rammer) : 대형 래머로 점성토 지반 및 어스댐 공사에 많이 사용
  ㉢ 탬퍼(Tamper) : 전압판의 연속적인 충격으로 전압하는 기계로 갓길 및 소규모 도로 토공에 쓰임

③ 진동식 다짐기계
  ㉠ 진동 롤러(Vibrating Roller)
    • 가진기에 의하여 다짐차륜을 진동시켜 다짐
    • 사질토나 자갈질토에 적합함, 주로 도로 보수에 이용
  ㉡ 진동 컴팩터 롤러(Vibrating Compactor Roller)
    • 기계를 진동시켜 차륜의 진동 및 자중에 의하여 다짐
    • 갓길이나 사면, 구조물 주변, 도로노반의 다짐
  ㉢ 진동 플레이트 컴팩터(Vibrating Plate Roller) : 내마모성의 두꺼운 강판 또는 진동판에 장착한 가진기로 진동시켜 다짐효과를 높임

(16) 굴착공사의 계측관리 기출 19년 2회, 21년 4회
① **지표침하계** : 지표면 침하량 측정
② **수위계** : 지반내 지하수위의 변화 측정
③ **하중계** : 스트럿(Strut) 또는 어스앵커(Earth Anchor) 등의 축하중 변화를 측정
④ **지중경사계** : 지중의 수평 변위량 측정
⑤ **토압계** : 주변지반의 하중으로 인한 토압 변화를 측정
⑥ **변형률계** : 흙막이 구조물 각 부재와 인접 구조물의 변형률을 측정
⑦ **균열계** : 주변구조물 및 지반 등의 균열 발생 시에 균열의 크기와 변화 상태를 정밀 측정
⑧ **로드셀** : 버팀보, 앵커 등의 축하중 변화상태를 측정하여 이들 부재의 지지효과 및 그 변화 추이를 파악 기출 16년 4회

03 낙하, 비래

(1) 낙하물 재해방지

① 재해의 발생원인
  ㉠ 고소에 자재 및 잔재, 공구 등의 정리 정돈이 되지 않음
  ㉡ 작업 바닥의 구조(폭 및 간격 등)가 불량
  ㉢ 고소에서 투하설비 없이 물체를 던짐
  ㉣ 위험장소에 출입금비 및 감시원 배치 등의 조치를 취하지 않음
  ㉤ 작업원이 재료·공구 등을 함부로 취급
  ㉥ 안전모를 착용하지 않음
  ㉦ 낙하·비래 위험장소에 이를 방지하기 위한 시설이 없음
  ㉧ 동일 직선상에 동시작업 실시
  ㉨ 자재 운반 시 운반기계의 회전반경 내에 작업자가 출입

② 재해방지 대책 [기출] 21년 4회
  ㉠ 고소작업장에서는 작업 공간과 자재를 적치할 장소를 충분히 확보
  ㉡ 낙하, 비래물에 대한 방호시설을 설치
  ㉢ 안전한 작업 방법, 자재의 취급 및 저장 취급방법 등에 대한 교육을 실시
  ㉣ 높이 3m 이상인 장소로부터 물체 투하 시 투하설비 설치 또는 감시인 배치

(2) 낙하물 방지망 [기출] 20년 1·2회 통합, 21년 4회

① 방지망의 설치간격은 매 10m 이내, 다만, 첫 단의 설치높이는 근로자를 낙하물에 의한 위험으로부터 방호할 수 있도록 가능한 낮은 위치에 설치
② 방지망이 수평면과 이루는 각도는 20°~30°로 함
③ 내민 길이는 비계 외측으로부터 수평거리 2m 이상
④ 방지망의 가장자리는 테두리 로프를 그물코마다 엮어 긴결
⑤ 방지망을 지지하는 긴결재의 강도는 100kgf 이상의 외력에 견딜 수 있는 로프 등을 사용
⑥ 방지망을 지지하는 긴결재의 간격은 가장자리를 통해 낙하물이 떨어지지 않도록 결속
⑦ 방지망의 겹침폭은 30cm 이상, 방지망과 방지망 사이의 틈이 없도록 함
⑧ 수직보호망을 완벽하게 설치하여 낙하물이 떨어질 우려가 없는 경우에는 이 기준에 의한 방지망 중 첫 단을 제외한 방지망을 설치하지 않을 수 있음
⑨ 최하단의 방지망은 크기가 작은 못·볼트·콘크리트 덩어리 등의 낙하물이 떨어지지 못하도록 방지망 위에 그물코 크기가 0.3cm 이하인 망을 추가로 설치(다만, 낙하물 방호선반을 설치하였을 경우에는 그러하지 아니함)
⑩ 방망을 지지하는 달기로프의 인장강도는 1500kgf 이상
⑪ 망의 그물코 크기는 2cm 이하(추락방호망은 10cm)
⑫ 최하단의 방호 선반은 지상에서 10m 이내에 설치하되 보통 5m 정도 높이에 설치하는 것이 적당
⑬ 건축물과 비계 사이 공간을 낙하물 방지망으로 방호

⑭ 낙하물 방지망은 설치 후 3개월 이내마다 정기점검 실시
⑮ 낙하물이 발생하였거나 유해환경에 노출되어 방지망 손상 시 즉시 교체 또는 보수
⑯ 방지망의 주변에서 용접작업 등 화기작업 시 방지망의 손상 방지 조치 실시
⑰ 방지망에 적치되어 있는 낙하물 등은 즉시 제거

CHAPTER 05 건설 가시설물 설치 기준

6과목 건설안전기술

01 비계

(1) 가설공사
① 본 공사를 위해 임시로 설치하여 사용하다가 공사가 끝나면 해제하는 시설
② 분진막이막, 거푸집의 설치, 해체공사, 동바리(써포트)공사 등
③ 비계(Scaffold)
  ㉠ 가설 발판이나 시설물 유지 관리를 위해 사람이나 장비, 자재 등을 올려 작업할 수 있도록 임시로 설치한 가시설물
  ㉡ 비계가 설치되어야 인부들이 재료를 운반하거나 작업을 위한 발판과 통로를 사용할 수 있음
  ㉢ 비계의 종류
    • 재료상 : 나무비계, 파이프비계(단관비계, 강관틀비계)
    • 단관비계 : 철물로 강관 하나하나를 연결하여 조립하는 비계
    • 강관틀비계 : 세로틀과 수평틀(띠장), 교차가세, 받침대로 구성된 비계
    • 위치상 : 외부비계, 내부비계, 비계다리
    • 형식상 : 외줄비계, 겹비계, 쌍줄비계

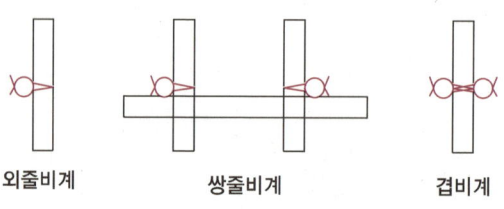

〈형식상 비계의 종류〉

④ 동바리(Support)
  ㉠ 천장을 지지하는 용도로 사용하는 임시 가설물
  ㉡ 타설한 콘크리트에 일정한 강도가 생길 때까지 콘크리트의 무게를 지탱할 수 있어야 함
  ㉢ 1층은 건물의 대부분의 하중을 떠 받쳐야 하므로 충분한 시간이 지난 후에 동바리를 제거해야 함

⑤ 거푸집
  ㉠ 기둥, 바닥, 벽 등 콘크리트를 부어서 만든 모양의 틀
  ㉡ 거푸집을 만든 후 콘크리트를 넣고 콘크리트가 굳으면 틀을 떼어내어서 완성함
  ㉢ 거푸집을 제대로 관리하지 않으면 건물외부에 곰보처럼 작은 구멍들이 생김
  ㉣ 유로폼 : 거푸집을 규격에 맞게 제작한 것

⑥ 가설공사의 종류
  ㉠ 공통가설공사 : 공사 전반에 걸쳐 공통으로 사용하는 공사용 기계 및 시설 등으로 가설운반로, 가설울타리, 가설창고, 현장사무실, 임시화장실, 공사용수설비, 공사용동력설비 등
  ㉡ 직접가설공사 : 본 공사의 직접적인 수행을 위한 시설로 규준틀, 비계, 안전시설 등

⑦ 가설공사 계획 시 고려사항
  ㉠ 공사의 규모, 시공 정밀도, 공사내용
  ㉡ 가설물의 면적 및 배치
  ㉢ 가설자재의 반입량 및 배치
  ㉣ 운반 및 교통사항
  ㉤ 공사 후 철거

⑧ 가설 구조물의 특징 기출 22년 1회
  ㉠ 연결재가 부족하여 불안정해지기 쉬움
  ㉡ 부재 결합이 간략하고 불완전 결합이 많음
  ㉢ 구조물이라는 통상의 개념이 확고하지 않아 조립의 정밀도가 낮음
  ㉣ 부재는 과소 단면이거나 결함이 있는 재료가 사용되기 쉬움

⑨ 가설공사의 작업성의 조건
  ㉠ 작업과 통행이 자유로운 넓이, 자재를 임시로 둘 수 있는 작업상면 넓이를 확보해야 함
  ㉡ 추락을 방지하기 위하여 개구부의 방호, 비계 외측에 난간 등을 설치
  ㉢ 통행, 작업에 방해되지 않는 공간을 확보
  ㉣ 비계기둥 간의 적재하중은 400kg을 초과하지 않도록 할 것

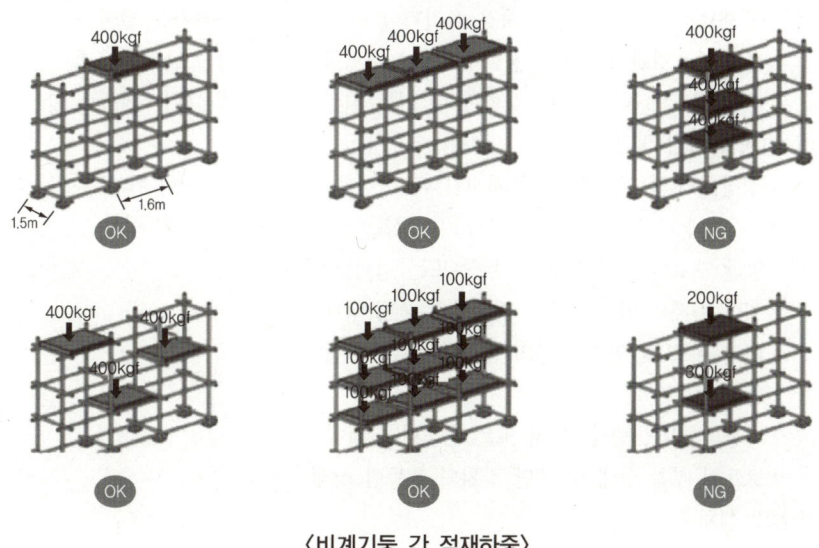

〈비계기둥 간 적재하중〉

(2) 비계공사
① 비계의 요건
- ㉠ 안전성
  - 파괴, 도괴에 대해 충분한 강도(Strength)를 지녀야 함
  - 작업, 통행 시에 동요하지 않는 강성(Stiffness)을 가져야 함
  - 추락에 대비하여 안전난간이 설치되어 있어야 함
  - 틈이 없는 바닥판 구조 및 상부 방호 등 낙하물에 대해 안전해야 함
  - 중작업을 할 때 본비계는 250~300kg/m² 하중에 대한 강도가 필요
  - 경작업을 할 때 이동식 비계는 120~150kg/m² 하중에 대한 강도가 필요
- ㉡ 경제성
  - 가설과 철거가 신속해야 함
  - 가공비가 적어야 함(현장 가공의 불필요)
  - 상각비가 적어야 함(사용 연수가 긴 재료의 사용)
- ㉢ 경제성
  - 넓은 작업상면 : 중작업일 때는 80m² 이상, 경작업일 때는 40m² 이상
  - 넓은 작업공간 : 통행, 작업을 방해하는 부재가 없는 구조이어야 함
  - 적정한 작업자세 : 무리가 없는 자세로 작업을 할 수 있어야 함
  - 추락을 방지하기 위해서는 개구부의 방호, 비계의 외측에 난간을 설치
- ㉣ 비계 등의 조립·해체 및 변경 [기출] 19년 2회
  - 달비계 또는 높이 5m 이상의 비계를 조립·해체하거나 변경작업 시 조치사항
    - 근로자는 관리감독자의 지휘에 따라 작업
    - 조립·해체 또는 변경의 시기·범위 및 절차를 그 작업에 종사하는 근로자에게 주지
    - 조립·해체 또는 변경 작업구역에는 해당 근로자외 출입금지하고 그 내용을 게시
    - 비, 눈, 그 밖의 기상상태의 불안정으로 날씨가 몹시 나쁜 경우에는 작업 중지
    - 비계재료의 연결·해체작업을 하는 경우에는 폭 20cm 이상의 발판을 설치, 안전대 사용
    - 재료·기구 또는 공구 등을 올리거나 내리는 경우, 근로자는 달줄 또는 달포대 등을 사용
  - 사업주는 강관비계 또는 통나무비계를 조립하는 경우 쌍줄로 하여야 함
  - 다만 별도의 작업발판을 설치할 수 있는 시설을 갖춘 경우에는 외줄로 할 수 있음
- ㉤ 비계의 점검 및 보수
  기상상태의 악화로 작업을 중지시킨 후, 비계를 조립·해체하거나 변경 후에는 해당 작업을 시작하기 전에 다음의 사항을 점검하고, 이상을 발견하면 즉시 보수
  - 발판 재료의 손상 여부 및 부착 또는 걸림 상태
  - 해당 비계의 연결부 또는 접속부의 풀림 상태
  - 연결 재료 및 연결 철물의 손상 또는 부식 상태
  - 손잡이의 탈락 여부
  - 기둥의 침하, 변형, 변위 또는 흔들림 상태
  - 로프의 부착 상태 및 매단 장치의 흔들림 상태

② 비계의 설치순서
현장반입 → 기둥 설치 → 띠장결속 → 가새, 버팀대 설치 → 장선 설치 → 발판 설치

(3) 비계조립 [기출] 24년 복원

① 기 초
- ㉠ 비계기둥이 침하되지 않도록 지반을 충분히 다짐하고 깔판, 깔목 등을 설치
- ㉡ 콘크리트, 아스팔트, 강재 표면 등과 같은 지반은 깔판, 깔목 등 생략가능
- ㉢ 연약지반은 비계기둥이 침하하지 않도록 두께 45cm 이상의 깔판, 깔목을 소요 폭 이상으로 설치하거나 콘크리트 타설
- ㉣ 받침철물은 깔판, 깔목의 중심에 정해진 비계기둥 간격(1.8m 이하)로 배치하고, 이동방지를 위해 지반에 최대한 근접하여 밑둥잡이 설치

② 비계기둥 [기출] 21년 4회
- ㉠ 비계기둥의 간격은 띠장 방향에서는 1.85m 이하, 장선방향에서는 1.5m 이하
- ㉡ 비계기둥은 수직도를 유지하도록 설치하며 필요한 경우 임시 가새를 설치
- ㉢ 비계기둥의 제일 윗부분으로부터 31m 되는 지점 밑부분의 비계기둥은 2개의 강관으로 묶어 세울 것
- ㉣ 비계기둥의 연결은 강관조인트 등이나 클램프 등을 사용, 연결위치가 일직선 또는 동일축 내에 집중되지 않도록 길이가 서로 다른 강관을 상호 사용하여 조립
- ㉤ 비계기둥 간의 적재하중은 400kgf을 초과하지 않도록 하여야 함
- ㉥ 비계기둥 1개에 작용하는 하중은 700kgf 이내이어야 함
- ㉦ 비계기둥과 구조물 사이는 추락방지를 위하여 가급적 30cm 이하로 조립
- ㉧ 비계기둥과 구조물 사이는 근로자의 추락을 방지하기 위하여 추락방호망을 설치

③ 띠 장
- ㉠ 띠장의 수직간격은 1.5m 이하로 하되, 지상으로부터 첫 번째 띠장은 통행을 위해 비계기둥의 좌굴이 발생되지 않는 한도 내에서 2m 이내로 설치할 수 있음
- ㉡ 비계기둥과 띠장의 체결은 반드시 전용 클램프(고정형)로 체결하며, 300~350kgf·cm 이상의 조임토크로 균일하게 체결해야 함
- ㉢ 띠장을 연속해서 설치할 경우에는 이음철물(강관 조인트 등)을 사용하고 교차되는 비계기둥에는 조임철물(클램프 등)로 결속
- ㉣ 동일평면의 띠장 이음위치는 각각의 띠장끼리 최소 30cm 이상 엇갈리게 함

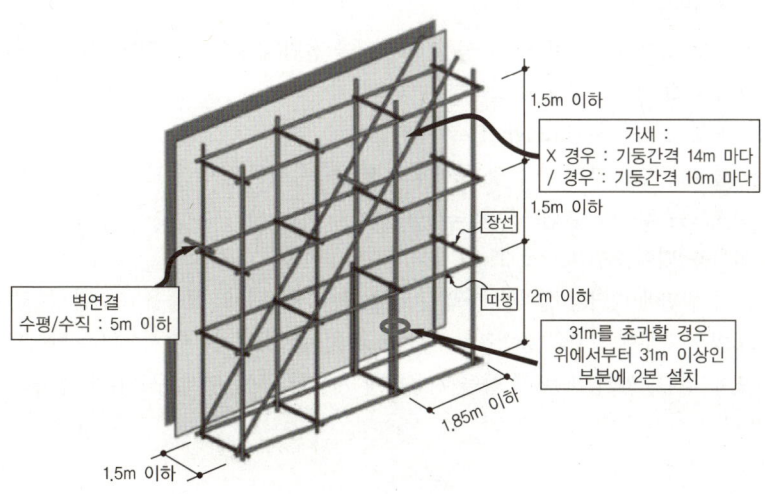

〈비계의 설치방법〉

④ 장 선
　㉠ 장선의 간격은 1.85m 이하로 설치하고, 비계기둥과 띠장의 교차부에서는 비계기둥에 결속하며, 그 중간부분에서는 띠장에 결속함
　㉡ 비계기둥과 장선의 체결은 반드시 전용 클램프(고정형)로 체결하며, 300~350kgf·cm 이상의 조임토크로 균일하게 체결
　㉢ 통로용 작업발판을 맞댐형식으로 설치하는 경우, 장선은 작업발판의 내민 부분이 10~20cm의 범위가 되도록 간격을 정하여 설치
　㉣ 장선은 띠장으로부터 5cm 이상 돌출하여 설치하며 바깥쪽 돌출부분은 수직보호망 등의 설치를 고려하여 일정한 길이가 되도록 하여야 함
　㉤ 장선은 강관비계 내·외측 모든 기둥에 결속

⑤ 가 새
　㉠ 교차가새는 비계의 외면에 45° 정도로 교차하여 두 방향에 설치하며, 교차하는 모든 비계기둥에 체결
　㉡ 가새와 비계기둥과의 교차부는 전용 클램프(회전형)로 체결하며, 300~350kgf·cm 이상의 조임토크로 균일하게 체결
　㉢ 수평 가새는 벽이음재를 부착한 높이에 각 스팬마다 설치하여 보강

⑥ 벽이음
　㉠ 벽이음재의 설치간격은 수직방향 5m 이하, 수평방향 5m 이하
　㉡ 벽이음의 설치위치는 기둥과 띠장의 결합 부근으로 벽면과 직각이 되도록 설치
　㉢ 비계의 최상단과 가장자리 끝에도 벽이음재를 설치
　㉣ 임시 벽이음재를 설치한 경우 가능한 빨리 본 벽이음재로 교체하여 설치
　㉤ 외측에 수직보호망 등을 붙일 경우에는 고정하중이나 작업하중과 같은 수직하중 이외의 풍하중에 대한 영향을 고려해야 함
　㉥ 비계에 낙하물 방지망, 방호선반 등을 설치할 경우 벽이음재를 설치하여 벽이음 보강
　㉦ 박스형 벽이음재(Box Ties)
　　건물의 기둥과 같은 부재에 강관과 클램프를 사용하여 사각형 형태로 결속하는 방식
　㉧ 립형 벽이음재(Lip Ties)
　　박스형 벽이음재 설치가 불가능한 경우 건물 전면의 형상과 조건에 따라 강관과 클램프를 갈고리 형태로 조립하여 건물에 결속하는 방식
　㉨ 관통형 벽이음재(Through Ties)
　　건물 개구부 내부의 바닥 및 천정에 지지되도록 설치된 강관 또는 파이프 서포트에 개구부를 가로지르는 강관을 클램프로 결속하는 방식
　㉩ 창틀용 벽이음재(Reveal Ties)
　　건물 전면에 앵커를 설치할 수 없는 경우, 건물 구조물의 성능을 확인할 수 없는 경우, 또는 창틀 등의 개구부에 강관과 클램프로 벽 이음을 할 수 없는 경우에 사용하는 방식으로, 마주보는 창틀면에 강관, 쐐기 또는 잭 등을 사용하여 지지한 후에 비계 구조물에 결속하는 방식

(4) 비계 재료

ⓐ 비계발판은 목재 또는 합판을 사용
ⓑ 제재목인 경우에 있어서는 장섬유질의 경사가 1 : 15 이하, 충분히 건조되어 함수율 15~20퍼센트 이내를 사용, 변형, 갈라짐, 부식 등이 없어야 함
ⓒ 발판의 폭과 동일한 길이 내에 있는 결점치수의 총합이 발판폭의 1/4을 초과금지
ⓓ 결점 개개의 크기가 발판의 중앙부에 있는 경우 발판폭의 1/5, 발판의 갓부분에 있을 때는 발판폭의 1/7을 초과금지
ⓔ 발판의 갓면에 있을 때는 발판두께의 1/2을 초과금지
ⓕ 발판의 갈라짐은 발판폭의 1/2을 초과하지 않아야 하며 철선, 띠철로 감아서 보존할 것
ⓖ 비계발판의 치수는 폭이 두께의 5~6배 이상, 발판폭은 40cm 이상, 두께는 3.5cm 이상, 길이는 3.6m 이내
ⓗ 비계발판의 치수는 폭이 두께의 5~6배 이상이어야 하며 발판폭은 40cm 이상, 두께는 비계발판은 허용응력을 초과하지 않도록 설계
ⓘ 비계용 통나무 조건
- 형상이 곧고 나무결이 바르며 큰옹이, 부식, 갈라짐 등 흠이 없고 건조된 것으로 썩거나 다른 결점이 없어야 함
- 통나무의 직경은 밑둥에서 1.5m 되는 지점에서의 지름이 10cm 이상이고 끝마구리의 지름은 4.5cm 이상이어야 함
- 휨 정도는 길이의 1.5% 이내이어야 함
- 밑둥에서 끝마무리까지의 지름의 감소는 1m당 0.5~0.7cm가 이상적이나 최대 1.5cm를 초과하지 않아야 함
- 결손과 갈라진 길이는 전체길이의 1/5 이내이고 깊이는 통나무직경의 1/4을 넘지 않아야 함
ⓙ 강관 조립 철물
- 연결 철물
강관을 교차시켜 조립, 결합하는 철물은 연결 성능이 좋아야 하며, 안전내력은 300kg 이상
- 이음 철물
마찰형과 전단형이 있으나 마찰형은 인장 강도를 그다지 필요로 하지 않는 곳에 사용
- 밑받침(베이스) 철물
비계의 하중을 지반에 전달하고 비계의 각부를 조정하는 철물로서 고정형과 조절형이 있음

(5) 비계의 종류

① 통나무비계
ⓐ 비계기둥의 간격은 2.5m 이하로 하고 지상으로부터 첫 번째 띠장은 3m 이하의 위치에 설치할 것. 다만, 작업의 성질상 이를 준수하기 곤란하여 쌍기둥 등에 의하여 해당 부분을 보강한 경우는 제외
ⓑ 비계기둥이 미끄러지거나 침하하는 것을 방지하기 위하여 비계기둥의 하단부를 묻고, 밑둥잡이를 설치하거나 깔판을 사용하는 등의 조치를 할 것
ⓒ 비계기둥의 이음이 겹침 이음인 경우에는 이음 부분에서 1m 이상을 서로 겹쳐서 두 군데 이상을 묶고, 비계기둥의 이음이 맞댄이음인 경우에는 비계기둥을 쌍기둥틀로 하거나 1.8m 이상의 덧댐목을 사용하여 네 군데 이상을 묶을 것

ㄹ) 비계기둥·띠장·장선 등의 접속부 및 교차부는 철선이나 그 밖의 튼튼한 재료로 견고하게 묶을 것
　　ㅁ) 교차가새로 보강할 것
　　ㅂ) 외줄비계·쌍줄비계 또는 돌출비계에 대해서는 벽이음 및 버팀을 설치할 것, 벽이음은 수직방향에서 5.5m 이하, 수평방향에서는 7.5m 이하 간격으로 연결
　　ㅅ) 인장재와 압축재로 구성되어 있는 경우에는 인장재와 압축재의 간격은 1m 이내로 할 것
　　ㅇ) 띠장방향에서 1.5m 이하로 할 때에는 통나무 지름이 10cm 이상, 띠장간격은 1.5m 이하, 지상에서 첫 번째 띠장은 3m 정도의 높이에 설치
　　ㅈ) 기둥간격 10m 이내마다 45° 각도의 처마방향 가새를 비계기둥 및 띠장에 결속하고, 모든 비계기둥은 가새에 결속
　　ㅊ) 작업대에는 안전난간을 설치
　　ㅋ) 작업대 위의 공구, 재료 등에 대해서는 낙하물 방지조치
　　ㅌ) 통나무 비계는 지상높이 4층 이하 또는 12m 이하인 건축물·공작물 등의 건조·해체 및 조립 등의 작업에만 사용할 수 있음

② 강관비계
　ㄱ) 강관비계 조립 시 준수사항 [기출] 17년 4회, 19년 1회
　　• 비계기둥에는 미끄러지거나 침하하는 것을 방지하기 위하여 밑받침철물을 사용하거나 깔판·깔목 등을 사용하여 밑둥잡이를 설치하는 등의 조치를 할 것
　　• 강관의 접속부 또는 교차부는 적합한 부속철물을 사용하여 접속하거나 단단히 묶을 것
　　• 교차가새로 보강할 것
　　• 외줄비계·쌍줄비계 또는 돌출비계에 대해서는 다음에서 정하는 바에 따라 벽이음 및 버팀을 설치할 것. 다만, 창틀의 부착 또는 벽면의 완성 등의 작업을 위하여 벽이음 또는 버팀을 제거하는 경우, 그 밖에 작업의 필요상 부득이한 경우로서 해당 벽이음 또는 버팀 대신 비계기둥 또는 띠장에 사재를 설치하는 등 비계가 넘어지는 것을 방지하기 위한 조치를 한 경우는 제외
　　　- 강관비계의 조립 간격은 기준에 적합하도록 할 것
　　　- 강관·통나무 등의 재료를 사용하여 견고한 것으로 할 것
　　　- 인장재와 압축재로 구성된 경우에는 인장재와 압축재의 간격을 1m 이내로 할 것
　　• 가공전로에 근접하여 비계를 설치하는 경우에는 가공전로를 이설하거나 가공전로에 절연용 방호구를 장착하는 등 가공전로와의 접촉을 방지하기 위한 조치를 할 것
　ㄴ) 강관비계(단관비계)의 설치 [기출] 18년 1회, 18년 4회, 19년 2회, 19년 4회, 21년 1회, 21년 2회, 23년 복원
　　• 비계기둥의 간격은 띠장 방향에서는 1.85m 이하
　　• 장선방향에서는 1.5m 이하. 다만, 선박 및 보트 건조작업의 경우 안전성에 대한 구조검토를 실시하고 조립도를 작성하면 띠장 방향 및 장선 방향으로 각각 2.7m 이하로 할 수 있음
　　• 띠장 간격은 2m 이하로 할 것. 다만, 작업의 성질상 이를 준수하기가 곤란하여 쌍기둥틀 등에 의하여 해당 부분을 보강한 경우는 제외
　　• 비계기둥의 제일 윗부분으로부터 31m 되는 지점 밑부분의 비계기둥은 2개의 강관으로 묶어 세울 것. 다만, 브라켓(Bracket) 등으로 보강하여 2개의 강관으로 묶을 경우 이상의 강도가 유지되는 경우는 제외

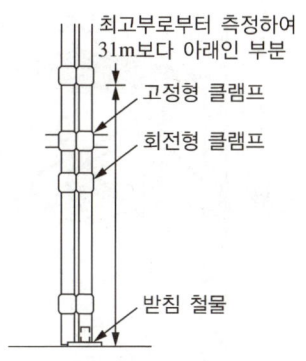

〈제일 윗부분으로부터 31m 되는 지점 밑부분의 비계기둥〉

- 비계기둥 간의 적재하중은 400kgf을 초과금지
- 장선간격은 1.85m 이하로 설치
- 비계기둥과 띠장의 교차부에서는 비계기둥에 결속, 그 중간부분에서는 띠장에 결속
- 벽연결은 수직으로 5m, 수평으로 5m 이내마다 연결
- 기둥간격 10m 마다 45° 각도의 처마방향 가새를 설치
- 모든 비계기둥은 가새에 결속
- 작업대에는 안전난간을 설치
- 작업대의 구조는 추락 및 낙하물 방지조치를 설치
- 작업발판 설치가 필요한 경우에는 쌍줄비계이어야 함
- 연결 및 이음철물은 가설기자재 성능검정 규격에 규정된 것을 사용
- 바깥지름 및 두께가 같거나 유사하면서 강도가 다른 강관을 같은 사업장에서 사용하는 경우 강관에 색 또는 기호를 표시하는 등 강관의 강도를 알아볼 수 있는 조치

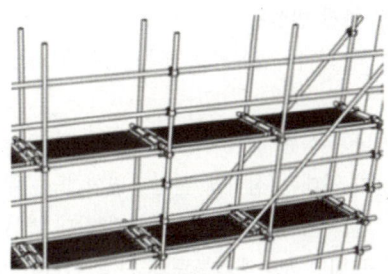

〈강관비계〉

③ 강관틀비계 [기출] 18년 2회, 19년 4회, 20년 3회, 21년 4회, 22년 1회, 23년 복원, 24년 복원

㉠ 비계기둥의 밑둥에는 밑받침 철물을 사용하여야 하며 밑받침에 고저차가 있는 경우에는 조절형 밑받침철물을 사용하여 각각의 강관틀비계가 항상 수평 및 수직을 유지하도록 할 것

㉡ 전체높이는 40m를 초과할 수 없으며, 높이가 20m를 초과하거나 중량물의 적재를 수반하는 작업을 할 경우에는 주틀의 높이를 2m 이내로 하고, 주틀 간의 간격을 1.8m 이하로 할 것

㉢ 주틀 간에 교차가새를 설치하고 최상층 및 5층 이내마다 수평재를 설치

㉣ 수직방향으로 6m, 수평방향으로 8m 이내마다 벽이음

㉤ 길이가 띠장 방향으로 4m 이하이고 높이가 10m를 초과하는 경우에는 10m 이내마다 띠장 방향으로 버팀기둥을 설치

〈강관틀비계〉

④ 달비계의 구조
  ㉠ 와이어로프 사용금지 기출 23년 복원
    • 이음매가 있는 것
    • 와이어로프의 한 꼬임에서 끊어진 소선의 수가 10% 이상인 것
    • 지름의 감소가 공칭지름의 7%를 초과하는 것
    • 꼬인 것
    • 심하게 변형되거나 부식된 것
    • 열과 전기충격에 의해 손상된 것
  ㉡ 달기체인 사용금지 기출 19년 4회
    • 달기 체인의 길이가 달기 체인이 제조된 때의 길이의 5%를 초과한 것
    • 링의 단면지름이 달기 체인이 제조된 때의 해당 링의 지름의 10%를 초과하여 감소한 것
    • 균열이 있거나 심하게 변형된 것
  ㉢ 다음 어느 하나에 해당하는 섬유로프 또는 섬유벨트를 달비계에 사용금지
    • 꼬임이 끊어진 것
    • 심하게 손상되거나 부식된 것
    • 달기 강선 및 달기 강대는 심하게 손상·변형 또는 부식된 것을 사용하지 않도록 할 것
  ㉣ 달기 와이어로프, 달기 체인, 달기 강선, 달기 강대 또는 달기 섬유로프는 한쪽 끝을 비계의 보 등에, 다른 쪽 끝을 내민 보, 앵커볼트 또는 건축물의 보 등에 각각 풀리지 않도록 설치할 것
  ㉤ 작업발판은 폭을 40cm 이상으로 하고 틈새가 없도록 하고 고정할 것

  기출 19년 1회, 20년 4회, 22년 1회, 23년 복원

  ㉥ 작업발판의 재료는 뒤집히거나 떨어지지 않도록 비계의 보 등에 연결하거나 고정시킬 것
  ㉦ 비계가 흔들리거나 뒤집히는 것을 방지하기 위하여 비계의 보·작업발판 등에 버팀을 설치하는 등 필요한 조치를 할 것
  ㉧ 선반 비계에서는 보의 접속부 및 교차부를 철선·이음철물 등을 사용하여 확실하게 접속시키거나 단단하게 연결시킬 것
  ㉨ 근로자의 추락 위험을 방지하기 위하여 달비계에 안전대 및 구명줄을 설치하고, 안전난간을 설치할 수 있는 구조인 경우에는 안전난간을 설치할 것

⑤ **달비계의 설치** 기출 20년 1·2회 통합
  ㉠ 와이어로프 및 강선의 안전계수는 10 이상
  ㉡ 달비계를 지지하는 모든 로프는 최소 22.9kN(2340kgf)의 강도를 가진 인조섬유
  ㉢ 승강하는 경우 작업대는 수평을 유지
  ㉣ 허용 하중 이상의 작업원 탑승금지
  ㉤ 권양기에는 제동장치를 설치
  ㉥ 발판 위 약 10cm 위까지 발끝막이판을 설치
  ㉦ 난간은 안전난간을 설치하여야 하며, 움직이지 않게 고정
  ㉧ 안전난간을 설치하는 것이 곤란하거나 임시로 안전난간을 해체하여야 하는 경우에는 방망을 설치하거나 안전대를 착용
  ㉨ 안전모와 안전대를 착용
  ㉩ 달비계 위에서는 각립사다리 등을 사용금지
  ㉪ 난간 밖 작업금지
  ㉫ 달비계의 동요 또는 전도 방지장치 설치
  ㉬ 갑작스런 행동으로 인한 비계의 동요, 전도 등을 방지
  ㉭ 추락에 의한 근로자의 위험을 방지하기 위하여 달비계에 구명줄 설치

⑥ **안전계수** 기출 18년 1회, 19년 1회
  ㉠ 안전계수 = 인장강도/허용응력 = 와이어로프의 절단하중 값/와이어로프 등에 걸리는 하중의 최대값
  ㉡ 와이어로프 및 달기강선의 안전계수는 10 이상
  ㉢ 달기체인 및 달기훅의 안전계수 : 5 이상
  ㉣ 달기강대와 달비계의 하부 및 상부지점의 안전계수는 강재는 2.5 이상
  ㉤ 목재는 5 이상

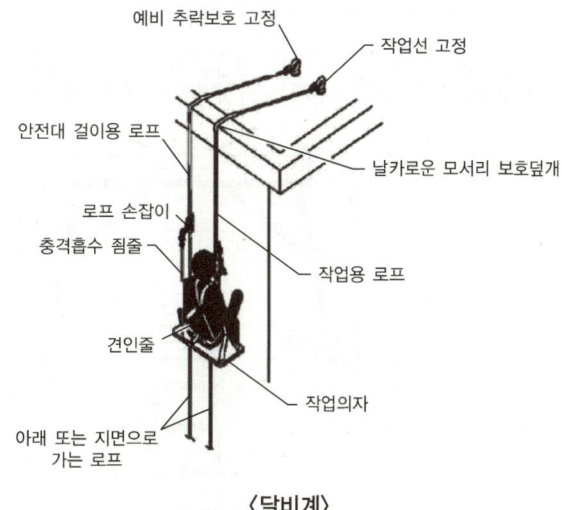

〈달비계〉

⑦ **달대비계**
  ㉠ 달대비계를 매다는 철선은 #8 소성철선을 사용, 4가닥 정도로 꼬아서 하중에 대한 안전계수 8 이상 확보

ⓒ 철근을 사용 시 19mm 이상, 근로자는 반드시 안전모와 안전대를 착용
　　ⓓ 달대비계를 조립하여 사용할 때에는 하중에 충분히 견딜 수 있도록 조치
　　ⓔ 달비계 또는 달대비계 위에서 높은 디딤판, 사다리 등을 사용하는 작업금지

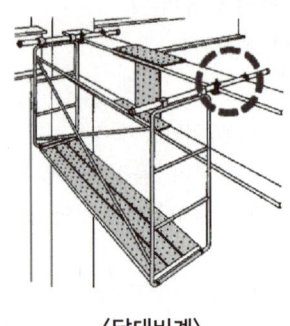

〈달대비계〉

⑧ 걸침비계
　㉠ 지지점이 되는 매달림부재의 고정부는 구조물로부터 이탈되지 않도록 견고히 고정할 것
　㉡ 비계재료 간에는 서로 움직임, 뒤집힘 등이 없어야 하고, 재료가 분리되지 않도록 철물 또는 철선으로 충분히 결속할 것. 다만, 작업발판 밑 부분에 띠장 및 장선으로 사용되는 수평부재 간의 결속은 철선을 사용하지 않을 것
　㉢ 매달림부재의 안전율은 4 이상일 것
　㉣ 작업발판에는 구조검토에 따라 설계한 최대적재하중을 초과하여 적재하여서는 아니 되며, 그 작업에 종사하는 근로자에게 최대적재하중을 충분히 알릴 것

⑨ 말비계 기출 17년 4회, 18년 2회, 20년 3회, 20년 4회
　㉠ 사다리의 각부는 수평하게 놓아서 상부가 한쪽으로 기울지 않도록 하여야 함
　㉡ 각부에는 미끄럼 방지조치, 제일 상단에 올라서서 작업금지
　㉢ 지주부재와 수평면과의 기울기를 75° 이하로 하고, 지주부재와 지주부재 사이를 고정시키는 보조부재를 설치
　㉣ 말비계의 높이가 2m를 초과할 경우에는 작업발판의 폭을 40cm 이상으로 함

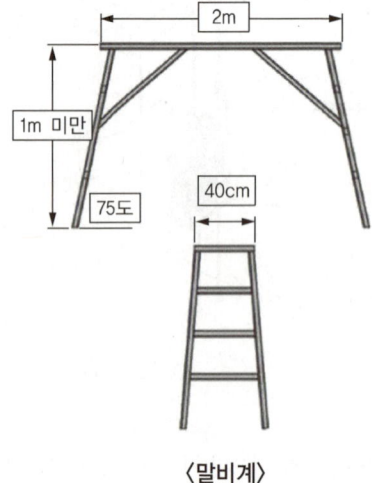

〈말비계〉

⑩ **이동식비계** 기출 18년 1회, 21년 1회, 21년 4회, 22년 2회, 23년 복원
  ㉠ 이동식비계의 바퀴에는 뜻밖의 갑작스러운 이동 또는 전도를 방지하기 위하여 브레이크·쐐기 등으로 바퀴를 고정시킨 다음 비계의 일부를 견고한 시설물에 고정하거나 아웃트리거(Outrigger, 전도방지용 지지대)를 설치하는 등 필요한 조치를 할 것
  ㉡ 승강용사다리는 견고하게 설치할 것
  ㉢ 비계의 최상부에서 작업을 하는 경우에는 안전난간을 설치할 것
  ㉣ 작업발판은 항상 수평을 유지하고 작업발판 위에서 안전난간을 딛고 작업을 하거나 받침대 또는 사다리를 사용하여 작업하지 않도록 할 것
  ㉤ 작업발판의 최대적재하중은 250kg을 초과하지 않도록 하고 최대적재하중을 표시
  ㉥ 비계의 발판은 폭 40cm, 두께 3.5cm 이상, 비계의 최대높이는 밑변 최소폭의 4배 이하
  ㉦ 작업대의 발판은 전면에 걸쳐 빈틈없이 깔 것
  ㉧ 비계의 일부를 건물에 체결하여 이동, 전도 등을 방지
  ㉨ 작업대에는 안전난간을 설치하고 낙하물 방지조치
  ㉩ 불의의 이동을 방지하기 위해 브레이크, 쐐기 등으로 바퀴를 고정한 다음 비계의 일부를 견고한 시설물에 잡아매는 등의 조치
  ㉪ 절대로 작업원이 탄 채로 이동금지하고 비계의 이동에는 충분한 인원을 배치할 것
  ㉫ 안전모 착용, 구명 로프 등을 사용
  ㉬ 작업장 부근에 고압선 등이 있는가를 확인하고 적절한 방호조치
  ㉭ 상하에서 동시에 작업 시 상호 간의 충분한 연락을 취할 것

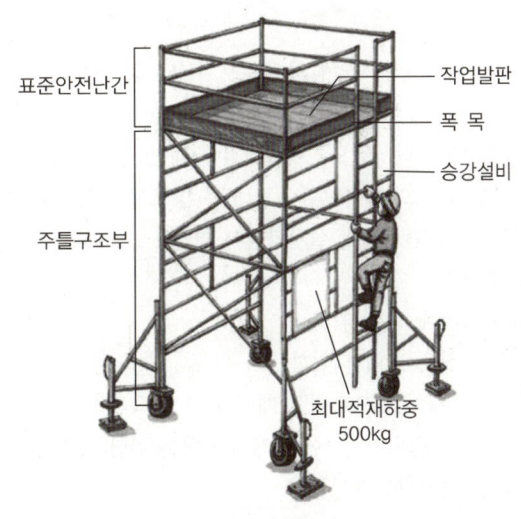

〈이동식비계〉

⑪ **시스템비계** 기출 17년 4회, 21년 2회
  ㉠ 시스템비계 사용 시 준수사항
    • 수직재·수평재·가새재를 견고하게 연결하는 구조가 되도록 할 것
    • 비계 밑단의 수직재와 받침철물은 밀착되도록 설치하고, 수직재와 받침철물의 연결부의 겹침길이는 받침철물 전체길이의 3분의 1 이상이 되도록 할 것
    • 수평재는 수직재와 직각으로 설치하여야 하며, 체결 후 흔들림이 없도록 견고하게 설치할 것

- 수직재와 수직재의 연결철물은 이탈되지 않도록 견고한 구조로 할 것
- 벽 연결재의 설치간격은 제조사가 정한 기준에 따라 설치할 것

ⓒ 시스템비계의 조립 작업 시 준수사항
- 비계 기둥의 밑둥에는 밑받침 철물을 사용하여야 하며, 밑받침에 고저차가 있는 경우에는 조절형 밑받침 철물을 사용하여 시스템비계가 항상 수평 및 수직을 유지하도록 할 것
- 경사진 바닥에 설치하는 경우에는 피벗형 받침 철물 또는 쐐기 등을 사용하여 밑받침 철물의 바닥면이 수평을 유지하도록 할 것
- 가공전로에 근접하여 비계를 설치하는 경우에는 가공전로를 이설하거나 가공전로에 절연용 방호구를 설치하는 등 가공전로와의 접촉을 방지하기 위하여 필요한 조치를 할 것
- 비계 내에서 근로자가 상하 또는 좌우로 이동하는 경우에는 반드시 지정된 통로를 이용하도록 주지시킬 것
- 비계 작업 근로자는 같은 수직면상의 위와 아래 동시 작업을 금지할 것
- 작업발판에는 제조사가 정한 최대적재하중을 초과하여 적재해서는 아니 되며, 최대적재하중이 표기된 표지판을 부착하고 근로자에게 주지시키도록 할 것

02 작업통로

(1) 개요

① 설치기준
  ㉠ 공사 기간 중 재료의 운반, 작업원의 통로로 활용되는 가설 구조물로서 폭풍·진동 등의 외력에 안전해야 함
  ㉡ 작업원이 이동할 때 추락·전도·미끄러짐에 대한 예방대책이 있어야 함
  ㉢ 낙하물에 의한 위험요소가 제거될 수 있도록 방호설비가 있어야 함
  ㉣ 근로자가 오르내리기 편리하게 설치되어야 함

② 통로 설치 시 고려사항
  ㉠ 떨어짐, 물체의 낙하에 의한 위험
  ㉡ 보행자의 넘어짐, 실족에 의한 위험
  ㉢ 거리가 긴 두 지점 사이를 오르내릴 때의 과도한 육체적 피로에 의해 야기되는 위험
  ㉣ 통로 및 계단 설치 주변의 기계류에 의해 발생하는 위험(기계의 회전부, 왕복 운동부, 이송부 등)
  ㉤ 통로의 조명상태, 미끄럼상태
  ㉥ 통로에 근접하여 설치된 고압전선 등의 감전위험

(2) 작업통로의 종류

〈경사각도에 따른 이동통로〉

경사로의 설치구간	30° 이내
계단의 설치구간	30~60°
이동사다리의 설치구간	60~75°
고정사다리의 설치구간	75~90°

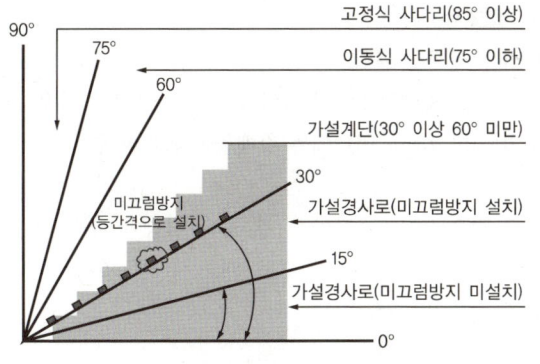

〈경사도에 따른 이동통로〉

① 경사로 기출 22년 2회
  ㉠ 비탈면의 경사각은 30° 이내, 경사각이 15°를 초과하는 경우 미끄러지지 않는 구조로 할 것
  ㉡ 경사로의 폭은 최소 90cm 이상
  ㉢ 높이 7m 이내마다 계단참을 설치
  ㉣ 추락방지용 난간 설치
  ㉤ 목재는 미송, 육송 또는 그 이상의 재질을 가진 것이어야 함
  ㉥ 경사로 지지기둥은 3m 이내마다 설치
  ㉦ 발판의 폭은 40cm 이상으로 하고 틈은 3cm 이내로 설치
  ㉧ 발판이 이탈하거나 한쪽 끝을 밟으면 다른 쪽이 들리지 않게 장선에 결속
  ㉨ 결속용 못이나 철선이 발에 걸리지 않아야 함

〈미끄럼막이 설치간격〉

경사각	미끄럼막이 간격	경사각	미끄럼막이 간격
30°	30cm	22°	40cm
29°	33cm	19° 20′	43cm
27°	35cm	17°	45cm
24° 15′	37cm	14°	47cm

② 통로발판
  ㉠ 근로자가 작업 또는 이동하기에 충분한 넓이가 확보
  ㉡ 추락의 위험이 있는 곳에는 높이 90~120cm 정도의 견고한 손잡이 또는 철책을 설치
  ㉢ 발판은 폭 40cm 이상, 두께 3.5cm 이상, 길이는 3.6m 이내의 것을 이용
  ㉣ 발판을 겹쳐 이을 때는 장선 위에서 이음을 하고, 겹침길이는 20cm 이상
  ㉤ 발판 1개에 지지물은 2개 이상
  ㉥ 작업발판은 파손되기 쉬운 벽돌, 배수관 등으로 엉성하게 지지되어서는 안 됨
  ㉦ 작업발판의 최대폭은 1.6m 이내, 발끝막이판의 높이는 10cm 이상
  ㉧ 작업발판 위에는 돌출된 못, 옹이, 철선 등이 없어야 함

③ 사다리
  ㉠ 사다리식 통로
    기울기는 80° 이내(높이 2.5m를 초과하는 지점부터 등받이울을 설치하는 경우 예외)

ⓛ **옥외용 사다리** 기출 18년 4회, 20년 3회
- 옥외용 사다리는 철재를 원칙
- 길이가 10m 이상인 때에는 5m 이내의 간격으로 계단참 설치
- 사다리 전면의 사방 75cm 이내에는 장애물이 없어야 함

ⓒ **목재사다리**
- 재질은 건조된 것으로 옹이, 갈라짐, 흠 등의 결함이 없고 곧은 것
- 수직재와 발 받침대는 장부촉 맞춤으로 하고 사개를 파서 제작
- 발 받침대의 간격은 25~35cm
- 이음 또는 맞춤부분은 보강
- 벽면과의 이격거리는 20cm 이상

ⓔ **철재사다리**
- 수직재와 발 받침대는 횡좌굴을 일으키지 않도록 충분한 강도를 가진 것
- 발 받침대는 미끄러짐을 방지하기 위한 미끄럼방지장치
- 받침대의 간격은 25~35cm
- 사다리 몸체 또는 전면에 기름 등과 같은 미끄러운 물질이 묻어 있어서는 아니됨

ⓜ **이동식 사다리**
- 길이가 6m 초과금지
- 다리의 벌림은 벽 높이의 1/4 정도가 적당
- 벽면 상부로부터 최소한 60센티미터 이상의 연장길이 유지

ⓗ **기계사다리**
- 추락방지용 보호손잡이 및 발판 구비
- 작업자는 안전대 착용
- 사다리가 움직이는 동안에는 작업자가 움직이지 않도록 사전에 충분한 교육

ⓢ **연장사다리**
- 도르래와 당김줄에 의하여 임의의 길이로 연장 또는 축소시킬 수 있는 사다리
- 총 길이는 15m 초과금지
- 사다리의 길이를 고정시킬 수 있는 잠금쇠와 브라켓 구비
- 도르레 및 로우프는 충분한 강도를 가진 것

ⓞ **사다리 미끄럼방지 장치**
- 사다리 지주의 끝에 고무, 코르크, 가죽, 강스파이크 등을 부착
- 쐐기형 강스파이크는 지반이 평탄한 맨땅 위에 세울 때 사용
- 미끄럼방지 발판은 인조고무 등으로 마감한 실내용을 사용
- 미끄럼방지 판자 및 미끄럼방지 고정쇠는 돌마무리 또는 인조석 깔기로 마감한 바닥용으로 사용

ⓩ **사다리 작업의 안전지침**
- 안전하게 수리될 수 없는 사다리는 작업장 외부로 반출
- 사다리는 작업장에서 최소한 위로 60cm는 연장되어 있어야 함
- 상부와 하부가 움직이지 않도록 고정
- 상부 또는 하부가 움직일 열려가 있을 때는 작업자 이외의 감시자가 있어야 함

- 부서지기 쉬운 벽돌 등은 받침대로 사용금지
- 작업자는 복장을 단정히 하여야 하며, 미끄러운 장화나 신발을 착용금지
- 지나치게 부피가 크거나 무거운 짐을 운반하는 것은 피함
- 출입문 부근에 사다리를 설치할 경우에는 반드시 감시자가 있어야 함
- 금속사다리는 전기설비가 있는 곳에서는 사용금지
- 사다리를 다리처럼 사용금지

④ 가설도로
  ㉠ 도로의 표면은 장비 및 차량이 안전운행을 할 수 있도록 유지보수
  ㉡ 장비 사용을 목적으로 하는 진입로, 경사로 등은 주행하는 차량 통행에 지장을 주지 않도록 만들 것
  ㉢ 도보와 작업장의 높이에 차이가 있을 때에 바리케이드 또는 연석(Curb Stone) 등을 설치하여 차량의 위험 및 사고를 방지
  ㉣ 모든 커브는 통상적인 도로폭보다 좀더 넓게 만들고 시계에 장애가 없도록 설치, 커브 구간에서는 차량이 도로 가시거리의 절반 이내에서 정지할 수 있도록 차량의 속도를 제한
  ㉤ 최고허용경사도는 부득이한 경우를 제외하고는 10% 초과 금지
  ㉥ 필요한 전기시설(교통신호등 포함), 신호수, 표지판, 바리케이드, 노면마스크 등을 교통 안전운행을 위해 제공
  ㉦ 안전운행을 위하여 먼지가 일어나지 않도록 물을 뿌려주고 겨울철에는 눈이 쌓이지 않도록 조치

⑤ 우회로
  ㉠ 교통량을 유지시킬 수 있도록 계획
  ㉡ 시공 중인 교량이나 높은 구조물의 밑을 통과해서는 안 되며 부득이 시공 중인 교량이나 높은 구조물의 밑을 통과하여야 할 경우에는 필요한 안전조치 실시
  ㉢ 모든 교통통제나 신호등은 교통법규에 적합하도록 함
  ㉣ 우회로는 항시 유지보수 되도록 확실한 점검을 실시, 필요한 경우에는 가설등을 설치
  ㉤ 우회로의 사용이 완료되면 모든 것을 원상복구

⑥ 표지 및 기구
  ㉠ 교통안전 표지규칙
  ㉡ 방호장치(반사경, 보호책, 방호설비)
  ㉢ 노동부장관이 정하는 산업안전 표지에 관한 규칙

03 거푸집, 동바리

(1) 거푸집 동바리 구조검토
  ① 거푸집 동바리를 조립하는 때에는 사전에 슬래브, 보, 기둥, 벽체 등 주요 구조부분에 대한 구조검토를 실시하여 조립도를 작성하여야 하고, 해당 조립도에 따라 조립
  ② 거푸집 동바리 조립도에는 지주·이음매·마디 등 부재의 종류, 규격, 배치 및 치수가 정확하게 명시

③ 거푸집 동바리는 수직방향 하중, 수평방향 하중 및 굳지 않은 콘크리트의 측압에 대하여 안전하고 경제적이어야 하며 처짐, 비틀림, 좌굴에 의한 변형 및 침하, 전단에 대한 충분한 강성을 지녀야 함
④ 일반적으로 동바리는 현장조건에 부합하는 각 부재의 연결조건과 받침조건을 고려한 2차원 혹은 3차원 해석을 수행하여야 하나, 구조물의 형상, 평면선형 및 종단선형의 변화가 심하고 편재하의 영향을 고려할 경우에는 반드시 3차원 구조해석을 수행하여 안전성을 검증하여야 함
⑤ 구조검토 순서
  ㉠ 하중계산 : 거푸집 동바리에 작용하는 하중 및 외력의 종류, 크기를 산정
  ㉡ 응력계산 : 하중·외력에 의하여 각 부재에 발생되는 응력을 구함
  ㉢ 단면, 배치간격계산 : 각 부재에 발생되는 응력에 대하여 안전한 단면 및 배치간격을 결정

(2) 거푸집 공사
① 거푸집 및 지보공은 여러 가지 시공조건을 고려하고 다음 각 호의 하중을 고려하여 설계
  ㉠ 연직방향 하중 : 거푸집, 지보공, 콘크리트, 철근, 작업원, 타설용 기계기구, 가설설비 등의 중량 및 충격하중
  ㉡ 횡방향 하중 : 작업할 때의 진동, 충격, 시공오차 등에 기인되는 횡방향 하중 이외에 필요에 따라 풍압, 유수압, 지진 등
  ㉢ 콘크리트의 측압 : 굳지 않은 콘크리트의 측압
  ㉣ 특수하중 : 시공 중에 예상되는 특수한 하중
  ㉤ 거푸집 지보공은 다음 하중에 충분한 것을 사용
    (타설되는 콘크리트 중량) + (철근 중량) + (호퍼, 버킷, 가드류의 중량) + (작업원의 중량) + $150kg/m^2$
② **거푸집 재료** : 거푸집 및 지보공에 사용할 재료는 강도, 강성, 내구성, 작업성, 타설콘크리트에 대한 영향력 및 경제성을 고려하여 선정
  ㉠ 흠집 및 옹이가 많은 거푸집과 합판의 접착부분이 떨어져 구조적으로 약한 것은 사용금지
  ㉡ 거푸집의 띠장은 부러지거나 균열이 있는 것은 사용금지
  ㉢ 형상이 찌그러지거나, 비틀림 등 변형이 있는 것은 교정한 다음 사용
  ㉣ 강재 거푸집의 표면에 녹이 많이 나 있는 것은 쇠솔(Wire Brush) 또는 샌드 페이퍼(Sand Paper) 등을 닦아내고 박리제(Form Pil)를 엷게 칠해 두어야 함
  ㉤ 지보공재는 현저한 손상, 변형, 부식이 있는 것과 옹이가 깊숙히 박혀있는 것은 사용금지
  ㉥ 각재 또는 강관 지주는 양 끝을 일직선으로 그은 선 안에 있어야 하고, 일직선 밖으로 굽어져 있는 것은 사용을 금지
  ㉦ 강관지주(동바리), 보 등을 조합한 구조는 최대 허용하중을 초과하지 않는 범위에서 사용
  ㉧ 연결재는 다음 각 목에 정하는 사항을 선정
    • 정확하고 충분한 강도가 있는 것이어야 함
    • 회수, 해체하기가 쉬운 것이어야 함
    • 조합 부품수가 적은 것이어야 함
③ **거푸집의 구비조건**
  ㉠ 간편성 : 조립·해체·운반이 용이할 것
  ㉡ 경제성 : 최소한의 재료로 여러 번 사용할 수 있을 것

ⓒ 수밀성 : 수분이나 모프타르 등의 누출을 방지할 수 있을 것
ⓓ 정밀성 : 시공 정확도에 알맞은 수평·수직·직각을 유지하고 변형이 생기지 않는 구조일 것
ⓔ 안정성 : 외력과 측압에 견디고 변형을 일으키지 않을 것

④ 시공계획
ⓐ 콘크리트 계획
ⓑ 거푸집 조립도
ⓒ 거푸집 및 거푸집 지보공의 응력 계산
ⓓ 거푸집 공정표
ⓔ 가공도 등

⑤ 거푸집 지보공
ⓐ 거푸집 지보공 : 굳지 않은 콘크리트 구조물을 콘크리트가 경화되기까지 지지하는 구조물
ⓑ 거푸집 지보공은 지주식과 보식이 있음
- 지주식 : 파이프 써포트, 틀 조립식, 조립강주식, 삼각틀 조립식, 단관지주식, 목재지주식
- 보식 : 경지보 보식, 중지보 보식, 달아내기식

⑥ 거푸집 조립
ⓐ 조립 등의 작업을 할 때에는 다음 각 목에 정하는 사항을 준수
- 거푸집 지보공을 조립 시 안전담당자 배치
- 거푸집의 운반, 설치 작업에 필요한 작업장 내의 통로 및 비계가 충분한가를 확인
- 재료, 기구, 공구를 올리거나 내릴 때에는 달줄, 달포대 등을 사용
- 강풍, 폭우, 폭설 등의 악천 후에는 작업을 중지
- 작업장 주위에는 작업원 이외의 통행을 제한, 슬래브 거푸집을 조립할 때에는 많은 인원이 한곳에 집중되지 않도록 함
- 사다리 또는 이동식 틀비계를 사용하여 작업할 때에는 항상 보조원을 대기
- 거푸집을 현장에서 제작할 때는 별도의 작업장에서 제작

ⓑ 거푸집 동바리 등의 안전조치 [기출] 18년 1회, 18년 4회, 19년 1회, 20년 3회, 21년 1회, 21년 4회, 22년 2회
- 깔목의 사용, 콘크리트 타설, 말뚝박기 등 동바리의 침하를 방지하기 위한 조치를 할 것
- 개구부 상부에 동바리를 설치하는 경우에는 상부하중을 견딜 수 있는 견고한 받침대를 설치할 것
- 동바리의 상하 고정 및 미끄러짐 방지 조치를 하고, 하중의 지지상태를 유지할 것
- 동바리의 이음은 맞댄이음이나 장부이음으로 하고 같은 품질의 재료를 사용할 것
- 강재와 강재의 접속부 및 교차부는 볼트·클램프 등 전용철물을 사용하여 단단히 연결할 것
- 거푸집이 곡면인 경우에는 버팀대의 부착 등 그 거푸집의 부상(浮上)을 방지하기 위한 조치를 할 것
- 동바리로 사용하는 강관[파이프 서포트(Pipe Support)는 제외]에 대해서는 다음의 사항을 따를 것 [기출] 19년 4회
  - 높이 2m 이내마다 수평연결재를 2개 방향으로 만들고 수평연결재의 변위를 방지할 것
  - 멍에 등을 상단에 올릴 경우에는 해당 상단에 강재의 단판을 붙여 멍에 등을 고정시킬 것
- 동바리로 사용하는 파이프 서포트에 대해서는 다음의 사항을 따를 것
  - 파이프 서포트를 3개 이상 이어서 사용하지 않도록 할 것

- 파이프 서포트를 이어서 사용하는 경우에는 4개 이상의 볼트 또는 전용철물을 사용하여 이을 것
- 높이가 3.5m를 초과하는 경우에는 높이 2m 이내마다 수평연결재를 2개 방향으로 만들고 수평연결재의 변위를 방지할 것 기출 18년 1회

• 동바리로 사용하는 강관틀에 대해서는 다음의 사항을 따를 것
- 강관틀과 강관틀 사이에 교차가새를 설치할 것
- 최상층 및 5층 이내마다 거푸집 동바리의 측면과 틀면의 방향 및 교차가새의 방향에서 5개 이내마다 수평연결재를 설치하고 수평연결재의 변위를 방지할 것
- 최상층 및 5층 이내마다 거푸집 동바리의 틀면의 방향에서 양단 및 5개틀 이내마다 교차가새의 방향으로 띠장틀을 설치할 것
- 멍에 등을 상단에 올릴 경우에는 해당 상단에 강재의 단판을 붙여 멍에 등을 고정시킬 것

• 동바리로 사용하는 조립강주에 대해서는 다음 각목의 사항을 따를 것
- 멍에 등을 상단에 올릴 경우에는 해당 상단에 강재의 단판을 붙여 멍에 등을 고정시킬 것
- 높이가 4m를 초과하는 경우에는 높이 4m 이내마다 수평연결재를 2개 방향으로 설치하고 수평연결재의 변위를 방지할 것

• 시스템 동바리(규격화·부품화된 수직재, 수평재 및 가새재 등의 부재를 현장에서 조립하여 거푸집으로 지지하는 동바리 형식을 말한다)는 다음 각 목의 방법에 따라 설치할 것
- 수평재는 수직재와 직각으로 설치하여야 하며, 흔들리지 않도록 견고하게 설치할 것
- 연결철물을 사용하여 수직재를 견고하게 연결하고, 연결 부위가 탈락 또는 꺾어지지 않도록 할 것
- 수직 및 수평하중에 의한 동바리 본체의 변위로부터 구조적 안전성이 확보되도록 조립도에 따라 수직재 및 수평재에는 가새재를 견고하게 설치하도록 할 것
- 동바리 최상단과 최하단의 수직재와 받침철물은 서로 밀착되도록 설치하고 수직재와 받침철물의 연결부의 겹침길이는 받침철물 전체길이의 3분의 1 이상 되도록 할 것

• 동바리로 사용하는 목재에 대해서는 다음 각 목의 사항을 따를 것
- 높이 2m 이내마다 수평연결재를 2개 방향으로 만들고 수평연결재의 변위를 방지할 것
- 목재를 이어서 사용하는 경우에는 2개 이상의 덧댐목을 대고 네 군데 이상 견고하게 묶은 후 상단을 보나 멍에에 고정시킬 것

• 보로 구성된 것은 다음 각 목의 사항을 따를 것
- 보의 양끝을 지지물로 고정시켜 보의 미끄러짐 및 탈락을 방지할 것
- 보와 보 사이에 수평연결재를 설치하여 보가 옆으로 넘어지지 않도록 견고하게 할 것

• 거푸집을 조립하는 경우에는 거푸집이 콘크리트 하중이나 그 밖의 외력에 견딜 수 있거나, 넘어지지 않도록 견고한 구조의 긴결재, 버팀대 또는 지지대를 설치하는 등 필요한 조치를 할 것

• 거푸집 조립순서
  기초 → 기둥 → 보받이 내력벽 → 큰 보 → 작은보 → 바닥 → 계단 → 외벽

ⓒ 계단 형상으로 조립하는 거푸집 동바리
• 거푸집의 형상에 따른 부득이한 경우를 제외하고는 깔판·깔목 등을 2단 이상 끼우지 않도록 할 것
• 깔판·깔목 등을 이어서 사용하는 경우에는 그 깔판·깔목 등을 단단히 연결할 것
• 동바리는 상·하부의 동바리가 동일 수직선상에 위치하도록 하여 깔판·깔목 등에 고정시킬 것

(3) 거푸집의 점검

① 거푸집 점검 항목
  ㉠ 직접 거푸집을 제작, 조립한 책임자가 검사
  ㉡ 기초 거푸집을 검사할 때에는 터파기 폭
  ㉢ 거푸집의 형상 및 위치 등 정확한 조립상태
  ㉣ 거푸집에 못이 돌출되어 있거나 날카로운 것이 돌출되어 있을 시에는 제거

② 지주(동바리) 점검 항목
  ㉠ 지주를 지반에 설치할 때에는 받침철물 또는 받침목 등을 설치하여 부동침하 방지조치
  ㉡ 강관지주(동바리) 사용 시 접속부 나사 등의 손상상태
  ㉢ 이동식 틀비계를 지보공(동바리) 대용으로 사용할 때에는 바퀴의 제동장치

③ 콘크리트를 타설
  ㉠ 타설작업 시 준수사항 **기출** 19년 4회, 22년 1회
    • 작업 시작 전 해당 작업에 관한 거푸집 동바리 등의 변형·변위 및 지반의 침하 유무 등을 점검하고 이상이 있으면 보수
    • 작업 중에는 거푸집 동바리 등의 변형·변위 및 침하 유무 등을 감시할 수 있는 감시자를 배치하여 이상이 있으면 작업을 중지하고 근로자를 대피
    • 콘크리트 타설작업 시 거푸집 붕괴의 위험이 발생할 우려가 있으면 충분한 보강조치
    • 설계도서상의 콘크리트 양생기간을 준수하여 거푸집 동바리 등을 해체
    • 콘크리트를 타설하는 경우에는 편심이 발생하지 않도록 골고루 분산하여 타설
    • 콘크리트를 타설할 때 거푸집의 부상 및 이동방지 조치
    • 건물의 보, 요철부분, 내민부분의 조립상태 및 콘크리트 타설 시 이탈방지장치설치
    • 청소구의 유무 확인 및 콘크리트 타설 시 청소구 폐쇄 조치
    • 거푸집의 흔들림을 방지하기 위한 턴 버클, 가새 등의 필요한 조치
  ㉡ 콘크리트 펌프카 사용 시 준수사항
    • 작업을 시작하기 전에 콘크리트 펌프용 비계를 점검하고 이상을 발견하였으면 즉시 보수
    • 건축물의 난간 등에서 작업하는 근로자가 호스의 요동·선회로 인하여 추락하는 위험을 방지하기 위하여 안전난간 설치 등 필요한 조치를 실시
    • 콘크리트 펌프카의 붐을 조정하는 경우에는 주변의 전선 등에 의한 위험을 예방하기 위한 적절한 조치를 할 것
    • 작업 중에 지반의 침하, 아웃트리거의 손상 등에 의하여 콘크리트 펌프카가 넘어질 우려가 있는 경우에는 이를 방지하기 위한 적절한 조치를 할 것

④ 조립, 해체 시 준수사항
  ㉠ 거푸집 동바리 조립, 해체 시 **기출** 21년 1회
    • 해당 작업을 하는 구역에는 관계 근로자가 아닌 사람의 출입을 금지할 것
    • 비, 눈, 그 밖의 기상상태의 불안정으로 날씨가 몹시 나쁜 경우에는 그 작업을 중지할 것
    • 재료, 기구 또는 공구 등을 올리거나 내리는 경우에는 근로자로 하여금 달줄·달포대 등을 사용하도록 할 것
    • 낙하·충격에 의한 돌발적 재해를 방지하기 위하여 버팀목을 설치하고 거푸집 동바리 등을 인양장비에 매단 후에 작업을 하도록 하는 등 필요한 조치를 할 것

ⓒ 철근조립 등의 작업 시
　　　• 양중기로 철근을 운반할 경우에는 두 군데 이상 묶어서 수평으로 운반할 것
　　　• 작업위치의 높이가 2미터 이상일 경우에는 작업발판을 설치하거나 안전대를 착용하게 하는 등 위험 방지를 위하여 필요한 조치를 할 것
　⑤ **작업발판 일체형 거푸집의 안전조치** 기출 17년 4회, 21년 2회, 24년 복원
　　㉠ "작업발판 일체형 거푸집"이란 거푸집의 설치·해체, 철근 조립, 콘크리트 타설, 콘크리트 면처리 작업 등을 위하여 거푸집을 작업발판과 일체로 제작하여 사용하는 거푸집으로서 다음 각 호의 거푸집을 말함
　　　• 갱폼(Gang Form)
　　　• 슬립폼(Slip Form)
　　　• 클라이밍폼(Climbing Form)
　　　• 터널라이닝폼(Tunnel Lining Form)
　　　• 기타 거푸집과 작업발판이 일체로 제작된 거푸집 등
　　㉡ 갱폼의 조립·이동·양중·해체 작업을 하는 경우에는 다음의 사항을 준수
　　　• 조립 등의 범위 및 작업절차를 미리 그 작업에 종사하는 근로자에게 주지시킬 것
　　　• 근로자가 안전하게 구조물 내부에서 갱폼의 작업발판으로 출입할 수 있는 이동통로를 설치할 것
　　　• 갱폼의 지지 또는 고정철물의 이상 유무를 수시점검하고 이상이 발견된 경우에는 교체하도록 할 것
　　　• 갱폼을 조립하거나 해체하는 경우에는 갱폼을 인양장비에 매단 후에 작업을 실시하도록 하고, 인양장비에 매달기 전에 지지 또는 고정철물을 미리 해체하지 않도록 할 것
　　　• 갱폼 인양 시 작업발판용 케이지에 근로자가 탑승한 상태에서 갱폼의 인양작업을 하지 아니할 것
　　㉢ 작업발판 일체형 거푸집 조립 등의 작업을 하는 경우에는 다음의 사항을 준수
　　　• 조립 등 작업 시 거푸집 부재의 변형 여부와 연결 및 지지재의 이상 유무를 확인할 것
　　　• 조립 등 작업과 관련한 이동·양중·운반 장비의 고장·오조작 등으로 인해 근로자에게 위험을 미칠 우려가 있는 장소에는 근로자의 출입을 금지하는 등 위험 방지 조치를 할 것
　　　• 거푸집이 콘크리트면에 지지될 때에 콘크리트의 굳기정도와 거푸집의 무게, 풍압 등의 영향으로 거푸집의 갑작스런 이탈 또는 낙하로 인해 근로자가 위험해질 우려가 있는 경우에는 설계도서에서 정한 콘크리트의 양생기간을 준수하거나 콘크리트면에 견고하게 지지하는 등 필요한 조치를 할 것
　　　• 연결 또는 지지 형식으로 조립된 부재의 조립 등 작업을 하는 경우에는 거푸집을 인양장비에 매단 후에 작업을 하도록 하는 등 낙하·붕괴·전도의 위험 방지를 위하여 필요한 조치를 할 것

(4) 거푸집의 해체
① 거푸집 및 지보공(동바리)의 해체는 순서에 의하여 실시하여야 하며 안전담당자를 배치
② 거푸집 및 지보공(동바리)은 콘크리트 자중 및 시공 중에 가해지는 기타 하중에 충분히 견딜만한 강도를 가질 때까지는 해체하지 않음

③ 거푸집 해체 시 주의사항 기출 22년 1회
  ㉠ 해체작업을 할 때에는 안전모 등 안전 보호장구 착용
  ㉡ 거푸집 해체작업장 주위에는 관계자를 제외하고는 출입 금지
  ㉢ 상하 동시 작업은 원칙적으로 금지하여 부득이한 경우에는 긴밀히 연락을 취하며 작업
  ㉣ 거푸집 해체 때 구조체에 무리한 충격이나 큰 힘에 의한 지렛대 사용은 금지
  ㉤ 보, 스라브 거푸집을 제거 시 거푸집의 낙하 충격으로 인한 작업원의 돌발적 재해를 주의
  ㉥ 해체된 거푸집이나 각목 등에 박혀있는 못 또는 날카로운 돌출물은 즉시 제거
  ㉦ 해체된 거푸집이나 각목은 재사용 가능한 것과 보수하여야 할 것을 선별, 분리하여 적치하고 정리정돈

④ 제3자의 보호조치 강구

⑤ 거푸집 해체순서 기출 19년 2회
  ㉠ 하중을 받지 않는 부분을 먼저 떼어내고 나머지 중요부분을 떼어냄
  ㉡ 연직부재의 거푸집을 수평부재의 거푸집보다 빨리 떼어냄
  ㉢ 보의 경우 양측면의 거푸집을 저판보다 빨리 떼어냄
  ㉣ 슬래브나 보의 수평재의 거푸집은 기둥, 벽 등의 연직부재의 거푸집보다 늦게 떼어냄

(5) 철재 거푸집
  ① 장 점
    ㉠ 강성이 크고 정밀도가 높음
    ㉡ 평면이 평활한 콘크리트가 됨
    ㉢ 수밀성이 좋음
    ㉣ 강도가 큼
    ㉤ 전용도가 극히 좋음
  ② 단 점
    ㉠ 콘크리트가 녹물로 오염될 우려가 있음
    ㉡ 중량이 무거워 취급이 어려움
    ㉢ 미장 마무리를 할 때에는 정으로 쪼아서 거칠게 하여야 함
    ㉣ 외부 온도의 영향을 받기 쉬우므로 한랭한 시기에는 특히 주의해야 함
    ㉤ 초기의 투자율이 높음

(6) 합판 거푸집
  ① 장 점
    ㉠ 콘크리트의 표면이 평활하고 아름다움
    ㉡ 재료의 신축이 작으므로 누수의 염려가 적음
    ㉢ 보통 목재 패널(Panel)보다 강성이 크고, 정밀도 높은 시공이 가능
    ㉣ 녹이 슬지 않아 보관이 쉬움
    ㉤ 보수가 간단함
    ㉥ 삽입기구의 삽입이 간단함
    ㉦ 외기의 온도영향이 적음
  ② 단점 : 내수성이 불충분하여 표면이 손상되기 쉬움

(7) 거푸집 동바리 및 거푸집의 강재 사용기준
① 거푸집 동바리 및 거푸집의 재료로 변형·부식 또는 심하게 손상된 것 사용금지
② 사용하는 동바리·보 등 주요 부분의 강재는 강재의 사용기준에 적합한 것을 사용
③ 재료 선정 시 고려사항
　㉠ 강 도
　㉡ 강 성
　㉢ 내구성
　㉣ 작업성
　㉤ 타설 콘크리트의 영향력
　㉥ 경제성
④ 요구조건
　㉠ 각종 외력(콘크리트 하중과 작업하중)에 견디는 충분한 강도 및 변형이 없을 것
　㉡ 형상과 치수가 정확히 유지될 수 있는 정밀성과 수용성을 갖출 것
　㉢ 재료비가 싸고 반복 사용으로 경제성이 있을 것
　㉣ 가공·조립·해체가 용이할 것
　㉤ 운반취급·적치에 용이하도록 가벼울 것
　㉥ 청소와 보수가 용이할 것

(8) 거푸집 동바리 등의 안전조치
① 깔목의 사용, 콘크리트 타설, 말뚝박기 등 동바리의 침하를 방지하기 위한 조치를 할 것
② 개구부 상부에 동바리를 설치하는 경우에는 상부하중을 견딜 수 있는 견고한 받침대를 설치할 것
③ 동바리의 상하 고정 및 미끄러짐 방지 조치를 하고, 하중의 지지상태를 유지할 것
④ 동바리의 이음은 맞댄이음이나 장부이음으로 하고 같은 품질의 재료를 사용할 것
⑤ <u>강재와 강재의 접속부 및 교차부는 볼트·클램프 등 전용철물을 사용하여 단단히 연결할 것</u>

　　　　　　　　　　　　　　　　　　　　　　　　　　　　　기출 19년 1회

⑥ 거푸집이 곡면인 경우에는 버팀대의 부착 등 그 거푸집의 부상을 방지하기 위한 조치를 할 것
⑦ 동바리로 사용하는 강관(파이프 서포트는 제외)에 대해서는 다음의 사항을 따를 것
　㉠ 높이 2m 이내마다 수평연결재를 2개 방향으로 만들고 수평연결재의 변위를 방지할 것
　㉡ 멍에 등을 상단에 올릴 경우에는 해당 상단에 강재의 단판을 붙여 멍에 등을 고정시킬 것

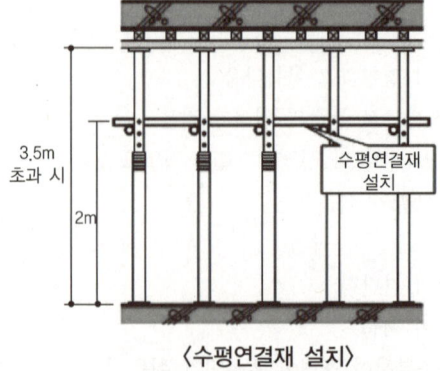

〈수평연결재 설치〉

⑧ 동바리로 사용하는 파이프 서포트에 대해서는 다음의 사항을 따를 것
  ㉠ 파이프 서포트를 3개 이상 이어서 사용하지 않도록 할 것
  ㉡ 파이프 서포트를 이어서 사용하는 경우에는 4개 이상의 볼트 또는 전용철물을 사용하여 이을 것
  ㉢ 높이가 3.5m를 초과하는 경우에는 높이 2m 이내마다 수평연결재를 2개 방향으로 만들고 수평연결재의 변위를 방지할 것

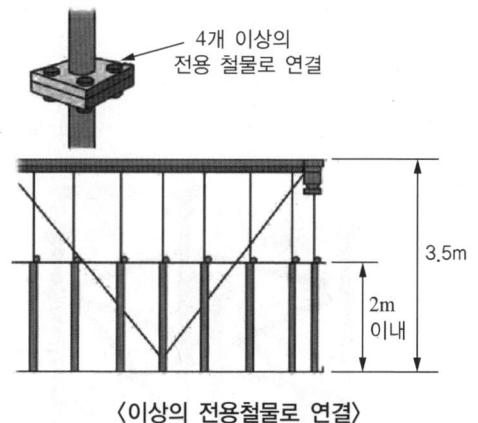

〈이상의 전용철물로 연결〉

⑨ 동바리로 사용하는 강관틀에 대해서는 다음의 사항을 따를 것
  ㉠ 강관틀과 강관틀 사이에 교차가새를 설치할 것
  ㉡ 최상층 및 5층 이내마다 거푸집 동바리의 측면과 틀면의 방향 및 교차가새의 방향에서 5개 이내마다 수평연결재를 설치하고 수평연결재의 변위를 방지할 것
  ㉢ 최상층 및 5층 이내마다 거푸집 동바리의 틀면의 방향에서 양단 및 5개틀 이내마다 교차가새의 방향으로 띠장틀을 설치할 것
  ㉣ 해당상단에 강재의 단판을 붙여 멍에 등을 고정시킬 것
⑩ 동바리로 사용하는 조립강주에 대해서는 다음의 사항을 따를 것
  ㉠ 해당 상단에 강재의 단판을 붙여 멍에 등을 고정시킬 것
  ㉡ 높이가 4m를 초과하는 경우에는 높이 4m 이내마다 수평연결재를 2개 방향으로 설치하고 수평연결재의 변위를 방지할 것

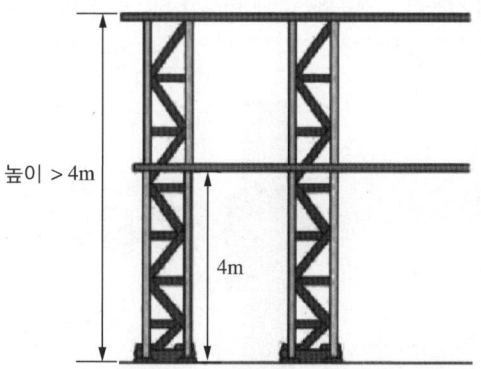

〈높이 4m 초과 시 수평연결재 설치〉

⑪ 시스템 동바리(규격화·부품화된 수직재, 수평재 및 가새재 등의 부재를 현장에서 조립하여 거푸집으로 지지하는 동바리 형식을 말한다)는 다음의 방법에 따라 설치할 것
　㉠ 수평재는 수직재와 직각으로 설치하여야 하며, 흔들리지 않도록 견고하게 설치할 것
　㉡ 연결철물을 사용하여 수직재를 견고하게 연결하고, 연결 부위가 탈락 또는 꺾어지지 않도록 할 것
　㉢ 수직 및 수평하중에 의한 동바리 본체의 변위로부터 구조적 안전성이 확보되도록 조립도에 따라 수직재 및 수평재에는 가새재를 견고하게 설치하도록 할 것
　㉣ 동바리 최상단과 최하단의 수직재와 받침철물은 서로 밀착되도록 설치하고 수직재와 받침철물의 연결부의 겹침길이는 받침철물 전체길이의 3분의 1 이상 되도록 할 것

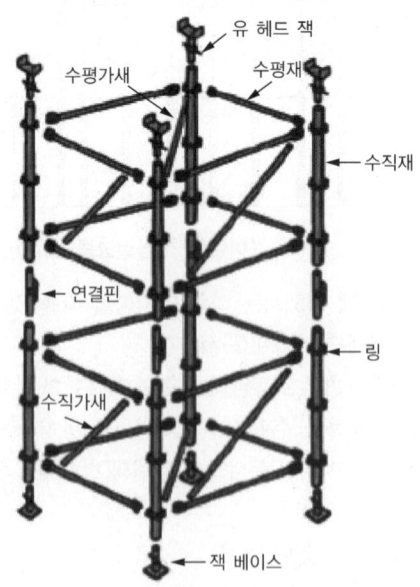

〈수직재 및 수평재에 가새재 설치〉

⑫ 동바리로 사용하는 목재에 대해서는 다음의 사항을 따를 것
　㉠ 높이 2미터 이내마다 수평연결재를 2개 방향으로 만들고 수평연결재의 변위를 방지할 것
　㉡ 목재를 이어서 사용하는 경우에는 2개 이상의 덧댐목을 대고 네 군데 이상 견고하게 묶은 후 상단을 보나 멍에에 고정시킬 것

〈목재 연결 시 덧댐목 설치〉

⑬ 보로 구성된 것은 다음의 사항을 따를 것
　㉠ 보의 양끝을 지지물로 고정시켜 보의 미끄러짐 및 탈락을 방지할 것
　㉡ 보와 보 사이에 수평연결재를 설치하여 보가 옆으로 넘어지지 않도록 견고하게 할 것

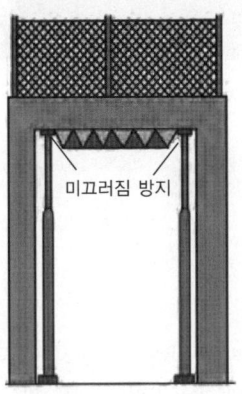

〈보의 미끄럼방지〉

⑭ 거푸집을 조립하는 경우에는 거푸집이 콘크리트 하중이나 그 밖의 외력에 견딜 수 있거나, 넘어지지 않도록 견고한 구조의 긴결재, 버팀대 또는 지지대를 설치하는 등 필요한 조치를 할 것
⑮ 계단 형상으로 조립하는 거푸집 동바리
　㉠ 거푸집의 형상에 따른 부득이한 경우를 제외하고는 깔판·깔목 등을 2단 이상 끼우지 않도록 할 것
　㉡ 깔판·깔목 등을 이어서 사용하는 경우에는 그 깔판·깔목 등을 단단히 연결할 것
　㉢ 동바리는 상·하부의 동바리가 동일 수직선상에 위치하도록 하여 깔판·깔목 등에 고정시킬 것

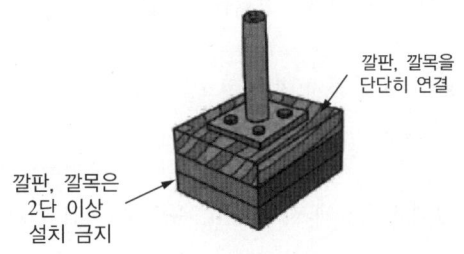

〈2단 이상의 깔판 설치 금지〉

CHAPTER 06 건설 구조물공사 안전

6과목 건설안전기술

01 콘크리트 슬래브 구조안전

(1) 거푸집 및 버팀대에 작용하는 하중
  ① 연직하중
    ㉠ 연직하중은 타설콘크리트의 고정하중과 공사 중 발생하는 인부 등의 작업하중으로 구성
    ㉡ 고정하중은 철근콘크리트와 거푸집의 무게를 합한 하중
    ㉢ 작업하중은 작업원, 경량의 장비하중, 타설에 필요한 자재, 공구 등의 시공하중 등이며 충격하중을 포함함
    ㉣ 적설하중이 작업하중을 초과하는 경우 적설하중을 적용함
  ② 콘크리트 측압
    ㉠ 거푸집 설계 시 굳지 않은 콘크리트의 측압을 고려
    ㉡ 측압은 사용재료, 배합, 타설 속도, 타설 높이, 다짐 방법 및 타설할 때의 콘크리트 온도, 사용하는 혼화제의 종류, 부재의 단면 치수, 철근량 등에 의한 영향을 고려하여 산정
    ㉢ 거푸집의 수직면에 직각방향으로 작용하며, 일반 콘크리트용 측압, 슬립폼용 측압, 수중 콘크리트용 측압, 역타설용 측압 그리고 프리플레이스트 콘크리트(Preplaced Concrete)용 측압으로 구분할 수 있음
    ㉣ 콘크리트 측압(kN/m^2) = 굳지 않은 콘크리트의 단위중량(kN/m^3) × 콘크리트 타설높이(m)
  ③ 수평하중
    ㉠ 작업할 때의 진동, 충격, 시공오차 등에 기인되는 수평방향 하중
    ㉡ 수평방향 하중 이외에 필요에 따라 풍압, 유수압, 지진 등을 고려
  ④ 특수하중
    ㉠ 시공 중에 예상되는 특수한 하중
    ㉡ 콘크리트를 비대칭으로 타설할 때의 편심하중
    ㉢ 콘크리트 내부 매설물의 양압력
    ㉣ 포스트텐션(Post Tension) 시에 전달되는 하중
    ㉤ 크레인 등의 장비하중 그리고 외부진동다짐에 의한 영향 등
  ⑤ 하중조합
    ㉠ 연직하중과 수평하중을 동시에 고려
    ㉡ 안전율은 단품 동바리는 3, 조립형 동바리는 2.5 이상, 보형식 동바리는 2 이상
      • 단품 동바리 : 강제 파이프 서포트, 강관과 같이 개개품을 이용하여 거푸집을 지지하는 동바리
      • 조립형 동바리 : 수직재, 수평재, 가새 등의 각각의 부재를 현장에서 조립하여 거푸집을 지지하는 동바리

• 보형식 동바리 : 강제 갑판 및 철재트러스 조립보 등을 수평으로 설치하여 거푸집을 지지하는 동바리

(2) 거푸집 및 버팀대 재료 선정 및 사용 시 고려사항
① 재료 선정 시 고려사항
강도, 강성, 내구성, 작업성, 경제성, 타설 콘크리트의 영향력 등을 고려해야 함
② 사용 시 고려사항
㉠ 목재 거푸집
- 흠집 및 옹이가 많은 거푸집과 합판의 접착 불량으로 구조적으로 취약한 것은 사용 금지
- 거푸집의 띠장은 부러지거나 균열이 있는 것은 사용 금지

㉡ 강재 거푸집
- 형상이 찌그러지거나, 비틀림 등 변형이 있는 것은 교정이 필요함
- 표면의 녹은 와이어 브러시나 샌드페이퍼로 제거하고 오일을 얇게 도포

㉢ 동바리재
- 현저한 손상, 변형, 부식, 옹이가 깊숙이 박혀 있는 것은 사용 금지
- 각재 또는 강관 지주는 양끝이 일직선인 것을 사용
- 강관 동바리, 보 등을 조합한 구조는 최대허용하중을 초과하지 않는 범위에서 사용

㉣ 연결재
- 정확하고 충분한 강도가 있는 것
- 회수, 해체하기가 쉬운 것
- 조합 부품수가 적은 것

(3) 거푸집 및 강관동바리 조립 시 준수사항
① 거푸집 조립 시 조치사항
㉠ 관리감독자 배치 : 거푸집 동바리 조립 시 관리감독자 배치
㉡ 통로 및 비계 확인 : 거푸집 운반, 설치 작업에 필요한 작업장 내의 통로 및 비계가 충분한가를 확인
㉢ 달줄, 달포대 등을 사용 : 재료, 기구, 공구를 올리거나 내릴 때에는 달줄, 달포대 등을 사용
㉣ 악천후 시 작업 중지 : 강풍, 폭우, 폭설 등의 악천후에는 작업을 중지 [기출] 19년 4회

〈악천후 시 작업 중지 기준〉 [기출] 23년 복원

구 분	일반작업	철골공사
강 풍	10분간 평균풍속이 10m/s 이상	10분간 평균풍속이 10m/s 이상
강 우	1회 강우량이 50mm 이상	1시간당 강우량이 1mm 이상
강 설	1회 강설량이 25cm 이상	1시간당 강설량이 1cm 이상

㉤ 작업 인원의 집중 금지(하중의 집중 금지) : 작업장 주위에는 작업원 이외의 통행을 제한하고, 슬래브 거푸집 조립 시 많은 인원의 집중 금지
㉥ 보조원 대기 : 사다리 또는 이동식 틀비계 사용 작업 시에는 항상 보조원을 대기
㉦ 거푸집의 현장 제작 : 거푸집을 현장에서 제작 시에는 별도의 작업장에서 제작

② 강관동바리(지주) 조립 시 준수사항
　㉠ 거푸집의 변형 방지 : 거푸집이 곡면일 경우 버팀대의 부착 등으로 거푸집의 변형 방지
　㉡ 동바리의 침하 방지 및 설치 : 동바리의 침하를 방지하고 미끄러지지 않도록 견고하게 설치
　㉢ 접속부 및 교차부 연결 : 강재와 강재의 접속부 및 교차부는 볼트, 클램프 등의 철물로 정확하게 연결
　㉣ 파이프서포트 이음 및 변위 방지
　　• 파이프서포트는 3본 이상 이어서 사용하지 말 것
　　• 높이가 3.5m 이상의 경우 높이 2m 이내마다 수평 연결재를 2개 방향으로 설치하여 수평 연결재 변위 방지

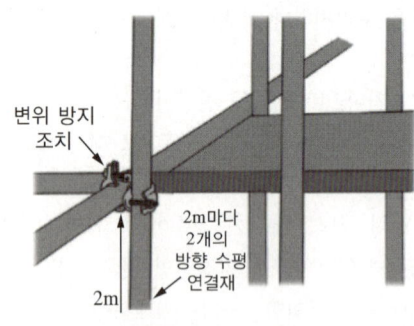

〈강관동바리 조립방법〉

　㉤ 받침판 또는 받침목의 삽입 및 고정
　　• 지보공 하부의 받침판 또는 받침목은 2단 이상 삽입 금지
　　• 작업인원의 보행에 지장이 없어야 하며 이탈되지 않도록 고정 방향으로 견고하게 고정
③ 타설 준비
　㉠ 콘크리트의 운반, 타설기계의 성능확인
　㉡ 콘크리트 타워를 설치 시 근로자에게 작업기준을 지시
　㉢ 작업 책임자를 지정하여 설치
　㉣ 작업 책임자는 작업 중에는 항상 상주하여 현장에서 지휘
④ 콘크리트 타설 시 준수사항 기출 18년 2회
　㉠ 타설 속도는 표준시방서에 정해진 속도를 유지
　㉡ 높은 곳으로부터 콘크리트를 세게 거푸집 내에 붓지 말고, 반드시 호퍼로 받아 거푸집 내에 꽂아 넣는 벽형 슈트를 통해서 부어넣어야 함
　㉢ 계단실에 콘크리트를 부어넣을 때에는 책임자를 정하고, 주의해서 시공하며 계단의 바닥이나 난간은 정규의 치수로 밀실하게 부어 넣음
　㉣ 바닥 위에 흘린 콘크리트는 완전히 청소
　㉤ 철골보의 하측, 철골, 철근의 복잡한 개소, 배관류, 박스류 등이 집중된 곳, 복잡한 거푸집의 부분 등은 책임자를 지정하여 완전한 시공이 되도록 함
　㉥ 콘크리트를 한 곳에만 치우쳐서 부어넣으면 거푸집 전체가 기울어져 변형되거나 밀려나게 되므로 특히 주의
　㉦ 콘크리트를 치는 도중에는 지보공, 거푸집 등의 이상 유무 확인, 상황을 감시하는 감시인을 배치하여 이상 발생 시 신속히 처리

ⓞ 최상부의 슬래브는 이어붓기를 되도록 피하고 일시에 전체를 타설하도록 함
ⓩ 타워에 연결되어 있는 슈트의 접속상태와 달아매는 재료는 견고성 점검
ⓒ 손수레는 붓는 위치에까지 천천히 운반하여 거푸집에 충격을 주지 않도록 천천히 부어야 함
ⓚ 손수레로 콘크리트를 운반할 때에는 적당한 간격을 유지
ⓣ 운반통로에는 방해가 되는 것은 없는가를 확인하고, 즉시 제거

02 콘크리트 측압

(1) 개 요
① 벽, 보, 기둥 옆의 거푸집은 콘크리트를 타설함에 따라 압력이 생기는데 이를 측압이라 함
② 콘크리트의 측압은 온도, 부어넣기 속도에 관계하고 콘크리트 높이에 따라 측압은 상승하나 일정 높이 이상이 되면 측압이 더 이상 증가하지 않음

(2) 측 압
① 액상의 생콘크리트를 타설하는 순간 거푸집 측면에 가해지는 압력
② 콘크리트 측압은 마감공사에 필요한 콘크리트 표면의 정밀도를 좌우하는 요소
③ 콘크리트 측압(kN/m^2) = 굳지 않은 콘크리트의 단위중량(kN/m^3) × 콘크리트 타설높이(m)
④ 콘크리트 헤드(H) : 콘크리트의 표면으로부터 측압이 최대가 되는 점까지의 거리
⑤ 콘크리트 헤드의 최댓값은 벽이 0.5m, 기둥은 1m임
⑥ 콘크리트의 최대 측압 : 벽 : $1.0t/m^2$, 기둥 : $2.5t/m^2$

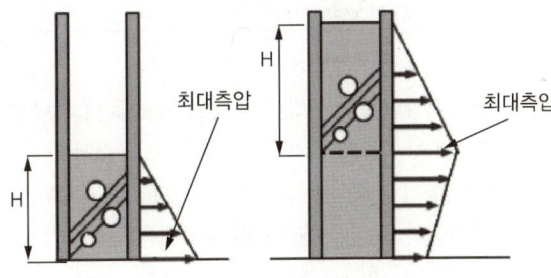

〈콘크리트 헤드〉

〈거푸집 측압의 설계용 표준값 [t/m^2]〉

구 분	전동기 미사용	전동기 사용
벽	2	3
기 둥	3	4

⑦ 측압이 큰 경우 기출 18년 4회, 20년 1·2회 통합, 23년 복원
　㉠ 거푸집 부재 단면이 클수록
　㉡ 거푸집 수밀성이 클수록
　㉢ 거푸집 강성이 클수록
　㉣ 거푸집 표면이 평활할수록
　㉤ 시공연도(Workability)가 좋을수록
　㉥ 철골 또는 철근량이 적을수록
　㉦ 외기의 온습도가 낮을수록
　㉧ 타설속도가 빠를수록
　㉨ 콘크리트 비중이 클수록
　㉩ 조강시멘트 등 응결시간이 빠른 것을 사용할수록
　㉪ 습도가 낮을수록
　㉫ 콘크리트의 Slump치가 클수록
　　• 다짐이 충분할수록
　　• 상부에 직접 낙하할 경우

〈콘크리트 양생법〉

종류	특징
습윤양생	수분을 유지하기 위해 매트, 모포 등을 적셔서 덮거나 살수하여 습윤상태를 유지하는 양생
증기양생	거푸집을 빨리 제거하고, 단시일내에 소요강도를 내기 위해서 고온고압의 증기로 양생하는 방법
전기양생	콘크리트 중에 저압교류를 통하여 전기저항에 의하여 생기는 저항열을 이용하여 양생
피막양생	콘크리트 표면에 피막양생제를 뿌려 콘크리트 중의 수분 증발을 방지하는 양생방법
고온증기양생	압력용기(Autoclave)에서 양생하여 24시간에 28일 강도 발현

⑧ 측압의 측정방법
　㉠ 수입판에 의한 방법 : 수압판을 거푸집면의 바로 아래에 대고 탄성 변형에 의한 측압을 측정
　㉡ 측압계를 이용하는 방법 : 수압판에 Strain Gauge를 부착시켜 응력 변화를 측정
　㉢ 죄임철물 변형에 의한 방법 : 죄임철물에 Strain Gauge를 부착시켜 응력변화를 측정
　㉣ OK식 측압계 : 죄임철물의 본체에 센터홀의 유압잭을 장착하여 인장의 변화에 의한 측정

(3) 콘크리트공사 안전
① 콘크리트 타설 시 안전대책
　㉠ 타설 계획 : 타설순서 계획에 의하여 실시
　㉡ 콘크리트 타설 시 이상 유무 확인 : 콘크리트 타설 시 거푸집, 지보공 등의 이상 유무 확인, 담당자를 배치하여 이상 발생 시 신속한 처리
　㉢ 타설속도 : 건설부 재정 콘크리트 표준시방서에 의함
　㉣ 손수레 운반 시 준수사항
　　• 손수레로 콘크리트 운반 시 적당한 간격유지, 뛰어서는 안 되며 통로 구분을 명확히 할 것
　　• 운반 통로에 방해가 되는 것은 즉시 제거

ⓜ 기자재 설치, 사용 시 준수사항
  • 콘크리트 운반, 터설기계를 설치하여 작업 시 성능을 확인
  • 콘크리트 운반, 타설기계는 사용 전·후 반드시 점검
ⓑ 타설순서 준수
  콘크리트를 한 곳에 집중 타설 시 거푸집 변형, 탈락에 의한 붕괴 사고가 발생되므로 타설 순서 준수
ⓐ 진동기(콘크리트 Vibrator) 사용 **기출** 20년 4회, 21년 2회
  • 진동기는 적절히 사용
  • 지나친 진동은 거푸집 도괴의 원인이 될 수 있으므로 각별히 주의

② 펌프카(Pump Car)에 의해 콘크리트 타설 시 안전대책
  ㉠ 차량 안내자 배치 : 차량 안내자를 배치하여 레미콘트럭과 Pump Car를 적절히 유도
  ㉡ Pump 배관용 기계 사전점검 : Pump 배관용 기계를 사전점검하고 이상 시에는 보강 후 작업
  ㉢ Pump Car의 배관 상태 확인 : 레미콘 트럭과 Pump Car와 호스 선단의 연결 작업 확인 및 Pump Car 배관 상태 확인
  ㉣ 호스 선단 요동 방지 : 콘크리트 타설 시 호스 선단이 요동하지 않도록 확실히 붙잡고 타설
  ㉤ 콘크리트 비산 주의 : 공기압송 방법의 Pump Car 사용 시 콘크리트 비산에 주의하여 타설
  ㉥ 붐대 이격거리 준수 : Pump Car 붐대 조정 시 주변 전선 등 지장물을 확인하고 이격거리를 준수
  ㉦ Pump Car의 전도 방지 : 아우트리거를 사용 시 지반의 부동침하로 인한 Pump Car의 전도방지
  ㉧ 안전표지판 설치 : Pump Car 전후에 식별이 용이한 안전표지판 설치

〈콘크리트 타설작업 시 위험요인〉

03 가설발판

(1) 가설통로의 종류 및 안전기준

① 개 요
　㉠ 가설통로
　　• 작업장으로 통하는 장소 또는 작업장 내의 근로자가 사용하기 위한 통로
　　• 통로의 주요한 부분에는 통로 표시, 근로자가 안전하게 통행할 수 있도록 함
　㉡ 가설통로에는 정상적인 통행을 방해하지 아니하는 정도의 채광 또는 조명시설 설치

② 가설통로의 구비조건
　㉠ 안전통행을 위한 견고한 구조
　㉡ 항상 사용 가능한 상태로 유지
　㉢ 통로의 주요 부분에 통로 표시
　㉣ 채광 및 조명시설(75룩스 이상)
　㉤ 추락 위험 장소에 안전난간 설치

③ 가설통로의 종류
　㉠ 경사로
　㉡ 작업발판
　㉢ 사다리
　㉣ 가설계단
　㉤ 승강로(Trap)

④ **가설경사로** 기출 21년 2회
　㉠ 시공하중, 폭풍, 진동 등 외력에 대하여 안전하도록 설계
　㉡ 경사로는 항상 정비하고 안전통로를 확보
　㉢ 비탈면의 경사각은 30° 이내로 하고, 경사가 15°를 초과할 때에는 미끄럼 막이를 설치
　㉣ 경사로의 폭은 최소 90cm 이상
　㉤ 높이 7m 이내마다, 폭 90cm, 길이 180cm 이상의 계단참을 설치
　㉥ 추락방지용 안전난간 설치
　㉦ 목재는 미송, 육송 또는 그 이상의 재질을 가진 것
　㉧ 경사로 지지 기둥은 3m 이내마다 설치
　㉨ 발판은 폭 40cm 이상, 틈은 3cm 이내로 설치
　㉩ 발판의 이탈 및 한 쪽 끝을 밟으면 들리지 않게 장선에 결속

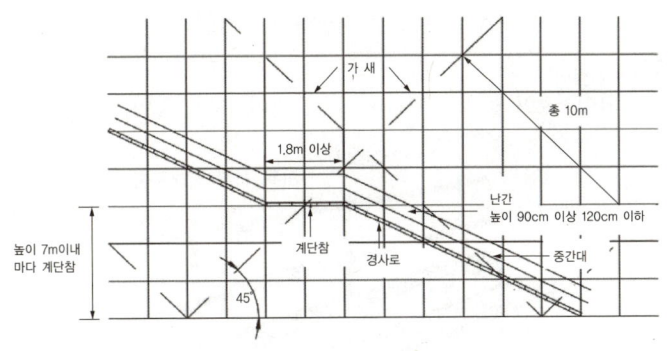

〈경사로 계단참 설치〉

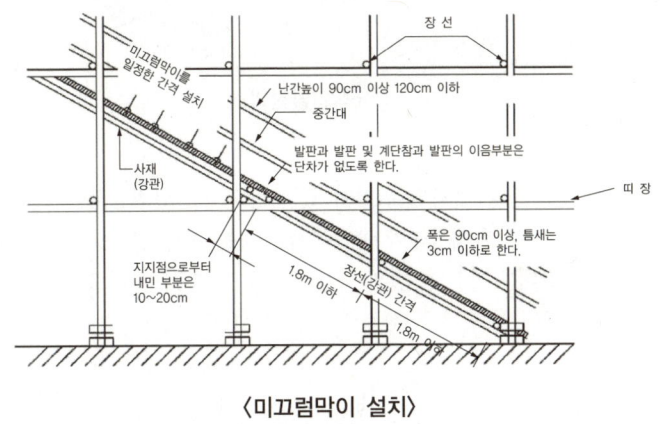

〈미끄럼막이 설치〉

⑤ **작업발판** 기출 20년 3회, 21년 4회
   ㉠ 비계의 높이가 2m 이상인 작업장소에 작업발판을 설치
   ㉡ 발판재료는 작업할 때의 하중을 견딜 수 있도록 견고한 것으로 할 것
   ㉢ 작업발판의 폭은 40cm 이상으로 하고, 발판재료 간의 틈은 3cm 이하로 할 것
   ㉣ 선박 및 보트 건조작업의 경우 선박블록 또는 엔진실 등의 좁은 작업공간에 작업발판을 설치하기 위하여 필요하면 작업발판의 폭을 30cm 이상으로 할 수 있고, 걸침비계의 경우 강관기둥 때문에 발판재료 간의 틈을 3cm 이하로 유지하기 곤란하면 5cm 이하로 할 수 있으나 그 틈 사이로 물체 등이 떨어질 우려가 있는 곳에는 출입금지 등의 조치를 해야 함
   ㉤ 추락의 위험이 있는 장소에는 안전난간을 설치할 것
   ㉥ 작업발판의 지지물은 하중에 의하여 파괴될 우려가 없는 것을 사용할 것
   ㉦ 작업발판재료는 뒤집히거나 떨어지지 않도록 둘 이상의 지지물에 연결하거나 고정시킬 것
   ㉧ 작업발판을 작업에 따라 이동시킬 경우에는 위험 방지에 필요한 조치를 할 것
   ㉨ 작업발판의 최대적재하중
      • 비계의 구조 및 재료에 따라 작업발판의 최대적재하중을 정하고, 최재적재하중 초과금지
      • 달비계(곤돌라의 달비계는 제외)의 최대 적재하중을 정하는 경우 그 안전계수는 다음과 같음
         - 달기 와이어로프 및 달기 강선의 안전계수 : 10 이상
         - 달기 체인 및 달기 훅의 안전계수 : 5 이상

- 달기 강대와 달비계의 하부 및 상부 지점의 안전계수 : 강재의 경우 2.5 이상, 목재의 경우 5 이상
• 안전계수 = 와이어로프 등의 절단하중 값 ÷ 와이어로프 등에 걸리는 하중의 최대값

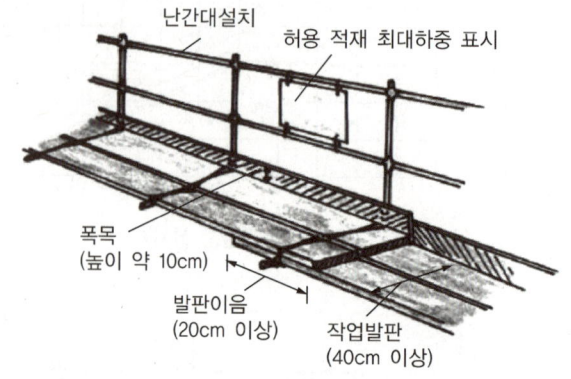

〈작업발판의 설치〉

⑥ 안전난간
  ㉠ 작업발판 및 통로의 끝 등 추락의 위험이 있는 장소에는 안전난간을 설치
  ㉡ 비계에 설치하는 난간은 비계기둥의 안쪽에 설치하는 것을 원칙
  ㉢ 안전난간의 상부난간대는 바닥면, 발판 또는 통로의 표면으로부터 90cm 이상, 120cm 이하의 높이를 유지

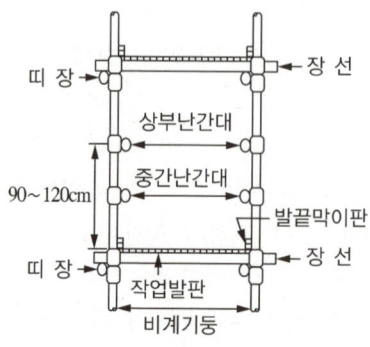

〈안전난간의 설치〉

⑦ 사다리 사용 시 준수사항
  ㉠ 안전하게 수리될 수 없는 사다리는 작업장 외로 반출
  ㉡ 사다리는 작업장에서 위로 60cm 이상 연장
  ㉢ 상부와 하부가 움직일 염려가 있을 때는 작업자 이외의 감시자 배치
  ㉣ 부서지기 쉬운 벽돌 등을 받침대로 사용 금지
  ㉤ 작업자는 복장을 단정히 하여야 하며, 미끄러운 장화나 신발 사용 금지
  ㉥ 지나치게 부피가 크거나 무거운 짐의 운반 금지
  ㉦ 출입문 부근에 사다리를 설치할 경우에는 반드시 감시자 배치
  ㉧ 금속 사다리는 전기설비가 있는 곳에는 사용 금지
  ㉨ 사다리를 다리처럼 사용 금지

⑧ 가설계단 안전기준
  ㉠ 계단을 설치 시 폭은 1m 이상
  ㉡ 계단에는 손잡이 외의 다른 물건 등을 설치 또는 적재 금지
  ㉢ 높이가 3m 초과하는 계단에는 높이 3m 이내마다 너비 1.2m 이상의 계단참을 설치
  ㉣ 계단 설치 시 단면으로부터 2m 이상인 장애물이 없는 공간을 설치
  ㉤ 난간의 높이는 90~120cm 정도로 계단 전체에 걸쳐 설치

⑨ 승강로(Trap) 안전기준
  ㉠ 근로자가 수직 방향으로 이동하는 철골 부재에 고정된 승강로 설치
  ㉡ 기둥 제작 시 16mm 철근 등을 이용하여 제작
  ㉢ 높이 30cm 이내, 폭 30cm 이상으로 Trap 설치
  ㉣ 수직 로프를 병설하여 승강시 안전대로 사용

⑩ 사다리의 미끄럼방지장치
  ㉠ 사다리 지주 끝에 고무, 코르크, 가죽, 강스파이크 등을 부착하여 바닥과의 미끄럼방지
  ㉡ 쐐기형 강스파이크는 지반이 평탄할 맨땅 위에 세울 때 사용
  ㉢ 미끄럼방지 판자 및 미끄럼방지 고정쇠는 돌마무리 또는 인조석 갈기 마감한 바닥용으로 사용
  ㉣ 미끄럼방지 발판은 인조고무 등으로 마감한 실내용을 사용

(2) 가설재의 안전기준

① 가설재의 구비요건(비계의 3요소)
  ㉠ 안전성
    • 파괴 및 도괴에 대한 충분한 강도를 가질 것
    • 동요에 대한 충분한 강도를 가질 것
    • 추락에 대한 난간 등의 방호조치가 된 구조를 가질 것
    • 낙하물에 대한 틈이 없는 바닥판 구조 및 상부 방호 조치를 구비할 것
  ㉡ 작업성(시공성)
    • 넓은 작업발판 : 통행과 작업에 방해가 없고 작업자세를 취할 때 무리가 생기지 않는 구조
    • 넓은 공간 : 통행과 작업을 방해하는 부재가 없는 구조
    • 적당한 작업자세 : 정상적인 작업자세로 작업할 수 있고 추락을 막기 위한 개구부의 방호 및 비계 외측에 난간을 설치할 것
  ㉢ 경제성
    • 가설 및 철거비 : 가설 및 철거가 신속하고 용이할 것
    • 가공비 : 현장가공을 하지 않도록 할 것
    • 상각비 : 사용 연수가 길고(전용률) 다양한 적용성을 확보할 것

② 가설 구조물의 위험성
  ㉠ 연결재가 적은 구조로 되기 쉬움
  ㉡ 부재 결합이 간단하나 불안전 결합이 많음
  ㉢ 구조물이라는 통상의 개념이 확고하지 않으며 조립의 정밀도가 낮음
  ㉣ 부재는 과소단면이거나 결함이 있는 재료를 사용하기 쉬움
  ㉤ 전체 구조에 대한 구조 계산 기준이 부족하여 구조적으로 문제점이 많음

③ 가설 구조물 조립·해체 시 안전대책
　㉠ 관리감독자 지정 : 관리감독자의 지휘 하에 작업실시
　㉡ 안전보호구 착용 : 안전모, 안전대 등 안전보호구의 착용
　㉢ 재료, 기구의 불량품 제거 : 재료, 기구, 공구 등에는 불량품이 없을 것
　㉣ 작업 내용 작업자에게 주지 : 조립, 변경, 해체의 시기, 범위, 순서 등은 사전에 작업자에게 알릴 것
　㉤ 작업자 이외 출입 금지 : 작업 주변은 작업자 이외의 출입을 금지시키고 안전표지는 적절하게 부착
　㉥ 비계의 점검 보수 : 악천후로 인한 작업 중지 후 또는 조립, 해체, 변경 후에는 작업 전 점검 및 보수 실시
　㉦ 고소 작업 시 방호조치 : 고소 작업 시에는 안전망 및 안전대 사용
　㉧ 상·하 동시작업 : 상·하 동시작업 시 상·하 연락 및 협조하에 작업
　㉨ 달줄 또는 달포대 사용 : 재료, 기구, 공구 등을 올리고 내릴 때 달줄 또는 달포대 사용
　㉩ 부근 전력선 방호조치 : 부근 전력선에는 절연방호조치 및 단전조치 후 작업
　㉪ 통로에 재료 방치 금지 : 가설통로에 재료 등 방치 금지
　㉫ 정리정돈 : 해체 작업 시 재료는 순서대로 정리정돈

④ 공사용 가설도로 설치 시 준수사항
　㉠ 견고성 : 도로의 표면은 장비 및 차량이 안전 운행할 수 있도록 견고하게 설치
　㉡ 통행성 : 장비 사용을 목적으로 하는 진입로, 경사로 등은 차량 통행에 지장을 주지 않을 것
　㉢ 방호성 : 도로와 작업장 높이에 차가 있을 때는 바리케이드, 연석 등을 설치하여 차량의 위험 및 사고를 방지
　㉣ <u>배수성 : 도로는 배수를 위하여 경사지게 설치하거나 배수시설을 설치</u> 기출 19년 4회
　㉤ 운반로 : 운반로는 장비의 안전운행에 적합한 도로의 폭을 유지하여야 하며, 또한 모든 커브는 통상적인 도로폭보다 좀 더 넓게 만들고 시계에 장애가 없도록 만들 것
　㉥ 속도제한 : 커브 구간에서는 차량이 가시거리의 절반 이내에서 정지할 수 있도록 차량의 속도를 제한
　㉦ 최고허용경사도 : 최고허용경사도는 부득이한 경우를 제외하고는 10% 이내
　㉧ 교통안전운행을 위한 제공물 : 필요한 전기시설(교통신호등 포함), 신호수, 표지판, 바리케이드, 노면표지 등을 교통안전운행을 위하여 제공
　㉨ 안전운행조치 : 안전운행을 위하여 먼지가 일어나지 않도록 물을 뿌려 주고 겨울철에는 눈이 쌓이지 않도록 조치
　㉩ 방책 등의 설치 : 도로와 작업장이 접하여 있을 경우에는 방책 등을 설치
　㉪ 차량 속도제한 표지 부착 : 도로에는 차량의 속도제한 표지를 부착

⑤ 우회로 설치 시 준수사항
　㉠ 교통량을 유지시킬 수 있도록 계획
　㉡ 시공 중인 교량이나 높은 구조물의 밑을 통과해서는 안 되며 부득이 통과할 경우 안전조치
　㉢ 모든 교통 통제나 신호 등은 교통법규에 적합
　㉣ 우회로는 항시 유지 보수되도록 확실한 점검 실시 및 필요한 경우 가설등 설치
　㉤ 우회로의 사용이 완료되면 모든 것을 원상복구

04 철골공사

(1) 철골공사 전 검토사항
① 설계도 및 공작도 확인
   ㉠ 부재의 형상 및 치수(길이, 폭 및 두께), 접합부의 위치, 브라켓의 내민 치수, 건물의 높이 등을 확인하여 철골의 건립형식이나 건립작업상의 문제점, 관련 가설설비 등을 검토
   ㉡ 부재의 최대중량에 따라 건립기계의 종류를 선정하고 부재수량에 따라 건립공정을 검토하여 시공기간 및 건립기계의 대수를 결정
   ㉢ 현장용접의 유무, 이음부의 시공난이도를 확인하고 건립작업 방법을 결정
   ㉣ 철골철근콘크리트조의 경우 철골계단이 있으면 작업이 편리하므로 건립순서 등을 검토하고 안전작업에 이용
   ㉤ 한쪽만 많이 내민보가 있는 기둥은 취급이 곤란하므로 보를 절단하거나 또는 무게중심의 위치를 명확히 하는 등의 필요한 조치를 취함
   ㉥ 폭이 좁고 길며 두께가 얇은 보나 기둥 등으로 가보강이 필요한 것은 이를 도면에 표시
   ㉦ 건립 후에 가설부재나 부품을 부착하는 것은 위험한 작업(고소작업 등)이 예상되므로 다음의 사항을 사전에 계획하여 공작도에 포함
     • 외부비계받이 및 화물승강설비용 브라켓
     • 기둥 승강용 트랩
     • 구명줄 설치용 고리
     • 건립에 필요한 와이어 걸이용 고리
     • 난간 설치용 부재
     • 기둥 및 보 중앙의 안전대 설치용 고리
     • 방망 설치용 부재
     • 비계 연결용 부재
     • 방호선반 설치용 부재
     • 양중기 설치용 보강재
   ㉧ <u>구조안전의 위험이 큰 다음 각 목의 철골구조물은 건립 중 강풍에 의한 풍압 등 외압에 대한 내력이 설계에 고려되었는지 확인</u> 기출 17년 4회, 18년 1회, 19년 2회, 23년 복원
     • 높이 20m 이상인 구조물
     • 구조물의 폭과 높이의 비가 1:4 이상인 구조물
     • 건물, 호텔 등에서 단면 구조에 현저한 차이가 있는 것
     • 연면적당 철골량이 50kg/m² 이하인 구조물
     • 기둥이 타이플레이트(Tie Plate)형인 구조물
     • 이음부가 현장 용접인 경우
② 건립계획
   ㉠ 현지조사
     • 현장작업에서 발생되는 소음, 낙하물 등이 인근주민, 통행인, 가옥 등에 위해를 끼칠 우려가 있는지의 여부를 조사하고 대책을 수립

- 차량통행이 인근가옥, 전주, 가로수, 가스, 수도관 및 케이블 등의 지하 매설물에 지장을 주는지의 여부, 통행인 또는 차량진행에 방해가 되는지의 여부, 자재적치장의 소요면적은 충분한지 등을 조사
- 건립용 기계의 부붐이 오르내리거나 선회하는 작업반경 내에 인접가옥 또는 전선 등 지장물이 없는지, 기타 주변지형지물과의 간격과 높이 등을 조사

ⓒ 건립기계의 선정
- 건립기계의 출입로, 설치장소, 기계조립에 필요한 면적, 이동식 크레인은 건물 주위 주행통로의 유무, 타워 크레인과 가이데릭 등 기초구조물을 필요로 하는 정치식 기계는 기초구조물을 설치할 수 있는 공간과 면적 등을 검토
- 이동식 크레인의 엔진소음은 부근의 환경을 해칠 우려가 있으므로 학교, 병원, 주택 등이 근접되어 있는 경우에는 소음을 측정 조사하고 소음진동 허용치는 관계법에서 정하는 바에 따라 처리
- 건물의 길이 또는 높이 등 건물의 형태에 적합한 건립기계를 선정
- 타워 크레인, 가이데릭, 삼각데릭 등 정치식 건립기계의 경우 그 기계의 작업반경이 건물전체를 수용할 수 있는지의 여부, 또 부붐이 안전하게 인양할 수 있는 하중범위, 수평거리, 수직높이 등을 검토

ⓒ 건립순서 계획
- 철골건립에 있어서는 현장건립순서와 공장제작순서가 일치되도록 계획하고 제작검사의 사전실시, 현장운반계획 등을 확인
- 어느 한 면만을 2절점 이상 동시에 세우는 것은 피해야 하며 1스팬 이상 수평방향으로도 조립이 진행되도록 계획하여 좌굴, 탈락에 의한 도괴를 방지
- 건립기계의 작업반경과 진행방향을 고려하여 조립순서를 결정하고 조립 설치된 부재에 의해 후속작업이 지장을 받지 않도록 계획
- 연속기둥 설치 시 기둥을 2개 세우면 기둥 사이의 보를 동시에 설치하도록 하며 그 다음의 기둥을 세울 때에도 계속 보를 연결시킴으로써 좌굴 및 편심에 의한 탈락 방지 등의 안전성을 확보하면서 건립을 진행
- 건립 중 도괴를 방지하기 위하여 가볼트 체결기간을 단축시킬 수 있도록 후속공사를 계획

ⓔ 운반로의 교통체계 또는 장애물에 의한 부재반입의 제약, 작업 시간의 제약 등을 고려하여 1일 작업량을 결정

ⓜ 강풍, 폭우 등과 같은 악천후 시에는 작업을 중지하여야 하며 특히 강풍 시에는 높은 곳에 있는 부재나 공구류가 낙하비래하지 않도록 조치하며 이때 작업을 중지해야 하는 악천후는 다음의 경우를 말함
- 풍속 : 10분 간의 평균풍속이 1초당 10m 이상
- 강우량 : 1시간당 1mm 이상

ⓑ 건립기계, 용접기 등의 사용에 필요한 전력과 기둥의 승강용 트랩, 구명줄, 추락방지용 방망, 비계, 방호절망, 통로 등의 배치 및 설치방법을 검토

ⓢ 지휘명령계통과 기계 공구류의 점검 및 취급방법, 신호방법, 악천후에 대비한 처리방법 등을 검토

⟨풍속 판정 요령⟩

풍력등급	10분간 평균풍속 (m/sec)	상 태
0	0.3 미만	연기가 똑바로 올라간다.
1	0.3~1.6 미만	연기가 옆으로 쓰러진다.
2	1.6~3.4 미만	얼굴에 바람기를 느끼고 나뭇잎이 흔들린다.
3	3.4~5.5 미만	나뭇잎이나 가느다란 가지가 끊임없이 흔들린다.
4	5.5~8.0 미만	먼지가 일며, 종이조각이 날아오르며, 작은 나뭇가지가 움직인다.
5	8.0~10.8 미만	연못의 수면에 잔물결이 일며 나무가 흔들리는 것이 눈에 보인다.
6	10.8~13.9 미만	큰 가지가 움직이고 우산을 쓰기 어려우며 전선이 운다.
7	13.9~17.2 미만	수목 전체가 흔들린다(작은 가지가 부러진다).
8	17.2~20.8 미만	바람을 향해 걸을 수 없다.
9	20.8~24.5 미만	인가에 약간의 피해를 준다.
10	24.5~28.5 미만	수목의 뿌리가 뽑힌다(인가에 큰 피해가 발생한다).

⟨풍속 작업 범위⟩

풍속(m/sec)	종 별	작업능률
0~7	안전작업 범위	전작업 실시
7~10	주의경보	외부용접, 도장작업 중지
10~14	경고경보	건립작업 중지
14 이상	위험경보	고소작업자는 즉시 하강 안전대피

(2) 철골공사용 기계

① 건립용 기계의 종류

㉠ 타워 크레인
- 타워 크레인은 정치식과 이동식이 있으나 대별하면 붐이 상하로 오르내리는 기복형과 수평을 유지하고 트롤리 호이스트가 수평으로 움직이는 수평형이 있음
- 초고층 작업이 용이, 인접물에 장해가 없이 360° 선회 작업이 가능하고 가장 능률이 좋음
- 장거리 기동성이 있고 붐을 현장에서 조립하여 소정의 길이를 얻을 수 있음
- 붐의 신축과 기복을 유압에 의하여 조작하는 유압식이 있음
- 한 장소에서 360° 선회 작업이 가능하고 기계 종류도 소형에서 대형까지 다양
- 기계식 트럭크레인은 인양하중이 150t까지 가능한 대형도 있음
- 타워 크레인을 자립고 이상의 높이로 설치하는 경우 건축물 등의 벽체에 지지, 지지할 벽체가 없는 경우 와이어로프로 지지
- 벽체 지지 시
  - 서면심사에 관한 서류 또는 제조사의 설치작업설명서 등에 따라 설치
  - 전문가의 확인을 받아 설치. 기종별, 모델별 공인된 표준방법으로 설치
  - 콘크리트 구조물에 고정. 매립이나 관통 또는 이와 동등 이상의 방법으로 충분히 지지
  - 건축 중인 시설물에 지지 시 구조적 안정성에 영향이 없도록 함
- 와이어로프에 지지 시 [기출] 23년 복원
  - 서면심사에 관한 서류, 설치작업설명서에 따라 설치

- 전문가의 확인을 받아 설치, 공인된 표준방법으로 설치
- 와이어로프의 설치각도는 수평면에서 60° 이내, 지지점은 4개소 이상, 같은 각도로 설치
- 와이어로프와 그 고정부위는 충분한 강도와 장력을 갖도록, 와이어로프를 클립, 샤클 등의 고정기구를 사용하여 견고하게 고정, 사용 중에 충분한 강도와 장력 유지
- 와이어로프가 가공전선에 근접하지 않도록 할 것

ⓒ 크롤러크레인
- 트럭크레인의 타이어 대신 크롤러를 장착한 것으로 아웃트리거를 갖고 있지 않아 트럭크레인보다 흔들림이 크고 하물 인양 시 안정성이 부족
- 크롤러식 타워 크레인은 차체는 크롤러크레인과 같지만 직립 고정된 붐 끝에 기복이 가능한 보조 붐을 가지고 있음

ⓒ 가이데릭
주기둥과 붐으로 구성되어 있고 6~8줄의 지선으로 주기둥이 지탱되며 쌓아올림도 가능하지만 타워 크레인에 비하여 선회성, 안전성이 뒤떨어지므로 인양 하물의 중량이 특히 클 때 필요

ⓔ 삼각데릭
- 가이데릭과 비슷하나 주기둥을 지탱하는 지선 대신에 2줄의 다리에 의해 고정된 것으로 작업 회전반경은 약 270° 정도로 가이데릭과 성능이 거의 같음
- 비교적 높이가 낮은 면적의 건물에 유효하며 최상층 철골 위에 설치하여 타워 크레인 해체 후 사용하거나, 또 증축 공사인 경우 기존 건물 옥상 등에 설치하여 사용

ⓜ 진폴데릭
- 통나무, 철파이프 또는 철골 끝에 활차를 달고 원치에 연결시켜 권상시키는 것
- 간단하게 설치할 수 있으며 경미한 건물의 철골 건립에 사용

② 기계 기구 취급상 안전기준
㉠ 건립용 기계의 인양정격하중 초과금지
㉡ 기계의 책임자는 정격하중을 표시하여 운전자 및 훅 걸이 책임자가 볼 수 있도록 함
㉢ 현장 책임자는 안전기준에 의한 신호법을 작업자 및 신호수에게 주지시켜 적절히 사용토록 하고 운전자가 단독으로 작업하지 않게 함
㉣ 현장 책임자는 기계 운전자 이외의 근로자가 기계에 탑승금지
㉤ 건립 기계의 운전자가 화물을 인양한 채로 운전석을 이탈하지 않도록 함
㉥ 건립 기계의 와이어로프가 절단되거나 지브 및 붐이 파손되어 작업자에게 위험이 미칠 우려가 있을 때는 해당 작업 범위 내에 타 작업자가 들어가지 못하도록 함
㉦ 와이어로프의 가닥이 절단되어 있거나 손상 또는 해지되어 있는 것과 지름의 감소가 공칭지름의 7%를 초과하는 것은 사용금지
㉧ 현장책임자는 사용 기계의 권과방지장치, 안전장치, 브레이크, 클러치, 훅의 손상유무 등을 정기적으로 점검
㉨ 건립용 기계를 이용하여 화물을 인양시킬 때에는 와이어로프를 거는 훅에 해지장치를 하여 인양 시 와이어로프가 훅에서 이탈하는 것을 막아야 함
㉩ 지브크레인 또는 이동식 크레인과 같은 붐이 부착된 기계를 사용할 경우에는 해당 기계의 격사각의 범위 초과금지

(3) 철골세우기 준비 및 철골반입

① 세우기 준비 기출 19년 1회
- ㉠ 지상 작업장에서 세우기 준비 및 기계·기구를 배치할 경우에는 낙하물의 위험이 없는 평탄한 장소를 선정하여 정비하고, 경사지에서는 작업대나 임시발판을 설치하는 등 안전을 확보한 후 작업
- ㉡ 세우기 작업에 지장이 되는 수목은 제거하거나 이설
- ㉢ 가까운 곳에 건축물 또는 고압선 등이 있는 경우에는 이에 대한 방호조치 및 안전조치
- ㉣ 이동식 크레인 사용 시에는 작업 또는 이동 중에 지반침하 및 전도 위험성여부를 확인하여 지반을 보강
- ㉤ 크레인 사용 시에는 크레인의 정격하중을 초과하여 하중을 걸지 않도록 함
- ㉥ 사용 전에 기계·기구에 대한 정비 및 보수 철저
- ㉦ 기계가 계획배치여부 확인, 윈치는 작업구역을 확인할 수 있는 곳에 위치하였는지, 기계에 부착된 앵커 등 고정장치와 기초구조 등을 확인

② 철골 반입
- ㉠ 다른 작업을 고려하여 장해가 되지 않는 곳에 철골을 적치
- ㉡ 받침대는 적당한 간격으로 적치될 부재의 중량을 고려, 안정성 있는 것으로 하여야 함
- ㉢ 부재 반입 시는 건립의 순서 등을 고려하여 반입, 시공순서가 빠른 부재는 상단부에 배치
- ㉣ 부재 하차 시는 쌓여 있는 부재의 도괴를 대비
- ㉤ 부재를 하차시킬 때 트럭 위에서의 작업은 불안정하기 때문에 인양시킬 부재가 무너지지 않도록 함
- ㉥ 부재 하차 시 트럭 위에서의 작업은 불안정하므로 인양 시 부재가 무너지지 않도록 주의
- ㉦ 부재 하차 시에는 부재가 이탈하여 낙하하지 않도록 2점 체결, 샤클 등 안전한 방법으로 함
- ㉧ 부재에 로프를 체결하는 작업은 경험이 풍부한 사람이 하여야 하며, 작업책임자는 안전하게 체결되었는지를 관리·감독
- ㉨ 인양 시 장비의 운전자는 서서히 들어 올려 안정상태로 되어있는지를 일단 확인한 후, 다시 서서히 들어 올리며 트럭 적재함으로부터 2m 정도가 되었을 때 수평이동, 수평이동 시 주의사항은 다음과 같음
  - 전선 등 다른 장해물 접촉할 우려가 없는지 확인
  - 유도 로프를 끌거나 누르거나 하지 않도록 함
  - 인양된 물건 아래쪽에 작업자가 들어가지 않도록 함
  - 내려야 할 지점에서 일단 정지시켜 흔들림을 멈추게 한 후, 서서히 내림
  - 적치 시는 사용에 대비, 높게 쌓지 않도록 함
- ㉩ 부재를 쌓을 때에는 쌓여있는 부재 하단 폭의 1/3 이하로 하고, 체인 등으로 묶거나 버팀대를 설치하여 넘어가지 않도록 함

(4) 기둥 세우기

① 기둥의 인양
- ㉠ 인양 와이어로프와 샤클, 받침대, 유도 로프, 구명용 마닐라 로프(기둥 승강용), 큰 지렛대, 드래프트핀, 조임기구 등을 준비

- ⓒ 발 디딜 곳, 손잡을 곳, 안전대 부착설비 등을 확인
- ⓒ 기둥 위쪽 끝의 볼트 구멍을 이용하여 인양용 장방형의 덧댐철판을 부착하며 이때 볼트는 무게를 충분히 견딜 수 있는 규격이어야 하고, 덧댐 철판이 휘어지지 않도록 충분히 체결하여야 함
- ⓔ 덧댐 철판에 와이어로프를 설치할 때에는 샤클을 사용하여야 하며, 샤클용 구멍이나 볼트 구멍에 와이어로프를 직접 걸어 사용금지
- ⓜ 기둥 인양 시에는 가능한 수평이동을 하지 말고, 수직 상향방향으로 인양하여야하며, 인양 중 모서리가 변형되지 않도록 주의
- ⓑ 보의 브라켓 부재의 밑쪽에 와이어로프를 걸 경우에는 밑에 보호용 굄재를 사용
- ⓢ 훅에 인양 와이어로프를 걸 때에는 중심에 걸도록 하고, 기둥 세우기 작업 중 움직임에 의한 탈락을 방지하기 위하여 해지장치 등 탈락방지기능이 있는 것을 사용
- ⓞ 기둥을 일으켜 세울 때에는 옆으로 미끄러지는 등의 위험을 방지하기 위하여 다음 사항을 준수
  - 기둥을 일으켜 세우기 전에 기둥의 밑 부분에 미끄럼방지를 위한 깔판을 삽입
  - 기둥을 일으켜 세울 때는 밑 부분이 미끄러지지 않도록 서서히 들어올림
  - 좌우회전 시 급히 움직이면 회전운동이 발생하므로 서서히 움직여야 함
  - 달아 올린 기둥이 흔들릴 때에는 일단 지면으로 내려 흔들림을 멈추게 한 다음 바로잡아 다시 올림
- ⓩ 권상, 수평이동 및 선회 시에는 부재의 이동범위 안에 근로자가 없는 것을 확인한 후 실시
- ⓧ 인양 및 부재에 로프를 매는 작업은 경험이 풍부한 근로자가 하도록 함
- ⓚ 기둥인양 시 통신, 신호체계를 수립하고, 충분한 사전 교육을 실시
- ⓣ 기둥인양 작업 시 작업책임자는 세우기장비와 인양근로자를 동시에 관찰할 수 있는 지점에 위치시킴
- ⓟ 기둥 운반 및 인양 시 충돌하지 않도록 하여야 하며, 인양 중에 부재 낙하 위험반경 내에서는 근로자가 접근할 수 없도록 함

② 기둥의 고정
- ⓛ 앵커 볼트에 고정시키는 작업의 순서
  - 기둥의 인양은 고정시킬 바로 위에서 일단 멈춘 다음 손이 닿을 위치까지 내리도록 함
  - 앵커 볼트의 바로 위까지 흔들림이 없도록 유도하면서 방향을 확인하고 천천히 내림
  - 기둥 베이스 구멍을 통하여 앵커 볼트를 보면서 정확히 유도하고, 볼트가 손상되지 않도록 조심스럽게 제자리에 위치하며 이때 손, 발이 끼지 않도록 주의
  - 올바른 위치에 잘 들어갔는지 확인하고, 앵커 볼트 전체의 균형을 유지하면서 확실히 조임
  - 기둥을 임시로 체결한 후, 와이어로프(버팀줄)로 즉시 4방향 이상 고정
  - 기둥 세우기 후에는 넘어지는 것을 방지하기 위한 철골보를 즉시 설치하며, 이때 임시 볼트 조임은 1/3 이상, 최소 2개 이상 혼용하여 균형 있게 체결
  - 기둥세우기 허용오차는 1/500 또는 25mm 이내로 준수하고, 수직도 측정시간은 수축·팽창이 작은 아침시간에 실시
  - 인양 와이어로프를 제거하기 위하여 기둥 위로 올라가거나 기둥에서 내려올 경우에는 기둥의 트랩을 이용
  - 인양 와이어로프를 풀어 제거할 때에는 안전대를 사용하여야 하며, 샤클핀이 빠져 떨어지지 않도록 주의

ⓒ 다른 철골기둥에 접속시키는 작업의 순서
- 근로자는 2인 1조로 하여 기둥에 올라간 다음 안전대를 기둥의 윗쪽 부분에 설치한 후 인양되는 기둥을 기다리도록 함
- 기둥이 아래층 기둥의 윗부분까지 인양되면 일단 동작을 정지시킴
- 인양된 기둥이 흔들리거나 기둥의 접속방향이 맞지 않을 경우에는 신호를 명확히 하여 유도
- 기둥의 접속에 앞서 이음철판(Splice Plate)에 설치된 볼트를 느슨하게 풀어 둠
- 아래층 기둥 윗부분 가까이 이동하면 작업자는 수공구 등을 이용하여 정확한 접속위치로 유도
- 볼트를 필요한 수만큼 신속히 체결
- 기둥의 접속이 용접인 경우 세우기 철판(Election Piece)을 이용하여 견고히 상·하 기둥을 접속

(5) 보의 조립

① 보의 인양
㉠ 인양 와이어로프의 매달기 각도는 양변 60°를 기준으로 2열로 매달고, 와이어 체결지점은 수평부재의 1/3 지점을 기준
㉡ 조립되는 순서에 따라 사용될 부재가 하단부에 쌓여 있을 때에는 상단부의 부재를 무너뜨리는 일이 없도록 주의하여 옆으로 옮긴 후, 부재를 인양하여야 하고, 가능한 공장 제작 시부터 보 인양용 고리 러그(Lug)를 수평부재의 1/3 지점에 부착하도록 하고, 샤클을 러그(Lug)에 결속하여 인양
㉢ 유도 로프는 풀리지 않도록 단단히 매어야 함
㉣ 인양할 때에는 다음 사항을 준수 기출 18년 4회
- 인양 와이어로프는 훅의 중심에 걸어야 하며, 훅은 용접의 경우 용접장 등 용접 규격을 확인하여 인양 시 취성파괴에 의한 탈락을 방지해야 함
- 신호자는 운전자가 잘 보이는 곳에서 신호
- 인양고리(Lug) 용접부위가 이상이 없는지 확인하고 인양
- 불안정하거나 매단 부재가 기울어지면 지상에 내려 다시 체결
- 부재의 균형을 확인하면서 서서히 인양
- 흔들리거나 선회하지 않도록 유도로프로 유도하며, 장애물에 닿지 않도록 주의
㉤ 클램프로 부재 인양 시 준수사항
- 클램프는 부재를 수평으로 하여 두 곳의 위치에 사용하여야 하며, 부재 양단방향은 같은 간격이어야 함
- 부득이하게 한 군데만을 사용할 때에는 간단한 이동을 하는 경우에 한하여야 하며, 부재 길이의 1/3 지점을 기준으로 함
- 두 곳을 매어 인양할 때 와이어로프의 내각은 60° 이하
- 클램프의 정격용량 이상 매달지 않아야 함
- 체결작업 중 크램프 본체가 장애물에 부딪치지 않도록 주의
- 클램프의 작동상태를 점검한 후 사용
- 클램프의 물리는 부분이 심하게 마모된 것은 사용금지

ⓑ 철골부재 여러 개를 동시에 달아매어 인양할 경우 준수사항
- 부재의 중심을 정확하게 확인
- 걸이 작업은 샤클을 이용
- 부재에 샤클을 걸 수 없을 때에는 상단에 인양용 고리를 설치하고, 그 고리에 샤클을 걸어 인양
- 각각의 부재를 하나의 보조로프로 연결하여 유도
- 각 부재의 간격은 1.5m~2m 정도가 적당
- 크레인 훅으로부터의 길이가 2m, 3.5m, 5m 정도 되도록 달아 맴
- 신호, 유도에 특히 유의
- 설치 순서별로 걸이작업을 수행

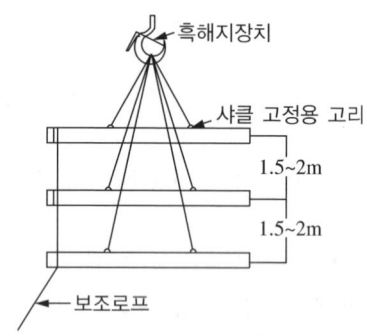

〈철골부재 여러 개를 동시에 달아매어 인양하는 방법〉

② 보의 설치
  ㉠ 보의 설치작업을 할 경우, 반드시 안전대를 기둥의 본체 또는 기둥 승강용 트랩에 걸어 작업하거나 별도의 고소작업대(SKY장비 등) 등에 탑승하여 추락을 방지
  ㉡ 근로자는 한 곳에 2인, 다른 곳에 1인 또는 2인이 한 조가 되어 기둥에 올라가야 하며, 기둥 상단부 및 보 연결부 등에 안전대 부착설비를 하여야 하며 고소작업대(SKY장비 등) 등에 탑승하여 작업을 할 때에는 장비의 이상유무 점검 및 장비 제원표를 확인하여 탑승하중도 고려
  ㉢ 근로자가 기둥과 연결된 브라켓에 올라앉은 자세로 보를 설치할 수 있는 브라켓 형태의 보는 다음 순서에 따라 조립
    - 보의 인양에 앞서 브라켓의 플랜지 상단에 임시로 체결한 이음철판의 볼트를 풀고, 이 이음철판을 브라켓의 플랜지 하단으로 옮겨 다시 볼트로 체결
    - 인양된 보가 브라켓 가까이까지 인양되었으면 일단 멈추도록 하여야 함
    - 인양된 보의 흔들림, 설치방향을 확인하고, 신호를 명확히 하여 브라켓의 바로 윗부분으로 정확하게 유도
    - 보 양단의 근로자는 서로 협력하면서 수공구를 이용하여 볼트 구멍을 맞추도록 하여야 함
    - 볼트 구멍이 맞지 않을 경우에는 신속히 지지용 드래프트 핀을 체결, 이 경우, 볼트 구멍이 손상되지 않도록 필요 이상으로 무리한 힘을 가하여서는 아니됨
    - 플랜지 상단, 웨브의 이음철판을 필요한 만큼의 볼트로 체결하며, 이때 철판을 손에서 떨어뜨리지 않도록 주의
  ㉣ 근로자는 기둥에 매달린 자세로 설치하게 되는 브라켓이 없는 형태의 보의 경우에도 위 ㉢ 항의 브라켓이 있는 형태의 보에서만 적용되는 부분을 제외하고는 모두 같은 요령으로 조립

ⓗ 인양 와이어로프를 해체할 때에는 안전대를 사용하여 보의 위를 이동하여야 하며, 안전대를 설치할 구명줄은 보의 설치와 동시에 기둥 간에 설치
ⓑ 철골보 설치 후 와이어로프 해체 시는 사전에 지상에서 설치한 안전대 부착설비에 안전대를 부착하거나 고소작업대(SKY장비 등)에 탑승하여 해체
ⓢ 해체한 와이어로프는 훅에 걸어 내리며 밑으로 던져서는 안 됨
ⓞ 와이어로프가 화물의 하중을 직접 지지하는 경우, 안전계수 5 이상
ⓩ 와이어로프를 절단하여 양중 작업 용구를 제작할 경우에는 가스 용단 등의 방법을 금지하고 반드시 기계적인 방법으로 절단
ⓩ 인조섬유벨트 슬링 사용 시 준수사항
- 화물의 하중을 직접 지지하는 경우에는 안전계수가 7 이상
- 벨트 슬링의 스트랜드가 절단된 것, 심하게 손상·부식된 것은 사용을 금지
- 벨트 슬링을 구입하여 사용하는 경우 벨트 슬링의 사양, 사용환경, 사용방법, 주의사항 및 폐기기준의 내용을 자세히 알고 사용
- 인양할 때에는 부재의 중량을 확인하여 그 기준에 맞는 벨트 슬링을 사용

(6) 수직, 수평검사

① 검사장비 설치
  ㉠ 레벨, 다림추, 트랜싯, 레이저트랜싯(광파기) 등 검사 장비는 오차가 발생하지 않도록 정확하게 설치
  ㉡ 슬라브 단부 등에 접근하거나 외부에서 장비로 검사를 할 경우에는 안전한 측정공간을 확보하여 안전하게 작업
  ㉢ 수직 또는 수평검사를 할 경우에는 반드시 안전대 부착설비에 안전대를 부착
② 수직, 수평검사
  ㉠ 기둥의 수직도 검사 시 보완으로 설치되는 와이어로프 등은 견고하게 고정하고, 너무 무리하게 힘을 가하지 않도록 함
  ㉡ 이동하거나 턴버클 등으로 긴장작업을 할 경우에는 안전대 부착설비에 반드시 안전대를 부착

(7) 데크 플레이트(Deck Plate) 설치

① 데크 플레이트 인양
  ㉠ 인양 와이어로프 또는 섬유벨트 슬링의 매달기 각도는 양변 60°를 기준으로, 2열로 매달고 체결 지점은 수평부재의 1/3 지점을 기준으로 함
  ㉡ 데크 플레이트가 설치되는 순서에 따라 인양하여 깔기 지점에 쌓아야 하고, 한 지점에 과적하여 붕괴되는 일이 없도록 함
② 데크 플레이트 설치
  ㉠ 데크 플레이트를 설치할 때에는 다음 사항을 준수
   - 부재 인양 중에 데크 플레이트가 낙하하지 않도록 안전한 방법으로 체결하고, 인양물 하부에는 근로자 등의 출입을 금지

- 데크 플레이트 운반 및 깔기 작업 시에는 근로자가 추락하지 않도록 안전한 운반통로를 설치하여야 하며, 안전대 부착설비를 기둥과 기둥 간 또는 바깥 보의 외부에 설치하여 데크 플레이트 설치 시 간섭되지 않도록 안전대를 착용하여야 함
- 데크 플레이트 중심부에 철근다발, 콘크리트 등 과적재를 금지
- 데크 플레이트 설치 시에는 가능한 개구부가 발생하지 않도록 하고, 1m 간격 또는 한 장당 2개소 이상 점용접을 즉시 실시
- 데크 플레이트와 기둥과의 접속부는 처지거나 무너지지 않도록 사전에 앵글 등으로 하부를 보강하여야 하며 특히, 기둥이 철골철근콘크리트 구조인 경우에는 반드시 보강

ⓒ 데크 플레이트의 슬래브 단부 및 바닥개구부에는 안전난간을 조기에 설치하여야 하며, 덮개 설치가 어려운 대형 바닥개구부에는 안전난간 및 추락방지망을 설치

(8) 철골공사용 가설설비

① 재료 적치장소와 통로
  ㉠ 철골철근콘크리트조의 경우 작업장을 통상 연면적 1,000m²에 1개소를 설치하고, 그 면적은 50m² 이상이어야 함
  ㉡ 2개소 이상 설치할 경우에는 작업장 간 상호연락통로를 설치

② 재해방지설비 기출 20년 1·2회 통합
  ㉠ 철골공사에 있어서는 용도, 사용장소 및 조건에 따라 다음의 재해방지설비를 갖추어야 함

〈재해방지설비〉

구 분	기 능	용도, 사용장소, 조건	설 비
추락방지	안전작업발판	높이 2m 이상의 장소로 추락의 우려가 있는 작업	비계, 달비계, 수평통로, 안전난간, 고소작업대
	추락자를 보호할 수 있는 것	작업발판의 설치가 어렵거나 개구부 주위로 안전난간 설치가 어려운 곳	추락방지용 방망
	추락위험장소에서 작업자의 행동을 제한하는 것	개구부 및 작업발판의 끝	안전난간, 방호울
	작업자의 신체를 유지시키는 것	안전작업발판, 안전난간 등을 설치할 수 없는 곳	안전대 부착설비, 안전대, 구명줄
낙하, 비래, 비산방지	위에서 낙하되는 것을 막는 것	철골건립, 볼트 체결 및 기타 상하작업	방호철망, 방호울, 가설앵커설비
	제3자의 위해방지	볼트, 콘크리트 덩어리, 거푸집, 일반자재, 먼지 등이 낙하 비산할 우려가 있는 작업	방호철망, 방호시트, 방호울, 방호선반, 낙하물 방지망
	불꽃의 비산방지	용접, 용단을 수반하는 작업	방염포, 불연포

  ㉡ 고소작업에 따른 추락방지를 위하여 내·외부 개구부에는 추락방지용 방망을 설치, 작업자는 안전대를 사용, 안전대 사용을 위하여 미리 철골에 안전대 부착설비를 설치
  ㉢ 구명줄을 설치할 경우에는 한 가닥의 구명줄을 여러 명이 동시에 사용하지 않도록 하여야 하며, 구명줄은 마닐라 로프 직경 16mm 이상을 기준하여 설치하고, 작업방법을 충분히 검토

ⓔ 낙하·비래 및 비산방지설비는 높이 매 10m 이내마다 설치하고, 2단 이상 설치 시에는 최하단에는 방호선반을 설치
ⓕ 낙하·비래 및 비산방지설비는 건물외부비계 방호시트에서 수평거리로 2m 이상 돌출하고 20~30° 사이의 각도를 유지

(9) 철골공사 시 위험방지 기출 18년 4회

① 철골을 조립하는 경우, 철골의 접합부가 충분히 지지되도록 볼트를 체결하거나 이와 같은 수준 이상의 견고한 구조가 되기 전, 들어 올린 철골을 걸이로프 등으로부터 분리금지
② 근로자가 수직방향으로 이동하는 철골부재에는 답단 간격이 30cm 이내인 고정된 승강로를 설치하여야 하며, 수평방향 철골과 수직방향 철골이 연결되는 부분에는 연결작업을 위하여 작업발판 등을 설치 기출 22년 1회
③ 철골작업을 하는 경우에 근로자의 주요 이동통로에 고정된 가설통로를 설치, 다만, 안전대의 부착설비 등을 갖춘 경우는 제외
④ 다음 각 호의 어느 하나에 해당하는 경우에 철골작업을 중지 기출 18년 4회, 19년 4회, 21년 1회, 24년 복원
　㉠ 풍속이 초당 10m 이상인 경우
　㉡ 강우량이 시간당 1mm 이상인 경우
　㉢ 강설량이 시간당 1cm 이상인 경우

CHAPTER 07 운반, 하역작업

6과목 건설안전기술

01 운반작업

(1) 인력운반

① 운반작업의 개요
  ㉠ 인력운반작업에 있어 부상 및 질환의 가장 큰 원인은 근골격계질환으로, 전체 질환의 40%를 차지함
  ㉡ 물품 취급 중 발생한 부상의 85%는 인력운반작업으로 발생하며 전체 질환 중 50%가 허리부상
  ㉢ 인력운반작업 부상의 60%는 과도한 무게의 짐이 신체에 과부하를 주어 발생하며, 6%는 날카로운 모서리, 7%는 으깨짐(Crushing)으로 인함

② 인력운반 하중기준
  ㉠ 사람이 운반 가능한 중량의 한계는 짧은 거리 30kg, 먼 거리 15kg임(여자는 남자의 80%가 적당)
  ㉡ 무게 50kg 이상은 필히 2명이 운반

③ 공동 운반작업 시 안전 기출 19년 4회
  ㉠ 물건을 들어 올리고 내릴 때 동시에 행동
  ㉡ 모든 사람에게 균등한 부하가 걸리게 함
  ㉢ 긴 짐은 같은 쪽의 어깨에 올려서 운반
  ㉣ 최소한 한 손으로는 짐을 받침
  ㉤ 명령과 지시는 한 사람만이 내림
  ㉥ 3명 이상일 때는 한 동작으로 발을 맞춤

④ 경량운반 보조기구
  ㉠ 손자석
  ㉡ 수동사이펀
  ㉢ 운반집게(클램프)
  ㉣ 운반벨트

⑤ 중량운반 보조기구
  ㉠ 아이언바(Iron Bar)
  ㉡ 에지아이언(Edge Iron)
  ㉢ 롤러아이언바(Roller Iron Bar)
  ㉣ 롤러, 롤러바퀴
  ㉤ 운반장치

⑥ 운반에 의한 효용가치의 증진
  ㉠ 장소적 효용가치의 증진 : 어업, 임업, 농업, 광업은 일반적으로 천연자원 운반업의 일종
  ㉡ 시간적 효용가치의 증진 : 운반 서비스업은 운반 및 창고보관 업무가 주종
  ㉢ 경제적 효용가치의 증진 : 일반적으로 제조업은 재료의 성질이나 형태를 변형시키는 것이지만 생산공정을 분석하여 보면 재료(제품)의 이송, 가공, 검사, 적재 등 4개의 공정으로 조합
  ㉣ 소유이전의 효용가치의 증진 : 상업은 소유이전 운반 작업 등 2개의 종합업종 이상에서 운반과 직·간접적으로 관련된 업무는 산업 형태에 따라 30~100%까지 점유

(2) 운반작업의 기본원칙
① 운반재해예방의 기본 원칙
  ㉠ 인력운반을 피함(Avoid)
  ㉡ 운반 작업을 줄임(Reduce)
  ㉢ 운반횟수 및 거리를 최소, 최단화(Minimum)
  ㉣ 중량물의 경우는 1인 운반 대신 2~3인 운반으로 나눔(Divide)
  ㉤ 운반보조기구 및 기계를 이용(Operating)
② 운반작업의 3조건
  ㉠ 운반거리를 극소화
  ㉡ 운반이동을 기계화
  ㉢ 손이 가지 않는 작업화
③ **운반작업의 5원칙** 기출 18년 2회, 22년 1회
  ㉠ 운반의 직선화
  ㉡ 운반의 연속화
  ㉢ 운반의 집중화
  ㉣ 운반의 효율화
  ㉤ 수작업 생략화
④ 인력운반 시 재해
  ㉠ 요통 : 물건을 무리하게 또는 갑작스럽게 올리거나 운반하다가 허리를 삐어 발생
  ㉡ 협착 : 중량물을 들어 올리거나 내릴 때 또는 발이 취급 중량물과 지면, 건축물 등에 끼어 발생
  ㉢ 낙하 : 중량물을 들어 올리거나 운반하다 힘에 겨워 중량물을 떨어뜨려 발생
  ㉣ 충돌 : 물건을 운반하는 중에 다른 사람과 부딪쳐 발생
⑤ 운반재해의 유형
  ㉠ 요통 재해 : 무거운 화물이나 운반 중 무리한 동작으로 인한 재해
  ㉡ 끼임 재해 : 화물을 들거나 내려놓을 때 손, 발등의 끼임으로 인한 재해
  ㉢ 자상 재해 : 화물 자체의 특성에 의한 베임, 찢어짐 등으로 인한 재해
⑥ 운반안전의 3요소
  ㉠ 운반자세의 확립
  ㉡ 운반에너지의 최소화
  ㉢ 운반보조기구 및 수공구 활용

(3) 운반하역 표준안전작업 지침

① 작업 전 준수사항
  ㉠ 작업 개시 전에 허리를 중심으로 요통을 방지하기 위한 가벼운 운동 실시
  ㉡ 운반통로를 확인, 통로상의 장애물을 제거, 안전운반 통로를 확보, 부득이한 경우에는 우회 운반 통로를 사용
  ㉢ 작업자의 체력을 고려하여 작업자를 배치
  ㉣ 안전모, 안전화 및 안전장갑을 검정 합격품으로서 근로자의 신체에 잘 맞는 제품으로 바르게 착용
  ㉤ 분진이 발생하는 물건을 취급 시 작업조건에 적합한 방진마스크와 보안경 착용
  ㉥ 유해·위험물을 취급 시 유해·위험물로부터 방호할 수 있는 보호구를 선정하여 착용

② 운반하역 작업 시 복장 및 보호구
  ㉠ 상의 작업복의 소매는 손목에 밀착시킬 수 있는 구조, 상의 작업복 옷자락은 하의 속으로 집어넣어야 함
  ㉡ 하의 작업복 바지자락은 안전화 속에 집어넣거나 발목에 밀착이 가능하도록 조일 수 있는 구조로 할 것

③ 운반작업 시 주의사항
  ㉠ 하물의 운반은 수평거리 운반을 원칙으로 하며, 여러 번 들어 움직이거나 중계 운반, 반복운반 금지
  ㉡ 운반 시의 시선은 진행방향을 향하고 뒷걸음 운반 금지
  ㉢ 어깨높이보다 높은 위치에서 하물을 들고 운반 금지
  ㉣ 쌓여 있는 하물을 운반할 때에는 중간 또는 하부에서 뽑아내는 행위 금지

④ 하물 인양 시 준수사항
  ㉠ 인양물체의 무게는 실측을 원칙, 인양물체의 무게가 일정하지 않은 때에는 평균무게와 최대무게를 실측
  ㉡ 인양물체의 무게를 목측한 때에는 가볍게 들어 개인의 인양능력에 충분한가의 여부를 판단하여 인양
  ㉢ 인양할 때의 몸의 자세는 다음과 같음
    • 한쪽 발은 들어 올리는 물체를 향하여 안전하게 고정시키고 다른 발은 그 뒤에 안전하게 고정시킬 것
    • 등은 항상 직립을 유지하여 가능한 한 지면과 수직이 되도록 할 것
    • 무릎은 직각자세를 취하고 몸은 가능한 한 인양물에 근접하여 정면에서 인양할 것
    • 턱은 안으로 당겨 척추와 일직선이 되도록 할 것
    • 팔은 몸에 밀착시키고 끌어당기는 자세를 취하며 가능한 한 수평거리를 짧게 할 것
    • 손가락으로만 인양물을 잡아서는 아니되며 손바닥으로 인양물 전체를 잡을 것
    • 체중의 중심은 항상 양 다리 중심에 있게 하여 균형을 유지할 것
    • 인양하는 최초의 힘은 뒷발쪽에 두고 인양할 것

⑤ 길이가 긴 장척물 운반 시 준수사항
  ㉠ 단독으로 어깨에 메고 운반할 때에는 하물 앞부분 끝을 근로자 신장보다 약간 높게 하여 모서리, 곡선 등에 충돌하지 않도록 주의
  ㉡ 공동으로 운반할 때에는 근로자 모두 동일한 어깨에 메고 지휘자의 지시에 따라 작업
  ㉢ 하역할 때에는 튀어오름, 굴러내림 등의 돌발사태에 주의

⑥ 중량물 운반 시 준수사항 기출 21년 4회
  ㉠ 숙련된 경험자를 작업 지휘자로 선정하여 운반방법, 운반 단계 등을 협의 결정
  ㉡ 공동으로 중량물을 운반할 때에는 근로자의 체력, 신장 등을 고려하여 현저한 차이가 있는 작업자는 제외하고 작업지휘자의 지시에 따라 통일된 행동을 함
  ㉢ 무게 중심이 높은 하물은 인력운반 금지
  ㉣ 중량물 취급 시 작업계획서에 포함시켜야 할 사항
    • 추락위험을 예방할 수 있는 안전대책
    • 낙하위험을 예방할 수 있는 안전대책
    • 전도위험을 예방할 수 있는 안전대책
    • 협착위험을 예방할 수 있는 안전대책
    • 붕괴위험을 예방할 수 있는 안전대책

⑦ 하역 시 준수사항
  ㉠ 등은 직립을 유지하고 발은 움직이지 않는 상태에서 다리를 구부려 가능한 낮은 자세로서 한쪽면을 바닥에 놓은 다음 다른 면을 내려놓음
  ㉡ 조급하게 던져서 하역하는 행위 금지
  ㉢ 중량물을 어깨 또는 허리 높이에서 하역할 때에는 도움을 받아 안전하게 하역

⑧ 손수레를 이용하여 운반 시 준수사항
  ㉠ 사용 전에 손수레의 각부를 점검하여 차체, 차륜의 회전 등의 이상유무를 점검하여 이상이 발견된 때에는 수리, 교체하여 사용
  ㉡ 운반통로를 정비하여 돌조각, 나무조각, 벽돌토락 등의 장애물 정리
  ㉢ 적재물의 무게중심은 가능한 한 밑으로 오도록 하고 손수레 운전 시 적재물이 흔들리지 않도록 주의
  ㉣ 적재물의 무게는 어느 한 방향에 편중되지 않도록 적재하고 시야를 가리지 않는 높이로 적재
  ㉤ 하물을 적재할 때에는 하물이 손수레의 반동에 대하여 안전한 장소에서 적재
  ㉥ 구르기 쉬운 하물은 운반 도중 굴러 떨어지지 않도록 고정하고, 병이나 항아리 등을 운반하거나 손수레를 운전할 때에는 질주하여서는 안 됨
  ㉦ 손수레는 가능한 한 외바퀴수레의 사용을 피하고 두바퀴수레를 사용

(4) 운반작업의 기계화
  ① 기계화하여야 할 인력작업
    ㉠ 3~4인 정도가 상당한 시간에 계속되어야 하는 운반 작업
    ㉡ 발밑에서부터 머리 위까지 들어 올리는 작업
    ㉢ 발밑에서 어깨까지 25kg 이상의 물건을 들어 올리는 작업
    ㉣ 발밑에서 허리까지 50kg 이상의 물건을 들어 올리는 작업
    ㉤ 발밑에서부터 무릎까지 75kg 이상의 물건을 들어 올리는 작업
    ㉥ 두 걸음 이상 가로로 운반하는 작업이 연속되는 경우
    ㉦ 3m 이상 연속하여 운반하는 작업
    ㉧ 1시간에 10t 이상의 운반량이 있는 작업

인력 운반작업 [기출] 20년 3회	기계 운반작업
두뇌적인 판단이 필요한 작업 : 분류, 판독, 검사	단순하고 반복적인 작업
단독적이고 소량 취급 작업	표준화되어 있어 지속적이고 운반량이 많은 작업
취급물의 형상, 성질, 크기 등이 다양한 작업	취급물의 형상, 성질, 크기 등이 일정한 작업
취급물이 경량물인 작업	취급물이 중량인 작업

② 작업방법 개선
　㉠ 작은 물건을 상자나 용기에 넣어 운반
　㉡ 트럭, 손수레 등을 이용
　㉢ 슈트(Chute) 등을 설치하여 중력을 이용
　㉣ 컨베이어, 기중장치(동력, 수동), 포크리프트 등을 이용
　㉤ 작업장 내의 정리정돈과 조명을 적절히 함
　㉥ 작업표준을 정하고 이를 준수

③ 기계화 작업수행 기준
　㉠ 에너지 대사율(RMR)이 7 이상인 경우에는 권장하고 10 이상인 경우에는 필수적임
　　• 경작업 : 1~2RMR
　　• 中작업 : 2~4RMR
　　• 重작업 : 4~7RMR
　　• 초중작업 : 7RMR 이상
　㉡ 2인 이상이 협동하여 장시간 계속적으로 하는 작업
　㉢ 발끝에서 머리 위까지 들어 올리는 작업

④ 운반작업 시 안전기준
　㉠ 운반대 위에는 여러 사람이 타지 말 것
　㉡ 미는 운반차에 화물을 실을 땐 앞을 볼 수 있는 시야를 확보할 것
　㉢ 운반차의 출입구는 운반차의 출입에 지장이 없는 크기로 할 것
　㉣ 운반차의 화물 적재 높이는 구미 여러 나라에서는 1,500 ± 50mm이나 우리나라는 한국인의 체격에 맞게 1,020mm 가량의 높이가 적당
　㉤ 운반차에 물건을 쌓을 때에는 될 수 있는 대로 전체의 중심이 밑이 되도록 쌓을 것
　㉥ 무게가 다른 것을 쌓을 때에는 무거운 물건을 밑에서부터 순차적으로 쌓아 실을 것

(5) 하역운반기계
① 운반하역 표준안전작업지침
　㉠ 장비의 사양을 숙지하고 고장나기 쉬운 곳을 미리 파악
　㉡ 장비의 이상유무를 작업개시 전 항상 점검
　㉢ 점검 시 사전점검의 소요시간을 정하고, 점검시간을 보기 쉬운 장소에 표시함과 동시에 "점검 중"이란 표지를 부착하는 등의 조치를 하고 일반근로자에게 주지
　㉣ 스위치에는 "점검 중 스위치를 넣지 말 것" 등의 표지를 부착하거나 시건장치 설치
　㉤ 주행로 상에 복수의 장비가 있을 때에는 주행로 양측에 가설 고임목을 설치하여 인접 장비와의 충돌을 방지
　㉥ 점검을 능률적으로 하기 위하여 2인 이상의 점검자가 점검할 때에는 사전에 점검범위 등을 협의

② 교대 운전자의 인수인계 시 유의사항
　㉠ 운전 시의 이상유무 : 운전상황, 이상상태와 그 처치 등
　㉡ 운전 중의 작업내용 : 통상 작업인가, 임시 또는 수리작업인가 등
　㉢ 작업장 내의 상태 : 공사 또는 수리 등에 의한 장애물의 유무 등
③ 감아올리기 작업 시 준수사항
　㉠ 감아올림은 수직으로 하여야 하며 비스듬히 끌어올리지 말것
　㉡ 저속으로 천천히 감아올리고 와이어로프가 인장력을 받기 시작할 때에는 일단 정지
　㉢ 지면과 약 5cm 떨어진 지점에서 정지
　㉣ 지면과 약 5cm 떨어져 정지한 후 감아올릴 때 급격한 상승 금지
　㉤ 매단 하물이 무너지거나 빠지는 등의 위험이 있을 때에는 경보 등의 신호에 따라 즉시 풀어내림
④ 장비의 이동 작업 시 준수사항
　㉠ 근로자(특히 신호자, 걸이공)의 위치, 장애물의 유무, 인접 크레인의 움직임 등 주위의 상황을 확인하고 경보를 울린 후 이동
　㉡ 급격한 기동이나 정지 금지
　㉢ 장척물이나 이형물을 운반할 때에는 특히 신중을 기함
　㉣ 감아올림(풀어내림)과 주행 또는 횡방향 운전의 이중조작 운전 시 매단물체의 바닥면과 작업면과의 최소 이격거리를 2m 이상으로 유지
⑤ 풀어내리기 작업 시 준수사항
　㉠ 착지 전에 지면으로부터 20cm 정도의 높이에서 일단 정지하고 신호자의 신호에 따라 안전을 확인한 후 저속 조작으로 풀어내림
　㉡ 컨트롤러(Controller)를 영(0)의 눈금으로 되돌리고 급정지 금지
⑥ 이상 시 조치사항
　㉠ 주행 중에 갑자기 브레이크가 걸리지 않게 되고 컨트롤러(Controller)를 역행으로 했지만 컨텍터(Contactor)가 소손되고, 크레인(Crane)이 폭주했을 경우에는 조작회로 버튼을 "OFF"로 하고 주전원을 개방한 후 감속
　㉡ 운전 중 매단 물체가 자연강하할 경우 컨트롤러(Controller)를 1눈금 또는 2눈금으로 내리면서 신호자와 연락을 취하면서 안전한 장소로 이동해서 내림
　㉢ 감아올리는 전동기 2대를 사용하는 크레인(Crane)으로 그 하나가 고장일 때는 신호자에게 연락하고 물체를 안전한 장소에 내림
　㉣ 운전 중 정전이 되었을 경우 컨트롤러(Controller)를 "OFF"로 되돌린 후 주전원을 개방하고 송전을 기다림
　㉤ 리프팅 마그네트(Lifting Magnet)를 사용 중에 정전이 되었을 경우 신호자 등의 지상 근로자에게 연락을 취하고 흡착물의 낙하에 의한 재해를 방지하기 위한 조치를 신속히 한 후 브레이크 해제장치 등을 사용 흡착물을 안전하게 지상에 내려놓음
　㉥ 기타 돌발적인 고장 등 원인불명의 경우에는 안전한 위치에서 크레인을 정지하는 등의 방법을 취하고 나서 신속히 감독자에게 연락을 취함

(6) 줄걸이 작업

① 줄걸이 작업 시 물체의 중량 측정
   ㉠ 물체의 중량 측정은 실측을 원칙으로 하며 목측하는 때에는 각 치수를 측정하여 환산
   ㉡ 크레인 등의 정격하중을 초과하는 인양금지

② 줄걸이 용구의 선정
   ㉠ 와이어로프나 체인 등은 안정성이나 작업성 및 물체의 손상을 고려하여 적합한 걸이 용구를 선정함
   ㉡ 걸이 용구는 반드시 사용 전 점검을 하여 이상유무를 확인하고 불량한 것을 사용치 않음

③ 인양 물체의 중심 측정
   ㉠ 형상이 복잡한 물체의 무게 중심을 목측하여 임시로 중심을 정하고 서서히 감아올려 지상 약 10cm 지점에서 정지하고 확인(이때 매달린 물체에 접근금지)
   ㉡ 인양 물체의 중심이 높으면 물체가 기울거나 와이어로프나 매달기용 체인이 벗겨질 우려가 있으므로 중심은 될 수 있는 한 낮게하여 매달도록 함

④ **줄걸이 작업 시 준수사항** 기출 18년 1회
   ㉠ 와이어로프 등은 크레인의 후크중심에 걸어야 함
   ㉡ 인양 물체의 안정을 위하여 2줄 걸이 이상을 사용
   ㉢ 밑에 있는 물체를 걸고자 할 때에는 위의 물체를 제거한 후에 실시
   ㉣ 매다는 각도는 60° 이내로 하여야 함
   ㉤ 근로자를 매달린 물체위에 탑승시키지 않음

⑤ 받침 설치작업 시 준수사항
   ㉠ 받침설치는 확실히 하여 매달린 물체가 무너지거나 낙하하지 않도록 하여야 하며 와이어로프를 거는 볼트, 아이볼트, 샤클 등은 확실히 설치
   ㉡ 물체의 모서리 또는 날카로운 부분 등 손상하기 쉬운 곳이나 와이어로프가 미끄러질 위험이 있는 곳에는 반드시 보완 조치하여 와이어로프가 인장력을 받았을 때 보조물이 벗겨지지 않도록 함

⑥ 물체의 끌어올리기 및 끌어내리기 작업 시 준수사항
   ㉠ 물체의 끌어올리기, 끌어내리기의 경우 걸이자와 그 보조자는 안전한 장소에 위치하여야 함
   ㉡ 와이어로프가 인장력을 받고 있는 동안에 잡아당길 필요가 있을 경우에는 직접 손으로 하지 말고 보조구를 사용
   ㉢ 물체에 근접하여 끌어올리고 내릴 때에는 즉시 대피할 수 있는 장소를 마련

⑦ 물체의 보관과 적재 작업 시 준수사항
   ㉠ 물체를 적치시킬 때에는 요동이나 진동으로 인하여 미끄러지거나 기울어짐이 없도록 고임목을 사용, 작은 물체 위에 큰 물체를 쌓아놓거나 너무 높게 쌓지 않도록 함(적재높이는 약 2m 정도)
   ㉡ 적치 시에 매달린 물체의 위치를 수정할 필요가 있을 때에는 물체를 당기지 말고 밀어서 고침
   ㉢ 적치 시에 매달린 물체 밑에 손, 발 등이 끼어 있지 않도록 함

⑧ 특수한 물체의 매다는 작업 시 준수사항
   ㉠ 장척물, 이형물 또는 대형 물체를 매달 때에는 가이드로프를 사용
   ㉡ 휘어지기 쉬운 긴 물체는 편심하중, 휘어짐, 빠짐 등이 없도록 매달아야 함

⑨ 신호자의 안전작업
  ㉠ 신호는 반드시 1명의 신호자만을 선임하여 신호
  ㉡ 신호는 크레인 운전자가 잘 보이는 위치에서 행함
  ㉢ 걸이자 및 걸이보조자의 작업행동을 주시하여야 함
  ㉣ 선임된 신호자는 신호자 표시를 반드시 착용
  ㉤ 신호자는 통행로 부근의 안전을 항상 확인
  ㉥ 걸이작업 개시 전에 물체를 적재할 장소를 파악해 둠
  ㉦ 물체의 반전 및 전도작업을 할 때에는 다음 사항을 준수
    • 작업공간을 넓게 확보할 것
    • 중심을 이동할 때 와이어로프 등의 느슨함이나 미끄럼의 유무를 주시하면서 서서히 할 것
    • 반전할 때 물체가 미끄러지지 않도록 지점에 막대기를 끼울 것
    • 물체의 되돌림을 방지하기 위해 중심이 지점의 반대측에 완전히 기울어진 후에 와이어로프 등을 늦출 것
⑩ 다음의 작업 시 걸이자 및 보조자는 관계자와 작업내용 등에 대하여 협의할 것
  ㉠ 좁은 장소나 장애물이 있는 장소에서의 걸이
  ㉡ 트럭이나 대차상에서의 걸이
  ㉢ 물체를 반전, 전도시키기 위한 걸이
  ㉣ 긴 물체, 중량물, 이형물 등의 걸이

(7) 와이어로프
  ① 와이어로프의 개요
    ㉠ 주로 옥외 작업의 동력 전달에 쓰이며 여러 가닥의 철선을 감아 큰 힘을 전달하게 만듦
    ㉡ 심선을 가운데 넣고 여러 줄의 소선을 꼬아 하나의 스트랜드로 하고, 그 스트랜드를 다시 심강 위에 여러 줄 꼬아서 만듦
  ② 와이어로프 선택 시 고려할 사항
    ㉠ 내마모성
    ㉡ 내굽힘성 및 피로성
    ㉢ 내파단강도
    ㉣ 내진동 피로성
    ㉤ 잔류강도
  ③ 와이어로프의 꼬임
    ㉠ 보통 꼬임(Ordinary Lay)
      • 스트랜드의 꼬임방향과 로프의 꼬임방향이 반대
      • 소선의 외부 길이가 짧아서 비교적 마모가 되기 쉬움
      • 킹크가 생기지 않고 로프의 변형이나 하중을 걸었을 때 저항성이 크고 취급이 용이하여 선박, 육상 등에 주로 사용
    ㉡ 랭 꼬임(Lang's Lay)
      • 스트랜드의 꼬임방향과 로프의 꼬임방향이 동일

- 보통 꼬임에 비하여 소선과 외부와의 접촉길이가 길고 부분적 마모에 대한 저항성, 유연성, 마모에 대한 저항성이 우수
- 꼬임이 풀리기 쉬워 로프의 끝이 자유로이 회전하는 경우나 킹크가 생기기 쉬운 곳에는 적당하지 않음
ⓒ 보통 꼬임과 랭 꼬임에는 각각 스트랜드의 꼬임 방법이 오른나사와 같은 방향으로 되어 있는 Z꼬임과 왼쪽 나사와 같은 방향으로 되어 있는 S꼬임의 2가지 꼬임 방법이 있음

④ 로프를 드럼에 감는 방법
㉠ 로프를 감고 풀 때는 킹크가 생기지 않도록 주의
㉡ 지브 및 드럼의 직경 D와 와이어로프 직경 d와의 비 D/d가 클수록 로프 수명이 길어지므로 조건이 허용하는 한 지브 및 드럼이 큰 것을 사용하는 것이 안전에 효과적
㉢ 지브 홈의 직경은 로프 공칭직경의 1.07배 가량이 적합

〈와이어로프의 꼬임 방법〉

구 분	보통 꼬임	랭 꼬임
외 관	소선과 로프축은 평행이다.	소선과 로프축은 각도를 가진다.
장 점	킹크를 잘 일으키지 않으므로 취급이 쉽다.	소선은 긴 거리에 걸쳐서 외부와 접촉하므로 로프의 내마모성이 크다.
	꼬임이 견고하기 때문에 모양이 잘 흐트러지지 않는다.	유연하다.
단 점	소선이 짧은 거리에 걸쳐 외부와 접촉하므로 국부적으로 단선을 일으키기 쉽다.	킹크를 일으키기 쉬우므로 취급주의가 필요하다.
용 도	일반용	광산 삭도용

⑤ 와이어로프의 안전율 기출 17년 4회
㉠ S = NP/Q
여기서, S : 안전율, P : 로프의 파단강도 kg, N : 로프 가닥수, Q : 안전하중 kg
㉡ 근로자가 탑승하는 운반구를 지지하는 달기와이어로프 또는 달기체인의 경우 : 10 이상
㉢ 화물의 하중을 직접 지지하는 달기와이어로프 또는 달기체인의 경우 : 5 이상
㉣ 훅, 샤클, 클램프, 리프팅 빔의 경우 : 3 이상
㉤ 그 밖의 경우 : 4 이상

⑥ 와이어로프 사용금지 기준
㉠ 소선절단 : 피치 내의 소선의 단선수가 10% 초과 시
㉡ 지름감소 : 지름감소가 공칭지름의 7% 초과 시, 단면감소가 15% 초과 시
㉢ 기 타
- 꼬인 것(Kink된 것)
- 심하게 변형 또는 부식된 것
- 이음매가 있는 것

⑦ 로프에 걸리는 하중
㉠ 슬링 와이어(Sling Wire)에 걸리는 장력은 와이어로프의 매달기 각도에 따라 달라짐
㉡ 매달기각도가 클수록 장력 또한 커지기 때문에 60°가 적합

⑧ 체인의 사용 제한 조건
  ㉠ 안전율 5 이하
  ㉡ 링크의 단면지름의 감소가 제조 시의 링크의 지름의 10%를 초과한 때
  ㉢ 5개 링크의 길이의 신장이 제조 시 길이의 5%를 초과한 때

(8) 철근운반 시 준수사항 및 안전기준
  ① 인력운반 안전기준 기출 19년 1회, 19년 4회, 23년 복원
    ㉠ 1인당 무게는 25kg 정도가 적절하며, 무리한 운반 금지
    ㉡ 2인 이상 1조가 되어 어깨메기로 하여 운반
    ㉢ 긴 철근을 1인 운반 시 앞쪽을 높게 하여 어깨에 메고 뒤쪽 끝을 끌면서 운반
    ㉣ 운반 시 양끝을 묶어 운반
    ㉤ 내려놓을 때는 던지지 말고 천천히 내려놓을 것
    ㉥ 공동 작업 시 신호에 따라 작업(신호 준수)
  ② 기계운반 안전기준
    ㉠ 작업책임자를 배치하여 수신호 또는 표준신호 방법에 의하여 시행
    ㉡ 달아올릴 때에는 로프와 기구의 허용하중을 검토하여 과중하게 달아올리지 말것
    ㉢ 비계, 거푸집 등에 대량의 철근 적치 금지
    ㉣ 달아올리는 부근에 관계 근로자 이외 출입 금지
    ㉤ 권양기 운전자는 현장책임자가 지정
  ③ 철근운반 시 감전사고 등의 예방
    ㉠ 철근 운반작업을 하는 바닥 부근에는 전선 배선 금지
    ㉡ 철근 운반작업 주변의 전선은 사용철근의 최대 길이 이상의 높이에 배선, 이격거리는 최소 2m 이상
    ㉢ 운반 장비는 반드시 전선의 배선 상태를 확인한 후 운행

02 하역작업

(1) 개요
  ① 하역운반의 기본조건
    ㉠ 운반 장소
    ㉡ 운반 수단
    ㉢ 운반 시간
    ㉣ 운반 물건
    ㉤ 작업 주체
  ② 하역작업의 개선 시 고려사항
    ㉠ 운반목표를 명확하게 설정
    ㉡ 운반설비의 배치를 검토하여 시정

ⓒ 운반능력의 균형을 검토
　　　ⓔ 최소 작업 단위로 작업 동작을 통합
　　　ⓜ 연락의 조직화, 합리화를 도모
　③ 하역의 8대 기본원칙
　　　㉠ 경제성의 원칙 : 하역작업의 횟수를 줄임으로써 화물의 오손, 분실, 비용을 최소화
　　　㉡ 거리(시간)최소화의 원칙 : 하역작업이 존재하는 한 기본이 되는 이동거리 시간을 최소화
　　　㉢ 운반 활성화의 원칙 : 물품을 운반하기 쉽고, 움직이기 쉽게 두어 운반을 편리하게 하는 것으로, 이를 위해서는 관련작업의 조합에 의해 전체를 능률적으로 운용하여야 함
　　　㉣ 화물 단위화의 원칙 : 화물을 일정 단위화 하는 것으로, 이는 작업능률 및 운반의 활성화를 높임과 동시에 화물의 손상, 감모, 분실을 없애고 수량의 확인도 용이하게 함
　　　㉤ 기계화 추진의 원칙 : 인력작업을 기계작업으로 대체하는 것으로, 이를 위해서는 인간과 기계의 적절한 결합을 고려해야 함
　　　㉥ 중력이용의 원칙 : 중력의 법칙에 따른 하역작업을 선택해야 하며, 물품을 들고 다니는 경우를 최소화하여야 함
　　　㉦ 화물 유동화의 원칙 : 화물이 정체되지 않도록 하역작업 공정 간의 연계를 원활히 하는 것
　　　㉧ 시스템화의 원칙 : 개개의 하역활동을 유기체로서의 활동으로 간주하는 원칙

(2) 하역작업의 안전
　① 항만 하역작업의 안전기준
　　　㉠ <u>부두, 안벽 등의 하역 작업 장소의 안전조치</u> 기출 21년 2회
　　　　• 작업장과 통로에 안전작업을 위한 조명유지
　　　　• 통로의 폭은 90cm 이상
　　　　• 육상에서의 통로 및 작업 장소로서, 다리 또는 갑문을 넘는 보도 등의 위험한 부분에는 적당한 울 등을 설치
　　　㉡ 갑판의 윗면에서 선창 밑바닥까지의 깊이가 1.5m를 초과하는 선창의 내부의 경우 통행설비 설치
　　　㉢ 출입금지장소
　　　　• 해치커버의 개폐·설치 또는 해체작업을 하고 있어 해치 보드 또는 해치빔 등이 떨어져 근로자에게 위험을 미칠 우려가 있는 장소
　　　　• 양화장치 붐(Boom)이 넘어짐으로써 근로자에게 위험을 미칠 우려가 있는 장소
　　　　• 양화장치, 데릭, 크레인, 이동식 크레인에 매달린 화물이 떨어져 근로자에게 위험을 미칠 우려가 있는 장소
　　　㉣ 항만 하역작업을 시작 전 급성 독성물질이 있는지를 조사하여 안전한 취급방법, 누출 시 처리방법을 정해야 함
　　　㉤ <u>300t급 이상의 선박에서 하역 작업 시 현문사다리를 설치하고 사다리 밑에는 안전망을 설치하되 현문사다리의 너비는 55cm 이상이어야 하며 양측에 82cm 이상 높이로 방책을 설치하고, 바닥은 미끄러지지 아니하도록 적합한 재질로 처리</u> 기출 20년 3회
　　　㉥ 양화장치 등을 사용하여 양화작업을 할 때에는 선창 내부의 화물을 안전하게 운반할 수 있도록 미리 해치의 수직 하부에 옮겨 놓아야 함

ⓐ 선내 하역 작업을 할 때에는 관리감독자로 하여금 다음 각 호의 사항을 이행하도록 함
  • 작업 방법을 결정하고 작업을 지휘하는 일
  • 통행 설비, 하역기계, 보호구 및 공구를 점검, 정비하고 이들의 사용 상황을 감시하는 일
  • 주변 작업자 간의 연락 조정을 행하는 일

② 화물취급의 안전기준
  ㉠ 섬유로프는 등의 가닥이 끊어졌거나 심하게 손상 또는 부식된 것을 사용하지 않음
  ㉡ 바닥으로부터의 높이가 2m 이상 되는 하적단은 인접 하적단과의 간격을 하적단의 밑부분에서 10cm 이상으로 함
  ㉢ 바닥으로부터 높이가 2m 이상인 하적단 위에서 작업을 하는 때에는 추락 등에 의한 근로자의 위험을 방지하기 위하여 해당 작업에 종사하는 근로자로 하여금 안전모 등의 보호구를 착용
  ㉣ 화물을 적재하는 때에는 다음 각 호의 사항을 준수 [기출] 21년 1회
    • 침하의 우려가 없는 튼튼한 기반 위에 적재할 것
    • 건물의 칸막이나 벽 등이 화물의 압력에 견딜 만큼의 강도를 지니지 아니한 때에는 칸막이나 벽에 기대어 적재하지 아니하도록 할 것
    • 불안정할 정도로 높이 쌓아올리지 말 것
    • 편하중이 생기지 아니하도록 적재할 것
  ㉤ 섬유로프 등을 사용하여 화물 취급 작업을 하는 때에는 해당 섬유로프 등을 점검하고 이상을 발견한 섬유로프 등을 즉시 교체
  ㉥ 관리감독자는 다음의 업무를 이행하도록 하여야 함
    • 작업 방법 및 순서를 결정하고 작업을 지휘하는 일
    • 기구 및 공구를 점검하고 불량품을 제거하는 일
    • 그 작업 장소에는 관계 근로자 외의 자의 출입을 금지시키는 일
    • 로프 등의 해체 작업을 하는 때에는 하대 위 화물의 낙하 위험 유무를 확인하고 그 작업의 착수를 지시하는 일

③ 차량계 하역운반 기계 및 건설기계 통로 폭 및 속도
  ㉠ 운반차량의 구내 속도 : 8km/h 이내의 속도를 유지
  ㉡ 운반통로에서 우선 통과 순위 : 기중기 > 짐을 실은 차 > 빈 차 > 사람
  ㉢ 부두 안벽선 통로 폭 : 90cm 이상
  ㉣ 물자 운반용 차량의 통로 폭
    • 일방통행용 : W = B + 60cm
    • 양방통행용 : W = 2B + 90cm(B : 운반차량의 폭)
  ㉤ 제한 속도를 정하지 않아도 되는 차량계 건설기계 : 10km/h 이하

④ 크레인의 손에 의한 공통적인 표준신호방법
　㉠ 일반 수신호

구 분	작업 시작 (나의 지시에 따르시오)	멈춤 (보통 멈춤)
수신호		
내 용	두 팔을 수평으로 뻗고 손바닥을 펴서 정면을 향하게 한다.	한쪽 팔을 수평으로 뻗고서 손바닥은 바닥을 향하게 하고, 팔은 수평을 유지하며 앞뒤로 움직인다.
구 분	비상 멈춤 (긴급 멈춤)	작업 중지 (나의 지시 따름을 중지하시오)
수신호		
내 용	두 팔을 수평으로 뻗고, 손바닥은 바닥을 향하게 하고, 팔은 수평을 유지하며 앞뒤로 움직인다.	양손을 신체 앞쪽 가슴 높이에서 모으고 움켜쥔다.
구 분	미동 혹은 최저속	
수신호		
내 용	두 손바닥을 마주치며 원을 그리듯 문지른다. 이 신호 후에 기타 해당 수신호를 적용한다.	

　㉡ 수직 동작

구 분	수직거리 표시	하물을 일정한 속도로 올리기
수신호		
내 용	두 팔을 몸 앞쪽으로 뻗고, 두 손바닥을 마주하여 한 손을 다른 손 위에 둔다.	한쪽 팔을 위로 올리고, 주먹을 쥔 상태에서 검지는 위쪽을 가리키며 팔뚝으로 작은 평면 원을 그린다.

구 분	천천히 올리기	하물을 일정한 속도로 내리기
수신호		
내 용	한 손은 올리기 신호를 하고, 다른 한 손바닥을 신호를 하는 손 위에 올려놓은 후 움직이지 않는다.	한쪽 팔을 몸과 거리를 두고서 아래로 내리고 주먹을 쥔 상태에서 검지를 아래쪽으로 가리키며 팔뚝으로 작은 평면 원을 그린다.

구 분	천천히 내리기
수신호	
내 용	한 손은 내리기 신호를 하고, 다른 한 손바닥은 신호를 하는 손 아래 내려놓은 후 움직이지 않는다.

ⓒ 수평 동작

구 분	주행/선회 방향 표시	주행 (나에게서 멀어지시오)
수신호		
내 용	한쪽 팔을 수평으로 뻗으며 손은 펴고, 손바닥은 아래로 향하게 하여 원하는 방향을 가리킨다.	두 팔을 앞쪽으로 펴서 벌리고 두 손은 펴서 손바닥을 아래쪽으로 유지한 상태에서, 두 팔뚝을 위아래로 반복하여 움직인다.
구 분	주행 (나에게로 오시오)	양쪽 크롤러 트랙 주행
수신호		
내 용	두 팔을 앞쪽으로 펴서 벌리고 두 손은 펴서 손바닥을 위쪽으로 유지한 상태에서, 두 팔뚝을 위아래로 반복하여 움직인다.	두 주먹을 몸 앞쪽에 놓은 후 앞쪽 혹은 뒤쪽의 주행하는 방향으로 서로를 회전시킨다.

구 분	한쪽 크롤러 트랙 주행	수평거리 표시
수신호		
내 용	한쪽 트랙의 잠금을 표시하기 위해 한쪽 주먹을 들어 올린다. 다른 한쪽 주먹은 몸 앞에서 반대쪽 트랙의 주행 방향을 가리키며 수직으로 회전시킨다.	두 팔을 몸 앞쪽으로 수평으로 뻗고서 두 손바닥은 마주하게 둔다.

구 분	뒤집음 (두 크레인 혹은 두 개의 훅)
수신호	
내 용	두 팔을 몸 앞쪽으로 평행하게 뻗고서 뒤집음 방향으로 90° 회전시킨다. ※ 크레인 또는 훅의 인양 능력이 급격한 불균형에 의한 전복 하중에 대해 충분한 용량을 가지는지 확인이 필요하다.

ⓔ 장비 관련 동작

구 분	메인 호이스트 사용하기	보조 호이스트 사용하기
수신호		
내 용	머리 위에 한 손을 두고, 다른 한 손은 몸 측면에 둔다. 이 신호 이후의 수신호는 메인 호이스트에만 적용한다. 하나 이상의 메인 호이스트가 존재하는 경우, 신호수는 크레인 번호로 표시하거나 손가락을 가리킨다.	한쪽 팔뚝을 수직으로 유지하며 주먹을 쥔다. 다른 한 손으로 팔꿈치를 움켜쥔다. 이 신호 이후의 수신호는 보조 호이스트에만 적용한다.

구 분	붐 상승	붐 하강
수신호		
내 용	한쪽 팔을 수평으로 뻗고서 엄지손가락을 위로 향하게 한다.	한쪽 팔을 수평으로 뻗고서 엄지손가락을 아래로 향하게 한다.

구 분	붐 확장 또는 트롤리 확장	붐 축소 또는 트롤리 축소
수신호		
내 용	양손을 양쪽으로 뻗고(주먹 쥔 상태) 엄지손가락을 서로 반대방향으로 유지한다.	양손을 양쪽으로 뻗고(주먹을 쥔 상태) 엄지손가락을 마주 보는 방향으로 유지한다.
구 분	붐 상승과 동시에 하물 인하	붐 하강과 동시에 하물 인상
수신호		
내 용	한쪽 팔은 수평으로 뻗고서 엄지손가락을 위로 향하게 하고, 다른 한쪽 팔은 몸과 거리를 두고서 아래로 향하게 하여 팔뚝으로 작은 평면 원을 그린다.	한쪽 팔은 수평으로 뻗고서 엄지손가락을 아래로 향하게 하고, 다른 한쪽 팔은 위쪽으로 올려 손가락으로 작은 평면 원을 그린다.

※ 출처 : KS B ISO 16715 크레인 - 수신호(2016.4.4 제정)

(3) 하역작업 시 위험방지 기출 20년 4회

① 심하게 손상되거나 부식된 것, 꼬임이 끊어진 섬유로프 등의 사용 금지
② 섬유로프 등을 사용하여 화물취급작업을 하는 경우에 해당 섬유로프 등을 점검하고 이상을 발견한 섬유로프 등을 즉시 교체
③ 차량 등에서 화물을 내리는 작업 시 쌓여 있는 화물 중간에서 화물을 빼내는 것 금지
④ 하역작업을 하는 장소에 다음의 안전조치 실시
  ㉠ 작업장 및 통로의 위험한 부분에는 안전하게 작업할 수 있는 조명을 유지할 것
  ㉡ 부두 또는 안벽의 선을 따라 통로를 설치하는 경우에는 폭을 90cm 이상으로 할 것
  ㉢ 육상에서의 통로 및 작업장소로서 다리 또는 선거, 갑문을 넘는 보도 등의 위험한 부분에는 안전난간 또는 울타리 등을 설치할 것
  ㉣ 바닥으로부터의 높이가 2m 이상 되는 하적단(포대·가마니 등으로 포장된 화물이 쌓여 있는 것만 해당)과 인접 하적단 사이의 간격을 하적단의 밑부분을 기준하여 10cm 이상으로 함
⑤ 하적단의 붕괴 등에 의한 위험방지
  ㉠ 하적단의 붕괴 또는 화물의 낙하에 의하여 근로자가 위험해질 우려가 있는 경우에는 그 하적단을 로프로 묶거나 망을 치는 등 위험을 방지하기 위하여 필요한 조치를 실시
  ㉡ 하적단을 쌓는 경우에는 기본형을 조성하여 쌓음
  ㉢ 하적단을 헐어내는 경우에는 위에서부터 순차적으로 층계를 만들면서 헐어내어야 하며, 중간에서 헐어내는 것 금지

⑥ 화물 적재 시 준수사항 기출 19년 2회
  ㉠ 침하 우려가 없는 튼튼한 기반 위에 적재할 것
  ㉡ 최대적재량을 초과하지 않을 것
  ㉢ 불안정할 정도로 높이 쌓아 올리지 말 것
  ㉣ 하중이 한쪽으로 치우치지 않도록 쌓을 것
  ㉤ 운전자의 시야를 가리지 않을 것
  ㉥ 화물의 붕괴, 낙하를 방지하기 위해 화물에 로프를 거는 등의 조치를 할 것
  ㉦ 건물의 칸막이나 벽 등의 강도가 크지 않을 경우 칸막이나 벽에 기대어 적재하지 않을 것

(4) 항만하역작업
① 갑판의 윗면에서 선창(船倉) 밑바닥까지의 깊이가 1.5m를 초과하는 선창의 내부에서 화물취급작업을 하는 경우에 그 작업에 종사하는 근로자가 안전하게 통행할 수 있는 설비를 설치
② 항만하역작업을 시작하기 전에 그 작업을 하는 선창 내부, 갑판 위 또는 안벽 위에 있는 화물 중에 급성 독성물질이 있는지를 조사하여 안전한 취급방법 및 누출 시 처리방법을 정하여야 함
③ 무포장 화물의 취급방법
  ㉠ 선창 내부의 밀·콩·옥수수 등 무포장 화물을 내리는 작업을 할 때에는 시프팅보드(Shifting Board), 피더박스(Feeder Box) 등 화물 이동 방지를 위한 칸막이벽이 넘어지거나 떨어짐으로써 근로자가 위험해질 우려가 있는 경우에는 그 칸막이벽을 해체한 후 작업을 하도록 함
  ㉡ 진공흡입식 언로더(Unloader) 등의 하역기계를 사용하여 무포장 화물을 하역할 때 그 하역기계의 이동 또는 작동에 따른 흔들림 등으로 인하여 근로자가 위험해질 우려가 있는 경우에는 근로자의 접근을 금지하는 등 필요한 조치를 하여야 함
④ 선박승강설비의 설치 기출 17년 4회, 18년 1회
  ㉠ 300톤급 이상의 선박에서 하역작업을 하는 경우에 근로자들이 안전하게 오르내릴 수 있는 현문(舷門) 사다리를 설치하고 이 사다리 밑에 안전망을 설치
  ㉡ 현문 사다리는 견고한 재료로 제작된 것으로 너비는 55cm 이상이어야 하고, 양측에 82cm 이상의 높이로 울타리를 설치하여야 하며, 바닥은 미끄러지지 않도록 적합한 재질로 처리되어야 함
  ㉢ 현문 사다리는 근로자의 통행에만 사용하며, 화물용 발판 또는 화물용 보판으로 사용 금지
⑤ 통선(通船) 등에 의하여 근로자를 작업장소로 수송(輸送) 시 탑승정원 초과금지, 통선 등에 구명용구를 갖추어 두는 등 근로자의 위험 방지에 필요한 조치 실시
⑥ 물 위의 목재·원목·뗏목 등에서 작업을 하는 근로자에게 구명조끼를 착용하도록 하여야 하며, 인근에 인명구조용 선박을 배치
⑦ 양화장치를 사용하여 베일포장으로 포장된 화물을 하역하는 경우에 그 포장에 사용된 철사·로프 등에 훅을 거는 행위 금지
⑧ 같은 선창 내부의 다른 층에서 동시 작업금지(동시작업 시 화물의 낙하를 방지하기 위한 설비를 설치)

⑨ 양하작업 시의 안전조치
  ㉠ 양화장치 등을 사용하여 양하작업을 하는 경우에 선창 내부의 화물을 안전하게 운반할 수 있도록 미리 해치(Hatch)의 수직하부에 옮겨 놓아야 함
  ㉡ 화물을 옮기는 경우에는 대차(臺車) 또는 스내치 블록(Snatch Block)을 사용하는 등 안전한 방법을 사용하여야 하며, 화물을 슬링 로프(Sling Rope)로 연결하여 직접 끌어내는 등 안전하지 않은 방법 사용금지
⑩ 양화장치 등을 사용하여 드럼통 등의 화물권상작업을 하는 경우에 그 화물이 벗어지거나 탈락하는 것을 방지하는 구조의 해지장치가 설치된 훅부착슬링을 사용
⑪ 양화장치 등을 사용하여 로프로 화물을 잡아당기는 경우에 로프나 도르래가 떨어져 나감으로써 근로자가 위험해질 우려가 있는 장소에 근로자의 출입금지

우리 인생의 가장 큰 영광은
결코 넘어지지 않는 데 있는 것이 아니라
넘어질 때마다 일어서는 데 있다.

– 넬슨 만델라 –

PART 6
최신기출 15회분

2022년 제2회
2022년 제1회
2021년 제4회
2021년 제2회
2021년 제1회
2020년 제4회
2020년 제3회
2020년 제1・2회 통합

2019년 제4회
2019년 제2회
2019년 제1회
2018년 제4회
2018년 제2회
2018년 제1회
2017년 제4회

얼마나 많은 사람들이 책 한 권을 읽음으로써 인생에 새로운 전기를 맞이했던가.

– 헨리 데이비드 소로 –

끝까지 책임진다! 시대에듀!

QR코드를 통해 도서 출간 이후 발견된 오류나 개정법령, 변경된 시험 정보, 최신기출문제, 도서 업데이트 자료 등이 있는지 확인해 보세요! **시대에듀 합격 스마트 앱**을 통해서도 알려 드리고 있으니 구글 플레이나 앱 스토어에서 다운받아 사용하세요. 또한, 파본 도서인 경우에는 구입하신 곳에서 교환해 드립니다.

2022년 제2회 기출해설

6과목 건설안전기술

101 건설업의 공사금액이 850억원일 경우 산업안전보건법령에 따른 안전관리자의 수로 옳은 것은? (단, 전체 공사기간을 100으로 할 때 공사 전·후 15에 해당하는 경우는 고려하지 않는다.)

• 1과목 6장 9절 산업안전보건관리비

① 1명 이상
② 2명 이상
③ 3명 이상
④ 4명 이상

해설
공사금액 800억원 이상 1,500억원 미만인 경우 안전관리자의 수는 2명 이상이다.

102 건설현장에 거푸집동바리 설치 시 준수사항으로 옳지 않은 것은?

• 5장 3절 거푸집, 동바리

① 파이프서포트 높이가 4.5m를 초과하는 경우에는 높이 2m 이내마다 2개 방향으로 수평 연결재를 설치한다.
② 동바리의 침하 방지를 위해 깔목의 사용, 콘크리트 타설, 말뚝박기 등을 실시한다.
③ 강재와 강재의 접속부는 볼트 또는 클램프 등 전용철물을 사용한다.
④ 강관틀 동바리는 강관틀과 강관틀 사이에 교차가새를 설치한다.

해설
파이프서포트 높이가 3.5m를 초과하는 경우에는 높이 2m 이내마다 2개 방향으로 수평 연결재를 설치한다.

103 가설통로를 설치하는 경우 준수해야 할 기준으로 옳지 않은 것은?

• 6장 3절 가설발판

① 경사는 30° 이하로 할 것
② 경사가 25°를 초과하는 경우에는 미끄러지지 아니하는 구조로 할 것
③ 건설공사에 사용하는 높이 8m 이상인 비계다리는 7m 이내마다 계단참을 설치할 것
④ 수직갱에 가설된 통로의 길이가 15m 이상인 때에는 10m 이내마다 계단참을 설치할 것

해설
경사가 15°를 초과하는 경우에는 미끄러지지 아니하는 구조로 한다.

정답 101 ② 102 ① 103 ②

104 항타기 또는 항발기의 사용 시 준수사항으로 옳지 않은 것은?   • 2장 4절 추락, 붕괴 위험방지

① 증기나 공기를 차단하는 장치를 작업관리자가 쉽게 조작할 수 있는 위치에 설치한다.
② 해머의 운동에 의하여 증기호스 또는 공기호스와 해머의 접속부가 파손되거나 벗겨지는 것을 방지하기 위하여 그 접속부가 아닌 부위를 선정하여 증기호스 또는 공기호스를 해머에 고정시킨다.
③ 항타기나 항발기의 권상장치의 드럼에 권상용 와이어로프가 꼬인 경우에는 와이어로프에 하중을 걸어서는 안 된다.
④ 항타기나 항발기의 권상장치에 하중을 건 상태로 정지하여 두는 경우에는 쐐기장치 또는 역회전 방지용 브레이크를 사용하여 제동하는 등 확실하게 정지시켜 두어야 한다.

해설
증기나 공기를 차단하는 장치를 해머의 운전자가 쉽게 조작할 수 있는 위치에 설치한다.

105 가설공사 표준안전 작업지침에 따른 통로발판을 설치하여 사용함에 있어 준수사항으로 옳지 않은 것은?   • 5장 2절 작업통로

① 추락의 위험이 있는 곳에는 안전난간이나 철책을 설치하여야 한다.
② 작업발판의 최대폭은 1.6m 이내이어야 한다.
③ 비계발판의 구조에 따라 최대 적재하중을 정하고 이를 초과하지 않도록 하여야 한다.
④ 발판을 겹쳐이음하는 경우 장선 위에서 이음을 하고 겹침길이는 10cm 이상으로 하여야 한다.

해설
발판을 겹쳐 이을 때는 장선 위에서 이음을 하고, 겹침길이는 20cm 이상으로 한다.

106 토사붕괴에 따른 재해를 방지하기 위한 흙막이 지보공 부재로 옳지 않은 것은?

① 흙막이판
② 말 뚝
③ 턴버클
④ 띠 장

해설
토사붕괴에 따른 재해를 방지하기 위한 흙막이 지보공 부재에는 흙막이판, 말뚝, 버팀대 및 띠장이 있다.

107 토사붕괴원인으로 옳지 않은 것은? •4장 2절 붕괴재해

① 경사 및 기울기 증가
② 성토높이의 증가
③ 건설기계 등 하중작용
④ 토사중량의 감소

해설
토사중량의 감소는 토사붕괴원인이 아니다.

108 이동식 비계를 조립하여 작업을 하는 경우의 준수기준으로 옳지 않은 것은? •5장 1절 비계

① 비계의 최상부에서 작업을 할 때에는 안전난간을 설치하여야 한다.
② 작업발판의 최대적재하중은 400kg을 초과하지 않도록 한다.
③ 승강용 사다리는 견고하게 설치하여야 한다.
④ 작업발판은 항상 수평을 유지하고 작업발판 위에서 안전난간을 딛고 작업을 하거나 받침대 또는 사다리를 사용하여 작업하지 않도록 한다.

해설
작업발판의 최대적재하중은 250kg을 초과하지 않도록 하고, 비계기둥 간의 적재하중은 400kg을 초과하지 않도록 한다.

109 건설용 리프트의 붕괴 등을 방지하기 위해 받침의 수를 증가시키는 등 안전조치를 하여야 하는 순간풍속 기준은?

① 초당 15미터 초과
② 초당 25미터 초과
③ 초당 35미터 초과
④ 초당 45미터 초과

해설
순간풍속이 초당 35미터를 초과하는 바람이 불어올 경우 건설작업용 리프트에 대하여 받침의 수를 증가시키는 등의 조치를 해야 한다.

정답 107 ④ 108 ② 109 ③

110 건설작업용 타워크레인의 안전장치로 옳지 않은 것은? · 3장 3절 양중기의 안전

① 권과 방지장치
② 과부하 방지장치
③ 비상정지장치
④ 호이스트 스위치

해설
호이스트 스위치는 타워크레인의 안전장치가 아니다.

타워크레인 안전장치
과부하 방지장치, 비상정지장치, 권과 방지장치, 훅 해지장치, 충돌 방지장치, 미끄럼 방지장치, 횡주행 스토퍼

111 달비계에 사용하는 와이어로프의 사용금지 기준으로 옳지 않은 것은? · 3장 3절 양중기의 안전

① 이음매가 있는 것
② 열과 전기 충격에 의해 손상된 것
③ 지름의 감소가 공칭지름의 7%를 초과하는 것
④ 와이어로프의 한 꼬임에서 끊어진 소선의 수가 7% 이상인 것

해설
와이어로프의 한 꼬임에서 끊어진 소선의 수가 10% 이상인 것

112 건설업 산업안전보건관리비 계상 및 사용기준은 산업재해보상 보험법의 적용을 받는 공사 중 총 공사금액이 얼마 이상인 공사에 적용하는가?(단, 전기공사업법, 정보통신공사업법에 의한 공사는 제외)
· 1과목 6장 9절 산업안전보건관리비

① 4천만원
② 3천만원
③ 2천만원
④ 1천만원

해설
안전관리비 계상기준은 산업재해보상 보험법의 적용을 받는 공사 중 총 공사금액 2천만원 이상인 공사에 적용한다.

113 가설구조물의 특징으로 옳지 않은 것은?

① 연결재가 적은 구조로 되기 쉽다.
② 부재 결합이 간략하여 불안전 결합이다.
③ 구조물이라는 개념이 확고하여 조립의 정밀도가 높다.
④ 사용부재는 과소단면이거나 결함재가 되기 쉽다.

해설
가설구조물은 건축물 시공을 위해 설치했다가 공사 후 철거하는 임시구조물로 연결부가 견고하지 않다.

114 거푸집 동바리의 침하를 방지하기 위한 직접적인 조치로 옳지 않은 것은? • 5장 3절 거푸집, 동바리

① 수평연결재 사용
② 깔목의 사용
③ 콘크리트의 타설
④ 말뚝박기

해설
거푸집 동바리의 침하를 방지하기 위해 깔목의 사용, 콘크리트 타설, 말뚝박기 등 동바리의 침하를 방지하기 위한 조치를 할 것

115 건설공사의 유해위험방지계획서 제출 기준일로 옳은 것은? • 1장 1절 유해위험방지계획서

① 당해공사 착공 1개월 전까지
② 당해공사 착공 15일 전까지
③ 당해공사 착공 전날까지
④ 당해공사 착공 15일 후까지

해설
건설공사를 착공하려는 경우 : 해당 공사의 착공 전날까지 제출

116 건설업 중 유해위험방지계획서 제출 대상 사업장으로 옳지 않은 것은? • 1장 1절 유해위험방지계획서

① 지상높이가 31m 이상인 건축물 또는 인공구조물, 연면적 30,000m² 이상인 건축물 또는 연면적 5,000m² 이상의 문화 및 집회시설의 건설공사
② 연면적 3,000m² 이상의 냉동·냉장 창고시설의 설비공사 및 단열공사
③ 깊이 10m 이상인 굴착공사
④ 최대 지간길이가 50m 이상인 다리의 건설공사

해설
연면적 5,000m² 이상인 냉동·냉장 창고시설의 설비공사 및 단열공사이다.

117 사다리식 통로 등의 구조에 대한 설치기준으로 옳지 않은 것은? • 5장 2절 작업통로

① 발판의 간격은 일정하게 할 것
② 발판과 벽과의 사이는 15cm 이상의 간격을 유지할 것
③ 사다리식 통로의 길이가 10m 이상인 때에는 7m 이내마다 계단참을 설치할 것
④ 사다리의 상단은 걸쳐놓은 지점으로부터 60cm 이상 올라가도록 할 것

해설
사다리식 통로의 길이가 10m 이상인 경우에는 5m 이내마다 계단참을 설치한다.

정답 114 ① 115 ③ 116 ② 117 ③

118 철골건립준비를 할 때 준수하여야 할 사항으로 옳지 않은 것은?　•6장 4절 철골공사

① 지상 작업장에서 건립준비 및 기계기구를 배치할 경우에는 낙하물의 위험이 없는 평탄한 장소를 선정하여 정비하여야 한다.
② 건립작업에 다소 지장이 있다더라도 수목은 제거하거나 이설하여서는 안 된다.
③ 사용 전에 기계기구에 대한 정비 및 보수를 철저히 실시하여야 한다.
④ 기계에 부착된 앵카 등 고정장치와 기초구조 등을 확인하여야 한다.

해설
세우기 작업에 지장이 되는 수목은 제거하거나 이설한다.

119 고소작업대를 설치 및 이동하는 경우에 준수하여야 할 사항으로 옳지 않은 것은?　•2장 4절 추락, 붕괴 위험방지

① 와이어로프 또는 체인의 안전율은 3 이상일 것
② 붐의 최대 지면경사각을 초과 운전하여 전도되지 않도록 할 것
③ 고소작업대를 이동하는 경우 작업대를 가장 낮게 내릴 것
④ 작업대에 끼임·충돌 등 재해를 예방하기 위한 가드 또는 과상승방지장치를 설치할 것

해설
안전율은 5 이상이어야 한다.

120 터널공사에서 발파작업 시 안전대책으로 옳지 않은 것은?　•3장 5절 해체공법

① 발파 전 도화선 연결상태, 저항치 조사 등의 목적으로 도통시험 실시 및 발파기의 작동상태에 대한 사전점검 실시
② 모든 동력선은 발원점으로부터 최소한 15m 이상 후방으로 옮길 것
③ 지질, 암의 절리 등에 따라 화약량에 대한 검토 및 시방기준과 대비하여 안전조치 실시
④ 발파용 점화회선은 타동력선 및 조명회선과 한 곳으로 통합하여 관리

해설
발파용 점화회선은 타동력선 및 조명회선으로부터 분리해야 한다.

정답　118 ②　119 ①　120 ④

2022년 제1회 기출해설

6과목 건설안전기술

101 유해·위험방지계획서 제출 시 첨부서류로 옳지 않은 것은?
• 1장 1절 유해위험방지계획서

① 공사현장의 주변 현황 및 주변과의 관계를 나타내는 도면
② 공사개요서
③ 전체공정표
④ 작업인부의 배치를 나타내는 도면 및 서류

해설

유해·위험방지계획서 제출 시 첨부서류
- 공사 개요서
- 공사현장의 주변 현황 및 주변과의 관계를 나타내는 도면(매설물 현황 포함)
- 전체 공정표
- 산업안전보건관리비 사용계획
- 안전관리 조직표
- 재해 발생 위험 시 연락 및 대피방법

102 추락 재해방지 설비 중 근로자의 추락재해를 방지할 수 있는 설비로 작업발판 설치가 곤란한 경우에 필요한 설비는?
• 4장 1절 추락재해

① 경사로
② 추락방호망
③ 고정사다리
④ 달비계

해설

작업발판을 설치하기 곤란한 경우 기준에 맞는 추락방호망을 설치하고, 추락방호망을 설치하기 곤란한 경우에는 근로자에게 안전대를 착용하도록 하는 등 추락위험 방지조치를 한다.

정답 101 ④ 102 ②

103 건설업 산업안전보건관리비 계상 및 사용 기준에 따른 안전관리비의 개인보호구 및 안전장구 구입비 항목에서 안전관리비로 사용 가능한 경우는?
• 1과목 6장 9절 산업안전보건관리비

① 안전·보건관리자가 선임되지 않은 현장에서 안전·보건업무를 담당하는 현장관계자용 무전기, 카메라, 컴퓨터, 프린터 등 업무용 기기
② 혹한·혹서에 장기간 노출로 인해 건강장해를 일으킬 우려가 있는 경우 특정 근로자에게 지급되는 기능성 보호 장구
③ 근로자에게 일률적으로 지급하는 보냉·보온장구
④ 감리원이나 외부에서 방문하는 인사에게 지급하는 보호구

해설
혹한·혹서에 장기간 노출로 인해 건강장해를 일으킬 우려가 있는 경우 특정 근로자에게 지급하는 기능성 보호 장구는 안전관리비로 사용 가능하다.
※ 위 문제 및 해설은 고용노동부고시 「건설업 산업안전보건관리비 계상 및 사용기준」의 개정(2022.6.2)에서 삭제된 내용을 다루고 있습니다.

104 가설통로의 설치기준으로 옳지 않은 것은?
• 4장 1절 추락재해

① 경사가 15°를 초과하는 때에는 미끄러지지 않는 구조로 한다.
② 건설공사에 사용하는 높이 8m 이상인 비계다리에는 7m 이내마다 계단참을 설치한다.
③ 수직갱에 가설된 통로의 길이가 15m 이상일 경우에는 15m 이내마다 계단참을 설치한다.
④ 추락의 위험이 있는 장소에는 안전난간을 설치한다.

해설
수직갱에 가설된 통로의 길이가 15m 이상인 경우에는 10m 이내마다 계단참을 설치한다.

105 비계의 높이가 2m 이상인 작업장소에 작업발판을 설치할 경우 준수하여야 할 기준으로 옳지 않은 것은?
• 5장 1절 비계

① 작업발판의 폭은 30cm 이상으로 한다.
② 발판재료 간의 틈은 3cm 이하로 한다.
③ 추락의 위험성이 있는 장소에는 안전난간을 설치한다.
④ 발판재료는 뒤집히거나 떨어지지 않도록 2개 이상의 지지물에 연결하거나 고정시킨다.

해설
작업발판의 폭은 40cm 이상이다.

106 가설구조물의 문제점으로 옳지 않은 것은?

① 도괴재해의 가능성이 크다.
② 추락재해 가능성이 크다.
③ 부재의 결합이 간단하나 연결부가 견고하다.
④ 구조물이라는 통상의 개념이 확고하지 않으며 조립의 정밀도가 낮다.

해설
가설구조물은 건축물 시공을 위해 설치했다가 공사 후 철거하는 임시구조물로 연결부가 견고하지 않다.

107 거푸집 해체작업 시 유의사항으로 옳지 않은 것은? • 5장 3절 거푸집, 동바리

① 일반적으로 수평부재의 거푸집은 연직부재의 거푸집보다 빨리 떼어낸다.
② 해체된 거푸집이나 각목 등에 박혀있는 못 또는 날카로운 돌출물은 즉시 제거하여야 한다.
③ 상하 동시 작업은 원칙적으로 금지하여 부득이한 경우에는 긴밀히 연락을 위하여 작업을 하여야 한다.
④ 거푸집 해체작업장 주위에는 관계자를 제외하고는 출입을 금지시켜야 한다.

해설
연직부재의 거푸집을 수평부재의 거푸집보다 빨리 떼어낸다.

108 법면 붕괴에 의한 재해 예방조치로서 옳은 것은?

① 지표수와 지하수의 침투를 방지한다.
② 법면의 경사를 증가한다.
③ 절토 및 성토높이를 증가한다.
④ 토질의 상태에 관계없이 구배조건을 일정하게 한다.

해설
법면 붕괴를 막기 위해서는 법면의 경사를 감소, 절토 및 성토높이를 감소, 토질에 따라 구배조건을 달리해야 한다.

109 취급·운반의 원칙으로 옳지 않은 것은? • 7장 1절 운반작업

① 운반 작업을 집중하여 시킬 것
② 생산을 최고로 하는 운반을 생각할 것
③ 곡선 운반을 할 것
④ 연속 운반을 할 것

해설
곡선 운반이 아니라 직선 운반이다.

정답 106 ③ 107 ① 108 ① 109 ③

110 철골작업 시 철골부재에서 근로자가 수직방향으로 이동하는 경우에 설치하여야 하는 고정된 승강로의 최대 답단 간격은 얼마 이내인가? •6장 4절 철골공사

① 20cm
② 25cm
③ 30cm
④ 40cm

해설
근로자가 수직방향으로 이동하는 철골부재에는 답단 간격이 30cm 이내인 고정된 승강로를 설치하여야 한다.

111 재해사고를 방지하기 위하여 크레인에 설치된 방호장치로 옳지 않은 것은? •3장 3절 양중기의 안전

① 공기정화장치
② 비상정지장치
③ 제동장치
④ 권과방지장치

해설
공기정화장치는 크레인에 설치하는 방호장치가 아니다.

112 작업장 출입구 설치 시 준수해야 할 사항으로 옳지 않은 것은?

① 출입구의 위치·수 및 크기가 작업장의 용도와 특성에 맞도록 한다.
② 출입구에 문을 설치하는 경우에는 근로자가 쉽게 열고 닫을 수 있도록 한다.
③ 주된 목적이 하역운반기계용인 출입구에는 보행자용 출입구를 따로 설치하지 않는다.
④ 계단이 출입구와 바로 연결된 경우에는 작업자의 안전한 통행을 위하여 그 사이에 1.2m 이상 거리를 두거나 안내표지 또는 비상벨 등을 설치한다.

해설
보행자용 출입구를 따로 설치해야 한다.

113 옥외에 설치되어 있는 주행크레인에 대하여 이탈방지장치를 작동시키는 등 그 이탈을 방지하기 위한 조치를 하여야 하는 순간풍속에 대한 기준으로 옳은 것은? •3장 1절 양중기의 개요

① 순간풍속이 초당 10m를 초과하는 바람이 불어올 우려가 있는 경우
② 순간풍속이 초당 20m를 초과하는 바람이 불어올 우려가 있는 경우
③ 순간풍속이 초당 30m를 초과하는 바람이 불어올 우려가 있는 경우
④ 순간풍속이 초당 40m를 초과하는 바람이 불어올 우려가 있는 경우

해설
옥외 주행크레인에 대하여 초당 30m를 초과하는 바람이 불어올 우려가 있는 경우 이탈방지장치를 작동시키는 등의 이탈방지조치를 해야 한다.

114 지반 등의 굴착작업 시 연암의 굴착면기울기로 옳은 것은? • 4장 2절 붕괴재해

① 1 : 0.3
② 1 : 0.5
③ 1 : 0.8
④ 1 : 1.0

해설

연암은 1 : 1.0이다. (2021. 11.19일 개정)

115 사면지반 개량공법으로 옳지 않은 것은? • 4장 2절 붕괴재해

① 전기화학적공법
② 석회안정 처리공법
③ 이온교환공법
④ 옹벽공법

해설

사면지반 개량공법에는 주입공법, 이온교환공법, 전기화학적공법, 시멘트안정 처리공법, 소결공법 등이 있다.

116 흙막이벽의 근입깊이를 깊게 하고, 전면의 굴착부분을 남겨두어 흙의 중량으로 대항하게 하거나, 굴착예정부분의 일부를 미리 굴착하여 기초콘크리트를 타설하는 등의 대책과 가장 관계가 깊은 것은?

① 파이핑현상이 있을 때
② 히빙현상이 있을 때
③ 지하수위가 높을 때
④ 굴착깊이가 잎을 때

해설

히빙현상이 있을 때 대책은 흙막이벽의 근입깊이를 깊게 하고, 굴착주변의 상재하중제거, 굴착방식을 아일랜드 컷 방식으로 개선, 지반개량에 의한 전단강도증가, 굴착주변 웰포인트 공법 병행 등의 방법이 있다.

117 사다리식 통로 등을 설치하는 경우 통로 구조로서 옳지 않은 것은? • 4장 1절 추락재해

① 발판의 간격은 일정하게 한다.
② 발판과 벽과의 사이는 15cm 이상의 간격을 유지한다.
③ 사다리의 상단은 걸쳐놓은 지점으로부터 60cm 이상 올라가도록 한다.
④ 폭은 40cm 이상으로 한다.

해설

폭은 30cm 이상으로 한다.

정답 114 ④ 115 ④ 116 ② 117 ④

118 콘크리트 타설작업을 하는 경우에 준수해야 할 사항으로 옳지 않은 것은?

• 6장 1절 콘크리트 슬래브 구조안전

① 당일의 작업을 시작하기 전에 해당 작업에 관한 거푸집동바리 등의 변형·변위 및 지반의 침하 유무 등을 점검하고 이상이 있으면 보수한다.
② 작업 중에는 거푸집동바리 등의 변형·변위 및 침하 유무 등을 감시할 수 있는 감시자를 배치하여 이상이 있으면 작업을 빠른 시간 내 우선 완료하고 근로자를 대피시킨다.
③ 콘크리트 타설작업 시 거푸집붕괴의 위험이 발생할 우려가 있으면 충분한 보강조치를 한다.
④ 콘크리트를 타설하는 경우에는 편심이 발생하지 않도록 골고루 분산하여 타설한다.

해설
이상이 있으면 작업을 빠른 시간 내 우선 완료할 것이 아니라 즉시 작업을 정지해야 한다.

119 건설작업장에서 근로자가 상시 작업하는 장소의 작업면 조도기준으로 옳지 않은 것은?(단, 갱내 작업장과 감광재료를 취급하는 작업장의 경우는 제외)

• 4장 1절 추락재해

① 초정밀작업 – 600럭스(lux) 이상
② 정밀작업 – 300럭스(lux) 이상
③ 보통작업 – 150럭스(lux) 이상
④ 초정밀, 정밀, 보통작업을 제외한 기타 작업 – 75럭스(lux) 이상

해설
초정밀작업 750럭스(lux) 이상이다.

120 강관틀비계를 조립하여 사용하는 경우 준수해야 할 기준으로 옳지 않은 것은?

• 5장 1절 비계

① 수직방향으로 6m, 수평방향으로 8m 이내마다 벽이음을 할 것
② 높이가 20m를 초과하거나 중량물의 적재를 수반하는 작업을 할 경우에는 주틀 간의 간격을 2.4m 이하로 할 것
③ 길이가 띠장 방향으로 4m 이하이고 높이가 10m를 초과하는 경우에는 10m 이내마다 띠장 방향으로 버팀기둥을 설치할 것
④ 주틀 간에 교차 가새를 설치하고 최상층 및 5층 이내마다 수평재를 설치할 것

해설
높이가 20m를 초과하거나 중량물의 적재를 수반하는 작업을 할 경우에는 주틀 간의 간격을 1.8m 이하로 할 것

2021년 제4회 기출해설

101 10cm 그물코인 방망을 설치한 경우에 망 밑부분에 충돌위험이 있는 바닥면 또는 기계설비와의 수직거리는 얼마 이상이어야 하는가? [단, L(1개의 방망일 때 단변방향길이) = 12m, A(장변방향 방망의 지지간격) = 6m]

① 10.2m
② 12.2m
③ 14.2m
④ 16.2m

해설

구분 종류 조건	허용 낙하높이(H1)		공간높이(H2)		처짐길이(S)
	단일방망	복합방망	그물코 10센티미터	5센티미터	
L < A	0.25(L + 2A)	0.2(L + 2A)	0.85(L + 3A)/4	0.95(L + 3A)/4	(L + 2A)/36
L ≥ A	0.75L	0.6L	0.85L	0.95L	0.75L/3

표에서 L ≥ A인 경우 공간높이는 0.85L이므로
공간높이 = 0.85 × 12 = 10.2m

102 비계의 높이가 2m 이상인 작업장소에 작업발판을 설치할 때 그 폭은 최소 얼마 이상이어야 하는가?

• 6장 3절 가설발판

① 30cm
② 40cm
③ 50cm
④ 60cm

해설

작업발판
- 비계의 높이가 2m 이상인 작업장소에 작업발판을 설치
- 발판재료는 작업할 때의 하중을 견딜 수 있도록 견고한 것으로 할 것
- 작업발판의 폭은 40cm 이상으로 하고, 발판재료 간의 틈은 3cm 이하로 할 것

정답 101 ① 102 ②

103 크레인의 와이어로프가 감기면서 붐 상단까지 후크가 따라 올라갈 때 더 이상 감기지 않도록 하여 크레인 작동을 자동으로 정지시키는 안전장치로 옳은 것은?
• 3장 1절 양중기의 개요

① 권과방지장치
② 후크해지장치
③ 과부하방지장치
④ 속도조절기

> **해설**
>
> **양중기의 안전**
> • 양중기의 종류 : 크레인, 리프트, 곤돌라, 승강기
> • 양중기를 사용하는 곳에는 작업자가 보기 쉬운 곳에 해당 기계의 정격하중, 운전속도, 경고표시 등을 부착
> • 보호장치 : 과부하방지장치, 권과방지장치, 비상정지장치, 제동장치, 승강기의 파이널 리미트 스위치, 속도조절기, 출입문 인터록 등
>   - 과부하방지장치 : 적재하중의 1.1배 초과 시 승강되지 않음
>   - 권과방지장치 : 강선의 과다감지를 방지

104 터널공사 시 자동경보장치가 설치된 경우에 이 자동경보장치에 대하여 당일 작업시작 전 점검하고 이상을 발견하면 즉시 보수하여야 하는 사항으로 옳지 않은 것은?
• 4장 2절 붕괴재해

① 계기의 이상 유무
② 검지부의 이상 유무
③ 경보장치의 작동 상태
④ 환기 또는 조명시설의 이상 유무

> **해설**
>
> **터널작업의 안전조치**
> • 자동경보장치에 대하여 당일 작업 시작 전 다음의 사항을 점검하고 이상을 발견하면 즉시 보수
>   - 계기의 이상 유무
>   - 검지부의 이상 유무
>   - 경보장치의 작동상태
> • 터널작업 시 위험의 방지

105 달비계의 구조에서 달비계 작업발판의 폭과 틈새기준으로 옳은 것은?
• 5장 1절 비계

① 작업발판의 폭 30cm 이상, 틈새 3cm 이하
② 작업발판의 폭 40cm 이상, 틈새 3cm 이하
③ 작업발판의 폭 30cm 이상, 틈새 없도록 할 것
④ 작업발판의 폭 40cm 이상, 틈새 없도록 할 것

> **해설**
>
> 작업발판은 폭을 40cm 이상으로 하고 틈새가 없도록 하고 고정할 것

106 강관을 사용하여 비계를 구성하는 경우의 준수사항으로 옳지 않은 것은? • 5장 1절 비계

① 비계기둥의 간격은 띠장 방향에서는 1.85미터 이하, 장선(長線) 방향에서는 1.5미터 이하로 할 것
② 띠장 간격은 2.0미터 이하로 할 것
③ 비계기둥 간의 적재하중은 400킬로그램을 초과하지 않도록 할 것
④ 비계기둥의 제일 윗부분으로부터 31미터 되는 지점 밑부분의 비계기둥은 3개의 강관으로 묶어 세울 것

해설

강관비계(단관비계)의 설치
- 비계기둥의 간격은 띠장 방향에서는 1.85m 이하
- 장선방향에서는 1.5m 이하
- 띠장 간격은 2m 이하로 할 것
- 비계기둥의 제일 윗부분으로부터 31m 되는 지점 밑부분의 비계기둥은 2개의 강관으로 묶어 세울 것

107 유해·위험방지계획서 제출 시 첨부서류로 옳지 않은 것은? • 1장 1절 유해위험방지계획서

① 안전관리 조직표
② 전체 공정표
③ 공사현장의 주변현황 및 주변과의 관계를 나타내는 도면
④ 교통처리계획

해설

유해위험방지계획서 제출서류 – 공사 개요 및 안전보건관리계획
- 공사 개요서
- 공사현장의 주변 현황 및 주변과의 관계를 나타내는 도면(매설물 현황을 포함)
- 전체 공정표
- 산업안전보건관리비 사용계획서
- 안전관리 조직표
- 재해 발생 위험 시 연락 및 대피방법

108 흙막이 가시설 공사 시 사용되는 각 계측기 설치 목적으로 옳지 않은 것은? • 4장 2절 붕괴재해

① 지표침하계 – 지표면 침하량 측정
② 수위계 – 지반 내 지하수위의 변화 측정
③ 하중계 – 상부 적재하중 변화 측정
④ 지중경사계 – 인접지반의 수평 변위량 측정

해설

굴착공사의 계측관리
- 지표침하계 : 지표면 침하량 측정
- 수위계 : 지반내 지하수위의 변화 측정
- 하중계 : 스트럿(Strut) 또는 어스앵커(Earth anchor) 등의 축 하중 변화를 측정

정답 106 ④ 107 ④ 108 ③

109 일반건설공사(갑)으로서 대상액이 5억원 이상 50억원 미만인 경우에 산업안전보건관리비의 비율 (㉠) 및 기초액(㉡)으로 옳은 것은?
• 1과목 6장 9절 산업안전보건관리비

① ㉠ - 1.86%, ㉡ - 5,349,000원
② ㉠ - 1.99%, ㉡ - 5,499,000원
③ ㉠ - 2.35%, ㉡ - 5,400,000원
④ ㉠ - 1.57%, ㉡ - 4,411,000원

해설

공사종류 및 규모별 산업안전보건관리비 계상기준표

구 분 공사종류	대상액 5억원 미만인 경우 적용비율(%)	대상액 5억원 이상 50억원 미만인 경우		대상액 50억원 이상인 경우 적용비율(%)	영 별표5에 따른 보건관리자 선임 대상 건설공사의 적용비율(%)
		적용비율(%)	기초액		
건축공사	2.93%	1.86%	5,349,000원	1.97%	2.15%
토목공사	3.09%	1.99%	5,499,000원	2.10%	2.29%
중건설공사	3.43%	2.35%	5,400,000원	2.44%	2.66%
특수건설공사	1.85%	1.20%	3,250,000원	1.27%	1.38%

110 겨울철 공사중인 건축물의 벽체 콘크리트 타설 시 거푸집이 터져서 콘크리트가 쏟아지는 사고가 발생하였을 때, 이 사고의 발생 원인으로 추정 가능한 사안 중 가장 옳은 것은?
• 5과목 3장 6절, 6장 1절 콘크리트 슬래브 구조안전

① 진동기를 사용하지 않았다.
② 철근 사용량이 많았다.
③ 콘크리트의 슬럼프가 작았다.
④ 콘크리트의 타설속도가 빨랐다.

해설

타설속도가 빨라 측압이 증가했고, 블리딩이 많아짐

블리딩의 원인
• 배합적인 원인 : 슬럼프가 190mm 이상 시 블리딩이 급격히 증가
• 재료적인 원인 : 시멘트, 혼화재, 골재의 영향
• 시공, 환경적인 원인 : 타설속도가 빠르면 블리딩이 많아짐

콘크리트의 측압
타설속도가 빠를수록 증가

111 다음 산업안전보건법령에 따른 투하설비 설치에 관련된 사항 중 빈칸 안에 들어갈 내용으로 옳은 것은?

• 4장 3절 낙하, 비래

> 사업주는 높이가 ( )미터 이상인 장소로부터 물체를 투하하는 때에는 적당한 투하설비를 설치하거나 감시인을 배치하는 등 위험방지를 위하여 필요한 조치를 하여야 한다.

① 1 ② 2
③ 3 ④ 4

해설

낙하물 재해방지 대책
- 고소작업장에서는 작업 공간과 자재를 적치할 장소를 충분히 확보
- 낙하, 비래물에 대한 방호시설을 설치
- 안전한 작업 방법, 자재의 취급 및 저장 취급방법 등에 대한 교육을 실시
- 높이 3m 이상인 장소로부터 물체투하 시 투하설비 설치 또는 감시인 배치

112 작업중이던 미장공이 상부에서 떨어지는 공구에 의해 상해를 입은 경우 결함이 있는 부분으로 옳은 것은?

• 4장 3절 낙하, 비래

① 작업대 설치 ② 작업방법
③ 낙하물 방지시설 설치 ④ 비계설치

해설

낙하물 방지망
최하단의 방지망은 크기가 작은 못·볼트·콘크리트 덩어리 등의 낙하물이 떨어지지 못하도록 방지망 위에 그물코 크기가 0.3cm 이하인 망을 추가로 설치(다만, 낙하물 방호선반을 설치하였을 경우에는 그러하지 아니함)

113 건설현장에서 동력을 사용하는 항타기 또는 항발기에 대하여 무너짐을 방지하기 위하여 준수하여야 할 사항으로 옳지 않은 것은?

• 2장 4절 추락, 붕괴, 위험방지

① 버팀줄만으로 상단 부분을 안정시키는 경우에는 버팀줄을 4개 이상으로 하고 같은 간격으로 배치할 것
② 버팀대만으로 상단부분을 안정시키는 경우에는 버팀대는 3개 이상으로 하고 그 하단 부분은 견고한 버팀·말뚝 또는 철골 등으로 고정시킬 것
③ 궤도 또는 차로 이동하는 항타기 또는 항발기에 대해서는 불시에 이동하는 것을 방지하기 위해 레일 클램프(Rail Clamp) 및 쐐기 등으로 고정시킬 것
④ 연약한 지반에 설치하는 경우에는 각부나 가대의 침하를 방지하기 위하여 깔판·깔목 등을 사용할 것

해설

항타기, 항발기의 무너짐 방지조치
버팀대만으로 상단부분을 안정시키는 경우에는 버팀대는 3개 이상으로 하고 그 하단 부분은 견고한 버팀·말뚝 또는 철골 등으로 고정시킬 것

정답 111 ③ 112 ③ 113 ①

114 토공사에서 성토용 토사의 일반조건으로 옳지 않은 것은? • 2장 3절 토공기계

① 다져진 흙의 전단강도가 크고 압축성이 작을 것
② 함수율이 높은 토사일 것
③ 시공장비의 주행성이 확보될 수 있을 것
④ 필요한 다짐정도를 쉽게 얻을 수 있을 것

해설
함수율이 낮은 토사이어야 함

115 지반의 종류가 암반 중 풍화암일 경우 굴착면 기울기 기준으로 옳은 것은? • 4장 2절 붕괴재해

① 1 : 0.3 ② 1 : 0.5
③ 1 : 0.8 ④ 1 : 1.5

해설
지반굴착 시 위험방지
• 지반 등을 굴착하는 경우에는 굴착면의 기울기를 기준에 맞도록 작업
• 굴착면의 경사가 상이하여 기울기를 계산하기가 곤란한 경우에는 해당 굴착면에 대하여 굴착면의 기울기 기준에 따라 붕괴의 위험이 증가하지 않도록 해당 각 부분의 경사를 유지

구 분	지반의 종류	기울기
보통흙	습 지	1 : 1~1 : 1.5
	건 지	1 : 0.5~1 : 1
암 반	풍화암	1 : 1.0
	연 암	1 : 1.0
	경 암	1 : 0.5

116 차량계 건설기계를 사용하는 작업을 할 때에 그 기계가 넘어지거나 굴러떨어짐으로써 근로자가 위험해질 우려가 있는 경우에 필요한 조치로 가장 옳지 않은 것은? • 2장 4절 추락, 붕괴, 위험방지

① 지반의 부동침하 방지
② 안전통로 및 조도 확보
③ 유도하는 사람 배치
④ 갓길의 붕괴 방지 및 도로폭의 유지

해설
차량계 건설기계
기계가 넘어지거나 굴러떨어짐으로써 근로자가 위험해질 우려가 있는 경우, 유도하는 사람을 배치, 지반의 부동침하 방지, 갓길의 붕괴 방지 및 도로 폭의 유지 등 필요한 조치 실시

117 파쇄하고자 하는 구조물에 구멍을 천공하여 이 구멍에 가력봉을 삽입하고 가력봉에 유압을 가압하여 천공한 구멍을 확대시킴으로써 구조물을 파쇄하는 공법으로 옳은 것은?

• 3장 6절 해체공사용 장비

① 핸드 브레이커(Hand Breaker) 공법
② 강구(Steel Ball) 공법
③ 마이크로파(Microwave) 공법
④ 록잭(Rock Jack) 공법

해설

록잭(Rock Jack) 공법
• 파쇄하고자 하는 구조물에 구멍을 천공하여 이 구멍에 가력봉을 삽입하는 공법
• 가력봉에 유압을 가압하여 천공한 구멍을 확대시킴으로써 구조물을 파쇄하는 공법

118 이동식비계 조립 및 사용 시 준수사항으로 옳지 않은 것은?

• 5장 1절 비계

① 비계의 최상부에서 작업을 하는 경우에는 안전난간을 설치할 것
② 승강용사다리는 견고하게 설치할 것
③ 작업발판은 항상 수평을 유지하고 작업발판 위에서 작업을 위한 거리가 부족할 경우에는 받침대 또는 사다리를 사용할 것
④ 작업발판의 최대적재하중은 250kg을 초과하지 않도록 할 것

해설

이동식비계
작업발판은 항상 수평을 유지하고 작업발판 위에서 안전난간을 딛고 작업을 하거나 받침대 또는 사다리를 사용하여 작업하지 않도록 할 것

정답 117 ④ 118 ③

119 산업안전보건법령에 따른 중량물 취급작업 시 작업계획서에 포함시켜야 할 사항으로 옳지 않은 것은?
• 7장 1절 운반작업

① 협착위험을 예방할 수 있는 안전대책
② 감전위험을 예방할 수 있는 안전대책
③ 추락위험을 예방할 수 있는 안전대책
④ 전도위험을 예방할 수 있는 안전대책

해설

중량물 운반 시 준수사항
• 숙련된 경험자를 작업 지휘자로 선정하여 운반방법, 운반 단계 등을 협의 결정
• 공동으로 중량물을 운반할 때에는 근로자의 체력, 신장 등을 고려하여 현저한 차이가 있는 작업자는 제외하고 작업지휘자의 지시에 따라 통일된 행동을 함
• 무게 중심이 높은 하물은 인력운반 금지
• 중량물 취급 시 작업계획서에 포함시켜야 할 사항
 – 추락위험을 예방할 수 있는 안전대책
 – 낙하위험을 예방할 수 있는 안전대책
 – 전도위험을 예방할 수 있는 안전대책
 – 협착위험을 예방할 수 있는 안전대책
 – 붕괴위험을 예방할 수 있는 안전대책

120 흙막이 지보공을 설치하였을 때에 정기적으로 점검하고 이상을 발견하면 즉시 보수하여야 하는 사항으로 옳지 않은 것은?
• 4장 2절 붕괴재해

① 부재의 손상·변형·부식·변위 및 탈락의 유무와 상태
② 부재의 접속부·부착부 및 교차부의 상태
③ 침하의 정도
④ 설계상 부재의 경제성 검토

해설

붕괴 등의 위험 방지
흙막이 지보공을 설치하였을 때에는 정기적으로 다음의 사항을 점검하고 이상을 발견하면 즉시 보수
• 부재의 손상, 변형, 부식, 변위 및 탈락의 유무와 상태
• 버팀대의 긴압(緊壓)의 정도
• 부재의 접속부, 부착부, 교차부의 상태
• 침하의 정도

2021년 제2회 기출해설

6과목 건설안전기술

101 다음은 산업안전보건법령에 따른 산업안전보건관리비의 사용에 관한 규칙이다. (　) 안에 들어갈 내용을 순서대로 옳게 작성한 것은?

• 1과목 6장 9절 산업안전보건관리비

> 건설공사도급인은 고용노동부장관이 정하는 바에 따라 해당 건설공사를 위하여 계상된 산업안전보건관리비를 그가 사용하는 근로자와 그의 관계수급인이 사용하는 근로자의 산업재해 및 건강장해 예방에 사용하고, 그 사용명세서를 (　) 작성하고 건설공사 종료 후 (　)간 보존해야 한다.

① 매월, 6개월
② 매월, 1년
③ 2개월마다, 6개월
④ 2개월마다, 1년

해설

산업안전보건관리비
• 근로자의 안전과 보건을 확보하기 위해 일정규모이상 사업장에 대하여 안전보건에 관한 비용을 사용하게 하는 의무사항
• 산업안전보건관리비의 사용명세서를 매월 작성하고 공사 종료후 1년간 보존해야 함

102 산업안전보건법령에 따른 건설공사 중 다리건설공사의 경우 유해위험방지계획서를 제출하여야 하는 기준으로 옳은 것은?

• 1과목 7장 1절 법의 특징

① 최대 지간길이가 40m 이상인 다리의 건설 등 공사
② 최대 지간길이가 50m 이상인 다리의 건설 등 공사
③ 최대 지간길이가 60m 이상인 다리의 건설 등 공사
④ 최대 지간길이가 70m 이상인 다리의 건설 등 공사

해설

유해위험방지계획서 제출대상 공사
• 지상높이가 31m 이상인 건축물 또는 인공구조물
• 연면적 3만m² 이상인 건축물
• 연면적 5천m² 이상인 시설
• 연면적 5천m² 이상인 냉동·냉장창고시설의 설비공사 및 단열공사
• 최대 지간길이가 50m 이상인 교량 건설 등의 공사

정답 101 ② 102 ②

103 건설공사 도급인은 건설공사 중에 가설구조물의 붕괴 등 산업재해가 발생할 위험이 있다고 판단되면 건축·토목분야의 전문가의 의견을 들어 건설공사 발주자에게 해당 건설공사의 설계변경을 요청할 수 있는데, 이러한 가설구조물의 기준으로 옳지 않은 것은?

① 높이 20m 이상인 비계
② 작업발판 일체형 거푸집 또는 높이 5m 이상인 거푸집 동바리
③ 터널의 지보공 또는 높이 2m 이상인 흙막이 지보공
④ 동력을 이용하여 움직이는 가설구조물

해설

재해발생의 위험이 높다고 판단되어 설계변경을 요청할 수 있는 대상
• 높이가 31m 이상인 비계
• 작업발판 일체형 거푸집 또는 높이 5m 이상인 거푸집 동바리
• 터널의 지보공 또는 높이 2m 이상인 흙막이 지보공
• 동력을 이용하여 움직이는 가설구조물

104 지반의 굴착 작업에 있어서 비가 올 경우를 대비한 직접적인 대책으로 옳은 것은?

• 4장 2절 붕괴재해

① 측구 설치
② 낙하물 방지망 설치
③ 추락 방호망 설치
④ 매설물 등의 유무 또는 상태 확인

해설

지반굴착 시 위험방지
비가 올 경우를 대비하여 측구를 설치하거나 굴착경사면에 비닐을 덮는 등 빗물 등의 침투에 의한 붕괴재해를 예방하기 위하여 필요한 조치 실시

105 강관틀비계(높이 5m 이상)의 넘어짐을 방지하기 위하여 사용하는 벽이음 및 버팀의 설치간격 기준으로 옳은 것은?

• 5장 1절 비계

① 수직방향 5m, 수평방향 5m
② 수직방향 6m, 수평방향 7m
③ 수직방향 6m, 수평방향 8m
④ 수직방향 7m, 수평방향 8m

해설

강관틀비계 : 수직방향으로 6m, 수평방향으로 8m 이내마다 벽이음

106 거푸집 동바리 등을 조립하는 경우에 준수해야 할 기준으로 옳지 않은 것은?

• 5장 3절 거푸집, 동바리

① 동바리의 상하 고정 및 미끄러짐 방지조치를 하고, 하중의 지지상태를 유지
② 강재와 강재의 접속부 및 교차부는 볼트·클램프 등 전용철물을 사용하여 단단히 연결
③ 파이프서포트를 제외한 동바리로 사용하는 강관은 높이 2m마다 수평연결재를 2개 방향으로 만들고 수평연결재의 변위를 방지할 것
④ 동바리로 사용하는 파이프서포트는 4개 이상이어서 사용하지 않도록 할 것

해설

거푸집 동바리 등의 안전조치 : 파이프 서포트를 3개 이상 이어서 사용하지 않도록 할 것

107 흙막이 가시설 공가 중 발생할 수 있는 보일링(Boiling) 현상에 관한 설명으로 옳지 않은 것은?

• 4과목 2장 3절 흙막이

① 이 현상이 발생하면 흙막이 벽의 지지력이 상실된다.
② 지하수위가 높은 지반을 굴착할 때 주로 발생한다.
③ 흙막이벽의 근입장 깊이가 부족할 경우 발생한다.
④ 연약한 점토지반에서 굴착면의 융기로 발생한다.

해설

보일링(Boiling)
- 투수성이 좋은 사질지반에서 흙파기 공사를 하는 경우, 흙막이벽 배면의 지하수위가 굴착저면보다 높을때 굴착저면 위로 모래와 지하수가 부풀어 오르는 현상
- 원 인
  - 굴착저면 하부가 투수성이 좋은 사질지반인 경우
  - 흙막이 벽체의 근입장 깊이 부족
  - 흙막이 배면 지하수위 높이가 굴착저면 지하수위 보다 높을 경우
  - 굴착저면 하부의 피압수
- 대 책
  - 흙막이벽의 근입장 깊이연장
  - 차수성이 높은 흙막이 설치
  - Well Point, Deep Well 공법으로 지하수위 저하

108 산업안전보건법령에 따른 양중기의 종류에 해당하지 않는 것은?

• 3장 1절 양중기의 개요

① 고소작업차
② 이동식 크레인
③ 승강기
④ 리프트(Lift)

해설

양중기의 종류 : 크레인, 리프트, 곤돌라, 승강기

109 산업안전보건법령에 따른 작업발판 일체형 거푸집에 해당되지 않는 것은? • 5장 3절 거푸집, 동바리

① 갱폼(Gang Form)
② 슬립폼(Slip Form)
③ 유로폼(Euro Form)
④ 클라이밍폼(Climbing Form)

> **해설**
>
> **작업발판 일체형 거푸집의 안전조치**
> "작업발판 일체형 거푸집"이란 거푸집의 설치·해체, 철근 조립, 콘크리트 타설, 콘크리트 면처리 작업 등을 위하여 거푸집을 작업발판과 일체로 제작하여 사용하는 거푸집으로서 다음 각 호의 거푸집을 말함
> • 갱폼(Gang Form)
> • 슬립폼(Slip Form)
> • 라이밍폼(Climbing Form)
> • 터널라이닝폼(Tunnel Lining Form)
> • 기타 거푸집과 작업발판이 일체로 제작된 거푸집 등

110 굴착과 싣기를 동시에 할 수 있는 토공기계가 아닌 것은? • 2장 3절 토공기계

① 트랙터 셔블(Tractor Shovel)
② 백호(Back Hoe)
③ 파워 셔블(Power Shovel)
④ 모터 그레이더(Motor Grader)

> **해설**
>
> **모터 그레이더(Motor Grader)**
> 토공대패라고 불리며 토목공사에 주로 사용하는 것으로 균토판(삽날, 블레이드)을 탑재하여 지표를 긁어 땅을 고르게 하는 장비

111 강관틀 비계를 조립하여 사용하는 경우 준수하여야 할 사항으로 옳지 않은 것은? • 5장 1절 비계

① 비계기둥의 밑둥에는 밑받침 철물을 사용할 것
② 높이가 20m를 초과하거나 중량물의 적재를 수반하는 작업을 할 경우에는 주틀 간의 간격을 1.8m 이하로 할 것
③ 주틀 간에 교차가새를 설치하고 최하층 및 3층 이내마다 수평재를 설치할 것
④ 길이가 띠장 방향으로 4m 이하이고 높이가 10m를 초과하는 경우에는 10m 이내마다 띠장 방향으로 버팀기둥을 설치할 것

> **해설**
>
> 강관틀비계 : 주틀 간에 교차가새를 설치하고 최상층 및 5층 이내마다 수평재를 설치

112 장비가 위치한 지면보다 낮은 장소를 굴착하는 데 적합한 장비는?   •2장 3절 토공기계

① 트럭크레인
② 파워 셔블
③ 백호우
④ 진 폴

해설
백호우 : 일명 굴삭기로 지면보다 낮은 곳을 굴삭하는데 적합하며 단단한 토지의 굴삭과 상차 작업에도 유리

113 다음은 산업안전보건법령에 따른 시스템비계의 구조에 관한 사항이다. (   ) 안에 들어갈 내용으로 옳은 것은?   •5장 1절 비계

> 비계 밑단의 수직재와 받침철물은 밀착되도록 설치하고, 수직재와 받침철물의 연결부의 겹침길이는 받침철물 전체 길이의 (   ) 이상이 되도록 할 것

① 2분의 1
② 3분의 1
③ 4분의 1
④ 5분의 1

해설
시스템비계 사용 시 준수사항
• 수직재·수평재·가새재를 견고하게 연결하는 구조가 되도록 할 것
• 비계 밑단의 수직재와 받침철물은 밀착되도록 설치하고, 수직재와 받침철물의 연결부의 겹침길이는 받침철물 전체길이의 3분의 1 이상이 되도록 할 것

114 부두·안벽 등 하역작업을 하는 장소에서 부두 또는 안벽의 선을 따라 통로를 설치하는 경우에는 폭을 최소 얼마 이상으로 하여야 하는가?   •7장 2절 하역작업

① 85cm
② 90cm
③ 100cm
④ 120cm

해설
부두, 안벽 등의 하역 작업 장소의 안전조치
• 작업장과 통로에 안전작업을 위한 조명유지
• 통로의 폭은 90cm 이상

정답 112 ③ 113 ② 114 ②

115 건설현장에서 작업으로 인하여 물체가 떨어지거나 날아올 위험이 있는 경우에 대한 안전조치에 해당하지 않는 것은?

• 4장 1절 추락재해

① 수직보호망 설치
② 방호선반 설치
③ 울타리 설치
④ 낙하물 방지망 설치
④ 개구부 등의 방호 조치

해설

울타리는 개구부 등의 방호 조치임

울타리의 설치
근로자에게 작업 중 또는 통행 시 굴러 떨어짐으로 인하여 근로자가 화상·질식 등의 위험에 처할 우려가 있는 케틀(Kettle, 가열 용기), 호퍼(Hopper, 깔때기 모양의 출입구가 있는 큰 통), 피트(Pit, 구덩이) 등이 있는 경우에 그 위험을 방지하기 위하여 필요한 장소에 높이 90cm 이상의 울타리 설치

---

116 콘크리트 타설 시 안전수칙으로 옳지 않은 것은?

• 6장 2절 콘크리트 측압

① 타설순서는 계획에 의하여 실시하여야 한다.
② 진동기는 최대한 많이 사용하여야 한다.
③ 콘크리트를 치는 도중에는 거푸집, 지보공 등의 이상 유무를 확인하여야 한다.
④ 손수레로 콘크리트를 운반할 때에는 손수레를 타설하는 위치까지 천천히 운반하여 거푸집에 충격을 주지 아니하도록 타설하여야 한다.

해설

진동기(콘크리트 Vibrator) 사용
• 진동기는 적절히 사용
• 지나친 진동은 거푸집 도괴의 원인이 될 수 있으므로 각별히 주의

---

117 강관을 사용하여 비계를 구성하는 경우 준수해야 할 사항으로 옳지 않은 것은?

• 5장 1절 비계

① 비계기둥의 간격은 띠장 방향에서는 1.85m 이하, 장선(長線) 방향에서는 1.5m 이하로 할 것
② 띠장 간격은 2.0m 이하로 할 것
③ 비계기둥의 제일 윗부분으로부터 31m 되는 지점 밑부분의 비계기둥은 3개의 강관으로 묶어 세울 것
④ 비계기둥 간의 적재하중은 400kg을 초과하지 않도록 할 것

해설

강관비계(단관비계)의 설치
• 비계기둥의 간격은 띠장 방향에서는 1.85m 이하
• 장선방향에서는 1.5m 이하
• 다만, 선박 및 보트 건조작업의 경우 안전성에 대한 구조검토를 실시하고 조립도를 작성하면 띠장 방향 및 장선 방향으로 각각 2.7m 이하로 할 수 있음
• 띠장 간격은 2m 이하로 할 것
• 다만, 작업의 성질상 이를 준수하기가 곤란하여 쌍기둥틀 등에 의하여 해당 부분을 보강한 경우는 제외
• 비계기둥의 제일 윗부분으로부터 31m 되는 지점 밑부분의 비계기둥은 2개의 강관으로 묶어 세울 것

118 가설통로 설치에 있어 경사가 최소 얼마를 초과하는 경우에는 미끄러지지 아니하는 구조로 하여야 하는가?
• 6장 3절 가설발판

① 15도
② 20도
③ 30도
④ 40도

해설
가설경사로
- 시공하중, 폭풍, 진동 등 외력에 대하여 안전하도록 설계
- 경사로는 항상 정비하고 안전통로를 확보
- 비탈면의 경사각은 30° 이내로 하고, 경사가 15°를 초과할 때에는 미끄럼 막이를 설치

119 굴착공사에 있어서 비탈면붕괴를 방지하기 위하여 실시하는 대책으로 옳지 않은 것은?
• 4장 2절 붕괴재해

① 지표수의 침투를 막기 위해 표면배수공을 한다.
② 지하수위를 내리기 위해 수평배수공을 설치한다.
③ 비탈면 하단을 성토한다.
④ 비탈면 상부에 토사를 적재한다.

해설
절토비탈면의 붕괴 방지대책
- 배토공 : 비탈면상부의 토사 제거
- 압성토공 : 비탈면 하부의 성토

120 터널 지보공을 조립하는 경우에는 미리 그 구조를 검토한 후 조립도를 작성하고, 그 조립도에 따라 조립하도록 하여야 하는데 이 조립도에 명시하여야 할 사항과 가장 거리가 먼 것은?
• 4장 2절 붕괴재해

① 이음방법
② 단면규격
③ 재료의 재질
④ 재료의 구입처

해설
터널 지보공 : 조립도에는 재료의 재질, 단면규격, 설치간격 및 이음방법 등을 명시

정답 118 ① 119 ④ 120 ④

2021년 제1회 기출해설

6과목 건설안전기술

101 공사진척에 따른 공정율이 다음과 같을 때 안전관리비 사용기준으로 옳은 것은? (단, 공정율은 기성공정율을 기준으로 함)
• 1과목 6장 9절 산업안전보건관리비

공정율 - 70% 이상, 90% 미만

① 50% 이상 ② 60% 이상
③ 70% 이상 ④ 80% 이상

해설

진척별 사용기준
- 공정율 50~70% : 50% 이상
- 공정율 70~90% : 70% 이상
- 공정율 90% 이상 : 90% 이상

102 사면 보호 공법 중 구조물에 의한 보호 공법으로 옳지 않은 것은?
• 4장 2절 붕괴재해

① 블록공
② 식생구멍공
③ 돌쌓기공
④ 현장타설 콘크리트 격자공

해설

구조물에 의한 보호공법
- 돌쌓기, 블록쌓기
- 돌붙임, 블록붙임
- 콘크리트 붙임
- 콘크리트블럭 격자공
- 현장타설 콘크리트 격자공
- 모르타르 및 숏크리트
- 개비온(Gabion)

정답 101 ③ 102 ②

103 유해위험방지계획서를 고용노동부장관에게 제출하고 심사를 받아야 하는 대상 건설공사 기준으로 옳지 않은 것은?
• 1과목 7장 1절 법의 특징

① 최대 지간길이가 50m 이상인 다리의 건설등 공사
② 지상높이 25m 이상인 건축물 또는 인공구조물의 건설등 공사
③ 깊이 10m 이상인 굴착공사
④ 다목적댐, 발전용댐, 저수용량 2천만톤 이상의 용수 전용 댐 및 지방상수도 전용 댐의 건설등 공사

해설
유해위험방지계획서 제출대상 공사 : 지상높이가 31m 이상인 건축물 또는 인공구조물

104 터널공사의 전기발파작업에 관한 설명으로 옳지 않은 것은?
• 3장 5절 해체공법

① 전선은 점화하기 전에 화약류를 충진한 장소로부터 30m 이상 떨어진 안전한 장소에서 도통시험 및 저항시험을 하여야 한다.
② 점화는 충분한 허용량을 갖는 발파기를 사용하고 규정된 스위치를 반드시 사용하여야 한다.
③ 발파 후 발파기와 발파모선을 연결을 유지한 채 그 단부를 절연시킨 후 재점화가 되지 않도록 한다.
④ 점화는 선임된 발파책임자가 행하고 발파기의 핸들을 점화할 때 이외는 시건장치를 하거나 모선을 분리하여야 하며 발파책임자의 엄중한 관리하에 두어야 한다.

해설
발파작업의 안전조치
장전된 화약류가 폭발하지 않은 경우, 장전된 화약류의 폭발 여부를 확인하기 곤란한 경우 전기뇌관에 의한 경우에는 발파모선을 점화기에서 떼어 그 끝을 단락시켜 놓는 등 재점화되지 않도록 조치. 그때부터 5분 이상 경과한 후가 아니면 화약류의 장전장소에 접근시키지 않도록 할 것

105 미리 작업장소의 지형 및 지반상태 등에 적합한 제한속도를 정하지 않아도 되는 차량계 건설기계의 속도 기준으로 옳은 것은?
• 7장 2절 하역작업

① 최대 제한 속도가 10km/h 이하
② 최대 제한 속도가 20km/h 이하
③ 최대 제한 속도가 30km/h 이하
④ 최대 제한 속도가 40km/h 이하

해설
제한 속도를 정하지 않아도 되는 차량계 건설기계 : 10km/h 이하

정답 103 ② 104 ③ 105 ①

106 차량계 건설기계를 사용하여 작업을 하는 경우 작업계획서 내용에 포함되지 않는 사항은?

• 2장 4절 추락, 붕괴, 위험방지

① 사용하는 차량계 건설기계의 종류 및 성능
② 차량계 건설기계의 운행경로
③ 차량계 건설기계에 의한 작업방법
④ 차량계 건설기계 사용 시 유도자 배치 위치

해설

작업명	사전조사내용	작업계획서 내용
차량계 건설기계를 사용하는 작업	해당 기계의 굴러 떨어짐, 지반의 붕괴 등으로 인한 근로자의 위험을 방지하기 위한 해당 작업장소의 지형 및 지반상태	• 사용하는 차량계 건설기계의 종류 및 성능 • 차량계 건설기계의 운행경로 • 차량계 건설기계에 의한 작업방법

107 이동식비계를 조립하여 작업을 하는 경우에 준수하여야 할 기준으로 옳지 않은 것은?

• 5장 1절 비계

① 승강용사다리는 견고하게 설치할 것
② 비계의 최상부에서 작업을 하는 경우에는 안전난간을 설치할 것
③ 작업발판의 최대적재하중은 400kg을 초과하지 않도록 할 것
④ 작업발판은 항상 수평을 유지하고 작업발판 위에서 안전난간을 딛고 작업을 하거나 받침대 또는 사다리를 사용하여 작업하지 않도록 할 것

해설

이동식비계 : 작업발판의 최대적재하중은 250kg을 초과하지 않도록 하고 최대적재하중을 표시

108 발파구간 인접구조물에 대한 피해 및 손상을 예방하기 위한 건물기초에서의 허용진동치(cm/sec) 기준으로 옳지 않은 것은? (단, 기존 구조물에 금이 가 있거나 노후구조물 대상일 경우 등은 고려하지 않음)

• 3장 5절 해체공법

① 문화재 - 0.2cm/sec
② 주택, 아파트 - 0.5cm/sec
③ 상가 - 1.0cm/sec
④ 철골콘크리트 빌딩 - 0.8~1.0cm/sec

해설

발파진동 허용기준치(발파작업 표준안전 작업지침 노동부 고시 제94-26호)

문화재	0.2cm/sec
주택, 아파트	0.5cm/sec
상가	1cm/sec
철근콘크리트 건물	1~4cm/sec

정답 106 ④ 107 ③ 108 ④

109 거푸집 동바리 등을 조립 또는 해체하는 작업을 하는 경우의 준수사항으로 옳지 않은 것은?

• 5장 3절 거푸집, 동바리

① 재료, 기구 또는 공구 등을 올리거나 내리는 경우에는 근로자로 하여금 달줄·달포대 등의 사용을 금하도록 할 것
② 낙하·충격에 의한 돌발적 재해를 방지하기 위하여 버팀목을 설치하고 거푸집 동바리 등을 인양장비에 매단 후에 작업을 하도록 하는 등 필요한 조치를 할 것
③ 비, 눈, 그 밖의 기상상태의 불안정으로 날씨가 몹시 나쁜 경우에는 그 작업을 중지할 것
④ 해당 작업을 하는 구역에는 관계 근로자가 아닌 사람의 출입을 금지할 것

[해설]
거푸집 동바리 조립, 해체 시 준수사항
• 해당 작업을 하는 구역에는 관계 근로자가 아닌 사람의 출입을 금지할 것
• 비, 눈, 그 밖의 기상상태의 불안정으로 날씨가 몹시 나쁜 경우에는 그 작업을 중지할 것
• 재료, 기구 또는 공구 등을 올리거나 내리는 경우에는 근로자로 하여금 달줄·달포대 등을 사용하도록 할 것

110 흙의 투수계수에 영향을 주는 인자에 관한 설명으로 옳지 않은 것은?

• 1장 3절 지반의 안전성

① 포화도 – 포화도가 클수록 투수계수도 크다.
② 공극비 – 공극비가 클수록 투수계수는 작다.
③ 유체의 점성계수 – 점성계수가 클수록 투수계수는 작다.
④ 유체의 밀도 – 유체의 밀도가 클수록 투수계수는 크다.

[해설]
투수계수의 특성
• 투수계수 : 물이 흙을 통과하여 이동하는 속도로 점성계수에 반비례함
• 공극비가 크면 투수계수가 크고 침투량이 큼 (모래는 투수계수가 큼)
• 투수계수는 모래에 있어서 평균 입자 지름의 제곱에 비례하고, 간극비의 제곱에 비례

111 가설통로를 설치하는 경우 준수하여야 할 기준으로 옳지 않은 것은?

• 4장 1절 추락재해

① 경사는 30° 이하로 할 것
② 경사가 15°를 초과하는 경우에는 미끄러지지 아니하는 구조로 할 것
③ 추락할 위험이 있는 장소에는 안전난간을 설치할 것
④ 수직갱에 가설된 통로의 길이가 15m 이상인 경우에는 7m 이내마다 계단참을 설치할 것

[해설]
가설통로의 구조 : 수직갱에 가설된 통로의 길이가 15m 이상인 경우에는 10m 이내마다 계단참을 설치

정답 109 ① 110 ② 111 ④

112 안전계수가 4이고 2000MPa의 인장강도를 갖는 강선의 최대허용응력으로 옳은 것은?

• 5장 1절 비계

① 500MPa
② 1,000MPa
③ 1,500MPa
④ 2,000MPa

해설
- 안전계수 = 인장강도/허용응력
- 허용응력 = 인장강도/안전계수 = 2000/4 = 500

113 화물을 적재하는 경우의 준수사항으로 옳지 않은 것은?

• 7장 2절 하역작업

① 침하 우려가 없는 튼튼한 기반 위에 적재할 것
② 건물의 칸막이나 벽 등이 화물의 압력에 견딜 만큼의 강도를 지니지 아니한 경우에는 칸막이나 벽에 기대어 적재하지 않도록 할 것
③ 불안정할 정도로 높이 쌓아 올리지 말 것
④ 하중을 한쪽으로 치우치더라도 화물을 최대한 효율적으로 적재할 것

해설
화물을 적재할 때 주의사항
- 침하의 우려가 없는 튼튼한 기반 위에 적재할 것
- 건물의 칸막이나 벽 등이 화물의 압력에 견딜 만큼의 강도를 지니지 아니한 때에는 칸막이나 벽에 기대어 적재하지 아니하도록 할 것
- 불안정할 정도로 높이 쌓아올리지 말 것
- 편하중이 생기지 아니하도록 적재할 것

114 산업안전보건법령에서 규정하는 철골작업을 중지하여야 하는 기후조건으로 옳지 않은 것은?

• 4과목 5장 2절 철골세우기

① 풍속이 초당 10m 이상인 경우
② 강우량이 시간당 1mm 이상인 경우
③ 강설량이 시간당 1cm 이상인 경우
④ 기온이 영하 5℃ 이하인 경우

해설
철골작업중지 기후조건
- 풍속이 초당 10m 이상인 경우
- 강우량이 시간당 1mm 이상인 경우
- 강설량이 시간당 1cm 이상인 경우

115 지하수위 상승으로 포화된 사질토 지반의 액상화 현상을 방지하기 위한 가장 직접적이고 효과적인 대책으로 옳은 것은?
• 2장 3절 토공기계

① Well Point 공법 적용
② 동다짐 공법 적용
③ 입도가 불량한 재료를 입도가 양호한 재료로 치환
④ 밀도를 증가시켜 한계간극비 이하로 상대밀도를 유지하는 방법 강구

해설

웰포인트(Well Point) 공법
• 우물을 파고 수중모터펌프를 설치하여 양수하여 배수
• 넓은 범위의 지하수위 저하
• 배수성능 양호 급속시공 가능
• Heaving현상에 대응하는 공법
• 지하용수량이 많고 투수성이 큰 사질지반에 적합
• 압밀 침하량 과다로 주변대지 및 도로에 균열발생가능
• 일시적인 사질토 개량공법, 점토질 지반에는 적용불가

116 크레인 등 건설장비의 가공전선로 접근 시 안전대책으로 옳지 않은 것은? • 3장 3절 양중기의 안전

① 안전 이격거리를 유지하고 작업한다.
② 장비를 가공전선로 밑에 보관한다.
③ 장비의 조립, 준비 시부터 가공전선로에 대한 감전 방지 수단을 강구한다.
④ 장비 사용 현장의 장애물, 위험물 등을 점검 후 작업계획을 수립한다.

해설

장비를 가공전선로 밑에 보관 시 감전위험이 높다.

117 다음 중 지하수위 측정에 사용되는 계측기로 옳은 것은?
• 4과목 2장 3절 흙막이

① Load Cell
② Inclinometer
③ Extensometer
④ Piezometer

해설

지하수 처리방안 중 계측관리 : Water Level Meter, Piezometer, Load Cell, Tilt Meter가 있음

정답 115 ① 116 ② 117 모두 정답

118 강관을 사용하여 비계를 구성하는 경우 준수하여야 할 기준으로 옳지 않은 것은? • 5장 1절 비계

① 비계기둥의 간격은 띠장 방향에서는 1.85m 이하, 장선(長線) 방향에서는 1.5m 이하로 할 것
② 띠장 간격은 2.0m 이하로 할 것
③ 비계기둥의 제일 윗부분으로부터 31m 되는 지점 밑부분의 비계기둥은 3개의 강관으로 묶어 세울 것
④ 비계기둥 간의 적재하중은 400kg을 초과하지 않도록 할 것

해설
강관비계(단관비계)의 설치 : 비계기둥의 제일 윗부분으로부터 31m 되는 지점 밑부분의 비계기둥은 2개의 강관으로 묶어 세울 것

119 거푸집 동바리 등을 조립하는 경우에 준수하여야 하는 기준으로 옳지 않은 것은?
• 5장 3절 거푸집, 동바리

① 동바리로 사용하는 파이프 서포트를 이어서 사용하는 경우에는 3개 이상의 볼트 또는 전용철물을 사용하여 이을 것
② 동바리로 사용하는 강관은 높이 2m 이내마다 수평연결재 2개 방향으로 만들 것
③ 깔목의 사용, 콘크리트 타설, 말뚝박기 등 동바리의 침하를 방지하기 위한 조치를 할 것
④ 동바리로 사용하는 파이프 서포트를 3개 이상 이어서 사용하지 않도록 할 것

해설
거푸집 동바리 등의 안전조치 : 파이프 서포트를 이어서 사용하는 경우에는 4개 이상의 볼트 또는 전용철물을 사용하여 이을 것

120 터널 지보공을 조립하거나 변경하는 경우에 조치하여야 하는 사항으로 옳지 않은 것은?
• 4장 2절 붕괴재해

① 목재의 터널 지보공은 그 터널 지보공의 각 부재에 작용하는 긴압 정도를 체크하여 그 정도가 최대한 차이나도록 할 것
② 강(鋼)아치 지보공의 조립은 연결볼트 및 띠장 등을 사용하여 주재 상호간을 튼튼하게 연결할 것
③ 기둥에는 침하를 방지하기 위하여 받침목을 사용하는 등의 조치를 할 것
④ 주재(主材)를 구성하는 1세트의 부재는 동일 평면 내에 배치할 것

해설
터널 지보공을 조립하거나 변경 시 조치사항
• 주재(主材)를 구성하는 1세트의 부재는 동일 평면 내에 배치할 것
• 목재의 터널 지보공은 그 터널 지보공의 각 부재의 긴압 정도가 균등하게 되도록 할 것

2020년 제4회 기출해설

6과목 건설안전기술

101 비계의 높이가 2m 이상인 작업장소에 설치하는 작업발판의 설치기준으로 옳지 않은 것은? (단, 달비계, 달대비계 및 말비계는 제외)
• 5장 1절 비계

① 작업발판의 폭은 40cm 이상으로 한다.
② 작업발판재료는 뒤집히거나 떨어지지 않도록 하나 이상의 지지물에 연결하거나 고정시킨다.
③ 발판재료 간의 틈은 3cm 이하로 한다.
④ 작업발판의 지지물은 하중에 의하여 파괴될 우려가 없는 것을 사용한다.

해설
- 작업발판은 폭을 40cm 이상으로 하고 틈새가 없도록 하고 고정할 것
- 작업발판의 재료는 뒤집히거나 떨어지지 않도록 비계의 보 등에 연결하거나 고정시킬 것
- 비계가 흔들리거나 뒤집히는 것을 방지하기 위하여 비계의 보·작업발판 등에 버팀을 설치하는 등 필요한 조치를 할 것
- 선반 비계에서는 보의 접속부 및 교차부를 철선·이음철물 등을 사용하여 확실하게 접속시키거나 단단하게 연결시킬 것
- 근로자의 추락 위험을 방지하기 위하여 달비계에 안전대 및 구명줄을 설치하고, 안전난간을 설치할 수 있는 구조인 경우에는 안전난간을 설치할 것

102 NATM공법 터널공사의 경우 록볼트 작업과 관련된 계측결과에 해당되지 않은 것은?
• 4장 2절 재해붕괴

① 내공변위 측정 결과
② 천단침하 측정 결과
③ 인발시험 결과
④ 진동 측정 결과

해설
터널작업 시 위험의 방지
- 낙반 위험이 있는 경우에 터널 지보공 및 록볼트의 설치, 부석을 제거
- 록볼트 작업의 표준시공방식으로서 시스템 볼팅 실시
- 인발시험, 내공 변위측정, 천단침하측정, 지중변위측정 등의 계측결과를 토대로 록볼트의 추가시공

정답 101 ② 102 ④

103 거푸집 동바리 등을 조립하는 경우에 준수하여야 할 사항으로 옳지 않은 것은?

• 5장 3절 거푸집, 동바리

① 깔목의 사용, 콘크리트 타설, 말뚝박기 등 동바리의 침하를 방지하기 위한 조치를 할 것
② 개구부 상부에 동바리를 설치하는 경우에는 상부하중을 견딜 수 있는 견고한 받침대를 설치할 것
③ 거푸집이 곡면인 경우에는 버팀대의 부착 등 그 거푸집의 부상(浮上)을 방지하기 위한 조치를 할 것
④ 동바리의 이음은 맞댄이음이나 장부이음을 피할 것

해설

거푸집 동바리의 안전조치
• 깔목의 사용, 콘크리트 타설, 말뚝박기 등 동바리의 침하를 방지하기 위한 조치를 할 것
• 개구부 상부에 동바리를 설치하는 경우에는 상부하중을 견딜 수 있는 견고한 받침대를 설치할 것
• 동바리의 상하 고정 및 미끄러짐 방지 조치를 하고, 하중의 지지상태를 유지할 것
• 동바리의 이음은 맞댄이음이나 장부이음으로 하고 같은 품질의 재료를 사용할 것

104 불도저를 이용한 작업 중 안전조치사항으로 옳지 않은 것은?

① 작업종료와 동시에 삽날을 지면에서 띄우고 주차 제동장치를 건다.
② 모든 조종간은 엔진 시동전에 중립 위치에 놓는다.
③ 장비의 승차 및 하차 시 뛰어내리거나 오르지 말고 안전하게 잡고 오르내린다.
④ 야간작업 시 자주 장비에서 내려와 장비 주위를 살피며 점검하여야 한다.

해설

작업종료와 동시에 삽날을 지면에 내려놓아야 함

105 콘크리트 타설작업과 관련하여 준수하여야 할 사항으로 가장 거리가 먼 것은?

• 6장 2절 콘크리트 측압

① 당일의 작업을 시작하기 전에 해당 작업에 관한 거푸집 동바리 등의 변형·변위 및 지반의 침하 유무 등을 점검하고 이상이 있으면 보수할 것
② 콘크리트를 타설하는 경우에는 편심이 발생하지 않도록 골고루 분산하여 타설할 것
③ 진동기의 사용은 많이 할수록 균일한 콘크리트를 얻을 수 있으므로 가급적 많이 사용할 것
④ 설계도서상의 콘크리트 양생기간을 준수하여 거푸집 동바리 등을 해체할 것

해설

진동기(콘크리트 Vibrator) 사용
• 진동기는 콘크리트 밀실화 유지를 위해 사용
• 지나친 진동은 거푸집 도괴의 원인이 될 수 있으므로 각별히 주의

106 화물취급작업과 관련한 위험방지를 위해 조치하여야 할 사항으로 옳지 않은 것은?

• 7장 2절 하역작업

① 하역작업을 하는 장소에서 작업장 및 통로의 위험한 부분에는 안전하게 작업할 수 있는 조명을 유지할 것
② 하역작업을 하는 장소에서 부두 또는 안벽의 선을 따라 통로를 설치하는 경우에는 폭을 50cm 이상으로 할 것
③ 차량 등에서 화물을 내리는 작업을 하는 경우에 해당 작업에 종사하는 근로자에게 쌓여 있는 화물 중간에서 화물을 빼내도록 하지 말 것
④ 꼬임이 끊어진 섬유로프 등을 화물운반용 또는 고정용으로 사용하지 말 것

해설

하역작업 시 위험방지
• 심하게 손상되거나 부식된 것, 꼬임이 끊어진 섬유로프 등의 사용 금지
• 섬유로프 등을 사용하여 화물취급작업을 하는 경우에 해당 섬유로프 등을 점검하고 이상을 발견한 섬유로프 등을 즉시 교체
• 차량 등에서 화물을 내리는 작업 시 쌓여 있는 화물 중간에서 화물을 빼내는 것 금지
• 하역작업을 하는 장소에 다음의 안전조치 실시
 – 작업장 및 통로의 위험한 부분에는 안전하게 작업할 수 있는 조명을 유지할 것
 – 부두 또는 안벽의 선을 따라 통로를 설치하는 경우에는 폭을 90cm 이상으로 할 것

107 유해위험방지 계획서를 제출하려고 할 때 그 첨부서류와 가장 거리가 먼 것은?

• 1장 1절 유해위험방지계획서

① 공사개요서
② 산업안전보건관리비 작성요령
③ 전체 공정표
④ 재해 발생 위험 시 연락 및 대피방법

해설

유해위험방지계획서 제출서류
• 공사 개요서
• 공사현장의 주변 현황 및 주변과의 관계를 나타내는 도면(매설물 현황을 포함)
• 전체 공정표
• 산업안전보건관리비 사용계획서
• 안전관리 조직표
• 재해 발생 위험 시 연락 및 대피방법

108 건설재해대책의 사면보호공법 중 식물을 생육시켜 그 뿌리로 사면의 표층토를 고정하여 빗물에 의한 침식, 동상, 이완 등을 방지하고, 녹화에 의한 경관조성을 목적으로 시공하는 것은?

• 4장 2절 붕괴재해

① 식생공
② 쉴드공
③ 뿜어 붙이기공
④ 블록공

해설

식생공법
- 녹생토 : 풍화암이나 경암에 부착망을 앵커핀과 착지핀으로 고정시키고 녹생토를 양잔디와 혼합살포하여 식생기반을 조성
- 덩굴식물 식재공법 : 토사나 경암 비탈면에 식재구덩이를 만들어 식물을 식재
- 배토습식공법 : 토사나 경암에 인공배양토를 부착후 양잔디 등을 식재

109 건설현장에 설치하는 사다리식 통로의 설치기준으로 옳지 않은 것은?

• 4장 1절 추락재해

① 발판과 벽과의 사이는 15cm 이상의 간격을 유지할 것
② 발판의 간격은 일정하게 할 것
③ 사다리의 상단은 걸쳐놓은 지점으로부터 60cm 이상 올라가도록 할 것
④ 사다리식 통로의 길이가 10m 이상인 경우에는 3m 이내마다 계단참을 설치할 것

해설

사다리식 통로등의 구조
- 발판의 간격은 일정하게 할 것
- 발판의 폭은 30cm 이상
- 발판과 벽과의 사이는 15cm 이상
- 사다리의 상단은 걸쳐 놓은 지점으로부터 60cm 이상 유지
- 사다리식 통로의 길이가 10m 이상인 경우에는 5m 이내마다 계단참 설치
- 사다리식 통로의 기울기는 75° 이하(고정식은 90° 이하)
- 높이가 7m 이상인 경우 높이 2.5m 되는 지점부터 등받이울 설치
- 접이식 사다리기둥은 사용 시 접히거나 펼쳐지지 않도록 할 것

110 표준관입시험에 관한 설명으로 옳지 않은 것은?

• 4과목 2장 4절 지반조사

① N치(N-value)는 지반을 30cm 굴진하는 데 필요한 타격횟수를 의미한다.
② N치가 4~10일 경우 모래의 상대밀도는 매우 단단한 편이다.
③ 63.5kg 무게의 추를 76cm 높이에서 자유낙하하여 타격하는 시험이다.
④ 사질지반에 적용하며, 점토지반에서는 편차가 커서 신뢰성이 떨어진다.

해설

연약지반임
- N치란 63.5kg의 해머를 76cm 높이에서 자유낙하시켜 로드 선단의 샘플러를 지반에 30cm 박아 넣는 데 필요한 타격 횟수
- N치는 지반 특성을 판별, 결정하거나 지반구조물을 설계하고 해석하는 데 활용됨

모래지반의 N치	점토지반의 N치	상대밀도(g/cm²)
0~4	0~2	매우연약(Very Loose)
4~10	2~4	연약(Loose)
10~30	4~8	보통(Medium)
30~50	8~15	단단한 모래(Dense), 점토(Stiff)
50 이상	15~30	아주 단단한 모래(Very Dense), 점토(Stiff)
-	30 이상	경질(Hard)

111 건설공사의 산업안전보건관리비 계상 시 대상액이 구분되어 있지 않은 공사는 도급계약 또는 자체 사업 계획 상의 총 공사금액 중 얼마를 대상액으로 하는가?

• 1과목 6장 9절 산업안전보건관리비

① 50%
② 60%
③ 70%
④ 80%

해설

계상방법 및 계상시기
- 발주자는 원가계산에 의한 예정가격 작성시 상기 계상기준에 따라 안전관리비를 계상
- 자기공사자는 원가계산에 의한 예정가격을 작성하거나 자체 사업계획을 수립하는 경우에 상기 계상기준에 따라 안전보건관리비를 계상
- 대상액이 구분되어 있지 않은 공사는 도급계약 또는 자체사업계획 상의 총공사금액의 70%를 대상액으로 하여 상기 계상기준에 따라 안전보건관리비를 계상

112 흙막이 지보공을 설치하였을 경우 정기적으로 점검하고 이상을 발견하면 즉시 보수하여야 하는 사항과 가장 거리가 먼 것은? • 4장 2절 붕괴재해

① 부재의 접속부·부착부 및 교차부의 상태
② 버팀대의 긴압(緊壓)의 정도
③ 부재의 손상·변형·부식·변위 및 탈락의 유무와 상태
④ 지표수의 흐름 상태

해설

붕괴 등의 위험 방지
- 흙막이 지보공을 설치하였을 때에는 정기적으로 다음의 사항을 점검하고 이상을 발견하면 즉시 보수
  - 부재의 손상, 변형, 부식, 변위 및 탈락의 유무와 상태
  - 버팀대의 긴압(緊壓)의 정도
  - 부재의 접속부, 부착부, 교차부의 상태
  - 침하의 정도
- 설계도서에 따른 계측을 하고 계측분석결과 토압의 증가 등 이상한 점을 발견한 경우에는 즉시 보강조치

113 작업발판 및 통로의 끝이나 개구부로서 근로자가 추락할 위험이 있는 장소에서 난간등의 설치가 매우 곤란하거나 작업의 필요상 임시로 난간등을 해체하여야 하는 경우에 설치하여야 하는 것은?

① 구명구
② 수직보호망
③ 석면포
④ 추락방호망

해설

작업발판을 설치하기 곤란한 경우 기준에 맞는 추락방호망을 설치

114 산업안전보건법령에 따른 양중기의 종류에 해당하지 않는 것은? • 3장 2절 양중기의 종류

① 곤돌라
② 리프트
③ 클램쉘
④ 크레인

해설

양중기의 종류 : 크레인, 곤돌라, 리프트

112 ④ 113 ④ 114 ③

115 철골용접부의 내부결함을 검사하는 방법으로 가장 거리가 먼 것은? • 4과목 5장 1절 철골작업

① 알칼리 반응 시험
② 방사선 투과시험
③ 자기분말 탐상시험
④ 침투 탐상시험

해설
용접부의 비파괴 검사법
- 방사선 투과법(RT, Radiogtaphy Testing)
  - 두께 100mm 이상도 가능하나 검사장소가 제한적
  - 필름의 밀착성이 좋지 않은 건축물에서는 검출이 어려움
- 초음파 탐상법(UT, Ultrasonic Testing)
  - 두께 5mm 이상은 불가능
  - 빠르고 경제적이어서 현장에서 주로 사용
- 자기분말탐상법(MT, Magnetic particle Testing)
  - 두께 15mm까지 가능, 미세부분도 검사가 가능
- 침투탐상법(PT, Liquid Penetrant Testing)
  - 모세관현상을 이용한 것으로 넓은 범위의 표면결함만 검사가능

116 도심지 폭파해체공법에 관한 설명으로 옳지 않은 것은?

① 장기간 발생하는 진동, 소음이 적다.
② 해체 속도가 빠르다.
③ 주위의 구조물에 끼치는 영향이 적다.
④ 많은 분진 발생으로 민원을 발생시킬 우려가 있다.

해설
폭파해체공법은 주위의 구조물에 끼치는 영향이 큼

정답 115 ①, ③, ④ 116 ③

117 근로자의 추락 등의 위험을 방지하기 위한 안전난간의 설치요건에서 상부난간대를 120cm 이상 지점에 설치하는 경우 중간난간대를 최소 몇 단 이상 균등하게 설치하여야 하는가?

• 4장 1절 추락재해

① 2단　　　　　　　　　　② 3단
③ 4단　　　　　　　　　　④ 5단

해설

계단의 설치기준
- 계단 및 계단참은 500kg/m² 이상의 하중에 견뎌야 하며 안전율은 4 이상
- 계단참의 높이 : 높이가 3m를 초과하는 계단에 높이 3m 이내마다 너비 1.2m 이상의 계단참을 설치
- 바닥에서 높이 3m를 초과하는 계단에 높이 3m마다 너비 1.2m 이상의 계단참 설치 통로의 폭(L)은 1m 이상으로 하되, 계단에 여러사람이 통행하거나, 교차되는 경우 1.2m 이상
- 발판 위의 머리 공간 높이(e)는 2m 이상
- 답단의 높이(h)는 25cm 이하, 발판의 선단거리(g)는 10cm 이상
- 최고 상부층계는 계단참에 접해야 함, 계단 기둥 간격 2m 이하
- 계단의 높이가 1m 이상이면 난간을 설치
- 난간은 100kgf 이상의 하중에 견딜 것
- 발끝막이판은 10cm 이상의 높이를 유지
- 상부난간대는 90cm 이상, 120cm 시 난간 상하간격이 60cm 이하가 되도록 중간난간대 설치
- 상부 난간대를 120cm 이상 지점에 설치하는 경우에는 중간 난간대를 2단 이상으로 균등하게 설치하고 난간의 상하 간격은 60cm 이하가 되도록 할 것

118 말비계를 조립하여 사용하는 경우 지주부재와 수평면의 기울기는 얼마 이하로 하여야 하는가?

• 5장 1절 비계

① 65°　　　　　　　　　　② 70°
③ 75°　　　　　　　　　　④ 80°

해설

말비계
- 사다리의 각부는 수평하게 놓아서 상부가 한쪽으로 기울지 않도록 하여야 함
- 각부에는 미끄럼 방지조치, 제일 상단에 올라서서 작업 금지
- 지주부재와 수평면과의 기울기를 75° 이하로 하고, 지주부재와 지주부재 사이를 고정시키는 보조부재를 설치
- 말비계의 높이가 2m를 초과할 경우에는 작업발판의 폭을 40cm 이상으로 함

119 지반 등의 굴착 시 위험을 방지하기 위한 연암 지반 굴착면의 기울기 기준으로 옳은 것은?

• 4장 2절 붕괴재해

① 1 : 0.3
② 1 : 0.4
③ 1 : 0.5
④ 1 : 0.6

해설

굴착면의 기울기
- 지반굴착 시 위험방지
- 지반 등을 굴착하는 경우에는 굴착면의 기울기를 기준에 맞도록 작업
- 굴착면의 경사가 상이하여 기울기를 계산하기가 곤란한 경우에는 해당 굴착면에 대하여 굴착면의 기울기 기준에 따라 붕괴의 위험이 증가하지 않도록 해당 각 부분의 경사를 유지

구 분	지반의 종류	기울기
보통흙	습 지	1 : 1~1 : 1.5
	건 지	1 : 0.5~1 : 1
암 반	풍화암	1 : 1.0
	연 암	1 : 1.0
	경 암	1 : 0.5

(표 : 굴착면의 기울기 기준)

120 흙막이 공법을 흙막이 지지방식에 의한 분류와 구조방식에 의한 분류로 나눌 때 다음 중 지지방식에 의한 분류에 해당하는 것은?

• 4과목 2장 1절 흙파기

① 수평 버팀대식 흙막이 공법
② H-Pile 공법
③ 지하연속벽 공법
④ Top Down Method 공법

해설

지지방식의 흙막이 공법
- 자립식공법
- 버팀대(Strut) 공법
- 어스앵커(Earth Anchor) 공법
- 탑다운(Top Down) 공법, 역타공법
- 이코스 파일공법(Icos Pile Method)
- 언더피닝(Underpinning) 공법

2020년 제3회 기출해설

6과목 건설안전기술

101 터널작업 시 자동경보장치에 대하여 당일의 작업시작 전 점검하여야 할 사항으로 옳지 않은 것은?

• 4장 2절 붕괴재해

① 검지부의 이상 유무
② 조명시설의 이상 유무
③ 경보장치의 작동 상태
④ 계기의 이상 유무

해설

터널작업 시 자동경보장치의 점검사항
• 계기의 이상 유무
• 검지부의 이상 유무
• 경보장치의 작동 상태

102 장비 자체보다 높은 장소의 땅을 굴착하는 데 적합한 장비는?

• 2장 2절 굴착기계

① 파워쇼벨(Power Shovel)
② 불도저(Bulldozer)
③ 드래그라인(Drag Line)
④ 클램쉘(Clam Shell)

해설

파워쇼벨(Power Shovel)
• 굴착공사와 싣기에 많이 사용
• 앞으로 흙을 긁어서 굴착하는 방식
• 작업대가 견고하여 굳은 토질의 굴착에도 용이
• 백호우보다 버킷 용량이 훨씬 크고 굴착기가 더 위에 달려 있음
• 기계가 위치한 지면보다 높은 자오의 땅을 굴착하는 데 적합
• 산지에서의 토공사 및 암반부터 점토질까지 굴착할 수 있음

정답 101 ② 102 ①

103 산업안전보건관리비계상기준에 따른 일반건설공사(갑), 대상액 「5억원 이상~50억원 미만」의 안전관리비 비율 및 기초액으로 옳은 것은?
• 1과목 6장 9절 산업안전보건관리비

① 비율 - 1.86%, 기초액 - 5,349,000원
② 비율 - 1.99%, 기초액 - 5,499,000원
③ 비율 - 2.35%, 기초액 - 5,400,000원
④ 비율 - 1.57%, 기초액 - 4,411,000원

해설

공사종류 및 규모별 산업안전보건관리비 계상기준표

구 분 공사종류	대상액 5억원 미만인 경우 적용비율(%)	대상액 5억원 이상 50억원 미만인 경우		대상액 50억원 이상인 경우 적용비율(%)	영 별표5에 따른 보건관리자 선임 대상 건설공사의 적용비율(%)
		적용비율(%)	기초액		
건축공사	2.93%	1.86%	5,349,000원	1.97%	2.15%
토목공사	3.09%	1.99%	5,499,000원	2.10%	2.29%
중건설공사	3.43%	2.35%	5,400,000원	2.44%	2.66%
특수건설공사	1.85%	1.20%	3,250,000원	1.27%	1.38%

104 본 터널(Main Tunnel)을 시공하기 전에 터널에서 약간 떨어진 곳에 지질조사, 환기, 배수, 운반 등의 상태를 알아보기 위하여 설치하는 터널은?

① 프리패브(Prefab) 터널
② 사이드(Side) 터널
③ 쉴드(Shield) 터널
④ 파일럿(Pilot) 터널

해설

파일럿 터널 : 환기, 재료운반, 버럭반출 목적 등의 목적으로 터널 굴착 전, 본 터널에서 약간 떨어진 곳에 뚫는 터널

105 추락방지망 설치 시 그물코의 크기가 10cm인 매듭 있는 방망의 신품에 대한 인장강도 기준으로 옳은 것은?
• 4장 1절 추락재해

① 100kgf 이상
② 200kgf 이상
③ 300kgf 이상
④ 400kgf 이상

해설

방망사의 신품에 대한 인장강도(추락재해방지표준안전작업지침)

그물코의 크기(cm)	방망의 종류(kg)	
	매듭 없는 방망	매듭방망
10	240	200
5		110

정답 103 ① 104 ④ 105 ②

106 지반의 종류가 보통흙의 습지일 때 굴착면의 기울기 기준으로 옳은 것은? • 4장 2절 붕괴재해

① 1 : 0.5~1 : 1
② 1 : 1~1 : 1.5
③ 1 : 0.8
④ 1 : 0.5

해설

굴착면의 기울기

구 분	지반의 종류	기울기
보통흙	습 지	1 : 1~1 : 1.5
	건 지	1 : 0.5~1 : 1
암 반	풍화암	1 : 1.0
	연 암	1 : 1.0
	경 암	1 : 0.5

107 다음 중 해체작업용 기계 기구로 가장 거리가 먼 것은? • 3장 6절 해체공사용 장비

① 압쇄기
② 핸드 브레이커
③ 철제햄머
④ 진동롤러

해설

진동롤러는 해체장비가 아니라 다짐장비이다.

108 토질시험 중 연약한 점토 지반의 점착력을 판별하기 위하여 실시하는 현장시험은?

• 1장 3절 지반의 안전성

① 베인테스트(Vane Test)
② 표준관입시험(SPT)
③ 하중재하시험
④ 삼축압축시험

해설

베인테스트(Vane Test)
보링의 구멍을 이용하여 십자 날개형의 베인 테스너를 지반에 박고 이것을 회전시켜 그 회전력에 의하여 10m 이내 점토(진흙)의 점착력을 판별하는 토질시험 방법

정답 106 ② 107 ④ 108 ①

109 다음은 강관틀비계를 조립하여 사용하는 경우 준수해야 할 기준이다. 빈칸 안에 알맞은 숫자를 나열한 것은?

• 5장 1절 비계

> 길이가 띠장방향으로 (A)미터 이하이고 높이가 (B)미터를 초과하는 경우에는 (C)미터 이내마다 띠장방향으로 버팀기둥을 설치할 것

① A - 4, B - 10, C - 5
② A - 4, B - 10, C - 10
③ A - 5, B - 10, C - 5
④ A - 5, B - 10, C - 10

해설

강관틀비계
- 비계기둥의 밑둥에는 밑받침철물을 사용, 밑받침에 고저차가 있는 경우 조절형 밑받침철물을 사용하여 각각의 강관틀비계가 항상 수평·수직을 유지
- 전체높이는 40m를 초과할 수 없으며, 20m를 초과할 경우 주틀의 높이를 2m 이내로 하고 주틀 간의 간격은 1.8m 이하로 함
- 주틀 간에 교차가새를 설치하고 최상층 및 5층 이내마다 수평재를 설치
- 벽연결은 구조체와 수직방향으로 6m, 수평방향으로 8m 이내마다 연결
- 띠장방향으로 길이가 4m 이하이고 높이 10m를 초과하는 경우 높이 10m 이내마다 띠장방향으로 버팀기둥을 설치

110 터널 등의 건설작업을 하는 경우에 낙반 등에 의하여 근로자가 위험해질 우려가 있는 경우에 필요한 직접적인 조치사항과 거리가 먼 것은?

• 4장 2절 붕괴재해

① 터널 지보공 설치
② 부석의 제거
③ 울 설치
④ 록볼트 설치

해설

터널작업 시 위험의 방지
- 낙반 위험이 있는 경우에 터널지 보공 및 록볼트의 설치, 부석의 제거
- 지반의 붕괴, 토석의 낙하위험이 있는 경우, 흙막이 지보공이나 방호망 설치
- 터널 내부의 시계가 배기가스나 분진 등에 의하여 현저하게 제한되는 경우, 환기를 하거나 물을 뿌리는 등 시계를 유지하기 위하여 필요한 조치 실시
- 인화성 가스가 분출할 위험이 있는 경우, 인화성 가스에 의한 폭발이나 화재를 예방하기 위하여 보링(Boring)에 의한 가스 제거 등의 인화성 가스의 분출 방지 조치 실시
- 금속의 용접·용단, 가열작업 시 화재 예방조치 실시

정답 109 ② 110 ③

111 콘크리트 타설을 위한 거푸집 동바리의 구조검토 시 가장 선행되어야 할 작업은?

• 5장 3절 거푸집, 동바리

① 각 부재에 생기는 응력에 대하여 안전한 단면을 산정한다.
② 가설물에 작용하는 하중 및 외력의 종류, 크기를 산정한다.
③ 하중 및 외력에 의하여 각 부재에 생기는 응력을 구한다.
④ 사용할 거푸집 동바리의 설치간격을 결정한다.

해설
구조검토 순서
- 하중계산 : 거푸집 동바리에 작용하는 하중 및 외력의 종류, 크기를 산정
- 응력계산 : 하중·외력에 의하여 각 부재에 발생되는 응력을 구함
- 단면, 배치간격계산 : 각 부재에 발생되는 응력에 대하여 안전한 단면 및 배치간격을 결정

112 동력을 사용하는 항타기 또는 항발기에 대하여 무너짐을 방지하기 위하여 준수하여야 할 기준으로 옳지 않은 것은?

• 2장 4절 추락, 붕괴 위험방지

① 연약한 지반에 설치하는 경우에는 각부(脚部)나 가대(架臺)의 침하를 방지하기 위하여 깔판, 깔목 등을 사용할 것
② 각부나 가대가 미끄러질 우려가 있는 경우에는 말뚝 또는 쐐기 등을 사용하여 각부나 가대를 고정시킬 것
③ 버팀대만으로 상단부분을 안정시키는 경우에는 버팀대는 3개 이상으로 하고 그 하단 부분은 견고한 버팀말뚝 또는 철골 등으로 고정시킬 것
④ 버팀줄만으로 상단 부분을 안정시키는 경우에는 버팀줄을 2개 이상으로 하고 같은 간격으로 배치할 것

해설
항타기의 무너짐 방지조치
- 연약 지반 설치 시 각부나 가대의 침하를 방지하기 위하여 깔판, 깔목 사용
- 시설에 설치하는 경우 내력을 확인하고 내력 부족 시 보강필요
- 미끄러질 우려가 있는 경우 말뚝, 쐐기 등을 사용하여 각부나 가대를 고정
- 항타기의 불시 이동을 방지하기 위하여 레일 클램프(Rail Clamp), 쐐기 등으로 고정
- 평형추를 사용 시 평형추의 이동을 방지하기 위하여 가대에 견고하게 부착
- 버팀대만으로 상단부분을 안정시키는 경우 버팀대는 3개 이상으로 하고 그 하단 부분은 견고한 버팀, 말뚝 또는 철골 등으로 고정
- 버팀줄만으로 상단부분을 안정시키는 경우에는 버팀줄을 3개 이상으로 하고 같은 간격으로 배치

113 타워 크레인을 자립고(自立高) 이상의 높이로 설치할 때 지지벽체가 없어 와이어로프로 지지하는 경우의 준수사항으로 옳지 않은 것은?
• 6장 4절 철골공사

① 와이어로프를 고정하기 위한 전용 지지프레임을 사용할 것
② 와이어로프 설치각도는 수평면에서 60° 이내로 하되, 지지점은 4개소 이상으로 하고, 같은 각도로 설치할 것
③ 와이어로프와 그 고정부위는 충분한 강도와 장력을 갖도록 설치하되, 와이어로프를 클립, 샤클(Shackle) 등의 기구를 사용하여 고정하지 않도록 유의할 것
④ 와이어로프가 가공전선(架空電線)에 근접하지 않도록 할 것

해설
와이어로프에 지지 시
- 서면심사에 관한 서류, 설치작업설명서에 따라 설치
- 전문가의 확인을 받아 설치, 공인된 표준방법으로 설치
- 와이어로프의 설치각도는 수평면에서 60° 이내, 지지점은 4개소 이상, 같은 각도로 설치
- 와어어로프와 그 고정부위는 충분한 강도와 장력을 갖도록 와이어로프를 클립, 샤클 등의 고정기구를 사용하여 견고하게 고정, 사용 중에 충분한 강도와 장력 유지
- 와이어로프가 가공전선에 근접하지 않도록 할 것

114 다음 중 유해위험방지계획서 제출대상 공사가 아닌 것은?
• 1장 1절 유해위험방지계획서

① 지상높이가 30m인 건축물 건설공사
② 최대지간길이가 50m인 교량건설공사
③ 터널 건설공사
④ 깊이가 11m인 굴착공사

해설
유해위험방지계획서 제출대상 공사
- 지상높이가 31m 이상인 건축물 또는 인공구조물
- 연면적 3만m² 이상인 건축물
- 연면적 5천m² 이상인 시설
- 연면적 5천m² 이상인 냉동·냉장창고시설의 설비공사 및 단열공사
- 최대 지간길이가 50m 이상인 교량 건설 등의 공사
- 터널 건설 등의 공사
- 다목적댐, 발전용댐 및 저수용량 2천만톤 이상의 용수전용댐, 지방상수도 전용댐 건설 등의 공사
- 깊이 10m 이상인 굴착공사

정답 113 ③ 114 ①

115 사다리식 통로의 길이가 10m 이상일 때 얼마 이내마다 계단참을 설치하여야 하는가?

• 5장 2절 작업통로

① 3m 이내마다
② 4m 이내마다
③ 5m 이내마다
④ 6m 이내마다

해설

옥외용 사다리
- 옥외용 사다리는 철재를 원칙으로 함
- 길이가 10m 이상인 때에는 5m 이내의 간격으로 계단참
- 사다리 전면의 사방 75cm 이내에는 장애물이 없어야 함

116 항만하역작업에서의 선박승강설비 설치기준으로 옳지 않은 것은?

• 7장 2절 하역작업

① 200톤급 이상의 선박에서 하역작업을 하는 경우에 근로자들이 안전하게 오르내릴 수 있는 현문(舷門) 사다리를 설치하여야 하며, 이 사다리 밑에 안전망을 설치하여야 한다.
② 현문 사다리는 견고한 재료로 제작된 것으로 너비는 55cm 이상이어야 한다.
③ 현문 사다리의 양측에는 82cm 이상의 높이로 울타리를 설치하여야 한다.
④ 현문 사다리는 근로자의 통행에만 사용하여야 하며, 화물용 발판 또는 화물용 보관으로 사용하도록 해서는 아니 된다.

해설

현문사다리
300t급 이상의 선박에서 하역 작업 시 현문사다리를 설치하고 사다리 밑에는 안전망을 설치하되, 현문사다리의 너비는 55cm 이상이어야 하며 양측에 82cm 이상 높이로 방책을 설치하고, 바닥은 미끄러지지 아니하도록 적합한 재질로 처리

117 다음은 말비계를 조립하여 사용하는 경우에 관한 준수사항이다. 빈칸 안에 들어갈 내용으로 옳은 것은?

• 5장 1절 비계

- 지주부재와 수평면의 기울기를 (A)° 이하로 하고 지주부재와 지주부재 사이를 고정시키는 보조부재를 설치할 것
- 말비계의 높이가 2m를 초과하는 경우에는 작업발판의 폭을 (B)cm 이상으로 할 것

① A - 75, B - 30
② A - 75, B - 40
③ A - 85, B - 30
④ A - 85, B - 40

해설

말비계
- 사다리의 각부는 수평하게 놓아서 상부가 한쪽으로 기울지 않도록 하여야 함
- 각부에는 미끄럼 방지조치, 제일 상단에 올라서서 작업금지
- 지주부재와 수평과의 기울기는 75° 이하로 하고, 지주부재와 지주부재 사이를 고정시키는 보조부재를 설치
- 말비계의 높이가 2m를 초과할 경우에는 작업발판의 폭을 40cm 이상으로 함

정답: 115 ③ 116 ① 117 ②

118 비계의 부재 중 기둥과 기둥을 연결시키는 부재가 아닌 것은?

• 6장 3절 가설발판

① 띠 장
② 장 선
③ 가 새
④ 작업발판

해설

작업발판
• 비계의 높이가 2m 이상인 작업장소에 작업발판을 설치
• 발판재료는 작업할 때의 하중을 견딜 수 있도록 견고한 것으로 할 것
• 작업발판의 폭은 40cm 이상으로 하고, 발판재료 간의 틈은 3cm 이하로 할 것
• 선박 및 보트 건조작업의 경우 선박블록 또는 엔진실 등의 좁은 작업공간에 작업발판을 설치하기 위하여 필요하면 작업발판의 폭을 30cm 이상으로 할 수 있고, 걸침비계의 경우 강관기둥 때문에 발판재료 간의 틈을 3cm 이하로 유지하기 곤란하면 5cm 이하로 할 수 있으나 그 틈 사이로 물체 등이 떨어질 우려가 있는 곳에는 출입금지 등의 조치를 해야 함
• 추락의 위험이 있는 장소에는 안전난간을 설치할 것
• 작업발판의 지지물은 하중에 의하여 파괴될 우려가 없는 것을 사용할 것
• 작업발판재료는 뒤집히거나 떨어지지 않도록 둘 이상의 지지물에 연결하거나 고정시킬 것
• 작업발판을 작업에 따라 이동시킬 경우에는 위험 방지에 필요한 조치를 할 것

119 운반작업을 인력운반작업과 기계운반작업으로 분류할 때 기계운반작업으로 실시하기에 부적당한 대상은?

• 7장 1절 운반작업

① 단순하고 반복적인 작업
② 표준화되어 있어 지속적이고 운반량이 많은 작업
③ 취급물의 형상, 성질, 크기 등이 다양한 작업
④ 취급물이 중량인 작업

해설

인력 운반작업	기계 운반작업
두뇌적인 판단이 필요한 작업 : 분류, 판독, 검사	단순하고 반복적인 작업
단독적이고 소량 취급 작업	표준화되어 있어 지속적이고 운반량이 많은 작업
취급물의 형상, 성질, 크기 등이 다양한 작업	취급물의 형상, 성질, 크기 등이 일정한 작업
취급물이 경량물인 작업	취급물이 중량인 작업

정답 118 ④ 119 ③

120 거푸집 동바리 등을 조립하는 경우에 준수하여야 할 안전조치기준으로 옳지 않은 것은?

• 5장 3절 거푸집, 동바리

① 동바리로 사용하는 강관은 높이 2m 이내마다 수평연결재를 2개 방향으로 만들고 수평연결재의 변위를 방지할 것
② 동바리로 사용하는 파이프 서포트는 3개 이상 이어서 사용하지 않도록 할 것
③ 동바리로 사용하는 파이프 서포트를 이어서 사용하는 경우에는 3개 이상의 볼트 또는 전용철물을 사용하여 이을 것
④ 동비리로 사용하는 강관틀과 강관틀 사이에는 교차가새를 설치할 것

해설

거푸집 동바리 등의 안전조치
- 깔목의 사용, 콘크리트 타설, 말뚝박기 등 동바리의 침하를 방지하기 위한 조치를 할 것
- 개구부 상부에 동바리를 설치하는 경우에는 상부하중을 견딜 수 있는 견고한 받침대를 설치할 것
- 동바리의 상하 고정 및 미끄러짐 방지 조치를 하고, 하중의 지지상태를 유지할 것
- 동바리의 이음은 맞댄이음이나 장부이음으로 하고 같은 품질의 재료를 사용할 것
- 강재와 강재의 접속부 및 교차부는 볼트·클램프 등 전용철물을 사용하여 단단히 연결할 것
- 거푸집이 곡면인 경우에는 버팀대의 부착 등 그 거푸집의 부상(浮上)을 방지하기 위한 조치를 할 것
- 동바리로 사용하는 강관[파이프 서포트(Pipe Support)는 제외]에 대해서는 다음의 사항을 따를 것
  - 높이 2m 이내마다 수평연결재를 2개 방향으로 만들고 수평연결재의 변위를 방지할 것
  - 멍에 등을 상단에 올릴 경우에는 해당 상단에 강재의 단판을 붙여 멍에 등을 고정시킬 것
- 동바리로 사용하는 파이프 서포트에 대해서는 다음의 사항을 따를 것
  - 파이프 서포트를 3개 이상 이어서 사용하지 않도록 할 것
  - 파이프 서포트를 이어서 사용하는 경우에는 4개 이상의 볼트 또는 전용철물을 사용하여 이을 것
  - 높이가 3.5m를 초과하는 경우에는 높이 2m 이내마다 수평연결재를 2개 방향으로 만들고 수평연결재의 변위를 방지할 것

2020년 제1·2회 통합 기출해설

6과목 건설안전기술

101 지면보다 낮은 땅을 파는 데 적합하고 수중굴착도 가능한 굴착기계는? • 2장 2절 굴착기계

① 백호우
② 파워쇼벨
③ 가이데릭
④ 파일드라이버

해설

백호우(Back Hoe)
- 지면보다 낮은 땅을 파는 데 적합하고 수중굴착도 가능
- 자신의 위치보다 낮은 지반굴착에 사용
- 토공 작업 시 굴착과 싣기를 동시에 할 수 있음
- 무한궤도식은 타이어식보다 경사로나 연약지반에서 더 안정적임
- 타이어식은 작업 시 안정성은 떨어지나 주행성이 좋아 트레일러 없이도 작업장 이동이 가능

102 굴착공사에서 비탈면 또는 비탈면 하단을 성토하여 붕괴를 방지하는 공법은? • 4장 2절 붕괴재해

① 배수공
② 배토공
③ 공작물에 의한 방지공
④ 압성토공

해설

붕괴방지대책
- 적정한 비탈면 기울기에 관한 계획
- 불량한 기초지반 처리 후 시공
- 필요에 따라 지표·지하 배수공 시공
- 배토공 : 비탈면상부의 토사제거
- 배수공 : 지표수 배수공, 침투방지공, 지하수 배제공
- 압성토공 : 비탈면 하부의 성토
- 블록공 : 프리캐스트 블록공, 뿜어붙이기 블록공, 현장치기 콘크리트공
- 지반보강공
- 사면안전공법(억제공, 억지공)
- 사면거동계측관리

정답 101 ① 102 ④

103 작업장에 계단 및 계단참을 설치하는 경우 매 제곱미터 당 최소 몇 킬로그램 이상의 하중에 견딜 수 있는 강도를 가진 구조로 설치하여야 하는가?

• 4장 1절 추락재해

① 300kg
② 400kg
③ 500kg
④ 600kg

해설

계단의 설치기준
- 계단 및 계단참은 500kg/m² 이상의 하중에 견뎌야 하며 안전율은 4 이상
- 계단침의 높이 : 높이가 3m를 초과하는 계단에 높이 3m 이내마다 너비 1.2m 이상의 계단참을 설치
- 바닥에서 높이 3m를 초과하는 계단에 높이 3m마다 너비 1.2m 이상의 계단참 설치
  - 통로의 폭(L)은 1m 이상으로 하되, 계단에 여러 사람이 통행하거나, 교차되는 경우 1.2m 이상
- 발판위의 머리 공간 높이(e)는 2m 이상
- 답단의 높이(h)는 25cm 이하, 발판의 선단거리(g)는 10cm 이상
- 최고 상부층계는 계단참에 접해야 함, 계단 기둥 간격 2m 이하
- 계단의 높이가 1m 이상이면 난간을 설치
- 난간은 100kgf 이상의 하중에 견딜 것
- 발끝막이판은 10cm 이상의 높이를 유지
- 상부난간대는 90cm 이상, 120cm 시 난간 상하간격이 60cm 이하가 되도록 중간난간대 설치

104 작업으로 인하여 물체가 떨어지거나 날아올 위험이 있는 경우 필요한 조치와 가장 거리가 먼 것은?

• 4장 3절 낙하, 비래

① 투하설비 설치
② 낙하물 방지망 설치
③ 수직보호망 설치
④ 출입금지구역 설정

해설

- 낙하물 방지망
  - 구조물 벽면으로부터 내민거리 : 2m 이상
  - 수평면과 이루는 각도 : 20~30°
  - 설치간격 : 일차적으로 6m로 바닥부분에 설치하고 10m마다 설치
  - 방망의 가장자리 : 테두리 로프를 그물코마다 엮어 긴결
  - 긴결재의 강도 : 100kgf 이상
  - 설치 후 3개월마다 정기점검 실시
- 방호선반 : 건물출입구, 건설현장 리프트 입구에 설치
- 수직보호망 : 갱품 외부, 가시설외부에 설치

105 크레인의 운전실 또는 운전대를 통하는 통로의 끝과 건설물 등의 벽체의 간격은 최대 얼마 이하로 하여야 하는가?
• 3장 1절 양중기의 개요

① 0.2m
② 0.3m
③ 0.4m
④ 0.5m

해설

안전간격
다음의 경우 간격을 30cm 이하로 해야 함
• 크레인의 운전실 또는 운전대를 통하는 통로의 끝과 건설물 등의 벽체의 간격
• 크레인 거더의 통로 끝과 크레인 거더의 간격
• 크레인 거더의 통로로 통하는 통로의 끝과 건설물 등의 벽체의 간격

106 철골공사 시 안전작업방법 및 준수사항으로 옳지 않은 것은?
• 6장 4절 철골공사

① 강풍, 폭우 등과 같은 악천후 시에는 작업을 중지하여야 하며 특히 강풍 시에는 높은 곳에 있는 부재나 공구류가 낙하비래하지 않도록 조치하여야 한다.
② 철골부재 반입 시 시공순서가 빠른 부재는 상단부에 위치하도록 한다.
③ 구명줄 설치 시 마닐라 로프 직경 10mm를 기준하여 설치하고 작업방법을 충분히 검토하여야 한다.
④ 철골보의 두 곳을 매어 인양시킬 때 와이어로프의 내각은 60° 이하이어야 한다.

해설

철골공사용 가설설비-재해방지설비
철골공사에 있어서는 용도, 사용장소 및 조건에 따라 다음의 재해방지설비를 갖추어야 함

	기능	용도, 사용장소, 조건	설비
추락방지	안전작업발판	높이 2m 이상의 장소로 추락의 우려가 있는 작업	비계, 달비계, 수평통로, 안전난간, 고소작업대
	추락자를 보호할 수 있는 것	작업발판의 설치가 어렵거나 개구부 주위로 안전난간 설치가 어려운 곳	추락방지용 방망
	추락위험장소에서 작업자의 행동을 제한하는 것	개구부 및 작업발판의 끝	안전난간, 방호울
	작업자의 신체를 유지시키는 것	안전작업발판, 안전난간 등을 설치할 수 없는 곳	안전대 부착설비, 안전대, 구명줄
낙하, 비래, 비산 방지	위에서 낙하되는 것을 막는 것	철골건립, 볼트 체결 및 기타 상하작업	방호철망, 방호울, 가설앵커설비
	제3자의 위해방지	볼트, 콘크리트 덩어리, 거푸집, 일반자재, 먼지 등이 낙하비산할 우려가 있는 작업	방호철망, 방호시트 방호울, 방호선반, 낙하물 방지망
	불꽃의 비산방지	용접, 용단을 수반하는 작업	방염포, 불연포

정답 105 ② 106 ③

- 고소작업에 따른 추락방지를 위하여 내·외부 개구부에는 추락방지용 방망을 설치, 작업자는 안전대를 사용, 안전대 사용을 위하여 미리 철골에 안전대 부착설비를 설치
- 구명줄을 설치할 경우에는 한 가닥의 구명줄을 여러 명이 동시에 사용하지 않도록 하여야 하며, 구명줄은 마닐라 로프 직경 16mm 이상을 기준하여 설치하고, 작업방법을 충분히 검토
- 낙하·비래 및 비산방지설비는 높이 매 10m 이내마다 설치하고, 2단 이상 설치 시에는 최하단에는 방호선반을 설치
- 낙하·비래 및 비산방지설비는 건물외부비계 방호시트에서 수평거리로 2m 이상 돌출하고 20°~30° 사이의 각도를 유지

107 강관비계의 수직방향 벽이음 조립간격(m)으로 옳은 것은? (단, 틀비계이며 높이가 5m 이상일 경우)
• 5장 1절 비계

① 2m
② 4m
③ 6m
④ 9m

해설

강관틀비계
- 비계기둥의 밑둥에는 밑받침철물을 사용, 밑받침에 고저차가 있는 경우 조절형 밑받침철물을 사용하여 각각의 강관틀 비계가 항상 수평·수직을 유지
- 전체높이는 40m를 초과할 수 없으며, 20m를 초과할 경우 주틀의 높이를 2m 이내로 하고 주틀 간의 간격은 1.8m 이하로 함
- 주틀 간에 교차가새를 설치하고 최상층 및 5층 이내마다 수평재를 설치
- 벽연결은 구조체와 수직방향으로 6m, 수평방향으로 8m 이내마다 연결
- 띠장방향으로 길이가 4m 이하이고 높이 10m를 초과하는 경우 높이 10m 이내마다 띠장방향으로 버팀기둥을 설치

108 공정률이 65%인 건설현장의 경우 공사 진척에 따른 산업안전보건관리비의 최소 사용기준으로 옳은 것은? (단, 공정률은 기성공정률을 기준으로 함)
• 1과목 6장 9절 산업안전보건관리비

① 40% 이상
② 50% 이상
③ 60% 이상
④ 70% 이상

해설

공사진척에 따른 안전관리비 사용기준

공정률	50%~70% 미만	70%~90% 미만	90% 이상
사용기준	50% 이상	70% 이상	90% 이상

109 달비계에 사용이 불가한 와이어로프의 기준으로 옳지 않은 것은? •3장 3절 양중기의 안전

① 이음매가 있는 것
② 와이어로프의 한 꼬임에서 끊어진 소선의 수가 7% 이상인 것
③ 지름의 감소가 공칭지름의 7%를 초과하는 것
④ 심하게 변형되거나 부식된 것

해설

와이어로프의 사용제한 조건
- 이음매가 있는 것
- 와이어로프의 한 꼬임에서 끊어진 소선의 수가 10% 이상인 것
- 지름의 감소가 공칭지름의 7%를 초과하는 것
- 꼬인 것
- 심하게 변형 또는 부식된 것
- 열과 전기 충격에 의해 손상된 것

110 구축물에 안전차단 등 안전성 평가를 실시하여 근로자에게 미칠 위험성을 미리 제거하여야 하는 경우가 아닌 것은? •4장 2절 붕괴재해

① 구축물 또는 이와 유사한 시설물의 인근에서 굴착·항타작업 등으로 침하·균열 등이 발생하여 붕괴의 위험이 예상될 경우
② 구조물, 건축물, 그 밖의 시설물이 그 자체의 무게·적설·풍압 또는 그 밖에 부가되는 하중 등으로 붕괴 등의 위험이 있을 경우
③ 화재 등으로 구축물 또는 이와 유사한 시설물의 내력(耐力)이 심하게 저하되었을 경우
④ 구축물의 구조체가 안전측으로 과도하게 설계가 되었을 경우

해설

구축물 또는 이와 유사한 시설물의 안전성평가
- 구축물 또는 이와 유사한 시설물의 인근에서 굴착·항타 작업 등으로 침하·균열 등이 발생하여 붕괴의 위험이 예상될 경우
- 구축물 또는 이와 유사한 시설물에 지진, 동해, 부동침하 등으로 균열·비틀림 등이 발생하였을 경우에는 그에 필요한 계측장치 등을 설치하여 위험을 방지하기 위한 조치를 실시
- 구조물, 건축물, 그 밖의 시설물이 그 자체의 무게·적설·풍압 또는 그 밖에 부가되는 하중 등으로 붕괴 등의 위험이 있을 경우
- 화재 등으로 구축물 또는 이와 유사한 시설물의 내력이 심하게 저하되었을 경우
- 오랜 기간 사용하지 아니하던 구축물 또는 이와 유사한 시설물을 재사용하게 되어 안전성을 검토하여야 하는 경우

정답 109 ② 110 ④

111 흙막이 지보공을 설치하였을 때 정기적으로 점검하여 이상 발견 시 즉시 보수하여야 할 사항이 아닌 것은?

• 4장 2절 붕괴재해

① 굴착 깊이의 정도
② 버팀대의 긴압의 정도
③ 부재의 접속부·부착부 및 교차부의 상태
④ 부재의 손상·변형·부식·변위 및 탈락의 유무와 상태

해설

다음의 경우 이상을 발견하면 흙막이 지보공의 즉시보수
• 부재의 손상, 변형, 부식, 변위 및 탈락의 유무와 상태
• 버팀대의 긴압(緊壓)의 정도
• 부재의 접속부, 부착부, 교차부의 상태
• 침하의 정도

112 달비계의 최대 적재하중을 정하는 경우 그 안전계수 기준으로 옳지 않은 것은?

• 5장 1절 비계

① 달기와이어로프 및 달기강선의 안전계수 − 10 이상
② 달기체인 및 달기 훅의 안전계수 − 5 이상
③ 달기강대와 달비계의 하부 및 상부지점의 안전계수 − 강재의 경우 3 이상
④ 달기강대와 달비계의 하부 및 상부지점의 안전계수 − 목재의 경우 5 이상

해설

안전계수
• 안전계수 = 와이어로프의 절단하중 값 ÷ 와이어로프 등에 걸리는 하중의 최대값
• 와이어로프 및 달기강선의 안전계수 : 10 이상
• 달기체인 및 달기훅의 안전계수 : 5 이상
• 달기강대와 달비계의 하부 및 상부지점의 안전계수 : 강재는 2.5 이상
• 목재의 안전계수 : 5 이상

정답 111 ① 112 ③

113. 다음은 안전대와 관련된 설명이다. 아래 내용에 해당되는 용어로 옳은 것은?
•4장 1절 추락재해

> 로프 또는 레일 등과 같은 유연하거나 단단한 고정줄로서 추락발생 시 추락을 저지시키는 추락방지대를 지탱해 주는 줄모양의 부품

① 안전블록
② 수직구명줄
③ 죔 줄
④ 보조죔줄

해설

안전대의 구성
- 안전블록 : 안전그네와 연결하여 추락발생시 추락을 억제할 수 있는 자동잠김장치가 갖추어져 있고 죔줄이 자동적으로 수축되는 금속장치
- 수직구명줄 : 로프 또는 레일 등과 같은 유연하거나 단단한 고정 줄로서 추락 발생시 추락을 저지시키는 추락방지대를 지탱해 주는 줄모양의 부품
- 죔줄 : 벨트 또는 안전그네를 구명줄 또는 구조물 등 기타 걸이설비와 연결하기 위한 줄모양의 부품
- 보조죔줄 : 안전대를 U자 걸이로 사용할 때 U자 걸이를 위해 훅 또는 카라비나를 지탱벨트의 D링에 걸거나 떼어낼 때 잘못하여 추락하는 것을 방지하기 위하여 링과 걸이 설비연결에 사용하는 훅 또는 카라비나를 갖춘 줄모양의 부품
- 지면으로부터 안전대 고정점까지의 높이 = 로프의 길이 + 로프의 늘어난 길이 + 신장 ÷ 2

114. 사업주가 유해위험방지 계획서 제출 후 건설공사 중 6개월 이내마다 안전보건공단의 확인을 받아야 할 내용이 아닌 것은?
•1장 1절 유해위험방지계획서

① 유해위험방지 계획서의 내용과 실제공사 내용이 부합하는지 여부
② 유해위험방지 계획서 변경 내용의 적정성
③ 자율안전관리 업체 유해·위험방지 계획서 제출·심사 면제
④ 추가적인 유해·위험요인의 존재 여부

해설

유해위험방지계획서 제출 후 건설공사 중 6개월 이내마다 안전보건공단의 확인을 받아야 할 사항
- 유해위험방지계획서의 내용과 실제공사 내용이 부합하는지 여부
- 유해위험방지계획서 변경 내용의 적정성
- 추가적인 유해위험요인의 존재 여부

정답 113 ② 114 ③

115 다음 중 방망사의 폐기 시 인장강도에 해당하는 것은? (단, 그물코의 크기는 10cm이며 매듭없는 방망의 경우임)
• 4장 1절 추락재해

① 50kg
② 100kg
③ 150kg
④ 200kg

해설

방망사의 폐기 시 인장강도

그물코의 크기(cm)	방망의 종류(kg)	
	매듭없는 방망	매듭방망
10	150	135
5		60

116 산업안전보건법령에 따른 지반의 종류별 굴착면의 기울기 기준으로 옳지 않은 것은?
• 4장 2절 붕괴재해

① 보통흙 습지 – 1 : 1~1 : 1.5
② 보통흙 건지 – 1 : 0.3~1 : 1
③ 풍화암 – 1 : 0.8
④ 연암 – 1 : 0.5

해설

〈굴착면의 기울기 기준〉

구 분	지반의 종류	기울기
보통흙	습 지	1 : 1~1 : 1.5
	건 지	1 : 0.5~1 : 1
암 반	풍화암	1 : 0.8
	연 암	1 : 0.5
	경 암	1 : 0.3

117 가설통로의 설치에 관한 기준으로 옳지 않은 것은? • 4장 1절 추락재해

① 경사는 30° 이하로 한다.
② 건설공사에 사용하는 높이 8m 이상인 비계다리에는 7m 이내마다 계단참을 설치한다.
③ 작업상 부득이한 경우에는 필요한 부분에 한하여 안전난간을 임시로 해체할 수 있다.
④ 수직갱에 가설된 통로의 길이가 10m 이상인 경우에는 5m 이내마다 계단참을 설치한다.

해설

가설통로의 구조
- 견고한 구조로 할 것
- 경사는 30° 이하로 할 것. 다만, 계단을 설치하거나 높이 2m 미만의 가설통로로서 튼튼한 손잡이를 설치한 경우는 제외
- 경사가 15°를 초과하는 경우에는 미끄러지지 아니하는 구조
- 추락할 위험이 있는 장소에는 안전난간을 설치할 것. 다만, 작업상 부득이한 경우에는 필요한 부분만 임시로 해체할 수 있음
- 수직갱에 가설된 통로의 길이가 15m 이상인 경우에는 10m 이내마다 계단참을 설치
- 건설공사에 사용하는 높이 8m 이상인 비계다리에는 7m 이내마다 계단참을 설치

118 콘크리트 타설 시 거푸집 측압에 관한 설명으로 옳지 않은 것은? • 6장 2절 콘크리트 측압

① 기온이 높을수록 측압은 크다.
② 타설속도가 클수록 측압은 크다.
③ 슬럼프가 클수록 측압은 크다.
④ 다짐이 과할수록 측압은 크다.

해설

측압이 큰 경우
- 거푸집 부재 단면이 클수록
- 거푸집 수밀성이 클수록
- 거푸집 강성이 클수록
- 거푸집 표면이 평활할수록
- 시공연도(Workability)가 좋을수록
- 철골 또는 철근량이 적을수록
- 외기의 온습도가 낮을수록
- 타설속도가 빠를수록
- 콘크리트 비중이 클수록
- 조강시멘트 등 응결시간이 빠른 것을 사용할수록
- 습도가 낮을수록
- 콘크리트의 Slump치가 클수록

정답 117 ④ 118 ①

119 해체공사 시 작업용 기계기구의 취급 안전기준에 관한 설명으로 옳지 않은 것은?

• 3장 6절 해체공사용 장비

① 철제햄머와 와이어로프의 결속은 경험이 많은 사람으로서 선임된 자에 한하여 실시하도록 하여야 한다.
② 팽창제 천공간격은 콘크리트 강도에 의하여 결정되나 70~120cm 정도를 유지하도록 한다.
③ 쐐기타입으로 해체 시 천공구멍은 타입기 삽입부분의 직경과 거의 같아야 한다.
④ 화염방사기로 해체작업 시 용기 내 압력은 온도에 의해 상승하기 때문에 항상 40℃ 이하로 보존해야 한다.

해설

팽창제
- 광물의 수화반응에 의한 팽창압을 이용하여 파쇄하는 공법
- 팽창제와 물과의 시방 혼합비율을 확인하여야 함
- 천공직경이 너무 작거나 크면 팽창력이 작아 비효율적이므로, 천공 직경은 30~50mm 정도를 유지
- 천공간격은 콘크리트 강도에 의하여 결정되나 30~70cm 정도를 유지
- 팽창제를 저장하는 경우에는 건조한 장소에 보관하고 직접 바닥에 두지 말고 습기를 피함
- 개봉된 팽창제는 사용하지 말아야 하며 쓰다 남은 팽창제 처리에 유의

120 굴착과 싣기를 동시에 할 수 있는 토공기계가 아닌 것은?

• 2장 3절 토공기계

① Power Shovel
② Tractor Shovel
③ Back Hoe
④ Motor Grader

해설

모터그레이더(Motor Grader)
- 균토판(삽날, 블레이드)을 탑재하여 지표를 긁어 땅을 고르게 하는 장비로 지면을 매끈하게 다듬어 끝맺음을 할 때 주로 사용
- 작업 시 직진성을 좋게 하기 위해 후륜에 차동장치가 없기 때문에 작은 회전반경으로 회전하기가 매우 어려운 것이 특징

2019년 제4회 기출해설

6과목 건설안전기술

101 거푸집 동바리 등을 조립하는 경우에 준수하여야 할 사항으로 옳지 않은 것은?

• 5장 3절 거푸집, 동바리

① 거푸집이 곡면의 경우에는 버팀대의 부착 등 그 거푸집의 부상(浮上)을 방지하기 위한 조치를 할 것
② 동바리의 이음은 맞댄이음이나 장부이음으로 하고 같은 품질의 재료를 사용할 것
③ 동바리로 사용하는 강관(파이프 서포트는 제외)은 높이 2m 이내마다 수평연결재를 4개 방향으로 만들고 수평연결재의 변위를 방지할 것
④ 동바리에 사용하는 파이프 서포트는 3개 이상 이어서 사용하지 않도록 할 것

해설
거푸집 동바리 등의 안전조치 : 높이 2m 이내마다 수평연결재를 2개 방향으로 만들고 수평연결재의 변위를 방지할 것

102 공사용 가설도로를 설치하는 경우 준수해야 할 사항으로 옳지 않은 것은?

• 6장 3절 가설발판

① 도로는 장비와 차량이 안전하게 운행할 수 있도록 견고하게 설치한다.
② 도로는 배수에 관계없이 평탄하게 설치한다.
③ 도로와 작업장이 접하여 있을 경우에는 방책 등을 설치한다.
④ 차량의 속도제한 표지를 부착한다.

해설
공사용 가설도로 설치 시 준수사항
배수성 : 도로는 배수를 위하여 경사지게 설치하거나 배수시설을 설치

103 단관비계를 조립하는 경우 벽이음 및 버팀을 설치할 때의 수평방향 조립간격 기준으로 옳은 것은?

• 5장 1절 비계

① 3m
② 5m
③ 6m
④ 8m

해설
강관비계(단관비계)의 설치 : 벽연결은 수직으로 5m, 수평으로 5m 이내마다 연결

정답 101 ③ 102 ② 103 ②

104 유해위험방지계획서를 제출해야 될 대상 공사의 기준으로 옳은 것은? • 1장 1절 유해위험방지계획서

① 최대 지간길이가 50m 이상인 교량 건설 등 공사
② 다목적댐, 발전용댐 및 저수용량 1천만톤 이상의 용수 전용댐, 지방상수도 전용댐 등의 공사
③ 깊이가 8m 이상인 굴착공사
④ 연면적 3000m² 이상의 냉동·냉장창고시설의 설비공사 및 단열공사

해설

유해위험방지계획서 제출대상 공사
- 지상높이가 31m 이상인 건축물 또는 인공구조물
- 연면적 3만m² 이상인 건축물
- 연면적 5천m² 이상인 시설
- 연면적 5천m² 이상인 냉동·냉장창고시설의 설비공사 및 단열공사
- 최대 지간길이가 50m 이상인 교량 건설 등의 공사
- 터널 건설 등의 공사
- 다목적댐, 발전용댐 및 저수용량 2천만톤 이상의 용수전용댐, 지방상수도 전용댐 건설 등의 공사
- 깊이 10m 이상인 굴착공사

105 토질시험 중 액체 상태의 흙이 건조되어 가면서 액성, 소성, 반고체, 고체 상태의 경계선과 관련된 시험의 명칭은?
• 1장 3절 지반의 안전성

① 아터버그 한계시험
② 압밀 시험
③ 삼축압축시험
④ 투수시험

해설

아터버그(Atterberg) 한계
- 연경도(Consistency of Soil) : 점성토가 함수량에 따라 변화하는 성질
- 점성토는 물을 포함하고 있으며, 함수량의 변화에 따라 흙의 강도와 체적이 변함
- 건조한 흙에 물을 가하면 흙의 상태가 변하고 이들의 변화하는 한계를 Consistency 한계 또는 Atterberg 한계라 함
- 흙은 함수량에 따라 고체, 반고체, 소성, 액체상태로 변함
  - 고체에서 반고체로 가는 한계를 수축한계(SL ; Shrinkage Limit)
  - 반고체에서 소성상태로 가는 한계를 소성한계(PL ; Plastic Limit)
  - 소성에서 액성으로 가는 한계를 액성한계로 표현(LL ; Liquid Limit)

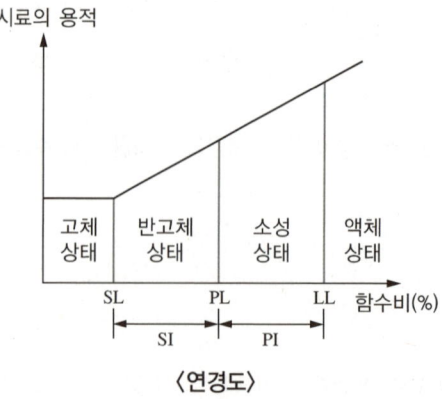

〈연경도〉

106 인력운반 작업에 대한 안전 준수사항으로 옳지 않은 것은? •7장 1절 운반작업

① 보조기구를 효과적으로 사용한다.
② 긴 물건은 뒤쪽을 높이고 원통인 물건은 굴려서 운반한다.
③ 물건을 들어올릴 때에는 팔과 무릎을 이용하며 척추는 곧게 한다.
④ 무거운 물건은 공동작업으로 실시한다.

해설

인력운반 안전기준
- 1인당 무게는 25kg 정도가 적절하며, 무리한 운반 금지
- 2인 이상 1조가 되어 어깨메기로 하여 운반
- 긴 철근을 1인 운반 시 앞쪽을 높게 하여 어깨에 메고 뒤쪽 끝을 끌면서 운반
- 운반 시 양끝을 묶어 운반
- 내려놓을 때는 던지지 말고 천천히 내려놓을 것
- 공동 작업 시 신호에 따라 작업(신호 준수)

107 철골 작업을 할 때 악천후에는 작업을 중지하도록 하여야 하는데 그 기준으로 옳은 것은? •6장 1절 콘크리트 슬래브 구조안전

① 강설량이 분당 1cm 이상인 경우
② 강우량이 시간당 1cm 이상인 경우
③ 풍속이 초당 10m 이상인 경우
④ 기온이 28℃ 이상인 경우

해설

악천후 시 작업 중지 기준

구 분	일반작업	철골공사
강 풍	10분간 평균풍속이 10m/s 이상	10분간 평균풍속이 10m/s 이상
강 우	1회 강우량이 50mm 이상	1시간당 강우량이 1mm 이상
강 설	1회 강설량이 25cm 이상	1시간당 강설량이 1cm 이상

정답 106 ② 107 ③

108 굴착작업을 하는 경우 근로자의 위험을 방지하기 위하여 작업장의 지형·지반 및 지층상태 등에 대하여 실시하여야 하는 사전조사 내용으로 옳지 않은 것은?

• 4장 2절 붕괴재해

① 형상·지질 및 지층의 상태
② 균열·함수(含水)·용수 및 동결의 유무 또는 상태
③ 지상의 배수 상태
④ 매설물 등의 유무 또는 상태

해설

지반 등의 굴착 시 위험 방지
- 지반 등을 굴착하는 경우에는 굴착면의 기울기를 기준에 맞도록 작업
- 굴착면의 경사가 상이하여 기울기를 계산하기가 곤란한 경우에는 해당 굴착면에 대하여 굴착면의 기울기 기준에 따라 붕괴의 위험이 증가하지 않도록 해당 각 부분의 경사를 유지
- 굴착작업 전 형상, 지질, 지층의 상태와 작업 장소 및 그 주변의 부석·균열의 유무, 함수, 용수 및 동결상태의 변화를 점검
- 지반의 붕괴 등에 의한 위험방지
  - 굴착작업에 있어서 지반의 붕괴 또는 토석의 낙하에 의하여 근로자에게 위험을 미칠 우려가 있는 경우에는 미리 흙막이 지보공의 설치, 방호망의 설치 및 근로자의 출입 금지 등 그 위험을 방지하기 위하여 필요한 조치 실시
  - 비가 올 경우를 대비하여 측구를 설치하거나 굴착경사면에 비닐을 덮는 등 빗물 등의 침투에 의한 붕괴재해를 예방하기 위하여 필요한 조치 실시
- 매설물 등 파손에 의한 위험방지
  - 매설물, 조적벽, 콘크리트벽 또는 옹벽 등의 건설물에 근접한 장소에서 굴착작업을 할 때에 해당 가설물의 파손 등에 의하여 근로자가 위험해질 우려가 있는 경우에는 해당 건설물을 보강하거나 이설하는 등 해당 위험을 방지하기 위한 조치 실시
  - 굴착작업에 의하여 노출된 매설물 등이 파손됨으로써 근로자가 위험해질 우려가 있는 경우에는 해당 매설물 등에 대한 방호조치를 하거나 이설하는 등 필요한 조치 실시
  - 매설물 등의 방호작업에 대하여 관리감독자에게 해당 작업을 지휘토록 함
- 굴착기계, 적재기계, 운반기계 등의 사용으로 가스도관, 지중전선로, 그 밖에 지하에 위치한 공작물이 파손되어 그 결과 근로자가 위험해질 우려가 있는 경우에는 그 기계를 사용한 굴착작업 금지
- 굴착작업을 하는 경우 미리 운반기계, 굴착기계 및 적재기계의 운행경로 및 토석 적재장소 출입방법을 정하여 관계근로자에게 주지
- 운반기계 등의 유도
  - 굴착작업을 할 때에 운반기계 등이 근로자의 작업장소로 후진하여 근로자에게 접근하거나 굴러 떨어질 우려가 있는 경우에는 유도자를 배치하여 운반기계 등을 유도
  - 운반기계 등의 운전자는 유도자의 유도에 따라야 함

109 건설업 산업안전보건관리비 중 안전시설비로 사용할 수 있는 항목에 해당하는 것은?

• 1과목 6장 9절 산업안전보건관리비

① 각종 비계, 작업발판, 가설계단·통로, 사다리 등
② 비계·통로·계단에 추가 설치하는 추락방지용 안전난간
③ 절토부 및 성토부 등의 토사유실 방지를 위한 설비
④ 작업장 간 상호 연락, 작업 상황 파악 등 통신수단으로 활용되는 통신시설·설비

> **해설**

산업안전보건관리비 사용불가내역 – 안전시설비
- 원활한 공사수행을 위한 가설시설, 장치, 도구, 자재 등
  - 외부인 출입금지, 공사장 경계표시를 위한 가설울타리
  - 각종 비계, 작업발판, 가설계단·통로, 사다리 등
  - 안전발판, 안전통로, 안전계단 등과 같이 공사 수행에 필요한 가시설들은 사용 불가

  > 비계·통로·계단에 추가 설치하는 추락방지용 안전난간, 사다리 전도방지장치, 틀비계에 별도로 설치하는 안전난간·사다리, 통로의 낙하물방호선반 등은 사용 가능

  - 절토부 및 성토부 등의 토사유실 방지를 위한 설비
  - 작업장 간 상호 연락, 작업 상황 파악 등 통신수단으로 활용되는 통신시설·설비
  - 공사 목적물의 품질 확보 또는 건설장비 자체의 운행 감시, 공사 진척상황 확인, 방법 등의 목적을 가진 CCTV 등 감시용 장비
- 소음·환경관련 민원예방, 교통통제 등을 위한 각종 시설물, 표지
  - 건설현장 소음방지를 위한 방음시설, 분진망 등 먼지·분진 비산 방지시설 등
  - 도로 확·포장공사, 관로공사, 도심지 공사 등에서 공사차량 외의 차량유도, 안내·주의·경고 등을 목적으로 하는 교통안전시설물(공사안내·경고 표지판, 차량유도등·점멸등, 라바콘, 현장경계휀스, PE드럼 등)
- 기계·기구 등과 일체형 안전장치의 구입비용

  > 기성제품에 부착된 안전장치 고장 시 수리 및 교체비용은 사용 가능

  - 기성제품에 부착된 안전장치(톱날과 일체식으로 제작된 목재가공용 둥근톱의 톱날접촉예방장치, 플러그와 접지시설이 일체식으로 제작된 접지형 플러그 등)
  - 공사수행용 시설과 일체형인 안전시설
- 동일 시공업체 소속의 타 현장에서 사용한 안전시설물을 전용하여 사용할 때의 자재비

  > 운반비는 안전관리비로 사용가능

※ 위 문제 및 해설은 고용노동부고시「건설업 산업안전보건관리비 계상 및 사용기준」의 개정(2022.6.2)에서 삭제된 내용을 다루고 있습니다.

정답 109 ②

110 작업으로 인하여 물체가 떨어지거나 날아올 위험이 있는 경우 그 위험을 방지하기 위하여 필요한 조치사항으로 거리가 먼 것은?
• 4장 1절 추락재해

① 낙하물 방지망의 설치
② 출입금지구역의 설정
③ 보호구의 착용
④ 작업지휘자 선정

해설

낙하물 방지시설
- 낙하물 방지망
  - 구조물 벽면으로부터 내민거리 : 2m 이상
  - 수평면과 이루는 각도 : 20~30°
  - 설치간격 : 일차적으로 6m로 바닥부분에 설치하고 10m마다 설치
  - 방망의 가장자리 : 테두리 로프를 그물코마다 엮어 긴결
  - 긴결재의 강도 : 100kgf 이상
  - 설치 후 3개월마다 정기점검 실시
- 방호선반 : 건물출입구, 건설현장 리프트 입구에 설치
- 수직보호망 : 갱폼 외부, 가시설외부에 설치
- 출입금지구역 설정
- 방망에 표시해야 할 사항 : 제조자명, 제조년월, 재봉치수, 그물코, 신품인 때의 방망의 강도

111 구축물 또는 이와 유사한 시설물에 대하여 자중(自重), 적재하중, 적설, 풍압(風壓), 지진이나 진동 및 충격 등에 의하여 붕괴·전도·도괴·폭발하는 등의 위험을 예방하기 위하여 필요한 조치로 거리가 먼 것은?
• 4장 2절 붕괴재해

① 설계도서에 따라 시공했는지 확인
② 건설공사 시방서(示方書)에 따라 시공했는지 확인
③ 소방시설법령에 의해 소방시설을 설치했는지 확인
④ 「건축물의 구조기준 등에 관한 규칙」에 따른 구조기준을 준수했는지 확인

해설

구축물 또는 이와 유사한 시설물 등의 안전유지
- 설계도서에 따라 시공했는지 확인
- 건설공사 시방서에 따라 시공했는지 확인
- 건축물의 구조기준 등에 관한 규칙에 따른 구조기준을 준수했는지 확인

110 ④ 111 ③

112 건설작업장에서 재해예방을 위해 작업조건에 따라 근로자에게 지급하고 착용하도록 하여야 할 보호구로 옳지 않은 것은?

• 1과목 6장 9절 산업안전보건관리비

① 물체가 떨어지거나 날아올 위험 또는 근로자가 추락할 위험이 있는 작업 – 안전모
② 높이 또는 깊이 2m 이상의 추락할 위험이 있는 장소에서 하는 작업 – 안전대
③ 용접 시 불꽃이나 물체가 흩날릴 위험이 있는 작업 – 보안경
④ 물체의 낙하·충격, 물체에의 끼임, 감전 또는 정전기의 대전에 의한 위험이 있는 작업 – 안전화

해설

보호구
- 안전모 : 물체가 떨어지거나 날아올 위험 또는 근로자가 추락할 위험이 있는 작업
  - 안전모의 자율안전확인 시험방법 : 전처리, 착용높이측정, 내관통성시험, 충격흡수성시험, 난연성시험, 턱끈풀림시험, 측면변형시험
- 안전대 : 높이 또는 깊이 2미터 이상의 추락할 위험이 있는 장소에서 하는 작업
- 안전화 : 물체의 낙하·충격, 물체에의 끼임, 감전 또는 정전기의 대전에 의한 위험이 있는 작업
- 보안경 : 물체가 흩날릴 위험이 있는 작업
- 보안면 : 용접 시 불꽃이나 물체가 흩날릴 위험이 있는 작업
- 절연용 보호구 : 감전의 위험이 있는 작업
- 방열복 : 고열에 의한 화상 등의 위험이 있는 작업
- 방진마스크 : 선창 등에서 분진이 심하게 발생하는 하역작업
- 방한모·방한복·방한화·방한장갑 : 섭씨 영하 18도 이하인 급냉동어창에서 하는 하역작업
- 도로교통법 시행규칙의 기준에 적합한 승차용 안전모 : 물건을 운반하거나 수거·배달하기 위하여 자동차관리법에 따른 이륜자동차를 운행하는 작업

113 차량계 건설기계 작업 시 그 기계가 넘어지거나 굴러떨어짐으로써 근로자가 위험해질 우려가 있는 경우에 필요한 조치사항으로 거리가 먼 것은?

• 2장 4절 추락, 붕괴 위험방지

① 변속기능의 유지
② 갓길의 붕괴방지
③ 도로 폭의 유지
④ 지반의 부동침하방지

해설

차량계 건설기계의 안전관리
기계가 넘어지거나 굴러떨어짐으로써 근로자가 위험해질 우려가 있는 경우, 유도하는 사람을 배치, 지반의 부동침하방지, 갓길의 붕괴방지 및 도로 폭의 유지 등 필요한 조치 실시

정답 112 ③ 113 ①

114 갱내에 설치한 사다리식 통로에 권상장치가 설치된 경우 권상장치와 근로자의 접촉에 의한 위험이 있는 장소에 설치해야 하는 것은?
• 4장 1절 추락재해

① 판자벽
② 울
③ 건널다리
④ 덮개

해설

갱내 통로 등의 위험방지
갱내에 설치한 통로 또는 사다리식 통로에 권상장치가 설치된 경우 권상장치와 근로자의 접촉에 의한 위험이 있는 장소에 판자벽이나 그 밖에 위험 방지를 위한 격벽 설치

115 52m 높이로 강관비계를 세우려면 지상에서 몇 미터까지 2개의 강관으로 묶어 세워야 하는가?
• 5장 1절 비계

① 11m
② 16m
③ 21m
④ 26m

해설

비계기둥의 제일 윗부분으로부터 31m 되는 지점 밑부분의 비계기둥은 2개의 강관으로 묶어 세울 것. 다만, 브라켓(Bracket) 등으로 보강하여 2개의 강관으로 묶을 경우 이상의 강도가 유지되는 경우는 제외

116 보호구 자율안전확인 고시에 따른 안전모의 시험항목에 해당되지 않는 것은?
• 1과목 6장 9절 산업안전보건관리비

① 전처리
② 착용높이측정
③ 충격흡수성시험
④ 절연시험

해설

안전모의 자율안전확인 시험방법
전처리, 착용높이측정, 내관통성시험, 충격흡수성시험, 난연성시험, 턱끈풀림시험, 측면변형시험

114 ① 115 ③ 116 ④

117 강관틀비계를 조립하여 사용하는 경우 준수해야 할 기준으로 옳지 않은 것은? • 5장 1절 비계

① 비계기둥의 밑둥에는 밑받침 철물을 사용하여야 하며 밑받침에 고저차(高低差)가 있는 경우에는 조절형 밑받침 철물을 사용하여 각각의 강관틀비계가 항상 수평 및 수직을 유지하도록 할 것
② 높이가 20m를 초과하거나 중량물의 적재를 수반하는 작업을 할 경우에는 주틀 간의 간격을 1.8m 이하로 할 것
③ 주틀 간의 교차가새를 설치하고 최상층 및 5층 이내마다 수평재를 설치할 것
④ 수직방향으로 5m, 수평방향으로 5m 이내마다 벽이음을 할 것

해설

강관틀비계
- 비계기둥의 밑둥에는 밑받침 철물을 사용하여야 하며 밑받침에 고저차가 있는 경우에는 조절형 밑받침철물을 사용하여 각각의 강관틀비계가 항상 수평 및 수직을 유지하도록 할 것
- 전체높이는 40m를 초과할 수 없으며, 높이가 20m를 초과하거나 중량물의 적재를 수반하는 작업을 할 경우에는 주틀의 높이를 2m 이내로 하고, 주틀 간의 간격을 1.8m 이하로 할 것
- 주틀 간에 교차가새를 설치하고 최상층 및 5층 이내마다 수평재를 설치
- 수직방향으로 6m, 수평방향으로 8m 이내마다 벽이음
- 길이가 띠장 방향으로 4m 이하이고 높이가 10m를 초과하는 경우에는 10m 이내마다 띠장 방향으로 버팀기둥을 설치

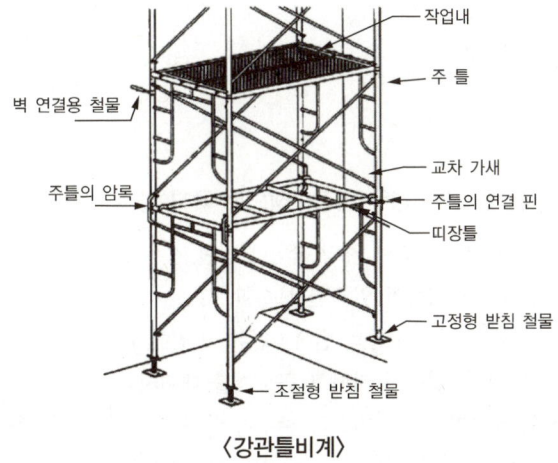

〈강관틀비계〉

118 체인(Chain)의 폐기 대상이 아닌 것은? • 5장 1절 비계

① 균열, 흠이 있는 것
② 뒤틀림 등 변형이 현저한 것
③ 전장이 원래 길이의 5%를 초과하여 늘어난 것
④ 링(Ring)의 단면 지름의 감소가 원래 지름의 5% 정도 마모된 것

해설

달기체인 사용금지
- 달기체인의 길이가 달기체인이 제조된 때의 길이의 5%를 초과한 것
- 링의 단면지름이 달기체인이 제조된 때의 해당 링의 지름의 10%를 초과하여 감소한 것
- 균열이 있거나 심하게 변형된 것

119. 물체가 떨어지거나 날아올 위험을 방지하기 위한 낙하물 방지망 또는 방호선반을 설치할 때 수평면과의 적정한 각도는?

• 4장 1절 추락재해

① 10°~20°
② 20°~30°
③ 30°~40°
④ 40°~45°

해설
낙하물 방지망
- 구조물 벽면으로부터 내민거리 : 2m 이상
- 수평면과 이루는 각도 : 20~30°
- 설치간격 : 10m마다 설치
- 방망의 가장자리 : 테두리 로프를 그물코마다 엮어 긴결
- 긴결재의 강도 : 100kgf 이상
- 설치 후 3개월마다 정기점검 실시

120. 콘크리트 타설작업을 하는 경우 안전대책으로 옳지 않은 것은?

• 5장 3절 거푸집, 동바리

① 당일의 작업을 시작하기 전에 해당 작업에 관한 거푸집 동바리 등의 변형·변위 및 지반의 침하 유무 등을 점검하고 이상이 있으면 보수할 것
② 작업 중에는 거푸집 동바리 등의 변형·변위 및 침하 유무 등을 감시할 수 있는 감시자를 배치하여 이상이 있으면 작업을 중지하고 근로자를 대피시킬 것
③ 설계도서상의 콘크리트 양생기간을 준수하여 거푸집 동바리 등을 해체할 것
④ 슬래브의 경우 한쪽부터 순차적으로 콘크리트를 타설하는 등 편심을 유발하여 빠른 시간 내 타설이 완료되도록 할 것

해설
콘크리트 타설작업 시 준수사항
- 작업 시작 전 해당 작업에 관한 거푸집 동바리 등의 변형·변위 및 지반의 침하 유무 등을 점검하고 이상이 있으면 보수
- 작업 중에는 거푸집 동바리 등의 변형·변위 및 침하 유무 등을 감시할 수 있는 감시자를 배치하여 이상이 있으면 작업을 중지하고 근로자를 대피
- 콘크리트 타설작업 시 거푸집 붕괴의 위험이 발생할 우려가 있으면 충분한 보강조치
- 설계도서상의 콘크리트 양생기간을 준수하여 거푸집 동바리 등을 해체
- 콘크리트를 타설하는 경우에는 편심이 발생하지 않도록 골고루 분산하여 타설
- 콘크리트를 타설할 때 거푸집의 부상 및 이동방지 조치
- 건물의 보, 요철부분, 내민부분의 조립상태 및 콘크리트 타설 시 이탈방지장치설치
- 청소구의 유무 확인 및 콘크리트 타설 시 청소구 폐쇄 조치
- 거푸집의 흔들림을 방지하기 위한 턴 버클, 가새 등의 필요한 조치

정답 119 ② 120 ④

2019년 제2회 기출해설

6과목 건설안전기술

101 건설업 산업안전보건관리비의 사용내역에 대하여 수급인 또는 자기공사자는 공사 시작 후 몇 개월마다 1회 이상 발주자 또는 감리원의 확인을 받아야 하는가? • 1과목 6장 9절 산업안전보건관리비

① 3개월
② 4개월
③ 5개월
④ 6개월

해설

감리원의 확인
㉠ 수급인 또는 자기공사자는 안전보건관리비 사용내역에 대하여 공사 시작 후 6개월마다 1회 이상 발주자 또는 감리원의 확인을 받아야 함(다만, 6개월 이내에 공사가 종료되는 경우에는 종료 시 확인)
㉡ 상기 ㉠에도 불구하고 발주자 또는 고용노동부의 관계 공무원은 안전보건관리비 사용내역을 수시 확인할 수 있으며, 수급인 또는 자기공사자는 이에 따라야 함
㉢ 발주자 또는 감리원은 ㉠에 따른 안전보건관리비 사용내역 확인 시 기술지도 계약 체결여부, 기술지도 실시 및 개선 여부 등을 확인하여야 함

102 거푸집 해체작업 시 유의사항으로 옳지 않은 것은? • 5장 3절 거푸집, 동바리

① 일반적으로 수평부재의 거푸집은 연직부재의 거푸집보다 빨리 떼어낸다.
② 해체된 거푸집이나 각목 등에 박혀있는 못 또는 날카로운 돌출물은 즉시 제거하여야 한다.
③ 상하 동시 작업은 원칙적으로 금지하여 부득이한 경우에는 긴밀히 연락을 취하며 작업을 하여야 한다.
④ 거푸집 해체작업장 주위에는 관계자를 제외하고는 출입을 금지시켜야 한다.

해설

거푸집 해체순서
• 하중을 받지 않는 부분을 먼저 떼어내고 나머지 중요부분을 떼어냄
• 연직부재의 거푸집을 수평부재의 거푸집보다 빨리 떼어냄
• 보의 경우 양측면의 거푸집을 저판보다 빨리 떼어냄
• 슬래브나 보의 수평재의 거푸집은 기둥, 벽 등의 연직부재의 거푸집보다 늦게 떼어냄

정답 101 ④ 102 ①

103 그물코의 크기가 5cm인 매듭 방망사의 폐기 시 인장강도 기준으로 옳은 것은?

• 4장 1절 추락재해

① 200kg　　② 100kg
③ 60kg　　④ 30kg

해설

방망사의 폐기 시 인장강도

그물코의 크기(cm)	방망의 종류(kg)	
	매듭없는 방망	매듭방망
10	150	135
5		60

104 다음은 가설통로를 설치하는 경우의 준수사항이다. (　　) 안에 알맞은 숫자를 고르면?

• 4장 1절 추락재해

건설공사에 사용하는 높이 8m 이상인 비계다리에는 (　)m 이내마다 계단참을 설치할 것

① 7　　② 6
③ 5　　④ 4

해설

가설통로의 구조
- 견고한 구조로 할 것
- 경사는 30° 이하로 할 것. 다만, 계단을 설치하거나 높이 2m 미만의 가설통로로서 튼튼한 손잡이를 설치한 경우는 제외
- 경사가 15°를 초과하는 경우에는 미끄러지지 아니하는 구조
- 추락할 위험이 있는 장소에는 안전난간을 설치할 것. 다만, 작업상 부득이한 경우에는 필요한 부분만 임시로 해체할 수 있음
- 수직갱에 가설된 통로의 길이가 15m 이상인 경우에는 10m 이내마다 계단참을 설치
- 건설공사에 사용하는 높이 8m 이상인 비계다리에는 7m 이내마다 계단참을 설치

105 흙막이 가시설 공사 시 사용되는 각 계측기 설치 목적으로 옳지 않은 것은? • 4장 2절 붕괴재해

① 지표침하계 – 지표면 침하량 측정
② 수위계 – 지반 내 지하수위의 변화 측정
③ 하중계 – 상부 적재하중 변화 측정
④ 지중경사계 – 지중의 수평 변위량 측정

해설
굴착공사의 계측관리
- 지표침하계 : 지표면 침하량 측정
- 수위계 : 지반 내 지하수위의 변화 측정
- 하중계 : 스트럿(Strut) 또는 어스앵커(Earth Anchor) 등의 축하중 변화를 측정
- 지중경사계 : 지중의 수평 변위량 측정
- 토압계 : 주변지반의 하중으로 인한 토압 변화를 측정
- 변형률계 : 흙막이 구조물 각 부재와 인접 구조물의 변형률을 측정
- 균열계 : 주변구조물 및 지반 등의 균열 발생 시에 균열의 크기와 변화 상태를 정밀 측정
- 로드셀 : 버팀보, 앵커 등의 축하중 변화상태를 측정하여 이들 부재의 지지효과 및 그 변화 추이를 파악

106 차량계 하역운반기계 등에 화물을 적재하는 경우에 준수하여야 할 사항으로 옳지 않은 것은? • 7장 2절 하역작업

① 하중이 한쪽으로 치우쳐서 효율적으로 적재되도록 할 것
② 구내운반차 또는 화물자동차의 경우 화물의 붕괴 또는 낙하에 의한 위험을 방지하기 위하여 화물에 로프를 거는 등 필요한 조치를 할 것
③ 운전자의 시야를 가리지 않도록 화물을 적재할 것
④ 최대적재량을 초과하지 않도록 할 것

해설
화물 적재 시 준수사항
- 침하 우려가 없는 튼튼한 기반 위에 적재할 것
- 최대적재량을 초과하지 않을 것
- 불안정할 정도로 높이 쌓아 올리지 말 것
- 하중이 한쪽으로 치우치지 않도록 쌓을 것
- 운전자의 시야를 가리지 않을 것
- 화물의 붕괴, 낙하를 방지하기 위해 화물에 로프를 거는 등의 조치를 할 것
- 건물의 칸막이나 벽 등의 강도가 크지 않을 경우 칸막이나 벽에 기대어 적재하지 않을 것

정답 105 ③ 106 ①

107 다음 중 유해위험방지계획서를 작성 및 제출하여야 하는 공사에 해당되지 않는 것은?

• 1장 1절 유해위험방지계획서

① 지상높이가 31m인 건축물의 건설·개조 또는 해체
② 최대 지간길이가 50m인 교량건설 등 공사
③ 깊이가 9m인 굴착공사
④ 터널 건설 등의 공사

> **해설**
> **제출대상 공사**
> - 지상높이가 31m 이상인 건축물 또는 인공구조물
> - 연면적 3만m² 이상인 건축물
> - 연면적 5천m² 이상인 시설
>   - 문화 및 집회시설(전시장, 동물원, 식물원 제외)
>   - 판매시설, 운수시설(고속철도의 역사, 집배송시설 제외)
>   - 종교시설
>   - 의료시설 중 종합병원
>   - 숙박시설 중 관광숙박시설
>   - 지하도상가
>   - 냉동·냉장 창고시설
> - 연면적 5천m² 이상인 냉동·냉장창고시설의 설비공사 및 단열공사
> - 최대 지간길이가 50m 이상인 교량 건설 등의 공사
> - 터널 건설 등의 공사
> - 다목적댐, 발전용댐 및 저수용량 2천만톤 이상의 용수전용댐, 지방상수도 전용댐 건설 등의 공사
> - 깊이 10m 이상인 굴착공사

108 차량계 하역운반기계를 사용하는 작업을 할 때 그 기계가 넘어지거나 굴러떨어짐으로써 근로자에게 위험을 미칠 우려가 있는 경우에 우선적으로 조치하여야 할 사항과 가장 거리가 먼 것은?

• 2장 4절 추락, 붕괴 위험방지

① 해당 기계에 대한 유도자 배치
② 지반의 부동침하 방지 조치
③ 갓길 붕괴 방지 조치
④ 경보 장치 설치

> **해설**
> **차량계 하역운반기계-전도 등의 방지**
> 기계가 넘어지거나 굴러떨어짐으로써 근로자가 위험해질 우려가 있는 경우, 유도하는 사람을 배치, 지반의 부동침하 방지, 갓길의 붕괴 방지 및 도로 폭의 유지 등 필요한 조치 실시

정답 107 ③ 108 ④

109 안전대의 종류는 사용구분에 따라 벨트식과 안전그네식으로 구분되는데 이 중 안전그네식에만 적용하는 것은?
• 4장 1절 추락재해

① 추락방지대, 안전블록
② 1개 걸이용, U자 걸이용
③ 1개 걸이용, 추락방지대
④ U자 걸이용, 안전블록

해설

안전대의 종류
- 벨트식 : 허리에 착용하는 제품으로 U자 걸이 전용, 1개걸이 전용, 1개걸이 및 U자 걸이 전용이 있음
- 안전그네식 : 전신에 착용하는 띠 모양의 제품으로 안전블록, 추락방지대로 구성

---

110 건설현장의 가설계단 및 계단참을 설치하는 경우 얼마 이상의 하중에 견딜 수 있는 강도를 가진 구조로 설치하여야 하는가?
• 4장 1절 추락재해

① 200kg/m²
② 300kg/m²
③ 400kg/m²
④ 500kg/m²

해설

계단의 강도
- 계단 및 계단참은 500kg/m² 이상의 하중에 견뎌야 하며 안전율은 4 이상
- 계단 및 승강구 바닥을 구멍이 있는 재료로 만드는 경우 렌치나 그 밖의 공구 등이 낙하할 위험이 없는 구조

---

111 다음은 달비계 또는 높이 5m 이상의 비계를 조립·해체하거나 변경하는 작업을 하는 경우에 대한 내용이다. (   )에 알맞은 숫자는?
• 5장 1절 비계

비계재료의 연결·해체작업을 하는 경우에는 폭 (   )cm 이상의 발판을 설치하고 근로자로 하여금 안전대를 사용하도록 하는 등 추락을 방지하기 위한 조치를 할 것

① 15
② 20
③ 25
④ 30

해설

비계 등의 조립·해체 및 변경
- 달비계 또는 높이 5m 이상의 비계를 조립·해체하거나 변경작업 시 조치사항
  - 근로자는 관리감독자의 지휘에 따라 작업
  - 조립·해체 또는 변경의 시기·범위 및 절차를 그 작업에 종사하는 근로자에게 주지
  - 조립·해체 또는 변경 작업구역에는 해당 근로자외 출입금지하고 그 내용을 게시
  - 비, 눈, 그 밖의 기상상태의 불안정으로 날씨가 몹시 나쁜 경우에는 작업 중지
  - 비계재료의 연결·해체작업을 하는 경우에는 폭 20cm 이상의 발판을 설치, 안전대 사용
  - 재료·기구 또는 공구 등을 올리거나 내리는 경우, 근로자는 달줄 또는 달포대 등을 사용
- 사업주는 강관비계 또는 통나무비계를 조립하는 경우 쌍줄로 하여야 함
- 다만, 별도의 작업발판을 설치할 수 있는 시설을 갖춘 경우에는 외줄로 할 수 있음

정답 109 ① 110 ④ 111 ②

112 다음은 사다리식 통로 등을 설치하는 경우의 준수사항이다. (   ) 안에 들어갈 숫자로 옳은 것은?
• 4장 1절 추락재해

사다리의 상단은 걸쳐놓은 지점으로부터 (   )cm 이상 올라가도록 할 것

① 30
② 40
③ 50
④ 60

해설

사다리식 통로 등의 구조
- 발판의 간격은 일정하게 할 것
- 발판의 폭은 30cm 이상
- 발판과 벽과의 사이는 15cm 이상
- 사다리의 상단은 걸쳐 놓은 지점으로부터 60cm 이상 유지
- 사다리식 통로의 길이가 10m 이상인 경우에는 5m 이내마다 계단참 설치
- 사다리식 통로의 기울기는 75° 이하(고정식은 90° 이하)
- 높이가 7m 이상인 경우 높이 2.5m 되는 지점부터 등받이울 설치
- 접이식 사다리기둥은 사용 시 접히거나 펼쳐지지 않도록 할 것

113 보통흙의 건조된 지반을 흙막이지보공 없이 굴착하려 할 때 적합한 굴착면의 기울기 기준으로 옳은 것은?
• 4장 2절 붕괴재해

① 1 : 1~1.5
② 1 : 0.5~1 : 1
③ 1 : 1.8
④ 1 : 2

해설

굴착면의 기울기

구 분	지반의 종류	기울기
보통흙	습 지	1 : 1~1 : 1.5
	건 지	1 : 0.5~1 : 1
암 반	풍화암	1 : 1.0
	연 암	1 : 1.0
	경 암	1 : 0.5

112 ④ 113 ②

114 터널 지보공을 설치한 경우에 수시로 점검하여 이상을 발견 시 즉시 보강하거나 보수해야 할 사항이 아닌 것은?
• 4장 2절 붕괴재해

① 부재의 손상·변형·부식·변위·탈락의 유무 및 상태
② 부재의 긴압의 정도
③ 부재의 접속부 및 교차부의 상태
④ 계측기 설치상태

해설
터널 지보공 설치 시 수시로 점검하고 보수해야 할 사항
• 부재의 손상·변형·부식·변위 탈락의 유무 및 상태
• 부재의 긴압 정도
• 부재의 접속부 및 교차부의 상태
• 기둥침하의 유무 및 상태

115 크레인 또는 데릭에서 붐각도 및 작업반경별로 작용시킬 수 있는 최대하중에서 후쿠(Hook), 와이어로프 등 달기구의 중량을 공제한 하중은?
• 3장 3절 양중기의 안전

① 작업하중　② 정격하중
③ 이동하중　④ 적재하중

해설
정격하중
• 권상하중에서 달기구의 중량을 뺀 하중으로 화물만의 무게를 뜻함
• 크레인 작업 시 정격하중을 초과하여 사용하는 일이 없도록 해야 함

116 근로자에게 작업 중 또는 통행시 전락(轉落)으로 인하여 근로자가 화상·질식 등의 위험에 처할 우려가 있는 케틀(Kettle), 호퍼(Hopper), 피트(Pit) 등이 있는 경우에 그 위험을 방지하기 위하여 최소 높이 얼마 이상의 울타리를 설치하여야 하는가?
• 4장 1절 추락재해

① 80cm 이상　② 85cm 이상
③ 90cm 이상　④ 95cm 이상

해설
울타리의 설치
근로자에게 작업 중 또는 통행 시 굴러 떨어짐으로 인하여 근로자가 화상·질식 등의 위험에 처할 우려가 있는 케틀(Kettle, 가열 용기), 호퍼(Hopper, 깔때기 모양의 출입구가 있는 큰 통), 피트(Pit, 구덩이) 등이 있는 경우에 그 위험을 방지하기 위하여 필요한 장소에 높이 90cm 이상의 울타리 설치

정답 114 ④　115 ②　116 ③

117 강관비계의 설치 기준으로 옳은 것은?

• 5장 1절 비계

① 비계기둥의 간격은 띠장방향에서는 1.5m 이상 1.8m 이하로 하고, 장선방향에서는 2.0m 이하로 한다.
② 띠장 간격은 1.8m 이하로 설치하되, 첫 번째 띠장은 지상으로부터 2m 이하의 위치에 설치한다.
③ 비계기둥 간의 적재하중은 400kg을 초과하지 않도록 한다.
④ 비계기둥의 제일 윗부분으로부터 21m 되는 지점 밑부분의 비계기둥은 2개의 강관으로 묶어 세운다.

해설
강관비계의 설치
- 비계기둥의 간격은 띠장 방향에서는 1.85m 이하, 장선방향에서는 1.5m 이하로 할 것. 다만, 선박 및 보트 건조작업의 경우 안전성에 대한 구조검토를 실시하고 조립도를 작성하면 띠장 방향 및 장선 방향으로 각각 2.7m 이하로 할 수 있음
- 띠장 간격은 2.0m 이하로 할 것. 다만, 작업의 성질상 이를 준수하기가 곤란하여 쌍기둥틀 등에 의하여 해당 부분을 보강한 경우는 제외
- 비계기둥 간의 적재하중은 400kgf을 초과하지 않도록 할 것
- 비계기둥의 제일 윗부분으로부터 31m 되는 지점 밑부분의 비계기둥은 2개의 강관으로 묶어 세울 것. 다만, 브라켓(Bracket) 등으로 보강하여 2개의 강관으로 묶을 경우 이상의 강도가 유지되는 경우는 제외

118 터널굴착작업을 하는 때 미리 작성하여야 하는 작업계획서에 포함되어야 할 사항이 아닌 것은?

• 4장 2절 붕괴재해

① 굴착의 방법
② 암석의 분할방법
③ 환기 또는 조명시설을 설치할 때에는 그 방법
④ 터널 지보공 및 복공의 시공방법과 용수의 처리 방법

해설
터널굴착작업 시 작업계획서 내용
- 굴착의 내용
- 터널 지보공 및 복공의 시공방법과 용수의 처리방법
- 환기 또는 조명시설을 설치할 때에는 그 방법

119 비계(달비계, 달대비계 및 말비계는 제외한다)의 높이가 2m 이상인 작업 장소에 설치하여야 하는 작업발판의 기준으로 옳지 않은 것은?
• 4장 1절 추락재해

① 작업발판의 폭은 40cm 이상으로 하고, 발판재료 간의 틈은 3cm 이하로 할 것
② 추락의 위험이 있는 장소에는 안전난간을 설치할 것
③ 작업발판의 지지물은 하중에 의하여 파괴될 우려가 없는 것을 사용할 것
④ 작업발판재료는 뒤집히거나 떨어지지 않도록 1개 이상의 지지물에 연결하거나 고정시킬 것

해설

작업발판
- 추락하거나 넘어질 위험이 있는 장소에서 작업을 할 때에 작업 발판을 설치
- 작업발판 간의 틈은 3cm 이하, 작업발판의 폭은 40cm 이상
- 작업발판은 이탈되거나 탈락하지 않도록 2개 이상의 지지물에 고정
- 작업발판 끝 부분의 돌출길이는 10cm 이상 20cm 이하
- 최대적재하중 400kgf 이하, 위험경고 및 지시판 등의 표지판 부착
- 난간대는 90cm 이상, 45cm에 중간대 설치, 수평내력 100kg 이상
- 폭목은 10cm 이상, 이음부는 발판재료를 20cm 이상 겹치게 깔고 중앙부는 장선 위에 설치

120 건립 중 강풍에 의한 풍압 등 외압에 대한 내력이 설계에 고려되었는지 확인하여야 하는 철골구조물의 기준으로 옳지 않은 것은?
• 6장 4절 철골공사

① 높이 20m 이상의 구조물
② 구조물의 폭과 높이의 비가 1 : 4 이상인 구조물
③ 이음부가 공장 제작인 구조물
④ 연면적당 철골량이 50kg/m² 이하인 구조물

해설

철골공사 전 검토사항
구조안전의 위험이 큰 다음 각 목의 철골구조물은 건립 중 강풍에 의한 풍압 등 외압에 대한 내력이 설계에 고려되었는지 확인
- 높이 20m 이상인 구조물
- 구조물의 폭과 높이의 비가 1 : 4 이상인 구조물
- 건물, 호텔 등에서 단면 구조에 현저한 차이가 있는 것
- 연면적당 철골량이 50kg/m² 이하인 구조물
- 기둥이 타이플레이트(Tie Plate)형인 구조물
- 이음부가 현장 용접인 경우

정답 119 ④ 120 ③

2019년 제1회 기출해설

6과목 건설안전기술

101 승강기 강선의 과다감기를 방지하는 장치는? •3장 1절 양중기의 개요

① 비상정지장치
② 권과방지장치
③ 해지장치
④ 과부하방지장치

해설

권과방지장치 : 강선의 과다감기를 방지

102 일반건설공사 (갑)으로서 대상액이 5억원 이상 50억원 미만인 경우에 산업안전보건관리비의 비율 (가) 및 기초액 (나)로 옳은 것은? •1과목 6장 9절 산업안전보건관리비

① (가) 1.86%, (나) 5,349,000원
② (가) 1.99%, (나) 5,499,000원
③ (가) 2.35%, (나) 5,400,000원
④ (가) 1.57%, (나) 4,411,000원

해설

공사종류 및 규모별 산업안전보건관리비 계상기준표

구 분 공사종류	대상액 5억원 미만인 경우 적용비율(%)	대상액 5억원 이상 50억원 미만인 경우 적용비율(%)	대상액 5억원 이상 50억원 미만인 경우 기초액	대상액 50억원 이상인 경우 적용비율(%)	영 별표5에 따른 보건관리자 선임 대상 건설공사의 적용비율(%)
건축공사	2.93%	1.86%	5,349,000원	1.97%	2.15%
토목공사	3.09%	1.99%	5,499,000원	2.10%	2.29%
중건설공사	3.43%	2.35%	5,400,000원	2.44%	2.66%
특수건설공사	1.85%	1.20%	3,250,000원	1.27%	1.38%

정답 101 ② 102 ①

103 철골건립준비를 할 때 준수하여야 할 사항과 가장 거리가 먼 것은?   • 6장 4절 철골공사

① 지상 작업장에서 건립준비 및 기계기구를 배치할 경우에는 낙하물의 위험이 없는 평탄한 장소를 선정하여 정비하고 경사지에는 작업대나 임시발판 등을 설치하는 등 안전조치를 한 후 작업하여야 한다.
② 건립작업에 다소 지장이 있다하더라도 수목은 제거하여서는 안된다.
③ 사용 전에 기계기구에 대한 정비 및 보수를 철저히 실시하여야 한다.
④ 기계에 부착된 앵커 등 고정장치와 기초구조 등을 확인하여야 한다.

해설

철골세우기 준비
- 지상 작업장에서 세우기 준비 및 기계·기구를 배치할 경우에는 낙하물의 위험이 없는 평탄한 장소를 선정하여 정비하고, 경사지에서는 작업대나 임시발판을 설치하는 등 안전을 확보한 후 작업
- 세우기 작업에 지장이 되는 수목은 제거하거나 이설
- 가까운 곳에 건축물 또는 고압선 등이 있는 경우에는 이에 대한 방호조치 및 안전조치
- 이동식 크레인 사용 시에는 작업 또는 이동 중에 지반침하 및 전도 위험성여부를 확인하여 지반을 보강
- 크레인 사용 시에는 크레인의 정격하중을 초과하여 하중을 걸지 않도록 함
- 사용 전에 기계·기구에 대한 정비 및 보수 철저
- 기계가 계획배치여부 확인, 윈치는 작업구역을 확인할 수 있는 곳에 위치하였는지, 기계에 부착된 앵커 등 고정장치와 기초구조 등을 확인

104 건설작업장에서 근로자가 상시 작업하는 장소의 작업면 조도기준으로 옳지 않은 것은? (단, 갱내 작업장과 감광재료를 취급하는 작업장의 경우는 제외)   • 4장 1절 추락재해

① 초정밀작업 – 600럭스(lux) 이상
② 정밀작업 – 300럭스(lux) 이상
③ 보통작업 – 150럭스(lux) 이상
④ 초정밀, 정밀, 보통작업을 제외한 기타 작업 – 75럭스(lux) 이상

해설

통로의 조명
- 초정밀작업 : 750럭스 이상
- 정밀작업 : 300럭스 이상
- 보통작업 : 150럭스 이상
- 그 밖의 작업 : 75럭스 이상

105 추락방지용 방망의 그물코의 크기가 10cm인 신품 매듭방망사의 인장강도는 몇 킬로그램 이상이어야 하는가?
• 4장 1절 추락재해

① 80
② 110
③ 150
④ 200

해설

방망사의 신품에 대한 인장강도

그물코의 크기(cm)	방망의 종류(kg)	
	매듭 없는 방망	매듭방망
10	240	200
5		110

106 흙막이 지보공을 설치하였을 때 정기적으로 점검하여야 할 사항과 거리가 먼 것은?
• 4장 2절 붕괴재해

① 경보장치의 작동상태
② 부재의 손상·변형·부식·변위 및 탈락의 유무와 상태
③ 버팀대의 긴압(緊壓)의 정도
④ 부재의 접속부·부착부 및 교차부의 상태

해설

흙막이 지보공 설치 시 점검 보수
• 부재의 손상, 변형, 부식, 변위 및 탈락의 유무와 상태
• 버팀대의 긴압(緊壓)의 정도
• 부재의 접속부, 부착부, 교차부의 상태
• 침하의 정도

정답 105 ④ 106 ①

107 강관비계 조립 시의 준수사항으로 옳지 않은 것은? •5장 1절 비계

① 비계기둥에는 미끄러지거나 침하하는 것을 방지하기 위하여 밑받침철물을 사용한다.
② 지상높이 4층 이하 또는 12m 이하인 건축물의 해체 및 조립 등의 작업에서만 사용한다.
③ 교차가새로 보강한다.
④ 외줄비계・쌍줄비계 또는 돌출비계에 대해서는 벽이음 및 버팀을 설치한다.

해설

강관비계 조립의 준수사항
- 비계기둥에는 미끄러지거나 침하하는 것을 방지하기 위하여 밑받침철물을 사용하거나 깔판・깔목 등을 사용하여 밑둥 잡이를 설치하는 등의 조치를 할 것
- 강관의 접속부 또는 교차부는 적합한 부속철물을 사용하여 접속하거나 단단히 묶을 것
- 교차가새로 보강할 것
- 외줄비계・쌍줄비계 또는 돌출비계에 대해서는 다음에서 정하는 바에 따라 벽이음 및 버팀을 설치할 것. 다만, 창틀의 부착 또는 벽면의 완성 등의 작업을 위하여 벽이음 또는 버팀을 제거하는 경우, 그 밖에 작업의 필요상 부득이한 경우로서 해당 벽이음 또는 버팀 대신 비계기둥 또는 띠장에 사재를 설치하는 등 비계가 넘어지는 것을 방지하기 위한 조치를 한 경우는 제외
  - 강관비계의 조립 간격은 기준에 적합하도록 할 것
  - 강관・통나무 등의 재료를 사용하여 견고한 것으로 할 것
  - 인장재와 압축재로 구성된 경우에는 인장재와 압축재의 간격을 1m 이내로 할 것
- 가공전로에 근접하여 비계를 설치하는 경우에는 가공전로를 이설하거나 가공전로에 절연용 방호구를 장착하는 등 가공전로와의 접촉을 방지하기 위한 조치를 할 것

108 달비계의 구조에서 달비계 작업발판의 폭은 최소 얼마 이상이어야 하는가? •5장 1절 비계

① 30cm ② 40cm
③ 50cm ④ 60cm

해설

달비계의 구조 : 작업발판은 폭을 40cm 이상으로 하고 틈새가 없도록 하고 고정할 것

109 건설업 중 교량건설 공사의 경우 유해위험방지계획서를 제출하여야 하는 기준으로 옳은 것은?
•1장 1절 유해위험방지계획서

① 최대 지간길이가 40m 이상인 교량건설 등 공사
② 최대 지간길이가 50m 이상인 교량건설 등 공사
③ 최대 지간길이가 60m 이상인 교량건설 등 공사
④ 최대 지간길이가 70m 이상인 교량건설 등 공사

해설

제출대상 공사 : 최대 지간길이가 50m 이상인 교량건설 등 공사

정답 107 ② 108 ② 109 ②

110 다음 중 방망에 표시해야 할 사항이 아닌 것은? •4장 1절 추락재해

① 방망의 신축성
② 제조자명
③ 제조년월
④ 재봉치수

해설

추락재해 방망에 표시해야 할 사항 : 제조자명, 제조년월, 재봉치수, 그물코, 신품인 때의 방망의 강도

111 산업안전보건법령에 따른 거푸집 동바리를 조립하는 경우의 준수사항으로 옳지 않은 것은?
 •5장 3절 거푸집, 동바리

① 개구부 상부에 동바리를 설치하는 경우에는 상부하중을 견딜 수 있는 견고한 받침대를 설치할 것
② 동바리의 이음은 맞댄이음이나 장부이음으로 하고 같은 품질의 제품을 사용할 것
③ 강재와 강재의 접속부 및 교차부는 철선을 사용하여 단단히 연결할 것
④ 거푸집이 곡면인 경우에는 버팀대의 부착 등 그 거푸집의 부상(浮上)을 방지하기 위한 조치를 할 것

해설

거푸집 동바리 등의 안전조치 : 강재와 강재의 접속부 및 교차부는 볼트·클램프 등 전용철물을 사용하여 단단히 연결할 것

112 중량물을 운반할 때의 바른 자세로 옳은 것은? •7장 1절 운반작업

① 허리를 구부리고 양손으로 들어올린다.
② 중량은 보통 체중의 60%가 적당하다.
③ 물건은 최대한 몸에서 멀리 떼어서 들어올린다.
④ 길이가 긴 물건은 앞쪽을 높게 하여 운반한다.

해설

인력운반 안전기준
• 1인당 무게는 25kg 정도가 적절하며, 무리한 운반 금지
• 2인 이상 1조가 되어 어깨메기로 하여 운반
• 긴 철근을 1인 운반 시 앞쪽을 높게 하여 어깨에 메고 뒤쪽 끝을 끌면서 운반
• 운반 시 양끝을 묶어 운반
• 내려놓을 때는 던지지 말고 천천히 내려놓을 것
• 공동 작업 시 신호에 따라 작업(신호 준수)

110 ① 111 ③ 112 ④

113 건설현장에서 높이 5m 이상인 콘크리트 교량의 설치작업을 하는 경우 재해예방을 위해 준수해야 할 사항으로 옳지 않은 것은?
・4장 2절 붕괴재해

① 작업을 하는 구역에는 관계 근로자가 아닌 사람의 출입을 금지할 것
② 재료, 기구 또는 공구 등을 올리거나 내릴 경우에는 근로자로 하여금 크레인을 이용하도록 하고 달줄, 달포대 등의 사용을 금하도록 할 것
③ 중량물 부재를 크레인 등으로 인양하는 경우에는 부재에 인양용 고리를 견고하게 설치하고, 인양용 로프는 부재에 두 군데 이상 결속하여 인양하여야 하며, 중량물이 안전하게 거치되기 전까지는 걸이로프를 해체시키지 아니할 것
④ 자재나 부재의 낙하・전도 또는 붕괴 등에 의하여 근로자에게 위험을 미칠 우려가 있을 경우에는 출입금지구역의 설정, 자재 또는 가설시설의 좌굴(坐屈) 또는 변형 방지를 위한 보강재 부착 등의 조치를 할 것

해설

교량작업
교량의 설치・해체 또는 변경작업을 하는 경우에는 다음의 사항을 준수할 것
・작업을 하는 구역에는 관계 근로자가 아닌 사람의 출입을 금지
・재료, 기구 또는 공구 등을 올리거나 내릴 경우에는 근로자로 하여금 달줄, 달포대 등을 사용하도록 할 것
・중량물 부재를 크레인 등으로 인양하는 경우에는 부재에 인양용 고리를 견고하게 설치하고, 인양용 로프는 부재에 두 군데 이상 결속하여 인양하여야 하며, 중량물이 안전하게 거치되기 전까지는 걸이로프를 해제시키지 아니할 것
・자재나 부재의 낙하・전도 또는 붕괴 등에 의하여 근로자에게 위험을 미칠 우려가 있을 경우에는 출입금지구역의 설정, 자재 또는 가설시설의 좌굴(挫屈) 또는 변형 방지를 위한 보강재 부착 등의 조치를 할 것

114 구축물이 풍압・지진 등에 의하여 붕괴 또는 전도하는 위험을 예방하기 위한 조치와 가장 거리가 먼 것은?
・4장 2절 붕괴재해

① 설계도서에 따라 시공했는지 확인
② 건설공사 시방서에 따라 시공했는지 확인
③ 「건축물의 구조기준 등에 관한 규칙」에 따른 구조기준을 준수했는지 확인
④ 보호구 및 방호장치의 성능검정 합격품을 사용했는지 확인

해설

구축물 또는 이와 유사한 시설물 등의 안전유지
・설계도서에 따라 시공했는지 확인
・건설공사 시방서에 따라 시공했는지 확인
・건축물의 구조기준 등에 관한 규칙에 따른 구조기준을 준수했는지 확인

정답 113 ② 114 ④

115 사다리식 통로 등을 설치하는 경우 고정식 사다리식 통로의 기울기는 최대 몇 도 이하로 하여야 하는가?

• 4장 1절 추락재해

① 60도
② 75도
③ 80도
④ 90도

> **해설**
>
> **사다리식 통로 등의 구조**
> - 발판의 간격은 일정하게 할 것
> - 발판의 폭은 30cm 이상
> - 발판과 벽과의 사이는 15cm 이상
> - 사다리의 상단은 걸쳐 놓은 지점으로부터 60cm 이상 유지
> - 사다리식 통로의 길이가 10m 이상인 경우에는 5m 이내마다 계단참 설치
> - 사다리식 통로의 기울기는 75° 이하(고정식은 90° 이하)
> - 높이가 7m 이상인 경우 높이 2.5m 되는 지점부터 등받이울 설치
> - 접이식 사다리기둥은 사용 시 접히거나 펼쳐지지 않도록 할 것

116 사질지반 굴착 시, 굴착부와 지하수위차가 있을 때 수두차에 의하여 삼투압이 생겨 흙막이벽 근입부분을 침식하는 동시에 모래가 액상화되어 솟아오르는 현상은?

① 동상현상
② 연화현상
③ 보일링현상
④ 히빙현상

> **해설**
>
> **보일링(Boiling)**
> 투수성이 좋은 사질지반에서 흙파기 공사를 하는 경우, 흙막이벽 배면의 지하수위가 굴착저면보다 높을 때 굴착저면 위로 모래와 지하수가 부풀어 오르는 현상

117 달비계(곤돌라의 달비계는 제외)의 최대적재하중을 정하는 경우에 사용하는 안전계수의 기준으로 옳은 것은?

• 5장 1절 비계

① 달기체인의 안전계수 – 10 이상
② 달기강대와 달비계의 하부 및 상부지점의 안전계수(목재의 경우) – 2.5 이상
③ 달기와이어로프의 안전계수 – 5 이상
④ 달기강선의 안전계수 – 10 이상

> **해설**
>
> **안전계수**
> - 안전계수 = 와이어로프의 절단하중 값 ÷ 와이어로프 등에 걸리는 하중의 최대값
> - 와이어로프 및 달기강선의 안전계수 : 10 이상
> - 달기체인 및 달기훅의 안전계수 : 5 이상
> - 달기강대와 달비계의 하부 및 상부지점의 안전계수 : 강재는 2.5 이상
> - 목재 : 5 이상

정답 115 ④ 116 ③ 117 ④

118 부두·안벽 등 하역작업을 하는 장소에서 부두 또는 안벽의 선을 따라 통로를 설치하는 경우에는 폭을 최소 얼마 이상으로 해야 하는가?
• 7장 2절 하역작업

① 70cm
② 80cm
③ 90cm
④ 100cm

해설

차량계 하역운반 기계 및 건설기계 통로 폭 및 속도
• 운반차량의 구내 속도 : 8km/h 이내의 속도를 유지
• 운반통로에서 우선 통과 순위 : 기중기 > 짐을 실은 차 > 빈차 > 사람
• 부두 안벽선 통로 폭 : 90cm 이상
• 물자 운반용 차량의 통로 폭
  – 일방통행용 : W = B + 60cm
  – 양방통행용 : W = 2B + 90cm(B : 운반차량의 폭)
• 제한 속도를 정하지 않아도 되는 차량계 건설기계 : 10km/h 이하

119 타워 크레인(Tower Crane)을 선정하기 위한 사전 검토사항으로서 가장 거리가 먼 것은?
• 2장 1절 건설기계 개요

① 붐의 모양
② 인양능력
③ 작업반경
④ 붐의 높이

해설

타워 크레인(Tower Crane) : 선정 시 검토사항 : 작업반경, 인양능력, 붐의 높이

120 건설현장에서 근로자의 추락재해를 예방하기 위한 안전난간을 설치하는 경우 그 구성요소와 거리가 먼 것은?
• 4장 1절 추락재해

① 상부난간대
② 중간난간대
③ 사다리
④ 발끝막이판

해설

안전난간
• 폭목(발끝막이판)의 두께는 12mm 이상
• 폭목의 높이는 10cm 이상
• 난간지주는 2m 이하의 간격
• 상부난간대의 높이는 90~20m로 하고 위험표지를 부착
• 개구부 주변작업 시 작업발판의 높이가 40cm 이상인 경우 개구부에 안전방망을 설치하고 안전난간 상부에는 보강난간 추가설치

정답 118 ③ 119 ① 120 ③

101 가설통로를 설치하는 경우 준수해야 할 기준으로 옳지 않은 것은?

① 견고한 구조로 할 것
② 경사는 30° 이하로 할 것
③ 추락할 위험이 있는 장소에는 안전난간을 설치할 것
④ 건설공사에 사용하는 높이 8m 이상인 비계다리에는 4m 이내마다 계단참을 설치할 것

해설

가설통로의 구조
- 견고한 구조로 할 것
- 경사는 30° 이하로 할 것. 다만, 계단을 설치하거나 높이 2m 미만의 가설통로로서 튼튼한 손잡이를 설치한 경우는 제외
- 경사가 15°를 초과하는 경우에는 미끄러지지 아니하는 구조
- 추락할 위험이 있는 장소에는 안전난간을 설치할 것. 다만, 작업상 부득이한 경우에는 필요한 부분만 임시로 해체할 수 있음
- 수직갱에 가설된 통로의 길이가 15m 이상인 경우에는 10m 이내마다 계단참을 설치
- 건설공사에 사용하는 높이 8m 이상인 비계다리에는 7m 이내마다 계단참을 설치

102 버팀보, 앵커 등의 축하중 변화상태를 측정하여 이들 부재의 지지효과 및 그 변화 추이를 파악하는 데 사용되는 계측기기는?

① Water Level Meter
② Load Cell
③ Pirzo Meter
④ Strain Gauge

해설

로드셀 : 버팀보, 앵커 등의 축하중 변화상태를 측정하여 이들 부재의 지지효과 및 그 변화 추이를 파악

101 ④ 102 ②

103 건설업 산업안전보건관리비 계상에 관한 설명으로 옳지 않은 것은?

• 1과목 6장 9절 산업안전보건관리비

① 재료비와 직접노무비의 합계액을 계상대상으로 한다.
② 안전관리비 계상기준은 산업재해보상보험법의 적용을 받는 공사 중 총 공사금액 2천만원 이상인 공사에 적용한다.
③ 발주자 또는 자기공사자는 설계변경 등으로 대상액의 변동이 있는 경우라도 특별한 경우를 제외하고는 안전관리비를 조정계상하지 않는다.
④ 「전기공사업법」 제2조에 따른 전기공사로서 저압·고압 또는 특별고압 작업으로 이루어지는 공사로서 단가계약에 의하여 행하는 공사에 대하여는 총계약금액을 기준으로 적용한다.

해설
③ 발주자 또는 자기공사자는 설계변경 등으로 대상액의 변동이 있는 경우에 지체 없이 산업안전관리비를 조정 계상
① 안전관리비 대상액 = 직·간접재료비 + 직접노무비
② 안전관리비 계상기준은 산업재해보상보험법의 적용을 받는 공사 중 총 공사금액 2천만원 이상인 공사에 적용
④ 「전기공사업법」에 따른 전기공사로서 저압·고압 또는 특별고압 작업으로 이루어지는 공사 또는 「정보통신공사업법」에 따른 정보통신공사 중 단가계약에 의하여 행하는 공사는 총계약금액을 기준으로 적용

104 거푸집 동바리의 침하를 방지하기 위한 직접적인 조치와 가장 거리가 먼 것은?

• 5장 3절 거푸집, 동바리

① 깔목의 사용
② 수평연결재 사용
③ 콘크리트의 타설
④ 말뚝박기

해설
거푸집 동바리 등의 안전조치
• 깔목의 사용, 콘크리트 타설, 말뚝박기 등 동바리의 침하를 방지하기 위한 조치를 할 것
• 높이가 3.5m를 초과하는 경우에는 높이 2m 이내마다 수평연결재를 2개 방향으로 만들고 수평연결재의 변위를 방지할 것

105 강관비계를 사용하여 비계를 구성하는 경우 준수해야 할 기준으로 옳지 않은 것은?

• 5장 1절 비계

① 비계기둥의 간격은 띠장 방향에서는 1.5m 이상 1.8m 이하, 장선(長線) 방향에서는 1.5m 이하로 할 것
② 띠장 간격은 1.5m 이하로 설치하되, 첫 번째 띠장은 지상으로부터 2m 이하의 위치에 설치할 것
③ 비계기둥의 제일 윗부분으로부터 31m 되는 지점 밑부분의 비계기둥은 2개의 강관으로 묶어 세울 것
④ 비계기둥 간의 적재하중은 600kg을 초과하지 않도록 할 것

해설

강관비계(단관비계)의 설치
- 비계기둥의 간격은 띠장 방향에서는 1.85m 이하
- 장선방향에서는 1.5m 이하. 다만, 선박 및 보트 건조작업의 경우 안전성에 대한 구조검토를 실시하고 조립도를 작성하면 띠장 방향 및 장선 방향으로 각각 2.7m 이하로 할 수 있음
- 띠장 간격은 2m 이하로 할 것. 다만, 작업의 성질상 이를 준수하기가 곤란하여 쌍기둥틀 등에 의하여 해당 부분을 보강한 경우는 제외
- 비계기둥의 제일 윗부분으로부터 31m 되는 지점 밑부분의 비계기둥은 2개의 강관으로 묶어 세울 것. 다만, 브라켓(Bracket) 등으로 보강하여 2개의 강관으로 묶을 경우 이상의 강도가 유지되는 경우는 제외
- 비계기둥 간의 적재하중은 400kgf을 초과금지
- 장선간격은 1.85m 이하로 설치
- 비계기둥과 띠장의 교차부에서는 비계기둥에 결속, 그 중간부분에서는 띠장에 결속
- 벽연결은 수직으로 5m, 수평으로 5m 이내마다 연결
- 기둥간격 10m 마다 45° 각도의 처마방향 가새를 설치
- 모든 비계기둥은 가새에 결속
- 작업대에는 안전난간을 설치
- 작업대의 구조는 추락 및 낙하물 방지조치를 설치
- 작업발판 설치가 필요한 경우에는 쌍줄비계이어야 함
- 연결 및 이음철물은 가설기자재 성능검정 규격에 규정된 것을 사용
- 바깥지름 및 두께가 같거나 유사하면서 강도가 다른 강관을 같은 사업장에서 사용하는 경우 강관에 색 또는 기호를 표시하는 등 강관의 강도를 알아볼 수 있는 조치

106 굴착공사에서 경사면의 안정성을 확인하기 위한 검토사항에 해당되지 않는 것은?

• 4장 2절 붕괴재해

① 지질조사
② 토질시험
③ 풍화의 정도
④ 경보장치 작동상태

해설

굴착공사 경사면의 안전성 검토
• 지질조사 : 층별 또는 경사면의 구성 토질구조
• 토질시험 : 최적함수비, 삼축압축강도, 전단시험, 점착도 등의 시험
• 사면붕괴 이론적 분석 : 원호활절법, 유한요소법 해석
• 과거의 붕괴된 사례유무
• 토층의 방향과 경사면의 상호관련성
• 단층, 파쇄대의 방향 및 폭
• 풍화의 정도
• 용수의 상황

107 차량계 하역운반기계를 사용하여 작업을 할 때 기계의 전도, 전락에 의해 근로자에게 위험을 미칠 우려가 있는 경우에 사업주가 조치하여야 할 사항 중 옳지 않은 것은?

• 2장 4절 추락, 붕괴 위험방지

① 운전자의 시야를 살짝 가리는 정도로 화물을 적재
② 하역운반기계를 유도하는 사람을 배치
③ 지반의 부동침하방지 조치
④ 갓길의 붕괴를 방지하기 위한 조치

해설

차량계 하역운반기계
• 전도 등의 방지
• 작업 시 기계가 넘어지거나 굴러떨어질 위험이 있는 경우 유도자 배치
• 지반의 부동침하 방지, 갓길 붕괴 방지조치

108 옥외에 설치되어 있는 주행크레인에 대하여 이탈방지장치를 작동시키는 등 그 이탈을 방지하기 위한 조치를 하여야 하는 순간풍속에 대한 기준으로 옳은 것은?

• 3장 1절 양중기의 개요

① 순간풍속이 초당 10m를 초과하는 바람이 불어올 우려가 있는 경우
② 순간풍속이 초당 20m를 초과하는 바람이 불어올 우려가 있는 경우
③ 순간풍속이 초당 30m를 초과하는 바람이 불어올 우려가 있는 경우
④ 순간풍속이 초당 40m를 초과하는 바람이 불어올 우려가 있는 경우

해설

옥외 주행크레인에 대하여 초당 30m를 초과하는 바람이 불어올 우려가 있는 경우 이탈방지장치를 작동시키는 등의 이탈방지조치

정답 106 ④ 107 ① 108 ③

109 동력을 사용하는 항타기 또는 항발기의 도괴를 방지하기 위하여 준수하여야 할 기준으로 옳지 않은 것은?
•2장 4절 추락, 붕괴 위험방지

① 연약한 지반에 설치할 경우에는 각부나 가대의 침하를 방지하기 위하여 깔판·깔목 등을 사용한다.
② 평형추를 사용하여 안정시키는 경우에는 평형추의 이동을 방지하기 위하여 가대에 견고하게 부착시킨다.
③ 버팀대만으로 상단부분을 안정시키는 경우에는 버팀대는 3개 이상으로 한다.
④ 버팀줄만으로 상단부분을 안정시키는 경우에는 버팀줄을 2개 이상으로 한다.

해설
항타기, 항발기의 무너짐 방지조치
버팀줄만으로 상단 부분을 안정시키는 경우에는 버팀줄을 3개 이상으로 하고 같은 간격으로 배치할 것

110 철골작업 시 철골부재에서 근로자가 수직방향으로 이동하는 경우에 설치하여야 하는 고정된 승강로의 최대 답단 간격은 얼마 이내인가?
•6장 4절 철골공사

① 20cm ② 25cm
③ 30cm ④ 40cm

해설
철골공사 시 위험방지
근로자가 수직방향으로 이동하는 철골부재에는 답단 간격이 30cm 이내인 고정된 승강로를 설치하여야 하며, 수평방향 철골과 수직방향 철골이 연결되는 부분에는 연결작업을 위하여 작업발판 등을 설치

111 터널굴착작업 작업계획서에 포함해야 할 사항으로 가장 거리가 먼 것은?
•4장 2절 붕괴재해

① 암석의 분할방법
② 터널 지보공 및 복공(覆工)의 시공방법
③ 용수(湧水)의 처리방법
④ 환기 또는 조명시설을 설치할 때에는 그 방법

해설
터널굴착작업 작업계획서 내용
• 굴착의 내용
• 터널 지보공 및 복공의 시공방법과 용수의 처리방법
• 환기 또는 조명시설을 설치할 때에는 그 방법

112 유해위험방지계획서를 제출해야 할 대상공사의 조건으로 옳지 않은 것은?

• 1장 1절 유해위험방지계획서

① 터널 건설 등의 공사
② 최대 지간길이가 50m 이상인 교량건설 등의 공사
③ 다목점댐, 발전용댐 및 저수용량 2천만톤 이상의 용수전용댐, 지방상수도 전용댐 건설 등의 공사
④ 깊이가 5m 이상인 굴착공사

해설

제출대상 공사
- 지상높이가 31m 이상인 건축물 또는 인공구조물
- 연면적 3만m^2 이상인 건축물
- 연면적 5천m^2 이상인 시설
  - 문화 및 집회시설(전시장, 동물원, 식물원 제외)
  - 판매시설, 운수시설(고속철도의 역사, 집배송시설 제외)
  - 종교시설
  - 의료시설 중 종합병원
  - 숙박시설 중 관광숙박시설
  - 지하도상가
  - 냉동·냉장 창고시설
- 연면적 5천m^2 이상인 냉동·냉장창고시설의 설비공사 및 단열공사
- 최대 지간길이가 50m 이상인 교량 건설 등의 공사
- 터널 건설 등의 공사
- 다목적댐, 발전용댐 및 저수용량 2천만톤 이상의 용수전용댐, 지방상수도 전용댐 건설 등의 공사
- 깊이 10m 이상인 굴착공사

113 철골보 인양 시 준수해야 할 사항으로 옳지 않은 것은?

• 6장 4절 철골공사

① 인양 와이어로프의 매달기 각도는 양변 60°를 기준으로 한다.
② 크램프로 부재를 체결할 때는 크램프의 정격용량 이상 매달지 않아야 한다.
③ 크램프는 부재를 수평으로 하는 한 곳의 위치에만 사용하여야 한다.
④ 인양 와이어로프는 후크의 중심에 걸어야 한다.

해설

인양할 때에는 다음 사항을 준수
- 인양 와이어로프는 훅의 중심에 걸어야 하며, 훅은 용접의 경우 용접장 등 용접 규격을 확인하여 인양 시 취성파괴에 의한 탈락을 방지해야 함
- 신호자는 운전자가 잘 보이는 곳에서 신호
- 인양고리(Lug) 용접부위가 이상이 없는지 확인하고 인양
- 불안정하거나 매단 부재가 기울어지면 지상에 내려 다시 체결
- 부재의 균형을 확인하면서 서서히 인양
- 흔들리거나 선회하지 않도록 유도 로프로 유도하며, 장애물에 닿지 않도록 주의

정답 112 ④ 113 ③

클램프로 부재 인양 시 준수사항
- 클램프는 부재를 수평으로 하여 두 곳의 위치에 사용하여야 하며, 부재 양단방향은 같은 간격이어야 함
- 부득이하게 한 군데만을 사용할 때에는 간단한 이동을 하는 경우에 한하여야 하며, 부재 길이의 1/3 지점을 기준으로 함
- 두 곳을 매어 인양할 때 와이어로프의 내각은 60° 이하
- 클램프의 정격용량 이상 매달지 않아야 함
- 체결작업 중 크램프 본체가 장애물에 부딪치지 않도록 주의
- 클램프의 작동상태를 점검한 후 사용
- 클램프의 물리는 부분이 심하게 마모된 것 사용금지

철골부재 여러 개를 동시에 달아매어 인양할 경우 준수사항
- 부재의 중심을 정확하게 확인
- 걸이 작업은 샤클을 이용
- 부재에 샤클을 걸 수 없을 때에는 상단에 인양용 고리를 설치하고, 그 고리에 샤클을 걸어 인양
- 각각의 부재를 하나의 보조로프로 연결하여 유도
- 각 부재의 간격은 1.5m~2m 정도가 적당
- 크레인 훅으로부터의 길이가 2m, 3.5m, 5m 정도 되도록 달아 맴
- 신호, 유도에 특히 유의
- 설치 순서별로 걸이작업을 수행

114 구조물의 해체작업 시 해체 작업계획서에 포함되어야 할 사항으로 옳지 않은 것은?

• 3장 7절 해체공사의 안전

① 해체의 방법 및 해체순서 도면
② 해체물의 처분계획
③ 주변 민원 처리계획
④ 사업장 내 연락방법

해설

해체작업계획서의 포함내용
- 해체의 방법 및 해체 순서도면
- 가설설비, 방호설비, 환기설비, 살수방화설비 등의 방법
- 사업장 내 연락방법
- 해체물의 처분계획
- 해체작업용 화약류 등의 사용계획서
- 그 밖에 안전보건에 관련된 사항

정답 114 ③

115 콘크리트 타설 시 거푸집이 받는 측압에 관한 설명으로 옳지 않은 것은? • 6장 2절 콘크리트 측압

① 대기의 온도가 높을수록 크다.　② 슬럼프(Slump)가 클수록 크다.
③ 타설속도가 빠를수록 크다.　　④ 거푸집의 강성이 클수록 크다.

해설

콘크리트 측압이 큰 경우
- 거푸집 부재 단면이 클수록
- 거푸집 수밀성이 클수록
- 거푸집 강성이 클수록
- 거푸집 표면이 평활할수록
- 시공연도(Workability)가 좋을수록
- 철골 또는 철근량이 적을수록
- 외기의 온습도가 낮을수록
- 타설속도가 빠를수록
- 콘크리트 비중이 클수록
- 조강시멘트 등 응결시간이 빠른 것을 사용할수록
- 습도가 낮을수록
- 콘크리트의 Slump치가 클수록

116 근로자의 위험방지를 위해 철골작업을 중지하여야 하는 기준으로 옳은 것은? • 6장 4절 철골공사

① 풍속이 초당 1m 이상인 경우
② 강우량이 시간당 1cm 이상인 경우
③ 강설량이 시간당 1cm 이상인 경우
④ 10분간 평균풍속이 초당 5m 이상인 경우

해설

다음 각 호의 어느 하나에 해당하는 경우에 철골작업을 중지
- 풍속이 초당 10m 이상인 경우
- 강우량이 시간당 1mm 이상인 경우
- 강설량이 시간당 1cm 이상인 경우

117 깊이 10m 이내에 있는 연약점토의 전단강도를 구하기 위한 가장 적당한 시험은?

• 1장 3절 지반의 안전성

① 베인 시험　　　　② 표준관입시험
③ 평판재하시험　　④ 블레인 시험

해설

베인테스트(Vane test)
- 보링의 구멍을 이용하여 십자 날개형의 베인 테스터를 지반에 박고 이것을 회전시켜 그 회전력에 의하여 10m 이내 점토의 점착력을 판별
- 연약 점토의 전단강도, 점착력을 판별하기 위하여 실시

정답 115 ① 116 ③ 117 ①

118 건설현장 토사붕괴의 원인으로 옳지 않은 것은?
•4장 2절 붕괴재해

① 지하수위의 증가
② 지반 내부마찰각의 증가
③ 지반 점착력의 감소
④ 차량에 의한 진동하중 증가

해설

토사붕괴의 원인
- 외적 요인
  - 사면, 법면의 경사 및 기울기의 증가
  - 절토 및 성토 높이의 증가
  - 작업진동 및 반복하중의 증가
  - 지표수, 지하수 침투에 의한 토사중량의 증가
  - 지진, 차량, 구조물의 하중
  - 토사 및 암석의 혼합층두께
- 내적 요인
  - 토석의 강도 저하
  - 성토사면의 토질
  - 절토사면의 토질, 암석
  - 지반 점착력의 감소

119 사다리식 통로 설치 시 사다리식 통로의 길이가 10m 이상인 경우에는 몇 m 이내마다 계단참을 설치해야 하는가?
•5장 2절 작업통로

① 5m
② 7m
③ 9m
④ 10m

해설

옥외용 사다리
- 옥외용 사다리는 철재를 원칙
- 길이가 10m 이상일 때에는 5m 이내의 간격으로 계단참 설치
- 사다리 전면의 사방 75cm 이내에는 장애물이 없어야 함

120 추락재해 방지를 위한 방망의 그물코 규격기준으로 옳은 것은?
•4장 1절 추락재해

① 사각 또는 마름모로서 크기가 5cm 이하
② 사각 또는 마름모로서 크기가 10cm 이하
③ 사각 또는 마름모로서 크기가 15cm 이하
④ 사각 또는 마름모로서 크기가 20cm 이하

해설

추락방호망
- 내민거리 : 벽면으로부터 3m 이상
- 망처짐 : 짧은 변의 길이(N)의 12% 이상(추락방호망은 처짐시공으로 충격을 흡수할 수 있으나 낙하물 방지망은 2차 피해를 유발할 수 있음)
- 작업면으로부터 3~4m 아래에 설치
- 그물코 한 변의 길이는 10cm 이하

2018년 제2회 기출해설

6과목 건설안전기술

101 다음은 산업안전보건법령에 따른 달비계를 설치하는 경우에 준수해야 할 사항이다. ( )에 들어갈 내용으로 옳은 것은?

• 4장 1절 추락재해

> 작업발판은 폭을 ( ) 이상으로 하고 틈새가 없도록 할 것

① 15cm
② 20cm
③ 40cm
④ 60cm

해설

작업발판
- 추락하거나 넘어질 위험이 있는 장소에서 작업을 할 때에 작업 발판을 설치
- 작업발판 간의 틈은 3cm 이하, 작업발판의 폭은 40cm 이상
- 작업발판은 이탈되거나 탈락하지 않도록 2개 이상의 지지물에 고정
- 작업발판 끝 부분의 돌출길이는 10cm 이상 20cm 이하
- 최대적재하중 400kgf 이하, 위험경고 및 지시판 등의 표지판 부착
- 난간대는 90cm 이상, 45cm에 중간대 설치, 수평내력 100kg 이상
- 폭목은 10cm 이상, 이음부는 발판재료를 20cm 이상 겹치게 깔고 중앙부는 장선 위에 설치

102 개착식 흙막이벽의 계측 내용에 해당되지 않는 것은?

• 4장 2절 붕괴재해

① 경사 측정
② 지하수위 측정
③ 변형률 측정
④ 내공변위 측정

해설

개착공법(Open Cut)의 안전조치
- 굴착 전 변형률, 경사측정, 지하수위측정, 지반형상, 지층상태, 지하매설물 등 사전 조사
- 지반별 굴착면의 굴착구배 기준 준수
- 굴착면 경사로의 길이는 굴착깊이의 6~10배로 구배 실시
- 굴착사면을 천막 등으로 덮어 물의 침투에 의한 토사붕괴 예방
- 굴착 높이가 5m 이상인 경우 5m마다 소단 설치
- 굴착작업 주변으로 안전휀스, 표지판 등으로 관계자외 출입금지
- 굴착사면을 천막 등으로 덮어 우수 침투에 의한 토사붕괴 예방
- 경사면 우수가 굴착면에 체류되지 않도록 경사로 끝단부에 배수로 설치
- 굴착장비는 별도의 신호수 복장, 호각, 신호봉 등을 갖춘 신호수 배치
- 굴착면의 추락위험이 있는 곳에는 안전난간대 설치

정답 101 ③ 102 ④

103 추락의 위험이 있는 개구부에 대한 방호조치와 거리가 먼 것은?   • 4장 1절 추락재해

① 안전난간, 울타리, 수직형 추락방망 등으로 방호조치를 한다.
② 충분한 강도를 가진 구조의 덮개를 뒤집히거나 떨어지지 않도록 설치한다.
③ 어두운 장소에서도 식별이 가능한 개구부 주의 표지를 부착한다.
④ 폭 30cm 이상의 발판을 설치한다.

해설

개구부 등의 방호 조치
- 안전난간, 울타리, 수직형 추락방망 또는 덮개 등의 방호 조치
- 뒤집히거나 떨어지지 않도록 덮개를 설치
- 어두운 장소에서도 알아볼 수 있도록 개구부임을 표시
- 난간 설치가 곤란하거나 임시로 난간 등을 해체해야 하는 경우, 추락방호망 설치
- 추락방호망을 설치하기 곤란한 경우, 근로자 안전대 착용

104 로프길이 2m의 안전대를 착용한 근로자가 추락으로 인한 부상을 당하지 않기 위한 지면으로부터 안전대 고정점까지의 높이(H)의 기준으로 옳은 것은? (단, 로프의 신장률 30%, 근로자의 신장 180cm)   • 4장 1절 추락재해

① H > 1.5m
② H > 2.5m
③ H > 3.5m
④ H > 4.5m

해설

안전대
지면으로부터 안전대 고정점까지의 높이 = 로프의 길이 + 로프의 늘어난 길이 + 신장 ÷ 2
= 2 + 0.6 + 0.9 = 3.5m

105 사면 보호 공법 중 구조물에 의한 보호공법에 해당되지 않는 것은?   • 4장 2절 붕괴재해

① 식생구멍공
② 블럭공
③ 돌쌓기공
④ 현장타설 콘크리트 격자공

해설

구조물에 의한 보호공법
- 돌쌓기, 블록쌓기
  - 경사가 1:1(45° 이상)보다 급경사인 경우
  - 비탈면의 토질이 단단하여 토압이 작은 경우
- 돌붙임, 블록붙임
  - 경사가 1:1(45° 이상)보다 완만한 경사인 경우
  - 점착력이 없는 토사 및 허물어지기 쉬운 절토 사면에 사용
  - 표면 보호공으로서 사용되는 이외에 소규모의 절토사면 붕괴의 되메움 보호 등에서도 사용

정답 103 ④ 104 ③ 105 ①

- 콘크리트 붙임
  - 절리가 많은 암석, 낭떠러지 등의 붕락의 우려가 있는 경우
  - 철근콘크리트 붙임공 = 1 : 0.5의 경사
  - 무근콘크리트 붙임공 = 1 : 1 정도의 경사
- 콘크리트블럭 격자공
  - 경사가 1 : 0.8보다 완만한 비탈면
  - 프리캐스트 제품으로 격자 내에 객토나 식생, 블록이나 옥석을 깔아 침식 방지
- 현장타설 콘크리트 격자공
  - 용수가 있는 풍화암, 비탈면의 장기적 안정이 염려되는 곳
  - 콘크리트 블록 격자공으로는 붕낙할 염려가 있는 곳
- 모르타르 및 숏크리트
  - 절토사면에 용수가 없고 당장 붕괴의 위험성은 없으나 풍화되기 쉬운 암석이 있는 곳
  - 암석이나 호박돌 섞인 토사 등으로 식생이 부적합한 곳에 사용
  - 넓은 면적에 효과가 좋으며 경사가 심한 곳, 바위가 돌출한 비탈면에 시공

106 터널 지보공을 조립하거나 변경하는 경우에 조치하여야 하는 사항으로 옳지 않은 것은?

• 4장 2절 붕괴재해

① 목재의 터널 지보공은 그 터널 지보공의 각 부재에 작용하는 긴압정도를 체크하여 그 정도가 최대한 차이나도록 한다.
② 강(鋼)아치 지보공의 조립은 연결볼트 및 띠장 등을 사용하여 주재 상호 간을 튼튼하게 연결할 것
③ 기둥에는 침하를 방지하기 위하여 받침목을 사용하는 등의 조치를 할 것
④ 주재(主材)를 구성하는 1세트의 부재는 동일 평면 내에 배치할 것

해설

터널 지보공을 조립하거나 변경 시 조치사항
- 주재(主材)를 구성하는 1세트의 부재는 동일 평면 내에 배치할 것
- 목재의 터널 지보공은 그 터널 지보공의 각 부재의 긴압 정도가 균등하게 되도록 할 것
- 기둥에는 침하를 방지하기 위하여 받침목을 사용하는 등의 조치를 할 것
- 강(鋼)아치 지보공의 조립은 다음 각 목의 사항을 따를 것
  - 조립간격은 조립도에 따를 것
  - 주재가 아치작용을 충분히 할 수 있도록 쐐기를 박는 등 필요한 조치를 할 것
  - 연결볼트 및 띠장 등을 사용하여 주재 상호 간을 튼튼하게 연결할 것
  - 터널 등의 출입구 부분에는 받침대를 설치할 것
  - 낙하물이 근로자에게 위험을 미칠 우려가 있는 경우에는 널판 등을 설치할 것
- 목재 지주식 지보공 설치 시 조치사항
  - 주기둥은 변위를 방지하기 위하여 쐐기 등을 사용하여 지반에 고정시킬 것
  - 양끝에는 받침대를 설치할 것
  - 터널 등의 목재 지주식 지보공에 세로방향의 하중이 걸림으로써 넘어지거나 비틀어질 우려가 있는 경우에는 양끝 외의 부분에도 받침대를 설치할 것
  - 부재의 접속부는 꺾쇠 등으로 고정시킬 것
- 강아치 지보공 및 목재지주식 지보공 외의 터널 지보공에 대해서는 터널 등의 출입구 부분에 받침대를 설치할 것

정답 106 ①

107 압쇄기를 사용하여 건물해체 시 그 순서로 가장 타당한 것은?

• 3장 5절 해체공법

A - 보, B - 기둥, C - 슬래브, D - 벽체

① A → B → C → D
② A → C → B → D
③ C → A → D → B
④ D → C → B → A

해설

압쇄기 사용 시 건물해체순서 : 슬래브 → 보 → 벽체 → 기둥

108 유해위험방지계획서 제출대상 공사로 볼 수 없는 것은?

• 1장 1절 유해위험방지계획서

① 지상 높이가 31m 이상인 건축물의 건설공사
② 터널건설공사
③ 깊이 10m 이상인 굴착공사
④ 교량의 전체길이가 40m 이상인 교량공사

해설

제출대상 공사 : 최대 지간길이가 50m 이상인 교량 건설 등의 공사

109 건설업 산업안전보건관리비 계상 및 사용기준에 따른 안전관리비의 개인보호구 및 안전장구 구입비 항목에서 안전관리비로 사용이 가능한 경우는?

• 1과목 6장 9절 산업안전보건관리비

① 안전·보건관리자가 선임되지 않은 현장에서 안전·보건업무를 담당하는 현장관계자용 무전기, 카메라, 컴퓨터, 프린터 등 업무용 기기
② 혹한·혹서에 장기간 노출로 인해 건강장해를 일으킬 우려가 있는 경우 특정 근로자에게 지급되는 기능성 보호 장구
③ 근로자에게 일률적으로 지급하는 보냉·보온장구
④ 감리원이나 외부에서 방문하는 인사에게 지급하는 보호구

해설

산업안전보건관리비의 사용불가내역-개인보호구 및 안전장구 구입비 등
- 안전·보건관리자가 선임되지 않은 현장에서 안전·보건업무를 담당하는 현장관계자용 무전기, 카메라, 컴퓨터, 프린터 등 업무용 기기
- 근로자 보호 목적으로 보기 어려운 피복, 장구, 용품 등
  - 작업복, 방한복, 면장갑, 코팅장갑 등
  - 근로자에게 일률적으로 지급하는 보냉·보온장구(핫팩, 장갑, 아이스조끼, 아이스팩 등) 구입비

> 혹한·혹서에 장기간 노출로 인해 건강장해를 일으킬 우려가 있는 경우 특정 근로자에게 지급하는 기능성 보호 장구는 사용 가능

  - 감리원이나 외부에서 방문하는 인사에게 지급하는 보호구
- ※ 위 문제 및 해설은 고용노동부고시「건설업 산업안전보건관리비 계상 및 사용기준」의 개정(2022.6.2)에서 삭제된 내용을 다루고 있습니다.

정답 107 ③ 108 ④ 109 ②

110 철골기둥, 빔 및 트러스 등의 철골구조물을 일체화 또는 지상에서 조립하는 이유로 가장 타당한 것은?

① 고소작업의 감소
② 화기사용의 감소
③ 구조체 강성 증가
④ 운반물량의 감소

해설

철골구조물 작업을 지상에서 하는 이유는 고소작업의 감소를 통해 안전을 확보하기 위함

111 강관틀 비계를 조립하여 사용하는 경우 준수해야 하는 사항으로 옳지 않은 것은? • 5장 1절 비계

① 길이가 띠장 방향으로 4m 이하이고 높이가 10m를 초과하는 경우에는 10m 이내마다 띠장 방향으로 버팀기둥을 설치할 것
② 높이가 20m를 초과하거나 중량물의 적재를 수반하는 작업을 할 경우에는 주틀 간의 간격을 1.8m 이하로 할 것
③ 주틀 간에 교차가새를 설치하고 최상층 및 10층 이내마다 수평재를 설치할 것
④ 수직방향으로 6m, 수평방향으로 8m 이내마다 벽이음을 할 것

해설

강관틀비계
- 비계기둥의 밑둥에는 밑받침 철물을 사용하여야 하며 밑받침에 고저차가 있는 경우에는 조절형 밑받침철물을 사용하여 각각의 강관틀비계가 항상 수평 및 수직을 유지하도록 할 것
- 전체높이는 40m를 초과할 수 없으며, 높이가 20m를 초과하거나 중량물의 적재를 수반하는 작업을 할 경우에는 주틀의 높이를 2m 이내로 하고, 주틀 간의 간격을 1.8m 이하로 할 것
- 주틀 간에 교차가새를 설치하고 최상층 및 5층 이내마다 수평재를 설치
- 수직방향으로 6m, 수평방향으로 8m 이내마다 벽이음
- 길이가 띠장 방향으로 4m 이하이고 높이가 10m를 초과하는 경우에는 10m 이내마다 띠장 방향으로 버팀기둥을 설치

112 말비계를 조립하여 사용하는 경우에 지주부재와 수평면의 기울기는 최대 몇 도 이하로 하여야 하는가?
• 5장 1절 비계

① 30°
② 45°
③ 60°
④ 75°

해설

말비계
- 사다리의 각부는 수평하게 놓아서 상부가 한쪽으로 기울지 않도록 하여야 함
- 각부에는 미끄럼 방지조치, 제일 상단에 올라서서 작업금지
- 지주부재와 수평면과의 기울기를 75° 이하로 하고, 지주부재와 지주부재 사이를 고정시키는 보조부재를 설치
- 말비계의 높이가 2m를 초과할 경우에는 작업발판의 폭을 40cm 이상으로 함

정답 110 ① 111 ③ 112 ④

113 가설통로의 설치 기준으로 옳지 않은 것은? • 4장 1절 추락재해

① 추락할 위험이 있는 장소에는 안전난간을 설치할 것
② 경사가 10°를 초과하는 경우에는 미끄러지지 아니하는 구조로 할 것
③ 경사는 30° 이하로 할 것
④ 건설공사에 사용하는 높이 8m 이상인 비계다리에는 7m 이내마다 계단참을 설치할 것

> **해설**
> **가설통로의 구조**
> - 견고한 구조로 할 것
> - 경사는 30° 이하로 할 것. 다만, 계단을 설치하거나 높이 2m 미만의 가설통로로서 튼튼한 손잡이를 설치한 경우는 제외
> - 경사가 15°를 초과하는 경우에는 미끄러지지 아니하는 구조
> - 추락할 위험이 있는 장소에는 안전난간을 설치할 것. 다만, 작업상 부득이한 경우에는 필요한 부분만 임시로 해체할 수 있음
> - 수직갱에 가설된 통로의 길이가 15m 이상인 경우에는 10m 이내마다 계단참을 설치
> - 건설공사에 사용하는 높이 8m 이상인 비계다리에는 7m 이내마다 계단참을 설치

114 강풍이 불어올 때 타워 크레인의 운전작업을 중지하여야 하는 순간풍속의 기준으로 옳은 것은?
• 3장 3절 양중기의 안전

① 순간풍속이 초당 10m 초과
② 순간풍속이 초당 15m 초과
③ 순간풍속이 초당 25m 초과
④ 순간풍속이 초당 30m 초과

> **해설**
> 사업주는 순간풍속이 초당 10m를 초과하는 경우 타워 크레인의 설치·수리·점검 또는 해체 작업을 중지하여야 하며, 순간풍속이 초당 15m를 초과하는 경우에는 타워크레인의 운전작업을 중지하여야 한다.

115 차량계 건설기계를 사용하여 작업할 때에 그 기계가 넘어지거나 굴러떨어짐으로써 근로자가 위험해질 우려가 있는 경우에 조치하여야 할 사항과 거리가 먼 것은? • 2장 4절 추락, 붕괴 위험방지

① 갓길의 붕괴 방지
② 작업반경 유지
③ 지반의 부동침하 방지
④ 도로 폭의 유지

> **해설**
> **차량계 건설기계**
> - 동력원을 사용하여 특정되지 아니한 장소로 스스로 이동할 수 있는 건설기계
> - 차량계 건설기계에 전조등을 갖추어야 함
> - 암석이 떨어질 우려가 있는 등 위험한 장소의 경우 헤드가드 설치
> - 기계가 넘어지거나 굴러 떨어짐으로써 근로자가 위험해질 우려가 있는 경우, 유도하는 사람을 배치, 지반의 부동침하 방지, 갓길의 붕괴 방지 및 도로 폭의 유지 등 필요한 조치 실시
> - 차량계 건설기계에 접촉되어 근로자가 부딪칠 위험이 있는 장소에 근로자를 출입금지
> - 차량계 건설기계의 운전자는 유도자가 유도하는 대로 따라야 함

정답 113 ② 114 ② 115 ②

116 지반에서 나타나는 보일링(Boiling) 현상의 직접적인 원인으로 볼 수 있는 것은?

① 굴착부와 배면부의 지하수위의 수두차
② 굴착부와 배면부의 흙의 중량차
③ 굴착부와 배면부의 흙의 함수비차
④ 굴착부와 배면부의 흙의 토압차

> **해설**
>
> **보일링(Boiling)**
> 투수성이 좋은 사질지반에서 흙파기 공사를 하는 경우, 흙막이벽 배면의 지하수위가 굴착저면보다 높을 때 굴착저면 위로 모래와 지하수가 부풀어 오르는 현상

117 부두·안벽 등 하역작업을 하는 장소에서 부두 또는 안벽의 선을 따라 통로를 설치하는 경우에는 그 폭을 최소 얼마 이상으로 하여야 하는가?

• 7장 2절 하역작업

① 80cm ② 90cm
③ 100cm ④ 120cm

> **해설**
>
> **항만 하역작업의 안전기준**
> • 부두, 안벽 등의 하역 작업 장소의 안전조치
> – 작업장과 통로에 안전작업을 위한 조명유지
> – 통로의 폭은 90cm 이상
> – 육상에서의 통로 및 작업 장소로서, 다리 또는 갑문을 넘는 보도 등의 위험한 부분에는 적당한 울 등을 설치
> • 갑판의 윗면에서 선창 밑바닥까지의 깊이가 1.5m를 초과하는 선창의 내부의 경우 통행설비 설치

118 흙의 간극비를 나타낸 식으로 옳은 것은?

• 1장 3절 지반의 안전성

① $\dfrac{\text{공기 + 물의 체적}}{\text{흙 + 물의 체적}}$ ② $\dfrac{\text{공기 + 물의 체적}}{\text{흙의 체적}}$

③ $\dfrac{\text{물의 체적}}{\text{물 + 흙의 체적}}$ ④ $\dfrac{\text{공기 + 물의 체적}}{\text{공기 + 흙 + 물의 체적}}$

> **해설**
>
> **간극비**
> • 흙은 흙입자와 흙입자 간극으로 구성되고, 간극은 물, 공기, 가스로 구성됨
> • 간극비(Void Ratio) = 흙입자의 체적에 대한 간극의 체적(공기 + 물)
> • 간극률(Porosity) = 전체 체적에 대한 간극의 체적의 비율
> • 포화도(Degree of Saturation) = 간극의 체적에 대한 물의 체적
> • 함수비(Water Content) = 흙입자 중량(건조된 흙의 중량)에 대한 물의 중량

정답 116 ① 117 ② 118 ②

119 취급·운반의 원칙으로 옳지 않은 것은?
・7장 1절 운반작업

① 곡선 운반을 할 것
② 운반 작업을 집중하여 시킬 것
③ 생산을 최고로 하는 운반을 생각할 것
④ 연속 운반을 할 것

> **해설**
> **운반작업의 5원칙**
> • 운반의 직선화
> • 운반의 연속화
> • 운반의 집중화
> • 운반의 효율화
> • 수작업 생략화

120 콘크리트 타설작업 시 안전에 대한 유의사항으로 옳지 않은 것은?
・6장 1절 콘크리트 슬래브 구조안전

① 콘크리트를 치는 도중에는 지보공·거푸집 등의 이상유무를 확인한다.
② 높은 곳으로부터 콘크리트를 타설할 때는 호퍼로 받아 거푸집 내에 꽂아 넣는 슈트를 통해서 부어 넣어야 한다.
③ 진동기를 가능한 한 많이 사용할수록 거푸집에 작용하는 측압상 안전하다.
④ 콘크리트를 한 곳에만 치우쳐서 타설하지 않도록 주의한다.

> **해설**
> **콘크리트 타설 시 준수사항**
> • 타설 속도는 표준시방서에 정해진 속도를 유지
> • 높은 곳으로부터 콘크리트를 세게 거푸집 내에 붓지 말고, 반드시 호퍼로 받아 거푸집 내에 꽂아 넣는 벽형 슈트를 통해서 부어넣어야 함
> • 계단실에 콘크리트를 부어넣을 때에는 책임자를 정하고, 주의해서 시공하며 계단의 바닥이나 난간은 정규의 치수로 밀실하게 부어 넣음
> • 바닥 위에 흘린 콘크리트는 완전히 청소
> • 철골보의 하측, 철골, 철근의 복잡한 개소, 배관류, 박스류 등이 집중된 곳, 복잡한 거푸집의 부분 등은 책임자를 지정하여 완전한 시공이 되도록 함
> • 콘크리트를 한 곳에만 치우쳐서 부어넣으면 거푸집 전체가 기울어져 변형되거나 밀려나게 되므로 특히 주의
> • 콘크리트를 치는 도중에는 지보공, 거푸집 등의 이상 유무 확인, 상황을 감시하는 감시인을 배치하여 이상 발생시 신속히 처리
> • 최상부의 슬래브는 이어붓기를 되도록 피하고 일시에 전체를 타설하도록 함
> • 타워에 연결되어 있는 슈트의 접속상태와 달아매는 재료는 견고성 점검
> • 손수레는 붓는 위치에까지 천천히 운반하여 거푸집에 충격을 주지 않도록 천천히 부어야 함
> • 손수레로 콘크리트를 운반할 때에는 적당한 간격을 유지
> • 운반통로에는 방해가 되는 것은 없는가를 확인하고, 즉시 제거

119 ① 120 ③

2018년 제1회 기출해설

101 강관을 사용하여 비계를 구성하는 경우 준수해야 할 사항으로 옳지 않은 것은? • 5장 1절 비계

① 비계기둥의 간격은 띠장 방향에서는 1.5m 이상 1.8m 이하, 장선(長線)방향에서는 1.5m 이하로 할 것
② 띠장 간격은 1.5m 이하로 설치하되, 첫 번째 띠장은 지상으로부터 2m 이하의 위치에 설치할 것
③ 비계기둥의 제일 윗부분으로부터 31m 되는 지점 밑부분의 비계기둥은 3개의 강관으로 묶어 세울 것
④ 비계기둥 간의 적재하중은 400kg을 초과하지 않도록 할 것

해설

강관비계(단관비계)의 설치
- 비계기둥의 간격은 띠장 방향에서는 1.85m 이하
- 장선방향에서는 1.5m 이하. 다만, 선박 및 보트 건조작업의 경우 안전성에 대한 구조검토를 실시하고 조립도를 작성하면 띠장 방향 및 장선 방향으로 각각 2.7m 이하로 할 수 있음
- 띠장 간격은 2m 이하로 할 것. 다만, 작업의 성질상 이를 준수하기가 곤란하여 쌍기둥틀 등에 의하여 해당 부분을 보강한 경우는 제외
- 비계기둥의 제일 윗부분으로부터 31m 되는 지점 밑부분의 비계기둥은 2개의 강관으로 묶어 세울 것. 다만, 브라켓 (Bracket) 등으로 보강하여 2개의 강관으로 묶을 경우 이상의 강도가 유지되는 경우는 제외
- 비계기둥 간의 적재하중은 400kgf을 초과금지
- 장선간격은 1.85m 이하로 설치
- 비계기둥과 띠장의 교차부에서는 비계기둥에 결속, 그 중간부분에서는 띠장에 결속
- 벽연결은 수직으로 5m, 수평으로 5m 이내마다 연결
- 기둥간격 10m마다 45° 각도의 처마방향 가새를 설치
- 모든 비계기둥은 가새에 결속
- 작업대에는 안전난간을 설치
- 작업대의 구조는 추락 및 낙하물 방지조치를 설치
- 작업발판 설치가 필요한 경우에는 쌍줄비계이어야 함
- 연결 및 이음철물은 가설기자재 성능검정 규격에 규정된 것을 사용
- 바깥지름 및 두께가 같거나 유사하면서 강도가 다른 강관을 같은 사업장에서 사용하는 경우 강관에 색 또는 기호를 표시하는 등 강관의 강도를 알아볼 수 있는 조치

정답 101 ③

102 이동식비계 조립 및 사용 시 준수사항으로 옳지 않은 것은?
• 5장 1절 비계

① 비계의 최상부에서 작업을 하는 경우에는 안전난간을 설치할 것
② 승강용사다리는 견고하게 설치할 것
③ 작업발판은 항상 수평을 유지하고 작업발판 위에서 작업을 위한 거리가 부족할 경우에는 받침대 또는 사다리를 사용할 것
④ 작업발판의 최대적재하중은 250kg을 초과하지 않도록 할 것

해설

이동식비계
- 이동식비계의 바퀴에는 뜻밖의 갑작스러운 이동 또는 전도를 방지하기 위하여 브레이크·쐐기 등으로 바퀴를 고정시킨 다음 비계의 일부를 견고한 시설물에 고정하거나 아웃트리거(Outrigger, 전도방지용 지지대)를 설치하는 등 필요한 조치를 할 것
- 승강용사다리는 견고하게 설치할 것
- 비계의 최상부에서 작업을 하는 경우에는 안전난간을 설치할 것
- 작업발판은 항상 수평을 유지하고 작업발판 위에서 안전난간을 딛고 작업을 하거나 받침대 또는 사다리를 사용하여 작업하지 않도록 할 것
- 작업발판의 최대적재하중은 250kg을 초과하지 않도록 하고 최대적재하중을 표시
- 비계의 발판은 폭 40cm, 두께 3.5cm 이상, 비계의 최대높이는 밑변 최소폭의 4배 이하
- 작업대의 발판은 전면에 걸쳐 빈틈없이 깔 것
- 비계의 일부를 건물에 체결하여 이동, 전도 등을 방지
- 작업대에는 안전난간을 설치하고 낙하물 방지조치
- 불의의 이동을 방지하기 위해 브레이크, 쐐기 등으로 바퀴를 고정한 다음 비계의 일부를 견고한 시설물에 잡아매는 등의 조치
- 절대로 작업원이 탄 채로 이동을 금지하고 비계의 이동에는 충분한 인원을 배치할 것
- 안전모 착용, 구명 로프 등을 사용
- 작업장 부근에 고압선 등이 있는가를 확인하고 적절한 방호조치
- 상하에서 동시에 작업 시 상호간의 충분한 연락을 취할 것

103 미리 작업장소의 지형 및 지반상태 등에 적합한 제한속도를 정하지 않아도 되는 차량계 건설기계의 속도 기준은?
• 2장 4절 추락, 붕괴 위험방지

① 최대 제한 속도가 10km/h 이하
② 최대 제한 속도가 20km/h 이하
③ 최대 제한 속도가 30km/h 이하
④ 최대 제한 속도가 40km/h 이하

해설

속도규정
- 차량계 하역운반기계, 차량계 건설기계를 사용하여 작업을 하는 경우 미리 작업장소의 지형 및 지반 상태 등에 적합한 제한속도를 정하고, 운전자로 하여금 준수
- 기준속도 : 최대제한속도는 시속 10킬로미터 이하
- 궤도작업차량을 사용하는 작업, 입환기로 입환작업을 하는 경우에 작업에 적합한 제한속도를 정하고, 운전자는 준수

102 ③ 103 ①

104 터널공사에서 발파작업 시 안전대책으로 옳지 않은 것은?
• 3장 5절 해체공법

① 발파전 도화선 연결상태, 저항치 조사 등의 목적으로 도통시험 실시 및 발파기의 작동상태에 대한 사전점검 실시
② 모든 동력선은 발원점으로부터 최소한 15m 이상 후방으로 옮길 것
③ 지질, 암의 절리 등에 따라 화약량에 대한 검토 및 시방기준과 대비하여 안전조치 실시
④ 발파용 점화회선은 타동력선 및 조명회선과 한곳으로 통합하여 관리

해설

발파작업 시 안전대책
- 발파는 선임된 발파책임자의 지휘에 따라 시행
- 발파작업에 대한 특별시방을 준수
- 굴착단면 경계면에는 모암에 손상을 주지 않도록 시방에 명기된 정밀폭약 (FINEX Ⅰ, Ⅱ) 등을 사용
- 지질, 암의 절리 등에 따라 화약량을 충분히 검토하여야 하며 시방기준과 대비하여 안전조치
- 발파책임자는 모든 근로자의 대피를 확인하고 지보공 및 복공에 대하여 필요한 조치의 방호를 한 후 발파하도록 하여야 함
- 발파 시 안전한 거리 및 위치에서의 대피가 어려울 때에는 전면과 상부를 견고하게 방호한 임시대피장소를 설치
- 화약류를 장진하기 전에 모든 동력선 및 활선은 장진기기로 부털 분리시키고 조명회선을 포함한 모든 동력선은 발원점으로부터 최소한 15m 이상 후방으로 옮겨 놓도록 하여야 함
- 발파용 점화회선은 타동력선 및 조명회선으로부터 분리
- 발파 전 도화선 연결상태, 저항치 조사 등의 목적으로 도통시험을 실시하여야 하며 발파기 작동상태를 사전 점검
- 발파 후에는 충분한 시간이 경과한 후 접근하도록 하여야 하며 다음 각 목의 조치를 취한 후 다음 단계의 작업을 행하도록 하여야 함
    - 유독가스의 유무를 재확인하고 신속히 환풍기, 송풍기 등을 이용 환기
    - 발파책임자는 발파 후 가스배출 완료 즉시 굴착면을 세밀히 조사하여 붕락 가능성의 뜬돌을 제거하여야 하며 용출수 유무를 동시에 확인
    - 발파단면을 세밀히 조사하여 필요에 따라 지보공, 록볼트, 철망, 뿜어 붙이기 콘크리트 등으로 보강
    - 불발화약류의 유무를 세밀히 조사하여야 하며 발견시 국부 재발파, 수압에 의한 제거방식 등으로 잔류화약을 처리

105 건립 중 강풍에 의한 풍압 등 외압에 대한 내력이 설계에 고려되었는지 확인하여야 하는 철골 구조물이 아닌 것은?
• 6장 4절 철골공사

① 단면이 일정한 구조물
② 기둥이 타이플레이트형인 구조물
③ 이음부가 현장용접인 구조물
④ 구조물의 폭과 높이의 비가 1 : 4 이상인 구조물

해설

구조안전의 위험이 큰 다음 각 목의 철골구조물은 건립 중 강풍에 의한 풍압등 외압에 대한 내력이 설계에 고려되었는지 확인
- 높이 20m 이상인 구조물
- 구조물의 폭과 높이의 비가 1 : 4 이상인 구조물
- 건물, 호텔 등에서 단면 구조에 현저한 차이가 있는 것
- 연면적당 철골량이 50kg/m² 이하인 구조물
- 기둥이 타이플레이트(Tie Plate)형인 구조물
- 이음부가 현장용접인 경우

정답 104 ④ 105 ①

106 화물운반하역 작업 중 걸이작업에 관한 설명으로 옳지 않은 것은?
• 7장 1절 운반작업

① 와이어로프 등은 크레인의 후크 중심에 걸어야 한다.
② 인양 물체의 안정을 위하여 2줄 걸이 이상을 사용하여야 한다.
③ 매다는 각도는 60° 이상으로 하여야 한다.
④ 근로자를 매달린 물체위에 탑승시키지 않아야 한다.

해설
줄걸이 작업 시 준수사항
• 와이어로프 등은 크레인의 후크중심에 걸어야 힘
• 인양 물체의 안정을 위하여 2줄 걸이 이상을 사용
• 밑에 있는 물체를 걸고자 할 때에는 위의 물체를 제거한 후에 실시
• 매다는 각도는 60° 이내로 하여야 함
• 근로자를 매달린 물체 위에 탑승시키지 않음

107 타워 크레인을 와이어로프로 지지하는 경우에 준수해야 할 사항으로 옳지 않은 것은?
• 3장 2절 양중기의 종류

① 와이어로프를 고정하기 위한 전용 지지프레임을 사용할 것
② 와이어로프 설치각도는 수평면에서 60° 이상으로 하되, 지지점은 4개소 미만으로 할 것
③ 와이어로프와 그 고정부위는 충분한 강도와 장력을 갖도록 설치할 것
④ 와이어로프가 가공전선에 근접하지 않도록 할 것

해설
타워 크레인의 지지
• 타워 크레인을 자립고 이상의 높이로 설치하는 경우 건축물의 벽체에 지지
• 벽체가 없는 경우 와이어로프에 지지하되, 전용 지지프레임을 사용할 것
• 와이어로프의 설치각도는 수평면에서 60° 이내로 하고, 지지점은 4개소 이상, 같은 각도로 설치
• 와이어로프와 고정부위는 충분한 강도와 장력을 갖도록 설치
• 와이어로프를 클립, 샤클 등의 고정기구를 사용하여 견고하게 고정시켜 풀리지 않게 함
• 와이어로프를 사용 중에는 충분한 강도와 장력을 유지할 것
• 와이어로프가 가공전선에 근접하지 않도록 할 것

106 ③ 107 ②

108 작업 중이던 미장공이 상부에서 떨어지는 공구에 의해 상해를 입었다면 어느 부분에 대한 결함이 있었겠는가?

• 4장 1절 추락재해

① 작업대 설치
② 작업방법
③ 낙하물 방지시설 설치
④ 비계설치

해설

낙하물 방지시설
• 낙하물 방지망
  – 구조물 벽면으로부터 내민거리 : 2m 이상
  – 수평면과 이루는 각도 : 20~30°
  – 설치간격 : 10m마다 설치
  – 방망의 가장자리 : 테두리 로프를 그물코마다 엮어 긴결
  – 긴결재의 강도 : 100kgf 이상
  – 설치 후 3개월마다 정기점검 실시
• 방호선반 : 건물출입구, 건설현장 리프트 입구에 설치
• 수직보호망 : 갱폼 외부, 가시설외부에 설치
• 출입금지구역 설정
• 방망에 표시해야 할 사항 : 제조자명, 제조년월, 재봉치수, 그물코, 신품인 때의 방망의 강도

109 유해위험방지를 위한 방호조치를 하지 아니하고는 양도, 대여, 설치 또는 사용에 제공하거나, 양도·대여를 목적으로 진열해서는 아니 되는 기계·기구에 해당하지 않는 것은?

• 2장 5절 안전인증, 자율안전, 안전검사

① 지게차
② 공기압축기
③ 원심기
④ 덤프트럭

해설

유해위험 방지를 위한 방호조치가 필요한 기계기구
• 예초기
• 원심기
• 공기압축기
• 금속절단기
• 지게차
• 포장기계(진공포장기, 래핑기)

정답 108 ③ 109 ④

110 달비계의 최대 적재하중을 정함에 있어서 활용하는 안전계수의 기준으로 옳은 것은? (단, 곤돌라의 달비계를 제외)
• 5장 1절 비계

① 달기 와이어로프 – 5 이상
② 달기 강선 – 5 이상
③ 달기 체인 – 3 이상
④ 달기 훅 – 5 이상

해설

안전계수
• 안전계수 = 와이어로프의 절단하중 값 ÷ 와이어로프 등에 걸리는 하중의 최대값
• 와이어로프 및 달기 강선의 안전계수 : 10 이상
• 달기 체인 및 달기 훅의 안전계수 : 5 이상
• 달기 강대와 달비계의 하부 및 상부지점의 안전계수의 강재 : 2.5 이상
• 목재 : 5 이상

111 사업의 종류가 건설업이고, 공사금액이 850억원 일 경우 산업안전보건법령에 따른 안전관리자를 최소 몇 명 이상 두어야 하는가? (단, 상시근로자는 600명으로 가정)
• 1과목 2장 3절 안전관계자

① 1명 이상
② 2명 이상
③ 3명 이상
④ 4명 이상

해설

안전보건관리자의 선임
• 1명 이상 : 공사금액 50억원 이상
• 2명 이상 : 공사금액 800억원 이상 1,500억원 미만
• 3명 이상 : 공사금액 1,500억원 이상 2,200억원 미만
• 4명 이상 : 공사금액 2,200억원 이상 3,000억원 미만
• 5명 이상 : 공사금액 3,000억원 이상 3,900억원 미만
• 6명 이상 : 공사금액 3,900억원 이상 4,900억원 미만
• 7명 이상 : 공사금액 4,900억원 이상 6,000억원 미만
• 8명 이상 : 공사금액 6,000억원 이상 7,200억원 미만
• 9명 이상 : 공사금액 7,200억원 이상 8,500억원 미만
• 10명 이상 : 공사금액 8,500억원 이상 1조원 미만
• 11명 이상 : 1조원 이상

110 ④ 111 ② **정답**

112 이동식 크레인을 사용하여 작업을 할 때 작업시작 전 점검사항이 아닌 것은?

• 3장 2절 양중기의 종류

① 주행로의 상측 및 트롤리(Trolley)가 횡행하는 레일의 상태
② 권과방지장치 그 밖의 경보장치의 기능
③ 브레이크·클러치 및 조정장치의 기능
④ 와이어로프가 통하고 있는 곳 및 작업장소의 지반상태

> **해설**
> **이동식 크레인 작업 전 점검사항**
> • 권과방지장치나 그 밖의 경보장치의 기능
> • 브레이크·클러치 및 조정장치의 기능
> • 와이어로프가 통하고 있는 곳 및 작업장소의 지반상태

113 선박에서 하역작업 시 근로자들이 안전하게 오르내릴 수 있는 현문 사다리 및 안전망을 설치하여야 하는 것은 선박이 최소 몇 톤급 이상일 경우인가?

• 7장 2절 하역작업

① 500톤급
② 300톤급
③ 200톤급
④ 100톤급

> **해설**
> **선박승강설비의 설치**
> • 300톤급 이상의 선박에서 하역작업을 하는 경우에 근로자들이 안전하게 오르내릴 수 있는 현문(舷門) 사다리를 설치하고 이 사다리 밑에 안전망을 설치
> • 현문 사다리는 견고한 재료로 제작된 것으로 너비는 55cm 이상이어야 하고, 양측에 82cm 이상의 높이로 울타리를 설치하여야 하며, 바닥은 미끄러지지 않도록 적합한 재질로 처리되어야 함
> • 현문 사다리는 근로자의 통행에만 사용하며, 화물용 발판 또는 화물용 보판으로 사용 금지

정답 112 ① 113 ②

114 건설업 산업안전보건관리비 중 안전시설비로 사용할 수 없는 것은?

• 1과목 6장 9절 산업안전보건관리비

① 안전통로
② 비계에 추가 설치하는 추락방지용 안전난간
③ 사다리 전도방지장치
④ 통로의 낙하물 방호선반

해설

산업안전보건관리비의 사용불가내역 – 안전시설비
- 원활한 공사수행을 위한 가설시설, 장치, 도구, 자재 등
  - 외부인 출입금지, 공사장 경계표시를 위한 가설울타리
  - 각종 비계, 작업발판, 가설계단·통로, 사다리 등
  - 안전발판, 안전통로, 안전계단 등과 같이 공사 수행에 필요한 가시설들은 사용 불가

> 비계·통로·계단에 추가 설치하는 추락방지용 안전난간, 사다리 전도방지장치, 틀비계에 별도로 설치하는 안전난간·사다리, 통로의 낙하물방호선반 등은 사용 가능

  - 절토부 및 성토부 등의 토사유실 방지를 위한 설비
  - 작업장 간 상호 연락, 작업 상황 파악 등 통신수단으로 활용되는 통신시설·설비
  - 공사 목적물의 품질 확보 또는 건설장비 자체의 운행 감시, 공사 진척상황 확인, 방법 등의 목적을 가진 CCTV 등 감시용 장비
- 소음·환경관련 민원예방, 교통통제 등을 위한 각종 시설물, 표지
  - 건설현장 소음방지를 위한 방음시설, 분진망 등 먼지·분진 비산 방지시설 등
  - 도로 확·포장공사, 관로공사, 도심지 공사 등에서 공사차량 외의 차량유도, 안내·주의·경고 등을 목적으로 하는 교통안전시설물(공사안내·경고 표지판, 차량유도등·점멸등, 라바콘, 현장경계휀스, PE드럼 등)
- 기계·기구 등과 일체형 안전장치의 구입비용

> 기성제품에 부착된 안전장치 고장 시 수리 및 교체비용은 사용 가능

  - 기성제품에 부착된 안전장치(톱날과 일체식으로 제작된 목재가공용 둥근톱의 톱날접촉예방장치, 플러그와 접지시설이 일체식으로 제작된 접지형 플러그 등)
- 공사수행용 시설과 일체형인 안전시설
  - 동일 시공업체 소속의 타 현장에서 사용한 안전시설물을 전용하여 사용할 때의 자재비

> 운반비는 안전관리비로 사용가능

※ 위 문제 및 해설은 고용노동부고시 「건설업 산업안전보건관리비 계상 및 사용기준」의 개정(2022.6.2)에서 삭제된 내용을 다루고 있습니다.

115 흙막이 지보공을 조립하는 경우 미리 조립도를 작성하여야 하는데 이 조립도에 명시되어야 할 사항과 가장 거리가 먼 것은?

• 4장 2절 붕괴재해

① 부재의 배치
② 부재의 치수
③ 부재의 긴압정도
④ 설치방법과 순서

정답 114 ① 115 ③

> **해설**
>
> **조립도**
> - 흙막이 지보공을 조립하는 경우 미리 조립도를 작성하여 그 조립도에 따라 조립
> - 조립도에는 흙막이판, 말뚝, 버팀대 및 띠장 등 부재의 배치, 치수, 재질 및 설치방법과 순서가 명시되어야 함

116 다음 보기의 (　) 안에 알맞은 내용은?　　　　　　　　　　• 5장 3절 거푸집, 동바리

동바리로 사용하는 파이프 서포트의 높이가 (　)m를 초과하는 경우에는 2m 이내마다 수평연결재를 2개 방향으로 만들고 수평연결재의 변위를 방지할 것

① 3　　　　　　　　　　② 3.5
③ 4　　　　　　　　　　④ 4.5

> **해설**
>
> **거푸집 동바리 등의 안전조치**
> 높이가 3.5m를 초과하는 경우에는 높이 2미터 이내마다 수평연결재를 2개 방향으로 만들고 수평연결재의 변위를 방지할 것

117 보통 흙의 건지를 다음 그림과 같이 굴착하고자 한다. 굴착면의 기울기를 1 : 0.5로 하고자 할 경우 L의 길이로 옳은 것은?　　　　　　　　　　• 4장 2절 붕괴재해

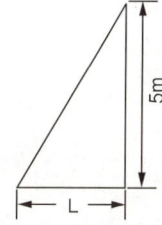

① 2m　　　　　　　　　　② 2.5m
③ 5m　　　　　　　　　　④ 10m

> **해설**
>
> 〈굴착면의 기울기 기준〉
>
> | 구 분 | 지반의 종류 | 기울기 |
> |---|---|---|
> | 보통흙 | 습 지 | 1 : 1 ~ 1 : 1.5 |
> | | 건 지 | 1 : 0.5 ~ 1 : 1 |
> | 암 반 | 풍화암 | 1 : 1.0 |
> | | 연 암 | 1 : 1.0 |
> | | 경 암 | 1 : 0.5 |

118 거푸집 동바리 등을 조립하는 경우에 준수하여야 할 사항으로 옳지 않은 것은?

• 5장 3절 거푸집, 동바리

① 깔목의 사용, 콘크리트 타설, 말뚝박기 등 동바리의 침하를 방지하기 위한 조치를 할 것
② 개구부 상부에 동바리를 설치하는 경우에는 상부하중을 견딜 수 있는 견고한 받침대를 설치할 것
③ 거푸집이 곡면인 경우에는 버팀대의 부착 등 그 거푸집의 부상(浮上)을 방지하기 위한 조치를 할 것
④ 동바리의 이음은 맞댄이음이나 장부이음을 피할 것

해설

거푸집 동바리 등의 안전조치
- 깔목의 사용, 콘크리트 타설, 말뚝박기 등 동바리의 침하를 방지하기 위한 조치를 할 것
- 개구부 상부에 동바리를 설치하는 경우에는 상부하중을 견딜 수 있는 견고한 받침대를 설치할 것
- 동바리의 상하 고정 및 미끄러짐 방지 조치를 하고, 하중의 지지상태를 유지할 것
- 동바리의 이음은 맞댄이음이나 장부이음으로 하고 같은 품질의 재료를 사용할 것
- 강재와 강재의 접속부 및 교차부는 볼트·클램프 등 전용철물을 사용하여 단단히 연결할 것
- 거푸집이 곡면인 경우에는 버팀대의 부착 등 그 거푸집의 부상(浮上)을 방지하기 위한 조치를 할 것
- 동바리로 사용하는 강관[파이프 서포트(Pipe Support)는 제외]에 대해서는 다음의 사항을 따를 것

119 터널붕괴를 방지하기 위한 지보공에 대한 점검사항과 가장 거리가 먼 것은?

• 4장 2절 붕괴재해

① 부재의 긴압 정도
② 부재의 손상·변형·부식·변위 탈락의 유무 및 상태
③ 기둥침하의 유무 및 상태
④ 경보장치의 작동상태

해설

터널 지보공 설치 시 수시로 점검하고 보수해야 할 사항
- 부재의 손상·변형·부식·변위 탈락의 유무 및 상태
- 부재의 긴압 정도
- 부재의 접속부 및 교차부의 상태
- 기둥침하의 유무 및 상태

120 터널 등의 건설작업을 하는 경우에 낙반 등에 의하여 근로자가 위험해질 우려가 있는 경우에 필요한 조치와 가장 거리가 먼 것은?

• 4장 2절 붕괴재해

① 터널 지보공을 설치한다.
② 록볼트를 설치한다.
③ 환기, 조명시설을 설치한다.
④ 부석을 제거한다.

해설

터널작업 시 위험의 방지
- 낙반 위험이 있는 경우에 터널 지보공 및 록볼트의 설치, 부석의 제거
- 지반의 붕괴, 토석의 낙하위험이 있는 경우, 흙막이 지보공이나 방호망 설치
- 터널 내부의 시계가 배기가스나 분진 등에 의하여 현저하게 제한되는 경우, 환기를 하거나 물을 뿌리는 등 시계를 유지하기 위하여 필요한 조치 실시
- 인화성 가스가 분출할 위험이 있는 경우, 인화성 가스에 의한 폭발이나 화재를 예방하기 위하여 보링(Boring)에 의한 가스 제거 등의 인화성 가스의 분출 방지 조치 실시
- 금속의 용접·용단, 가열작업 시 화재 예방조치 실시
  - 부근에 가연물, 인화성 액체를 제거, 인화성 액체에 불연성 물질의 덮개 설치, 불티비산 방지용 격벽 설치
  - 근로자에게 소화설비의 설치장소 및 사용방법을 주지
  - 작업 종료 후 불티 등에 의하여 화재가 발생할 위험이 있는지를 확인
- 작업의 성질상 부득이한 경우를 제외하고는 터널 내부에서 근로자가 화기, 성냥, 라이터, 그 밖에 발화위험이 있는 물건을 휴대하는 것을 금지하고, 그 내용을 터널의 출입구 부근의 보기 쉬운 장소에 게시
- 터널 내부의 화기나 아크를 사용하는 장소에 방화담당자를 지정하여 다음의 업무를 이행토록 함
  - 화기나 아크 사용 상황을 감시하고 이상을 발견한 경우에는 즉시 필요한 조치를 하는 일
  - 불 찌꺼기가 있는지를 확인하는 일
- 터널 내부의 화기나 아크를 사용하는 장소 또는 배전반, 변압기, 차단기 등을 설치하는 장소에 소화설비 설치
- 작업의 중지
  - 낙반·출수(出水) 등에 의하여 산업재해가 발생할 급박한 위험이 있는 경우에는 즉시 작업을 중지하고 근로자를 안전한 장소로 대피
  - 재해발생위험을 관계 근로자에게 신속히 알리기 위한 비상벨 등 통신설비 등을 설치하고, 그 설치장소를 관계 근로자에게 알림

정답 120 ③

2017년 제4회 기출해설

6과목 건설안전기술

101 강관비계 조립 시 준수사항으로 옳지 않은 것은?
・5장 1절 비계

① 비계기둥에는 미끄러지거나 침하하는 것을 방지하기 위하여 밑받침철물을 사용하거나 깔판·깔목 등을 사용하여 밑둥잡이를 설치하는 등의 조치를 할 것
② 강관의 접속부 또는 교차부(交叉部)는 적합한 부속철물을 사용하여 접속하거나 단단히 묶을 것
③ 교차가새의 설치를 금하고 한방향 가새로 설치할 것
④ 가공전로(架空電路)에 근접하여 비계를 설치하는 경우에는 가공전로를 이설(移設)하거나 가공전로에 절연용 방호구를 장착하는 등 가공전로와의 접촉을 방지하기 위한 조치를 할 것

해설

강관비계 조립의 준수사항
- 비계기둥에는 미끄러지거나 침하하는 것을 방지하기 위하여 밑받침철물을 사용하거나 깔판·깔목 등을 사용하여 밑둥잡이를 설치하는 등의 조치를 할 것
- 강관의 접속부 또는 교차부는 적합한 부속철물을 사용하여 접속하거나 단단히 묶을 것
- 교차가새로 보강할 것
- 외줄비계·쌍줄비계 또는 돌출비계에 대해서는 다음에서 정하는 바에 따라 벽이음 및 버팀을 설치할 것. 다만, 창틀의 부착 또는 벽면의 완성 등의 작업을 위하여 벽이음 또는 버팀을 제거하는 경우, 그 밖에 작업의 필요상 부득이한 경우로서 해당 벽이음 또는 버팀 대신 비계기둥 또는 띠장에 사재를 설치하는 등 비계가 넘어지는 것을 방지하기 위한 조치를 한 경우는 제외
  - 강관비계의 조립 간격은 기준에 적합하도록 할 것
  - 강관·통나무 등의 재료를 사용하여 견고한 것으로 할 것
  - 인장재와 압축재로 구성된 경우에는 인장재와 압축재의 간격을 1m 이내로 할 것
- 가공전로에 근접하여 비계를 설치하는 경우에는 가공전로를 이설하거나 가공전로에 절연용 방호구를 장착하는 등 가공전로와의 접촉을 방지하기 위한 조치를 할 것

정답 101 ③

102 철공공사 시 구조물의 건립 후에 가설부재나 부품을 부착하는 것은 고소 작업 등 위험한 작업이 수반됨에 따라 사전안전성 확보를 위해 미리 공작도에 반영하여야 하는 항목이 있는데 이에 해당하지 않는 것은?

• 6장 4절 철골공사

① 주변 고압전주
② 외부비계받이
③ 기둥 승강용 트랩
④ 방망 설치용 부재

해설

건립 후에 가설부재나 부품을 부착하는 것은 위험한 작업(고소작업 등)이 예상되므로 다음의 사항을 사전에 계획하여 공작도에 포함
• 외부비계받이 및 화물승강설비용 브라켓
• 기둥 승강용 트랩
• 구명줄 설치용 고리
• 건립에 필요한 와이어 걸이용 고리
• 난간 설치용 부재
• 기둥 및 보 중앙의 안전대 설치용 고리
• 방망 설치용 부재
• 비계 연결용 부재
• 방호선반 설치용 부재
• 양중기 설치용 보강재

103 유해위험방지계획서 제출 시 첨부서류가 아닌 것은?

• 1장 1절 유해위험방지계획서

① 공사현장의 주변 현황 및 주변과의 관계를 나타내는 도면
② 공사개요서
③ 전체공정표
④ 작업인부의 배치를 나타내는 도면 및 서류

해설

첨부서류
• 공사개요서
• 공사현장의 주변 현황 및 주변과의 관계를 나타내는 도면(매설물 현황 포함)
• 전체공정표
• 산업안전보건관리비 사용계획
• 안전관리 조직표
• 재해 발생 위험 시 연락 및 대피방법

정답 102 ① 103 ④

104 표준안전난간의 설치 장소가 아닌 것은?

• 4장 1절 추락재해

① 흙막이 지보공의 상부
② 중량물 취급 개구부
③ 작업대
④ 리프트 입구

해설

표준안전난간
- 설치장소는 중량물 취급 개구부, 작업대, 가설계단의 통로, 흙막이 지보공의 상부 등
- 안전난간에 사용되는 재료
  - 강재 : 현저한 손상, 변형, 부식 등이 없을 것
  - 목재 : 갈라짐, 충식, 마디, 부식, 휨, 섬유의 경사 등이 없고 나무껍질이 완전히 제거된 것
  - 기타 : 와이어로프 등의 재료는 강도상 현저한 결점이 되는 손상이 없을 것
- 안전난간은 난간기둥, 상부난간대, 중간대 및 폭목으로 구성
- 안전난간의 치수는 다음에 정하는 것과 같음
  - 안전난간의 높이는 90cm 이상
  - 난간기둥의 중심간격은 2m 이하
  - 폭목과 중간대, 중간대와 상부난간대 등의 내부간격은 각각 45cm를 넘지 않도록 설치
  - 폭목의 높이 : 작업면에서 띠장목의 상면까지의 높이가 10cm 이상 되도록 설치
  - 띠장목과 작업바닥면 사이의 틈은 10mm 이하
- 난간기둥 간격(제2종 안전난간의 난간기둥 간격이 1.8m 이하인 경우)
  - 와이어로프를 사용하는 경우에는 그 직경이 9mm 이상
  - 폭목으로 사용하는 목재는 폭은 10cm 이상으로 하고 두께는 1.6cm 이상
- 하중에 의한 수평최대처짐은 10mm 이하

105 토공 작업 시 굴착과 싣기를 동시에 할 수 있는 토공장비가 아닌 것은?

• 2장 3절 토공기계

① 모터 그레이더(Motor Grader)
② 파워 셔블(Power Shovel)
③ 백호우(Back Hoe)
④ 트랙터 셔블(Tractor Shovel)

해설

모터 그레이더(Motor Grader)
- 균토판(삽날, 블레이드)을 탑재하여 지표를 긁어 땅을 고르게 하는 장비로 지면을 매끈하게 다듬어 끝맺음을 할 때 주로 사용
- 작업 시 직진성을 좋게 하기 위해 후륜에 차동장치가 없기 때문에 작은 회전반경으로 회전하기가 매우 어려운 것이 특징

106 건설현장에서 사용되는 작업발판 일체형 거푸집의 종류에 해당되지 않는 것은?

• 5장 3절 거푸집, 동바리

① 갱폼(Gang Form)
② 슬립폼(Slip Form)
③ 클라이밍폼(Climbing Form)
④ 테이블폼(Table Form)

해설

작업발판 일체형 거푸집
거푸집의 설치·해체, 철근 조립, 콘크리트 타설, 콘크리트 면처리 작업 등을 위하여 거푸집을 작업발판과 일체로 제작하여 사용하는 거푸집으로서 다음 각 호의 거푸집을 말함
• 갱폼(Gang Form)
• 슬립폼(Slip Form)
• 클라이밍폼(Climbing Form)
• 터널라이닝폼(Tunnel Lining Form)
• 기타 거푸집과 작업발판이 일체로 제작된 거푸집 등

107 차량계 하역운반기계, 차량계 건설기계의 안전조치사항 중 옳지 않은 것은?

• 2장 4절 추락·붕괴 위험방지

① 최대제한속도가 시속 10km를 초과하는 차량계 건설기계를 사용하여 작업을 하는 경우 미리 작업장소의 지형 및 지반상태 등에 적합한 제한속도를 정하고, 운전자로 하여금 준수하도록 할 것
② 차량계 건설기계의 운전자가 운전위치를 이탈하는 경우 해당 운전자로 하여금 포크 및 버킷 등의 하역장치를 가장 높은 위치에 두도록 할 것
③ 차량계 하역운반기계 등에 화물을 적재하는 경우 하중이 한쪽으로 치우치지 않도록 적재할 것
④ 차량계 건설기계를 사용하여 작업을 하는 경우 승차석이 아닌 위치에 근로자를 탑승시키지 말 것

해설

운전위치 이탈 시의 조치
• 포크, 버킷, 디퍼 등의 장치를 가장 낮은 위치 또는 지면에 내려 둘 것
• 원동기를 정지시키고 브레이크를 확실히 거는 등 갑작스러운 주행이나 이탈을 방지하기 위한 조치를 할 것
• 운전석을 이탈하는 경우에는 시동키를 운전대에서 분리시킬 것

정답 106 ④ 107 ②

108 항만하역작업에서의 선박승강설비 설치기준으로 옳지 않은 것은?
・7장 2절 하역작업

① 200톤급 이상의 선박에서 하역작업을 하는 경우에 근로자들이 안전하게 오르내릴 수 있는 현문(舷門) 사다리를 설치하여야 한다.
② 현문 사다리는 견고한 재료로 제작된 것으로 너비는 55cm 이상이어야 한다.
③ 현문 사다리의 양측에는 82cm 이상의 높이로 방책을 설치하여야 한다.
④ 현문 사다리는 근로자의 통행에만 사용하여야 하며, 화물용 발판 또는 화물용 보판으로 사용하도록 해서는 아니 된다.

해설
선박승강설비의 설치
- 300톤급 이상의 선박에서 하역작업을 하는 경우에 근로자들이 안전하게 오르내릴 수 있는 현문(舷門) 사다리를 설치하고 이 사다리 밑에 안전망을 설치
- 현문 사다리는 견고한 재료로 제작된 것으로 너비는 55cm 이상이어야 하고, 양측에 82cm 이상의 높이로 울타리를 설치하여야 하며, 바닥은 미끄러지지 않도록 적합한 재질로 처리되어야 함
- 현문 사다리는 근로자의 통행에만 사용하며, 화물용 발판 또는 화물용 보판으로 사용 금지

109 흙막이 지보공을 설치하였을 때에 정기적으로 점검하고 이상을 발견하면 즉시 보수하여야 하는 사항과 거리가 먼 것은?
・4장 2절 붕괴재해

① 부재의 손상・변형・부식・변위 및 탈락의 유무와 상태
② 부재의 접속부・부착부 및 교차부의 상태
③ 침하의 정도
④ 설계상 부재의 경제성 검토

해설
붕괴 등의 위험 방지
- 흙막이 지보공을 설치하였을 때에는 정기적으로 다음의 사항을 점검하고 이상을 발견하면 즉시 보수
  - 부재의 손상, 변형, 부식, 변위 및 탈락의 유무와 상태
  - 버팀대의 긴압(緊壓)의 정도
  - 부재의 접속부, 부착부, 교차부의 상태
  - 침하의 정도
- 설계도서에 따른 계측을 하고 계측분석결과 토압의 증가 등 이상한 점을 발견한 경우에는 즉시 보강조치

110 공사진척에 따른 공정률이 다음과 같을 때 안전관리비 사용기준으로 옳은 것은? (단, 공정률은 기성공정률을 기준으로 함)

• 1과목 6장 9절 산업안전보건관리비

| 공정률 – 70퍼센트 이상, 90퍼센트 미만 |

① 50퍼센트 이상
② 60퍼센트 이상
③ 70퍼센트 이상
④ 80퍼센트 이상

해설

공사진척에 따른 안전관리비 사용기준

공정률	50%~70% 미만	70%~90% 미만	90% 이상
사용기준	50% 이상	70% 이상	90% 이상

111 부두·안벽 등 하역작업을 하는 방소에서 부두 또는 안벽의 선을 따라 통로를 설치하는 경우에 그 폭을 최소 얼마 이상으로 하여야 하는가?

• 7장 2절 하역작업

① 90cm
② 100cm
③ 120cm
④ 150cm

해설

항만 하역작업의 안전기준
• 부두, 안벽 등의 하역 작업 장소의 안전조치
  – 작업장과 통로에 안전작업을 위한 조명유지
  – 통로의 폭은 90cm 이상
  – 육상에서의 통로 및 작업 장소로서, 다리 또는 갑문을 넘는 보도 등의 위험한 부분에는 적당한 울 등을 설치
• 갑판의 윗면에서 선창 밑바닥까지의 깊이가 1.5m를 초과하는 선창의 내부의 경우 통행설비 설치

정답 110 ③ 111 ①

112 토사 붕괴의 외적 원인으로 볼 수 없는 것은? •4장 2절 붕괴재해

① 사면, 법면의 경사 증가
② 절토 및 성토높이의 증가
③ 토사의 강도 저하
④ 공사에 의한 진동 및 반복하중의 증가

해설

토사붕괴의 원인
• 외적 원인
  – 사면, 법면의 경사 및 기울기의 증가
  – 절토 및 성토 높이의 증가
  – 작업진동 및 반복하중의 증가
  – 지표수, 지하수 침투에 의한 토사중량의 증가
  – 지진, 차량, 구조물의 하중
  – 토사 및 암석의 혼합층두께
• 내적 원인
  – 토석의 강도 저하
  – 성토사면의 토질
  – 절토사면의 토질, 암석
  – 지반 점착력의 감소

113 다음은 말비계를 조립하여 사용하는 경우에 관한 준수사항이다. (   ) 안에 들어갈 내용으로 옳은 것은? •5장 1절 비계

• 지주부재와 수평면의 기울기를 (A)° 이하로 하고 지주부재와 지주부재 사이를 고정시키는 보조부재를 설치할 것
• 말비계의 높이가 2m를 초과하는 경우에는 작업발판의 폭을 (B)cm 이상으로 할 것

① A – 75, B – 30
② A – 75, B – 40
③ A – 85, B – 30
④ A – 85, B – 40

해설

말비계
• 사다리의 각부는 수평하게 놓아서 상부가 한쪽으로 기울지 않도록 하여야 함
• 각부에는 미끄럼 방지조치, 제일 상단에 올라서서 작업금지
• 지주부재와 수평면과의 기울기를 75° 이하로 하고, 지주부재와 지주부재 사이를 고정시키는 보조부재를 설치
• 말비계의 높이가 2m를 초과할 경우에는 작업발판의 폭을 40cm 이상으로 함

114 지반의 종류가 다음과 같을 때 굴착면의 기울기 기준으로 옳은 것은? • 4장 2절 붕괴재해

보통흙 – 습지

① 1 : 0.5~1 : 1
② 1 : 1~1 : 1.5
③ 1 : 0.8
④ 1 : 0.5

해설
굴착면의 기울기 기준

구 분	지반의 종류	기울기
보통흙	습 지	1 : 1~1 : 1.5
	건 지	1 : 0.5~1 : 1
암 반	풍화암	1 : 1.0
	연 암	1 : 1.0
	경 암	1 : 0.5

115 시스템비계를 사용하여 비계를 구성하는 경우의 준수사항으로 옳지 않은 것은? • 5장 1절 비계

① 수직재·수평재·가새재를 견고하게 연결하는 구조가 되도록 할 것
② 비계 밑단의 수직재와 받침철물은 밀착되도록 설치하고, 수직재와 받침철물의 연결부의 겹침길이는 받침철물 전체길이의 4분의 1 이상이 되도록 할 것
③ 수평재는 수직재와 직각으로 설치하여야 하며, 체결 후 흔들림이 없도록 견고하게 설치할 것
④ 수직재와 수직재의 연결철물은 이탈되지 않도록 견고한 구조로 할 것

해설
시스템비계
• 시스템비계 사용 시 준수사항
 – 수직재·수평재·가새재를 견고하게 연결하는 구조가 되도록 할 것
 – 비계 밑단의 수직재와 받침철물은 밀착되도록 설치하고, 수직재와 받침철물의 연결부의 겹침길이는 받침철물 전체길이의 3분의 1 이상이 되도록 할 것
 – 수평재는 수직재와 직각으로 설치하여야 하며, 체결 후 흔들림이 없도록 견고하게 설치할 것
 – 수직재와 수직재의 연결철물은 이탈되지 않도록 견고한 구조로 할 것
 – 벽 연결재의 설치간격은 제조사가 정한 기준에 따라 설치할 것
• 시스템비계의 조립 작업 시 준수사항
 – 비계 기둥의 밑둥에는 밑받침 철물을 사용하여야 하며, 밑받침에 고저차가 있는 경우에는 조절형 밑받침 철물을 사용하여 시스템비계가 항상 수평 및 수직을 유지하도록 할 것
 – 경사진 바닥에 설치하는 경우에는 피벗형 받침 철물 또는 쐐기 등을 사용하여 밑받침 철물의 바닥면이 수평을 유지하도록 할 것
 – 가공전로에 근접하여 비계를 설치하는 경우에는 가공전로를 이설하거나 가공전로에 절연용 방호구를 설치하는 등 가공전로와의 접촉을 방지하기 위하여 필요한 조치를 할 것
 – 비계 내에서 근로자가 상하 또는 좌우로 이동하는 경우에는 반드시 지정된 통로를 이용하도록 주지시킬 것
 – 비계 작업 근로자는 같은 수직면상의 위와 아래 동시 작업을 금지할 것
 – 작업발판에는 제조사가 정한 최대적재하중을 초과하여 적재해서는 아니 되며, 최대적재하중이 표기된 표지판을 부착하고 근로자에게 주지시키도록 할 것

정답 114 ② 115 ②

116 발파작업 시 폭발, 붕괴재해예방을 위해 준수하여야 할 사항으로 옳지 않은 것은?

• 3장 5절 해체공법

① 발파공의 장전구는 마찰, 충격에 강한 강봉을 사용한다.
② 화약이나 폭약을 장전하는 경우에는 화기를 사용하거나 흡연을 하지 않도록 한다.
③ 발파공의 충진재료는 점토, 모래 등 발화성 또는 인화성의 위험이 없는 재료를 사용한다.
④ 얼어붙은 다이너마이트를 화기에 접근시키지 않는다.

해설

발파작업 시 준수사항
- 얼어붙은 다이너마이트는 화기에 접근시키거나 그 밖의 고열물에 직접 접촉금지
- 화약이나 폭약을 장전 시 그 부근에서 화기를 사용하거나 흡연금지
- 장전구는 마찰·충격·정전기 등에 의한 폭발의 위험이 없는 안전한 것을 사용할 것
- 발파공의 충진재료는 점토·모래 등 발화성 또는 인화성의 위험이 없는 재료를 사용할 것
- 장전된 화약류가 폭발하지 않은 경우, 장전된 화약류의 폭발 여부를 확인하기 곤란한 경우
  - 전기뇌관에 의한 경우에는 발파모선을 점화기에서 떼어 그 끝을 단락시켜 놓는 등 재점화되지 않도록 조치하고 그 때부터 5분 이상 경과한 후가 아니면 화약류의 장전장소에 접근시키지 않도록 할 것
  - 전기뇌관 외의 것에 의한 경우에는 점화한 때부터 15분 이상 경과한 후가 아니면 화약류의 장전장소에 접근시키지 않도록 할 것
- 전기뇌관에 의한 발파의 경우 점화하기 전에 화약류를 장전한 장소로부터 30m 이상 떨어진 안전한 장소에서 전선에 대하여 저항측정 및 도통시험을 할 것

117 가설통로를 설치하는 경우 준수해야 할 기준으로 옳지 않은 것은?

• 4장 1절 추락재해

① 경사는 30° 이하로 할 것
② 경사가 25°를 초과하는 경우에는 미끄러지지 아니하는 구조로 할 것
③ 건설공사에 사용하는 높이 8m 이상인 비계다리에는 7m 이내마다 계단참을 설치할 것
④ 수직갱에 가설된 통로의 길이가 15m 이상인 때에는 10m 이내마다 계단참을 설치할 것

해설

가설통로의 구조
- 견고한 구조로 할 것
- 경사는 30° 이하로 할 것. 다만, 계단을 설치하거나 높이 2m 미만의 가설통로로서 튼튼한 손잡이를 설치한 경우는 제외
- 경사가 15°를 초과하는 경우에는 미끄러지지 아니하는 구조
- 추락할 위험이 있는 장소에는 안전난간을 설치할 것. 다만, 작업상 부득이한 경우에는 필요한 부분만 임시로 해체할 수 있음
- 수직갱에 가설된 통로의 길이가 15m 이상인 경우에는 10m 이내마다 계단참을 설치
- 건설공사에 사용하는 높이 8m 이상인 비계다리에는 7m 이내마다 계단참을 설치

116 ① 117 ②

118 구축하고자 하는 지하구조물이 인접구조물보다 깊은 위치에 근접하여 건설할 경우에 주변지반과 인접건축물 기초의 침하에 대한 우려 때문에 실시하는 기초보강공법은?

① H-말뚝 토류판공법
② S.C.W공법
③ 지하연속벽공법
④ 언더피닝공법

해설

언더피닝공법
지하연속벽 공법중, 조물에 인접하여 새로운 기초를 건설하기 위해 인접한 구조물의 기초보다 더 깊게 지반을 굴착하는 경우, 기존 구조물을 보호하기 위해 그 기초를 보강하는 공법
• 지하구조물의 밑에 지중구조물을 만드는 경우
• 기존구조물의 지지력이 부족한 경우
• 기존구조물에 근접해서 굴착을 실시하는 경우
• 지상구조물을 이동하는 경우

119 화물의 하중을 직접 지지하는 경우 양중기의 와이어로프에 대한 최대허용하중은? (단, 1중걸이 기준)
• 7장 1절 운반작업

① 최대허용하중 = $\dfrac{절단하중}{2}$

② 최대허용하중 = $\dfrac{절단하중}{3}$

③ 최대허용하중 = $\dfrac{절단하중}{4}$

④ 최대허용하중 = $\dfrac{절단하중}{5}$

해설

와이어로프의 안전율
• S = NP/Q, 여기서, S : 안전율, P : 로프의 파단강도 kg, N : 로프 가닥수, Q : 안전하중 kg
• 근로자가 탑승하는 운반구를 지지하는 달기와이어로프 또는 달기체인의 경우 : 10 이상
• 화물의 하중을 직접 지지하는 달기와이어로프 또는 달기체인의 경우 : 5 이상
• 훅, 샤클, 클램프, 리프팅 빔의 경우 : 3 이상
• 그 밖의 경우 : 4 이상

정답 118 ④ 119 ④

120 건립 중 강풍에 의한 충압 등 외압에 대한 내력이 설계에 고려되었는지 확인하여야 할 철골구조물이 아닌 것은?

• 6장 4절 철골공사

① 구조물의 폭과 높이의 비가 1 : 4 이상인 구조물
② 이음부가 현장용접인 구조물
③ 높이 10m 이상의 구조물
④ 단면구조에 현저한 차이가 있는 구조물

해설

구조안전의 위험이 큰 다음 각 목의 철골구조물은 건립 중 강풍에 의한 풍압 등 외압에 대한 내력이 설계에 고려되었는지 확인
- 높이 20m 이상인 구조물
- 구조물의 폭과 높이의 비가 1 : 4 이상인 구조물
- 건물, 호텔 등에서 단면 구조에 현저한 차이가 있는 것
- 연면적당 철골량이 50kg/m² 이하인 구조물
- 기둥이 타이플레이트(Tie Plate)형인 구조물
- 이음부가 현장 용접인 경우

120 ③

PART 7

최신 기출복원문제

CHAPTER 01 2024년 최신 기출복원문제

CHAPTER 02 2023년 최신 기출복원문제

CHAPTER 03 2024년 최신 기출복원문제 정답 및 해설

CHAPTER 04 2023년 최신 기출복원문제 정답 및 해설

교육이란 사람이 학교에서 배운 것을 잊어버린 후에 남은 것을 말한다.
— 알버트 아인슈타인 —

2024년 최신 기출복원문제

※ 2022년 제4회 시험부터 CBT로 시행되어 기출문제가 공개되지 않으므로, 응시자의 후기와 과년도 기출 데이터를 통해 2024년 최신기출과 유사하게 복원된 문제를 제공합니다.
※ 실제 시험문제와 일부 다를 수 있습니다.

01 산업안전관리론

01 산업안전보건법령상 산업안전보건위원회의 심의·의결을 거쳐야 하는 사항이 아닌 것은? (단, 그 밖에 필요한 사항은 제외한다)

① 작업환경측정 등 작업환경의 점검 및 개선에 관한 사항
② 산업재해에 관한 통계의 기록 및 유지에 관한 사항
③ 안전장치 및 보호구 구입 시 적격품 여부 확인에 관한 사항
④ 사업장의 산업재해 예방계획의 수립에 관한 사항

02 다음 안전보건 표지의 의미로 옳은 것은?

① 위험장소 경고
② 사용금지
③ 비상구
④ 낙하물 경고

03 산업재해통계업무처리규정상 산업재해통계에 관한 설명으로 틀린 것은?

① 총요양근로손실일수는 재해자의 총 요양기간을 합산하여 산출한다.
② 휴업재해자수는 근로복지공단의 휴업급여를 지급받은 재해자수를 의미하며, 체육행사로 인하여 발생한 재해는 제외된다.
③ 사망자수는 통상의 출퇴근에 의한 사망을 포함하여 근로복지공단의 유족급여가 지급된 사망자수를 말한다.
④ 재해자수는 근로복지공단의 유족급여가 지급된 사망자 및 근로복지공단에 최초요양신청서를 제출한 재해자 중 요양승인을 받은 자를 말한다.

04 산업안전보건법령상 산업안전보건위원회에 관한 사항 중 틀린 것은?

① 근로자위원과 사용자위원은 같은 수로 구성된다.
② 산업안전보건회의의 정기회의는 위원장이 필요하다고 인정할 때 소집한다.
③ 안전보건교육에 관한 사항은 산업안전보건위원회의 심의·의결을 거쳐야 한다.
④ 상시근로자 50인 이상의 자동차 제조업의 경우 산업안전보건위원회를 구성·운영하여야 한다.

05 시몬즈(Simods)의 재해손실비의 평가방식 중 비보험 코스트의 산정 항목에 해당하지 않는 것은?

① 사망 사고 건수
② 통원 상해 건수
③ 응급 조치 건수
④ 무상해 사고 건수

06 1,000명 이상의 대규모 사업장에 가장 적합한 안전관리조직의 형태는?

① 경영형
② 라인형
③ 스태프형
④ 라인-스태프형

07 재해예방의 4원칙에 해당하지 않는 것은?

① 손실 적용의 원칙
② 원인 연계의 원칙
③ 대책 선정의 원칙
④ 예방 가능의 원칙

08 위험예지훈련의 문제해결 4단계(4R)로 옳지 않은 것은?

① 현상파악
② 본질추구
③ 대책수립
④ 후속조치

09 재해의 통계적 원인분석 방법 중 사고의 유형, 기인물 등 분류 항목을 큰 순서대로 도표화한 것은?

① 관리도
② 파레토도
③ 크로스도
④ 특성요인도

10 다음 재해사례의 분석 내용으로 옳은 것은?

> 작업자가 벽돌을 손으로 운반하던 중, 벽돌을 떨어뜨려 발등을 다쳤다.

① 사고유형 - 낙하, 기인물 - 벽돌, 가해물 - 벽돌
② 사고유형 - 충돌, 기인물 - 손, 가해물 - 벽돌
③ 사고유형 - 비래, 기인물 - 사람, 가해물 - 손
④ 사고유형 - 추락, 기인물 - 손, 가해물 - 벽돌

11 산업안전보건법령상 안전관리자를 2인 이상 선임하여야 하는 사업에 해당하지 않는 것은?

① 공사금액이 1,000억인 건설업
② 상시 근로자가 500명인 통신업
③ 상시 근로자가 1,500명인 운수업
④ 상시 근로자가 600명인 식료품 제조업

12 사고예방대책의 기본원리 5단계 중 3단계의 분석평가에 대한 내용으로 옳은 것은?

① 위험 확인
② 현장 조사
③ 사고 및 활동 기록 검토
④ 기술의 개선 및 인사조정

13 산업안전보건법령에 따른 안전·보건에 관한 노사협의체의 사용자위원 구성기준 중 틀린 것은?

① 해당 사업의 대표자
② 안전관리자 1명
③ 공사금액이 20억원 이상인 도급 또는 하도급 사업의 사업주
④ 근로자대표가 지명하는 명예감독관 1명

14 아담스(Edward Adams)의 사고 연쇄이론의 단계로 옳은 것은?

① 사회적 환경 및 유전적 요소 → 개인적 결함 → 불안전 행동 및 상태 → 사고 → 상해
② 통제의 부족 → 기본원인 → 직접원인 → 사고 → 상해
③ 관리구조 결함 → 작전적 에러 → 전술적 에러 → 사고 → 상해
④ 안전정책과 결정 → 불안전 행동 및 상태 → 물질에너지 기준이탈 → 사고 → 상해

15 무재해 운동 기본이념의 3대 원칙이 아닌 것은?

① 무의 원칙
② 선취의 원칙
③ 합의의 원칙
④ 참가의 원칙

16 다음의 재해에서 기인물과 가해물로 옳은 것은?

> 공구와 자재가 바닥에 어지럽게 널려 있는 작업통로를 작업자가 보행 중 공구에 걸려 넘어져 통로 바닥에 머리를 부딪쳤다.

① 기인물 : 바닥, 가해물 : 공구
② 기인물 : 바닥, 가해물 : 바닥
③ 기인물 : 공구, 가해물 : 바닥
④ 기인물 : 공구, 가해물 : 공구

17 보호구 안전인증 고시상 안전인증을 받은 보호구의 표시사항이 아닌 것은?

① 제조자명
② 사용 유효기간
③ 안전인증 번호
④ 규격 또는 등급

18 산업안전보건기준에 관한 규칙상 지게차를 사용하는 작업을 하는 때의 작업 시작 전 점검사항에 명시되지 않은 것은?

① 제동장치 및 조종장치 기능의 이상 유무
② 하역장치 및 유압장치 기능의 이상 유무
③ 와이어로프가 통하고 있는 곳 및 작업장소의 지반상태
④ 전조등·후미등·방향지시기 및 경보장치 기능의 이상 유무

19 다음 중 재해 발생 시 긴급조치사항을 올바른 순서로 배열한 것은?

> ㉠ 현장보존
> ㉡ 2차 재해방지
> ㉢ 피재기계의 정지
> ㉣ 관계자에게 통보
> ㉤ 피해자의 응급처리

① ㉤ → ㉢ → ㉡ → ㉠ → ㉣
② ㉢ → ㉤ → ㉣ → ㉡ → ㉠
③ ㉢ → ㉤ → ㉣ → ㉠ → ㉡
④ ㉢ → ㉤ → ㉠ → ㉣ → ㉡

20 다음에서 설명하는 위험예지훈련 단계는?

> • 위험요인을 찾아내는 단계
> • 가장 위험한 것을 합의하여 결정하는 단계

① 현상파악
② 본질추구
③ 대책수립
④ 목표설정

02 산업심리 및 교육

21 조직이 리더(Leader)에게 부여하는 권한이 아닌 것은?

① 보상적 권한
② 강압적 권한
③ 합법적 권한
④ 전문성의 권한

22 에너지대사율(RMR)에 따른 작업의 분류에 따라 중(보통)작업의 RMR 범위는?

① 0~2   ② 2~4
③ 4~7   ④ 7~9

23 호손(Hawthorne) 실험의 결과 작업자의 작업능률에 영향을 미치는 주요 원인으로 밝혀진 것은?

① 작업조건
② 인간관계
③ 생산기술
④ 행동규범의 설정

24 O.J.T(On the Job Training)의 특징이 아닌 것은?

① 효과가 곧 업무에 나타난다.
② 직장의 실정에 맞는 실체적 훈련이다.
③ 다수의 근로자에게 조직적 훈련이 가능하다.
④ 교육을 통한 훈련 효과에 의해 상호신뢰 이해도가 높아진다.

25 알더퍼(Alderfer)의 ERG 이론에서 인간의 기본적인 3가지 욕구로 옳지 않은 것은?

① 관계욕구
② 성장욕구
③ 생리욕구
④ 존재욕구

26 구안법(Project Method)의 단계를 나열한 것으로 옳은 것은?

① 계획 → 목적 → 수행 → 평가
② 계획 → 목적 → 평가 → 수행
③ 수행 → 평가 → 계획 → 목적
④ 목적 → 계획 → 수행 → 평가

27 교육방법에 있어 강의방식의 단점으로 볼 수 없는 것은?

① 학습내용에 대한 집중이 어렵다.
② 학습자의 참여가 제한적일 수 있다.
③ 인원대비 교육에 필요한 비용이 많이 든다.
④ 학습자 개개인의 이해도를 파악하기 어렵다.

28 인간의 경계(Vigilance)현상에 영향을 미치는 조건의 설명으로 가장 거리가 먼 것은?

① 작업시작 직후에는 검출률이 가장 낮다.
② 오래 지속되는 신호는 검출률이 높다.
③ 발생빈도가 높은 신호는 검출률이 높다.
④ 불규칙적인 신호에 대한 검출률이 낮다.

29 맥그리거(Douglas McGregor)의 Y이론에 해당되는 것은?

① 인간은 게으르다.
② 인간은 남을 잘 속인다.
③ 인간은 남에게 지배받기를 즐긴다.
④ 인간은 부지런하고 근면하며, 적극적이고 자주적이다.

30 산업안전보건법령상 사업 내 안전·보건교육 중 건설업 일용근로자에 대한 건설업 기초안전·보건교육의 교육시간으로 맞는 것은?

① 1시간
② 2시간
③ 3시간
④ 4시간

31 교육심리학에 있어 일반적으로 기억 과정의 순서를 나열한 것으로 맞는 것은?

① 파지 → 재생 → 재인 → 기명
② 파지 → 재생 → 기명 → 재인
③ 기명 → 파지 → 재생 → 재인
④ 기명 → 파지 → 재인 → 재생

32 자동차 엑셀레이터와 브레이크 간 간격, 브레이크 폭, 소프트웨어상에서 메뉴나 버튼의 크기 등을 결정하는 데 사용할 수 있는 인간공학 법칙은?

① Fitts의 법칙
② Hick의 법칙
③ Weber의 법칙
④ 양립성 법칙

33 생체리듬에 관한 설명 중 틀린 것은?

① 감각의 리듬이 (−)로 최대가 되는 경우에만 위험일이라고 한다.
② 육체적 리듬은 "P"로 나타내며, 23일을 주기로 반복된다.
③ 감성적 리듬은 "S"로 나타내며, 28일을 주기로 반복된다.
④ 지성적 리듬은 "I"로 나타내며, 33일을 주기로 반복된다.

34 안전태도교육 기본과정을 순서대로 나열한 것은?

① 청취 → 모범 → 이해 → 평가 → 장려·처벌
② 청취 → 평가 → 이해 → 모범 → 장려·처벌
③ 청취 → 이해 → 모범 → 평가 → 장려·처벌
④ 청취 → 평가 → 모범 → 이해 → 장려·처벌

35 창의력을 발휘하려면 3가지 요소가 필요한데 이와 관련된 요소가 아닌 것은?

① 전문지식
② 상상력
③ 업무몰입도
④ 내적동기

36 스텝 테스트, 슈나이더 테스트는 어떠한 방법의 피로 판정 검사인가?

① 타액검사
② 반사검사
③ 전신적 관찰
④ 심폐검사

37 안전교육의 3단계 중, 현장실습을 통한 경험체득과 이해를 목적으로 하는 단계는?

① 안전지식교육
② 안전기능교육
③ 안전태도교육
④ 안전의식교육

38 심리검사 종류에 관한 설명으로 맞는 것은?

① 성격 검사 : 인지능력이 직무수행을 얼마나 예측하는지 측정한다.
② 신체능력 검사 : 근력, 순발력, 전반적인 신체 조정 능력, 체력 등을 측정한다.
③ 기계적성 검사 : 기계를 다루는데 있어 예민성, 색채, 시각, 청각적 예민성을 측정한다.
④ 지능 검사 : 제시된 진술문에 대하여 어느 정도 동의 하는지에 관해 응답하고, 이를 척도점수로 측정한다.

39 의사소통의 심리구조를 4영역으로 나누어 설명한 조하리의 창(Johari's Windows)에서 "나는 모르지만 다른 사람은 알고 있는 영역"을 무엇이라 하는가?

① Blind area
② Hidden area
③ Open area
④ Unknown area

40 판단과정 착오의 요인이 아닌 것은?

① 자기 합리화
② 능력 부족
③ 작업경험 부족
④ 정보 부족

03 인간공학 및 시스템안전공학

41 FTA(Fault Tree Analysis)에 관한 설명으로 옳은 것은?

① 정성적 분석만 가능하다.
② 복잡하고 대형화된 시스템의 신뢰성 분석 및 안정성 분석에 이용되는 기법이다.
③ FT에 동일한 사건이 중복되어 나타나는 경우 상향식(Bottom-up)으로 정상 사건 T의 발생 확률을 계산할 수 있다.
④ 기초사건과 생략사건의 확률값이 주어지게 되더라도 정상 사건의 최종적인 발생확률을 계산할 수 없다.

42 시스템의 수명곡선(욕조곡선)에 있어서 디버깅(Debugging)에 관한 설명으로 옳은 것은?

① 초기 고장의 결함을 찾아 고장률을 안정시키는 과정이다.
② 우발 고장의 결함을 찾아 고장률을 안정시키는 과정이다.
③ 마모 고장의 결함을 찾아 고장률을 안정시키는 과정이다.
④ 기계 결함을 발견하기 위해 동작시험을 하는 기간이다.

43 인간-기계시스템에서의 여러 가지 인간에러와 그것으로 인해 생길 수 있는 위험성의 예측과 개선을 위한 기법으로 옳은 것은?

① PHA
② FHA
③ OHA
④ THERP

44 개선의 ECRS의 원칙으로 옳지 않은 것은?

① 제거(Eliminate)
② 결합(Combine)
③ 재조정(Rearrange)
④ 안전(Safety)

45 욕조곡선에서의 고장 형태에서 일정한 형태의 고장률이 나타나는 구간은?

① 초기고장구간
② 마모고장구간
③ 피로고장구간
④ 우발고장구간

46 컷셋(Cut Sets)과 최소패스셋(Minimal Path Sets)의 정의로 옳은 것은?

① 컷셋은 시스템 고장을 유발시키는 필요 최소한의 고장들의 집합이며, 최소패스셋은 시스템의 신뢰성을 표시한다.
② 컷셋은 시스템 고장을 유발시키는 기본 고장들의 집합이며, 최소패스셋은 시스템의 불신뢰도를 표시한다.
③ 컷셋은 그 속에 포함되어 있는 모든 기본 사상이 일어났을 때 정상사상을 일으키는 기본사상의 집합이며, 최소패스셋은 시스템의 신뢰성을 표시한다.
④ 컷셋은 그 속에 포함되어 있는 모든 기본 사상이 일어났을 때 정상사상을 일으키는 기본사상의 집합이며, 최소패스셋은 시스템의 성공을 유발하는 기본사상의 집합이다.

47 다음 시스템의 신뢰도 값으로 옳은 것은?

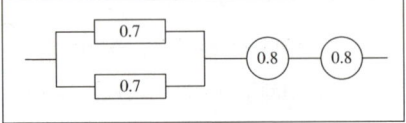

① 0.5824
② 0.6682
③ 0.7855
④ 0.8642

48 FTA에서 사용되는 최소컷셋에 관한 설명으로 옳지 않은 것은?

① 일반적으로 Fussell Algorithm을 이용한다.
② 정상사상(Top Event)을 일으키는 최소한의 집합이다.
③ 반복되는 사건이 많은 경우 Limnios와 Ziani Algorithm을 이용하는 것이 유리하다.
④ 시스템에 고장이 발생하지 않도록 하는 모든 사상의 집합이다.

49 적절한 온도의 작업환경에서 추운 환경으로 온도가 변할 때 우리의 신체가 수행하는 조절작용이 아닌 것은?

① 발한(發汗)이 시작된다.
② 피부의 온도가 내려간다.
③ 직장(直腸)온도가 약간 올라간다.
④ 혈액의 많은 양이 몸의 중심부를 위주로 순환한다.

50 의자 설계 시 고려해야 할 일반적인 원리와 가장 거리가 먼 것은?

① 자세고정을 줄인다.
② 조정이 용이해야 한다.
③ 디스크가 받는 압력을 줄인다.
④ 요추 부위의 후만곡선을 유지한다.

51 결함수분석법(FTA)의 특징으로 볼 수 없는 것은?

① Top Down 형식
② 특정사상에 대한 해석
③ 정성적 해석의 불가능
④ 논리기호를 사용한 해석

52 좋은 코딩 시스템의 요건에 해당하지 않는 것은?

① 코드의 검출성
② 코드의 식별성
③ 코드의 표준화
④ 단순차원 코드의 사용

53 HAZOP 기법에서 사용하는 가이드워드와 그 의미가 잘못 연결된 것은?

① Part of : 성질상의 감소
② As well as : 성질상의 증가
③ Other than : 기타 환경적인 요인
④ More/Less : 정량적인 증가 또는 감소

54 인간공학에 대한 설명으로 틀린 것은?

① 인간-기계 시스템의 안전성, 편리성, 효율성을 높인다.
② 인간을 작업과 기계에 맞추는 설계 철학이 바탕이 된다.
③ 인간이 사용하는 물건, 설비, 환경의 설계에 적용된다.
④ 인간의 생리적, 심리적인 면에서의 특성이나 한계점을 고려한다.

55 특정한 목적을 위해 시각적 암호, 부호 및 기호를 의도적으로 사용할 때에 반드시 고려하여야 할 사항과 가장 거리가 먼 것은?

① 검출성   ② 판별성
③ 양립성   ④ 심각성

56 반사율이 85%, 글자의 밝기가 400cd/m² 인 VDT화면에 350lux의 조명이 있다면 대비는 약 얼마인가?

① -6.0   ② -5.0
③ -4.2   ④ -2.8

57 인체 계측 자료의 응용 원칙이 아닌 것은?

① 기존 동일 제품을 기준으로 한 설계
② 최대치수와 최소치수를 기준으로 한 설계
③ 조절범위를 기준으로 한 설계
④ 평균치를 기준으로 한 설계

58 밝은 곳에서 어두운 곳으로 갈 때 망막에 시홍이 형성되는 생리적 과정인 암조응이 발생하는데 완전 암조응(Dark adaptation)이 발생하는데 소요되는 시간은?
① 약 3~5분
② 약 10~15분
③ 약 30~40분
④ 약 60~90분

59 기계설비가 설계 사양대로 성능을 발휘하기 위한 적정 윤활의 원칙이 아닌 것은?
① 적량의 규정
② 주유방법의 통일화
③ 올바른 윤활법의 채용
④ 윤활기간의 올바른 준수

60 조도에 관련된 척도 및 용어 정의로 옳지 않은 것은?
① 조도는 거리가 증가할 때 거리의 제곱에 반비례한다.
② candela는 단위 시간당 한 발광점으로부터 투광되는 빛의 에너지양이다.
③ lux는 1cd의 점광원으로부터 1m 떨어진 구면에 비추는 광의 밀도이다.
④ lambert는 완전 발산 및 반사하는 표면에 표준 촛불로 1m 거리에서 조명될 때 조도와 같은 광도이다.

04 건설시공학

61 불량품·결점·고장 등의 발생건수를 현상과 원인별로 분류하고, 여러 가지 데이터를 항목별로 분류해서 문제의 크기 순서로 나열하여, 그 크기를 막대그래프로 표기한 품질관리 도구는?
① 파레토그램
② 특성요인도
③ 히스토그램
④ 체크시트

62 철근콘크리트에서 염해로 인한 철근의 부식방지대책으로 옳지 않은 것은?
① 콘크리트 중의 염소 이온량을 적게 한다.
② 에폭시 수지 도장 철근을 사용한다.
③ 방청제 투입을 고려한다.
④ 물-시멘트비를 크게 한다.

63 철근이음의 종류 중 나사를 가지는 슬리브 또는 커플러, 에폭시나 모르타르 또는 용융금속 등을 충전한 슬리브, 클립이나 편체 등의 보조장치 등을 이용한 것으로 옳은 것은?
① 겹침이음
② 가스압접 이음
③ 기계적 이음
④ 용접이음

64 콘크리트는 신속하게 운반하여 즉시 타설하고, 충분히 다져야 하는데 비비기로부터 타설이 끝날 때까지의 시간은 원칙적으로 넘어서면 안 되는가? (단, 외기온도가 25℃ 이상일 경우)

① 1.5시간　② 2시간
③ 2.5시간　④ 3시간

65 철근콘크리트 공사 중 거푸집 해체를 위한 검사가 아닌 것은?

① 각종 배관 슬리브, 매설물, 인서트, 단열재 등 부착 여부
② 수직, 수평부재의 존치기간 준수 여부
③ 소요의 강도 확보 이전에 지주의 교환여부
④ 거푸집 해체용 콘크리트 압축강도 확인 시험 실시여부

66 벽식 철근콘크리트 구조를 시공할 경우, 벽과 바닥의 콘크리트 타설을 한 번에 가능하게 하기 위하여 벽체용 거푸집과 슬래브거푸집을 일체로 제작하여 한 번에 설치하고 해체할 수 있도록 한 시스템 거푸집은?

① 유로 폼
② 클라이밍 폼
③ 슬립 폼
④ 터널 폼

67 콘크리트 타설 시 진동기를 사용하는 가장 큰 목적은?

① 콘크리트 타설 시 용이함
② 콘크리트 응결, 경화 촉진
③ 콘크리트 밀실화 유지
④ 콘크리트 재료 분리 촉진

68 대규모공사에서 지역별로 공사를 분리하여 발주하는 방식이며 공사기일단축, 시공기술향상 및 공사의 높은 성과를 기대할 수 있어 유리한 도급방법은?

① 전문공종별 분할도급
② 공정별 분할도급
③ 공구별 분할도급
④ 직종별 공종별 분할도급

69 벽돌벽 두께 1.0B, 벽높이 2.5m, 길이 8m인 벽면에 소요되는 점토벽돌의 매수는 얼마인가? (단, 규격은 190 × 90 × 57mm, 할증은 3%로 하며, 소수점 이하 결과는 올림하여 정수매로 표기)

① 2,980매
② 3,070매
③ 3,278매
④ 3,542매

70 철근콘크리트 공사에서 거푸집의 간격을 일정하게 유지시키는 데 사용되는 것은?

① 클램프
② 쉐어 커넥터
③ 세퍼레이터
④ 인서트

71 건설공사의 시공계획 수립 시 작성할 필요가 없는 것은?

① 현치도
② 공정표
③ 실행예산의 편성 및 조정
④ 재해방지계획

72 철골보와 콘크리트 슬래브를 연결하는 전단연결재(Shear Connector)의 역할을 하는 부재의 명칭은?

① 리인포싱 바(Reinforcing Bar)
② 턴버클(Turn Buckle)
③ 메탈 서포트(Metal Support)
④ 스터드(Stud)

73 철근콘크리트 말뚝머리와 기초와의 집합에 관한 설명으로 옳지 않은 것은?

① 두부를 커팅기계로 정리할 경우 본체에 균열이 생김으로 응력손실이 발생하여 설계내력을 상실하게 된다.
② 말뚝머리 길이가 짧은 경우는 기초저면까지 보강하여 시공한다.
③ 말뚝머리 철근은 기초에 30cm 이상의 길이로 정착한다.
④ 말뚝머리와 기초와의 확실한 정착을 위해 파일앵커링을 시공한다.

74 지하연속법 공법에 관한 설명으로 옳지 않은 것은?

① 흙막이벽의 강성이 적어 보강재를 필요로 한다.
② 지수벽의 기능도 갖고 있다.
③ 인접건물의 경계선까지 시공이 가능하다.
④ 암반을 포함한 대부분의 지반에 시공이 가능하다.

75 지반조사 시 시추주상도 보고서에서 확인 사항과 거리가 먼 것은?

① 지층의 확인
② Slime의 두께 확인
③ 지하수위 확인
④ N값의 확인

76 각 거푸집 공법에 관한 설명으로 옳지 않은 것은?

① 플라잉 폼 : 벽체 전용거푸집으로 거푸집과 벽체마감공사를 위한 비계틀을 일체로 조립한 거푸집을 말한다.
② 갱 폼 : 대형벽체거푸집으로써 인력절감 및 재사용이 가능한 장점이 있다.
③ 터널 폼 : 벽체용, 바닥용 거푸집을 일체로 제작하여 벽과 바다 콘크리트를 일체로 하는 거푸집공법이다.
④ 트래블링 폼 : 수평으로 연속된 구조물에 적용되며 해체 및 이동에 편리하도록 제작된 이동식 거푸집공법이다.

77 말뚝지정 중 강재말뚝에 관한 설명으로 옳지 않은 것은?

① 기성콘크리트말뚝에 비해 중량으로 운반이 쉽지 않다.
② 자재의 이음 부위가 안전하여 소요길이의 조정이 자유롭다.
③ 지중에서의 부식 우려가 높다.
④ 상부구조물과의 결합이 용이하다.

78 다음은 표준시방서에 따른 철근의 이음에 관한 내용이다. 빈 칸에 공통으로 들어갈 내용으로 옳은 것은?

> (　)를 초과하는 철근은 겹침이음을 할 수 없다. 다만, 서로 다른 크기의 철근을 압축부에서 겹침이음하는 경우 (　) 이하의 철근과 (　)를 초과하는 철근은 겹침이음을 할 수 있다.

① D29
② D25
③ D32
④ D35

79 공사의 도급계약에 명시하여야 할 사항과 가장 거리가 먼 것은? (단, 첨부서류가 아닌 계약서상 내용을 의미)

① 공사내용
② 구조설계에 따른 설계방법의 종류
③ 공사착수의 시기와 공사완성의 시기
④ 하자담보책임기간 및 담보방법

80 다음 설명에 해당하는 공정표의 종류로 옳은 것은?

> 한 공종의 작업이 하나의 숫자로 표기되고 컴퓨터에 적용하기 용이한 이점 때문에 많이 사용되고 있다. 각 작업은 node로 표기하고 더미의 사용이 불필요하며 화살표는 단순히 작업의 선후관계만을 나타낸다.

① 횡선식 공정표
② CPM
③ PDM
④ LOB

05 건설재료학

81 플라이애시시멘트에 대한 설명으로 옳은 것은?

① 수화할 때 불용성 규산칼슘 수화물을 생성한다.
② 화력발전소 등에서 완전 연소한 미분탄의 회분과 포틀랜드시멘트를 혼합한 것이다.
③ 재령 1~2시간 안에 콘크리트 압축강도가 20MPa에 도달할 수 있다.
④ 용광로의 선철제작 부산물을 급랭시키고 파쇄하여 시멘트와 혼합한 것이다.

82 목재의 역학적 성질에 대한 설명으로 옳지 않은 것은?

① 목재 섬유 평행방향에 대한 인장강도가 다른 여러 강도 중 가장 크다.
② 목재의 압축강도는 옹이가 있으면 증가한다.
③ 목재를 힘부재로 사용하여 외력에 저항할 때는 압축, 인장, 전단력이 동시에 일어난다.
④ 목재의 전단강도는 섬유 간의 부착력, 섬유의 곧음, 수선의 유무 등에 의해 결정된다.

83 블로운 아스팔트(Blown Asphalt)를 휘발성 용제에 녹이고 광물분말 등을 가하여 만든 것으로 방수, 접합부 충전 등에 쓰이는 아스팔트 제품은?

① 아스팔트 코팅(Asphalt Coating)
② 아스팔트 그라우트(Asphalt Grout)
③ 아스팔트 시멘트(Asphalt Cement)
④ 아스팔트 콘크리트(Asphalt Concrete)

84 목재의 방부처리법으로 가장 옳지 않은 것은?

① 약제도포법
② 표면탄화법
③ 진공탈수법
④ 침지법

85 중량 5kg인 목재를 건조시켜 전건중량이 4kg이 되었다. 건조 전 목재의 함수율은 몇 %인가?

① 20% ② 25%
③ 30% ④ 40%

86 아스팔트 방수시공을 할 때 바탕재와의 밀착용으로 사용하는 것은?

① 아스팔트 컴파운드
② 아스팔트 모르타르
③ 아스팔트 프라이머
④ 아스팔트 루핑

87 AE콘크리트에 관한 설명으로 옳지 않은 것은?

① 시공연도가 좋고 재료분리가 적다.
② 단위수량을 줄일 수 있다.
③ 제물치장 콘크리트 시공에 적당하다.
④ 철근에 대한 부착강도가 증가한다.

88 도료 중 주로 목재면의 투명도장에 쓰이고 오일 니스에 비하여 도막이 얇으나 견고하며, 담색으로서 우아한 광택이 있고 내부용으로 쓰이는 것은?

① 클리어 래커(Clear Lacquer)
② 에나멜 래커(Enamel Lacquer)
③ 에나멜 페인트(Enamel Paint)
④ 하이 솔리드 래커(High Solid Lacquer)

89 도료의 저장 중 온도의 상승 및 저하의 반복작용에 의해 도료 내에 작은 결정이 무수히 발생하며 도장 시 도막에 좁쌀모양이 생기는 현상은?

① Skinning
② Seeding
③ Bodying
④ Sagging

90 건축재료의 성질을 물리적 성질과 역학적 성질로 구분할 때 물체의 운동에 관한 성질인 역학적 성질에 속하지 않는 항목은?

① 비 중   ② 탄 성
③ 강 성   ④ 소 성

91 목모시멘트판을 보다 향상시킨 것으로서 폐기목재의 삭편을 화학처리하여 비교적 두꺼운 판 또는 공동블록 등으로 제작하여 마루, 지붕, 천장, 벽 등의 구조체에 사용되는 것은?

① 펄라이트시멘트판
② 후형슬레이트
③ 석면슬레이트
④ 듀리졸(Durisol)

92 지름이 18mm인 강봉을 대상으로 인장시험을 행하여 항복하중 27kN, 최대하중 41kN을 얻었다. 이 강봉의 인장강도는?

① 약 106.3MPa
② 약 133.9MPa
③ 약 161.1MPa
④ 약 182.3MPa

93 자기질 점토제품에 관한 설명으로 옳지 않은 것은?

① 조직이 치밀하지만, 도기나 석기에 비하여 강도 및 경도가 약한 편이다.
② 1,230~1,460℃ 정도의 고온으로 소성한다.
③ 흡수성이 매우 낮으며, 두드리면 금속성의 맑은 소리가 난다.
④ 제품으로는 타일 및 위생도기 등이 있다.

94 강재(鋼材)의 일반적인 성질에 관한 설명으로 옳지 않은 것은?
① 열과 전기의 양도체이다.
② 광택을 가지고 있으며, 빛에 불투명하다.
③ 경도가 높고 내마멸성이 크다.
④ 전성이 일부 있으나 소성변형능력은 없다.

95 다음 중 방청도료에 해당되지 않는 것은?
① 광명단조합페인트
② 클리어 래커
③ 에칭프라이머
④ 징크로메이트 도료

96 보통시멘트콘크리트와 비교한 폴리머 시멘트콘크리트의 특징으로 옳지 않은 것은?
① 유동성이 감소하여 일정 워커빌리티를 얻는데 필요한 물-시멘트비가 증가한다.
② 모르타르, 강재, 목재 등의 각종 재료와 잘 접착한다.
③ 방수성 및 수밀성이 우수하고 동결융해에 대한 저항성이 양호하다.
④ 휨, 인장강도 및 신장능력이 우수하다.

97 다음 제품 중 점토로 제작된 것이 아닌 것은?
① 경량벽돌
② 테라코타
③ 위생도기
④ 파키트리 패널

98 다음 각 도료에 관한 설명으로 옳지 않은 것은?
① 유성페인트 : 건조시간이 길고 피막이 튼튼하고 광택이 있다.
② 수성페인트 : 유성페인트에 비하여 광택이 매우 우수하고 내구성 및 내마모성이 크다.
③ 합성수지 페인트 : 도막이 단단하고 내산성 및 내알칼리성이 우수하다.
④ 에나멜페인트 : 건조가 빠르고, 내수성 및 내약품성이 우수하다.

99 콘크리트용 골재의 요구성능에 관한 설명으로 옳지 않은 것은?
① 골재의 강도는 경화한 시멘트페이스트 강도보다 클 것
② 골재의 형태가 예각이며, 표면은 매끄러울 것
③ 골재의 입형이 둥글고 입도가 고를 것
④ 먼지 또는 유기불순물을 포함하지 않을 것

100 유리의 주성분 중 가장 많이 함유되어 있는 것은?
① CaO
② SiO_2
③ Al_2O_3
④ MgO

06 건설안전기술

101 가설통로를 설치하는 경우 준수해야 할 기준으로 옳지 않은 것은?

① 경사는 30° 이하로 할 것
② 경사가 25°를 초과하는 경우에는 미끄러지지 아니하는 구조로 할 것
③ 건설공사에 사용하는 높이 8m 이상인 비계다리는 7m 이내마다 계단참을 설치할 것
④ 수직갱에 가설된 통로의 길이가 15m 이상인 때에는 10m 이내마다 계단참을 설치할 것

102 항타기 또는 항발기의 사용 시 준수사항으로 옳지 않은 것은?

① 증기나 공기를 차단하는 장치를 작업관리자가 쉽게 조작할 수 있는 위치에 설치한다.
② 해머의 운동에 의하여 증기호스 또는 공기호스와 해머의 접속부가 파손되거나 벗겨지는 것을 방지하기 위하여 그 접속부가 아닌 부위를 선정하여 증기호스 또는 공기호스를 해머에 고정시킨다.
③ 항타기나 항발기의 권상장치의 드럼에 권상용 와이어로프가 꼬인 경우에는 와이어로프에 하중을 걸어서는 안 된다.
④ 항타기나 항발기의 권상장치에 하중을 건 상태로 정지하여 두는 경우에는 쐐기장치 또는 역회전 방지용 브레이크를 사용하여 제동하는 등 확실하게 정지시켜 두어야 한다.

103 사다리식 통로 등을 설치하는 경우 통로 구조로서 옳지 않은 것은?

① 발판의 간격은 일정하게 한다.
② 발판과 벽과의 사이는 15cm 이상의 간격을 유지한다.
③ 사다리의 상단은 걸쳐놓은 지점으로부터 60cm 이상 올라가도록 한다.
④ 폭은 40cm 이상으로 한다.

104 건설작업장에서 근로자가 상시 작업하는 장소의 작업면 조도기준으로 옳지 않은 것은? (단, 갱내 작업장과 감광재료를 취급하는 작업장의 경우는 제외)

① 초정밀작업 – 600럭스(lux) 이상
② 정밀작업 – 300럭스(lux) 이상
③ 보통작업 – 150럭스(lux) 이상
④ 초정밀, 정밀, 보통작업을 제외한 기타 작업 – 75럭스(lux) 이상

105 비계의 높이가 2m 이상인 작업장소에 작업발판을 설치할 때 그 폭은 최소 얼마 이상이어야 하는가?

① 30cm
② 40cm
③ 50cm
④ 60cm

106 비계의 부재 중 기둥과 기둥을 연결시키는 부재가 아닌 것은?

① 띠 장
② 장 선
③ 가 새
④ 작업발판

107 다음은 가설통로를 설치하는 경우의 준수 사항이다. ( ) 안에 알맞은 숫자를 고르면?

> 건설공사에 사용하는 높이 8m 이상인 비계다리에는 (　)m 이내마다 계단참을 설치할 것

① 7
② 6
③ 5
④ 4

108 터널굴착작업을 하는 때 미리 작성하여야 하는 작업계획서에 포함되어야 할 사항이 아닌 것은?

① 굴착의 방법
② 암석의 분할방법
③ 환기 또는 조명시설을 설치할 때에는 그 방법
④ 터널 지보공 및 복공의 시공방법과 용수의 처리 방법

109 건립 중 강풍에 의한 풍압 등 외압에 대한 내력이 설계에 고려되었는지 확인하여야 하는 철골구조물의 기준으로 옳지 않은 것은?

① 높이 20m 이상의 구조물
② 구조물의 폭과 높이의 비가 1 : 4 이상인 구조물
③ 이음부가 공장 제작인 구조물
④ 연면적당 철골량이 50kg/m^2 이하인 구조물

110 구조물의 해체작업 시 해체 작업계획서에 포함되어야 할 사항으로 옳지 않은 것은?

① 해체의 방법 및 해체순서 도면
② 해체물의 처분계획
③ 주변 민원 처리계획
④ 사업장 내 연락방법

111 유해위험방지계획서 제출대상 공사로 볼 수 없는 것은?

① 지상 높이가 31m 이상인 건축물의 건설공사
② 터널건설공사
③ 깊이 10m 이상인 굴착공사
④ 교량의 전체길이가 40m 이상인 교량공사

112 건설현장에서 사용되는 작업발판 일체형 거푸집의 종류에 해당되지 않는 것은?

① 갱폼(Gang Form)
② 슬립폼(Slip Form)
③ 클라이밍폼(Climbing Form)
④ 테이블폼(Table Form)

113 철골작업을 중지하여야 하는 기준으로 옳은 것은?

① 시간당 강설량이 1cm 이상인 경우
② 풍속이 초당 15m 이상인 경우
③ 진도 3 이상의 지진이 발생한 경우
④ 시간당 강우량이 1cm 이상인 경우

114 다음은 타워크레인을 와이어로프로 지지하는 경우의 준수해야 할 기준이다. 빈칸에 들어갈 알맞은 내용을 순서대로 옳게 나타낸 것은?

> 와이어로프 설치각도는 수평면에서 ( )° 이내로 하되, 지지점은 ( )개소 이상으로 하고, 같은 각도로 설치할 것

① 45, 4
② 45, 5
③ 60, 4
④ 60, 5

115 인력운반 작업에 대한 안전 준수사항으로 옳지 않은 것은?

① 보조기구를 효과적으로 사용한다.
② 긴 물건은 뒤쪽을 높이고 원통인 물건은 굴려서 운반한다.
③ 물건을 들어올릴 때에는 팔과 무릎을 이용하며 척추는 곧게 한다.
④ 무거운 물건은 공동작업으로 실시한다.

116 유해위험방지 계획서를 제출하려고 할 때 그 첨부서류와 가장 거리가 먼 것은?

① 공사개요서
② 산업안전보건관리비 작성요령
③ 전체 공정표
④ 재해 발생 위험 시 연락 및 대피방법

117 건설재해대책의 사면보호공법 중 식물을 생육시켜 그 뿌리로 사면의 표층토를 고정하여 빗물에 의한 침식, 동상, 이완 등을 방지하고, 녹화에 의한 경관조성을 목적으로 시공하는 것은?

① 식생공
② 쉴드공
③ 뿜어 붙이기공
④ 블록공

118 말비계를 조립하여 사용하는 경우 지주부재와 수평면의 기울기는 얼마 이하로 하여야 하는가?

① 65°
② 70°
③ 75°
④ 80°

119 흙막이 지보공을 설치하였을 경우 정기적으로 점검하고 이상을 발견하면 즉시 보수하여야 하는 사항과 가장 거리가 먼 것은?

① 부재의 접속부・부착부 및 교차부의 상태
② 버팀대의 긴압(緊壓)의 정도
③ 부재의 손상・변형・부식・변위 및 탈락의 유무와 상태
④ 지표수의 흐름 상태

120 다음 중 방망사의 폐기 시 인장강도에 해당하는 것은? (단, 그물코의 크기는 10cm이며 매듭없는 방망의 경우임)

① 50kg
② 100kg
③ 150kg
④ 200kg

2023년 최신 기출복원문제

정답 및 해설 p.1353

※ 2022년 제4회 시험부터 CBT로 시행되어 기출문제가 공개되지 않으므로, 응시자의 후기와 과년도 기출 데이터를 통해 2023년 최신기출과 유사하게 복원된 문제를 제공합니다.
※ 실제 시험문제와 일부 다를 수 있습니다.

01 산업안전관리론

01 연간 총 근로시간 중에 발생하는 근로손실일수를 1000시간당 발생하는 근로손실일수로 나타내는 식은?

① 강도율
② 도수율
③ 연천인율
④ 종합재해지수

02 TBM(Tool Box Meeting)의 의미를 가장 잘 설명한 것은?

① 지시나 명령의 전달회의
② 공구함을 준비한 후 작업하라는 뜻
③ 작업원 전원의 상호대화로 스스로 생각하고 납득하는 작업장 안전회의
④ 상사의 지시된 작업내용에 따른 공구를 하나하나 준비해야 한다는 뜻

03 산업안전보건법령상 공정안전보고서에 포함되어야 하는 내용 중 공정안전자료의 세부 내용에 해당하는 것은?

① 안전운전지침서
② 공정위험성평가서
③ 도급업체 안전관리계획
④ 각종 건물·설비의 배치도

04 사고연쇄성이론의 단계를 잘못 나열한 것은?

① 하인리히(Heinrich) 이론 : 사회적 환경 및 유전적 요소 → 개인적 결함 → 불안전한 행동 및 불안전한 상태 → 사고 → 재해
② 버드(Bird) 이론 : 제어(관리)의 부족 → 기본원인(기원) → 직접원인(징후발생) → 접촉발생(사고) → 상해발생(손해, 손실)
③ 아담스(Adams) 이론 : 기초원인 → 작전적 에러 → 전술적 에러 → 사고 → 재해
④ 웨버(Weaver) : 유전과 환경 → 인간의 결함 → 불안전한 행동과 상태 → 사고 → 상해

05 시설물의 안전관리에 관한 특별법에 따라 관리주체는 시설물의 안전 및 유지관리계획을 소관 시설물별로 매년 수립·시행하여야 하는데 이때 안전 및 유지관리계획에 반드시 포함되어야 하는 사항으로 볼 수 없는 것은?

① 긴급상황 발생 시 조치체계에 관한 사항
② 안전과 유지관리에 필요한 비용에 관한 사항
③ 보호구 및 방호장치의 적용 기준에 관한 사항
④ 안전점검 또는 정밀안전진단 실시계획 및 보수·보강 계획에 관한 사항

06 보호구 안전인증 고시에 따른 안전화 종류에 해당하지 않는 것은?

① 경화 안전화
② 발등 안전화
③ 정전기 안전화
④ 고무제 안전화

07 하인리히(Heinrich)의 이론에 의한 재해발생의 주요 원인에 있어 불안전한 행동요인이 아닌 것은?

① 권한 없이 행한 조작
② 전문지식의 결여 및 기술, 숙력도 부족
③ 보호구 미착용 및 위험한 장비에서 작업
④ 결함 있는 장비 및 공구의 사용

08 자율검사프로그램을 인정받으려는 자가 한국 산업안전보건공단에 제출해야 하는 서류가 아닌 것은?

① 안전검사대상 기계 등의 보유 현황
② 안전검사대상 기계 등의 검사 주기 및 검사 기준
③ 안전검사대상 기계의 사용 실적
④ 향후 2년간 안전검사대상 기계 등의 검사수행계획

09 재해예방 4원칙에 해당하지 않는 것은?

① 손실발생의 원칙
② 원인계기의 원칙
③ 예방가능의 원칙
④ 대책선정의 원칙

10 근로자가 25(kg)의 제품을 운반하던 중에 발에 떨어져 신체 장해등급 14등급의 재해를 당하였다. 재해의 발생 형태, 기인물, 가해물을 모두 올바르게 나타낸 것은?

① 기인물 – 발, 가해물 – 제품, 재해발생형태 – 낙하
② 기인물 – 발, 가해물 – 발, 재해발생형태 – 추락
③ 기인물 – 제품, 가해물 – 제품, 재해발생형태 – 낙하
④ 기인물 – 제품, 가해물 – 발, 재해발생형태 – 낙하

11 산업안전보건관리비 계상기준표에 따른 건축공사 대상액 5억원 이상 50억원 미만의 안전관리비 적용비율 및 기초액으로 옳은 것은?

① 비율 – 1.86(%), 기초액 – 5,349,000원
② 비율 – 1.99(%), 기초액 – 5,499,000원
③ 비율 – 2.35(%), 기초액 – 5,400,000원
④ 비율 – 1.57(%), 기초액 – 4,411,000원

12 사업장 무재해운동 추진 및 운영에 관한 규칙에 있어 특정 목표 배수를 달성하여 그다음 배수 달성을 위한 새로운 목표를 재설정하는 경우 무재해 목표 설정기준으로 옳지 않은 것은?

① 업종은 무재해 목표를 달성한 시점에서의 업종을 적용한다.
② 무재해 목표를 달성한 시점 이후부터 즉시 다음 배수를 기산하여 업종과 규모에 따라 새로운 목표시간을 재설정한다.
③ 건설업의 규모는 재개시 시점에 해당하는 총 공사금액을 적용한다.
④ 규모는 재개시 시점에 해당하는 달로부터 최근 6개월간의 평균 상시 근로자수를 적용한다.

13 산업안전보건법령상 안전인증대상 방호장치에 해당하는 것은?

① 교류 아크용접기용 자동전격방지기
② 동력식 수동대패용 칼날 접촉 방지장치
③ 절연용 방호구 및 활선작업용 기구
④ 아세틸렌 용접장치용 또는 가스집합 용접장치용 안전기

14 안전관리는 PDCA 사이클의 4단계를 거쳐 지속적인 관리를 수행하여야 한다. 다음 중 PDCA 사이클의 4단계를 잘못 나타낸 것은?

① P – Plan
② D – Do
③ C – Check
④ A – Analysis

15 사업장의 안전보건관리계획 수립 시 유의사항으로 옳은 것은?

① 대기업의 경우 표준계획서를 작성하여 모든 사업장에 동일하게 적용시킨다.
② 계획의 실시 중에는 변동이 없어야 한다.
③ 계획의 목표는 점진적으로 수준을 높이도록 한다.
④ 사고발생 후의 수습대책에 중점을 둔다.

16 시몬즈(Simods)의 재해손실비의 평가방식 중 비보험 코스트의 산정 항목에 해당하지 않는 것은?

① 휴업상해 건수
② 통원상해 건수
③ 응급조치 건수
④ 무손실사고 건수

17 무재해운동 추진기법으로 볼 수 없는 것은?

① 위험예지훈련
② 지적확인
③ 터치 앤 콜
④ 직무위급도분석

18 산업안전보건법령상 중대재해가 아닌 것은?

① 사망자가 1명 발생한 재해
② 부상자가 동시에 7명 발생한 재해
③ 직업성 질병자가 동시에 10명 발생한 재해
④ 3개월 이상의 요양이 필요한 부상자가 동시에 2명 발생한 재해

19 하인리히(Heinrich)의 재해발생과 관련한 도미노이론에 포함되지 않는 단계는?

① 사 고
② 개인적 결함
③ 제어의 부족
④ 사회적 환경 및 유전적 요소

20 근로자수가 400명, 주당 45시간씩 연간 50주를 근무하였고, 연간재해건수는 210건으로 근로손실일수가 800일이었다. 이 사업장의 강도율은 약 얼마인가? (단, 근로자의 출근율은 95%로 계산)

① 0.42
② 0.52
③ 0.88
④ 0.94

02 산업심리 및 교육

21 교육훈련의 효과는 5관을 최대한 활용하여야 하는데 이 중 효과가 가장 큰 것은?

① 청 각
② 시 각
③ 촉 각
④ 후 각

22 매슬로우(Maslow)의 안전욕구 5단계 이론에서 단계별 내용이 잘못 연결된 것은?

① 1단계 – 자아실현의 욕구
② 2단계 – 안전에 대한 욕구
③ 3단계 – 사회적 욕구
④ 4단계 – 존경에 대한 욕구

23 아세틸렌 용접장치 또는 가스집합 용접장치를 사용하는 금속의 용접·용단 또는 가열 작업 시 작업자를 대상으로 하는 특별안전보건교육의 내용이 아닌 것은?

① 용접 퓸, 분진 및 유해광선 등의 유해성에 관한 사항
② 작업방법·순서 및 응급처치에 관한 사항
③ 안전밸브의 취급 및 주의에 관한 사항
④ 안전기 및 보호구 취급에 관한 사항

24 그림과 같은 착시현상에 해당하는 것은?

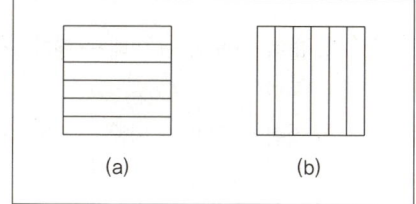

① 뮐러-레이어(Muller-Lyer)의 착시
② 헤름홀츠(Helmholz)의 착시
③ 헤링(Hering)의 착시
④ 포겐도르프(Poggendorff)의 착시

25 Off.J.T(Off the Job Training)의 특징이 아닌 것은?

① 집합교육 형태의 훈련이다.
② 다수의 근로자에게 조직적 훈련이 가능하다.
③ 직장의 실정에 맞는 실제적 훈련이 가능하다.
④ 전문 강사를 초빙하는 것이 가능하다.

26 산업안전보건법상 사업 내 안전보건교육 교육과정이 아닌 것은?

① 특별교육
② 양성교육
③ 작업내용 변경 시의 교육
④ 건설업 기초 안전보건교육

27 부주의에 대한 설명으로 옳지 않은 것은?

① 부주의는 거의 모든 사고의 직접 원인이 된다.
② 부주의라는 말은 불안전한 행위뿐만 아니라 불안전한 상태에도 통용된다.
③ 부주의라는 말은 결과를 표현한다.
④ 부주의는 무의식적 행위나 의식의 주변에서 행해지는 행위에 나타난다.

28 집단에 있어서의 인간관계를 하나의 단면(斷面)에서 포착하였을 때 이러한 단면적(斷面的)인 인간관계가 생기는 기제(Mechanism)와 가장 거리가 먼 것은?

① 모 방
② 암 시
③ 습 관
④ 커뮤니케이션

29 학습평가 도구의 기준 중 '측정의 결과에 대해 누가 보아도 일치되는 의견이 나올 수 있는 성질'은 어떤 특성인가?

① 타당성
② 신뢰성
③ 객관성
④ 실용성

30 시청각교육법의 특징과 가장 거리가 먼 것은?
① 교재의 구조화를 기할 수 있다.
② 대규모 수업체제의 구성이 어렵다.
③ 학습의 다양성과 능률화를 기할 수 있다.
④ 학습자들에게 공통의 경험을 형성시킬 수 있다.

31 합리화의 유형 중 자기의 실패나 결함을 다른 대상에게 책임을 전가시키는 유형으로, 자신의 잘못에 대해 조상 탓을 하거나 축구 선수가 공을 잘못 찬 후 신발 탓을 하는 등에 해당하는 것은?
① 신포도형
② 투사형
③ 망상형
④ 달콤한 레몬형

32 직무분석 방법으로 가장 적합하지 않은 것은?
① 면접법
② 관찰법
③ 실험법
④ 설문지법

33 강의법에서 도입단계의 내용으로 적절하지 않은 것은?
① 동기를 유발한다.
② 주제의 단원을 알려준다.
③ 수강생의 주의를 집중시킨다.
④ 핵심이 되는 점을 가르쳐준다.

34 안전태도교육 기본과정을 순서대로 나열한 것은?
① 청취 → 모범 → 이해 → 평가 → 장려·처벌
② 청취 → 평가 → 이해 → 모범 → 장려·처벌
③ 청취 → 이해 → 모범 → 평가 → 장려·처벌
④ 청취 → 평가 → 모범 → 이해 → 장려·처벌

35 산업안전심리의 5대 요소가 아닌 것은?
① 감 정
② 습 관
③ 동 기
④ 시 간

36 창의력을 발휘하려면 3가지 요소가 필요한데 이와 관련된 요소가 아닌 것은?
① 전문지식
② 상상력
③ 업무몰입도
④ 내적동기

37 교육지도의 원칙과 가장 거리가 먼 것은?
① 한 번에 한 가지씩 교육을 실시한다.
② 쉬운 것부터 어려운 것으로 실시한다.
③ 과거부터 현재, 미래의 순서로 실시한다.
④ 적게 사용하는 것에서 많이 사용하는 순서로 실시한다.

38 작업장에서의 사고예방을 위한 조치로 옳지 않은 것은?

① 모든 사고는 사고 자료가 연구될 수 있도록 철저히 조사되고 자세히 보고되어야 한다.
② 안전의식고취 운동에서 포스터는 처참한 장면과 함께 부정적인 문구를 사용하는 것이 효과적이다.
③ 안전장치는 생산을 방해해서는 안 되고, 그것이 제 위치에 있지 않으면 기계가 작동되지 않도록 설계되어야 한다.
④ 감독자와 근로자는 특수한 기술뿐 아니라 안전에 대한 태도도 교육받아야 한다.

39 리더로서 일반적인 구비요건과 가장 거리가 먼 것은?

① 화합성
② 통찰력
③ 개인의 이익 추구성
④ 정서적 안정성 및 활발성

40 심리학에서 사용하는 용어로 측정하고자 하는 것을 실제로 적절히, 정확히 측정하는지의 여부를 판별하는 것은?

① 표준화
② 신뢰성
③ 객관성
④ 타당성

03 인간공학 및 시스템안전공학

41 안전색채와 기계장비 또는 배관의 연결이 잘못된 것은?

① 시동스위치 – 녹색
② 급정지스위치 – 황색
③ 고열기계 – 회청색
④ 증기배관 – 암적색

42 실린더 블록에 사용하는 가스켓의 수명은 평균 10,000시간이며, 표준편차는 200시간으로 정규분포를 따른다. 사용시간이 9,600시간일 경우에 신뢰도는 약 얼마인가? (단, 표준정규분포표에서 $u_{0.8413} = 1$, $u_{0.9772} = 2$)

① 84.13% ② 88.73%
③ 92.72% ④ 97.72%

43 그림과 같이 FTA로 분석된 시스템에서 현재 모든 기본사상에 대한 부품이 고장난 상태이다. 부품 X_1부터 부품 X_5까지 순서대로 복구한다면 어느 부품을 수리 완료하는 시점에서 시스템이 정상가동되는가?

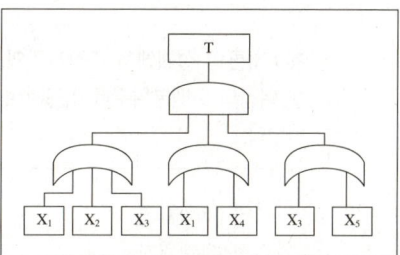

① X_1 ② X_2
③ X_3 ④ X_4

44 시스템 안전분석 방법 중 예비위험분석(PHA)단계에서 식별하는 4가지 범주에 속하지 않는 것은?

① 위기상태
② 무시가능상태
③ 파국적상태
④ 예비조처상태

45 한 대의 기계를 100시간 동안 연속 사용한 경우 6회의 고장이 발생하였고, 이때의 총 고장수리 시간이 15시간이었다. 이 기계의 MTBF(Mean Time Between Failure)는 약 얼마인가?

① 2.51
② 14.17
③ 15.25
④ 16.67

46 다음은 어떤 설계 응용 원칙을 적용한 사례인가?

> 제어버튼의 설계에서 조작자와의 거리를 여성의 5 백분위수를 이용하여 설계하였다.

① 극단적 설계원칙
② 가변적 설계원칙
③ 평균적 설계원칙
④ 양립적 설계원칙

47 다음 중 인간의 제어 및 조정능력을 나타내는 법칙인 Fitts' law와 관련된 변수가 아닌 것은?

① 표적의 너비
② 표적의 색상
③ 시작점에서 표적까지의 거리
④ 작업의 난이도(Index of Difficulty)

48 발생확률이 각각 0.05, 0.08 인 두 결함사상이 AND 조합으로 연결된 시스템을 FTA로 분석하였을 때 이 시스템의 신뢰도는 약 얼마인가?

① 0.004 ② 0.126
③ 0.874 ④ 0.996

49 인간공학에 있어서 일반적인 인간-기계체계(Man-machine System)의 구분으로 가장 적합한 것은?

① 인간체계, 기계체계, 전기체계
② 전기체계, 유압체계, 내연기관 체계
③ 수동체계, 반기계체계, 반자동체계
④ 자동화체계, 기계화체계, 수동체계

50 초정밀 작업에 필요한 조명으로 가장 적합한 것은?

① 750lux ② 300lux
③ 150lux ④ 75lux

51 전신육체적 작업에 대한 개략적 휴식시간의 산출공식으로 맞는 것은?[단, R은 휴식시간(분), E는 작업의 에너지소비율(kcal/분)이다.]

① $R = E \times \dfrac{60-5}{E-2}$

② $R = 60 \times \dfrac{E-5}{E-1.5}$

③ $R = 60 \times (E-5) \times (E-2)$

④ $R = E \times (60-5) \times (E-1.5)$

52 실험실 환경에서 수행하는 인간공학 연구의 장·단점에 대한 설명으로 옳은 것은?

① 변수의 통제가 용이하다.
② 주위 환경의 간섭에 영향받기 쉽다.
③ 실험 참가자의 안전을 확보하기가 어렵다.
④ 피실험자의 자연스러운 반응을 기대할 수 있다.

53 정보의 촉각적 암호화 방법으로만 구성된 것은?

① 점자, 진동, 온도
② 초인종, 점멸등, 점자
③ 신호등, 경보음, 점멸등
④ 연기, 온도, 모스부호(Morse Code)

54 화학설비에 대한 안전성 평가방법 중 공장의 입지조건이나 공장 내 배치에 관한 사항은 어느 단계에서 하는가?

① 제1단계 - 관계자료의 작성 준비
② 제2단계 - 정성적 평가
③ 제3단계 - 정량적 평가
④ 제4단계 - 안전대책

55 특정한 목적을 위해 시각적 암호, 부호 및 기호를 의도적으로 사용할 때에 반드시 고려하여야 할 사항과 가장 거리가 먼 것은?

① 검출성
② 판별성
③ 양립성
④ 심각성

56 산업안전보건법에 따라 유해위험방지계획서의 제출대상 사업은 해당 사업으로서 전기 계약용량이 얼마 이상인 사업을 말하는가?

① 150kW
② 200kW
③ 300kW
④ 500kW

57 FTA에서 활용하는 최소컷셋(Minimal Cut Sets)에 관한 설명으로 옳은 것은?

① 해당 시스템에 대한 신뢰도를 나타낸다.
② 컷셋 중에 타 컷셋을 포함하고 있는 것을 배제하고 남은 컷셋들을 의미한다.
③ 어느 고장이나 에러를 일으키지 않으면 재해가 일어나지 않는 시스템의 신뢰성이다.
④ 기본사상이 일어나지 않을 때 정상사상(Top Event)이 일어나지 않는 기본사상의 집합이다.

58 여러 사람이 사용하는 의자의 좌면높이는 어떤 기준으로 설계하는 것이 가장 적절한가?

① 5% 오금높이
② 50% 오금높이
③ 75% 오금높이
④ 95% 오금높이

59 기계설비가 설계 사양대로 성능을 발휘하기 위한 적정 윤활의 원칙이 아닌 것은?

① 적량의 규정
② 주유방법의 통일화
③ 올바른 윤활법의 채용
④ 윤활기간의 올바른 준수

60 조도에 관련된 척도 및 용어 정의로 옳지 않은 것은?

① 조도는 거리가 증가할 때 거리의 제곱에 반비례한다.
② candela는 단위 시간당 한 발광점으로부터 투광되는 빛의 에너지양이다.
③ lux는 1cd의 점광원으로부터 1m 떨어진 구면에 비추는 광의 밀도이다.
④ lambert는 완전 발산 및 반사하는 표면에 표준 촛불로 1m 거리에서 조명될 때 조도와 같은 광도이다.

04 건설시공학

61 석공사에서 대리석 붙이기에 관한 내용으로 옳지 않은 것은?

① 대리석은 실내보다는 주로 외장용으로 많이 사용한다.
② 대리석 붙이기 연결철물은 10#~20#의 황동쇠선을 사용한다.
③ 대리석 붙이기 최하단은 충격에 쉽게 파손되므로 충진재를 넣는다.
④ 대리석은 시멘트 모르타르로 붙이면 알칼리성분에 의하여 변색·오염될 수 있다.

62 흙막이 붕괴원인 중 히빙(Heaving) 파괴가 일어나는 주원인은?

① 흙막이 벽의 재료 차이
② 지하수의 부력 차이
③ 지하수위의 깊이 차이
④ 흙막이벽 내·외부 흙의 중량 차이

63 철골구조의 내화피복에 대한 설명으로 옳지 않은 것은?

① 조적공법은 용접철망을 부착하여 경량모르타르, 펄라이트 모르타르와 플라스터 등을 바름하는 공법이다.
② 뿜칠공법은 철골표면에 접착제를 혼합한 내화피복제를 뿜어서 내화피복을 한다.
③ 성형판 공법은 내화단열성이 우수한 각종 성형판을 철골주위에 접착제와 철물 등을 설치하고 그 위에 붙이는 공법으로 주로 기둥과 보의 내화피복에 사용된다.
④ 타설공법은 아직 굳지 않은 경량콘크리트나 기포모르타르 등을 강재 주위에 거푸집을 설치하여 타설한 후 경화시켜 철골을 내화피복하는 공법이다.

64 CM 제도에 관한 설명으로 옳지 않은 것은?

① 대리인형 CM(CM for Fee) 방식은 프로젝트 전반에 걸쳐 발주자의 컨설턴트 역할을 수행한다.
② 시공자형 CM(CM at Risk) 방식은 공사관리자의 능력에 의해 사업의 성패가 좌우된다.
③ 대리인형 CM(CM for Fee) 방식에 있어서 독립된 공종별 수급자는 공사관리자와 공사계약을 한다.
④ 시공자형 CM(CM at Risk) 방식에 있어서 CM조직이 직접 공사를 수행하기도 한다.

65 철근공사의 배근순서로 옳은 것은?

① 벽 → 기둥 → 슬래브 → 보
② 슬래브 → 보 → 벽 → 기둥
③ 벽 → 기둥 → 보 → 슬래브
④ 기둥 → 벽 → 보 → 슬래브

66 철골용접이음 후 용접부의 내부결함 검출을 위하여 실시하는 검사로서 빠르고 경제적이어서 현장에서 주로 사용하는 초음파를 이용한 비파괴 검사법은?

① MT(Magnetic Particle Testing)
② UT(Ultrasonic Testing)
③ RT(Radiogtaphy Testing)
④ PT(Liquid Penetrant Testing)

67 다음 조건의 굴삭기로 2시간 작업할 경우의 작업량은 얼마인가?

> 버킷용량 0.8[m^3], 사이클타임 40초, 작업효율 0.8, 굴삭계수 0.7, 굴삭토의 용적변화계수 1.1

① 128.5 [m^3]
② 107.7 [m^3]
③ 88.7 [m^3]
④ 66.5 [m^3]

68 흙막이 지지공법 중 수평버팀대 공법의 장단점으로 옳지 않은 것은?

① 가설구조물이 적어 중장비작업이나 토량제거작업의 능률이 좋다.
② 토질에 대해 영향을 적게 받는다.
③ 인근 대지로 공사범위로 넘어가지 않는다.
④ 강재를 전용함에 따라 재료비가 비교적 적게 든다.

69 터널 폼에 관한 설명으로 옳지 않은 것은?

① 거푸집의 전용횟수는 약 10회 정도이다.
② 노무 절감, 공기단축이 가능하다.
③ 벽체 및 슬래브거푸집을 일체로 제작한 거푸집이다.
④ 이 폼의 종류에는 트윈 쉘(Twin Shell)과 모노 쉘(Mono Shell)이 있다.

70 콘크리트 블록 쌓기에 대한 설명으로 옳지 않은 것은?

① 보강근은 모르타르 또는 그라우트를 사춤하기 전에 배근하고 고정한다.
② 블록은 살 두께가 작은 편을 위로 하여 쌓는다.
③ 인방 블록은 창문틀의 좌우 옆 턱에 200mm 이상 물린다.
④ 모서리 등 기준이 되는 부분을 정확하게 쌓은 다음 수평실을 친다.

71 석재 사용상의 주의사항 중 옳지 않은 것은?

① 동일 건축물에는 동일 석재로 시공하도록 한다.
② 석재를 다듬어 사용할 때는 그 질이 균질한 것을 사용하여야 한다.
③ 인장 및 휨모멘트를 받는 곳에 사용한다.
④ 외벽, 도로포장용 석재는 연석 사용을 피한다.

72 다음 설명에 해당하는 공정표의 종류로 옳은 것은?

> 한 공종의 작업이 하나의 숫자로 표기되고 컴퓨터에 적용하기 용이한 이점 때문에 많이 사용되고 있다. 각 작업은 node로 표기하고 더미의 사용이 불필요하며 화살표는 단순히 작업의 선후관계만을 나타낸다.

① 횡선식 공정표
② CPM
③ PDM
④ LOB

73 가치공학(Value Engineering)적 사고방식 중 옳지 않은 것은?

① 풍부한 경험과 직관 위주의 사고
② 기능 중심의 사고
③ 사용자 중심의 사고
④ 생애비용을 고려한 최소의 총비용

74 철골부재조립 시 구멍의 위치가 다소 다를 때 구멍을 맞추기 위한 작업은?

① 송곳뚫기(Drilling)
② 리밍(Reaming)
③ 펀칭(Punching)
④ 리벳치기(Riveting)

75 다음 설명에 해당하는 용접결함으로 옳은 것은?

> A. 용접 시 튀어나온 슬래그가 굳은 현상을 의미하는 것
> B. 용접금속과 모재가 융합되지 않고 겹쳐지는 것을 의미히는 용접불량

① A : 슬래그(Slag) 감싸기
　B : 피트(Pit)
② A : 언더컷(Under Cut)
　B : 오버랩(Overlap)
③ A : 피트(Pit)
　B : 스패터(Spatter)
④ A : 스패터(Spatter)
　B : 오버랩(Overlap)

76 철근콘크리트 말뚝머리와 기초와의 집합에 관한 설명으로 옳지 않은 것은?

① 두부를 커팅기계로 정리할 경우 본체에 균열이 생김으로 응력손실이 발생하여 설계내력을 상실하게 된다.
② 말뚝머리 길이가 짧은 경우는 기초저면까지 보강하여 시공한다.
③ 말뚝머리 철근은 기초에 30cm 이상의 길이로 정착한다.
④ 말뚝머리와 기초와의 확실한 정착을 위해 파일앵커링을 시공한다.

77 제치장콘크리트(Exposed Concrete)에 관한 설명으로 옳지 않은 것은?

① 구조물에 균열과 이로 인한 백화가 나타난 경우 재시공 및 보수가 쉽다.
② 타설 콘크리트면 자체가 치장이 되게 마무리한 자연 그대로의 콘크리트를 말한다.
③ 재료의 절약은 물론 구조물 자중을 경감할 수 있다.
④ 거푸집이 견고하고 흠이 없도록 정확성을 기해야 하기 때문에 상당한 비용과 노력비가 증대한다.

78 콘크리트 타설 시 진동기를 사용하는 가장 큰 목적은?

① 콘크리트 타설 시 용이함
② 콘크리트 응결·경화 촉진
③ 콘크리트 밀실화 유지
④ 콘크리트 재료 분리 촉진

79 기본벽돌(190×90×57)을 기준으로 1.5B 쌓기 할 때 벽돌 2,000매 쌓는 데 필요한 모르타르량으로 옳은 것은?

① $0.35m^3$
② $0.7m^3$
③ $0.45m^3$
④ $0.8m^3$

80 철골구조의 베이스 플레이트를 완전 밀착시키기 위한 기초상부 고름질법에 속하지 않는 것은?

① 고정매입법
② 전면바름법
③ 나중 채워넣기 중심바름법
④ 나중 채워넣기법

05 건설재료학

81 도막 방수에 사용되지 않는 재료는?

① 염화비닐 도막재
② 아크릴고무 도막재
③ 고무아스팔트 도막재
④ 우레탄고무 도막재

82 목재에 관한 설명으로 옳지 않은 것은?

① 심재가 변재보다 내후성, 내구성이 크다.
② 섬유포화점은 보통 함수율이 30% 정도일 때를 말한다.
③ 변재는 심재보다 수축이 크다.
④ 함수율이 증가하면 압축, 휨, 인장강도가 증가한다.

83 프리플레이스드 콘크리트에 사용되는 골재에 관한 설명으로 옳지 않은 것은?

① 굵은 골재의 최소 치수는 15mm 이상, 굵은 골재의 최대 치수는 부재단면 최소 치수의 1/4 이하, 철근 콘크리트의 경우 철근 순간격의 2/3 이하로 하여야 한다.
② 굵은 골재의 최대 치수와 최소 치수와의 차이를 작게 하면 굵은 골재의 실적률이 커지고 주입모르타르의 소요량이 적어진다.
③ 대규모 프리플레이스드 콘크리트를 대상으로 할 경우, 굵은 골재의 최소 치수를 크게 하는 것이 효과적이다.
④ 골재의 적절한 입도 분포를 위해 일반적으로 굵은 골재의 최대 치수는 최소 치수의 2~4배 정도로 한다.

84 아스팔트 접착제에 관한 설명으로 옳지 않은 것은?

① 아스팔트 접착제는 아스팔트를 주체로 하여 이에 용제를 가하고 광물질 분말을 첨가한 풀 모양의 접착제이다.
② 아스팔트 타일, 시트, 루핑 등의 접착용으로 사용한다.
③ 화학약품에 대한 내성이 크다.
④ 접착성은 양호하지만 습기를 방지하지 못한다.

85 목재의 가공품 중 펄프를 접착제로 제판하여 양면을 열압건조시킨 것으로 비중이 0.8 이상이며 수장판으로 사용하는 것은?

① 경질섬유판
② 파키트리보드
③ 반경질섬유판
④ 연질섬유판

86 강의 열처리 중에서 조직을 개선하고 결정을 미세화하기 위해 800~1000°C로 가열하여 소정의 시간까지 유지한 후에 대기 중에서 냉각시키는 처리는?

① 뜨임(Tempering)
② 담금질(Quenching)
③ 불림(Normalizing)
④ 풀림(Annealing)

87 도료의 저장 중 온도의 상승 및 저하의 반복작용에 의해 도료 내에 작은 결정이 무수히 발생하며 도장 시 도막에 좁쌀모양이 생기는 현상은?

① Skinning ② Seeding
③ Bodying   ④ Sagging

88 석재의 명칭에 따른 용도로 옳지 않은 것은?

① 팽창질석 - 단열보온재
② 점판암 - 지붕재
③ 중정석 - 방사선 차단 콘크리트용 골재
④ 트래버틴(Travertine) - 외부바닥 장식재

89 굳지 않은 콘크리트의 성질을 표시하는 용어 중 컨시스턴시에 의한 부어넣기의 난이도 정도 및 재료분리에 저항하는 정도를 나타내는 것은?

① 플라스티시티
② 피니셔빌리티
③ 펌퍼빌리티
④ 워커빌리티

90 실리카 시멘트(Silica Cement)의 특징에 대한 설명으로 옳지 않은 것은?

① 저온에서는 응결이 느려진다.
② 공극 충전효과가 없어 수밀성 콘크리트를 얻기 어렵다.
③ 콘크리트의 워커빌리티를 좋게 한다.
④ 화학적 저항성이 크므로 주로 단면이 큰 구조물, 해안공사 등에 사용된다.

91 타일의 소지(素地) 중 규산을 화학성분으로 한 석영·수정 등의 광물로서 도자기 속에 넣으면 점성을 제거하는 효과가 있으며, 소지 속에서 미분화하는 것은?

① 납 석   ② 규 석
③ 점 토   ④ 고령토

92 점토 제품에서 SK번호가 의미하는 바로 옳은 것은?

① 점토원료를 표시
② 소성온도를 표시
③ 점토 제품의 종류를 표시
④ 점토 제품 제법 순서를 표시

93 건성유에 연백 또는 안료를 더하여 만든 것으로 주로 유성페인트의 바탕만들기에 사용되는 퍼티는?

① 하드오일 퍼티
② 오일 퍼티
③ 페인트 퍼티
④ 캐슈수지 퍼티

94 깬자갈을 사용한 콘크리트가 동일한 시공연도의 보통 콘크리트보다 유리한 점은?

① 시멘트 페이스트와의 부착력 증가
② 단위수량 감소
③ 수밀성 증가
④ 내구성 증가

95 시멘트 클링커 화합물에 대한 설명으로 옳지 않은 것은?

① C_3S양이 많을수록 조강성을 나타낸다.
② C_2S의 양이 많을수록 강도의 발현이 서서히 된다.
③ 재령 1년에서 C_4AF의 강도는 매우 낮다.
④ 시멘트의 수축률을 감소시키기 위해서는 C_3A를 증가시켜야 한다.

96 건축용 코킹재의 일반적인 특징에 관한 설명으로 옳지 않은 것은?

① 수축률이 크다.
② 내부의 점성이 지속된다.
③ 내산·내알칼리성이 있다.
④ 각종 재료에 접착이 잘 된다.

97 고로슬래그 분말을 혼화재로 사용한 콘크리트의 성질에 관한 설명으로 옳지 않은 것은?

① 초기강도는 낮지만 슬래그의 잠재 수경성 때문에 장기강도는 크다.
② 해수, 하수 등의 화학적 침식에 대한 저항성이 크다.
③ 슬래그 수화에 의한 포졸란반응으로 공극 충전효과 및 알칼리 골재반응 억제효과가 크다.
④ 슬래그를 함유하고 있어 건조수축에 대한 저항성이 크다.

98 안전성이 좋고 발열량이 적으며 내침식성, 내구성이 좋아 댐공사, 방사능차폐용 등으로 사용되는 것은?

① 조강 포틀랜드 시멘트
② 보통 포틀랜드 시멘트
③ 알루미나 시멘트
④ 중용열 포틀랜드 시멘트

99 표면건조포화상태의 잔골재 500g을 건조시켜 기건상태에서 측정한 결과 460g, 절대건조상태에서 측정한 결과 440g이었다. 잔골재의 흡수율은?

① 8%
② 8.7%
③ 12%
④ 13.6%

100 플라스틱 재료에 관한 설명으로 옳지 않은 것은?

① 실리콘수지는 내열성, 내한성이 우수한 수지로 콘크리트의 발수성 방수도료에 적당하다.
② 불포화 폴리에스테르수지는 유리섬유로 보강하여 사용되는 경우가 많다.
③ 아크릴수지는 투명도가 높아 유기유리로 불린다.
④ 멜라민수지는 내수·내약품성은 우수하나 표면경도가 낮다.

06 건설안전기술

101 콘크리트 타설 시 거푸집 측압에 관한 설명으로 옳지 않은 것은?

① 타설속도가 빠를수록 측압이 커진다.
② 거푸집의 투수성이 낮을수록 측압은 커진다.
③ 타설높이가 높을수록 측압이 커진다.
④ 콘크리트의 온도가 높을수록 측압이 커진다.

102 건설업 산업안전보건관리비의 사용내역에 대하여 도급인은 공사 시작 후 몇 개월마다 1회 이상 발주자 또는 감리자의 확인을 받아야 하는가?

① 3개월
② 4개월
③ 5개월
④ 6개월

103 철륜 표면에 다수의 돌기를 붙여 접지면적을 작게 하여 접지압을 증가시킨 롤러로서 고함수비 점성토 지반의 다짐작업에 적합한 롤러는?

① 탠덤롤러
② 로드롤러
③ 타이어롤러
④ 탬핑롤러

104 지반조사 중 예비조사 단계에서 흙막이 구조물의 종류에 맞는 형식을 선정하기 위한 조사항목과 거리가 먼 것은?

① 흙막이벽 축조여부판단 및 굴착에 따른 안정이 충분히 확보될 수 있는지 여부
② 인근 지반의 지반조사자료나 시공자료의 수집
③ 기상조건변동에 따른 영향 검토
④ 주변의 환경(하천, 지표지질, 도로, 교통 등)

105 철골작업을 중지하여야 하는 기준으로 옳은 것은?

① 시간당 강설량이 1cm 이상인 경우
② 풍속이 초당 15m 이상인 경우
③ 진도 3 이상의 지진이 발생한 경우
④ 시간당 강우량이 1cm 이상인 경우

106 훅걸이용 와이어로프 등이 훅으로부터 벗겨지는 것을 방지하기 위한 장치는?

① 해지장치
② 권과방지장치
③ 과부하방지장치
④ 턴버클

107 다음은 타워크레인을 와이어로프로 지지하는 경우의 준수해야 할 기준이다. 빈칸에 들어갈 알맞은 내용을 순서대로 옳게 나타낸 것은?

> 와이어로프 설치각도는 수평면에서 (　)° 이내로 하되, 지지점은 (　)개소 이상으로 하고, 같은 각도로 설치할 것

① 45, 4　　② 45, 5
③ 60, 4　　④ 60, 5

108 인력운반 작업에 대한 안전 준수사항으로 옳지 않은 것은?

① 보조기구를 효과적으로 사용한다.
② 긴 물건은 뒤쪽을 높이고 원통인 물건은 굴려서 운반한다.
③ 물건을 들어올릴 때에는 팔과 무릎을 이용하며 척추는 곧게 한다.
④ 무거운 물건은 공동작업으로 실시한다.

109 강관틀비계의 벽이음에 대한 조립 간격 기준으로 옳은 것은?(단, 높이가 5m 미만인 경우 제외)

① 수직방향 5m, 수평방향 5m 이내
② 수직방향 6m, 수평방향 6m 이내
③ 수직방향 6m, 수평방향 8m 이내
④ 수직방향 8m, 수평방향 6m 이내

110 발파작업 시 폭발, 붕괴재해예방을 위해 준수하여야 할 사항으로 옳지 않은 것은?

① 발파공의 장전구는 마찰, 충격에 강한 강봉을 사용한다.
② 화약이나 폭약을 장전하는 경우에는 화기를 사용하거나 흡연을 하지 않도록 한다.
③ 발파공의 충진재료는 점토, 모래 등 발화성 또는 인화성의 위험이 없는 재료를 사용한다.
④ 얼어붙은 다이너마이트를 화기에 접근시키지 않는다.

111 작업으로 인하여 물체가 떨어지거나 날아올 위험이 있는 경우 필요한 조치와 가장 거리가 먼 것은?

① 투하설비 설치
② 낙하물 방지망 설치
③ 수직보호망 설치
④ 출입금지구역 설정

112 인접구조물보다 깊은 위치에 근접하여 지하구조물을 건설할 경우에 인접건물의 기초 등을 보호하기 위해 실시하는 기초보강 공법은?

① 어스앵커공법
② CIP공법
③ 지하연속벽공법
④ 언더피닝공법

113 차량계 건설기계의 전도 등에 방지하기 위한 조치와 거리가 먼 것은?

① 차체에 견고한 헤드가드를 갖춘다.
② 지반의 부동침하를 방지한다.
③ 갓길의 붕괴를 방지한다.
④ 충분한 도로의 폭을 유지한다.

114 그물코 크기가 가로, 세로 각각 10cm인 매듭방망사의 신품에 대해 등속인장시험을 하였을 경우 그 강도가 최소 얼마 이상이어야 하는가?

① 150kg   ② 200kg
③ 220kg   ④ 240kg

115 달비계 작업발판의 폭은 최소 얼마 이상이어야 하는가?

① 30cm   ② 40cm
③ 50cm   ④ 60cm

116 항타기 및 항발기의 권상용 와이어로프의 사용 금지 기준에 해당되지 않는 것은?

① 와이어로프의 한 꼬임에서 끊어진 소선의 수가 8% 이상인 것
② 지름의 감소가 공칭지름의 7%를 초과하는 것
③ 심하게 변형되거나 부식된 것
④ 이음매가 있는 것

117 이동식 비계를 조립하여 사용할 때 밑변 최소폭의 길이가 2m라면 이 비계의 사용 가능한 최대 높이는?

① 4m
② 8m
③ 10m
④ 14m

118 다음은 강관을 사용하여 비계를 구성하는 경우에 대한 내용이다. ( ) 안에 들어갈 내용으로 옳은 것은?

> 비계기둥의 간격은 띠장 방향에서는 ( ), 장선 방향에서는 1.5m 이하로 할 것

① 1.2m 이하
② 1.5m 이하
③ 1.85m 이하
④ 2.0m 이하

119 가설통로의 설치에 관한 기준으로 옳지 않은 것은?

① 일반적으로 경사는 30° 이하로 한다.
② 건설공사에 사용하는 높이 8m 이상인 비계다리에는 7m 이내마다 계단참을 설치한다.
③ 작업상 부득이한 경우에는 필요한 부분에 한하여 안전난간을 임시로 해체할 수 있다.
④ 수직갱에 가설된 통로의 길이가 10m 이상인 경우에는 5m 이내마다 계단참을 설치한다.

120 건립 중 강풍에 의한 풍압 등 외압에 대한 내력이 설계에 고려되었는지 확인하여야 하는 철골 구조물이 아닌 것은?

① 높이 20m 이상인 구조물
② 폭과 높이의 비가 1:4 이상인 구조물
③ 이음부가 현장용접인 구조물
④ 연면적당 철골량이 60kg/m^2이하인 구조물

2024년 최신 기출복원문제 정답 및 해설

01 산업안전관리론

01	02	03	04	05	06	07	08	09	10
③	①	③	②	①	④	①	④	②	①
11	12	13	14	15	16	17	18	19	20
②	②	④	③	③	③	②	③	②	③

01 정답 ③
③은 안전보건관리책임자의 역할에 대한 사항이고, 나머지는 산업안전보건위원회의 심의·의결을 거쳐야 하는 사항이다.

산업안전보건위원회의 심의·의결사항
- 산업재해예방계획의 수립에 관한 사항, 안전보건관리규정의 작성 및 그 변경에 관한 사항
- 근로자의 안전·보건교육에 관한 사항, 작업환경의 측정 등 작업환경의 점검 및 개선 사항
- 근로자의 건강진단 등 건강관리에 관한 사항, 산업재해에 관한 통계의 기록·유지에 관한 사항
- 중대재해의 원인조사 및 재발방지대책수립에 관한 사항,
- 안전관리자 및 보건관리자의 수·자격·직무·권한 등에 관한 사항

02 정답 ①

안전보건표지의 4가지 종류
- 금지표지 : 어떤 특정한 행위가 허용되지 않음을 나타냄. 흰 바탕에 빨간색 원
- 경고표지 : 일정한 위험에 따른 경고를 나타냄. 노란 바탕에 검정색 삼각형
- 지시표지 : 일정한 행동을 취할 것을 지시함. 파란색 원형
- 안내표지 : 안전에 관한 정보를 제공. 녹색바탕에 정장방형

03 정답 ③
"사망자수"는 근로복지공단의 유족급여가 지급된 사망자(지방고용노동관서의 산재미보고 적발 사망자를 포함한다)수를 말한다. 다만, 사업장 밖의 교통사고(운수업, 음식숙박업은 사업장 밖의 교통사고도 포함)·체육행사·폭력행위·통상의 출퇴근에 의한 사망, 사고발생일로부터 1년을 경과하여 사망한 경우는 제외한다.

04 정답 ②
정기회의는 연 4회 이상 진행하며 중대재해 발생 등의 중대한 사안 이 발생할 경우, 위원장이 필요하다고 인정할 때에 임시회의를 소집한다.

05 정답 ①
시몬즈의 비보험 코스트 산정 항목은 휴업 상해 건수, 통원치료 상해 건수, 응급 처치 건수, 무상해 건수이다.

06 정답 ④
라인-스태프형(직계참모조직)은 1,000명 이상의 대규모 사업장에 적합한 조직으로 라인형과 스태프형의 장점만을 채택한 형태이다.

07 정답 ①
손실 적용의 원칙이 아니라 손실 우연의 원칙이다. 재해예방의 4원칙은 아래와 같다.
- 손실 우연의 법칙 : 손실의 크기와 대소는 예측이 안 되고, 우연에 의해 발생하므로 사고 자체 발생의 방지 예방이 중요
- 원인 연계의 원칙 : 사고는 항상 원인이 있고 원인은 대부분 복합적임
- 예방 가능의 원칙 : 천재지변을 제외하고 모든 사고와 재해는 원칙적으로 원인만 제거되면 예방이 가능
- 대책 선정의 원칙 : 사고의 원인이나 불안전요소가 발견되면 반드시 대책을 선정하여 실시함

08 정답 ④

후속조치가 아니라 목표설정이다.
- 현상파악 : 어떤 위험이 존재하는가
- 본질추구 : 이것이 위험이다
- 대책수립 : 당신이라면 어떻게 하겠는가
- 목표설정 : 우리들은 이렇게 하자

09 정답 ②

파레토도(Pareto Diagram)는 사고유형, 기인물, 불안전한 상태, 불안전한 행동을 하나의 축으로 하고, 그것을 구성하고 있는 몇 개의 분류 항목을 크기가 큰 순서대로 나열하여 비교하기 쉽게 도시한 통계 양식의 도표이다.

10 정답 ①

사고유형, 기인물, 기해물의 정의
- 사고유형(형태) : 상병을 입는 근원이 된 기인물, 관계한 사람, 사고의 형태(추락, 전도, 비례, 낙하, 붕괴, 감전, 고온, 화재)
- 기인물 : 재해를 일으킨 근원이 된 기계나 환경, 재해의 주인, 불안전한 상태
- 가해물 : 재해자에게 직접 상해를 가한 설비, 물체, 물질(가해물은 기인물과 같을 수도 있으나 다른 경우가 많음. 사다리에서 작업을 하다가 떨어져 지면에 충돌한 경우 기인물은 사다리, 가해물은 지면이 됨)

11 정답 ②

통신업의 경우 상시 근로자 1,000명 이상이다.

12 정답 ②

하인리히의 사고예방대책의 기본원리 5단계 중 3단계는 분석 및 평가단계로 내용은 다음과 같다.
- 현장조사, 사고조사 결과의 분석
- 불안전 상태, 불안전 행동 분석
- 작업공정, 작업형태 분석
- 교육 및 훈련의 분석
- 안전수칙 및 안전기준 분석
  - 위험 확인(2단계)
  - 사고 및 활동 기록 검토(2단계)
  - 기술의 개선 및 인사조정(4단계)

13 정답 ④

명예감독관은 근로자위원에 해당한다.
- 노사협의체의 사용자위원
  - 대표자
  - 안전관리자 1명, 보건관리자 1명
  - 공사금액이 20억원 이상인 도급 또는 하도급 사업의 사업주
- 노사협의체의 근로자위원
  - 도급 또는 하도급 사업을 포함한 전체 사업의 근로자대표
  - 근로자대표가 지명하는 명예감독관 1명(다만, 명예감독관이 위촉되어 있지 아니한 경우에는 근로자대표가 지명하는 해당 사업장 근로자 1명)
  - 공사금액이 20억원 이상인 도급 또는 하도급 사업의 근로자대표

14 정답 ③

아담스의 연쇄이론단계
관리구조 결함 → 작전적 에러(경영자, 감독자 행동) → 전술적 에러(불안전한 행동) → 사고(물적 사고) → 재해(상해, 손실)

15 정답 ③

무재해 운동의 3원칙
- 무의 원칙
- 선취의 원칙
- 참가의 원칙

16 정답 ③

재해를 일으킨 근원은 공구이며, 직접 상해를 가한 것은 바닥이다.

사고유형, 기인물, 기해물의 정의
- 사고유형(형태) : 상병을 입는 근원이 된 기인물, 관계한 사람, 사고의 형태(추락, 전도, 비례, 낙하, 붕괴, 감전, 고온, 화재)
- 기인물 : 재해를 일으킨 근원이 된 기계나 환경, 재해의 주인, 불안전한 상태
- 가해물 : 재해자에게 직접 상해를 가한 설비, 물체, 물질(가해물은 기인물과 같을 수도 있으나 다른 경우가 많음. 사다리에서 작업을 하다가 떨어져 지면에 충돌한 경우 기인물은 사다리, 가해물은 지면이 됨)

17 정답 ②

안전인증을 받은 보호구의 표시사항
- 형식 또는 모델명
- 규격 또는 등급 등
- 제조자명
- 제조번호 및 제조연월
- 안전인증 번호

18 정답 ③

와이어로프가 통하고 있는 곳 및 작업장소의 지반상태 점검은 지게차가 아닌 크레인 작업 시 점검사항이다.

19 정답 ②

재해 발생 시 긴급조치사항 순서
피재기계의 정지 → 피해자의 응급조치 → 관계자에게 통보 → 2차 재해방지 → 현장보존

20 정답 ②

위험예지훈련의 2단계는 본질 추구로 현상 파악된 위험 요인 중 실제로 사고로 이어질 수 있는 중요한 요인을 결정하는 단계이다.

02 산업심리 및 교육

21	22	23	24	25	26	27	28	29	30
④	②	②	③	③	④	③	①	④	④
31	32	33	34	35	36	37	38	39	40
③	①	①	③	③	④	②	②	①	③

21 정답 ④

전문성의 권한은 지도자 자신이 자신에게 부여하는 권한이다.

조직이 리더에게 부여하는 권한
- 보상적 권한 : 보상자원을 행사할 수 있는 권한
- 강압적 권한 : 부하를 처벌할 수 있는 권한
- 합법적 권한 : 공식적인 지위에 근거하는 권한

22 정답 ②

에너지대사율의 분류
- 경작업 : 1~2RMR
- 중작업 : 2~4RMR
- 중작업 : 4~7RMR
- 초중작업 : 7RMR 이상

23 정답 ②

호손효과에 의하면 사람은 직접적이고 공식적·물리적인 환경요인보다는 비공식적인 인간관계나 감정적·정서적 요인이 인간의 어떠한 행동유발에 더 큰 영향을 끼친다.

24 정답 ③

O.J.T는 다수가 아닌 개개인에게 적절한 지도훈련이 가능하다.

25 정답 ③

알더퍼(Alderfer)의 ERG이론
- 존재(Existence) : 유기체의 생존과 유지에 관한 욕구
- 관계(Relatedness) : 대인욕구
- 성장(Growth) : 개인발전과 증진에 관한 욕구

26　정답 ④

구안법(Project Method)은 학생이 마음속에 생각하고 있는 것을 외부에 구체적으로 실현하고 형상화하기 위해서 자기 스스로가 계획을 세워 수행하는 학습 활동으로 이루어지는 형태로 목적, 계획, 수행, 평가의 4단계를 거친다.

27　정답 ③

강의식 교육은 인원대비 교육에 필요한 비용이 적게 든다.

강의식 교육의 장점
- 도입단계에서 가장 적합
- 다른 방법에 비해 경제적으로 수강자 1인당 경비가 낮음
- 짧은 시간 동안 많은 내용을 전달해야 하는 경우에 적합
- 생각이나 원리, 법규 등을 단시간에 체계적·이론적으로 다수에게 전달

28　정답 ①

인간의 경계(Vigilance)현상에 영향을 미치는 조건
- 검출능력은 작업시작 후 가장 높다가 빠른 속도로 저하되어 30~40분 후에는 50%가 된다.
- 발생빈도가 높은 신호일수록 검출률이 높고, 불규칙한 신호는 검출률이 낮다.
- 경고를 받고 나서 행동에 이르기까지 시간적인 여유가 있어야 한다.
- 기계 자체 또는 관계되는 인간과 다른 물체에 미치는 영향을 최소한도로 감소시킬 수 있어야 한다.

29　정답 ④

맥그리거의 Y이론은 인간의 성선설에 기초한 이론으로 게으르며 남을 잘 속이고 지배받기를 좋아하기보다는 부지런하고, 상호신뢰하며, 적극적이고, 인간에게 높은 관심을 가지는 존재로 인식하는 이론이다.

30　정답 ④

건설업 일용근로자에 대한 건설업 기초안전·보건교육은 4시간 이상이다.

31　정답 ③

교육심리학에 있어 기억의 과정은 다음과 같다.
기명 → 파지 → 재생 → 재인
- 기명 : 사물의 인상을 마음에 간직함
- 파지 : 간직한 인상을 보존함
- 재생 : 보존된 인상을 다시 의식으로 떠올림
- 재인 : 과거에 경험했던 것과 같은 비슷한 상태에 부딪혔을 때 떠올림

32　정답 ①

피츠의 법칙(Fitt's Law)은 인간의 행동에 대해 속도와 정확성 간의 관계를 설명하는 법칙으로 목표물에 도달하기까지의 시간은 목표물의 크기가 작아질수록, 목표물과의 거리가 멀어질수록 더 걸리며, 속도와 정확도가 나빠진다는 법칙이다.

33　정답 ①

안정기(+)와 불안정기(-)의 교차점을 위험일이라 한다.

34　정답 ③

안전태도의 형성
- 행동 이전의 안전태도를 교육을 통해 확보
- 청취 → 이해 → 모범 → 평가 → 장려·처벌

35　정답 ③

토렌스(Torrance)는 창의성을 발휘하기 위해선 전문지식, 내적동기 그리고 상상력이 있어야 한다고 주장했다.

토렌스(Torrance)의 창의력의 3요소
- 전문지식 : 관련분야의 지식과 경험이 축적되어야 창의성이 발휘됨
- 내적동기
  - 어떠한 행동을 하기 위해서는 외적동기보다 내적동기가 필요함
  - 내적동기부여 없이는 어떠한 창의성도 발휘될 수 없음
  - 내적동기는 스스로의 만족을 위해 행동함
- 상상력
  - 상상력은 전문지식과 창의성 간의 간극을 줄여주는 요소
  - 전문지식이 모자라더라도 상상력만 충분하다면 창의성이 발현됨

36   정답 ④

④ 스텝 테스트와 슈나이더 테스트는 심박수 측정을 통해 심폐적성을 평가하는 방법으로 스텝 테스트는 일정한 높이의 계단을 오르내리는 동안 심박수, 호흡수, 혈압 등을 측정하여 피로도를 평가한다. 슈나이더 테스트는 일정한 속도로 걷는 동안 심박수, 호흡수 등을 측정하여 피로도를 평가한다.
① 타액검사는 피로를 판단하기 위한 검사 방법으로 사용하지 않는다.
② 반사검사는 신경계의 기능을 평가하는 검사 방법으로 사용하지만, 피로와는 직접적인 관련이 없다.
③ 전신적 관찰은 피로의 전반적인 상태를 파악하기 위한 검사 방법으로 사용하지만, 정확한 피로도를 측정하기에는 한계가 있다.

37   정답 ②

안전교육의 3단계
- 1단계(지식교육) : 강의, 시청각 교육을 통한 지식의 전달과 이해
- 2단계(기능교육) : 시범, 견학, 실습, 현장실습 교육을 통한 경험과 이해
- 3단계(태도교육) : 생활지도, 작업 동작 지도 등을 통한 안전의 습관화

38   정답 ②

심리검사의 종류
- 지능 검사 : 인지능력이 직무수행을 얼마나 예측하는지 측정한다.
- 신체능력 검사 : 근력, 순발력, 전반적인 신체 조정 능력, 체력 등을 측정한다.
- 기계적성 검사 : 정신운동(psychomotor) 요인, 지각과 공간적성, 기계추리, 기계에 대한 이해력을 측정한다.
- 성격 검사 : 제시된 진술문에 대하여 어느 정도 동의 하는지에 관해 응답하고, 이를 척도점수로 측정한다.

39   정답 ①

조하리의 창에는 나 자신도 알고 남들도 알고 있는 열려있는 창(Open area), 남들은 알고 있지만 나만 모르는 보이지 않는 창(Blind area), 나는 아는데 타인에게는 절대 숨기고 싶은 숨겨진 창(Hidden area), 나도 모르고 타인도 모르고 있는 미지의 창(Unknown area)이 있다.

40   정답 ③

판단과정의 착오원인 원인
- 자기합리화
- 능력부족
- 정보부족
- 과신(자기과잉)

03 인간공학 및 시스템안전공학

41	42	43	44	45	46	47	48	49	50
②	①	④	④	④	③	①	④	②	②
51	52	53	54	55	56	57	58	59	60
③	④	③	②	④	③	①	③	②	④

41   정답 ②

FTA는 시스템의 고장확률을 구함으로써 취약 부분을 찾아내어 시스템의 신뢰도를 개선하는 Top-down방식의 연역적 기법, 정량적 분석기법으로 기초사건이 확률발생확보가 전제가 되어야 하는 고장해석 및 신뢰성 평가 방법이다.

42   정답 ①

디버깅은 기계설비 고장 유형 중 기계의 초기결함을 찾아내 고장률을 안정시키는 과정이다.

43   정답 ④

THERP는 시스템에 있어서 휴먼에러발생율을 정량적으로 평가하기 위해 Swain and Guttmann(1983)에 의해 개발된 확률론적 안전기법이다.

44 정답 ④

개선의 ECRS 원칙
- 제거(Eliminate) : 이 작업은 꼭 필요한가? 제거할 수 없는가?
- 결합(Combine) : 이 작업을 다른 작업과 결합시키면 더 나은 결과가 생길 것인가?
- 재조정(Rearrange) : 이 작업의 순서를 바꾸면 좀 더 효과적이지 않을까?
- 단순화(Simplify) : 이 작업을 좀 더 단순화할 수 있지 않을까?

45 정답 ④

우발고장(Random Failure)구간
초기고장과 마모고장 기간 사이에서 우발적으로 발생하는 고장으로 언제 다음 고장이 일어날지 예측할 수 없게 일어난다.

46 정답 ③

- 컷 셋
  - 정상사상을 발생시키는 기본사상의 집합
  - 모든 기본사상이 일어났을 때 정상사상을 일으키는 기본사상들의 집합
- 패스셋
  - 시스템의 고장을 일으키지 않는 기본사상들의 집합
  - 포함된 기본사상이 일어나지 않을 때 처음으로 정상사상이 일어나지 않는 기본사상들의 집합

47 정답 ①

직렬시스템과 병렬시스템이 연결된 경우로 아래와 같이 총 신뢰도를 계산한다.
- 직렬시스템의 신뢰도 : $R = a \times b \times c$
- 병렬시스템의 신뢰도 : $R = 1 - (1 - a)(1 - b)$
- 총신뢰도 = 병렬 + 직렬 = $[1 - (1 - 0.7)(1 - 0.7)] \times 0.8 \times 0.8 = 0.5824$

48 정답 ④

최소컷셋은 정상사상을 일으키기 위한 기본사항의 최소집합이다.

49 정답 ①

발한이란 체온이 높아졌을 때 땀을 배출하여 체열을 발산하는 체온조절방법이다.

50 정답 ④

요추 부위에 전만곡선을 유지해야 한다.

51 정답 ③

FTA는 정성적, 정량적 분석이 모두 가능하다.

52 정답 ④

단순차원이 아니라 다차원 코드를 사용해야 한다.

53 정답 ③

Other than의 뜻은 기타 환경적인 요인이 아니라 설계의도가 완전히 바뀌는 것을 말한다.

54 정답 ②

작업과 기계를 인간에 맞추는 설계 철학이 바탕이 된다.

55 정답 ④

좋은 코딩시스템의 요건
- 코드의 검출성
- 코드의 식별성(판별성)
- 코드의 표준화
- 코드의 양립성

56 정답 ③

- 대비 = (배경의 휘도 − 표적의 휘도) ÷ (배경의 휘도) × 100
- 배경의 휘도 = 반사율 × lux/π = 85% × 350/π = 94.69
- 글자의 휘도 = 조명의 휘도 + 글자의 휘도 = 94.69 + 400 = 494.69
∴ 대비 = 배경휘도 − 글자휘도 ÷ 배경휘도 = −400 ÷ 94.69 = −4.22

57 정답 ①

인체측정 자료의 응용원칙
- 조절식 설계 : 제일 먼저 고려해야 할 개념(5~95%값까지의 범위)
- 극단치 설계 : 극단에 속하는 사람을 대상으로 하면 모든 사람을 수용할 수 있는 경우
- 평균치 설계 : 다른 기준이 적용되기 어려운 경우 마지막으로 적용되는 기준

58 정답 ③

1~2분이면 충분한 명순응과 달리 암순응(암조응)은 30분 정도가 걸린다.

59 정답 ②

주유방법은 기계의 종류마다 다르다.

적정 윤활의 원칙
- 기계가 필요하는 윤활유를 선정할 것
- 기계가 필요하는 적정량을 급유할 것
- 올바른 윤활방법을 채용할 것
- 윤활시기를 정확하게 지킬 것

60 정답 ④

조도(Illuminance)	광도(Luminance)
• 광도(cd) / 거리제곱(m²) • 어떤 면에 도달하는 빛의 양(lm/m²) • 거리가 증가할 때 조도는 거리의 제곱에 반비례로 감소 • 단위는 lux(lx), foot candle(fc) • 1fc = 10.764lx	• 단위 면적당 표면에서 반사 또는 방출되는 광량(Luminous Intensity) • 휘도라고도 하며 단위로는 L(Lambert)를 씀 • 단위 시간당 한 발광점으로부터 투광되는 빛의 에너지양 • 칸델라(Candela)로 표기하며 1칸델라(Candela)는 촛불 하나의 밝기

04 건설시공학

61	62	63	64	65	66	67	68	69	70
①	④	③	①	①	④	③	③	②	③
71	72	73	74	75	76	77	78	79	80
①	④	①	①	②	①	①	④	②	③

61 정답 ①

파레토그램은 현장에서 불량품수, 결점수, 클레임건수, 사고 발생건수, 손실금액 등의 데이터를 그 현상이나 원인별로 분류하여 나타낸 품질관리도구이다.

62 정답 ④

물-시멘트비를 작게 해야 물로 인한 부식이 방지된다.

63 정답 ③

기계적 이음은 나사를 가지는 슬리브 또는 커플러, 에폭시나 모르타르 또는 용융금속 등을 충전한 슬리브, 클립이나 편체 등의 보조장치 등을 이용한다.

64 정답 ①

외기온도가 25℃ 이상일 경우 1.5시간, 25℃ 미만일 경우 2시간을 넘어서는 안 된다.

65 정답 ①

각종 배관 슬리브, 매설물, 인서트, 단열재 등은 거푸집 해체를 위한 검사가 아니라 거푸집을 제거하고 하는 공사이다.

66 정답 ④

터널 폼(Tunnel Form)은 벽체용, 바닥용 거푸집을 일체로 제작하여 벽과 바닥 콘크리트를 일체로 하는 거푸집으로 트윈 쉘(Twin Shell)과 모노 쉘(Mono Shell)이 있다.

67 정답 ③
전동기는 콘크리트 밀실화 유지를 위해 사용하는데 지나친 진동은 거푸집 도괴의 원인이 될 수 있으므로 주의가 필요하다.

68 정답 ③
공구별 분할도급은 공정별이 아닌 공구별, 지역별로 도급을 분할하는 방식으로 공사기일단축, 시공기술향상 및 공사의 높은 성과를 기대할 수 있다.

69 정답 ②

벽돌규격	0.5B(매)	1.0B(매)	1.5B(매)	2.0B(매)
구형 (210×100×60)	65	130	195	260
표준형 (190×90×57)	75	149	224	299
내화벽돌 (230×114×65)	61 (59)	122 (118)	183 (177)	244 (236)

190 × 90 × 57m²당 149매 필요
149매 × 벽높이 2.5m × 길이 8m × 1.03(할증률) = 3,070매

70 정답 ③
격리재로 거푸집 상호 간의 간격을 유지한다.

71 정답 ①
현치도는 원척도라고도 하며 특수구조부분, 세밀한 공작을 요하는 부분으로 계획단계에서는 작성할 필요 없다.

72 정답 ④
스터드(Stud)는 철골보와 콘크리트 슬래브를 연결하는 전단 연결재(Shear Connector)이다.

73 정답 ①
말뚝머리(두부)의 절단은 커팅기계 등 말뚝에 유해한 충격 및 손상을 주지 않는 기구를 사용해야 말뚝내부에 응력이 생기지 않는다.

74 정답 ①
지하연속벽(Slurry Wall) 공법은 벽체의 강성이 커서 보강재를 필요로 하지 않으며 대규모, 대심도 굴착공사 시 영구벽체로 사용이 가능하다.

75 정답 ②
시추주상도(토질주상도, Columnar Section)는 보링공에서 채취한 시료를 살펴보고, 그 지역의 지층이 쌓인 순서, 지층의 두께, 지질상태, 지하수위 등을 표시한 것으로 다음과 사항을 확인하는 데 사용한다.
• 지층의 확인 : 터파기 공법 선정, 터파기 공사비 선정
• 지하수위의 확인 : 차수 및 배수공법, 흙막이 공법의 선정
• N값의 확인 : 기초설계 및 기초의 안전성 확인

76 정답 ①
플라잉 폼은 거푸집, 장선, 멍에, 지주를 일체화한 바닥전용 거푸집으로 수평·수직으로 이동할 수 있도록 한 바닥전용 대형거푸집이다.

77 정답 ①
강재말뚝은 기성콘크리트말뚝에 비해 가벼워서 운반이 쉽다.

78 정답 ④
D35 이상의 철근은 겹침이음으로 하지 않는다.

79 정답 ②
건설업법에 따른 계약서 기재내용은 공사내용, 공사 착수시기와 완공시기, 하자담보책임기간 및 담보방법 등이며 구조설계와 같은 상세한 것은 담고 있지 않다.

80 정답 ③
PDM(Peocedencd Diagramming Method)은 한 공종의 작업이 하나의 숫자로 표기되고 컴퓨터에 적용하기 용이한 이점 때문에 많이 사용하는데, 각 작업은 node로 표기하고 node 안에 작업과 소요일수 등 공사의 관련사항이 표기된다. 더미의 사용이 불필요하며 화살표는 단순히 작업의 선후관계만을 나타낸다. 또한 반복적이고 많은 작업이 동시에 일어날 때에 네트워크작성에 더욱 효율적이다.

05 건설재료학

81	82	83	84	85	86	87	88	89	90
②	②	①	③	②	③	④	①	②	①
91	92	93	94	95	96	97	98	99	100
④	③	①	④	②	①	④	②	②	②

81 정답 ②
플라이애시시멘트는 화력발전소 등에서 완전 연소한 회분과 포틀랜드 시멘트를 혼합한 시멘트이다.

82 정답 ②
목재의 압축강도는 옹이가 있으면 감소한다.

83 정답 ①
① 아스팔트 코팅 : 블로운 아스팔트를 휘발성 용제에 녹이고 광물분말 등을 가하여 만든 것으로 방수, 접합부 충전 등에 쓰임
② 아스팔트 그라우트 : 돌가루, 모래를 스트레이트 아스팔트와 가열 혼합한 것으로, 유동성을 이용하여 석재의 고착·충전 등에 사용
③ 아스팔트 시멘트 : 아스팔트를 가열하여 끈끈한 액체 상태로 만든 것으로, 아스팔트 콘크리트의 결합재로 사용
④ 아스팔트 콘크리트 : 아스팔트 시멘트와 모래, 자갈 등을 혼합하여 만든 것으로, 포장도로, 도로 표면 보수 등에 사용

84 정답 ③
목재의 방부법의 종류
- 도포법
- 주입법
- 침지법
- 표면탄화법
- 생리주입법

85 정답 ②
- 함수율 = (목재무게 − 전건조 시 목재무게 / 전건조 시 목재무게) × 100%
- 전건조 : 온도가 100℃가 될 때까지 건조
∴ (5 − 4) / 4 = 25%

86 정답 ③
아스팔트 프라이머는 블로운 아스팔트를 용제에 녹인 것으로 아스팔트 방수, 아스팔트 타일의 바탕재와의 밀착용으로 사용한다.

87 정답 ④
AE콘크리트는 압축강도와 부착강도가 감소한다.

88 정답 ①
클리어 래커는 목재면의 투명도장에 쓰이고 오일 니스에 비하여 도막이 얇으나 견고하며, 담색으로서 우아한 광택이 있고 내부용으로 사용된다.

89 정답 ②
Seeding 현상은 도료 도막에 서로 다른 형태와 크기로 된 알갱이가 들어 있는 상태로 저장기간이 오래되어 온도의 변화에 따라 발생하는 도장면에 좁쌀모양의 알갱이가 보이는 현상이다.

90 정답 ①
비중은 물리적 성질에 해당한다.

91 정답 ④
듀리졸(Durisol)은 목모시멘트판을 보다 향상시킨 것으로서 폐기목재의 삭편을 화학처리하여 비교적 두꺼운 판 또는 공동블록 등으로 제작하여 마루, 지붕, 천장, 벽 등의 구조체에 시용한다.

92 정답 ③
형 강
- 인장강도(MPa) = 최대하중(N)/단면적(mm^2)
- 인장강도 = 최대하중/단면적
  = 41kN × 1000/(π × $(18)^2$/4)
  = 161.1MPa

93 정답 ①
자기질 : 도기질 타일 특징과 반대로 굽는 온도가 높아서 강도가 강함

94 정답 ④
강재는 전성 및 소성변형능력이 있다.

95 정답 ②
클리어 래커는 안료가 들어가지 않은 초산 셀룰로오스가 주성분인 바니시로 방청도료가 아니라 목재면의 투명도장에 사용된다.

96 정답 ①
폴리머 시멘트콘크리트는 포틀랜드 시멘트에 폴리머를 혼입한 시멘트로 유동성이 감소하여 일정 워커빌리티를 얻는데 필요한 물-시멘트비가 감소한다.

97 정답 ④
파키트리 패널은 나무로 만든다.

98 정답 ②
수성페인트는 유성페인트에 비하여 광택이 없다.

99 정답 ②
골재는 예각을 피하며 표면은 거칠어야 한다.

100 정답 ②
유리에 가장 많이 함유되어 있는 성분은 규산(SiO_2)이다.

06 건설안전기술

101	102	103	104	105	106	107	108	109	110
②	①	④	①	②	④	①	②	③	③
111	112	113	114	115	116	117	118	119	120
④	④	①	③	②	②	①	③	④	③

101 정답 ②
경사가 15°를 초과하는 경우에는 미끄러지지 아니하는 구조로 할 것

102 정답 ①
증기나 공기를 차단하는 장치를 작업관리자가 아니라 해머의 운전자가 쉽게 조작할 수 있는 위치에 설치한다.

103 정답 ④
폭은 30cm 이상으로 한다.

104 정답 ①
초정밀작업 750럭스(lux) 이상이다.

105 정답 ②
비계의 높이가 2m 이상인 작업장소에 작업발판을 설치해야 하는데 발판재료는 작업할 때의 하중을 견딜 수 있도록 견고한 것으로 하고 작업발판의 폭은 40cm 이상으로 하고, 발판재료 간의 틈은 3cm 이하로 해야 한다.

106 정답 ④
띠장, 장선, 가새는 모두 기둥과 기둥을 연결시키는 부재이나, 작업발판은 아니다.

107 정답 ①
건설공사에 사용하는 높이 8m 이상인 비계다리에는 7m 이내마다 계단참을 설치해야 한다.

108 정답 ②
암석의 분할방법은 터널굴착작업이 아니라 채석작업 시 포함되어야 하는 사항이다.

109 정답 ③
강풍에 의한 풍압 등 외압에 대한 내력이 설계되었는지 고려해야 하는 철골구조물은 높이 20m 이상의 구조물, 조물의 폭과 높이의 비가 1 : 4 이상인 구조물, 연면적당 철골량이 50kg/m² 이하인 구조물, 이음부가 현장 용접인 구조물 등이다.

110 정답 ③
구조물의 해체작업 시 해체 작업계획서에 포함되어야 할 사항은 다음과 같다.
- 해체의 방법 및 해체 순서도면
- 가설설비, 방호설비, 환기설비, 살수방화설비 등의 방법
- 사업장 내 연락방법
- 해체물의 처분계획
- 해체작업용 화약류 등의 사용계획서
- 그 밖에 안전보건에 관련된 사항

111 정답 ④
유해위험방지계획서 제출대상 공사는 최대 지간길이가 50m 이상인 교량 건설 등의 공사이다.

112 정답 ④
테이블폼은 바닥 거푸집과 거푸집 동바리를 일체화한 것으로 작업발판 일체형 거푸집의 종류에 해당되지 않는다.

113 정답 ①
안전을 위해 철골작업을 중지해야 하는 경우는 풍속이 초당 10m 이상인 경우, 강우량이 시간당 1mm 이상인 경우, 강설량이 시간당 1cm 이상인 경우이다.

114 정답 ③
타워크레인은 Wall Bracing을 원칙으로 하되 부득이 Wire Guying을 하는 경우 지지각도는 60°도 이내로 하고 지지점은 4개소 이상으로 해야 한다.

115 정답 ②
긴 물건은 1인 운반 시 앞쪽을 높게 하여 어깨에 메고 뒤쪽 끝을 끌면서 운반해야 하고, 원통이나 드럼통을 굴려야 할 경우에는 양손을 모두 이용하고, 양손은 드럼통 가장자리를 잡지 않도록 한다.

116 정답 ②
유해위험방지 계획서를 제출서류에 산업안전보건관리비 작성요령은 해당되지 않는다.

117 정답 ①
식생공법에는 녹생토공법, 덩굴식물 식재공법, 배토습식공법이 있는데 식물을 생육시켜 그 뿌리로 사면의 표층토를 고정하여 빗물에 의한 침식, 동상, 이완 등을 방지하는 것은 덩굴식물 식재공법에 해당한다.

118 정답 ③
말비계는 지주부재와 수평면과의 기울기를 75° 이하로 하고, 지주부재와 지주부재 사이를 고정시키는 보조부재를 설치해야 한다.

119 정답 ④
흙막이 지보공을 설치하였을 때 점검사항중 지표수의 흐름상태는 포함되지 않는다.

120 정답 ③
그물코의 크기가 10cm인 방망사의 폐기 시 인장강도는 매듭 없는 방망은 150kg, 매듭방법은 135kg이다.

2023년 최신 기출복원문제 정답 및 해설

01 산업안전관리론

01	02	03	04	05	06	07	08	09	10
①	③	④	③	③	①	②	③	①	③
11	12	13	14	15	16	17	18	19	20
①	④	③	④	③	④	④	②	③	④

01   정답 ①

강도율
- 근로시간 합계 1,000시간당 요양재해로 인한 근로손실일수
- 강도율 = (총요양근로손실일수/연근로시간수) × 1,000
- 총요양근로손실일수는 요양재해자의 총 요양기간을 합산하여 산출

02   정답 ③

TBM(Tool Box Meeting)
- 작업 현장 근처에서 작업 전에 관리감독자(작업반장, 직장, 팀장 등)를 중심으로 작업자들이 모여 작업의 내용과 안전작업 절차 등에 대해 서로 확인 및 의논하는 활동
- 5단계 추진법 : 도입 → 점검정비 → 작업지시 → 위험예지 → 확인

03   정답 ④

공정안전보고서 내용 중 공정안전자료
- 취급·저장하고 있거나 취급·저장하려는 유해·위험물질의 종류 및 수량
- 유해·위험물질에 대한 물질안전보건자료
- 유해·위험설비의 목록 및 사양
- 유해·위험설비의 운전방법을 알 수 있는 공정도면
- 각종 건물·설비의 배치도
- 폭발위험장소 구분도 및 전기단선도
- 위험설비의 안전설계·제작 및 설치 관련 지침서

04   정답 ③

아담스의 연쇄성이론
- 관리구조 결함 → 작전적 에러(경영자, 감독자 행동) → 전술적 에러(불안전한 행동) → 사고(물적사고) → 재해(상해, 손실)
- 아담스는 기초원인으로 인해 재해가 발생하는 것이 아니라 관리의 잘못으로 사고가 발생한다고 주장하며, 재해방지를 위해 관리의 중요성을 강조함

05   정답 ③

"보호구 및 방호장치의 적용 기준에 관한 사항"은 시설물이 아니라 기계장치와 설비에 관련된 사항이다.

시설물의 안전 및 유지관리계획의 수립·시행
- 시설물의 적정한 안전과 유지관리를 위한 조직·인원 및 장비의 확보에 관한 사항
- 긴급상황 발생 시 조치체계에 관한 사항
- 시설물의 설계·시공·감리 및 유지관리 등에 관련된 설계도서의 수집 및 보존에 관한 사항
- 안전점검 또는 정밀안전진단의 실시에 관한 사항
- 보수·보강 등 유지관리 및 그에 필요한 비용에 관한 사항

06   정답 ①

안전화의 종류
- 가죽제 안전화 : 떨어지는 물체에 맞거나 부딪히거나 날카로운 물체에 찔리지 않도록 발을 보호
- 고무제 안전화 : 떨어지는 물체에 맞거나 부딪히거나 날카로운 물체에 찔리지 않도록 발을 보호하고 방수 및 내화학성을 겸한 것
- 정전기 안전화 : 떨어지는 물체에 맞거나 부딪히거나 날카로운 물체에 찔리지 않도록 발을 보호하고 정전기의 인체대전을 방지
- 발등 안전화 : 떨어지는 물체에 맞거나 부딪히거나 날카로운 물체에 찔리지 않도록 발과 발등을 보호
- 절연화 : 떨어지는 물체에 맞거나 부딪히거나 날카로운 물체에 찔리지 않도록 발과 발등을 보호하고 저압의 전기에 의한 감전 방지
- 절연장화 : 고압에 의한 감전을 방지하고 방수를 겸한 것

07 정답 ②

하인리히의 도미노이론
- 1단계 : 사회적 환경, 유전적 요소(기초원인)
- 2단계 : 개인의 결함(간접원인)
- 3단계 : 불안전한 행동, 불안전한 상태(직접원인)
  - 불안전한 행동 : 권한 없이 행한 조작, 보호구 미착용, 안전장치의 기능제거
  - 불안전한 상태 : 방호조치의 결함, 보호구 및 복장의 결함, 작업환경의 결함, 숙련도 부족

08 정답 ③

자율검사 프로그램
- 사업주가 안전검사대상 기계기구에 대하여 검사프로그램을 정하여 자체적으로 안전에 관한 검사를 실시하는 제도
- 제출서류
  - 안전검사대상 기계 등의 보유현황
  - 검사원 보유 현황과 검사를 할 수 있는 장비 및 장비 관리 방법
  - 안전검사대상 기계 등의 검사 주기 및 검사 기준
  - 향후 2년간 안전검사대상 기계 등의 검사수행계획
  - 과거 2년간 자율검사프로그램 수행 실적(재신청의 경우)

09 정답 ①

하인리히의 재해예방 4원칙
- 손실우연의 법칙 : 사고로 인한 손실(상해)의 종류 및 정도는 우연적
- 원인계기의 원칙 : 사고는 여러 가지 원인이 연속적으로 연계되어 일어남
- 예방가능의 원칙 : 사고는 예방이 가능
- 대책선정의 원칙 : 사고예방을 위한 안전대책이 선정되고 적용되어야 함

10 정답 ③

제시된 사례에서 기인물과 가해물은 모두 같으며 사람이 떨어지는 것은 추락, 물건이 떨어지는 것은 낙하이다.

재해발생의 분석
- 기인물 : 불안전한 상태에 있는 물체(환경포함)
- 가해물 : 직접 사람에게 접촉되어 위해를 가한 물체
- 사고의 형태 : 물체와 사람과의 접촉현상
- 예) 불안전한 작업대에서 작업 중 추락하여 지면에 머리가 부딪혀 다친 경우에 기인물은 작업대, 가해물은 지면이 됨

11 정답 ①

구 분 공사종류	대상액 5억원 이상 50억원 미만인 경우	
	적용비율(%)	기초액
건축공사	1.86%	5,349,000원
토목공사	1.99%	5,499,000원
중건설공사	2.35%	5,400,000원
특수건설공사	1.20%	3,250,000원

※ 전체 계상기준표는 교재 50p 참고

12 정답 ④

무재해 운동의 목표설정기준
- 업종은 무재해 목표를 달성한 시점에서의 업종을 적용
- 건설업의 규모는 재개시 시점에 해당하는 총공사금액을 적용
- 규모는 재개시 시점에 해당하는 달로부터 최근 1년간의 평균 상시 근로자수를 적용
- 무재해 목표를 달성한 시점 이후부터 즉시 다음 배수를 기산하며 업종과 규모에 따라 새로운 무재해 목표시간을 재설정
- 창업하거나 통합·분리한 지 12개월 미만인 사업장은 창업일이나 통합·분리일부터 산정일까지의 매월 말일의 상시 근로자수를 합하여 해당 월수로 나눈 값을 적용

13 정답 ③

안전인증대상 방호장치
- 프레스 및 전단기 방호장치
- 양중기(크레인, 리프트, 곤돌라, 승강기)용 과부하 방지장치
- 보일러 압력방출용 안전밸브
- 압력용기 압력방출용 안전밸브
- 압력용기 압력방출용 파열판
- 절연용 방호구 및 활선작업용 기구
- 다음 중 고용노동부 장관이 정하여 고시하는 것
  - 추락·낙하 및 붕괴 등의 위험 방지 및 보호에 필요한 가설기자재
  - 충돌·협착 등의 위험 방지에 필요한 산업용 로봇 방호장치

14 정답 ④

PDCA사이클
- Plan(계획) : 현장 실정에 맞는 적합한 안전관리방법 계획을 수립
- Do(실시) : 안전관리 활동의 실시, 교육 및 훈련의 실행
- Check(검토) : 안전관리 활동에 대한 검사 및 확인
- Action(조치) : 검토된 안전관리활동을 조치, 더 나은 활동을 계획하여 반영

15 　정답 ③

안전보건관리계획 수립 시, 계획의 목표는 점진적으로 하여 높은 수준으로 한다.

16 　정답 ④

시몬즈 방식의 비보험 코스트는 통원상해, 응급조치, 무상해, 휴업상해 건수가 있다.

17 　정답 ④

무재해운동의 추진기법
- 지적확인
- 터치 앤 콜
- 위험예지훈련(4R)
- 브레인스토밍

18 　정답 ②

중대재해
산업재해 중 사망 등 정도가 심하거나 다수의 재해자가 발생하는 경우로 다음과 같은 재해
- 사망자가 1명 이상 발생한 재해
- 3개월 이상의 요양이 필요한 부상자가 동시에 2명 이상 발생한 재해
- 부상자 또는 직업성 질병자가 동시에 10명 이상 발생한 재해

19 　정답 ③

제어의 부족은 하인리히의 도미노이론을 수정하여 버드가 주장한 이론에 포함된다.

하인리히의 도미노이론
- 1단계(Ancestry&Social Environment) : 사회적 환경, 유전적 요소(기초원인)
- 2단계(Personal Faults) : 개인의 결함(간접원인)
- 3단계(Unsafe Act&Condition) : 불안전한 행동, 불안전한 상태(직접원인)
- 4단계(Accident) : 사고
- 5단계(Injury) : 재해

20 　정답 ④

강도율 = 근로손실일수 × 1000 / 총연근로시간수
∴ 800 × 1000 / (400 × 45 × 50 × 0.95) ≒ 0.94

---

02 산업심리 및 교육

21	22	23	24	25	26	27	28	29	30
②	①	③	②	③	②	①	③	③	②
31	32	33	34	35	36	37	38	39	40
②	③	④	③	④	③	④	②	③	④

21 　정답 ②

감각기관을 통한 교육훈련의 효과
- 시각 : 60%
- 청각 : 20%
- 촉각 : 15%
- 미각 : 3%
- 후각 : 2%

22 　정답 ①

1단계는 생리적 욕구이다.

매슬로우의 욕구 6단계
- 1단계 : 생리적 욕구(Physiological Needs)
- 2단계 : 안전의 욕구(Safety Security Needs)
- 3단계 : 사회적 욕구(Acceptance Needs)
- 4단계 : 존경(인정)의 욕구(Self-Esteem Needs)
- 5단계 : 자아실현의 욕구(Self-Actualization)
- 6단계 : 자아초월의 욕구(Self-Transcendence)

23 　정답 ③

아세틸렌 용접장치 등에 대한 특별안전교육 내용
- 용접 흄, 분진 및 유해광선 등의 유해성에 관한 사항
- 가스용접기, 압력조정기, 호스 및 취관두 등의 기기점검에 관한 사항
- 작업방법·순서 및 응급처치에 관한 사항
- 안전기 및 보호구 취급에 관한 사항
- 화재예방 및 초기대응에 관한사항
- 그 밖에 안전·보건관리에 필요한 사항

24 　정답 ②

헤롬홀츠 착시는 제시된 그림 (a)가 세로로 길게 보이고, (b)가 가로로 길게 보이는 현상을 의미한다.

25 정답 ③

직장의 실정에 맞는 실제적 훈련이 가능한 것은 OJT(On the Job Training)이다.

Off.J.T(Off the Job Training)
- 공통된 교육목적을 가진 근로자를 일정한 장소에 집합시켜 교육
- 특 징
  - 훈련에만 전념하게 됨
  - 전문가를 강사로 활용할 수 있음
  - 특별 설비기구를 이용하는 것이 가능
  - 다수의 근로자에게 조직적 훈련이 가능
  - 각 직장의 근로자가 많은 지식이나 경험을 교류할 수 있음
  - 교육 훈련 목표에 대하여 집단적 노력이 흐트러질 수 있음

26 정답 ②

산업안전보건법으로 규정하는 의무교육의 종류에는 근로자 안전보건교육, 특별교육대상 작업별 안전교육, 건설업 기초 안전보건교육, 안전보건관리책임자 교육, 특수형태근로종사자 안전보건교육, 검사원 성능검사교육, 물질안전보건자료에 관한 교육이 있다. 작업내용 변경 시 교육은 근로자 안전보건교육에 해당한다.

27 정답 ①

부주의
주의력이 떨어지는 상태로 의식의 저하, 의식의 혼란, 의식의 단절, 의식의 우회 등 4가지의 형태로 나타나며, 사고의 간접원인이 된다.

28 정답 ③

단면적 인간관계의 기제(Mechanism)에는 모방, 암시, 커뮤니케이션, 동일시, 투사가 있다. 습관은 개인적인 것으로 인간관계 기제에는 해당되지 않는다.

29 정답 ③

심리검사의 구비조건
- 표준화 : 사물의 정도, 성격 따위를 알기 위한 근거나 기준
- 객관성 : 주관에 좌우되지 않고 언제 누가 보아도 인정되는 성질
- 규준(NORM) : 비교의 기준
- 신뢰성 : 누가 측정하더라도 변하지 않는 성질. 즉, 일관성
- 타당성 : 측정하고자 하는 것을 얼마나 잘 반영하고 있는가 하는 정확성

30 정답 ②

시청각법
교육대상자수가 많고 교육대상자의 학습능력의 차이가 큰 경우에 적합한 집단 안전교육방법으로 학습자들에게 공통의 경험을 형성시킴

31 정답 ②

투사(Projection)
- 해석과정에서 자기 자신이 준거의 틀이 됨
- 자신의 부정적·긍정적 특성을 타인에게 돌림
- 자신의 잘못에 대해 조상 탓을 하거나 축구 선수가 공을 잘못 찬 후 신발 탓을 함

32 정답 ③

직무분석기법의 종류로는 면접법, 관찰법, 질문법(설문지법)이 있다. 실험법은 실험집단과 통제집단을 설정하여 실험집단에 일정한 조작을 가해 나타나는 변화를 통제집단과 비교하여 자료를 수집하는 방법으로 과학적 연구방법에 주로 사용하지 직무분석에는 사용되지 않는다.

직무분석 기법
- 면접법(Interview) : 자료의 수집에 많은 시간과 노력이 들고, 수량화된 정보를 얻기가 힘듦
- 질문법(Questionnaire) : 설문지법, 표준화되어 있는 질문지로 직무담당자에게 항목을 평가
- 관찰법(Observation) : 훈련된 직무분석자가 관찰하여 정보를 수집

33 정답 ④

교육의 진행단계에는 도입, 제시, 적용, 확인의 4단계가 있다. 이 중 교육의 핵심이 되는 점을 가르쳐주는 것은 제시단계이다.

교육의 진행단계

1단계 : 도입(Preparation)	학습준비, 흥미제공, 주의집중, 동기유발
2단계 : 제시(Presentation)	작업설명, 핵심이 되는 점을 확실하게 이해시킴
3단계 : 적용(Performance)	직접해 봄, 상호학습, 교육내용을 복습정리하는 자율학습
4단계 : 확인(Follow-up)	교육이해도 확인, 잘못된 것을 수정, 교육방법 개선검토

34　　　정답 ③
안전태도의 형성
- 행동 이전의 안전태도를 교육을 통해 확보
- 청취 → 이해 → 모범 → 평가 → 장려·처벌

35　　　정답 ④
산업심리의 5대 요소는 동기, 기질, 감정, 습성, 습관이다.

36　　　정답 ③
토렌스(Torrance)는 창의성을 발휘하기 위해선 전문지식, 내적동기 그리고 상상력이 있어야 한다고 주장했다.

토렌스(Torrance)의 창의력의 3요소
- 전문지식 : 관련분야의 지식과 경험이 축적되어야 창의성이 발휘됨
- 내적동기
  - 어떠한 행동을 하기 위해서는 외적동기보다 내적동기가 필요함
  - 내적동기부여 없이는 어떠한 창의성도 발휘될 수 없음
  - 내적동기는 스스로의 만족을 위해 행동함
- 상상력
  - 상상력은 전문지식과 창의성 간의 간극을 줄여주는 요소
  - 전문지식이 모자라더라도 상상력만 충분하다면 창의성이 발현됨

37　　　정답 ④
많이 사용하는 것을 먼저해야 한다.

교육지도의 원칙
- 수강자 중심의 교육실시 : 교육생이 교육의 내용을 충분히 이해해야 함
- 동기부여 : 교육생이 가진 알려고 하는 의욕이 일어나게 해야 함
- 반복 : 지식, 기능, 태도가 반복을 통해 몸에 체화되어야 함
- 쉬운 것부터 시작 : 이해할 수 있고, 행동할 수 있는 것부터 시작하여 성취감을 느끼도록 해야 함
- 한 번에 한 가지씩 : 한꺼번에 많은 것을 가르치지 않고 수용 가능한 범위에서 교육
- 인상의 강화 : 중요한 핵심사항을 확실하게 알게 함
- 오감을 활용 : 오감을 모두 활용할 수 있는 복합적 교육이 효과적
- 기능적 이해 : 암기식·주입식 교육이 아닌 기능적으로 왜 그래야 하는지 이해시킴

38　　　정답 ②
직장에서의 사고예방 조치
- 감독자와 근로자는 특수한 기술뿐 아니라 안전에 대한 태도도 교육받아야 함
- 모든 사고는 사고 자료가 연구될 수 있도록 철저히 조사되고 자세히 보고
- 안전의식고취 운동에서 포스터는 긍정과 부정을 조화롭게 사용하는 것이 좋음
- 안전장치는 생산을 방해해서는 안 되고, 그것이 제 위치에 있지 않으면 기계가 작동되지 않도록 설계되어야 함

39　　　정답 ③
리더의 구비요건
- 화합성
- 통찰력
- 공익추구
- 정서적 안정성 및 활발성

40　　　정답 ④
타당성은 측정하고자 하는 것을 얼마나 잘 반영하고 있는가 하는 정확성이다.

심리검사의 구비조건
- 표준화 : 사물의 정도, 성격 따위를 알기 위한 근거나 기준
- 객관성 : 주관에 좌우되지 않고 언제 누가 보아도 인정되는 성질
- 규준(NORM) : 비교의 기준
- 신뢰성 : 누가 측정하더라도 변하지 않는 성질. 즉, 일관성
- 타당성 : 측정하고자 하는 것을 얼마나 잘 반영하고 있는가 하는 정확성

03 인간공학 및 시스템안전공학

41	42	43	44	45	46	47	48	49	50
②	④	③	④	②	①	②	④	④	①
51	52	53	54	55	56	57	58	59	60
②	①	①	②	④	③	②	①	②	④

41 정답 ②

기계장비의 안전색채

시동스위치	녹색
급정지스위치	적색
물배관	파랑색(온수는 노란색, 난방용배관은 분홍색)
증기배관	암적색
공기배관	백색
가스배관	황색
오일배관	어두운 주황색
전기	밝은 주황
산, 알카리	회보라
대형기계	연녹색
고열발생기계	회청색

42 정답 ④

확률변수 X가 정규분포를 따르므로
$N(\overline{X}, \sigma) = N(10,000, 200)$ 이며
$P(\overline{X} > 9,600) = P\left(Z > \dfrac{9,600 - 10,000}{200}\right)$
$= P(Z > -2) = P(Z \leq 2) = 0.9772 = 97.72\%$

43 정답 ③

- 정상사상 아래가 and 게이트이므로 아래의 3개의 사상이 모두 복구되어야 움직임
- X_1이 복구되면 → 1, 2번 or 게이트가 복구되나 3번 or 게이트 고장으로 여전히 고장
- X_2가 복구되면 → 변화 없음, x와 동일
- X_3가 복구되면 → 남아있던 3번 or 게이트마저 복구되어 정상가동

44 정답 ④

정성적 분석기법
- PHA(예비위험분석 : Preliminary Hazard Analysis) 그래프
- PHA에서 예비조처상태는 없음

45 정답 ②

- MTBF = 총동작시간/고장횟수 = 85/6 ≒ 14.17
- 총동작시간 : 100 - 15 = 85
- 고장횟수 : 6

46 정답 ①

극단치 설계

출입문의 높이와 같이 극단에 속하는 사람을 대상으로 하면 모든 사람을 수용할 수 있는 경우이다. 이렇게 설계할 경우 이보다 높은 퍼센타일에 속하는 사람들 모두가 이용 가능하다.

47 정답 ②

피츠의 법칙
- 이동시간은 이동길이가 클수록, 폭이 작을수록 오래 걸린다는 법칙
- 변수는 표적의 너비, 표적까지의 거리, 작업의 난이도

48 정답 ④

F(T) = R(A) × R(A) = 0.05 × 0.08 = 0.004
R(T) = 1 - 0.004 = 0.996

49 정답 ④
인간과 기계의 통합시스템에는 수동시스템(체계), 기계시스템, 자동시스템이 있다.

50 정답 ①
작업별 조명의 충분한 조도
- 초정밀작업 750lux
- 정밀작업 300lux
- 보통작업 150lux
- 기타작업 75lux

51 정답 ②
휴식시간 산출식

$$R = 작업시간 \times \frac{E-5}{E-1.5}$$

(E : 작업 중 에너지 소비량)

52 정답 ①
인간공학의 현장연구와 실험실연구의 차이점

현장연구	실험실연구
• 현실성이 있어 일반화 용이 • 실험단위가 크고 주변 환경의 영향을 받기 쉬움 • 시간이 많이 소요되며, 반복시행이 어려움 • 피실험자의 자연스러운 반응을 기대할 수 있음 • 실험조건을 균일하게 적용할 수 없음 • 실험에 관련된 인자수가 많음 • 실험조건의 조절과 안전확보가 어려우므로 실험조건과 절차 등의 관리에 요주의	• 현실성과 일반성이 떨어짐 • 변수의 통제 용이 • 실험이 용이하고 반복시행 가능 • 연구의 한계점으로 인해 현실에서의 적용 가능성에 대한 선행검토 필요

53 정답 ①
촉각적 암호화 방법
- 점자(형상, 위치)
- 진 동
- 온 도

54 정답 ②
2단계 : 정성적 평가
- 설비관계 : 입지조건, 공장내 배치, 건조물, 소방설비
- 운전관계 : 원재료, 중간체제품, 공정, 수송 및 저장, 공정기기

55 정답 ④
좋은 코딩시스템의 요건
- 코드의 검출성
- 코드의 식별성(판별성)
- 코드의 표준화
- 코드의 양립성

56 정답 ③
산업안전보건법에 따른 해당 사업으로서 전기계약용량이 300kW 이상인 사업은 제품의 생산공정과 직접적으로 관련된 건설물·기계·기구 및 설비 등 일체를 설치·이전하거나 그 주요 구조부분을 변경하는 경우에 유해위험방지계획서를 작성하여 고용노동부장관에게 제출한다.

57 정답 ②
최소컷셋(Minimal Cut Sets)
- 정상사상(Top Event)을 일으키기 위한 최소한의 집합
- 일반적으로 Fussell Algorithm을 이용
- 반복되는 사건이 많은 경우 Limnios와 Ziani Algorithm을 이용하는 것이 유리
- 시스템의 위험성을 표시하여 개수가 늘어나면 위험수준이 높아짐
- 중복되는 사상의 컷셋 중 다른 컷셋에 포함되는 셋을 제거한 컷셋과 중복되지 않는 사상의 컷셋을 합한 것

58
정답 ①

극단치 설계의 원리에 의하여 여러 사람이 사용하는 의자의 좌면높이는 가장 작은 사람의 오금높이로 설계해야 모두가 편하게 앉을 수 있다.

59
정답 ②

주유방법은 기계의 종류마다 다르다.

적정윤활의 원칙
- 기계가 필요하는 윤활유를 선정할 것
- 기계가 필요하는 적정량을 급유할 것
- 올바른 윤활방법을 채용할 것
- 윤활시기를 정확하게 지킬 것

60
정답 ④

조도(Illuminance)	광도(Luminance)
• 광도(cd) / 거리제곱(m^2) • 어떤 면에 도달하는 빛의 양(lm/m^2) • 거리가 증가할 때 조도는 거리의 제곱에 반비례로 감소 • 단위는 lux(lx), foot candle(fc) • 1fc = 10.764lx	• 단위 면적당 표면에서 반사 또는 방출되는 광량(Luminous Intensity) • 휘도라고도 하며 단위로는 L(Lambert)를 씀 • 단위 시간당 한 발광점으로부터 투광되는 빛의 에너지양 • 칸델라(Candela)로 표기하며 1칸델라(Candela)는 촛불 하나의 밝기

04 건설시공학

61	62	63	64	65	66	67	68	69	70
①	④	①	③	④	②	③	①	①	②
71	72	73	74	75	76	77	78	79	80
③	③	①	②	④	①	①	③	②	①

61
정답 ①

대리석은 화강암에 비해 내구성이 떨어지고 산 및 화열에 약해 영구적이지 못하기 때문에 주로 외장용보다는 내장용으로 사용한다. 광택과 빛깔이 미려하여 내부 장식용으로 많이 이용된다.

62
정답 ④

흙의 중량차이로 발생한다.

히빙(Heaving) 현상
- 연약점토지반에서 굴착작업 시 흙막이벽 내외의 흙의 중량차이로 인해 저면 흙이 지지력을 상실하여 붕괴되어 흙막이 바깥에 있는 흙이 흙막이벽 선단을 돌며 밀려 들어와 굴착 저면이 부풀어 오르는 현상
- 원 인
  - 연약한 점토지반
  - 흙막이 벽체의 근입장 부족
  - 흙막이 내외부 중량차
  - 지표 재하중

63
정답 ①

조적공법은 강 주위를 콘크리트, 경량콘크리트 블록, 돌, 벽돌로 쌓는 공법이다.

64
정답 ③

Agency CM
- 대리인형 CM(CM for Fee) : 서비스를 제공하고 용역비(Fee)를 받는 대리인의 역할로 프로젝트 전반에 걸쳐 발주자의 컨설턴트 역할을 수행, 공사비, 공기, 품질에 관한 책임을 지지 않음
- 시공자형 CM(CM at Risk) : CM이 하도급업자와 직접 계약하여 공사를 수행, 공사비와 공기에 관한 책임과 위험을 부담

65 정답 ④
거푸집 조립순서
기초 → 기둥 → 보받이 내력벽 → 큰 보 → 작은 보 → 바닥판 → 계단 → 외벽

66 정답 ②
용접부의 비파괴 검사법
- 방사선 투과법(RT ; Radiography Testing)
  - 두께 100mm 이상도 가능하나 검사장소가 제한적
  - 필름의 밀착성이 좋지 않은 건축물에서는 검출이 어려움
- 초음파 탐상법(UT ; Ultrasonic Testing)
  - 두께 5mm 이상은 불가능
  - 빠르고 경제적이어서 현장에서 주로 사용
- 자기분말 탐상법(MT ; Magnetic particle Testing) : 두께 15mm까지 가능, 미세부분도 검사가 가능
- 침투 탐상법(PT ; Liquid Penetrant Testing) : 모세관현상을 이용한 것으로 넓은 범위의 표면결함만 검사 가능

67 정답 ③
굴삭기의 작업량(m^3/h)
$$= \frac{3600 \times 2 \times 0.8 \times 0.7 \times 1.1 \times 0.8}{40} ≒ 88.7$$

굴삭기의 작업량 계산식

굴삭기의 작업량(m^3/h) = $\frac{3600 \times q \times K \times f \times E}{사이클타임}$

(q : 버킷용량, K : 버킷계수, f : 체적환산계수, E : 작업효율)

68 정답 ①
버팀대(Strut)공법
- 흙막이 벽을 설치하고, 양측 토압의 균형을 이용한 수평 버팀대로 토류벽을 지지하면서 점차 흙을 굴착하는 공법
- 토질의 영향을 적게 받고, H Pile이나 Sheet Pile과 함께 수평버팀대로 토압을 지지함
- 어스앵커 공법의 적용이 어려운 도심지 공사 등에 적용가능하나 고저차가 크거나 상이한 구조의 경우 균형을 잡기 어려움
- 가설구조물로 인해 중장비작업이나 토량제거 작업의 능률이 저하되며 공기지연으로 공사비가 상승함

69 정답 ①
트래블링 폼(Traveling Form)
- 해체 및 이동에 편리하도록 제작된 수평활동 시스템 거푸집
- 터널, 교량, 지하철 등에 주로 적용

플라잉 폼
- 거푸집, 장선, 멍에, 지주를 일체화
- 수평·수직으로 이동할 수 있도록 한 바닥전용 대형거푸집

갱 폼
- 사용 시마다 조립·분해를 반복하지 않도록 대형화 및 단순화
- 대형벽체 거푸집으로 인력절감 및 재사용이 가능한 장점이 있음

터널 폼
- 벽체용·바닥용 거푸집을 일체로 제작하여 벽과 바닥 콘크리트를 일체로 하는 거푸집
- 트윈 쉘(Twin Shell)과 모노 쉘(Mono Shell)이 있음

클라이밍 폼
벽체전용 거푸집으로 거푸집과 벽체마감공사를 위한 비계틀을 일체로 조립한 거푸집

70 정답 ②
블록은 살 두께가 두꺼운 쪽이 위로 가게 쌓는다.

71 정답 ③
석재는 인장 및 휨모멘트에 대한 강도가 약하기 때문에 인장 및 휨모멘트를 받는 곳에 석재를 사용하지 않아야 한다.

72 정답 ③
연관도표, 마디도표
(PDM ; Precedence Diagramming Method)
- 한 공종의 작업이 하나의 숫자로 표기되고 컴퓨터에 적용하기 용이한 이점 때문에 많이 사용
- 각 작업은 node로 표기하고 node 안에 작업과 소요일수 등 공사의 관련사항이 표기됨. 더미의 사용이 불필요하며 화살표는 단순히 작업의 선후관계만을 나타냄
- 반복적이고 많은 작업이 동시에 일어날 때에 네트워크작성에 더욱 효율적

73 정답 ①

가치공학의 기본 기념
- VE(Value Engineering) : 대체안 개발을 통한 원가절감기법으로 기능(Function)을 향상 또는 유지하면서 비용(Cost)을 최소화하여 가치(Value)를 극대화
- 고정관념의 제거 : 창조적 사고, 유연한 사고
- 사용자 중심의 사고 : 사용자・발주자의 판단에 의해 가치의 크기가 결정
- 기능중심의 사고(접근) : 기본기능, 2차기능, 불필요한 기능, 과잉기능으로 분석하여 불필요한 기능을 제거
- 조직적 노력 : 개인 또는 한 부문의 노력보다 팀 단위 노력을 강조

74 정답 ②

조립 시 리벳구멍 위치가 다르면 리머(Reamer)로 구멍 가심을 한다.

75 정답 ④

용접결함
- 슬래그 감싸돌기 : 용접봉의 피복재 심선과 모재가 변하여 생긴 화분이 용착 금속 내에 혼입되는 현상
- 언더컷(Under-cut) : 모재가 녹아 용착 금속이 채워지지 않고 홈으로 남게 된 부분
- 오버랩(Over-lap) : 용접금속과 모재가 융합되지 않고 겹쳐진 것
- 기공 및 피트(Blow Hole & Pit) : 금속이 녹아들 때 생기는 기포나 작은 틈
- 크랙(Crack) : 용접부에 생기는 미세한 홈
- 크레이터(Crater) : Arc용접 시 끝부분이 항아리모양으로 패인 것
- 스패터(Spatter) : 용접 시 튀어나온 슬래그가 굳은 현상
- 플럭스(Flux) : 용접 시 용접결함을 방지하기 위해 용접봉의 피복제 역할을 하는 분말상의 재료

76 정답 ①

말뚝머리(두부)의 절단은 커팅기계 등 말뚝에 유해한 충격 및 손상을 주지 않는 기구를 사용해야 한다.

77 정답 ①

제치장콘크리트(Exposed Concrete)
- 별도의 마감재료로 시공하지 않고 콘크리트 자체의 색상 및 질감으로 마감하는 콘크리트
- 콘크리트 표면 자체가 마감이므로, 시공 및 재료적인 측면에서 철저한 사전준비가 필요
- 장점
  - 마감자재의 절감
  - 자중의 감소
  - 환경친화적
  - 공기단축
- 단점
  - 거푸집 공사비 증가
  - 전문인력 수급곤란
  - 하자발생 시 보수가 어려움
  - 품질관리가 어려움

78 정답 ③

진동기(콘크리트 Vibrator) 사용
- 진동기는 콘크리트 밀실화 유지를 위해 사용
- 지나친 진동은 거푸집 도괴의 원인이 될 수 있으므로 각별히 주의

79 정답 ②

기본형이므로 1,000매당 0.35m^3의 모르타르가 필요하며, 2,000매이므로 0.35 × 2 = 0.7m^3의 모르타르가 필요하다.

벽돌 1,000매당 모르타르량

두께	표준형
0.5B	0.25
1.0B	0.33
1.5B	0.35

※ 전체 모르타르 소요량 표는 교재 672p 참고

80 정답 ①

기초상부 고름질 방법의 종류에 고정매입법은 없다.

기초상부 고름질 방법의 종류
전면바름 마무리법, 나중 채워넣기 중심바름법, 나중 채워넣기, 십자(+)바름법, 완전나중 채워넣기법

05 건설재료학

81	82	83	84	85	86	87	88	89	90
①	④	②	④	①	③	②	④	④	②
91	92	93	94	95	96	97	98	99	100
②	②	③	①	④	①	④	④	④	④

81 정답 ①

도막 방수
- 합성고무, 합성수지용액, 에멀젼을 콘크리트 바탕에 2~4mm 두께로 도포
- 종 류
  - 고무아스팔트계 : 천연 및 합성고무와 아스팔트로 만듦
  - 우레탄 고무계 : 1성분형과 2성분형이 있고 2성분형이 이용됨
  - 아크릴 고무계 : 수분의 증발에 의해 도막을 형성하는 방수재료
  - 아크릴 수지계 : 연속저온하에서는 굳어지고, 연속고온하에서는 연화됨
  - 클로로프렌 고무계 : 클로로프렌 고무를 주성분으로 하고 무기질 충전제, 안정제를 혼합
  - FRP도막방수재 : 내마모성이 뛰어나고 강인하며, 경량임. 내수성, 내식성, 내후성이 뛰어남
  - 에폭시 : 내약품성, 내마모성이 우수하여 화학공장의 방수층을 겸한 바닥 마무리로 적합
  - 폴리우레탄 : 도막방수재, 실링재로 사용, 기포성 보온재료로도 사용

82 정답 ④

목재는 함수율이 증가하면 섬유포화점 이상에서는 강도는 일정하나, 섬유포화점 이하에서는 함수율이 감소할수록 강도가 증가하여 함수율 12% 부근에서는 함수율이 1% 적어지지만 압축, 휨강도는 5% 증가하고, 전단강도는 3% 증가한다.

83 정답 ②

프리플레이스드(Preplaced) 콘크리트
- 거푸집에 골재를 넣고 그 골재 사이 공극에 모르타르를 넣어서 만든 콘크리트
- 자갈이 촘촘하게 차있어서 시멘트가 적게 들고 치밀함
- 곰보현상이 적고 내수성·내구성이 뛰어남
- 골재를 먼저 넣으므로 중량콘크리트 시공을 할 수도 있음
- 재료가 분리되지 않고 유동성·팽창성·응결지연성을 좋게 하기 위해 플라이 애시, 표면활성제, 알루미늄 분말 등의 혼화제를 섞어서 사용함
- 모르타르를 넣을 때는 새지 않도록 하고 연속적으로 넣음
- 모르타르면의 상승속도를 0.3~2.0m/h 정도로 조절
- 주로 기초말뚝의 현장 시공과 수중공사에 쓰임
- 골재의 적절한 입도 분포를 위해 일반적으로 굵은 골재의 최대 치수는 최소 치수의 2~4배 정도함

84 정답 ④

아스팔트의 장점
- 화학약품에 대한 내성이 큼
- 외기에 대한 내열화성이 우수
- 접착성이 양호하고 방수성능이 우수

85 정답 ①

경질섬유판(HD ; Hard Board)
- 밀도 0.85g/cm² 이상의 섬유판
- 창호, 문틀재 및 바닥재 등으로 이용
- 펄프를 접착제로 제판하여 양면을 열압 건조시킨 것

86 정답 ③

불림과 풀림의 온도는 비슷하나 불림의 목적은 결정미세화와 조직을 균일하게 하는 표준화가 목적이라면 풀림은 내부응력 제거가 주목적이다.

불림(Normalizing)
- 주조, 단조 압연 등에 의하여 만들어진 강재는 과열이상 조직이나 탄화물의 국부응집, 결정립의 조대화 등이 발생함
- 강철의 결정립을 미세하게 하여 기계적 성질을 향상시키기 위한, 즉 강을 표준상태로 하기 위한 열처리임

87 정답 ②

도료 결함의 종류

피막 (Skinning)	도료의 보관 중 도료 표면에 피막이 형성되는 현상
증점 (Bodying)	도료의 사용·보관 중 점도가 상승하는 현상
시딩 (Seeding)	도료 도막에 온도의 작용으로 서로 다른 형태의 좁쌀모양의 알갱이가 생기는 현상
흐름 (Sagging)	수직면에 도장된 Wet 상태의 도료의 일부가 흘러내려 맺히는 현상

88 정답 ④
트래버틴은 외장재가 아니라 내장재이다.

트래버틴(Travertine)
- 대리석과 유사하지만 석질이 불균일하고 다공질
- 황갈색의 반문과 아치가 있어 특수 내장재로 사용

89 정답 ④

워커빌리티(Workability)
- 굳지 않은 콘크리트의 성질 중 재료의 분리 없이 작업에 용이한 정도를 나타내는 용어
- 과도하게 비빔시간이 길면 시멘트의 수화를 촉진하여 워커빌리티가 나빠짐
- 단위수량을 너무 증가시키면 재료분리가 생기기 쉽기 때문에 워커빌리티가 나빠짐
- AE제를 혼입하면 워커빌리티가 좋아짐
- 깬자갈 등의 쇄석을 사용하면 워커빌리티가 나빠짐

90 정답 ②

실리카 시멘트
- 시멘트의 클링커와 규산질물(Silica)의 혼합물
- 저온에서 응결이 늦고 화학적 저항성이 큼
- 수화열이 적고 수밀성이 크고 해수에 대한 저항도 큼
- 단기강도가 적으나 장기강도는 포틀랜드 시멘트와 유사

91 정답 ②

점토
- 주성분은 실리카와 알루미나, 비중은 2.5~2.6, 입자의 크기는 0.1~25㎛
- 함수율이 40~45%일 때 가소성이 가장 크며 30%일 때 최대수축을 보임
- 암석성분에 따라 산화철, 석회, 산화마그네슘, 산화칼륨, 산화나트륨 등을 포함하고 있으며 함유량에 따라 색상이 달라짐
- 점토 내 화학성분은 내화성, 소성변형, 색채 등에 영향을 줌
- 점토의 인장강도는 입자크기가 작을수록 향상됨

규 석
- 규산(SiO_2)으로 구성된 광물
- 역할 : 타일 소지에 첨가하여 점성을 제거하고 소결 온도를 낮추며, 미분화하여 타일 소지의 기본 골격 형성함

고령토
- 알루미늄을 함유한 규산염 광물
- 역할 : 소지의 점성을 높이고 백색도를 향상시키는 역할
- 고령토가 도자기 원료로 쓰이기 위해서는 산화알루미늄(Al_2O_3) 함유량이 35% 이상이어야 하고 내화도도 SK33 이상이어야 함

납 석
- 곱돌이라도 하며 엽납석을 주성분으로 하는 암석
- 역할 : 유약의 광택을 높이고 융점을 낮춤
- 유리섬유, 내화물, 도자기, 시멘트의 원료로 사용됨

92 정답 ②

온도측정법
- 소성온도는 점토의 성분이나 제품의 종류에 따라 상이함
- 소성온도 측정법에는 1886년 제게르가 고안하고 1908년 시모니스가 개량한 제게르콘법이 있음(SK번호는 소송온도를 표시함)

93 정답 ③

페인트 퍼티
건성유에 연백 또는 안료를 넣어 만든 것으로 유성페인트의 바탕만들기에 사용되며, 페인트의 밀착력과 내구성을 높이는 역할을 함

94 정답 ①

깬자갈을 사용하면 부착력이 증가한다.

95 정답 ④

시멘트의 클링커 화합물 중 C_3A의 양을 줄이면 시멘트의 수축률이 감소한다.

96 정답 ①

건축용 코킹재의 특징
- 수축률이 작음
- 내부의 점성이 지속됨
- 내산·내알칼리성이 있음
- 각종 재료에 접착이 잘됨

97
정답 ④

고로슬래그(Blast-furnace Slag)
- 쇳물을 생산하는 과정에서 발생되는 비철 부산물
- 장기강도가 높고, 수화열이 낮음
- 화학저항성이 크고, 수밀성이 큼
- 해수의 저항성이 커서 철근부식 억제효과가 있음
- 초기강도가 낮고 건조수축이 큼

98
정답 ④

중용열 포틀랜드 시멘트
- 시멘트의 성분 중에 CaO, Al_2O_3, MgO 등을 적게 하고 SiO_2, Fe_2O_3 등을 많게 한 것
- 초기 수화과정의 발열속도를 작게 하여 발열량을 낮춘 시멘트로 내식성이 있고 안정도가 높음
- 내구성이 크고 수축률이 적어서 댐공사와 같이 대형 단면부재에 쓸 수 있음
- 1년 이상의 장기강도는 다른 포틀랜드 시멘트보다 높음
- 치밀한 경화체 조직을 얻을 수 있으며, 화학저항성이 강한 특징을 갖고 있음
- 방사선 차단효과가 있음

99
정답 ④

$$흡수율 = \frac{표건중량 - 절건중량}{절건중량}$$

$$= \frac{500 - 440}{440} = 13.6\%$$

100
정답 ④

멜라민수지(Melamine Formaldehyde Resin)
- 표면 경도가 현재 생산되고 있는 합성 수지 중 가장 단단함
- 식기류, 커피잔, 식기, 일용품, 전기부품, 도료, 적층판 등으로 사용
- Melamine(결정성 백색분말)과 Formaldehyde를 염기성 촉매 존재하에 반응시켜 만듦

06 건설안전기술

101	102	103	104	105	106	107	108	109	110
④	④	④	①	①	①	③	②	③	①
111	112	113	114	115	116	117	118	119	120
①	④	①	②	②	①	②	③	④	④

101
정답 ④

콘크리트 측압이 큰 경우
- 거푸집 부재 단면이 클수록
- 거푸집 수밀성이 클수록
- 거푸집 강성이 클수록
- 거푸집 표면이 평활할수록
- 시공연도(Workability)가 좋을수록
- 철골 또는 철근량이 적을수록
- 외기의 온습도가 낮을수록

102
정답 ④

사용금액의 감액·반환
도급인은 산업안전보건관리비 사용내역에 대하여 공사 시작 후 6개월마다 1회 이상 발주자 또는 감리자의 확인을 받아야 함(6개월 이내에 공사가 종료되는 경우에는 종료 시 확인)

103
정답 ④

탬핑 롤러(Tamping Roller)
- 철륜 표면에 다수의 돌기를 붙여 접지압을 증가시킨 것
- 깊은 다짐이나 고함수비 지반, 점성토 지반에 적합하며, 두터운 성토 전압작업에 이용
- 돌기형태에 따라 Sheeps Foot Roller, Grid Roller, Tapper Foot Roller, Turn Foot Roller로 구분

104
정답 ①

예비조사항목
- 부지나 노선, 구조물의 위치결정을 위해 넓은 범위를 대상으로 수행하는 조사
- 지형, 지하수위, 우물 등의 현황 조사
- 인접 구조물의 크기, 기초의 형식 및 그 현황 조사
- 주변의 환경(하천, 지표지질, 도로, 교통)
- 기상조건 변동에 따른 영향 검토

105 정답 ①

악천후 시 철골공사 작업 중지 기준

구 분	철골공사
강 풍	10분간 풍속이 10m/s 이상
강 우	1시간당 강우량이 1mm 이상
강 설	1시간당 강설량이 1cm 이상

※ 전체 악천후 시 작업 중지 기준 표는 교재 1131p 참고

106 정답 ①

훅걸이용 와이어로프 등이 벗겨지지 않도록 훅 해지장치를 사용한다.

107 정답 ③

와이어로프에 지지 시
- 서면심사에 관한 서류, 설치작업설명서에 따라 설치
- 전문가의 확인을 받아 공인된 표준방법으로 설치
- 와이어로프의 설치각도는 수평면에서 60° 이내, 지지점은 4개소 이상, 같은 각도로 설치
- 와어어로프와 그 고정부위는 충분한 강도와 장력을 갖도록 와이어로프를 클립, 샤클 등의 고정기구를 사용하여 견고하게 고정. 사용 중에 충분한 강도와 장력 유지
- 와이어로프가 가공전선에 근접하지 않도록 할 것

108 정답 ②

인력운반 안전기준
- 1인당 무게는 25kg 정도가 적절하며, 무리한 운반 금지
- 2인 이상 1조가 되어 어깨메기로 하여 운반
- 긴 철근을 1인 운반 시 앞쪽을 높게 하여 어깨에 메고 뒤쪽 끝을 끌면서 운반
- 운반 시 양끝을 묶어 운반
- 내려놓을 때는 던지지 말고 천천히 내려놓을 것
- 공동 작업 시 신호에 따라 작업(신호 준수)

109 정답 ③

강관틀비계는 수직방향으로 6m, 수평방향으로 8m 이내마다 벽이음이 필요하다.

110 정답 ①

발파작업 시 준수사항
- 얼어붙은 다이너마이트는 화기에 접근시키거나 그 밖의 고열물에 직접 접촉금지
- 화약이나 폭약을 장전 시 그 부근에서 화기를 사용하거나 흡연금지
- 장전구는 마찰・충격・정전기 등에 의한 폭발의 위험이 없는 안전한 것을 사용할 것
- 발파공의 충진재료는 점토・모래 등 발화성 또는 인화성의 위험이 없는 재료를 사용할 것
- 장전된 화약류가 폭발하지 않은 경우, 장전된 화약류의 폭발 여부를 확인하기 곤란한 경우
  - 전기뇌관에 의한 경우에는 발파모선을 점화기에서 떼어 그 끝을 단락시켜 놓는 등 재점화되지 않도록 조치하고 그때부터 5분 이상 경과한 후가 아니면 화약류의 장전장소에 접근시키지 않도록 할 것
  - 전기뇌관 외의 것에 의한 경우에는 점화한 때부터 15분 이상 경과한 후가 아니면 화약류의 장전장소에 접근시키지 않도록 할 것
- 전기뇌관에 의한 발파의 경우 점화하기 전에 화약류를 장전한 장소로부터 30m 이상 떨어진 안전한 장소에서 전선에 대하여 저항측정 및 도통시험을 할 것

111 정답 ①

- 낙하물 방지망
  - 구조물 벽면으로부터 내민거리 : 2m 이상
  - 수평면과 이루는 각도 : 20~30°
  - 설치간격 : 일차적으로 6m로 바닥부분에 설치하고 10m마다 설치
  - 방망의 가장자리 : 테두리 로프를 그물코마다 엮어 긴결
  - 긴결재의 강도 : 100kgf 이상
  - 설치 후 3개월마다 정기점검 실시
- 방호선반 : 건물출입구, 건설현장 리프트 입구에 설치
- 수직보호망 : 갱폼 외부, 가시설외부에 설치

112 정답 ④

언더피닝공법

지하연속벽 공법중, 조물에 인접하여 새로운 기초를 건설하기 위해 인접한 구조물의 기초보다 더 깊게 지반을 굴착하는 경우, 기존 구조물을 보호하기 위해 그 기초를 보강하는 공법
- 지하구조물의 밑에 지중구조물을 만드는 경우
- 기존구조물의 지지력이 부족한 경우
- 기존구조물에 근접해서 굴착을 실시하는 경우
- 지상구조물을 이동하는 경우

113 정답 ①

암석이 떨어질 우려가 있는 등 위험한 장소의 경우 헤드가드 설치한다. 즉, 낙하방지조치이다.

114 정답 ②

방망사의 신품에 대한 인장강도

그물코의 크기(cm)	방망의 종류(kg)	
	매듭 없는 방망	매듭방망
10	240	200
5		110

115 정답 ②

달비계의 작업발판은 폭을 40cm 이상으로 하고 틈새가 없도록 하고 고정한다.

116 정답 ①

와이어로프 사용금지
- 이음매가 있는 것
- 와이어로프의 한 꼬임에서 끊어진 소선의 수가 10% 이상인 것
- 지름의 감소가 공칭지름의 7%를 초과하는 것
- 꼬인 것
- 심하게 변형되거나 부식된 것
- 열과 전기충격에 의해 손상된 것

117 정답 ②

이동식 비계의 최대높이는 밑변 최소폭의 4배 이하이다.

118 정답 ③

강관비계(단관비계)를 설치할 때 비계기둥의 간격은 띠장 방향에서는 1.85m 이하, 장선 방향에서는 1.5m로 해야 한다.

119 정답 ④

가설통로의 구조
- 견고한 구조로 할 것
- 경사는 30° 이하로 할 것. 다만, 계단을 설치하거나 높이 2m 미만의 가설통로로서 튼튼한 손잡이를 설치한 경우는 제외
- 경사가 15°를 초과하는 경우에는 미끄러지지 아니하는 구조
- 추락할 위험이 있는 장소에는 안전난간을 설치할 것. 다만, 작업상 부득이한 경우에는 필요한 부분만 임시로 해체할 수 있음
- 수직갱에 가설된 통로의 길이가 15m 이상인 경우에는 10m 이내마다 계단참을 설치
- 건설공사에 사용하는 높이 8m 이상인 비계다리에는 7m 이내마다 계단참을 설치

120 정답 ④

구조안전의 위험이 큰 다음 각 목의 철골구조물은 건립 중 강풍에 의한 풍압 등 외압에 대한 내력이 설계에 고려되었는지 확인해야 한다.
- 높이 20m 이상인 구조물
- 구조물의 폭과 높이의 비가 1 : 4 이상인 구조물
- 건물, 호텔 등에서 단면 구조에 현저한 차이가 있는 것
- 연면적당 철골량이 50kg/m² 이하인 구조물
- 기둥이 타이플레이트(Tie Plate)형인 구조물
- 이음부가 현장 용접인 경우

지식에 대한 투자가 가장 이윤이 많이 남는 법이다.

— 벤자민 프랭클린 —

행운이란 100%의 노력 뒤에 남는 것이다.

- 랭스턴 콜먼 -

또 실패했는가? 괜찮다. 다시 실행하라. 그리고 더 나은 실패를 하라!

- 사뮈엘 베케트 -

2025 시대에듀 건설안전기사 필기 30일 합격완성

개정4판1쇄 발행	2025년 01월 10일 (인쇄 2024년 10월 07일)
초 판 발 행	2021년 03월 05일 (인쇄 2021년 01월 29일)
발 행 인	박영일
책 임 편 집	이해욱
편 저	김 훈
편 집 진 행	박종옥·이수지
표지디자인	박수영
편집디자인	김기화·하한우
발 행 처	(주)시대고시기획
출 판 등 록	제10-1521호
주 소	서울시 마포구 큰우물로 75 [도화동 538 성지 B/D] 9F
전 화	1600-3600
팩 스	02-701-8823
홈 페 이 지	www.sdedu.co.kr
I S B N	979-11-383-8037-9 (13540)
정 가	42,000원

※ 이 책은 저작권법의 보호를 받는 저작물이므로 동영상 제작 및 무단전재와 배포를 금합니다.
※ 잘못된 책은 구입하신 서점에서 바꾸어 드립니다.

Win-Q 인간공학기사

필기·실기 단기합격

선택의 이유

01 주요 핵심이론 119개 수록
02 핵심이론을 바로 복습할 수 있는 핵심예제 수록
03 2017~2024년 최신 기출문제 수록

필기

선택의 이유

01 시험에 실제로 출제되는 이론만을 간추린 핵심이론 수록
02 해당 이론의 출제 경향을 파악할 수 있는 핵심예제 수록
03 2015~2024년 기출복원문제 수록
04 별도의 답안 노트가 필요 없는 효율적인 구성

실기

❖ 상기도서의 이미지와 구성은 변경될 수 있습니다.

시대에듀 안전관리 분야

공식 학습가이드 완벽반영
연구실안전관리사
1차 합격 단기완성

선택의 이유

01 공식 학습가이드 + 제1회 시험 완벽반영
02 핵심만 압축한 중요이론으로 첫 시험에서도 효율적으로 학습 방향 설정 가능
03 과목별 예상문제로 실제 시험 대비와 복습까지 One-stop
04 실제 시험과 동일한 문항수로 구성된 최종모의고사 1회분 수록
05 필수이론 + 과목별 예상문제 + 최종모의고사의 깔끔하고 든든한 구성
06 [연구실 안전 관련 법령집] 자료제공 + 오디오북 제공
07 시대에듀 연구실안전관리사 1차 합격반 온라인 강의교재(유료)

공식 학습가이드 완벽반영
연구실안전관리사
2차 합격 단기완성

선택의 이유

01 공식 학습가이드 + 개정법령 완벽반영
02 방대한 이론 중 필수이론으로 효율적 단기완성
03 풍부한 기출예상문제로 서술형까지 철저하게 대비
04 전과목 기출예상문제 해설 총정리로 시험 직전에도 한눈에!
05 [연구실 안전 관련 법령집] 자료제공 + 오디오북 제공

❖ 상기도서의 이미지와 구성은 변경될 수 있습니다.

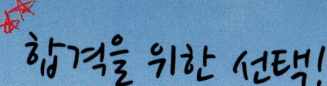

시리즈 도서

99% 기출핵심이론과 최신기출 8개년으로 합격하는
건설안전기사
필기 | 30일 합격완성

선택의 이유
01 기출연도 표시로 자주 출제된 중요이론 학습 가능
02 단기합격의 목적에 맞게 기출이론만을 엄선하여 수록
03 백문이불여일견, 풍부한 그림 및 사진자료
04 이론에서 한 번! 기출해설에서 한 번! 자연스러운 반복학습 유도
05 합격의 지름길, 과목별 8개년(2017~2024) 기출문제 수록

국내 최고 방재분야 전문가들이 집필한
방재기사
필기 | 한권으로 끝내기

선택의 이유
01 출제기준에 맞춘 핵심이론
02 바로바로 복습 가능한 예상문제
03 단원 총정리 익힘 문제
04 과목별 종합테스트 & 최신기출문제

❖ 상기도서의 이미지와 구성은 변경될 수 있습니다.

나는 이렇게 합격했다

자격명: 위험물산업기사
구분: 합격수기
작성자: 배*상

나는 할수있다 69년생 50중반 직장인 입니다. 요즘 자격증을 2개정도는 가지고 입사하는 젊은 친구들에게 일을 시키고 지시하는 역할이지만 정작 제자신에게 부족한점이 많다는 것을 느꼈기 때문에 자격증을 따야겠다고 결심했습니다. 처음 시작할때는 과연되겠냐? 하는 의문과 걱정이 한가득이었지만 **시대에듀** 인강을 우연히 접하게 되었고 잘차려진 밥상과 같은 커리큘럼은 뒤늦게 시작한 늦깎이 수험생이었던 저를 **합격의 길**로 인도해 주었습니다. 직장생활을 하면서 취득했기에 더욱 기뻤습니다.

합격은 시대에듀

감사합니다!

당신의 합격 스토리를 들려주세요.
추첨을 통해 선물을 드립니다.

QR코드 스캔하고 ▶▶▶
이벤트 참여해 푸짐한 경품받자!

베스트 리뷰	상/하반기 추천 리뷰	인터뷰 참여
갤럭시탭/ 버즈 2	상품권/ 스벅커피	백화점 상품권

합격의 공식
시대에듀